中外物理学精品书系

本书出版得到"国家出版基金"资助

中 外 物 理 学 精 品 书 系

引 进 系 列 · 74

纳米光学原理

Principles of Nano-Optics

（第二版）

〔美〕卢卡斯·诺沃提尼（Lukas Novotny）
〔德〕贝尔特·黑希特（Bert Hecht） 著
林 峰 方哲宇 朱 星 译

著作权合同登记号:图字 01-2013-4070
图书在版编目(CIP)数据

纳米光学原理:第二版 / (美)卢卡斯·诺沃提尼,(德)贝尔特·黑希特著;林峰,方哲宇,朱星译.—北京:北京大学出版社,2020.11
(中外物理学精品书系)
ISBN 978-7-301-31562-0

Ⅰ.①纳… Ⅱ.①卢… ②贝… ③林… ④方… ⑤朱… Ⅲ.①纳米材料—应用—光学—研究 Ⅳ.①O463 ②TB383

中国版本图书馆 CIP 数据核字(2020)第 155882 号

Principles of Nano-Optics, 2nd edition (ISBN 9781107005464) by Lukas Novotny, Bert Hecht first published by Cambridge University Press 2012

书　　名　纳米光学原理(第二版)
NAMI GUANGXUE YUANLI (DI-ER BAN)
著作责任者　〔美〕卢卡斯·诺沃提尼(Lukas Novotny)
〔德〕贝尔特·黑希特(Bert Hecht)　著
林　峰　方哲宇　朱　星　译
责 任 编 辑　刘　啸
标 准 书 号　ISBN 978-7-301-31562-0
出 版 发 行　北京大学出版社
地　　址　北京市海淀区成府路 205 号　100871
网　　址　http://www.pup.cn　　新浪微博:@北京大学出版社
电 子 信 箱　zpup@pup.cn
电　　话　邮购部 010-62752015　发行部 010-62750672　编辑部 010-62754271
印 刷 者　北京中科印刷有限公司
经 销 者　新华书店
730 毫米×980 毫米　16 开本　33.25 印张　633 千字
2020 年 11 月第 1 版　2020 年 11 月第 1 次印刷
定　　价　118.00 元

“中外物理学精品书系”

（二期）

编 委 会

序　　言

物理学是研究物质、能量以及它们之间相互作用的科学. 她不仅是化学、生命、材料、信息、能源和环境等相关学科的基础,同时还与许多新兴学科和交叉学科的前沿紧密相关. 在科技发展日新月异和国际竞争日趋激烈的今天,物理学不再囿于基础科学和技术应用研究的范畴,而是在国家发展与人类进步的历史进程中发挥着越来越关键的作用.

我们欣喜地看到,改革开放四十年来,随着中国政治、经济、科技、教育等各项事业的蓬勃发展,我国物理学取得了跨越式的进步,成长出一批具有国际影响力的学者,做出了很多为世界所瞩目的研究成果. 今日的中国物理,正在经历一个历史上少有的黄金时代.

在我国物理学科快速发展的背景下,近年来物理学相关书籍也呈现百花齐放的良好态势,在知识传承、学术交流、人才培养等方面发挥着无可替代的作用. 然而从另一方面看,尽管国内各出版社相继推出了一些质量很高的物理教材和图书,但系统总结物理学各门类知识和发展,深入浅出地介绍其与现代科学技术之间的渊源,并针对不同层次的读者提供有价值的学习和研究参考,仍是我国科学传播与出版领域面临的一个富有挑战性的课题.

为积极推动我国物理学研究、加快相关学科的建设与发展,特别是集中展现近年来中国物理学者的研究水平和成果,北京大学出版社在国家出版基金的支持下于 2009 年推出了"中外物理学精品书系",并于 2018 年启动了书系的二期项目,试图对以上难题进行大胆的探索. 书系编委会集结了数十位来自内地和香港顶尖高校及科研院所的知名学者. 他们都是目前各领域十分活跃的知名专家,从而确保了整套丛书的权威性和前瞻性.

这套书系内容丰富、涵盖面广、可读性强,其中既有对我国物理学发展的梳理和总结,也有对国际物理学前沿的全面展示. 可以说,"中外物理学精品书系"力图完整呈现近现代世界和中国物理科学发展的全貌,是一套目前国内为数不多的兼具学术价值和阅读乐趣的经典物理丛书.

“中外物理学精品书系”的另一个突出特点是,在把西方物理的精华要义“请进来”的同时,也将我国近现代物理的优秀成果“送出去”.物理学在世界范围内的重要性不言而喻.引进和翻译世界物理的经典著作和前沿动态,可以满足当前国内物理教学和科研工作的迫切需求.与此同时,我国的物理学研究数十年来取得了长足发展,一大批具有较高学术价值的著作相继问世.这套丛书首次成规模地将中国物理学者的优秀论著以英文版的形式直接推向国际相关研究的主流领域,使世界对中国物理学的过去和现状有更多、更深入的了解,不仅充分展示出中国物理学研究和积累的“硬实力”,也向世界主动传播我国科技文化领域不断创新发展的“软实力”,对全面提升中国科学教育领域的国际形象起到一定的促进作用.

习近平总书记在 2018 年两院院士大会开幕会上的讲话强调,“中国要强盛、要复兴,就一定要大力发展科学技术,努力成为世界主要科学中心和创新高地”.中国未来的发展在于创新,而基础研究正是一切创新的根本和源泉.我相信,在第一期的基础上,第二期“中外物理学精品书系”会努力做得更好,不仅可以使所有热爱和研究物理学的人们从中获取思想的启迪、智力的挑战和阅读的乐趣,也将进一步推动其他相关基础科学更好更快地发展,为我国的科技创新和社会进步做出应有的贡献.

“中外物理学精品书系”编委会主任
中国科学院院士,北京大学教授
王恩哥
2018 年 7 月于燕园

内 容 提 要

本书在 2006 年第一次出版后，就成为纳米光学领域的标准参考书. 本书第二版有较大的更新，以涵盖该领域最新的发展和新的研究方向. 全书的结构和教授方式保持不变，但扩充了第一版中原有各章的内容，并增加了新的一章.

对于整个纳米光学领域，乃至相关的量子光学到生物物理等领域中必须要被理解的理论和实验方面的概念，本书都全面地给出了详细的介绍. 本书中新的主题包括光学天线、新的成像技术、Fano 干涉和强耦合、互易性、超材料，以及腔光力学等.

本书提供了大量章末习题，并在文中加入很多图来帮助读者理解所讨论的观点，这使本书成为一本适合于帮助研究生进入纳米光学领域的教科书. 对于研究者和授课教师，它也是一本有价值的参考书.

致我们的家庭

(Jessica，Leonore，Jakob，David，Rahel，Rebecca，Nadja，Jan)

和我们的父母

(Annemarie，Werner，Miloslav，Vera)

值得攀登

(B. B. Goldberg)

第二版前言

我们很高兴地看到，本书获得了广泛使用及较高需求.在第一版2006年首次付印后，纳米光学领域获得了很大的发展，建立了很多新的研究方向.这些新的方向包括超材料、光学天线，和腔光力学等，不一而足.在光频下，金属的极高场局域化导致了真正的纳米尺度激光器的出现，而金属的高度非线性被用以在亚波长体积内实现频率转换.这些新的研究趋势是我们写作本书第二版的动力.

除了增加新的一章光学天线(第13章)外，本书的整体结构保持不变.第2章(理论基础)加入了互易性和有耗介质中的能量密度等新内容.第4章(分辨率和定位)扩充了一些新的显微技术，比如结构照明和定位显微术.第5章做了重要改动:光学显微术依照探针与样品的相互作用阶数来分类.与之相反，第6章内容做了删减，因为一些近场技术不再受到广泛的关注.第8章加入了几个新的专题，包括局域化光-物质相互作用理论.在新的几节中，我们讨论了Fano干涉、模式间的强耦合，以及能级交叉.第9章和第10章仅仅做了很小的改动.第11章扩充了超材料和腔光力学两节.第12章(表面等离激元)的结构有改动:我们从等离子物理的角度讨论金属，这导致了屏蔽和有质动力，产生了大范围的光学非线性.光力这章(第14章)做了调整，以提供关于偶极子力的更自洽的观点.最后，一些排印错误也得到了更正.我们感谢认真的读者们指出的几处错误和提供的有价值的建议.

尽管有这些变化和扩充，但想涵盖这个领域的所有新结果和方向是不可能的.本书的目的不是提供全面综述，而是给出理解这个领域所必需的基础和概念.在这个意义上，本书是一本教科书，同时也给那些希望在概念上理解纳米光学工作原理的研究者提供一个参考.

第一版前言

我们为什么要关注纳米光学？这和我们重视光学是同样的原因！现代科学很多领域的基础都建立在光学实验上. 以量子力学为例，黑体辐射、氢原子谱线，或者光电效应是产生量子观念的关键实验. 今天，光谱测量技术是辨别不同材料中原子和化学结构的强有力方法. 光学的力量基于这样一个简单事实：光量子的能量位于物质的电子跃迁和振动跃迁的能量范围内. 这个事实是我们具备视觉的核心要素，也是有关光的实验非常接近我们直觉的原因. 光学，特别是光学成像，帮助我们在意识和逻辑上联结复杂的概念. 因此，把光学相互作用推进到纳米尺度揭示了在即将到来的纳米世界的世纪中的新视角、新性质、新现象.

纳米光学的目标是理解在纳米尺度下，即接近和超过光的衍射极限时的光学现象. 它是一个新出现的研究领域，由纳米科学和技术的快速发展，以及对在纳米尺度下制备、操控、表征的合适工具和策略的需求所催生. 有趣的是，纳米光学的出现要早于纳米技术潮流十年. 扫描隧道显微镜的光学对应仪器在 1984 年被发明，它的光学分辨率已经明显超过光学衍射极限. 这些早期的实验催化出一个科学领域，称为近场光学. 人们很快意识到，在光学成像和光谱问题中引入近场有望获得任意大小的空间分辨率，这给纳米尺度下的光学实验提供了途径.

近场光学的第一个会议在 1992 年召开，大约 70 位参会者讨论了近场光学和近场显微术的理论和实验挑战. 随后几年，实验技术不断改进，新的概念和应用也被提出. 近场光学的应用覆盖了从基础物理和材料科学到生物和医药的很大的范围. 自然地，对近场光学的研究热情催生了单分子光谱和表面等离激元学领域，以及理论方面的新发展. 同时，依赖于纳米科学的兴盛，研究者开始裁剪纳米材料以产生奇异的光学性质，光子晶体、单光子源、光学微腔就是这些努力的结果. 今天，纳米光学已经是一门交叉学科，虽然有一些综述文章和参考书很好地总结了纳米光学的不同子领域，但还没有一本专业的教科书为读者在总体上介绍纳米光学.

本书倾向于教授研究生和高年级本科生,有助于他们进入纳米光学的不同子领域.这本书是在罗切斯特大学光学所和巴塞尔大学纳米光学课程的讲义的基础上逐步成形的.我们高兴地看到很多不同系的学生对此课程感兴趣,这表明纳米光学对很多研究领域都是重要的.不是所有学生都对同样的专题感兴趣,一些专业的学生需要更多数学概念方面的帮助.在课程中我们增补了一些可以两三个学生一组按其兴趣实践的实验专题.这些专题有:表面增强 Raman 散射、光子扫描隧道显微术、纳米球光刻、单量子点光谱、光镊,等等.课程要求学生给出关于专题的演示并上交报告.大多数章后习题可以作为学生的课后作业.我们非常希望并感谢获得学生的反馈.他们对这个课程的兴趣和努力是对这本教科书非常有意义的贡献.

纳米光学是一个充满活力并不断发展的学科.我们在每次授课时都有新的专题加入.纳米光学也是一个很容易与其他领域,比如物理光学和量子光学重叠的学科,因此它的边界不容易厘清.在第一版中,我们首次尝试给纳米光学的研究领域设置一个框架.若能获得读者关于本书的修正意见,以及对现有章节的扩充、新专题的增添的建议,我们将非常感激.

致　谢

在成书过程中,我们收到很多同事和学生的建议,在此表示感谢!我们感谢 Dieter Pohl,他激发了我们对于纳米光学的兴趣.这本书是他大力支持和鼓励的结果.我们从以下同事中获得了非常多的帮助:Andreas Lieb, Scott Carney, Jean-Jacques Greffet, Stefan Hell, Carsten Henkel, Mark Stockman, Gert Zumofen, Jer-Shing Huang, Paolo Bragioni, 和 Jorge Zurita-Sanchez.在罗切斯特大学,我们和以下同事就不同专题有过很愉快的讨论:Miguel Alonso, Joe Eberly, Robert Knox, 和 Emil Wolf.

目　　录

第1章　引　　言

在科学史上,第一次用光学显微镜和望远镜来观察自然界标志着新时代的开始. Galileo Galilei 用望远镜第一次观察到了天体(月亮)上的凹陷和山峦,也用它发现了木星最大的四颗卫星. 他据此开创了光学天文学领域. Robert Hooke 和 Antony van Leeuwenhoek 用早期的光学显微镜观察植物细胞的细微特征,也用其观察微生物体,比如细菌和原生动物,这标志着光学生物学的开始. 这些新的仪器能够探测人不能直接感觉的迷人现象. 这自然会引出一个问题:在正常视力范围内不能被观测到的结构是否应该被接受为真实存在? 今天,在现代物理学中,我们接受这样的观点:间接测量的结果是可以作为科学证据的,深层定律往往都建立在间接观测的基础上. 在现代科学进展中,越来越多的基于人本身自然感觉的发现被推翻. 在本书中,我们会发现应用光学仪器研究自然要优于很多其他方法,因为即使物体结构被放大千倍,由于人能够感受到光频范围的电磁波,我们的大脑也习惯于解释和光相关的现象. 这种直观的理解是光及与光相关的过程成为解释物理规律和关系的非常有吸引力的途径的重要原因. 事实上,光的能量位于物质中电子跃迁和原子振动的范围,这样我们就可以利用光来获知物质的结构和动力学性质,也能够实现物质量子态的细微操控. 特别是与光学技术相关的光谱学对生物学和固态纳米结构的研究有重要意义.

今天,我们正经历纳米科技热潮. 这股潮流起源于计算机制造领域中电子线路的小型化和集成化带来的好处. 最近,科学研究的范式在改变,主要体现出这样一个观点:纳米科技越来越受如下事实驱动,随着我们进入越来越小的尺度,可能在未来技术发展中被利用的新物理效应变得越来越显著. 纳米科技的进展主要是由于我们有能力在纳米尺度上测量、制造、操控单个物质结构,所用的科学仪器有扫描探针显微镜、光镊、高分辨率电子显微镜、光刻仪器、聚焦离子束研磨系统,等等.

纳米科技的迅猛发展使我们必须研究纳米尺度上的光学现象. 由于光的衍射极限不允许光束的聚焦尺寸小于半个波长(最小约 200 nm),因而在传统理论上,光波有选择性地与单个纳米尺寸结构相互作用是不可能的. 但是,近些年来,几个新的方法被提出以"缩小"衍射极限甚至克服它. 纳米光学的中心目的就是把光学技术应用到超越衍射极限的尺度上. 如果能打破衍射极限束缚,最直接的应用就是超分辨显微术和超高密度数据存储.但是纳米光学领域绝对不仅限于技术应用和仪器设计,纳米光学在纳米尺度结构的基础研究方面也开创了新的研究方向.

自然界中有很多纳米结构,呈现出独特的光学效应.一个显著的例子是光合膜,它用吸光蛋白质来吸收太阳光,并且把激发能传导到它附近的蛋白质.最终这些激发能被引导到一些反应中心,激励电荷穿过细胞膜.其他例子如昆虫(蝴蝶)或另外一些动物(孔雀)身上具有复杂的衍射结构,能够产生鲜艳的颜色以引起注意.也有一些纳米结构用作昆虫视网膜上的防反射层.有些宝石(欧泊宝石)还会表现出光子带隙特征.在最近这些年,我们成功地制造出很多人工纳米光子结构[1],如图1.1所示.单个分子被用作生物物理过程中探测电磁场的局域探针,共振金属纳米结构被用作传感器件,局域光源被用来提高显微镜的分辨率,在光学微盘共振器中可以产生极高Q值,纳米复合材料可以提高非线性和集体响应,微腔可以作为单光子源,用表面等离激元波导可以实现平面光学网络,利用光子带隙材料可以抑制特定频率的光传播.所有这些纳米光子结构都被用以产生特殊的光学性质和现象,本书的目的是建立一个理解这些现象的基础.

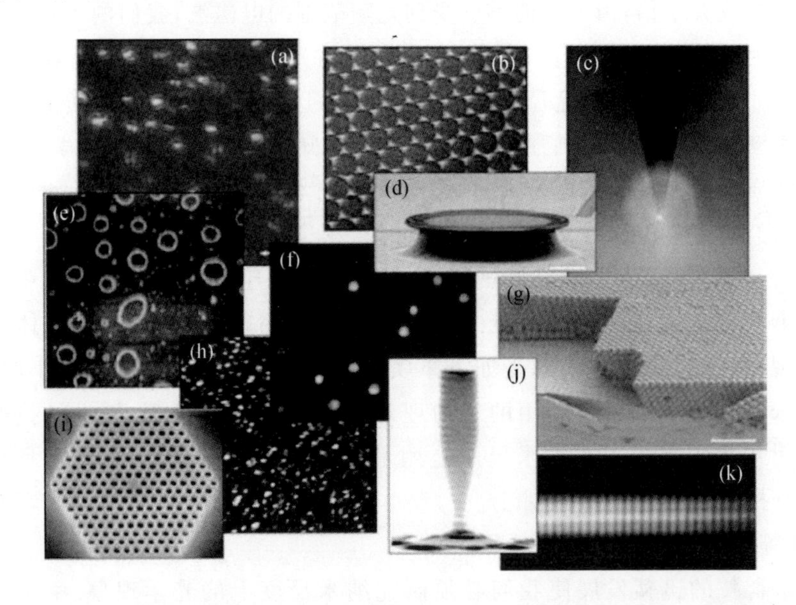

图1.1 各种人工纳米光子结构一览.(a) 强荧光分子,(b) 纳米球光刻技术制备的金属纳米结构,(c) 局域光子源,(d) 微盘共振器[2],(e) 半导体纳米结构,(f) 颗粒等离激元[3],(g) 光子带隙晶体[4],(h) 纳米复合材料,(i) 激光微腔[5],(j) 单光子源[6],(k) 表面等离激元波导[7].

§1.1 纳米光学概述

首先让我们快速扫一眼纳米光学的基本规律，以展示在几个纳米尺度下光学完全有效，并不违背任何基本定律. 在自由空间，光的传播遵从散射关系 $\hbar\omega = c\cdot\hbar k$，它把波矢 $k=\sqrt{k_x^2+k_y^2+k_z^2}$ 和角频率 ω 通过光速 c 联系起来. Heisenberg 不确定性关系表明，一个微观粒子在一个确定的空间方向上，位置不确定度和动量不确定度的乘积不可能比 $\hbar/2$ 小. 对于光子这会导致

$$\Delta(\hbar k_x)\cdot\Delta x \geqslant \hbar/2, \tag{1.1}$$

或写成

$$\Delta x \geqslant \frac{1}{2\Delta k_x}. \tag{1.2}$$

这个结果可以这样解释：光子所受到的空间限制反比于相应方向上波矢分量的扩展. 波矢分量的扩展会发生在如光场在透镜后会聚向焦点等情况下. 这样的光场也可以表示为不同传播角度的平面波的叠加(见§2.12). 波矢分量 k_x 扩展的最大值是总自由空间波矢 $k=2\pi/\lambda$①. 这导致

$$\Delta x \geqslant \frac{\lambda}{4\pi}, \tag{1.3}$$

与众所周知的 Rayleigh 衍射极限的表达式非常相似. 需要注意的是，光子的空间限制仅仅被给定方向的波矢分量扩展所决定. 为了增加波矢分量的扩展，我们可以用一个数学技巧：如果我们在空间上选择任意两个垂直方向，例如 x 和 z，则可以让一个波矢分量的值增加到超过总波矢，同时令其垂直方向的波矢分量变成纯虚数. 在这种情况下，总波矢仍然保持 $k=\sqrt{k_x^2+k_y^2+k_z^2}=2\pi/\lambda$. 如果我们选择增加 x 方向的波矢，那么在这个方向波矢的不确定范围也会增加，则光的受限就不再被(1.3)式限制. 但是，光受限的加强有代价，这表现在 z 方向上，由于 x 方向波矢分量增大导致 z 方向波矢成为虚数. 当我们在平面波中引进纯虚数波矢分量时，就会得到 $\exp(\mathrm{i}k_z z)=\exp(-|k_z|z)$. 这在 z 方向上会导致指数衰减的场，即隐失场，而在 $-z$ 方向上场指数增强. 由于指数增强的场没有物理意义，因而我们可以放心地抛弃以上策略，而声明在自由空间(1.3)式总是成立的. 但是，这个论证仅仅在无限自由空间成立. 如果我们把无限自由空间划分为折射率不同的至少两个半空间，那么在一个半空间指数衰减的场是可以存在的，并不需要在另一个半空间加一个指数增强的对应场. 在另一个半空间，场的形式只要满足在界面上的边界条件即可.

上面简单的讨论表明，如果空间中存在不均匀性，Rayleigh 衍射极限就不再严

---

① 对于实际透镜，这个值必须被数值孔径校正.

格成立,那么原则上,无限受限的光至少在理论上是可能的.这个认识是纳米光学的基础.在纳米光学中,一个关键问题是材料结构怎样设计才能实际实现理论上可能的光场受限.另一个重要议题是当存在指数衰减场和强受限场时,会有什么样的物理结果.这些会在下面几章详细讨论.

§1.2 历史回顾

为了将这本关于纳米光学的教材置于准确的视角和背景中,我们认为要首先简要介绍一下光学的发展史,特别是纳米光学的出现.

纳米光学是根植于经典光学成就的,而经典光学发源于古代.在远古时代,烧制玻璃和光反射定律已经被人们所熟知.希腊的哲学家(Empedocles, Euclid)思考过光的本质.他们首次系统研究过光学.在13世纪,人们第一次使用了放大镜.中国文献中关于眼镜的记载还要早几个世纪.但是,直到现代人对自然的好奇开始觉醒时,第一个应用于科学的光学仪器才在17世纪被制造出来.我们经常看到这样的说法:Galileo Galilei在1609年制造了最早的望远镜,因为其存在是确定无疑的.同样,第一个光学显微镜的原型(1610年)也归功于Galilei[8].但是,我们确定Galilei知道荷兰已经有了望远镜(可能是Zacharias Janssen制造的),他的仪器是按照已经存在的设计制造出的.显微镜的最早发明人也同样不确定.在16世纪,工匠们已经用填满水的玻璃球来放大物体的微小细节.与望远镜的情形一样,显微镜的发展经历了很长一段时期,不能仅归结于某一个发明者的贡献.推动显微镜发展的一个先驱是Antony van Leeuwenhoek.他在1671年制造了一台显微镜,其分辨率在长达一个世纪内都没被超越.在那个时代,他用显微镜观察过血红细胞和细菌,这些工作都是革命性的.在18—19世纪,光波(偏振、衍射、色散)理论的完善非常有力地推动了光学技术和仪器的发展.人们很快就认识到光学分辨率不能无限提高,衍射极限设置了一个上界.Abbe在1873年[9], Rayleigh在1879年[10]阐明了光学分辨率理论.值得注意的是,正如前面所述,分辨率极限理论和Heisenberg不确定性原理有很紧密的联系.通过多年发展,各种光学技术,比如共聚焦显微术[11]被发明出来,以求突破Abbe衍射极限.今天,共聚焦荧光显微术是生物学研究的重要技术手段[12].它可以观察附贴到生物实体(如脂类、肌肉纤维、不同的细胞器等)上的合成高荧光分子.通过辨识具有特定荧光发射的染料标记,科学家们可以看见细胞内部的组织活动,在活体环境下研究生物化学反应.脉冲激光辐射的发明推动了非线性光学的发展,使多光子显微术得以发明[13].多光子激发并不是光学显微术中唯一利用的非线性相互作用.二次谐波、三次谐波、相干反Stokes Raman散射(CARS)显微术[14]也都是针对高分辨率可视化过程的极为重要的发明.除了非线性效应,如果我们知道是什么分子被成像,那么利用饱和效应,原则上能获得任意程度的空间分辨率,已经有科学实验证明了这一点[15].

在光学成像中,另外一种提高空间分辨率的方法是近场光学显微术. 在原理上,这种方法不依赖预知信息. 利用近场光学显微术对样品表面的细节成像时,它能提供表面形貌的补充信息,就像原子力显微术一样. 近场光学显微术的一个挑战是光源(或探测器)和待成像样品的耦合. 对于标准的光学显微术,这种挑战是不存在的,因为此时光源(如激光器)不受样品性质的影响. 近场光学显微术是在1928年由 Synge 最先提出的(见图 1.2). 在一篇概念性的文章中,他设计的光学仪器非常接近现在的扫描近场光学显微镜[16,17]. 该设计在不透明的平板上开一个很小的孔,在一边用光束照射,然后将此小孔靠近样品,这样会产生一个不受衍射限制的照明光点,透射光用一个显微镜收集,强度由一个光电元件测量. 为了获得样品的像,这个小孔在样品表面以微小的步幅移动. 这样得到的像的分辨率就会被小孔的尺寸所确定,而不是被照明光的波长所限制. Synge 就此想法和 Einstein 有过交流. Einstein 鼓励他将此想法发表. 后来 Synge 自己不再确信此想法,提出了一个今天看来不正确的另外一个想法. 由于受当时实验条件的限制,Synge 的想法没有得到实现而很快被忘却. 后来,在 1956 年,O'Keefe 在不知道 Synge 这个超前想法的情况下,设计了一个相似的装置[18]. 最早实验上的实现是在微波范围,由 Ash 和 Nichols 在 1972 年完成[19]. 他们也不知道 Synge 的文章. Ash 和 Nichols 用 1.5 mm 的孔,以 10 cm 的微波照射,实现了分辨率为 $\lambda/60$ 的亚波长成像.

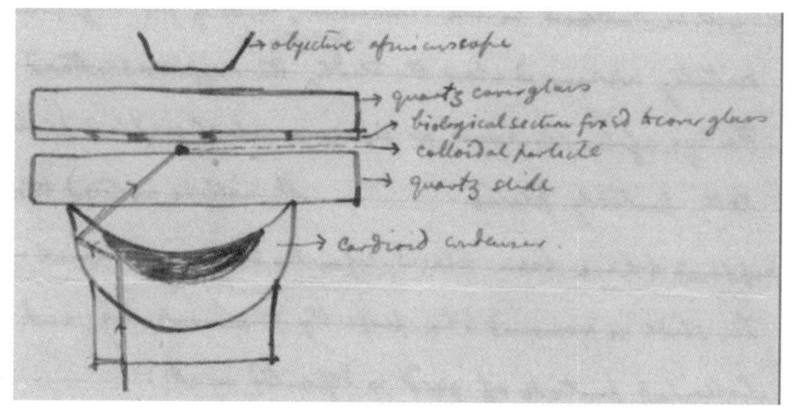

图 1.2 在 1928 年 4 月寄给 Einstein 的草图中,Synge 提出了一个新的显微方法. 他建议在两层石英平板中放置一个小的金颗粒,光源照射金颗粒产生的散射光从下部向上到达样品,没有照射到金颗粒的光是全内反射的,一个显微镜物镜定好位置接收一部分金颗粒的散射光. Synge 在文章中写道,这样设计的显微镜能够对固定在上层盖玻片上的生物样品成像,像的分辨率可以突破衍射极限. 以色列希伯来大学 Einstein 档案库授权提供.

20世纪80年代初,扫描探针显微术的发明[20]使探针和样品的间距能够以很高的精度来控制,这为在光频范围内实现Synge的想法提供了基础.1984年,Massey提出了利用压电陶瓷位置控制器来精确定位光照射的小孔的方法[21].随后,Pohl,Denk和Lanz在IBM Rüschlikon研究室设法解决了产生一个亚波长尺寸小孔的实验难点:他们用金属包裹的尖锐石英针尖多次撞击样品表面,直到从它尖端漏出的光能够被探测到.1984年,IBM研究组报道了在光频范围内的亚波长分辨率图像[22].几乎同时,Lewis等[23],Fischer[24]也独立地获得了同样的进展.随后,这项技术主要是被Betzig等系统地推进和扩展到不同的领域[25,26].他们实现了亚波长的磁信息存储和单分子荧光探测.多年来,各种相关技术也被提出,例如光子扫描隧道显微镜、近场发射显微镜、用发光中心作为光发射源的显微镜、基于局域表面等离激元的显微镜、基于局域光散射的显微镜、依赖于尖锐金属针尖的场增强显微镜,等等.所有的这些技术都提供了在样品和探针之间的受限光子流.但是,受限光子流并不是唯一的获得高分辨率的限制因素.为了能被探测到,光子流须超过一个最小的强度.这两个条件在某种程度上是矛盾的,在光的受限和强度之间需要一个折中方案.有兴趣的读者可以在文献[17]中找到关于近场光学历史的更细致的介绍.

§1.3 本书的内容

传统上,光学既是基础科学(如量子光学)的一部分,也是应用科学(如光通信和计算)的一部分.因此,纳米光学可以定义为纳米尺度下的宽谱光学,包含纳米技术的应用以及基础的纳米科学研究.

在纳米技术方面,我们会发现纳米光刻、高分辨率光学显微术、高密度光学存储等主题.在基础科学方面,我们会说到在光学近场中的原子和光子的相互作用、陷俘和操控原子的实验.相比较在自由空间传播的光,光学近场中有所谓的虚光子,对应着前面提到的指数衰减场.通常,虚光子图像被用来描述局域的、非传播的场.这种虚光子和给出分子间结合力(van der Waals力和Casimir力)的粒子是同类,因此在对分子尺度结构的选择性探测上有一定的潜力.从量子光学的角度,引入虚光子将扩大基础实验的范围,带来全新的应用.本书将给出纳米光学的导论,全面介绍其基础科学研究和实际应用.

纳米光学的理论基础将在第2章阐述,我们将从那里开始本书的主要内容.具有尺度不变性的Maxwell方程组给纳米光学提供了一个牢固的理论基础.由于光学近场总和实物有关,因此我们总结了本构关系和复介电常数的内容.正如我们所见,在纳米光学领域要研究的系统必须分成很多由边界分隔的区域,Maxwell方程组在各区域的均匀介质中是成立的,光场的边界条件也可以由 Maxwell 方程组推导出来.随后,我们会讨论一些基本的理论概念,如 Green 函数和角谱表示,这对研究纳米光学现象特别有用.利用角谱表示可以很透彻地讨论隐失波,它对应着刚刚提到的虚光子模式.

在纳米光学中光的受限是一个重要课题.在第 3 章,我们将给出通过经典方法得到的最小可能的光受限,所谓的经典方法指的是用显微镜物镜和其他高数值孔径的光学元件来聚焦光.我们首先在傍轴近似下处理聚焦场,这会产生 Gauss 光束.之后我们会讨论远离傍轴近似的聚焦场,如在现代共聚焦显微镜中就是这样的情况.

对于显微术而言,空间分辨率是一个关键指标.在光学显微镜中存在几个空间分辨率的定义,都和衍射极限有关.在第 4 章,我们将分析它们的物理基础,并讨论提高光学显微术空间分辨率的方法.饱和效应,以及空间位置精度和分辨率的不同之处也将在这章讨论.

接下来的三章,在近场光学显微术的语境下,我们将讨论和实际应用紧密相关的纳米光学层面.在第 5 章,我们将从共聚焦显微术开始,讨论高分辨率显微镜的技术实现,然后依照时间顺序介绍近场技术的发展.在第 6 章,我们将论述把光挤压到亚波长范围的核心技术问题.这是所谓的光学探针领域,材料的形状是尖锐的针尖,受限和增强的光场在其尖端.最后,作为技术部分的结束,我们将展示光学探针如何接近和扫描样品的表面.依赖于样品和探针之间的相互作用(剪切)力的技术方法会被介绍和讨论.总之,这三章给出了扫描近场光学显微术的技术基础.

随后,我们将讨论纳米光学中的一些更基本的方面,即在纳米尺度下光的发射和光相互作用.首先,我们阐明一个小颗粒(原子、分子)由于电子跃迁产生的光发射可以用偶极子近似来处理.在一定程度上,我们讨论辐射偶极子产生的场,以及和电磁场的相互作用.我们也将讨论复杂环境下的自发发射衰变,最终给出偶极子-偶极子相互作用、能量转移和激子耦合的情况.

前面只是在理论上讨论了偶极子发射体的情况,并没有给出实际例子.在第 9 章,我们将给出单量子发射体,如单个荧光分子和半导体量子点的一些实验方面的例子.这里也将讨论饱和计数速率和速率方程的解,以及一些有趣的例子,如量子发射体产生的场的非经典光子统计和波函数的相干控制.最后,我们将详细讨论如何用单发射体非常细致地描绘出空间受限场.

在第 10 章,我们将重新讨论纳米尺度下偶极子发射的问题.我们将详细讨论在平面界面附近的偶极子发射情形.这是一个非常重要且具有启发意义的例子.我们计算偶极子发射体的辐射图和衰变速率,也讨论镜像偶极子近似.这可用来获得近似及定性结果.

第 11 章会讲到,如果我们考虑多个界面,而不是一个,并且将它们规则地安排成一定图案,就会获得所谓的光子晶体. 光子晶体的性质可以类比于固体物理,引入光能带结构来描述,而光能带结构中包含带隙,即在该方向传播光不能存在. 非常类似固体中的情况,光子晶体中的缺陷会带来局域态. 这种局域态在纳米光学中非常引人注目,因为它们可以被看作很高品质因数的微腔. 在该章中,我们还将讨论光共振器以及它们与机械共振器的相互作用. 这种相互作用可以用来增强或减弱机械系统的运动.

第 12 章将以表面等离激元为主题. 在很多金属结构中,表面自由电荷密度的共振集体振荡能够有效地耦合光场,并且由于共振的发生,会关联着极大增强和受限的光学近场. 我们将给出对这一主题的基本介绍,包括贵金属的光学性质、薄膜等离激元、颗粒等离激元. 在随后的一章中,我们将讨论光学天线,这是将自由传播的辐射与局域能量相互转化的器件.

第 14 章集中讨论光力. 我们将基于 Maxwell 应力张量构建出一个理论,能够在场分布已知的情况下计算出任意形状的颗粒所受的光力. 然后我们将详细讨论小颗粒在偶极子近似下所受的光力. 在实际应用方面,我们将论述光镊的原理. 最后,我们将阐述光场的角动量转移和光学近场施加于物质上的力.

在第 15 章,我们将讨论另一种类型的力,即与涨落电磁场有关的力,这包括 Casimir-Polder 力和电磁摩擦. 相应地,我们将讨论涨落源的辐射发射.

本书最后将总结纳米光学领域的理论方法. 显然,如果不用合适的数值方法,纳米光学领域的任何理论预言都是很难做出的. 我们将给出一些最有力的理论工具,并讨论它们的优势和劣势.

参考文献

[1] A. J. Haes and R. P. Van Duyne, "A nanoscale optical biosensor: sensitivity and selectivity of an approach based on the localized surface plasmon resonance spectroscopy of triangular silver nanoparticles," *J. Am. Chem. Soc.* **124**, 10596 (2002).

[2] D. K. Armani, T. J. Kippenberg, S. M. Spillane, and K. J. Vahala, "Ultra-high-*Q* toroid microcavity on a chip," *Nature* **421**, 925 - 928 (2003).

[3] J. J. Mock, M. Barbic, D. R. Smith, D. A. Schultz, and S. Schultz, "Shape effects in plasmon resonance of individual colloidal silver nanoparticles," *J. Chem. Phys.* **116**, 6755 - 6759 (2002).

[4] Y. A. Vlasov, X. Z. Bo, J. C. Sturm, and D. J. Norris, "On-chip natural assembly of silicon photonic bandgap crystals," *Nature* **414**, 289 - 293 (2001).

[5] O. J. Painter, A. Husain, A. Scherer, *et al.*, "Two-dimensional photonic crystal defect

laser," *J. Lightwave Technol.* **17**, 2082 - 2089 (1999).

[6] J. M. Gérard, B. Sermage, B. Gayral, *et al.*, "Enhanced spontaneous emission by quantum boxes in a monolithic optical microcavity," *Phys. Rev. Lett.* **81**, 1110 - 1114 (1998).

[7] W. L. Barnes, A. Dereux, and T. W. Ebbesen, "Surface plasmon subwavelength optics," *Nature* **424**, 824 - 830 (2003).

[8] M. Born and E. Wolf, *Principles of Optics*, 6th edn. Oxford: Pergamon (1970).

[9] E. Abbe, "Beiträge zur Theorie des Mikroskops und der mikroskopischen Wahr-nehmung," *Arch. Mikroskop. Anat.* **9**, 413 - 420 (1873).

[10] L. Rayleigh, "Investigations in optics, with special reference to the spectroscope," *Phil. Mag.* **8**, 261 - 274, 403 - 411, and 477 - 486 (1879).

[11] M. Minsky, "Memoir on inventing the confocal scanning microscope," *Scanning* **10**, 128 - 138 (1988).

[12] J. B. Pawley (ed.) *Handbook of Biological Confocal Microscopy*. New York: Plenum Press (1995).

[13] W. Denk, J. H. Strickler, and W. W. Webb, "2-Photon laser scanning fluorescence microscopy," *Science* **248**, 73 - 76 (1990).

[14] A. Zumbusch, G. R. Holtom, and X. S. Xie, "Three-dimensional vibrational imaging by coherent anti-Stokes Raman scattering," *Phys. Rev. Lett.* **82**, 4142 - 4145 (1999).

[15] T. A. Klar, S. Jakobs, M. Dyba, A. Egner, and S. W. Hell, "Fluorescence microscopy with diffraction resolution barrier broken by stimulated emission," *Proc. Nat. Acad. Sci.* **97**, 8206 - 8210 (2000).

[16] E. H. Synge, "A suggested model for extending microscopic resolution into the ultra-microscopic region," *Phil. Mag.* **6**, 356 - 362 (1928).

[17] L. Novotny, "The history of near-field optics," in *Progress in Optics*, vol. 50, ed. E. Wolf. Amsterdam: Elsevier, pp. 137 - 180 (2007).

[18] J. A. O'Keefe, "Resolving power of visible light," *J. Opt. Soc. Am.* **46**, 359 - 360 (1956).

[19] E. A. Ash and G. Nicholls, "Super-resolution aperture scanning microscope," *Nature* **237**, 510 - 513 (1972).

[20] G. Binnig, H. Rohrer, C. Gerber, and E. Weibel, "Tunneling through a controllable vacuum gap," *Appl. Phys. Lett.* **40**, 178 - 180 (1982).

[21] G. A. Massey, "Microscopy and pattern generation with scanned evanescent waves," *Appl. Opt.* **23**, 658 - 660 (1984).

[22] D. W. Pohl, W. Denk, and M. Lanz, "Optical stethoscopy: image recording with resolution $\lambda/20$," *Appl. Phys. Lett.* **44**, 651 - 653 (1984).

[23] A. Lewis, M. Isaacson, A. Harootunian, and A. Muray, "Development of a 500 Å spatial resolution light microscope," *Ultramicroscopy* **13**, 227 - 231 (1984).

[24] U. Ch. Fischer, "Optical characteristics of 0.1 μm circular apertures in a metal film as

light sources for scanning ultramicroscopy," *J. Vac. Sci. Technol.* **B3**, 386 - 390 (1985).

[25] E. Betzig, M. Isaacson, and A. Lewis, "Collection mode nearfield scanning optical microscopy," *Appl. Phys. Lett.* **61**, 2088 - 2090 (1987).

[26] E. Betzig and R. J. Chichester, "Single molecules observed by near-field scanning optical microscopy," *Science* **262**, 1422 - 1425 (1993).

第2章　理论基础

光拥有电磁辐射中最令人着迷的一段谱线范围.这主要归功于这样一个事实:光量子(光子)的能量处于物质中电子跃迁的能量范围内.这给了我们色彩的美丽,也是我们的眼睛能够感受到光谱范围内的辐射的原因.

光令人着迷的另一点是,它既能表现为波的形式也能表现为粒子的形式.其他频段范围的电磁辐射都没有如光这样表现出如此明显的波粒二象性.长波辐射(无线电波、微波)几乎完全呈现波动性,而短波辐射(X射线)更多呈现的是粒子性.这两个世界在光频波段交会.

在纳米光学中描绘光辐射,只采用波的图像就足够了.这让我们可以应用基于Maxwell方程组的经典场理论.当然,在纳米光学中,和光场相互作用的体系很小(如单分子、量子点),这些材料体系的性质需要采用量子理论描述.因此,在大多数情形下,我们要用半经典的理论框架,这结合了场的经典图像和物质的量子图像.但是,我们偶尔会不得不超越半经典描述.比如,一个量子系统发射的光子遵从非经典的光子统计,呈现出光子反群聚(两个光子不能同时到达).

这一章总结了本书所需要的电磁理论基础.我们仅仅讨论一些基本性质,更详细的处理,读者可以参考电磁学的标准教科书,例如Jackson[1]和Stratton[2]的经典教材.我们讨论的起始点是Maxwell方程组,由James Clerk Maxwell在1873年创立.

§2.1　宏观电动力学

在宏观电动力学体系中,电荷和与它相联系的电流的奇异性可以采用电荷密度ρ和电流密度$\boldsymbol{j}$来规避.在国际单位制下,宏观Maxwell方程组的微分形式如下:

$$\nabla \times \boldsymbol{E}(\boldsymbol{r},t) = -\frac{\partial \boldsymbol{B}(\boldsymbol{r},t)}{\partial t}, \tag{2.1}$$

$$\nabla \times \boldsymbol{H}(\boldsymbol{r},t) = \frac{\partial \boldsymbol{D}(\boldsymbol{r},t)}{\partial t} + \boldsymbol{j}(\boldsymbol{r},t), \tag{2.2}$$

$$\nabla \cdot \boldsymbol{D}(\boldsymbol{r},t) = \rho(\boldsymbol{r},t), \tag{2.3}$$

$$\nabla \cdot \boldsymbol{B}(\boldsymbol{r},t) = 0, \tag{2.4}$$

其中$\boldsymbol{E}$是电场强度,$\boldsymbol{D}$是电位移,$\boldsymbol{H}$是磁场强度,$\boldsymbol{B}$是磁感应强度,$\boldsymbol{j}$是电流密度,ρ是电荷密度.这些矢量的各个分量和标量电荷密度共有16个未知量.依赖于所考虑的介质,这些未知量的个数可以显著减少.例如,在线性、各向同性、均匀的无源介质中,电磁场可以完全用两个标量场来表达.我们知道 Maxwell 方程组是综合 Faraday, Ampère, Gauss, Poisson 等人已经建立的定律而完成的.由于 Maxwell 方程组是微分方程组,在空间和时间上是常数的场在这里是不相关的,任何这样的场都可以加入相应的场中而不影响该方程组.需要强调的是,这里场的概念是用来解释从源到受力物体的力传播,因此物理上的观测量是力,场的引入是用来解释有点麻烦的“超距作用”现象.我们要注意的是,宏观 Maxwell 方程组中的场是离散的电荷产生的微观场的空间平均,因此物质的微观本质并没有被涉及,电荷和电流密度被认为是空间的连续函数.如果要在原子尺度上描述这些量,需要用到微观 Maxwell 方程组,在那里考虑了物质是由带电荷和不带电荷的粒子组成的.

电荷守恒隐含在 Maxwell 方程组中.取方程(2.2)两边的散度,注意有恒等关系$\nabla \cdot \nabla \times \boldsymbol{H}=0$,然后再代入方程(2.3),就可以得到连续性方程

$$\nabla \cdot \boldsymbol{j}(\boldsymbol{r},t) + \frac{\partial \rho(\boldsymbol{r},\mathrm{t})}{\partial \mathrm{t}} = 0. \tag{2.5}$$

介质的电磁性质通常用宏观的极化强度 $\boldsymbol{P}$ 和磁化强度 $\boldsymbol{M}$ 描述,有下面的关系:

$$\boldsymbol{D}(\boldsymbol{r},t) = \varepsilon_0 \boldsymbol{E}(\boldsymbol{r},t) + \boldsymbol{P}(\boldsymbol{r},t), \tag{2.6}$$

$$\boldsymbol{H}(\boldsymbol{r},t) = \mu_0^{-1} \boldsymbol{B}(\boldsymbol{r},t) - \boldsymbol{M}(\boldsymbol{r},t), \tag{2.7}$$

这里 ε_0 和 μ_0 分别是真空介电常数和真空磁导率.这两个方程没有对介质做任何限定,因此普遍适用.

§2.2 波动方程

把 $\boldsymbol{D}$ 和 $\boldsymbol{B}$ 的表达式(2.6)和(2.7)代入 Maxwell 旋度方程并整理,我们会得到非齐次的波动方程

$$\nabla \times \nabla \times \boldsymbol{E} + \frac{1}{c^2}\frac{\partial^2 \boldsymbol{E}}{\partial t^2} = -\mu_0 \frac{\partial}{\partial t}\left(\boldsymbol{j} + \frac{\partial \boldsymbol{P}}{\partial t} + \nabla \times \boldsymbol{M}\right), \tag{2.8}$$

$$\nabla \times \nabla \times \boldsymbol{H} + \frac{1}{c^2}\frac{\partial^2 \boldsymbol{H}}{\partial t^2} = \nabla \times \boldsymbol{j} + \nabla \times \frac{\partial \boldsymbol{P}}{\partial t} - \frac{1}{c^2}\frac{\partial^2 \boldsymbol{M}}{\partial t^2}, \tag{2.9}$$

其中常数 $c=(\varepsilon_0\mu_0)^{-1/2}$ 是真空光速.(2.8)式括号中的部分称为全电流密度:

$$\boldsymbol{j}_{\mathrm{t}} = \boldsymbol{j}_{\mathrm{s}} + \boldsymbol{j}_{\mathrm{c}} + \frac{\partial \boldsymbol{P}}{\partial t} + \nabla \times \boldsymbol{M}, \tag{2.10}$$

这里 $\boldsymbol{j}$ 分成了源电流密度 $\boldsymbol{j}_{\mathrm{s}}$ 和传导电流密度 $\boldsymbol{j}_{\mathrm{c}}$,而 $\partial \boldsymbol{P}/\partial t$ 和$\nabla \times \boldsymbol{M}$ 分别是极化电流密度和磁化电流密度.波动方程(2.8)和(2.9)没有对介质附加任何条件,因此是普适的.

§2.3 本构关系

Maxwell 方程组中的场是由物质中的电荷和电流产生的. 但是,方程组并没有体现出电荷和电流是如何产生的. 因此,为得到电磁场的自洽解,Maxwell 方程组必须补充一些关系式来描述物质在电磁场影响下的行为. 这些材料方程就是本构关系. 在无色散的线性、各向同性介质中,本构关系如下:

$$\boldsymbol{D} = \varepsilon_0 \varepsilon \boldsymbol{E} \quad (\boldsymbol{P} = \varepsilon_0 \chi_e \boldsymbol{E}), \tag{2.11}$$

$$\boldsymbol{B} = \mu_0 \mu \boldsymbol{H} \quad (\boldsymbol{M} = \chi_m \boldsymbol{H}), \tag{2.12}$$

$$\boldsymbol{j}_c = \sigma \boldsymbol{E}. \tag{2.13}$$

这里 χ_e 和 χ_m 分别是电和磁极化率. 对于非线性介质,等式右边需要附加高阶项. 各向异性介质要用到 ε 和 μ 的张量形式. 为描述电和磁相互关联的双各向异性介质,$\boldsymbol{D}$ 的表达式要加上与 $\boldsymbol{H}$ 有关的项,$\boldsymbol{B}$ 的表达式要加上与 $\boldsymbol{E}$ 有关的项. 对于这样复杂的介质,波动方程只有在极特殊的情形下才能解. 如果材料参数 ε,μ 和 σ 是空间的函数,上面的本构关系表达的就是非均匀介质的特性. 如果参数是频率的函数,这样的材料称为时间色散的. 如果本构关系是对空间的卷积,这样的材料称为空间色散的. 在线性介质中,一个电磁场可以表达为单色场的叠加:

$$\boldsymbol{E}(\boldsymbol{r},t) = \boldsymbol{E}(\boldsymbol{k},\omega)\cos(\boldsymbol{k}\cdot\boldsymbol{r} - \omega t), \tag{2.14}$$

这里 $\boldsymbol{k}$ 和 ω 分别是波矢和角频率. 在大多数情况下,电位移 $\boldsymbol{D}(\boldsymbol{r}, t)$ 的振幅可以写为[①]

$$\boldsymbol{D}(\boldsymbol{k},\omega) = \varepsilon_0 \varepsilon(\boldsymbol{k},\omega)\boldsymbol{E}(\boldsymbol{k},\omega). \tag{2.15}$$

因为 $\boldsymbol{E}(\boldsymbol{k},\omega)$ 可看作某个含时场 $\boldsymbol{E}(\boldsymbol{r}, t)$ 的 Fourier 变换 $\hat{\boldsymbol{E}}$,所以我们可以对(2.15)式应用 Fourier 逆变换,得到

$$\boldsymbol{D}(\boldsymbol{r},t) = \varepsilon_0 \iint \tilde{\varepsilon}(\boldsymbol{r} - \boldsymbol{r}', t - t')\boldsymbol{E}(\boldsymbol{r}', t')\mathrm{d}\boldsymbol{r}'\mathrm{d}t'. \tag{2.16}$$

这里,$\tilde{\varepsilon}$ 表示在时空域上的响应函数. 在时间点 t 的电位移 $\boldsymbol{D}$ 依赖于 t 以前的所有电场强度(时间色散). 此外,在 $\boldsymbol{r}$ 点处的电位移依赖于该点附近的电场强度(空间色散). 空间色散介质也被称为非局域介质. 非局域效应能够在不同介质的界面处,或者尺寸与电子平均自由程相近的金属物体上观察到. 通常,在场计算中很难处理空间色散,但是在我们感兴趣的大多情况下,空间色散非常弱,可以忽略而不影响结果. 但时间色散会经常遇到,需要精确处理.

---

① 在各向异性介质中 $\varepsilon = \overleftrightarrow{\varepsilon}$,是二阶张量.

§2.4 含时场的频谱表示

含时场 $\boldsymbol{E}(\boldsymbol{r},t)$的频谱 $\hat{\boldsymbol{E}}(\boldsymbol{k},\omega)$是由 Fourier 变换来定义的：

$$\hat{\boldsymbol{E}}(\boldsymbol{r},\omega)=\frac{1}{2\pi}\int_{-\infty}^{\infty}\boldsymbol{E}(\boldsymbol{r},t)\mathrm{e}^{\mathrm{i}\omega t}\mathrm{d}t. \tag{2.17}$$

为使 $\boldsymbol{E}(\boldsymbol{r},t)$是实值场，必须有

$$\hat{\boldsymbol{E}}(\boldsymbol{r},-\omega)=\hat{\boldsymbol{E}}^*(\boldsymbol{r},\omega). \tag{2.18}$$

应用 Fourier 变换于含时 Maxwell 方程组(2.1)～(2.4)，有

$$\nabla\times\hat{\boldsymbol{E}}(\boldsymbol{r},\omega)=\mathrm{i}\omega\hat{\boldsymbol{B}}(\boldsymbol{r},\omega), \tag{2.19}$$

$$\nabla\times\hat{\boldsymbol{H}}(\boldsymbol{r},\omega)=-\mathrm{i}\omega\hat{\boldsymbol{D}}(\boldsymbol{r},\omega)+\hat{\boldsymbol{j}}(\boldsymbol{r},\omega), \tag{2.20}$$

$$\nabla\cdot\hat{\boldsymbol{D}}(\boldsymbol{r},\omega)=\hat{\rho}(\boldsymbol{r},\omega), \tag{2.21}$$

$$\nabla\cdot\hat{\boldsymbol{B}}(\boldsymbol{r},\omega)=0. \tag{2.22}$$

一旦获得 $\hat{\boldsymbol{E}}(\boldsymbol{r},\omega)$的值，含时场可通过 Fourier 逆变换得到：

$$\boldsymbol{E}(\boldsymbol{r},t)=\int_{-\infty}^{\infty}\hat{\boldsymbol{E}}(\boldsymbol{r},\omega)\mathrm{e}^{-\mathrm{i}\omega t}\mathrm{d}\omega. \tag{2.23}$$

因此，含时的非简谐电磁场可进行 Fourier 变换，其每一个频率成分都能分别作为单色场来处理，最后含时场通过 Fourier 逆变换获得.

§2.5 复解析信号形式的场

(2.18)式表明正频范围包含了所有负频范围的信息. 如果我们在(2.23)式中限制频率积分范围为正值，就得到了复解析信号[3]

$$\boldsymbol{E}^+(\boldsymbol{r},t)=\int_{0}^{\infty}\hat{\boldsymbol{E}}(\boldsymbol{r},\omega)\mathrm{e}^{-\mathrm{i}\omega t}\mathrm{d}\omega, \tag{2.24}$$

这里上标“+”表示仅包括正频. 类似地，我们也能定义一个只包含负频的复解析信号 $\boldsymbol{E}^-$. 积分范围的截断导致 $\boldsymbol{E}^+$ 和 $\boldsymbol{E}^-$ 变为时间的复函数. 因为 $\boldsymbol{E}$ 是实数，要求 $[\boldsymbol{E}^+]^*=\boldsymbol{E}^-$. 对 $\boldsymbol{E}^+(\boldsymbol{r},t)$ 和 $\boldsymbol{E}^-(\boldsymbol{r},t)$ 进行 Fourier 变换，分别得到 $\hat{\boldsymbol{E}}^+(\boldsymbol{r},\omega)$ 和 $\hat{\boldsymbol{E}}^-(\boldsymbol{r},\omega)$. 可以证明 $\hat{\boldsymbol{E}}^+(\boldsymbol{r},\omega)$在 $\omega>0$ 时与 $\hat{\boldsymbol{E}}$ 相同，在负频时为 0；$\hat{\boldsymbol{E}}^-(\boldsymbol{r},\omega)$在 $\omega<0$ 时与 $\hat{\boldsymbol{E}}$ 相同，在正频时为 0. 这样就有 $\hat{\boldsymbol{E}}=\hat{\boldsymbol{E}}^++\hat{\boldsymbol{E}}^-$. 在量子力学中，$\hat{\boldsymbol{E}}^-$ 与产生算符 $\hat{a}^\dagger$ 相关，$\hat{\boldsymbol{E}}^+$ 与湮没算符 $\hat{a}$ 相关.

§2.6 时 谐 场

在波动方程中,对时间的依赖很容易分离出来,从而获得一个简谐微分方程.单色场可以写作[②]

$$\boldsymbol{E}(\boldsymbol{r},t)=\mathrm{Re}\{\boldsymbol{E}(\boldsymbol{r})\mathrm{e}^{-\mathrm{i}\omega t}\}=\frac{1}{2}[\boldsymbol{E}(\boldsymbol{r})\mathrm{e}^{-\mathrm{i}\omega t}+\boldsymbol{E}^*(\boldsymbol{r})\mathrm{e}^{\mathrm{i}\omega t}], \tag{2.25}$$

其他场量也有相似的表示.需要注意的是,$\boldsymbol{E}(\boldsymbol{r},t)$是实数,而它的空间部分$\boldsymbol{E}(\boldsymbol{r})$是复数.在后面,$\boldsymbol{E}$既会用来代表实的含时场,也会用来表示该场的空间部分.这里不引入新的符号是为了保持在表达上的简洁.用其复振幅来表示时谐场是比较方便的.Maxwell方程组可写作

$$\nabla\times\boldsymbol{E}(\boldsymbol{r})=\mathrm{i}\omega\boldsymbol{B}(\boldsymbol{r}), \tag{2.26}$$

$$\nabla\times\boldsymbol{H}(\boldsymbol{r})=-\mathrm{i}\omega\boldsymbol{D}(\boldsymbol{r})+\boldsymbol{j}(\boldsymbol{r}), \tag{2.27}$$

$$\nabla\cdot\boldsymbol{D}(\boldsymbol{r})=\rho(\boldsymbol{r}), \tag{2.28}$$

$$\nabla\cdot\boldsymbol{B}(\boldsymbol{r})=0. \tag{2.29}$$

对于任意含时场的频谱,它们等价于Maxwell方程组(2.19)~(2.22).因此,$\boldsymbol{E}(\boldsymbol{r})$等价于含时场的频谱解$\hat{\boldsymbol{E}}(\boldsymbol{r},\omega)$.显然,复场振幅依赖于角频率$\omega$,也即$\boldsymbol{E}(\boldsymbol{r})=\boldsymbol{E}(\boldsymbol{r},\omega)$.然而,$\omega$通常并不明显写出.材料参数$\varepsilon,\mu,\sigma$也是空间和频率的函数,即$\varepsilon=\varepsilon(\boldsymbol{r},\omega)$,$\mu=\mu(\boldsymbol{r},\omega)$,$\sigma=\sigma(\boldsymbol{r},\omega)$.为简洁起见,我们通常都在场量和材料参数中省略自变量,是$\boldsymbol{E}(\boldsymbol{r},t)$,$\boldsymbol{E}(\boldsymbol{r})$还是$\hat{\boldsymbol{E}}(\boldsymbol{r},\omega)$由上下文决定.

§2.7 纵向和横向场

在一些问题中,人们喜欢把场矢量$\boldsymbol{E}$表示为横向场$\boldsymbol{E}_\perp$和纵向场$\boldsymbol{E}_\parallel$,即

$$\boldsymbol{E}(\boldsymbol{r})=\boldsymbol{E}_\perp(\boldsymbol{r})+\boldsymbol{E}_\parallel(\boldsymbol{r}), \tag{2.30}$$

并有$\nabla\times\boldsymbol{E}_\parallel=0$和$\nabla\cdot\boldsymbol{E}_\perp=0$."横向"和"纵向"的意思在倒易空间中最好理解.倒易空间有$\boldsymbol{E}(\boldsymbol{r})=\int_k\hat{\boldsymbol{E}}(\boldsymbol{k})\exp(\mathrm{i}\boldsymbol{k}\cdot\boldsymbol{r})\mathrm{d}\boldsymbol{k}$.我们可得到$\mathrm{i}\boldsymbol{k}\times\hat{\boldsymbol{E}}_\parallel=0$和$\mathrm{i}\boldsymbol{k}\cdot\hat{\boldsymbol{E}}_\perp=0$(见§2.15).也就是说,$\hat{\boldsymbol{E}}_\parallel$指向$\boldsymbol{k}$矢量的方向,$\hat{\boldsymbol{E}}_\perp$垂直$\boldsymbol{k}$矢量.$\hat{\boldsymbol{E}}_\parallel$也称为无旋的,$\boldsymbol{E}_\perp$称为无散的.(2.30)式直接体现了Helmholtz定理,即任何矢量场都可表达为$\boldsymbol{E}=-\nabla\phi+\nabla\times\boldsymbol{A}$.这里,$\nabla\phi$关联着纵向场,因为$\nabla\times\nabla\phi=0$.$\nabla\times\boldsymbol{A}$是横向的,因为$\nabla\cdot\nabla\times\boldsymbol{A}=0$.很明显,因为$\nabla\cdot\boldsymbol{B}=0$,磁场是纯横向的.另一方面,由$\nabla\cdot\boldsymbol{E}=-\rho/\varepsilon$,可知电荷产生的电场是纵向的.但要注意,电流密度$\boldsymbol{j}=\boldsymbol{j}_\perp+\boldsymbol{j}_\parallel$既能产生横向电场

---

② 也可以写作$\boldsymbol{E}(\boldsymbol{r},t)=\mathrm{Re}\{\boldsymbol{E}(\boldsymbol{r})\}\cos(\omega t)+\mathrm{Im}\{\boldsymbol{E}(\boldsymbol{r})\}\sin(\omega t)$.

也能产生纵向电场. 必须强调的是, $\boldsymbol{E}_{\perp}$ 和 $\boldsymbol{E}_{\parallel}$ 是一个数学构造,没有物理意义,仅当它们加在一起时才能给出一个完整的推迟因果场.

§2.8 复介电常数

在本构关系为线性的条件下,我们可以仅用 $\boldsymbol{E}(\boldsymbol{r})$ 和 $\boldsymbol{H}(\boldsymbol{r})$ 来表达 Maxwell 旋度方程(2.26)和(2.27). 首先我们在第一个方程两边乘以 μ^{-1},然后在两边施加旋度算符,最后把 $\nabla\times\boldsymbol{H}$ 用第二个方程代替,得到

$$\nabla \times \mu^{-1} \nabla \times \boldsymbol{E} - \frac{\omega^2}{c^2}[\varepsilon + \mathrm{i}\sigma/(\omega\varepsilon_0)]\boldsymbol{E} = \mathrm{i}\omega\mu_0\boldsymbol{j}_s. \tag{2.31}$$

通常我们用复介电常数表示上式左边括号中的量:

$$[\varepsilon + \mathrm{i}\sigma/(\omega\varepsilon_0)] \rightarrow \varepsilon. \tag{2.32}$$

这个表示没有区分传导电流和极化电流. 能量的耗散与复介电常数的虚部有关. 在这个 ε 的新定义下,在线性、各向同性,但非均匀的介质中,复场 $\boldsymbol{E}(\boldsymbol{r})$ 和 $\boldsymbol{H}(\boldsymbol{r})$ 的波动方程为

$$\nabla \times \mu^{-1} \nabla \times \boldsymbol{E} - k_0^2\varepsilon\boldsymbol{E} = \mathrm{i}\omega\mu_0\boldsymbol{j}_s, \tag{2.33}$$

$$\nabla \times \varepsilon^{-1} \nabla \times \boldsymbol{H} - k_0^2\mu\boldsymbol{H} = \nabla \times \varepsilon^{-1}\boldsymbol{j}_s, \tag{2.34}$$

其中 $k_0=\omega/c$ 是真空波数. 只要做替代 $\varepsilon\rightarrow\overleftrightarrow{\varepsilon}$ 和 $\mu\rightarrow\overleftrightarrow{\mu}$,上面的方程对各向异性介质也是成立的. 本书中我们将全部使用复介电常数这个概念.

§2.9 分块均匀介质

在很多物理情形下,介质是分块均匀的. 此时,整个空间可以划分为一些子区域,在每个子区域中材料的参数与位置 $\boldsymbol{r}$ 无关. 原则上说,分块均匀的介质在整体上是非均匀的,需要从(2.33)和(2.34)式获得解. 但是,其非均匀性都限制在边界上,因此在每个子区域内分别求解是方便的. 这些子区域的解必须在边界处相互联结以获得整个空间的解. 两个均匀子区域 D_i 和 D_j 的界面记为 ∂D_{ij}. 如果 ε_i 和 μ_i 在子区域 D_i 中为常数,则在这个子区域中的波动方程为

$$(\nabla^2 + k_i^2)\boldsymbol{E}_i = -\mathrm{i}\omega\mu_0\mu_i\boldsymbol{j}_i + \frac{\nabla\rho_i}{\varepsilon_0\varepsilon_i}, \tag{2.35}$$

$$(\nabla^2 + k_i^2)\boldsymbol{H}_i = -\nabla \times \boldsymbol{j}_i, \tag{2.36}$$

其中 $k_i=(\omega/c)\sqrt{\mu_i\varepsilon_i}$ 是波数, $\boldsymbol{j}_i$ 和 ρ_i 是子区域 D_i 中的源. 为得到这些方程,要用到恒等式 $\nabla\times\nabla\times=-\nabla^2+\nabla\nabla\cdot$ 和 Maxwell 方程(2.3). 方程(2.35)和(2.36)也称为非齐次矢量 Helmholtz 方程. 在大多数实际应用,比如散射问题中,不存在源电流和电荷,这时 Helmholtz 方程是齐次的.

§2.10 边界条件

由于材料的性质在边界处是不连续的，因而方程(2.35)和(2.36)仅在子区域内部成立.但是，Maxwell 方程组在边界处也必须成立.由于边界的不连续性，微分形式的 Maxwell 方程组在此处是无法应用的，但是我们可以求助方程组的积分形式.应用 Gauss 定理和 Stokes 定理于微分方程(2.1)～(2.4)可以推导出其积分形式：

$$\int_{\partial S} \boldsymbol{E}(\boldsymbol{r},t) \cdot \mathrm{d}\boldsymbol{s} = -\int_S \frac{\partial}{\partial t}\boldsymbol{B}(\boldsymbol{r},t) \cdot \boldsymbol{n}_s \mathrm{d}a, \tag{2.37}$$

$$\int_{\partial S} \boldsymbol{H}(\boldsymbol{r},t) \cdot \mathrm{d}\boldsymbol{s} = \int_S \left[\boldsymbol{j}(\boldsymbol{r},t) + \frac{\partial}{\partial t}\boldsymbol{D}(\boldsymbol{r},t)\right] \cdot \boldsymbol{n}_s \mathrm{d}a, \tag{2.38}$$

$$\int_{\partial V} \boldsymbol{D}(\boldsymbol{r},t) \cdot \boldsymbol{n}_s \mathrm{d}a = \int_V \rho(\boldsymbol{r},t) \mathrm{d}V, \tag{2.39}$$

$$\int_{\partial V} \boldsymbol{B}(\boldsymbol{r},t) \cdot \boldsymbol{n}_s \mathrm{d}a = 0. \tag{2.40}$$

在这些方程中，$\mathrm{d}a$ 是面积分元，$\boldsymbol{n}_s$ 是该面元的单位法矢量，$\mathrm{d}\boldsymbol{s}$ 是线积分元，∂V 是体积 V 的表面，∂S 是面 S 的边界.如果把积分形式的 Maxwell 方程组应用到边界上足够小的部分，就可以得到所需要的边界条件.在这种情况下，可以认为边界是平的，在边界两边场是均匀的(见图 2.1).考虑在边界附近的一个小矩形路径 ∂S，如图 2.1(a)所示.当面积 S(被路径 ∂S 包围)无限小时，穿过 S 的电和磁通量都变为0.因为表面电流密度 $\boldsymbol{K}$ 可能存在，这一点对于源电流不一定成立.由此，利用方程(2.37)和(2.38)可导出切向场分量的边界条件[③]：

$$\boldsymbol{n} \times (\boldsymbol{E}_i - \boldsymbol{E}_j) = \boldsymbol{0} \quad (\text{在 } \partial D_{ij} \text{ 上}), \tag{2.41}$$

$$\boldsymbol{n} \times (\boldsymbol{H}_i - \boldsymbol{H}_j) = \boldsymbol{K} \quad (\text{在 } \partial D_{ij} \text{ 上}), \tag{2.42}$$

其中 $\boldsymbol{n}$ 是边界的单位法矢量.如图 2.1(b)所示，通过考虑体积为 V，表面为 ∂V 的无限小的长方体盒子，可获得场法向分量的关系.在这样的情形下，两边的场可认为是均匀的，另外我们令面电荷密度为 σ，通过方程(2.39)和(2.40)可得到法向场分量的边界条件：

$$\boldsymbol{n} \cdot (\boldsymbol{D}_i - \boldsymbol{D}_j) = \sigma \quad (\text{在 } \partial D_{ij} \text{ 上}), \tag{2.43}$$

$$\boldsymbol{n} \cdot (\boldsymbol{B}_i - \boldsymbol{B}_j) = 0 \quad (\text{在 } \partial D_{ij} \text{ 上}). \tag{2.44}$$

在大多数情形下，在各个子区域内是没有源的，因而 $\boldsymbol{K}$ 和 σ 就不存在了.由于边界 ∂D_{ij} 两侧的场由 Maxwell 方程组相联系，因而这四个边界条件(2.41)～(2.44)并不是相互独立的.例如，如果切向分量的边界条件在边界各处都成立，在两边应用

③ 注意 $\boldsymbol{n}$ 与 $\boldsymbol{n}_s$ 是不同的单位矢量，$\boldsymbol{n}_s$ 垂直于表面 S 和 ∂V，而 $\boldsymbol{n}$ 垂直于边界 ∂D_{ij}.

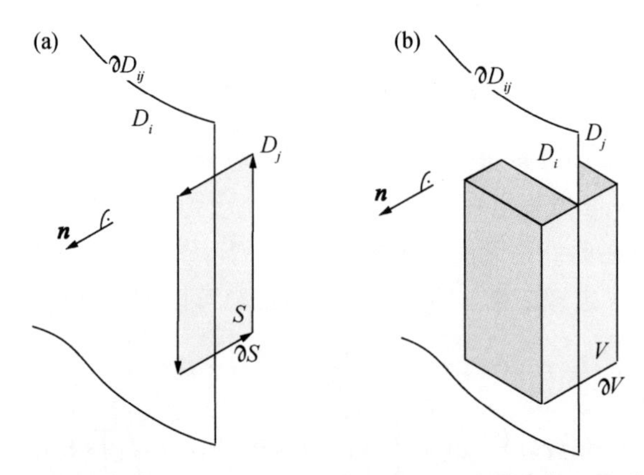

图 2.1 导出两子区域 D_i 和 D_j 的界面 ∂D_{ij} 处边界条件的积分路径.

Maxwell 方程组,会发现法向分量的边界条件自动满足.

2.10.1 Fresnel 反射和透射系数

对于单色平面波入射到一个平面界面的情况,利用边界条件就会得到熟悉的 Fresnel 反射和透射系数. 详细的推导可见于很多教科书(如文献[4])中. 这里仅给出结果.

一个任意偏振的平面波 $\boldsymbol{E}_1\exp(\mathrm{i}\boldsymbol{k}_1\cdot\boldsymbol{r}-\mathrm{i}\omega t)$ 总是可以写成两个偏振互相垂直的平面波的叠加,通常选择让偏振平行或垂直于 $\boldsymbol{k}$ 矢量和界面法线构成的入射面:

$$\boldsymbol{E}_1 = \boldsymbol{E}_1^{(\mathrm{s})} + \boldsymbol{E}_1^{(\mathrm{p})}. \tag{2.45}$$

$\boldsymbol{E}_1^{(\mathrm{s})}$ 平行于界面,而 $\boldsymbol{E}_1^{(\mathrm{p})}$ 垂直于波矢 $\boldsymbol{k}$ 和 $\boldsymbol{E}_1^{(\mathrm{s})}$. 上标(s)和(p)分别代表德语单词"senkrecht"(垂直)和"parallel"(平行),皆是相对于入射面而言. 对于在界面处的反射和透射,偏振(s)和(p)是不变的.

如图 2.2 所示,入射介质和透射介质的介电常数分别用 ε_1 和 ε_2 表示. 对磁导率 μ 也用同样的指标来区分. 我们分别用 $\boldsymbol{k}_1,\boldsymbol{k}_{1\mathrm{r}},\boldsymbol{k}_2$ 来标记入射、反射和透射波矢. 用如图 2.2 所示的坐标系,边界条件给出

$$\boldsymbol{k}_1 = (k_x,k_y,k_{z_1}),\quad |\boldsymbol{k}_1| = k_1 = \frac{\omega}{c}\sqrt{\varepsilon_1\mu_1}, \tag{2.46}$$

$$\boldsymbol{k}_2 = (k_x,k_y,k_{z_2}),\quad |\boldsymbol{k}_2| = k_2 = \frac{\omega}{c}\sqrt{\varepsilon_2\mu_2}. \tag{2.47}$$

因此波矢的横向分量(k_x,k_y)不变,纵向分量的大小为

$$k_{z_1} = \sqrt{k_1^2-(k_x^2+k_y^2)},\quad k_{z_2} = \sqrt{k_2^2-(k_x^2+k_y^2)}. \tag{2.48}$$

横向波矢 $k_{\parallel}=\sqrt{k_x^2+k_y^2}$ 可以用入射角 θ_1 方便地表示为

$$k_{\parallel} = \sqrt{k_x^2+k_y^2} = k_1\sin\theta_1. \tag{2.49}$$

按照(2.48)式,k_{z_1} 和 k_{z_2} 也可以用 θ_1 表示.

根据边界条件,反射和透射波的幅度可以表示为

$$
\begin{aligned}
E_{1r}^{(s)} &= E_1^{(s)} r^s(k_x,k_y), \quad E_{1r}^{(p)} = E_1^{(p)} r^p(k_x,k_y), \\
E_2^{(s)} &= E_1^{(s)} t^s(k_x,k_y), \quad E_2^{(p)} = E_1^{(p)} t^p(k_x,k_y),
\end{aligned} \tag{2.50}
$$

其中 Fresnel 反射和透射系数定义为④

$$
r^s(k_x,k_y) = \frac{\mu_2 k_{z_1} - \mu_1 k_{z_2}}{\mu_2 k_{z_1} + \mu_1 k_{z_2}}, \quad r^p(k_x,k_y) = \frac{\varepsilon_2 k_{z_1} - \varepsilon_1 k_{z_2}}{\varepsilon_2 k_{z_1} + \varepsilon_1 k_{z_2}}, \tag{2.51}
$$

$$
t^s(k_x,k_y) = \frac{2\mu_2 k_{z_1}}{\mu_2 k_{z_1} + \mu_1 k_{z_2}}, \quad t^p(k_x,k_y) = \frac{2\varepsilon_2 k_{z_1}}{\varepsilon_2 k_{z_1} + \varepsilon_1 k_{z_2}} \sqrt{\frac{\mu_2 \varepsilon_1}{\mu_1 \varepsilon_2}}. \tag{2.52}
$$

如上标所示,这些系数依赖于入射光的偏振. 这些系数是 k_{z_1} 和 k_{z_2} 的函数,它们既可以用 k_x 和 k_y 表示也可以用入射角 θ_1 表示. Fresnel 系数的符号依赖于如图 2.2 所示的电场矢量的定义. 对于沿法向入射($\theta_1=0$)的平面波,r^s 和 r^p 有一个因子 -1 的区别. 注意透射波既可以是平面波也可以是隐失波,详见 §2.14 的讨论.

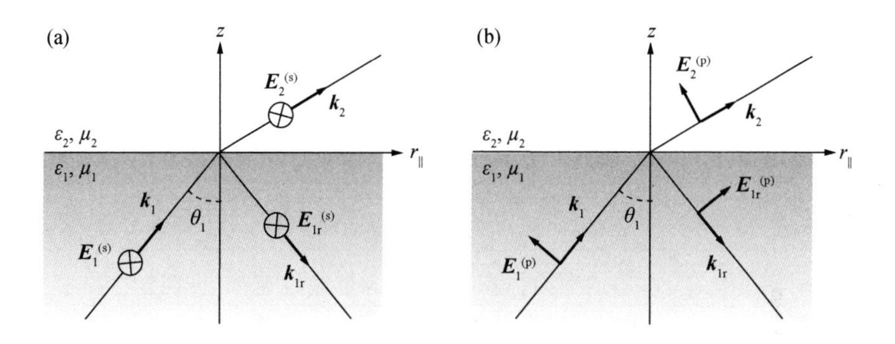

图 2.2 平面波在平面界面的反射和折射:(a) s 偏振,(b) p 偏振.

§2.11 能量守恒

前面建立的方程描述了电场和磁场的行为. 它们是 Maxwell 方程组和物质性质的直接结果. 尽管电场和磁场最初是为解释 Coulomb 和 Ampère 定律中的作用力而提出的,但 Maxwell 方程组不提供任何关于一个系统的能量和力的信息. 基本的 Lorentz 定律仅仅给出了作用于移动电荷上的力. Abraham-Minkowski 争议表明,不能从给定的电磁场中自洽地得出作用于任意物体上的力. 有趣的是,只用

④ 为了形式上的对称,有些人习惯于在 t^p 中去掉平方根项. 在那种定义中,t^p 代表了透射磁场与入射磁场的比值. 我们这里的定义与文献[4]一致.

Coulomb 定律和 Ampère 定律就足以建立 Lorentz 定律. 尽管后来通过增加位移电流,Maxwell 方程组才告完成,但 Lorentz 定律的形式保持不变,也没有造成能量方面的争议. 尽管也不是 Maxwell 方程组的直接结果,但 Poynting 定理提供了电磁场和其能量之间的一个可信的关联. 作为后面讨论的参考,下面给出 Poynting 定理.

如果从场 $\boldsymbol{H}$ 和(2.1)式的点积中减去场 $\boldsymbol{E}$ 和(2.2)式的点积,可以获得

$$\boldsymbol{H}\cdot(\nabla\times\boldsymbol{E})-\boldsymbol{E}\cdot(\nabla\times\boldsymbol{H})=-\boldsymbol{H}\cdot\frac{\partial\boldsymbol{B}}{\partial t}-\boldsymbol{E}\cdot\frac{\partial D}{\partial t}-\boldsymbol{j}\cdot\boldsymbol{E}. \tag{2.53}$$

上式左边即为 $\nabla\cdot(\boldsymbol{E}\times\boldsymbol{H})$. 在上式两边对全空间积分并应用 Gauss 定理,得

$$\int_{\partial V}(\boldsymbol{E}\times\boldsymbol{H})\cdot\boldsymbol{n}\mathrm{d}a=-\int_V\left[\boldsymbol{H}\cdot\frac{\partial\boldsymbol{B}}{\partial t}+\boldsymbol{E}\cdot\frac{\partial\boldsymbol{D}}{\partial t}+\boldsymbol{j}\cdot\boldsymbol{E}\right]\mathrm{d}V. \tag{2.54}$$

尽管这个方程已经奠定了 Poynting 定理的基础,但将 $\boldsymbol{B}$ 和 $\boldsymbol{D}$ 以更为普遍的形式(2.6)和(2.7)式代入可以提供更深刻的理解. 此时(2.54)式变为

$$\begin{aligned}\int_{\partial V}(\boldsymbol{E}\times\boldsymbol{H})\cdot\boldsymbol{n}\mathrm{d}a+\frac{1}{2}\frac{\partial}{\partial t}\int_V[\boldsymbol{D}\cdot\boldsymbol{E}+\boldsymbol{B}\cdot\boldsymbol{H}]\mathrm{d}V\\ =-\int_V\boldsymbol{j}\cdot\boldsymbol{E}\mathrm{d}V-\frac{1}{2}\int_V\left[\boldsymbol{E}\cdot\frac{\partial\boldsymbol{P}}{\partial t}-\boldsymbol{P}\cdot\frac{\partial\boldsymbol{E}}{\partial t}\right]\mathrm{d}V\\ -\frac{\mu_0}{2}\int_V\left[\boldsymbol{H}\cdot\frac{\partial\boldsymbol{M}}{\partial t}-\boldsymbol{M}\cdot\frac{\partial\boldsymbol{H}}{\partial t}\right]\mathrm{d}V.\end{aligned} \tag{2.55}$$

这个方程是 Maxwell 方程组的直接结论,因此有同样的适用性. Poynting 定理或多或少是对上式的解释:上式第一项是进出体积 V 的净能流,第二项为体积 V 内电磁能的时间变化率,右边的项为体积 V 内的能量耗散速率. 按照这个解释,

$$\boldsymbol{S}=\boldsymbol{E}\times\boldsymbol{H} \tag{2.56}$$

代表能流密度,而

$$W=\frac{1}{2}[\boldsymbol{D}\cdot\boldsymbol{E}+\boldsymbol{B}\cdot\boldsymbol{H}] \tag{2.57}$$

是电磁能密度. 如果体积 V 内的介质是线性和无色散的,(2.55)式中后两项是零,仅仅 $\boldsymbol{j}\cdot\boldsymbol{E}$ 为能量耗散项. 矢量 $\boldsymbol{S}$ 称为 Poynting 矢量. 原则上,任意矢量场的旋度都可以被加入 $\boldsymbol{S}$ 中而不会改变守恒定律(2.55),但是(2.56)式的形式是比较便利的.

$\boldsymbol{S}$ 的时间平均值有特别的意义. 这个量描述净的功率流密度,有助于我们理解辐射图. 假设场是时谐、线性、无色散的,(2.55)式的时间平均为

$$\int_{\partial V}\langle\boldsymbol{S}\rangle\cdot\boldsymbol{n}\mathrm{d}a=-\frac{1}{2}\int_V\mathrm{Re}\{\boldsymbol{j}^*\cdot\boldsymbol{E}\}\mathrm{d}V, \tag{2.58}$$

其中我们用了复数表示. 上式右边的项定义了体积 V 内的平均能量耗散. $\langle\boldsymbol{S}\rangle$ 代表 Poynting 矢量的时间平均:

$$\langle \boldsymbol{S} \rangle = \frac{1}{2}\mathrm{Re}\{\boldsymbol{E}\times\boldsymbol{H}^*\}. \tag{2.59}$$

在远场，电磁场是纯横向的．而且，电场和磁场是同相的，它们的振幅比是不变的．在这种情况下，$\langle \boldsymbol{S} \rangle$可以单独用电场来表示：

$$\langle \boldsymbol{S} \rangle = \frac{1}{2}\sqrt{\frac{\varepsilon_0\varepsilon}{\mu_0\mu}}\,|\boldsymbol{E}|^2\boldsymbol{n}_r, \tag{2.60}$$

其中 $\boldsymbol{n}_r$ 表示径向单位矢量，平方根项的倒数表示波阻抗．

色散和有耗介质中的能量密度

(2.55)式中的后两项仅在线性、无色散和损耗的介质中才会严格消失，只有真空符合此条件．对于所有其他介质，这两项只能近似消失．在这节，我们考虑带有频率依赖的复 μ 和 ε 的线性介质．

让我们回到(2.54)式表达的 Poynting 定理．该式左边表示进出体积 V 的功率流，右边表示在体积 V 中耗散和产生的功率．右边三项具有相似的形式，因此我们首先考虑电场能量项 $\boldsymbol{E}\cdot(\partial\boldsymbol{D}/\partial t)$．在时间 t 的电场能密度 w_E 为

$$w_E(\boldsymbol{r},t) = \int_{-\infty}^{t}\boldsymbol{E}(\boldsymbol{r},t')\cdot\frac{\partial\boldsymbol{D}(\boldsymbol{r},t')}{\partial t'}\mathrm{d}t'. \tag{2.61}$$

我们现在用 Fourier 变换来表示场 $\boldsymbol{E}$ 和 $\boldsymbol{D}$，$\boldsymbol{E}(t') = \int\hat{\boldsymbol{E}}(\omega)\exp[-\mathrm{i}\omega t']\mathrm{d}\omega$ 和 $\boldsymbol{D}(t') = \int\hat{\boldsymbol{D}}(\omega)\exp[-\mathrm{i}\omega t']\mathrm{d}\omega$．在后面的表达中，我们用 $\omega=-\omega'$ 做代换，得到 $\boldsymbol{D}(t') = \int\hat{\boldsymbol{D}}^*(\omega')\exp[\mathrm{i}\omega' t']\mathrm{d}\omega'$，这里我们用到了 $\hat{\boldsymbol{D}}(-\omega')=\hat{\boldsymbol{D}}^*(\omega')$，因为 $\boldsymbol{D}(t)$ 是实数(参考(2.18)式)．用线性关系 $\hat{\boldsymbol{D}}=\varepsilon_0\varepsilon\hat{\boldsymbol{E}}$ 插入 Fourier 变换(2.61)中，有

$$w_E(\boldsymbol{r},t) = \varepsilon_0\int_{-\infty}^{\infty}\int_{-\infty}^{\infty}\frac{\omega'\varepsilon^*(\omega')}{\omega'-\omega}\hat{\boldsymbol{E}}(\omega)\cdot\hat{\boldsymbol{E}}^*(\omega')\mathrm{e}^{\mathrm{i}(\omega'-\omega)t}\mathrm{d}\omega'\mathrm{d}\omega, \tag{2.62}$$

这里我们实行了对时间的微分和积分，并假设场在 $t\to-\infty$ 时为 0．为了后面的便利，我们把上面的结果换一个形式来表达．做代换 $u'=-\omega$ 和 $u=-\omega'$，并利用 $\hat{\boldsymbol{E}}(-u)=\hat{\boldsymbol{E}}^*(u)$ 和 $\varepsilon(-u)=\varepsilon^*(u)$，可以给出以 u 和 u' 为自变量的类似于(2.62)式的公式．最后，我们把该式加到(2.62)式上，再取其结果的一半，得到[5]

$$w_E(\boldsymbol{r},t) = \frac{\varepsilon_0}{2}\int_{-\infty}^{\infty}\int_{-\infty}^{\infty}\left[\frac{\omega'\varepsilon^*(\omega')-\omega\varepsilon(\omega)}{\omega'-\omega}\right]\hat{\boldsymbol{E}}(\omega)\cdot\hat{\boldsymbol{E}}^*(\omega')\mathrm{e}^{\mathrm{i}(\omega'-\omega)t}\mathrm{d}\omega'\mathrm{d}\omega. \tag{2.63}$$

同样可以得到(2.54)式中磁场项 $\boldsymbol{H}\cdot\left(\dfrac{\partial\boldsymbol{B}}{\partial t}\right)$和耗散项 $\boldsymbol{j}\cdot\boldsymbol{E}$ 的表达式．

如果 $\varepsilon(\omega)$是复函数，那么 w_E 不仅包含介质中产生的能量密度，而且也包含转移给介质的能量，比如热耗散．在(2.54)式的 $\boldsymbol{j}\cdot\boldsymbol{E}$ 项中是无法区别这些贡献的，这已经在§2.8 中讨论过．这样，ε 的虚部可以纳入电导率 σ 中(参见(2.32)式)，通过线性关系 $\hat{\boldsymbol{j}}=\sigma\hat{\boldsymbol{E}}$ 进入 $\boldsymbol{j}\cdot\boldsymbol{E}$ 项．因此，对于能量密度，仅仅考虑 ε 的实部就足够了，

用 ε' 表示 ε 的实部.

我们考虑一个单色场 $\hat{\boldsymbol{E}}(\boldsymbol{r},\omega)=\boldsymbol{E}_0(\boldsymbol{r})[\delta(\omega-\omega_0)+\delta(\omega+\omega_0)]/2$. 代入(2.63)式得到四项:两项不随时间变化,两项随时间振荡. 在一个振荡周期 $2\pi/\omega_0$ 内取平均,振荡项消失,仅存在常数项. 对于这些项我们必须把(2.63)式括号中的表达式看作极限:

$$\lim_{\omega'\to\omega}\left[\frac{\omega'\varepsilon'(\omega')-\omega\varepsilon'(\omega)}{\omega'-\omega}\right]=\left.\frac{\mathrm{d}[\omega\varepsilon'(\omega)]}{\mathrm{d}\omega}\right|_{\omega=\omega_0}. \tag{2.64}$$

因此,(2.63)式在一个周期中的平均值为

$$\bar{w}_E(\boldsymbol{r})=\left.\frac{\varepsilon_0\mathrm{d}[\omega\varepsilon'(\omega)]}{4\mathrm{d}\omega}\right|_{\omega=\omega_0}|\boldsymbol{E}_0(\boldsymbol{r})|^2. \tag{2.65}$$

对于磁场项 $\boldsymbol{H}\cdot\left(\frac{\partial\boldsymbol{B}}{\partial t}\right)$ 也可推导出相似的结果.

(2.65)式在频率 ω 在一个以 ω_0 为中心的较窄范围内的准单色场中也成立. 这样的场可以表示为

$$\boldsymbol{E}(\boldsymbol{r},t)=\mathrm{Re}\{\widetilde{\boldsymbol{E}}(\boldsymbol{r},t)\}=\mathrm{Re}\{\boldsymbol{E}_0(\boldsymbol{r},t)\mathrm{e}^{-\mathrm{i}\omega_0 t}\}, \tag{2.66}$$

称为缓变幅近似(slowly varying amplitude approximation). 这里 $\boldsymbol{E}_0(\boldsymbol{r},t)$ 是缓慢变化的(复)振幅,ω_0 是载频. 包络 $\boldsymbol{E}_0$ 跨过很多以 ω_0 为频率的振荡.

用时间平均,即 $|\boldsymbol{E}_0|^2=2\langle\boldsymbol{E}(t)\cdot\boldsymbol{E}(t)\rangle$ 来表示场振幅,我们能够将总的周期平均能量密度 $\bar{W}$ 写作

$$\bar{W}=\left[\varepsilon_0\frac{\mathrm{d}[\omega\varepsilon'(\omega)]}{\mathrm{d}\omega}\langle\boldsymbol{E}\cdot\boldsymbol{E}\rangle+\mu_0\frac{\mathrm{d}[\omega\mu'(\omega)]}{\mathrm{d}\omega}\langle\boldsymbol{H}\cdot\boldsymbol{H}\rangle\right], \tag{2.67}$$

其中 $\boldsymbol{E}=\boldsymbol{E}(\boldsymbol{r},t)$ 和 $\boldsymbol{H}=\boldsymbol{H}(\boldsymbol{r},t)$ 是含时场. 注意 ω 是 $\boldsymbol{E}$ 和 $\boldsymbol{H}$ 的谱的中心频率. 对于可忽略色散的介质,这个表达式可约化为 $\bar{W}=\frac{1}{2}[\varepsilon_0\varepsilon'|\boldsymbol{E}_0|^2+\mu_0\mu'|\boldsymbol{H}_0|^2]$,与无色散本构关系得出的(2.57)式一致. 因为 $\mathrm{d}(\omega\varepsilon')/\mathrm{d}\omega>0$ 和 $\mathrm{d}(\omega\mu')/\mathrm{d}\omega>0$,能量密度总是正的,即使对于 $\varepsilon'<0$ 的金属也如此. 关于色散和有耗材料中能量密度的详细讨论可参见文献[5,6].

§2.12 并矢 Green 函数

场理论中的一个重要概念是 Green 函数——由点源产生的场. 在电磁场理论中,并矢 Green 函数 $\overleftrightarrow{\boldsymbol{G}}$ 本质上通过在源点 $\boldsymbol{r}'$ 处的辐射偶极子 $\boldsymbol{p}$ 在 $\boldsymbol{r}$ 处产生的电场 $\boldsymbol{E}$ 来定义. 用数学的术语表达为

$$\boldsymbol{E}(\boldsymbol{r})=\omega^2\mu_0\mu\overleftrightarrow{\boldsymbol{G}}(\boldsymbol{r},\boldsymbol{r}')\boldsymbol{p}. \tag{2.68}$$

为理解 Green 函数的基本思想,我们首先要介绍它的数学基础.

2.12.1 Green 函数的数学基础

考虑下面一般的非齐次方程：

$$\mathcal{L}\boldsymbol{A}(\boldsymbol{r})=\boldsymbol{B}(\boldsymbol{r}). \tag{2.69}$$

$\mathcal{L}$ 是作用于矢量场 $\boldsymbol{A}$ 的线性算符，代表系统的未知响应. 矢量场 $\boldsymbol{B}$ 是一个已知的源函数，导致微分方程非齐次. 线性微分方程的一个众所周知的定理是非齐次微分方程的通解是其相应的齐次方程($\boldsymbol{B}=0$)的完全解和一个非齐次特解之和. 这里，我们假设齐次解($\boldsymbol{A}_0$)已知. 因此我们需要获得一个任意的特解.

通常想找到方程(2.69)的一个解是很困难的，但是在考虑一种特殊的非齐次项 $\delta(\boldsymbol{r}-\boldsymbol{r}')$，即除了在 $\boldsymbol{r}=\boldsymbol{r}'$ 点处，其他值皆为 0 时，解较易获得. 此时，线性方程变为

$$\mathcal{L}\boldsymbol{G}_i(\boldsymbol{r},\boldsymbol{r}')=\boldsymbol{n}_i\delta(\boldsymbol{r}-\boldsymbol{r}')\quad(i=x,y,z), \tag{2.70}$$

其中 $\boldsymbol{n}_i$ 指的是任意常数单位矢量. $\boldsymbol{G}_i$ 是 $\mathcal{L}$ 相对于源 $\boldsymbol{n}_i\delta(\boldsymbol{r}-\boldsymbol{r}')$ 的解，而 $\boldsymbol{A}$ 是 $\mathcal{L}$ 相对于源 $\boldsymbol{B}$ 的解. 通常，矢量场 $\boldsymbol{G}_i$ 依赖于非齐次项 $\delta(\boldsymbol{r}-\boldsymbol{r}')$ 中的位置 $\boldsymbol{r}'$. 因此矢量 $\boldsymbol{r}'$ 应被包含于 $\boldsymbol{G}_i$ 的自变量中. 方程(2.70)的三个方程可以写为更简洁的形式：

$$\mathcal{L}\overleftrightarrow{\boldsymbol{G}}(\boldsymbol{r},\boldsymbol{r}')=\overleftrightarrow{\boldsymbol{I}}\delta(\boldsymbol{r}-\boldsymbol{r}'), \tag{2.71}$$

这里算符 $\mathcal{L}$ 分别作用于 $\overleftrightarrow{\boldsymbol{G}}$ 的每列，$\overleftrightarrow{\boldsymbol{I}}$ 是单位并矢. 满足方程(2.71)的函数 $\overleftrightarrow{\boldsymbol{G}}$ 称为并矢 Green 函数.

若方程(2.71)已经获解，$\overleftrightarrow{\boldsymbol{G}}$ 已知，在方程(2.71)两边右乘 $\boldsymbol{B}(\boldsymbol{r}')$，然后对 $\boldsymbol{B}\neq 0$ 的体积 V 积分，则有

$$\int_V \mathcal{L}\overleftrightarrow{\boldsymbol{G}}(\boldsymbol{r},\boldsymbol{r}')\boldsymbol{B}(\boldsymbol{r}')\mathrm{d}V'=\int_V \boldsymbol{B}(\boldsymbol{r}')\delta(\boldsymbol{r}-\boldsymbol{r}')\mathrm{d}V'. \tag{2.72}$$

上式右边即为 $\boldsymbol{B}(\boldsymbol{r})$. 考虑方程(2.69)，则有

$$\mathcal{L}\boldsymbol{A}(\boldsymbol{r})=\int_V \mathcal{L}\overleftrightarrow{\boldsymbol{G}}(\boldsymbol{r},\boldsymbol{r}')\boldsymbol{B}(\boldsymbol{r}')\mathrm{d}V'. \tag{2.73}$$

如果上式右边的算符 $\mathcal{L}$ 可以取出在积分号外，那么方程(2.69)的解可以表达为

$$\boldsymbol{A}(\boldsymbol{r})=\int_V \overleftrightarrow{\boldsymbol{G}}(\boldsymbol{r},\boldsymbol{r}')\boldsymbol{B}(\boldsymbol{r}')\mathrm{d}V'. \tag{2.74}$$

因此，原方程的解为并矢 Green 函数和非齐次项 $\boldsymbol{B}$ 的积在源空间 V 的积分.

算符 $\mathcal{L}$ 和 $\int \mathrm{d}V'$ 可交换的假设不是严格成立的，在被积函数性质不好时，这种交换必须要谨慎. 在多数情况下，$\overleftrightarrow{\boldsymbol{G}}$ 在 $\boldsymbol{r}=\boldsymbol{r}'$ 处是奇异的，需要扣除围绕 $\boldsymbol{r}=\boldsymbol{r}'$ 的一个无限小的体积[7,8]. 主体积去极化必须分别做，会导致一项 $\overleftrightarrow{\boldsymbol{L}}$，依赖于相关体积的几何形状. 而且，在数值计算中，主体积有限，会产生第二个修正项，用 $\overleftrightarrow{\boldsymbol{M}}$ 表示. 但只要我们考虑在源体积 V 外面的场点，也就是 $\boldsymbol{r}\notin V$，就不需要严格地考虑这些问

题.关于主体积的讨论请见第 16 章.

2.12.2 电场 Green 函数的推导

在 ε 和 μ 为常数的无限均匀空间中,通过考虑时谐矢势 $\boldsymbol{A}$ 和标势 ϕ 来推导电场的 Green 函数是最方便的.在这种情形下,$\boldsymbol{A}$ 和 ϕ 由如下关系式定义:

$$\boldsymbol{E}(\boldsymbol{r}) = \mathrm{i}\omega\boldsymbol{A}(\boldsymbol{r}) - \nabla\phi(\boldsymbol{r}), \tag{2.75}$$

$$\boldsymbol{H}(\boldsymbol{r}) = \frac{1}{\mu_0\mu}\nabla\times\boldsymbol{A}(\boldsymbol{r}). \tag{2.76}$$

把上式代入 Maxwell 第二方程(2.27),得到

$$\nabla\times\nabla\times\boldsymbol{A}(\boldsymbol{r}) = \mu_0\mu\boldsymbol{j}(\boldsymbol{r}) - \mathrm{i}\omega\mu_0\mu\varepsilon_0\varepsilon[\mathrm{i}\omega\boldsymbol{A}(\boldsymbol{r}) - \nabla\phi(\boldsymbol{r})], \tag{2.77}$$

这里我们用到 $\boldsymbol{D}=\varepsilon_0\varepsilon\boldsymbol{E}$. $\boldsymbol{A}$ 和 ϕ 不是唯一地由(2.75)和(2.76)式确定,我们仍然有自由度来确定 $\nabla\cdot\boldsymbol{A}$ 的值.我们的选择是

$$\nabla\cdot\boldsymbol{A}(\boldsymbol{r}) = \mathrm{i}\omega\mu_0\mu\varepsilon_0\varepsilon\phi(\boldsymbol{r}). \tag{2.78}$$

这种附加于(2.75)和(2.76)式的条件称为规范条件.通过(2.78)式选择的规范称为 Lorenz 规范.用数学恒等式 $\nabla\times\nabla\times=-\nabla^2+\nabla\nabla\cdot$ 和 Lorenz 规范,我们能够把(2.77)式重写为

$$[\nabla^2 + k^2]\boldsymbol{A}(\boldsymbol{r}) = -\mu_0\mu\boldsymbol{j}(\boldsymbol{r}), \tag{2.79}$$

为非齐次 Helmholtz 方程.上式对于 $\boldsymbol{A}$ 的每一个分量 A_i 都分别成立.对于标势 ϕ 也能推导出一个相似的方程:

$$[\nabla^2 + k^2]\phi(\boldsymbol{r}) = -\rho(\boldsymbol{r})/(\varepsilon_0\varepsilon). \tag{2.80}$$

因此我们得到了四个如下形式的标量 Helmholtz 方程:

$$[\nabla^2 + k^2]f(\boldsymbol{r}) = -g(\boldsymbol{r}). \tag{2.81}$$

为推导出 Helmholtz 算符的标量 Green 函数 $G_0(\boldsymbol{r},\boldsymbol{r}')$,我们把源项 $g(\boldsymbol{r})$ 用点源 $\delta(\boldsymbol{r}-\boldsymbol{r}')$ 代替,得到

$$[\nabla^2 + k^2]G_0(\boldsymbol{r},\boldsymbol{r}') = -\delta(\boldsymbol{r}-\boldsymbol{r}'). \tag{2.82}$$

坐标 $\boldsymbol{r}$ 表示场点的位置,也就是场在此点处取值,而坐标 $\boldsymbol{r}'$ 指的是点源的位置.一旦我们确定了 G_0,就能获得(2.79)式中矢势的特解:

$$\boldsymbol{A}(\boldsymbol{r}) = \mu_0\mu\int_V \boldsymbol{j}(\boldsymbol{r}')G_0(\boldsymbol{r},\boldsymbol{r}')\mathrm{d}V'. \tag{2.83}$$

对于标势,相似的方程也成立.这两个解的获得都需要知道由方程(2.82)确定的 Green 函数的值.在自由空间,该方程唯一有物理意义的解为[1]

$$G_0(\boldsymbol{r},\boldsymbol{r}') = \frac{\mathrm{e}^{\pm\mathrm{i}k|\boldsymbol{r}-\boldsymbol{r}'|}}{4\pi|\boldsymbol{r}-\boldsymbol{r}'|}. \tag{2.84}$$

上式中正号代表向外传播的球面波,负号代表向内会聚的球面波.在后面,我们只取向外传播的波.将标量 Green 函数代入(2.83)式,再对源空间 V 积分,即可计算

出矢势.因此,只要给定电流分布 $\boldsymbol{j}$ 和电荷分布 ρ,我们就可以计算出矢势和标势.需要注意的是,(2.84)式确定的 Green 函数仅能应用到均匀的三维空间.二维空间和半无限空间的 Green 函数会有不同的形式.

到现在为止,我们通过势 $\boldsymbol{A}$ 和 ϕ 来简化处理 Green 函数,因为这样仅需要标量方程就可获得解.当我们直接解电场和磁场时,有关公式会变得相互关联,原因是在 x 方向的源电流会产生 x,y,z 三个方向的电场和磁场.这不同于矢势:在 x 方向的源电流只产生 x 方向的矢势.因此,我们需要获取一个 Green 函数,能够关联源和场的各个方向的分量,或者说,Green 函数必须是一个张量(见图 2.3).这种形式的 Green 函数称为并矢 Green 函数,在前一节中已经引入.为确定并矢 Green 函数,我们要从电场的波动方程(2.33)开始.在均匀的空间中,我们有

$$\nabla \times \nabla \times \boldsymbol{E}(\boldsymbol{r}) - k^2 \boldsymbol{E}(\boldsymbol{r}) = \mathrm{i}\omega\mu_0\mu\boldsymbol{j}(\boldsymbol{r}). \tag{2.85}$$

我们能够对 $\boldsymbol{j}$ 的每一个分量确定一个对应的 Green 函数,例如,对 j_x 有

$$\nabla \times \nabla \times \boldsymbol{G}_x(\boldsymbol{r},\boldsymbol{r}') - k^2 \boldsymbol{G}_x(\boldsymbol{r},\boldsymbol{r}') = \delta(\boldsymbol{r}-\boldsymbol{r}')\boldsymbol{n}_x, \tag{2.86}$$

这里 $\boldsymbol{n}_x$ 是 x 方向的单位矢量.对于 y 和 z 方向的点源也可以得到相似的方程.考虑所有方向,我们可以写出电场并矢 Green 函数的一般形式[9]:

$$\nabla \times \nabla \times \overleftrightarrow{\boldsymbol{G}}(\boldsymbol{r},\boldsymbol{r}') - k^2 \overleftrightarrow{\boldsymbol{G}}(\boldsymbol{r},\boldsymbol{r}') = \overleftrightarrow{\boldsymbol{I}}\delta(\boldsymbol{r}-\boldsymbol{r}'), \tag{2.87}$$

其中 $\overleftrightarrow{\boldsymbol{I}}$ 是单位并矢(单位张量).张量 $\overleftrightarrow{\boldsymbol{G}}$ 的第一列对应着 x 方向点源产生的场,第二列对应着 y 方向点源产生的场,第三列对应着 z 方向点源产生的场.因此并矢 Green 函数只是三个矢量 Green 函数的简洁记法.

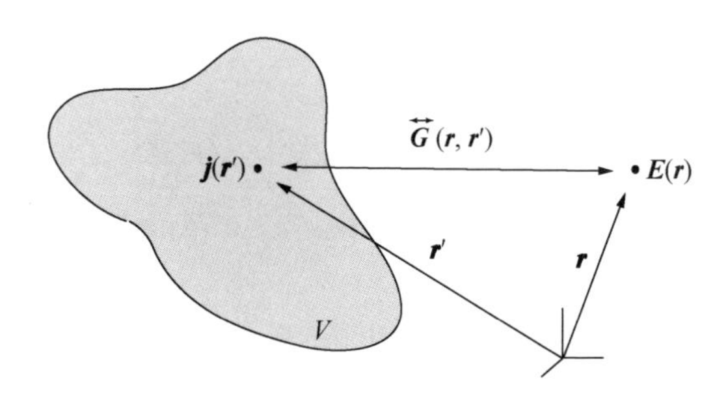

图 2.3 并矢 Green 函数 $\overleftrightarrow{\boldsymbol{G}}(\boldsymbol{r},\boldsymbol{r}')$ 图示.Green 函数刻画了一个在源点 $\boldsymbol{r}'$ 处的点源 $\boldsymbol{j}$ 产生的场点 $\boldsymbol{r}$ 处的电场.由于在 $\boldsymbol{r}$ 处的场依赖于 $\boldsymbol{j}$ 的取向,Green 函数就必须考虑所有可能的方向,取张量形式.

如前面一样,我们可以把方程(2.85)中的源电流看作点电流的叠加.因此,如果我们获得了 Green 函数 $\overleftrightarrow{\boldsymbol{G}}$,就能够确定方程(2.85)的一个特解

$$\boldsymbol{E}(\boldsymbol{r}) = \mathrm{i}\omega\mu\mu_0 \int_V \overleftrightarrow{\boldsymbol{G}}(\boldsymbol{r},\boldsymbol{r}')\boldsymbol{j}(\boldsymbol{r}')\mathrm{d}V'. \tag{2.88}$$

但是,这是一个特解,我们需要加入齐次方程的解 $\boldsymbol{E}_0$.因此,通解变为

$$\boldsymbol{E}(\boldsymbol{r}) = \boldsymbol{E}_0(\boldsymbol{r}) + \mathrm{i}\omega\mu_0\mu\int_V \overleftrightarrow{\boldsymbol{G}}(\boldsymbol{r},\boldsymbol{r}')\boldsymbol{j}(\boldsymbol{r}')\mathrm{d}V', \quad \boldsymbol{r} \notin V. \tag{2.89}$$

相应的磁场是

$$\boldsymbol{H}(\boldsymbol{r}) = \boldsymbol{H}_0(\boldsymbol{r}) + \int_V [\nabla \times \overleftrightarrow{\boldsymbol{G}}(\boldsymbol{r},\boldsymbol{r}')]\boldsymbol{j}(\boldsymbol{r}')\mathrm{d}V', \quad \boldsymbol{r} \notin V. \tag{2.90}$$

这些方程称为体积分方程，是非常重要的，是其他各类公式的基础，比如极矩法、Lippmann-Schwinger 方程、耦合偶极子法. 我们把体积分方程的有效性限制在源体积 V 之外，这样可以避免 $\overleftrightarrow{\boldsymbol{G}}$ 在 $\boldsymbol{r}=\boldsymbol{r}'$ 处的明显奇点. 在第 16 章中，我们会放宽这个限制.

为了对给定电流分布求解方程(2.89)和(2.90)，我们需要确定 $\overleftrightarrow{\boldsymbol{G}}$ 的明显形式. 把 Lorenz 规范(2.78)加到(2.75)中，有

$$\boldsymbol{E}(\boldsymbol{r}) = \mathrm{i}\omega\left[1 + \frac{1}{k^2}\nabla\nabla\cdot\right]\boldsymbol{A}(\boldsymbol{r}). \tag{2.91}$$

$\overleftrightarrow{\boldsymbol{G}}$ 的第一列矢量 $\boldsymbol{G}_x$ 由(2.86)式定义，就是由点源电流 $\boldsymbol{j}=(\mathrm{i}\omega\mu_0)^{-1}\delta(\boldsymbol{r}-\boldsymbol{r}')\boldsymbol{n}_x$ 引起的电场. 按照(2.83)式，起源于此源电流的矢势为

$$\boldsymbol{A}(\boldsymbol{r}) = (\mathrm{i}\omega)^{-1}G_0(\boldsymbol{r},\boldsymbol{r}')\boldsymbol{n}_x. \tag{2.92}$$

把此矢势插入(2.91)式中，得

$$\boldsymbol{G}_x(\boldsymbol{r},\boldsymbol{r}') = \left[1 + \frac{1}{k^2}\nabla\nabla\cdot\right]G_0(\boldsymbol{r},\boldsymbol{r}')\boldsymbol{n}_x. \tag{2.93}$$

$\boldsymbol{G}_y$ 和 $\boldsymbol{G}_z$ 可获得相似的表达式. 剩下的事情就是把三个解结合成并矢形式. 我们规定 $\nabla\cdot[G_0\overleftrightarrow{\boldsymbol{I}}]=\nabla G_0$，并矢 Green 函数 $\overleftrightarrow{\boldsymbol{G}}$ 就可以根据(2.84)中的标量 Green 函数 G_0 计算得到：

$$\overleftrightarrow{\boldsymbol{G}}(\boldsymbol{r},\boldsymbol{r}') = \left[\overleftrightarrow{\boldsymbol{I}} + \frac{1}{k^2}\nabla\nabla\right]G_0(\boldsymbol{r},\boldsymbol{r}'). \tag{2.94}$$

2.12.3 含时 Green 函数

波动方程中对时间的依赖可以分离出来，形成时谐微分方程，很容易求解. 方程(2.25)代表一个单色波场，任何其他形式的含时场都可以通过 Fourier 变换产生(单色波场相加). 但是，对于研究超快现象，保留明显的时间依赖是有利的. 在这种情况下，我们必须推广 $\boldsymbol{A}$ 和 ϕ 的定义[5]：

$$\boldsymbol{E}(\boldsymbol{r},t) = -\frac{\partial}{\partial t}\boldsymbol{A}(\boldsymbol{r},t) - \nabla\phi(\boldsymbol{r},t), \tag{2.95}$$

$$\boldsymbol{H}(\boldsymbol{r},t) = \frac{1}{\mu_0\mu}\nabla\times\boldsymbol{A}(\boldsymbol{r},t). \tag{2.96}$$

---

[5] 此处假设介质无色散，即 $\varepsilon(\omega)=\varepsilon$，$\mu(\omega)=\mu$.

据此我们可以得到 Lorenz 规范下的含时 Helmholtz 方程(参见(2.79)式)

$$\left[\nabla^2 - \frac{n^2}{c^2}\frac{\partial^2}{\partial t^2}\right]\boldsymbol{A}(\boldsymbol{r},t) = -\mu_0\mu\boldsymbol{j}(\boldsymbol{r},t). \tag{2.97}$$

标量 ϕ 也能得到相似的方程. 标量 Green 函数现在可以推广为

$$\left[\nabla^2 - \frac{n^2}{c^2}\frac{\partial^2}{\partial t^2}\right]G_0(\boldsymbol{r},\boldsymbol{r}';t,t') = -\delta(\boldsymbol{r}-\boldsymbol{r}')\delta(t-t'). \tag{2.98}$$

点源此时被定义为时空点源. G_0 的解为[1]

$$G_0(\boldsymbol{r},\boldsymbol{r}';t,t') = \frac{\delta(t'-[t\mp(n/c)\mid\boldsymbol{r}-\boldsymbol{r}'\mid])}{4\pi\mid\boldsymbol{r}-\boldsymbol{r}'\mid}, \tag{2.99}$$

其中负号代表晚于 t' 的时间 t 处的响应. 如前面的情形,我们能够用 G_0 构建含时并矢 Green 函数 $\overleftrightarrow{\boldsymbol{G}}(\boldsymbol{r},\boldsymbol{r}';t,t')$. 由于我们后面讨论的大部分是不含时 Green 函数,因而我们省略了更深入的细节,有兴趣的读者可以参考专门的电磁学书籍. 利用含时 Green 函数可以说明任意的时间行为,但是难以讨论色散. 在色散介质中,含时过程用单色场的 Fourier 变换方法更方便求解.

§ 2.13 互 易 性

互易性定理通常表达为电磁场的源和探测器可以互换而不会影响物理结论. 在形式上互易性定理的推导和 § 2.11 中 Poynting 定理的推导一样. 为简单起见,我们把讨论限制在由复振幅表示的纯单色场上. 让我们考虑两个在空间上分离的体积 V_1 和 V_2,它们分别带有电流密度 $\boldsymbol{j}_1$ 和 $\boldsymbol{j}_2$. $\boldsymbol{j}_1$ 产生场 $\boldsymbol{E}_1$ 和 $\boldsymbol{H}_1$,$\boldsymbol{j}_2$ 产生场 $\boldsymbol{E}_2$ 和 $\boldsymbol{H}_2$. 对这两组场分别写出 Maxwell 旋度方程:

$$\begin{aligned}
\nabla\times\boldsymbol{E}_1 &= \mathrm{i}\omega\boldsymbol{B}_1,\\
\nabla\times\boldsymbol{H}_1 &= -\mathrm{i}\omega\boldsymbol{D}_1+\boldsymbol{j}_1,\\
\nabla\times\boldsymbol{E}_2 &= \mathrm{i}\omega\boldsymbol{B}_2,\\
\nabla\times\boldsymbol{H}_2 &= -\mathrm{i}\omega\boldsymbol{D}_2+\boldsymbol{j}_2.
\end{aligned}$$

在第一个方程两边点乘 $\boldsymbol{H}_2$,第二个方程两边点乘 $\boldsymbol{E}_2$,第三个方程两边点乘 $\boldsymbol{H}_1$,第四个方程两边点乘 $\boldsymbol{E}_1$,然后把前两个方程相加再减去后两个方程的和,得到

$$\begin{aligned}
&(\boldsymbol{H}_2\cdot\nabla\times\boldsymbol{E}_1-\boldsymbol{E}_1\cdot\nabla\times\boldsymbol{H}_2)+(\boldsymbol{E}_2\cdot\nabla\times\boldsymbol{H}_1-\boldsymbol{H}_1\cdot\nabla\times\boldsymbol{E}_2)\\
&\quad=\mathrm{i}\omega(\boldsymbol{H}_2\cdot\boldsymbol{B}_1-\boldsymbol{H}_1\cdot\boldsymbol{B}_2)-\mathrm{i}\omega(\boldsymbol{E}_2\cdot\boldsymbol{D}_1-\boldsymbol{E}_1\cdot\boldsymbol{D}_2)+(\boldsymbol{j}_1\cdot\boldsymbol{E}_2-\boldsymbol{j}_2\cdot\boldsymbol{E}_1).
\end{aligned} \tag{2.100}$$

上式左边等于 $\nabla\cdot(\boldsymbol{E}_1\times\boldsymbol{H}_2-\boldsymbol{E}_2\times\boldsymbol{H}_1)$. 进一步,在线性本构关系假设下,上式右边的前两项会消掉,有

$$\nabla\cdot(\boldsymbol{E}_1\times\boldsymbol{H}_2-\boldsymbol{E}_2\times\boldsymbol{H}_1)=\boldsymbol{j}_1\cdot\boldsymbol{E}_2-\boldsymbol{j}_2\cdot\boldsymbol{E}_1. \tag{2.101}$$

这就是有源 Lorentz 互易性定理[10,11].

我们现在对(2.101)式在大半径的球体内积分,并假设所有的源和物体,比如散射体,都是有限尺寸的,那么,利用 Gauss 定理和远场垂直于球体表面法线的事实,(2.101)式左边的项就会消掉,有

$$\int_{V_1} \boldsymbol{j}_1 \cdot \boldsymbol{E}_2 \mathrm{d}V = \int_{V_2} \boldsymbol{j}_2 \cdot \boldsymbol{E}_1 \mathrm{d}V, \tag{2.102}$$

其中积分体积仅取电流非零的区域.方程(2.102)是非常重要的,被广泛应用于天线理论中.对于无耗介质,互易性定理等价于时间可逆性.但在色散介质中,尽管没有时间可逆性,互易性定理却仍然有效[11].尽管(2.102)式的表达看起来很像(2.58)式的右边,但是在(2.102)式中没有复共轭,因此互易性并非仅为能量守恒的另外一种表述.

让我们用源电流来表示(2.102)式中的场 $\boldsymbol{E}_1$ 和 $\boldsymbol{E}_2$.这可以利用(2.88)式中的并矢 Green 函数 $\overleftrightarrow{\boldsymbol{G}}$ 来完成.(2.102)式的相等关系会导致

$$\overleftrightarrow{\boldsymbol{G}}(\boldsymbol{r}_1, \boldsymbol{r}_2) = \overleftrightarrow{\boldsymbol{G}}(\boldsymbol{r}_2, \boldsymbol{r}_1). \tag{2.103}$$

因此,互易性意味着 Green 并矢是对称的,不受源和探测器交换的影响.

§2.14 隐 失 场

在纳米光学中隐失场(evanescent field)具有核心地位.单词"evanescent"来源于拉丁单词"evanescere",有消失不见或不能感知的意思.隐失场能够用 $\boldsymbol{E}\mathrm{e}^{\mathrm{i}(\boldsymbol{k}\cdot\boldsymbol{r}-\omega t)}$ 形式的平面波来描述.它的特征是波矢 $\boldsymbol{k}$ 至少有一个分量是虚数.在波矢的虚分量的空间方向上,波并不传播,而是指数衰减.隐失场对理解限制在亚波长尺寸的光场性质非常重要.本节讨论隐失波的基本性质并介绍产生和测量隐失波的简单实验设置.

隐失波从不会发生在均匀介质中,但在光与不均匀物质的相互作用中必然出现[12].最简单的介质不均匀性是空间存在一个平面界面.我们来考虑平面波照射到由光学常数 ε_1, μ_1 和 ε_2, μ_2 描述的两个介质的平面界面的情况.如在2.10.1节的讨论,界面的存在将导致反射波和折射波,它们的振幅和方向分别由 Fresnel 系数和 Snell 定律确定.

为了推导出在一个介质表面发生全内发射后产生的隐失波,我们参考图2.2的情形.选择 x 轴在入射平面内,采用2.10.1节定义的符号,复数透射场矢量为

$$\boldsymbol{E}_2 = \begin{bmatrix} -E_1^{(\mathrm{p})} t^{\mathrm{p}}(k_x) k_{z_2}/k_2 \\ E_1^{(\mathrm{s})} t^{\mathrm{s}}(k_x) \\ E_1^{(\mathrm{p})} t^{\mathrm{p}}(k_x) k_x/k_2 \end{bmatrix} \mathrm{e}^{\mathrm{i}k_x x + \mathrm{i}k_{z_2} z}. \tag{2.104}$$

利用 $k_x = k_1 \sin\theta_1$ 可将上式完全用入射角 θ_1 来表达.要注意上式中我们隐去了时谐

因子 $\exp(-\mathrm{i}\omega t)$. 做这个代换,纵向波数可写作(见(2.48)式)

$$k_{z_1} = k_1 \sqrt{1-\sin^2\theta_1}, \quad k_{z_2} = k_2 \sqrt{1-\tilde{n}^2\sin^2\theta_1}, \tag{2.105}$$

这里我们引入了相对折射率

$$\tilde{n} = \frac{\sqrt{\varepsilon_1\mu_1}}{\sqrt{\varepsilon_2\mu_2}}. \tag{2.106}$$

对于 $\tilde{n}>1$,随着 θ_1 增大,在 k_{z_2} 的表达式中根号内的值变得越来越小,最终变为负值. 临界角 θ_c 由下面的条件确定:

$$1-\tilde{n}^2\sin^2\theta_1 = 0. \tag{2.107}$$

它描述了在 z 方向波矢分量为零的折射平面波. 从而,折射平面波平行于界面传播,此时 θ_1 值为

$$\theta_c = \arcsin(1/\tilde{n}). \tag{2.108}$$

在光频下,对于玻璃/空气界面,我们有 $\varepsilon_2=1,\varepsilon_1=2.25$,和 $\mu_1=\mu_2=1$,由此得临界角 $\theta_c\approx 41.8°$.

当 $\theta_1>\theta_c$ 时, k_{z_2} 变为虚数. 作为入射角 θ_1 函数的透射场表示为

$$\boldsymbol{E}_2 = \begin{bmatrix} -\mathrm{i}E_1^{(\mathrm{p})}t^{\mathrm{p}}(\theta_1)\sqrt{\tilde{n}^2\sin^2\theta_1-1} \\ E_1^{(\mathrm{s})}t^{\mathrm{s}}(\theta_1) \\ E_1^{(\mathrm{p})}t^{\mathrm{p}}(\theta_1)\tilde{n}\sin\theta_1 \end{bmatrix} \mathrm{e}^{\mathrm{i}\sin(\theta_1)k_1x}\mathrm{e}^{-\gamma z}, \tag{2.109}$$

其中衰减常数 γ 定义为

$$\gamma = k_2 \sqrt{\tilde{n}^2\sin^2\theta_1-1}. \tag{2.110}$$

(2.109)式描述了沿表面传播的场,其透射入介质部分呈指数衰减. 因此,入射角 $\theta_1>\theta_c$ 时,平面波产生了一个隐失场. 利用平面波以超临界角入射($\theta_1>\theta_c$)来激发隐失波称为全内反射(total internal reflection, TIR). 对于上面考虑的玻璃/空气界面,入射角 $\theta_1=45°$时,衰减常数 $\gamma=2.22/\lambda$. 这意味着在离界面约 $\lambda/2$ 处,时间平均场的值就约减小至 1/e. 在距界面约 2λ 处,场就变得可忽略了. 入射角越大,衰减得就越快. 注意 Fresnel 系数依赖于 θ_1. 当 $\theta_1>\theta_c$ 时,它们变成复数,从而反射和透射光的相位相对于入射光会有变化. 这种相位的变化是所谓的 Goos-Hänchen 移动的源头. 再有,对于 p 偏振的激发,隐失波会呈现为椭圆偏振,电场矢量在入射面内转动(见如文献[13]和习题 2.5).

如图 2.4(b)所示,(2.109)式描述的隐失场能够被一束照射到玻璃棱镜的光产生. 实验上要证实存在这种光频范围内快速衰减的电场,需要让一个透明体进入界面存在隐失场的 $\lambda/2$ 范围内. 如图 2.5 所示,这可以通过如利用一个尖锐的透明光纤,把其尖端处的隐失场转变为沿着光纤传播的传导模式等方法实现[14]. 这种测量技术称为光子扫描隧道显微术,将会在第 5 章中讨论.

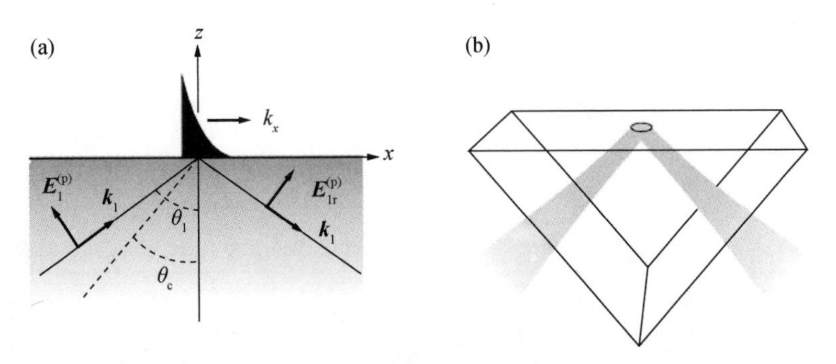

图 2.4 全内反射激发隐失波.(a) 如果平面波的入射角 $\theta_1>\theta_c$,隐失波能够在上层介质中产生.(b) 实际实验用一束弱聚焦的 Gauss 光束和一个棱镜来实现.

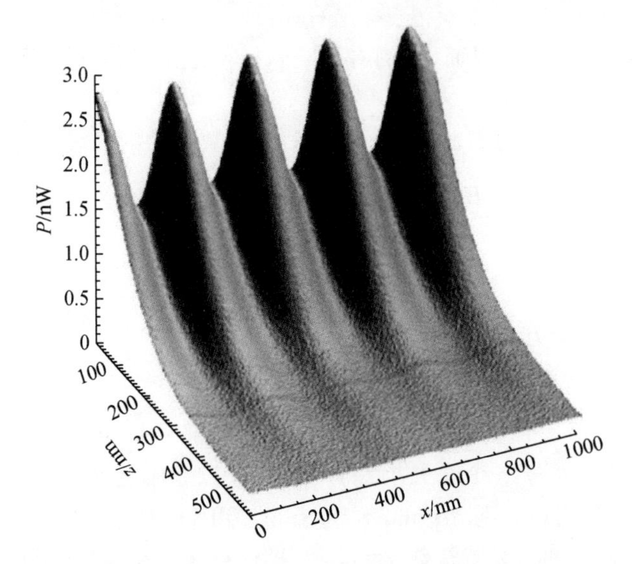

图 2.5 沿着两干涉波传播方向(x 轴)的隐失驻波的空间调制及 z 方向上的衰减.纵坐标标志测量的光功率[14].

对于 p 和 s 偏振的隐失波,隐失波可以比入射波的强度大.为说明这点,在(2.109)式中令 $z=0$,则 s 和 p 偏振平面波强度比为 $|\boldsymbol{E}_2(z=0)|^2/|\boldsymbol{E}_1(z=0)|^2$.这个比率与 Fresnel 透射系数 $t^{p,s}$ 的绝对值平方相等.对于玻璃/空气界面,这些透射系数在图 2.6 中给出.对于 p(s)偏振光,透射隐失场的强度是入射波强度的 9(4)倍.最大的增强是以 TIR 临界角入射.这种增强的物理原因是:入射平面波受边界条件(2.43)限制,从而导致一种表面极化.当玻璃/空气界面被一薄层贵金属覆盖时,能够获得相似的增强效应,但是要强很多.这种情况下,所谓的表面等离激元能够被激发.我们将在第 12 章里详细讨论表面等离激元及与其类似的效应.

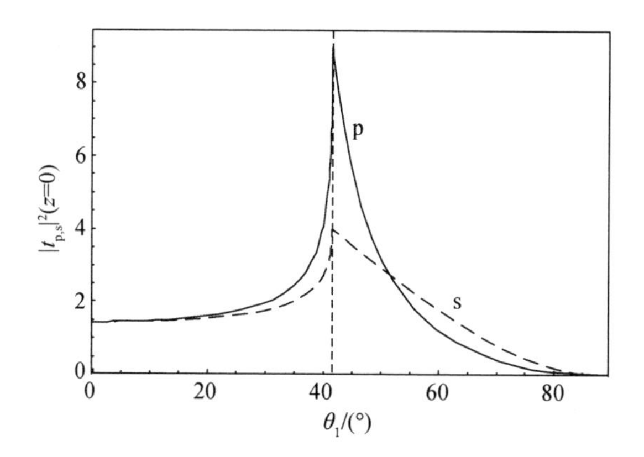

图 2.6 在玻璃上表面，随着入射角 θ_1 的变化，隐失波强度的增强特征. 对 p 和 s 偏振的入射光，增强的最大值在临界角 $\theta_c = 41.8°$处.

2.14.1 隐失波的能量输运

对于非吸收介质和超临界入射，入射波的所有能量都被反射. 我们知道此效应为全内反射(TIR). 因为在界面处反射时没有能量损失，可以认为没有净的能量输送到透射介质. 为了证明这个事实，我们必须考察穿过平行于界面平面的时间平均能流. 这可以通过考虑 Poynting 矢量的 z 分量(参考(2.59)式)

$$\langle \boldsymbol{S} \rangle_z = \frac{1}{2}\mathrm{Re}(E_x H_y^* - E_y H_x^*) \tag{2.111}$$

来实现，式中所有的场都在上层介质，也就是透射介质中. 应用 Maxwell 方程(2.26)到平面波或隐失波的特殊情况，磁场可以用电场来表示：

$$\boldsymbol{H} = \sqrt{\frac{\varepsilon_0 \varepsilon}{\mu_0 \mu}}\left[\left(\frac{\boldsymbol{k}}{k}\right)\times \boldsymbol{E}\right]. \tag{2.112}$$

把 $\boldsymbol{E}$,$\boldsymbol{H}$ 的透射场部分的表达式代入(2.111)式，就能直接证明$\langle \boldsymbol{S} \rangle_z$ 为零(见习题2.4)，没有净的能量在界面法线方向输运.

另一方面，当考虑沿着界面$\langle \boldsymbol{S} \rangle_x$ 方向的能量输运时，所得结果就不为零：

$$\langle \boldsymbol{S} \rangle_x = \frac{1}{2}\sqrt{\frac{\varepsilon_2 \mu_2}{\varepsilon_1 \mu_1}}\sin\theta_1(|t^{\mathrm{s}}|^2 |\boldsymbol{E}_1^{(\mathrm{s})}|^2 + |t^{\mathrm{p}}|^2 |\boldsymbol{E}_1^{(\mathrm{p})}|^2)\mathrm{e}^{-2\gamma z}. \tag{2.113}$$

因此，隐失波在表面上沿着横向波矢方向输运能量.

表面法线方向不存在净能流并不意味着在隐失波中没有储存能量. 例如，以单分子荧光作为局域探针⑥，可以把局域场的分布描绘出来. 当在光电场激发下，荧光团发射光子的速率为

⑥ 用隐失波来激发荧光在生物成像中很受欢迎. 因为只有一薄片样品被照亮，背景被强烈抑制. 这一技术称作全内反射荧光(TIRF)显微术[15].

$$R \approx | \boldsymbol{p} \cdot \boldsymbol{E} |^2, \tag{2.114}$$

这里 $\boldsymbol{p}$ 是分子的吸收偶极矩. 例如,对于 s 偏振的光场,在距离界面 z 处,具有非零 y 方向偶极矩分子的荧光发射速率为

$$R(z) \approx | t^{s} \boldsymbol{E}_1^{(s)} |^2 \mathrm{e}^{-2\gamma z}, \tag{2.115}$$

衰减速度是电场的两倍. 注意即使平均 Poynting 矢量消失,分子依然可以被激发.

2.14.2 受抑全内反射

通过与物质的相互作用,隐失场能够转化为传播的辐射[12]. 这个现象是近场光学显微术中最重要的效应之一,因为它解释了亚波长结构的信息是怎样传播到远场的. 我们将通过一个简单的模型来讨论这种转化的物理机制. 同前面一样,一个平面界面将被用来产生 TIR 型的隐失场. 第二个平面界面朝第一个界面靠近,直至两个界面的间距 d 在隐失场典型衰减长度之内. 实现这个实验装置的一个可能方法是把两个非常平或者轻微弯曲的棱镜紧紧靠在一起,如图 2.7(b)所示. 此时隐失场会和第二个界面作用,部分转化为传播辐射. 这种情形与穿过势垒的量子隧穿效应类似. 关于这个问题的几何如图 2.7(a)所示.

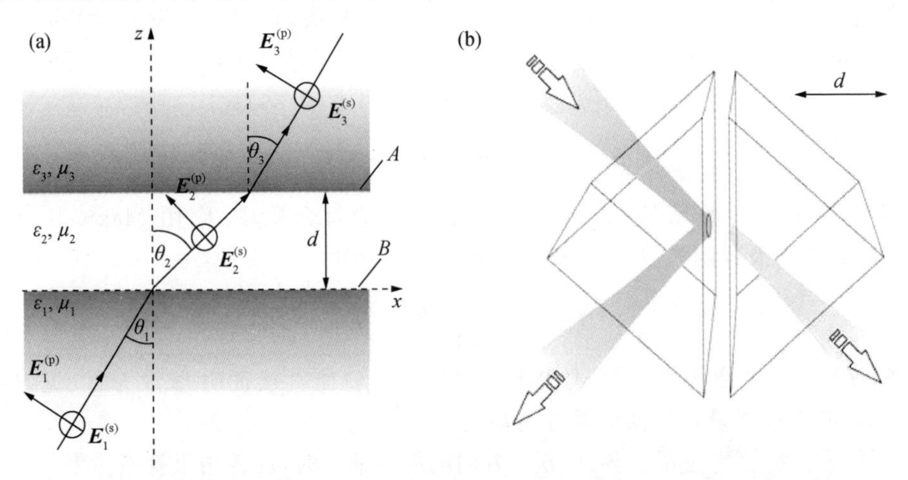

图 2.7 平面波在两个平行界面的透射. 在受抑全内反射(FTIR)时,在界面 B 处产生的隐失波在界面 A 处部分转化为传播波. (a) 构型和参数的定义. A 是介质 2 和介质 3 的界面, B 是介质 1 和介质 2 的界面. 为清楚起见,反射波没有画出. (b) 观测受抑全内反射的实验装置.

最为方便的处理是把场分成在每个介质中的分场. 在介质 1 和介质 2 中的分场是入射和反射波的叠加,但是在介质 3 中仅有透射波. 这些波的传播特征是:在不同的介质中,它们是隐失波还是传播辐射取决于在每个介质中如(2.105)式的纵向波数的大小. 在介质 j 中的纵向波数为

$$k_{j_z} = \sqrt{k_j^2 - k_\parallel^2} = k_j \sqrt{1-(k_1/k_j)^2 \sin^2\theta_1}, \quad j \in \{1,2,3\}, \tag{2.116}$$

这里 $k_j = n_j k_0 = n_j(\omega/c)$，$n_j = \sqrt{\varepsilon_j \mu_j}$. 下面将讨论 $n_2 < n_3 < n_1$ 的分层系统，图 2.7 给出的系统即是如此. 这导致入射角可分成三个范围，在每个范围中，透射强度作为间隙 d 的函数呈现出不同的行为：

(1) 对于 $\theta_1 < \arcsin(n_2/n_1)$ 或者 $k_\parallel < n_2 k_0$ 的情况，场可以完全用传播平面波描述. 传播到远离第二个界面（处于远场）的探测器时，强度随着间隙宽度没有明显的变化，只会显示较弱的干涉起伏.

(2) 对于 $\arcsin(n_2/n_1) < \theta_1 < \arcsin(n_3/n_1)$ 或者 $n_2 k_0 < k_\parallel < n_3 k_0$ 的情况，分场在介质 2 中是隐失场，但在介质 3 中是传播的. 在第二个界面，隐失波转变为传播波. 透射到远处探测器的强度随着间隙宽度增加很快降低. 这种情形称为受抑全内反射 (frustrated total internal reflection, FTIR).

(3) 对于 $\theta_1 > \arcsin(n_3/n_1)$ 或者 $k_\parallel > n_3 k_0$ 的情况，在介质 2 和介质 3 中的波都是隐失波，在介质 3 中没有透射到远处的波.

如果我们选择 θ_1 的值使上面第二种情况得以实现（FTIR），透射强度 $I(d)$ 将反映在介质 2 中隐失波极强的距离依赖. 但是，如图 2.8 所示，$I(d)$ 偏离了纯的指数依赖关系，因为在介质 2 中的场是两种形式的隐失波的叠加：

$$c_1 e^{-\gamma z} + c_2 e^{+\gamma z}. \tag{2.117}$$

上式第二项起源于原隐失波（第一项）在第二个界面的反射，它的大小（c_2）依赖于材料的性质. 图 2.8 显示了两种不同的入射角下的典型透射行为. 此图也表明在 FTIR 情形下，强度衰减行为偏离了简单的指数行为. 在源或者材料的边界附近，隐失波对于任意光场的严格理论描述是非常重要的. 我们将在下一节中讨论这个问题.

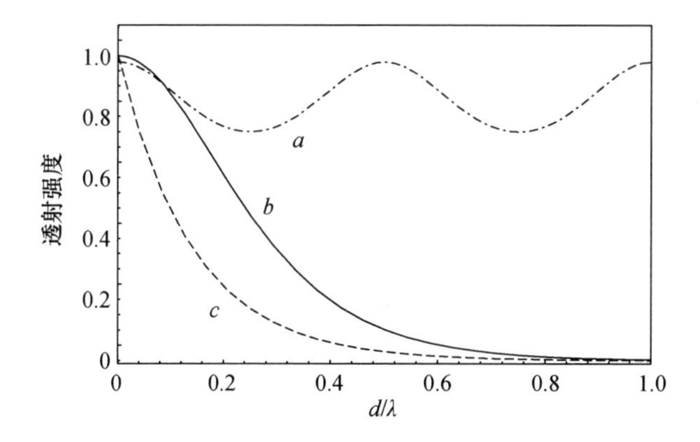

图 2.8 在平行界面的三介质系统中，透射强度作为两界面间隙 d 的函数. 一个 p 偏振的平面波入射这个系统. 材料的折射率为 $n_1 = 2, n_2 = 1, n_3 = 1.51$. 这导致在两个界面的临界角 θ_c 分别是 30°和 49.25°. 对于入射角 θ_1 在 0°～30°的情况，对间隙 d 的依赖关系类似于干涉行为（这里给出 $\theta_1 = 0°$情形，对应点画线 a）. 对于入射角 θ_1 在 30°～49.25°的情况，透射强度随间隙 d 单调降低（这里给出 $\theta_1 = 35°$情形，对应实线 b）. 曲线 c 显示了不存在第三个介质时的隐失波强度.

§2.15 光场的角谱表示

角谱表示是描述均匀介质中光场的一种数学方法.光场被描述为平面波和隐失波的叠加,这两类场都是有物理意义的 Maxwell 方程组的解.角谱表示在描述激光的传播和光的聚焦方面是非常有效的.在傍轴极限下,角谱表示等同于 Fourier 光学,这使其更加重要.在第 3 章和第 4 章中,我们将用角谱表示来讨论强激光束的聚焦和空间分辨率极限.

在角谱表示方法中,任意光场是用各种振幅和传播方向的平面波(和隐失波)展开的.假定我们知道在空间任一点 $\boldsymbol{r}=(x,y,z)$ 的电场 $\boldsymbol{E}(\boldsymbol{r})$,比如,$\boldsymbol{E}(\boldsymbol{r})$ 是光学散射问题的解,如图 2.9 所示,$\boldsymbol{E}=\boldsymbol{E}_{\mathrm{inc}}+\boldsymbol{E}_{\mathrm{scatt}}$.在角谱图像中,我们任意选一个 z 轴,并考虑在一个垂直 z 轴,$z=$常数平面上的电场 $\boldsymbol{E}$.在这个平面上,我们能够做电场 $\boldsymbol{E}$ 的二维 Fourier 变换

$$\hat{\boldsymbol{E}}(k_x,k_y;z)=\frac{1}{4\pi^2}\iint_{-\infty}^{\infty}\boldsymbol{E}(x,y,z)\mathrm{e}^{-\mathrm{i}[k_x x+k_y y]}\mathrm{d}x\mathrm{d}y, \tag{2.118}$$

其中 x, y 是在 $z=$常数平面内的笛卡儿坐标,k_x, k_y 是其相应的空间频率或者说倒易坐标.类似地,Fourier 逆变换为

$$\boldsymbol{E}(x,y,z)=\iint_{-\infty}^{\infty}\hat{\boldsymbol{E}}(k_x,k_y;z)\mathrm{e}^{\mathrm{i}[k_x x+k_y y]}\mathrm{d}k_x\mathrm{d}k_y. \tag{2.119}$$

需要注意的是,在(2.118)和(2.119)式中,$\boldsymbol{E}=(E_x,E_y,E_z)$ 和它的 Fourier 变换 $\hat{\boldsymbol{E}}=(\hat{E}_x,\hat{E}_y,\hat{E}_z)$ 都是矢量,因此上面的 Fourier 积分对每个分量都分别成立.

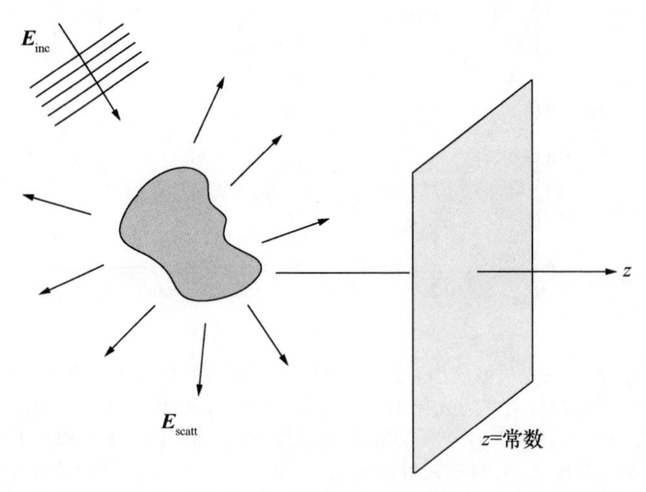

图 2.9 在角谱表示中,在空间上任选一个 z 轴,场在 $z=$常数平面上来计算.

到现在为止,我们没有对 $\boldsymbol{E}$ 加任何限制条件,但我们可以设想在横向平面内介质是均匀、各向同性、线性和无源的.因此,一个频率为 ω 的简谐波满足矢量 Helmholtz 方程

$$(\nabla^2 + k^2)\boldsymbol{E}(\boldsymbol{r}) = 0, \tag{2.120}$$

其中 $k=(\omega/c)n$, $n=\sqrt{\varepsilon\mu}$ 是折射率.为了得到含时场 $\boldsymbol{E}(\boldsymbol{r},t)$,我们用如下的约定:

$$\boldsymbol{E}(\boldsymbol{r},t) = \mathrm{Re}\{\boldsymbol{E}(\boldsymbol{r})\mathrm{e}^{-\mathrm{i}\omega t}\}. \tag{2.121}$$

将(2.119)式代入 Helmholtz 方程并定义

$$k_z \equiv \sqrt{(k^2 - k_x^2 - k_y^2)}, \quad \mathrm{Im}\{k_z\} \geqslant 0, \tag{2.122}$$

我们发现沿 z 轴的 Fourier 频谱 $\hat{\boldsymbol{E}}$ 为

$$\hat{\boldsymbol{E}}(k_x,k_y;z) = \hat{\boldsymbol{E}}(k_x,k_y;0)\mathrm{e}^{\pm\mathrm{i}k_z z}. \tag{2.123}$$

“±”在这里指要被叠加的两个解:“+”指传播到 $z>0$ 的半空间的波,“−”指传播到 $z<0$ 的半空间的波.(2.123)式说明,$\boldsymbol{E}$ 在任意位于 $z=$常数的像平面上的 Fourier 频谱都可以从 $z=0$ 物平面的频谱乘以系数 $\exp(\pm\mathrm{i}k_z z)$ 计算得到.这个系数叫作倒易空间的传播子(propagator).在(2.122)式中,我们定义 k_z 的虚部是正的,以保证当 $z\to\pm\infty$ 时所得到的解是有限的.把(2.123)式代入(2.119)式,我们得到任意 z 处的电场

$$\boldsymbol{E}(x,y,z) = \iint_{-\infty}^{\infty} \hat{\boldsymbol{E}}(k_x,k_y;0)\mathrm{e}^{\mathrm{i}[k_x x+k_y y\pm k_z z]}\mathrm{d}k_x\mathrm{d}k_y, \tag{2.124}$$

这就是角谱表示.同样,我们也能把磁场 $\boldsymbol{H}$ 用角谱表示:

$$\boldsymbol{H}(x,y,z) = \iint_{-\infty}^{\infty} \hat{\boldsymbol{H}}(k_x,k_y;0)\mathrm{e}^{\mathrm{i}[k_x x+k_y y\pm k_z z]}\mathrm{d}k_x\mathrm{d}k_y. \tag{2.125}$$

利用 Maxwell 方程 $\boldsymbol{H}=(\mathrm{i}\omega\mu\mu_0)^{-1}(\nabla\times\boldsymbol{E})$,我们能够获得如下的 Fourier 频谱 $\hat{\boldsymbol{E}}$和 $\hat{\boldsymbol{H}}$的关系:

$$\begin{aligned}
\hat{H}_x &= Z_{\mu\varepsilon}^{-1}[(k_y/k)\,\hat{E}_z - (k_z/k)\,\hat{E}_y],\\
\hat{H}_y &= Z_{\mu\varepsilon}^{-1}[(k_z/k)\,\hat{E}_x - (k_x/k)\,\hat{E}_z],\\
\hat{H}_z &= Z_{\mu\varepsilon}^{-1}[(k_x/k)\,\hat{E}_y - (k_y/k)\,\hat{E}_x],
\end{aligned} \tag{2.126}$$

其中 $Z_{\mu\varepsilon}=\sqrt{\dfrac{\mu_0\mu}{\varepsilon_0\varepsilon}}$是介质的波阻抗.尽管 $\boldsymbol{E}$ 和 $\boldsymbol{H}$ 的角谱表示满足 Helmholtz 方程,但不是 Maxwell 方程组的严格解.我们仍然需要场的散度为零,即 $\nabla\cdot\boldsymbol{E}=0$ 和 $\nabla\cdot\boldsymbol{H}=0$,这就要求 $\boldsymbol{k}$ 矢量的方向垂直于频谱振幅($\boldsymbol{k}\cdot\hat{\boldsymbol{E}}=\boldsymbol{k}\cdot\hat{\boldsymbol{H}}=0$).

对于无耗介质,折射率 n 为正实数.波数 k_z 可以为实数也可以为虚数,对应的

因子 $\exp(\pm \mathrm{i}k_z z)$或为振荡函数或为衰减函数.对于确定的$(k_x, k_y)$,存在两种不同的解:

$$\begin{aligned}&\text{平面波:}\quad \mathrm{e}^{\mathrm{i}[k_x x+k_y y]}\mathrm{e}^{\pm\mathrm{i}|k_z|z},\quad k_x^2+k_y^2\leqslant k^2,\\&\text{隐失波:}\quad \mathrm{e}^{\mathrm{i}[k_x x+k_y y]}\mathrm{e}^{-|k_z||z|},\quad k_x^2+k_y^2>k^2,\end{aligned}\tag{2.127}$$

因此角谱表示确实是平面波和隐失波的叠加.平面波是 z 方向的振荡函数,且被条件 $k_x^2+k_y^2\leqslant k^2$ 限制.另一方面,当 $k_x^2+k_y^2>k^2$ 时,就是 z 方向衰减的隐失波.图2.10 显示 k 波矢和 z 轴的夹角越大,在横向平面上的振荡频率越大.如果 $k_x^2+k_y^2=0$,沿 z 轴传播的平面波就不存在横向振荡.另一种极限情况是波矢垂直于 z 轴,此时平面波在横向平面上有最大的空间振荡频率$(k_x^2+k_y^2=k^2)$.横向平面上的空间频率超过 k 值,就对应着隐失波了.原则上,空间频率的带宽是可以无限大的.但是,隐失波的空间频率越大,沿 z 轴的衰减就越快.因此,实际上的带宽是有限的.

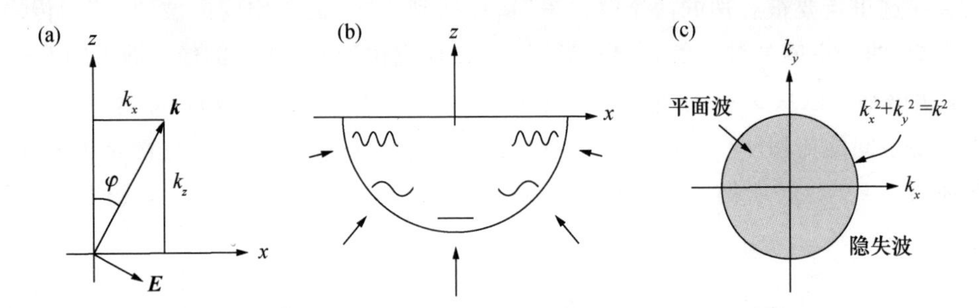

图2.10　(a) 传播方向和 z 轴成 φ 角的平面波的示意图.(b) 以不同角度入射的平面波的横向空间频率示意图.横向波数$(k_x^2+k_y^2)^{1/2}$依赖于入射角,且被限制在$[0,k]$区间.(c) 平面波的横向波数 k_x 和 k_y 限制在半径为 k 的圆内.圆外是隐失波的波数.

2.15.1　偶极子场的角谱表示

通常类似偶极子这样的强局域源可以方便地在球坐标系中表示.相应波动方程的解称为多极场.为了把这些解结合到角谱图像上,我们需要依据平面波和隐失波来表达局域源.考虑一个沿任意 z 轴方向的振荡偶极子产生的矢势 $\boldsymbol{A}$.矢势可以用一个分量的矢量场表示(参考(2.92)式):

$$\boldsymbol{A}(x,y,z)=A(x,y,z)\boldsymbol{n}_z=\frac{-\mathrm{i}kZ_{\mu\varepsilon}}{4\pi}\frac{\mathrm{e}^{\mathrm{i}k\sqrt{x^2+y^2+z^2}}}{\sqrt{x^2+y^2+z^2}}\boldsymbol{n}_z.\tag{2.128}$$

除了一个常系数,上式右边对应着标量 Green 函数(2.84).按照(2.76)和(2.91)式,电场和磁场可由 $\boldsymbol{A}$ 导出:

$$\boldsymbol{E}(x,y,z)=\mathrm{i}\omega\left(1+\frac{1}{k^2}\nabla\nabla\cdot\right)\boldsymbol{A}(x,y,z),\tag{2.129}$$

$$\boldsymbol{H}(x,y,z)=\frac{1}{\mu_0\mu}\nabla\times\boldsymbol{A}(x,y,z). \tag{2.130}$$

因此，偶极子的电磁场能够通过函数 $\exp(\mathrm{i}kr)/r$（$r=(x^2+y^2+z^2)^{1/2}$ 为以偶极子为原点的径向距离）来构造. 为了获得偶极子产生的电场和磁场的角谱表示，我们首先需要把函数 $\exp(\mathrm{i}kr)/r$ 用角谱表示. 这不是一个轻而易举的事情，因为在 $r=0$ 处函数 $\exp(\mathrm{i}kr)/r$ 是奇异的，即在原点散度不为零. 在这样的情况下齐次 Helmholtz 方程不再有效. 尽管如此，利用复围道积分，是可以推导出函数 $\exp(\mathrm{i}kr)/r$ 的角谱表示的. 这里我们只给出结果，具体推导过程见参考书[3]：

$$\frac{\mathrm{e}^{\mathrm{i}k\sqrt{x^2+y^2+z^2}}}{\sqrt{x^2+y^2+z^2}}=\frac{\mathrm{i}}{2\pi}\iint_{-\infty}^{\infty}\frac{\mathrm{e}^{\mathrm{i}k_x x+\mathrm{i}k_y y+\mathrm{i}k_z|z|}}{k_z}\mathrm{d}k_x\mathrm{d}k_y. \tag{2.131}$$

对积分中所有的 k_x 和 k_y 的值，k_z 的实部和虚部必须是正的. (2.131)式的结果称为 Weyl 恒等式[16]. 在第 10 章，我们将用 Weyl 恒等式计算平面界面附近的偶极子发射.

习　题

2.1　通过把标量 Green 函数 G_0 代入(2.94)式推导出并矢 Green 函数 $\overleftrightarrow{\boldsymbol{G}}$. 讨论距离依赖 $|\boldsymbol{r}-\boldsymbol{r}'|$.

2.2　考虑介质 1 和介质 2 的界面，其中 $\varepsilon_1=2.25$，$\varepsilon_2=1$，磁导率为 1. 波长 $\lambda=532\,\mathrm{nm}$ 的 p 偏振平面波以入射角 θ_1 从介质 1 入射. 用振幅 A 和相位 Φ 表示 Fresnel 反射系数. 绘出 A 和 Φ 作为 θ_1 的函数. 对于反射波有什么结论？

2.3　考虑平面波在平面界面的折射，利用横向波矢 $\boldsymbol{k}_\parallel$ 不变推导出 Snell 定律.

2.4　对于沿 x 方向传播的隐失波，说明时间平均 Poynting 矢量的 z 分量 $\langle\boldsymbol{S}\rangle_z$ 消失.

2.5　分析通过 p 偏振平面波的全内反射得到的 x 方向传播的隐失场的偏振状态. 在界面($z=0$)上缘，计算含时场 $\boldsymbol{E}_2(x,t)=(E_{2,x}(x,t),0,E_{2,z}(x,t))$. 对于一个确定位置 x，在(x, z)平面，电场矢量 $\boldsymbol{E}_2$ 随时间从 0 到 λ/c 给出了一条曲线. 确定曲线作为位置 x 的函数形式并画出图像. $\theta_1=60°$，$\tilde{n}=1.5$.

2.6　两块玻璃($n=1.5$)形成了一个空气间隙(d)，计算这个系统的透射强度，并给出其与入射角 θ_1 的函数关系. 当 s 偏振激发，确定其透射函数. 以 $\theta_1=0°$时的值对透射函数做归一化. 对 p 偏振激发的情况做同样的讨论.

2.7　通过把 Fourier 逆变换(2.119)代入 Helmholtz 方程(2.120)，推导出(2.123)式. 假设在平面 $z=0$ 处的 Fourier 频谱已知.

2.8 利用 Weyl 恒等式(2.131),推导出偶极矩 $\boldsymbol{p}=(p,0,0)$ 的电偶极子在 $\boldsymbol{r}_0=(0,0,z_0)$ 处的空间频谱 $\hat{\boldsymbol{E}}(k_x,k_y;z)$. 考虑 $z\to\infty$ 极限情形,给出电场 $\boldsymbol{E}$.

2.9 应用(2.67)式到自由电子气描述的小金属颗粒上. 在什么频率下能量密度最大? 损耗如何随频率变化? 什么时候能量密度对能量损耗的比最小?

参考文献

[1] J. D. Jackson, *Classical Electrodynamics*, 2nd edn. New York: Wiley (1975).

[2] J. A. Stratton, *Electromagnetic Theory*. New York: McGraw-Hill (1941).

[3] L. Mandel and E. Wolf, *Optical Coherence and Quantum Optics*. New York: Cambridge University Press (1995).

[4] M. Born and E. Wolf, *Principles of Optics*, 7th edn. New York: Cambridge University Press (1999).

[5] F. S. S. Rosa, D. A. R. Dalvit, and P. W. Milonni, "Electromagnetic energy, absorption, and Casimir forces: Uniform dielectric media in thermal equilibrium," *Phys. Rev. A* **81**, 033812 (2010); "Electromagnetic energy, absorption, and Casimir forces. II. Inhomogeneous dielectric media," *Phys. Rev. A* **84**, 053813 (2011).

[6] L. D. Landau, E. M. Lifshitz, and L. P. Pitaevskii, *Electrodynamics of Continuous Media*, 2nd edn. Amsterdam: Elsevier (1984).

[7] A. D. Yaghjian, "Electric dyadic Green's functions in the source region," *Proc. IEEE* **68**, 248 - 263 (1980).

[8] J. V. Bladel, "Some remarks on Green's dyadic for infinite space," *IRE Trans. Antennas Propag.* **9**, 563 - 566 (1961).

[9] C. T. Tai, *Dyadic Green's Functions in Electromagnetic Theory*, 2nd edn. New York: IEEE Press (1993).

[10] H. A. Lorentz, *Versl. Gewone Vergad. Afd. Natuurkd. Koninkl. Ned. Akad. Wetenschap* **4**, 176 - 188 (1896); H. A. Lorentz, "The theorem of Poynting concerning the energy in the electromagnetic field and two general propositions concerning the prop-agation of light," in *Collected Papers*, vol. III. Den Haag: Martinus Nijhoff, pp. 1 - 11 (1936).

[11] R. Carminati, M. Nieto-Vesperinas, and J.-J. Greffet, "Reciprocity of evanescent electromagnetic waves," *J. Opt. Soc. Am. A* **15**, 706 - 712 (1998).

[12] E. Wolf and M. Nieto-Vesperinas, "Analyticity of the angular spectrum amplitude of scattered fields and some of its consequences," *J. Opt. Soc. Am. A* **2**, 886 - 889 (1985).

[13] S. Sund, J. Swanson, and D. Axelrod, "Cell membrane orientation visualized by polarized total internal reflection fluorescence," *Biophys. J.* **77**, 2266 - 2283 (1999).

[14] A. Meixner, M. Bopp, and G. Tarrach, "Direct measurement of standing evanes-cent waves with a photon scanning tunneling microscope," *Appl. Opt.* **33**, 7995 - 8000

(1994).

[15] D. Axelrod, N. Thompson, and T. Burghardt, "Total internal reflection fluorescent microscopy," *J. Microsc.* **129**, 19 - 28 (1983).

[16] H. Weyl, "Ausbreitung elektromagnetischer Wellen über einem ebenen Leiter," *Ann. Phys.* **60**, 481 - 500 (1919).

第3章 光场的传播和聚焦

这一章里,我们将利用§2.15中概述的角谱表示讨论强聚焦激光束的场分布.同样的方法被用于理解给定参考平面上的场是怎样映射到远场的.这一理论也与理解共聚焦和多光子显微术、单光子发射实验、分辨率极限等密切相关.它也给出了后面章节中要讨论的许多主题的框架.

§3.1 场传播子

在§2.15中我们证明了,在均匀空间中,光场 $\boldsymbol{E}$ 在 $z=$常数的平面(像平面)上的空间频谱 $\hat{\boldsymbol{E}}$ 由在 $z=0$ 平面(物平面)上的空间频谱唯一确定,由如下线性关系给出:

$$\hat{\boldsymbol{E}}(k_x,k_y;z) = \hat{H}(k_x,k_y;z)\,\hat{\boldsymbol{E}}(k_x,k_y;0), \tag{3.1}$$

其中 $\hat{H}$ 是所谓的倒易空间传播子

$$\hat{H}(k_x,k_y;z) = \mathrm{e}^{\pm \mathrm{i}k_z z}, \tag{3.2}$$

又叫作自由空间中的光学传递函数(optical transfer function, OTF).记住纵向波数是横向波数的函数:$k_z=[k^2-(k_x^2+k_y^2)]^{1/2}$,其中 $k=nk_0=n\omega/c=n2\pi/\lambda$."±"表示场是沿正或负 z 方向传播的.(3.1)式可以依据线性响应理论来解释:$\hat{\boldsymbol{E}}(k_x,k_y;0)$ 是输入,$\hat{H}$ 是滤波函数,$\hat{\boldsymbol{E}}(k_x,k_y;z)$ 是输出.滤波函数描述了任意频谱在空间的传播.$\hat{H}$ 也可以被视作响应函数,因为它描述了 $z=0$ 处点源在 z 处产生的场,在这个意义上说,它与Green函数 $\overleftrightarrow{\boldsymbol{G}}$ 直接相关.

滤波函数 $\hat{H}$ 在 $(k_x^2+k_y^2)<k^2$ 时是振荡的,在 $(k_x^2+k_y^2)>k^2$ 时是指数衰减的,因此,如果像平面与物平面分开得足够远,衰减部分(隐失波)的贡献将为零,积分可以简化到 $(k_x^2+k_y^2)\leqslant k^2$ 的圆形区域.换句话说,z 处的像,是 $z=0$ 处源场的低通滤波表示,源场中空间频率 $(k_x^2+k_y^2)>k^2$ 的部分在传播过程中被过滤掉,高频的空间变化信息丢失了.因此,从近场到远场的传播总会有信息损失,只有横向尺寸大于

$$\Delta x \approx \frac{1}{k} = \frac{\lambda}{2\pi n} \tag{3.3}$$

的结构,才能被足够精确地成像,这里的 n 是折射率.这个式子是定性的,我们将

在第4章中提供更详尽的讨论.通常来说,使用更高折射率的元件(衬底、镜片等)或更短的波长能够观察到更高的分辨率.理论上利用深紫外辐射或者X射线可以实现低至几个纳米的分辨率.近场光学的主要目的是通过保留源场的隐失成分来增加空间频谱的带宽.

下面我们分析光场是如何传播的.为此,我们将物平面 $z=0$ 处的横向坐标记为 (x',y'),像平面 $z=$ 常数处的横向坐标记为 (x,y),像平面处的场由角谱(2.124)表示.而Fourier频谱 $\hat{\boldsymbol{E}}(k_x,k_y;0)$ 要用物平面处的场表示.与(2.118)式类似,Fourier频谱可以表示为

$$\hat{\boldsymbol{E}}(k_x,k_y;0)=\frac{1}{4\pi^2}\iint_{-\infty}^{\infty}\boldsymbol{E}(x',y',0)\mathrm{e}^{-\mathrm{i}[k_x x'+k_y y']}\mathrm{d}x'\mathrm{d}y'. \tag{3.4}$$

将上式代入方程(2.124),我们得到像平面 $z=$ 常数处的场 $\boldsymbol{E}$ 的表达式为

$$\begin{aligned}\boldsymbol{E}(x,y,z)&=\frac{1}{4\pi^2}\iint_{-\infty}^{\infty}\boldsymbol{E}(x',y';0)\iint_{-\infty}^{\infty}\mathrm{e}^{\mathrm{i}[k_x(x-x')+k_y(y-y')\pm k_z z]}\mathrm{d}x'\mathrm{d}y'\mathrm{d}k_x\mathrm{d}k_y\\&=\boldsymbol{E}(x,y;0)*H(x,y;z).\end{aligned} \tag{3.5}$$

这个公式描述了对脉冲的恒定滤波,脉冲响应(正空间传播子)的形式为

$$H(x,y;z)=\iint_{-\infty}^{\infty}\mathrm{e}^{\mathrm{i}[k_x x+k_y y\pm k_z z]}\mathrm{d}k_x\mathrm{d}k_y. \tag{3.6}$$

H 就是(3.2)式的倒易空间传播子 $\hat{H}$ 的Fourier逆变换.$z=$ 常数处的场由 H 和 $z=0$ 处场的卷积表示.

§3.2 光场的傍轴近似

在很多光学问题中,光场都沿着某一特定方向 z 传播,并在横向上扩展缓慢,例如激光束的传播和波导的导光等.在这些例子中,角谱表示法中波矢 $\boldsymbol{k}=(k_x,k_y,k_z)$ 几乎平行于 z 轴.横向波数 (k_x,k_y) 与 k 相比很小,因此我们可以将(2.122)式中的平方根近似为

$$k_z=k\sqrt{1-(k_x^2+k_y^2)/k^2}\approx k-\frac{k_x^2+k_y^2}{2k}. \tag{3.7}$$

这个近似叫作傍轴近似,它大大地简化了Fourier积分的分析计算过程.下面我们将用傍轴近似分析弱聚焦激光束.

3.2.1 Gauss激光束

对于基模的线偏振激光束,束腰处的Gauss场分布为

$$\boldsymbol{E}(x',y',0)=\boldsymbol{E}_0\mathrm{e}^{-\frac{x'^2+y'^2}{w_0^2}},\tag{3.8}$$

其中 $\boldsymbol{E}_0$ 是横向(x,y)平面中的恒定场矢量. 我们已经将 $z=0$ 取在了束腰处. 参数 w_0 表示束腰的半径. 我们可以计算 $z=0$ 处的空间 Fourier 频谱为①

$$\hat{\boldsymbol{E}}(k_x,k_y;0)=\frac{1}{4\pi^2}\iint_{-\infty}^{\infty}\boldsymbol{E}_0\mathrm{e}^{-\frac{x'^2+y'^2}{w_0^2}}\mathrm{e}^{-\mathrm{i}[k_xx'+k_yy']}\mathrm{d}x'\mathrm{d}y'$$

$$=\boldsymbol{E}_0\frac{w_0^2}{4\pi}\mathrm{e}^{-(k_x^2+k_y^2)\frac{w_0^2}{4}},\tag{3.9}$$

这又是一个 Gauss 函数. 我们现在将这个频谱代入角谱表示方程(2.124),并用(3.7)式中的傍轴表示替换 k_z:

$$\boldsymbol{E}(x,y,z)=\boldsymbol{E}_0\frac{w_0^2}{4\pi}\mathrm{e}^{\mathrm{i}kz}\iint_{-\infty}^{\infty}\mathrm{e}^{-(k_x^2+k_y^2)\left(\frac{w_0^2}{4}+\frac{\mathrm{i}z}{2k}\right)}\mathrm{e}^{\mathrm{i}[k_xx+k_yy]}\mathrm{d}k_x\mathrm{d}k_y.\tag{3.10}$$

积分后,得到 Gauss 光束的傍轴表示

$$\boldsymbol{E}(x,y,z)=\frac{\boldsymbol{E}_0\mathrm{e}^{\mathrm{i}kz}}{1+2\mathrm{i}z/(kw_0^2)}\mathrm{e}^{-\frac{(x^2+y^2)}{w_0^2}\frac{1}{1+2\mathrm{i}z/(kw_0^2)}}.\tag{3.11}$$

为了更好地理解傍轴 Gauss 光束,我们设 $\rho^2=x^2+y^2$,定义一个新参量 z_0 为

$$z_0=\frac{kw_0^2}{2},\tag{3.12}$$

重写(3.11)式为

$$\boldsymbol{E}(\rho,z)=\boldsymbol{E}_0\frac{w_0}{w(z)}\mathrm{e}^{-\frac{\rho^2}{w^2(z)}}\mathrm{e}^{\mathrm{i}[kz-\eta(z)+k\rho^2/(2R(z))]}.\tag{3.13}$$

式中相关符号的表达式为

$$\begin{aligned}w(z)&=w_0(1+z^2/z_0^2)^{1/2}\quad&(\text{束半径}),\\R(z)&=z(1+z_0^2/z^2)\quad&(\text{波前半径}),\\\eta(z)&=\arctan(z/z_0)\quad&(\text{相位修正}).\end{aligned}\tag{3.14}$$

电场振幅减小到中心值的 1/e,即

$$|\boldsymbol{E}(x,y,z)|/|\boldsymbol{E}(0,0,z)|=1/\mathrm{e}\tag{3.15}$$

时的 $\rho=\sqrt{x^2+y^2}$ 的值定义为光束的横向尺寸. 可以证明(3.15)式定义了一个双曲面,其渐近线与 z 轴夹角为

$$\theta=\frac{2}{kw_0}.\tag{3.16}$$

---

① $\int_{-\infty}^{\infty}\exp(-ax^2+\mathrm{i}bx)\mathrm{d}x=\sqrt{\pi/a}\exp[-b^2/(4a)]$, $\int_{-\infty}^{\infty}x\exp(-ax^2+\mathrm{i}bx)\mathrm{d}x=\mathrm{i}b\sqrt{\pi}\exp[-b^2/(4a)]/(2a^{3/2})$.

从上式中,我们可以直接得到数值孔径($\mathrm{NA}=n\sin\theta$)和波束角的关系为 $\mathrm{NA}\approx 2n/(kw_0)$. 这里,我们用了在傍轴近似中 θ 被限定为小波束角的事实. 傍轴 Gauss 光束的另一个特性是,在接近焦点的地方,光束将在超过 $2z_0$ 的距离内近似平行. z_0 称为 Rayleigh 长度,其大小为从束腰处到光束半径增加到 $\sqrt{2}$ 倍位置处的距离. 需要重点注意的是,沿着 z 轴($\rho=0$)时,光束的相位将偏离平面波的相位. 如果 $z\to-\infty$ 处光束与参考平面波同相,那么在 $z\to+\infty$ 处一定会与参考波不同相,这个相位移动称为 Gouy 相移,并在非线性共聚焦显微术中有实际意义[1]. 在光束经过其焦点的过程中,会逐渐发生 180° 相移,相位的变化由方程(3.14)中的参数 $\eta(z)$ 描述. 聚焦得越小,相位变化得越快.

图 3.1 是傍轴 Gauss 光束及其主要特征的插图. 更多细节的描述请参见其他教材,如文献[2,3]. 需要重点注意的是,一旦引入傍轴近似,场 $\boldsymbol{E}$ 将不再满足 Maxwell 方程. 束腰的半径 w_0 越小,误差会变得越大. 当 w_0 变得与约化波长 λ/n 相当时,我们必须在 k_z 的展开式(3.7)中包含更高阶的项. 但是,在强聚焦光束中,展开级数的收敛性非常差,需要找到更精确的描述. 我们将在后面回到这个话题上来.

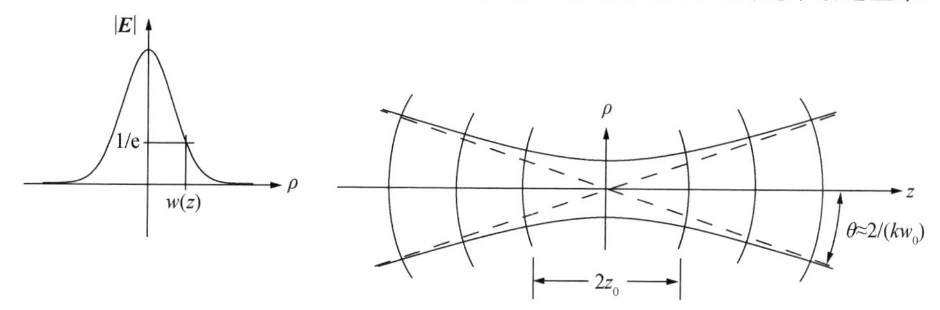

图 3.1 傍轴 Gauss 光束示意图及其主要特征. 光束在横向平面上有 Gauss 场分布. 等场强面构成沿 z 轴的双曲线.

关于 Gauss 光束的另一个重要方面是,不管理论上能多严格地表述,它们实际上并不存在! 原因是 Gauss 光束轮廓需要有 Gauss Fourier 频谱,而这个频谱范围是无限的,并包含一个实际情况中不会出现的隐失部分,所以 Gauss 光束必须始终被视作一个近似. 聚焦得越小,Gauss 频谱将越宽,Gauss 轮廓就越矛盾,因此,实际上在傍轴近似中包含更高阶的修正项的意义不大.

3.2.2 更高阶的激光模式

一束激光可以存在不同的横向模式,而激光腔决定了其发射激光的横向模式. 最常见的高阶激光模式是 Hermite-Gauss 光束和 Laguerre-Gauss 光束,前者的激光腔有矩形端面镜,而后者有圆形端面镜. 在横向面中,这些模式的场会延伸到更远的距离,并且相位会有正负号的变化.

由于基模的 Gauss 模式是 Helmholtz 方程的解. 由于该方程是线性齐次偏微分方程,基模模式的空间衍生结果的任意组合也都是相同微分方程的解,因此 Zauderer[4] 指出,Hermite-Gauss 模式 $\boldsymbol{E}_{nm}^{\mathrm{H}}$ 可以根据

$$\boldsymbol{E}_{nm}^{\mathrm{H}}(x,y,z) = w_0^{n+m}\frac{\partial^n}{\partial x^n}\frac{\partial^m}{\partial y^m}\boldsymbol{E}(x,y,z) \tag{3.17}$$

从基模 $\boldsymbol{E}$ 中产生,其中 n 和 m 分别表示光束的阶数(order)和级数(degree). Laguerre-Gauss 模式 $\boldsymbol{E}_{nm}^{\mathrm{L}}$ 可由类似的方法推导出:

$$\boldsymbol{E}_{nm}^{\mathrm{L}}(x,y,z) = k^n w_0^{2n+m}\mathrm{e}^{\mathrm{i}kz}\frac{\partial^n}{\partial z^n}\left(\frac{\partial}{\partial x}+\mathrm{i}\frac{\partial}{\partial y}\right)^m\{\boldsymbol{E}(x,y,z)\mathrm{e}^{-\mathrm{i}kz}\}. \tag{3.18}$$

于是,利用方程(3.17)和(3.18)就能得到任何更高阶的模式. 可以证明 Laguerre-Gauss 模式可以由有限个 Hermite-Gauss 模式叠加得到,反之亦然,因此这两组模式不相互独立. 注意参数 w_0 只表示 Gauss 光束的束腰,对更高阶的模式,振幅 E_0 并不与焦点处的场对应. 图 3.2 显示的是前四个 Hermite-Gauss 模式在焦平面($z=0$)处的场. 如图中的箭头所示,每个最大值的偏振方向要么同相,要么 180° 反相.

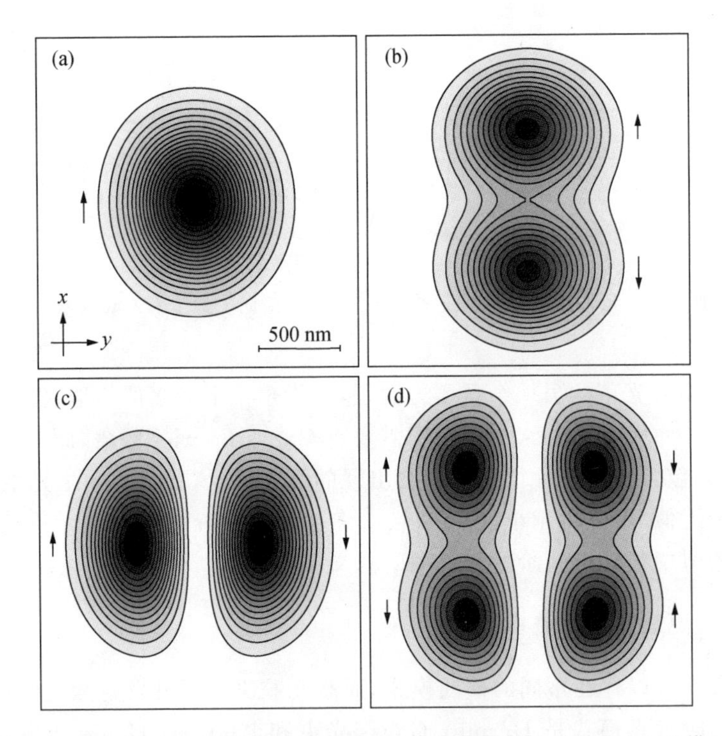

图 3.2　前四个 Hermite-Gauss 模式在焦平面($z=0$)内的强度($|\boldsymbol{E}|^2$):(a)(00)模(Gauss 模),(b)(10)模,(c)(01)模,(d)(11)模. 波长和光束角分别是 $\lambda=800$ nm 和 $\theta=28.65°$,箭头表示各个瓣的偏振方向.

通常遇到的圆形场强轮廓的面包圈模式(doughnut mode),可以通过 Hermite-Gauss 或者 Laguerre-Gauss 模式的叠加来描述.线偏振的面包圈模式简单地由场 $\boldsymbol{E}_{01}^{\mathrm{L}}$ 或 $\boldsymbol{E}_{11}^{\mathrm{L}}$ 确定,角向偏振的面包圈模式是两个垂直偏振的 $\boldsymbol{E}_{01}^{\mathrm{H}}$ 场的叠加,径向偏振的面包圈模式是两个垂直偏振的 $\boldsymbol{E}_{10}^{\mathrm{H}}$ 场的叠加.

3.2.3 聚焦区域的纵向场

傍轴 Gauss 光束是横电磁(TEM)模式,也即电场和磁场总是垂直于传播方向.但是,在自由空间中,真正的 TEM 模式是无限扩展的场,例如平面波.所以,即便是 Gauss 光束,也一定会有沿着传播方向的偏振成分.为了计算这些纵向场,我们将散度条件 $\nabla\cdot\boldsymbol{E}=0$ 应用到 x 偏振的 Gauss 光束中,即

$$E_z=-\int\left[\frac{\partial}{\partial x}E_x\right]\mathrm{d}z. \tag{3.19}$$

E_z 可以用傍轴 Gauss 光束(3.10)的角谱表示推导出.在焦平面 $z=0$ 内,我们得到

$$E_z(x,y,0)=-\mathrm{i}\,\frac{2x}{kw_0^2}E_x(x,y,0), \tag{3.20}$$

其中 E_x 与方程(3.8)中定义的 Gauss 光束轮廓相对应.前面的因子表明纵向场与横向场有 90°的相位差,而在光轴上的相差为零.其大小取决于聚焦程度.图 3.3 和 3.4 分别显示了计算得到的 Gauss 光束和 Hermite-Gauss 光束(10)模的总电场和

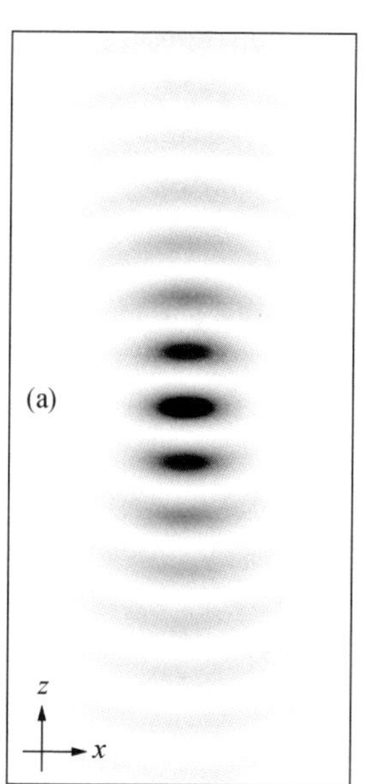

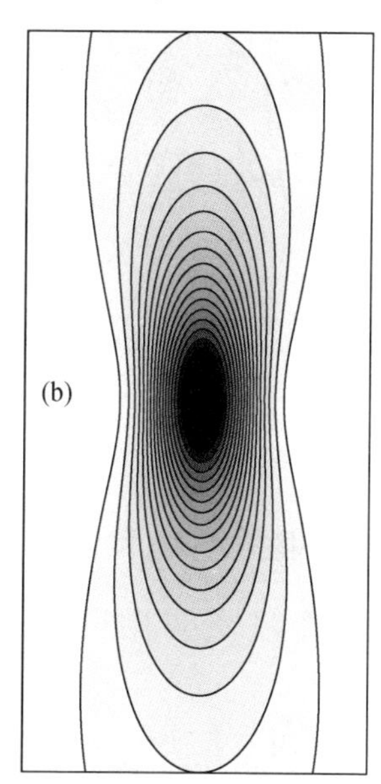

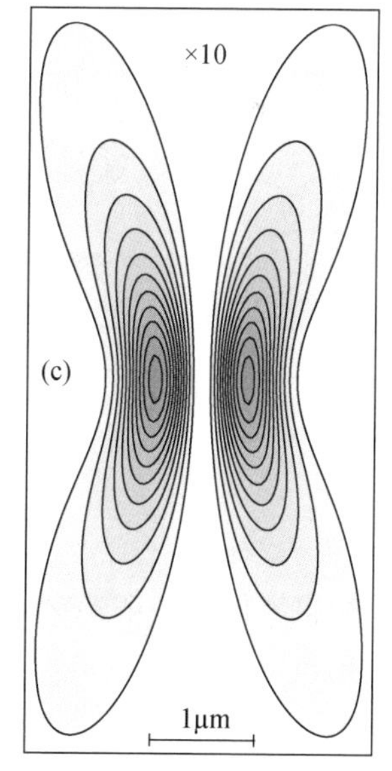

图 3.3 Gauss 光束在偏振面(x,z)中的场.波长和束角分别是 $\lambda=800$ nm 和 $\theta=28.65°$.(a) 含时功率密度;(b) 总电场强度($|\boldsymbol{E}|^2$);(c) 纵向电场强度($|\boldsymbol{E}_z|^2$).

横向电场分布. 基模 Gauss 光束的纵向电场在光轴上总是零,但它在光轴两侧显现出两瓣. 从束腰的横截面上可以看出,这两瓣是沿偏振方向分布的. 另一方面,Hermite-Gauss(10)模的纵向场在光束焦点处有一个极强的场极大值. 如图 3.2 所示,Gauss 光束纵向电场在 z 轴上有两个最大值,并且最大值处偏振相反(180° 相差). 具有 180° 相差的与 z 轴成 $\pm\varphi$ 角传播的平面波也能产生这样的光束传播效果,同样会导致一个纵向场成分. 有些研究者认为,可以利用 Hermite-Gauss(10)模的纵向场成分在线性粒子加速器加速带电粒子[5]. 纵向(10)场已经被用于对分子跃迁偶极子空间取向的成像[6,7]. 通常来说,(10)模对所有要求存在纵向场成分的实验都是很重要的. 我们将在 § 3.6 中看到,强聚焦高阶激光束中的纵向场的强度甚至可以超过横向场.

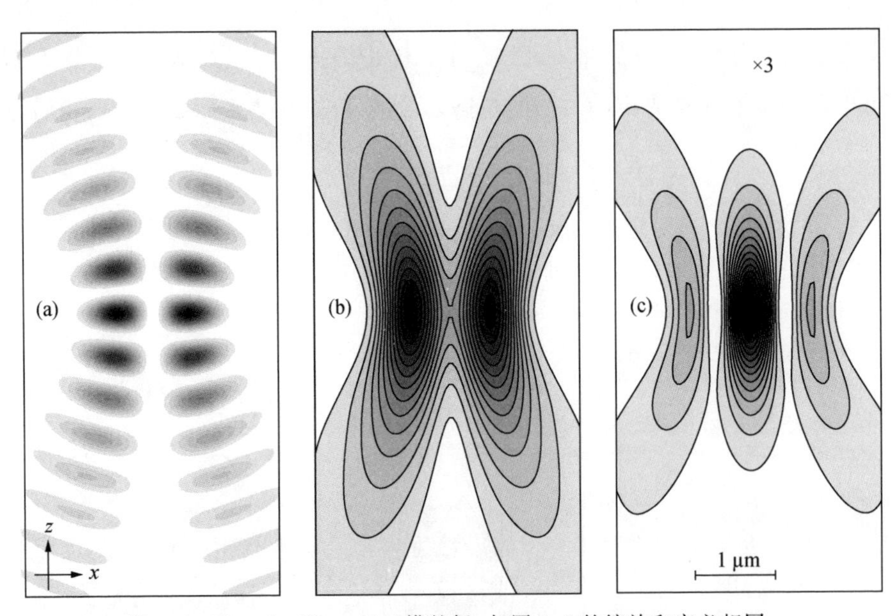

图 3.4 Hermite-Gauss(10)模的场. 与图 3.3 的缩放和定义相同.

§ 3.3 偏振电场和偏振磁场

如果我们让一束光穿过起偏器,那么会消除两个横向场分量中的一个,透射场称为偏振电场.

实际上,任何传播的光场都可以分为一个偏振电场(PE)和一个偏振磁场(PM):

$$\boldsymbol{E} = \boldsymbol{E}^{\mathrm{PE}} + \boldsymbol{E}^{\mathrm{PM}}. \tag{3.21}$$

对于一个 PE 场,当投影到横向平面上时,电场是线偏振的. 类似地,对一个

PM 场,磁场在投影到横向平面上时也是线偏振的.先考虑一个 PE 场,我们可以选择 $\boldsymbol{E}^{\mathrm{PE}}=(E_x,0,E_z)$.要求这个场是无散的($\nabla\cdot\boldsymbol{E}^{\mathrm{PE}}=0$),我们得到

$$\hat{E}_z(k_x,k_y;0)=-\frac{k_x}{k_z}\hat{E}_x(k_x,k_y;0), \tag{3.22}$$

这允许我们将场 $\boldsymbol{E}^{\mathrm{PE}}$ 和 $\boldsymbol{H}^{\mathrm{PE}}$ 展开成

$$\boldsymbol{E}^{\mathrm{PE}}(x,y,z)=\iint_{-\infty}^{\infty}\hat{E}_x(k_x,k_y;0)\frac{1}{k_z}[k_z\boldsymbol{n}_x-k_x\boldsymbol{n}_z]\mathrm{e}^{\mathrm{i}[k_xx+k_yy\pm k_zz]}\mathrm{d}k_x\mathrm{d}k_y, \tag{3.23}$$

$$\boldsymbol{H}^{\mathrm{PE}}(x,y,z)=Z_{\mu\varepsilon}^{-1}\iint_{-\infty}^{\infty}\hat{E}_x(k_x,k_y;0)\frac{1}{kk_z}[-k_xk_y\boldsymbol{n}_x+(k_x^2+k_z^2)\boldsymbol{n}_y-k_yk_z\boldsymbol{n}_z]\mathrm{e}^{\mathrm{i}[k_xx+k_yy\pm k_zz]}\mathrm{d}k_x\mathrm{d}k_y, \tag{3.24}$$

其中 $\boldsymbol{n}_x,\boldsymbol{n}_y,\boldsymbol{n}_z$ 分别是沿 x,y,z 轴的单位矢量,为推导 $\boldsymbol{H}^{\mathrm{PE}}$,我们利用了(2.126)式.

为了推导 PM 场,需要求 $\boldsymbol{H}^{\mathrm{PM}}=(0,H_y,H_z)$.利用同样的推导过程我们发现,在 PM 场中,电场和磁场的表达式只是做了简单的互换:

$$\boldsymbol{E}^{\mathrm{PM}}(x,y,z)=Z_{\mu\varepsilon}\iint_{-\infty}^{\infty}\hat{H}_y(k_x,k_y;0)\frac{1}{kk_z}[(k_y^2+k_z^2)\boldsymbol{n}_x-k_xk_y\boldsymbol{n}_y+k_xk_z\boldsymbol{n}_z]\mathrm{e}^{\mathrm{i}[k_xx+k_yy\pm k_zz]}\mathrm{d}k_x\mathrm{d}k_y, \tag{3.25}$$

$$\boldsymbol{H}^{\mathrm{PM}}(x,y,z)=\iint_{-\infty}^{\infty}\hat{H}_y(k_x,k_y;0)\frac{1}{k_z}[k_z\boldsymbol{n}_y-k_y\boldsymbol{n}_z]\mathrm{e}^{\mathrm{i}[k_xx+k_yy\pm k_zz]}\mathrm{d}k_x\mathrm{d}k_y. \tag{3.26}$$

容易证明,在傍轴极限下,PE 解和 PM 解是相同的.在这种情况下,它们就是 TEM 模式.

把任意光场分解为 PE 场和 PM 场,只须将一个横向场分量设为零就可获得.这个过程类似于要把光场分解为横电(TE)和横磁(TM)场成分,只须将一个纵向场分量设为零即可(见习题 3.2).

§3.4 角谱表示中的远场

在这一节中,我们将推导一个重要结果,即 Fourier 光学和几何光学可以从角谱表示中很自然地得到.

考虑一个在 $z=0$ 平面的场分布(局域的).角谱表示描述了这个场是如何传播,以及如何映射到另一个平面 $z=z_0$ 的.这里,我们要问这个场在非常远的平面中会变成什么样.反之我们也可以问,当我们把一个远场聚焦到像平面时,会出现什么结果.让我们从熟悉的光场的角谱表示开始:

$$\boldsymbol{E}(x,y,z)=\iint_{-\infty}^{\infty}\hat{\boldsymbol{E}}(k_x,k_y;0)\mathrm{e}^{\mathrm{i}[k_x x+k_y y\pm k_z z]}\mathrm{d}k_x\mathrm{d}k_y. \tag{3.27}$$

我们对场的渐近远区近似，即这个场在离物平面无穷远的 $\boldsymbol{r}=\boldsymbol{r}_\infty$ 处的行为感兴趣. $\boldsymbol{r}_\infty$ 方向上的无量纲单位矢量 $\boldsymbol{s}$ 为

$$\boldsymbol{s}=(s_x,s_y,s_z)=\left(\frac{x}{r},\frac{y}{r},\frac{z}{r}\right), \tag{3.28}$$

其中 $r=(x^2+y^2+z^2)^{1/2}$ 是 $\boldsymbol{r}_\infty$ 到原点的距离. 为了计算远场 $\boldsymbol{E}_\infty$，我们需要在 $r\to\infty$ 时重写(3.27)式为

$$\boldsymbol{E}_\infty(s_x,s_y)=\lim_{kr\to\infty}\iint_{(k_x^2+k_y^2)\leqslant k^2}\hat{\boldsymbol{E}}(k_x,k_y;0)\mathrm{e}^{\mathrm{i}kr\left[\frac{k_x}{k}s_x+\frac{k_y}{k}s_y\pm\frac{k_z}{k}s_z\right]}\mathrm{d}k_x\mathrm{d}k_y, \tag{3.29}$$

其中 $s_z=\sqrt{1-(s_x^2+s_y^2)}$. 由于指数衰减特征，隐失波对无穷远处的场没有贡献，我们因此忽略其贡献，并将积分区域缩小到 $(k_x^2+k_y^2)\leqslant k^2$. 这个二重积分在 $kr\to\infty$ 的渐近行为可以通过固定相方法得到. 想更多了解这个方法的读者可以阅读文献[3]的 3.3 节. 忽略推导细节，(3.29)式的结果可以表示为

$$\boldsymbol{E}_\infty(s_x,s_y)=-2\pi\mathrm{i}ks_z\hat{\boldsymbol{E}}(ks_x,ks_y;0)\frac{\mathrm{e}^{\mathrm{i}kr}}{r}. \tag{3.30}$$

这个方程告诉我们，如果做 $k_x\to ks_x$ 和 $k_y\to ks_y$ 的替换，远场将完全由物平面上的场的 Fourier 频谱 $\hat{\boldsymbol{E}}(k_x,k_y;0)$ 决定. 这意味着单位矢量 $\boldsymbol{s}$ 满足

$$\boldsymbol{s}=(s_x,s_y,s_z)=\left(\frac{k_x}{k},\frac{k_y}{k},\frac{k_z}{k}\right). \tag{3.31}$$

这说明在 $z=0$ 处的角谱中，只有波矢为 $\boldsymbol{k}=(k_x,k_y,k_z)$ 的平面波，才对单位波矢 $\boldsymbol{s}$ 方向上的点的远场有贡献(见图 3.5)，所有其他平面波的效果都由于干涉相消了. 这个漂亮的结果允许我们将远处的场视为多条光线的集合，每条光线可被看作起始角谱表示中的一个特定平面波(几何光学). 综合方程(3.30)和(3.31)，我们可以将 Fourier 频谱 $\hat{\boldsymbol{E}}$ 用远场表示：

$$\hat{\boldsymbol{E}}(k_x,k_y;0)=\frac{\mathrm{i}r\mathrm{e}^{-\mathrm{i}kr}}{2\pi k_z}\boldsymbol{E}_\infty\left(\frac{k_x}{k},\frac{k_y}{k}\right), \tag{3.32}$$

记住矢量 $\boldsymbol{s}$ 完全被 k_x 和 k_y 确定. 这个表达式可以代入角谱表示(3.27)中：

$$\boldsymbol{E}(x,y,z)=\frac{\mathrm{i}r\mathrm{e}^{-\mathrm{i}kr}}{2\pi}\iint_{(k_x^2+k_y^2)\leqslant k^2}\boldsymbol{E}_\infty\left(\frac{k_x}{k},\frac{k_y}{k}\right)\mathrm{e}^{\mathrm{i}[k_x x+k_y y\pm k_z z]}\frac{1}{k_z}\mathrm{d}k_x\mathrm{d}k_y. \tag{3.33}$$

于是，只要隐失场不是我们系统中的一部分，本质上，场 $\boldsymbol{E}$ 和其远场 $\boldsymbol{E}_\infty$ 就在 $z=0$ 处组成一组 Fourier 变换对. 唯一的偏差来自 k_z 项. 在 $k_z\approx k$ 的近似下，这两个场组成完美的 Fourier 变换对，这就是 Fourier 光学极限.

举个例子，在无限大薄导电屏中，我们考虑边长为 $2L_x$ 和 $2L_y$ 的矩形孔的衍

射，并把导电屏取为物平面($z=0$)，平面波从背面垂直于矩形孔入射. 为简单起见，我们假设物平面上的场有恒定的振幅 $\boldsymbol{E}_0$，而屏将阻挡所有矩形孔之外的场. 于是在 $z=0$ 处的 Fourier 频谱为

$$\begin{aligned}\hat{\boldsymbol{E}}(k_x,k_y;0) &= \frac{\boldsymbol{E}_0}{4\pi^2}\int_{-L_y}^{+L_y}\int_{-L_x}^{+L_x}\mathrm{e}^{-\mathrm{i}[k_x x'+k_y y']}\,\mathrm{d}x'\,\mathrm{d}y' \\ &= \boldsymbol{E}_0\,\frac{L_x L_y}{\pi^2}\,\frac{\sin(k_x L_x)}{k_x L_x}\,\frac{\sin(k_y L_y)}{k_y L_y}.\end{aligned} \tag{3.34}$$

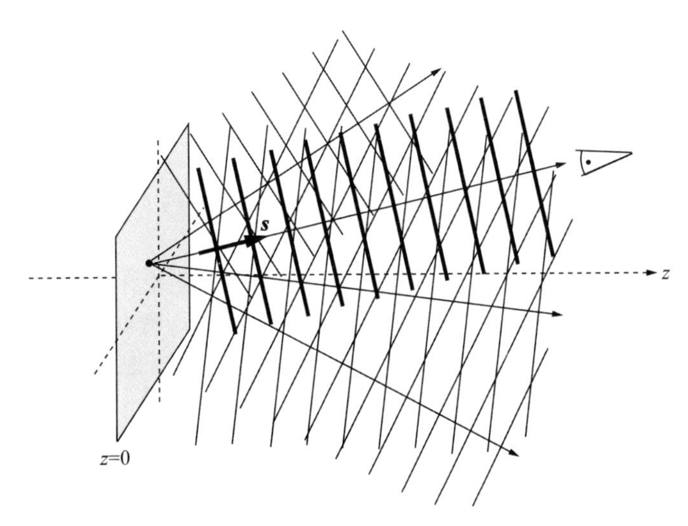

图 3.5 远场近似的示意图. 根据角谱表示，源平面 $z=0$ 上的点向所有可能的方向发射平面波，但是，在远处($kr\gg1$)的探测器只能测量朝向它(沿单位矢量 $\boldsymbol{s}$ 方向)传播的平面波，其他所有平面波都干涉相消了.

利用(3.30)式，我们得到远场

$$\boldsymbol{E}_\infty(s_x,s_y) = -\mathrm{i}ks_z\boldsymbol{E}_0\,\frac{2L_xL_y}{\pi}\,\frac{\sin(ks_xL_x)}{ks_xL_x}\,\frac{\sin(ks_yL_y)}{ks_yL_y}\,\frac{\mathrm{e}^{\mathrm{i}kr}}{r}. \tag{3.35}$$

在傍轴近似 $k_z\approx k$ 下，它与 Fraunhofer 衍射一致.

(3.30)式是一个重要结果，它联系了光学中的近场和相应的远场. 近场中，严格的描述是必要的，而在远场中，几何光学是很好的近似.

§ 3.5 场 聚 焦

对强聚焦激光束的精确理论描述超出了经典光学的范围，但是，在一定程度上，经典光学理论仍然能给出有价值的结果. 强聚焦激光束可以用于荧光光谱学中，研究溶液中分子的相互作用和界面上单分子的运动学[6]. 强聚焦激光束还在共

聚焦显微镜和光学数据存储中扮演着重要角色，其分辨率极限能达到 $\lambda/4$. 在光镊中，聚焦激光束被用于陷俘颗粒并进行高精度的移动和放置[8]. 所有这些应用都要求对强聚焦光束有一个理论上的理解.

聚焦激光束的光场由光学元件和入射光场的边界条件决定. 这一节将研究消球差光学透镜的傍轴聚焦，如图 3.6 所示. 在理论分析中，我们将采用 Richards 和 Wolf 建立的理论[9, 10]. 光学透镜附近的场可以由几何光学定律确定，在这种近似下，光波长被忽略($k\to\infty$)，能量沿光束输运，平均能量密度以速度 $v=c/n$ 沿垂直于几何波前的方向传播. 为了描述消球差透镜，我们需要两条法则：(1) 正弦条件，(2) 强度定律. 这些法则如图 3.7 所示. 正弦条件是说，每条从消球差光学系统的焦点 F 射出或会聚到焦点 F 的光线，都在半径为 f 的球面(Gauss 参考球面)上与其共轭光线相交，其中 f 是透镜的焦距. 所谓"共轭光线"，可以理解为平行于光轴方向传播的折射或入射光线. 光轴与共轭光线之间的距离 h 由下式给出：

$$h = f\sin\theta, \tag{3.36}$$

其中 θ 是共轭光线的发散角. 于是，正弦条件就是光束通过消球差光学元件的折射定律. 强度定律无外乎是能量守恒的表述：每条光线的能流必须保持恒定. 其结果是，球面波的电场强度必须乘以 $1/r$，r 为到原点的距离. 强度定律保证了入射和出射消球差透镜的能量相等. 一条光束传播的能量是 $\mathrm{d}P=(1/2)Z_{\mu\varepsilon}^{-1}|\boldsymbol{E}|^2\mathrm{d}A$，其中 $Z_{\mu\varepsilon}$ 是波阻抗，$\mathrm{d}A$ 是垂直于光线传播方向的无限小截面. 于是，如图 3.7(b)所示，折射之前和之后的场必须满足

$$|\boldsymbol{E}_2| = |\boldsymbol{E}_1|\sqrt{\frac{n_1}{n_2}}\sqrt{\frac{\mu_2}{\mu_1}}(\cos\theta)^{1/2}. \tag{3.37}$$

由于在实验上所有介质的相对磁导率在光学频段中都等于 1($\mu=1$)，为了表示的方便，我们将忽略 $\sqrt{\mu_2/\mu_1}$ 项.

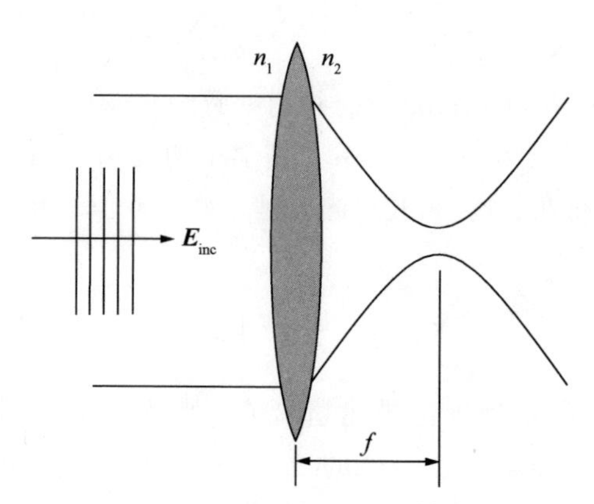

图 3.6　消球差透镜聚焦激光束.

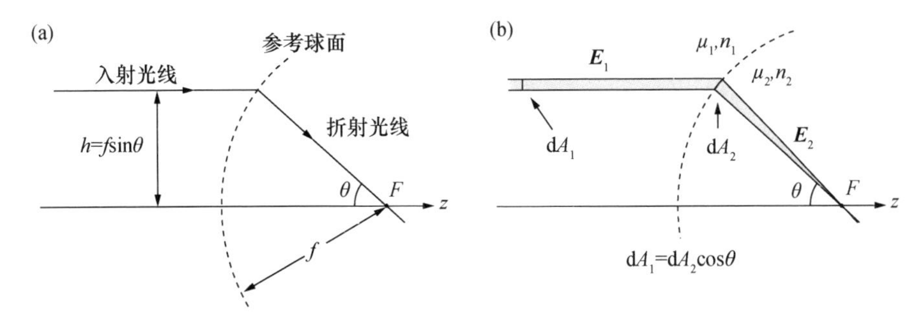

图 3.7 (a) 几何光学的正弦条件. 在消球差透镜上的折射光线由半径为 f 的球面决定. (b) 几何光学的强度定律. 沿一条光线的能量必须保持恒定.

利用正弦条件,我们的光学系统可以用图 3.8 表示. 入射光线经半径为 f 的参考球面折射,参考球面上任意一点记为$(x_\infty, y_\infty, z_\infty)$,焦点附近任意场点为$(x,y,z)$. 这两个点由球坐标分别表示为$(f,\theta,\phi)$和$(r,\vartheta,\varphi)$.

为了描述入射光线在参考球面上的折射,我们引入单位矢量 $\boldsymbol{n}_\rho$,$\boldsymbol{n}_\phi$ 和 $\boldsymbol{n}_\theta$,如图 3.8 所示. $\boldsymbol{n}_\rho$ 和 $\boldsymbol{n}_\phi$ 是柱坐标系中的单位矢量,而 $\boldsymbol{n}_\theta$ 和 $\boldsymbol{n}_\phi$ 是球坐标系中的单位矢量,参考球将柱坐标系(入射光束)转换为球坐标系(聚焦光束). 分析在参考球面上的折射的最方便方法,是将入射光矢量 $\boldsymbol{E}_{\text{inc}}$ 分解为两个分量 $\boldsymbol{E}_{\text{inc}}^{(s)}$ 和 $\boldsymbol{E}_{\text{inc}}^{(p)}$,上标(s)和(p)分别代表 s 偏振和 p 偏振. 我们可以用单位矢量的形式把两个场表示为

$$\boldsymbol{E}_{\text{inc}}^{(s)} = [\boldsymbol{E}_{\text{inc}} \cdot \boldsymbol{n}_\phi]\boldsymbol{n}_\phi, \quad \boldsymbol{E}_{\text{inc}}^{(p)} = [\boldsymbol{E}_{\text{inc}} \cdot \boldsymbol{n}_\rho] \cdot \boldsymbol{n}_\rho. \tag{3.38}$$

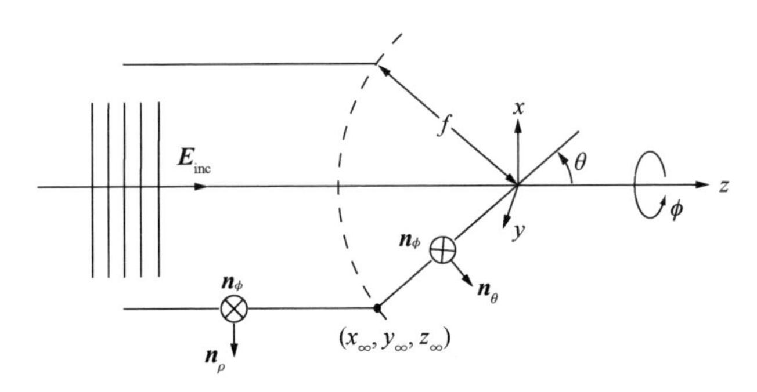

图 3.8 消球差光学系统和坐标定义的几何示意.

如图 3.8 所示,这两个场在球面上的折射是不同的. 单位矢量 $\boldsymbol{n}_\phi$ 不受影响,但单位矢量 $\boldsymbol{n}_\rho$ 映射到 $\boldsymbol{n}_\theta$. 于是,记为 $\boldsymbol{E}_\infty$ 的总折射电场可以表示为

$$\boldsymbol{E}_\infty = [t^s[\boldsymbol{E}_{\text{inc}} \cdot \boldsymbol{n}_\phi]\boldsymbol{n}_\phi + t^p[\boldsymbol{E}_{\text{inc}} \cdot \boldsymbol{n}_\rho]\boldsymbol{n}_\theta] \sqrt{\frac{n_1}{n_2}} (\cos\theta)^{1/2}. \tag{3.39}$$

如(2.52)式中所定义,每一条光线包括了相应的透射系数 t^s 和 t^p. 括号外面的系数是强度定律的结果,保证能量守恒. 下标∞表示场是在距离焦点$(x,y,z)=(0,0,0)$

很远处.

利用图3.8中球坐标 θ 和 ϕ 的定义，单位矢量 $\boldsymbol{n}_\rho,\boldsymbol{n}_\phi,\boldsymbol{n}_\theta$ 可以用笛卡儿坐标系的单位矢量 $\boldsymbol{n}_x,\boldsymbol{n}_y,\boldsymbol{n}_z$ 表示为

$$\boldsymbol{n}_\rho = \cos\phi\boldsymbol{n}_x + \sin\phi\boldsymbol{n}_y, \tag{3.40}$$

$$\boldsymbol{n}_\phi = -\sin\phi\boldsymbol{n}_x + \cos\phi\boldsymbol{n}_y, \tag{3.41}$$

$$\boldsymbol{n}_\theta = \cos\theta\cos\phi\boldsymbol{n}_x + \cos\theta\sin\phi\boldsymbol{n}_y - \sin\theta\boldsymbol{n}_z. \tag{3.42}$$

将这些矢量代入(3.39)式，得到

$$\begin{aligned}\boldsymbol{E}_\infty(\theta,\phi) = & t^{s}(\theta)\left[\boldsymbol{E}_{\text{inc}}(\theta,\phi)\cdot\begin{bmatrix}-\sin\phi\\ \cos\phi\\ 0\end{bmatrix}\right]\begin{bmatrix}-\sin\phi\\ \cos\phi\\ 0\end{bmatrix}\sqrt{\frac{n_1}{n_2}}(\cos\theta)^{1/2}\\ & + t^{p}(\theta)\left[\boldsymbol{E}_{\text{inc}}(\theta,\phi)\cdot\begin{bmatrix}\cos\phi\\ \sin\phi\\ 0\end{bmatrix}\right]\begin{bmatrix}\cos\phi\cos\theta\\ \sin\phi\cos\theta\\ -\sin\theta\end{bmatrix}\sqrt{\frac{n_1}{n_2}}(\cos\theta)^{1/2},\end{aligned} \tag{3.43}$$

这就是聚焦透镜参考球面右边场的笛卡儿矢量表示.用如下替换，还可以将 $\boldsymbol{E}_\infty$ 用空间频率 k_x 和 k_y 表示：

$$k_x = k\sin\theta\cos\phi,\quad k_y = k\sin\theta\sin\phi,\quad k_z = k\cos\theta. \tag{3.44}$$

参考球面上的远场形式为 $\boldsymbol{E}_\infty(k_x/k, k_y/k)$，将其代入方程(3.33)可以严格计算聚焦场.因此，透镜焦点附近的场 $\boldsymbol{E}$ 完全由参考球面上的远场 $\boldsymbol{E}_\infty$ 决定，所有光线都从参考球面往焦点 $(x,y,z)=(0,0,0)$ 传播，不存在隐失波.

由于所考虑问题的对称性，可以很方便地把(3.33)式的角谱表示从 k_x 和 k_y 的形式表示为角度 θ 和 ϕ 的形式，这很容易通过(3.44)式和场点的横向坐标 (x,y) 来完成：

$$x = \rho\cos\varphi,\quad y = \rho\sin\varphi. \tag{3.45}$$

为了将关于 k_x 和 k_y 的平面积分替换为关于 θ 和 ϕ 的球面积分，我们必须将微分式变换为

$$\frac{1}{k_z}\mathrm{d}k_x\mathrm{d}k_y = k\sin\theta\mathrm{d}\theta\mathrm{d}\phi, \tag{3.46}$$

如图3.9所示.现在我们可以将聚焦场((3.33)式)的角谱表示表达为

$$\boldsymbol{E}(\rho,\varphi,z) = -\frac{\mathrm{i}kf\,\mathrm{e}^{-\mathrm{i}kf}}{2\pi}\int_0^{\theta_{\max}}\int_0^{2\pi}\boldsymbol{E}_\infty(\theta,\phi)\mathrm{e}^{\mathrm{i}kz\cos\theta}\mathrm{e}^{\mathrm{i}k\rho\sin\theta\cos(\phi-\varphi)}\sin\theta\mathrm{d}\phi\mathrm{d}\theta. \tag{3.47}$$

我们已经将焦点和参考球面间的距离 r_∞ 替换为透镜的焦距 f②.由于任何透镜都是有限大小的，我们还可以将关于 θ 的积分限制在有限区间 $[0,\theta_{\max}]$ 中.另外，由于所有场都沿 $-z$ 方向传播，我们只保留(3.33)式指数中的正号.(3.47)式是这

② (3.47)式的负号源于将远场视为处在 $z\to-\infty$ 处.(3.33)式中远场在 $z\to+\infty$ 处取值.

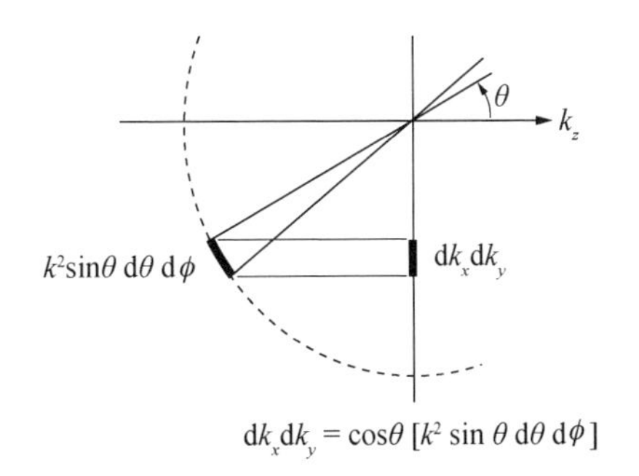

图 3.9 $(1/k_z)\mathrm{d}k_x\mathrm{d}k_y = k\sin\theta\mathrm{d}\theta\mathrm{d}\phi$ 的示意图. 因子 $1/k_z = 1/(k\cos\theta)$ 保证平面和球面的微分区域相等.

一节最重要的结果. 再加上(3.43)式,我们可以计算任意光场 $\boldsymbol{E}_{\mathrm{int}}$ 经焦距为 f,数值孔径为

$$\mathrm{NA} = n\sin\theta_{\max} \quad (0 < \theta_{\max} < \pi/2), \tag{3.48}$$

的消球差透镜的聚焦,式中 $n=n_2$ 是周围介质的折射率. 焦点区域中的场分布完全由远场 $\boldsymbol{E}_\infty$ 决定. 下一节中将看到,通过调节 $\boldsymbol{E}_\infty$ 的振幅和相位,我们可以控制激光聚焦的性质.

§3.6 聚 焦 场

通常情况下,显微镜物镜后通光孔直径为几个毫米,为了充分利用物镜的数值孔径,入射场 $\boldsymbol{E}_{\mathrm{inc}}$ 必须充满或过充后通光孔. 这样,因为入射光束直径很大,用傍轴近似处理是可行的. 我们假设 $\boldsymbol{E}_{\mathrm{inc}}$ 完全平行于 x 轴,即

$$\boldsymbol{E}_{\mathrm{inc}} = E_{\mathrm{inc}}\boldsymbol{n}_x. \tag{3.49}$$

另外,我们假设入射光束的腰部在透镜处,这样射入透镜的就是平面波. 为简单起见,我们还假设透镜有良好的增透膜,因而可以忽略 Fresnel 透射系数,

$$t_\theta^{\mathrm{s}} = t_\theta^{\mathrm{p}} = 1. \tag{3.50}$$

基于这些假设,方程(3.43)中的远场 $\boldsymbol{E}_\infty$ 可以表示为

$$\begin{aligned}\boldsymbol{E}_\infty(\theta,\phi) &= E_{\mathrm{inc}}(\theta,\phi)\left[\cos\phi\,\boldsymbol{n}_\theta - \sin\phi\,\boldsymbol{n}_\phi\right]\sqrt{n_1/n_2}\,(\cos\theta)^{1/2} \\ &= E_{\mathrm{inc}}(\theta,\phi)\,\frac{1}{2}\begin{bmatrix}(1+\cos\theta)-(1-\cos\theta)\cos(2\phi)\\ -(1-\cos\theta)\sin(2\phi)\\ -2\cos\phi\sin\theta\end{bmatrix}\sqrt{\frac{n_1}{n_2}}\,(\cos\theta)^{1/2},\end{aligned} \tag{3.51}$$

其中最后一个表达式是用笛卡儿矢量表示的. 为继续推导,我们需确定入射光束的振幅性质. 这里我们集中讨论图 3.2 中的三个最低阶 Hermite-Gauss 模式. 这些模式的第一个是基模 Gauss 光束,另外两个可以通过 3.2.2 节的(3.17)式产生. 将图

3.8中的坐标$(x_\infty,y_\infty,z_\infty)$表示为球坐标$(f,\theta,\phi)$的形式，我们发现

(00)模：

$$E_{\text{inc}}=E_0\mathrm{e}^{-(x_\infty^2+y_\infty^2)/w_0^2}=E_0\mathrm{e}^{-f^2\sin^2\theta/w_0^2},\tag{3.52}$$

(10)模：

$$E_{\text{inc}}=E_0(2x_\infty/w_0)\mathrm{e}^{-(x_\infty^2+y_\infty^2)/w_0^2}=(2E_0f/w_0)\sin\theta\cos\phi\mathrm{e}^{-f^2\sin^2\theta/w_0^2},\tag{3.53}$$

(01)模：

$$E_{\text{inc}}=E_0(2y_\infty/w_0)\mathrm{e}^{-(x_\infty^2+y_\infty^2)/w_0^2}=(2E_0f/w_0)\sin\theta\sin\phi\mathrm{e}^{-f^2\sin^2\theta/w_0^2},\tag{3.54}$$

其中因子$f_w(\theta)=\exp(-f^2\sin^2\theta/w_0^2)$是所有模式共有的.聚焦场$\boldsymbol{E}$依赖于入射光束相对于透镜尺寸的扩展程度.由于透镜的孔径等于$f\sin\theta_{\max}$，我们定义填充因子f_0为

$$f_0=\frac{w_0}{f\sin\theta_{\max}},\tag{3.55}$$

由此可以把(3.52)～(3.54)式中的指数函数写为

$$f_w(\theta)=\mathrm{e}^{-\frac{1}{f_0^2}\frac{\sin^2\theta}{\sin^2\theta_{\max}}}.\tag{3.56}$$

这个函数叫作切趾函数(apodization function)，可以视为光瞳滤波器.现在我们已经有了计算焦点附近场$\boldsymbol{E}$的所有必要部分，再加上数学关系

$$\begin{aligned}\int_0^{2\pi}\cos(n\phi)\mathrm{e}^{\mathrm{i}x\cos(\phi-\varphi)}\,\mathrm{d}\phi&=2\pi(\mathrm{i}^n)\mathrm{J}_n(x)\cos(n\varphi),\\\int_0^{2\pi}\sin(n\phi)\mathrm{e}^{\mathrm{i}x\cos(\phi-\varphi)}\,\mathrm{d}\phi&=2\pi(\mathrm{i}^n)\mathrm{J}_n(x)\sin(n\varphi),\end{aligned}\tag{3.57}$$

对ϕ的积分可以解析获得.这里的J_n是n阶Bessel函数.现在，聚焦场的最终表达式只剩对变量θ的积分.使用下面的积分式缩写是方便的：

$$I_{00}=\int_0^{\theta_{\max}}f_w(\theta)(\cos\theta)^{1/2}\sin\theta(1+\cos\theta)\mathrm{J}_0(k\rho\sin\theta)\mathrm{e}^{\mathrm{i}kz\cos\theta}\,\mathrm{d}\theta,\tag{3.58}$$

$$I_{01}=\int_0^{\theta_{\max}}f_w(\theta)(\cos\theta)^{1/2}\sin^2\theta\mathrm{J}_1(k\rho\sin\theta)\mathrm{e}^{\mathrm{i}kz\cos\theta}\,\mathrm{d}\theta,\tag{3.59}$$

$$I_{02}=\int_0^{\theta_{\max}}f_w(\theta)(\cos\theta)^{1/2}\sin\theta(1-\cos\theta)\mathrm{J}_2(k\rho\sin\theta)\mathrm{e}^{\mathrm{i}kz\cos\theta}\,\mathrm{d}\theta,\tag{3.60}$$

$$I_{10}=\int_0^{\theta_{\max}}f_w(\theta)(\cos\theta)^{1/2}\sin^3\theta\mathrm{J}_0(k\rho\sin\theta)\mathrm{e}^{\mathrm{i}kz\cos\theta}\,\mathrm{d}\theta,\tag{3.61}$$

$$I_{11}=\int_0^{\theta_{\max}}f_w(\theta)(\cos\theta)^{1/2}\sin^2\theta(1+3\cos\theta)\mathrm{J}_1(k\rho\sin\theta)\mathrm{e}^{\mathrm{i}kz\cos\theta}\,\mathrm{d}\theta,\tag{3.62}$$

$$I_{12}=\int_0^{\theta_{\max}}f_w(\theta)(\cos\theta)^{1/2}\sin^2\theta(1-\cos\theta)\mathrm{J}_1(k\rho\sin\theta)\mathrm{e}^{\mathrm{i}kz\cos\theta}\,\mathrm{d}\theta,\tag{3.63}$$

$$I_{13}=\int_0^{\theta_{\max}}f_w(\theta)(\cos\theta)^{1/2}\sin^3\theta\mathrm{J}_2(k\rho\sin\theta)\mathrm{e}^{\mathrm{i}kz\cos\theta}\,\mathrm{d}\theta,\tag{3.64}$$

$$I_{14}=\int_0^{\theta_{\max}} f_w(\theta)(\cos\theta)^{1/2}\sin^2\theta(1-\cos\theta)\mathrm{J}_3(k\rho\sin\theta)\mathrm{e}^{\mathrm{i}kz\cos\theta}\mathrm{d}\theta, \tag{3.65}$$

其中函数 $f_w(\theta)$ 由(3.56)式给出. 注意,这些积分式是坐标(ρ,z)的函数,即 $I_{ij}=I_{ij}(\rho,z)$. 因此,我们只能对每个场点进行数值积分运算. 利用这些缩写,我们现在可以把不同模式的聚焦场表达为

(00)模:

$$\begin{aligned}
\boldsymbol{E}(\rho,\varphi,z)&=-\frac{\mathrm{i}kf}{2}\sqrt{\frac{n_1}{n_2}}E_0\mathrm{e}^{-\mathrm{i}kf}\begin{bmatrix}I_{00}+I_{02}\cos(2\varphi)\\ I_{02}\sin(2\varphi)\\ -2\mathrm{i}I_{01}\cos\varphi\end{bmatrix},\\
\boldsymbol{H}(\rho,\varphi,z)&=-\frac{\mathrm{i}kf}{2Z_{\mu\varepsilon}}\sqrt{\frac{n_1}{n_2}}E_0\mathrm{e}^{-\mathrm{i}kf}\begin{bmatrix}I_{02}\sin(2\varphi)\\ I_{00}-I_{02}\cos(2\varphi)\\ -2\mathrm{i}I_{01}\sin\varphi\end{bmatrix},
\end{aligned}\tag{3.66}$$

(10)模:

$$\begin{aligned}
\boldsymbol{E}(\rho,\varphi,z)&=-\frac{\mathrm{i}kf^2}{2w_0}\sqrt{\frac{n_1}{n_2}}E_0\mathrm{e}^{-\mathrm{i}kf}\begin{bmatrix}\mathrm{i}I_{11}\cos\varphi+\mathrm{i}I_{14}\cos(3\varphi)\\ -\mathrm{i}I_{12}\sin\varphi+\mathrm{i}I_{14}\sin(3\varphi)\\ -2I_{10}+2I_{13}\cos(2\varphi)\end{bmatrix},\\
\boldsymbol{H}(\rho,\varphi,z)&=-\frac{\mathrm{i}kf^2}{2w_0Z_{\mu\varepsilon}}\sqrt{\frac{n_1}{n_2}}E_0\mathrm{e}^{-\mathrm{i}kf}\begin{bmatrix}-\mathrm{i}I_{12}\sin\varphi+\mathrm{i}I_{14}\sin(3\varphi)\\ \mathrm{i}(I_{11}+2I_{12})\cos\varphi-\mathrm{i}I_{14}\cos(3\varphi)\\ 2I_{13}\sin(2\varphi)\end{bmatrix},
\end{aligned}\tag{3.67}$$

(01)模:

$$\begin{aligned}
\boldsymbol{E}(\rho,\varphi,z)&=-\frac{\mathrm{i}kf^2}{2w_0}\sqrt{\frac{n_1}{n_2}}E_0\mathrm{e}^{-\mathrm{i}kf}\begin{bmatrix}\mathrm{i}(I_{11}+2I_{12})\sin\varphi+\mathrm{i}I_{14}\sin(3\varphi)\\ -\mathrm{i}I_{12}\cos\varphi-\mathrm{i}I_{14}\cos(3\varphi)\\ 2I_{13}\sin(2\varphi)\end{bmatrix},\\
\boldsymbol{H}(\rho,\varphi,z)&=-\frac{\mathrm{i}kf^2}{2w_0Z_{\mu\varepsilon}}\sqrt{\frac{n_1}{n_2}}E_0\mathrm{e}^{-\mathrm{i}kf}\begin{bmatrix}-\mathrm{i}I_{12}\cos\varphi-\mathrm{i}I_{14}\cos(3\varphi)\\ \mathrm{i}I_{11}\sin\varphi-\mathrm{i}I_{14}\sin(3\varphi)\\ -2I_{10}-2I_{13}\cos(2\varphi)\end{bmatrix}.
\end{aligned}\tag{3.68}$$

出于完整性,我们同样列出了这三个模式的磁场. 它们可利用磁场沿 y 轴的傍轴入射的场 H_∞,以相同的方法推导出来. 注意只有零阶 Bessel 函数在其原点处有非零值,这造成只有(10)模在其焦点处有纵向电场(E_z).

在极限条件 $f_w=1$ 下,(00)模的场与 Richards 和 Wolf 的结果相一致[10]. 根据(3.56)式,这个极限在 $f_0\to\infty$时成立,对应于聚焦透镜的无限过充后通光孔. 这种情况与平面波入射透镜的情况相一致. 图 3.10 说明了填充因子 f_0 对聚焦场聚焦

能力的影响. 在这些例子中, 我们用了数值孔径为 1.4、折射率为 1.518 的物镜, 对应于 68.96° 的最大收集角. 很明显, 填充因子对焦点的质量, 也即对光学显微镜的分辨率很重要. 需要重点注意的是, 随着聚焦中场受限的增加, 焦点的椭圆特性越来越明显. 虽然在傍轴近似下焦点是完美的圆形, 但强聚焦光束的焦点会在场偏振方向上拉长. 这个现象会导致一个重要结论: 利用空间受限光来获得更高的分辨率时, 需要考虑场的矢量性质, 标量理论变得不准确. 图 3.11 显示了填充因子 $f_0=1$, NA=1.4 的物镜对应的聚焦电场. 这些图描述了入射光偏振平面 (x,z) 和垂直于它的平面 (y,z) 上的总电场强度 $\boldsymbol{E}^2$. 边上的三幅图表示焦平面 $z=0$ 上不同场分量的强度, 最大相对强度值为 $\mathrm{Max}[E_y^2]/\mathrm{Max}[E_x^2]=0.003$ 和 $\mathrm{Max}[E_z^2]/\mathrm{Max}[E_x^2]=0.12$. 因此, 纵向场中有可观的电场能量.

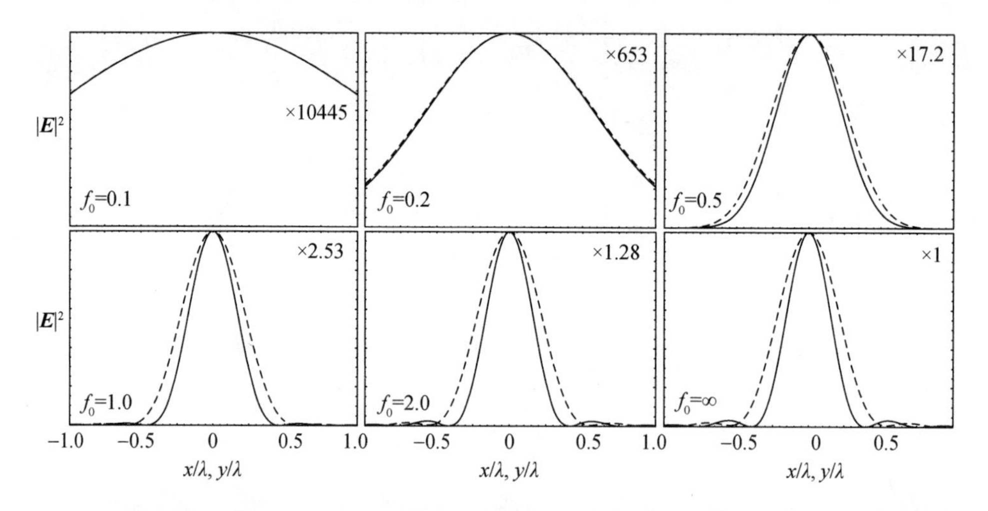

图 3.10　后通光孔的填充因子 f_0 对焦点锐利程度的影响. 假设透镜 NA=1.4, 折射率为 1.518, 图中显示的是焦平面 $z=0$ 处电场强度 $|\boldsymbol{E}|^2$ 的大小. 虚线是沿 x 方向(偏振面)计算的结果, 实线沿 y 方向. 所有曲线都缩放到相等幅度, 缩放因子显示在图中. 填充因子越大, 实线和虚线之间的差别就越大, 体现了偏振效应的重要性.

我们怎样才能在实验上验证计算出的聚焦场呢? 一个优美的方法是利用单偶极子发射体, 例如单个分子, 来进行场的探测(图 3.12). 这个分子可以嵌入折射率为 n 的环境介质中, 并可以用高精度转移装置移动到激光焦点附近的任意位置 $\boldsymbol{r}=(x,y,z)=(\rho,\varphi,z)$. 分子的激发速率取决于乘积 $\boldsymbol{E}\cdot\boldsymbol{p}$, 其中 $\boldsymbol{p}$ 是分子的跃迁偶极矩. 被激发的分子随后以特定速率, 并可能以发射荧光光子的方式弛豫, 荧光强度(每秒光子计数)正比于 $|\boldsymbol{E}\cdot\boldsymbol{p}|^2$. 因此, 如果我们知道分子偶极子的取向, 就可以确定分子所在处激发场的强度. 例如, 沿 x 轴方向的分子偶极子可探测聚焦场的 x 分量. 我们可以接着将分子转移到新位置, 并确定这个新位置上的场. 于是, 我们一

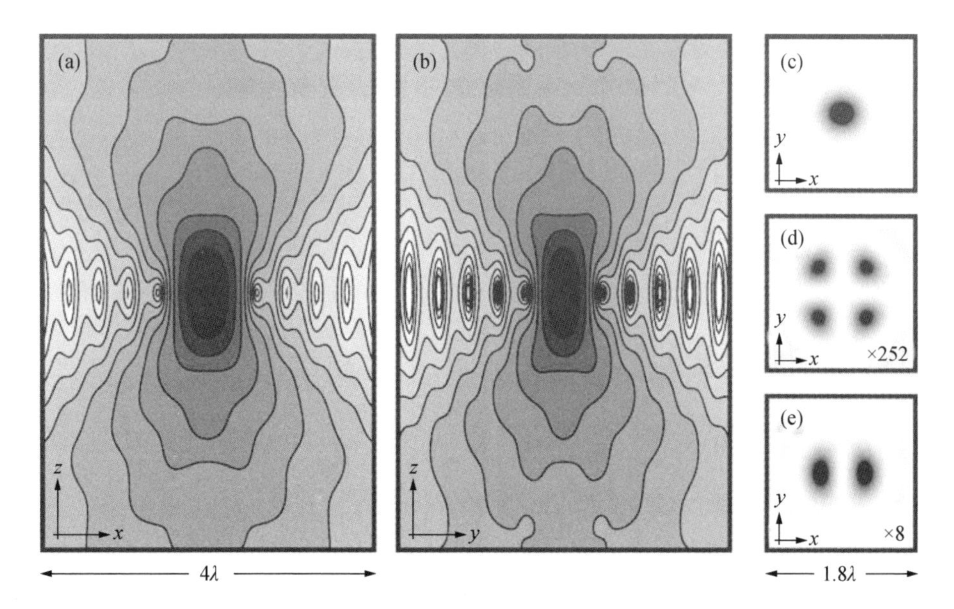

图 3.11 聚焦 Gauss 光束(NA=1.4，$n=1.518$，$f_0=1$)中$|\boldsymbol{E}|^2$ 的等值线.(a) 入射光偏振平面(x,z)；(b) 垂直于入射光偏振平面的平面(y,z).这里用了对数坐标，相邻两条等值线相差因子 2.图(c)，(d)和(e)分别显示的是焦平面($z=0$)中的独立场分量$|\boldsymbol{E}_x|^2$，$|\boldsymbol{E}_y|^2$ 和$|\boldsymbol{E}_z|^2$.

个点一个点地测量，就得到沿分子偶极子轴线方向上各点的电场分量大小的图像.如果用沿 x 方向的分子，并在 $z=0$ 平面中一个点一个点地扫描，我们可以重新产生图 3.11(c)中的图案.这已经在各种各样的实验中被证实，并将在第 9 章中讨论.

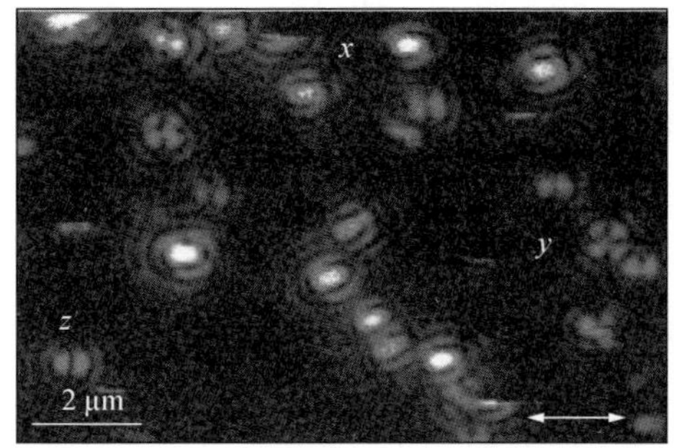

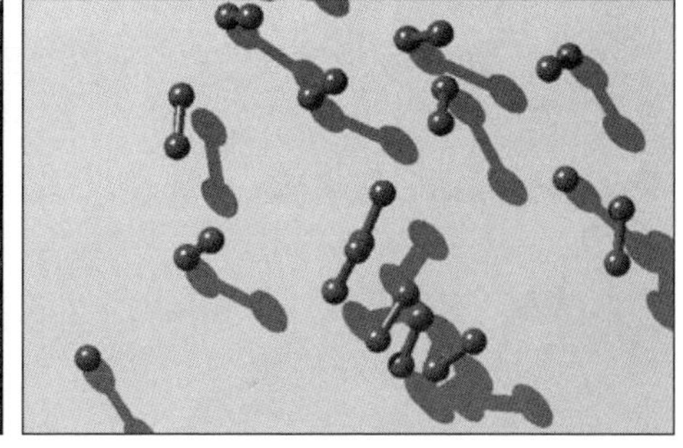

图 3.12 单分子激发图案.在强聚焦激光束的焦平面上的一个孤立分子样本用光栅进行了扫描，每个像素中，荧光强度都被记录并用色阶编码.每个像素中的激发速率由相应的局域电场矢量和分子吸收偶极矩的取向决定.利用激光焦点处已知的场分布，可以从记录的图案中重建偶极矩.对比由 x,y,z 标记的图案与图 3.11 中相应的图案.

§3.7 高阶激光模式的聚焦

到目前为止,我们讨论了基模 Gauss 光束的聚焦,那么(10)模和(01)模的光束将会怎么样呢?为了分析任意偏振的面包圈模式,我们计算了这些情况.根据叠加这些模式的方式,可以得到:

线偏振面包圈模式:

$$\mathrm{LP} = \mathrm{HG}_{10}\boldsymbol{n}_x + \mathrm{i}\mathrm{HG}_{01}\boldsymbol{n}_x, \tag{3.69}$$

径向偏振面包圈模式:

$$\mathrm{RP} = \mathrm{HG}_{10}\boldsymbol{n}_x + \mathrm{HG}_{10}\boldsymbol{n}_y, \tag{3.70}$$

角向偏振面包圈模式:

$$\mathrm{AP} = -\mathrm{HG}_{01}\boldsymbol{n}_x + \mathrm{HG}_{01}\boldsymbol{n}_y. \tag{3.71}$$

这里 $\mathrm{HG}_{ij}\boldsymbol{n}_l$ 表示沿单位矢量 $\boldsymbol{n}_l$ 方向偏振的 Hermite-Gauss(ij)模. 线偏振面包圈模式与(3.18)式中定义的 Laguerre-Gauss(01)模一致,并且通过添加 90° 相位延迟的(3.67)和(3.68)式很容易就能计算出场分布. 为了确定另外两个面包圈模式的聚焦场,我们需要推导 y 偏振模式的聚焦场. 这很容易通过将(3.67)和(3.68)式中的场绕 z 轴旋转 90° 得到,结果变为:

径向偏振面包圈模式:

$$\boldsymbol{E}(\rho,\varphi,z) = -\frac{\mathrm{i}kf^2}{2w_0}\sqrt{\frac{n_1}{n_2}}E_0\mathrm{e}^{-\mathrm{i}kf}\begin{bmatrix}\mathrm{i}(I_{11}-I_{12})\cos\varphi\\ \mathrm{i}(I_{11}-I_{12})\sin\varphi\\ -4I_{10}\end{bmatrix},$$
$$\boldsymbol{H}(\rho,\varphi,z) = -\frac{\mathrm{i}kf^2}{2w_0 Z_{\mu\varepsilon}}\sqrt{\frac{n_1}{n_2}}E_0\mathrm{e}^{-\mathrm{i}kf}\begin{bmatrix}-\mathrm{i}(I_{11}+3I_{12})\sin\varphi\\ \mathrm{i}(I_{11}+3I_{12})\cos\varphi\\ 0\end{bmatrix}, \tag{3.72}$$

角向偏振面包圈模式:

$$\boldsymbol{E}(\rho,\varphi,z) = -\frac{\mathrm{i}kf^2}{2w_0}\sqrt{\frac{n_1}{n_2}}E_0\mathrm{e}^{-\mathrm{i}kf}\begin{bmatrix}\mathrm{i}(I_{11}+3I_{12})\sin\varphi\\ -\mathrm{i}(I_{11}+3I_{12})\cos\varphi\\ 0\end{bmatrix},$$
$$\boldsymbol{H}(\rho,\varphi,z) = -\frac{\mathrm{i}kf^2}{2w_0 Z_{\mu\varepsilon}}\sqrt{\frac{n_1}{n_2}}E_0\mathrm{e}^{-\mathrm{i}kf}\begin{bmatrix}\mathrm{i}(I_{11}-I_{12})\cos\varphi\\ \mathrm{i}(I_{11}-I_{12})\sin\varphi\\ -4I_{10}\end{bmatrix}. \tag{3.73}$$

利用积分定义

$$I_{\mathrm{rad}} = I_{11} - I_{12} = \int_0^{\theta_{\max}} f_w(\theta)(\cos\theta)^{3/2}\sin^2\theta\,\mathrm{J}_1(k\rho\sin\theta)\mathrm{e}^{\mathrm{i}kz\cos\theta}\mathrm{d}\theta, \tag{3.74}$$

$$I_{\text{azm}} = I_{11} + 3I_{12} = \int_0^{\theta_{\max}} f_w(\theta)(\cos\theta)^{1/2}\sin^2\theta \mathrm{J}_1(k\rho\sin\theta)\mathrm{e}^{\mathrm{i}kz\cos\theta}\mathrm{d}\theta, \qquad (3.75)$$

我们发现为了描述径向偏振和角向偏振面包圈模式的聚焦,需要计算两个积分.通过将笛卡儿场矢量转换为柱坐标场矢量,可以很容易看出是否具有径向对称和角向对称:

$$\begin{aligned} E_\rho &= \cos\varphi E_x + \sin\varphi E_y, \\ E_\phi &= -\sin\varphi E_x + \cos\varphi E_y. \end{aligned} \qquad (3.76)$$

磁场也能类似处理.径向偏振聚焦模式有旋转对称的纵向电场 E_z,而角向偏振聚焦模式有旋转对称的纵向磁场 H_z.如图 3.13 所示,纵向场强度 $|E_z|^2$ 随数值孔径的增加而增加,在数值孔径 NA≈1 时,$|E_z|^2$ 变得比径向场 $|E_\rho|^2$ 更大,这在需要有强纵向场的应用中十分重要.图 3.14 显示的是用与图 3.11 相同的参数和设置得到的聚焦径向偏振光束的场分布,关于径向和角向偏振光束聚焦的更多讨论见文献[11—13].焦点处的场分布在实验上已经用单分子探针法[7]和刀口法[13]进行过测量.

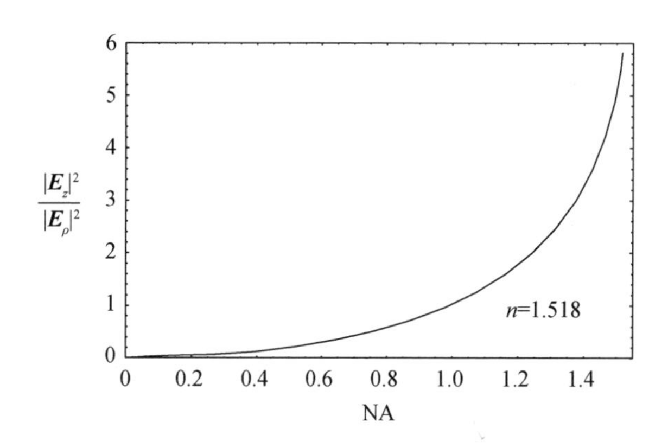

图 3.13 径向偏振面包圈模式的纵向和横向电场强度的比率 $|E_z|^2/|E_\rho|^2$ 作为数值孔径 NA ($f_0=1, n=1.518$)的函数. $|E_\rho|^2$ 在平面 $z=0$ 的一个圆环上有最大值,而 $|E_z|^2$ 的最大值在原点 $(x,y,z)=(0,0,0)$ 处.根据这张图可以知道,纵向电场能量密度的最大值可以是横向电场能量密度的最大值的 5 倍以上.

虽然可以通过操控激光共振腔来得到更高阶模式的激光束,但在共振腔外部将基模 Gauss 光束转换为高阶模式而不扰乱激光特性更为合适.这样的转换可以通过在光束截面的不同区域插入相移片实现[14].如图 3.15 所示,基模 Gauss 光束用薄相移片等分,使光束的一半产生 180°的相移,可以实现到 Hermite-Gauss(10)模的转换.这里要求入射光束必须沿垂直于相移片边缘的方向偏振,而且之后必须用空间滤波的方法阻挡更高阶的模式.利用一半有镀层的镜子延迟一半激光束也可以达到同样的效果.在这种情况下,光束要两次通过有镀层的镜子,所以镀层的

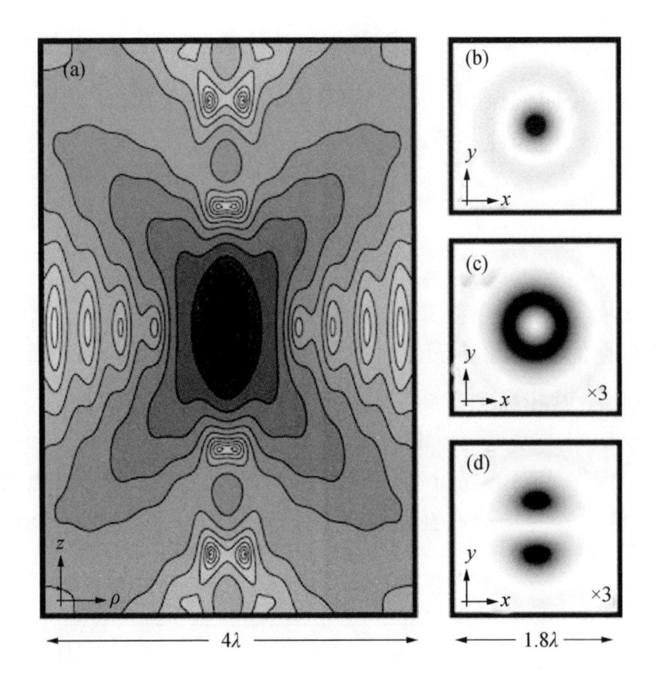

图3.14　(a) 径向偏振面包圈模式(NA=1.4，$n=1.518$，$f_0=1$)聚焦区中(ρ,z)平面内$|\boldsymbol{E}^2|$的等值图.强度相对z轴旋转对称.上图使用了对数坐标，相邻等值线有系数2的差别.图(b)，(c)，(d)分别显示焦平面($z=0$)处独立场分量$|\boldsymbol{E}_z|^2$，$|\boldsymbol{E}_\rho|^2$，$|\boldsymbol{E}_y|^2$的大小，用的是对数坐标.

厚度必须是$\lambda/4$.利用外部四镜环形腔或干涉仪[15,16]也可以实现模式转换.图3.16(a)中所示的方法是Youngworth和Brown发明的，基于有半镀层反射镜的Twyman-Green干涉仪，用于产生角向和径向偏振光束[11,12].入射Gauss光束的偏振被调整到45°，一个偏振分束器将光束分为正交偏振的两束，每束光都通过一个$\lambda/4$相移片来使其变为圆偏振，并从端面镜反射.每个反射镜的一半有$\lambda/4$镀层，所以经过反射，一半的光束将会相对另一半光束有180°的延迟.这两束反射光束中的每一束都将再次通过$\lambda/4$相移片，并被转换为等值的正交偏振的Hermite-Gauss(10)模和(01)模，另一个将被偏振分束器阻挡.依据覆盖一半镀层的端面镜位置的不同，可以产生径向偏振模式或者角向偏振模式.为了产生另一种模式，我们只需要端面镜旋转90°.这两个从不同干涉仪分支中产生的模式必须同相，这要求调节路径的长度.可以将出射光束通过起偏器，并选择性地阻挡两个干涉仪分支中出来的一束，来保持正确的偏振.由于模式转换效率不是100%，需要对输出光束空间滤波来阻挡任何不需要的模式，这可以通过将输出光束聚焦到合适直径的小孔上完成.

为了避免使用噪声敏感或相移敏感的干涉仪，Dorn 等人为径向和角向偏振光束实施了一个单路径模式转换方案[13]. 如图 3.16(b)所示，一束激光通过一个由四部分组成的 $\lambda/2$ 波片，调节每个部分的光轴方向以使场偏振转到径向，然后空间滤波器以很高的纯度提取想要的模式. 如图 3.16(*b*)所示，两个 $\lambda/2$ 波片被各切为四瓣，然后组装成两个新的相移片. 这个模式转换原理可以推广到有多个元件，例如液晶空间光调制器的波片.

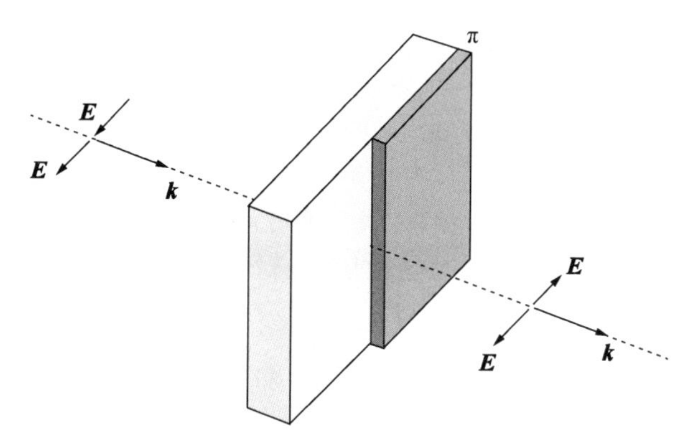

图 3.15　Hermite-Gauss(10)光束的产生. 一束基模 Gauss 光束在 180°相移片的边缘被等分为二，入射光束的偏振方向垂直于相移片的边缘. 这个装置将光束的一半延迟 180°，因此可以转换到 Hermite-Gauss(10)模. 随后的空间滤波器去除任何比(10)模高阶的模式.

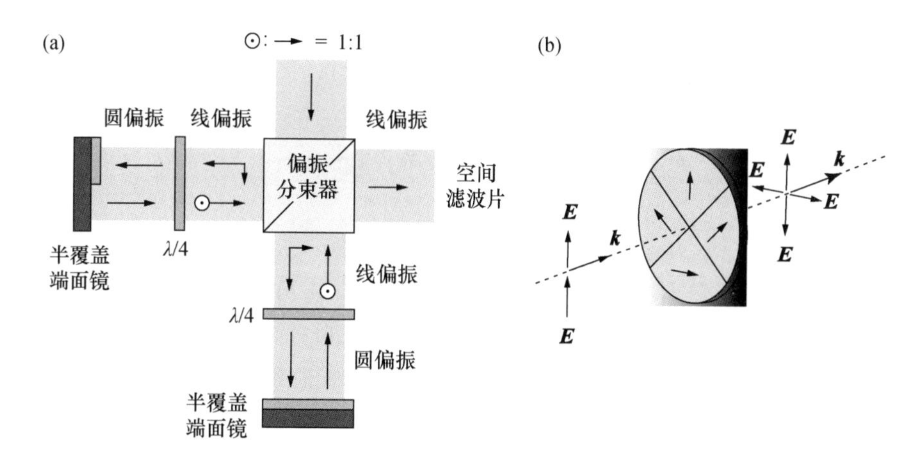

图 3.16　径向和角向偏振模式的两种不同的模式转换方式. (a) 利用 Twyman-Green 干涉器. 入射光束沿 45°偏振，并由偏振分束器分为两束功率相等的正交偏振的光束，之后每束光都被转变为圆偏振，并在半覆盖端面镜上反射. (b) 利用包含四个不同光轴方向的扇形波片组成“复合波片”，每一部分的取向都使场旋转而指向径向. 在两种方式中，出射光都需要空间滤波片除掉不需要的更高阶模式. 细节请看正文.

§3.8 弱聚焦极限

在进入下一节之前,我们需要先证明关于聚焦场的公式在小 $\theta_{\max}$ 极限下有熟悉的傍轴表达式. 在这样的极限下, $\cos\theta\approx 1$ 和 $\sin\theta\approx\theta$ 近似成立. 但是,对于积分 $I_{00},\cdots,I_{14}$ 中指数上的相位因子,由于一阶项中有关 θ 的依赖关系被抵消,我们需要保留到二阶项,即 $\cos\theta\approx 1-\theta^2/2$. 对于较小的 x 值, Bessel 函数的行为类似于 $\mathrm{J}_n(x)\approx x^n$. 利用这些近似,对比积分式 $I_{00},\cdots,I_{14}$ 可以看出,积分 I_{00} 有 θ 的最低阶项,接着是 I_{11} 和 I_{12}. I_{00} 定义了傍轴 Gauss 模式,余下两个积分决定了傍轴 Hermite-Gauss(10)模和(01)模. 原则上积分式 I_{00}, I_{10} 和 I_{11} 现在可以解析地给出,但鉴于结果会导致难处理的 Lommel 函数,我们把讨论限制在焦平面 $z=0$. 另外,我们假设透镜的后通光孔过充($f_0\gg 1$),这样切趾函数 $f_w(\theta)$ 可以视为常数. 利用替换 $x=k\rho\theta$,我们有

$$I_{00}\approx\frac{2}{k\rho}\int_0^{k\rho\theta_{\max}}x\mathrm{J}_0(x)\mathrm{d}x=2\theta_{\max}^2\,\frac{\mathrm{J}_1(k\rho\theta_{\max})}{k\rho\theta_{\max}}. \tag{3.77}$$

聚焦 Gauss 光束在焦平面上的傍轴场变为

$$\boldsymbol{E}\approx-\mathrm{i}kf\theta_{\max}^2E_0\mathrm{e}^{-\mathrm{i}kf}\,\frac{\mathrm{J}_1(k\rho\theta_{\max})}{k\rho\theta_{\max}}\boldsymbol{n}_x. \tag{3.78}$$

这是我们熟悉的傍轴近似中的点扩展函数. 正如我们将在 §4.1 中讨论的, Abbe 和 Rayleigh 对分辨率极限的定义与上面的表达式有紧密的联系. 傍轴近似中(10)模和(01)模的聚焦场可以用类似的方法推导:

(10)模:

$$\boldsymbol{E}\propto\theta_{\max}^3[\mathrm{J}_2(k\rho\theta_{\max})/(k\rho\theta_{\max})]\cos\varphi\boldsymbol{n}_x, \tag{3.79}$$

(01)模:

$$\boldsymbol{E}\propto\theta_{\max}^3[\mathrm{J}_2(k\rho\theta_{\max})/(k\rho\theta_{\max})]\sin\varphi\boldsymbol{n}_x. \tag{3.80}$$

在所有情况下,傍轴聚焦场的径向依赖关系都由 Bessel 函数描述,而不是由最初的 Gauss 包络描述. 在通过透镜后,光束在焦平面上是振荡的. 这些空间振荡可以视为衍射瓣,是由消球差透镜施加的边界条件引起的. 我们已经假设 $f_0\to\infty$,并且可以通过减小 f_0 减弱振荡行为(见图 3.10),但这会牺牲焦点尺寸. 焦点形状是由 Airy 函数而不是 Gauss 函数描述的事实是很重要的,实际上,不存在自由传播的 Gauss 光束! 原因是,如 3.2.1 节所述, Gauss 轮廓有 Gauss Fourier 频谱,而后者不为零,并只在 $k_x,k_y\to\infty$ 时渐近地趋近于零. 所以对 Gauss 轮廓,我们需要包含隐失成分,即便它们的贡献很小. Airy 轮廓中的振荡由高空间频率的突然截止引起,这个截止越平滑,光束轮廓的振荡将越小.

§3.9 平面界面附近的聚焦

光学中的很多应用都涉及激光束强聚焦在平面界面附近，例如共聚焦显微镜所使用的是数值孔径大于1的物镜，一些光学显微镜和数据存储设备要使用固体浸没透镜，再比如光镊，需要激光聚焦到液体中来陷俘小颗粒. 由于平面界面是一个常数坐标面，因此很适合用角谱表示描述光场. 为简单起见，我们假设在介电常数为 n_1 和 n_2 的两个电介质之间有一个单界面(见图3.17)，此界面位于 $z=z_0$ 处，聚焦场 $\boldsymbol{E}_{\mathrm{f}}$ 从左侧($z<z_0$)照射界面. 虽然空间频率 k_x 和 k_y 在界面的每一侧都相同，但 k_z 两侧不同，因此，我们将 $z<z_0$ 区域内的 k_z 记为 k_{z_1}，定义为 $k_{z_1}=(k_1^2-k_x^2-k_y^2)^{1/2}$，类似地在 $z>z_0$ 区域定义 $k_{z_2}=(k_2^2-k_x^2-k_y^2)^{1/2}$，波数分别由 $k_1=(\omega/c)n_1$ 和 $k_2=(\omega/c)n_2$ 决定.

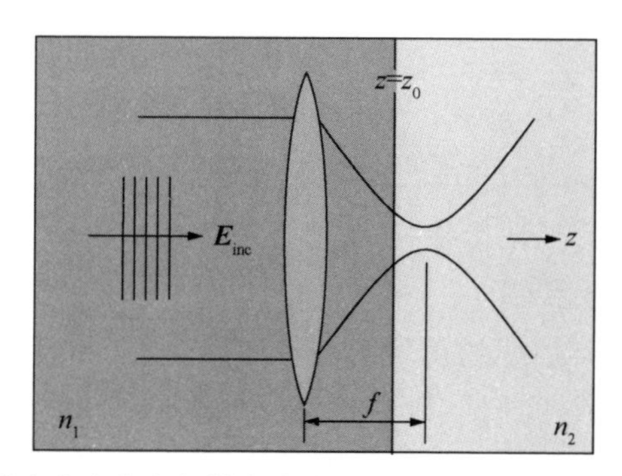

图3.17 激光束聚焦在折射率分别为 n_1 和 n_2 的介质界面 $z=z_0$ 处.

界面会产生反射和透射，因此总场可以表达为

$$\boldsymbol{E}=\begin{cases}\boldsymbol{E}_{\mathrm{f}}+\boldsymbol{E}_{\mathrm{r}}, & z<z_0,\\ \boldsymbol{E}_{\mathrm{t}}, & z>z_0,\end{cases} \tag{3.81}$$

其中 $\boldsymbol{E}_{\mathrm{r}}$ 和 $\boldsymbol{E}_{\mathrm{t}}$ 分别表示反射和透射场. 平面波在平面界面的折射，由第2章中定义的 Fresnel 反射系数($r^{\mathrm{s}},r^{\mathrm{p}}$)和透射系数($t^{\mathrm{s}},t^{\mathrm{p}}$)描述((2.51)和(2.52)式). 如上标所示，这些系数取决于场的偏振特性，因此，我们需要将角谱表示中的场 $\boldsymbol{E}$ 的每个平面波分量分为 s 偏振部分和 p 偏振部分：

$$\boldsymbol{E}=\boldsymbol{E}^{(\mathrm{s})}+\boldsymbol{E}^{(\mathrm{p})}. \tag{3.82}$$

$\boldsymbol{E}^{(\mathrm{s})}$ 平行于界面，而 $\boldsymbol{E}^{(\mathrm{p})}$ 垂直于波矢 $\boldsymbol{k}$ 和 $\boldsymbol{E}^{(\mathrm{s})}$. 如何将入射聚焦场 $\boldsymbol{E}_{\mathrm{f}}$ 做 s 和 p 分解见§3.5. 根据方程(3.39)，将 $\boldsymbol{E}_{\mathrm{f}}$ 分别沿单位矢量 $\boldsymbol{n}_\theta$ 和 $\boldsymbol{n}_\phi$ 方向投影，我们就能得到 s 和 p 偏振场. (3.43)式将折射远场表达为作为 θ 和 ϕ 的函数的 s 和 p 偏振场的和. 利用(3.44)式做代换，我们可以将远场用空间频率 k_x 和 k_y 的形式表示出来.

若 $\boldsymbol{E}_{\mathrm{f}}$ 是沿 x 方向偏振的傍轴光束,我们可以将远场表示为(参考(3.51)式)

$$\boldsymbol{E}_{\infty}=E_{\mathrm{inc}}\left(\frac{k_x}{k},\frac{k_y}{k}\right)\begin{bmatrix}k_y^2+k_x^2k_{z_1}/k_1\\-k_xk_y+k_xk_yk_{z_1}/k_1\\0-(k_x^2+k_y^2)k_x/k_1\end{bmatrix}\frac{\sqrt{k_{z_1}/k_1}}{k_x^2+k_y^2},\tag{3.83}$$

其中方括号中的第一项表示 s 偏振场,第二项表示 p 偏振场. 注意根据图 3.16,透镜两侧是同一种介质,即 $n_1=n=n'$. $\boldsymbol{E}_{\infty}$ 是在单位矢量 $\boldsymbol{s}=(k_x/k,k_y/k,k_{z_1}/k)$ 方向上的渐近远场,与聚焦透镜参考球面上的场相对应. 依据 $\boldsymbol{E}_{\infty}$,入射聚焦光束的角谱表示为(参考(3.33)式)

$$\boldsymbol{E}_{\mathrm{f}}(x,y,z)=-\frac{\mathrm{i}f\mathrm{e}^{-\mathrm{i}k_1f}}{2\pi}\iint\limits_{k_x,k_y}\boldsymbol{E}_{\infty}\left(\frac{k_x}{k},\frac{k_y}{k}\right)\frac{1}{k_{z_1}}\mathrm{e}^{\mathrm{i}[k_xx+k_yy+k_{z_1}z]}\mathrm{d}k_x\mathrm{d}k_y.\tag{3.84}$$

为了确定反射和透射场($\boldsymbol{E}_{\mathrm{r}}$,$\boldsymbol{E}_{\mathrm{t}}$),我们定义下面的角谱表示:

$$\boldsymbol{E}_{\mathrm{r}}(x,y,z)=-\frac{\mathrm{i}f\mathrm{e}^{-\mathrm{i}k_1f}}{2\pi}\iint\limits_{k_x,k_y}\boldsymbol{E}_{\mathrm{r}}^{\infty}\left(\frac{k_x}{k},\frac{k_y}{k}\right)\frac{1}{k_{z_1}}\mathrm{e}^{\mathrm{i}[k_xx+k_yy-k_{z_1}z]}\mathrm{d}k_x\mathrm{d}k_y,\tag{3.85}$$

$$\boldsymbol{E}_{\mathrm{t}}(x,y,z)=-\frac{\mathrm{i}f\mathrm{e}^{-\mathrm{i}k_1f}}{2\pi}\iint\limits_{k_x,k_y}\boldsymbol{E}_{\mathrm{t}}^{\infty}\left(\frac{k_x}{k},\frac{k_y}{k}\right)\frac{1}{k_{z_2}}\mathrm{e}^{\mathrm{i}[k_xx+k_yy+k_{z_2}z]}\mathrm{d}k_x\mathrm{d}k_y.\tag{3.86}$$

注意,为了保证反射场沿反向传播,我们必须改变指数上 k_{z_1} 的符号. 我们同样保证了透射波以纵向波数 k_{z_2} 传播.

下一步,我们用 $z=z_0$ 处的边界条件得到远场 $\boldsymbol{E}_{\mathrm{r}}^{\infty}$ 和 $\boldsymbol{E}_{\mathrm{t}}^{\infty}$ 的明确表达式. 利用 Fresnel 反射或透射系数,我们得到

$$\boldsymbol{E}_{\mathrm{r}}^{\infty}=-E_{\mathrm{inc}}\left(\frac{k_x}{k},\frac{k_y}{k}\right)\mathrm{e}^{2\mathrm{i}k_{z_1}z_0}\begin{bmatrix}-r^{\mathrm{s}}k_y^2+r^{\mathrm{p}}k_x^2k_{z_1}/k_1\\r^{\mathrm{s}}k_xk_y+r^{\mathrm{p}}k_xk_yk_{z_1}/k_1\\0+r^{\mathrm{p}}(k_x^2+k_y^2)k_x/k_1\end{bmatrix}\frac{\sqrt{k_{z_1}/k_1}}{k_x^2+k_y^2},\tag{3.87}$$

$$\boldsymbol{E}_{\mathrm{t}}^{\infty}=-E_{\mathrm{inc}}\left(\frac{k_x}{k},\frac{k_y}{k}\right)\mathrm{e}^{\mathrm{i}(k_{z_1}-k_{z_2})z_0}\begin{bmatrix}t^{\mathrm{s}}k_y^2+t^{\mathrm{p}}k_x^2k_{z_2}/k_2\\-t^{\mathrm{s}}k_xk_y+t^{\mathrm{p}}k_xk_yk_{z_2}/k_2\\0-t^{\mathrm{p}}(k_x^2+k_y^2)k_x/k_2\end{bmatrix}\frac{k_{z_2}}{k_{z_1}}\frac{\sqrt{k_{z_1}/k_1}}{k_x^2+k_y^2}.\tag{3.88}$$

上式和(3.83)～(3.86)式一起确定了平面界面问题的解,它们成立的条件是界面两侧的 ε_i 和 μ_i 是常数. 通过计算 $z=z_0$ 处的边界条件可以直接证明这一点(习题 3.7). 这样我们就能够计算一束强聚焦激光束在平面界面附近产生的场分布了,这个场取决于入射傍轴光束的振幅 $\boldsymbol{E}_{\mathrm{inc}}$(参考(3.52)～(3.54)式)和离焦 z_0. 离焦实质上是在 $\boldsymbol{E}_{\mathrm{r}}^{\infty}$ 和 $\boldsymbol{E}_{\mathrm{t}}^{\infty}$ 的表达式中引入一个相位因子. 虽然上面分析的是单个界面,但通过引入全部结构的广义 Fresnel 反射/透射系数,这个结果可以简单地调整到适合多层界面的情况(参考文献[17]).

下一步,我们可以利用(3.44)式转换到球坐标系. 像以前一样,我们可以用 Bessel 函数将二重积分简化为一重积分. 这里我们将讨论由上面理论推出的一些结果.

在图 3.18 中,一束 Gauss 光束由一个 NA=1.4 的消球差物镜聚焦到 $z_0=0$ 处的玻璃/空气界面. 图中最突出特征是光密介质中的驻波图案. 这些驻波图案在入射角 θ 大于全内反射临界角 θ_c 时出现. 为了理解这个现象,我们来考察角谱表示的入射聚焦场 $\boldsymbol{E}_f$ 中的单个平面波,这个平面波可以由两个横向波数 k_x 和 k_y,偏振,以及 Fourier 频谱 $\hat{\boldsymbol{E}}_f$ 中的复振幅表征. 横向波数在界面两侧相同,但纵向波数 k_z 是不同的,它们的值是

$$k_{z_1}=\sqrt{k_1^2-(k_x^2+k_y^2)},\quad k_{z_2}=\sqrt{k_2^2-(k_x^2+k_y^2)}. \tag{3.89}$$

消掉 k_x 和 k_y,我们得到

$$k_{z_2}=\sqrt{k_{z_1}^2+(k_2^2-k_1^2)}. \tag{3.90}$$

令 θ 表示平面波的入射角,于是

$$k_{z_1}=k_1\cos\theta. \tag{3.91}$$

则(3.90)式被改写为

$$k_{z_2}=k_2\sqrt{1-\frac{k_1^2}{k_2^2}\sin^2\theta}. \tag{3.92}$$

结果是 k_{z_2} 既可以是实的,也可以是虚的,取决于根号内表达式的符号,而这反过来又依赖于角度 θ. 我们发现,当角度大于

$$\theta_c=\arcsin\left(\frac{n_2}{n_1}\right) \tag{3.93}$$

时, k_{z_2} 是虚数. 于是, $\theta>\theta_c$ 时,所考虑的平面波在界面全反射,在界面的另一侧产生隐失波. 图 3.18 中出现的驻波图案就是这个现象的直接结果:入射聚焦场中所有超过临界情况($\theta>\theta_c$)的平面波成分,都在界面被全部反射了,驻波图案归因于入射和反射平面波成分的等量叠加. 由于全内反射,激光的能量有相当一部分在界面处被反射,利用更大的填充因子或数值孔径,反射和透射能量的比率可以进一步增大. 例如,使用数值孔径为 1.8~2 的固体浸没透镜,超过 90%的光束能量能在界面反射.

界面的存在导致焦点形状的椭圆率变大. 焦点在沿偏振方向(x)的大小几乎是垂直方向(y)的两倍. 不仅如此,界面还增强了纵向场分量 E_z 的强度. 在界面,刚好在聚焦介质外侧($z>-z_0$)不同场分量的最大相对强度值为 $\mathrm{Max}[E_y^2]/\mathrm{Max}[E_x^2]=0.03$ 和 $\mathrm{Max}[E_z^2]/\mathrm{Max}[E_x^2]=0.43$. 因此,与没有界面的情况(参考图 3.11)相比,纵向场差不多要强四倍. 我们怎么理解这种现象呢? 根据界面处的边界条件,横向

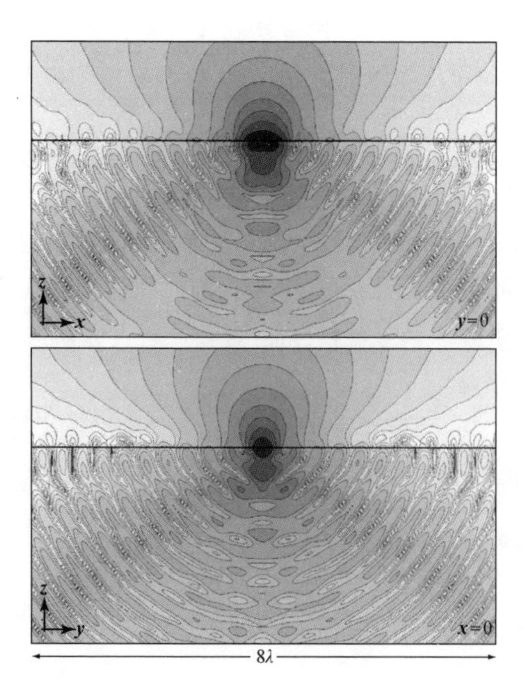

图3.18　聚焦在玻璃/空气界面($n_1=1.518$, $n_2=1$)的Gauss光束,在聚焦区域(NA=1.4, $n=1.518$, $f_0=2$)中$|\boldsymbol{E}|^2$的等值图.图中使用了对数坐标,相邻等值线有因子2的差别.全内反射临界角$\theta_c=41.2°$.所有从大于θ_c角度入射的平面波成分都在界面处发生全反射并与入射波发生干涉.

场分量E_x和E_y在通过界面时必须连续,而纵向场满足

$$E_{z_1}\varepsilon_1 = E_{z_2}\varepsilon_2. \tag{3.94}$$

$\varepsilon_2=2.304$时我们发现E_z^2从界面的一边到另一边时,变化了5.3倍.这个定性的解释与计算值是一致的.在焦平面处,纵向场的两个最大值正好在光轴两旁,这两个最大值沿偏振方向排列,并拉长了焦点的形状.Max[E_y^2]的相对大小仍然很小,但是在有界面的时候会增强10倍.

为了描绘出任意取向单分子偶极子的方向分布图,让焦点中的三个激发场分量(E_x,E_y,E_z)全部有相近的大小是合适的.这可以通过环形照明来实现[18],即抑制聚焦激光束的中间部分,可通过在激发光束中间放置阻碍物如圆盘来实现.在这种情况下,平面波成分的积分区域为角度范围[$\theta_{\min}$,$\theta_{\max}$],而不是以前的整个[0,$\theta_{\max}$].利用环形照明,我们阻挡了靠近光轴传播的平面波成分,因此抑制了横向电场分量,焦点中的纵向场分量得到了增强.不仅如此,纵向场会引起界面上的局域极化,导致E_y场的强烈增强.因此,强的纵向场是在界面附近产生强E_y场的先

决条件.在实验上,制备一个环形光束,在焦点处产生强度相当的三个场分量,如图3.11(c)~(e)所示,是完全有可能的[18].

§3.10 强聚焦光斑的反射像

在这一节,我们继续深入研究(3.85)和(3.87)式给出的反射场 $\boldsymbol{E}_{\mathrm{r}}$ 的性质.反射光斑的像可以用图3.19中的实验方法记录.一个45°分束器将入射光束的一部分向上反射,并在平面界面附近由一个高数值孔径物镜聚焦.焦点($z=0$)和界面的距离用 z_0 标出.这部分光束聚焦后,再反射并由同一个物镜收集,通过分束器之后由第二个透镜聚焦到像平面上.光路中包含了四种不同的介质,我们用图3.19中定义的折射率来区分它们.我们感兴趣的是像平面上场的分布.最后我们将证明,光束从光密介质入射的情况下,由反射光产生的像有很大的像差.

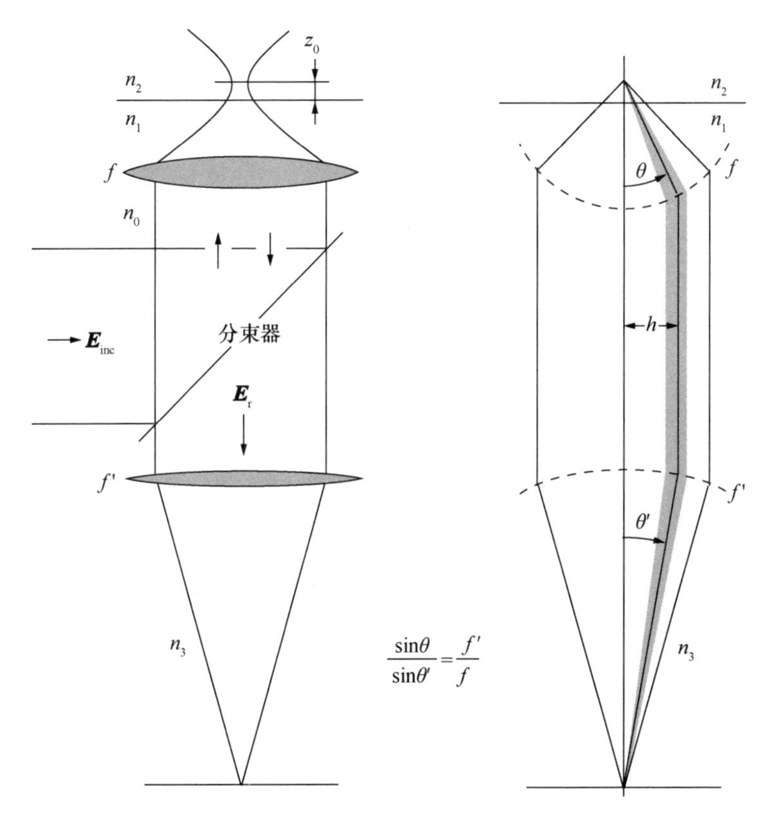

图3.19 观察衍射极限下焦点反射像的实验设置.一条线偏振光束由一个分束器反射并由焦距 f 的高数值孔径物镜聚焦到两个折射率分别为 n_1 和 n_2 的介质界面处,反射场由同一个物镜镜收集,通过分束器,再由第二个焦距为 f 的物镜聚焦.

被第一个透镜折射前的反射远场 $\boldsymbol{E}_{\mathrm{r}}^{\infty}$ 已经在(3.87)式中给出.这个场直接经两个透镜折射并在像平面上重新聚焦.这两个透镜可以实现球坐标和柱坐标之间的转换.在§3.5中已经显示了透镜能将单位矢量 $\boldsymbol{n}_{\rho}$ 折射为单位矢量 $\boldsymbol{n}_{\theta}$,反之也可,而单位矢量 $\boldsymbol{n}_{\phi}$ 不受影响.为了查看整个成像过程,我们从最开始的光路开始追踪.入射场 $\boldsymbol{E}_{\mathrm{inc}}$ 是 x 偏振的傍轴光线(见(3.49)式):

$$\boldsymbol{E}_{\mathrm{inc}} = E_{\mathrm{inc}} \boldsymbol{n}_x , \tag{3.95}$$

其中 E_{inc} 是任意光束轮廓.这个场可用柱坐标表示为

$$\boldsymbol{E}_{\mathrm{inc}} = E_{\mathrm{inc}} [\cos\phi \boldsymbol{n}_{\rho} - \sin\phi \boldsymbol{n}_{\phi}]. \tag{3.96}$$

在经第一个透镜 f 折射之后,

$$\boldsymbol{E} = E_{\mathrm{inc}} [\cos\phi \boldsymbol{n}_{\theta} - \sin\phi \boldsymbol{n}_{\phi}] \sqrt{\frac{n_0}{n_1}} (\cos\theta)^{1/2}. \tag{3.97}$$

现在这个场在界面处反射.Fresnel 反射系数 r^{p} 反映的是 $\boldsymbol{n}_{\theta}$ 偏振的场的反射,而 r^{s} 反映的是 $\boldsymbol{n}_{\phi}$ 偏振场的反射.我们得到反射场

$$\boldsymbol{E} = E_{\mathrm{inc}} \mathrm{e}^{2ik_{z_1} z_0} [-\cos\phi r^{\mathrm{p}} \boldsymbol{n}_{\theta} - \sin\phi r^{\mathrm{s}} \boldsymbol{n}_{\phi}] \sqrt{\frac{n_0}{n_1}} (\cos\theta)^{1/2}, \tag{3.98}$$

其中 z_0 表示离焦(参考(3.87)式).接着,场被同一透镜 f 折射:

$$\boldsymbol{E} = E_{\mathrm{inc}} \mathrm{e}^{2ik_{z_1} z_0} [-\cos\phi r^{\mathrm{p}} \boldsymbol{n}_{\rho} - \sin\phi r^{\mathrm{s}} \boldsymbol{n}_{\phi}], \tag{3.99}$$

此光束准直后沿 $-z$ 方向传播.这个场在笛卡儿坐标系中表示为

$$\boldsymbol{E}_{\mathrm{r}}^{\infty} = -E_{\mathrm{inc}} \mathrm{e}^{2ik_{z_1} z_0} [[\cos^2\phi r^{\mathrm{p}} - \sin^2\phi r^{\mathrm{s}}] \boldsymbol{n}_x + \sin\phi\cos\phi [r^{\mathrm{p}} + r^{\mathrm{s}}] \boldsymbol{n}_y]. \tag{3.100}$$

这是刚从参考球面 f 折射后的场.理想情况下,入射场聚焦在 $z_0=0$ 处的界面,反射系数是 $r^{\mathrm{p}}=1$ 和 $r^{\mathrm{s}}=-1$③,可以得到 $\boldsymbol{E}_{\mathrm{ref}}^{\infty} = -E_{\mathrm{inc}} \boldsymbol{n}_x$.不计负号的话,这与(3.49)式中假设的入射场相同.符号上的不同暗示着这个反射场是"颠倒的".

为了计算光轴上任意位置的反射准直光束,我们需要用 $\sin\theta=\rho/f$ 和 $\cos\theta=[1-(\rho/f)^2]^{1/2}$ 的替换,其中 ρ 表示到光轴的径向距离(见习题3.8).这使我们能画出准直反射光束的横截面上的场分布.我们发现 Fresnel 反射系数改变了光束的偏振和振幅,更重要的是,还改变了其相位.在无离焦($z_0=0$)的情况下,相位变化只在径向距离 $\rho>\rho_{\mathrm{c}}$ 时产生,Fresnel 反射系数变为复数.临界距离是 $\rho_{\mathrm{c}}=fn_2/n_1$,是与全内反射临界角($\theta_{\mathrm{c}}=\arcsin(n_2/n_1)$)相对应的径向距离.如果 $n_2>n_1$,则由于 $\rho_{\mathrm{c}}<f$,没有像差.

我们现在继续考虑在第二个透镜 f' 处的折射.刚经过折射的反射场为

$$\boldsymbol{E} = E_{\mathrm{inc}} \mathrm{e}^{2ik_{z_1} z_0} [-\cos\phi r^{\mathrm{p}} \boldsymbol{n}_{\theta'} - \sin\phi r^{\mathrm{s}} \boldsymbol{n}_{\phi}] \sqrt{\frac{n_0}{n_3}} (\cos\theta')^{1/2}, \tag{3.101}$$

---

③ 注意垂直入射平面波的反射系数 r^{p} 和 r^{s} 相差一个负号,即 $r^{\mathrm{s}}(\theta=0)=-r^{\mathrm{p}}(\theta=0)$.

其中引入了如图 3.19 中定义的新的方位角 θ'. 现在这个场对应于在(3.33)式中计算像空间中场分布所需要的远场 $\boldsymbol{E}_{\mathrm{r}}^{\infty}$. 利用(3.41)~(3.42)式中关于 $\boldsymbol{n}_{\theta}$ 和 $\boldsymbol{n}_{\phi}$ 的关系,可将这个场用笛卡儿场分量表示:

$$\boldsymbol{E}_{\mathrm{r}}^{\infty}=-E_{\mathrm{inc}}\mathrm{e}^{2\mathrm{i}k_{z_1}z_0}\begin{bmatrix} r^{\mathrm{p}}\cos\theta'\cos^2\phi-r^{\mathrm{s}}\sin^2\phi \\ r^{\mathrm{p}}\cos\theta'\sin\phi\cos\phi+r^{\mathrm{s}}\sin\phi\cos\phi \\ r^{\mathrm{p}}\sin\theta'\cos\phi+0 \end{bmatrix}\sqrt{\frac{n_0}{n_3}}(\cos\theta')^{1/2}. \quad (3.102)$$

现在可以将这个远场代入(3.47)式,再根据目前的情况做整理,写为

$$\boldsymbol{E}(\rho,\varphi,z)=-\frac{\mathrm{i}k_3f'\mathrm{e}^{-\mathrm{i}k_3f'}}{2\pi}\int_0^{\theta'_{\max}}\int_0^{2\pi}\boldsymbol{E}_{\mathrm{r}}^{\infty}(\theta',\phi)\mathrm{e}^{-\mathrm{i}k_3z\cos\theta'}\mathrm{e}^{\mathrm{i}k_3\rho\sin\theta'\cos(\phi-\varphi)}\sin\theta'\mathrm{d}\phi\mathrm{d}\theta'.$$

(3.103)

注意我们必须改变其中一个指数上的符号来保证场沿 $-z$ 方向传播. 接着,我们要将纵向波数 k_{z_1} 和 k_{z_2} 表示为角度 θ' 的形式,这也将使反射和透射系数变为 θ' 的函数. 但是,继续用 θ 作变量,并把(3.103)式中的积分相应转换会更方便.

如图 3.19 所示,角度 θ 和 θ' 的关系为

$$\frac{\sin\theta}{\sin\theta'}=\frac{f'}{f}. \quad (3.104)$$

这时我们能将新的纵向波数 k_{z_3} 用 θ 表达:

$$k_{z_3}=k_3\sqrt{1-(f/f')^2\sin^2\theta}. \quad (3.105)$$

有了这些关系式,我们可以在(3.105)式中做替换,并用 θ 和 ϕ 作为积分变量. Fresnel 反射系数 $r^{\mathrm{s}}(\theta)$ 和 $r^{\mathrm{p}}(\theta)$ 由(2.51)式给出,纵向波数 k_{z_1} 和 k_{z_2} 分别由(3.91)~(3.92)式给出. 对于最低阶的三个 Hermite-Gauss 光束, $E_{\mathrm{inc}}(\theta,\phi)$ 直接由(3.52)~(3.54)式给出, ϕ 角的依赖关系可以利用(3.57)式由积分解析给出. 于是,我们现在可以计算像焦点附近的场了.

事实上,所有光学系统的第二个聚焦透镜的焦距都比第一个长很多,即 $f/f'\ll1$,于是我们可以利用近似

$$[1\pm(f/f')^2\sin^2\theta]^{1/n}\approx1\pm\frac{1}{n}\left(\frac{f}{f'}\right)^2\sin^2\theta \quad (3.106)$$

降低表达式的复杂程度. 如果我们只保留 f/f' 中的最低阶项,像场可以表达为

$$\boldsymbol{E}(\rho,\varphi,z)=-\frac{\mathrm{i}k_3f'\mathrm{e}^{-\mathrm{i}k_3(z+f')}}{2\pi}\frac{f^2}{f'^2}\int_0^{\theta_{\max}}\int_0^{2\pi}\boldsymbol{E}_{\mathrm{r}}^{\infty}(\theta,\phi)\mathrm{e}^{(\mathrm{i}/2)k_3z(f/f')^2\sin^2\theta}$$
$$\times\mathrm{e}^{\mathrm{i}k_3\rho(f/f')\sin\theta\cos(\phi-\varphi)}\sin\theta\cos\theta\mathrm{d}\phi\mathrm{d}\theta, \quad (3.107)$$

其中 $\boldsymbol{E}_{\mathrm{r}}^{\infty}$ 为

$$\boldsymbol{E}_{\mathrm{r}}^{\infty}(\theta,\phi)=-E_{\mathrm{inc}}(\theta,\phi)\mathrm{e}^{2\mathrm{i}k_1z_0\cos\theta}\begin{bmatrix} r^{\mathrm{p}}\cos^2\phi-r^{\mathrm{s}}\sin^2\phi \\ \sin\phi\cos\phi(r^{\mathrm{p}}+r^{\mathrm{s}}) \\ 0 \end{bmatrix}\sqrt{\frac{n_0}{n_3}}. \quad (3.108)$$

为了让讨论保持在有物理意义的范围内,我们假设入射场E_{inc}是如(3.52)式中定义的基模 Gauss 光束.利用(3.57)式中的关系,我们可以对ϕ积分,并最终得到

$$\boldsymbol{E}(\rho,\varphi,z)=E_0\frac{k_3f^2}{2f'\mathrm{i}}\mathrm{e}^{-\mathrm{i}k_3(z+f')}\sqrt{\frac{n_0}{n_3}}[(I_{0r}-I_{2r}\cos(2\varphi))\boldsymbol{n}_x-I_{2r}\sin(2\varphi)\boldsymbol{n}_y],\tag{3.109}$$

其中

$$I_{0r}(\rho,z)=\int_0^{\theta_{max}}f_w(\theta)\cos\theta\sin\theta[r_p(\theta)-r_s(\theta)]\mathrm{J}_0(k_3\rho\sin\theta f/f')\times\exp[(\mathrm{i}/2)k_3z(f/f')^2\sin^2\theta+2\mathrm{i}k_1z_0\cos\theta]\mathrm{d}\theta,\tag{3.110}$$

$$I_{2r}(\rho,z)=\int_0^{\theta_{max}}f_w(\theta)\cos\theta\sin\theta[r_p(\theta)+r_s(\theta)]\mathrm{J}_2(k_3\rho\sin\theta f/f')\times\exp[(\mathrm{i}/2)k_3z(f/f')^2\sin^2\theta+2\mathrm{i}k_1z_0\cos\theta]\mathrm{d}\theta,\tag{3.111}$$

这里f_w是(3.56)式中定义的切趾函数.我们发现斑点取决于 Fresnel 反射系数和由z_0定义的离焦.后者对每一个平面波分量加上了一个额外的相位延迟.如果上面的介质n_2是理想导体,我们有$r^p=-r^s=1$,积分式I_{2r}消失.在这种情况下,斑点是线偏振和旋转对称的.

为了讨论像平面上的场分布,我们令物空间$n_1=1.518$,像空间$n_3=1$,物镜数值孔径为$1.4(\theta_{max}=67.26°)$.对于理想反射界面,图3.20下排的图像描述的是电场强度$|\boldsymbol{E}_r|^2$作为小离焦的函数.很明显,斑点的形状和尺寸不被离焦明显影响,但是,如图3.20上排图像所示,如果界面一侧有比聚焦介质更低的折射率,即如果$n_2<n_1$的话,情况将大不相同.在这种情况下,反射斑点随离焦强烈变化.斑点形状明显地偏离 Gauss 斑点,变得类似光学系统中的轴向像散.斑点的总尺寸增加,由于I_{0r}和I_{2r}大小相当,其偏振也不能保持不变.图3.20中的图像可以在实验室中验证,但是,在用二向色分束器时需要小心,因为s和p偏振的光有些许不同的特性.实际上,图3.20中的图像极灵敏地依赖于两个叠加偏振场的相对大小,在反射光束光路中用起偏器可以分别检测这两个偏振,如图3.21所示.注意在反射图案的强度最大时,焦点与界面不一致,在反射图案的中心处($I_0(\rho,z)$)有最大强度时,焦点才与界面相一致.图3.20和图3.21中的图像显示了电场能量密度,是光学探测器如 CCD 的测量对象.另一方面,总能量密度和时间平均 Poynting 矢量的大小具有旋转对称性.

我们怎么理解玻璃/空气界面上高像差的斑点呢?原因在光全内反射的特性中.所有入射角在$[0,\theta_c]$范围内的平面波成分(其中θ_c是全内反射临界角,在玻璃/空气界面约为41.2°)都被界面部分透射、部分反射,反射系数r^s和r^p都是实数,并且在入射波和反射波之间没有相位改变.另一方面,在$[\theta_c,\theta_{max}]$范围内的平面波成分都在界面处全反射,这时,反射系数变为复值函数,入射波和反射波之间产生相

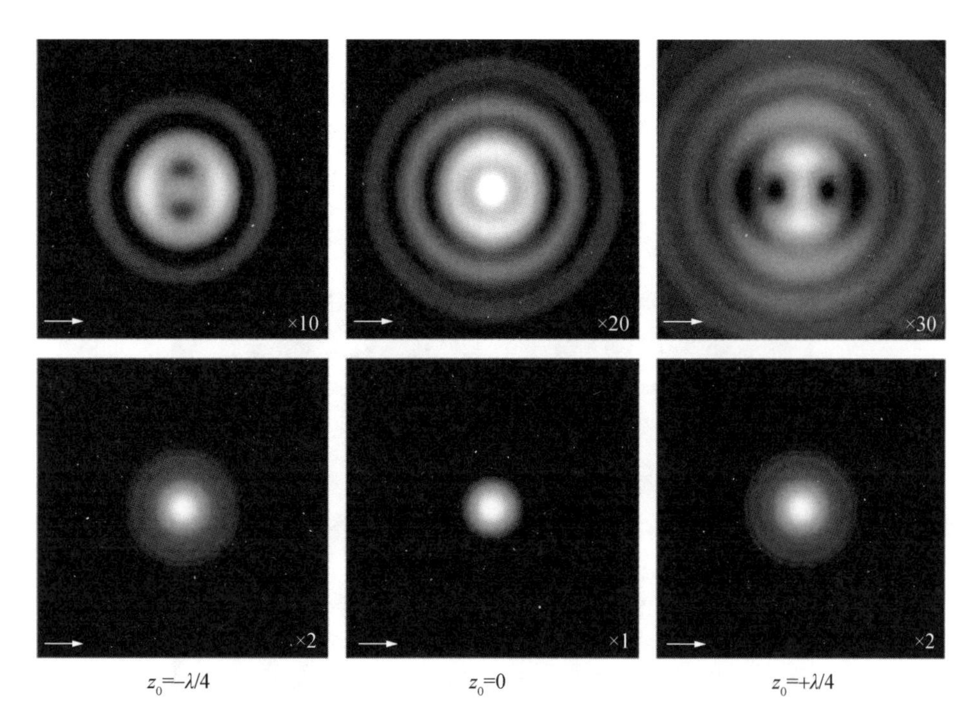

图 3.20 衍射极限下焦点的反射像.斑点以步长 $\lambda/4$ 越过界面.在焦点位于界面以下(上)时,z_0 为正(负).第一个聚焦物镜的数值孔径为 1.4,折射率为 $n_1=1.518$,填充因子 $f_0=2$.上一排显示的是玻璃/空气界面($n_2=1$)的情况,下一排是玻璃/金属界面($\varepsilon_2\rightarrow-\infty$)的情况.在玻璃/空气界面观察到了高像差,因为全内反射的平面波成分在界面之上产生了另一个虚拟焦点.箭头表示原入射光束的偏振方向,图上的数字是为了增加图像对比度而放大的倍数.

位差.这可以视为入射波和反射波之间的额外光程差,类似于 Goos-Hänchen 移动[19].它替换了界面外的表观反射斑点,从而产生一个虚拟焦点[21].为了让这个效应形象化,我们在图 3.22 中给出了图 3.18 中散射场(透射和反射)的图像.如果我们在一个大半径球面上探测这个辐射场,其方向将被界面上那两条明显的交叉线所指明.虽然所有的反射都在界面产生,但是在界面上方有一个表观的发射点.如果跟踪从远场到界面的辐射最大值,我们会发现在接近界面时,辐射场在焦点附近弯曲,保证辐射确实来自焦点.

于是我们得到了一个重要结论,那就是角度范围为$[0,\theta_c]$的反射光源于界面上的真实焦点,而角度范围为$[\theta_c,\theta_{max}]$的反射光源于界面上方的虚拟点.准确说来,界面上方的"虚拟"点不是真实的几何点,而是由沿法向轴分布的多个点组成的.从这些点发射的波有不同的相位,形成一个类似于流体动力学中 Mach 锥的圆锥形波前.Maeker 和 Lehman 最先研究了所产生的环形像差[22].

焦点反射像像差的发现,在反射式共聚焦显微术和数据采样方面有重要影响.

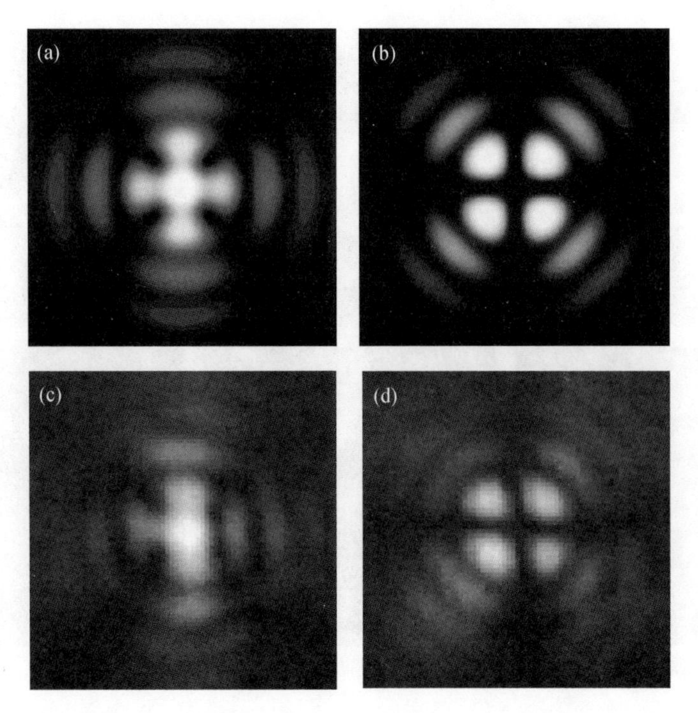

图 3.21 聚焦反射像在两个正交偏振方向分解. 图(a)和(c)显示的是沿入射偏振($\boldsymbol{n}_x$)的偏振;(b)和(d)显示的是垂直于入射偏振($\boldsymbol{n}_y$)的偏振. 图(a),(b)是计算的图像,(c),(d)是实验图像. 引自[20].

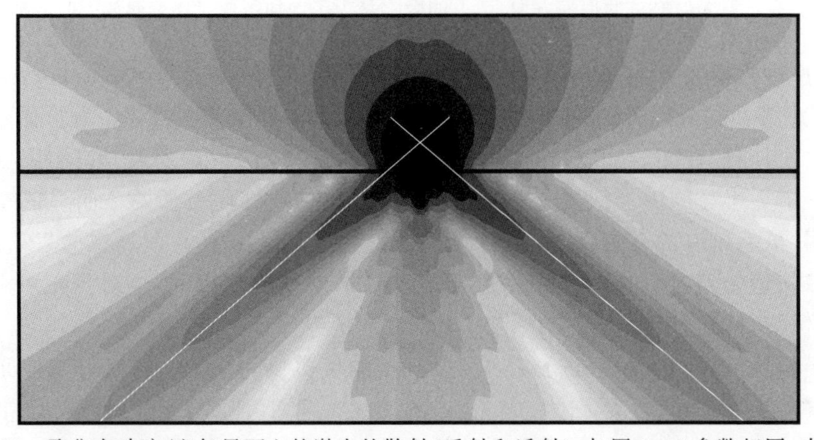

图 3.22 聚焦在玻璃/空气界面上的激光的散射(反射和透射). 与图 3.18 参数相同. 直线表示在远场处探测器观察到的辐射的表观方向. 所有在角度范围$[0,\theta_c]$内的平面波成分都源于界面上的焦点,而由界面上方的表观焦点发出的平面波成分的叠加,产生图 3.20 中的像差. 图像尺寸:$16\lambda\times31\lambda$. 对数尺.

在这些技术中,反射束被聚焦到像平面处的针孔上.由于反射斑点的像差,大部分反射光被针孔遮挡,从而大大降低了灵敏性和分辨率.但是,已经有人指出,由于从金属界面反射的反射斑点看上去没有像差,因此这个效应可以显著地增加金属和介质样品特征的对比度[21].最后需要强调的是,界面上的真实焦点不受界面的影响,像差只与反射像相关.对图3.20和图3.21中图像的理解对校准光学系统,例如确保激光的焦平面与玻璃/空气界面(物平面)相一致非常有价值.

习　题

3.1　傍轴Gauss光束不是Maxwell方程组的严格解,因此光束中的场并不是无散的($\nabla\cdot\boldsymbol{E}\neq0$).但是通过要求$\nabla\cdot\boldsymbol{E}=0$,纵向场$E_z$的表达式可以推导出来.设$E_y$处处为0,推导出非零的最低阶的$E_z$.在聚焦平面上给出$|E_z|^2$的分布.

3.2　证明任意光场都可以分解为横电(TE)场和横磁(TM)场.在TE场中,纵向场E_z消失.在TM场中,纵向场H_z消失.

3.3　考虑一个方形截面空心金属波导,两端截掉,波导壁是理想导体.选择合适的截面边长a_0,保证波导里面仅能传播x方向偏振的TE_{10}模式.假设波导内的场并不受到波导两端的影响.

(1) 计算在出射面($z=0$)上电场的空间Fourier频谱.

(2) 计算和绘出相应的远场($\boldsymbol{E}\cdot\boldsymbol{E}^*$).

3.4　证明强聚焦Gauss光束(§3.6)能量守恒.为完成证明,需要比较通过光学透镜两边横截面的能流,其中一个横截面最好选在焦点($z=0$)上.计算能流的最方便方法是在横截面上积分时间平均Poynting矢量的z分量$\langle S_z\rangle$.要点:需要用到Bessel函数闭包关系

$$\int_0^\infty \mathrm{J}_n(a_1bx)\mathrm{J}_n(a_2bx)x\mathrm{d}x=\frac{1}{a_1b^2}\delta(a_1-a_2). \tag{3.112}$$

检查单位!

3.5　在一个无限薄的理想导体屏上开一个半径为a_0的圆孔,偏振沿x轴的平面波垂直照射此屏幕.在长波极限下($\lambda\gg a_0$),Bouwkamp[23]推导出在小孔中($z=0$, $x^2+y^2\leqslant a_0^2$)的电场

$$\begin{aligned}E_x(x,y)&=-\frac{4\mathrm{i}kE_0}{3\pi}\frac{2a_0^2-x^2-2y^2}{\sqrt{a_0^2-x^2-y^2}},\\E_y(x,y)&=-\frac{4\mathrm{i}kE_0}{3\pi}\frac{xy}{\sqrt{a_0^2-x^2-y^2}},\end{aligned} \tag{3.113}$$

这里 E_0 是入射场的振幅. Van Labeke 等[24]计算了相应的空间 Fourier 频谱：

$$\hat{E}_x(k_x,k_y)=\frac{2\mathrm{i}ka_0^3E_0}{3\pi^2}\left[\frac{3k_y^2\cos(a_0k_\rho)}{a_0^2k_\rho^4}-\frac{(a_0^2k_x^4+3k_y^2+a_0^2k_x^2k_y^2)\sin(a_0k_\rho)}{a_0^3k_\rho^5}\right], \tag{3.114}$$

$$\hat{E}_y(k_x,k_y)=-\frac{2\mathrm{i}ka_0^3E_0}{3\pi^2}\left[\frac{3k_xk_y\cos(a_0k_\rho)}{a_0^2k_\rho^4}-\frac{k_xk_y(3-a_0^2k_\rho^2)\sin(a_0k_\rho)}{a_0^3k_\rho^5}\right], \tag{3.115}$$

其中横向波数是 $k_\rho=(k_x^2+k_y^2)^{1/2}$.

(1) 推导出纵向场 E_z 的 Fourier 频谱.

(2) 给出在任意场点(x, y, z)处的场 $\boldsymbol{E}=(E_x, E_y, E_z)$的表达式.

(3) 计算出远场,并用球坐标(r,ϑ,φ)和球矢量分量$(E_r,E_\vartheta,E_\varphi)$表达. 用 ka_0 做级数展开并仅保留至最低阶. 此远场有何直观图像.

3.6 激光束聚焦在介质界面的反射像由(3.109)～(3.111)式给出. 根据准直反射场(3.100)式推导之,注意此场沿 $-z$ 方向传播.

3.7 说明§3.9 中 $\boldsymbol{E}_\mathrm{f},\boldsymbol{E}_\mathrm{r},\boldsymbol{E}_\mathrm{t}$ 定义的场 $\boldsymbol{E}$ 满足在界面 $z=z_0$ 处的边界条件. 进一步再说明在每一个半空间中 Helmholtz 方程和散度条件也成立.

3.8 为了校正强聚焦光束在界面反射引起的像差,我们设计了一对像移片. 利用偏振分束器,准直反射束(参考图 3.19 和(3.100)式)分解为两束偏振光. 在每束光中相的偏离可通过相移片校正. 校正后,这两束光再复合并聚焦在像平面. 如果入射光是 Gauss 光束($f_0\to\infty$),被一个数值孔径为 1.4 的物镜聚焦在玻璃/空气界面,随后从玻璃($n_1=1.58$)介质中出射,计算并绘出每一个相移片上的相分布. 如果聚焦点偏离界面($z_0\neq 0$),那么情况又如何?

参考文献

[1] M. Muller, J. Squier, K. R. Wilson, and G. J. Brakenhoff, "3D microscopy of transparent objects using third-harmonic generation," *J. Microsc.* **191**, 266 - 274 (1998).

[2] A. E. Siegman, *Lasers*. Mill Valley, CA: University Science Books (1986).

[3] L. Mandel and E. Wolf, *Optical Coherence and Quantum Optics*. New York: Cambridge University Press (1995).

[4] E. Zauderer, "Complex argument Hermite-Gaussian and Laguerre-Gaussian beams," *J. Opt. Soc. Am. A* **3**, 465 - 469 (1986).

[5] E. J. Bochove, G. T. Moore, and M. O. Scully, "Acceleration of particles by an asymmetric Hermite-Gaussian laser beam," *Phys. Rev. A* **46**, 6640 - 6653 (1992).

[6] X. S. Xie and J. K. Trautman, "Optical studies of single molecules at room temperature," *Annu. Rev. Phys. Chem.* **49**, 441 - 480 (1998).

[7] L. Novotny, M. R. Beversluis, K. S. Youngworth, and T. G. Brown, "Longitu-dinal field modes probed by single molecules," *Phys. Rev. Lett.* **86**, 5251 - 5254 (2001).

[8] A. Ashkin, J. M. Dziedzic, J. E. Bjorkholm, and S. Chu, "Observation of a single-beam gradient force optical trap for dielectric particles," *Opt. Lett.* **11**, 288 - 290 (1986).

[9] E. Wolf, "Electromagnetic diffraction in optical systems. I. An integral representation of the image field," *Proc. Roy. Soc. A* **253**, 349 - 357 (1959).

[10] B. Richards and E. Wolf, "Electromagnetic diffraction in optical systems. II. Structure of the image field in an aplanatic system," *Proc. Roy. Soc. A* **253**, 358 - 379 (1959).

[11] K. S. Youngworth and T. G. Brown, "Focusing of high numerical aperture cylindrical-vector beams," *Opt. Express* **7**, 77 - 87 (2000).

[12] K. S. Youngworth and T. G. Brown, "Inhomogeneous polarization in scanning optical microscopy," *Proc. SPIE* **3919**, 75 - 85 (2000).

[13] R. Dorn, S. Quabis, and G. Leuchs, "Sharper focus for a radially polarized light beam," *Phys. Rev. Lett.* **91**, 233901 (2003).

[14] L. Novotny, E. J. Sanchez, and X. S. Xie, "Near-field optical imaging using metal tips illuminated by higher-order Hermite—Gaussian beams," *Ultramicroscopy* **71**, 21 - 29 (1998).

[15] M. J. Snadden, A. S. Bell, R. B. M. Clarke, E. Riis, and D. H. McIntyre, "Doughnut mode magneto-optical trap," *J. Opt. Soc. Am. B* **14**, 544 - 552 (1997).

[16] S. C. Tidwell, D. H. Ford, and D. Kimura, "Generating radially polarized beams interferometrically," *Appl. Opt.* **29**, 2234 - 2239 (1990).

[17] W. C. Chew, *Waves and Fields in Inhomogeneous Media*. New York: Van Nostrand Reinhold (1990).

[18] B. Sick, B. Hecht, and L. Novotny, "Orientational imaging of single molecules by annular illumination," *Phys. Rev. Lett.* **85**, 4482 - 4485 (2000).

[19] J. D. Jackson, *Classical Electrodynamics*, 3rd edn. New York: John Wiley & Sons (1998).

[20] L. Novotny, R. D. Grober, and K. Karrai, "Reflected image of a strongly focused spot," *Opt. Lett.* **26**, 789 - 791 (2001).

[21] K. Karrai, X. Lorenz, and L. Novotny, "Enhanced reflectivity contrast in confocal solid immersion lens microscopy," *Appl. Phys. Lett.* **77**, 3459 - 3461 (2000).

[22] H. Maecker and G. Lehmann, "Die Grenze der Totalreflexion. I - III," *Ann. Phys.* **10**, 115 - 128, 153 - 160, and 161 - 166 (1952).

[23] C. J. Bouwkamp, "On Bethe's theory of diffraction by small holes," *Philips Res. Rep.* **5**, 321 - 332 (1950).

[24] D. Van Labeke, D. Barchiesi, and F. Baida, "Optical characterization of nanosources used in scanning near-field optical microscopy," *J. Opt. Soc. Am. A* **12**, 695 - 703 (1995).

第4章 分辨率和定位

定位在这里指的是对物的位置的精确定义.另一方面,空间分辨率是从一个物体中分辨出两个在空间上分离的点状物体的能力的度量.衍射极限意味着光学的分辨率最终被光波长所限制.在近场光学出现以前,研究者们相信衍射极限是很难突破的,相关物理定律表明光学分辨率一般是不能好于 $\lambda/2$ 的.其实,这个极限并非想象的那么严格,通过各种物理方法,我们可以得到空间谱的隐失场模式,就有可能突破衍射极限.在这一章,我们讲述衍射极限的物理内容,讨论分辨率接近和好于衍射极限的不同成像过程.

§4.1 点扩展函数

点扩展函数(point-spread function)是一个光学系统分辨能力的量度.点扩展函数越窄,分辨率就越高.顾名思义,点扩展函数定义了一个点源的扩展.如果我们有一个辐射的点源,那么这个点源的像会是有限大小的.这种展宽是空间滤波的直接结果.一个点在空间中可以用 δ 函数来表征,其空间频谱 k_x, k_y 是无限多的.当光束从源传播到像处,高频成分会被滤掉.通常,和隐失场相关的整个 $(k_x^2+k_y^2)>k^2$ 频谱都会丢失.而且,并不是所有的平面波成分都能够被收集,这就会导致带宽更加变窄.频谱范围的减少导致不能够精确地重构原来的点源,因此像点就会有一定的大小.获得点扩展函数的标准方法基于标量理论和傍轴近似.但是这个理论对于高分辨率光学系统是不够的.根据前面建立的角谱理论,我们能够在一个光学系统里严格考察像的形成过程.

图 4.1 的情形已经被 Sheppard 和 Wilson[1] 以及 Enderlein[2] 分析过.一个理想的电磁波点源位于消球差高数值孔径透镜的焦点上,其焦距为 f.这个透镜使从点源发出的光线变成平行光,第二个焦距为 f' 的透镜将光线聚焦到 $z=0$ 的像平面.这非常像图 3.19.唯一的不同是这里光源是点源,而不是在界面的反射场.

最小的电磁波辐射单元是偶极子.在光频范围内,大多数亚波长尺寸的颗粒都像电偶极子那样散射.另一方面,小孔像磁偶极子那样辐射.在微波领域,顺磁材料会表现出磁跃迁,而在红外范围,小的金属颗粒在磁场中会产生由自由载流子引起的涡电流,导致磁偶极子吸收.尽管如此,我们这里只是对电偶极子进行分析,因为我们只要再做互换 $\boldsymbol{E}\to\boldsymbol{H}$ 和 $\boldsymbol{H}\to-\boldsymbol{E}$,就可获得磁偶极子所产生的电磁场.

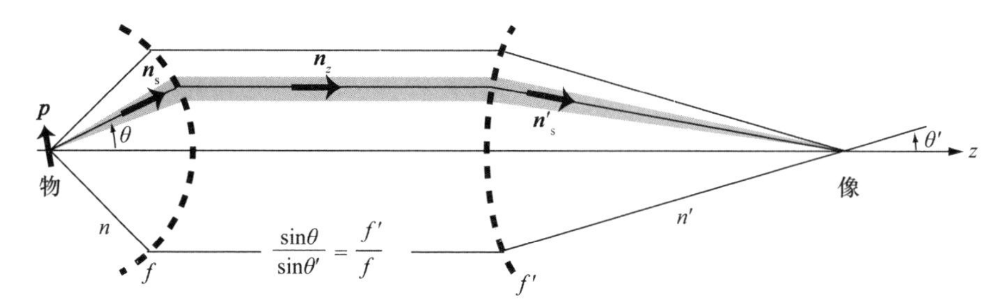

图 4.1 用于计算点扩展函数的构型. 光源是一个任意指向的带有极矩 $\boldsymbol{p}$ 的电偶极子. 此偶极子的辐射被一个消球差高数值孔径物镜收集,然后被第二个透镜聚焦到像平面 $z=0$ 处.

在最通常的形式下,一个位于 $\boldsymbol{r}_0$ 处方向任意的电偶极矩 $\boldsymbol{p}$ 在点 $\boldsymbol{r}$ 处产生的电场可由并矢 Green 函数 $\overleftrightarrow{\boldsymbol{G}}(\boldsymbol{r},\boldsymbol{r}_0)$ 来确定(参看第 1 章):

$$\boldsymbol{E}(\boldsymbol{r})=\frac{\omega^2}{\varepsilon_0 c^2}\overleftrightarrow{\boldsymbol{G}}(\boldsymbol{r},\boldsymbol{r}_0)\boldsymbol{p}. \tag{4.1}$$

我们假设偶极子和物镜之间的距离远大于发射光的波长. 在这种情况下,我们不需要考虑偶极子的隐失场成分. 进一步,我们选择偶极子的位置 $\boldsymbol{r}_0=0$,且被折射率 n 的均匀介质包围. 这样,并矢 Green 函数 $\overleftrightarrow{\boldsymbol{G}}$ 可以用自由空间的远场形式,在球坐标系$(r,\ \theta,\ \phi)$中为(见附录 D)

$$\overleftrightarrow{\boldsymbol{G}}_\infty(\boldsymbol{r},0)=\frac{\exp(\mathrm{i}kr)}{4\pi r}\times\begin{bmatrix}1-\cos^2\phi\sin^2\theta & -\sin\phi\cos\phi\sin^2\theta & -\cos\phi\sin\theta\cos\theta\\ -\sin\phi\cos\phi\sin^2\theta & 1-\sin^2\phi\sin^2\theta & -\sin\phi\sin\theta\cos\theta\\ -\cos\phi\sin\theta\cos\theta & -\sin\phi\sin\theta\cos\theta & \sin^2\theta\end{bmatrix}. \tag{4.2}$$

这是一个简单的 3×3 矩阵,再乘以偶极矩 $\boldsymbol{p}=(p_x,\ p_y,\ p_z)$就得到电场[①]. 为了描述在参考球面 f 的折射,我们需要把电场矢量沿着 $\boldsymbol{n}_\theta$ 和 $\boldsymbol{n}_\phi$ 投影,如 §3.5 所做的那样. 折射后,光场平行地传播到第二个透镜 f'处,再折射一次. 对于一个平行于 x 轴的偶极子($\boldsymbol{p}=p_x\boldsymbol{n}_x$),光场刚透过第二个透镜后有如下形式:

$$\boldsymbol{E}_\infty^{(x)}(\theta,\phi)=\frac{\omega^2 p_x}{\varepsilon_0 c^2}\frac{\exp(\mathrm{i}kf)}{8\pi f}\times\begin{bmatrix}1+\cos\theta\cos\theta'-(1-\cos\theta\cos\theta')\cos(2\phi)\\ -(1-\cos\theta\cos\theta')\sin(2\phi)\\ -2\cos\theta\sin\theta'\cos\phi\end{bmatrix}\sqrt{\frac{n\cos\theta'}{n'\cos\theta}}, \tag{4.3}$$

其中

① $\boldsymbol{r}_0=0$ 处偶极子在 $\boldsymbol{r}$ 处产生的远场也可以表达成 $\boldsymbol{E}=-\omega^2\mu_0[\boldsymbol{r}\times\boldsymbol{r}\times\boldsymbol{p}]\exp(\mathrm{i}kr)/(4\pi r^3)$.

$$\sin\theta' = \frac{f}{f'}\sin\theta, \quad \cos\theta' = g(\theta) = \sqrt{1-(f/f')^2\sin^2\theta}. \tag{4.4}$$

$(\cos\theta'/\cos\theta)^{1/2}$项是能量守恒的结果，在§3.5中已经讨论过. 在极限情形下 $f \ll f'$，$\cos\theta'$的贡献可以忽略，但是 $\cos\theta$ 的贡献不能忽略，因为物镜有很高的数值孔径. 对于 p_y 和 p_z 偶极子，其产生的电场可用相似的方法推导出. 对于空间任意方向的偶极子 $\boldsymbol{p}=(p_x,p_y,p_z)$，场可简单地通过叠加

$$\boldsymbol{E}_\infty(\theta,\phi) = \boldsymbol{E}_\infty^{(x)} + \boldsymbol{E}_\infty^{(y)} + \boldsymbol{E}_\infty^{(z)} \tag{4.5}$$

得到. 为了得到第二个透镜焦点附近的电场 $\boldsymbol{E}$，我们把 $\boldsymbol{E}_\infty$ 代入(3.47)式. 我们假定 $f \ll f'$，这样就可以用(3.106)式中的近似. 对 ϕ 的积分可解析积出，为

$$\boldsymbol{E}(\rho,\varphi,z) = \frac{\omega^2}{\varepsilon_0 c^2}\overleftrightarrow{\boldsymbol{G}}_{\mathrm{PSF}}(\rho,\varphi,z)\boldsymbol{p}, \tag{4.6}$$

其中并矢点扩展函数有如下形式：

$$\overleftrightarrow{\boldsymbol{G}}_{\mathrm{PSF}} = \frac{\mathrm{i}k'}{8\pi}\frac{f}{f'}\mathrm{e}^{\mathrm{i}(kf-k'f')}\begin{bmatrix} \tilde{I}_{00}+\tilde{I}_{02}\cos(2\varphi) & \tilde{I}_{02}\sin(2\varphi) & 2\mathrm{i}\tilde{I}_{01}\cos\varphi \\ \tilde{I}_{02}\sin(2\varphi) & \tilde{I}_{00}-\tilde{I}_{02}\cos(2\varphi) & 2\mathrm{i}\tilde{I}_{01}\sin\varphi \\ 0 & 0 & 0 \end{bmatrix}\sqrt{\frac{n}{n'}}. \tag{4.7}$$

上式中积分 $\tilde{I}_{00}\sim\tilde{I}_{02}$定义如下：

$$\tilde{I}_{00}(\rho,z) = \int_0^{\theta_{\max}}(\cos\theta)^{1/2}\sin\theta(1+\cos\theta)\mathrm{J}_0(k'\rho\sin\theta f/f') \times \exp\{\mathrm{i}k'z[1-(1/2)(f/f')^2\sin^2\theta]\}\mathrm{d}\theta, \tag{4.8}$$

$$\tilde{I}_{01}(\rho,z) = \int_0^{\theta_{\max}}(\cos\theta)^{1/2}\sin^2\theta\mathrm{J}_1(k'\rho\sin\theta f/f') \times \exp\{\mathrm{i}k'z[1-(1/2)(f/f')^2\sin^2\theta]\}\mathrm{d}\theta, \tag{4.9}$$

$$\tilde{I}_{02}(\rho,z) = \int_0^{\theta_{\max}}(\cos\theta)^{1/2}\sin\theta(1-\cos\theta)\mathrm{J}_2(k'\rho\sin\theta f/f') \times \exp\{\mathrm{i}k'z[1-(1/2)(f/f')^2\sin^2\theta]\}\mathrm{d}\theta. \tag{4.10}$$

$\overleftrightarrow{\boldsymbol{G}}_{\mathrm{PSF}}$中第一，第二，第三列分别对应着偶极子 p_x，p_y，p_z 产生的电场. 积分 $\tilde{I}_{00}\sim\tilde{I}_{02}$和 $I_{00}\sim I_{02}$相似，指的是 Gauss 光束的聚焦(参考(3.58)～(3.60)式)，主要的不同是 Bessel 函数的自变量和指数函数. 而且此处纵向场 E_z 是 0，因为我们假设了 $f \ll f'$.

(4.6)～(4.10)式给出了任意取向的电偶极子从源到像的映射. 这个结果依赖于第一个物镜的数值孔径

$$\mathrm{NA} = n\sin\theta_{\max}. \tag{4.11}$$

这个光学系统的横向放大率定义为

$$M = \frac{n}{n'}\frac{f'}{f}. \tag{4.12}$$

后面,我们将用$|\boldsymbol{E}|^2$表示点扩展函数,因为这个量与光学探测器有关.我们首先考虑偶极子方向垂直于光轴的情形.不失一般性,我们令x轴平行于偶极子方向,即$\boldsymbol{p}=p_x\boldsymbol{n}_x$.对于低数值孔径的物镜,$\theta_{\max}$足够小,允许我们做近似$\cos\theta\approx 1$和$\sin\theta\approx\theta$.而且,在像平面($z=0$, $\theta=\pi/2$)积分中的指数项等于1,二阶Bessel函数J_2在θ很小时为0,这样会使积分$\widetilde{I}_{02}$消失.剩下的$\widetilde{I}_{00}$可用

$$\int x J_0(x)\,dx = x J_1(x) \tag{4.13}$$

积分求出.这样沿x轴方向的偶极子在像平面的傍轴点扩展函数就变为

$$\lim_{\theta_{\max}\ll\pi/2} |\boldsymbol{E}(x,y,z=0)|^2 = \frac{\pi^4}{\varepsilon_0^2 n n'}\frac{p_x^2}{\lambda^6}\frac{\mathrm{NA}^4}{M^2}\left[2\frac{J_1(2\pi\widetilde{\rho})}{(2\pi\widetilde{\rho})}\right]^2, \quad \widetilde{\rho} = \frac{\mathrm{NA}\rho}{M\lambda}. \tag{4.14}$$

在括号中的函数形式是Airy函数.上式在图4.2(a)中用实线表示.虚线和点线显示的是按照公式(4.7)～(4.10)计算的点扩展函数的精确值,此时物镜的数值孔径为1.4,虚线是沿x轴(偶极子轴的方向)的结果,点线是沿y轴的结果.电场是完全沿这两个轴极化的($\cos(2\varphi)=\pm 1$, $\sin(2\varphi)=0$),但是沿x轴的宽度要大些,这是由$\widetilde{I}_{02}$项引起的.它在一种情形下要从$\widetilde{I}_{00}$中减去,在另一种情形下要在$\widetilde{I}_{00}$中加上.结果就是一个椭圆形的点.椭圆率随着数值孔径的增加而增加.尽管如此,傍轴

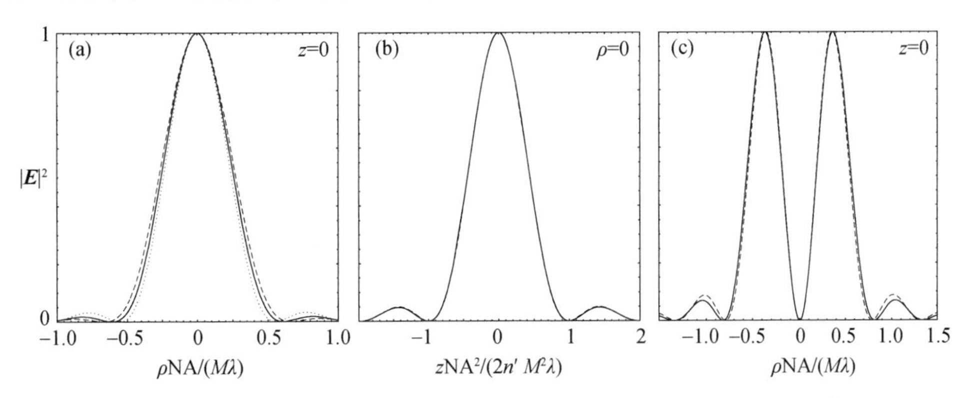

图4.2 (a)偶极子$\boldsymbol{p}=p_x\boldsymbol{n}_x$在像平面($z=0$)处的点扩展函数.实线是傍轴近似结果,而虚线和点线是精确计算结果.物镜的数值孔径为1.4($n=1.518$).虚线是沿x轴的值,点线是沿y轴的值.(b)点扩展函数沿光轴z的值.实线是傍轴近似的结果,虚线是精确计算结果.物镜的数值孔径为1.4($n=1.518$).(c)偶极子$\boldsymbol{p}=p_z\boldsymbol{n}_z$在像平面($z=0$)处的点扩展函数.实线是傍轴近似结果,而虚线是精确计算结果.物镜的数值孔径为1.4($n=1.518$).这些图说明即使对高数值孔径的物镜,傍轴点扩展函数也是很好的近似.

点扩展函数即使对高数值孔径物镜也是一个很好的近似！如果对沿 x 轴和 y 轴的曲线做平均，傍轴点扩展函数能接近完美拟合．点扩展函数可以通过测量单量子发射体，比如单个分子或者量子点而获得．图4.3显示了一个这样的测试结果和按照(4.14)式给出的拟合．实验中，用数值孔径为1.3的透镜来收集从单个DiI分子发射的荧光光子，光子的中心波长为 $\lambda \approx 580\ \mathrm{nm}$，这样就得到了点扩展函数．

点扩展函数的宽度 Δx 通常定义为傍轴点扩展函数值为0时的径向距离，或

$$\Delta x = 0.6098\,\frac{M\lambda}{\mathrm{NA}}. \tag{4.15}$$

这个宽度也称为Airy斑半径，直接依赖于数值孔径、波长，和系统放大倍数．

我们定义点扩展函数正比于电场能量密度，而后者正是光学探测仪器可灵敏探测的物理量．由于磁场 $\boldsymbol{H}$ 正比于绕 z 轴转动了90°的电场，我们发现磁场点扩展函数与电场点扩展函数相比也转动了90°．因此总能量密度和时间平均Poynting矢量是相对 z 轴转动对称的．

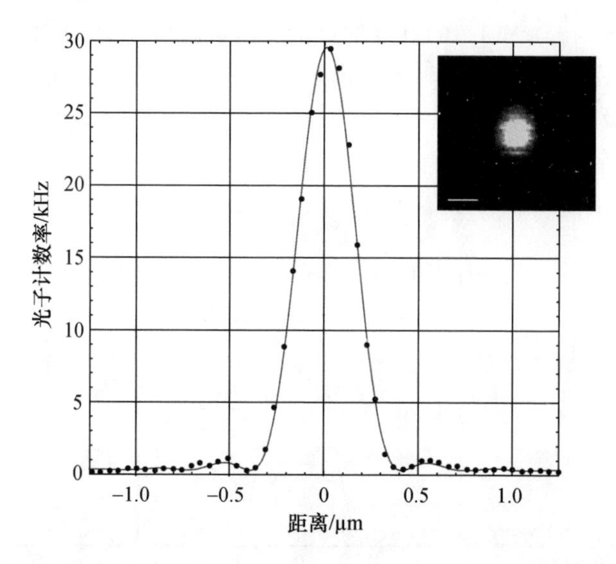

图4.3　通过测量单分子点源得到的点扩展函数．DiI分子发射荧光，由数值孔径1.3的物镜收集．荧光中心波长是 $\lambda \approx 580\ \mathrm{nm}$．数值点对应荧光速率成像（见插图）上穿过中心的水平线．实线对应Airy函数．

现在我们讨论沿光轴 z 的场强度，称为轴向点扩展函数．此时只有 $\widetilde{I}_{00}$ 积分不为0，意味着在 z 轴的任何地方，电场都是沿偶极子轴 x 偏振的．在傍轴极限下积分 $\widetilde{I}_{00}$，得到如下结果：

$$\lim_{\theta_{\max} \ll \pi/2} |\boldsymbol{E}(x=0, y=0, z)|^2 = \frac{\pi^4}{\varepsilon_0^2 n n'} \frac{p_x^2}{\lambda^6} \frac{\mathrm{NA}^4}{M^2} \left[\frac{\sin(\pi \tilde{z})}{\pi \tilde{z}}\right]^2, \quad \tilde{z} = \frac{\mathrm{NA}^2 z}{2n' M^2 \lambda}. \tag{4.16}$$

这个结果在图 4.2(a)中与透镜数值孔径 1.4 的精确计算相比较,曲线完美重合,表明傍轴结果即使对大数值孔径透镜也是极好的近似. 轴向点扩展函数为 0 时的距离 Δz 为

$$\Delta z = 2n' \frac{M^2 \lambda}{\mathrm{NA}^2}, \tag{4.17}$$

称为场的深度. 对比 Airy 斑,Δz 依赖于像空间的折射率. 它也依赖于放大倍数的平方和数值孔径. 因此,场的深度通常比 Airy 斑的半径要大很多. 对于一个典型的显微镜物镜, $M=60\times$, $\mathrm{NA}=1.4$,对于 500 nm 的波长,我们得到 $\Delta x \approx 13\ \mu\mathrm{m}$, $\Delta z \approx 1.8\ \mathrm{mm}$.

到现在为止,我们考虑的偶极子方向都垂直于光轴. 轴向平行于光轴的偶极子,即 $\boldsymbol{p} = p_z \boldsymbol{n}_z$ 情形是完全不同的. 其聚焦场是转动对称、径向偏振的,且在光轴上为 0. 在傍轴极限下,我们得到

$$\lim_{\theta_{\max} \ll \pi/2} |\boldsymbol{E}(x, y, z=0)|^2 = \frac{\pi^4}{\varepsilon_0^2 n^3 n'} \frac{p_z^2}{\lambda^6} \frac{\mathrm{NA}^6}{M^2} \left[2 \frac{\mathrm{J}_2(2\pi \tilde{\rho})}{2\pi \tilde{\rho}}\right]^2, \quad \tilde{\rho} = \frac{\mathrm{NA}\rho}{M\lambda}, \tag{4.18}$$

见图 4.2(c). 与数值孔径 1.4 的物镜的精确计算的光场结果的比较,再一次证明了傍轴表示是一个很好的近似. 因为在光轴上电场为 0,很难确定沿光轴方向的偶极子的点扩展函数的特征宽度. 但是,比较图 4.2(a)和(c),可以确定偶极子 p_z 的像要比偶极子 p_x 的像宽.

在很多实验中,需要确定发射体的偶极子取向和强度. 这是一个逆问题,可以通过使用 CCD[3,4] 等器件探测在我们的构型中像平面上电场的分布来解决. 利用(4.6)~(4.10)式,我们能够计算和确定发射点源的参数. 把收集的辐射分解为两个正交的偏振态,然后分别聚焦到两个探测器上,能使这一分析方法更有效. 探测和分析单分子的发光和吸收图将在第 9 章中讨论.

总结一下,点扩展函数强烈依赖于发射点源偶极矩的方向. 当偶极矩垂直于光轴时,我们发现即使对于高数值孔径的物镜,像平面的电场分布和傍轴点扩展函数也是高度一致的.

§ 4.2 分辨率极限

现在我们已经知道了点发射源如何成像,那么我们会问,我们能把物平面上相距 $\Delta r_{\parallel} = (\Delta x^2 + \Delta y^2)^{1/2}$ 的两个点发射源区分到什么程度呢? 每个点源被认为在

像平面上形成一个有特征宽度的点扩展函数.如果我们在物平面上使这两个点源越来越接近,它们的点扩展函数在像平面会开始重叠,最后成为一个点而变得不能分辨.我们认为只有两个点扩展函数的最大强度被分开到超过单个点扩展函数的特征宽度时,它们才是可分辨的(图 4.4).因此,点扩展函数的宽度越窄,分辨率越高.

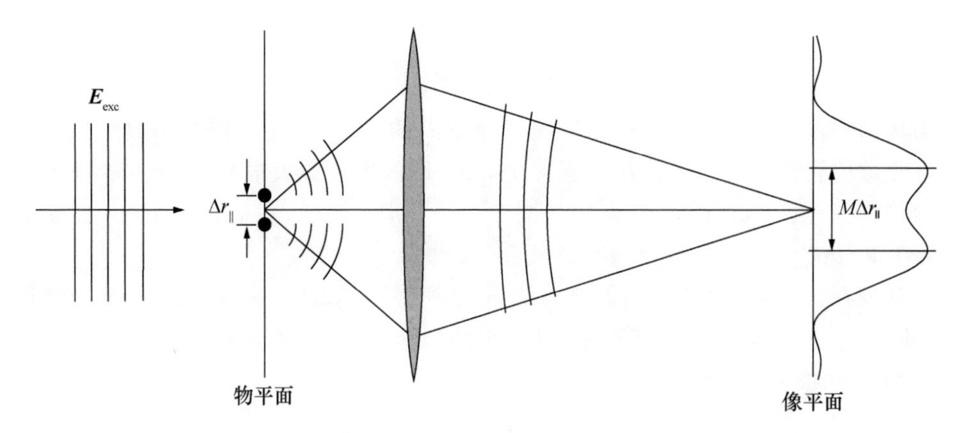

图 4.4 分辨率极限的示意图.物平面中两个相距 $\Delta r_{\parallel}$ 的连续辐射点源,在像平面产生一个复合点扩展函数.如果在像平面的图案上能够区分,这两个点源就是光学可分辨的.

我们已经在§3.1中提到,一个光学系统的分辨能力依赖于其收集的空间频率 $\Delta k_{\parallel}=(\Delta k_x^2+\Delta k_y^2)^{1/2}$ 的带宽.通过 Fourier 变换可获得

$$\Delta k_{\parallel}\Delta r_{\parallel}\geqslant 1, \tag{4.19}$$

与量子力学中的 Heisenberg 不确定性原理类似.对于空间频率的 Gauss 分布,$\Delta r_{\parallel}$ 和 $\Delta k_{\parallel}$ 的乘积最小. Gauss 分布类似于量子力学中的最小不确定波函数.

在远场光学中,$\Delta k_{\parallel}$ 的上限是介质中波数 $k=(\omega/c)n=(2\pi/\lambda)n$ 的两倍,因为我们忽略了空间频率中的隐失场成分.在这种情况下,分辨率不能好于[②]

$$\mathrm{Min}[\Delta r_{\parallel}]=\frac{\lambda}{4\pi n}. \tag{4.20}$$

但是,在实际中,我们不可能获得全部的谱 $\Delta k_{\parallel}\in[-k,k]$,上限由系统的数值孔径确定:

$$\mathrm{Min}[\Delta r_{\parallel}]=\frac{\lambda}{4\pi\mathrm{NA}}. \tag{4.21}$$

这个数字是最好的情形了.实际上,Abbe 和 Rayleigh 分辨率极限公式更不乐观.

Abbe 公式考虑了垂直于光轴的两个偶极子的傍轴点扩展函数(参考(4.14)

② 我们必须同时考虑正和负的空间频率.

式). 物平面上两个偶极子的距离 $\Delta r_{\parallel}$ 在像平面映射到距离 $M\Delta r_{\parallel}$. Abbe 认为 $\mathrm{Min}[M\Delta r_{\parallel}]$对应着两个点扩展函数的距离,在这里一个点扩展函数的最大值处恰好位于另一个的最小值处. 这个距离由(4.15)式定义的 Airy 斑半径给出. Abbe 给出的结果为[5]

$$\text{Abbe(1873)}: \qquad \mathrm{Min}[\Delta r_{\parallel}] = 0.6098\,\frac{\lambda}{\mathrm{NA}}. \tag{4.22}$$

这个极限约为(4.21)式给出的值的 8.7 倍. 这是因为(4.22)式的结果基于傍轴近似,并且是在两个与光轴垂直的平行偶极子的特殊情形下获得的. 当两个偶极子平行于光轴时,情况将大为不同. 我们看到分辨率极限的定义有一定的任意性. Rayleigh 判断也是这样[6],它基于在二维平面上两个点扩展函数的叠加. Rayleigh 判据的提出与光栅光谱仪有关,而不是光学显微镜. 但是,它却常常被光学显微术所采用.

在 Abbe 分辨率极限下,两个点源的距离并没有由于偶极子强度不同而改变. 这是因为一个点扩展函数的最大处叠加在另一个点扩展函数的最小处(为零). 当然,我们能够进一步叠加两个点扩展函数,而仍然能够分辨两个源. 事实上,在一个无噪声系统中,即使我们不能够在合成的点扩展函数中观察到两个分离的最大值点,也能用去卷积的方法将其分离为两个点扩展函数. 但是,即使两个源、光学仪器、探测器都是无噪声的,但是总会存在与光的量子特性有关的散粒噪声,这样就会对这个理想的分辨率加上限制.

按照(4.19)式,如果带宽 $\Delta k_{\parallel}$ 无限大,光学分辨率是没有极限的. 但是,超越(4.20)式的极限就必须考虑隐失场成分. 这是近场光学显微术的课题,将在后面几章讨论.

如果预先知道点源的特性,就能够用很多办法来提高分辨率极限. 比如,在 Abbe 公式中,偶极子取向需要预先知道. 此外,除了 Abbe 的假设,如果两个偶极子互相垂直,也就是 p_x 和 p_y,那么在探测光路上放置一个起偏器能够提高分辨率. 再比如预先知道两个点源的相干信息,即 $|\boldsymbol{E}_1|^2+|\boldsymbol{E}_2|^2$ 还是 $|\boldsymbol{E}_1+\boldsymbol{E}_2|^2$,也对分辨率的提高有帮助. 在所有的情形下,预先知道样品性质信息减少了其可能的构型,因此会提高分辨率. 在逆散射中,核心课题是预先获取物特性的物重构. 在荧光显微术中,生物样品的特殊部位需用分子标识,预先知道该分子的类型,以及吸收和发射性质就可能实际提高分辨率[见 5.2.3 节]. 光学分辨率的普遍理论必须包括定量测量这些预知信息. 可是,由于这样的信息非常多样,很难提出一个普遍有效的概念.

4.2.1　通过选择性激发提高分辨率

在讨论分辨率极限时,我们假设在物平面有相距 $\Delta r_{\parallel}$ 的两个辐射点源. 但是,没有外部激发,点源是不会辐射的. 比如,如果我们在一确定时间只让其中一个偶极子辐射,那么我们就能在像平面上指定探测由这个特定的偶极子产生的场. 接着我们用类似方法激发另一个偶极子并记录它们的像. 这样,无论两个点源相距多近,我们都可以很完美地分辨它们. 这样分辨率极限的判定就需要做一些修正.

实际工作中,在激发光 $\boldsymbol{E}_{\mathrm{exc}}$ 的作用下,受激发的点源在空间上有一定延展(图 4.5). 在给定偶极子分离距离 $\Delta r_{\parallel}$ 的情形下,这个延展确定了我们能否在某一时间仅仅激发一个偶极子. 前面的分辨率判据假设了对样品表面的大范围照明,使所有的点源同时辐射. 因此,我们需要考虑激发轮廓的影响. 这一般可以通过考虑激发光场 $\boldsymbol{E}_{\mathrm{exc}}$ 和样品偶极子

$$\boldsymbol{p}_{\mathrm{n}} = f[\text{材料性质}, \boldsymbol{E}_{\mathrm{exc}}(\boldsymbol{r}_{\mathrm{s}} - \boldsymbol{r}_{\mathrm{n}})] \tag{4.23}$$

的相互作用来解决. 这里 $\boldsymbol{r}_{\mathrm{n}}$ 是偶极子 $\boldsymbol{p}_{\mathrm{n}}$ 的(固定的)位置矢量, $\boldsymbol{r}_{\mathrm{s}}$ 是激发场原点的(可变的)位置矢量. 后一个坐标矢量能够在物空间扫描,以选择性地激发单个偶极子. 由(4.23)式可知,点扩展函数变得依赖于激发场和具体的光与物质的相互作用. 于是光学系统的分辨率将依赖于这个相互作用的类型. 这将增加这个问题中要考虑的参数的数量. 如果我们不得不考虑各个偶极子之间的相互作用的话,这个问题将变得更复杂. 为了能够找到一个有效的解决办法,我们需要对分析做些限制.

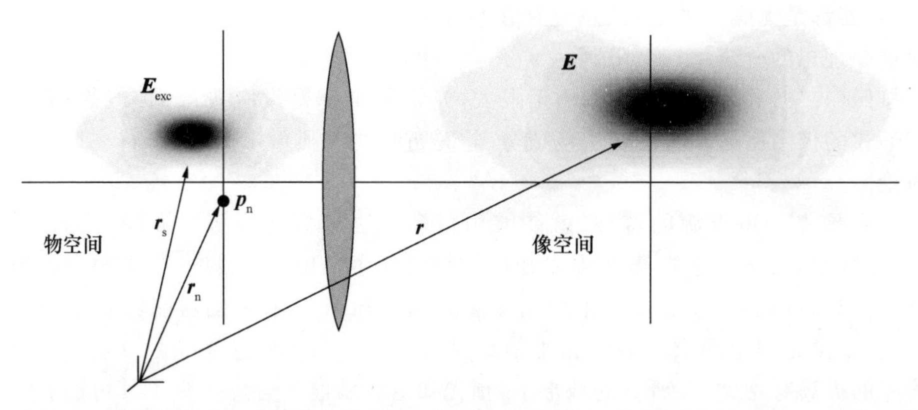

图 4.5 利用受限激发光源激发样品的一般设置的示意图. 点源的偶极矩强度 $\boldsymbol{p}_{\mathrm{n}}$ 取决于激发场 $\boldsymbol{E}_{\mathrm{exc}}$. 像空间中的点扩展函数(由场 $\boldsymbol{E}$ 表达)取决于 $\boldsymbol{p}_{\mathrm{n}}$ 和 $\boldsymbol{E}_{\mathrm{exc}}$ 之间相互作用的性质,和相对坐标 $|\boldsymbol{r}_{\mathrm{n}} - \boldsymbol{r}_{\mathrm{s}}|$.

假设偶极子与激发场之间的相互作用由一般的非线性关系给出:

$$\begin{aligned}\boldsymbol{p}_{\mathrm{n}}(\omega, 2\omega, \cdots; \boldsymbol{r}_{\mathrm{s}}, \boldsymbol{r}_{\mathrm{n}}) = {}& \alpha(\omega)\boldsymbol{E}_{\mathrm{exc}}(\omega, \boldsymbol{r}_{\mathrm{s}} - \boldsymbol{r}_{\mathrm{n}}) \\ & + \beta(2\omega)\boldsymbol{E}_{\mathrm{exc}}(\omega, \boldsymbol{r}_{\mathrm{s}} - \boldsymbol{r}_{\mathrm{n}})\boldsymbol{E}_{\mathrm{exc}}(\omega, \boldsymbol{r}_{\mathrm{s}} - \boldsymbol{r}_{\mathrm{n}}) \\ & + \gamma(3\omega)\boldsymbol{E}_{\mathrm{exc}}(\omega, \boldsymbol{r}_{\mathrm{s}} - \boldsymbol{r}_{\mathrm{n}})\boldsymbol{E}_{\mathrm{exc}}(\omega, \boldsymbol{r}_{\mathrm{s}} - \boldsymbol{r}_{\mathrm{n}})\boldsymbol{E}_{\mathrm{exc}}(\omega, \boldsymbol{r}_{\mathrm{s}} - \boldsymbol{r}_{\mathrm{n}}) \\ & + \cdots,\end{aligned} \tag{4.24}$$

其中，场矢量之间的乘法是矢量积. 在最一般的形式中，极化率 α 是个二阶张量，高阶极化率 β 和 γ 分别是三阶和四阶张量. 用下面的写法分别考虑不同的非线性项是方便的：

$$\boldsymbol{p}_{\mathrm{n}}(\omega,2\omega,\cdots;\boldsymbol{r}_{\mathrm{s}},\boldsymbol{r}_{\mathrm{n}}) = \boldsymbol{p}_{\mathrm{n}}(\omega,\boldsymbol{r}_{\mathrm{s}},\boldsymbol{r}_{\mathrm{n}}) + \boldsymbol{p}_{\mathrm{n}}(2\omega,\boldsymbol{r}_{\mathrm{s}},\boldsymbol{r}_{\mathrm{n}}) + \boldsymbol{p}_{\mathrm{n}}(3\omega,\boldsymbol{r}_{\mathrm{s}},\boldsymbol{r}_{\mathrm{n}}) + \cdots. \tag{4.25}$$

利用物空间 $\boldsymbol{r}_{\mathrm{n}}$ 处偶极子的并矢点扩展函数，作为激发光束位置 $\boldsymbol{r}_{\mathrm{s}}$ 的函数，位于 $\boldsymbol{r}$ 的聚焦场

$$\boldsymbol{E}(\boldsymbol{r},\boldsymbol{r}_{\mathrm{s}},\boldsymbol{r}_{\mathrm{n}};n\omega) = \frac{(n\omega)^2}{\varepsilon_0 c^2}\overleftrightarrow{\boldsymbol{G}}_{\mathrm{PSF}}(\boldsymbol{r},\boldsymbol{r}_n;n\omega)\cdot\boldsymbol{p}_{\mathrm{n}}(n\omega,\boldsymbol{r}_{\mathrm{s}},\boldsymbol{r}_{\mathrm{n}}). \tag{4.26}$$

对于多个偶极子的情况，我们需要对 n 求和.

方程(4.26)一般性地说明了点扩展函数如何被激发源影响. 这种对点扩展函数的主动处理叫作点扩展函数工程(point-spread function engineering)，在高分辨率共聚焦显微术中扮演着关键角色. 方程(4.26)中的场依赖于激发源的位置、物空间中偶极子的位置，和像空间中场点的位置. 一种方便的做法是保持激发光束的位置固定不变，再经过一些空间滤波的操作后，在像平面收集总光强(对 $\boldsymbol{r}$ 积分). 这样的话，探测信号将只依赖于偶极子的坐标 $\boldsymbol{r}_{\mathrm{n}}$. 类似地，像平面上的场也可以在一个单点取值(比如这个点在光轴上). 这正是下一节要讨论的共聚焦显微术的基本操作. 注意场 $\boldsymbol{E}$ 不仅仅依赖于系统的空间坐标，也依赖于以极化率 α,β,γ 为代表的材料的性质. 样品的任何光学像都将是光谱信息和空间信息的结合.

4.2.2　轴向分辨率

共聚焦显微术采用了激发光束和偶极子位置的相对坐标 $\boldsymbol{r}_{\mathrm{n}}-\boldsymbol{r}_{\mathrm{s}}$ 表征偶极子发射体的位置. 通过把每个相对坐标 $\boldsymbol{r}_{\mathrm{n}}-\boldsymbol{r}_{\mathrm{s}}$ 对应到像平面上测量的发射体的性质来生成像.

为了说明共聚焦显微术中轴向分辨率的基本思想，我们讨论两个特殊情况. 首先，我们假设位于光轴上的偶极子的性质由像空间中的总积分场强表示. 利用 Bessel 函数闭包关系(见习题 3.4)，我们有

$$\begin{aligned} s_1(z) &\equiv \int_0^{2\pi}\int_0^{\infty}\boldsymbol{E}(\rho,\varphi,z)\boldsymbol{E}^*(\rho,\varphi,z)\rho\mathrm{d}\rho\mathrm{d}\varphi \\ &= \frac{\pi^4 n}{24\varepsilon_0^2\lambda^4 n'}[(p_x^2+p_y^2)(28-12\cos\theta_{\max}-12\cos^2\theta_{\max}-4\cos^3\theta_{\max}) \\ &\quad + p_z^2(8-9\cos\theta_{\max}+\cos^3\theta_{\max})]. \end{aligned} \tag{4.27}$$

这个信号以 V^2 为单位，并通过 $\theta_{\max}$ 而依赖于系统的数值孔径. 重要的是这个信号不依赖于轴向坐标 z. 于是，如果偶极子的位置沿光轴方向偏离物平面，将产生同样的信号 s_1. 这种方式的探测没有轴向分辨率.

为了得到轴向分辨率，我们需要在光场到达探测器之前在像平面对其进行空间滤波. 通常，这可以通过将一个 Airy 斑半径(见(4.15)式)大小的针孔放置于像平面处来实现. 这样，只有点扩展函数的中心部分到达探测器. 针孔尺寸的选择有多种策略[7]，但为了说明效果，我们可以假设只有光轴上的场通过了针孔. 得到的信号已经由方程(4.16)计算出来：

$$s_2(z) \equiv \boldsymbol{E}(\rho=0,z)\boldsymbol{E}^*(\rho=0,z)\delta A$$
$$= \frac{\pi^4}{\varepsilon_0^2 nn'}\frac{p_x^2+p_y^2}{\lambda^6}\frac{\mathrm{NA}^4}{M^2}\left[\frac{\sin(\pi\tilde{z})}{\pi\tilde{z}}\right]^2\delta A, \quad \tilde{z}=\frac{\mathrm{NA}^2 z}{2n'M^2\lambda}. \tag{4.28}$$

其中 δA 表示针孔的无穷小面积. 我们发现，一个位于光轴上的、偶极矩平行于光轴的偶极子，由于它的场在光轴上为零，在这个方法中将无法探测到. 为了能探测到它，我们需要增加针孔的尺寸或者让针孔偏离光轴. 但是，方程(4.28)的重要特征是信号 s_2 对轴向坐标 z 有依赖关系，这就产生了轴向分辨率. 为了显示这个轴向分辨率，我们考虑在物平面附近光轴上的两个偶极子. 如图 4.6 所示，我们保持其中一个偶极子在物平面上，让另一个偏离物平面 $\Delta r_\perp$ 的距离，透镜将物空间中的纵向距离 $\Delta r_\perp$ 变换为像空间中的纵向距离 $M_\mathrm{L}\Delta r_\perp$，其中 M_L 是径向放大率，定义为

$$M_\mathrm{L}=\frac{n'}{n}M^2, \tag{4.29}$$

取决于方程(4.12)中定义的横向放大率和物、像空间的折射率 n 和 n'. 我们将探测器放置于像平面($z=0$)中. 根据(4.28)式，物平面上偶极子的信号被最大化了，而物平面外偶极子的信号为③

$$s_2(z) \propto \frac{\sin^2[\pi\mathrm{NA}^2\Delta r_\perp/(2n\lambda)]}{[\pi\mathrm{NA}^2\Delta r_\perp/(2n\lambda)]^2}. \tag{4.30}$$

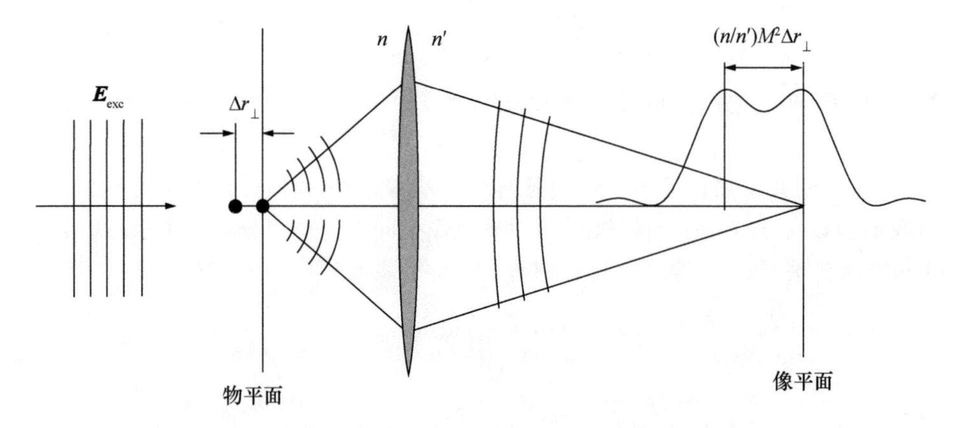

图 4.6 共聚焦显微术轴向分辨率的图示. 在像直接到达探测器之前，像平面中光轴上的针孔对其进行空间滤波. 针孔只允许光轴附近的场通过，因此产生轴向分辨率.

③ 我们假设两个偶极子辐射是非相干的，即有 $|\boldsymbol{E}|^2=|\boldsymbol{E}_1|^2+|\boldsymbol{E}_2|^2$. 本质上这种情形与相干辐射偶极子，即 $|\boldsymbol{E}|^2=|\boldsymbol{E}_1+\boldsymbol{E}_2|^2$ 情形是一样的.

为了确保全部信号来自物平面上的偶极子,必须消除来自物平面外偶极子的贡献,这由偶极子间距 $\Delta r_{\perp}$ 实现:

$$\mathrm{Min}[\Delta r_{\perp}] = 2\,\frac{n\lambda}{\mathrm{NA}^2}. \tag{4.31}$$

这个距离定义了共聚焦显微术的轴向分辨率. 只有距离像平面小于 $\mathrm{Min}[\Delta r_{\perp}]$的偶极子才能在探测器中产生可观的信号强度,因此,$\mathrm{Min}[\Delta r_{\perp}]$叫作焦深(focal depth). 除了提供 $\mathrm{Min}[\Delta r_{\parallel}]$量级的横向分辨率,共聚焦显微术还提供 $\mathrm{Min}[\Delta r_{\perp}]$量级的轴向分辨率,因此,样品可以在三个维度上成像. 横向分辨率随 NA 线性变化,而轴向分辨率随 NA 的平方变化. 作为一个例子,图 4.7 显示了一个多刺花粉粒的多光子共聚焦显微镜图像[8],其三维图像由多个截面图组合而成,各截面的 z 方向距离大约为 $2n\lambda/\mathrm{NA}^2$. 关于轴向分辨率更详细的实验上的讨论见第 5 章.

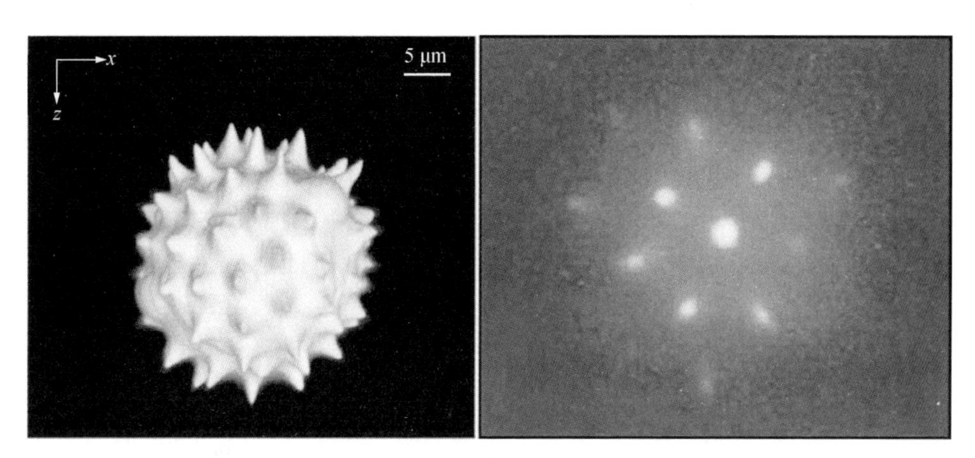

图 4.7　直径 25 μm 的多刺花粉粒的多光子共聚焦图像. 三维重构基于多截面图像(左)和单截面图像(右). 来自文献[8].

4.2.3　通过饱和效应提高分辨率

我们已经讨论了点扩展函数怎样通过非线性光学相互作用被压缩,例如,$E^{2n}(r_{\parallel})$的宽度比 $E^2(r_{\parallel})$的宽度窄. 正如 Hell 和其合作者的开创性工作[9]所表明的,通过饱和效应也能压缩点扩展函数,所需条件为:(1) 在感兴趣的区域内的强度零点,(2) 具有可逆饱和线性转变性质的目标材料.

为了显示如何利用饱和效应来提高荧光显微术的分辨率,我们考虑一个随机朝向分子组成的紧致样品,这种样品可以用图 4.8(a)中的两能级系统很好地近似. 每一个两能级系统都与两个激光场相互作用:(1) 产生激发态$|1\rangle$的激发场 $\boldsymbol{E}_{\mathrm{e}}$,(2) 通过受激发射消耗激发态的场 $\boldsymbol{E}_{\mathrm{d}}$. 在足够高的强度时,消耗场(depletion field)会使基态$|0\rangle$饱和. 图 4.8(b)显示了典型的激发场和消耗场的强度分布. 在激发态

$|1\rangle$远没有饱和的时候,系统的激发速率由以下方程给出:

$$\gamma_e(\boldsymbol{r}) = \sigma I_e(\boldsymbol{r})/(\hbar\omega_0), \tag{4.32}$$

其中 σ 是单光子吸收截面, I_e 是与激发场 $\boldsymbol{E}_e$ 相关的强度. 一旦系统进入激发态,自发跃迁到基态 $|0\rangle$(荧光光子发射)的概率为

$$\frac{\gamma_r}{\gamma_r+\gamma_d}, \tag{4.33}$$

其中 γ_r 是自发衰变速率,γ_d 是受激跃迁速率. 后者可以写为

$$\gamma_d(\boldsymbol{r}) = \sigma I_d(\boldsymbol{r})/(\hbar\omega_0), \tag{4.34}$$

其中 I_d 是消耗场的强度. 结合(4.32)和(4.33)式,我们可以将系统的荧光速率表达为

$$\gamma_{fl}(\boldsymbol{r}) = \gamma_e(\boldsymbol{r})\frac{\gamma_r}{\gamma_r+\gamma_d(\boldsymbol{r})} = \frac{\sigma}{\hbar\omega_0}\frac{I_e(\boldsymbol{r})}{1+d_p(\boldsymbol{r})}, \tag{4.35}$$

其中,我们引入了消耗参数(depletion parameter)

$$d_p(\boldsymbol{r}) \equiv \frac{\sigma}{\hbar\omega_0\gamma_r}I_d(\boldsymbol{r}), \tag{4.36}$$

这个参数对应着受激和自发发射速率的比. 对于弱消耗场,受激发射很弱($d_p \to 0$),荧光速率退化为方程(4.32)中给出的常见表达式.

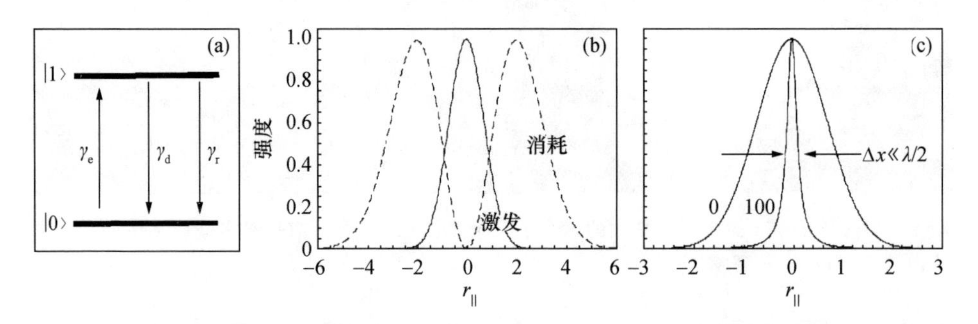

图 4.8 通过饱和效应提高分辨率的示意图. (a) 标出激发速率 γ_e、辐射衰变速率 γ_r、受激消耗速率 γ_d 的分子两能级图. (b) 激发场和消耗场的横向强度分布,消耗场的零点位于激发场的最大值处. (c) 对应于两个不同消耗参数 $d_p=0$ 和 $d_p=100$ 的横向荧光分布(γ_r). d_p 越高,荧光峰越窄.

现在我们讨论这个简单理论和光学显微术分辨率之间的关系. 显然, $d_p=0$ 时,荧光像中的分辨率将由图 4.8(b)中所示的激发场的宽度决定. 但是,如果消耗场零点位置在激发场的最大处,那么激发场的宽度将依赖于 d_p 的大小并显著变窄. $d_p=100$ 时的情形在图 4.8(c)中显示. 原则上,荧光区域的宽度没有限制,并可以得到任意的分辨率. 我们可以将消耗参数引入 Abbe 分辨率判据,并近似地得到

$$\mathrm{Min}[\Delta r_{\parallel}] \approx 0.6098 \frac{\lambda}{\mathrm{NA}\sqrt{1+d_{\mathrm{p}}}}. \tag{4.37}$$

于是,只要 $d_{\mathrm{p}}>0$,都将提高空间分辨率.需要注意的是,由饱和效应引起的分辨率提高并不仅仅局限于成像,同样的想法可以应用到光刻或数据存储中,只要能找到有饱和/消耗性质的材料即可.最后,我们必须意识到,饱和效应提高了分辨率,是用了一些特定的材料,例如荧光团.从这个意义上说,目标材料的电子结构必须优先获取,而往往不获取其光谱信息.然而,生物样品的信息通常都是通过荧光团的化学特异性标记提供的.

§4.3 共聚焦显微术原理

今天,共聚焦显微术是一门应用到从固体物理到生物学的很多科学领域的技术,其核心思想是用从点源(或单模激光)发射的聚焦光照射样品,并如 4.2.2 节中讨论的那样,将样品的响应导向一个针孔.这一基本思想是 Minsky 在 1955 年申请的专利[10]中提出的.多年来,人们发明了各种共聚焦显微术.它们大部分都在激光-物质相互作用的类型上有所不同,例如散射、荧光、多光子激发荧光、受激发射消耗、三次谐波产生或 Raman 散射等.在这一节中,我们将利用现有的理论框架,概述共聚焦显微术的一般思想,实验内容将在第 5 章中讨论.更多的细节可参考共聚焦显微术的专业书籍,例如文献[11—13].

为了理解共聚焦显微镜成像过程,我们将专注于图 4.9 中所示的结构,这是图 4.5 所示的普遍情形中的一个特例.在这个情形下,激发和探测都由同一个物镜通过倒置光路完成.分束器将激发光路和探测光路分到两个相互独立的分支中.在荧光显微术中,分束器通常用一个只让特定光谱范围的光透射或反射的二向色镜代替,用以提高效率.为了尽可能简单,我们假设一个偶极颗粒在固定的光学系统中沿三个维度运动,于是我们可以令 $\boldsymbol{r}_{\mathrm{s}}=0$,并用矢量 $\boldsymbol{r}_{\mathrm{n}}=(x_n,y_n,z_n)$ 来表示颗粒的坐标.

为了生成像,我们给每一个位置 $\boldsymbol{r}_{\mathrm{n}}$ 分配一个在像空间测量的标量.在共聚焦显微镜中,这个量对应于之前讨论的信号 s_2.类似地,在非共聚焦显微镜中,我们用信号 s_1.像的产生过程包括如下三个步骤:

(1) 物空间中激发场的计算(§3.5 和 §3.6)→激发点扩展函数.

(2) 相互作用的计算.

(3) 像空间中响应的计算(§4.1)→探测点扩展函数.

第一步提供激发场 $\boldsymbol{E}_{\mathrm{exc}}$,它不仅依赖于共聚焦系统的参数,还依赖于入射激光的模式.对于激发场 $\boldsymbol{E}_{\mathrm{exc}}$ 和偶极颗粒之间的相互作用,我们首先假设它们有线性的

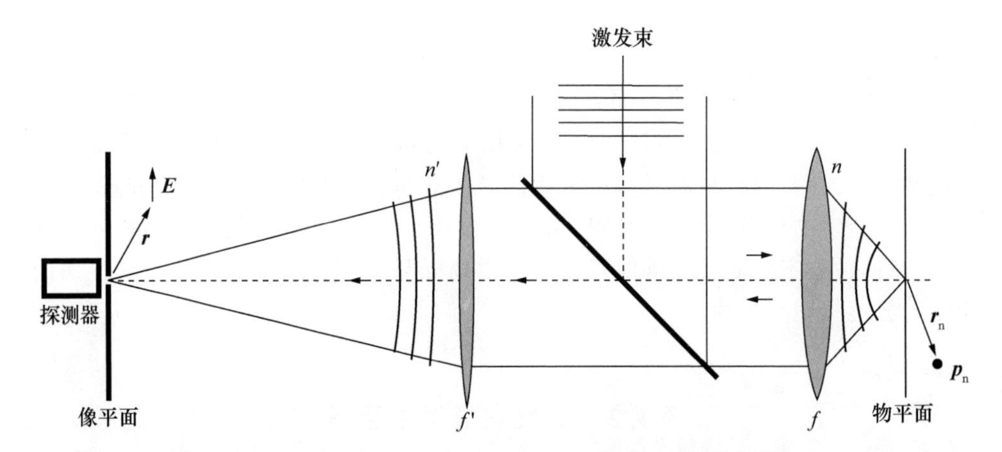

图4.9 倒置共聚焦显微镜的示意图.在这个设置中,光路是固定的,样品进行三维扫描.分束器将激发光路和探测光路分开到独立的臂中.激光束被高数值孔径物镜聚焦到样品上,产生空间局域激发源.样品的响应用同一物镜收集并聚焦到探测器前的针孔上.

依赖关系,即

$$\boldsymbol{p}_{\mathrm{n}}(\omega) = \overleftrightarrow{\alpha}\boldsymbol{E}_{\mathrm{exc}}(\boldsymbol{r}_{\mathrm{n}},\omega). \tag{4.38}$$

偶极子在像空间中的响应为(参见(4.6)式)

$$\boldsymbol{E}(\boldsymbol{r}) = \frac{\omega^2}{\varepsilon_0 c^2}\overleftrightarrow{\boldsymbol{G}}_{\mathrm{PSF}} \cdot \boldsymbol{p}_{\mathrm{n}}. \tag{4.39}$$

联立这些方程,我们可以消掉 $\boldsymbol{p}_{\mathrm{n}}$,计算像场作为激发场、颗粒的极化率和系统参数的函数.

为了研究上面的方程,我们要理解从物空间到像空间的映射.像空间中的场点由矢量 $\boldsymbol{r}$ 定义.之前我们已经知道,根据方程(4.6)~(4.10),在原点($\boldsymbol{r}_{\mathrm{n}}=0$)处的偶极子 $\boldsymbol{p}_{\mathrm{n}}$ 将在像空间中产生场 $\boldsymbol{E}(x,y,z)$.如果我们将偶极子从原点移动到物空间中的任意位置 $\boldsymbol{r}_{\mathrm{n}}$,像空间中的场将有如下变换:

$$\boldsymbol{E}(x,y,z) \to \boldsymbol{E}(x-x_{\mathrm{n}}M, y-y_{\mathrm{n}}M, z-z_{\mathrm{n}}M^2 n'/n), \tag{4.40}$$

其中 M 是(4.12)式中定义的横向放大率.针孔对这个场进行滤波,其后的探测器进行 x 和 y 的积分.为了简单起见,我们可以假设针孔足够小,允许我们将探测信号替换为 $\boldsymbol{r}=0$ 处的场强乘以无限小面元 δA(参考(4.28)式).于是探测信号只与偶极子的坐标有关:

$$s_2(x_{\mathrm{n}},y_{\mathrm{n}},z_{\mathrm{n}}) = |\boldsymbol{E}(x_{\mathrm{n}}M, y_{\mathrm{n}}M, z_{\mathrm{n}}M^2 n'/n)|^2 \delta A. \tag{4.41}$$

$\boldsymbol{E}(x_{\mathrm{n}}M, y_{\mathrm{n}}M, z_{\mathrm{n}}M^2 n'/n)$ 是在(4.6)~(4.10)式中利用替换 $\rho\to\rho_{\mathrm{n}}M$, $z\to z_{\mathrm{n}}M^2 n'/n$ 和 $\varphi\to\varphi_{\mathrm{n}}$ 得到的.于是,探测信号变为

$$s_2(x_n,y_n,z_n)=\frac{\omega^4}{\varepsilon_0^2c^4}\left|\overleftrightarrow{\boldsymbol{G}}_{\mathrm{PSF}}(\rho_n,\varphi_n,z_n)\cdot\boldsymbol{p}_n\right|^2\delta A, \tag{4.42}$$

其中

$$\overleftrightarrow{\boldsymbol{G}}_{\mathrm{PSF}}(\rho_n,\varphi_n,z_n)\propto\frac{k}{8\pi}\frac{1}{M}\begin{bmatrix}\widetilde{I}_{00}+\widetilde{I}_{02}\cos(2\varphi_n) & \widetilde{I}_{02}\sin(2\varphi_n) & -2\mathrm{i}\widetilde{I}_{01}\cos\varphi_n\\ \widetilde{I}_{02}\sin(2\varphi_n) & \widetilde{I}_{00}-\widetilde{I}_{02}\cos(2\varphi_n) & -2\mathrm{i}\widetilde{I}_{01}\sin\varphi_n\\ 0 & 0 & 0\end{bmatrix}. \tag{4.43}$$

积分 $\widetilde{I}_{00}\sim\widetilde{I}_{02}$ 为

$$\begin{aligned}\widetilde{I}_{00}(\rho_n,z_n)&=\int_0^{\theta_{\max}}(\cos\theta)^{1/2}\sin\theta(1+\cos\theta)\mathrm{J}_0(k\rho_n\sin\theta)\mathrm{e}^{-\frac{\mathrm{i}}{2}kz_n\sin^2\theta}\mathrm{d}\theta,\\ \widetilde{I}_{01}(\rho_n,z_n)&=\int_0^{\theta_{\max}}(\cos\theta)^{1/2}\sin^2\theta\mathrm{J}_1(k\rho_n\sin\theta)\mathrm{e}^{-\frac{\mathrm{i}}{2}kz_n\sin^2\theta}\mathrm{d}\theta,\\ \widetilde{I}_{02}(\rho_n,z_n)&=\int_0^{\theta_{\max}}(\cos\theta)^{1/2}\sin\theta(1-\cos\theta)\mathrm{J}_2(k\rho_n\sin\theta)\mathrm{e}^{-\frac{\mathrm{i}}{2}kz_n\sin^2\theta}\mathrm{d}\theta.\end{aligned} \tag{4.44}$$

场依赖于偶极子 $\boldsymbol{p}_n$ 的大小和取向,而其又依赖于激发场 $\boldsymbol{E}_{\mathrm{exc}}$ 和偶极颗粒之间的相互作用性质.激发场可以是在§3.6中讨论过的任意聚焦的激光模式.我们选取一个大多数共聚焦设备都用的基模 Gauss 光束.假设光束聚焦在物平面上,并且其传播方向和光轴一致.根据方程(3.66)和(4.38),偶极矩可以写为

$$\boldsymbol{p}_n(\omega)=\mathrm{i}kfE_0\mathrm{e}^{-\mathrm{i}kf}\frac{1}{2}\begin{bmatrix}\alpha_{xx}(I_{00}+I_{02}\cos(2\varphi_n))\\ \alpha_{yy}(I_{02}\sin(2\varphi_n))\\ \alpha_{zz}(-2\mathrm{i}I_{01}\cos\varphi_n)\sqrt{n'/n}\end{bmatrix}, \tag{4.45}$$

其中 a_{ii} 表示极化率的对角元素,E_0 是入射傍轴 Gauss 光束的振幅.积分 $I_{00}\sim I_{02}$ 由(3.58)~(3.60)式给出:

$$\begin{aligned}I_{00}(\rho_n,z_n)&=\int_0^{\theta_{\max}}f_w(\theta)(\cos\theta)^{1/2}\sin\theta(1+\cos\theta)\mathrm{J}_0(k\rho_n\sin\theta)\mathrm{e}^{\mathrm{i}kz_n\cos\theta}\mathrm{d}\theta,\\ I_{01}(\rho_n,z_n)&=\int_0^{\theta_{\max}}f_w(\theta)(\cos\theta)^{1/2}\sin^2\theta\mathrm{J}_1(k\rho_n\sin\theta)\mathrm{e}^{\mathrm{i}kz_n\cos\theta}\mathrm{d}\theta,\\ I_{02}(\rho_n,z_n)&=\int_0^{\theta_{\max}}f_w(\theta)(\cos\theta)^{1/2}\sin\theta(1-\cos\theta)\mathrm{J}_2(k\rho_n\sin\theta)\mathrm{e}^{\mathrm{i}kz_n\cos\theta}\mathrm{d}\theta,\end{aligned} \tag{4.46}$$

其中,函数 f_w 表示入射光束相对于物镜后通光孔的扩展.

积分式 $\widetilde{I}_{nm}$ 和 I_{nm} 只在 $f_w(\theta)$ 项和指数项上不同,在小角极限下($\cos\theta\approx1-\frac{1}{2}\theta^2$, $\sin^2\theta\approx\theta^2$)时变得相同.利用(4.42)式,我们现在可以严格计算像空间中的共

聚焦信号．但是，为了看清共聚焦显微术的本质，我们需要在一定程度上降低计算的复杂度．假设入射光束被充分扩展，即 $f_w(\theta)=1$，此时指数项间的微小差异是可忽略的，以至两套积分式相等．更进一步，相对于 I_{00}，我们忽略 I_{02} 的贡献，并假设偶极子取向与偏振方向严格一致，即 $\alpha_{yy}=\alpha_{zz}=0$．于是最终的探测信号与纯标量计算的结果一致，为

$$\text{共聚焦：}\quad s_2(x_n, y_n, z_n;\omega) \propto |\alpha_{xx} I_{00}^2|^2 \delta A. \tag{4.47}$$

其重要的结论是积分式变为平方值，这意味着共聚焦显微术中的点扩展函数本质上是普通显微术中点扩展函数的平方！于是，除轴向分辨率之外，共聚焦显微术还提升了横向分辨率，而这只是在探测器前方放置了一个针孔的结果．如果移走针孔，并且所有像平面中的辐射都指向探测器，信号将变为

$$\text{非共聚焦：}\quad s_1(x_n, y_n, z_n;\omega) \propto |\alpha_{xx} I_{00}|^2 \delta A. \tag{4.48}$$

鉴于前面章节中我们得出了普通远场显微术没有轴向分辨率的结论，这看起来很令人惊讶．但我们之前假设物空间是均匀照明的，现在这种情况下的轴向分辨率，是由聚焦激光束提供的空间限制激发源，和在样品上只有一个单偶极子发射体实现的．如果样品上有稠密的偶极子（见习题 4.3），我们会丢失非共聚焦显微术的所有轴向分辨率．然而，我们清楚地看到，共聚焦显微术中的针孔同时提高了横向和纵向分辨率．

系统的总点扩展函数可以视为一个激发的扩散函数和一个探测的扩散函数之积：

$$\text{总 PSF} \approx \text{激发 PSF} \times \text{探测 PSF}, \tag{4.49}$$

其中前一项由聚焦激发光束的场分布决定，后一项由像平面中针孔的空间滤波性质决定．但我们必须注意，由共聚焦显微术实现的横向分辨率提高很有限，通常只占很小的比例．在点扩展函数的零点保持不变时，中心斑点的宽度稍微变窄了一点．共聚焦显微术的优势更多体现在对稠密样品的轴向切片能力（见习题 4.3）．必须强调的是，将（4.44）和（4.46）式中的两个积分式减少到一个的做法，是一个粗糙的近似，只有在 Gauss 激发光束下才成立，因为此时探测和激发的对称性刚好一样．如果我们用更高阶的激光模式作为激发源，其分析将变得更加复杂．

图 4.10 显示了一个点扩展函数的实验测量．这是利用聚焦激发光束的焦点区域光栅扫描一个金颗粒记录得到的，每一个像素都记录散射光强度．由于其球对称性，这个颗粒没有优先轴，因此 $\alpha_{xx}=\alpha_{yy}=\alpha_{zz}$．我们将在 5.2.1 节讨论共聚焦显微术实验方面的更多细节．

可以很直接地将分析方法扩展到颗粒和激发光束之间的非线性相互作用情

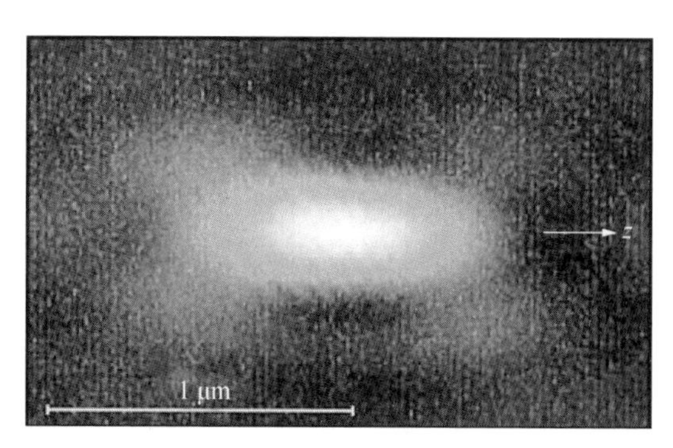

图 4.10 通过激光聚焦斑扫描金颗粒并探测每个位置处的散射光强度得到的总点扩展函数. 引自[9].

况. 例如,利用与之前一样的假设和近似,我们发现对二阶非线性过程,有

$$\text{共聚焦:}\quad s_2(x_n,y_n,z_n;2\omega)\propto|\beta_{xxx}I_{00}(2\omega)I_{00}^2(\omega)|^2\delta A, \tag{4.50}$$

$$\text{非共聚焦:}\quad s_1(x_n,y_n,z_n;2\omega)\propto|\beta_{xxx}I_{00}^2(\omega)|^2\delta A. \tag{4.51}$$

这里,我们必须考虑在频率 ω 处激发,而在频率 2ω 处探测. 通常认为非线性激发会提高分辨率,但这不是事实. 虽然非线性过程会压缩点扩展函数,但它要求更长的激发波长. Airy 斑半径正比于波长,不会在与自己相乘后有强烈的变化,因此波长的变化起主导作用.

§4.4 多光子显微术中的轴向分辨率

我们已经证明了,共聚焦显微术的优势并不是横向分辨率的必然提升,而是纵向分辨率的提升. 这个纵向分辨率为真正的三维成像提供了切片能力. 在多光子显微术中可以有同样的优势,即便不使用共聚焦装置. 在多光子荧光显微术中,在 $\boldsymbol{r}$ 位置处产生的信号定性表示为

$$s(\boldsymbol{r})\propto\sigma_n[\boldsymbol{E}(\boldsymbol{r})\cdot\boldsymbol{E}^*(\boldsymbol{r})]^n, \tag{4.52}$$

其中 σ_n 是 n 光子吸收截面,$\boldsymbol{E}$ 是激发场. 稠密荧光团样品中,在半径为 R 的球形体积中产生的总信号为

$$s_{\text{total}}\propto\sigma_n\int_0^{2\pi}\int_0^{\pi}\int_0^{R}|\boldsymbol{E}(r,\theta,\phi)|^{2n}r^2\sin\theta\mathrm{d}r\mathrm{d}\theta\mathrm{d}\phi. \tag{4.53}$$

对于远离激发光焦点的情况,激发场以 r^{-1} 衰减,于是在 $n=1$ 时积分不收敛. 所以,如果不用共聚焦针孔,在单光子激发中不可能在轴向定位信号. 但是,$n>1$ 时情况就不同了,这个信号只在激光焦点附近才产生. 图 4.11 是以 Gauss 光束腰半径 $w_0=\lambda/3$ 计算(4.53)式得到的. 虽然我们用了傍轴近似,并忽略了在多光子显微术中

用了更长的波长的事实,但一个普遍的发现是激发体积的定位需要 $n>1$ 的物理过程.正是这个性质,才使多光子显微术变为如此吸引人的技术.我们将在第5章中讨论多光子显微术的更多细节.

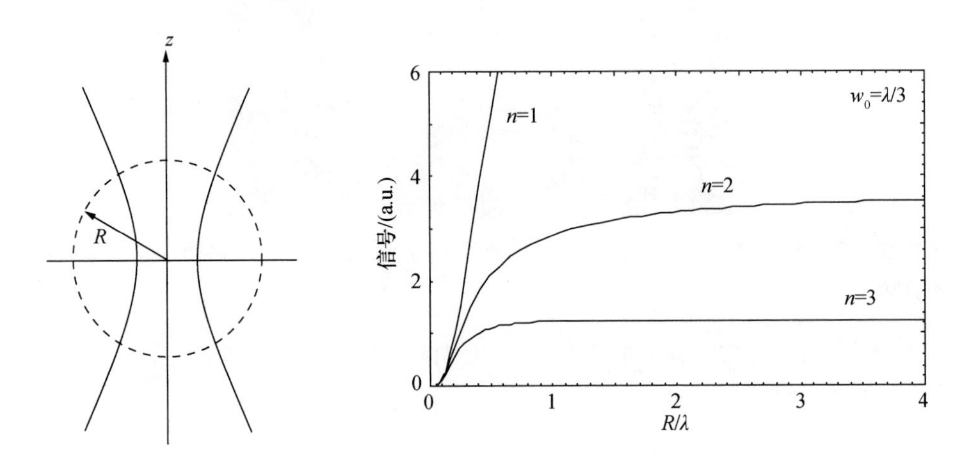

图4.11　多光子显微术中激发体积的定位.在受到 n 个光子激发的聚焦 Gauss 光束激发时,上图给出了稠密样品中半径为 R 的球形范围内产生的信号.跟多光子激发($n>1$)相反,不用共聚焦针孔时,单光子激发($n=1$)不能限制激发体积.

§4.5　定位与位置精度

我们已经看到,一个偶极子发射体,例如一个荧光分子,将在像空间中产生一个特征点扩展函数.反之,可以记录点扩展函数以重建发射体的位置[14—17].确定点状发射体位置的精度远远好于点扩展函数的空间扩展,并且,如我们接下来将要讨论的一样,精度只受数据"质量",即数据中噪点的数量的限制.例如,一个荧光分子,即便发射体是单个荧光分子,也能以几纳米的精度确定位置.此外,如前面讨论的,光子的任意可探测量,如能量、偏振,或到达时间,到达探测器后都可以被区分.这些量可以归结于不同的物体,即便不同物体距离很近且它们的像相互重叠.这个思想如图4.12所示.图4.12(a)中显示的是两个部分重叠斑点的组合图案.如果组成这些斑点的光子可以被任何可探测量,如颜色或到达时间区分,如图4.12(b)和(c),就能以接近分子尺度的精度确定各个发射体的位置,从而确定两个发射体之间的距离,并且只受背景和计数噪声的限制.这种甚至可对非常弱的发射体,例如单荧光团分子获得亚波长位置精度的方法,在天文学[14]、单分子定位和追踪[17]、分析化学[18]、定位显微术[19—21]中都有重要应用.

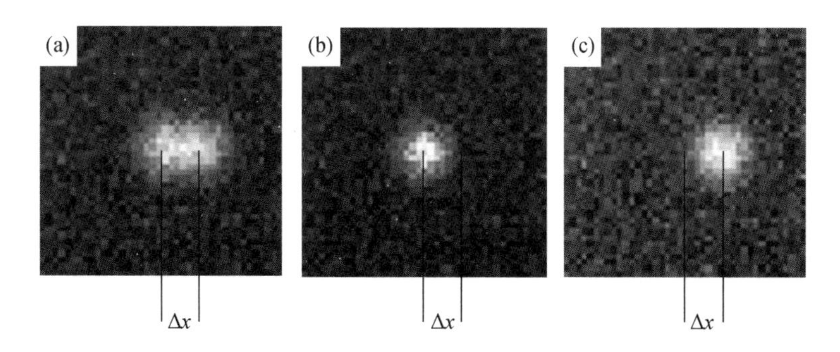

图 4.12 两个部分重叠的有背景的发射点的模拟 CCD 图像. 发射体被模拟为显示出 Poisson 噪声的 Gauss 图案,与 Poisson 背景噪声不相关. (a) 没有光子区分的两个激发斑. (b)和(c)展示了用光谱或时间进行光子区分后的独立激发斑. 两个图案的中心错开了有限的距离 Δx.

4.5.1 理论背景

理论上,有很多种方法可以找到一个孤立发射体的位置,例如,我们可以根据像素点的光强,或者利用适当的关联滤波技术计算给定图像的"质心"或几何中心. 为了量化确定位置的精度,需要一个在位置测量中关于不确定性的陈述. 很常见的一种方法是,用合适的模型估计点扩展函数,并通过最小化 χ^2(每个数据点上数据和模型之差的平方和)来使这个模型符合观测. χ^2 反映了模型参数选取是否正确,可以用来对每个拟合参数建立良定义的极限误差. 因此,利用 χ^2 统计规律,不仅有可能获得给定模型的最优拟合参数集,还能根据测量的数据得到这个参数集的标准差. 这里的分析基于 Bobroff 的工作[14],其依赖于在数据的 Gauss 误差分布下的最大似然判据. 文献[16]中讨论了更普遍的一些方法. 我们在这里只考虑二维 Gauss 分布的最小二乘法拟合的特殊情况. 二维 Gauss 分布与光学显微镜中观测到的亚波长发射体的强度图像符合得非常好. 虽然拟合 Airy 图案是更现实的选择,信号质量通常不会好到有显著的系统偏差(图 4.13)[16],但在特殊情况下,根据问题的不同,更复杂模型的选用是必要或者是更有益的. 例如,用环形照明,或者用更高阶模式照明的共聚焦显微镜,所观测到的复杂图案必然要用更复杂的模型来拟合. 我们可以把现在的分析做些调整以适合这些情况.

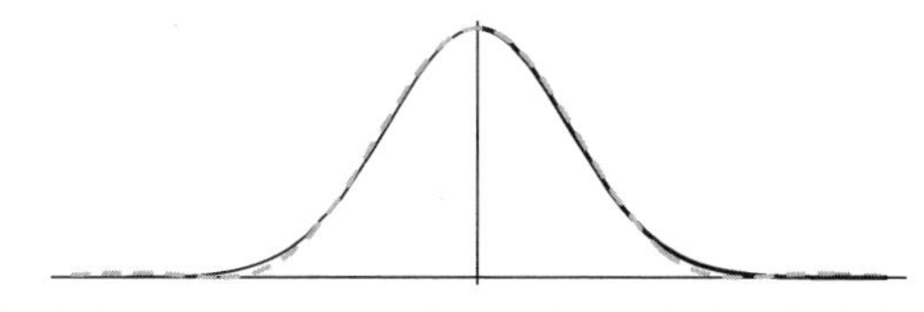

图 4.13 Airy 函数和拟合得到的 Gauss 函数的相似性. 相比于噪声的大小,它们的偏差可以忽略不计.

对于一个二维 Gauss 强度分布

$$G(x,y) = B + A\exp\left[-\frac{(x-x_0)^2+(y-y_0)^2}{2\gamma^2}\right], \tag{4.54}$$

有 5 个参数必须要确定,即强度最大值的空间坐标 x_0 和 y_0(即斑点位置)、振幅 A、宽度 γ,和背景 B. 有时点扩展函数的宽度 γ 被预先认为是已从独立测量中获得的已知量,这将减少拟合参数的数量,并提高大约 10% 的剩余参数的精度. 这将在下面的论述中说明. 通常情况下,实验数据是记录的有限个数据点(x_i, y_j),例如,CCD 芯片或扫描图像上的像素点. 每个数据点(x_i, y_j)关联一个信号 $D_{i,j}$ 和相应的不确定度 $\sigma_{i,j}$,如由 Poisson 计数统计得出的. 所有数据点(i,j)的数据和拟合模型之差的平方和 χ^2 为

$$\chi^2 = \sum_{i,j=1}^{N} \frac{1}{\sigma_{i,j}^2}[G_{i,j} - D_{i,j}]^2, \tag{4.55}$$

其中 N 是 x 和 y 方向上的像素数, $G_{i,j}$ 是拟合模型在点(x_i, y_j)的值. 为保证数据点的不确定度变小,权重系数 $1/\sigma_{i,j}^2$ 是非常重要的. 使 χ^2 最小,即达到 $\chi^2_{\min}$ 的参数集表示为$[x_{0,\min}, y_{0,\min}, \gamma_{\min}, A_{\min}, B_{\min}]$. 这个参数集的数据 $G_{i,j}$ 写为 $G_{i,j,\min}$. 很显然,每个参数的不确定度都依赖于 χ^2 在其最小值 $\chi^2_{\min}$ 附近的形状. 对于一个好的近似,单个参数在最小值附近有小的变化时,χ^2 呈现抛物线形. 根据抛物线的开口参数是小还是大,相关参数的统计误差会变小或变大. 为了找到这些开口参数,进而量化不确定度,我们写出 χ^2 在其最小值 $\chi^2_{\min}$ 附近的 Taylor 展开

$$\begin{aligned}\chi^2 \approx \sum_{i,j=1}^{N} \frac{1}{\sigma_{i,j}^2}\Bigg[& (G_{i,j,\min} - D_{i,j}) + \left(\frac{\partial G_{i,j}}{\partial x_0}\right)_{x_{0,\min}} (x_0 - x_{0,\min}) \\ & + \left(\frac{\partial G_{i,j}}{\partial y_0}\right)_{y_{0,\min}} (y_0 - y_{0,\min}) + \left(\frac{\partial G_{i,j}}{\partial \gamma}\right)_{\gamma_{\min}} (\gamma - \gamma_{\min}) \\ & + \left(\frac{\partial G_{i,j}}{\partial A}\right)_{A_{\min}} (A - A_{\min}) + \left(\frac{\partial G_{i,j}}{\partial B}\right)_{B_{\min}} (B - B_{\min})\Bigg]^2,\end{aligned} \tag{4.56}$$

其中第一项描述 $\chi^2_{\min}$. 于是 χ^2 与其最小值的偏差 Δ 可以表示为

$$\begin{aligned}\Delta = {} & \chi^2 - \chi^2_{\min} \\ \approx {} & \sum_{i,j=1}^{N} \frac{1}{\sigma_{i,j}^2}\Bigg[\left(\frac{\partial G_{i,j}}{\partial x_0}\right)^2_{x_{0,\min}} (x_0 - x_{0,\min})^2 \\ & + \left(\frac{\partial G_{i,j}}{\partial y_0}\right)^2_{y_{0,\min}} (y_0 - y_{0,\min})^2 + \left(\frac{\partial G_{i,j}}{\partial \gamma}\right)^2_{\gamma_{\min}} (\gamma - \gamma_{\min})^2 \\ & + \left(\frac{\partial G_{i,j}}{\partial A}\right)^2_{A_{\min}} (A - A_{\min})^2 + \left(\frac{\partial G_{i,j}}{\partial B}\right)^2_{B_{\min}} (B - B_{\min})^2 + \text{交叉项}\Bigg].\end{aligned} \tag{4.57}$$

交叉项可以消掉[14]. 有些包含 χ^2 偏微分的项可以消掉，是因为 χ^2 在 $[x_{0,\min}, y_{0,\min}, \gamma_{\min}, A_{\min}, B_{\min}]$ 处有最小值. 其他交叉项可以忽略，因为它们是对称和反对称函数之积的和. 这产生了一个重要的中间结论，即相对于最小值的一个小偏离 Δ 的近似行为是

$$\Delta \approx \sum_{i,j\approx 1}^{N} \frac{1}{\sigma_{i,j}^2}\left[\left(\frac{\partial G_{i,j}}{\partial x_0}\right)_{x_{0,\min}}^2 (x_0 - x_{0,\min})^2 + \left(\frac{\partial G_{i,j}}{\partial y_0}\right)_{y_{0,\min}}^2 (y_0 - y_{0,\min})^2 + \left(\frac{\partial G_{i,j}}{\partial \gamma}\right)_{\gamma_{\min}}^2 (\gamma - \gamma_{\min})^2 + \left(\frac{\partial G_{i,j}}{\partial A}\right)_{A_{\min}}^2 (A - A_{\min})^2 + \left(\frac{\partial G_{i,j}}{\partial B}\right)_{B_{\min}}^2 (B - B_{\min})^2\right]. \tag{4.58}$$

通过参数在其最优值附近变化，上式给出了 χ^2 相对于最小值增加了多少. 常量 Δ 在参数空间中的表面是“椭圆形”的. 根据(4.58)式，对 χ^2 最大的贡献来自 G 有陡峭斜率的区域. 对于位置参数(x_0, y_0)，将 Gauss 拟合曲线替换为如图 4.14 中所示的最优拟合参数$(x_{0,\min}, y_{0,\min})$，这个结论很容易验证.

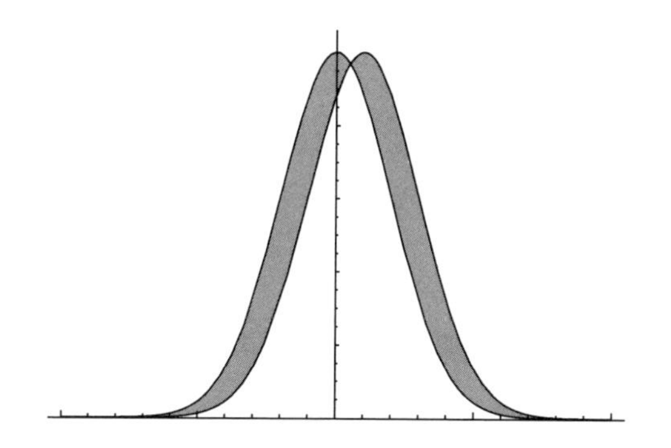

图 4.14　偏移了一个小量的两个 Gauss 函数. 很明显，两条曲线不一致的部分主要是由斜率陡峭的地方贡献的(灰度阴影部分). 这在(4.58)式中有表述.

4.5.2　估算拟合参数的不确定度

随着 Δ 增加，参数集的统计概率的正确性就会降低. 建立 Δ 值和拟合参数的统计概率的关联是有必要的[22, 23]. 一旦将 Δ 替换为给定置信水平的值，(4.58)式即可用于估算参数的不确定度. 对于 Δ，有 ν 个拟合参数④的归一化概率分布函数为(见文献[22]的附录 C-4)

④　也称为“自由度”.

$$P(\Delta,\nu)=\frac{\Delta^{\frac{\nu-2}{2}}\mathrm{e}^{-\frac{\Delta}{2}}}{2^{\nu/2}\Gamma(\nu/2)}.\tag{4.59}$$

如果我们将 $P(\Delta,\nu)$ 从 Δ_a 的值到无穷积分，将得到积分值 0.317：

$$\int_{\Delta_a}^{\infty}P(\Delta,\nu)\mathrm{d}\Delta=0.317,\tag{4.60}$$

于是当 Δ 小于 Δ_a 时，正确的参数处于参数空间区域内的概率为 $1-0.317=0.683$，对应于 1σ 的置信水平. 由于不同参数之间通常相关，Δ_a 的值会随拟合参数的数量 ν 的增加而增加.

表 4.1 列出了参数数量增加到 7 个，置信水平在 68.3%时的各个 Δ_a 值. 其他值可以利用(4.59)和(4.60)式计算出来.

表 4.1 根据(4.60)式得到的最多 7 个拟合参数的 Δ_a 的值

ν	1	2	3	4	5	6	7
Δ_a	1	2.3	3.5	4.7	5.9	7.05	8.2

举个例子，为了估算位置 x_0 的不确定度，我们假设除 x_0 以外所有的参数都有各自的最佳值. 在(4.58)式中，这种情况下除包含 x_0 的一项外，其他项全都消失，于是我们得到

$$\sigma_x\equiv(x_0-x_{0,\min})=\Delta_a^{1/2}\left(\sum_{i,j=1}^{N}\frac{1}{\sigma_{i,j}^2}\left(\frac{\partial G_{i,j}}{\partial x_0}\right)_{x_{0,\min}}^2\right)^{-\frac{1}{2}}.\tag{4.61}$$

对 i 和 j 的求和既可以直接从拟合结果数值计算，也可以近似地利用积分得到不确定度 σ_x 的解析表达式. 后一个方法的优点是允许我们讨论位置不确定度对不同实验参数的依赖关系. 为了得到解析表达式，我们利用一个事实：

$$\frac{1}{N^2}\sum_{i,j=1}^{N}\frac{1}{\sigma_{i,j}^2}\left(\frac{\partial G_{i,j}}{\partial x_0}\right)_{x_{0,\min}}^2\approx\frac{1}{L^2}\iint_{-L/2}^{L/2}\delta x\delta y\,\frac{1}{\sigma^2(x,y)}\left(\frac{\partial G_{i,j}}{\partial x_0}\right)_{x_{0,\min}}^2,\tag{4.62}$$

其中 $L=N\delta x=N\delta y$ 是二次拟合区域的边长，δx 和 δy 是单个方形像素的尺度[⑤]，N 是长度 L 内的像素数. 为估算方程(4.62)右边的积分，我们必须对数据 $\sigma^2(x,y)$ 的噪声做些假设：假设背景和信号的噪声是不相关 Poisson(或 Gauss)分布的. 于是我们有 $\sigma^2(x,y)=\sigma_B^2+\sigma_A^2$，其中，根据方程(4.54)，$\sigma_B^2=B$ 且 $\sigma_A^2=A\exp[-((x-x_0)^2+(y-y_0)^2)/(2\gamma^2)]$. 将这个表达式代入(4.62)式很难得到解析结果，于是我们应用如下一些近似：(1) 我们假设距离 Gauss 峰最大值附近最多 $\kappa\gamma$ 距离内，信号相对于背景占主导地位，这意味着只有信号 σ_A 的 Poisson 噪声在这个区域内有贡献. (2) 对于距离大于 $\kappa\gamma$ 的区域，我们假设背景 σ_B 的 Poisson 噪声占主导. 参数 κ 允许我们根据不同实验中信号和背景的相对大小调节转变点. 现在可以通过如

⑤ 这一假设不是必需的，但可以简化分析.

下三个积分的和来估算(4.62)式：

$$\sum_{i,j=1}^{N}\frac{1}{\sigma_{i,j}^{2}}\left(\frac{\partial G_{i,j}}{\partial x_0}\right)_{x_{0,\min}}^{2} \approx \frac{N^2}{L^2}\iint_{-\kappa\gamma}^{\kappa\gamma}\delta x\delta y\,\frac{1}{\sigma_A^2(x,y)}\left(\frac{\partial G_{i,j}}{\partial x_0}\right)_{x_{0,\min}}^{2} + \frac{N^2}{L^2}\iint_{-L/2}^{-\kappa\gamma}\delta x\delta y\,\frac{1}{\sigma_B^2}\left(\frac{\partial G_{i,j}}{\partial x_0}\right)_{x_{0,\min}}^{2} + \frac{N^2}{L^2}\iint_{\kappa\gamma}^{L/2}\delta x\delta y\,\frac{1}{\sigma_B^2}\left(\frac{\partial G_{i,j}}{\partial x_0}\right)_{x_{0,\min}}^{2}. \tag{4.63}$$

由于这个问题的对称性，上式最后两项将得到相同的结果. 根据(4.61)式的近似描述，我们可以写出 x 方向上位置的归一化不确定度

$$\frac{\sigma_x}{\gamma} = \frac{2t}{N}\sqrt{\frac{\Delta_a}{[c(\kappa)A+(A^2/B)F(t,\kappa)]}} = \frac{\delta x}{\gamma}\sqrt{\frac{\Delta_a}{[c(\kappa)A+(A^2/B)F(t,\kappa)]}}. \tag{4.64}$$

这里我们引入了无量纲参数 $t=L/(2\gamma)$，它以峰宽为单位描述拟合区域的宽度. 函数 $F(t,\kappa)$ 和(4.64)式中的常数 $c(\kappa)$ 定义为

$$\begin{aligned} F(t,\kappa) &= \frac{\sqrt{\pi}}{2}[\mathrm{Erf}(\kappa)-\mathrm{Erf}(t)]\left[\frac{\sqrt{\pi}}{2}[\mathrm{Erf}(\kappa)-\mathrm{Erf}(t)]+t\mathrm{e}^{-t^2}-\kappa\mathrm{e}^{-\kappa^2}\right], \\ c(\kappa) &= 2\mathrm{Erf}\left(\frac{\kappa}{\sqrt{2}}\right)\left[\pi\mathrm{Erf}\left(\frac{\kappa}{\sqrt{2}}\right)-\sqrt{2\pi}\kappa\mathrm{e}^{-\frac{\kappa^2}{2}}\right], \end{aligned} \tag{4.65}$$

其中

$$\mathrm{Erf}(z) = \frac{2}{\sqrt{\pi}}\int_0^z \mathrm{e}^{-u^2}\,\mathrm{d}u \tag{4.66}$$

是所谓的误差函数. 根据我们的定义，有 $0\leqslant\kappa\leqslant t$，其中 $\kappa=t$ 和 $\kappa=0$ 分别对应于背景噪声完全可以忽略，和背景噪声占主导地位的极限情况. 在第一种情况中，我们发现位置的不确定度按 $1/\sqrt{A}$ 变化，而在后一种情况中则按 $\sqrt{B}/A$ 变化. 按照 $n=2\pi A\gamma^2$，表示全部信号计数 n 的(4.54)式中的 Gauss 体积正比于振幅 A. 于是，在弱光水平下，降低背景变得非常重要.

在给定实验情况(见习题 4.6)下，在峰值 σ_x/γ 处，我们现在给出一个位置不确定度的确切数据. 很显然，可以用相似的分析方法得到其他参数，如斑点宽度(见习题 4.7)的不确定度. 对于通过高数值孔径油浸物镜得到的一个 250 nm 的斑点(半峰全宽)，为了使位置 σ_x/γ 处的归一化不确定度与各个参数之间的依赖关系更直观，我们给出 σ_x 作为像素数量、信号振幅、背景水平的函数. 通过观察图 4.15(a)～(c)，我们发现，通过增加像素数、增强信号、降低背景水平，位置精度可以达到几个纳米. 另一方面，$t\geqslant2.5$ 时增加拟合区域的宽度能使位置不确定度线性降低，这正是 $F(t,1.6)$ 饱和的地方(见图 4.15(d))，除非像素数量 N 同样增加. 同样，自由参量的数量也会对不确定度造成影响. 大致上，增加一个参数数量将使全部参数的不

确定度降低 10%,这与斑点的形状由圆形变为椭圆形有关.

根据图 4.15(a)~(c),在单分子荧光探测中,实现纳米尺度位置精度需要一个十分大的信号强度 A,例如约 1000 次计数,和足够小的背景 B,如 100 次计数左右.不仅如此,用于显示和拟合 Gauss 峰的像素数量 N 必须十分大,例如,在 $r\approx 5$ 时为 16 左右.所有这些条件都在文献[17]中.测得的斑点的例子见图 4.16(a).这个图展示了对单荧光分子,用 0.5 s 积分时间测得的高品质数据.利用刚刚提到的参数集方程(4.64)并取 $\kappa=1.6$,我们获得了好于 3 nm 的位置精度.文献[17]研究了分子马达肌浆球蛋白 V 的步进尺寸.为此,马达蛋白质用单荧光分子进行标记,在马达前进时,每个标记分子的位置都进行实时观测.如图 4.16(b)所示,低至约 25 nm 的单步长可以很轻易地识别[17].图 4.16(b)中的轨迹很好地显示了位置精度是在估计范围内的.

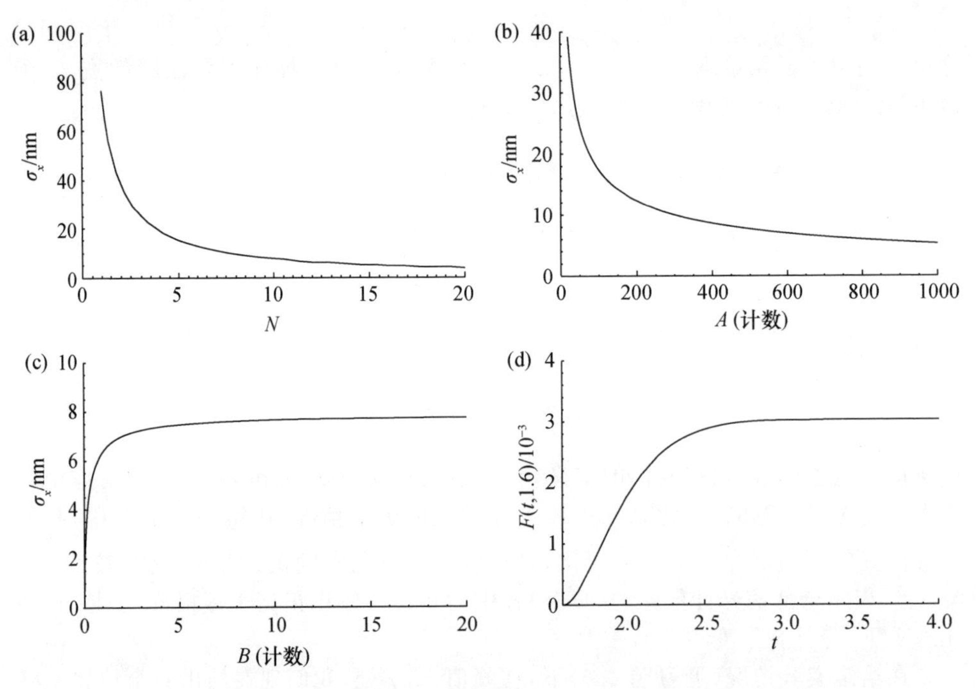

图 4.15 位置不确定度 σ_x 作为像素数(N),信号振幅(A),和背景(B)的函数. $\gamma=125$ nm. (a) σ_x-像素数 N 的图,其他参数:$A=500$, $B=10$, $t=5$, $\Delta_a=5.9$, $\kappa=1.6$. (b) σ_x-信号幅度 A 的图,其他参数:$B=10$, $t=5$, $\Delta_a=5.9$, $N=10$, $\kappa=1.6$. (c) σ_x-背景 B 的图,其他参数:$A=500$, $t=5$, $\Delta_a=5.9$, $N=10$, $\kappa=1.6$. (d) $\kappa=1.6$ 时的 $F(t,\kappa)$-t 图.

除了追踪单个分子运动的应用,高位置精度还可以用来解答诸如,在某可测量量中,可分辨的两个分子是否处在同一位置之类的问题.这在如单分子或少分子水平上结合力的计算中是特别重要的[18].

我们已经展示了用光学成像可以实现位置测量的纳米精度.精度取决于数据

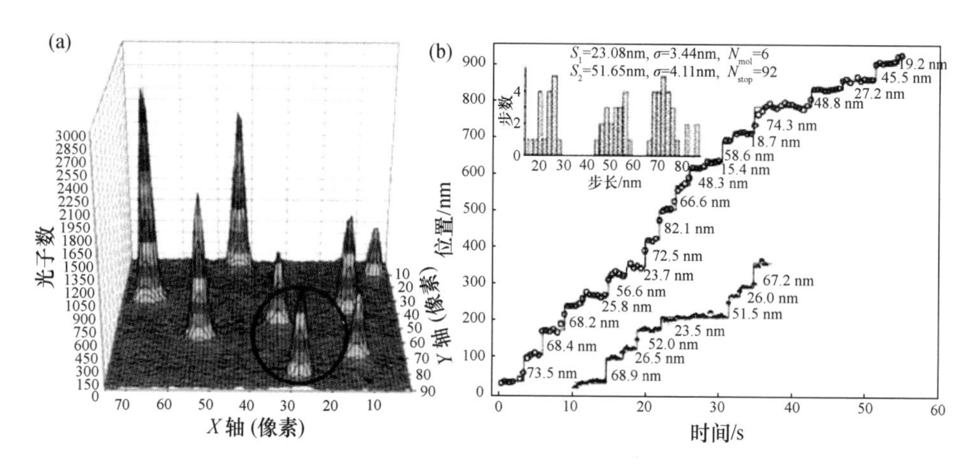

图 4.16 单个染料分子标记位置,得到纳米量级的精度.(a) 单个 Cy3-染料分子的三维图像表示,记录的积分时间为 0.5 s. 这里强度信号计数高达 3000 次,背景很低. 强度的不同源于非均匀照明.(b) 连接到分子马达肌浆球蛋白 V 的单个标记的偏移随时间的变化. 标记分子的阶梯式运动可以清楚地分辨. 引自[17].

的噪声水平,而且即便在探测单个荧光分子时,也可以高达几个纳米. 必须再次强调,虽然可以用于探测两个紧邻独立发射体之间的距离,但这种精度不能和高分辨率混淆. 后者的距离测量只在已知了分子的相关信息时才有可能实现,即利用某可测量值,如光子能量的不同,可以将辐射的光子归结为这个或那个发射体. 于是,这种类型的"分辨率提升"可归入 §4.2 中讨论的技巧的类别中. 这些原理在定位显微术方面的应用将在 5.2.3 节中讨论.

§4.6 近场光学显微术原理

到现在为止,我们假设与隐失场相关的空间频率(k_x,k_y)在从源到探测器的传播过程中丢失了. 这些空间频率的丢失将导致衍射极限,并进一步产生不同的判断标准,这将限制空间分辨率,即分辨两个分离点状物体的能力. 近场光学显微术的中心思想是保持与隐失场相关的空间频率,以增加空间频率的带宽. 理论上,假设带宽无限,可以实现任意分辨率. 但这是以源和样品强关联为代价的,而这是标准显微术所没有的特征. 在标准显微术中光源(如激光)和样品的光与物质的相互作用可以忽略不计. 在这一节中,我们将忽略这个耦合机制,简单地扩展共聚焦显微术的概念以包括光学近场.

近场光学显微镜本质上就是一套推广的共聚焦装置,如图 4.9 所示,同一个物镜被用于激发和收集. 如果我用两个分离的透镜,则会变成图 4.17(a)中所示的情形. 通常来说,为了实现高光学分辨率,我们要求通过物平面的光通量有高的空间受限.这个空间受限,如(4.49)式所述,可以视为激发受限和探测受限的乘积.为了获得高度受限的光通量,我们需要包含宽谱的空间频率(k_x,k_y),而这要求使用高数值孔径的物镜.然而,在远场光学中,我们会遇到空间频谱的严格截止:只包含$k_{\parallel}<k\left(k=\frac{n2\pi}{\lambda},k_{\parallel}=k_{\rho}=\sqrt{k_x^2+k_y^2}\right)$的自由传播平面波成分.

为了扩展空间频率的频谱,我们需要将$k_{\parallel}\geqslant k$的隐失波包括进来.遗憾的是,这些波不传播,因而不能用普通的光学元件将其从样品上导出.隐失波被限制在材料结构的表面,这让我们必须将一个"隐失波导引物体"靠近样品,来扩展空间频率的频谱.这个物体可以是良好照明的金属针尖,也可以是如图4.17(b)中所示的在金属屏中的照明小孔.把隐失波加入频谱所付的代价非常高!放置在紧邻样品处的物体变为系统的一部分,它与样品之间的相互作用使数据分析明显变复杂了.不仅如此,鉴于在大多数情况下无法将物体放入样品中,而只有靠近这个物体时扩展空间频谱才有效,近场光学成像被限制在样品的表面.

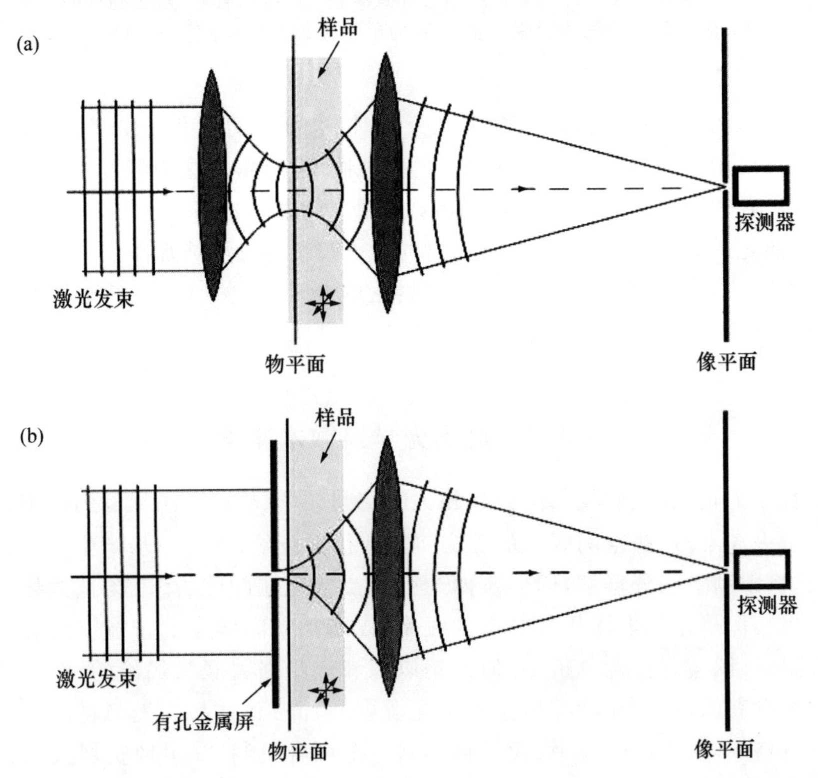

图4.17　近场光学显微术被视为共聚焦显微术的推广.(a) 在远场显微术中,传播场成分被聚焦到样品的物平面上.空间频率的带宽被限制在$\Delta k_{\parallel}<2k$,其中$k=n2\pi/\lambda$,这决定了可实现的最高分辨率极限.(b) 近场光学显微镜中,聚焦透镜被一个物体(孔)代替,这将空间频率带宽扩展至大于k.由于空间频率大于k的场成分不传播,这个物体必须放在靠近样品处.

离开源平面,受限场扩展得非常快.实际上,这是一个普遍的现象:我们越限制场,它就扩展得越快.这是衍射的结果,并可以用角谱表示很好地解释.让我们考虑一个在 $z=0$ 平面(源平面)中的受限场,根据(3.8)式,假设这个场的 x 分量有 Gauss 振幅分布.在 3.2.1 节中,我们已经得出 E_x 的 Fourier 频谱也是 Gauss 函数,即

$$E_x(x,y,0)=E_0\mathrm{e}^{-\frac{x^2+y^2}{w_0^2}}\rightarrow\hat{E}_x(k_x,k_y;0)=E_0\,\frac{w_0^2}{4\pi}\mathrm{e}^{-(k_x^2+k_y^2)\frac{w_0^2}{4}}.\qquad(4.67)$$

图 4.18(a)和(b)表明,对于好于 $\lambda/(2n)$ 的场受限,我们要求包含 $k_{\parallel}\geqslant k$ 的隐失场.图 4.18(b)的阴影区域表示隐失波所对应的空间频率频谱.对光学场的限制越强烈,频谱将变得越宽.注意我们只显示了 E_x 的场分量,为了描述总场 $|\boldsymbol{E}|$ 的分布,我们需要包含其他场分量(见习题 4.4).在 $z=0$ 平面之外,场如(3.23)式中定义的角谱表示那样扩展开.利用柱坐标,E_x 场分量变为

$$E_x(x,y,z)=E_0\,\frac{w_0^2}{2}\int_0^{\infty}\mathrm{e}^{-k_{\parallel}^2 w_0^2/4}k_{\parallel}\,\mathrm{J}_0(k_{\parallel}\rho)\mathrm{e}^{\mathrm{i}k_z z}\,\mathrm{d}k_{\parallel}.\qquad(4.68)$$

场分布在图 4.18(c)中沿 z 轴画出.可以发现,在源平面中被强烈限制的场沿光轴快速衰减.这个衰减的原因是强受限场的频谱主要包含隐失场成分,这些成分不传播,而只是沿着 z 轴指数衰减.但这不是唯一的原因,另一个原因是强受限场的快速发散.如图 4.19 所示,对场在 $z=0$ 处越压缩,它们就扩展得越快(就像一束半熟的意大利面).于是,为了用强受限光场得到高分辨率,我们需要将源(小孔)放到非常靠近样品表面的地方.必须强调,E_x 并不代表总场强.事实上,由于包含其他场成分,场发散得比图 4.19 中所显示的还要更快.

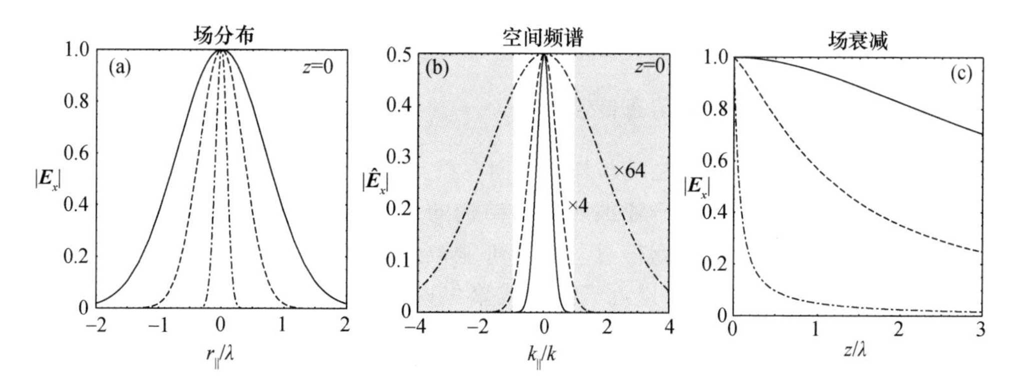

图 4.18 (a) 不同受限情况下源平面 $z=0$ 处的 Gauss 场分布:$w_0=\lambda$(实线),$w_0=\lambda/2$(虚线),$w_0=\lambda/8$(点画线).(b)为与(a)中场分布相对应的空间频谱.阴影部分表示隐失场对应的空间频率范围.光学场被限制得越强,空间频谱将越宽.(c)为与(a)中场分布相对应的沿 z 轴方向的衰减.源平面中限制得越强,场将衰减得越快.

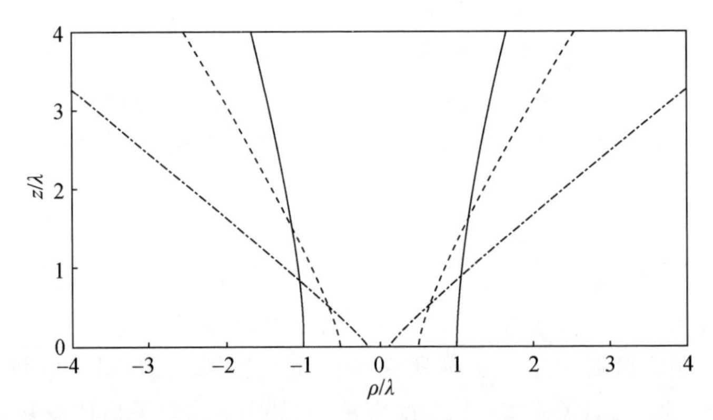

图 4.19 源平面处不同受限条件下的光学场发散.其中的参数和图 4.18 的相同.线上的点表示其场强 E_x 沿轴衰减到 1/e 时的辐射距离.源平面 $z=0$ 处的限制越强,场将发散得越快.

注意这一节的结论与§3.2是一致的.§3.2中我们讨论了在傍轴近似下 Gauss 场分布的行为.特别地,我们发现 Rayleigh 长度 r_0 和光束发散角 θ 与光束受限 w_0 之间的关系为

$$z_0=\frac{kw_0^2}{2},\quad \theta=\frac{2}{kw_0}. \tag{4.69}$$

每个近场源(针尖、小孔、颗粒……)都有其独特的场分布.这些源的电磁特性将在第6章中讨论.在每种源中,样品与源之间的相互作用是不同的.为了研究这些问题,有必要进行细致的场计算.通常情况下,为了得到解析解,需要将模型极度简化.另一方面,这些计算的直观见解非常有价值,并能对实验提供有益指导.可解析计算的模型有 Bethe 和 Van Labeke 推导的小孔附近的场[24,25],Barchiesi 和 Van Labeke 构建的介质和金属针尖的模型[26,27]等.

4.6.1 近场到远场的信息传递

在近场光学中,源的电磁场与样品表面在极为相近的距离相互作用,然后传播到远场被探测和分析.但关于亚波长尺寸结构的信息如何编码到辐射场中呢?在隐失波影响不到的远场,近场信息怎么有可能被还原呢?我们应该用更普适的方法讨论这个问题,即,既不考虑近场探针或聚焦斑引起的照明场的分布,又不考虑样品的特殊性质.我们同样忽略探针和样品之间的相互作用.更详细的讨论可以在文献[28,29]中找到.

让我们考虑图 4.20 中所示的三个不同平面:(1) 处于 $z=-z_0$ 的源平面,(2) 处于 $z=0$ 的样品平面,(3)处于 $z=z_\infty$ 的探测平面.源平面对应于近场光学显微术中的光学探针的端面,也可以是共聚焦显微术中引入的激光束的焦平面.样品平面 $z=0$ 是两种不同介质的边界,介质折射率分别为 n_1 和 n_2.利用角谱表示理论

(见§2.15),我们将源场表示为其空间频谱的形式:

$$\boldsymbol{E}_{\text{source}}(x,y;-z_0)=\iint_{-\infty}^{\infty}\hat{\boldsymbol{E}}_{\text{source}}(k_x,k_y;-z_0)\mathrm{e}^{\mathrm{i}[k_x x+k_y y]}\mathrm{d}k_x\mathrm{d}k_y. \tag{4.70}$$

利用传播子(3.2),到达样品的场为

$$\boldsymbol{E}_{\text{source}}(x,y;0)=\iint_{-\infty}^{\infty}\hat{\boldsymbol{E}}_{\text{source}}(k_x,k_y;-z_0)\mathrm{e}^{\mathrm{i}[k_x x+k_y y+k_{z_1}z_0]}\mathrm{d}k_x\mathrm{d}k_y, \tag{4.71}$$

其中 $\boldsymbol{E}_{\text{source}}(x,y;0)$是在样品表面上任何相互作用发生之前的场.由于样品接近源($z_0\ll\lambda$),$\boldsymbol{E}_{\text{source}}$是平面波和隐失波的叠加.但是,如图4.21中的定性演示,隐失波的振幅随着横向波数的增加而减弱.鉴于我们知道 $\boldsymbol{E}_{\text{source}}$位于样品表面,我们可以分别确定每个平面波或每个隐失波的相互作用,再对整个入射波,也就是整个(k_x, k_y)平面积分得到总响应.

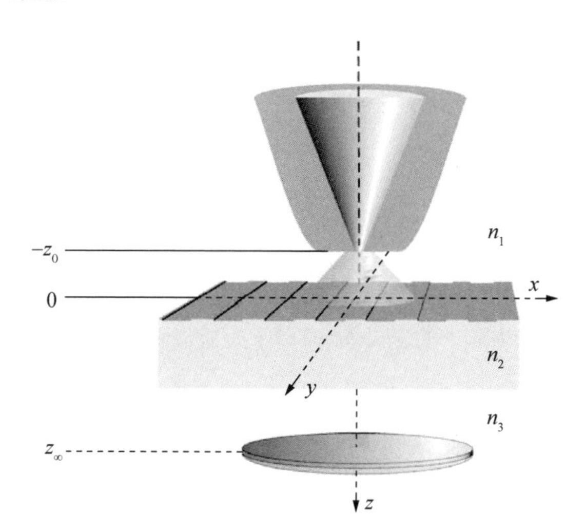

图4.20 受限源场在 $z=-z_0$ 处时,从样品平面($z=0$)到探测器平面($z=z_\infty\gg\lambda$)的信息分布.样品的高空间频率可以通过极为接近样品($z_0\ll\lambda$)的强受限源场探测到.

为使讨论更集中,我们假设样品是无限大薄物体,而作为其特征的透射函数 $T(x,y)$是我们在这个假想实验中要确定的.这个选择让我们能忽略形貌引起的效应[30].非常薄的样品可以用如微接触印刷技术[31]等方法制备.在刚透射后,场变为

$$\boldsymbol{E}_{\text{sample}}(x,y;0)=T(x,y)\cdot\boldsymbol{E}_{\text{source}}(x,y;0). \tag{4.72}$$

我们必须记住,由于样品对探针场的影响之类的因素被忽略了,这个处理只是个粗糙近似.一个更严格的描述可以用诸如采用等效表面轮廓(equivalent surface profile)的概念等方法实现[28].T 和 $\boldsymbol{E}_{\text{source}}$在真正空间中的乘积变为在 Fourier 空间中的卷积.于是,$\boldsymbol{E}_{\text{sample}}$的 Fourier 频谱可以写为

$$\hat{\boldsymbol{E}}_{\text{sample}}(\kappa_x,\kappa_y;0)=\iint\limits_{-\infty}^{\infty}\hat{T}(\kappa_x-k_x,\kappa_y-k_y)\,\hat{\boldsymbol{E}}_{\text{source}}(k_x,k_y;0)\,\mathrm{d}k_x\mathrm{d}k_y$$

$$=\iint\limits_{-\infty}^{\infty}\hat{T}(\kappa_x-k_x,\kappa_y-k_y)\,\hat{\boldsymbol{E}}_{\text{source}}(k_x,k_y;-z_0)\,\mathrm{e}^{\mathrm{i}k_{z_1}z_0}\,\mathrm{d}k_x\mathrm{d}k_y,\quad(4.73)$$

其中 $\hat{T}(k_x',k_y')$是 T 和 $k_i'=\kappa_i-k_i$，$i\in\{x,y\}$的 Fourier 变换.

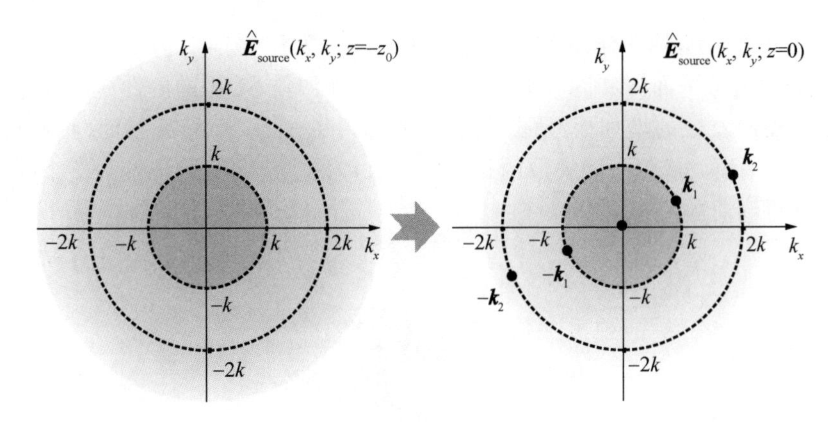

图 4.21　在从源($z=-z_0$)到样品($z=0$)的传播中空间频率带宽的衰减. 隐失波成分($|\boldsymbol{k}_\parallel|=|(k_x,k_y)|>k$)指数衰减. $|\boldsymbol{k}_\parallel|$越大，衰减得越快. 到达样品处的空间频谱可以写为 δ 函数代表的离散空间频率的求和(见(4.77)式). 五个典型空间频率作为示范被标记出来：$\delta(\boldsymbol{k}_\parallel)$，$\delta(\boldsymbol{k}_\parallel\pm\boldsymbol{k}_1)$，$\delta(\boldsymbol{k}_\parallel\pm\boldsymbol{k}_2)$，其中$|\boldsymbol{k}_1|=k$，$|\boldsymbol{k}_2|=2k$.

下面考虑样品处的场 $\boldsymbol{E}_{\text{sample}}$ 传播到位于 $z=z_\infty$ 远场处的探测器的情况. 我们已经在§3.4 中看到，远场只是简单地对应于源平面处的空间频谱. 但在这里，我们感兴趣的是探测平面中的空间频谱 $\hat{\boldsymbol{E}}_{\text{sample}}$：

$$\boldsymbol{E}_{\text{detector}}(x,y;z_\infty)=\iint\limits_{-\infty}^{\infty}\hat{\boldsymbol{E}}_{\text{sample}}(\kappa_x,\kappa_y;0)\,\mathrm{e}^{\mathrm{i}[\kappa_x x+\kappa_y y]}\,\mathrm{e}^{\mathrm{i}\kappa_z z_\infty}\,\mathrm{d}\kappa_x\mathrm{d}\kappa_y.\qquad(4.74)$$

这是因为传播子 $\exp[\mathrm{i}\kappa_z z_\infty]$只有平面波成分能够到达探测器. 这些平面波满足

$$|\kappa_\parallel|\leqslant k_3=\frac{\omega}{c}n_3,\qquad(4.75)$$

其中横向波数 $\kappa_\parallel$ 定义为 $\kappa_\parallel=[\kappa_x^2+\kappa_y^2]^{1/2}$. 如果考虑到数值孔径 NA 的透镜的有限收集角度，我们得到

$$|\kappa_\parallel|\leqslant k_3\mathrm{NA}.\qquad(4.76)$$

上面的表述看起来只是衍射极限的复述，那我们能从这里面得到什么呢？

为了让解释过程更简单，让我们将源场的频谱重新写为

$$\hat{\boldsymbol{E}}_{\text{source}}(k_x, k_y; 0) = \iint_{-\infty}^{\infty} \hat{\boldsymbol{E}}_{\text{source}}(\tilde{k}_x, \tilde{k}_y; 0)\delta(\tilde{k}_x - k_x)\delta(\tilde{k}_y - k_y)\mathrm{d}\tilde{k}_x \mathrm{d}\tilde{k}_y. \quad (4.77)$$

如图 4.21 所示，上式只是简单地对离散的空间频率相加. 于是，我们可以将源场想象为由无数个具有离散空间频率的分源场组成. 对每一对有空间频率 $\pm(\tilde{k}_x, \tilde{k}_y)$ 的分场，我们分别计算其与样品和在探测器处的远场之间的相互作用. 一对一对考虑，是由于在样品平面上干涉时相应的平面波或隐失波有相同振幅，并产生稳定的驻波图案. 最后，我们要将每一对响应全部加起来.

前面我们已经求得的 $\hat{T}(k_x', k_y')$ 和 $\hat{\boldsymbol{E}}_{\text{source}} = (k_x, k_y; 0)$ 的卷积. 包含一对空间频率 $\boldsymbol{k}_\parallel = \pm(k_x, k_y)$ 的源场，将简单地把样品的横向波矢 $\boldsymbol{k}_\parallel'$ 偏移为

$$\boldsymbol{\kappa}_\parallel = \boldsymbol{k}_\parallel \pm \boldsymbol{k}_\parallel', \quad (4.78)$$

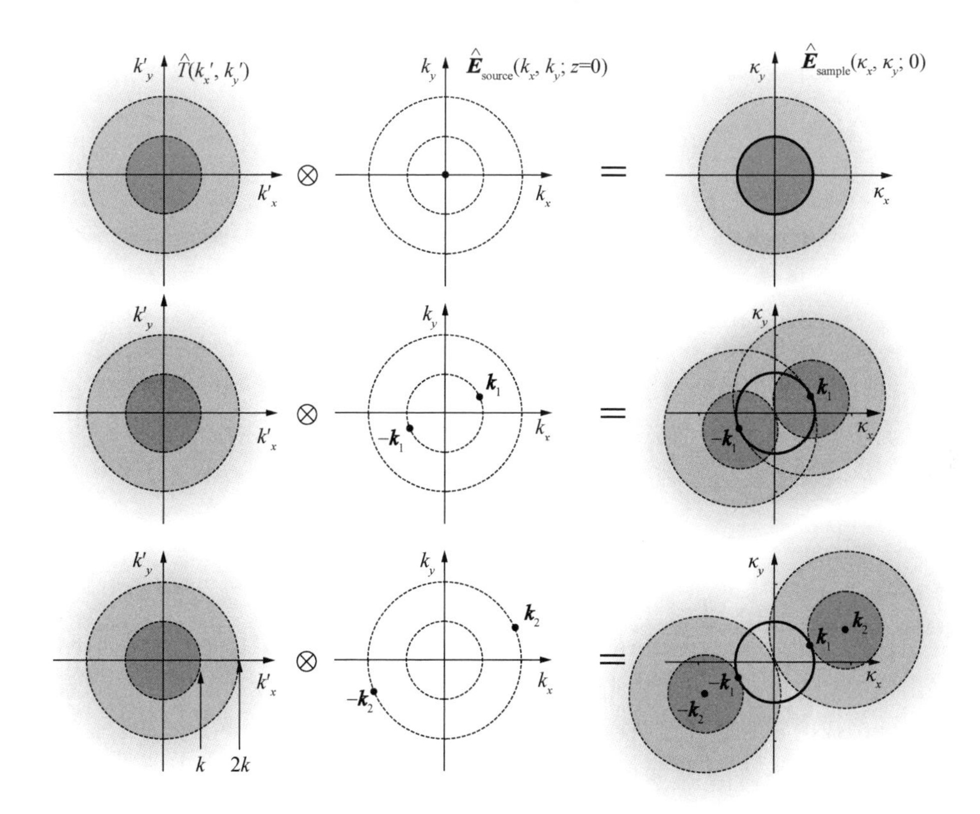

图 4.22 样品透射率($\hat{T}$)和源场($\hat{\boldsymbol{E}}_{\text{source}}$)空间频谱的卷积. 虚线圆的半径为 k 或 $2k$. 图中显示了 $\hat{\boldsymbol{E}}_{\text{source}}$ 的三对空间频率. $\delta(k_\parallel \pm mk)$的卷积将 $\hat{T}$ 的空间频谱偏移$\pm mk$; $m=0$ 对应于正入射的平面波，$m=\pm1$ 对应于一对平行入射、相向传播的平面波，$m=\pm2$ 对应于一对相向传播的隐失波. 在远场，$\hat{\boldsymbol{E}}_{\text{sample}}$ 产生的频谱只有在$|\boldsymbol{k}_\parallel|<k$ 范围内才能被探测到. 图示说明了样品的高空间频率可以偏移进入传播区域，这由光学传递函数(3.2)支持，图中用粗黑圆圈标记.

即它将让频谱 $\hat{T}$ 移动 $\pm \boldsymbol{k}_{\parallel}$. 对三对在图 4.21 中标注了的源场横向波矢：$\delta(k_{\parallel})$，$\delta(k_{\parallel} \pm k)$，$\delta(k_{\parallel} \pm 2k)$，在图 4.22 中显示了样品频谱 $\hat{T}$ 的移动. 正入射的平面波用 $\delta(k_{\parallel})$ 代表，不会使原始频谱发生偏移. 有最大横向波矢的平面波 $\delta(k_{\parallel} \pm k)$ 平行于表面传播，这个波数将使原始频谱偏移 $\pm k$，于是将之前达不到的空间频率范围 $T(kx', ky')$ 移到传播波 $|\boldsymbol{k}_{\parallel}| < k$ 相对应的圆形 k 空间区域中. 最后，$\delta(k_{\parallel} \pm 2k)$ 代表一对隐失波，它将让 $\hat{T}$ 偏移 $\pm 2k$，并使空间频率达到 $k'_{\parallel} = 3k$，进入光学传递函数支持的范围内. 于是，样品的大空间频率结合到探针场的大空间频率，而波数的差对应着角谱表示的传播平面波并到达探测器. 这里发生的效应，与长波长 Moiré 图案的产生相似，这样的 Moiré 图案发生于两个高频光栅的透射相乘时. 我们的结论是，利用大带宽空间频率的受限源场，可以让样品的高空间频率到达远场. 源场的受限越强，样品的分辨率越好.

让我们估计一下利用特定探针场能够被采样到的最高空间频率. 根据(4.76)和(4.78)式，

$$|\boldsymbol{k}'_{\parallel,\max} \pm \boldsymbol{k}_{\parallel,\max}| = \frac{2\pi \mathrm{NA}}{\lambda}. \tag{4.79}$$

对于一个有横向特征尺寸 L（孔径、针尖直径……）的受限源场，最高空间频率是 $k_{\parallel,\max} \approx \pi/L$ 的量级，于是

$$k'_{\parallel,\max} \approx \left| \frac{\pi}{L} \mp \frac{2\pi \mathrm{NA}}{\lambda} \right|. \tag{4.80}$$

对于 $L \ll \lambda$，我们可以忽略最后一项，并且可以发现源的受限完全确定了样品的最高可探测空间频率. 但我们必须注意的是，探测到的带宽被限制在半径为 k_3 的圆中，并且高空间频率总是和低空间频率相互混合，这将给图像重构带来挑战！

§4.7 结构照明显微术

结构照明显微术(structure-illumination microscopy, SIM))是基于我们刚刚发展出来的概念的超分辨远场光学成像技术. 它包含利用离散平面波对在样品平面处干涉形成的正弦驻波照明样品. 近场显微术的原理是，通过在 Fourier 空间中进行简单的数学推演，源场频谱中的三个 δ 峰可以用来探测或重建大部分通常对远场没有贡献的样品的 Fourier 频谱. 现在要描述的结构照明显微术，要处理多张结构信息内容的图片，这些图片是在不同照明条件下记录的.

结构照明可以导致空间分辨率提升的事实最先是在 1963 年被 Lukosz 和 Marchand 提出的[32]，他们利用了沿光轴方向的周期性强度变化. 后来，横向结构照明被 Gustafsson[33,34]，Heintzmann 与 Cremer[35]，Frohn[36]，以及 Neil 等提出并

用实验证明了.另外 Neil 还实现了光学切片功能[37].

为了讨论这个技术的原理,我们假设成像系统如图 4.5 所示.为了方便,我们设放大率为 $M=1$.我们假设样品包含需要被探测的荧光分子的分布 $S(x,y)$.例如,这个荧光分子可以是标记某一细胞结构的特定生物标签.现在我们进一步假设荧光分子发光强度随激发功率线性变化(细节见第 9 章).对于照明,我们用了一个一维正弦强度变化光栅,其在样品平面处的强度分布为 $I(x,y)=I_0[1+\cos(ux+\Delta)]$,其中 $2\pi/u$ 为调制的空间波长,Δ 为可调相移.荧光在样品平面的空间分布 $F(x,y)$,由 $F(x,y)=S(x,y)\cdot I(x,y)=S(x,y)[1+\cos(ux+\Delta)]$给出,我们省略了所有比例常数.这个乘法关系完全类似(4.72)式,除了现在的特殊照明场的形式 $I(x,y)$使我们能在进行 Fourier 分析时得到解析表达式之外,我们完全可以进行同等的分析.如前面章节中所讨论的,我们需要根据(4.73)式计算 $F(x,y)$ 的 Fourier 频谱 $\hat{F}(\kappa_x,\kappa_y;0)$,来找到 $S(x,y)$中可以在远场恢复的 Fourier 成分.得到的卷积积分可以用多个式子的和来表达:

$$\hat{F}(\kappa_x,\kappa_y;0)=\sqrt{2\pi}\,\hat{S}(\kappa_x,\kappa_y)+\sqrt{\frac{\pi}{2}}\mathrm{e}^{-\mathrm{i}\Delta}\,\hat{S}(\kappa_x-u,\kappa_y)+\sqrt{\frac{\pi}{2}}\mathrm{e}^{\mathrm{i}\Delta}\,\hat{S}(\kappa_x+u,\kappa_y). \tag{4.81}$$

这个求和包含未偏移 Fourier 频谱 $\hat{S}$(代表传统的远场图像)的项,和 $\hat{S}$ 的偏移了 $\pm u$(如图 4.23(a)所示)的两项.由于这个偏移的存在,$\hat{S}$ 的新组分落入如图 4.23(a)的深色圆所示的,可以转变为传播波的空间频率范围(表示远场图像包含更高空间频率信息).另外增加的变得远场可探测的更高空间频率范围用阴影线区域表示.如果在深色圆内这三个偏移的或未偏移的 Fourier 频谱 $\hat{S}$ 是已知的,我们就可以轻易地把那些不冗余的 Fourier 频谱组分组合为如图 4.23(b)中所示的联合扩展 Fourier 频谱.对这个组合的 Fourier 频谱进行逆变换,未知分布 $S(x,y)$荧光分子的更高分辨率图像就可以得到(图 4.23(c)).遗憾的是,根据(4.81)式传播到远场而得到的荧光图像包含了很多远场图像的叠加,有复杂的 Moiré 图案.

未知偏移的 Fourier 频谱 $\hat{S}(\kappa_x\pm u,\kappa_y)$可用如下方法分别确定.利用数值 Fourier 变换,可以利用实验上获得的荧光图像确定传播波范围的 $\hat{F}(\kappa_x,\kappa_y;0)$.现在(4.81)式是有三个未知量 $\hat{S}(\kappa_x,\kappa_y)$,$\hat{S}(\kappa_x-u,\kappa_y)$和 $\hat{S}(\kappa_x+u,\kappa_y)$的方程,为了得到方程组以解出这些未知量,还需要另外两个独立方程.这可以通过再记录两个图像实现,每一个都是在不同相移 Δ 的正弦图案照明下获得的.这就产生了两个类似于方程(4.81)的方程.将第一个图像的相移设为零,另两个图像的相移设为诸如 $\Delta=2\pi/3$ 和 $\Delta=4\pi/3$ 之类,会比较方便地得到三个线性独立方程.实验上,相移通过在样品平面机械移动照明图案来调节.一旦这三个未知量确定下来,就可以在

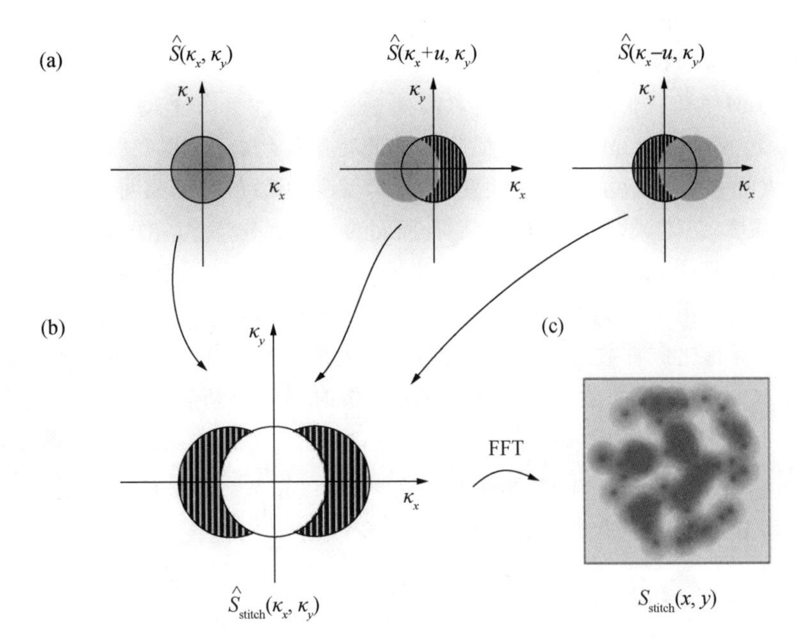

图 4.23 结构照明显微术中超分辨图像的重构.(a) 一旦半径为 k_0 的圆内偏移的和未偏移的样品频谱 $\hat{S}$ 由解线性方程组确定下来,它们就可以用来重构扩展的 $\hat{F}_{\text{detector}}(\kappa_x, \kappa_y; z_\infty)$(b).(a)和(b)中画阴影线的区域,表示在拼接 Fourier 频谱之后,由于 $\hat{S}$ 的偏移,Fourier 平面中增加的一些可探测的频谱.(c) Fourier 变换最终导致分辨率提升(大部分沿 x 方向)的图像.

电脑上重建扩展 Fourier 频谱 $\hat{S}_{\text{stitch}}(\kappa_x, \kappa_y)$(见图 4.23(b)).接着进行 Fourier 变换得到在 x 方向上有更高分辨率的 $S_{\text{stitch}}(x, y)$(见图 4.23(c)).显然,这个方法可以扩展到多个方向的正弦照明光栅的情况,这将得到几乎各向同性的分辨率提升[34,36].

利用结构照明能在多大程度上提升分辨率呢?通过远场光学在理论上能产生的驻波图案的最高调制频率为 $u=4\pi n/\lambda$,这可以用诸如两个相对于样品表面以掠入射角相向传播的平面波来实现.我们由此得出结论,和分辨率由(4.21)式给出的传统光学显微镜相比,结构照明显微术中的光学分辨率可以提升两倍.我们在这里也说明一下,有人指出聚焦激光束可以被视为一种特殊情况下的结构照明.利用二维探测器代替点探测器和图像重构,扫描共聚焦显微术可以达到结构照明显微术的分辨率[38].

在 4.2.3 节中我们看到,如果涉及非线性光学效应,光学分辨率可以得到提高.同样,在结构照明显微术中,其分辨率可以利用非线性效应,如荧光饱和[39]得到进一步的提升.当然,其他非线性光学效应也可以在理论上达到同样的目的.虽然用线性光学的方法将驻波的调制频率增加到高于 $u=4\pi n/\lambda$ 的极限是不可能的,但由于饱和效应(更多细节见第 9 章),这可以利用激发强度和荧光发射之间的非线性关系实现.这样的非线性关系将导致扭曲的有效激发图案,并因此需要利用调谐频率 u 的高次谐波才能描述.图 4.24 描述了这个效应.高次谐波的存在可用来进一步提高空间分辨率.这在我们已经讨论过的线性结构照明显微术中,在方程(4.81)中添加相对较高的高次谐波项,即可用完全相似的方法推导出来.鉴于未知量数量增多,有必要相应地记录更多数量的图像.这可通过在更精细的移动间隔下,偏移激发图案的相位,获得更多的线性方程,然后解线性方程组重构图像的拼接 Fourier 变换来完成.同时,为提高各向同性的分辨率,照明图案也必须以更精细的角度间隔调节.通常,用非线性结构照明的方法,可以获得的最高空间频率为

$$k_{\parallel,\max}=\frac{(2+l)2\pi n}{\lambda},\tag{4.82}$$

其中 l 是信号中存在的高次谐波的数量.根据方程(4.21),可以分辨的两个点状颗粒之间的最小间距由

$$\mathrm{Min}[\Delta r_{\parallel}]=\frac{\lambda}{2\pi(2+l)\mathrm{NA}}\tag{4.83}$$

给出.它只被对图像重构有贡献的谐波数所限制.在实验上,非线性结构照明显微术已经利用三阶谐波得到了<50 nm 的分辨率[39].

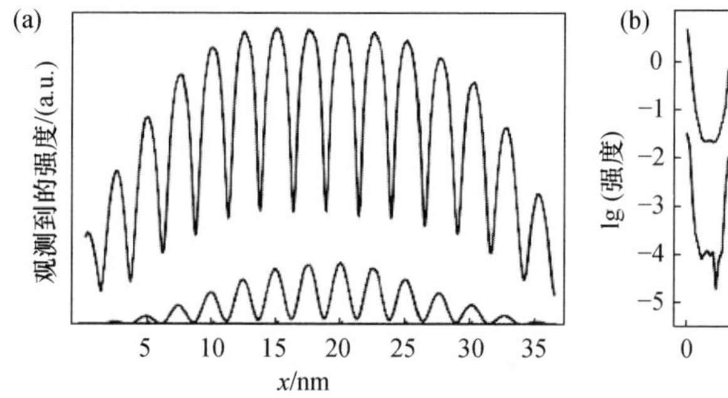

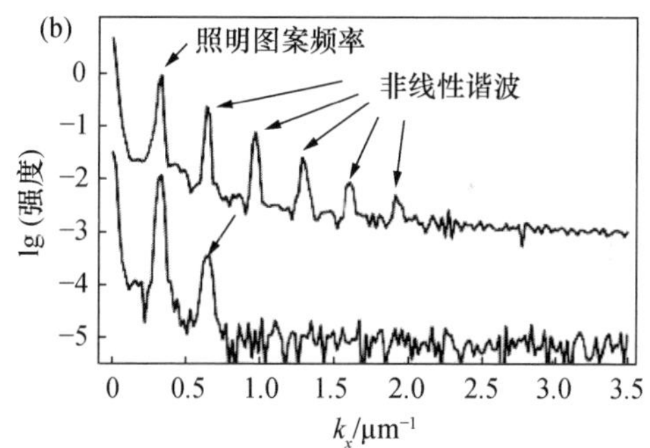

图 4.24　通过荧光饱和在结构照明显微术中引入更高次谐波.(a) 从一薄荧光层探测到的荧光,未得到更高或更低的激发强度,利用经周期为 2.5 μm 的正弦条纹调制的 Gauss 光束照明.(b) 相应的 Fourier 变换显示,相对于基频,用更高激发强度得到 5 个额外的高次谐波,但用更低强度只能得到一个.引自[39].

习　题

4.1　一个荧光连续发射的分子位于高数值孔径的物镜焦点上.在§4.1 中描述了在像平面上的荧光成像.尽管分子的位置是固定的(没有平动扩散),但它在

全部三个维度高速转动(转动扩散).用傍轴近似计算和绘出像平面上平均场的分布.

4.2 考虑如图 4.1 的装置.把单偶极子发射体代替为沿 x 轴间隔 $\Delta x=\lambda/2$ 放置的一对非相干辐射的偶极子发射体.这两个偶极子的辐射波长为 500 nm,具有同样的偶极强度.一个偶极子的取向垂直光轴,另一个平行光轴.在物平面上扫描这两个偶极子来成像,每次扫描后在像平面上的成像信号位置中心被数值孔径 1.4($n=1.518$),$M=100\times$的物镜记录.

(1) 在像平面上,确定场的总积分场强度(s_1).

(2) 如果用共聚焦探测器,计算和绘出记录的图像(s_2).用傍轴近似.

(3) 如果在像平面上恒定高度 $\Delta z=\lambda/4$ 处扫描偶极子,讨论 s_1 和 s_2 怎样变化.

4.3 考虑固定的沿 x 轴方向的分布均匀的偶极颗粒层.这个层垂直于光轴,有常数极化率 α_{xx}.这个样品被聚焦 Gauss 光束照射,能沿着光轴 z 移动.我们用非共聚焦(s_1)和共聚焦(s_2)探测方式.这两种信号分别用(4.47)和(4.48)式近似.

(1) 计算非共聚焦信号作为 z 的函数.

(2) 计算共聚焦信号作为 z 的函数.

(3) 结论是什么?

提示:利用 Bessel 函数闭包关系(3.112)式.

4.4 用(4.67)式计算对应 Gauss 场分布中的纵向场.假设在空间各处都有 $E_y=0$.说明在横向平面 $z=$常数处纵向场怎样演化.如(4.68)式那样给出在柱坐标下的结果.在平面 $z=0$ 和 $z=\lambda$ 上绘出纵向场强度.

4.5 一束傍轴 Gauss 光 $\boldsymbol{E}$ 聚焦在 $z=0$ 平面,束腰 $w_0=\lambda$,波长 $\lambda=500$ nm,考虑垂直于光轴的 $z=$常数的平面.假设这个平面覆盖了一层荧光分子,其发射光是非相干的.计算产生的荧光功率 P 作为 z 的函数,假设在点(x,y,z)的荧光强度为

(1) $I_{\omega}(x,y,z)=A|\boldsymbol{E}(x,y,z)|^2$(单光子激发).

(2) $I_{2\omega}(x,y,z)=B|\boldsymbol{E}(x,y,z)|^4$(双光子激发).

绘出在这两种情况下的 P.以 $P(z=0)=1$ 来归一化.

4.6 为了证实(4.64)式的有效性,用蒙特卡罗方法模拟拟合过程.通过使非关联的 Poisson 噪声叠加在背景噪声和光强度上获得 Gauss 峰来模拟大数量(约1000)的点图像.依据(4.54)式,在不存在背景 B 时,这意味着对每个数据点,从 Poisson 分布(最大值在 $G(x,y)$,宽度为 $\sqrt{G(x,y)}$)上获得一个随机数加入原始计算的 $G(x,y)$.用合适的软件包(推荐 Levenberg-Marquardt 算法),

对每一个峰做非线性的最小二乘法拟合. 绘出拟合得来的 $x_{0,\min}$ 和 $y_{0,\min}$ 的位置分布. 比较这个分布的宽度和由(4.64)式得到的 σ 值.

4.7 采用与获得(4.64)式同样的分析，来确定在(4.54)式中其他参数的不确定度的解析表达.

4.8 结构照明. 假设你能够得到荧光图案的远场像，图案中荧光标签以空间频率 $3k/2$ 正弦变化，由于其空间频率大于 k，在普通远场显微术中是不能分辨的. 应用正弦强度分布的合适的结构照明图案，绘出其产生的 Moiré 图案. 通过直接计算说明，用合适的相移照明图案，荧光图案的三次曝光就足够恢复图案中的 Fourier 频谱. 假设折射率都为 1.

参 考 文 献

[1] C. J. R. Sheppard and T. Wilson, "The image of a single point in microscopes of large numerical aperture," *Proc. Roy. Soc. A* **379**, 145 - 158 (1982).

[2] J. Enderlein, "Theoretical study of detection of a dipole emitter through an objective with high numerical aperture," *Opt. Lett.* **25**, 634 - 636 (2000).

[3] R. M. Dickson, D. J. Norris, and W. E. Moerner, "Simultaneous imaging of individual molecules aligned both parallel and perpendicular to the optic axis," *Phys. Rev. Lett.* **81**, 5322 - 5325 (1998).

[4] M. A. Lieb, J. M. Zavislan, and L. Novotny, "Single molecule orientations deter-mined by direct emission pattern imaging," *J. Opt. Soc. B* **21**, 1210 - 1215 (2004).

[5] E. Abbe, "Beiträge zur Theorie des Mikroskops und des mikroskopischen Wahrnehmung," *Arch. Mikrosk. Anat.* **9**, 413 - 468 (1873).

[6] Lord Rayleigh, "On the theory of optical images with special reference to the microscope," *Phil. Mag.* **5**, 167 - 195 (1896).

[7] R. H. Webb, "Confocal optical microscopy," *Rep. Prog. Phys.* **59**, 427 - 471 (1996).

[8] V. Andresen, A. Egner, and S. W. Hell, "Time-multiplexed multifocal multiphoton microscope," *Opt. Lett.* **26**, 75 - 77 (2001).

[9] T. A. Klar, S. Jakobs, M. Dyba, A. Egner, and S. W. Hell, "Fluorescence microscopy with diffraction resolution barrier broken by stimulated emission," *Proc. Nat. Acad. Sci.* **97**, 8206 - 8210 (2000).

[10] M. Minsky, "Memoir on inventing the confocal scanning microscope," *Scanning* **10**, 128 - 138 (1988).

[11] C. J. R. Sheppard, D. M. Hotton, and D. Shotton, *Confocal Laser Scanning Microscopy*. New York: BIOS Scientific Publishers (1997).

[12] G. Kino and T. Corle, *Confocal Scanning Optical Microscopy and Related Imaging Systems*. New York: Academic Press (1997).

[13] T. Wilson, *Confocal Microscopy*. New York: Academic Press (1990).

[14] N. Bobroff, "Position measurement with a resolution and noise-limited instrument," *Rev. Sci. Instrum.* **57**, 1152 - 1157 (1986).

[15] R. E. Thompson, D. R. Larson, and W. W. Webb, "Precise nanometer localization analysis for individual fluorescent probes," *Biophys. J.* **82**, 2775 - 2783 (2002).

[16] R. J. Ober, S. Ram, and E. S. Ward, "Localization accuracy in single-molecule microscopy," *Biophys. J.* **86**, 1185 - 1200 (2004).

[17] A. Yildiz, J. N. Forkey, S. A. McKinney, *et al.*, "Myosin V walks hand-over-hand: single fluorophore imaging with 1.5-nm localization," *Science* **300**, 2061 - 2065 (2003). Reprinted with permission from AAAS.

[18] W. Trabesinger, B. Hecht, U. P. Wild, *et al.*, "Statistical analysis of single-molecule colocalization assays," *Anal. Chem.* **73**, 1100 - 1105 (2001).

[19] E. Betzig, G. H. Patterson, R. Sougrat, *et al.*, "Imaging intracellular fluorescent proteins at nanometer resolution," *Science* **313**, 1642 - 1645 (2006).

[20] M. J. Rust, M. Bates, and X. Zhuang, "Sub-diffraction-limit imaging by stochastic optical reconstruction microscopy (STORM)," *Nature Methods* **3**, 793 - 795 (2006).

[21] S. T. Hess, T. P. K. Girirajan, and M. D. Mason, "Ultra-high resolution imaging by fluorescence photoactivation localization microscopy," *Biophys. J.* **91**, 4258 - 4272 (2006).

[22] P. R. Bevington and D. K. Robinson, *Data Reduction and Error Analysis for the Physical Sciences*. New York: McGraw-Hill, p. 212 (1994).

[23] M. Lampton, B. Margon, and S. Bowyer, "Parameter estimation in X-ray astronomy," *Astrophys. J.* **208**, 177 - 190 (1976).

[24] H. A. Bethe, "Theory of diffraction by small holes," *Phys. Rev.* **66**, 163 - 182 (1944).

[25] C. J. Bouwkamp, "On Bethe's theory of diffraction by small holes," *Philips Res. Rep.* **5**, 321 - 332 (1950).

[26] D. Van Labeke, D. Barchiesi, and F. Baida, "Optical characterization of nanosources used in scanning near-field optical microscopy," *J. Opt. Soc. Am. A* **12**, 695 - 703 (1995).

[27] D. Barchiesi and D. Van Labeke, "Scanning tunneling optical microscopy: theoretical study of polarization effects with two models of tip," in *Near-field Optics*, ed. D. W. Pohl and D. Courjon. Dordrecht: Kluwer, pp. 179 - 188 (1993).

[28] J.-J. Greffet and R. Carminati, "Image formation in near-field optics," *Prog. Surf. Sci.* **56**, 133 - 237 (1997).

[29] B. Hecht, H. Bielefeld, D. W. Pohl, L. Novotny, and H. Heinzelmann, "Influence of detection conditions on near-field optical imaging," *J. Appl. Phys.* **84**, 5873 - 5882 (1998).

[30] B. Hecht, H. Bielefeldt, L. Novotny, Y. Inouye, and D. W. Pohl, "Facts and artifacts in near-field optical microscopy," *J. Appl. Phys.* **81**, 2492 - 2498 (1997).

[31] Y. Xia and G. M. Whitesides, "Soft lithography," *Angew. Chem. Int. Edn. Engl.* **37**, 551 - 575 (1998).

[32] W. Lukosz and M. Marchand, "Optische Abbildung unter Überschre-itung der beugungsbedingten Auflösungsgrenze," *J. Mod. Opt.* **10**, 241 - 255 (1963).

[33] M. G. L. Gustafsson, D. A. Agard, and J. W. Sedat, "Method and apparatus for three-dimensional microscopy with enhanced depth resolution," US patent 5671085, cols. 23 - 25 (1997).

[34] M. G. L. Gustafsson, "Surpassing the lateral resolution limit by a factor of two using structured illumination microscopy," *J. Microsc.* **198**, 82 - 87 (2000).

[35] R. Heintzmann and C. Cremer, "Laterally modulated excitation microscopy: improvement of resolution by using a diffraction grating," *Proc. SPIE* **3568**, 185 - 196 (1999).

[36] J. T. Frohn, H. F. Knapp, and A. Stemmer, "True optical resolution beyond the Rayleigh limit achieved by standing wave illumination," *Proc. Nat. Acad. Sci.* **97**, 7232 - 7236 (2000).

[37] M. A. A. Neil, R. Juskaitis, and T. Wilson, "Method of obtaining optical sectioning by using structured light in a conventional microscope," *Opt. Lett.* **22**, 1905 - 1907 (1997).

[38] C. B. Müller and J. Enderlein, "Image scanning microscopy," *Phys. Rev. Lett.* **104**, 198101 (2010).

[39] M. G. L. Gustafsson, "Nonlinear structured-illumination microscopy: wide-field flu-orescence imaging with theoretically unlimited resolution," *Proc. Nat. Acad. Sci.* **102**, 13081 - 13086 (2005). Copyright 2005 National Academy of Sciences, U. S. A.

第5章　纳米尺度光学显微术

光学测量技术，特别是近场光学显微术，其构型是多种多样的. 接下来，我们将推导出相互作用级数，来帮助我们理解这些构型的特点，并将它们归类. 类似于Born处理光散射的级数展开方法，这里的相互作用级数描述了光学探针和样品之间发生的多重光散射现象. 接下来，我们先讨论远场显微术，接着再描述几个在近场光学显微术中遇到的构型.

§5.1　相互作用级数

光和物质的相互作用可以用光的散射来讨论[1,2]. 图5.1是随后要考虑的问题的一般几何结构. 样品和光学探针在近场光学显微术的情形靠得非常近. 我们假设它们的介质极化率分别为$\eta(\boldsymbol{r})$和$\chi(\boldsymbol{r})$. 入射光场$\boldsymbol{E}^{i}$照射探针和样品所在的区域. $\boldsymbol{E}^{i}$假设为齐次Helmholtz方程(2.35)的解. 入射光场能引起一个散射波$\boldsymbol{E}^{s}$. 这个散射波可以在远场进行探测. 总的场为$\boldsymbol{E}=\boldsymbol{E}^{i}+\boldsymbol{E}^{s}$. 在定性的图像中，存在着几种把入射光子转换成散射光子的过程. 比如说在传播到远场之前，入射光可能只在探针或者样品上发生散射. 另一种可能是入射光先在样品上发生散射，接着在探针上发生散射，最后传播到远场. 当然更复杂的多重散射过程也可能发生，比如探针—样品—探针散射. 我们可以假设总的散射是由一系列不同的散射过程组成的，并且这个求和只须展开前几级即可，因为级数很高的多重散射是可以忽略的. 接下来我们将在多重散射的Born级数的基础上导出我们的级数表示[1]，这能给出非常直观的图像.

总场的Helmholtz方程$(\nabla^2+k^2)\boldsymbol{E}=0$可以写成$(\nabla^2+k_0^2)\boldsymbol{E}=-k_0[\varepsilon(\boldsymbol{r})-1]\boldsymbol{E}=-k_0^2[\eta(\boldsymbol{r})+\chi(\boldsymbol{r})]\boldsymbol{E}$，其中$k_0$是真空中波矢的大小. 如果我们利用入射场的特性$(\nabla^2+k_0^2)\boldsymbol{E}^{i}=0$，可以得到

$$(\nabla^2+k_0^2)\boldsymbol{E}^{s}=-k_0^2[\eta(\boldsymbol{r})+\chi(\boldsymbol{r})]\boldsymbol{E}, \tag{5.1}$$

这是散射场$\boldsymbol{E}^{s}$的非齐次Helmholtz方程，探针和样品的极化率出现在方程右边的源项中. 方程(5.1)可以通过Green函数$\boldsymbol{G}(\boldsymbol{r},\boldsymbol{r}')$来求解，系统的Green函数包含两个半无限空间，其折射率分别为n_1和n_2. 这个特殊的Green函数的精确表达形式我们将在§10.4中给出. 现在我们的目的是得到方程(5.1)的解的表达式：

$$\boldsymbol{E}^{s}(\boldsymbol{r},\omega)=k_0^2\int \mathrm{d}V'\boldsymbol{G}(\boldsymbol{r},\boldsymbol{r}')[\eta(\boldsymbol{r})+\chi(\boldsymbol{r})]\boldsymbol{E}. \tag{5.2}$$

为了简化，我们引入一些缩写①. 我们定义 $\boldsymbol{S}\cdot\boldsymbol{E}=\int \mathrm{d}V'\boldsymbol{S}(\boldsymbol{r},\boldsymbol{r}')\boldsymbol{E}$，$\boldsymbol{T}_0\cdot\boldsymbol{E}=\int \mathrm{d}V'\boldsymbol{T}_0(\boldsymbol{r},\boldsymbol{r}')\boldsymbol{E}$，其中 $\boldsymbol{S}(\boldsymbol{r},\boldsymbol{r}')=k_0^2\boldsymbol{G}(\boldsymbol{r},\boldsymbol{r}')\eta(\boldsymbol{r}')$，$\boldsymbol{T}_0(\boldsymbol{r},\boldsymbol{r}')=k_0^2\boldsymbol{G}(\boldsymbol{r},\boldsymbol{r}')\chi(\boldsymbol{r}')$，从而(5.2)式可以重写成

$$\boldsymbol{E}^{\mathrm{s}}(\boldsymbol{r},\omega)=(\boldsymbol{S}+\boldsymbol{T}_0)\cdot\boldsymbol{E}. \tag{5.3}$$

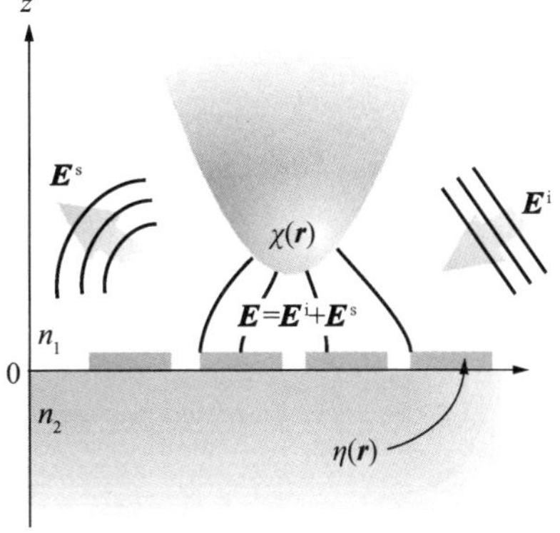

图 5.1　用于样品-探针区域光散射讨论的几何和定义.

(5.3)式是一个散射场 $\boldsymbol{E}^{\mathrm{s}}$ 的迭代积分式，可以用迭代法来求解. 这种迭代解法的一般思路是最低阶的解可以通过把总场近似成入射场 $\boldsymbol{E}^{\mathrm{i}}$ 得到，从而允许我们得出 $\boldsymbol{E}^{\mathrm{s}}$ 的一级近似，然后用得出的 $\boldsymbol{E}^{\mathrm{s}}$ 修正总场 $\boldsymbol{E}$，接着重复以上的过程，直到达到要求的精度. 通过这种方法我们可以得到

$$\boldsymbol{E}^{\mathrm{s}}(\boldsymbol{r},\omega)=\sum_{n=1}^{\infty}(\boldsymbol{S}+\boldsymbol{T}_0)^n\cdot\boldsymbol{E}^{\mathrm{i}}. \tag{5.4}$$

这就是所谓的 Born 级数[2]. 如果不使用近似，上式对 $\boldsymbol{E}^{\mathrm{s}}$ 依然有效. 我们现在考虑样品被移走的情况(但界面依然存在). 这种情况会给我们提供一个探针单独存在时的散射场的表达式：

$$\boldsymbol{E}^{\mathrm{s}}_{\mathrm{probe}}(\boldsymbol{r},\omega)=\sum_{n=1}^{\infty}(\boldsymbol{T}_0)^n\cdot\boldsymbol{E}^{\mathrm{i}}=\boldsymbol{T}\cdot\boldsymbol{E}^{\mathrm{i}}, \tag{5.5a}$$

其中我们引入了有效探针算符

$$\boldsymbol{T}=\sum_{j=1}^{\infty}(\boldsymbol{T}_0)^j. \tag{5.5b}$$

如果假设样品仅仅是轻微的散射，则我们此时就可以为散射场找到一个扰动解. 受此影响，(5.4)式中只有阶数小于等于 $\eta(\boldsymbol{r})$ 的项保存下来. 在重新整理展开式和利用(5.5a)式化简其中的项后，我们可以得到

① 我们对发生在探针上的散射过程使用符号 $\boldsymbol{T}$ 以和其他文献保持一致.

$$\begin{aligned}\boldsymbol{E}^{\mathrm{s}}(\boldsymbol{r},\omega)&=[\boldsymbol{T}+(\boldsymbol{I}+\boldsymbol{T})\cdot\boldsymbol{S}\cdot(\boldsymbol{I}+\boldsymbol{T})+\cdots]\cdot\boldsymbol{E}^{\mathrm{i}}\\&=[\boldsymbol{T}+\boldsymbol{S}+\boldsymbol{TS}+\boldsymbol{ST}+\boldsymbol{TST}+\cdots]\cdot\boldsymbol{E}^{\mathrm{i}},\end{aligned}\tag{5.6}$$

其中 $\boldsymbol{I}$ 是单位算符. 在 Born 近似下,(5.6)式揭示了探针和样品之间发生多重散射的直观图像. 我们根据在相互作用级数展开(5.6)式中哪一项起决定作用来划分不同类型的光学显微技术. 对应的主要散射过程如图 5.2 所示. 传统的远场显微术,以及其高分辨率的改进型,如受激发射消耗显微术和定位显微术,都是只关注 $\boldsymbol{S}$ 项,如图 5.2(a)所示. 然而照明模式近场光学显微术依赖于(5.6)式中的 $\boldsymbol{ST}$ 项,如图 5.2(b)所示. 对于收集模式近场光学显微术,如图 5.2(c)所示,以及使用天线探针的散射型近场光学显微术,如图 5.2(d)所示, $\boldsymbol{TS}$ 和 $\boldsymbol{TST}$ 项起主要作用. 我们一定要清楚 $\boldsymbol{T}$ 和 $\boldsymbol{S}$ 一般是一个张量,这就意味着极化效应发挥着重要的作用,甚至可以用来消去 Born 级数中的高阶项. 更进一步,也应注意各个相互作用过程可能涉及不同的频率,与光谱相关.

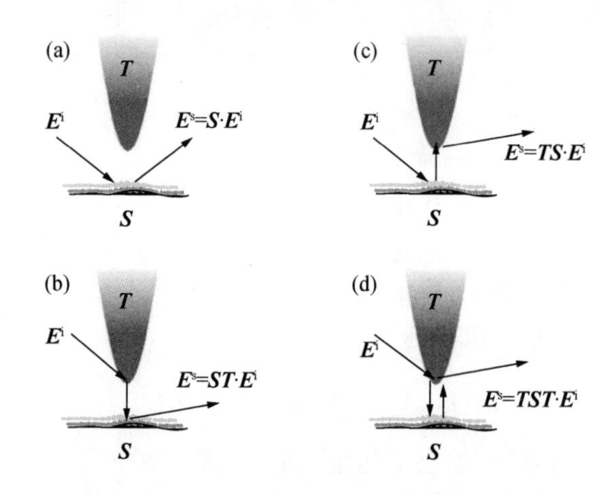

图 5.2 根据 Born 级数中主导项而分成的不同类型的纳米光学显微技术.

§5.2 远场光学显微技术

5.2.1 共聚焦显微术

共聚焦显微术是通过聚焦光束得到衍射极限的照明光斑并结合点状探测器工作的. 相关的理论已经在 §4.3 讨论过. 尽管通过远场照明和探测只能获得有限带宽的空间频率,但正如在 §4.5 中的论述,共聚焦显微术成功地用于高精度定位测量,且利用在 4.2.3 节中讨论的非线性和饱和效应也可以高分辨率成像. 现在,我们从通常的共聚焦光学显微镜的实验方面开始论述.

实验设置

图 5.3 是一个最简单的扫描共聚焦显微镜示意图. 它的光路固定,通过对样品光栅扫描成像. 在这个仪器中,激光光束要经过典型的空间滤波,例如让光束通过一个单模光纤或者通过一个小孔. 空间滤波的目的是把光束变成完美的 Gauss 光束. 在光束通过光纤或者小孔后,被一个透镜准直. 准直透镜的焦距应选择得合适,使得光束直径足够大以过充物镜的后通光孔,把光束聚焦到样品上. 如果显微镜物镜被设计为使用准直光束工作,优点是很明显的. 这样的物镜是可以"无限校正"的. 在样品上获得的光斑尺寸依赖于物镜的数值孔径的大小和照明所用的波长(参见 §4.2). 其大小通常被在物镜入射通光孔的激光衍射所限制(参见 §4.2):

$$\Delta x = 0.61 \frac{\lambda}{\mathrm{NA}}, \tag{5.7}$$

其中 λ 是波长. 在 NA=1.4 的情况下,绿光(λ=500 nm)光斑的横向尺寸约为 220 nm,比 $\lambda/2$ 稍小一些.

激光光束与样品作用会产生和入射光波长相同的反射光和散射光,也可能产生与入射光波长有差异的光. 用来照明的物镜同样也可以从样品上收集光线. 实验装置也可以采用另外一种设计,从样品的一侧用物镜照明,在正对的另一侧放置一个物镜来收集光线. 然而这需要两个物镜的排列精度好于 $\lambda/2$. 另一方面,对偶物镜构型会通过如两个相反方向传播的光束焦点重合[3]等过程给激发带来新的可能性. 在本章的后面,我们将继续讨论这些问题.

当我们使用单个物镜的时候,一旦入射光束准直了,那么对于色差校正物镜来说,收集到的光线也是准直的. 因此使用准直光束工作可以让我们方便地在光路中加入滤波器或者其他的光学元件而不需对光路校正. 几飞秒脉冲持续时间的超快激光光源以很宽的频谱(>400 nm)传递激发光. 为了在这种激光光源下工作,Cassegrain 物镜是最好的选择.

收集的光线必须从入射光线中分离. 实现分离有很多种方法,如根据波长的不同而使用二向色镜,根据偏振的变化而使用偏振分束器,如果是脉冲激发,可以使用时间闸,以及根据光传播方向的不同而使用一个非偏振的分束器等等. 图 5.3 使用的是能够透射如红移荧光的二向色镜. 滤波后的收集光束被第二个透镜聚焦在探测器前的小孔上. 常用的探测器,如单光子计数雪崩光二极管只有非常小的工作区域,因此可以不加小孔使用. 探测小孔的尺寸必须和第二个透镜的聚焦斑点(Airy 斑)的直径正确匹配,以去掉焦点外的干扰信号. 虽然一个更大的小孔会引入焦点以外的干扰信号,但是却可以帮助光更高效地穿过小孔. 从横向分辨率和焦外信号去除两方面考虑,研究者发现当光斑尺寸是小孔的 1/2 时,效果依然较好.

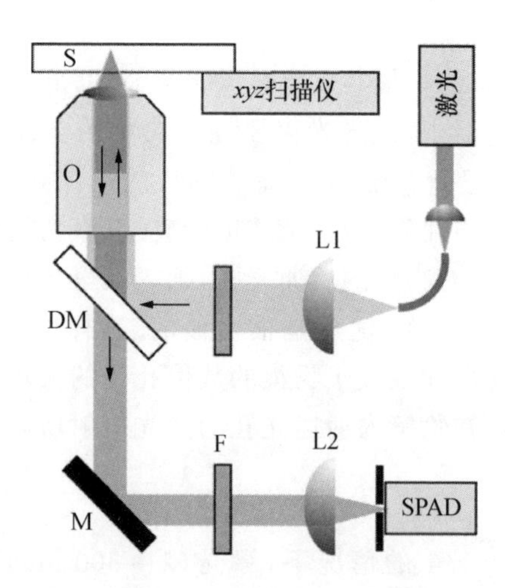

图5.3　一个简单的落射照明式共聚焦光学显微镜示意图.激光光束首先进行空间滤波,例如通过一单模光纤或者一个小孔,然后通过透镜准直平行.一个分束器将此平行光反射进高数值孔径的物镜中.而进入物镜的平行光应该过充物镜的后通光孔,以获得最佳的光斑尺寸.在焦点产生的光学信号(如荧光)和散射光将被同一个物镜收集,然后转换成一组平行光.二向色分束器只允许特定频率的光通过,透过的光还会经过其他滤波装置,最后聚焦在探测器前的一个小孔上.通过扫描与焦点相关的样品,图像一个像素一个像素地得到.

我们也可以从另一个视角看探测光路的设计.在一个好的近似下,光束可以有效和均匀地收集,横向光斑尺寸对应着在物镜焦平面上探测小孔的缩小像的大小.根据几何光学,缩小的倍数等于物镜和聚焦到针孔的透镜(镜筒透镜)的焦距的比值.这个观点对于实现如扫描探针近场显微镜来说十分重要,因为必须确定探针的全部扫描范围是否很好地处于可探测区域内.

在这里我们要提及单模光纤输出的光束是Gauss基模.在§3.7中讨论过,其他的光束类型也可以得到,可以导致聚焦区域内场的特殊性质,比如说光斑缩小、纵向偏振等.如果需要更高阶的模式,一个模式转换单元(参看§3.7)可以加在分束器前的激发光束的路径中,以不干扰探测光路.

共聚焦原理

共聚焦探测的基本原理是,非聚焦区域的光无法通过探测小孔而到达探测器.横向偏移的光束会被探测小孔阻止,沿光轴偏移的光点发出的光将不会聚焦在探测平面上.这个效应已经在4.2.2节理论分析过,现在定性地示意在图5.4中.共聚焦显微镜的成像特性可以用在§4.3中引入的总点扩展函数很好地描述.总点扩展函数可以用激发和探测点扩展函数之积来表示.我们可以把总点扩展函数想象为一个体积,在这个体积之外激发和探测到一个光子的概率大于某一个选定的阈值.前边讨论过共聚焦显微镜的点扩展函数是一个沿着光轴伸展的椭球,其中心和物镜的几何焦点重合.对于可见光, NA=1.4的物镜,椭球在光轴的垂直方向范围是220 nm,光轴方向范围是750 nm,提供了光学切片的可能.比较宽光场照明显微镜,通过把照明和探测的点扩展函数相乘不会显著地提高共聚焦显微镜的横向分辨率,因为在总点扩展函数中零场点保持不变. Airy 图案的平方仅仅会使半极大的宽度缩短为原来的1/1.3.但是旁瓣却可以明显削弱,这样可以显著提高图像的动态范围,也就是可以在一个强信号附近检测出弱信号.如果想了解更详细的内容,可以看如文献[4].

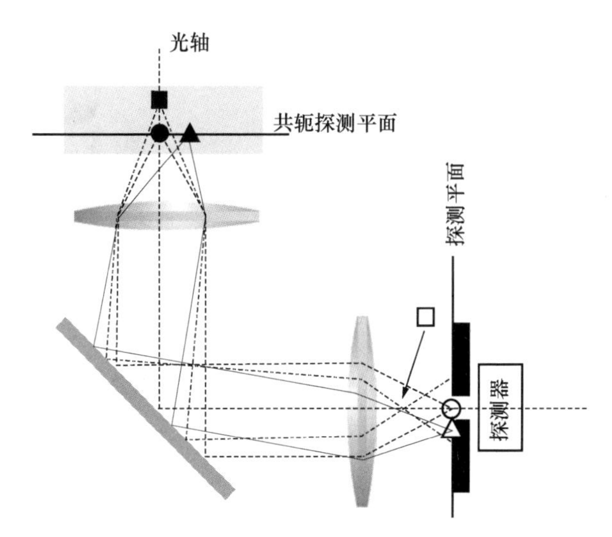

图5.4 共聚焦原理.图中展示的是一个扫描共聚焦显微镜的探测光路,其中在样品上标有三个物点.从图中我们可以看出,只有在物空间中,同时位于光轴与共轭探测平面上的物点(圆形)可以成像在小孔中从而被探测到,而另外两个物点(三角形和正方形)要么聚焦在小孔的旁边,要么在小孔上没有聚焦,因此它们的信号会被抑制.

在共聚焦显微镜中,可以通过光栅扫描样品或者激发光束等不同方式记录图像.在每一个像素点,采样值可以是积分时间内的光子数或者光电倍增管的输出电压.像素点的亮度或者颜色根据探测器采样的值确定.所有像素点给出的信息接下来以数字图像的形式来表示.特别由于共聚焦点扩展函数的有限范围,使我们可能对较厚的样品进行光学切片.通过这种方式我们可以获得样品的三维重构.对仪器和重构技术更详细的描述见文献[4,5].

共聚焦显微术的空间分辨率可以通过"点扩展函数工程"进行优化.主要的观点是总点扩展函数是照明点扩展函数和探测点扩展函数的乘积.如果它们中的一个或者两个被修正过,例如发生了非线性光学相互作用,或者两者相对对方发生了位移和倾斜,它们的空间延展和/或空间重叠将会减少,这样就可以导致一个更小体积的有效点扩展函数. 除此之外,相反方向传播的相干光束的干涉效应也可以被利用. 这些理论形成了被称为 4π[6], theta[7], 和 4π-theta[8] 的共聚焦显微术, 对应的探测和照明点扩展函数的形状如图 5.5 所示.

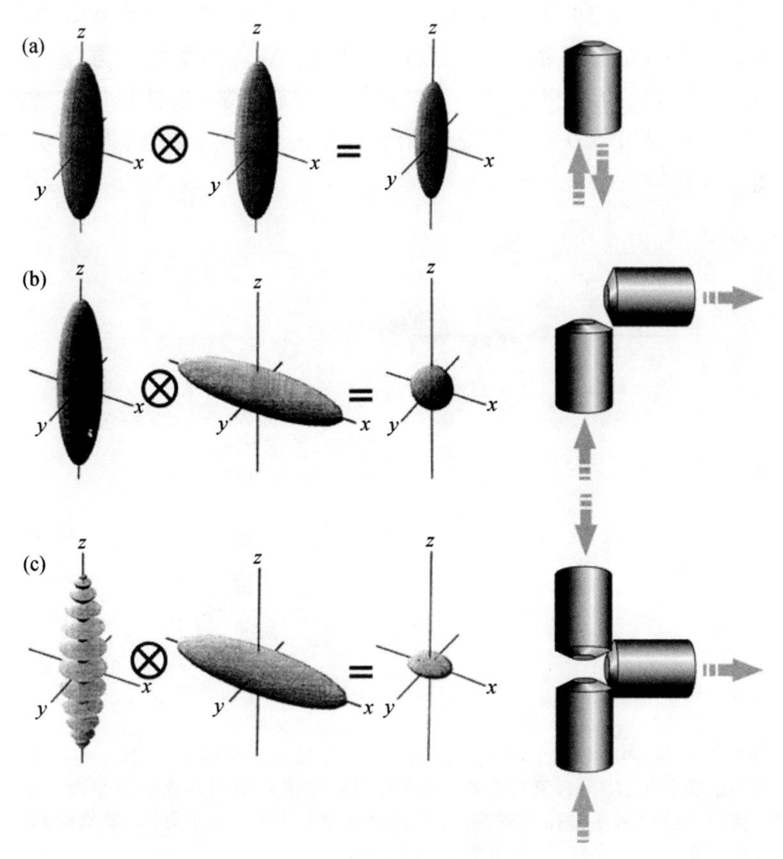

图 5.5 点扩展函数工程. (a) 标准的落射照明式共聚焦显微术. (b) 共聚焦 theta 构型. (c) 共聚焦 4π-theta 构型. 引自[5].

非线性激发和饱和效应

Maria Göppert-Mayer 在 1929 年第一次在理论上分析了一个量子系统同时吸收两个或者多个光子时的跃迁概率[9]. 这个现象在激光发明后于 1961 年在实验上得到了证实[10]. 激光为实验提供了必需的高光子密度. 今天,随着飞秒脉冲激光器的出现,两个或多个光子的激发是高分辨率共聚焦显微术的一个标准工具[11]. 在蓝绿光范围跃迁发色团可以用红外线来激发. 同时由于激发只在最高光子强度区域,比如焦点处(参看 §4.4),因而多光子显微术可以改善和简化光学切片能力. 这使得多光子显微镜成为了研究样品(不止在生物学领域)三维形态的不可或缺的工具.

图 5.6 总结了双光子激发的基本过程:两个低能量的光子被同时吸收,然后把一个分子从基态激发到第一激发态的振动能级上. 与单光子荧光很相似,处于激发态的分子弛豫到激发态的最低振动能级上,然后在几个纳秒之后,分子非辐射衰变到基态,或者释放出一个光子. 在单光子激发的情况,荧光速率是与激发强度成线性关系的(参看第 9 章),而在双光子激发的情况,荧光速率是与激发强度的平方成正比的. 双光子激发的发光截面很低,每个光子的截面为 10^{-50} cm^4 的量级②,需要使用脉冲持续时间约 100 fs 的高重复率激光. 脉冲必须较短以限制样品总的辐射量,但也要提供足够的峰值强度以应对双光子激发较低的截面. 脉冲的发射率必须较高,因为一个脉冲至多激发一个分子中的一个荧光光子. 典型的 100 fs 脉冲钛:蓝宝石激光器的工作波长为 850 nm,重复率为 80 MHz,被用来对一些适合的染料分子激发双光子荧光.

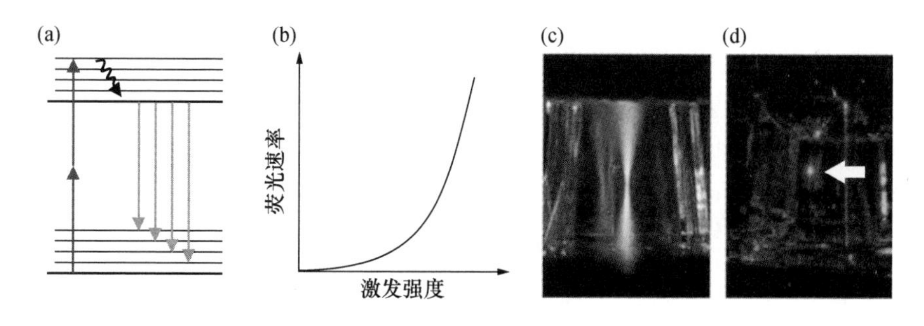

图 5.6 荧光分子的双光子激发. (a) 能级图. 一个在蓝光波段可以吸收一个光子的荧光分子同时吸收两个近红外光子,发射的光子在绿光波段. (b) 荧光速率按激发强度的平方增加. (c) 对单光子激发,在荧光物质中整个光束通过的路径都会发亮. (d) 对于双光子激发,荧光只发生在激发场最强的地方,即激光束的焦点处(箭头所指的地方). 图(c)和(d)引自[12].

受激发射消耗(STED)技术利用了聚焦工程,我们已在 4.2.3 节讨论过. 其基本原理是在激光焦点的某特定区域,利用受激发射去选择性地减少荧光染料分子的激发态占有数量,但其他区域的处于激发态的荧光分子数量基本不变. 原则上,这需要在亚波长的空间尺度下控制引起受激发射的激发场分布. 受激发射消耗会在很大程度上导致显著的发射饱和行为,利用这种饱和行为作为消耗光束功率的函数来控制受激发射是可能的. 在激发态有消耗和没有消耗的区域之间会发生极端锐利的饱和特性转变. 特别地,在焦点处如果某个范围消耗光束的强度为零,那么就会有一个小体积的不消失的荧光环绕在其周围.

图 5.7 总结了 STED 显微术的原理. 这个装置包含两个脉冲激光光束. 其中一

② 也记作 1 GM(Göppert-Mayer).

束能够导致在焦点区域中的染料分子的单光子激发,第二个功率更高的激光光束的波长相对第一个有些红移,是为了使分子从激发态到基态发生受激发射③. 适当选择两个激光束脉冲之间的延迟时间以使电子在第一个激发态的振动弛豫(大概需要几皮秒)可以完成. 这样就可以确保激发态的电子处于寿命相对比较长的状态,在这种情况下受激发射可以更高效地发生. 这是非常重要的,因为受激发射的概率随时间增大. 这也是在图5.7(a)中受激发射消耗的脉冲时间要比激发脉冲的时间更长的原因. 消耗脉冲的波长也要适当选取,使之无法使样品发射荧光. 通过引入一个相对大的波长红移可以满足上述要求. 大的红移还有其他好处,即会使消耗脉冲的波长和激发脉冲的波长之间出现一个"光谱窗",使得样品的发光可以被记录. 荧光的时间闸可以提高信噪比. 在STED中,激发脉冲和消耗脉冲的焦点是重叠的,但是在焦点区域消耗光束的场分布被修饰过,以使得几何焦点处的场强为零. 这就保证了消耗光束使环绕零强度点的小区域外的所有分子处于非激发态. 由于饱和效应,这个区域可以比衍射点更小,从而发光区域的空间展宽就可以变得很窄. 图5.7(d)和(e)显示了这个效应(见习题5.3).

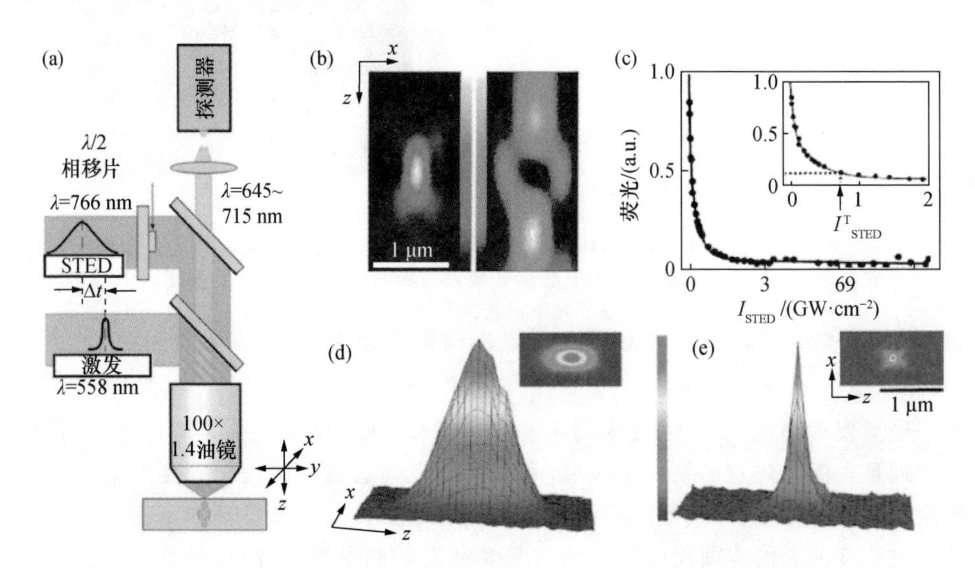

图5.7　受激发射消耗共聚焦显微术原理. (a) 显微镜的示意图. 一个短脉冲激光束和一个长脉冲的消耗激光束耦合后进入显微镜的物镜. 消耗光束被修饰后在几何焦点处场强为零(在(b)的右侧),(b) 的左侧是激发光束正常的聚焦点. (c) 共聚焦区域的荧光作为消耗光束强度的函数. 注意这里有极强的非线性效应. (d) 没有消耗光束时的点扩展函数. (e) 有消耗光束时的点扩展函数. 引自[13].

③　关于分子荧光的详细讨论见第9章.

共聚焦荧光显微方法，如 STED 显微术和多光子激发显微术，主要依赖样品中的荧光标记，比如在一个活细胞中的荧光标记. 但是在感兴趣的样品上加上染料标记有时是难以做到的，甚至在某些时候还不能这么做. 例如，小生物分子可能会被标记明显改变. 如果需要用光学显微术来观测样品化学性质引起的衬度，一个显而易见的方法是利用光子和分子振动之间的能量转移. 由于分子的振动能量一般都处于远红外波段，导致很难获得衍射极限点，即聚焦斑点无论如何都很大，这样要实现高空间分辨率就十分困难. 这个问题的一个解决方案是使用 Raman 光谱术. 与样品相互作用的光子会损失或吸收量子化的振动能量(见图 5.8(a)～(c)). 本质上，Raman 散射和无线电广播中使用的幅度调制方式是相似的：信号的频率(分子的振动)和载波的频率(激光)发生混合. 因此 Raman 散射光的频率对应激光和振动频率的和或者差. 由于一个 Raman 散射谱包含有特征分子振动的信息，因此它便成为了样品化学成分的高度特属指纹. 但是光子和分子相互作用后发生 Raman 散射的可能性非常小. 一个典型的 Raman 散射截面比荧光截面最多能够小 14 个量级. 由于散射截面十分低，我们要在显微术中利用 Raman 散射效应就变得极为困难. 这需要长的积分时间，而由此又要求样品性质和位置稳定. 但是 Raman 散射截面在纳米尺度金属粗糙表面或者金属纳米颗粒附近能够急剧增加，这个效应称为表面增强 Raman 散射. 因为该现象只发生在非常靠近样品表面的区域(后面我们会讨论这个效应，见 12.4.3 节)，所以不能用于表面以下较长的距离内成像以及三维切片. 然而，对于体成像，Raman 散射截面可以应用一个相干(共振)泵浦机制增强. 在样品照明体积内，相干泵浦产生了不同分子同相振动，导致在某个方向上发生相干干涉. 这种称为相干反 Stokes Raman 散射(coherent anti-Stokes Raman-scattering, CARS)的过程[14,15]是一个四波混合过程. 它使用两个脉冲可调激光，调节其波长差恰好和分子振动的能量相同，这样就提高了 Raman 散射信号的强度. CARS 的能级图和相匹配的条件分别显示在图 5.8(d)和(e)中. 由于 CARS 强度正比于 ω_p 处的泵浦光强度的平方以及 ω_s 处的 Stokes 光束强度，显著的信号只在泵浦光强度非常大的区域才会产生. 因此 CARS 显微术的光学切片能力和双光子显微术是相似的. 更进一步，如果结合点扩展函数工程技术，比如说 4π 或者 theta 显微技术，相信会改善其空间分辨率.

另一个无荧光标记的光谱成像技术是受激 Raman 散射(stimulated Raman scattering, SRS)显微术，可以进行三维光学切片[16]. 在 SRS 中，两个皮秒脉冲聚焦激光的频率差 $\Omega=\omega_p-\omega_s$ 调节到与分子振动跃迁能量一致. 第一个激光束即所谓泵浦光，把分子从基态激发到一个虚拟态. 第二个激光束为 Stokes 束，激发电子从虚拟态跃迁到电子基态的一个振动能级上，与 Stokes Raman 散射类似，在这个过程中消除了泵浦光的强度 I_p，提高了 Stokes 光的强度 I_s. 这两个光强变化，ΔI_p

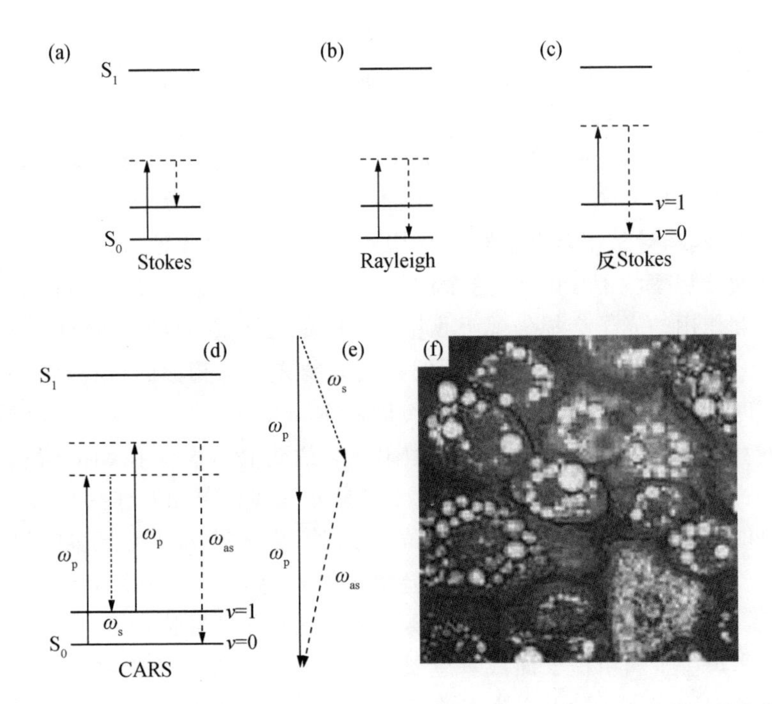

图 5.8 自发 Raman 散射和相干反 Stokes Raman 散射(CARS)的能级图. 分子的光散射产生(a) Stokes 移动光子,(b) Rayleigh 散射,(c) 反 Stokes 散射. (d) CARS 是一个四波混合过程,使用两个 ω_p 和 ω_s 处的可调频率脉冲激光. 如果两个激光的频率差正好等于振动的频率,则 CARS 信号 ω_{as} 会增强,散射信号的发射方向由相位匹配条件(e) 决定. (f) 一张纤维细胞受激产生脂质的图片. 当调谐到脂质的 C—H 振动频率时,脂质液滴便可以通过 CARS 看到. 这张 100 μm×100 μm 的图像是在 2.7 s 内拍成的,由哈佛大学的谢晓亮提供(译者注:谢晓亮已全职在北京大学工作).

和 ΔI_s,都是很小的,但是能够探测到. 典型的情况是一个高频的调制信号(MHz 范围)加到泵浦光或者 Stokes 光上,相对其他光,其强度调制信号就可以用一个锁相放大器探测到. 观察到的强度变化线性依赖于聚焦区域中的分子数量,它们的 Raman 散射截面也依赖于这两个量的乘积. SRS 相对 CARS 的优势在于没有非共振的背景信号. 因此 SRS 有高度针对性和化学灵敏性,还有定量的三维光学切片能力.

5.2.2 固体浸没透镜

根据(5.7)式,更高的数值孔径会带来更好的空间分辨率. 固体浸没透镜(solid immersion lens, SIL)的提出就是用来优化显微镜物镜的数值孔径. 固体浸没透镜可以看作油浸物镜的一个变种. 它是在 1990 年为光学显微镜设计的[17],在 1994 年用于光学存储[18]. 如图 5.9 显示,固体浸没透镜在其与物体的界面上产生了一个衍射极限的聚焦光斑.光斑的尺寸为λ/n,当使用GaP来制作固体浸没透镜时,n可高达3.4.如此小的一个光斑可以提高光学存储介质的存储密度,提高读写速率[18].将这样一个透镜和短波长的蓝色半导体激光二极管结合的前景使固体浸没透镜不仅在数据存储设备领域,而且在高光通的超高分辨率光学显微镜和高灵敏的光谱仪领域都有很大潜力.

固体浸没透镜是一个高折射率的平凸透镜,可以对Gauss光束进行最理想的聚焦.它是一个半球面透镜,有两种构型,能够达到衍射极限的聚焦性能.第一个构型焦点在球体的中心,光线垂直于表面入射,是通常说的固体浸没透镜(见图5.9(a)).第二个构型焦点在球中心下面一段距离的一系列等光程点上,从这个焦点发出的光线在球的表面上发生折射.我们一般称这种类型为超固体浸没透镜[18]或者Weierstrass镜片(见图5.9(b)).超固体浸没透镜构型有更大的放大率(正比于n^2而不是n)和更高的数值孔径,但也因此有更大的色差.固体浸没透镜显微术有两种成像应用:表面和表面下成像[19].对于后者,固体浸没透镜(或者超固体浸没透镜)用于对透镜下面的物体成像,深入被研究的样品内部.这种表面下成像,透镜和衬底必须保持一个很好的折射率匹配.

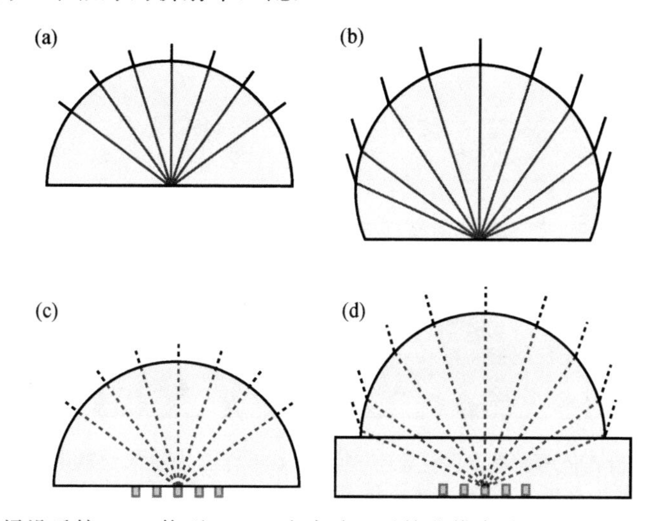

图5.9 固体浸没透镜(SIL)构型.(a)一个半球面透镜分辨率约正比于n提高.(b) Weierstrass镜片,或者超固体浸没透镜,分辨率约正比于n^2提高.有两种成像模式,表面固体浸没透镜显微术(c)和表面下固体浸没透镜显微术(d).

表面下成像的原理如图5.10所示.没有固体浸没透镜,绝大多数从表面下发出的光线会在样品的表面发生全反射.剩下的传播出来的光会限制在表面法线附近一个十分窄的圆锥内,因此大幅度减小了数值孔径.放置一个折射率匹配的固体浸没透镜在样品表面,数值孔径能够大幅提高.这种类型的固体浸没透镜称为数值孔径增大透镜(numerical-aperture-increasing lens, NAIL)[19].固体浸没透镜的大

小必须要和表面下成像的深度相匹配(见图5.10). 透镜的垂直厚度 D 必须满足

$$D = R(1 + 1/n) - X. \tag{5.8}$$

这个设计所要满足的情况和 Weierstrass 类型的固体浸没透镜遇到的情况相同. (5.8)式确保表面下物平面和数值孔径增大透镜球表面(满足 Abbe 正弦条件从而可以实现无球差或消像散成像)的等光程点一致.

在一个标准显微镜上额外增加一个数值孔径增大透镜使数值孔径提高了一个因子 n^2,达到 NA$=n$. 图5.10(c)和(d)说明了数值孔径增大透镜是怎样显著提高目前技术水平下显微镜分辨率的,这是给透过硅衬底表面的硅电子线路成像[20]. 图5.10(c)所用的物镜参数是 NA=0.5,100×,而5.10(d)是给10×的物镜(NA=0.25)装上了数值孔径增大透镜得到的. 最终的 NA=3.3. 在波长 $\lambda=1\,\mu$m 时,分辨率可达150 nm. Ünlü 等将数值孔径增大透镜技术应用在表面下热成像中,这样就不需要给样品照明了[19]. 在这种情况下,红外辐射是受热电子线路发射的.

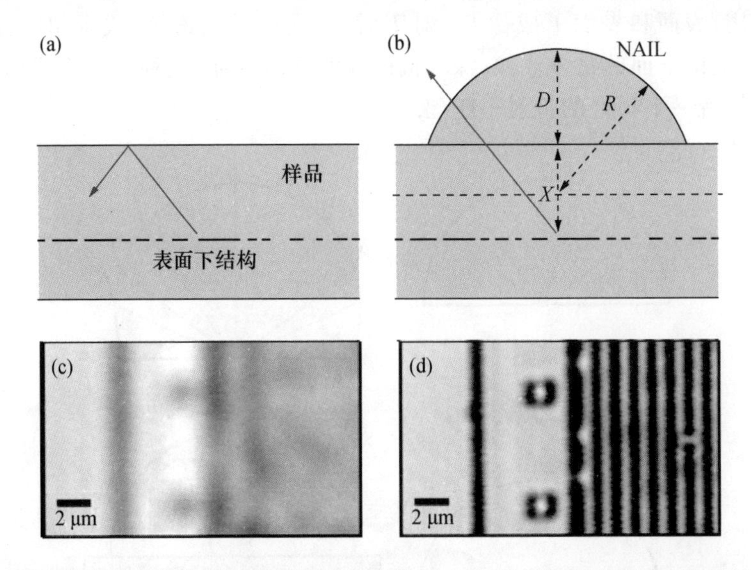

图5.10　使用数值孔径增大透镜进行表面下成像. (a) 在高折射率材料中,从表面下的结构中发出的光能够发生全反射,因此导致成像系统的数值孔径减小. (b) 加上数值孔径增大透镜增大数值孔径,使得 NA$=n$. (c)和(d)显示了硅电子线路成像的比较,(c)中没有数值孔径增大透镜,(d)中加上了数值孔径增大透镜. 引自[20].

图5.11(a)是数值孔径增大透镜共聚焦显微镜的示意图. 数值孔径增大透镜固定且接触在样品的表面. 为了获得一个图像,样品和数值孔径增大透镜在压电陶瓷转换器的控制下进行光栅扫描. 然而在数据存储和光刻这些应用中,希望保持改变透镜和表面相对位置的能力. 为了不牺牲数值孔径且不引入不想要的像差,固体浸没透镜的底面必须非常靠近样品表面并与之平行. 自然,这要求固体浸没透镜尺寸

很小或者做成锥形,这样可以保证最接近样品的点与焦点重合.两种方法被提出来以控制固体浸没透镜和样品表面的距离.第一种方法基于悬臂原子力显微术(atomic force microscopy, AFM)[21].AFM的针尖被微型锥形固体浸没透镜替换,如图5.11(b)所示,将从上部对其照明.这个AFM-SIL结合的技术被成功地应用在了显微镜和光刻机上,可达到150 nm的分辨率[21,22].另一个控制固体浸没透镜和样品距离的方法是基于一个悬浮头[18].相对静止固体浸没透镜高速转动的样品导致气浮,能够保持固体浸没透镜和样品距离在几十个纳米(见图5.11(c)).这种方法最先是IBM公司作为固体浸没透镜基的磁光记录系统的一部分而开发的.

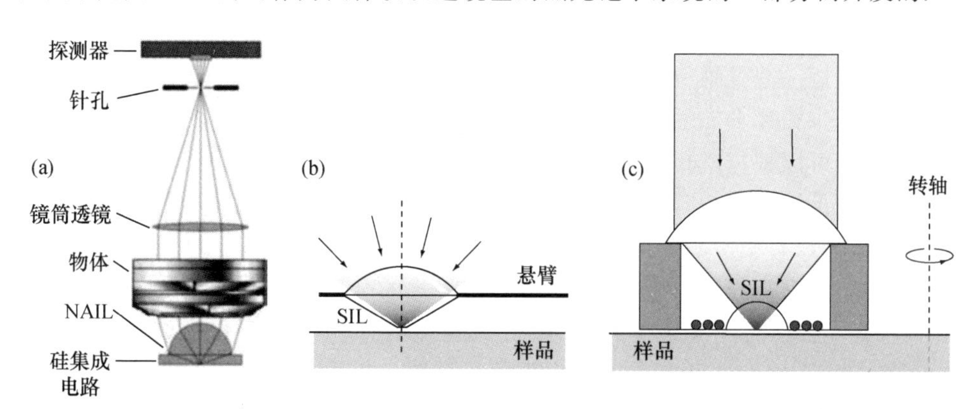

图5.11 固体浸没透镜技术在三种不同仪器上的应用.(a) 数值孔径增大透镜显微术,固体浸没透镜与样品表面相接触.(b) 固体浸没透镜显微术,使用原子力显微术的悬臂来控制距离.(c) 在磁光存储器中,基于转动样品表面的悬浮头结构.

固体浸没透镜技术的一个明显扩展是嫁接了近场光学显微术中的概念.比如,曾经有人提出来可以在固体浸没透镜底面开一个很小的孔[23],然后在里边插入一个小金属结构作为一个局域场增强器[20],或者在一个锥状固体浸没透镜的侧面沉积制备一个领结天线,即由两个电极和间隙组成的天线[24].

5.2.3 定位显微术

在§4.5,基于确定点扩展函数的几何形心,我们讨论了定位单个发射体的可能性.本节讨论如何把这种技术应用在超高分辨率成像上.首先假设我们已经在样品的感兴趣的结构处密集地放入了某种类型的点状荧光发射体标签.进一步假设通过一些外界的刺激,例如通过具有特定能量的光子,可以使荧光体从明态(A)转换成暗态(B).对于逆转换B→A,我们假设它要么是自发的,虽然速率可能非常慢,要么只能在外界的刺激下发生.由于大量分子处于状态B,而只有少部分处于状态A的分子被成像,因而A和B的发射强度之间的衬度必定很大.

第一步,假设在样品中所有的发射体均处于暗态B.接着我们将会给系统均匀地加上较低剂量的外部刺激,这样便会导致一些稀疏分布的发射体随机地转换到状态 A,但是它们在空间分布的概率却是均匀的.现在一些发射体变亮了,它们发出的荧光在一个二维的探测器上成像,比如 CCD.为了最优化图像获取速度,刺激的剂量可以根据如下方式优化:保证两个单个发射体之间的距离尽可能小,但是在衍射极限下图像的重叠依然接近零.这些第一批发射体的图像将会被记录并储存下来供未来分析用.由于图像包含的是分立的点,如§4.5中解释的那样,每个发射体的位置都可以被高精度地确定下来.获取图像的时间取决于实验装置和样品中参数的多少,据估计对于每个发射体需要收集500个光子才能达到20 nm的位置精度[25],大概超过衍射极限一个数量级(见图4.15).一种表示单个发射体位置的方法是构造一个二维概率密度图像,在这个图像上每个发射体都被表示成一个二维的 Gauss 概率分布图,其中空间坐标的最大值可以通过最小二乘法拟合出来,而半峰全宽可以根据其位置的不确定度确定.根据 Nyquist 采样理论,当累积的概率密度函数足够稠密的时候,就可以得到一个超分辨图像.如果需要的结构细节已经获得,或者没有更多的发射体可以转换到明态 A,整个过程就可以终止了,因为所有的发射体都被光漂白了.最终获得的归一化的全部概率密度函数是一个连续函数,描述了在图像上某个位置找到确定发射体的概率,这个图像已经对所有的定位点归一化了.假设样品上感兴趣的结构上荧光标记均匀分布和均匀激活,那么全部概率密度函数就代表了样品结构的超高分辨率的二维图像(见图5.12).

上述技术在实际实验中主要根据所用发射体类型和光转换所需的外部刺激的不同而改变.一种方法使用菁染料,它可以通过激光激发,实现从状态 A 到状态 B 的光转换,激光同样也可以激发荧光信号.这种技术叫作随机光学重构显微术(stochastic optical reconstruction microscopy, STORM)[27].另一种方法叫作光敏定位显微术(photoactivated localization microscopy, PALM)[28],使用光敏的荧光蛋白.需要指出的是,光转换到暗态 B 可以视为低发光强度的饱和状态,因此也可以用在类似 STED 的成像中[29].

虽然定位显微术的成就是如此令人印象深刻,但直到现在所描述的方法也只能应用在二维成像上,也就是说所有的发射体都假设处在单个平面上.利用单个偶极子发射体的点扩展函数是像空间中三个坐标的函数(见§4.1中),把定位显微术扩展到三维是可能的.因此,离焦技术可以被用来获得轴向分辨率[30].一种区分正负离焦的办法是在探测光路上引入一个柱状透镜.但是这个透镜会导致轻微的像散,光斑会变成椭圆形状.提高离焦便会提高光斑的椭圆率.区分正负离焦是有可能的,因为当越过零离焦点时,椭圆光斑的主轴便会旋转 90°[31].

PALM 和 STORM 的优势在于可以和生物学上标准的荧光成像方法相兼容,比如 TIR 荧光和多色成像技术,还有三维图像重现技术.但是由于连续的成像处

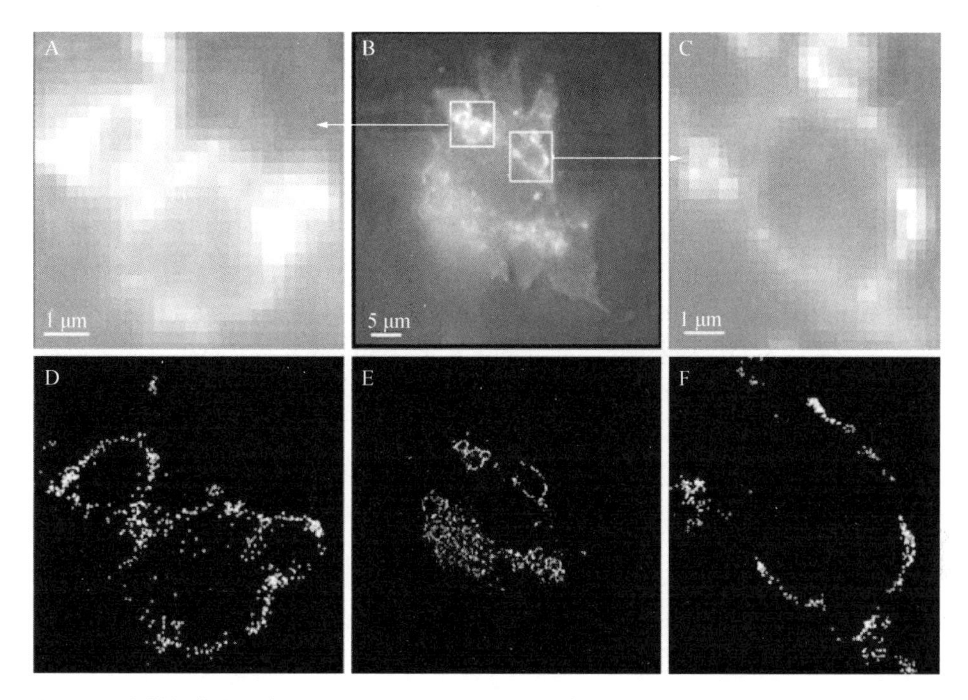

图 5.12 光敏绿荧光蛋白(PA-GFP)标记的蛋白血凝素广视野荧光图像(B)和 PALM 图像. 在(B)中选取一些区域的放大广视野荧光图像(A)和(C),相应的 PALM 像(D) 和(F)显示分辨率提高. 注意,为清楚起见,(E)中的衬度作了调节. 各对图像(A)和(D),(B)和(E),(C)和(F)的尺寸是一样的. 引自[26].

理过程,其时间分辨率受限. 更进一步,样品上荧光标记必须非常密且均匀,且如果定位精度被推到几个纳米范围,这些标记的大小会变成一个问题.

§5.3 近场激发显微术

在这一节,我们将主要讨论 Born 级数 (5.6)中 $\boldsymbol{ST}$ 项起主要作用的近场光学显微术,也就是说,入射光先和探针($\boldsymbol{T}$)发生作用,然后再和样品($\boldsymbol{S}$)发生作用. 通常,光学成像的空间分辨率主要依赖于横向空间频率带宽 $\Delta k_{\parallel}$. 数值孔径为 NA 的光学显微镜会把带宽限制在 $\Delta k_{\parallel} \in [-\mathrm{NA}\omega/c, \mathrm{NA}\omega/c]$. 而提高 NA 的办法只有提高折射率 n 和提高聚焦的角度. 在最好的情况下 $\mathrm{NA}=n$,它严格地限制了分辨率极限. 然而正如我们在 §4.6 中讨论过的,忽略了隐失波的带宽是限制分辨率提高的主要原因. 在理论上,如果我们考虑隐失波的话,空间频率的带宽将会是无限的,则空间分辨率便会提高. 在这一节,我们将考虑使用近场激发源,如一个有隐失波成分的光源的光学显微术. 光学近场与样品作用,产生的散射光被标准的远场光学仪器接收,参看图 5.1(b). 由于§4.6 中已经提供了必要的理论背景,我们在这一节将关注实验上的问题. 近场光源通常被称作"光学探针"(optical probe).

5.3.1 小孔扫描近场光学显微术

在光路上,小孔扫描近场光学显微术和共聚焦显微术的唯一区别是激发光束被替换成从一个小孔所发出的光场,此小孔放置在样品表面附近,如图 5.13(参看图 4.17)所示. 最常用的小孔制作方法是在尖锐的光纤探针侧面覆盖上金属,没有覆盖金属的光纤尖端就是一个小孔. 这种小孔探针的光学特性将会在第 6 章中详细讨论. 小孔附近的近场光和样品发生相互作用而产生的散射光将被与共聚焦显微术中相同的方式记录. 这两种技术有一个共同的优势,可以在近场和远场照明之间方便地切换.

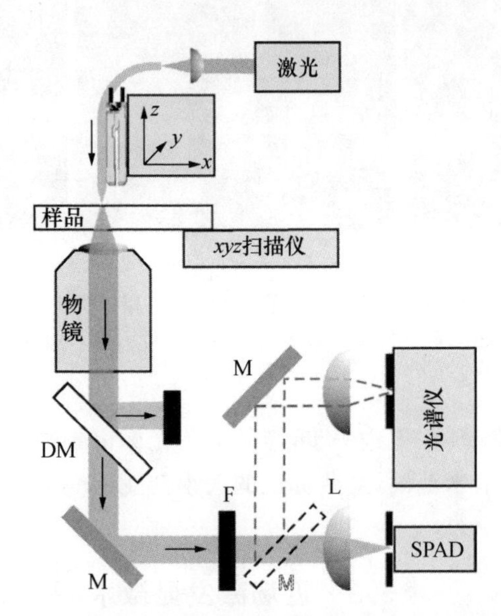

图 5.13 工作在照明模式下的近场光学显微镜的典型设置. 注意和图 5.3 中共聚焦显微镜设置的相似之处. 激光被注入一个光纤内,光纤的另一端制备成一个光学探针. 通过如音叉剪切力反馈的方法,探针被控制在样品的近场距离内(参看第 7 章). 光和样品发生作用之后,被一个与光纤对准的显微镜物镜收集. 在荧光成像的情况下,一个二向色镜反射大部分的激发光. 剩余的激发光被附加的滤色片滤掉,红移的荧光聚焦在探测器或者光谱仪上. 图中,M 代表反射镜,L 代表透镜,DM 代表二向色镜. 虚线所代表的反射镜可以从光路中移入或者移出.

因为小孔扫描近场光学显微术中照明和探测的元件是分开的,所以最后两种元件必定要分享相同的光轴. 这就需要一些调整光学探针横向位置的技巧. 如果是样品扫描,那么在获取图像的过程中光路是不变的,这就保证了在整个图像获取过程中收集效率是不变的.如果是探针扫描,那么探测小孔的背投像要大到足以容纳整个探针扫描范围.

当使用一个完美的小孔探针时,理论上是不需要使用共聚焦探测光学的.然而实际上小孔探针是远达不到完美情况的.金属包层上的针孔或者从没有金属包层的探针上端逃离的光线都有可能产生一个明显的背景信号.如果把探测光线限制在一个很小的共聚焦区域内将会改善这个问题.对于较大的小孔,近场光学显微术的空间分辨率会被收集光路的数值孔径所影响.一个大的数值孔径将会优化收集效率,这在荧光应用中十分重要.对于纯吸收或者纯散射衬度,在光学临界角以上或者以下收集的光(容许光和禁戒光,见第10章)会呈现颠倒的衬度[32].对于这种应用,高数值孔径要慎用.

§5.4 近场探测显微术

在上一节,样品被近场光源局域激发,但样品发射或者散射的光都是在远场光路中收集的.在这一节,我们将考虑相反的状况,例如远场光激发样品,其响应信号被近场光学探针探测.因此Born级数(5.6)中的 ***TS*** 项可以很好地描述这种相互作用.

5.4.1 扫描隧道光学显微术

在光子扫描隧道显微术(photon scanning tunneling microscopy, PSTM)[33,34]中,激光束在样品支持物(经常采用一个三棱镜或者一个半球镜)表面上发生全反射(参看图5.14).形成的隐失表面波的衰减长度典型值在100 nm量级(见第2章).一个裸锥形玻璃光纤伸入隐失场中,将会局域地耦合一些光进入探针中,转换成传播模式被引导到探测器上.这个转换类似于在第2章中讨论过的受抑全内反射.尖锐光纤探针的制备方法将在第6章描述.

使用一个裸光纤探针有好处也有坏处.其好处是介质探针对场的干扰程度远小于金属探针,因此Born级数(5.6)式中 ***TS*** 项之后的项都可以略掉.另一方面,由于介质探针在有效探测区域外也收集一定量的光,因此其空间局域范围不能明确确定.由于探针不是一个点状的散射体,因此收集效率以复杂方式依赖于其特定的三维几何结构.但是如果PSTM主要探测的是样品的隐失场,其分辨率可高达100 nm.一个例子如图2.5所示,这里,在全内反射情形下,PSTM被用来描绘两个等幅相向传播的隐失波干涉后形成的驻波.其中观察到的调制深度为我们提供了探针有效尺寸的信息.

注意在样品散射成像的过程中,光纤探针可能会产生几个伪像,这些伪像的产

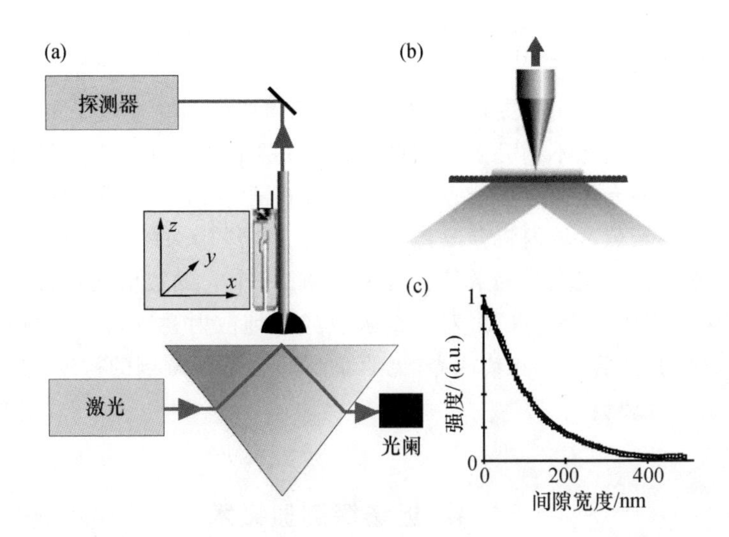

图5.14 光子扫描隧道光学显微术(PSTM).(a) 典型的结构.一个透明的样品放在三棱镜上,以全内反射方式照射.(b) 间隙区的放大图,显示了一个介质探针浸入样品上边的隐失场中.(c) 光学探测器上的信号随着间隙宽度的增加指数衰减.数据是从一个靠近空气玻璃界面的锥形玻璃探针得到的.

生主要是由于波场是沿着探针的侧面而不是沿着探针尖端耦合进入光纤的(见第6章).

记录场分布的振幅和相位

光子隧道显微术的一个特性是不仅可以在近场测量时间平均场强度,而且也可以测量它的振幅和相位[35].利用外差干涉仪[36],这些测量甚至可以用时间分辨的方法进行.图5.15显示的是这种测量方法所用的装置.其中声光调制器(acousto-optic modulator, AOM)会把参考光的频率ω_0变化一个量$\delta\omega$.光纤探针探测到的光信号和参考光场可以描述成[35]

$$\boldsymbol{E}_{\mathrm{S}}(x,y)=\boldsymbol{A}_{\mathrm{S}}(x,y)\exp[\mathrm{i}(\omega_0 t+\phi_{\mathrm{S}}(x,y)+\beta_{\mathrm{S}})], \tag{5.9}$$

$$\boldsymbol{E}_{\mathrm{R}}=\boldsymbol{A}_{\mathrm{R}}\exp[\mathrm{i}(\omega_0 t+\delta\omega t+\beta_{\mathrm{R}})]. \tag{5.10}$$

其中,$\boldsymbol{A}_{\mathrm{S}}(x,y)$和$\boldsymbol{A}_{\mathrm{R}}$是信号和参考光场的实数振幅,$\phi_{\mathrm{S}}(x,y)$是与样品相关的光信号的相位.信号的振幅和相位与光纤探针的位置紧密相关.此外,β_{S}和β_{R}是常数相位差,分别来源于信号光和参考光的不同光路.样品的光场与参考光场发生干涉,然后被光探测器记录.干涉后的信号强度为

$$I=|\boldsymbol{A}_{\mathrm{S}}(x,y)|^2+|\boldsymbol{A}_{\mathrm{R}}|^2+2\boldsymbol{A}_{\mathrm{R}}\cdot\boldsymbol{A}_{\mathrm{S}}(x,y)\cos[-\delta\omega t+\phi_{\mathrm{S}}(x,y)+\beta_{\mathrm{S}}-\beta_{\mathrm{R}}]. \tag{5.11}$$

信号中有一个直流偏移量和一个频率为$\delta\omega$的振动成分,其振幅和相位中包含有相关的信息.它们可以通过一个工作在$\delta\omega$的双输出锁相放大器提取.对于脉冲激发,

只有信号和参考脉冲同时到达探测器时，才会发生干涉. 在图 5.15 中，调节延时路径改变延时量，脉冲通过样品结构的传播就可以检测[36].

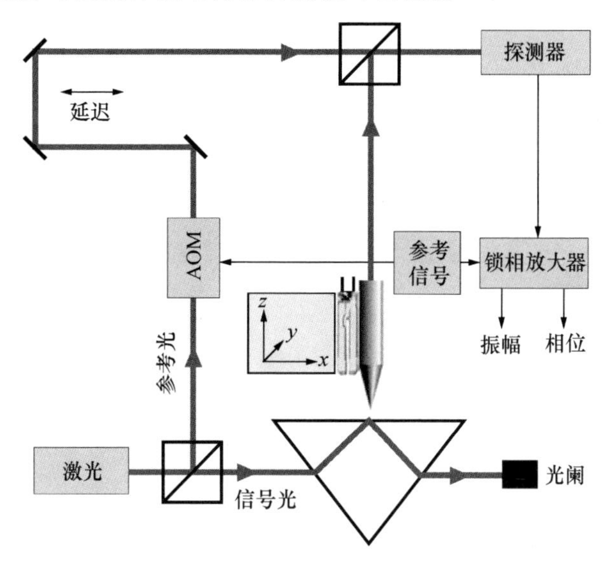

图 5.15 带有时间分辨外差干涉仪的光子隧道显微术. 从一个固定频率的激光光源中发出的光将被分成一个参考光分支和一个信号光分支，利用声光调制器偏移参考光的频率. 在参考光分支，有为时间分辨实验设置的延迟光路. 信号光在三棱镜内发生全反射，在样品上产生一个隐失场. 把信号光耦合进波导中也可以产生隐失场. 尖锐光纤探针探测样品上的隐失场，传递到分束镜上，在那里，样品的光将会和参考光场发生干涉. 干涉后的信号通过锁相放大器进行分析.

作为一个应用的例子，图 5.16 显示了光脉冲通过一个光子晶体波导耦合器时，近场强度的时间快照(在延迟路径上的一个固定位置). 图 5.16(a)是耦合器的结构，其中间是两个平行的线缺陷波导，它们足够接近以允许电磁场耦合. 图 5.16(b)给出了光学信号，它是局域场强度和相位正弦的乘积. 光脉冲的可视化行为表明这个耦合器性能很好. 更多的细节和视频见文献[37].

5.4.2 交叉偏振场增强近场显微术

对强散射样品，例如会发生等离激元共振的金属纳米颗粒(见第 12 章)的近场光强分布成像，既需要很高的空间分辨率(因为涉及的有效波长很短)，又要能够抑制对均匀光场产生的散射光的探测. 带有偏振控制的场增强扫描近场光学显微术可以实现上述目的[38]. 图 5.17 给出了这种测量方法的原理. 样品被一束轻微聚焦的 s 偏振光照射，会激发样品上分立的金属纳米颗粒等离激元共振. 光学探针是非常尖锐的，它只沿主轴方向具有很强的极化率(见 §6.5)，因此这个偏振光场一开始只能很微弱地激发探针. 但是，入射光场和强散射样品之间的相互作用能产生“偏振混杂”，因此局域场会沿探针的轴向极化. 这些场分量可以被探针高效地散

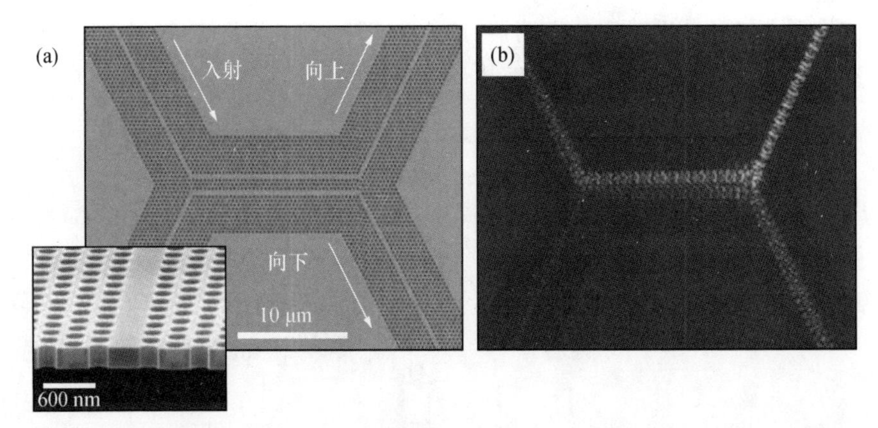

图 5.16 光脉冲通过一个光子晶体波导耦合器传播.(a) 光子晶体和光导线缺陷的扫描电子显微镜图像.左下角的插图是光子晶体膜的结构和光导线缺陷的放大图像.(b) 当光脉冲通过结点时的快照.图像显示的是干涉光信号(振幅乘以相位的正弦).光纤探针外面包覆金属层,一个较大的光阑用来抑制背景光.引自[37].

射,然后在远场被记录.为了抑制样品和探针之间的多重散射,散射光要通过一个起偏器,只有和探针光轴平行的分量能通过.为了确定散射光场的相位,且基于光学探针的振动频率利用锁相放大器放大信号,探测过程要将探测信号和参考光束混合.利用偏振技术可以终止 Born 级数中 $\boldsymbol{TS}$ 以后的项.这种近场成像技术使测量纳米等离激元结构,例如图 5.17(b)中所显示的金圆盘附近的振幅和相位分布成为可能.注意如果把照明和探测的偏振方向倒转,则这个成像技术就转化成我们前面描述过的 $\boldsymbol{ST}$ 模式.

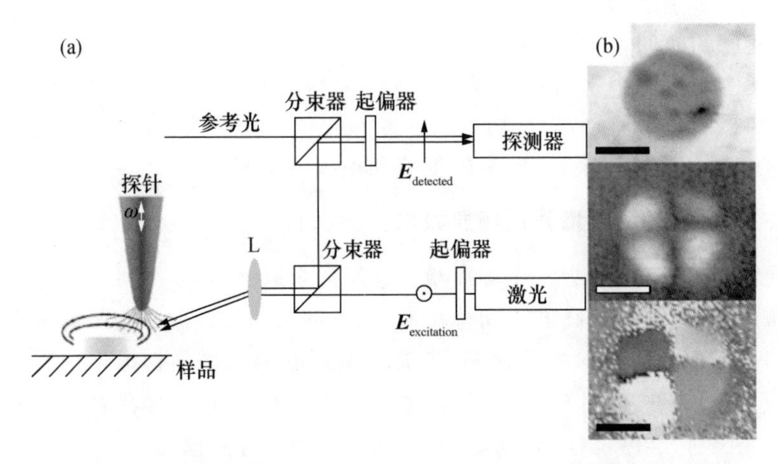

图 5.17 偏振控制的场增强扫描近场显微术.(a) 显示了确定偏振的光束路径、探针和样品相互作用的区域的设置概览.样品的退极化效应导致沿探针主轴方向产生极化.使用参考光场和锁相探测技术会提高灵敏度.(b) 最上边的 AFM 图像是在玻璃上的金圆盘图像;中间是测量的场振幅;下边是场的相位.引自[38].

§5.5 近场激发和探测显微术

我们现在考虑样品和探针之间发生多重散射的近场显微术构型. 这里,Born 级数中起主要作用的项是 ***TST***. 样品主要是被光学探针的增强近场激发的,也就是说,相对而言样品受外部的激发非常微弱. 而且,从样品上散射或者发射的光到达远场的也很少. 但是,由于光学探针十分靠近样品,能把样品的局域场散射到探测器上. 在这种模式下,光学探针就如同一个光学天线.

5.5.1 场增强近场显微术

小孔近场显微术的分辨率是有限制的,因为小孔的有效直径不能小于包覆锥形玻璃探针的金属的趋肤深度的两倍. 在光学频率下导电率好的金属的趋肤深度大约为 6～10 nm. 因此,即使小孔的物理尺寸为 0,小孔的有效直径也是 20 nm. 在实验中根本不可能直接获得这么高的分辨率,因为如此小的孔其透射光的能力是极低的,我们将会在第 6 章讨论这个问题. 如果针尖的锥角不能被极大地增加,则在正常工作情况下,基于信噪比的原因,小孔的直径一般会保持在 50～100 nm 的范围内(见第 6 章).

除了小孔探针能起到光局域化的作用,事实上,任何光照射到材料的微小结构上,都能够产生光学近场. 这个近场局域在材料的表面,依赖材料的性质,能增强到超过照射光的强度. 我们的目的当然是去寻找那些可以产生强局域和高强度的近场的特定的物质结构. 一种可能是利用激光照射金属颗粒,因为尖锐的针状金属结构能够导致"场线拥挤"(避雷针效应). 另外一种可能的方法是利用几何形状相关的等离激元共振,它在接近或者处于光频区域发生的频率足够高. 这些等离激元共振关联着强的场增强,可以用来实现有效的近场探测. 等离激元将会在第 12 章中详细讨论.

Hoeppener[39] 的研究表明,在介质光纤的尖端镶嵌一个球形金颗粒的共振探针,在自然环境下,对荧光标记的单个蛋白质成像是可能的. 图 5.18(a)显示了这个装置的略图. 在图 5.18(b)中单独的共聚焦成像无法分辨出单个蛋白质. 而共振球状的金颗粒可以增强附近的单个发光体(也可见图 9.21)的强度 8 到 10 倍(见§13.4). 只要荧光标记蛋白质的面密度不是很高,获得在样品表面单个标记蛋白质高分辨率成像是可能的,即使有外部照明引起的荧光背景 (图 5.18(c)).

外部照明引起的背景会造成信噪比的恶化. 尽管外部照明的强度很弱,但是其照射到的区域比局域的近场区域大得多. 为了从远场照射产生的信号中辨别出近场相互作用产生的信号,可以利用非线性相互作用,比如双光子激发或者和频产生.

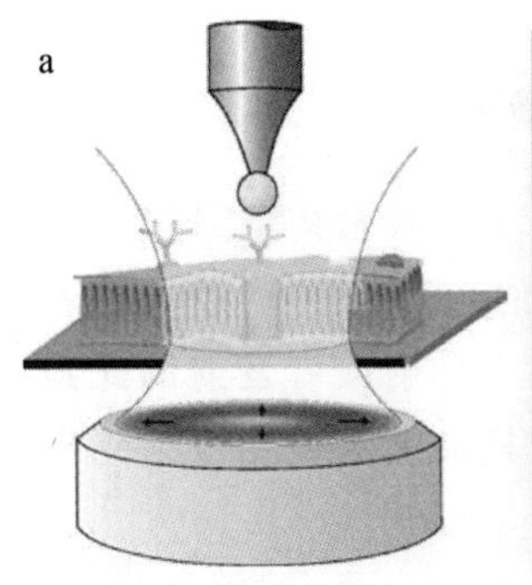

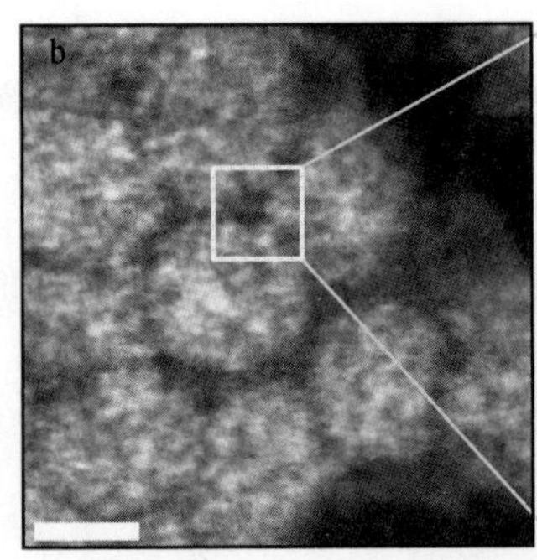

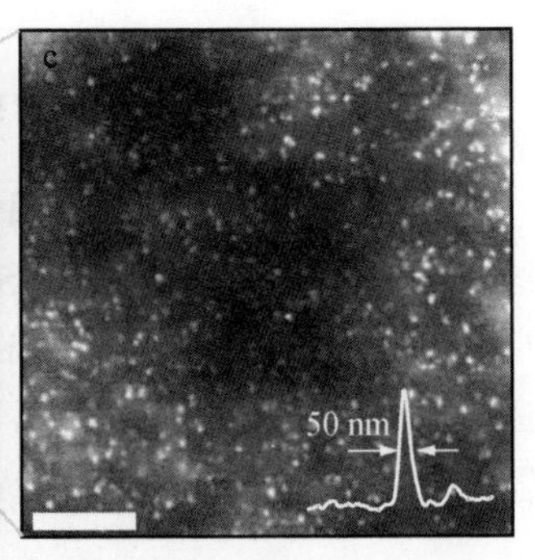

图 5.18　场增强近场荧光成像.(a) 结构简图.(b) 远场共聚焦荧光图像显示了有荧光标记钾离子通道蛋白质的红细胞膜,蛋白质的密度太高以至无法单个分辨.标尺条:5 μm.(c) 由(b)中标记的区域的近场荧光像,可以分辨出单个蛋白质.利用聚焦的径向偏振激光束,照射约为 60 nm 的金纳米颗粒天线,获得此图.右下角的插图显示了一个荧光点的截面强度分布,分辨率约为 50 nm.标尺条:1 μm.引自[39].

对于一个衍射极限的激发光点,外场激发的面积与近场激发的面积的比在 10^3 量级.因此,假设分子在样品表面均匀分布,则近场的强度至少增强 10^3 倍才能使产生的近场信号和与远场照射相关的信号同样强.另一方面,一个二阶非线性过程是按激发强度的平方变化的,所以增强因子仅需要 $\sqrt{10^3}\approx 32$.当然对于非常低的表面覆盖,信号的辨别便显得不太重要.如果远场聚焦在单个物体或者隔离团簇上,这样的背景场甚至是可以忽略的.

非线性光学过程的应用也可能带来问题,因为新的背景源可能出现.明显的例子是照明水平增强时出现的宽带发光[40]和二次谐波产生[41].尽管是发光测量中的干扰因素,这两个效应都能够加以利用,例如可以作为光谱测量或者光刻技术的局域光源.

另一个解决背景光问题的方法是 Frey 提出的[42]:在小孔探针的端面生长一个尖头,光通过小孔激发样品,而不是使用远场照明光点,这将会大大降低远场产生的背景信号.

场增强扫描近场光学显微术也和各种类型的振动光谱技术结合,例如 Raman 散射[43]和共聚焦 Raman 散射[44].在本书中这些方法通常都被称为针尖增强 Raman 散射(tip-enhanced Raman scattering, TERS).既然有场增强的结构,根据相互作用项 ***TST*** 的特性,激发场和 Raman 散射场都会被增强,一般认为 Raman 信号与局域场强度的四次方成正比[45].作为例子,图 5.19 显示了碳纳米管的近场 Raman 散射图像[46].碳纳米管具有相对较大的 Raman 散射截面,很容易在样品覆盖密度小的情况下成像.图 5.19 所示的 Raman 图像是通过积分中心在 $\nu=1580\ \mathrm{cm}^{-1}$

的窄带 G 峰获得的.

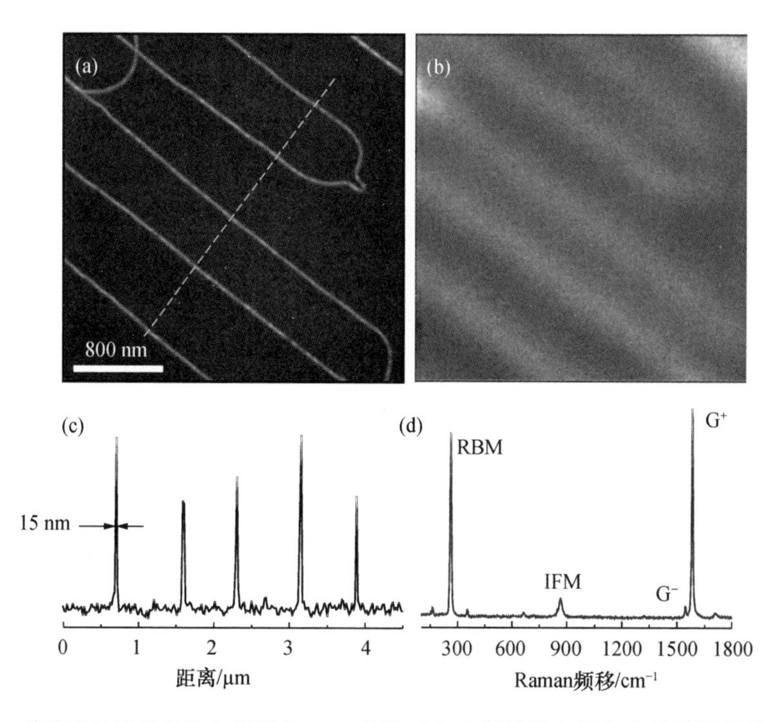

图 5.19 单臂碳纳米管的针尖增强 Raman 散射.(a) G 带强度空间分布的近场图像.(b) 对应的共聚焦 Raman 图像.(c) (a)中虚线的截面图,分辨率大约为 15 nm,高信噪比.(d) 特征振动带的近场 Raman 光谱.引自[46].

调制技术

调制技术用来从外部光照射样品引起的背景信号中辨别探针尖端附近产生的近场光学信号.通常探针和样品之间的距离会被调制,光学信号在与调制频率相同的频率,或者高次谐频上用锁相放大器探测.调制技术通常用在与外部激发相同频率的 Rayleigh 散射光上.激发场在探针尖端产生一个偶极子,这个偶极子又在样品中激发出一个像偶极子.样品和探针偶极子结合成一个有效偶极子,观察到的信号是其对光的散射,这正是相互作用的 ***TST*** 项的特征.我们如果用一个平面界面上的球形颗粒来代替探针,就能推导出探针和样品耦合系统的有效极化率:

$$\alpha_{\text{eff}} = \frac{\alpha(1+\beta)}{1-\alpha\beta/[16\pi(a+z)^3]}, \tag{5.12}$$

其中 $\alpha=4\pi a^3(\varepsilon_{\text{probe}}-1)/(\varepsilon_{\text{probe}}+2)$, $\beta=(\varepsilon_{\text{sample}}-1)/(\varepsilon_{\text{sample}}+1)$, a 是探针尖端的曲率半径,z 是探针和样品之间的间隙宽度[47].对于一个小的颗粒,散射场的振幅正比于极化率 α_{eff}.改变照射光的波长将会改变散射效率,因为样品的介电常数 $\varepsilon_{\text{sample}}$ 和探针的 $\varepsilon_{\text{probe}}$ 也会随之改变.如果探针的响应在感兴趣的谱段是平的,就可以利用

这种谱特性来区分不同的材料.

通常,直接探测调制在探针本征振动频率上的光学信号不是最好的方式,因为来自探针轴上的散射也对信号的调制有影响.这个问题可以通过在探针振动基频的高次谐频处解调来解决.由于近场光学信号和样品-探针的距离是很强的非线性关系(见(5.12)式),因而会在探测信号中引入高次谐频.利用5.4.1节中描述的方法,这些高次谐频可以通过锁相放大器和外差干涉仪或者零差干涉仪结合的技术来提取.图5.20显示的是本节中所用的仪器装置和高频解调的效果.利用高次谐波,近场信号能够被更有效地提取出来.但是可以使用的谐频级数受限于测量噪声的大小,它们通常是探测信号中的散粒噪声.在三次谐波上探测是获得较好的背景光抑制与可以容忍的噪声之间的较好的折中方案.图5.20显示的是在三次谐频上解调的图像.图5.20(a)中的结构被用来对橡胶球的投影图案成像.图5.20(c)是其形貌像.图5.20(d)和(e)分别是在基频和三次谐频中解调出来的光信号.其中三次谐频上图像十分清晰,因为远场的贡献都被很好地抑制了.这也能通过比较光学图像下面各自的趋近曲线看出[47].

调制技术也可以用在离散信号上,比如说一束单光子流.在光子时间戳(time stamping)技术中,单个光子的到达时间被记录,只有那些落入预设时间窗内的光子被保留[48].典型情况是,只有在探针到达距样品最短距离时刻前后的光子会被考虑.除了更好的灵敏度,这种方法的更大优势在于,根据提取出的信号的性质,可以对原始数据使用不同的分析技术.图5.21示意的是光子的到达时间和探针位置之间的关系.

单光子计数中的离散电压脉冲能够直接被馈入锁相放大器中,以比对探针-样品距离的调制频率.这个技术可以工作在很低的计数速率下,甚至可以低到单光子发射的级别.这可以被用来对荧光量子点[49]或者用单分子标记的薄膜蛋白质[50]成高分辨率的图像.

5.5.2 双通道近场显微术

在这一节,我们简单地讨论Born级数中 ***TST*** 项起主要的作用的近场显微术的构型,但不要求对探针的外部远场照明.这类显微术中的第一种构型如图5.22所示.在这个显微镜中,一个光纤探针或者一个小孔探针被用来激发样品,同时探针也收集光学响应.在一个裸探针的情况下,光通过探针两次,因此比起只用光纤探针照明的构型分辨率能得到提高.使用光纤探针既激发又收集,在633 nm工作波长下,显微镜具有150 nm的分辨能力[51].因为信噪比的限制,小孔探针在双通道构型中的应用要更加困难.一个亚波长小孔的光通量非常少,如果要求光通过两次小孔就更少了(见第6章).然而,使用一个大锥角的金属包覆光纤探针或者双锥

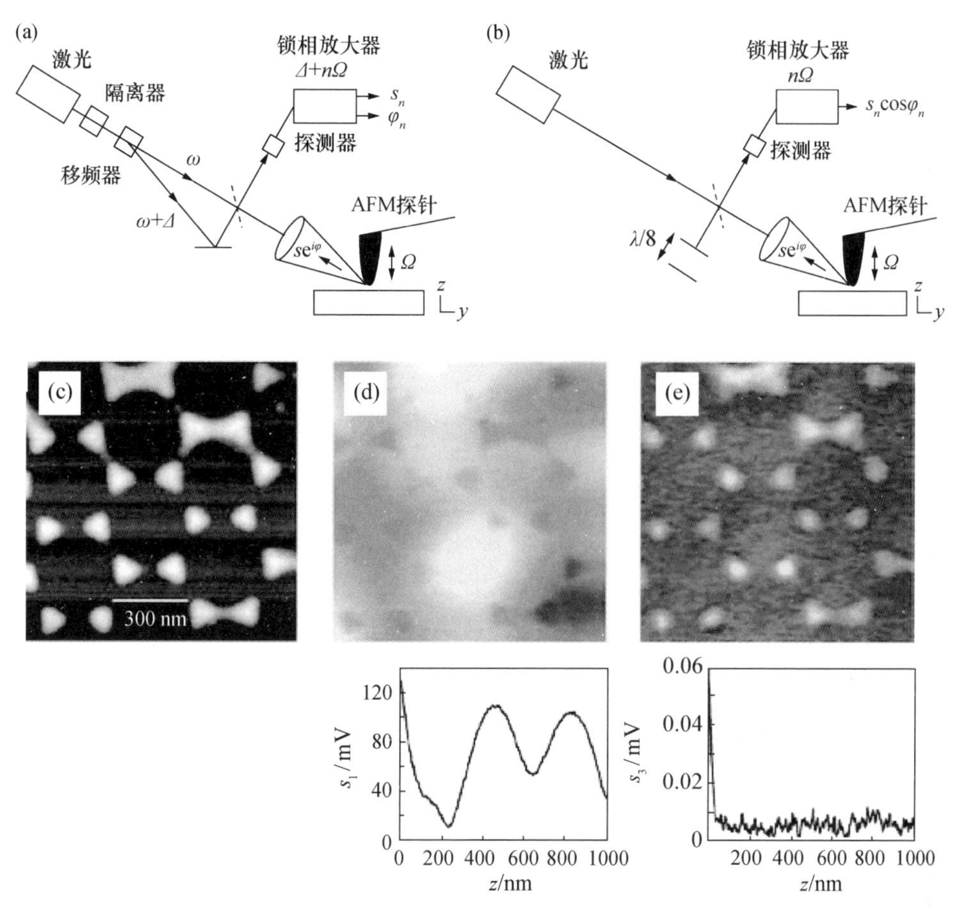

图 5.20 使用外差(a) 和零差(b) 探测的散射型近场显微术设置.(c) 橡胶球的投影图案的形貌像.(d) 上图:在悬臂的基频上得到的散射图像;下图:由于剩余远场的贡献,趋近曲线显示出强的干涉条纹.(e) 上图:在悬臂的三次谐频上得到的散射图像.下图:在悬臂三次谐频上记录的趋近曲线,显示的是干净的近场信号.引自[47].

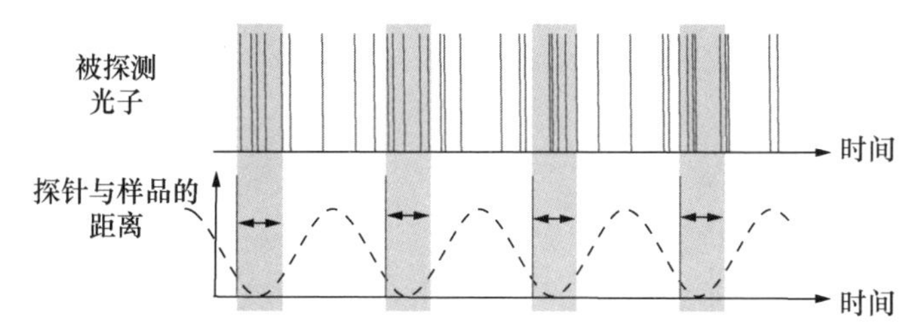

图 5.21 光子到达时间和近场探针垂直振动的关联.在时间戳中,只有那些进入预设时间窗内的光子才会被计数.

探针可以最优化光通量. 事实上, Hosaka 和 Saiki 已经利用通过小孔探针的"双通道"得到了分辨率大约为 20 nm 的单分子图像[52]. 双通道近场显微术是非常具有吸引力的, 因为它有不计其数的在非透明样品, 包括数据存储方面令人信服的应用. 为了突破低光通量的限制, 与局域场增强技术相结合是值得期待的.

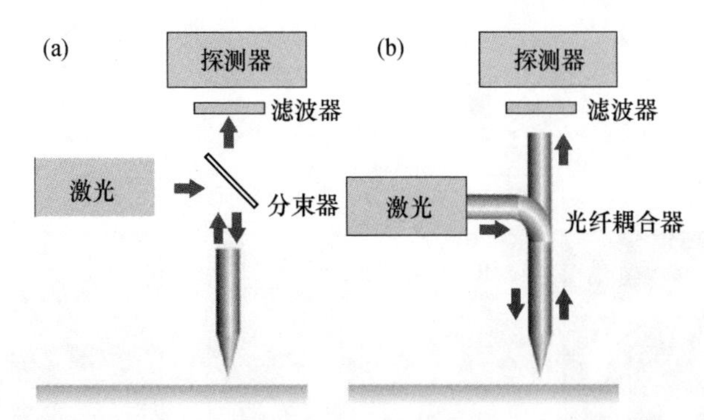

图 5.22 双通道模式的近场显微术的概念图. 探针具有激发和收集的双重作用. 利用(a)一个外置的分束镜, (b) 一个 Y 形的光纤耦合器来实现.

一个早期的双通道模式下工作的近场显微镜是近场光学的先驱者 U. Fischer 和 D. W. Pohl 在 1988 年设计的[53]. 图 5.23 是这个装置的示意图. 金属屏幕上的一个亚波长小孔被一个玻璃板中的波导模式光照射. 从小孔上散射的光强被记录为小孔和样品距离的函数和横向扫描坐标的函数[53]. 散射的强度依赖于小孔临近区域物质的有效折射率. 这种显微术可以得到高分辨率的光学图像.

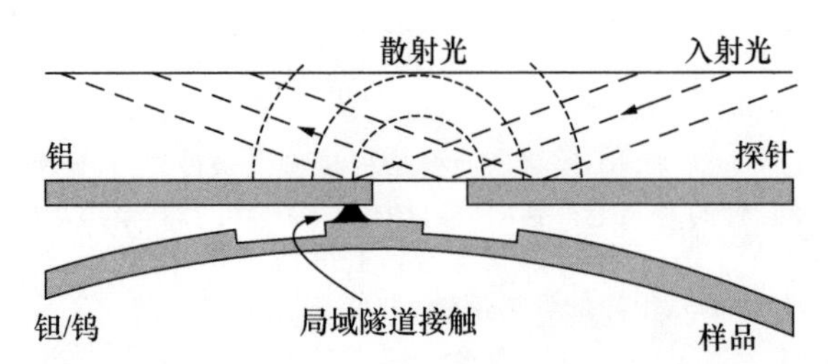

图 5.23 反射模式近场显微术. 一个亚波长的小孔被玻璃板中的波导模式光照射. 从小孔上散射的光强被记录为小孔周围局域环境的函数. 引自[53].

§5.6 总　　结

光学探针和样品之间的相互作用可以用多重相继散射的直观图像描述. 根据相互作用级数中哪一项起主要作用, 可以对近场光学显微术进行分类. 从相互作用级数中并不是总能够提取单个的主要作用项, 甚至在某些情况下级数不收敛. 通常近场显微术测量的不是样品的光场而是探针和样品的相互作用.

习 题

5.1 相互作用级数.通过直接计算和对产生的各项重新整理,推导出(5.6)式.

5.2 表面增强光谱术.利用文献[45]讨论为什么在纳米结构附近 Raman 散射增强正比于场增强因子的四次方.这种比例关系对其他光谱信号也成立吗?

5.3 利用§3.6中的公式,确定轴上用在 STED 显微术上以精确消除几何焦点区域的总场的相位片的直径.讨论为什么获得一个高精度的零场非常重要.

5.4 假设一个小的球形颗粒在平面界面上,推导出(5.12)式.这个颗粒看作在衬底中产生出一个像偶极子的一个单偶极子.

5.5 定位显微术中的伪像.考虑在数值孔径为 NA 的物镜的几何焦点上有一个分子.分子的荧光在 CCD 上成像,从 CCD 上我们能以 10 nm 的精度确定像的中心位置.成像系统的横向放大倍数为 M.

现在我们在分子的旁边放一个纳米颗粒(半径 a_0,介电常数 ε).分子和纳米颗粒的中心距离为 d.我们最后得到两个相干偶极子,分子偶极子和纳米颗粒中感生的偶极子的发射.

计算 a_0,d 和 ε 对测量中心位置和精度的影响.你能从结果中得出什么结论?

参考文献

[1] J. Sun, P. S. Carney, and J. C. Schotland, "Strong tip effects in near-field scanning optical tomography," *J. Appl. Phys.* **102**, 103103 (2007).

[2] M. Born and E. Wolf, *Principles of Optics*, 7th edn. New York: Cambridge University Press (1999).

[3] S. W. Hell, M. Schrader, P. E. Hänninen, and E. Soini, "Resolving fluorescence beads at 100 - 200 nm axial distance with a two photon 4π -microscope operated in the near infrared," *Opt. Commun.* **120**, 129 - 133 (1995).

[4] R. H. Webb, "Confocal optical microscopy," *Rep. Prog. Phys.* **59**, 427 - 471 (1996).

[5] J. B. Pawley (ed.), *Handbook of Biological Confocal Microscopy*, 2nd edn. New York: Plenum Press (1995).

[6] S. W. Hell and E. H. K. Stelzer, "Properties of a 4π -confocal fluorescence micro-scope," *J. Opt. Soc. Am. A* **9**, 2159 - 2166 (1992).

[7] S. Lindek, R. Pick, and E. H. K. Stelzer, "Confocal theta microscope with three objective lenses," *Rev. Sci. Instrum.* **65**, 3367 - 3372 (1994).

[8] S. W. Hell, *Increasing the Resolution of Far-Field Fluorescence Microscopy by Point-Spread-Function Engineering*. New York: Plenum Press (1997).

[9] M. Göppert-Mayer, "Über die Wahrscheinlichkeit des Zusammenwirkens zweier Lichtquanten in einem Elementarakt," *Naturwissenschaften* **17**, 932 (1929).

[10] W. Kaiser and C. G. B. Garret, "Two-photon excitation in $CaF_2: Eu^{2+}$," *Phys. Rev. Lett.* **7**, 229 - 231 (1961).

[11] W. Denk, J. H. Strickler, and W. W. Webb, "2-Photon laser scanning fluorescence microscopy," *Science* **248**, 73 - 76 (1990).

[12] P. S. Dittrich and P. Schwille, "Photobleaching and stabilization of fluorophores used for single-molecule analysis with one-and two-photon excitation," *Appl. Phys. B* **73**, 829 - 837 (2001).

[13] S. W. Hell, "Towards fluorescence nanoscopy," *Nature Biotechnol.* **21**, 1347 - 1355 (2003).

[14] P. D. Maker and R. W. Terhune, "Study of optical effects due to an induced polarization third order in the electric field strength," *Phys. Rev. A* **137**, 801 - 818 (1965).

[15] A. Zumbusch, G. R. Holtom, and X. S. Xie, "Three-dimensional vibrational imaging by coherent anti-Stokes Raman scattering," *Phys. Rev. Lett.* **82**, 4142 - 4145 (1999).

[16] C. W. Freudiger, W. Min, B. G. Saar *et al.*, "Label-free biomedical imaging with high sensitivity by stimulated Raman scattering microscopy," *Science* **322**, 1857 - 1861 (2008).

[17] S. M. Mansfield and G. S. Kino, "Solid immersion microscope," *Appl. Phys. Lett.* **77**, 2615 - 2616 (1990).

[18] B. D. Terris, H. J. Mamin, and D. Rugar, "Near-field optical data storage," *Appl. Phys. Lett.* **68**, 141 - 143 (1996).

[19] S. B. Ippolito, B. B. Goldberg, and M. S. ünlü, "High spatial resolution subsurface microscopy," *Appl. Phys. Lett.* **78**, 4071 - 4073 (2001).

[20] B. B. Goldberg, S. B. Ippolito, L. Novotny, Z. Liu, and M. S. Ünlü, "Immersion lens microscopy of nanostructures and quantum dots," *IEEE J. Selected Topics Quantum Electron.* **8**, 1051 - 1059 (2002).

[21] L. P. Ghislain and V. B. Elings, "Near-field scanning solid immersion microscope," *Appl. Phys. Lett.* **72**, 2779 - 2781 (1998).

[22] L. P. Ghislain, V. B. Elings, K. B. Crozier, *et al.*, "Near-field photolithography with a solid immersion lens," *Appl. Phys. Lett.* **74**, 501 - 503 (1999).

[23] T. D. Milster, F. Akhavan, M. Bailey, *et al.*, "Super-resolution by combination of a solid immersion lens and an aperture," *Jap. J. Appl. Phys.* **40**, 1778 - 1782 (2001).

[24] J. N. Farahani, H. J. Eisler, D. W. Pohl, and B. Hecht, "Single quantum dot coupled to a scanning optical antenna: a tunable super emitter," *Phys. Rev. Lett.* **95**, 017402 (2005).

[25] S. T. Hess, T. P. K. Girirajan, and M. D. Mason, "Ultra-high resolution imaging by fluorescence photoactivation localization microscopy," *Biophys. J.* **91**, 4258 - 4272 (2006).

[26] T. J. Gould and S. T. Hess, "Nanoscale biological fluorescence imaging: breaking the diffraction barrier," *Methods Cell Bio*. **89**, 329 - 358 (2008). With permission from Elsevier.

[27] M. J. Rust, M. Bates, and X. Zhuang, "Sub-diffraction-limit imaging by stochas-tic optical reconstruction microscopy (STORM)," *Nature Methods* **3**, 793 - 795 (2006).

[28] E. Betzig, G. H. Patterson, R. Sougrat, *et al*., "Imaging intracellular fluorescent proteins at nanometer resolution," *Science* **313**, 1642 - 1645 (2006).

[29] M. Hofmann, C. Eggeling, S. Jakobs, and S. W. Hell, "Breaking the diffrac-tion barrier in fluorescence microscopy at low light intensities by using reversibly photoswitchable proteins," *Proc. Nat. Acad. Sci.* **102**, 17565 - 17569 (2005).

[30] M. F. Juette, T. J. Gould, M. D. Lessard, *et al*., "Three-dimensional sub-100 nm resolution fluorescence microscopy of thick samples," *Nature Methods* **5**, 527 - 529 (2008).

[31] B. Huang, W. Wang, M. Bates, and X. Zhuang, "Three-dimensional super-resolution imaging by stochastic optical reconstruction microscopy," *Science* **319**, 810 - 813 (2008).

[32] B. Hecht, H. Bielefeldt, D. W. Pohl, L. Novotny, and H. Heinzelmann, "Influence of detection conditions on near-field optical imaging," *J. Appl. Phys.* **84**, 5873 - 5882 (1998).

[33] D. Courjon, K. Sarayeddine, and M. Spajer, "Scanning tunneling optical microscopy," *Opt. Commun.* **71**, 23 - 28 (1989).

[34] R. C. Reddick, R. J. Warmack, D. W. Chilcott, S. L. Sharp, and T. L. Ferrell, "Photon scanning tunneling microscopy," *Rev. Sci. Instrum.* **61**, 3669 - 3677 (1990).

[35] M. L. M. Balistreri, J. P. Korterik, L. Kuipers, and N. F. van Hulst, "Phase mapping of optical fields in integrated optical waveguide structures," *J. Lightwave Technol*. **19**, 1169 - 1176 (2001).

[36] M. L. M. Balistreri, H. Gersen, J. P. Korterik, L. Kuipers, and N. F. van Hulst, "Tracking femtosecond laser pulses in space and time," *Science* **294**, 1080 - 1082 (2001).

[37] R. J. Engelen, Y. Sugimoto, H. Gersen, *et al*., "Ultrafast evolution of photonic eigenstates in k-space," *Nature Phys*. **3**, 401 - 405 (2007). Reprinted by permission from Macmillan Publisher Ltd.

[38] R. Esteban, R. Vogelgesang, J. Dorfmüller, *et al*., "Direct near-field optical imaging of higher order plasmonic resonances," *Nano Lett*. **8**, 3155 - 3159 (2008).

[39] C. Hoeppener and L. Novotny "Antenna-based optical imaging of single Ca^{2+} transmembrane proteins in liquids," *Nano Lett*. **8**, 642 - 646 (2008). Copyright 2008 American Chemical Society.

[40] M. R. Beversluis, A. Bouhelier, and L. Novotny, "Continuum generation from single gold nanostructures through near-field mediated intraband transitions," *Phys. Rev. B* **68**, 115433 (2003).

[41] A. Bouhelier, M. Beversluis, A. Hartschuh, and L. Novotny, "Near-field second-harmonic generation induced by local field enhancement," *Phys. Rev. Lett.* **90**, 013903

(2003).

[42] H. G. Frey, F. Keilmann, A. Kriele, and R. Guckenberger, "Enhancing the resolution of scanning near-field optical microscopy by a metal tip grown on an aperture probe," *Appl. Phys. Lett.* **81**, 5030 - 5032 (2002).

[43] R. M. Stockle, Y. D. Suh, V. Deckert, and R. Zenobi, "Nanoscale chemical analysis by tip-enhanced Raman spectroscopy," *Chem. Phys. Lett.* **318**, 131 - 136 (2000).

[44] T. Ichimura, N. Hayazawa, M. Hashimoto, Y. Inouye, and S. Kawata, "Tip-enhanced coherent anti-Stokes Raman scattering for vibrational nanoimaging," *Phys. Rev. Lett.* **92**, 220801 (2004).

[45] H. Metiu, "Surface enhanced spectroscopy," *Prog. Surf. Sci.* **17**, 153 - 320 (1984).

[46] L. G. Cancado, A. Jorio, A. Hartschuh, *et al.*, "Mechanism of near-field Raman enhancement in one-dimensional systems," *Phys. Rev. Lett.* **103**, 186101 (2009). Copyright 2009 American Physical Society.

[47] F. Keilmann and R. Hillenbrand, "Near-field microscopy by elastic light scattering from a tip," *Phil. Trans. Roy. Soc. Lond. A* **362**, 787 - 805 (2004).

[48] T. J. Yang, G. A. Lessard, and S. R. Quake, "An apertureless near-field microscope for fluorescence imaging," *Appl. Phys. Lett.* **76**, 378 - 380 (2000).

[49] C. Xie, C. Mu, J. R. Cox, and J. M. Gerton, "Tip-enhanced fluorescence microscopy of high-density samples," *Appl. Phys. Lett.* **89**, 143117 (2006).

[50] C. Hoeppener, R. Beams and L. Novotny, "Background suppression in near-field optical imaging," *Nano Lett.* **9**, 903 - 908 (2009).

[51] Ch. Adelmann, J. Hetzler, G. Scheiber, *et al.*, "Experiments on the depolarization near-field scanning optical microscope," *Appl. Phys. Lett.* **74**, 179 - 181 (1999).

[52] N. Hosaka and T. Saiki, "Near-field fluorescence imaging of single molecules with a resolution in the range of 10 nm," *J. Microsc.* **202**, 362 - 364 (2001).

[53] U. Ch. Fischer, U. T. Dürig, and D. W. Pohl, "Near-field optical scanning microscopy in reflection," *Appl. Phys. Lett.* **52**, 249 - 251 (1988).

第 6 章　近场探针对光的局域化

近场光学探针，比如激光照射的小孔或金属针尖，是前面几章讨论的近场显微镜的关键元件. 不管探针应用在哪一个装置中，所获得的分辨率都依赖于探针对光能的限制能力. 本章将讨论在不同探针中光的传播及光的受限，综述探针的制备方法，讨论其基本性质. 最常用的几种光学探针有：(1) 无覆盖的圆锥形玻璃光纤探针，(2) 小孔探针，(3) 尖锐的金属或半导体结构以及共振颗粒探针. 电磁场的互易理论表明，当源和探测器互换后，信号保持不变(参见 §2.13). 因此我们把所有的探针都看作局域光源.

§6.1　光在锥形透明介质探针中的传播

透明介质探针可以认为是一端为圆锥形的无限长玻璃棒. 光纤中已知的传导模式 HE_{11}，从无限长圆柱形玻璃棒一端入射，偏振在 x 轴方向，会在锥形探针中激发光场. 对于弱导光纤，模式通常被认定为 LP(线偏振). 在这种情况下，基模 LP_0 相当于 HE_{11} 模式. 此时探针的锥形部分可以认为是由一系列无穷薄的直径逐渐减小的圆盘组成，在每一个相交处，HE_{11} 场都会重新分布以适应下一更小部分. 因为基模 HE_{11} 不会发生截止[1]，所以可以认为能这样一直无限地继续下去. 但是在每一步，都会有一部分辐射被反射，且随着场越来越多扩展到周围介质(空气)中，透射的 HE_{11} 模式变得越来越不受限. 因此对于这种探针，可以预见其具有高通光率但低受限.

图 6.1 所示的对于场分布的计算，定性支持了预想的行为，但同时也揭示了一些有趣的其他特征：在探针截面直径约等于半波长处，由于入射光与反射光的叠加，导致强度最大. 进一步沿圆锥向下时，光便会穿透探针侧壁，因此在针尖处便会出现强度最小值. 因此，光纤探针不是一个局域照明光源. 可以得到的最好的场受限在 $\lambda/2n_{\mathrm{tip}}$ 量级，其中 n_{tip} 是光纤的折射率.

为了理解光纤探针处于收集模式时的效率，我们对照明模式装置做时间反演. 其实质是这样的：在照明模式中，HE_{11} 模式在光纤中传播并在针尖顶端转化为辐射，辐射场可以被分解为平面波和隐失波，并以不同的大小和偏振沿着不同方向传播/衰减(角谱，见 §2.15). 将所有平面波和隐失波反转传播方向会在光纤探针中激发一个与照明模式同样大小的 HE_{11} 模式. 因此，初看起来，利用光纤探针的收集模式无法达到高分辨率，但是，只要被探测的场是纯的隐失场，比如沿着一个波导结构,探针就能只收集可获得的隐失场,此时记录的图像就代表着局域场分布.但是如果样品包含一些散射体,可以将隐失场变为传播模式,测量信号由辐射场支配,就会沿针尖轴耦合进入探针,使图像变得模糊.因此,光纤探针被证明不适宜在辐射结构中用作近场探针.

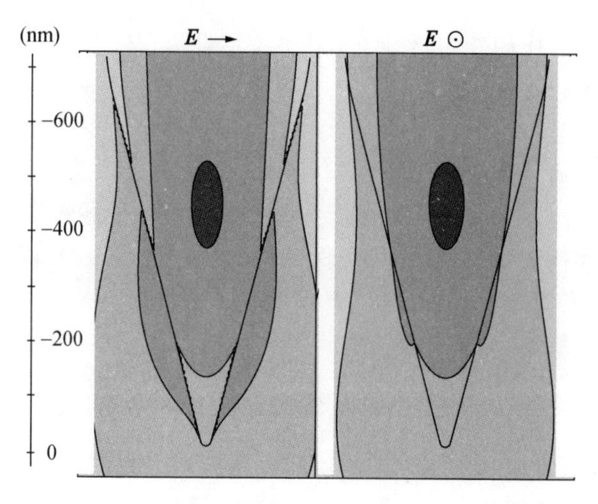

图6.1　在两个互相垂直的穿过透明介质探针中心的平面上绘出的恒定功率密度的等值线.(相邻的线有因子3的差别).场由 HE_{11} 模式激发(偏振由符号指示),从上边的圆柱形部分入射,$\lambda=488\ \mathrm{nm}$, $\varepsilon_{tip}=2.16$.

§6.2　透明介质探针的制备

透明介质探针经常用来制备更加复杂的探针,比如小孔探针.透明介质探针可以通过光纤尖细化形成圆锥形、打破玻璃板产生四面体针尖、聚合物成型过程,或者硅(氮化物或氧化物)微加工技术等制备.以玻璃光纤端部制备的探针有显著的优点,通过在光纤的另一端激发传导模式,它可以非常容易地将光耦合至针尖.接下来我们将讨论制备尖锐透明介质探针的最重要方法.

6.2.1　锥形光纤

利用化学刻蚀、局部加热拉伸等方法都可以制备锥形光纤.在此,我们对比通过不同的刻蚀技术和拉伸技术制备的探针,来讨论它们各自的特点、优势及劣势.

刻蚀

化学方法刻蚀玻璃光纤具有大批量制备相同探针的潜力.最初,刻蚀玻璃光纤用的是 Turner 的方法[3,4].将光纤的塑料覆盖层剥落后浸入40%的HF溶液里,通常还要加入薄的有机溶剂覆盖层,目的是:(1) 用来控制 HF 溶液在玻璃光纤上形成的弯月面高度,(2) 用来防止腐蚀器皿中溢出危险的蒸气. 通过使用不同的有机溶剂覆盖层,可以调节得到的圆锥锥尖的张角[4]. 我们更感兴趣的是大的锥角,因为我们将看到,大的锥角可以用来制备高通光率的光学探针. 因为弯月面的高度是剩余的圆柱光纤半径的函数,所以可以利用 Turner 方法制备锥形探针. 起始的弯月面高度依赖于有机覆盖层的类型,因为光纤半径会随着刻蚀而逐渐减小,弯月面的高度也会减小,这样就可以防止在弯月面上部的光纤被刻蚀. 最终当光纤直径接近零时,在理论上刻蚀过程会自动终止.

Turner 方法也有一些严重的缺点:(1) 刻蚀过程并不会真正自动终止,小的 HF 分子会弥散进入有机溶剂覆盖层,一旦形成如果不能立刻移除就会恶化探针. (2) 圆锥表面一般都很粗糙,最有可能的原因是 HF 的弯月面在刻蚀过程中不是连续平滑移动,而是从一个稳定位置直接跳到另一个位置,导致了这种多面的、非常粗糙的表面结构,从而会对后续制备步骤造成影响,如导致金属覆盖层很难达到严格的不透明.

表面粗糙问题可以利用所谓的管刻蚀法克服[5]. 这种方法将光纤浸入有机溶剂覆盖(对二甲苯或异辛烷)的 HF 溶液中,且不用剥离光纤的塑料包层. 标准光纤的塑料包层对 HF 是化学稳定的. 图 6.2 显示了刻蚀进展过程:(a)为 HF 不可渗透的包层,(b)为可渗透的包层. 插图为刻蚀光纤的原位图. 两种包层导致了针尖形成的不同路径. 想获得更详细的资料,可以参考原始文献[5]. 图 6.3 显示了利用不同刻蚀方法得到的典型光纤针尖. 请注意 Turner 法和管刻蚀法得到的针尖表面粗糙度的不同.

除了 Turner 法和管刻蚀法,还有其他刻蚀方法可以用来制备尖锐针尖. 其中一种比较突出的方法是将截断的光纤浸入缓冲的 HF 溶液,即 $NH_4F:HF:H_2O=X:1:1$ 混合溶液中,X 表示一个体积变量[6]. 该方法一般用的是 $X>1$ 的混合溶液. 针尖的张角会随着 X 的增加而单调减小,并在 $X>6$ 时达到稳定值. 张角的稳定值强烈依赖于光纤纤芯中 Ge 的浓度. 随着 Ge 在纤芯中掺杂比例从 3.6 mol%变化到 23 mol %,张角会从 100° 变化到 20°. 这种刻蚀方法的原理是:在这种混合溶液中,光纤中富含 Ge 的部分以低速率刻蚀. 因为光纤纤芯掺杂 Ge,所以在刻蚀过程中纤芯部分便会相对于光纤其他部位凸出. 图 6.4 显示了利用 Ohtsu 方法制备的光纤探针的典型形状. 工作方法如下:在光纤纤芯中 Ge 浓度需要一个合适的分布,并不是所有类型的标准商业单模光纤都可以. 更多的相关技术被用来制备拥有不连续张角的锥体,即所谓的多锥体(multiple tapers)[7].

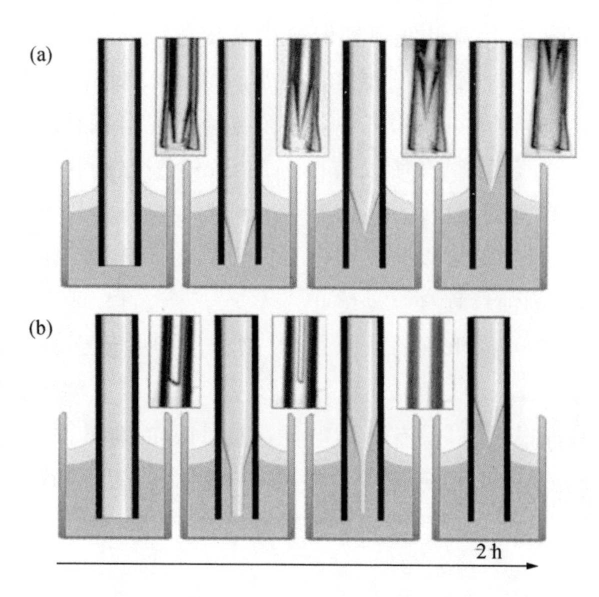

图 6.2 管刻蚀过程的时间演化.插图显示了刻蚀过程中的原位视频画面.截断的光纤浸入40%的HF溶液,表面覆盖一层有机溶剂(对二甲苯或异辛烷).依赖于光纤聚合物包层对HF是否可渗透,刻蚀过程有不同的路径.(a)在包层对HF不浸透的情况下,针尖在光纤末端形成,在针尖从管的内部开始变短时,依然保持其形状.(b)在包层对HF浸透的情况下,针尖在HF和有机覆盖层之间的弯月面形成.引自[5].

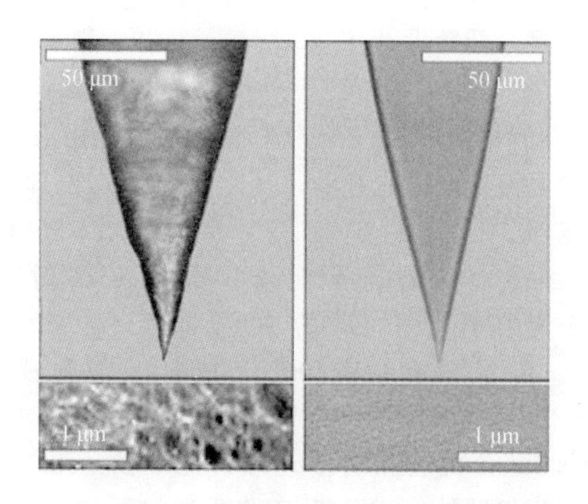

图 6.3 刻蚀光纤探针.右图为管刻蚀法.图的上部显示了光学图像.图的下部显示了扫描电子显微镜的高分辨率图像,能够看出针尖表面的粗糙度.为获得此图像要在77 K溅射到针尖表面3 nm的铂.引自[5].

图 6.4 Ohtsu 方法刻蚀的光纤探针的扫描电子显微镜图像. 左图:富 Ge 的特殊光纤,引自[6]. 右图:商用光纤,引自[8].

加热拉伸

另外一种可以制备锥形光纤探针的方法是对裸光纤进行局部加热,然后将其拉伸. 这种方法最初是由利用膜片钳研究细胞的电生理学现象发展起来的. 膜片钳技术是在 1970 年由 Erwin Neher 和 Bert Sakmann[9] 等人发展起来的,为此他们也获得了 1991 年的诺贝尔医学奖. 用于膜片钳实验中的微移液管就是通过局部加热并拉伸石英毛细管制备的. 热拉伸制备的移液管总体形状和尖端直径与很多因素有关,包括拉伸速度、加热区域大小以及加热时间.

为了应用在纳米光学中,如前所述,锥形光纤针尖需要有短而坚固的锥形区,并且在尖端处有大的张角. 为了达到这些要求,光纤的加热区的长度要小于等于光纤直径. 为了得到对称的针尖形状,要求加在光纤上的温度分布具有圆柱对称性. 同时要求加热过程温和,因为要想得到足够短的针尖,在拉伸之前光纤需要达到一定的最低黏性. 黏性太低会导致在拉伸过程中产生细丝. 在许多实验室中,应用波长为 10.6 μm 的 CO_2 激光器来加热光纤,因为在此波长下光纤有极大的吸收效率. 另外也可以用多孔热箔或者加热线圈. 图 6.5 显示了加热拉伸光纤的典型实验设置. 商用的移液管拉伸器可以用来拉伸光纤,它能够控制所有相关过程参数的大小及作用时间. 关于如何应用移液管拉伸器来拉伸光纤的详细资料可见文献[10].

利用扫描电子显微镜对制备的针尖成像,可以看到每个针尖顶端都有一个小平台,平台的直径是拉伸参数的函数. 对于出现这个小平台的一种可能的解释是:一旦光纤细丝的直径变得非常小,就会发生脆性断裂,之后会高效率冷却. 这就意味着小平台的直径应随施加给光纤的加热能量变化,这实际上已经观察到了. 图 6.6 显示了一系列逐渐减小加热能量而拉伸的光纤针尖,可以看到针尖张角与加

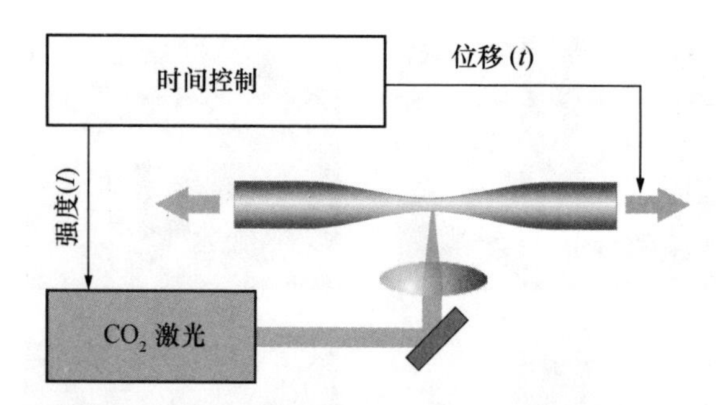

图 6.5　典型利用 CO_2 激光的光纤拉伸设置略图. 激光聚焦到光纤上. 加热过程中，激光脉冲的持续时间大约几个微秒，脉冲过后，开始拉伸. 拉伸过程中要有明显的速度变化. 详细过程见[10].

热能量之间明显的相关性. 随着加热能量的逐渐减小，针尖张角逐渐变大，但是随之相伴的是针尖尖端小平台的直径也会相应变大，如图 6.6 插图所示.

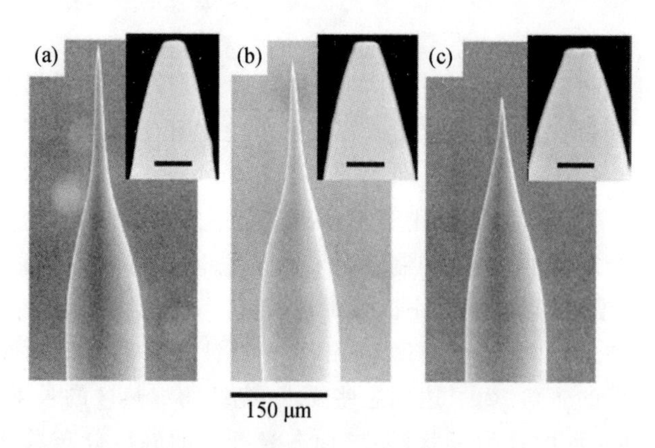

图 6.6　拉伸的玻璃光纤的扫描电子显微镜图像，光纤上溅射了 20 nm 的金. 插图显示了针尖顶端的放大像. 针尖越短，张角越大，顶端的小平台越明显. 当沉积金属覆盖层后，这个小平台确定了最小的针尖小孔.

需要特别注意的是，利用刻蚀及拉伸方法制备的锥形针尖在性能上会有差别. 一些课题组报道了利用拉伸制备的探针在考虑光偏振时会有问题. 随着时间的推移，对于拉伸的探针，由于应力弛豫会导致偏振行为随时间变化[11]. 另外，对于拉伸探针，锥形针尖的折射率分布也会因为光纤纤芯与包层受到加热与拉伸的影响而发生改变. 另一方面，拉伸光纤的锥形针尖通常有很小的表面粗糙度，这有利于后续处理过程，如金属覆盖层的制备.

锥形针尖的形状可以在扫描电子显微镜下精确地确定，但是它的光学性质，比如有效光学直径，在常规方法下却是很难评定的. 对此感兴趣的读者可以阅读文献

[12]中依赖于成像隐失驻波图案的方法.通过对比测量与预期的条纹衬度,利用一个简单的探针收集函数模型,可以估算一个给定探针的有效光学直径(见习题 6.1).对于利用拉伸光纤制备的探针,其有效光学直径大约在 50～150 nm 之间.

另一种锥形光纤是所谓的四面体探针[13],可以通过以某一角度两次劈裂一个矩形板状玻璃而得到,一般是三角形截面的裂片.这些裂片可以由 170 μm 厚的盖玻片制备,因此裂片的总尺寸是很小的.为了使聚焦在针尖的光顺利耦合,必须使用一个耦合棱镜.四面体探针的一个特殊特征是它们不是旋转对称的,因此在金属覆盖以及小孔形成之后,可以导致有趣的场分布[14].

§6.3 小孔探针

基于金属覆盖的介质并在顶端有透光点的探针称为小孔探针.金属覆盖层主要用来防止光场从针尖侧边泄漏(见图 6.1).最常用的就是将一个锥形光纤探针覆盖一层金属,通常是铝.为了理解光在这种探针中的传播,可以将其看作空心金属波导中填满透明介质,向着探针顶端,波导的直径逐渐减小.这种锥形空心波导的模式结构会随着透明介质芯的特征尺度的变化而变化[15].对于大直径的透明介质芯,波导中会存在大量的传导模式.这些模式会随着透明介质芯直径逐渐减小到接近顶端时一个一个地截止.最终,在确定的直径时最后一个传导模式也会截止.对于介质芯直径很小的情况,因为所有传导模式的传播常数都变成了纯虚数,介质芯中的能量随着趋向针尖顶端而指数衰减,这种情况可以在图 6.7 中非常直观地看到.模式截止也是小孔探针低通光量的本质原因.金属覆盖介质波导的低通光量是它们优越的光限制能力的代价.

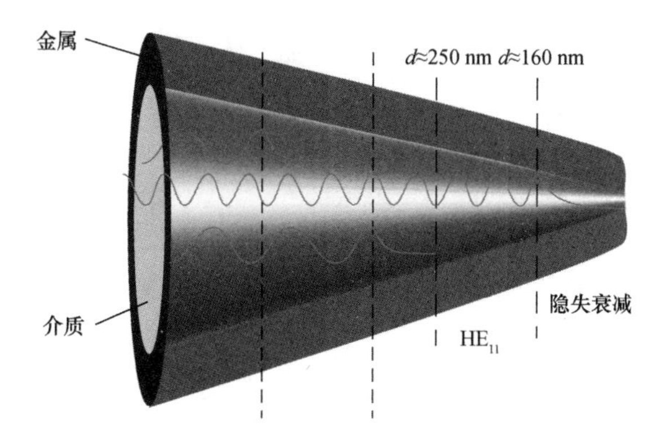

图 6.7　锥形金属覆盖波导中传导模式的相继截止和场的指数衰减图示.引自[16].

上面描述的这些特性决定了小孔探针的设计目标以及局限性:(1) 针尖的张

角越大、介质芯的折射率越大,针尖对光的透射就越好.这是因为最终的截止直径处接近针尖的顶端[17].(2)在截止区,大约有2/3的入射能量会被金属层吸收.这会导致金属覆盖层明显升温,最终导致损坏.因此能够沿着这种针尖传播的最大能量是有限制的.改善此区域的热耗散状况和提高金属覆盖层的热稳定性都会增大破损阈值[18].我们会在接下来的章节中对此做更为详细的说明.

6.3.1 小孔探针的功率透射

图6.8给出了计算得到的一个小孔探针中的功率密度.在入射波长为488 nm时,理论分析得出,探针能被激发出HE_{11}柱状波导模式.在此波长下,介质芯和铝覆盖层的介电常数分别为$\varepsilon_{core}=2.16$和$\varepsilon_{coat}=-34.5+8.5i$①,相应的趋肤深度为6.5 nm,介质芯上面圆柱部分直径为250 nm,沿针尖方向为锥形.

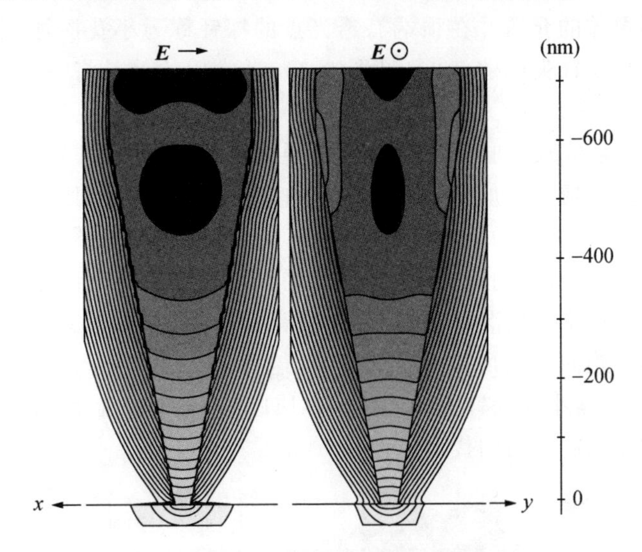

图6.8 通过带有无限厚覆盖层的小孔探针中心,平行和垂直于电场的两个平面上的常数功率密度的等值线(相邻的线之间有因子3的差别).电场被从圆柱部分射入的HE_{11}模式激发.

在圆柱部分,HE_{11}模式仍然为传播态,其传播常数的虚部极小,可以忽略不计.随着介质芯半径的逐渐减小,锥形部分的模式开始变为隐失波,沿着接近孔的方向场衰减得极快,比指数衰减还要快.由于大约1/3的功率会被反射回去,会在探针的上半部分产生驻波模式.在介质芯边缘,场会透过介质进入铝覆盖层中,大约2/3的入射功率会以热能的方式耗散.

① 铝的复介电函数可以很好地由等离子体色散定律$\varepsilon(\omega)=1-\omega_p^2(\omega^2+i\gamma\omega)^{-1}$描述[15](见第12章),其中等离子体频率$\omega_p=15.565\ \mathrm{eV}/\hbar$,阻尼常数$\gamma=0.608\ \mathrm{eV}/\hbar$.

通过模式匹配分析，在小孔探针中功率的快速衰减可以很好地解释. 如图 6.9 所示，在这种方法中，探针的锥形部分被细分为小的圆柱形波导片，对于一个有耗波导，传播常数 k_z 可以表示为

$$k_z = \beta + \mathrm{i}\alpha, \tag{6.1}$$

其中 β 为相位常数，α 为衰减常数. 根据波导理论，在第 n 个波导截面处功率损失为

$$P_{\mathrm{loss}}(n\mathrm{d}z) = P(n\mathrm{d}z)(1 - \mathrm{e}^{-2\alpha_{11}(n\mathrm{d}z)\mathrm{d}z}), \tag{6.2}$$

其中 $P(n\mathrm{d}z)$是入射功率，$\alpha_{11}(n\mathrm{d}z)$是 HE_{11} 模式在第 n 个波导截面的衰减常数. α_{11} 依赖于波导截面的直径、入射波长以及材料性质. 关于有耗波导模式的更详细的讨论可见文献[19]. 对所有波导截面的(6.2)式求和，利用

$$P([n+1]\mathrm{d}z) = P(n\mathrm{d}z) - P_{\mathrm{loss}}(n\mathrm{d}z), \tag{6.3}$$

并取极限 $\mathrm{d}z \to 0$，我们得到功率分布

$$P(z) = P(z_0)\mathrm{e}^{-2\int_{z_0}^{z} \alpha_{11}(z)\mathrm{d}z}. \tag{6.4}$$

图 6.10 中曲线 a 对比了能量沿探针轴向分布的公式结果与计算结果. 探针中能量也可以根据如下几何对应关系表示为随介质芯直径 D 的曲线：

$$z = -\frac{D - D_{\mathrm{a}}}{2\tan\delta}, \tag{6.5}$$

其中 δ 代表半锥角，D_{a} 为小孔的直径. 注意在图 6.9 中，$z_0 \leqslant z \leqslant 0$，$P(z)$近似值分别由曲线 b 和 e 表示，分别描述了 HE_{11} 模式在孔的圆柱部分的衰减，以及在铝中的衰减. 因为孔的存在对 $P(z)$几乎没有任何影响，所以曲线对任何 D_{a} 均成立. D_{a} 分别为 100 nm，50 nm 和 20 nm 的小孔探针的功率透射分别约为 10^{-3}，10^{-6} 和 2×10^{-12}. 图 6.10 所示透射曲线的陡峭衰减意味着在选择锥角时孔的尺寸最好不要大于 50 ～100 nm. 这也是平时最常用的小孔探针的直径.

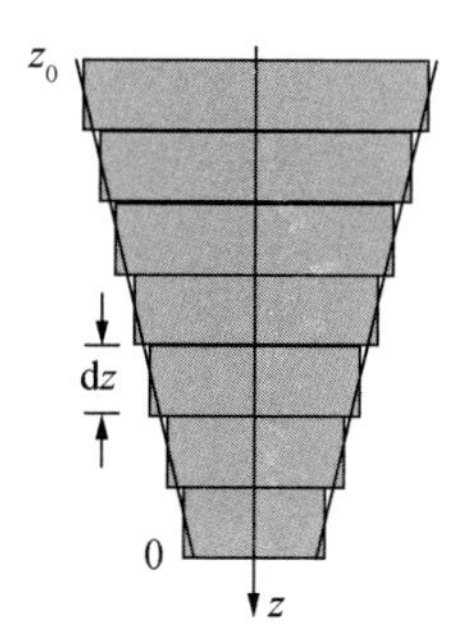

图 6.9 在小孔探针中，模式匹配近似方法获得的功率 $P(z)$. 在每个波导截面处，HE_{11} 模式的衰减都由解析计算得到. 对所有截面的贡献做累加，并取极限 $\mathrm{d}z \to 0$.

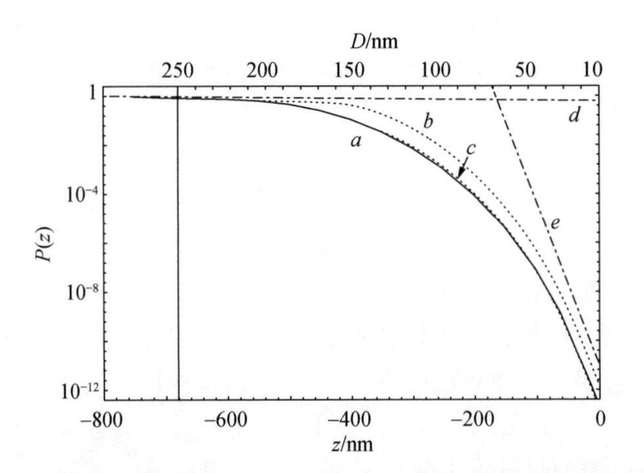

图 6.10　对于一个无限厚覆盖层的小孔探针，功率的衰减作为与小孔的距离 z 和芯直径 D 的函数. 曲线 a 为计算得到；曲线 b 为模式匹配近似（$z_0=-600$ nm）得到；曲线 c 为模式匹配近似（$z_0=-400$ nm）得到；曲线 d 为在探针的柱状部分的 HE_{11} 模式的衰减；曲线 e 为铝内部波的衰减. 图中的垂直线标出了探针中柱状向锥状部分转变的位置.

如图 6.11 所示，对于有很厚（无限）覆盖层的小孔探针，HE_{11} 模式中 α 和 β 都是 z 和 D 的函数，入射光从传播场变为隐失场的区域在 $D\approx160$ nm 处. 计算所得的功率衰减（图 6.11 中 α/k_0 曲线）与（6.4）式中得到的功率衰减依赖于积分下限 z_0，如果 z_0 选择在 HE_{11} 模式的隐失区时，二者完美符合. 此时 $\alpha_{11}(z)$ 可以很好地用一个指数函数来描述：

$$\alpha_{11}(D)=\mathrm{Im}\{n_{\mathrm{coat}}\}k_0\mathrm{e}^{-AD},\tag{6.6}$$

其中 n_{coat} 是覆盖层金属材料的折射率，$k_0=2\pi/\lambda$ 是光在自由空间中的传播常数，A 是一个恒量，在图 6.11 中 $A=0.016\ \mathrm{nm}^{-1}$. 将（6.6）式代入（6.4）式中，对计算出的指数部分积分，我们可以得到

$$P(z)=P(z_0)\exp[a-b(\mathrm{e}^{2Az\tan\delta})],\tag{6.7}$$

其中两个常量

$$a=\frac{\mathrm{Im}\{n_{\mathrm{coat}}\}k_0}{A\tan\delta}\mathrm{e}^{-AD_0},\quad b=\frac{\mathrm{Im}\{n_{\mathrm{coat}}\}k_0}{A\tan\delta}\mathrm{e}^{-AD_\mathrm{a}},$$

其中 D_0 是在 $z=z_0$ 处介质芯的直径. 对于 δ 不是太大，探针中的反射可以忽略的情况，以上的分析是有效的. 这也能够解释图 6.10 中曲线 b 出现偏差的原因，因为此时 z_0 在探针的传播场区域内.

当假设覆盖层金属为完美导体时，上面进行的模式匹配分析就可以简化，此时对于最低阶的 TE_{11} 模式的传播常数 k_z 可以表述为

$$k_z(D)=\sqrt{\varepsilon_{\mathrm{core}}k_0^2-(3.68236/D)^2},\tag{6.8}$$

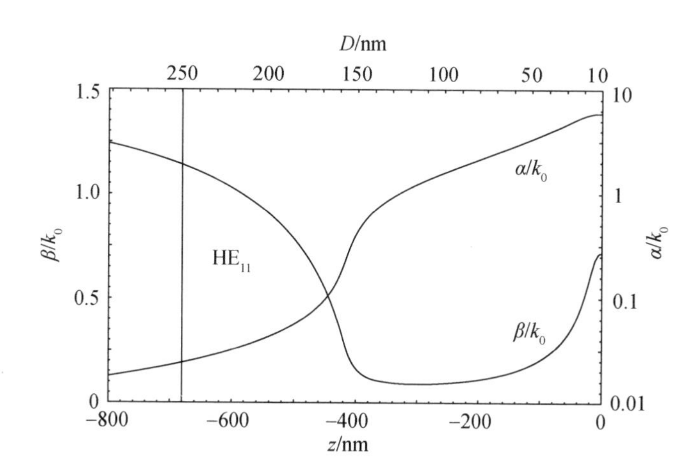

图 6.11 圆柱 HE_{11} 模式的衰减常数 α_{11} 和相位常数 β_{11} 作为芯直径 D 的函数. z 是离开小孔的距离. 图中的垂线指示小孔探针从圆柱向锥形部分转变的位置. 引自[19].

其中 ε_{core} 是介质芯的介电常数. 在介质芯直径 D 很大时,传播常数为实数,此时 TE_{11} 模式可以无耗传播. 但是在直径 $D<0.586\lambda\sqrt{\varepsilon_{core}}$ 时,传播常数变为纯虚数,波导模式在 z 方向上指数衰减. 此时在衰减区,可以给出

$$\alpha_{11}(D)=\sqrt{(3.68236/D)^2-\varepsilon_{core}k_0^2}. \tag{6.9}$$

上式可以代入(6.4)式中. Knoll 和 Keilmann 对具有理想导体覆盖层及正方形截面的小孔探针进行了类似的分析[20].

小孔探针的通光量也强烈依赖于针尖的锥角. 随着半锥角 δ 的增大,光斑也会逐渐变大,因为越来越多的辐射从小孔边缘透出. 出人意料的是,在很大的半锥角 δ 范围内,光斑尺寸都几乎保持恒定. 当半锥角 $\delta>50°$ 后,光斑快速增大[21]. 但是,在图 6.12 中却发现功率透射行为十分不同. 在 10° 到 30° 之间,功率透射发生很大变化. 图中数据点是在探针的小孔直径为 20 nm、入射光为 488 nm 时的三维计算结果. 实线是根据模式匹配理论利用(6.4)~(6.7)式所得的计算结果. 分析可以导出

$$\frac{P_{out}}{P_{in}}\propto e^{-B\cot\delta}, \tag{6.10}$$

其中 B 是一个常数. 利用上面的理论可以导出 $B=3.1$,而 $B=3.6$ 是对数值结果最好的拟合. 图 6.12 显示在半锥角在 10° 到 50° 之间时,二者拟合较好,大于 50° 时的偏差主要是由于在模式匹配模型中忽略了反射过程. 将锥角从 10° 变化到 45° 可以增大功率透射 9 个数量级,而光斑基本没有受到影响,因此制备大锥角的尖锐光纤针尖方法变得极其重要.

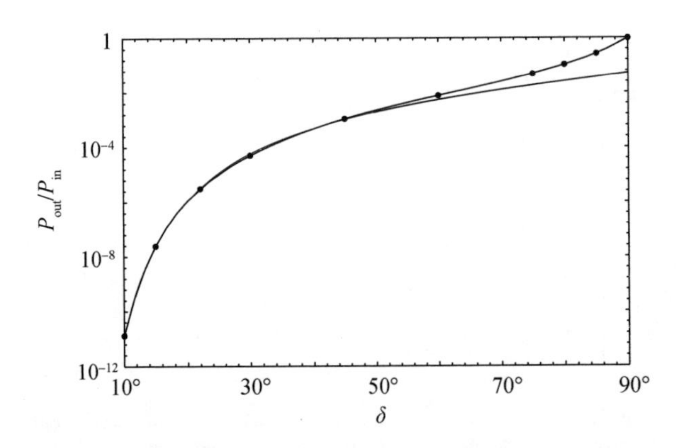

图 6.12 功率透射对锥角的依赖关系(δ 是半锥角). 小孔直径是 20 nm,波长 $\lambda=488$ nm. 从 10° 到 45° 改变锥角,能增加功率 9 个数量级. 图中的点是三维模拟的结果,实线是根据(6.10)式和 $B=3.6$ 计算得出的.

然而,在空心金属波导中光的传播存在截止的情况也不总是坏处. 比如,可以利用小于截止直径的波导中的快速衰减场进行单分子研究[22]. 这样的 0 阶模式波导包含直径约为 70 nm 的小洞,一般在玻璃衬底上淀积的约 100 nm 厚的金属膜上制备. 当从玻璃一侧照射金属薄膜时,小洞中的场指数衰减,导致了局域化极高的场. 一般来说,在这种 0 阶模式波导中,可观测的体积低到 2×10^{-23} m^3. 为了从溶液中捕获目标分子,在 0 阶模式波导内部需要做功能化设计. 即使在分析物浓度非常高时,如此小的观测体积也能够保证单个分子被探测和监视到.

6.3.2 小孔附近的场分布

为了理解小孔探针周围光与物质之间的相互作用,我们需要建立一个模型来讨论在亚波长小孔附近的场分布情况. 在经典光学中,我们常常用 Kirchhoff 近似来研究在无限薄的理想导体屏上的一个小孔对光的衍射. Kirchhoff 近似假设在小孔中的光场与无小孔处的激发光场相同,但是这种假设在孔洞边缘附近是不成立的,所以 Kirchhoff 近似对于尺寸很小的小孔来说也就是不精确的. 当小孔尺寸远小于激发光波长时,考虑静电极限下的场是自然的. 然而,对于沿法向入射的光,由于激发电场包含入射和反射光的叠加,并在金属屏表面消失,在静电极限下电场统一变为零. 因此此时电场需要用一阶微扰方法计算. 另一方面,也可以推导出静磁场问题的解.

1944 年,Bethe 推导出了小孔周围电磁场的一个解[23]. 同时他也指出小孔出射光在远场就等于一个置于小孔中心的电偶极子与磁偶极子的辐射场. 而电偶极子只有在激发平面波沿斜角入射时才能被激发. 1950 年,Bouwkamp 发现 Bethe 推导的电场在小孔中是不连续的,这与边界条件的要求相反[24].

为了推导出正确的解,Bouwkamp 首先计算了一个圆盘的电磁场分布,然后用 Babinet 原理获得了在小孔情况下的磁流. 这个解是从一个积分方程推导出的,该方程包含了圆盘上的未知电流分布函数. 该方程利用级数展开方法和圆盘边缘的奇异性条件求出了解. 该奇异性条件是沿圆盘边缘切向的电场分量随着与边缘间距的平方根而消失,而垂直圆盘边缘的电场分量随着与边缘间距平方根的倒数关系变得无穷大. 这种边界条件之前被 Sommerfeld 用来研究半无限大金属平面对光的衍射效应. 另外一种用来求解小圆盘周围场分布的方法可以参考文献[25].

Babinet 原理等价于用小孔中的磁荷及磁流代替金属屏上感生的电荷及电流. 表面磁流密度 $\boldsymbol{K}$ 及小孔中磁荷密度 η 产生磁矢势 $\boldsymbol{A}^{(\mathrm{m})}$ 及磁标势 $\Phi^{(\mathrm{m})}$

$$\boldsymbol{A}^{(\mathrm{m})}=\varepsilon_0\int\boldsymbol{K}\frac{\mathrm{e}^{\mathrm{i}kR}}{4\pi R}\mathrm{d}S,\quad \Phi^{(\mathrm{m})}=\frac{1}{\mu_0}\int\eta\frac{\mathrm{e}^{\mathrm{i}kR}}{4\pi R}\mathrm{d}S, \tag{6.11}$$

其中 $\boldsymbol{R}=|\boldsymbol{r}-\boldsymbol{r}'|$ 代表从源位置 $\boldsymbol{r}'$ 到场位置 $\boldsymbol{r}$ 的距离. 积分路径绕小孔表面. 与电场情况类似,$\boldsymbol{A}^{(\mathrm{m})}$ 与 $\Phi^{(\mathrm{m})}$ 与电场及磁场关系如下:

$$\boldsymbol{E}=\frac{1}{\varepsilon_0}\nabla\times\boldsymbol{A}^{(\mathrm{m})},\quad \boldsymbol{H}=\mathrm{i}\omega\boldsymbol{A}^{(\mathrm{m})}-\nabla\Phi^{(\mathrm{m})}\approx-\nabla\Phi^{(\mathrm{m})}. \tag{6.12}$$

接下来,我们忽略磁场 $\boldsymbol{H}$ 表达式的首项,因为首项与 $k=\omega/c$ 成正比,在小孔径 a ($ka\ll1$)时,可以忽略不计.

当引入如下扁椭球坐标系 $\boldsymbol{r}=(u,\ v,\ \varphi)$时,求解 $\boldsymbol{A}^{(\mathrm{m})}$ 与 $\Phi^{(\mathrm{m})}$ 变得方便:

$$z=auv,\quad x=a\sqrt{(1-u^2)(1+v^2)}\cos\varphi,\quad y=a\sqrt{(1-u^2)(1+v^2)}\sin\varphi, \tag{6.13}$$

其中 $0\leqslant u\leqslant1$, $-\infty<v<\infty$, $0\leqslant\varphi\leqslant2\pi$. 表面 $v=0$ 与 $u=0$ 分别对应小孔与屏.

法向入射平面波

对于由法向入射的平面波,根据 Laplace 方程 $\nabla^2\Phi^{(\mathrm{m})}=0$,可以求解得到

$$\Phi^{(\mathrm{m})}=-H_0\frac{2a}{\pi}\mathrm{P}_1^1(u)\mathrm{Q}_1^1(\mathrm{i}v)\sin\varphi, \tag{6.14}$$

P_n^m 与 Q_n^m 是第一类与第二类连带 Legendre 函数[26],E_0 与 $H_0=E_0\sqrt{\varepsilon_0/\mu_0}$ 是当入射平面波沿 x 轴方向偏振时电场和磁场的大小($\varphi=0$). 因为磁矢势 $\boldsymbol{A}^{(\mathrm{m})}$ 不能在静态下计算,所以它很难推导. 由 Bouwkamp 导出的表达式如下:

$$\begin{aligned}A_x^{(\mathrm{m})}&=-\varepsilon_0E_0\frac{ka^2}{36\pi}\mathrm{P}_2^2(u)\mathrm{Q}_2^2(\mathrm{i}v)\sin(2\varphi),\\ A_y^{(\mathrm{m})}&=\varepsilon_0E_0\frac{ka^2}{36\pi}[-48\mathrm{Q}_0(\mathrm{i}v)+24\mathrm{P}_2(u)\mathrm{Q}_2(\mathrm{i}v)+\mathrm{P}_2^2(u)\mathrm{Q}_2^2(\mathrm{i}v)\cos(2\varphi)],\end{aligned} \tag{6.15}$$

这与 Beths 之前的计算不同.

将 $\Phi^{(m)}$ 与 $\mathbf{A}^{(m)}$ 代入(6.12)中，即可很容易地得到电场和磁场. 此时电场为

$$
\begin{aligned}
E_x/E_0 &= \mathrm{i}kz - \frac{2}{\pi}\mathrm{i}kau\left[1 + v\arctan v + \frac{1}{3}\,\frac{1}{u^2+v^2} + \frac{x^2-y^2}{3a^2(u^2+v^2)(1+v^2)^2}\right],\\
E_y/E_0 &= -\frac{4\mathrm{i}kxyu}{3\pi a(u^2+v^2)(1+v^2)^2},\\
E_z/E_0 &= -\frac{4\mathrm{i}kxv}{3\pi(u^2+v^2)(1+v^2)},
\end{aligned}
\tag{6.16}
$$

磁场为

$$
\begin{aligned}
H_x/H_0 &= -\frac{4xyv}{\pi a^2(u^2+v^2)(1+v^2)^2},\\
H_y/H_0 &= 1 - \frac{2}{\pi}\left[\arctan v + \frac{v}{u^2+v^2} + \frac{v(x^2-y^2)}{\pi a^2(u^2+v^2)(1+v^2)^2}\right],\\
H_z/H_0 &= -\frac{4ayu}{\pi a^2(u^2+v^2)(1+v^2)}.
\end{aligned}
\tag{6.17}
$$

通过计算金属屏上的电场和磁场，可以直接求解电荷密度 σ 以及表面电流密度 $\boldsymbol{I}$：

$$
\begin{aligned}
\sigma(\rho,\phi) &= \varepsilon_0 E_0\,\frac{8\mathrm{i}}{3}ka\,\frac{a/\rho}{\sqrt{\rho^2/a^2-1}}\cos\phi,\\
\boldsymbol{I}(\rho,\phi) &= H_0\,\frac{\boldsymbol{n}_\rho}{\pi^2}\left[\arctan\left(\sqrt{\rho^2/a^2-1}\right) + \frac{a}{\rho}\,\sqrt{1-a^2/\rho^2}\right]\cos\phi\\
&\quad - H_0\,\frac{\boldsymbol{n}_\phi}{\pi^2}\left[\arctan\left(\sqrt{\rho^2/a^2-1}\right) + \frac{1+a^2/\rho^2}{\sqrt{\rho^2/a^2-1}}\right]\sin\phi.
\end{aligned}
\tag{6.18}
$$

这里，用极坐标 (ρ,ϕ) 来定义金属屏上任意一点的位置. $\boldsymbol{n}_\rho$ 与 $\boldsymbol{n}_\phi$ 分别为径向与角向单位矢量. 值得注意的是电流密度与参数 ka 无关，说明它与满足 $\nabla\cdot I=0$ 的静磁流相等. 另一方面，电荷密度与 ka 成正比，因此无法从静电条件导出. 在小孔边缘 $(\rho=a)$，垂直边缘的电流分量消失，而切向分量与电荷密度都变得无限大.

以上得出的场只在小孔邻近区域有效，即在 $R\ll a$ 时有效. 为了得到在更远距离时场的表达式，就要计算在小孔表面场的空间谱，然后用角谱表示把场传播出去[27]. 但是，就像在习题 3.5 中所说的，这种方法并不能很好地描述远场，因为近场只准确至 ka 阶，而远场需要达到 $(ka)^3$ 阶. Bouwkamp 计算小孔中的场达到了 $(ka)^5$ 阶[28]. 此时用角谱方法计算从近场到远场的转换才足够精确.

Bethe 与 Bouwkamp 指出小孔的远场等价于放在小孔处且轴向沿 y 轴负方向，也就是与入射平面波磁场矢量相反的辐射磁偶极子的远场，此时磁偶极矩 $\boldsymbol{m}$ 可以写为

$$\boldsymbol{m}=-\frac{8}{3}a_0^3\boldsymbol{H}_0. \tag{6.19}$$

它与 a_0 的 3 次方成正比，显示此时小孔的行为类似于一个 3 维可极化物体.

任意方向入射的平面波

Bouwkamp 推导出了一个小圆盘被任意角度平面波入射时的电磁场分布情况[28]. 利用 Babinet 原理可以直接将这个结果转化到小孔的电磁场分布. 此时远场不再仅仅等效为一个磁偶极子的辐射，电场也感生了一个电偶极子，取向垂直于小孔平面，反平行于驱动场分量. 因此，任意角度入射光照射小孔时，远场是由带有极矩[23]

$$\boldsymbol{\mu}=-\frac{4}{3}\varepsilon_0 a_0^3[\boldsymbol{E}_0\cdot\boldsymbol{n}_z]\boldsymbol{n}_z,\quad \boldsymbol{m}=-\frac{8}{3}a_0^3[\boldsymbol{n}_z\times(\boldsymbol{E}_0\times\boldsymbol{n}_z)] \tag{6.20}$$

的磁偶极子和电偶极子共同给出的，其中 $\boldsymbol{n}_z$ 是小孔平面法向单位矢量，方向指向传播方向.

Bethe-Bouwkamp 理论在小孔探针上的应用

图 6.13 对比了小孔探针以及理想小孔后面的近场. 初看二者的近场分布十分相似，但是实际上却有很大不同. 理想小孔的场偏振面在边缘上是奇异的，沿 y 轴指向小孔外的场为零. 而对于由有限电导率金属覆盖的小孔探针却不是这样的. Bouwkamp 近似进一步显示了其具有更高的场局域，更大的场强梯度，这也就导致了对小孔周围的颗粒会施加更大的力. 注意在 Bethe-Bouwkamp 理论中使用的是无限薄的无电阻金属屏，这是一种理想情况. 在光频范围内，最好的金属的趋肤深度都在 6～10 nm，这会增大小孔的有效尺寸并平滑掉小孔边缘的奇异场. 另外任何实际金属屏的厚度都最少要大于 $\lambda/4$，因此小孔的激发场是由小孔的波导模式而不是平面波给出的.

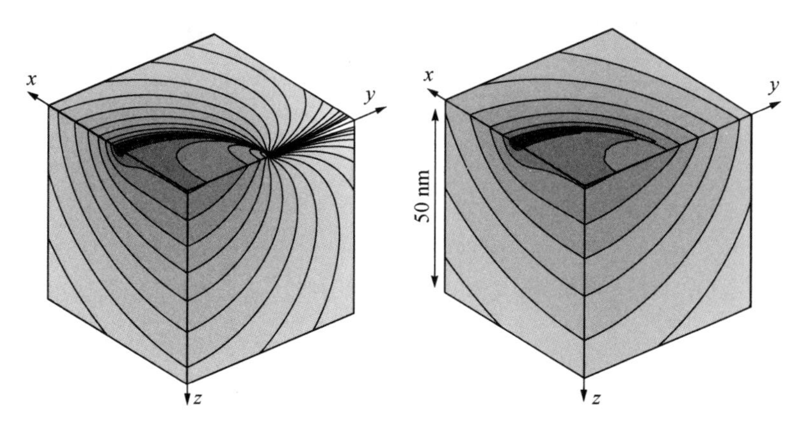

图 6.13 Bouwkamp 的解(左图)和铝覆盖的小孔探针前边的场($\lambda=488$ nm)(右图)的比较. 图中给出了 $|\boldsymbol{E}|^2$ 的等值线(相邻线有因子 2 的差别). 入射偏振沿 x 轴.

理想的小孔辐射可看作一个磁偶极子和一个电偶极子辐射的相干叠加[23].如果一束平面波沿法向照射一个理想小孔,电偶极子不会被激发.但是实际探针小孔中的场则是由激发的波导模式决定的.一个有限电导率金属覆盖层总是会产生激发电场,并在小孔平面上有净的向前分量.因此有人可能会认为一定产生了一个垂直的电偶极矩,但是这样的偶极子组合会导致不对称的远场,所以这不是合适的近似.同样,单独的磁偶极子也不能给出符合小孔探针所对应情况的辐射.Obermüller 与 Karrai 认为,电偶极子与磁偶极子都存在于小孔所在平面,且二者互相垂直[29].这种情况实现了远场辐射对称的要求,与实验观察结果相符.

6.3.3 小孔探针附近的场分布

图 6.14 显示了在介质衬底上和在真空中小孔探针小孔周围的场分布.覆盖层沿着小孔方向成锥形,且最终厚度为 70 nm.小孔直径为 50 nm,激发模式 HE_{11} 沿 x 轴方向偏振.

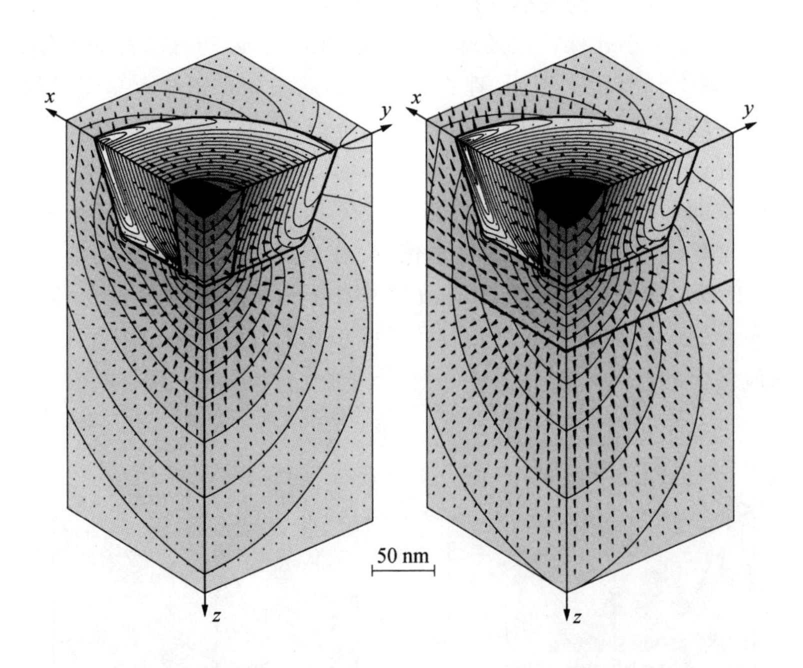

图 6.14 在小孔探针最前端附近三个互相垂直平面上的 $|\boldsymbol{E}|^2$ 的等值线(相邻线有因子 2 的差别).箭头指示时间平均 Poynting 矢量.入射偏振在 $y=0$ 平面.当介质衬底($\varepsilon=2.25$)填满小孔(右图)时,透过小孔的能量会增加.

一部分场可以透过小孔边缘进入金属层中,从而相当于增加了小孔的有效宽度.而当一个绝缘衬底朝向小孔时也会增加探针中的透过功率.这可以通过对比图

6.14中探针的等值线看出.部分发射场也会被探针散射,与外表面模式耦合,并沿着覆盖层表面向后传播.

外表面模式也能被从介质芯发射并透过表面覆盖层的场沿正向激发.类似于在圆柱波导中传播,它们没有任何衰减[19].与这些模式相关的大部分能量都沿孔径平面传播.当覆盖层太薄时,在覆盖层表面的光就可能远远强于从小孔出射的光,这种情况下,电磁场会在覆盖层外表面增强,导致如图6.15(右图)所示的场模式图.为了避免这种情况,一定要选择一个合适的覆盖层厚度.锥形覆盖层是一种可以减小覆盖层厚度的不错办法.需要强调的是,表面模式是无法被外部入射光激发的,因为它们的传播常数要比自由传播光的 k 矢量大.从这点来说,表面模式类似于表面等离激元.

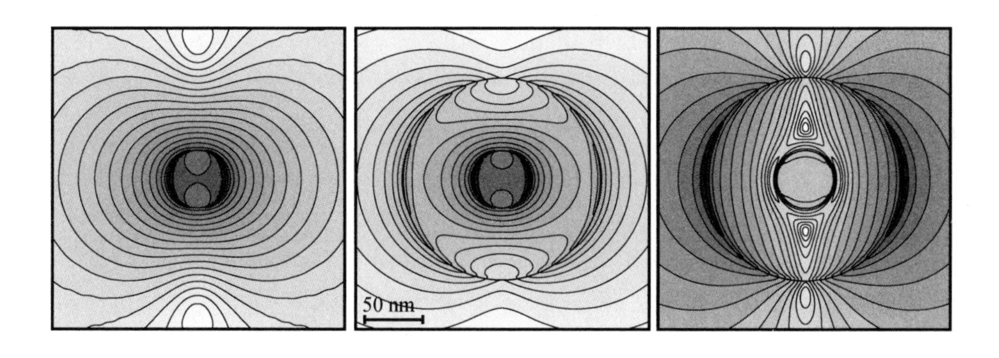

图6.15 三个不同覆盖层的小孔探针在小孔平面上的 $|\boldsymbol{E}|^2$ 的等值线(相邻线之间有因子 $\sqrt{3}$ 的差别).左图:无限厚覆盖层;中图:有限厚覆盖层,场被小孔发射的通量决定;右图:有限厚覆盖层,场被覆盖层外表面的通量决定.

Bethe-Bouwkamp 理论已经被很多人用来近似求解小孔探针的近场分布.文献[30]中单分子实验也定性地证明了这一点,Bethe-Bouwkamp 理论可以认为是用来分析给定小孔周围场分布的一个理想工具(见第9章).

6.3.4 透射及方向性的增强

Ebbesen 及其同事证明了在金属屏上制备周期排列的亚波长小孔可以增强光的透射[31].增强的原因在于,在金属屏的辐射表面上散射光发生相长干涉现象,因此增强依赖于激发光的波长.周期排列的小孔通过形成驻波增加了金属屏表面的能量密度.表面波促使小孔中能量去局域化,从而导致透射增强.我们可以将小孔阵列透射增强看作天线问题:从一个小孔中的辐射为 $P_{\text{rad}} \propto |\boldsymbol{m}|^2$, $\boldsymbol{m}$ 是(6.19)式的感生磁偶极子.此时小孔阵列的辐射为 $P_{\text{rad}} \propto N^2 |\boldsymbol{m}|^2$, N 是小孔的数目.乘以 N^2 是因为考虑结构间干涉效应,类似相控阵天线.

金属屏上周期排列小孔的增强光透射效应最初被归因于表面等离激元产生的干涉，但后来人们发现在理想金属上依然存在这种增强效应，而理想金属不支持任何表面模式. 这一争议的解决是人们发现若在理想金属上制备周期排列小孔，整个结构就可看作"有效介质"并支持表面模式，这非常像在贵金属表面的表面等离激元[32]. 因此即使理想金属无法支持任何"束缚"表面模式，周期小孔阵列也使得理想金属能够模拟贵金属的表面模式. 在有效介质框架内，Pendry 及其同事推导出了有孔金属屏的色散关系[32]：

$$k_{\parallel}(\omega)=\frac{\omega}{c}\sqrt{1+\frac{64a^4}{\pi^4 d^4}\frac{\omega^2}{\omega_{\mathrm{pl}}^2-\omega^2}}. \tag{6.21}$$

这里，$k_{\parallel}$ 代表沿有孔金属屏表面的传播常数，c 是真空中光速，a 是小孔直径，d 是孔间距. 有效介质的等离子体频率 ω_{pl} 定义如下：

$$\omega_{\mathrm{pl}}=\frac{\pi c}{a\sqrt{\varepsilon\mu}}, \tag{6.22}$$

其中 ε 与 μ 是填充在小孔中材料的材料常数. (6.21)式与常见 Drude 金属支持的表面等离激元的色散关系类似(详情见第 12 章). 但是 Drude 金属的等离子体共振($k_{\parallel}\rightarrow\infty$)发生在比等离子体频率要低很多的频率处. 而对于有孔金属屏，其等离子体共振频率等于其等离子体频率 ω_{pl}. 令人感兴趣的是用有孔金属屏可以模拟实际的表面等离激元，其色散关系可以由小孔的尺寸及孔周期调制. 根据光电子晶体理论及半导体电子理论，小孔的周期在色散关系中为 $2\pi/d$. 这在(6.21)式中没有反映出来，也意味着其无法达到表面等离激元共振 $k_{\parallel}\rightarrow\infty$.

在一个类似的实验中，Lezec 及其同事在单独一个小孔周围微加工了同轴光栅来修饰小孔的近场区域辐射[33]. 这种修饰要么增加了光透射，要么改善了发射光的方向性. 为了更好地理解这个效应，我们注意 Bethe 与 Bouwkamp 预测了光从一个被照射的小孔中出射，会沿所有方向传播. 小孔越小，出射光就会越发散. 有很大一部分电磁能会附在小孔后表面，不会传播出去. 这些能量不会传播到远离小孔的地方(见图 6.16(a)). 在同轴光栅的作用下，Lezec 及其同事将非传播的近场转化到传播场，从而可以在远场被观测到(见图 6.16(b)). 由于光栅在金属出射光平面，这就人为地增加了出射区，但是同时也破坏了光在近场的局域性，限制了其在近场光学显微术中的应用. 但是当光栅放在小孔前边，会极大增加透光率. 在这种情况下光栅会将照射在不透明金属屏上的光向小孔方向重新定向，从而增加了小孔中的光强.

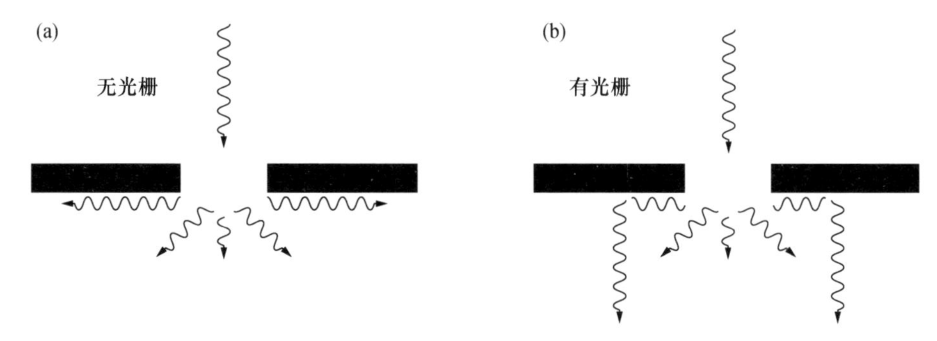

图 6.16　利用在小孔出口处制备的光栅改善光发射的方向性.(a) 无光栅时辐射会向各个方向衍射.(b) 光栅导致近场去局域化,转化为方向性辐射.

§6.4　小孔探针的制备

为了在实验室中制备小孔探针,介质针尖的尖端需要覆盖一层金属.在所有的金属中,铝在可见光区内趋肤深度最小[34].可以利用热蒸镀、电子束辅助蒸镀或溅射方法在针尖尖端覆盖一层铝膜.热蒸镀和电子束蒸镀的优点在于方向性强,而溅射却是各向同性过程.所有的表面,即使复杂形体,都会按相同比率覆盖金属膜.在光纤探针顶端形成的小孔可以利用热蒸镀或者电子束蒸镀产生的遮蔽效应来形成:针尖沿一定方向放置,以使金属蒸气流会在一定角度轰击针尖,同时针尖不停旋转,金属在针尖顶端的沉积比率会比在其他部位的沉积小得多,这样就能在针尖顶端形成小孔,如图 6.17 所示.

蒸镀与溅射都会形成比较大的晶粒,这些晶粒在聚焦离子束显微镜下可以清楚地观测到,典型晶粒尺寸为 100 nm[35].图 6.18 是分别用聚焦离子束研磨和针尖遮蔽蒸镀形成的小孔的图像.通过观察金属覆盖层上纹理的小面可以证明铝晶粒的形成.不希望铝膜上有金属晶粒存在主要有两个原因:(1) 晶粒边界及相关的缺陷可能发生漏光,这会对针尖顶端有用的微弱光产生干扰.(2) 因为小孔尺寸一般比晶粒平均尺寸要小,因此光学小孔会变得意义不清楚.如图 6.18(b)所示,晶粒也会导致真正的小孔因凸起的颗粒而无法接近样品表面.电子束蒸镀通常能够得到比热蒸镀更为平滑的覆盖层.

在实验中,近场小孔发射的光太少是实际应用中的一个制约因素.为此可以试着在光纤远离探针一端加大输入光能,但是当入射光太强时小孔探针容易被损坏,因为在金属覆盖层中能量耗散过大时,就会转化为大量热能.对一个锥形铝覆盖层光纤针尖的温度进行的测量(见如文献[36])发现,对针尖加热最强的位置是远离针尖的锥形部分,这与在 6.3.1 节中讨论的结果一致,当入射光功率达到 10 mW

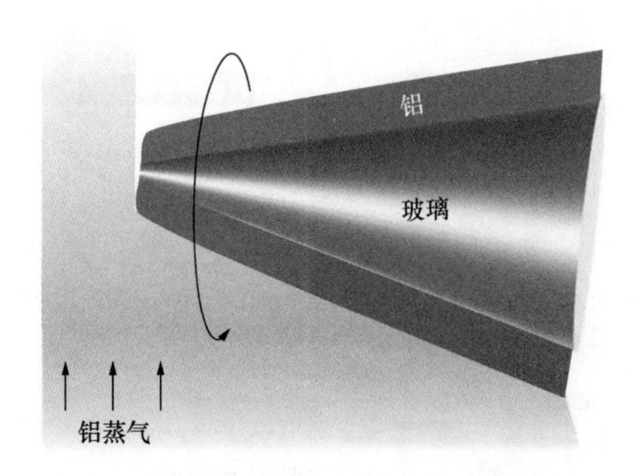

图 6.17　通过热蒸镀，自对准形成小孔．蒸镀从后面以一个小角度，在针尖转动时进行．引自[16]．

时，其温度可以达到几百摄氏度．入射光功率更大时，铝覆盖层便会遭到破坏，从而导致结构中光发射的极大增强．常见的破坏为铝覆盖层直接熔化或者由于铝金属片内部应力引起的破裂卷起．

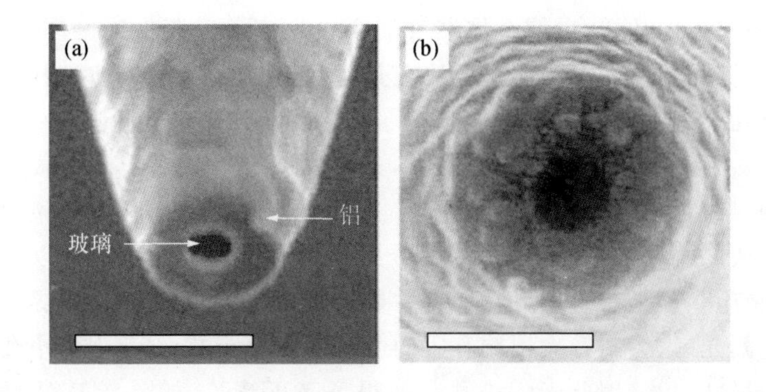

图 6.18　铝覆盖小孔探针．(a) 在聚焦离子束设备中小孔通过截断尖端形成．(图像来自 N. F. van Hulst)．(b) 小孔通过热蒸镀和遮蔽获得．引自[16]．标尺条：300 nm．

6.4.1　利用聚焦离子束研磨形成小孔

高分辨率聚焦离子束为纳米尺度分辨率的微加工技术提供了新的可能[37]．当前常用的聚焦离子束(focused-ion-beam，FIB)仪器都使用液态金属源．为了保证离子束中离子的恒定供应，带有尖端的钨线圈[37]被镓或铟浸湿，然后镓或铟发生场电离，被加速射向样品.利用传统的电磁透镜，比如 SEM，这样的离子束可以被聚焦在约 10 nm 的直径范围内.在加速电压为 30 kV，离子束流约 11 pA 时，铝可以被局部去除掉.烧蚀的材料可以利用质谱分析方法进行化学分析[37].在大大降低的离子束流(1 pA)时，微结构可以在几乎没有材料烧蚀的情况下进行考察.现在的 FIB 都是在同一台仪器中既有一个离子束部分又有一个电子束部分.

用 FIB 制备探针的标准步骤是沿光轴垂直方向切割传统的铝覆盖层探针[38].选择合适的切割位置，既可以通过去除凸起的晶粒，对已存在的小孔做改善和平滑，又可以对一个闭合针尖按照想要的孔径打孔.这种微加工技术的例子可以参看图 6.18(a).经过 FIB 处理过的探针因为没有凸起的晶粒，所以可以非常接近样品表面，因此具有极好的性能.这也是探针可以应用在完全局域的光学近场的首要条件.将单分子作为局域场探针，研究人员发现此时的光学近场分布可以重复记录，而且与 Bethe 和 Bouwkamp 描述的场分布极其类似[38].对于传统的未经过光滑化处理的小孔，极少能观察到这样的光场模式图[30]，而且实验结果无法重复.利用 FIB 研磨探针遇到的一个挑战就是如何才能将探针小孔平面与样品表面调节平行.一般情况下探针横向尺寸大于 1 μm，为了得到高分辨率，其小孔要放置在距离样品表面 5～10 nm 的距离.

利用 FIB 研磨制备探针的重要性在于它提供了在比简单小孔更复杂结构的顶端进行微加工的可能性.这可以用来改善探针结构从而制备具有更高场局域性、更大场增强的针尖(参看§6.5).

6.4.2 其他形成小孔的方法

目前已经探索出了很多种制备小孔探针的技术，本节介绍两种电化学方法及一种机械方法.

电化学方法制备小孔探针通常要在液体环境中进行，但在微机械加工应用中会出现问题：由于液体的存在，材料的大部分都会被浸湿，从而在纳米尺度的材料加工无法进行.然而，由于固体电解质的存在，允许金属离子以固相输运，所以可以利用这种电解质进行全固态可控电解.对于银离子来说，最好的固体电解质是无定形碘化偏磷酸银($AgPO_3$：AgI)[39]，其具有很高的离子电导率、光透明度，且易于制备[40].制备过程是这样的：将一个完全由银覆盖的透明针尖与固体电解质平面良好接触，然后通过外加偏压使针尖中的银离子转移到固体电解质中，直到形成小孔.

另外一种电化学制备方法实际涉及利用光诱导腐蚀铝[41].这种方法通过一种在水中的简单、单步、低功率的激光热氧化过程在探针顶端金属层上制备小孔.激光在玻璃/水界面发生全内反射，从而形成隐失场，而探针顶端由于吸收了隐失场中的能量而被局域加热. 因为被加热，在针尖法向覆盖的铝保护层就会溶解而脱落在水中.

利用探针与样品之间的纳米机械相互作用制备小孔，是另外一种可以获得亚波长小孔的办法. 穿孔，或换种说法，在一个完全由金属覆盖的介质针尖顶端通过顶端附近金属的塑性形变打开一个小孔，是最初在近场光学实验中应用的方法[43]. 这种方法后来被其他组改进完善[14, 42]. 图 6.19 显示了对一个溅射 200 nm 厚金膜的刻蚀光纤穿孔所得的结果. 可以看到形成了一个具有平整边沿的圆形小孔.

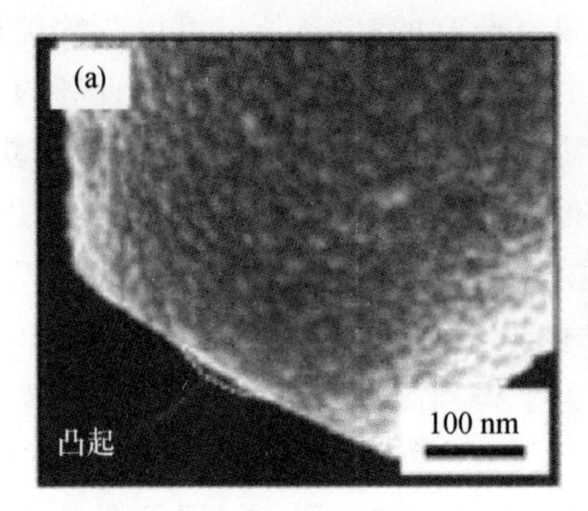

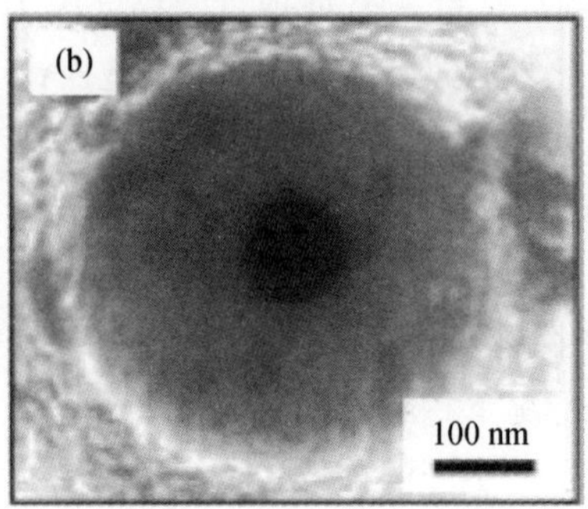

图 6.19 通过机械穿孔方法得到的直径 100 nm 的小孔的(a) 侧视和(b) 前视的扫描电子显微镜图像. 引自[42].

§ 6.5 光学天线探针

光学近场探针是经典天线的光学类似物. 简单来说，对于接收天线，电磁场能量需要被引导到天线的近场区. 反之，对于处于发送模式的天线，电磁场能量需要从天线的近场区释放. 天线就是用来建立从近场到远场之间有效耦合的设备. 虽然天线理论是在无线电波和微波电磁场范围内发展起来的，但是发展天线在光学频率范围内新的概念也是有很大的潜力的[43]. 场增强是天线理论中的一个基本现象，天线间电磁场能量聚集在一个很小的空间里，从而形成一个具有很高能量密度的区域. 近场光环境下，可以利用这个性质形成一个高度局域光源. 一种简单类型的天线是一个尖头，类似避雷针.

光学天线会在第 13 章做更详细的讨论.

6.5.1 固体金属针尖

远在原子力显微术发明之前[44]，1928 年，Synge 就提出了基于局域场增强效应制备近场光学显微术的概念.在这之后多种相关装置相继被发明,它们当中大部分都是利用一个尖锐的振动针尖散射样品表面的近场.一般都利用锁相技术中的零差或者外差探测方法,从一个衍射极限的照明区背景信号中区别由探针顶端散射出来的微弱散射信号.

前面讲过,一定条件下,一个散射物体也可以被看作是一个局域光源[45,46].就像以前讨论过的,这种光源是由于场增强效应产生的,与静电学中的避雷针效应具有类似的起源.因此我们不用物体散射样品的近场,而是将物体看作一个可以提供局域近场的激发源,用来记录样品的局域响应谱.这种方法使光谱与亚衍射极限空间分辨测量可以同时实现.但它非常灵敏地依赖场增强因子的大小[47].场增强因子与入射波长、材料、几何以及激发光偏振情况都有关.

虽然理论上给出的场增强因子的展开值不统一,但是这些结果与偏振条件及局域场分布相符.

图 6.20 显示了两束不同单色平面波激发水中的尖锐金针尖时,针尖附近的场分布情况.在图 6.20(a)中一束平面波由底部入射,偏振方向与针尖轴向垂直,而在图 6.20(b)中平面波由针尖侧面入射,偏振方向平行于针尖轴向.偏振不同时,可以看到针尖附近的场分布明显不同.在图 6.20(b)中,在针尖末端的场强获得了极强增强,远远超过了入射光强.而在图 6.20(a)中,在针尖下端却没有场增强.这样的结果表明,要想获得高的场增强,激发场在探针轴向要有大的电场分量.计算结果显示铂针尖与钨针尖的场增强较小.而对于绝缘体针尖来说,针尖下方的场要比激发场还要弱[参看§6.1].

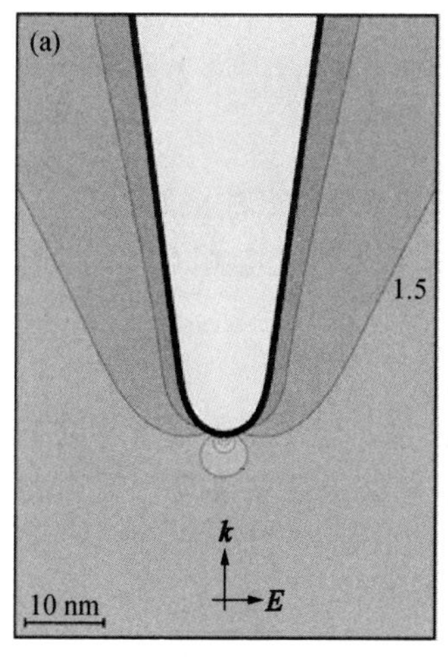

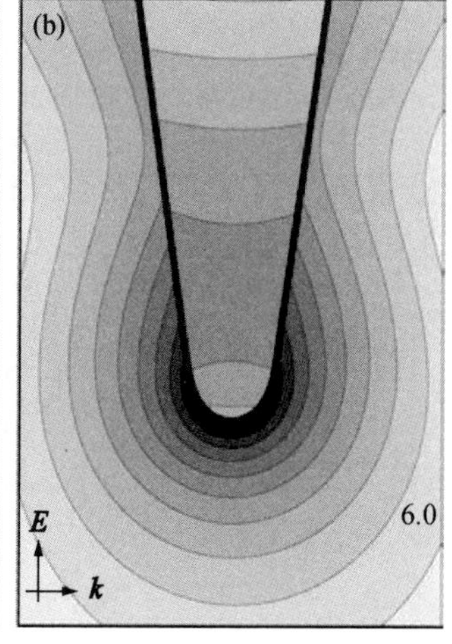

图 6.20 两束不同的单色光照射水中金针尖(针尖半径 5 nm)的近场分布,$\lambda=810$ nm.入射光的方向和偏振由 $\boldsymbol{k}$ 和 $\boldsymbol{E}$ 矢量指示.图显示了 E^2 的等值线(相邻的线有因子 2 的差别).在针尖附近场近似有轴对称.

图 6.21 显示了图 6.20 中两种情况的感生表面电荷密度分布情况，入射光沿着偏振方向驱动金属中的自由电子. 在任何时刻，金属内的电荷密度都为零($\nabla\cdot\boldsymbol{E}=0$)，电荷都聚集在金属表面. 当入射光偏振垂直于针尖轴向时(图 6.20(a))，在针尖表面上对径点处电荷相反，所以在针尖的最前端电荷为零. 另一方面，当入射光偏振平行于针尖轴向时(图 6.20(b))，感生表面电荷密度是轴对称的，在针尖最前端最大. 不论哪种情况，表面电荷都会形成共振驻波(表面等离激元)，且波长会比激发光的波长略短. 在分析时电磁场的延迟效应也要考虑.

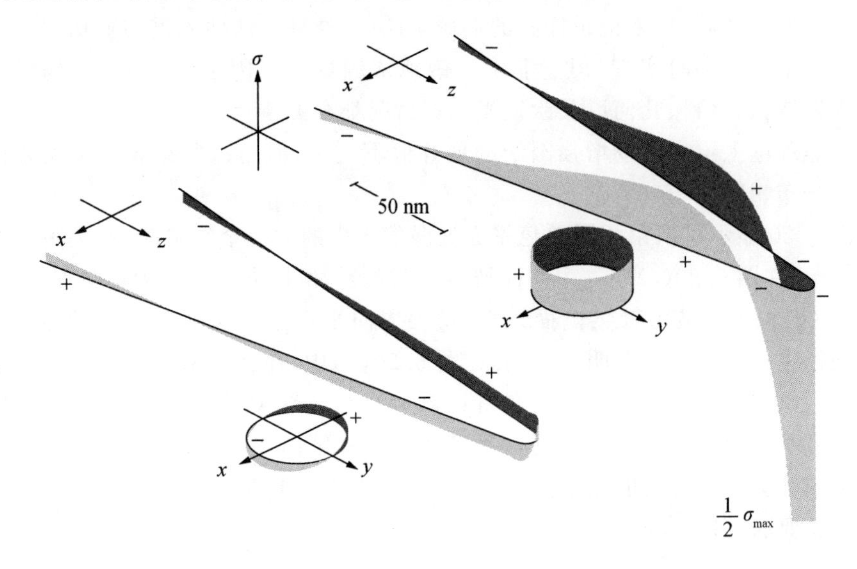

图 6.21 对应图 6.20(a)(左图)和图 6.20(b)(右图)的感生表面电荷密度 σ. 在所有情形中表面电荷都形成振荡驻波. 在(a)中，表面电荷波在针尖前端有一个节点，但是在(b)中，在针尖最前面部分有一个大的表面电荷聚集，对应着场增强.

对于成像来说场增强因子的大小是极其重要的. 直接照射样品表面会引起远场背景信号. 如果我们基于第 n 阶非线性过程考虑光学相互作用，并假设只有样品表面有响应，那么此时应有远场背景信号

$$S_{\mathrm{ff}} \propto A I_0^n, \tag{6.23}$$

其中 A 是被照射的表面区域，I_0 是激光强度. 我们想要探测研究的信号(近场信号)会被针尖处的增强场所激发. 如果我们定义电磁场强度(E^2)的增强因子为 f_{i}，此时想要探测的近场信号

$$S_{\mathrm{nf}} \propto a(f_{\mathrm{i}} I_0)^n, \tag{6.24}$$

其中 a 是由探针尺寸决定的等效面积. 如果我们要求近场信号大于远场背景信号($S_{\mathrm{nf}}/S_{\mathrm{ff}}>1$)，并采用数值 $a=(10\ \mathrm{nm})^2$，$A=(500\ \mathrm{nm})^2$，则增强因子须满足

$$f_{\mathrm{i}} > \sqrt[n]{2500}. \tag{6.25}$$

对于一阶过程($n=1$),比如散射或者荧光,就需要增强因子达到几千乃至上万.对于二阶非线性过程,增强因子只需要达到50就够了.这就是为什么第一个针尖增强的实验需要用双光子激发[46].通过改变探针形状和材料可以获得更大的场增强因子.已经发现细长的亚波长颗粒具有非常低的辐射阻尼,所以可以提供很高的增强因子[48,49].而四面体针尖可以获得更强的增强[46].同时人们发现,不论增强因子到底有多大,在尖锐针尖附近的场分布都可以用放置于针尖顶端中心处一个有效偶极子

$$\boldsymbol{p}(\omega)=\begin{bmatrix}\alpha_{\perp} & 0 & 0\\ 0 & \alpha_{\perp} & 0\\ 0 & 0 & \alpha_{\parallel}\end{bmatrix}\boldsymbol{E}_0(\omega) \tag{6.26}$$

的场来描述(见图6.22),其中取z轴与针尖轴一致,$\boldsymbol{E}_0$是没有针尖存在时的激发电场,$\alpha_{\perp}$与$\alpha_{\parallel}$分别表示横向和纵向极化率:

$$\alpha_{\perp}(\omega)=4\pi\varepsilon_0 r_0^3\frac{\varepsilon(\omega)-1}{\varepsilon(\omega)+2}, \tag{6.27}$$

$$\alpha_{\parallel}(\omega)=2\pi\varepsilon_0 r_0^3 f_{\mathrm{e}}(\omega), \tag{6.28}$$

其中ε是针尖的体介电常数,r_0是针尖半径,f_{e}是场增强因子.在入射波长为830 nm,金针尖的介电常数为$\varepsilon=-24.9+1.57\mathrm{i}$,半径为$r_0=10$ nm时,基于MMP(见§16.1)的数值计算给出场增强因子$f_{\mathrm{e}}=-7.8+17.1\mathrm{i}$.$\alpha_{\perp}$与小圆球的极化率相同,$\alpha_{\parallel}$的产生是因为有效偶极子$\boldsymbol{p}(\omega)$在针尖表面产生的场需要与计算所得场大小相等(设定为$f_{\mathrm{e}}\boldsymbol{E}_0$).一旦确定好了针尖偶极子,在针尖附近的电场$\boldsymbol{E}$便可表达为

$$\boldsymbol{E}(\boldsymbol{r},\omega)=\boldsymbol{E}_0(\boldsymbol{r},\omega)+\frac{1}{\varepsilon_0}\frac{\omega^2}{c^2}\overleftrightarrow{\boldsymbol{G}}(\boldsymbol{r},\boldsymbol{r}_0;\omega)\boldsymbol{p}(\omega), \tag{6.29}$$

其中$\boldsymbol{r}_0$指定了$\boldsymbol{p}$的方向,而$\overleftrightarrow{\boldsymbol{G}}$是并矢Green函数.

在荧光研究中,增强场被用来局域激发样品到更高的电子态或能带,然后随之发射荧光形成图像.但是由于探针的存在,荧光可能会猝灭,即激发出的能量被转移到探针上,并通过多种渠道转化为热能而耗散[50](参见习题8.8).因此在场增强与荧光猝灭之间存在竞争(参看§13.4).放置在激光照射针尖附近的分子的增强荧光能否被探测到依赖于针尖形状和激励条件等因素.另外除了场增强因子的大小,其相位也发挥作用.

当用超短激光脉冲激发时,金属针尖可以看作一个二次谐波和宽频发光的辐射源,产生的局域二次谐波在近场吸收研究中能被用作一个局域光子源[51].而二次谐波产生是一种瞬时效应,经过测量,针尖的宽频发光的寿命要小于4 ps[52].

固体金属针尖的制备

尖锐金属针尖的制备过程主要是在场离子显微术[53]和扫描隧道显微术(STM)[54]的研究工作中建立的.在STM应用中,对于平坦样品,针尖的实际几何

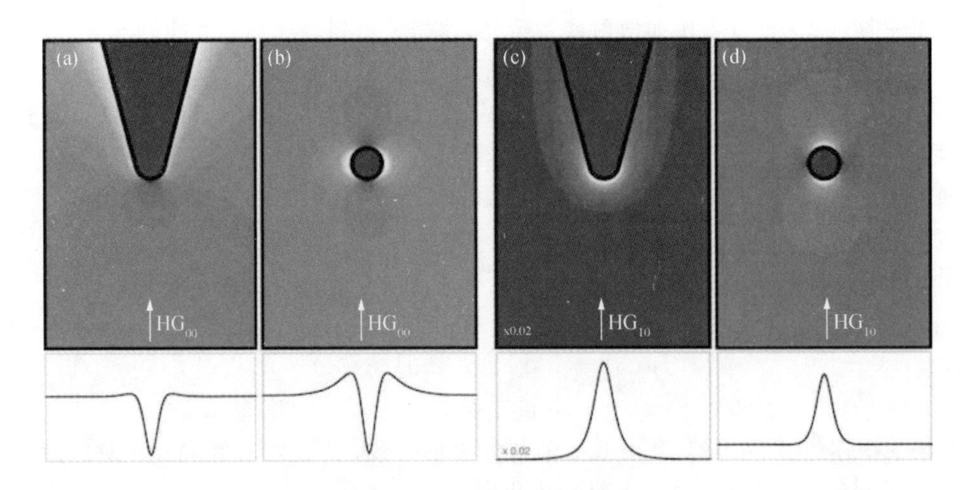

图 6.22　金属针尖和金属球的近场对比. 图像(a)和(b)显示在轴的聚焦 Gauss 束激发(NA=1.4). 图像(c)和(d)显示在轴的聚焦 Hermite-Gauss(10)光束激发. 在(c)中,强的场增强是由激发束的纵向场引起的. 截面取自在针尖下面 1 nm 处的平面. 这些结果表明针尖附近的场分布可以用一个小球的偶极子场很好地近似. 但是,纵向场激发的场的强度(c)比小球辐射的场(d)强很多. (a)和(b)同相,(c)和(d)有 155° 相差.

形状就不那么重要了,最重要的是针尖最前端要有一个原子,且沿针尖轴向有很大的电导率. 另一方面,在光学应用中还是要关注针尖的介观结构,比如它的粗糙度、锥角、曲率半径以及结晶度. 并不是所有刻蚀技术都可以制备出拥有足够好的光学品质的针尖. FIB 研磨是一种可以制备好针尖的方法[55].

在电化学刻蚀中,一根金属线浸入刻蚀溶液中,在金属线与浸没在刻蚀溶液的对电极之间外加电压. 由于溶液的表面张力作用,在金属细线周围形成一个弯月面. 刻蚀过程在弯月面处快速进行. 当金属细线被刻蚀断后,沉浸在液体中的下半部分细线便会脱落,掉入器皿中,同时在线的上半部分与掉落的下半部分两个末端都会形成针尖. 在细线断了之后,由于液体弯月面的形成,针尖上半部分仍然与刻蚀液接触,所以当金属线断了之后,如果外加电压不立即截止,那么还会在金属细线上半部分的针尖处继续刻蚀,从而影响针尖的形状. 所以在金属线断开时,尽快关闭外加电压是很重要的.

许多电路设计方案被用来控制刻蚀过程,其中大多数都是利用直流刻蚀电压. 但是已经证明对于一些材料,用直流刻蚀电压制备出的针尖比较粗糙. 特别是对于金和银,用交流刻蚀电压更好. 图 6.23 显示了制备尖锐金针尖的原理. 信号发生器提供带有确定偏移量的周期电压. 外加电压通过一个模拟开关施加在金丝上,金丝垂直浸入 HCl 溶液中,并且通过放置于溶液表面下方的一个圆环形对电极(Pt)的中心. 对电极接在电流-电压转换器中的虚地端,用来决定刻蚀电流大小. 施加的电压通过一个均方根转换器得以稳压,并通过比测仪与可调阈值电压相比.在刻蚀过程开始时,由于金丝直径大,所以刻蚀电流最大.随着时间的推移,金丝直径及刻蚀电流都逐渐减小.且在弯月面处金丝直径减小得更快,从而形成针尖.当在弯月面处金丝直径足够小时,针尖在液面的下半部分会脱落,刻蚀电流会突然降低.此时,在比测仪输入端的均方根转换器电压会下降并低于预先设定的阈值电压,比测仪输出端则会打开模拟开关,终止刻蚀过程.由于利用均方根转换器,电路响应不会快于信号发生器波形周期的 2~10 倍.这说明电路速度不是形成好针尖的限制因素.输入波形、阈值电压、HCl 溶液浓度、对电极在溶液中的深度以及金线的长度都将是影响针尖质量的重要因素.实验证明,在好的设定参数下,可以有 50% 成功率制备直径小于 20 nm 的针尖.

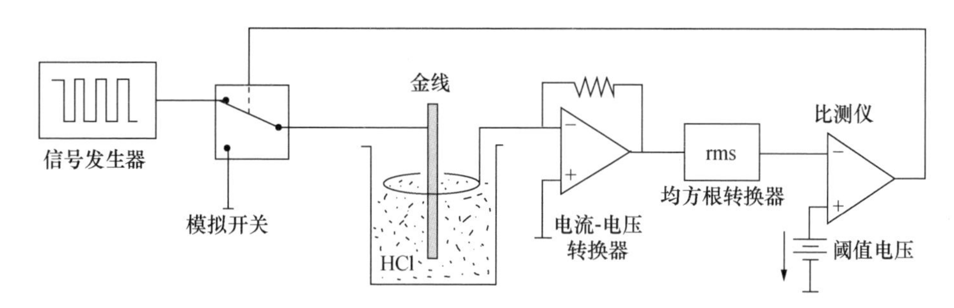

图 6.23 金针尖交流刻蚀过程电路示意图.针尖掉落后,刻蚀电压自动关闭.如果 HCl 溶液被其他合适的溶液替代,这个电路也适合其他针尖材料.

我们需要强调的是制备的针尖并不是单晶的,也就是说在整个针尖中金属原子并不是周期排列的,因为针尖中的一系列晶粒经常会改变晶格构型.这些晶粒是在刻蚀金属丝过程中形成的,因为晶粒的存在,通过宏观介电常数 $\varepsilon(\omega)$ 来描述针尖的电磁学性质就变为一种粗略近似了.并且,场增强因子比预期计算结果要小,而且对不同针尖的差异也很大.这极有可能是针尖晶粒结构造成的影响.定量的理论和实验的比较,以及对非局域效应的评估,需要发展单晶金属针尖及相关结构[57].

共振探针

半无限固体金属探针由于避雷针效应能极大增强近场强度,而有限尺寸的金属颗粒支持等离激元共振,从而会导致探针近场强度的共振增强,Frey 等人[58]提出了所谓的孔上针尖(tip-on-aperture, TOP)的方案,主要是用以减小由于样品暴露在入射激光下产生的背景信号.在这种方法中,扫描电子显微镜显示小孔探针的端面上生长出了一个超小针尖.Taminiau 等人[56]利用 FIB 研磨完善了这一方法,并得到了针尖增强单分子图像.在图 6.24(a)和(b)中,确定长度的共振铝线制备在小孔针尖开口附近.铝线长度近似等于在导体衬底上金属棒天线共振波长的 1/4.入射光通过小孔照射针尖,调整其偏振可使场强最大位置在小孔周围的超小针尖处,最终的电场分布如图 6.24(c)所示(参看 6.3.2 节). 图 6.24(d)通过电流和电场的分布示意图显示了当超小针尖长度为 1/4 共振波长时,电场强度最大.

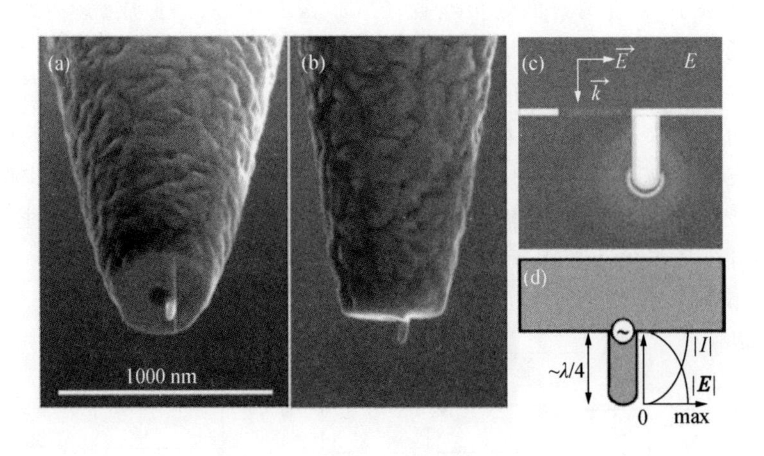

图 6.24　孔上针尖方案的几何. (a)和(b)是孔上针尖 SEM 图像;(c) 计算出的场分布,(d) λ/4 天线的电流和场强示意图. 引自[56].

早在 1989 年,Fischer 和 Pohl 等人[59]就已经在实验中优美地证明了共振等离激元探针原理的正确性. 图 6.25(a)中显示了 20 nm 金膜覆盖的聚苯乙烯小球吸附在金膜覆盖的玻璃衬底上,通过 Kretschmann 型照明模式,金膜上激发出表面等离激元. 从被选定的凸起(如 6.25(a)所示)的表面等离激元散射被记录为散射体与玻璃衬底间距的函数(如 6.25(b)所示). p 偏振光入射时,会有一个小峰出现,也就是表面等离激元共振峰. s 偏振光入射时,小峰消失. 这也进一步证实了表面等离激元的产生. 显然,这个共振峰的存在可用于反射中的近场光学成像. 也就是说,背散射光对突起附近介电常数的局域变化非常敏感. 利用这种技术,图 6.25(c)显示玻璃衬底上的金属斑块可以高分辨率分辨. 相似的方法也被用来分辨不透明材料上的磁畴[60]. 另外,金覆盖的介质颗粒(称为纳米壳(nanoshell))在近期报道[61]中被 Halas 等人应用在不同的传感器中.

另外一种制备共振针尖的方法是在一个介质针尖顶端粘接球形或椭球形金属颗粒. 较早的时候就有人证明了这种方法的可行性,并应用在扫描近场光学显微术中[62]. 与单分子光谱测量相结合[63,64],这种方法目前也被成功应用在生理条件下[65]和高密度条件下[66]生物表面结构的荧光成像研究中. 图 6.26 显示了不同方法制备的共振探针. 对于共振光学天线探针及普通的光学天线将会在第 13 章中再次讨论.

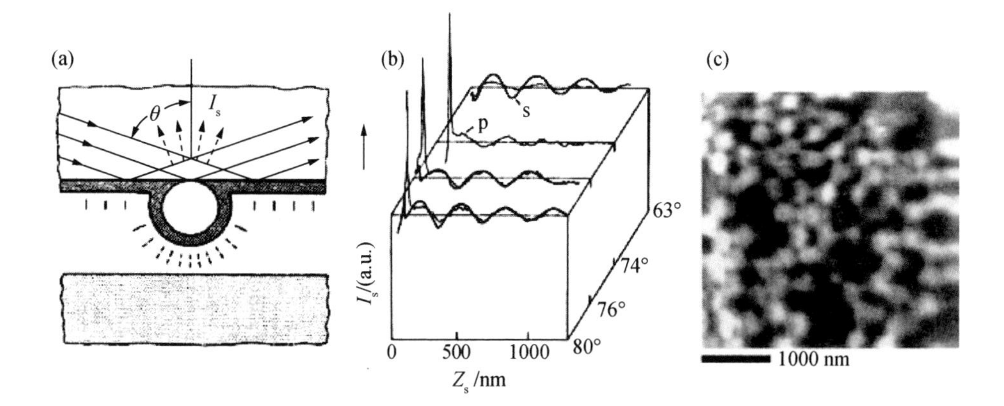

图 6.25　共振颗粒等离激元探针.(a) 20 nm 金层覆盖在平整的玻璃衬底上的聚苯乙烯小球上,以 Kretschmann 构型照明.当样品从另一边趋近时,凸起的散射情况被记录.(b) 对 p 和 s 偏振,记录的散射强度作为颗粒-表面距离的函数.(c) 利用电子隧穿反馈,在恒高模式记录的图像.引自[59].

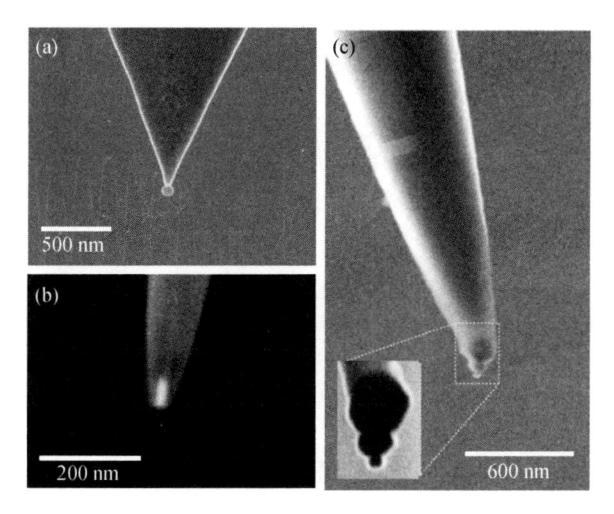

图 6.26　共振颗粒探针的扫描电子显微镜图像.(a) 化学方法合成的金颗粒(直径约 80 nm)置于一个玻璃针尖的顶端;(b) 被一个微移液管获取的半个金纳米棒;(c) 一个玻璃探针粘接了一系列直径逐渐减小的金颗粒.

§6.6　总　　结

本章介绍了几类可以在近场光学显微术中应用的探针的总体情况,除了如何理解理论背景知识及正确使用各种类型的探针外,我们还讨论了探针的制备过程及在应用中可能会出现的问题. 在文献中可以找到更多的探针结构及制备方法，我们只对最重要和最典型的几种探针及其制备方法做了一个简明的介绍.

习 题

6.1 计算在玻璃/空气界面上方，反向传播的同样强度和偏振的两束隐失波产生的隐失驻波的强度分布. 在垂直干涉条纹方向取一条线轮廓，计算其与给定半峰全宽的 Gauss 曲线的卷积. 半峰全宽如何影响条纹的可视性? 讨论在玻璃光纤探针的特性中的应用.

6.2 计算铝和无限导电材料覆盖的小孔探针通光率的差别. 假设小孔直径 100 nm，锥角 $\delta=10°$.

6.3 应用 Babinet 原理推导出一个理想导体圆盘附近的场. 利用 Bouwkamp 的解描述圆盘平面上的场.

6.4 在激光照射的金属针尖上计算二次谐波. 假设针尖附近的场由(6.26)～(6.29)式给出，在针尖上的二次谐波源自局域表面非线性极化率 $\chi_s^{(2)}$. $\chi_s^{(2)}$ 由垂直针尖表面的场 E_n 决定：

$$P_n^s(\boldsymbol{r}',2\omega) = \chi_{nnn}^{s}(-2\omega;\omega,\omega)E_n^{(\text{vac})}(\boldsymbol{r}',\omega)E_n^{(\text{vac})}(\boldsymbol{r}',\omega), \tag{6.30}$$

其中下标“n”指表面法向，$\boldsymbol{r}'$ 是针尖表面上的点，上标(vac)指针尖表面真空部分的场. $\boldsymbol{P}^s$ 产生的二次谐波场由下式计算：

$$\boldsymbol{E}(\boldsymbol{r},2\omega) = \frac{1}{\varepsilon_0}\frac{(2\omega)^2}{c^2}\int_{\text{surface}}\overleftrightarrow{\boldsymbol{G}}(\boldsymbol{r},\boldsymbol{r}';2\omega)\boldsymbol{P}^s(\boldsymbol{r}',2\omega)\mathrm{d}^2\boldsymbol{r}'. \tag{6.31}$$

仅仅考虑 $\overleftrightarrow{\boldsymbol{G}}$ 的近场并假设一个半球积分表面. 确定二次谐波频率的有效针尖偶极子振荡.

参考文献

[1] D. Marcuse, *Light Transmission Optics*. Malabar, FL: Krieger (1989).

[2] B. Hecht, H. Bielefeldt, D. W. Pohl, L. Novotny, and H. Heinzelmann, “Influence of detection conditions on near-field optical imaging,” *J. Appl. Phys.* **84**, 5873 - 5882 (1998).

[3] D. R. Turner, *Etch Procedure for Optical Fibers*. US patent 4,469,554 (1984).

[4] P. Hoffmann, B. Dutoit, and R.-P. Salathé, “Comparison of mechanically drawn and protection layer chemically etched optical fiber tips,” *Ultramicroscopy* **61**, 165 - 170 (1995).

[5] R. M. Stöckle, C. Fokas, V. Deckert, *et al.*, “High-quality near-field optical probes by tube etching,” *Appl. Phys. Lett.* **75**, 160 - 162 (1999).

[6] T. Pangaribuan, K. Yamada, S. Jiang, H. Ohsawa, and M. Ohtsu, "Reproducible fabrication technique of nanometric tip diameter fiber probe for photon scanning tunneling microscope," *Jap. J. Appl. Phys.* **31**, L1302 - L1304 (1992).

[7] T. Yatsui, M. Kourogi, and M. Ohtsu, "Increasing throughput of a near-field optical fiber probe over 1000 times by the use of a triple-tapered structure," *Appl. Phys. Lett.* **73**, 2089 - 2091 (1998).

[8] S.-K. Eah, W. Jhe, and Y. Arakawa, "Nearly diffraction-limited focusing of a fiber axicon microlens," *Rev. Sci. Instrum.* **74**, 4969 - 4971 (2003).

[9] E. Neher and B. Sakmann, "Noise analysis of drug induced voltage clamp currents in denervated frog muscle fibres," *J. Physiol.* (*Lond.*) **258**, 705 - 729 (1976).

[10] G. A. Valaskovic, M. Holton, and G. H. Morrison, "Parameter control, characterization, and optimization in the fabrication of optical fiber near-field probes," *Appl. Opt.* **34**, 1215 - 1228 (1995).

[11] Ch. Adelmann, J. Hetzler, G. Scheiber, *et al.*, "Experiments on the depolarization near-field scanning optical microscope," *Appl. Phys. Lett.* **74**, 179 - 181 (1999).

[12] A. J. Meixner, M. A. Bopp, and G. Tarrach, "Direct measurement of standing evanescent waves with a photon scanning tunneling microscope," *Appl. Opt.* **33**, 7995 - 8000 (1994).

[13] U. Ch. Fischer, J. Koglin, and H. Fuchs, "The tetrahedal tip as a probe for scan-ning near-field optical microscopy at 30 nm resolution," *J. Microsc.* **176**, 231 - 237 (1994).

[14] A. Naber, D. Molenda, U. C. Fischer, *et al.*, "Enhanced light confinement in a near-field optical probe with a triangular aperture," *Phys. Rev. Lett.* **89**, 210801 (2002).

[15] L. Novotny and C. Hafner, "Light propagation in a cylindrical waveguide with a complex, metallic dielectric function," *Phys. Rev. E* **50**, 4094 - 4206 (1994).

[16] B. Hecht, B. Sick, U. P. Wild, *et al.*, "Scanning near-field optical microscopy with aperture probes: fundamentals and applications," *J. Chem. Phys.* **112**, 7761 - 7774 (2000).

[17] L. Novotny, D. W. Pohl, and B. Hecht, "Scanning near-field optical probe with ultrasmall spot size," *Opt. Lett.* **20**, 970 - 972 (1995).

[18] R. M. Stöckle, N. Schaller, V. Deckert, C. Fokas, and R. Zenobi, "Brighter near-field optical probes by means of improving the optical destruction threshold," *J. Microsc.* **194**, 378 - 382 (1999).

[19] L. Novotny and D. W. Pohl, "Light propagation in scanning near-field optical microscopy," in *Photons and Local Probes*, ed. O. Marti and R. Möller. Dordrecht: Kluwer, pp. 21 - 33 (1995).

[20] B. Knoll and F. Keilmann, "Electromagnetic fields in the cutoff regime of tapered metallic waveguides," *Opt. Commun.* **162**, 177 - 181 (1999).

[21] M. J. Levene, J. Korlach, S. W. Turner, *et al.*, "Zero-mode waveguides for single-molecule analysis at high concentrations," *Science* **299**, 682 - 686 (2003).

[22] H. A. Bethe, "Theory of diffraction by small holes," *Phys. Rev.* **66**, 163 - 182 (1944).

[23] C. J. Bouwkamp, "On Bethe's theory of diffraction by small holes," *Philips Res. Rep.* **5**, 321 - 332 (1950).

[24] C. T. Tai, "Quasi-static solution for diffraction of a plane electromagnetic wave by a small oblate spheroid," *IRE Trans. Antennas Propag.*, **1**, 13 - 36 (1952).

[25] M. Abramowitz and I. A. Stegun, *Handbook of Mathematical Functions*. New York: Dover Publications (1974).

[26] D. Van Labeke, D. Barchiesi, and F. Baida, "Optical characterization of nanosources used in scanning near-field optical microscopy," *J. Opt. Soc. Am. A* **12**, 695 - 703 (1995).

[27] C. J. Bouwkamp, "On the diffraction of electromagnetic waves by small circular disks and holes," *Philips Res. Rep.* **5**, 401 - 422 (1950).

[28] C. Obermüller and K. Karrai, "Far field characterization of diffracting circular apertures," *Appl. Phys. Lett.* **67**, 3408 - 3410 (1995).

[29] E. Betzig and R. J. Chichester, "Single molecules observed by near-field scanning optical microscopy," *Science* **262**, 1422 - 1425 (1993).

[30] T. W. Ebbesen, H. J. Lezec, H. F. Ghaemi, T. Thio, and P. A. Wolff, "Extraordinary optical transmission through sub-wavelength hole arrays," *Nature* **391**, 667 - 669 (1998).

[31] J. B. Pendry, L. Martin-Moreno, and F. J. Garcia-Vidal, "Mimicking surface plas-mons with structured surfaces," *Science* **305**, 847 - 848 (2004).

[32] H. J. Lezec, A. Degiron, E. Devaux, "Beaming light from a subwavelength aperture," *Science* **297**, 820 - 822 (2002).

[33] S. Schiller and U. Heisig, *Bedampfungstechnik: Verfahren, Einrichtungen, Anwendungen*, Stuttgart: Wissenschaftliche Verlagsgesellschaft (1975).

[34] D. L. Barr and W. L. Brown, "Contrast formation in focused ion beam images of polycrystalline aluminum," *J. Vac. Sci. Technol. B* **13**, 2580 - 2583 (1995).

[35] M. Stähelin, M. A. Bopp, G. Tarrach, A. J. Meixner, and I. Zschokke-Gränacher, "Temperature profile of fiber tips used in scanning near-field optical microscopy," *Appl. Phys. Lett.* **68**, 2603 - 2605 (1996).

[36] J. Orloff, "High-resolution focused ion beams," *Rev. Sci. Instrum.* **64**, 1105 - 1130 (1993).

[37] J. A. Veerman, M. F. Garcia-Parajó, L. Kuipers, and N. F. van Hulst, "Single molecule mapping of the optical field distribution of probes for near-field microscopy," *J. Microsc.* **194**, 477 - 482 (1999).

[38] S. Geller (ed.), *Solid Electrolytes*. Berlin: Springer-Verlag (1977).

[39] A. Bouhelier, J. Toquant, H. Tamaru, *et al.*, "Electrolytic formation of nanoapertures for scanning near-field optical microscopy," *Appl. Phys. Lett.* **79**, 683 - 685 (2001).

[40] D. Haefliger and A. Stemmer, "Subwavelength-sized aperture fabrication in aluminum by a

self-terminated corrosion process in the evanescent field," *Appl. Phys. Lett.* **80**, 33973399 (2002).

[41] T. Saiki and K. Matsuda, "Near-field optical fiber probe optimized for illumination-collection hybrid mode operation," *Appl. Phys. Lett.* **74**, 2773 - 2775 (1999).

[42] D. W. Pohl, W. Denk, and M. Lanz, "Optical stethoscopy: image recording with resolution $\lambda/20$," *Appl. Phys. Lett.* **44**, 651 - 653 (1984).

[43] D. W. Pohl, "Near field optics seen as an antenna problem," in *Near-Field Optics: Principles and Applications, The Second Asia-Pacific Workshop on Near Field Optics, Beijing, China October 20 -23, 1999*, ed. M. Ohtsu and X. Zhu. Singapore: World Scientific, pp. 9 - 21 (2000).

[44] L. Novotny, "The history of near-field optics," in *Progress in Optics*, vol. 50, ed. E. Wolf. Amsterdam: Elsevier, pp. 137 - 180 (2007).

[45] J. Wessel, "Surface-enhanced optical microscopy," *J. Opt. Soc. Am. B* **2**, 1538 - 1540 (1985).

[46] E. J. Sanchez, L. Novotny, and X. S. Xie, "Near-field fluorescence microscopy based on two-photon excitation with metal tips," *Phys. Rev. Lett.* **82**, 4014 - 4017 (1999).

[47] A. Hartschuh, M. R. Beversluis, A. Bouhelier, and L. Novotny, "Tip-enhanced optical spectroscopy," *Phil. Trans. Roy. Soc. Lond. A* **362**, 807 - 819 (2004).

[48] Y. C. Martin, H. F. Hamann, and H. K. Wickramasinghe, "Strength of the electric field in apertureless near-field optical microscopy," *J. Appl. Phys.* **89**, 5774 - 5778 (2001).

[49] C. Sönnichsen, T. Franzl, T. Wilk, G. von Plessen, and J. Feldmann, "Drastic reduction of plasmon damping in gold nanorods," *Phys. Rev. Lett.* **88**, 077402 (2002).

[50] R. X. Bian, R. C. Dunn, X. S. Xie, and P. T. Leung, "Single molecule emission characteristics in near-field microscopy," *Phys. Rev. Lett.* **75**, 4772 - 4775 (1995).

[51] A. Bouhelier, M. Beversluis, A. Hartschuh, and L. Novotny, "Near-field second harmonic generation excited by local field enhancement," *Phys. Rev. Lett.* **90**, 13903 (2003).

[52] M. R. Beversluis, A. Bouhelier, and L. Novotny, "Continuum generation from single gold nanostructures through near-field mediated intraband transitions," *Phys. Rev. B* **68**, 115433 (2003).

[53] E. W. Müller and T. T. Tsong, *Field Ion Microscopy*. New York: Elsevier (1969).

[54] A. J. Nam, A. Teren, T. A. Lusby, and A. J. Melmed, "Benign making of sharp tips for STM and FIM: Pt, Ir, Au, Pd, and Rh," *J. Vac. Sci. Technol. B* **13**, 1556 - 1559 (1995).

[55] M. J. Vasile, D. A. Grigg, J. E. Griffith, E. A. Fitzgerald, and P. E. Russell, "Scanning probe tips formed by focused ion beams," *Rev. Sci. Instrum.* **62**, 2167 - 2171 (1991).

[56] T. H. Taminiau, R. J. Moerland, F. B. Segerink, L. Kuipers, and N. F. van Hulst, "λ/4 Resonance of an optical monopole antenna probed by single molecule fluorescence," *Nano Lett*. **7**, 28 - 33 (2007). Copyright 2007 American Chemical Society.

[57] J.-S. Huang, V. Callegari, P. Geisler, *et al.*, "Atomically flat single-crystalline gold nanostructures for plasmonic nanocircuitry," *Nature Commun*. **1**, 150 (2010).

[58] H. G. Frey, F. Keilmann, A. Kriele, and R. Guckenberger, "Enhancing the resolution of scanning near-field optical microscopy by a metal tip grown on an aperture probe," *Appl. Phys. Lett.* **81**, 5030 - 5032 (2002).

[59] U. Ch. Fischer and D. W. Pohl, "Observation of single-particle plasmons by near-field optical microscopy," *Phys. Rev. Lett.* **62**, 458 - 461 (1989).

[60] T. J. Silva, S. Schultz, and D. Weller, "Scanning near-field optical microscope for the imaging of magnetic domains in optically opaque materials," *Appl. Phys. Lett.* **65**, 658 - 660 (1994).

[61] S. Lal, S. Link, and N. J. Halas, "Nano-optics from sensing to waveguiding," *Nature Photonics* **1**, 641 - 648 (2007).

[62] T. Kalkbrenner, M. Ramstein, J. Mlynek, and V. Sandoghdar, "A single gold particle as a probe for apertureless scanning near-field optical microscopy," *J. Microsc.* **202**, 72 - 76 (2001).

[63] P. Anger, P. Bharadwaj, and L. Novotny, "Enhancement and quenching of single molecule fluorescence," *Phys. Rev. Lett.* **96**, 113002 (2006).

[64] S. Kühn, U. Hakanson, L. Rogobete, and V. Sandoghdar, "Enhancement of single molecule fluorescence using a gold nanoparticle as an optical nano-antenna," *Phys. Rev. Lett.* **97**, 017402 (2006).

[65] C. Hoeppener and L. Novotny, "Antenna-based optical imaging of single Ca^{2+} transmembrane proteins in liquids," *Nano Lett*. **8**, 642 - 646 (2008).

[66] C. Hoeppener, R. Beams, and L. Novotny, "Background suppression in near-field optical imaging," *Nano Lett*. **9**, 903 - 908 (2009).

第7章　探针-样品距离控制

为了测量局域场，必须把探针置于样品表面附近. 典型地，探针-样品距离需要小于横向场的受限尺寸，也就要小于想获得的空间分辨率. 在实验中，为了保持恒定距离，一个有源反馈回路是必需的. 但是，成功实现反馈需要光学探针和样品之间有距离足够短的相互作用. 这种相互作用对探针-样品距离的依赖应该是单调的，以保证距离确定的唯一性. 一个典型的应用于扫描探针显微术的反馈回路模块设计如图 7.1 所示. 一个压电元件 $P(\omega)$ 用来把电信号转换成位移，而相互作用测量 $I(\omega)$ 决定逆转换. 控制器 $G(\omega)$ 用来优化反馈回路的速度，和维护设定好的规则的稳定性. 大多数情况下，该设计使用所谓的 PI 控制器，包括比例增益(P)和积分器模块(I).

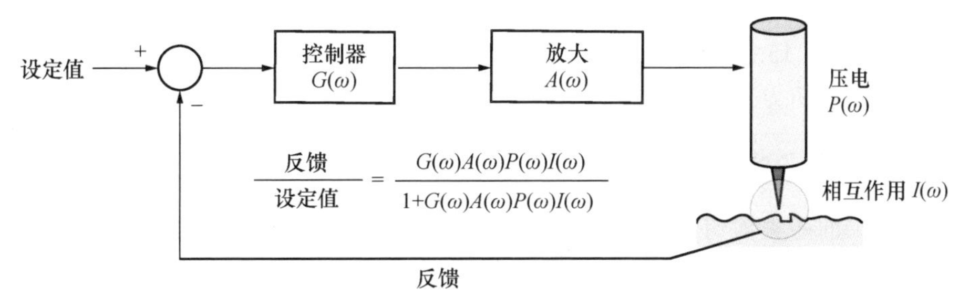

图 7.1　在扫描探针显微术中通用的反馈回路示意图. 在理想情况，测量的相互作用信号对应着外部设定值. 反馈回路的速度和稳定性取决于控制器 $G(\omega)$ 的参数.

利用(近场)光学信号本身作为距离相关的反馈信号初看是一个很吸引人的解决方案. 但它存在很多问题：(1) 一个组分不均匀且未知的样品，不可预知的近场分布变化能产生非单调的距离依赖. 这样的行为不可避免地经常导致探针损坏. (2) 探测的近场信号常常很弱，被远场的贡献所掩盖. (3) 光学探针的近场衰减长度常常太长，从而不能可靠地测量在纳米尺度下的距离变化. 由于这些原因，对光学探针的近场扫描，通常一个辅助的距离反馈是必需的.

标准的扫描探针技术基本上都利用两种不同的相互作用，即电子隧穿(STM)[1]和表面法向和横向的相互作用力(AFM)[2]. 电子隧穿需要一个导电样品. 这对光学显微术的光谱能力是一个很强的限制，会由于在样品表面覆盖金属层而造成该能力的损失. 因此，光学实验通常利用基于短程相互作用力的反馈回路，如横向剪切力或法向 van der Waals 力.

在进入具体的论述前,我们必须给出一个重要的提醒.在标准的商用AFM和STM中,反馈所利用的短程相互作用也是其感兴趣的物理量.近场显微术的辅助反馈却并非如此.辅助反馈机制的应用必然会带来引入与样品的光学性质并不相关的人为光信号改变的危险,这些人为光信号改变只与探针-样品距离的变化有关.这些问题和可能的解决方案在这章的最后一节中详细讨论,也可参考文献[3,4].下面我们重点讨论横向剪切力,同时也会分析法向力.

§7.1 剪切力方法

方向平行于样品表面的探针振动在样品附近会受到影响.典型地,探针以它的机械支撑(垂直梁、音叉)的共振频率振荡,振荡的振幅、相位,和/或频率作为探针-样品距离的函数被测量.相互作用的范围在1～100 nm,依赖于探针的类型和具体的实施方案.这种所谓的剪切力的本质仍然有争论.被普遍接受的是,在通常条件下,这种效应起源于探针和表面潮湿层的相互作用.但是,剪切力甚至可以在超低温和超高真空的条件下被测量到[5,6],因此必定存在更基本的相互作用机制,比如电磁摩擦(参考15.3.2节)[7].不管什么起源,对于保持光学探针在样品表面附近,距离依赖的剪切力是一种理想的反馈信号.

7.1.1 作为共振梁的光纤

最简单的一类剪切力传感器是振荡梁.它包括被夹住的很短的一段玻璃光纤或者末端尖锐的金属棒.如图7.2所示,梁的共振频率随长度L的平方变化,这对于任何类型的一端固定的悬臂都是成立的.圆形截面的振荡梁的基模共振频率由下式计算[8]:

$$\omega_0 = 1.76\sqrt{\frac{E}{\rho}}\frac{R}{L^2}, \tag{7.1}$$

这里E是Young模量,ρ是质量密度,R是梁的半径,L是梁的长度.例如,对于$R=125\ \mu\mathrm{m}$,$L=3\ \mathrm{mm}$的光纤,有$f_0=\frac{\omega_0}{2\pi}\approx 20\ \mathrm{kHz}$.这样的探针在空气中的典型品质因数大约为150.根据(7.1)式,改变光纤的长度将强烈地改变共振频率.

当梁的端面开始和表面相互作用时,共振频率将会移动,振幅将减小.对于一个梁被外部可变频率ω驱动的情形,图7.3(a)和(b)给出了对这种现象的图示.对两种不同的梁端面和样品表面距离d,这两个图显示了梁振动的振幅和相位.当梁在共振频率$\omega=\omega_0$被驱动时,图7.3(c)和(d)分别给出了振幅的移动和相位的移动作为距离d的函数.振幅和相位变化的大小依赖于梁的直径,在尖锐探针情形也就是针尖的直径.因为图7.3(a)和(b)中曲线的单调性,振幅和相位都非常适合作为

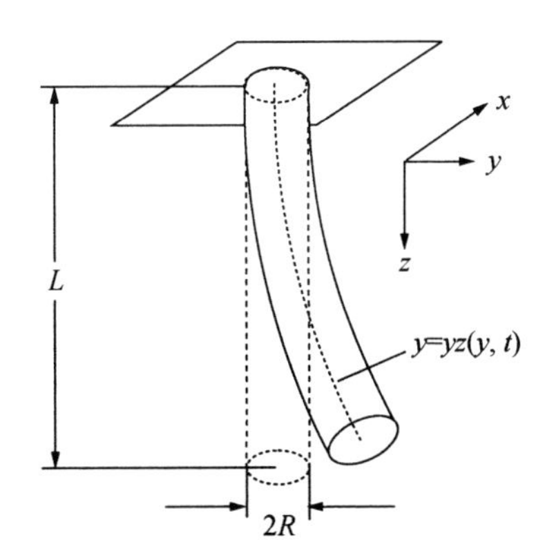

图 7.2 用于计算振荡光纤探针的共振的长度为 L 的石英梁.

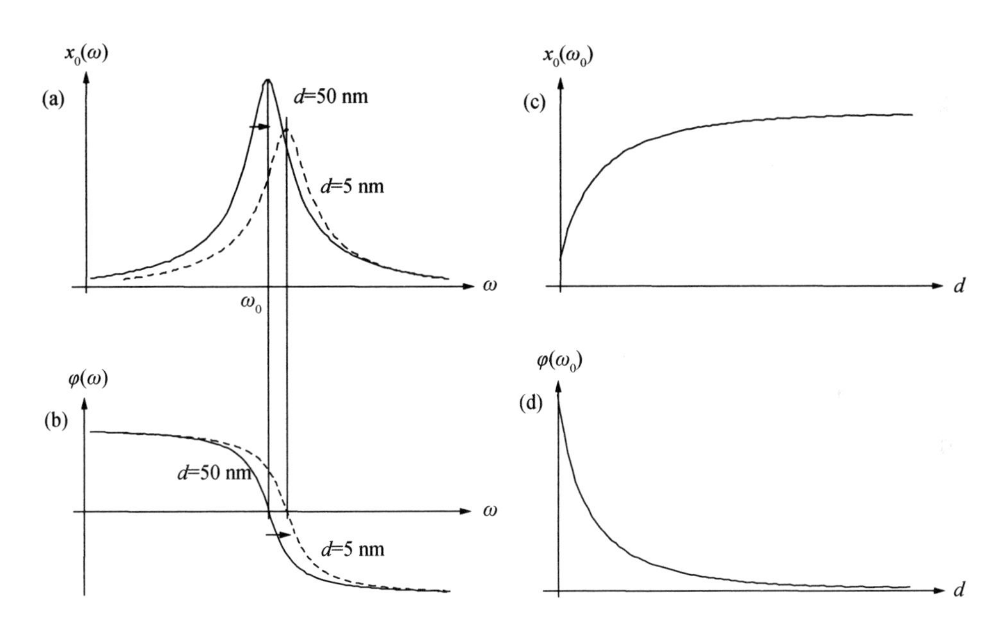

图 7.3 振动梁的共振. 在频率为 ω 的驱动下,梁的振幅(a)和相位(b). 当梁的端面开始和样品表面作用时,共振发生移动,振幅下降. 在频率 $\omega=\omega_0$ 时,(c)和(d)显示振幅和相位作为梁端面(针尖)和表面距离的函数. 振幅和相位发生变化的距离范围依赖于相互作用面积(针尖的尖锐度).

反馈信号. 通常,它们要用锁相放大器来探测. 正如随后要讨论的,在需要高品质因数(窄共振)的高灵敏度应用中,通常并不用固定的频率 ω 驱动梁. 相反,利用一个自振荡电路,梁能够在距离相关的共振频率下振动[9]. 如图 7.3(a)和(b)所示,当振动探针向样品表面前进时,共振频率发生移动,因此共振频率移动 $\Delta\omega$ 能够被用作替代反馈信号. 还有一种可能是用共振的品质因数作为反馈信号,对应着在恒耗散模式下工作. 应用哪一种反馈信号依赖于具体的实验类型. 通常,关于探针-样品相互作用的互补信息能够通过同时记录振幅、相位、频移和品质因数作为辅助信号来得到,如在 AFM 时一样.

有几种方法可以直接探测振荡光学探针的振动. 最简单的方法(见图 7.4(a))是把从光学探针上发射和散射的光投射到一个位置适当的小孔中,然后探测透射光的强度. 在针尖以一定的频率振动时,光学信号的振幅变化将反映针尖振动的振幅和相位[10]. 在近场光学显微镜中,这种方法会和光学信号的探测路径互相干扰,因而能够被样品的光学性质所影响. 因此,另一种光学探测设计使用了垂直于显微镜光学探测路径的光路,一束辅助激光射向探针,获得的衍射图案被一个分体式的光电二极管接收(见图 7.4(b)). 这种设计能很好地工作,但是也会受激光二极管的模式跳变,或机械装置的移动导致在光敏二极管上的干涉图案发生变化的影响. 另外,很清楚的是,探针轴感知的运动和针尖尖端的运动是不一致的,当探针的高阶振动模式被激发时,这可能是一个很大的问题. 同样有争议的方案是干涉探测方案,如利用差分干涉测量术[11]或者光纤干涉仪[12,13](见图 7.4(c)和(d)). 后一种方法非常灵敏,能够探测 1 nm 以下的幅度变化. 但是,因为应用石英和压电陶瓷传感器的非直接方法在灵敏度和装置简单性上被证明有很大的优越性,探针振动的直接光学探测不再被广泛使用.

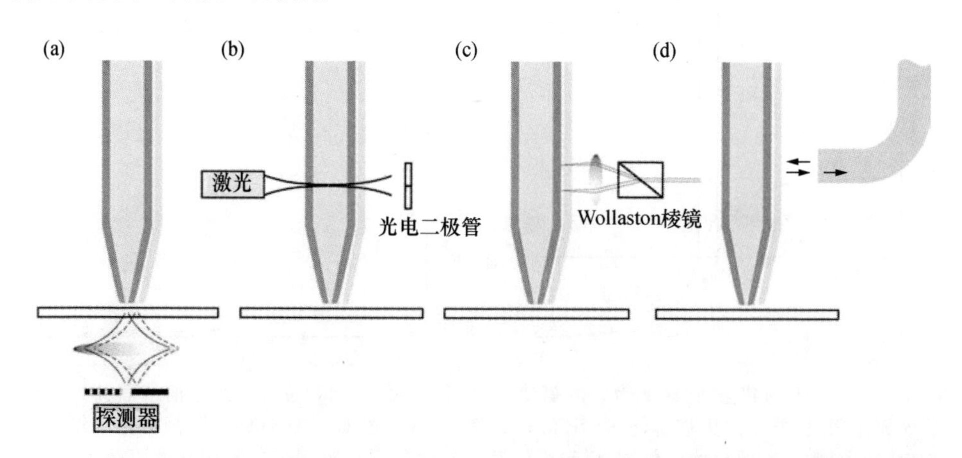

图 7.4　直接探测光纤探针振动的不同方法. (a) 小孔探测方案:被探针发射和散射的光聚焦到一个针孔. 探测的光被探针的机械共振频率调制. (b) 激光偏转方案:红外二极管激光被光纤探针散射或者偏转. 最终的振动条纹图案被导向一个分体式光电二极管. (c) 利用 Wollaston 棱镜的差分干涉测量术. (d) 利用光纤干涉仪的测量术.

7.1.2　音叉传感器

当利用光学方法探测光学探针的横向振动时,常常有这样的危险,即探测部分的光线会和弱的近场光学信号发生干涉.当进行光谱实验或者考察光敏样品时,这样的情况就变得特别有害.因此,其他不需要使用光的传感方法逐渐发展出来.这些方法中,很多都基于测量压电陶瓷器件的导纳变化,因为当表面和压电陶瓷器件上的样品或者黏附的光学探针相互作用时,其共振行为发生变化,这些变化和导纳的变化相关联.压电陶瓷元件可以是一个陶瓷片[14]或者管[15].但是,现在最成功和最普及的剪切力探测是基于微加工石英音叉的方法[16].石英音叉最早是开发以用于石英表中的时间标准的.

图 7.5(a)显示了一个典型的石英音叉照片.它包含了一个微机械石英元件,形状像一个音叉,电极沉积在它的表面.在基部,音叉被环氧树脂基座支撑(左边).不包含基座的石英音叉的总长度大约是 5.87 mm,宽度是 1.38 mm,厚度是 220 μm.连接音叉电极的两个内部电连接如图 7.5(b)所示.在时钟和手表的应用中,音叉被一个金属帽包裹,来防止周围环境,比如湿气的影响.音叉用作剪切力传感器时,这个金属帽必须去掉.音叉晶体被制备成不同的尺寸,呈现出不同的共振频率.最通用的频率是 2^{15} Hz = 32768 Hz 和 100 kHz.

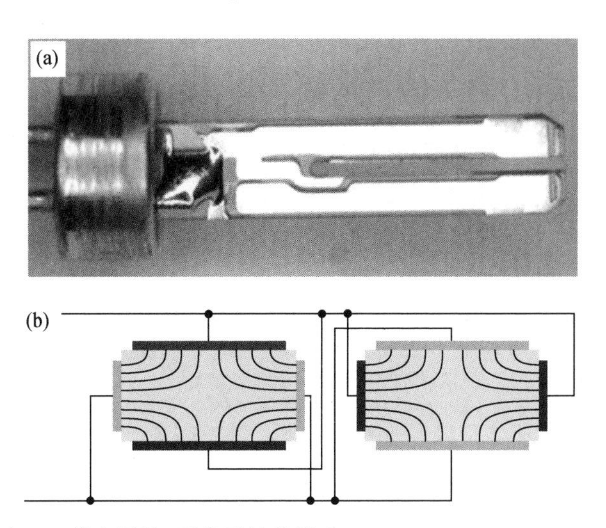

图 7.5 石英音叉.(a) 放大图片.石英元件的尺寸 5870 μm×1380 μm×220 μm.(b) 垂直叉齿的切面显示了石英音叉的电连接.引自[17].

音叉齿的机械振动感生表面电荷,被电极收集,在外电路中测量.因此,音叉就像一个机械-电转换器,和压电陶瓷执行器相似.反过来,交变电压施加于音叉电极上,能产生齿的机械振动.在音叉上特别设计的电极排布可以保证只有齿之间的相对运动能够被电激发和探测.这是因为收缩和扩张运动都垂直于场线,如图 7.5(b)所示.如果通过机械地耦合到一个分离的振荡器(比如一个抖动压电器件)来激发音叉振动,则要确保正确的模式被激发,否则没有信号能被探测到.相比其他压电元件,石英音叉的优点除了小尺寸外,是它的标准化性质和低价格(由于大规模生产).小尺寸使光学(光纤)探针可以黏附在音叉的一个齿上,使得探针尖端与样品的微弱相互作用也能严格地耦合到音叉上,从而影响它的运动.图7.6显示了一个典型的装置.在探测剪切力的方案中,音叉齿作为振动梁,而不是探针自己.重要的是为了避免成为耦合型的振荡器,探针自己在音叉的频率上不振动.因此,从音叉终端伸出的探针长度要尽可能短.对于工作在约32kHz,粘接了一个玻璃光纤的音叉,(7.1)式意味着伸出的光纤长度必须要小于约2.3mm.

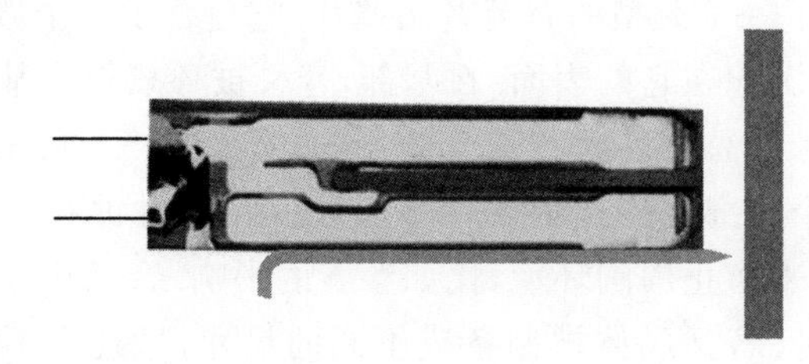

图7.6　附着锥形玻璃光纤的一个石英音叉传感器.图中显示出了光纤探针与音叉传感器的相对大小.左图:传感器.右图:样品.

7.1.3　有效谐振子模型

在小振幅 $x(t)$ 驱动音叉振荡时,其运动方程是一个有效谐振子的形式:

$$m\ddot{x}(d,t)+m\gamma(d)\dot{x}(d,t)+m\omega_0^2(d)x(d,t)=F\mathrm{e}^{-\mathrm{i}\omega t}. \tag{7.2}$$

这里 γ 是阻尼常数,$f_0=\omega_0/(2\pi)$ 为共振频率.F 是恒定驱动力,比如由外部的抖动压电器件用以摇动音叉而施加的.参数 d 指的是探针-样品距离.为符号简单,后面将不再明显写出对 d 的依赖.(7.2)的定常态解为

$$x(t)=\frac{F/m}{\omega_0^2-\omega^2-\mathrm{i}\gamma\omega}\mathrm{e}^{-\mathrm{i}\omega t}. \tag{7.3}$$

这个振动的振幅是一个Lorentz线型的函数,品质因数

$$Q=\frac{f_0}{\Delta f}=\frac{\omega_0}{\gamma\sqrt{3}}, \tag{7.4}$$

其中 Δf 是共振的半峰全宽.与 γ 和 ω_0 相似,Q 因数和振动幅度 $x(t)$ 依赖于探针-样品距离 d(见图7.3(a)).在大气条件下,音叉的 Q 因数的数量级为 $10^3\sim10^4$,比在真空中高几个数量级.如此高的 Q 因数起源于音叉没有质心运动这个事实:当一个齿向左边运动时,另一个齿向右边运动,因此没有净的质量位移.

探针和样品表面的相互作用影响两种类型的力:(1) 与(7.2)式中第二项相关的耗散摩擦力,(2) 由(7.2)式中第三项给出的弹性力.我们将推导出这两种力的表达式并估计它们的大小.首先需要注意到阻尼常数 γ 和弹簧常数 $k=m\omega_0^2$ 有两种不同的贡献:(1) 音叉自己相关联的静态或内禀的物理性质,(2) 由探针-样品相互作用引起

的间接贡献. γ 的相互作用部分的表达式能够从共振频率处的振幅(7.3)推导出：

$$\gamma(d) = \gamma_{\text{stat}} + \gamma_{\text{int}}(d) = \frac{F/m}{\omega_0(d)x_0(d)}, \tag{7.5}$$

其中 x_0 是振幅，γ_{int}是相互作用引起的阻尼常数. 注意 $\gamma_{\text{int}}(d\to\infty)=0$，意味着

$$\gamma_{\text{int}}(d) = \gamma_{\text{stat}}\left[\frac{\omega_0(\infty)x_0(\infty)}{\omega_0(d)x_0(d)} - 1\right]. \tag{7.6}$$

根据(7.2)式的第二项，相互作用引起的摩擦力的振幅为

$$F_{\text{int}}^{\text{friction}}(d) = m\gamma_{\text{int}}(d)\omega_0(d)x_0(d) = \left[1 - \frac{\omega_0(d)x_0(d)}{\omega_0(\infty)x_0(\infty)}\right]\frac{k_{\text{stat}}x_0(\infty)}{\sqrt{3}Q(\infty)}, \tag{7.7}$$

其中用了(7.4)式和性质 $m=k_{\text{stat}}/\omega_0^2(\infty)$. 下一步，利用振幅 x_0 随距离的变化快于随共振频率 ω_0 的变化，我们可以在上式括号中去掉对 ω_0 的依赖. 而且，音叉表面感生电荷引起的电压 V 直接正比于振动幅度，因此有

$$F_{\text{int}}^{\text{friction}}(d) = \left[1 - \frac{V(d)}{V(\infty)}\right]\frac{k_{\text{stat}}}{\sqrt{3}Q(\infty)}x_0(\infty). \tag{7.8}$$

这是在剪切力显微术中估计摩擦力的关键表达式. 表达式中的所有参数都能直接获得. 上式表明比率 x_0/Q 与探针-样品距离 d 没有关联，这支持了摩擦力的黏性起源假说，即摩擦力正比于速度[5]. 因此，当探针向样品表面靠近时，振幅的减小对应着品质因数按比例减小.

现在我们给出实际情形下的一些数据. 如果我们把反馈点设置在起始电压 $V(\infty)$的 90%处，(7.8)式括号中的表达式取值为 0.1. 一个 32 kHz，弹簧常数 $k_{\text{stat}}=40\ \text{kN}\cdot\text{m}^{-1}$的音叉能够在振幅 $x_0(\infty)=10$ pm(小于 Bohr 半径!)下工作，黏附了针尖的音叉的典型品质因数 $Q(\infty)\approx1200$. 使用这些参数，相互作用导致的摩擦力为 $F_{\text{int}}^{\text{friction}}\approx20$ pN. 使用超软悬梁的 AFM 工作时，其摩擦力也大体是此值.

如果 $k_{\text{stat}}=40\ \text{kN}\cdot\text{m}^{-1}$的音叉齿移动了 $x_0=10$ pm，两个电极间会建立约 1000 个电子的表面电荷差别. 典型地，压电-电机械耦合常数的数量级为

$$\alpha \sim 10\ \mu\text{C}\cdot\text{m}^{-1}. \tag{7.9}$$

精确值依赖于具体的音叉类型. 对于 32 kHz 的振动，这对应着一个 $2\ \text{A}\cdot\text{m}^{-1}$的电流到位移的转变，已由激光干涉测量技术[18]在实验上证明了. 应用电阻 10 MΩ 的电流-电压转换器，振幅 $x_0=10$ pm 产生的振荡电压振幅 $V=200\ \mu$V. 这个电压在进行下一步处理，比如，通过锁相放大器之前，必须继续放大. 振幅 10 pm 好像很小，但是比热导致的振幅大 20 倍. 根据能量均分原理给出：

$$\frac{1}{2}k_{\text{stat}}x_{\text{rms}}^2 = \frac{1}{2}k_{\text{B}}T, \tag{7.10}$$

其中 T 是温度，k_{B} 是 Boltzmann 常数. 在室温下，$x_{\text{rms}}=0.32$ pm，对应着峰值噪声振幅 0.45 pm.

最后，我们转到与(7.2)式中的第三项有关的弹性力.类似于阻尼常数的情况，弹簧常数 k 由静态部分和相互作用部分表征.因为质量 m 与探针-样品距离无关，有

$$m = \frac{k_{\text{stat}} + k_{\text{int}}(d)}{\omega_0^2(d)} = \frac{k_{\text{stat}}}{\omega_0^2(\infty)} \rightarrow k_{\text{int}}(d) = k_{\text{stat}}\left[\frac{\omega_0^2(d)}{\omega_0^2(\infty)} - 1\right]. \tag{7.11}$$

把这个表达式代入相互作用导致弹性力的振幅表达式，给出

$$F_{\text{int}}^{\text{elastic}}(d) = k_{\text{int}}(d)x_0(d) = \left[\frac{\omega_0^2(d)}{\omega_0^2(\infty)} - 1\right]k_{\text{stat}}x_0(d). \tag{7.12}$$

作为一个例子，我们考虑一个小的频率移动 5 Hz，假设这个移动与振幅 $x_0(\infty)=$ 10 pm 减小到 90%有关，因此 $x_0(d)=9$ pm. 使用前面同样的参数，弹性力振幅变为 $F_{\text{int}}^{\text{elastic}}\approx 110$ pN，这证明弹性力比摩擦力大. 但是，正如在后面要讨论的，$F_{\text{int}}^{\text{friction}}$ 的测量依靠振幅变化的测量，而振幅变化在高品质因数时很慢. 因此，频移的测量，即 $F_{\text{int}}^{\text{elastic}}$ 的测量经常是灵敏度和速度之间的较好的折中.

7.1.4　响应时间

系统的 Q 因数越高，就需要越长的时间响应外部的信号. 另一方面，高 Q 因数是高灵敏度的必需条件. 因此，短的响应时间和高灵敏度倾向于相互制约，这两者之间必须找到一种折中. 在探针-样品距离控制中使用的音叉的参数必须调节成既有足够的灵敏度防止探针或者样品损坏，又响应时间足够短来保证合适的扫描速度. 比如，使用韧性金针尖作为近场探针需要相互作用力小于约 200 pN. 对生物组织成像也需要这样. 如此小的力需要高 Q 因数，限制了图像获得时间.

为了说明 Q 因数和响应时间之间的关系，我们考虑谐振子模型(参考(7.3)式)的复定常态解的振幅和相位：

$$x_0 = \frac{F/m}{\sqrt{(\omega_0^2 - \omega^2)^2 + \omega_0^2\omega^2/(3Q^2)}}, \tag{7.13}$$

$$\varphi_0 = \tan^{-1}\left[\frac{\omega_0\omega}{\sqrt{3}Q(\omega_0^2 - \omega^2)}\right], \tag{7.14}$$

其中我们根据(7.4)式用品质因数来表示阻尼常数. 根据 x_0 和 φ_0，解能够被写为

$$x(t) = x_0\cos(\omega t + \varphi_0). \tag{7.15}$$

我们现在考虑如果探针-样品距离 d 极速地从一个值变化到另一个会发生什么[9]. 作为初始条件，我们假设在时间 $t=0$ 处共振频率瞬时从 ω_0 变化到 ω_0'. 在合适的边界条件下，利用(7.2)式，有

$$x(t) = x_0'\cos(\omega t + \varphi_0') + x_t e^{-\omega_0' t/(2\sqrt{3}Q)}\cos(\omega_t t + \varphi_t). \tag{7.16}$$

这个解包含一个定常态项(左边)和瞬态项(右边). x_0' 和 φ_0' 分别是新的定常态振

幅和相位.类似地,x_t,φ_t 和 ω_t 是相应的瞬变项的参数.它们的精确值也是用同样的边界条件得到的.

对于一个 Q 因数为 2886 的音叉,图 7.7 显示了(7.16)式描述的典型瞬态行为的包络.当在 $t=0$ 时距离发生变化,需要大约 $2Q$ 振动循环到达新的定常态.音叉的响应时间被定义为

$$\tau=\frac{2\sqrt{3}Q}{\omega_0'}\approx\frac{2\sqrt{3}Q}{\omega_0},\tag{7.17}$$

这个值约为 300 ms.因此,反馈回路的带宽变得非常小,如果振幅作为反馈信号扫描速度会很慢.为了解决这个问题,有人提议把共振频率的移动用作反馈信号[9].在一级近似中,共振频率即时响应扰动.但是,要明白至少需要一个振动周期才能确定频率的大小.频率的移动能够被监视,比如,利用锁相环(PLL)来完成,如同在收音机中使用的 FM 解调器.但是,这里可得到的带宽不是无限制的,因为在处理过程中使用了低通滤波器.也就是说,为了比较测得的相位和参考相位,需要大量的振动周期.

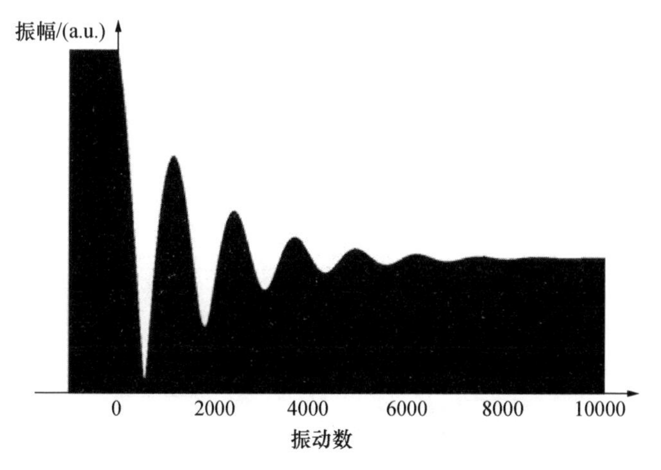

图 7.7 振动音叉($Q=2886$)的瞬态响应.当 $t=0$ 时探针-样品距离 d 发生变化.根据(7.16)式,这使得共振频率变化了 16.5 Hz,从 33000 Hz 到 33016.5 Hz.约 $2Q=10000$ 个振动周期后到达新的定常态.单个振动不能分辨,仅仅包络可见.

7.1.5 等效电路

目前为止,我们假设音叉被一个恒驱动力 F 驱动.这个力可以通过外部加载在音叉附近的抖动压电器件以机械的方式提供.在驱动电路能从系统中电解耦这个意义上,这种类型的机械激励是受欢迎的,能提供很好的稳定性和噪声表现.另一方面,机械振荡产生的音叉的质心振动,并不是想要的"非对称"的模式(齿振动不

同相). 结果是,机械激励和音叉的振动耦合较差. 因为比较容易实现,电激励更受欢迎. 当音叉完全在电路控制下时,振动的测量就简化为对阻抗和导纳的测量.

压电共振器的导纳可采用 Butterworth-Van Dyke 等效电路[17]来模拟,如图 7.8(a)所示. 它可表达为

$$Y(\omega)=\frac{1}{Z(\omega)}=\frac{1}{R+(\mathrm{i}\omega C)^{-1}+\mathrm{i}\omega L}+\mathrm{i}\omega C_0. \tag{7.18}$$

这里电感 L,电阻 R 和电容 C 是某种类型的共振器的特征值. 并联电容 C_0 来源于信号电极和连接共振器的外部引脚. (7.18)式能用 Nyquist 图表示(见图 7.9(a)),图中 $\mathrm{Im}(Y)$ 相对 $\mathrm{Re}(Y)$ 画出,以频率 ω 为参数. 此图的特征是在复导纳平面上的一个圆沿着虚轴偏移 ωC_0. 使用对数坐标,绘出 $Y(\omega)$ 的绝对值作为 ω 的函数,得到振子的共振曲线,如图 7.9(b)所示. 利用列在图 7.9 图注中的典型音叉参数可得到 32765 Hz 处的共振. 共振频率由 $f_0=1/(2\pi\sqrt{LC})$ 确定,品质因数由 $Q=\sqrt{L/(CR^2)}$ 确定. 在高频处小的负峰是寄生电容 C_0 引起的,能追溯到图 7.9(a)中圆导纳的偏移. 增加 C_0 很难影响共振峰的位置,但是能够通过移动第二个峰靠近实际共振峰来扭曲线的形状.

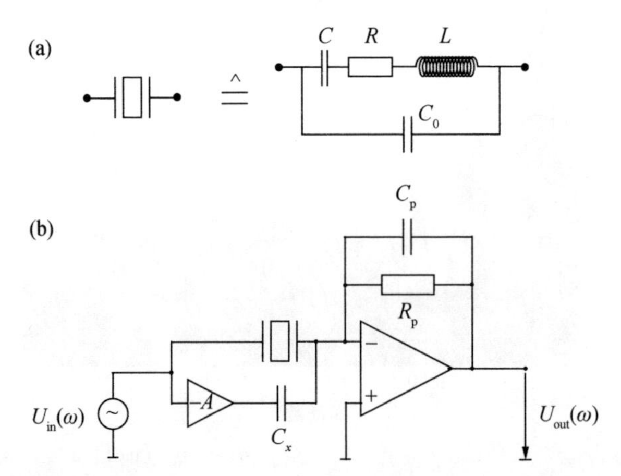

图 7.8 音叉的等效电路和测量. (a) Butterworth-Van Dyke 等效电路和符号. (b) 音叉导纳的测量,其中有电容 C_x 和增益 $-A$ 为音叉寄生电容 C_0 做补偿.

测量导纳的方案如图 7.8(b)所示. 电路的传递函数为

$$\frac{U_{\mathrm{out}}}{U_{\mathrm{in}}}(\omega)=-\frac{R_{\mathrm{p}}}{1+\mathrm{i}\omega R_{\mathrm{p}}C_{\mathrm{p}}}\frac{\mathrm{i}\omega C+(1-\omega^2CL+\mathrm{i}\omega RC)(\mathrm{i}\omega C_0-A\mathrm{i}\omega C_x)}{1-\omega^2CL+\mathrm{i}\omega RC}. \tag{7.19}$$

通过调节可变的负增益($-A$),补偿 C_0 的影响是可能的. 如果不补偿 C_0,会导致不太好的信噪比,这是引入 U_{out} 的高和低频率偏移引起的. (7.19)式中的第一项对应

一个低通滤波器，是反馈电阻器引入的寄生电阻导致的. 注意通过音叉的电流直接被施加电压 U_{in} 确定. 因此，根据我们以前的例子，相互作用导致的摩擦力 $F_{int}^{friction}=20\ pN$（振动幅度 10 pm）要求输入电压 $U_{in}\approx 200\ \mu V$. 如此小的电压很难传递，如果想取得合理的信噪比，需要在音叉电路附近加上分压器. 从这方面看，机械激发要比电激发更好. 最后，应该注意如果力学常数和等价的音叉电常数已知[17]，压电机械耦合常数 α（(7.9)式）能够被确定. 例如，通过等价的势能项 $Q^2/(2C)=k_{stat}x_0^2/2$ 和用 αx_0 代替电荷 Q，可得到

$$\alpha = \sqrt{k_{stat}C}. \tag{7.20}$$

相似的关系能够通过考虑等价的动能项推导出.

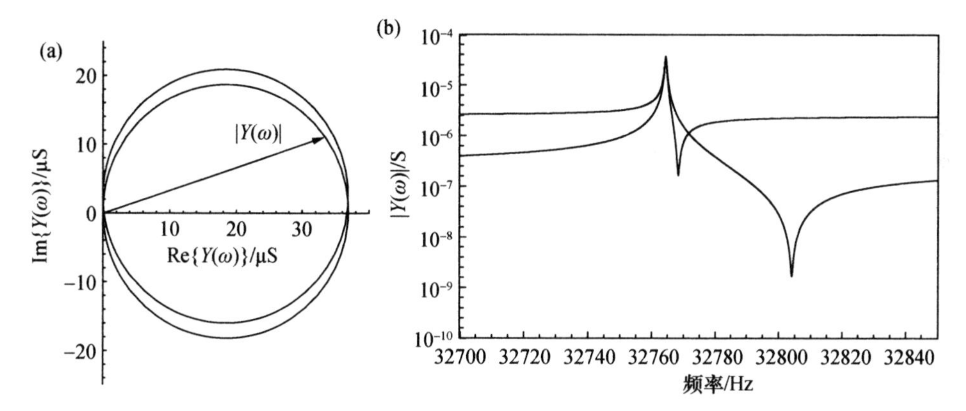

图 7.9 导纳 $Y(\omega)$. (a) 在复平面上的 Nyquist 图. 绘图所用的值为 $C_0=1.2\ pF$，$L=8.1365\ kH$，$R=27.1\ k\Omega$，$C=2.9\ fF$. 对于细曲线，寄生电容增加至 10 倍. (b) 导纳的绝对值作为频率的函数.

§7.2 法向力方法

利用剪切力相互作用控制探针-样品距离具有这样的优势：任何类型的探针针尖都能够使用，只要它的形状类似铅笔尖，且小到能附着在音叉上. 这种构型的不利之处是探针垂直表面的弹簧常数非常高. 这意味着小的不稳定性或者在探针-样品距离控制上不可避免的小误差（如在样品的陡峭台阶处）会立即转换成很大的法向力施加在探针尖端. 因此，如果表面形貌上有小的变化，剪切力反馈是有风险的操作. 在原子力显微镜中，因为商用悬臂具有明确规定的很小的法向弹簧常数，这个问题不是很严重，小的不稳定性仅仅导致小的多余力施加于探针尖端. 因为这些原因，和大规模生产、集成、用户友好性等目的，人们多次尝试集成光学探针到原子力显微镜悬臂上. 下面，我们将讨论两种不同的工作在法向力模式的装置.

7.2.1 轻敲模式的音叉

利用图7.10中的配置,附着在音叉上的探针能够工作在法向力模式.对光纤,必须断开音叉固定点上面的光纤,以允许音叉齿自由振动[19].光通过第二根裂开的光纤来传输,将其定位在探针光纤的上面.在法向力模式,附着的光纤探针要伸出附着点几个毫米,因为法向运动不能激发光纤振动.例如,伸出的光纤能够浸入液体容器而不会润湿音叉,这在生物学成像中很受欢迎.因为音叉齿是坚硬的悬臂,它们能够在超高真空中以非接触原子力显微镜的方式应用,以接触的方式工作仅仅出现在探针-样品距离很小时[20].

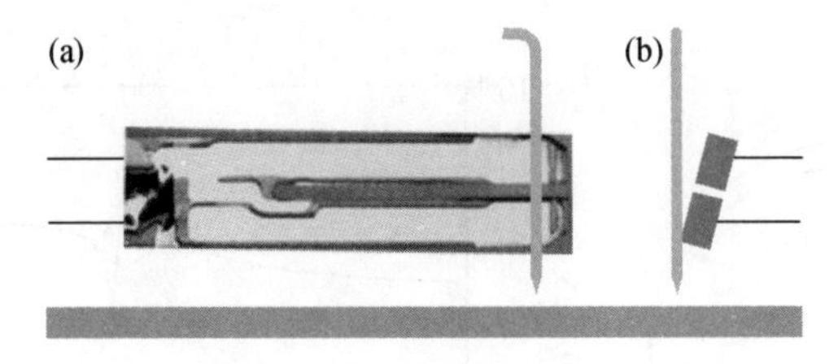

图7.10 一个音叉工作在法向力模式.当探针垂直振动时,平行于样品表面放置音叉.(a)侧视图.(b)前视图.为了不影响第二个臂,音叉稍微倾斜.

7.2.2 弯曲光纤探针

若在制备过程中利用CO_2激光来变形标准光纤探针,则具有较软弹簧常数的悬臂小孔探针能够制造出来.光纤平行样品表面,弯曲光纤的一端垂直样品.在扫描的过程中,光纤的垂直运动能够通过标准的原子力显微镜的光束偏转技术读出.图7.11显示了一个文献中给出的悬臂光纤探针.因为具有较软的弹簧常数和好的Q因数,弯曲光纤探针已经在液体中软样品成像领域得到应用,如见文献[21,22].

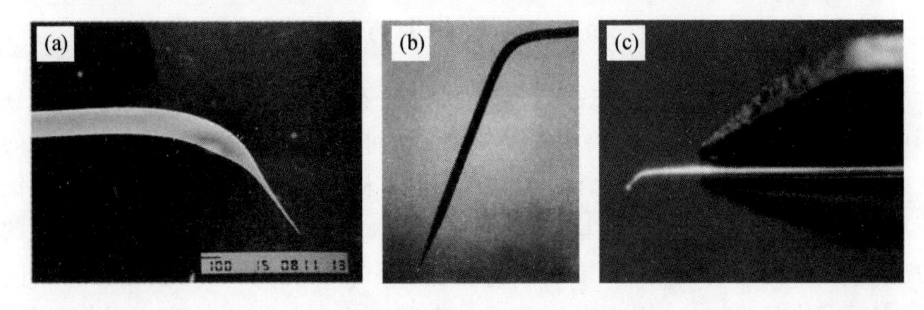

图7.11 悬臂光纤探针.(a)一个弯曲光纤探针,带有一个光束偏转的镜子小面.悬臂探针的共振频率约14 kHz,在水中的Q因数是30,足以在液体容器中在软样品上实现近场成像.引自[21].(b)一个不同类型的弯曲光纤探针.共振的典型值在30～60 kHz范围,Q因数大于100,测量的弹簧常数是300～400 $N\cdot m^{-1}$.引自[22].(c)一个商用的悬臂光纤探针.此图得到了Nanonics Imaging公司的授权.

§7.3 形貌伪像

任何类型的扫描探针显微术,像的形成都依赖于记录样品与探针之间与距离强相关的物理相互作用.编码在记录的图像中的信息取决于针尖的形状和针尖所走的路径.比如,在原子力显微镜中,不理想的针尖形状是错误解释的重要来源.钝的针尖会导致低通滤波图像,即深和窄的沟槽不能被记录,因为针尖不能进入[23].在一些扫描探针技术中,单个针尖能够同时测量几种相互作用.例如,原子力显微镜能通过测量悬臂的弯曲和扭转同时记录力和摩擦.但是,只有这些测量中的一个能被用来作为控制样品-探针距离的反馈信号.当反馈保持一个信号恒定时,它有可能给别的信号带来伪像.例如,在近场光学显微术中,用剪切力反馈来调节距离变化,光学探针的垂直运动能够导致强度的变化,但这无关于样品的光学性质.在这一节,我们将分析在近场光学成像中可能出现的伪像,起源于光学信号是没有用在反馈回路中的辅助信号.

我们用 X 表示起源于特定的探针-样品相互作用,比如剪切力和法向力的距离相关的反馈信号.对应的 X 图像反映了压电陶瓷的运动,这种运动是在扫描的过程中,保持 X 为恒量所必需的.所有别的信号都是辅助信号,起因于 $X=$常量的边界条件.原则上,任何距离相关的信号都能用作反馈信号.但是,它必须满足下列条件:(1) 探针-样品距离的关联必须是短程的,以保持探针紧密接近样品,从而保证高分辨率.(2) 距离的关联必须是一个分段单调的函数以保证有稳定的反馈回路.典型地,一个近场光学显微镜可同时记录两幅图像:(1) 一个形貌像,起源于保持剪切力为恒量,(2) 一个光学近场像,归因于样品空间变化的光学性质和探针-样品距离的变化.例如,光学图像起因于样品透射光的局域变化,或者空间荧光中心的分布.

在大部分情形下,光学相互作用不适宜作为反馈信号,因为它既不是短程的也不是单调依赖于探针-样品距离.例如,在一个透明衬底附近,一个小孔探针的光透射在第 6 章讨论过.如果光发射在大角度范围内收集,大于衬底的临界角,则会对于小的距离观察到透射的增强.但是,对于大的距离,干涉的起伏致使光响应不再单调.而且,当探针扫描过金属地带时,局域光透射可能会被完全抑制.这将导致反馈信号以不可预测的方式丢失.因而,光学信号在剪切力相互作用保持恒定的条件下被记录.在近场光学信号中,这种条件是形貌伪像的原因.

大形貌变化的一个代表性样品如图 7.12 所示.它呈现出均匀的光学性质,但是,它的形貌特征与光学探针的整个形状差不多大.从第 6 章的讨论中,我们知道小孔探针基本上是锥形的,在尖端是一个平的小面.下面,我们假设光学信号的短程探针-样品距离关联单调下降. 因为在小孔附近是受限和增强场，这个假设是有理由的. 样品(S)的形貌假设通过剪切力反馈测量. 因为探针的轮廓不是 δ 函数，所以测量的轮廓(T)总是不同于实际样品的轮廓 S. 机械接触点在扫描过程中变化，引起光学探针-样品距离的变化. 这个距离被定义为小孔中心与样品轮廓 S 之间的垂直距离. 既然光学信号是距离相关的，它将反映 S 和 T 之间的不同. 最终的光学信号见图 7.12 中的 O 曲线. 它证明了在光学图像中这种特征的出现纯粹是形貌伪像造成的.

第二个极限情形是光学性质均匀的样品，但是形貌特征尺寸比探针的整个形状要小(见图 7.13). 小孔探针的端面通常不光滑，而是在金属蒸镀过程中引入了晶粒(参考图 6.18). 这些晶粒常常充当超小针尖，从而影响剪切力相互作用. 这里我们假设只有一个超小针尖在起作用. 因为超小针尖，表观形貌 T 将和实际形貌 S 匹配得很好. 探针产生了优异的高分辨率形貌图像. 但是，当以力反馈方式扫描过样品 S 的小结构时，光学探针与样品表面之间的平均距离将会因为距离相关的光学信号而改变. 这导致了一个光学图像，包含了形貌相关的小结构. 特别是，这些光学结构的尺寸可能比可实现的光学分辨率，如利用扫描电子显微镜独立确定的光学探针孔径来估计的小很多.

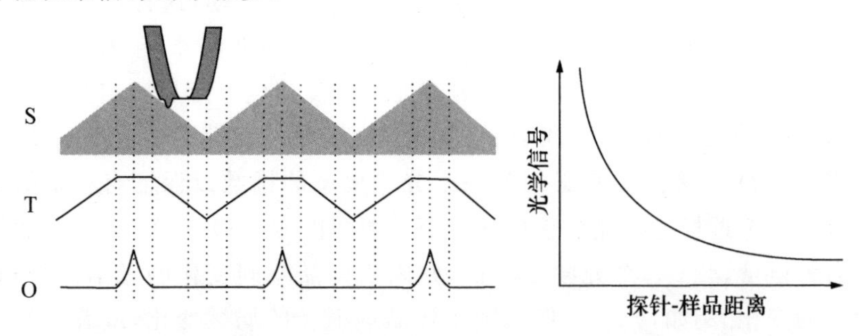

图 7.12 大形貌变化样品的近场图像. 左图：S，样品轮廓；T，探针测量的表观形貌；O，探测到的光学信号，来源于特别的探针-样品距离关联(右图).

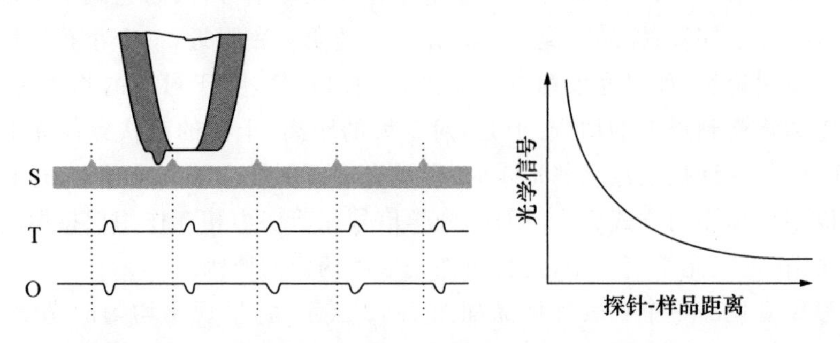

图 7.13 小形貌变化样品的近场图像. 左图：S，样品轮廓；T，探针测量的表观形貌；O，探测到的光学信号，来源于特别的探针-样品距离关联(右图).

7.3.1 伪像的唯象理论

为了把讨论建立在更坚实的基础上,我们引入系统信号函数 $S_{\mathrm{NFO}}(x, y, z)$ 和 $S_{\mathrm{SF}}(x, y, z)$,分别代表光学信号和距离相关的反馈信号[3]. 两个信号依赖于探针相对于样品的坐标 (x, y, z). 信号 S_{NFO} 能够代表如局域的透射或者反射光,偏振或者非偏振的局域散射光,或者由近场探针局域激发的荧光等. 如果差分技术,比如探针振动被应用,S_{NFO} 也可能是调制信号的振幅或相位. 通常,S_{NFO} 呈现出比反馈信号 S_{SF} 弱的探针-样品距离关联.

根据探针扫描的具体路径,实验过程中实际记录的信号能够从 $S_{\mathrm{NFO}}(x,y,z)$ 和 $S_{\mathrm{SF}}(x,y,z)$ 推导出来. 这个路径依赖于显微镜的工作模式. 这些记录的信号为 $R_{\mathrm{NFO}}(x,y)$ 和 $R_{\mathrm{SF}}(x, y)$:

$$R_{\mathrm{NFO}}(x,y) = S_{\mathrm{NFO}}[x,y,z_{\mathrm{scan}}(x,y)], \tag{7.21}$$

$$R_{\mathrm{SF}}(x,y) = S_{\mathrm{SF}}[x,y,z_{\mathrm{scan}}(x,y)]. \tag{7.22}$$

这里 $z_{\mathrm{scan}}(x, y)$ 是探针的路径. 它能从距离控制压电元件上施加的电压推导出. 不同信号之间的关系如图 7.14 所示.

恒高模式

在恒高模式中,探针扫描一个平行于物体表面的平面,结果为

$$z_{\mathrm{scan}} = z_{\mathrm{set}}, \tag{7.23}$$

$$R_{\mathrm{NFO}}(x,y) = \bar{S}_{\mathrm{NFO}}(z_{\mathrm{set}}) + \delta S_{\mathrm{NFO}}(x,y,z_{\mathrm{set}}), \tag{7.24}$$

其中我们从信号中分离出了常数背景 $\bar{S}_{\mathrm{NFO}}$. 在扫描图像中任何可见结构都对应于光学或样品的表面相关性质引起的 S_{NFO} 的横向变化.

恒间隙模式

在恒间隙模式,反馈驱使探针跟随一个(接近)恒定探针-样品距离的路径. 结果是

$$R_{\mathrm{SF}}(x,y) = S_{\mathrm{SF}}(x,y;z_{\mathrm{scan}}) \approx R_{\mathrm{set}}, \tag{7.25}$$

$$z_{\mathrm{scan}} = \bar{z} + \delta z(x,y), \tag{7.26}$$

$$R_{\mathrm{NFO}}(x,y) = \bar{S}_{\mathrm{NFO}}(\bar{z}) + \delta S_{\mathrm{NFO}}(x,y,\bar{z}) + \left.\frac{\partial S_{\mathrm{NFO}}}{\partial z}\right|_{\bar{z}} \cdot \delta z. \tag{7.27}$$

在(7.25)式中,≈表示电机反馈线路的技术限制可能导致的偏差. 当形貌快速改变或者扫描速度太快时,这种偏差就会变得显著. $\bar{z}$ 是探针的平均 z 位置,$\delta z(x,y)$ 描述了由于反馈引起的 z 位置的变化. 应该强调的是,对探针可能选取的任何路径,下面的考虑都是成立的,不管它是否精确地跟随形貌.

(7.27)式中的 $R_{\mathrm{NFO}}(x, y)$ 展开成了 δz 的幂级数,只保留一阶. 其前两项对应前面得到的恒高模式的信号,第三项代表 z 方向的垂直运动与光学信号的耦合,正

是第三项导致通常的伪像.对于光学性质为主的情况,在扫描图像中光强的变化必须满足

$$\delta S_{\mathrm{NFO}}(x,y;\bar{z}) \gg \left.\frac{\partial S_{\mathrm{NFO}}}{\partial z}\right|_{\bar{z}} \cdot \delta z. \tag{7.28}$$

这个条件导致获得更强的探针光受限非常困难.这是因为横向受限场随着离开探针的距离衰减很快.因此,探针-样品距离的变化有非常强的效应,很容易减弱来源于样品光学性质的衬度.

对两个不同的探针,图7.14(c)和(d)显示了分别在恒高模式和恒间隙模式记录的信号.只有孔较小的探针才能提供样品的光学像.大孔探针不能产生高分辨率光学图像,当工作在恒间隙模式时,剪切力响应在扫描线上占主导,特别是在越过突起的路径上.在图7.14(c)中,真正的近场信号仍然能被识别,但是在图7.14(d)中,CGM线迹与样品的光学性质没有关联.

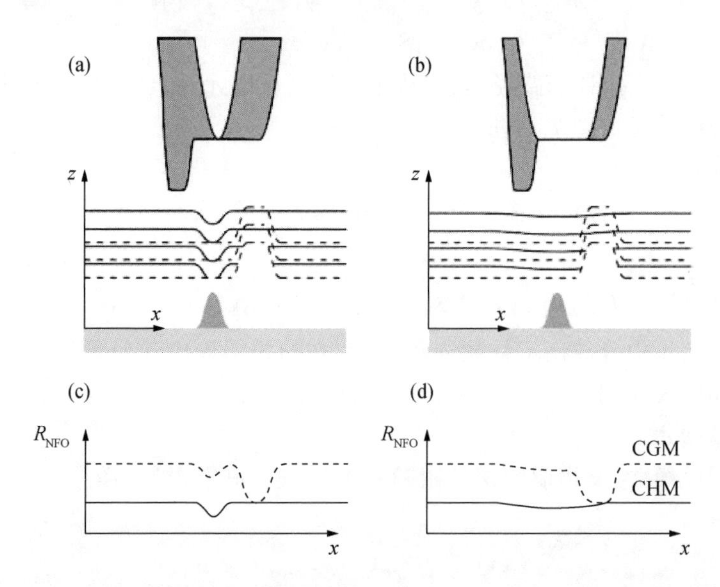

图7.14　探针几何形状对记录的扫描图像的影响.光学信号 S_{NFO} 由实线表示,反馈信号 S_{SF} 由虚线表示.两个扫描线相对小孔探针的中心而绘出.小孔边缘上的微针尖比实际的尺寸要大,这是为了更好地形象化实际效果.图像(c)和(d)分别显示(a)和(b)的情形,记录了不同工作模式,恒间隙模式(CGM)和恒高模式(CHM)的扫描线.因为探针-样品距离的变化,CGM带来了伪像.引自[3].

7.3.2　光学伪像的例子

我们用一个简单的实验来显示不同工作模式的差别产生的伪像.图7.15给出了形貌和近场光学透射模式图像,即所谓的Fischer投影图案[24].这个图案通过蒸

镀一薄层金属到密排列单层乳胶球上而获得.球间的三角空隙用金属填充.金属蒸镀后,乳胶球通过超声浴洗掉.最后得到的样品呈现周期排列的三角小块.当近距离成像时,这些小块显示了强的光学吸收衬度.利用微球制备纳米结构表面的过程也被称为纳米球光刻(nanosphere lithography).

对这个样品使用两种不同的小孔探针成像:(1)一个小孔在50 nm左右的探针(好探针),(2)一个有200 nm大孔的探针(差探针).因为金属小块是用直径200 nm的球制备的,所以得到的三角形小块的特征尺寸大约为50 nm,只能被好探针分辨.对于两个探针,两套图像被记录:一套是恒间隙模式,使用剪切力反馈,另一套是恒高模式.图7.15左边的框图显示了好探针的结果:在恒间隙模式,样品的形貌能很好地重现,这可能归功于小孔上的超小针尖.光学图像与形貌图像非常相似.很难说出光学信号被反馈影响多少.当同样的地方使用恒高模式成像(下面左边一行)时,形貌信号是一个常数,除了一些分离的点,在这些点触发反馈阻止探针接近表面(白点).但是,光学信号给出了完全不同的形貌.衬度变得清楚,金属小孔很容易分辨.对于差探针,我们观察到只有在恒间隙模式下光学图像有精细的细节.一转到恒高模式,光学分辨就变得很差.这清楚显示了在恒间隙模式下得到的光学图像,其表观分辨率纯粹是产生伪像的反馈回路导致的.

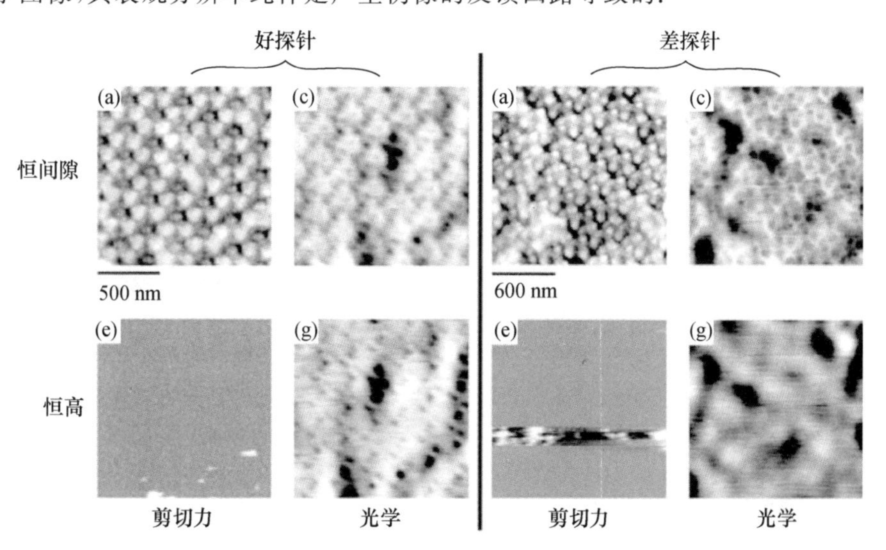

图7.15 乳胶球投影图案在恒间隙模式(上面一行)和在恒高模式(下面一行)下的成像.图像由两种不同的近场探针获得的,一个是小孔为50 nm的好探针(左边),一个是小孔为200 nm的差探针(右边).在恒间隙模式下,两个探针扫描的形貌像和光学像显示了精细的细节特征,但是在恒高模式下,只有好探针获得的图像才能显示光学衬度.

7.3.3 讨论

前面论证了如果应用力反馈来控制具有结构化表面的样品的探针-样品距离，记录纯光学衬度的光学图像是不可能的. 在恒高模式下记录图像更可能反映真正的光学分辨率和衬度. 恒高模式在扫描时不使用反馈控制. 探针在平行于平均样品表面的平面上做光栅扫描. 测量的光学信号因此不受针尖反馈移动的影响. 尽管恒高图像更可能反映样品的光学性质，但当扫描结构化表面时，探针-样品距离的变化仍然会使其产生错误. 只有小孔尺寸与样品结构的特征尺寸相比足够小，和探针-样品之间的光学耦合很强时，真实的光学衬度才有希望取得. 尽管起源于探针-样品距离变化的衬度是纯粹形貌效应，但它不应该被看作伪像，而应该看作近场光学成像的固有性质. 因为探针和样品之间的最小距离在扫描范围内的最高形貌位置处给出，高分辨率只能在样品低平形貌处获得. 在表面坑洼处底部的结构很难分辨. 简而言之，只有样品结构与光学探针的高度局域近场相互作用时，才能高分辨率成像.

像的解释在同时考虑光谱信息时会方便很多. 例如，荧光谱和 Raman 光谱提供了样品化学成分的高度特属指纹(比如，碳纳米管的结构). 因此，结合光谱的近场光学成像能够毫无疑义地定位某个目标分子. 因而，记录的图像是目标物质空间分布的无伪像图. 尽管有这种明确的优点，探针-样品距离变化仍然会给确定目标物质的局部含量带来问题.

习 题

7.1 在针尖增强显微术中，一个尖头金线附着在音叉臂上. 假设线是圆柱状，直径是 100 μm，音叉共振频率是 32.7 kHz. 为了使附着的金线能够基本上即时跟上音叉的共振，突出的金线的共振频率必须至少是音叉的两倍. 确定突出的金线的最大长度.

7.2 在能量均分原理的辅助下，确定音叉热激发振动 x_{rms}. 这里我们计算力谱密度 $S_{\mathrm{F}}(f)$，单位为 $\mathrm{N}^2 \cdot \mathrm{Hz}^{-1}$. S_{F} 是噪声力谱，它激发音叉齿的末端以振幅 x_{rms} 振动. x_{rms} 具有平坦的频率关联(白噪声)，通过下式确定：

$$x_{\mathrm{rms}}^2 = \int_0^{\infty} S_{\mathrm{F}} \frac{f_0^2/k}{(f_0^2 - f^2) + \mathrm{i} f f_0/Q} \mathrm{d}f.$$

这里 S_{F} 后面的 Lorentz 项是音叉的传递函数.

(1) 根据弹簧常数 k，品质因数 Q，温度 T，共振频率 f_0，来确定 S_{F}. 提示：在 $Q \gg 1$ 极限下计算积分值，并应用能量均分原理.

(2) 在 $k=40\,\mathrm{kN\cdot m^{-1}}$，$T=300\,\mathrm{K}$，$f_0=32.7\,\mathrm{kHz}$，$Q=1000$ 时，确定在谱带宽为 100 Hz 时的热力.

7.3 由于典型的高 Q 因数，音叉振幅需要较长时间来响应反馈信号的突然改变.

(1) 对于音叉在 $t=0$ 时突然从一个频率变化到另一个频率的情况，推导出(7.16)式的解. 确定 x_t，φ_t，ω_t.

(2) 重复上面的计算，但是假设驱动力 F 在 $t=0$ 时突然从一个值变化到另一个.

(3) 讨论(1)和(2)中解的主要不同.

参考文献

[1] G. Binnig and H. Rohrer, "Scanning tunneling microscopy," *Helv. Phys. Acta* **55**, 726 - 735 (1982).

[2] G. Binnig, C. F. Quate, and C. Gerber, "Atomic force microscope," *Phys. Rev. Lett.* **56**, 930 - 933 (1986).

[3] B. Hecht, H. Bielefeldt, L. Novotny, Y. Inouye, and D. W. Pohl, "Facts and artifacts in near-field optical microscopy," *J. Appl. Phys.* **81**, 2492 - 2498 (1997).

[4] R. Carminati, A. Madrazo, M. Nieto-Vesperinas, and J.-J. Greffet, "Optical content and resolution of near-field optical images: influence of the operating mode," *J. Appl. Phys.* **82**, 501 - 509 (1997).

[5] K. Karrai and I. Tiemann, "Interfacial shear force microscopy," *Phys. Rev. B* **62**, 13174 - 13181 (2000).

[6] B. C. Stipe, H. J. Mamin, T. D. Stowe, T. W. Kenny, and D. Rugar, "Noncontact friction and force fluctuations between closely spaced bodies," *Phys. Rev. Lett.* **87**, 96801 (2001).

[7] J. R. Zurita-Sánchez, J.-J. Greffet, and L. Novotny, "Friction forces arising from fluctuating thermal fields," *Phys. Rev. A* **69**, 022902 (2004).

[8] L. D. Landau and E. M. Lifshitz, *Theory of Elasticity*. Oxford: Pergamon (1986).

[9] T. R. Albrecht, P. Grütter, D. Horne, and D. Rugar, "Frequency modulation detection using high-Q cantilevers for enhanced force microscope sensitivity," *J. Appl. Phys.* **69**, 668 - 673 (1991).

[10] E. Betzig, P. L. Finn, and S. J. Weiner, "Combined shear force and near-field scanning optical microscopy," *Appl. Phys. Lett.* **60**, 2484 - 2486 (1992).

[11] R. Toledo-Crow, P. C. Yang, Y. Chen, and M. Vaez-Iravani, "Near-field differen-tial scanning optical microscope with atomic force regulation," *Appl. Phys. Lett.* **60**, 2957 - 2959 (1992).

[12] D. Rugar, H. J. Mamin, and P. Guethner, "Improved fiber-optic interferometer for a-

tomic force microscopy," *Appl. Phys. Lett.* **55**, 2588 - 2590 (1989).

[13] G. Tarrach, M. A. Bopp, D. Zeisel, and A. J. Meixner, "Design and construction of a versatile scanning near-field optical microscope for fluorescence imaging of single molecules," *Rev. Sci. Instrum.* **66**, 3569 - 3575 (1995).

[14] J. Barenz, O. Hollricher, and O. Marti, "An easy-to-use non-optical shear-force dis-tance control for near-field optical microscopes," *Rev. Sci. Instrum.* **67**, 1912 - 1916 (1996).

[15] J. W. P. Hsu, M. Lee, and B. S. Deaver, "A nonoptical tip-sample distance control method for near-field scanning optical microscopy using impedance changes in an electromechanical system," *Rev. Sci. Instrum.* **66**, 3177 - 3181 (1995).

[16] K. Karrai and R. D. Grober, "Piezoelectric tip-sample distance control for near field optical microscopes," *Appl. Phys. Lett.* **66**, 1842 - 1844 (1995).

[17] J. Rychen, T. Ihn, P. Studerus, *et al.*, "Operation characteristics of piezoelectric quartz tuning forks in high magnetic fields at liquid helium temperatures," *Rev. Sci. Instrum.* **71**, 1695 - 1697 (2000).

[18] R. D. Grober, J. Acimovic, J. Schuck, *et al.*, "Fundamental limits to force detection using quartz tuning forks," *Rev. Sci. Instrum.* **71**, 2776 - 2780 (2000).

[19] A. Naber, H.-J. Maas, K. Razavi, and U. C. Fischer, "Dynamic force distance con-trol suited to various probes for scanning near-field optical microscopy," *Rev. Sci. Instrum.* **70**, 3955 - 3961 (1999).

[20] F. J. Giessibl, S. Hembacher, H. Bielefeldt, and J. Mannhart, "Subatomic features on the silicon (111)-(7 × 7) surface observed by atomic force microscopy," *Science* **289**, 422 - 425 (2000).

[21] H. Muramatsu, N. Chiba, K. Homma, *et al.*, "Near-field optical microscopy in liquids," *Appl. Phys. Lett.* **66**, 3245 - 3247 (1995).

[22] C. E. Talley, G. A. Cooksey, and R. C. Dunn, "High resolution fluorescence imaging with cantilevered near-field fiber optic probes," *Appl. Phys. Lett.* **69**, 3809 - 3811 (1996).

[23] D. Keller, "Reconstruction of STM and AFM images distorted by finite-size tips," *Surf. Sci.* **253**, 353 - 364 (1991).

[24] U. Ch. Fischer and H. P. Zingsheim, "Submicroscopic pattern replication with visible light," *J. Vac. Sci. Technol.* **19**, 881 - 885 (1981).

第 8 章　光学相互作用

纳米光学的核心就是纳米尺度光与物质的相互作用. 例如,光学激发的单分子被用来探察局域环境的变化,金属纳米结构被用来形成极端的光场局域和增强传感. 很多纳米结构在近场光学中被当作局域光源.

本章将讨论光与纳米体系的相互作用. 光与物质的相互作用依赖很多参数,比如物质的原子组分、其几何形状和尺寸、辐射场的频率和强度等. 尽管如此,还是有很多问题可以或多或少地用一般观点来讨论.

严格理解光与物质的相互作用,需要用到量子电动力学(quantum electrodynamics, QED). 关于光与原子或分子的相互作用有很多不错的教科书,我们特别推荐参考文献[1—3]这几本. 因为纳米尺度的结构往往过于复杂而无法用 QED 精确求解,我们经常需要使用经典理论并从唯象的角度来运用 QED 的结果.

§8.1　多 极 展 开

本节中我们将考虑一个任意形状的物体,其尺寸比光的波长要小. 我们把这种材料体系称为颗粒. 尽管颗粒尺寸小于光的波长,但依然包含大量的原子和分子. 在宏观尺度下,电荷密度 ρ 和电流密度 $\boldsymbol{j}$ 可以看作空间位置的连续函数. 然而原子和分子是由空间上分离的离散电荷组成的,因此微观的物质结构无法在宏观 Maxwell 方程组中体现. 宏观场是微观场的局域空间平均.

为了得到微观系统中的势能,我们必须放弃电位移 $\boldsymbol{D}$ 和磁场 $\boldsymbol{H}$ 的定义,而只考虑处于一系列分离电荷 q_n 之间空隙中的电磁场矢量 $\boldsymbol{E}$ 和 $\boldsymbol{B}$. 我们在 Maxwell 方程组中做替换 $\boldsymbol{D}=\varepsilon_0\boldsymbol{E}$ 和 $\boldsymbol{B}=\mu_0\boldsymbol{H}$[参考(2.1)~(2.4)式]并令

$$\rho(\boldsymbol{r}) = \sum_n q_n \delta[\boldsymbol{r}-\boldsymbol{r}_n], \tag{8.1}$$

$$\boldsymbol{j}(\boldsymbol{r}) = \sum_n q_n \dot{\boldsymbol{r}}_n \delta[\boldsymbol{r}-\boldsymbol{r}_n], \tag{8.2}$$

其中 $\boldsymbol{r}_n$ 表示第 n 个电荷的位置矢量,$\dot{\boldsymbol{r}}_n$ 表示速度(见图 8.1). 颗粒的总电荷和总电流由 ρ 和 $\boldsymbol{j}$ 的体积分得到.

为了推导出电荷分布的极化强度和磁化强度,我们考虑之前定义的总电流密度((2.10)式)

$$\boldsymbol{j} = \frac{\mathrm{d}\boldsymbol{P}}{\mathrm{d}t} + \nabla \times \boldsymbol{M}. \tag{8.3}$$

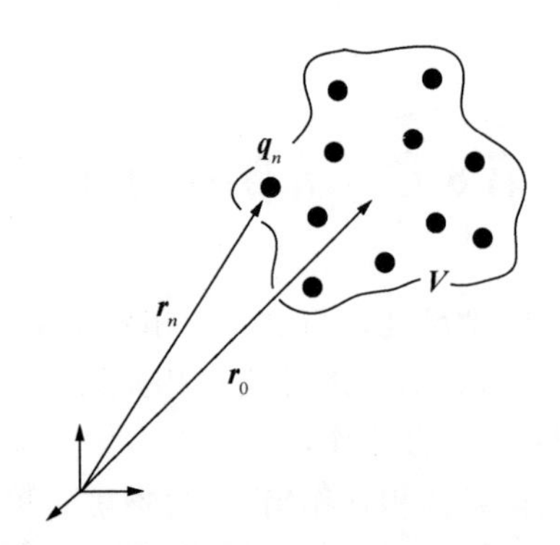

图8.1 在微观图像中，光辐射与物质离散电荷 q_n 的相互作用. 坐标 $\boldsymbol{r}_n$ 处电荷的集体响应可以用以 $\boldsymbol{r}_0$ 为原点的多极展开来描述.

我们忽略产生入射场 $\boldsymbol{E}_{\mathrm{inc}}$ 的源电流 $\boldsymbol{j}_{\mathrm{s}}$ 的贡献，因为它并不是所考虑颗粒的一部分. 而且，我们将传导电流 $\boldsymbol{j}_{\mathrm{c}}$ 算入极化电流. 为了求解 $\boldsymbol{P}$ 我们将算符 $\nabla\cdot$ 作用于方程(8.3)的两边. 方程右边的最后一项因为 $\nabla\cdot\nabla\times=0$ 而消失，方程左边可以利用电荷的连续性方程(见(2.5)式)变为电荷密度对时间的微分. 由此得到

$$\rho=-\nabla\cdot\boldsymbol{P}. \tag{8.4}$$

如果颗粒并非是电中性的，我们还要把净电荷密度加到方程的右边. 利用(8.1)定义的电荷密度可以解出 $\boldsymbol{P}$ 的表达式[1]：

$$\boldsymbol{P}(\boldsymbol{r})=\sum_n q_n\boldsymbol{r}_n\int_0^1\delta[\boldsymbol{r}-s\boldsymbol{r}_n]\mathrm{d}s. \tag{8.5}$$

同时将上式与电流密度的表达式(8.2)代入(8.3)式，可以将 $\boldsymbol{M}$ 解出[1]：

$$\boldsymbol{M}(\boldsymbol{r})=\sum_n q_n\boldsymbol{r}_n\times\dot{\boldsymbol{r}}_n\int_0^1 s\delta[\boldsymbol{r}-s\boldsymbol{r}_n]\mathrm{d}s. \tag{8.6}$$

计算颗粒在入射场中的电势时首先考虑固定电荷，即电荷分布不是由入射场感生的，而是由原子和原子间相互作用势决定的. 虽然颗粒一定是可极化的，但我们暂时只将其视为一个次要的效应.

现在我们考虑离散的电荷分布与电磁场之间的相互作用. 入射场在没有电荷分布时记为 $\boldsymbol{E}_{\mathrm{inc}}$. 而“永久”微观电荷分布的电势能则为[4]

$$V_{\mathrm{E}}=-\int_V\boldsymbol{P}\cdot\boldsymbol{E}_{\mathrm{inc}}\mathrm{d}V=-\sum_n q_n\int_0^1\boldsymbol{r}_n\cdot\boldsymbol{E}_{\mathrm{inc}}(s\boldsymbol{r}_n)\mathrm{d}s. \tag{8.7}$$

接下来我们以颗粒中心为原点，对于电场 $\boldsymbol{E}_{\mathrm{inc}}$ 进行 Taylor 展开. 为了方便我们将原点定义在 $\boldsymbol{r}=0$ 并得到

$$\boldsymbol{E}_{\mathrm{inc}}(s\boldsymbol{r}_n)=\boldsymbol{E}_{\mathrm{inc}}(0)+[s\boldsymbol{r}_n\cdot\nabla]\boldsymbol{E}_{\mathrm{inc}}(0)+\frac{1}{2!}[s\boldsymbol{r}_n\cdot\nabla]^2\boldsymbol{E}_{\mathrm{inc}}(0)+\cdots. \tag{8.8}$$

这个展开可以代入方程(8.7)中并对 s 进行积分. 这样一来以电荷多极矩表示的电

势能变成

$$V_{\mathrm{E}} = -\sum_n q_n \boldsymbol{r}_n \cdot \boldsymbol{E}_{\mathrm{inc}}(0) - \sum_n \frac{q_n}{2!}\boldsymbol{r}_n \cdot [\boldsymbol{r}_n \cdot \nabla]\boldsymbol{E}_{\mathrm{inc}}(0)$$

$$-\sum_n \frac{q_n}{3!}\boldsymbol{r}_n \cdot [\boldsymbol{r}_n \cdot \nabla]^2 \boldsymbol{E}_{\mathrm{inc}}(0) - \cdots. \tag{8.9}$$

上式中第一项为电偶极相互作用:

$$V_{\mathrm{E}}^{(1)} = -\boldsymbol{p} \cdot \boldsymbol{E}_{\mathrm{inc}}(0), \tag{8.10}$$

而电偶极矩定义为

$$\boldsymbol{p} = \sum_n q_n \boldsymbol{r}_n. \tag{8.11}$$

(8.9)式第二项则是电四极相互作用,写成

$$V_{\mathrm{E}}^{(2)} = -[\overleftrightarrow{\boldsymbol{Q}}\nabla] \cdot \boldsymbol{E}_{\mathrm{inc}}(0), \tag{8.12}$$

而电四极矩的定义是

$$\overleftrightarrow{\boldsymbol{Q}} = \frac{1}{2}\sum_n q_n \boldsymbol{r}_n \boldsymbol{r}_n, \tag{8.13}$$

其中 $\boldsymbol{r}_n\boldsymbol{r}_n$ 为并矢.因此电四极矩是一个二阶张量①.因为 $\nabla \cdot \boldsymbol{E}_{\mathrm{inc}}=0$,我们可以将任何有 $\nabla \cdot \boldsymbol{E}_{\mathrm{inc}}$ 因子的项从(8.12)式中去除.(8.12)式可以重新写为

$$V_{\mathrm{E}}^{(2)} = -\frac{1}{2}[(\overleftrightarrow{\boldsymbol{Q}} - A\overleftrightarrow{\boldsymbol{I}})\nabla] \cdot \boldsymbol{E}_{\mathrm{inc}}(0), \tag{8.14}$$

其中包含一个任意常数 A,一般选择 $A=(1/3)|\boldsymbol{r}_n|^2$,因为这样可以产生一个无迹的四极矩.因此四极矩也可以定义成

$$\overleftrightarrow{\boldsymbol{Q}} = \frac{1}{2}\sum_n q_n \left[\boldsymbol{r}_n\boldsymbol{r}_n - \frac{\overleftrightarrow{\boldsymbol{I}}}{3}|\boldsymbol{r}_n|^2\right]. \tag{8.15}$$

更高阶的多极项这里不再写出,只是提醒读者,每下一阶的多极矩都是高一阶的张量.

偶极相互作用由电荷分布中心位置的电场决定,而四极相互作用则由中心位置的电场梯度定义.所以当电场在颗粒所占空间范围内足够均匀时,四极相互作用就会消失.这就是在较小尺度的颗粒,如原子和分子中可以只考虑偶极相互作用的原因.这种偶极子近似导致了光谱学中的标准选择定则.然而偶极子近似在纳米尺度的颗粒中不再准确,因为其尺度比原子要大很多.而且,在颗粒与光学近场相互作用时会感受到很强的电场梯度.这增加了四极相互作用的重要性并改变了选择定则.近场中的强电场梯度有可能在更大的量子系统中激发通常被禁止的跃迁,因

① 如果我们把 $\boldsymbol{r}_n$ 在直角坐标系中的分量记为$(x_{n_1}, x_{n_2}, x_{n_3})$,则可以把(8.12)式写作 $V_{\mathrm{E}}^{(2)} = -\frac{1}{2}\sum_{i,j}\left[\sum_n q_n x_{n_i} x_{n_j}\right][(\partial/\partial x_i)E_j(0)]$.

而扩展了光谱学的范围.

类似的多极展开也可以用于分析磁势能 V_{M}. 最低阶项为磁偶极相互作用

$$V_{\mathrm{M}}^{(1)} = -\boldsymbol{m}_{\mathrm{d}} \cdot \boldsymbol{B}_{\mathrm{inc}}(0). \tag{8.16}$$

其中磁偶极矩的定义为

$$\boldsymbol{m}_{\mathrm{d}} = \sum_{n}[q_n/(2m_n)]\boldsymbol{r}_n \times (m_n\dot{\boldsymbol{r}}_n). \tag{8.17}$$

磁偶极矩通常使用角动量的表达式 $\boldsymbol{I}_n = m_n\boldsymbol{r}_n \times \dot{\boldsymbol{r}}_n$ 来描述,其中 m_n 表示第 n 个颗粒的质量. 更高阶的磁多极矩这里不再分析,因为可以类比电场中的多极矩.

我们至今考虑的都是不受外界电磁场影响的电荷分布的极化和磁化. 然而很显然入射的电磁场会作用于电荷,并使电荷对其不受扰动时的位置产生位移. 这将感生极化和磁化. 入射电场 $\boldsymbol{E}_{\mathrm{inc}}$ 与电荷的相互作用使极化率 $\boldsymbol{P}$ 产生一个变化 $\mathrm{d}\boldsymbol{P}$. 这个变化引起的电势能变化 $\mathrm{d}V_{\mathrm{E}}$ 是

$$\mathrm{d}V_{\mathrm{E}} = -\int_V \boldsymbol{E}_{\mathrm{inc}} \cdot \mathrm{d}\boldsymbol{P}\mathrm{d}V. \tag{8.18}$$

为了计算总的感生电势能,我们需要在极化率范围 $[\boldsymbol{P}_{\mathrm{p}}, \boldsymbol{P}_{\mathrm{p+i}}]$ 内积分 $\mathrm{d}V_{\mathrm{E}}$,其中 $\boldsymbol{P}_{\mathrm{p}}$ 和 $\boldsymbol{P}_{\mathrm{p+i}}$ 是极化的起始和最终值. 我们假设入射场与颗粒的作用为线性,即有表达式 $\boldsymbol{P} = \varepsilon_0 \chi \boldsymbol{E}_{\mathrm{inc}}$. 这时我们求全微分

$$\mathrm{d}(\boldsymbol{P} \cdot \boldsymbol{E}_{\mathrm{inc}}) = \boldsymbol{E}_{\mathrm{inc}} \cdot \mathrm{d}\boldsymbol{P} + \boldsymbol{P} \cdot \mathrm{d}\boldsymbol{E}_{\mathrm{inc}} = 2\boldsymbol{E}_{\mathrm{inc}} \cdot \mathrm{d}\boldsymbol{P}, \tag{8.19}$$

感生电势能变为

$$V_{\mathrm{E,ind}} = -\frac{1}{2}\int_V \left[\int_{\boldsymbol{P}_{\mathrm{p}}}^{\boldsymbol{P}_{\mathrm{p+i}}} \mathrm{d}(\boldsymbol{P} \cdot \boldsymbol{E}_{\mathrm{inc}})\right]\mathrm{d}V. \tag{8.20}$$

令 $\boldsymbol{P}_{\mathrm{p+i}} = \boldsymbol{P}_{\mathrm{p}} + \boldsymbol{P}_{\mathrm{i}}$,可以得到

$$V_{\mathrm{E,ind}} = -\frac{1}{2}\int_V \boldsymbol{P}_{\mathrm{i}} \cdot \boldsymbol{E}_{\mathrm{inc}}\mathrm{d}V. \tag{8.21}$$

这个结果表示感生电势能比起永久电势能会小 1/2. 另外 1/2 能量与极化过程所需要的功相关. 对于 $\boldsymbol{P}_{\mathrm{i}} > 0$,强电场的区域会对可极化物体产生吸引力,这一性质应用于光陷俘中(见 §14.4).

对于感生磁化率 $\boldsymbol{M}_{\mathrm{i}}$ 与其相应的能量也能得到相似的结论. 有趣的结果是 $\boldsymbol{M}_{\mathrm{i}} > 0$ 的物体在强磁场中是会受到排斥的,这也是涡流阻尼的根本原因,但是,在光学频率下感生磁化率几乎等于 0.

§8.2　经典颗粒-场哈密顿量

我们已经考虑了颗粒在外电磁场中的势能. 但是为了弄清楚颗粒与电磁场相互作用的基本原理,还需要知道颗粒和场的总能量. 能量总是守恒的:颗粒可以从

场中获取能量(吸收),也可以将能量给予场中(发射).总能量由经典的哈密顿量 H 表示,在量子力学中要换成哈密顿算符 $\hat{H}$.对于由很多电荷组成的颗粒,哈密顿量会变成一个很复杂的函数,它依赖于电荷之间的相互作用、电荷动能以及电荷与外场的能量交换.

为了理解颗粒与电磁场之间的相互作用,我们首先考虑一个质量为 m 带有电荷 q 的点电荷.之后我们会将结论推广到含有多个电荷的有限尺度系统中.单个电荷在电磁场中的哈密顿量可通过满足拉格朗日-欧拉方程的拉格朗日函数 $L(\boldsymbol{r},\dot{\boldsymbol{r}})$给出:

$$\frac{\mathrm{d}}{\mathrm{d}t}\left(\frac{\partial L}{\partial \dot{q}}\right)-\frac{\partial L}{\partial q}=0, \quad q=x,y,z. \tag{8.22}$$

这里 $\boldsymbol{q}=(x,y,z)$和 $\dot{\boldsymbol{q}}=(\dot{x},\dot{y},\dot{z})$表示电荷的坐标和速度②.为了得到 L,我们首先考虑(非相对论)电荷运动方程

$$\boldsymbol{F}=\frac{\mathrm{d}}{\mathrm{d}t}[m\dot{\boldsymbol{r}}]=q(\boldsymbol{E}+\dot{\boldsymbol{r}}\times\boldsymbol{B}), \tag{8.23}$$

接着按下式用矢势 $\boldsymbol{A}$ 和标势 ϕ 来取代 $\boldsymbol{E}$ 和 $\boldsymbol{B}$:

$$\boldsymbol{E}(\boldsymbol{r},t)=-\frac{\partial}{\partial t}\boldsymbol{A}(\boldsymbol{r},t)-\nabla\phi(\boldsymbol{r},t), \tag{8.24}$$

$$\boldsymbol{B}(\boldsymbol{r},t)=\nabla\times\boldsymbol{A}(\boldsymbol{r},t). \tag{8.25}$$

现在分别考虑(8.23)式的各个分量.对于 x 分量,有

$$\begin{aligned}\frac{\mathrm{d}}{\mathrm{d}t}[m\dot{x}]&=-q\left[\frac{\partial\phi}{\partial x}+\frac{\partial A_x}{\partial t}\right]+q\left[\dot{y}\left(\frac{\partial A_y}{\partial x}-\frac{\partial A_x}{\partial y}\right)-\dot{z}\left(\frac{\partial A_x}{\partial z}-\frac{\partial A_z}{\partial x}\right)\right]\\&=\frac{\partial}{\partial x}[-q\phi+q(A_x\dot{x}+A_y\dot{y}+A_z\dot{z})]\\&\quad-q\left[\frac{\partial A_x}{\partial t}+\dot{x}\frac{\partial A_x}{\partial x}+\dot{y}\frac{\partial A_y}{\partial y}+\dot{z}\frac{\partial A_z}{\partial z}\right].\end{aligned} \tag{8.26}$$

将括号中的最后一个表达式用全微分 $\mathrm{d}A_x/\mathrm{d}t$ 表示并整理,上式可以写成

$$\frac{\mathrm{d}}{\mathrm{d}t}[m\dot{x}+qA_x]-\frac{\partial}{\partial x}[-q\phi+q(A_x\dot{x}+A_y\dot{y}+A_z\dot{z})]=0. \tag{8.27}$$

这个方程几乎就是拉格朗日-欧拉方程(8.22)的形式了.因此我们将拉格朗日量取成

$$L=-q\phi+q(A_x\dot{x}+A_y\dot{y}+A_z\dot{z})+f(x,\dot{x}), \tag{8.28}$$

其中 $\partial f/\partial x=0$.如此一来(8.22)式的第一项变为

$$\frac{\mathrm{d}}{\mathrm{d}t}\left(\frac{\partial L}{\partial \dot{q}}\right)=\frac{\mathrm{d}}{\mathrm{d}t}\left[qA_x+\frac{\partial f}{\partial \dot{x}}\right]. \tag{8.29}$$

这个表达式必须与(8.27)式的第一项完全相同,由此得 $\frac{\partial f}{\partial \dot{x}}=m\dot{x}$. 其解 $f(x,\dot{x})=$

② 在哈密顿形式系统中,习惯用 q 来表示广义坐标.此处不要将它与电荷 q 弄混了.

$m\dot{x}^2/2$ 可代入(8.28)式.其他自由度同理.最后我们得到

$$L = -q\phi + q(A_x\dot{x} + A_y\dot{y} + A_z\dot{z}) + \frac{1}{2}m(\dot{x}^2 + \dot{y}^2 + \dot{z}^2), \tag{8.30}$$

也可以写成

$$L = -q\phi + q\boldsymbol{v} \cdot \boldsymbol{A} + \frac{m}{2}\boldsymbol{v} \cdot \boldsymbol{v}. \tag{8.31}$$

为了得出哈密顿量 H,我们先计算共轭于坐标 $\boldsymbol{q}=(x,y,z)$ 的正则动量[③] $\boldsymbol{p}=(p_x,p_y,p_z)$.根据 $p_i = \partial L/\partial\dot{q}_i$,正则动量为

$$\boldsymbol{p} = m\boldsymbol{v} + q\boldsymbol{A}, \tag{8.32}$$

即机械动量 $m\boldsymbol{v}$ 和场的动量 $q\boldsymbol{A}$ 的和.根据哈密顿力学,哈密顿量由拉格朗日量通过下式导出:

$$H(\boldsymbol{q},\boldsymbol{p}) = \sum_i [p_i\dot{q}_i - L(\boldsymbol{q},\dot{\boldsymbol{q}})], \tag{8.33}$$

其中所有速度 $\dot{q}_i$ 都必须用坐标 q_i 和共轭动量 p_i 表出.这利用(8.32)的变形 $\dot{q}_i = p_i/m - qA_i/m$ 很容易做到.把此式代入(8.30)和(8.33)式,最终得到

$$H = \frac{1}{2m}(\boldsymbol{p} - q\boldsymbol{A})^2 + q\phi. \tag{8.34}$$

这就是质量为 m 的自由电荷 q 在外电磁场中的哈密顿量.第一项表示机械能,第二项表示电荷的势能.注意 L 和 H 的导出都是规范无关的,即我们并未对 $\nabla \cdot \boldsymbol{A}$ 施加任何条件.利用哈密顿正则方程 $\dot{q}_i = \partial H/\partial p_i$ 和 $\dot{p}_i = -\partial H/\partial q_i$,可以立即看出方程(8.30)中的哈密顿量给出了(8.23)式中的运动方程.

(8.34)式中的哈密顿量还不是"电荷+场"的总哈密顿量 H_{tot},因为并没有包含电磁场的能量.而且当电荷之间有相互作用时,比如在原子或分子中,还必须考虑电荷之间的相互作用.通常,多电荷系统的总哈密顿量可以写成

$$H_{\text{tot}} = H_{\text{particle}} + H_{\text{rad}} + H_{\text{int}}. \tag{8.35}$$

这里 H_{rad} 是不存在电荷时的入射场哈密顿量,H_{particle} 是不存在入射场时的电荷系统(颗粒)的哈密顿量.两个系统的相互作用用相互作用哈密顿量 H_{int} 表示.我们分别来确定其贡献.

颗粒哈密顿量 H_{particle} 由 N 个电荷的动能 $\boldsymbol{p}_n \cdot \boldsymbol{p}_n/(2m_n)$ 与电荷之间的(分子内)势能 $V(\boldsymbol{r}_m,\boldsymbol{r}_n)$ 之和决定:

$$H_{\text{particle}} = \sum_{n,m}\left[\frac{\boldsymbol{p}_n \cdot \boldsymbol{p}_n}{2m_n} + V(\boldsymbol{r}_m,\boldsymbol{r}_n)\right], \tag{8.36}$$

其中第 n 个电荷具有电荷 q_n,质量 m_n,以及坐标 $\boldsymbol{r}_n$.注意 $V(\boldsymbol{r}_m,\boldsymbol{r}_n)$ 是不存在外辐射场时的势能.这一项只是由电荷间 Coulomb 相互作用贡献的.H_{rad} 的定义是辐射场

③ 小心,我们在用相同的符号表示电偶极矩和正则动量.

能量密度 W(见(2.57)式)在全空间的积分[④]

$$H_{\text{rad}} = \frac{1}{2}\int[\varepsilon_0 E^2 + \mu_0^{-1} B^2]\mathrm{d}V, \tag{8.37}$$

其中 $E^2 = |\boldsymbol{E}|^2$, $B^2 = |\boldsymbol{B}|^2$. 应注意引入 H_{rad} 是用量子电动力学严格求解光与物质相互作用所必需的. 这一项保证包含颗粒和场的系统是保守的,并允许原子态与辐射场态之间的能量交换. 自发发射就是包含 H_{rad} 直接导致的结果,因此在不包含 H_{rad} 的半经典的计算中无法推出. 最后为了定出 H_{int},我们先分别考虑每一个电荷. 每个电荷对 H_{int} 的贡献可由(8.34)式给出:

$$H - \frac{\boldsymbol{p}\cdot\boldsymbol{p}}{2m} = -\frac{q}{2m}[\boldsymbol{p}\cdot\boldsymbol{A} + \boldsymbol{A}\cdot\boldsymbol{p}] + \frac{q^2}{2m}\boldsymbol{A}\cdot\boldsymbol{A} + q\phi. \tag{8.38}$$

这里我们把电荷的动能从经典的"颗粒-场"哈密顿量中减去了,因为这一项已经包含在 H_{particle} 中了. 利用 $\boldsymbol{p}\cdot\boldsymbol{A}=\boldsymbol{A}\cdot\boldsymbol{p}$ 并且对系统中全部 N 个电荷的贡献求和, H_{int} 可以写成[⑤]

$$H_{\text{int}} = \sum_n \left[-\frac{q_n}{m_n}\boldsymbol{A}(\boldsymbol{r}_n,t)\cdot\boldsymbol{p}_n + \frac{q_n^2}{2m_n}\boldsymbol{A}(\boldsymbol{r}_n,t)\cdot\boldsymbol{A}(\boldsymbol{r}_n,t) + q_0\phi(\boldsymbol{r}_n,t)\right]. \tag{8.39}$$

下一节中我们会看到 H_{int} 可以多极展开,类似之前的 V_{E} 和 V_{M}.

8.2.1　相互作用哈密顿量的多极展开

利用矢势 $\boldsymbol{A}$ 和标势 ϕ 表示的哈密顿量并不是唯一的. 这是由规范自由度导致的,即如果所有势都按

$$\boldsymbol{A} \to \tilde{\boldsymbol{A}} + \nabla\chi, \quad \phi \to \tilde{\phi} - \partial\chi/\partial t \tag{8.40}$$

变成新的势 $\tilde{\boldsymbol{A}}$, $\tilde{\phi}$,其中 $\chi(\boldsymbol{r},t)$ 是任意规范函数,那么 Maxwell 方程组是不会受到影响的. 这很容易通过把以上变换代入 $\boldsymbol{A}$ 和 ϕ 的定义式(8.24)和(8.25)看出. 为了消除规范自由度带来的不确定性,我们需要用最初的场 $\boldsymbol{E}$ 和 $\boldsymbol{B}$ 来表达 H_{int}. 这样做之前,我们先把电场和磁场在 $\boldsymbol{r}=0$ 处进行 Taylor 展开:

$$\boldsymbol{E}(\boldsymbol{r}) = \boldsymbol{E}(0) + [\boldsymbol{r}\cdot\nabla]\boldsymbol{E}(0) + \frac{1}{2!}[\boldsymbol{r}\cdot\nabla]^2\boldsymbol{E}(0) + \cdots, \tag{8.41}$$

$$\boldsymbol{B}(\boldsymbol{r}) = \boldsymbol{B}(0) + [\boldsymbol{r}\cdot\nabla]\boldsymbol{B}(0) + \frac{1}{2!}[\boldsymbol{r}\cdot\nabla]^2\boldsymbol{B}(0) + \cdots, \tag{8.42}$$

之后,将展开式代入 $\boldsymbol{A}$ 和 ϕ 的定义式(8.24)和(8.25). 下一步的任务是找到一种 $\boldsymbol{A}$ 和 ϕ 用 $\boldsymbol{E}$ 和 $\boldsymbol{B}$ 的展开,使得(8.24)和(8.25)式的左右两边可以相等. Barron 和

---

④　这个积分必然得到无穷大,给光的量子理论的发展带来了困难.

⑤　在量子力学中,正则动量 $\boldsymbol{p}$ 通过 $\boldsymbol{p}\to -\mathrm{i}\hbar\nabla$(Jordan 规则)转换为算符,也就把 H_{int} 转换成了算符. $\boldsymbol{p}$ 与 $\boldsymbol{A}$ 仅在 Coulomb 规范 $\nabla\cdot\boldsymbol{A}=0$ 下才对易.

Gray 已经给出了这个展开[5]：

$$\phi(\boldsymbol{r}) = \phi(0) - \sum_{i=0}^{\infty} \frac{\boldsymbol{r}[\boldsymbol{r} \cdot \nabla]^i}{(i+1)!} \cdot \boldsymbol{E}(0), \quad \boldsymbol{A}(\boldsymbol{r}) = \sum_{i=0}^{\infty} \frac{[\boldsymbol{r} \cdot \nabla]^i}{(i+2)i!} \boldsymbol{B}(0) \times \boldsymbol{r}. \tag{8.43}$$

将上式代入(8.39)式，就得到了所谓多极相互作用哈密顿量

$$H_{\text{int}} = q_{\text{tot}} \phi(0,t) - \boldsymbol{p} \cdot \boldsymbol{E}(0,t) - \boldsymbol{m} \cdot \boldsymbol{B}(0,t) - [\overset{\leftrightarrow}{\boldsymbol{Q}} \nabla] \cdot \boldsymbol{E}(0,t) - \cdots, \tag{8.44}$$

其中用到了如下的定义：

$$q_{\text{tot}} = \sum_n q_n, \quad \boldsymbol{p} = \sum_n q_n \boldsymbol{r}_n, \quad \boldsymbol{m} = \sum_n \frac{q_n}{2m_n} \boldsymbol{r}_n \times \tilde{\boldsymbol{p}}_n, \quad \overset{\leftrightarrow}{\boldsymbol{Q}} = \sum_n \frac{q_n}{2} \boldsymbol{r}_n \boldsymbol{r}_n, \tag{8.45}$$

q_{tot}表示系统的总电荷，$\boldsymbol{p}$ 表示总的电偶极矩，$\boldsymbol{m}$ 表示总的磁偶极矩，$\overset{\leftrightarrow}{\boldsymbol{Q}}$ 表示总的电四极矩. 如果系统处于电中性，那么 H_{int}的第一项会变成 0，剩下的几项形式上与之前 $V_{\text{E}}+V_{\text{M}}$ 的展开非常相似. 但是，这两个展开并不一样！首先，新的磁偶极矩是通过正则动量 $\tilde{\boldsymbol{p}}_n$ 而不是机械动量 $m_n \dot{\boldsymbol{r}}_n$ 来定义的⑥. 其次，H_{int}的展开中包含一个 $\boldsymbol{B}(0,t)$的非线性项，这在 $V_{\text{E}}+V_{\text{M}}$ 的展开中是不存在的. 非线性项是由哈密顿量中的 $\boldsymbol{A} \cdot \boldsymbol{A}$ 项产生的，称为抗磁项. 该项为

$$\sum_n \frac{q_n^2}{8m_n} [\boldsymbol{r}_n \times \boldsymbol{B}(0,t)]^2. \tag{8.46}$$

我们之前得到的 V_{E} 和 V_{M} 表达式忽略了延迟效应并做了弱场假设. 在此极限下，(8.46)式中的非线性项可以忽略，而正则动量则近似等于机械动量.

多极相互作用哈密顿量可以利用 Jordan 规则 $\boldsymbol{p} \to -\mathrm{i}\hbar\nabla$ 很简单地转化为算符，$\boldsymbol{E}$ 和 $\boldsymbol{B}$ 也可相应地变成电场和磁场的算符. 然而这超出了目前讨论的范围. 注意(8.44)式中的哈密顿量 H_{int}是与规范无关的. 规范只有在 H_{int}是由 $\boldsymbol{A}$ 和 ϕ 表示而不是由 $\boldsymbol{E}$ 和 $\boldsymbol{B}$ 表示时才会影响到 H_{int}. 电中性系统中多极相互作用哈密顿量中的第一项是偶极相互作用，与 V_{E} 中相应的项是相同的. 大多数情况下，把多极展开中的高次项忽略，精确性也是足够的. 尤其是对于远场相互作用，磁偶极子和电四极子相互作用项大概比电偶极子项要小两个数量级. 因此，光学跃迁的标准选择定则是基于电偶极相互作用的. 然而在局域性强的近场光学中，H_{int}展开中的高阶项变得重要，标准选择定则将不再成立. 最后，应该注意 H_{int}的多极展开式同样可以通过方程(8.39)的幺正变换来实现[6]. 这个变换一般被称为 Power-Zienau-Woolley 变换，在量子光学中非常重要[3].

---

⑥ 规范变换也会变换正则动量. 因此，正则动量 $\tilde{\boldsymbol{p}}_n$ 与原来的正则动量 $\boldsymbol{p}_n$ 不同.

我们已经得出任何尺寸小于与之相互作用的辐射波长的电中性电荷系统(颗粒)在第一阶近似下可以看作偶极子.下一节我们将讨论其辐射特性.

§8.3 辐射电偶极子

与坐标 $\boldsymbol{r}_n$ 和速度 $\dot{\boldsymbol{r}}_n$ 表示的电荷 q_n 的分布相应的电流密度已经在方程(8.2)中给出了.这个电流密度可以在 $\boldsymbol{r}_0$ 处做 Taylor 展开,通常选在电荷分布中心处.如果只保留最低阶项,我们会得到

$$\boldsymbol{j}(\boldsymbol{r},t)=\frac{\mathrm{d}}{\mathrm{d}t}\boldsymbol{p}(t)\delta[\boldsymbol{r}-\boldsymbol{r}_0], \tag{8.47}$$

其中电偶极矩为

$$\boldsymbol{p}(t)=\sum_n q_n[\boldsymbol{r}_n(t)-\boldsymbol{r}_0]. \tag{8.48}$$

电偶极矩与方程(8.11)中的定义是相同的,我们当时取 $\boldsymbol{r}_0=0$.我们假设电流密度可以写成时谐形式 $\boldsymbol{j}(\boldsymbol{r},t)=\mathrm{Re}\{\boldsymbol{j}(\boldsymbol{r})\exp(-\mathrm{i}\omega t)\}$ 且偶极矩为 $\boldsymbol{p}(t)=\mathrm{Re}\{\boldsymbol{p}\exp(-\mathrm{i}\omega t)\}$,此时(8.47)式可以写成

$$\boldsymbol{j}(\boldsymbol{r})=-\mathrm{i}\omega\boldsymbol{p}\,\delta[\boldsymbol{r}-\boldsymbol{r}_0]. \tag{8.49}$$

因此在最低阶下,电流密度可以看成原点在电荷分布中心的振荡偶极子.

8.3.1 均匀空间中的电偶极子场

本节中我们将推导出代表在均匀、线性、各向同性的空间中的小尺寸电荷分布的电流密度的偶极子场.偶极子的场可以通过考虑两个电性相反、以无穷小矢量 $\mathrm{d}\boldsymbol{s}$ 分隔的振荡电荷 q 得出.在这种图像中,电偶极矩为 $\boldsymbol{p}=q\mathrm{d}\boldsymbol{s}$.但是利用§2.12中的 Green 函数方法导出电偶极子场则更为简洁.我们已经得出了体积分方程(见(2.89)和(2.90)式)

$$\boldsymbol{E}(\boldsymbol{r})=\boldsymbol{E}_0+\mathrm{i}\omega\mu\mu_0\int_V\overleftrightarrow{\boldsymbol{G}}(\boldsymbol{r},\boldsymbol{r}')\boldsymbol{j}(\boldsymbol{r}')\mathrm{d}V', \tag{8.50}$$

$$\boldsymbol{H}(\boldsymbol{r})=\boldsymbol{H}_0+\int_V[\nabla\times\overleftrightarrow{\boldsymbol{G}}(\boldsymbol{r},\boldsymbol{r}')]\boldsymbol{j}(\boldsymbol{r}')\mathrm{d}V'. \tag{8.51}$$

$\overleftrightarrow{\boldsymbol{G}}$ 表示并矢 Green 函数,$\boldsymbol{E}_0$,$\boldsymbol{H}_0$ 分别表示电流 $\boldsymbol{j}$ 不存在时的场.积分区域为用坐标 $\boldsymbol{r}'$ 表示的源的体积.如果把(8.49)式的电流代入上面两个方程,并假设所有场都是由偶极子产生的,则得到

$$\boldsymbol{E}(\boldsymbol{r})=\omega^2\mu\mu_0\overleftrightarrow{\boldsymbol{G}}(\boldsymbol{r},\boldsymbol{r}_0)\boldsymbol{p}, \tag{8.52}$$

$$\boldsymbol{H}(\boldsymbol{r})=-\mathrm{i}\omega[\nabla\times\overleftrightarrow{\boldsymbol{G}}(\boldsymbol{r},\boldsymbol{r}_0)]\boldsymbol{p}. \tag{8.53}$$

由此,$\boldsymbol{r}=\boldsymbol{r}_0$ 处任意取向的电偶极子的场由 Green 函数 $\overleftrightarrow{\boldsymbol{G}}(\boldsymbol{r},\boldsymbol{r}_0)$来决定.之前提到

过，$\overleftrightarrow{G}$ 中每一个列矢量描述一个轴与坐标轴平行的偶极子的电场. 在均匀空间中，$\overleftrightarrow{G}$ 为

$$\overleftrightarrow{\boldsymbol{G}}(\boldsymbol{r},\boldsymbol{r}_0)=\left[\overleftrightarrow{\boldsymbol{I}}+\frac{1}{k^2}\nabla\nabla\right]G(\boldsymbol{r},\boldsymbol{r}_0),\quad G(\boldsymbol{r},\boldsymbol{r}_0)=\frac{\exp(\mathrm{i}k\mid\boldsymbol{r}-\boldsymbol{r}_0\mid)}{4\pi\mid\boldsymbol{r}-\boldsymbol{r}_0\mid},\tag{8.54}$$

其中 $\overleftrightarrow{\boldsymbol{I}}$ 是单位并矢，而 $G(\boldsymbol{r},\boldsymbol{r}_0)$ 是标量 Green 函数. 在三维坐标系中可直接算出 $\overleftrightarrow{\boldsymbol{G}}$. 在笛卡儿坐标系中，$\overleftrightarrow{\boldsymbol{G}}$ 可以写成

$$\overleftrightarrow{\boldsymbol{G}}(\boldsymbol{r},\boldsymbol{r}_0)=\frac{\exp(\mathrm{i}kR)}{4\pi R}\left[\left(1+\frac{\mathrm{i}kR-1}{k^2R^2}\right)\overleftrightarrow{\boldsymbol{I}}+\frac{3-3\mathrm{i}kR-k^2R^2}{k^2R^2}\frac{\boldsymbol{RR}}{R^2}\right],\tag{8.55}$$

其中 R 是矢量 $\boldsymbol{R}=\boldsymbol{r}-\boldsymbol{r}_0$ 的绝对值而 $\boldsymbol{RR}$ 表示 $\boldsymbol{R}$ 与自身组成的并矢. (8.55)式定义了一个 3×3 的矩阵：

$$\overleftrightarrow{\boldsymbol{G}}=\begin{bmatrix}G_{xx} & G_{xy} & G_{xz}\\ G_{xy} & G_{yy} & G_{yz}\\ G_{xz} & G_{yz} & G_{zz}\end{bmatrix},\tag{8.56}$$

其与(8.52)和(8.53)式共同决定了分量为 p_x，p_y，p_z 的任意电偶极子 $\boldsymbol{p}$ 的电磁场. 张量$[\nabla\times\overleftrightarrow{\boldsymbol{G}}]$可以表示成：

$$\nabla\times\overleftrightarrow{\boldsymbol{G}}(\boldsymbol{r},\boldsymbol{r}_0)=\frac{\exp(\mathrm{i}kR)}{4\pi R}\frac{k(\boldsymbol{R}\times\overleftrightarrow{\boldsymbol{I}})}{R}\left(\mathrm{i}-\frac{1}{kR}\right),\tag{8.57}$$

其中 $\boldsymbol{R}\times\overleftrightarrow{\boldsymbol{I}}$ 表示 $\boldsymbol{R}$ 与 $\overleftrightarrow{\boldsymbol{I}}$ 的每一列矢量叉乘形成的矩阵.

Green 函数 $\overleftrightarrow{\boldsymbol{G}}$ 包括$(kR)^{-1}$，$(kR)^{-2}$和$(kR)^{-3}$这几项. 在 $R\gg\lambda$ 的远场中，只有$(kR)^{-1}$项存在. 反之，在 $R\ll\lambda$ 的近场中，$(kR)^{-3}$起主导作用. 在 $R\approx\lambda$ 的中间场，$(kR)^{-2}$起主导作用. 为了分清楚这三个范围，可以写成

$$\overleftrightarrow{\boldsymbol{G}}=\overleftrightarrow{\boldsymbol{G}}_{\mathrm{NF}}+\overleftrightarrow{\boldsymbol{G}}_{\mathrm{IF}}+\boldsymbol{G}_{\mathrm{FF}},\tag{8.58}$$

其中近场、中间场和远场的 Green 函数依次如下给出：

$$\overleftrightarrow{\boldsymbol{G}}_{\mathrm{NF}}=\frac{\exp(\mathrm{i}kR)}{4\pi R}\frac{1}{k^2R^2}[-\overleftrightarrow{\boldsymbol{I}}+3\boldsymbol{RR}/R^2],\tag{8.59}$$

$$\overleftrightarrow{\boldsymbol{G}}_{\mathrm{IF}}=\frac{\exp(\mathrm{i}kR)}{4\pi R}\frac{\mathrm{i}}{kR}[\overleftrightarrow{\boldsymbol{I}}-3\boldsymbol{RR}/R^2],\tag{8.60}$$

$$\overleftrightarrow{\boldsymbol{G}}_{\mathrm{FF}}=\frac{\exp(\mathrm{i}kR)}{4\pi R}[\overleftrightarrow{\boldsymbol{I}}-\boldsymbol{RR}/R^2].\tag{8.61}$$

注意中间场相比近场和远场相位差 90°.

因为偶极子位于均匀介质中，偶极子的所有三个取向给出的场都可由某种坐标变换变成相同的. 因此我们选取中心在 $\boldsymbol{r}=\boldsymbol{r}_0$ 的坐标系，z 轴方向沿偶极子轴，如图 8.2 中的 $\boldsymbol{p}=|\boldsymbol{p}|\boldsymbol{n}_z$. 在球坐标系 $\boldsymbol{r}=(r,\vartheta,\varphi)$ 中表达偶极子场的分量 $\boldsymbol{E}=(E_r,E_\vartheta,E_\varphi)$ 最为简洁. 在此系统中，场分量 E_φ 和 H_r，H_ϑ 都是等于 0 的，其余非 0

的分量为：

$$E_r=\frac{|\boldsymbol{p}|\cos\vartheta}{4\pi\varepsilon_0\varepsilon}\frac{\exp(\mathrm{i}kr)}{r}k^2\left[\frac{2}{k^2r^2}-\frac{2\mathrm{i}}{kr}\right], \tag{8.62}$$

$$E_\vartheta=\frac{|\boldsymbol{p}|\sin\vartheta}{4\pi\varepsilon_0\varepsilon}\frac{\exp(\mathrm{i}kr)}{r}k^2\left[\frac{1}{k^2r^2}-\frac{\mathrm{i}}{kr}-1\right], \tag{8.63}$$

$$H_\varphi=\frac{|\boldsymbol{p}|\sin\vartheta}{4\pi\varepsilon_0\varepsilon}\frac{\exp(\mathrm{i}kr)}{r}k^2\left[-\frac{\mathrm{i}}{kr}-1\right]\sqrt{\frac{\varepsilon_0\varepsilon}{\mu_0\mu}}. \tag{8.64}$$

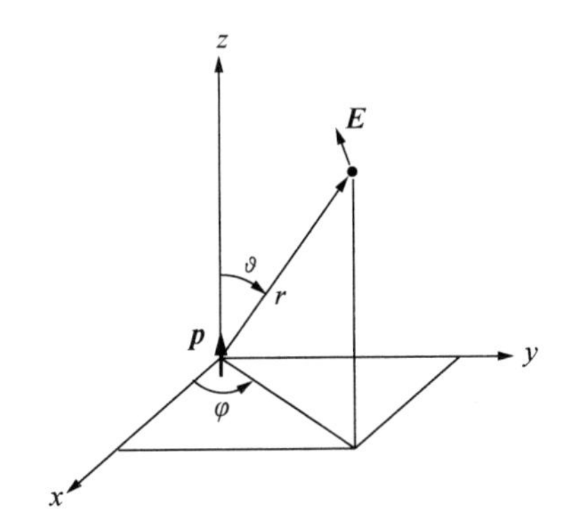

图 8.2 偶极子的场在球坐标系(r,ϑ,φ)中表示最为方便.偶极子指向 z 轴方向$(\vartheta=0)$.

E_r 中不包括远场项保证了远场中的场是纯的横向场.又因为磁场不包括$(kr)^{-3}$项,近场主要是由电场占主导作用的.因此,在靠近偶极子附近的区域,磁场强度是比电场强度小很多的,这支持了准静电考虑(见图 8.3).

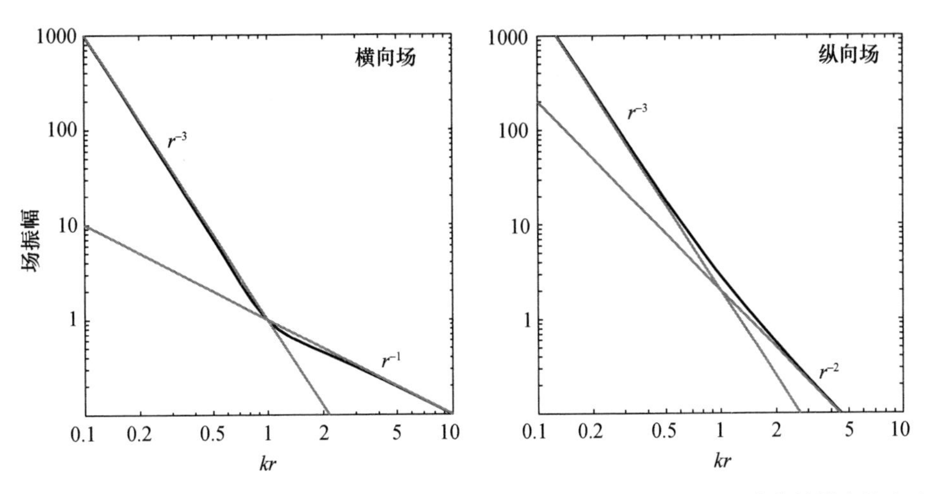

图 8.3 偶极子横向和纵向场分量的辐射衰减.曲线分别对应(8.62)和(8.63)式中括号内的表达式的绝对值.虽然横向和纵向的场都对近场有贡献,但只有横向场能传播至远场中.注意$(kr)^{-2}$的中间场并未在横向场中展现.在 $kr<1$ 时近场占主导,在 $kr>1$ 时远场占主导.

看一下偶极子场的相位是很有启发性的，因为当靠近偶极子原点时，偶极子场的相位明显偏离普通的球面波的相位 $\exp(ikr)$. 偶极子场的相位是相对于偶极矩 p_z 的振荡来定义的. 图 8.4 给出了 E_z 的相位沿 x 轴和 y 轴的变化（参考图 8.2）. 有趣的是，横向场在原点的相位和偶极振荡差 180°（图 8.4(a)）. 在距离为 $x\approx\lambda/5$ 处，横向场的相位下降到最小值，然后开始增加，最终渐近地趋近球面波的相位（虚线）. 另一方面，纵向场，如图 8.4(b)所示，开始时和振荡偶极子一样，但在距离为 $z\gg\lambda$ 处，产生了 90°的相差. 这样的行为是由于在纵向场中没有远场项（参考(8.62)式）. 90°的相差是由于(8.60)式中的 Green 函数代表的中间场引起的. 中间场也是图 8.4(a)中 $x\approx\lambda/5$ 处的低点出现的原因. 相位低点和天线组成元素的设计有关，比如 Yagi-Uda 天线，我们将在第 13 章中再讨论（见习题 13.4）. 重要的是要记住：场的相位在接近源处并不是随距离线性变化的，小的距离变化就能使相位超前或延迟.

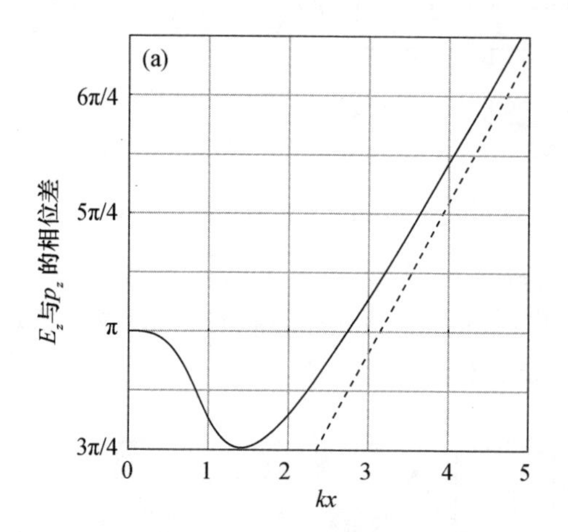

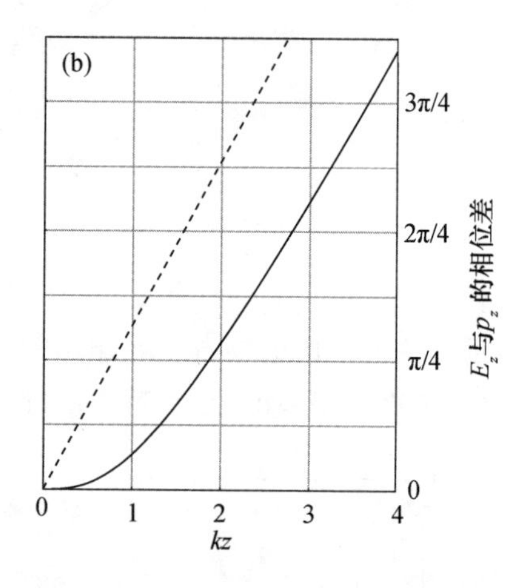

图 8.4　接近原点处电场的相位.（a）横向场 E_z 的相位沿 x 轴的变化. 在原点，电场和偶极子有 180° 相位差. 在距离为 $x\approx\lambda/5$ 处，相位下降到最小值. 在更远的距离，相位趋近球面波的相位 $\exp(ikr)$（虚线）.（b）纵向场 E_z 的相位沿 z 轴的变化. 在原点，电场和偶极子同相. 在更远的距离，相位与球面波的相位 $\exp(ikr)$ 有 90° 相位差（虚线）.

目前为止我们考虑了时谐振荡的偶极子，即 $\boldsymbol{p}(t)=\mathrm{Re}\{\boldsymbol{p}\exp(-\mathrm{i}\omega t)\}$. 因而电磁场是单色的，而且振荡频率不变. 虽然有可能利用单色场的叠加来产生任意的时间依赖（Fourier 变换），但在超快应用方面，知道全部的时间依赖是很有利的. 有任意时间依赖的偶极子场 $\boldsymbol{p}(t)$ 可以用含时 Green 函数得出. 在无色散的介质中，可以方便地利用如下变换引入明显的时间依赖：

$$\exp(\mathrm{i}kr)k^m\boldsymbol{p}=\exp(\mathrm{i}kr)\left[\frac{\mathrm{i}n}{c}\right]^m(-\mathrm{i}\omega)^m\boldsymbol{p}\rightarrow\left[\frac{\mathrm{i}n}{c}\right]^m\frac{\mathrm{d}^m}{\mathrm{d}t^m}\boldsymbol{p}(t-nr/c),\quad(8.65)$$

其中 n 表示(无色散的)折射率[⑦],$(t-nr/c)$ 为延迟时间. 利用上面的代换,偶极子场变为

$$E_r(t)=\frac{\cos\vartheta}{4\pi\varepsilon_0\varepsilon}\left[\frac{2}{r^3}+\frac{n}{c}\frac{2}{r^2}\frac{\mathrm{d}}{\mathrm{d}t}\right]|\boldsymbol{p}(t-nr/c)|, \tag{8.66}$$

$$E_\vartheta(t)=-\frac{\sin\vartheta}{4\pi\varepsilon_0\varepsilon}\left[\frac{1}{r^3}+\frac{n}{c}\frac{1}{r^2}\frac{\mathrm{d}}{\mathrm{d}t}+\frac{n^2}{c^2}\frac{1}{r}\frac{\mathrm{d}^2}{\mathrm{d}t^2}\right]|\boldsymbol{p}(t-nr/c)|, \tag{8.67}$$

$$H_\varphi(t)=-\frac{\sin\vartheta}{4\pi\varepsilon_0\varepsilon}\sqrt{\frac{\varepsilon_0\varepsilon}{\mu_0\mu}}\left[\frac{n}{c}\frac{1}{r^2}\frac{\mathrm{d}}{\mathrm{d}t}+\frac{n^2}{c^2}\frac{1}{r}\frac{\mathrm{d}^2}{\mathrm{d}t^2}\right]|\boldsymbol{p}(t-nr/c)|. \tag{8.68}$$

我们看到,远场是由形成偶极矩的电荷的加速度产生的. 类似地,中间场和近场分别是由电荷的速度和位置产生的.

8.3.2 偶极子辐射

可以看出(见习题 8.3),在定常态只有偶极子的远场对净能量的输运有贡献(图 8.5). 远场的 Poynting 矢量 $\boldsymbol{S}(t)$可以只利用偶极子场中的 r^{-1}项来计算. 我们得到

$$\boldsymbol{S}(t)=\boldsymbol{E}(t)\times\boldsymbol{H}(t)=\frac{1}{16\pi^2\varepsilon_0\varepsilon}\frac{\sin^2\vartheta}{r^2}\frac{n^3}{c^3}\left[\frac{\mathrm{d}^2}{\mathrm{d}t^2}\mid\boldsymbol{p}(t-nr/c)\mid\right]^2\boldsymbol{n}_r. \tag{8.69}$$

辐射功率 P 可以通过在封闭球面上对 $\boldsymbol{S}(t)$进行积分来得到:

$$P(t)=\int_{\partial V}\boldsymbol{S}\cdot\boldsymbol{n}\mathrm{d}a=\frac{1}{4\pi\varepsilon_0\varepsilon}\frac{2n^3}{3c^3}\left[\frac{\mathrm{d}^2\ |\boldsymbol{p}(t)|}{\mathrm{d}t^2}\right]^2, \tag{8.70}$$

其中我们已经把球面的半径减到了 0 来去除时间延迟. 对于谐振的偶极子,平均辐射功率是

$$\bar{P}=\frac{|\boldsymbol{p}|^2}{4\pi\varepsilon_0\varepsilon}\frac{n^3\omega^4}{3c^3}, \tag{8.71}$$

也可以利用对时间平均的 Poynting 矢量$\langle\boldsymbol{S}\rangle=(1/2)\mathrm{Re}\{\boldsymbol{E}\times\boldsymbol{H}^*\}$的积分来得到,其中 $\boldsymbol{E}$ 和 $\boldsymbol{H}$ 是由(8.62)~(8.64)式给出的偶极子的复数场. 我们发现辐射功率与频率的四次方成正比. 为了计算归一化辐射图,我们计算辐射到无穷小立体角 $\mathrm{d}\Omega=\sin\vartheta\mathrm{d}\vartheta\mathrm{d}\varphi$ 中的功率 $\bar{P}(\vartheta,\varphi)$,并除以总辐射功率 $\bar{P}$:

$$\frac{\bar{P}(\vartheta,\varphi)}{\bar{P}}=\frac{3}{8\pi}\sin^2\vartheta. \tag{8.72}$$

大部分能量都是垂直于偶极矩方向辐射,而在沿着偶极矩的方向上则没有任何辐射.

虽然我们讨论了偶极子的任意时间依赖,但接下来只讨论时谐情况. 因为时谐

---

⑦ 不等于 1 的无色散折射率是一种近似,会破坏因果性.

情况下色散关系容易推导，且任意的时间依赖都能通过 Fourier 变换得到.

图 8.5 一个包住偶极子 $\boldsymbol{p}=p_z$ 的假想球外的电场能量密度.（左图）在靠近偶极子处，场分布沿偶极子的轴（近场）.（右图）在更大的距离处，场分布垂直于偶极子的轴（远场）.

8.3.3 非均匀环境中的能量耗散速率

根据 Poynting 定理（参考(2.58)式），在一个线性介质中，时谐电流分布的辐射功率等于能量耗散速率 $\mathrm{d}W/\mathrm{d}t$：

$$\frac{\mathrm{d}W}{\mathrm{d}t}=-\frac{1}{2}\int_V \mathrm{Re}\{\boldsymbol{j}^*\cdot\boldsymbol{E}\}\mathrm{d}V, \tag{8.73}$$

其中 V 为源的体积，$\boldsymbol{j}$ 既表示源也表示能汇(energy sink). 代入(8.49)式中的偶极子的电流密度，可以得到重要结论

$$\frac{\mathrm{d}W}{\mathrm{d}t}=\frac{\omega}{2}\mathrm{Im}\{\boldsymbol{p}^*\cdot\boldsymbol{E}(\boldsymbol{r}_0)\} \tag{8.74}$$

其中 $\boldsymbol{E}$ 是偶极子原点 $\boldsymbol{r}_0$ 处的电场. 这个方程还可以利用(8.52)式重写成 Green 函数的形式：

$$\frac{\mathrm{d}W}{\mathrm{d}t}=\frac{\omega^2\,|\,\boldsymbol{p}\,|^2}{2c^2\varepsilon_0\varepsilon}[\boldsymbol{n}_p\cdot\mathrm{Im}\{\overleftrightarrow{\boldsymbol{G}}(\boldsymbol{r}_0,\boldsymbol{r}_0;\omega)\}\cdot\boldsymbol{n}_p], \tag{8.75}$$

其中 $\boldsymbol{n}_p$ 是偶极矩方向的单位矢量. 初看会觉得方程(8.74)是不能给出结果的，因为 $\exp(\mathrm{i}kR)/R$ 在 $\boldsymbol{r}=\boldsymbol{r}_0$ 处是无穷大，实际并不是这样. 首先注意，因为 $\boldsymbol{p}$ 和 $\boldsymbol{E}$ 点乘，我们仅需考虑在偶极矩方向的 $\boldsymbol{E}$ 分量. 选用 $\boldsymbol{p}=|\boldsymbol{p}|\boldsymbol{n}_z$，有

$$E_z=\frac{|\,\boldsymbol{p}\,|}{4\pi\varepsilon_0\varepsilon}\frac{\mathrm{e}^{\mathrm{i}kR}}{R}\left[k^2\sin^2\vartheta+\frac{1}{R^2}(3\cos^2\vartheta-1)-\frac{\mathrm{i}k}{R}(3\cos^2\vartheta-1)\right]. \tag{8.76}$$

因为有趣的部分是偶极子原点处的场，指数项被展开成了$[\exp(\mathrm{i}kR)=1+\mathrm{i}kR+(1/2)(\mathrm{i}kR)^2+(1/6)(\mathrm{i}kR)^3+\cdots]$，并考虑 $R\to 0$ 的极限，得到

$$\frac{\mathrm{d}W}{\mathrm{d}t}=\lim_{R\to 0}\frac{\omega}{2}\,|\boldsymbol{p}|\,\mathrm{Im}\{E_z\}=\frac{\omega\,|\boldsymbol{p}|^2}{8\pi\varepsilon_0\varepsilon}\lim_{R\to 0}\left\{\frac{2}{3}k^3+R^2(\cdots)+\cdots\right\}$$

$$= \frac{|\boldsymbol{p}|^2}{12\pi} \frac{\omega}{\varepsilon_0 \varepsilon} k^3, \tag{8.77}$$

这与(8.71)式是相同的. 因此虽然 $R=0$ 是一个奇点,(8.74)式依然可以得到正确的结果.

当考虑一个非均匀环境中的辐射偶极子,比如腔里的原子或者超晶格中的分子时,方程(8.74)的重要性显而易见. 能量发射的速率依然可以通过积分包围偶极子的封闭面上的 Poynting 矢量来得到. 但是,我们必须知道封闭表面上任何地方的电磁场. 而且因为非均匀环境的特性,电磁场并不等于偶极子场本身! 此时电磁场是自洽场,即偶极子场 $\boldsymbol{E}_0$ 和环境中散射场 $\boldsymbol{E}_s$ 的叠加. 因此计算偶极子的能量耗散时必须先确定封闭表面上任一点的电磁场. 利用(8.74)式可以做到这一点,只须计算偶极子原点处的总电磁场. 为了方便,将原点处的场分解成两部分:

$$\boldsymbol{E}(\boldsymbol{r}_0) = \boldsymbol{E}_0(\boldsymbol{r}_0) + \boldsymbol{E}_s(\boldsymbol{r}_0), \tag{8.78}$$

其中 $\boldsymbol{E}_0$ 和 $\boldsymbol{E}_s$ 分别是原偶极子场和散射场. 将(8.78)式代入(8.74)式,就可以将能量耗散速率 $P=\mathrm{d}W/\mathrm{d}t$ 写成两部分. $\boldsymbol{E}_0$ 的贡献已经由(8.71)式和(8.77)式给出:

$$P_0 = \frac{|\boldsymbol{p}|^2}{12\pi} \frac{\omega}{\varepsilon_0 \varepsilon} k^3, \tag{8.79}$$

这样就可以写出归一化后的能量耗散:

$$\frac{P}{P_0} = 1 + \frac{6\pi\varepsilon_0\varepsilon}{|\boldsymbol{p}|^2} \frac{1}{k^3} \mathrm{Im}\{\boldsymbol{p}^* \cdot \boldsymbol{E}_s(\boldsymbol{r}_0)\}. \tag{8.80}$$

由此,能量耗散的变化依赖偶极子产生的次级场. 该场对应于更早的时间发射出的偶极子场. 它在环境中受到散射后到达偶极子的位置.

8.3.4 辐射反作用

一个振荡电荷会产生电磁场辐射. 这个辐射不仅耗散振子的能量,也会影响电荷的运动. 这个反作用称为辐射阻尼或者辐射反作用. 通过引入辐射反作用力 $\boldsymbol{F}_r$,一个不受驱动力的谐振子的运动方程为

$$m\ddot{\boldsymbol{r}} + \omega_0^2 m\boldsymbol{r} = \boldsymbol{F}_r, \tag{8.81}$$

其中 $\omega_0^2 m$ 是线性弹簧常数. 根据(8.70)式,能量耗散的平均速率为

$$P(t) = \frac{1}{4\pi\varepsilon_0} \frac{2}{3c^3} \left[\frac{\mathrm{d}^2|\boldsymbol{p}(t)|}{\mathrm{d}t^2}\right]^2 = \frac{q^2(\ddot{\boldsymbol{r}} \cdot \ddot{\boldsymbol{r}})}{6\pi\varepsilon_0 c^3}. \tag{8.82}$$

其对一段时间周期$[t_1, t_2]$的积分必须等于辐射反作用力对振荡电荷做的功,即有

$$\int_{t_1}^{t_2} \left[\boldsymbol{F}_r \cdot \dot{\boldsymbol{r}} + \frac{q^2(\ddot{\boldsymbol{r}} \cdot \ddot{\boldsymbol{r}})}{6\pi\varepsilon_0 c^3}\right] \mathrm{d}t = 0. \tag{8.83}$$

对第二项分部积分后可以得到

$$\int_{t_1}^{t_2} \left[\boldsymbol{F}_r \cdot \dot{\boldsymbol{r}} - \frac{q^2(\dot{\boldsymbol{r}} \cdot \dddot{\boldsymbol{r}})}{6\pi\varepsilon_0 c^3}\right] \mathrm{d}t + \left.\frac{q^2(\ddot{\boldsymbol{r}} \cdot \dot{\boldsymbol{r}})}{6\pi\varepsilon_0 c^3}\right|_{t_1}^{t_2} = 0. \tag{8.84}$$

假设 $\boldsymbol{r}$ 是时谐的，则如果(t_2-t_1)选为振荡周期的倍数，上式中积出来的项是零. 由此余下的积分的被积函数也必须消失，即

$$\boldsymbol{F}_{\mathrm{r}}=\frac{q^2\dddot{\boldsymbol{r}}}{6\pi\varepsilon_0 c^3}. \tag{8.85}$$

这就是辐射反作用力的 Abraham-Lorentz 公式. 运动方程(8.81)现在变成

$$\ddot{\boldsymbol{r}}-\frac{q^2}{6\pi\varepsilon_0 c^3 m}\dddot{\boldsymbol{r}}+\omega_0^2\boldsymbol{r}=0. \tag{8.86}$$

假设辐射反作用力引起的阻尼小到可以忽略，解将变成 $\boldsymbol{r}(t)=\boldsymbol{r}_0\exp[-\mathrm{i}\omega_0 t]$，因此 $\dddot{\boldsymbol{r}}=-\omega_0^2\dot{\boldsymbol{r}}$. 因而对于小阻尼我们得到

$$\ddot{\boldsymbol{r}}+\gamma_0\dot{\boldsymbol{r}}+\omega_0^2\boldsymbol{r}=0,\quad \gamma_0=\frac{1}{4\pi\varepsilon_0}\frac{2q^2\omega_0^2}{3c^3 m}. \tag{8.87}$$

该方程对应不受外力驱动的跃迁频率为 ω_0，线宽为 γ_0 的 Lorentz 原子模型. 更严格的推导显示辐射反作用力不仅影响振子的阻尼，还会影响振子的有效质量. 这个额外的质量贡献称为电磁质量，是许多争议的根源[7].

由于辐射阻尼，不受外力驱动的振子最终将会停止. 然而振子会和真空场相互作用并保持振荡. 因此，由涨落真空场 $\boldsymbol{E}_0$ 引起的驱动项必须加入(8.87)式的右边. 真空场的涨落补偿振子能量的耗散. 这类涨落-耗散关系我们会在第 15 章进行讨论. 简单地说，为了保持振子和真空的平衡态，真空获取了振子的能量(辐射阻尼)必然会产生涨落. 可以证明自发发射就是辐射反作用和真空涨落的共同结果[7].

最后我们要提醒读者，辐射反作用是在偶极子极限(即用极化率 α 描述颗粒)下获得光学定理的正确结果的重要因素[8]. 在这一极限下，入射场将颗粒极化，引发一个辐射散射场的偶极矩 $\boldsymbol{p}$. 根据光学定理，消光功率(散射和吸收功率之和)可以用散射到前向方向的场表示. 然而偶极子极限下消光功率等于吸收功率，散射光没有被考虑！解决这一问题的方案在于方程(8.85)中的反作用项，习题 8.5 中会更详细地分析. 简要来说，颗粒不仅会与外界驱动场相互作用，还会和自身的场相互作用，产生一个感生偶极振荡和驱动电场振荡之间的相位滞后. 这个相位滞后使光学定理重新成立，在偶极子极限下起到光散射的作用.

§8.4 自发衰变

在 1946 年的 Purcell 分析之前，自发发射一直被认为是原子或分子的内禀辐射特性[9]. Purcell 的工作发现核磁矩的自发衰变速率在与共振电子器件耦合时要比在自由空间中高. 因此，可以推断出原子所处的环境改变了原子的辐射特性. 为了从实验上观察到这一现象，我们需要尺度与发射波长 λ 相近的物理器件. 由于多数的原子能级跃迁都是发生在可见光波段或者接近可见光的波段，自发衰变的改

变不是一个很明显的事实. 1966 年,Drexhage 研究了平面界面对于分子自发衰变速率的影响[10]. 在腔中原子衰变速率的提升也被 Goy 等人证实[11]. Kleppner 发现受激原子的衰变也会受到腔的影响[12]. 自此以后,原子和分子的自发衰变速率的改变在不同环境下被研究过,这些环境包括光子晶体和光学天线[13—16]. 最近,相邻分子间的非辐射能量转移(Förster 转移)也被发现可以被非均匀介质环境改变[17].

在原子-场相互作用理论中有两个物理上不同的区域,即强耦合区和弱耦合区. 这两个区域的划分基于原子-场耦合常数,它以下式来估算:

$$\kappa = \frac{p_{ij}}{\hbar}\sqrt{\frac{\hbar\omega_0}{2\varepsilon_0 V}}, \tag{8.88}$$

其中 ω_0 是原子跃迁频率,p_{ij} 是偶极子矩阵元,V 是腔的体积. 强耦合满足条件 $\kappa \gg \gamma$,其中 γ 是腔内的自发衰变速率. 在强耦合状态,腔内原子的发射谱具有极大的品质因数($Q\to\infty$),呈现出两个峰,是模式分裂的结果[18,19]. 在弱耦合状态($\kappa \ll \gamma$),量子电动力学(QED)和经典理论给出了相同的自发发射衰变速率改变的结果. 经典理论中,自发衰变速率的改变由反作用产生,即原子和延迟场的相互作用. 延迟场是指被环境散射又返回到原子的场. 而在 QED 描述下,衰变速率是真空场涨落引起的,后者是环境的函数.

8.4.1 自发衰变的量子电动力学描述

本节中我们将推导出位于 $\boldsymbol{r}=\boldsymbol{r}_0$ 处的双能级量子系统(简称"原子")的自发发射速率 γ. 自发发射是纯粹的量子效应,需要用量子电动力学(QED)方法处理. 本节倾向于在物理条件允许的情况下,用经典方法来处理. 我们考虑组合的"原子+场"态,并计算从能量为 E_i 的初态 $|i\rangle$ 到一系列能量全等于为 E_f 的末态 $|f\rangle$ 的跃迁(见图 8.6). 末态的区别仅是辐射场的模式 $\boldsymbol{k}$ 不同⑧. 这里的推导基于 Heisenberg 绘景. 另一种等价推导方法见附录 B.

根据 Fermi 黄金规则,γ 由下式给出[2]:

$$\gamma = \frac{2\pi}{\hbar^2}\sum_f |\langle f \mid \hat{H}_{\mathrm{I}} \mid i\rangle|^2 \delta(\omega_i - \omega_f), \tag{8.89}$$

其中 $\hat{H}_{\mathrm{I}} = -\hat{\boldsymbol{p}}\cdot\hat{\boldsymbol{E}}$ 是偶极子近似下的相互作用哈密顿量,$\hat{\boldsymbol{E}}$ 是真空电场算符. 必须强调的是 $\hbar\omega_i$ 和 $\hbar\omega_f$ 是"原子+场"组合系统的能量. 初态能量只被原子所决定,即 $\hbar\omega_i = E_e$, E_e 是原子的激发态能量. 而末态能量被原子和场确定,为 $\hbar\omega_f = E_g + \hbar\omega_0$, E_g 是原子的基态能量,$\hbar\omega_0$ 是电磁场量子(光子)的能量. 因此(8.89)式中的 δ 函数是能量守恒的陈述,即 $E_e - E_g = \hbar\omega_0$. 利用以上哈密顿量 $\hat{H}_{\mathrm{I}}$ 的表达式,我们可以做

⑧ 不要将此处的 $\boldsymbol{k}$ 与波矢相混淆,此处为对模式的标记,而模式应由偏振矢量的波矢来表征.

代换[⑨]

$$|\langle f|\hat{H}_{\mathrm{I}}|i\rangle|^2=\langle f|\hat{\boldsymbol{p}}\cdot\hat{\boldsymbol{E}}|i\rangle^*\langle f|\hat{\boldsymbol{p}}\cdot\hat{\boldsymbol{E}}|i\rangle$$
$$=\langle i|\hat{\boldsymbol{p}}\cdot\hat{\boldsymbol{E}}|f\rangle\langle f|\hat{\boldsymbol{p}}\cdot\hat{\boldsymbol{E}}|i\rangle. \tag{8.90}$$

我们把 $\boldsymbol{r}=\boldsymbol{r}_0$ 处的电场算符 $\hat{\boldsymbol{E}}$ 表示为[2]

$$\hat{\boldsymbol{E}}=\sum_k[\boldsymbol{E}_k^+\hat{a}_k(t)+\boldsymbol{E}_k^-\hat{a}_k^\dagger(t)], \tag{8.91}$$

其中

$$\hat{a}_k^\dagger(t)=\hat{a}_k^\dagger(0)\exp(\mathrm{i}\omega_k t),\quad \hat{a}_k(t)=\hat{a}_k(0)\exp(-\mathrm{i}\omega_k t). \tag{8.92}$$

$\hat{a}_k(0)$和$\hat{a}_k^\dagger(0)$分别是湮没和产生算符.对 $\boldsymbol{k}$ 的求和表示对所有模式的求和.ω_k 表示模式$\boldsymbol{k}$ 的频率.空间相关的复数场 $\boldsymbol{E}_k^+=(\boldsymbol{E}_k^-)^*$ 是复数电场 $\boldsymbol{E}_k$ 的正频和负频部分.对于具有基态$|g\rangle$和激发态$|e\rangle$的双能级原子系统,偶极矩算符 $\hat{\boldsymbol{p}}$ 可以写成

$$\hat{\boldsymbol{p}}=\boldsymbol{p}[\hat{r}^++\hat{r}], \tag{8.93}$$

其中 $\hat{r}^+=|e\rangle\langle g|$, $\hat{r}=|g\rangle\langle e|$.在这种标记法下,$\boldsymbol{p}$ 就是跃迁偶极矩,并假设为实的,即$\langle g|\hat{\boldsymbol{p}}|e\rangle=\langle e|\hat{\boldsymbol{p}}|g\rangle$.利用 $\hat{\boldsymbol{E}}$ 和 $\hat{\boldsymbol{p}}$ 的表达式,相互作用哈密顿量的形式变为

$$-\hat{\boldsymbol{p}}\cdot\hat{\boldsymbol{E}}=-\sum_k\boldsymbol{p}\cdot[\boldsymbol{E}_k^+\hat{r}^+\hat{a}_k(t)+\boldsymbol{E}_k^-\hat{r}\hat{a}_k^\dagger(t)+\boldsymbol{E}_k^+\hat{r}\hat{\boldsymbol{a}}_k(t)+\boldsymbol{E}_k^-\hat{r}^+\hat{a}_k^\dagger(t)]. \tag{8.94}$$

我们现在将"场+原子"组合系统的初态和末态分别定义为

$$|i\rangle=|e,\{0\}\rangle=|e\rangle|\{0\}\rangle, \tag{8.95}$$
$$|f\rangle=|g,\{1_{\omega_{k'}}\}\rangle=|g\rangle|\{1_{\omega_{k'}}\}\rangle. \tag{8.96}$$

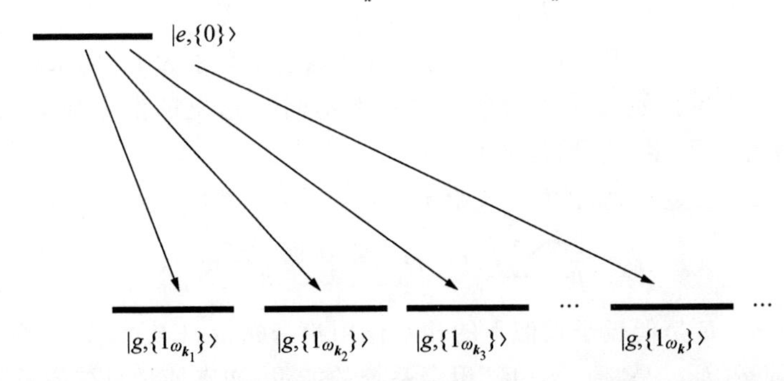

图8.6　从初态$|i\rangle=|e,\{0\}\rangle$到一系列末态$|f\rangle=|g,\{1_{\omega_k}\}\rangle$的跃迁.这些态是原子态($|e\rangle$或者$|g\rangle$)和单光子态($|\{0\}\rangle$或者$|\{1_{\omega_k}\}\rangle$)的乘积.原子激发态和基态能量之差为$(E_e-E_g)=\hbar\omega_0$,$\hbar\omega_0$ 是光子能量.不同的单光子终态的数目定义为部分局域态密度 $\rho_{\mathrm{p}}(\boldsymbol{r}_0,\omega_0)$,其中 $\boldsymbol{r}_0$ 是双能级系统的原点.

⑨　记住 $\hat{\boldsymbol{p}}$ 是偶极矩算符,不是动量算符.

这里，$|\{0\}\rangle$表示零光子态，$|\{1_{\omega_{k'}}\}\rangle$则表示模式$\boldsymbol{k}'$和频率$\omega_0=(E_e-E_g)/\hbar$的单光子态.因此,(8.89)式中的末态对应不同的模式$\boldsymbol{k}'$.利用算符$\hat{\boldsymbol{p}}\cdot\hat{\boldsymbol{E}}$作用于态$|i\rangle$，得到

$$\hat{\boldsymbol{p}}\cdot\hat{\boldsymbol{E}}\,|i\rangle=\boldsymbol{p}\cdot\sum_k\boldsymbol{E}_k^-\,\mathrm{e}^{\mathrm{i}\omega_k t}\,|g,\{1_{\omega_k}\}\rangle,\tag{8.97}$$

其中用到了$\hat{a}_k^\dagger(0)|\{0\}\rangle=|\{1_{\omega_k}\}\rangle$.用$\langle f|$作用,可得到

$$\langle f\mid\hat{\boldsymbol{p}}\cdot\hat{\boldsymbol{E}}\mid i\rangle=\boldsymbol{p}\cdot\sum_k\boldsymbol{E}_k^-\,\mathrm{e}^{\mathrm{i}\omega_k t}\langle g,\{1_{\omega_{k'}}\}\mid g,\{1_{\omega_k}\}\rangle,\tag{8.98}$$

其中用到了$\hat{a}_k(0)|\{1_{\omega_k}\}\rangle=\{0\}$.类似地可以得到

$$\langle i\mid\hat{\boldsymbol{p}}\cdot\hat{\boldsymbol{E}}\,|f\rangle=\boldsymbol{p}\cdot\sum_k\boldsymbol{E}_k^+\,\mathrm{e}^{-\mathrm{i}\omega_k t}\langle g,\{1_{\omega_k}\}\mid g,\{1_{\omega_{k'}}\}\rangle.\tag{8.99}$$

现在可以将矩阵元代入(8.90)和(8.89)式中.将对于末态的求和表示成对于模式$\boldsymbol{k}'$的求和,跃迁速率变成

$$\gamma=\frac{2\pi}{\hbar^2}\sum_k\sum_{k''}[\boldsymbol{p}\cdot\boldsymbol{E}_{k''}^+\boldsymbol{E}_k^-\cdot\boldsymbol{p}]\mathrm{e}^{\mathrm{i}(\omega_k-\omega_{k''})t}$$

$$\times\sum_{k'}\langle g,\{1_{\omega_{k''}}\}\mid g,\{1_{\omega_{k'}}\}\rangle\langle g,\{1_{\omega_{k'}}\}\mid g,\{1_{\omega_k}\}\rangle\delta(\omega_{k'}-\omega_0).\tag{8.100}$$

由于正交性,唯一不为0的项为$\boldsymbol{k}'=\boldsymbol{k}''=\boldsymbol{k}$的项,表达式简化为

$$\gamma=\frac{2\pi}{\hbar^2}\sum_k[\boldsymbol{p}\cdot(\boldsymbol{E}_k^+\boldsymbol{E}_k^-)\cdot\boldsymbol{p}]\delta(\omega_k-\omega_0).\tag{8.101}$$

这里,$\boldsymbol{E}_k^+\boldsymbol{E}_k^-$表示并矢,即为$3\times3$的矩阵.在后面的讨论中,将表达式用简正模$\boldsymbol{u}_k$来表达是方便的,其定义如下：

$$\boldsymbol{E}_k^+=\sqrt{\frac{\hbar\omega_k}{2\varepsilon_0}}\boldsymbol{u}_k,\quad\boldsymbol{E}_k^-=\sqrt{\frac{\hbar\omega_k}{2\varepsilon_0}}\boldsymbol{u}_k^*.\tag{8.102}$$

由于δ函数导致$\omega_k=\omega_0$,衰变速率可以写成

$$\gamma=\frac{\pi\omega}{3\hbar\varepsilon_0}|\boldsymbol{p}|^2\rho_{\mathrm{p}}(\boldsymbol{r}_0,\omega_0),\quad\rho_{\mathrm{p}}(\boldsymbol{r}_0,\omega_0)=3\sum_k[\boldsymbol{n}_p\cdot(\boldsymbol{u}_k\boldsymbol{u}_k^*)\cdot\boldsymbol{n}_p]\delta(\omega_k-\omega_0),\tag{8.103}$$

其中引入了部分局域态密度(partial local density of states)$\rho_{\mathrm{p}}(\boldsymbol{r}_0,\omega_0)$,下一节中将详细讨论.偶极矩被分解为$\boldsymbol{p}=|\boldsymbol{p}|\boldsymbol{n}_p$,$\boldsymbol{n}_p$是$\boldsymbol{p}$方向的单位矢量.以上关于$\gamma$的方程是我们的主要结论.表达式中的δ函数表明我们需要在有限的末态频率分布上进行积分.但是即使对单个末态频率,由$\delta(\omega_k-\omega_0)$引起的表观奇异性也会被简正模所补偿,在足够大的模式体积上,其大小趋于零.任何情况下,由Green函数而不是简正模来表示$\rho_{\mathrm{p}}(\boldsymbol{r}_0,\omega_0)$都有助于消除这些奇异性.

8.4.2 自发衰变和并矢 Green 函数

我们的目标是推导出简正模$\boldsymbol{u}_k$和并矢Green函数$\overleftrightarrow{\boldsymbol{G}}$之间的关系.随后,这个

关系式将用作表达自发衰变速率 γ 和建立局域态密度的简洁表达式. 前面的章节中,我们为了表述方便并没有涉及 $\boldsymbol{u}_k$ 的精确位置依赖,现在将写出所有自变量. 之前定义的简正模满足波动方程

$$\nabla\times\nabla\times\boldsymbol{u}_k(\boldsymbol{r},\omega_k)-\frac{\omega_k^2}{c^2}\boldsymbol{u}_k(\boldsymbol{r},\omega_k)=0, \tag{8.104}$$

且满足正交关系

$$\int\boldsymbol{u}_k(\boldsymbol{r},\omega_k)\cdot\boldsymbol{u}_{k'}^*(\boldsymbol{r},\omega_{k'})\mathrm{d}^3\boldsymbol{r}=\delta_{kk'}, \tag{8.105}$$

其中积分区域包括整个模式体积. $\delta_{kk'}$ 是 Kronecker δ 函数,而 $\overleftrightarrow{\boldsymbol{I}}$ 是单位并矢. 将 Green 函数 $\overleftrightarrow{\boldsymbol{G}}$ 展开成简正模的表达式:

$$\overleftrightarrow{\boldsymbol{G}}(\boldsymbol{r},\boldsymbol{r}';\omega)=\sum_k\boldsymbol{A}_k(\boldsymbol{r}',\omega)\boldsymbol{u}_k(\boldsymbol{r},\omega_k), \tag{8.106}$$

其中矢量展开系数 $\boldsymbol{A}_k$ 还没有确定.

回顾之前定义的 Green 函数((2.87)式)

$$\nabla\times\nabla\times\overleftrightarrow{\boldsymbol{G}}(\boldsymbol{r},\boldsymbol{r}';\omega)-\frac{\omega^2}{c^2}\overleftrightarrow{\boldsymbol{G}}(\boldsymbol{r},\boldsymbol{r}';\omega)=\overleftrightarrow{\boldsymbol{I}}\delta(\boldsymbol{r}-\boldsymbol{r}'). \tag{8.107}$$

为了求解 $\boldsymbol{A}_k$,将展开式代入 $\overleftrightarrow{\boldsymbol{G}}$,得到

$$\sum_k\boldsymbol{A}_k(\boldsymbol{r}',\omega)\left[\nabla\times\nabla\times\boldsymbol{u}_k(\boldsymbol{r},\omega_k)-\frac{\omega^2}{c^2}\boldsymbol{u}_k(\boldsymbol{r},\omega_k)\right]=\overleftrightarrow{\boldsymbol{I}}\delta(\boldsymbol{r}-\boldsymbol{r}'). \tag{8.108}$$

利用方程(8.104),可将上式写成

$$\sum_k\boldsymbol{A}_k(\boldsymbol{r}',\omega)\left[\frac{\omega_k^2}{c^2}-\frac{\omega^2}{c^2}\right]\boldsymbol{u}_k(\boldsymbol{r},\omega_k)=\overleftrightarrow{\boldsymbol{I}}\delta(\boldsymbol{r}-\boldsymbol{r}'). \tag{8.109}$$

在两边都乘以 $\boldsymbol{u}_{k'}^*$,在整个模式积分并利用正交性,可得

$$\boldsymbol{A}_{k'}(\boldsymbol{r}',\omega)\left[\frac{\omega_{k'}^2}{c^2}-\frac{\omega^2}{c^2}\right]=\boldsymbol{u}_{k'}^*(\boldsymbol{r}',\omega_k). \tag{8.110}$$

将上式代回(8.106)式,即可得到想要的简正模表达的 Green 函数:

$$\overleftrightarrow{\boldsymbol{G}}(\boldsymbol{r},\boldsymbol{r}';\omega)=\sum_k c^2\,\frac{\boldsymbol{u}_k^*(\boldsymbol{r}',\omega_k)\boldsymbol{u}_k(\boldsymbol{r},\omega_k)}{\omega_k^2-\omega^2}. \tag{8.111}$$

下面的数学恒等式接下来会用到,它可以用围道积分简单地证明:

$$\lim_{\eta\to0}\mathrm{Im}\left\{\frac{1}{\omega_k^2-(\omega+\mathrm{i}\eta)^2}\right\}=\frac{\pi}{2\omega_k}[\delta(\omega-\omega_k)-\delta(\omega+\omega_k)]. \tag{8.112}$$

两边都乘以 $\boldsymbol{u}_k^*(\boldsymbol{r},\omega_k)\boldsymbol{u}_k(\boldsymbol{r},\omega_k)$ 并在所有 $\boldsymbol{k}$ 上求和,得到

$$\mathrm{Im}\left\{\lim_{\eta\to0}\sum_k\frac{\boldsymbol{u}_k^*(\boldsymbol{r},\omega_k)\boldsymbol{u}_k(\boldsymbol{r},\omega_k)}{\omega_k^2-(\omega+\mathrm{i}\eta)^2}\right\}$$

$$= \frac{\pi}{2} \sum_k \frac{1}{\omega_k} \boldsymbol{u}_k^*(\boldsymbol{r}, \omega_k) \boldsymbol{u}_k(\boldsymbol{r}, \omega_k) \delta(\omega - \omega_k), \tag{8.113}$$

其中 $\delta(\omega+\omega_k)$ 这一项已被舍弃掉，因为我们只关心正的频率. 通过与(8.111)式比较，(8.113)式左边括号中的表达式可以看作原点 $\boldsymbol{r}=\boldsymbol{r}'$ 处的 Green 函数，而右边的 δ 函数会将所有 ω_k 的值限定为 ω，因而允许我们将第一个因子从求和中提出. 这样我们得到重要关系式

$$\mathrm{Im}\{\overleftrightarrow{\boldsymbol{G}}(\boldsymbol{r}, \boldsymbol{r}; \omega)\} = \frac{\pi c^2}{2\omega} \sum_k \boldsymbol{u}_k^*(\boldsymbol{r}, \omega_k) \boldsymbol{u}_k(\boldsymbol{r}, \omega_k) \delta(\omega - \omega_k). \tag{8.114}$$

现在我们设 $\boldsymbol{r}=\boldsymbol{r}_0$，$\omega=\omega_0$，并且将方程(8.103)中的衰变速率 γ 和部分局域态密度 ρ_{p} 表示为

$$\gamma = \frac{\pi \varepsilon_0}{3\hbar \varepsilon_0} |\boldsymbol{p}|^2 \rho_{\mathrm{p}}(\boldsymbol{r}_0, \omega_0), \quad \rho_{\mathrm{p}}(\boldsymbol{r}_0, \omega_0) = \frac{6\omega_0}{\pi c^2} [\boldsymbol{n}_p \cdot \mathrm{Im}\{\overleftrightarrow{\boldsymbol{G}}(\boldsymbol{r}_0, \boldsymbol{r}_0; \omega_0)\} \cdot \boldsymbol{n}_p]. \tag{8.115}$$

这个公式是本节的主要结果. 它允许我们计算在任意参考系中的双能级量子系统的自发衰变速率. 唯一需要的就是知道参考系中的并矢 Green 函数. 并矢 Green 函数的值在其原点，也即原子系统所在位置计算. 从经典的观点看，这相当于量子系统之前发射的电场返回了原点位置. 量子和经典处理方法的数学相似性通过比较(8.115)和(8.75)式可以明显地看出. 后者是基于 Poynting 定理的经典能量耗散方程.

注意，(8.115)和(8.75)式中的偶极子并不一样！在(8.75)式中，$\boldsymbol{p}$ 指的是经典偶极子，而在(8.115)式中，它代表的是矩阵元 $\langle e|\hat{\boldsymbol{p}}|g\rangle$. 比较(8.115)和(8.75)式，得到

$$\frac{\gamma}{\gamma_0} = \frac{P}{P_0}, \tag{8.116}$$

这里，γ_0 和 P_0 指的是自由空间值，或者是任何其他已知的参考值. 归一化 γ_0 和 P_0 消除了对 $\boldsymbol{p}$ 的依赖，建立了安全的量子和经典公式的关联. (8.116)式左边表示自发发射的量子力学图像，右边对应偶极子辐射的经典公式. 因为(8.116)式的联系，我们能够用经典方法计算一个量子发射体的自发衰变速率的相对变化. 只要 $\langle e|\hat{\boldsymbol{p}}|g\rangle$ 没有被环境影响，即量子轨道保持不受影响，这个联系就是正确的.

在(8.115)式中，我们用部分局域态密度 ρ_{p} 表示 γ，ρ_{p} 对应着在原点 $\boldsymbol{r}$ 处的(点状)量子系统中单位体积和频率的模式数，在自发衰变过程中，该系统能够释放能量 $\hbar\omega_0$ 的单个光子. 下一节我们会讨论 ρ_{p} 的一些重要特点.

8.4.3 局域态密度

在跃迁的量子系统没有固定的偶极子轴 $\boldsymbol{n}_p$，且介质各向同性和均匀的情形，衰

变速率是不同的方向上的平均(见习题8.6),这导致

$$\langle \boldsymbol{n}_p \cdot \mathrm{Im}\{\overleftrightarrow{\boldsymbol{G}}(\boldsymbol{r}_0,\boldsymbol{r}_0;\omega_0)\} \cdot \boldsymbol{n}_p \rangle = \frac{1}{3}\mathrm{Im}\{\mathrm{Tr}[\overleftrightarrow{\boldsymbol{G}}(\boldsymbol{r}_0,\boldsymbol{r}_0;\omega_0)]\}. \tag{8.117}$$

代入(8.115)式,我们发现这时部分局域态密度 ρ_p 等于总局域态密度 ρ,其定义为

$$\rho(\boldsymbol{r}_0,\omega_0) = \frac{2\omega_0}{\pi c^2}\mathrm{Im}\{\mathrm{Tr}[\overleftrightarrow{\boldsymbol{G}}(\boldsymbol{r}_0,\boldsymbol{r}_0;\omega_0)]\} = \sum_k |\boldsymbol{u}_k|^2\delta(\omega_k-\omega_0), \tag{8.118}$$

其中 Tr[]表示括号中张量的迹. ρ 对应着指定位置 $\boldsymbol{r}_0$ 处单位体积和单位频率的总的电磁模式数. 实际上,ρ 的意义不大,因为任何探测器或者测量手段都依赖于电荷载流子从一点到另一点的移动. 定义这些点之间的轴为 $\boldsymbol{n}_p$,可明显看出 ρ_p 有更大的实际意义,因为它出现在众所周知的自发衰变公式中.

在8.3.3节中已经表明,在原点处的 $\overleftrightarrow{\boldsymbol{G}}$ 的虚部并不奇异. 例如,在自由空间($\overleftrightarrow{\boldsymbol{G}}=\overleftrightarrow{\boldsymbol{G}}_0$)中有(见习题8.7)

$$[\boldsymbol{n}_p \cdot \mathrm{Im}\{\overleftrightarrow{\boldsymbol{G}}_0(\boldsymbol{r}_0,\boldsymbol{r}_0;\omega_0)\} \cdot \boldsymbol{n}_p] = \frac{1}{3}\mathrm{Im}\{\mathrm{Tr}[\overleftrightarrow{\boldsymbol{G}}_0(\boldsymbol{r}_0,\boldsymbol{r}_0;\omega_0)]\} = \frac{\omega_0}{6\pi c}, \tag{8.119}$$

其中没有用到方向平均. $\overleftrightarrow{\boldsymbol{G}}_0$ 的对称形式导致了如此简单的表达式. 因此 ρ 和 ρ_p 取得为人熟知的值

$$\rho_0 = \frac{\omega_0^2}{\pi^2 c^3}, \tag{8.120}$$

正是黑体辐射中遇到的电磁模式密度. 自由空间中自发衰变速率变成

$$\gamma_0 = \frac{\omega_0^3\,|\boldsymbol{p}|^2}{3\pi\varepsilon_0\,\hbar\,c^3}, \tag{8.121}$$

其中 $\boldsymbol{p}=\langle g|\hat{\boldsymbol{p}}|e\rangle$ 表示偶极子跃迁矩阵元.

总结一下,自发衰变正比于部分局域态密度,而部分局域态密度依赖于跃迁涉及的两个原子能级之间的偶极子跃迁. 只有在均匀环境或者在对各方向求平均后,ρ_p 才可以被总局域态密度代替.

§8.5　经典寿命和衰变速率

现在我们通过考虑一个无驱动的简谐振荡偶极子来推导自发衰变的经典图像. 当偶极子振荡时,会按照(8.70)式辐射能量. 因此,偶极子耗散能量转换成辐射,偶极矩减小. 我们感兴趣的是偶极子的能量减小到起始能量的 1/e 时的时间 τ(见图8.7).

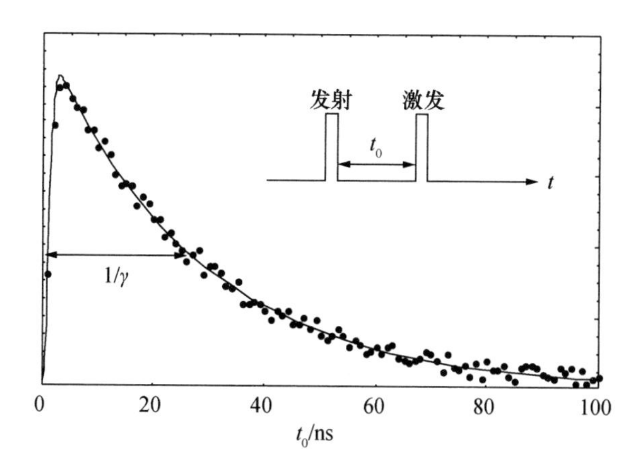

图 8.7 Li 的 $2P_{1/2}$ 态的辐射衰变速率 γ. 激发脉冲和随后的光子计数之间的时间间隔 t_0 被测量并以直方图示意. 指数分布中的 1/e 宽度对应着寿命 $\tau=1/\gamma=27.1$ ns. 当 $t_0\to 0$ 时,分布会因为光子探测器的有限反应时间而跌到 0.

8.5.1 在均匀环境中的辐射

无驱动的简谐振荡偶极子的运动方程为(见(8.87)式)

$$\frac{\mathrm{d}^2}{\mathrm{d}t^2}\boldsymbol{p}(t)+\gamma_0\frac{\mathrm{d}}{\mathrm{d}t}\boldsymbol{p}(t)+\omega_0^2\boldsymbol{p}(t)=0. \tag{8.122}$$

设谐振子的自然频率为 ω_0,阻尼常数为 γ_0,则 $\boldsymbol{p}$ 的解为

$$\boldsymbol{p}(t)=\mathrm{Re}\{\boldsymbol{p}_0\mathrm{e}^{-\mathrm{i}\omega_0\sqrt{1-\gamma_0^2/(4\omega_0^2)}t}\mathrm{e}^{\gamma_0 t/2}\}. \tag{8.123}$$

由于 γ_0 引起损耗,偶极子会形成非保守的系统. 阻尼率不仅影响偶极子的振幅,还会使共振频率发生变化. 为了能够在任意时刻确定一个平均偶极子能量,我们需要确保振荡幅度在一个周期之内保持常数,换言之需要

$$\gamma_0\ll\omega_0. \tag{8.124}$$

谐振子的平均能量是平均动能和势能之和,在时间 t,平均能量为[⑩]

$$\bar{W}(t)=\frac{m}{2q^2}[\omega_0^2p^2(t)+\dot{p}^2(t)]=\frac{m\omega_0^2}{2q^2}|\boldsymbol{p}_0|^2\mathrm{e}^{-\gamma_0 t}, \tag{8.125}$$

其中 m 为带有电荷 q 的粒子的质量. 谐振子的寿命 τ_0 定义为能量衰减为 $t=0$ 时的 1/e 所需的时间. 容易发现,

$$\tau_0=1/\gamma_0. \tag{8.126}$$

现在我们看由辐射造成的能量损耗速率. 在自由空间中,时间 t 处的平均辐射功率为 P_0(见(8.71)式):

⑩ 这通过令 $p=qx$, $w_0^2=c/m$,并分别用 $m\dot{x}^2/2$ 和 $cx^2/2$ 来表达动能和势能可以容易地导出.

$$P_0(t) = \frac{|\boldsymbol{p}(t)|^2}{4\pi\varepsilon_0}\frac{\omega_0^4}{3c^3}. \tag{8.127}$$

能量守恒要求振子的能量减少必须等于能量损耗，即

$$\bar{W}(t=0) - \bar{W}(t) = q_{\mathrm{i}}\int_0^t P_0(t')\mathrm{d}t', \tag{8.128}$$

其中我们引入内禀量子产率 q_{i}. 这个参数取值在 0 和 1 之间，表示能量损耗中与辐射相关的损耗占比. 对于 $q_{\mathrm{i}}=1$，振子耗散的所有能量都转化成辐射. 此时可以直接解出衰变速率. 将(8.125)和(8.127)式代入(8.128)式，得到

$$\gamma_0 = q_{\mathrm{i}}\frac{1}{4\pi\varepsilon_0}\frac{2q^2\omega_0^2}{3mc^3}. \tag{8.129}$$

除了 q_{i} 以外，上式与(8.87)式是相同的. γ_0 是原子衰变速率的经典表达，从(8.126)式来看，也与原子寿命相关. 它依赖于振荡频率、粒子质量与电荷. 周围介质的折射率越高，振子的寿命越短. 通过对电荷 q_n 和质量 m_n 求和，可以将 γ_0 推广到多粒子系统. 在光学波段，得到的衰变速率的值为 $\gamma_0 \approx 2\times10^{-8}\omega_0$，在 MHz 区域. 衰变速率(方程(8.121))的量子力学类比可以通过用能量量子 $\hbar\omega_0$ 代替振子的初始平均能量 $m\omega_0^2|\boldsymbol{p}_0|^2/(2q^2)$ 获得. 同时，经典的偶极矩要对应到跃迁偶极子矩阵元的一半[11].

目前为止，我们假设原子是被真空($n=1$)包围的. 对于电介质中的原子需要有两个修正：(1) 必须用介电常数来体现体材料的介电性质. (2) 偶极子位置处的局域场需要修正. 后者是因为偶极子微观环境的退极化会影响偶极子的发射性质. 修正的结果与 Clausius-Mossotti 关系相似，但更复杂的模型最近已经被提出.

Lorentz 线型函数

自发发射可以很好地用无外力驱动的谐振子来描述，虽然振子需要通过激发局域场获得能量，激发和辐射的相位却是无关联的. 因此，我们把自发发射想象成无驱动谐振子的辐射，每当振子损失能量给辐射场时，偶极矩就会被局域场恢复. 单原子系统自发发射的光谱可以用谐振子的辐射光谱来描述. 在自由空间中，辐射偶极子的远场电场计算结果为(参考(8.67)式)

$$E_\vartheta(t) = \frac{\sin\vartheta}{4\pi\varepsilon_0}\frac{1}{c^2}\frac{1}{r}\frac{\mathrm{d}^2}{\mathrm{d}t^2}|\boldsymbol{p}(t-r/c)|, \tag{8.130}$$

其中 r 是观察点与偶极子原点的距离，光谱 $\hat{E}_\vartheta(\omega)$ 可以用下式计算(参考(2.17)式)：

$$\hat{E}_\vartheta(\omega) = \frac{1}{2\pi}\int_{r/c}^{\infty}E_\vartheta(t)\mathrm{e}^{\mathrm{i}\omega t}\mathrm{d}t. \tag{8.131}$$

---

[11] 代换 $\boldsymbol{p}_0 \to (1/2)\langle g|\hat{\boldsymbol{p}}|e\rangle$ 中 1/2 因子的出现是因为经典偶极矩的 Fourier 变换包含正频和负频.

这里积分下限取的是 $t=r/c$，因为偶极子从 $t=0$ 开始发射，需要 $t=r/c$ 时间传播到观察点. 因此 $E_\vartheta(t<r/c)=0$. 将(8.123)式中偶极矩的解代入，并利用 $\gamma_0\ll\omega_0$，可以在积分后得到

$$\hat{E}_\vartheta(\omega)=\frac{1}{2\pi}\frac{|\boldsymbol{p}|\ \sin\vartheta\omega_0^2}{8\pi\varepsilon_0 c^2 r}\left[\frac{\exp(\mathrm{i}\omega r/c)}{\mathrm{i}(\omega+\omega_0)-\gamma_0/2}+\frac{\exp(\mathrm{i}\omega r/c)}{\mathrm{i}(\omega-\omega_0)-\gamma_0/2}\right]. \tag{8.132}$$

辐射入单位立体角 $\mathrm{d}\Omega=\sin\vartheta\mathrm{d}\vartheta$ 内的能量为

$$\begin{aligned}\frac{\mathrm{d}W}{\mathrm{d}\Omega}&=\int_{-\infty}^{\infty}I(\boldsymbol{r},t)r^2\mathrm{d}t=r^2\sqrt{\frac{\varepsilon_0}{\mu_0}}\int_{-\infty}^{\infty}|E_\vartheta(t)|^2\mathrm{d}t\\&=4\pi r^2\sqrt{\frac{\varepsilon_0}{\mu_0}}\int_0^{\infty}|\hat{E}_\vartheta(\omega)|^2\mathrm{d}\omega,\end{aligned} \tag{8.133}$$

其中我们应用了 Parseval 定理以及辐射强度的定义 $I=\sqrt{\varepsilon_0/\mu_0}\,|E_\vartheta|^2$. 单位立体角单位频率间隔的总能量可以表示为

$$\frac{\mathrm{d}W}{\mathrm{d}\Omega\mathrm{d}\omega}=\frac{1}{4\pi\varepsilon_0}\frac{|\boldsymbol{p}|^2\sin^2\vartheta\omega_0^2}{4\pi^2c^3\gamma_0^2}\left[\frac{\gamma_0^2/4}{(\omega-\omega_0)^2+\gamma_0^2/4}\right]. \tag{8.134}$$

这个函数的光谱形状是由上式括号中所谓 Lorentz 线型函数决定的. 函数如图 8.8 所示. 测得曲线的半峰全宽为 $\Delta\omega=\gamma_0$，称为辐射线宽. 因此原子系统的衰变速率和辐射线宽是相同的. 衰变速率和线宽之间也会遵守 Heisenberg 不确定性原理 $\Delta E\Delta t\approx\hbar$. 能量的不确定性是由线宽 $\Delta E=\hbar\Delta\omega$ 决定的，而用于测量激发态的平均时间是 $\Delta t\approx1/\gamma_0$（参考(8.125)式），因此得到 $\Delta\omega\approx\gamma_0$，与 Lorentz 线型函数相符合. 对于拥有典型寿命 $\tau=10$ ns 的光学频率的原子跃迁，辐射线宽对应 $\Delta\lambda\approx2\times10^{-3}$ nm 波长范围.

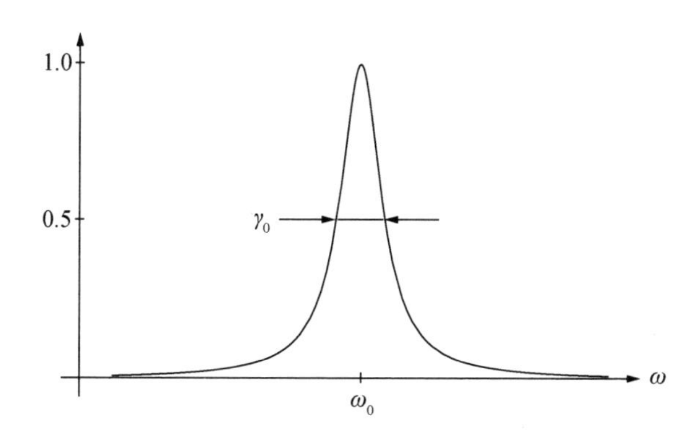

图 8.8 (8.134)式括号中表达式定义的 Lorentz 线型函数.

将线型函数在全光谱范围上积分可以得到值 $\pi\gamma_0/2$. 将(8.134)式在所有频率和所有方向积分会得到总的辐射能量

$$W = \frac{|\boldsymbol{p}|^2}{4\pi\varepsilon_0}\frac{\omega_0^4}{3c^3\gamma_0}. \tag{8.135}$$

这个值等于受驱谐振子的平均辐射功率 $\bar{P}$ 除以线宽 γ_0(参考(8.71)式).

Fano 线型函数

在很多实验中,Lorentz 型响应叠加在一个宽带背景场上.这两种贡献的干涉效应导致 Fano 线型函数.例如,在光散射实验中,来自一个共振粒子或者分子的散射场常常与激发的宽带源场干涉.另一个例子是一个金属纳米结构的宽谱偶极子共振与该结构的窄谱四极共振(暗模式)耦合[20].这种情形类似于 1935 年 Ugo Fano 研究的一个能级分立的量子力学系统和一个连续态的相互作用[21].

为了推导出 Fano 线型函数,我们重写(8.132)式中的 Lorentz 型场的谱为

$$\hat{E}_1\frac{\gamma_0/2}{-\mathrm{i}(\omega-\omega_0)+\gamma_0/2}, \tag{8.136}$$

其中在分母中我们去掉了含有$(\omega+\omega_0)$的第一项,因为它在感兴趣的范围 $\omega\approx\omega_0$ 内比其他项小很多.这等价于所谓的旋波近似.振幅 $\hat{E}_1$ 吸收了(8.132)式中所有剩下的因子.

Lorentz 场叠加在一个背景场上,背景场在 Lorentz 谱的带宽 γ_0 范围内并不改变.两个场干涉后的谱的线型函数为

$$|\hat{E}(\omega)|^2 = \left|\frac{\hat{E}_1\gamma_0/2}{-\mathrm{i}(\omega-\omega_0)+\gamma_0/2}+\hat{E}_2\right|^2, \tag{8.137}$$

其中 $\hat{E}_2$ 代表宽带背景场.上式可简化为

$$|\hat{E}(\omega)|^2 = |\hat{E}_1|^2\frac{|\gamma_0/2-(\hat{E}_2/\hat{E}_1)[\mathrm{i}(\omega-\omega_0)-\gamma_0/2]|^2}{(\omega-\omega_0)^2+\gamma_0^2/4}, \tag{8.138}$$

如图 8.9 所示.在(8.138)式的分子中,括号里的第一项来自 Lorentz 场,后面的项来自背景场.就是这两个场的干涉导致 Fano 线型特征.Fano 线型常常在相干散射场的实验中出现,比如 Rayleigh 散射[22]和表面增强红外吸收[23].通常,Fano 干涉是从初态到末态通过两条不可分辨路径的能量转移造成的.

8.5.2　在非均匀环境中的辐射

在非均匀环境中,一个简谐振荡的偶极子会感受到自身的场的驱动力.偶极子场被环境散射,返回振子位置,成为驱动场.运动方程为

$$\frac{\mathrm{d}^2}{\mathrm{d}t^2}\boldsymbol{p}(t)+\gamma_0\frac{\mathrm{d}}{\mathrm{d}t}\boldsymbol{p}(t)+\omega_0^2\boldsymbol{p}(t) = \frac{q^2}{m}\boldsymbol{E}_{\mathrm{s}}(t), \tag{8.139}$$

其中 $\boldsymbol{E}_{\mathrm{s}}$ 是二次局域场.我们预期与 $\boldsymbol{E}_{\mathrm{s}}$ 的相互作用会导致共振频率的移动和衰变速率的改变.因此我们使用以下尝试解求解偶极矩和驱动场:

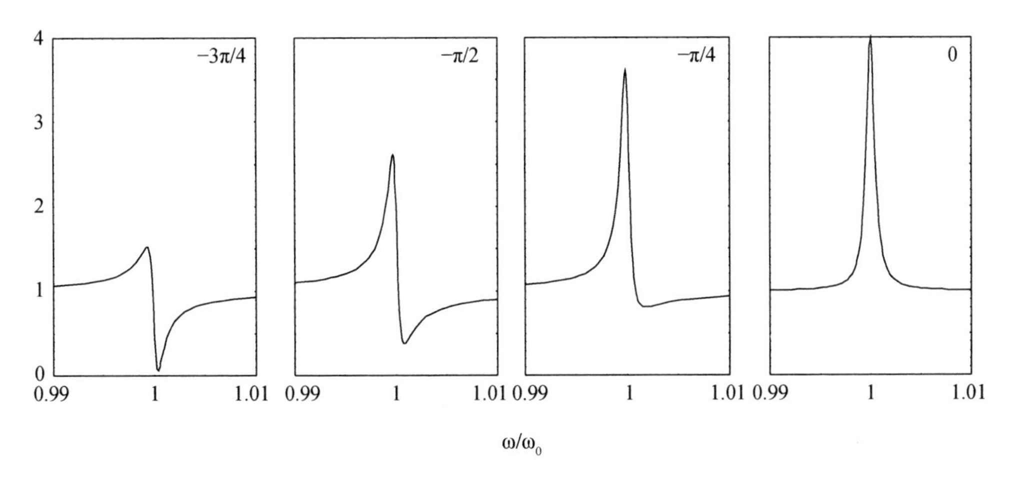

图 8.9　Lorentz 场和背景场之间的不同相位差产生的 Fano 线型函数. $\hat{E}_2/\hat{E}_1=\exp(\mathrm{i}\phi)$，而 ϕ 的值标在每个图上.

$$\boldsymbol{p}(t)=\mathrm{Re}\{\boldsymbol{p}_0\mathrm{e}^{-\mathrm{i}\omega t}\mathrm{e}^{-\gamma t/2}\},\quad \boldsymbol{E}_\mathrm{s}(t)=\mathrm{Re}\{\boldsymbol{E}_0\mathrm{e}^{-\mathrm{i}\omega t}\mathrm{e}^{-\gamma t/2}\}. \tag{8.140}$$

γ 和 ω 分别是新的衰变速率和共振频率. 两个尝试解可以插入(8.139)式. 跟之前一样，我们假设 γ 比 ω 小很多(参考(8.124)式)，这使我们可以舍掉带有 γ^2 的项. 我们还进一步假设与 $\boldsymbol{E}_\mathrm{s}$ 的相互作用足够弱，这样(8.139)式左边的最后一项总是比右边的驱动项要大. 使用(8.129)式中的 γ_0 表达式，可以得到

$$\frac{\gamma}{\gamma_0}=1+q_\mathrm{i}\,\frac{6\pi\varepsilon_0}{|\,\boldsymbol{p}_0\,|^2}\,\frac{1}{k^3}\mathrm{Im}\{\boldsymbol{p}_0^*\cdot\boldsymbol{E}_\mathrm{s}(\boldsymbol{r}_0)\}. \tag{8.141}$$

由于 $\boldsymbol{E}_\mathrm{s}$ 正比于 $\boldsymbol{p}_0$，因而对偶极矩大小的依赖抵消了. 除了引入了 q_i，在非均匀环境中，(8.141)与(8.80)式给出的能量耗散相同. 因此对于 $q_\mathrm{i}=1$，可得重要关系式

$$\frac{\gamma}{\gamma_0}=\frac{P}{P_0}, \tag{8.142}$$

与前面得出的(8.116)式相似. 在 8.6.2 节中我们会使用这个等式得到分子间的能量转移.

(8.141)式可以用来描述(归一化的)量子系统的自发发射. 在这种情况下，经典的偶极子代表量子力学中从激发态到基态的跃迁偶极子矩阵元. 激发态的衰变速率等于自发发射速率 $P/(\hbar\omega)$，其中 $\hbar\omega$ 是光子能量. (8.141)式提供了计算任意环境中原子系统的寿命变化的简单方法. 实际上这个公式已经被不同的作者用于描述平面界面附近的荧光猝灭，并且与实验结果符合得很好(见图 8.10).

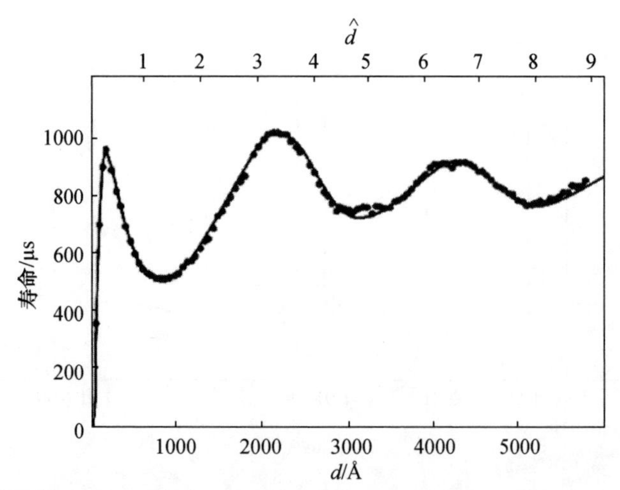

图 8.10　非均匀环境中分子寿命的经典理论(曲线)和实验数据(点)对比. 实验中 E^{3+}u 离子层与银表面之间被一层厚度变化的脂肪酸隔开(数据引自 Drexhage[24]). 计算曲线引自 Chance 等人[25].

8.5.3　频率移动

非均匀环境不仅影响振荡偶极子的寿命,还会导致一个发射光的频率移动 $\Delta\omega=\omega-\omega_0$. $\Delta\omega$ 的表达式可以通过把(8.140)式代入(8.139)式得到. 最终 $\Delta\omega$ 的表达式是

$$\Delta\omega=\omega\left[1-\sqrt{1-\frac{1}{\omega^2}\left[\frac{q^2}{m\,|\boldsymbol{p}_0|^2}\mathrm{Re}\{\boldsymbol{p}_0^*\cdot\boldsymbol{E}_s\}+\frac{\gamma\gamma_0}{2}-\frac{\gamma\gamma}{4}\right]}\right]. \qquad (8.143)$$

通过展开平方根到第一阶,并忽略 γ 中的四极子项,归一化的频率移动的表达式化简为

$$\frac{\Delta\omega}{\gamma_0}=q_i\,\frac{3\pi\varepsilon_0}{|\boldsymbol{p}_0|^2}\,\frac{1}{k^3}\mathrm{Re}\{\boldsymbol{p}_0^*\cdot\boldsymbol{E}_s\}. \qquad (8.144)$$

频率的移动很小,在辐射线宽的范围之内.

对于平面界面处的分子,频率的移动随 h^{-3} 变化,其中 h 是分子的高度,在表面等离激元频率附近达到最大. 对 h^{-3} 的依赖似乎说明,对于很小的 h,频率的移动是可能测量到的. 但这不是事实,因为 h 变小线宽也会增加. 实验中,在靠近银层处,对于小的偶极子散射体(银岛状结构),观察到了 $\Delta\lambda\approx 20$ nm 的频率移动[26]. 这个结构中,偶极子散射体在接近共振频率处被激发,导致了极化率增强非常多. 在低温下,单分子发射光谱的振动展宽很小,线宽变得足够窄,可以观察到频率的移动.

需要注意的是,因为 $\boldsymbol{E}_s$ 正比于 $\boldsymbol{p}_0$,在(8.144)式中对于偶极矩大小的依赖抵消了.

§ 8.6 偶极子-偶极子相互作用和能量转移

目前为止,我们讨论了纳米系统与局部环境的相互作用.在本节中,我们集中讨论两个称为“颗粒”的系统之间的相互作用(原子、分子、量子点……).这些考虑对于理解去局域化激发(激子)、颗粒间能量转移和多颗粒集体关联现象非常重要.我们将假设颗粒的内部结构并不因为相互作用而改变.这样,诸如电子转移和分子结合等过程不被考虑,感兴趣的读者可以参考物理化学方面的教科书[27].

8.6.1 Coulomb 相互作用的多极展开

我们考虑用电荷密度 ρ_A 和 ρ_B 表示的两个分离的颗粒 A 和 B.简单起见,我们只考虑无推迟的相互作用.这种情况下,系统 A 和 B 之间的 Coulomb 相互作用能量为

$$V_{AB} = \frac{1}{4\pi\varepsilon_0}\iint \frac{\rho_A(\boldsymbol{r}')\rho_B(\boldsymbol{r}'')}{|\boldsymbol{r}' - \boldsymbol{r}''|}\mathrm{d}V'\mathrm{d}V''. \tag{8.145}$$

如果假设电荷分布 ρ_A 和 ρ_B 的范围远小于其距离 R,可以将 V_{AB}展开为基于质量中心 $\boldsymbol{r}_A$ 和 $\boldsymbol{r}_B$ 的多极形式(见图 8.11).电荷分布 ρ_A 的前几项多极矩为

$$q_A = \int \rho_A(\boldsymbol{r}')\mathrm{d}V', \tag{8.146}$$

$$\boldsymbol{p}_A = \int \rho_A(\boldsymbol{r}')(\boldsymbol{r}' - \boldsymbol{r}_A)\mathrm{d}V', \tag{8.147}$$

$$\overleftrightarrow{\boldsymbol{Q}}_A = \int \rho_A(\boldsymbol{r}')\,\frac{1}{2}\left[(\boldsymbol{r}' - \boldsymbol{r}_A)(\boldsymbol{r}' - \boldsymbol{r}_A) - \frac{\overleftrightarrow{\boldsymbol{I}}}{3}\,|\boldsymbol{r}' - \boldsymbol{r}_A|^2\right]\mathrm{d}V', \tag{8.148}$$

类似的表达式对于电荷分布 ρ_B 也成立.利用这些多极矩可以将相互作用势能表示为

$$\begin{aligned} V_{AB}(\boldsymbol{R}) = \frac{1}{4\pi\varepsilon_0}\Bigg[& \frac{q_A q_B}{R} + \frac{q_A \boldsymbol{p}_B \cdot \boldsymbol{R}}{R^3} - \frac{q_B \boldsymbol{p}_A \cdot \boldsymbol{R}}{R^3} \\ & + \frac{R^2 \boldsymbol{p}_A \cdot \boldsymbol{p}_B - 3(\boldsymbol{p}_A \cdot \boldsymbol{R})(\boldsymbol{p}_B \cdot \boldsymbol{R})}{R^5} + \cdots \Bigg], \end{aligned} \tag{8.149}$$

其中 $\boldsymbol{R} = \boldsymbol{r}_B - \boldsymbol{r}_A$.展开式的第一项为电荷-电荷相互作用.只有在 A 和 B 都携带净电荷时才不为 0.电荷-电荷相互作用为长程相互作用,因为其距离相关为 R^{-1}.后面的两项是电荷-偶极子相互作用,要求至少一个颗粒带有净电荷.这些相互作用按 R^{-2} 衰减,因此作用距离比电荷-电荷相互作用短.最后,第四项是偶极子-偶极子相互作用,这是中性颗粒间最重要的相互作用,这一项导致 van der Waals 力和 Förster 能量转移.偶极子-偶极子相互作用按 R^{-3} 衰减,且强烈依赖偶极子取向.

之后的高阶相互作用为四极子-电荷,四极子-偶极子和四极子-四极子相互作用,这些作用距离非常短,因此我们不详细列出.必须强调,势 V_{AB} 只考虑两个偶极子的近场相互作用.考虑到中间场和远场后会产生更多的项,我们会在推导颗粒间能量转移时加入这些项.

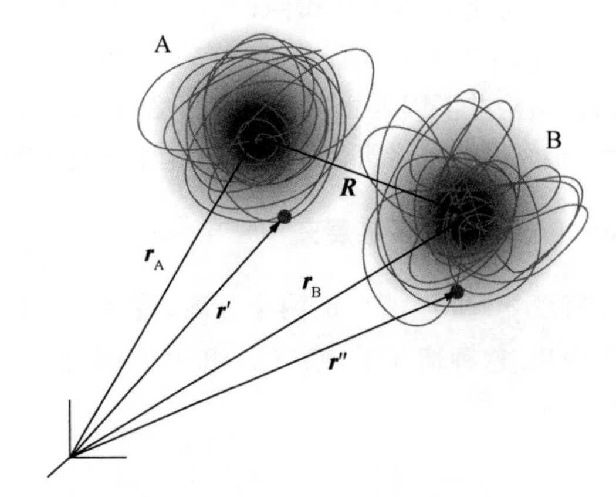

图 8.11 两个颗粒 A 和 B 的相互作用,颗粒由电荷分布表达.

8.6.2 两颗粒间的能量转移

颗粒间的能量转移是很多系统中都会遇到的光物理过程.也许,一个最重要的例子就是光合膜上吸收光的蛋白质之间的非辐射能量转移[28].在这些系统中,叶绿素分子吸收的光能必须经过长距离的输运才能到达称为反应中心的蛋白质.这种蛋白质用获得的能量做穿过细胞膜表面的电荷分离.紧密排列的半导体纳米颗粒之间也观测到能量转移[29],是研究生物过程中 Förster 能量转移(Förster energy-transfer, FRET)的基础[30].

单个颗粒间的能量转移可以用§8.5中提出的准经典模型来理解.所分析的系统如图 8.12 所示.两个中性颗粒 D(供体)和 A(受体)具有一系列分立的能级.我们假设最初供体处在能量 $E_D=\hbar\omega_0$ 的激发态.我们感兴趣的是计算能量从供体转移到受体的转移速率 $\gamma_{D\to A}$.供体和受体的跃迁偶极矩分别表示为 $\boldsymbol{P}_D$ 和 $\boldsymbol{P}_A$,$\boldsymbol{R}$ 表示从供体到受体的矢量.相应的单位矢量分别是 $\boldsymbol{n}_D$,$\boldsymbol{n}_A$ 和 $\boldsymbol{n}_R$.我们的出发点是(8.116)式,它连接了量子力学图像和经典图像.在目前的情形下,(8.116)式变为

$$\frac{\gamma_{D\to A}}{\gamma_0}=\frac{P_{D\to A}}{P_0}. \tag{8.150}$$

这里 $\gamma_{D\to A}$ 是从供体到受体的能量转移速率,而 γ_0 是供体在受体不存在时的衰变速率(参考(8.129)式).类似地,$P_{D\to A}$ 是单位时间内供体被受体吸收的能量,P_0 是单位时间内供体在受体不存在时释放的能量.P_0 可以写成((8.71)式)

$$P_0 = \frac{|\boldsymbol{p}_{\mathrm{D}}|^2 n(\omega_0)}{12\pi\varepsilon_0 c^3}\omega_0^4. \tag{8.151}$$

经典地,我们把供体想象成在频率 ω_0 处辐射的偶极子,把受体想象成频率 ω_0 处的吸收体. 两个系统都位于折射率为 $n(\omega_0)$ 的环境中. 由于 γ_0 和 P_0 的表达式已知,我们只须确定 $P_{\mathrm{D}\to\mathrm{A}}$.

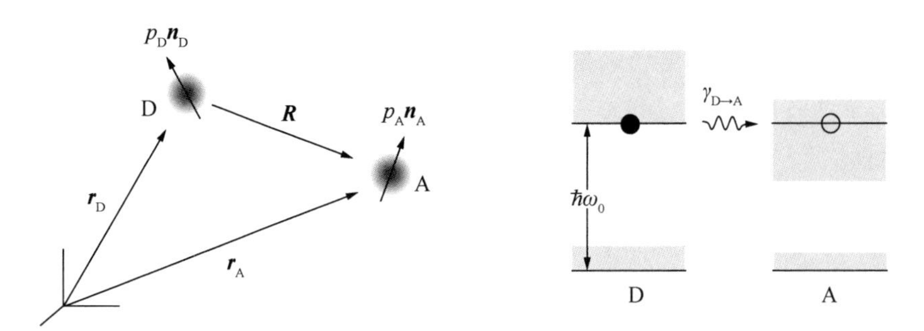

图 8.12 两个颗粒 D(供体)和 A(受体)之间的能量转移. 初始时,供体处在激发态而受体处在基态. 跃迁速率 $\gamma_{\mathrm{D}\to\mathrm{A}}$ 依赖于跃迁偶极矩的相对取向和供体与受体之间的距离 R.

根据 Poynting 定理,从供体转移到受体的能量为(参考(8.73)式)

$$P_{\mathrm{D}\to\mathrm{A}} = -\frac{1}{2}\int_{V_{\mathrm{A}}} \mathrm{Re}\{\boldsymbol{j}_{\mathrm{A}}^* \cdot \boldsymbol{E}_{\mathrm{D}}\}\mathrm{d}V. \tag{8.152}$$

这里 $\boldsymbol{j}_{\mathrm{A}}$ 是受体电荷产生的电流密度,而 $\boldsymbol{E}_{\mathrm{D}}$ 是供体产生的电场. 在偶极子近似下,电流密度为 $\boldsymbol{j}_{\mathrm{A}} = -\mathrm{i}\omega_0 \boldsymbol{p}_{\mathrm{A}}\delta(\boldsymbol{r}-\boldsymbol{r}_{\mathrm{A}})$,(8.152)式简化为

$$P_{\mathrm{D}\to\mathrm{A}} = \frac{\omega_0}{2}\mathrm{Im}\{\boldsymbol{p}_{\mathrm{A}}^* \cdot \boldsymbol{E}_{\mathrm{D}}(\boldsymbol{r}_{\mathrm{A}})\}. \tag{8.153}$$

这里重要的是受体的偶极矩 $\boldsymbol{p}_{\mathrm{A}}$ 不是永偶极矩,而是供体的电场感生的偶极矩(参考附录 A). 在线性区域,可以写出

$$\boldsymbol{p}_{\mathrm{A}} = \overleftrightarrow{\alpha}_{\mathrm{A}}\boldsymbol{E}_{\mathrm{D}}(\boldsymbol{r}_{\mathrm{A}}), \tag{8.154}$$

其中 $\overleftrightarrow{\alpha}_{\mathrm{A}}$ 是受体的极化率张量. 将偶极矩代入(8.153)式,若假设受体只沿着 $\boldsymbol{p}_{\mathrm{A}}$ 的单位矢量 $\boldsymbol{n}_{\mathrm{A}}$ 确定的固定轴极化,即 $\overleftrightarrow{\alpha}_{\mathrm{A}} = \alpha_{\mathrm{A}}\boldsymbol{n}_{\mathrm{A}}\boldsymbol{n}_{\mathrm{A}}$,从供体到受体的功率转移为

$$P_{\mathrm{D}\to\mathrm{A}} = \frac{\omega_0}{2}\mathrm{Im}\{\alpha_{\mathrm{A}}\}\ |\boldsymbol{n}_{\mathrm{A}} \cdot \boldsymbol{E}_{\mathrm{D}}(\boldsymbol{r}_{\mathrm{A}})|^2. \tag{8.155}$$

这个结果说明能量吸收是与极化率的虚部联系在一起的. 而且因为 $\boldsymbol{p}_{\mathrm{A}}$ 是感生偶极子,吸收速率按照投影到偶极子轴上的电场的平方变化. 将极化率写成吸收截面 σ 的形式是比较方便的:

$$\sigma(\omega_0) = \frac{\langle P(\omega_0)\rangle}{I(\omega_0)}, \tag{8.156}$$

其中 $\langle P\rangle$ 是对受体偶极子各个取向的吸收能量取平均后的值,I_0 是入射强度. 吸收

截面可用 $\boldsymbol{E}_\mathrm{D}$ 表示为⑫

$$\sigma(\omega_0)=\frac{(\omega_0/2)\mathrm{Im}\{\alpha(\omega_0)\}\langle|\boldsymbol{n}_p\cdot\boldsymbol{E}_\mathrm{D}|^2\rangle}{(1/2)(\varepsilon_0/\mu_0)^{1/2}n(\omega_0)\ |\boldsymbol{E}_\mathrm{D}|^2}=\frac{\omega_0}{3}\sqrt{\frac{\mu_0}{\varepsilon_0}}\frac{\mathrm{Im}\{\alpha(\omega_0)\}}{n(\omega_0)}.\quad(8.157)$$

这里我们使用了取向平均 $\langle|\boldsymbol{n}_p\cdot\boldsymbol{E}_\mathrm{D}|^2\rangle$，可以用下式计算：

$$\langle|\boldsymbol{n}_p\cdot\boldsymbol{E}_\mathrm{D}|^2\rangle=\frac{|\boldsymbol{E}_\mathrm{D}|^2}{4\pi}\int_0^{2\pi}\int_0^{\pi}[\cos^2\theta]\sin\theta\mathrm{d}\theta\mathrm{d}\phi=\frac{1}{3}|\boldsymbol{E}_\mathrm{D}|^2,\quad(8.158)$$

其中 θ 是偶极子的轴和电场矢量的夹角. 供体转移到受体的能量可以利用吸收截面写成

$$P_{\mathrm{D}\to\mathrm{A}}=\frac{3}{2}\sqrt{\frac{\varepsilon_0}{\mu_0}}n(\omega_0)\sigma_\mathrm{A}(\omega_0)\ |\boldsymbol{n}_\mathrm{A}\cdot\boldsymbol{E}_\mathrm{D}(\boldsymbol{r}_\mathrm{A})|^2.\quad(8.159)$$

供体的场 $\boldsymbol{E}_\mathrm{D}$ 在受体的原点 $\boldsymbol{r}_\mathrm{A}$ 处，可以用自由空间 Green 函数 $\overleftrightarrow{\boldsymbol{G}}$ 表示为(参考(8.52)式)

$$\boldsymbol{E}_\mathrm{D}(\boldsymbol{r}_\mathrm{A})=\omega_0^2\mu_0\overleftrightarrow{\boldsymbol{G}}(\boldsymbol{r}_\mathrm{D},\boldsymbol{r}_\mathrm{A})\boldsymbol{p}_\mathrm{D}.\quad(8.160)$$

供体的偶极矩可以表示为 $\boldsymbol{p}_\mathrm{D}=|\boldsymbol{p}_\mathrm{D}|\boldsymbol{n}_\mathrm{D}$，频率的依赖可以做代换 $k=\left(\frac{\omega_0}{c}\right)n(\omega_0)$. 为了之后的方便，我们进一步定义函数

$$T(\omega_0)=16\pi^2k^4R^6|\boldsymbol{n}_\mathrm{A}\cdot\overleftrightarrow{\boldsymbol{G}}(\boldsymbol{r}_\mathrm{D},\boldsymbol{r}_\mathrm{A})\boldsymbol{n}_\mathrm{D}|^2,\quad(8.161)$$

其中 $R=|\boldsymbol{r}_\mathrm{D}-\boldsymbol{r}_\mathrm{A}|$ 是供体与受体之间的距离. 在原始方程(8.150)中代入(8.159)～(8.161)式与(8.151)式，可以得到供体到受体的归一化转移速率

$$\frac{\gamma_{\mathrm{D}\to\mathrm{A}}}{\gamma_0}=\frac{9c^4}{8\pi R^6}\frac{\sigma_\mathrm{A}(\omega_0)}{n^4(\omega_0)\omega_0^4}T(\omega_0).\quad(8.162)$$

使用 Dirac δ 函数可以将方程重写成

$$\frac{\gamma_{\mathrm{D}\to\mathrm{A}}}{\gamma_0}=\frac{9c^4}{8\pi R^6}\int_0^{\infty}\frac{\delta(\omega-\omega_0)\sigma_\mathrm{A}(\omega)}{n^4(\omega)\omega^4}T(\omega)\mathrm{d}\omega.\quad(8.163)$$

注意到供体发射的归一化频率分布为

$$\int_0^{\infty}\delta(\omega-\omega_0)\mathrm{d}\omega=1.\quad(8.164)$$

由于供体会在一个频率范围内发射，我们需要将分布推广到

$$\int_0^{\infty}f_\mathrm{D}(\omega)\mathrm{d}\omega=1,\quad(8.165)$$

其中 $f_\mathrm{D}(\omega)$ 为供体在介质 $n(\omega)$ 中的归一化发射光谱. 这样，我们最后得到了重要结论

---

⑫ 注意在目前的情形下，用吸收截面 σ 来替换极化率 α 是不严格的，因为 σ 定义在均匀平面波激发时，这里我们做这个代换是为了与文献相符.

$$\frac{\gamma_{D\to A}}{\gamma_0}=\frac{9c^4}{8\pi R^6}\int_0^{\infty}\frac{f_D(\omega)\sigma_A(\omega)}{n^4(\omega)\omega^4}T(\omega)\mathrm{d}\omega. \tag{8.166}$$

供体到受体的转移速率依赖供体的发射光谱 f_D 和受体的吸收截面 σ 之间的谱重叠情况. 注意 f_D 的单位是 ω^{-1} 而 σ_A 的单位是 m^2. 为了理解取向和距离对转移速率的影响,我们需要分析函数 $T(\omega)$. 利用(8.161)式中的定义,并代入(8.55)式中的自由空间并矢 Green 函数,可以得到

$$\begin{aligned}T(\omega)=&(1-k^2R^2+k^4R^4)(\boldsymbol{n}_A\cdot\boldsymbol{n}_D)^2\\&+(9+3k^2R^2+k^4R^4)(\boldsymbol{n}_R\cdot\boldsymbol{n}_D)^2(\boldsymbol{n}_R\cdot\boldsymbol{n}_A)^2\\&+(-6+2k^2R^2-2k^4R^4)(\boldsymbol{n}_A\cdot\boldsymbol{n}_D)(\boldsymbol{n}_R\cdot\boldsymbol{n}_D)(\boldsymbol{n}_R\cdot\boldsymbol{n}_A),\end{aligned} \tag{8.167}$$

其中 $\boldsymbol{n}_R$ 是从供体指向受体的单位矢量. 对偶极子的任意取向和任意间距,$T(\omega)$ 和(8.166)式决定了供体到受体的能量转移. 对三个不同的 $\boldsymbol{n}_D$ 和 $\boldsymbol{n}_A$ 相对取向,图 8.13 给出了 $T(\omega)$ 的归一化距离依赖. 在短距离 R,$T(\omega)$ 是常数,在(8.166)式中,转移速率按 R^{-6} 变化. 在长距离 R,大多数情况下,$T(\omega)$ 都按 R^{-4} 变化,转移速率按 R^{-2} 变化.

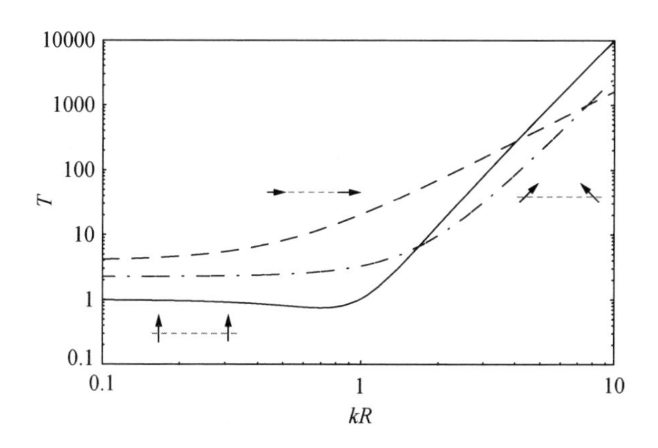

图 8.13 对于不同偶极子取向,$T(\omega)$ 与供体和受体之间的距离 R 的关系. 在所有情况下,在短距离($kR\ll1$)时,$T(\omega)$ 均为常数,因此跃迁速率 $\gamma_{D\to A}$ 按 R^{-6} 变化. 在长距离($kR\gg1$)时,$T(\omega)$ 取决于供体与受体之间的相对取向. 如果两个偶极子对准排列,则 $T(\omega)$ 按照 $(kR)^2$ 变化,$r_{D\to A}$ 按 R^{-4} 变化. 其他情况下,$T(\omega)$ 的长程特性按 $(kR)^4$ 变化,$\gamma_{D\to A}$ 按 R^{-2} 变化.

在许多情况下,偶极子的取向是未知的,转移速率 $\gamma_{D\to A}$ 必须通过许多供体-受体对的统计平均才能确定. 对于取向随机的单个供体-受体对也是如此. 因此我们用各取向的平均 $\langle T(\omega)\rangle$ 来代替 $T(\omega)$. 计算过程类似于之前遇到过的情况(参考(8.158)式),结果为

$$\langle T(\omega)\rangle=\frac{2}{3}+\frac{2}{9}k^2R^2+\frac{2}{9}k^4R^4. \tag{8.168}$$

转移速率会随着供体与受体之间的距离急剧衰减.因此,只有在距离 $R \ll 1/k$(其中 $k=2\pi n(\omega)/\lambda$)时才能在实验中明显观察到,而 $T(\omega)$ 的 R^4 和 R^2 项可以忽略.在此限制条件下,$T(\omega)$ 常常表示为 κ^2,转移速率可以表示成

$$\frac{\gamma_{D\to A}}{\gamma_0} = \left[\frac{R_0}{R}\right]^6, \quad R_0^6 = \frac{9c^4\kappa^2}{8\pi}\int_0^{\infty} \frac{f_D(\omega)\sigma_A(\omega)}{n^4(\omega)\omega^4}d\omega, \tag{8.169}$$

其中 κ^2 由下式给出:

$$\kappa^2 = [\boldsymbol{n}_A \cdot \boldsymbol{n}_D - 3(\boldsymbol{n}_R \cdot \boldsymbol{n}_D)(\boldsymbol{n}_R \cdot \boldsymbol{n}_A)]^2. \tag{8.170}$$

(8.168)式描述的过程称为 Förster 能量转移.其命名取自 Th. Förster,他在 1946 年推导出这个公式,但在形式上略微不同[31]. R_0 称为 Förster 半径,可以用来推断供体与受体之间能量转移的效率.当 $R=R_0$ 时,转移速率 $\gamma_{D\to A}$ 等于受体不存在时供体的衰变速率 γ_0. R_0 典型的范围在 2~9 nm[32].注意环境(溶剂)的折射率 $n(\omega)$ 也包括在 R_0 的定义中.Förster 半径也因此会在不同的溶剂中取不同的值.文献中的 R_0 所用到的 $n(\omega)$ 并不一致,在文献[33]中能看到相关的讨论.因子 κ^2 的取值范围是 $\kappa^2 \in [0,4]$.供体与受体的相对取向一般无法得知,对取向求平均后,

$$\langle \kappa^2 \rangle = \frac{2}{3} \tag{8.171}$$

被当作 κ^2 的值.

在 Förster 能量转移限制下,在(8.168)式中,只有非辐射近场项保留下来.对于 $kR \gg 1$ 的距离,转移是辐射特性的,并按照 R^{-2} 变化.这时只须保留(8.168)式中最后一项.结果与 Andrews 和 Juzeliunas 的量子电动力学计算式相同[34].在辐射限制下,供体发射一个光子,受体吸收这个光子.然而这种事件概率非常小.除了 R^{-6} 和 R^{-2} 项,我们还能找到一个按 R^{-4} 变化的中间项,这一项对于距离 $kR \approx 1$ 的情形很重要.

最近有结果显示,在非均匀环境下,比如在微腔之内,能量转移速率公式被修改了[35,36].这个修改直接遵循本节列出的公式:通过修改的 Green 函数 $\overleftrightarrow{\boldsymbol{G}}$,非均匀环境的影响被考虑进来,它不但改变了供体的衰变速率 γ_0,而且会通过(8.161)式改变转移速率 $\gamma_{D\to A}$.利用这里给出的公式,计算任意环境中的能量转移都是可能的.

例子:两个分子之间的能量转移(FRET)

为了示范利用推导的公式计算能量转移,我们计算距离固定的供体分子和受体分子产生的荧光,例如连接到蛋白质上不同位置的两个分子.这种构型会在蛋白质折叠和分子动力学中遇到[37].在本例中我们选用荧光素作为供体分子,Alexa Fluor 532 作为受体分子.在室温下,供体与受体的发射和吸收光谱可以用以下 Gauss 分布函数的叠加拟合:

$$\sum_{n=1}^{N} A_n \mathrm{e}^{-(\lambda-\lambda_n)^2/\Delta\lambda_n^2}. \tag{8.172}$$

对于选用的染料分子，只用两个 Gauss 分布($N=2$)就可以得到不错的拟合结果. 供体的发射谱 f_D 的各参数为：$A_1=2.52\ \mathrm{fs}$，$\lambda_1=512.3\ \mathrm{nm}$，$\Delta\lambda_1=16.5\ \mathrm{nm}$；$A_2=1.15\ \mathrm{fs}$，$\lambda_2=541.7\ \mathrm{nm}$，$\Delta\lambda_2=35.6\ \mathrm{nm}$. 受体的吸收光谱 σ_A 的参数为：$A_1=0.021\ \mathrm{nm}^2$，$\lambda_1=535.8\ \mathrm{nm}$，$\Delta\lambda_1=15.4\ \mathrm{nm}$；$A_2=0.013\ \mathrm{nm}^2$，$\lambda_2=514.9\ \mathrm{nm}$，$\Delta\lambda_2=36.9\ \mathrm{nm}$. 拟合的吸收和发射谱在图 8.14 中给出. 第三张图给出了供体发射谱和受体吸收谱的重叠. 为了计算转移速率，我们使用(8.168)式中的 κ^2 取向平均值. 折射率我们选择 $n=1.33$(水)并忽略一切色散现象. 这样一来就可以计算出 Förster 半径

$$R_0=\left[\frac{3c}{32\pi^4 n^4}\int_0^\infty f_\mathrm{D}(\lambda)\sigma_\mathrm{A}(\lambda)\lambda^2\,\mathrm{d}\lambda\right]^{1/6}=6.3\ \mathrm{nm}, \tag{8.173}$$

其中我们用 $2\pi c/\lambda$ 代替了 ω[13]. 在空气($n=1$)中 Förster 半径是 $R_0=7.6\ \mathrm{nm}$，这显示局部的介电环境对转移速率有很强的影响.

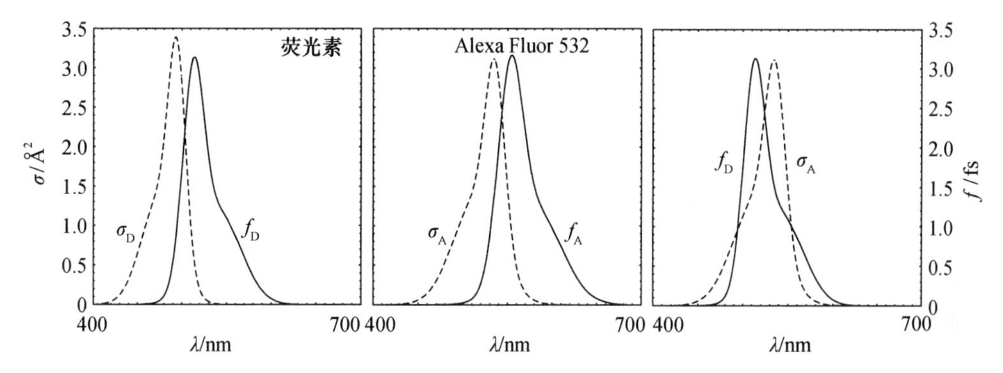

图 8.14 供体(荧光素)和受体(Alexa Fluor 532)的用 Gauss 分布拟合的吸收和发射谱. 右图展示了 f_D 和 σ_A 的重叠，决定了 Förster 半径.

为了从实验上测量能量转移，供体分子必须提升到激发态. 我们选择激发波长 $\lambda_\mathrm{exc}=488\ \mathrm{nm}$，这与荧光素吸收峰 $\lambda=490\ \mathrm{nm}$ 接近. 在 λ_exc 处，受体的吸收只是供体的吸收的 1/4. 受体的非零吸收产生了一个背景受体荧光信号. 利用光谱滤波功能，可以在实验上将供体和受体的荧光信号分离. 从供体到受体的能量转移将作为供体荧光强度的减弱和受体荧光强度的增强被观察到. 能量转移效率 E 一般定义为供体荧光发射的相对变化：

[13] 注意用 λ 来表达发射谱需要做归一化 $2\pi c\int_0^\infty f_\mathrm{D}(\lambda)/\lambda^2\,\mathrm{d}\lambda=1$.

$$E = \frac{P_{D\to A}}{P_0 + P_{D\to A}} = \frac{1}{1+\gamma_0/\gamma_{D\to A}} = \frac{1}{1+(R/R_0)^6}. \tag{8.174}$$

图8.15展示了供体和受体的荧光与其相互距离 R 的关系. 假设受体的吸收截面在激发波长 λ_{exc} 处足够小, 在距离 $R=R_0$ 处供体的发射降低到一半. 受体的荧光强度以 R^{-6} 的关系增强, 饱和处的值取决于受体激发态的寿命. 也可参见图8.16.

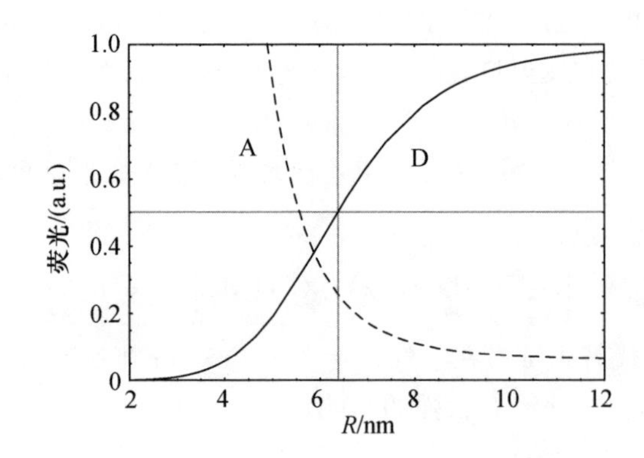

图8.15 供体与受体荧光强度与距离 R 的函数关系. 供体的发射在 $R=R_0$ 处降到一半. 受体的荧光强度按 R^{-6} 增强, 饱和处的值取决于受体激发态的寿命.

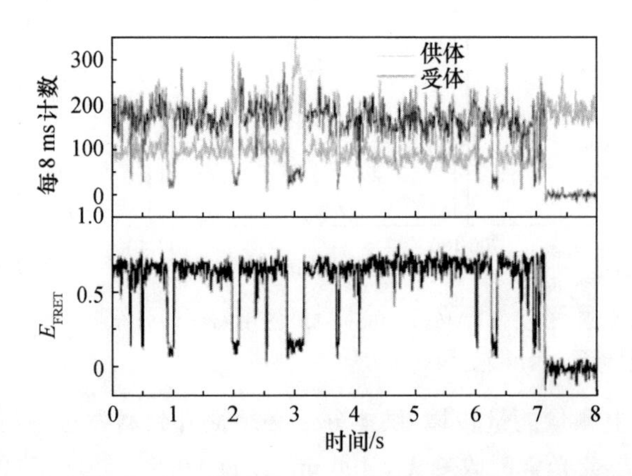

图8.16 对于连接到四向DNA(Holliday)结的供体-受体对, 供体和受体的荧光和相应的FRET效率的时间轨迹. 数据显示DNA结构在两种构型之间来回转换. 引自[38].

在单分子实验中, 知道供体与受体的取向十分重要. 依赖于不同的相对取向, κ^2 的取值可以在区间[0,4]内变化. 一般会选择平均值 $\kappa^2=2/3$. 然而, 这可能会影响基于实验数据得出的结论.

§8.7 强耦合(去局域化激发)

Förster 能量转移理论假设从供体到受体的转移速率是低于振动弛豫速率的. 这保证了一旦能量被转移到受体,能量转移回供体的可能就几乎没有了. 但是,如果偶极子-偶极子相互作用能量比振荡引起的电子激发态的展宽还要大,供体与受体之间的去局域化激发就更容易发生. 在这种所谓的强耦合情况下,区分供体和受体不再可能,必须把这对供体与受体看成一个系统,即激发变成在颗粒对上的去局域化. 本节中,我们讨论一对颗粒 A 和 B 之间的强耦合,但分析可以扩展到更大的系统,比如 J-聚集体,即强耦合分子形成的链. 强耦合的特征是能级分裂,从经典理论能够很好理解. 因此,在进入严格的理论分析之前,我们首先讨论两个谐振子的耦合,如图 8.17 所示.

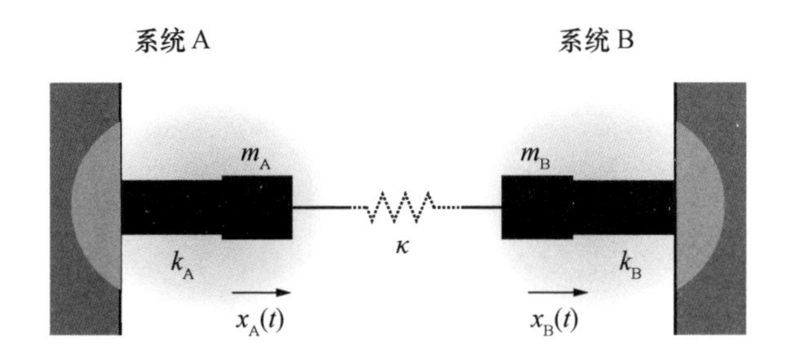

图 8.17 用机械振子来示意的强耦合机制. 两个振子的耦合 κ(质量 m_i,弹簧常数 k_i)导致本征频率移动和特征频率分裂.

8.7.1 耦合振子

在无耦合($\kappa=0$)时,图 8.17 所示的两个振子的本征频率分别为 $\omega_A^0=\sqrt{k_A/m_A}$ 和 $\omega_B^0=\sqrt{k_B/m_B}$. 在有耦合($\kappa\neq 0$)时,运动方程变为

$$\begin{aligned} m_A\ddot{x}_A + k_A x_A + \kappa(x_A - x_B) &= 0, \\ m_B\ddot{x}_B + k_B x_B - \kappa(x_A - x_B) &= 0. \end{aligned} \tag{8.175}$$

我们寻找形式为 $x_i(t)=x_i^0\exp(-i\omega_\pm t)$的齐次解,$\omega_\pm$ 是新的本征频率. 我们把这个假设代入(8.175)式,得到 x_A^0 和 x_B^0 的两个耦合线性方程,写成矩阵形式为 $\overleftrightarrow{\boldsymbol{M}}[x_A^0,x_B^0]^T=0$. 对这个齐次方程组,非平庸解存在的条件是 $\det[\overleftrightarrow{\boldsymbol{M}}]=0$. 得出的特征方程为

$$\omega_\pm^2=\frac{1}{2}\left[\omega_A^2+\omega_B^2\pm\sqrt{(\omega_A^2-\omega_B^2)^2+4\Gamma^2\omega_A\omega_B}\right], \tag{8.176}$$

其中 $\omega_A=\sqrt{(k_A+\kappa)/m_A}$，$\omega_B=\sqrt{(k_B+\kappa)/m_B}$，并且

$$\Gamma=\frac{\sqrt{\kappa/m_A}\ \sqrt{\kappa/m_B}}{\sqrt{\omega_A\omega_B}}. \tag{8.177}$$

类似缀饰原子(dressed-atom)图像[39]，本征频率 $\omega_\pm$ 和缀饰态相关，也就是，在有耦合的情况，系统 A 和 B 的振子频率. 为了给出(8.176)式定义的解的图示，我们令 $k_A=k_0$，$k_B=k_0+\Delta k$，$m_A=m_B=m_0$. 图 8.18(a)显示了无耦合($\kappa=0$)时的两个振子频率. 当 Δk 从 $-k_0$ 增加到 k_0 时，振子 A 的频率从 0 增加到 $\sqrt{2}\omega_0$，振子 B 的频率保持常数. 两条曲线在 $\Delta k=0$ 处相交. 一旦耦合发生，两条曲线不再相交. 相反，如图 8.18(b)所示，存在一个特征反交叉，对应着频率分裂

$$\omega_+-\omega_-=\Gamma. \tag{8.178}$$

反交叉是强耦合的特征指纹. 由于 $\Gamma\propto\kappa$，分裂随着耦合强度增加而增加.

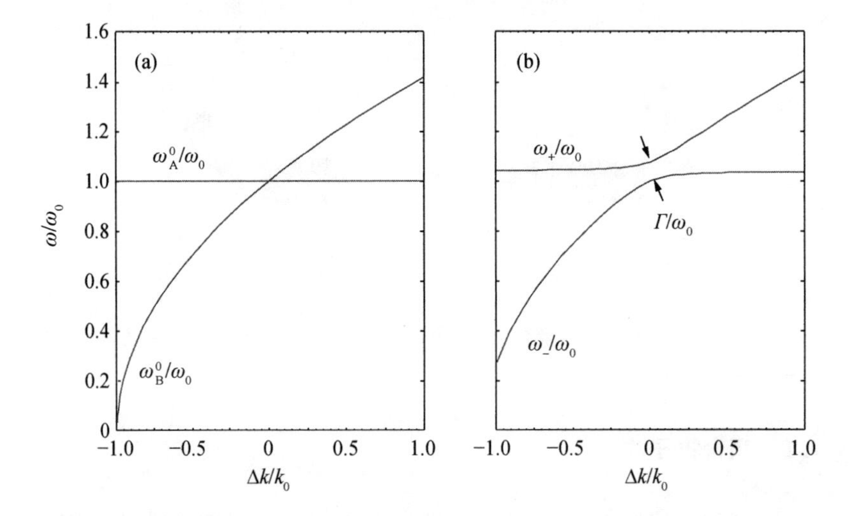

图 8.18 耦合振子的频率分裂.(a) 两个无耦合($\kappa=0$)，且具有相等的质量和弹簧常数 k_0 和 $k_0+\Delta k$ 的振子的本征频率.(b) 由耦合强度 $\kappa=0.08k_0$ 引起的频率反交叉. 频率分裂 $\omega_+-\omega_-$ 随耦合强度 κ 线性变化.

注意，在耦合振子的分析中我们忽略了阻尼. 阻尼可通过增加摩擦项 $\gamma_A\dot{x}_A$ 和 $\gamma_B\dot{x}_B$ 到耦合振子运动方程(8.175)式中引入. 阻尼的引入产生复数频率本征值，虚部代表线宽. 后者产生了如图 8.18 中所示的涂抹效应，对非常强的阻尼，分辨频率分裂 $\omega_+-\omega_-$ 是不可能的. 因此，为了观察强耦合，频率分裂必须要大于线宽的总和：

$$\frac{\Gamma}{\gamma_A/m_A+\gamma_B/m_B}>1. \tag{8.179}$$

换句话说,在每个系统中的耗散必须比耦合强度小.

耦合机械振子对很多物理体系来说是一个通用模型,包括处于外场中的原子[40]、耦合量子点[41]、腔光力学[42]. 尽管我们的分析是纯经典的,但对于(8.176)式中的频率分裂,量子力学的分析得到同样的结论[43]. 图 8.19 显示了钠原子$|m|=1$能级的 Stark 结构. 能量状态间的耦合可避免能级交叉. 通过施加外力 $F_A(t)$ 和 $F_B(t)$ 到质量 m_A 和 m_B 上,耦合振子图像很容易扩展到具有外部驱动的体系,如电磁感生透明(electromagnetically induced transparency, EIT)中[44].

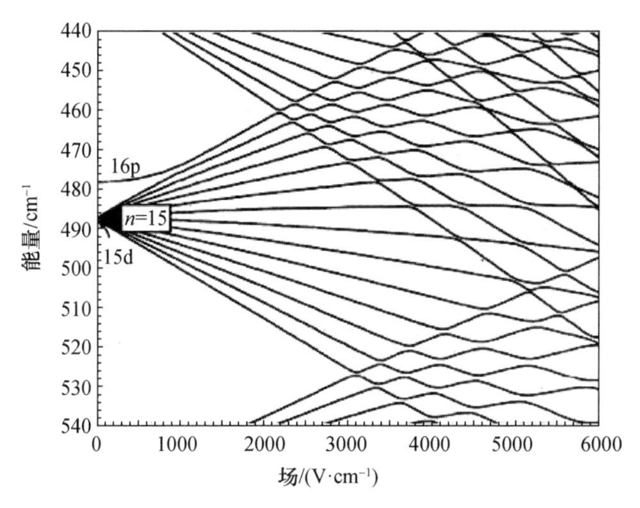

图 8.19 钠原子$|m|=1$能级的反交叉. 能级通过外部电场(Stark 效应)调节. 原子态之间的耦合可避免交叉. 引自[40].

8.7.2 绝热和非绝热跃迁

我们现在考察如果一个振子参数是时间的函数会发生什么现象. 比如,为了记录图 8.18 中的曲线,我们需要调节 Δk,使其从起始值 $-k_0$ 变化到最终值 k_0. 这样,Δk 变为时间的函数,在前面的分析中我们忽略了这个事实. 我们假设 Δk 调节得如此缓慢,以至在每个测量窗口系统的参数都可以看作常数. 因此,如果我们有起始值 $\Delta k=-k_0$,耦合系统在频率 ω_- 振荡(图 8.18(b)下方曲线),当我们缓慢增加 Δk 时,系统将遵循同样的曲线. 通过调节 Δk,我们能够精细调节振荡频率. 如果我们以频率 ω_+ 开始(图 8.18(b)上方曲线)会发生同样的情形. 在两种情况下,经过反交叉区域时系统都会保持在同一个分支上. 这种情形称为绝热跃迁,如图 8.20(a)所示.

在绝热极限下,通过缓慢调节耦合系统的共振,从一个振子到另一个振子转移能量是可能的. 为了看到这个效果,我们引入正则坐标(x_+, x_-):

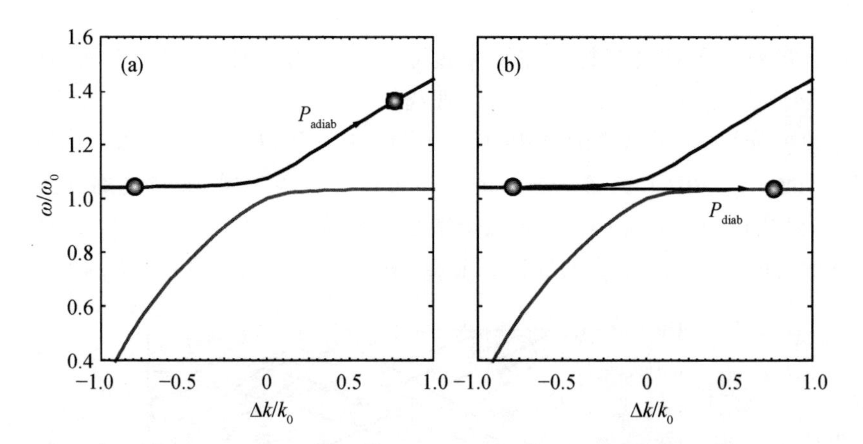

图 8.20　由 Δk 随时间变化引起的绝热和非绝热跃迁.(a) 在绝热情形下,系统的动力学不受 Δk 的时间依赖影响,系统沿着本征模式 $\omega_\pm$ 演化.(b) 在非绝热情形下,Δk 的时间依赖产生了一个能级交叉,即从一个本征模式跃迁到另一个.

$$\begin{aligned} x_A(t) &= x_+(t)\sin\beta + x_-(t)\cos\beta(m_2/m_1), \\ x_B(t) &= x_+(t)\cos\beta - x_-(t)\sin\beta, \end{aligned} \tag{8.180}$$

其中 β 由 $\tan\beta=(\omega_B^2-\omega_+^2)/(\kappa/m_B)=-(\omega_A^2-\omega_-^2)/(\kappa/m_B)$ 给出.我们替代(8.175)式中的 x_A 和 x_B,得到

$$\begin{aligned} \ddot{x}_+(t) + \omega_+^2\, x_+(t) &= 0, \\ \ddot{x}_-(t) + \omega_-^2\, x_-(t) &= 0. \end{aligned} \tag{8.181}$$

这代表两个独立的谐振子,振荡本征频率 $\omega_\pm$ 由(8.176)式定义.也就是说,现在有两套坐标,x_+ 和 x_-,互相独立振荡.

现在想象 Δk 缓慢随时间调节,从初始值 $\Delta k=-k_0$ 通过共振到 $\Delta k=k_0$.按照图 8.18,在起始时间我们有 $\omega_A-\omega_-\gg\Gamma$,因此 $\beta\approx-\pi/2$.如果我们在(8.180)式中用这个值,并假设最初只有振子 A 活跃,会发现全部的能量都与正则模式 x_+ 关联,也就是 $x_-=0$.一旦 Δk 通过共振到 k_0,我们有 $\omega_A-\omega_-\ll\Gamma$, $\beta\approx0$.按照(8.180)式,模式 x_+ 的能量与振子 B 一致,因此当体系通过共振缓慢调节时,能量从振子 A 转移到 B.如果 Δk 随时间变化,k_B,ω_B 和本征频率 $\omega_\pm$ 也变得与时间相关.假设在(8.181)式中缓慢改变 $\omega_\pm(t)$,我们发现

$$x_\pm(t) = x_\pm(t_i)\mathrm{Re}\left\{\exp\left[\mathrm{i}\int_{t_i}^{t}\omega_\pm(t')\mathrm{d}t'\right]\right\}, \tag{8.182}$$

其中用到了假设 $x_\pm(t)=x_\pm(t_i)\exp[\mathrm{i}f(t)]$和 $\mathrm{d}^2 f/\mathrm{d}t^2\ll(\mathrm{d}f/\mathrm{d}t)^2$.(8.182)式描述了简正模的绝热演化.

现在我们来分析迅速改变 Δk 会发生什么.我们利用假设

$$x_A(t) = x_0 c_A(t) \exp(i\omega_A t), \quad x_B(t) = x_0 c_B(t) \exp(i\omega_A t), \tag{8.183}$$

并假设最初只有振子 A 是活跃的,即 $c_B(-\infty)=0$. x_0 的幅度是一个归一化常数,以保证$|c_A|^2+|c_B|^2=1$. 我们把这些关于 x_A 和 x_B 的表达式代入(8.175)式中,得到下列 c_A 和 c_B 的耦合微分方程:

$$\begin{aligned} &\ddot{c}_A + 2i\omega_A \dot{c}_A = (\kappa/m_A)c_B, \\ &\ddot{c}_B + 2i\omega_A \dot{c}_B + [\omega_B^2(t) - \omega_A^2]c_B = (\kappa/m_B)c_A, \end{aligned} \tag{8.184}$$

其中强调了 ω_B 的时间依赖. 对两个振子的弱耦合,(8.183)式中的振幅 $c_A(t)$ 和 $c_B(t)$ 随时间变化比振荡项 $\exp(i\omega_A t)$要缓慢得多. 因此,$\ddot{c}_A \ll i\omega\dot{c}_A$ 和 $\ddot{c}_B \ll i\omega\dot{c}_B$,允许我们去掉(8.184)式中的二阶导数,得到

$$2i\omega_A \dot{c}_A = (\kappa/m_A)c_B, \tag{8.185}$$

$$2i\omega_A \dot{c}_B + [\omega_B^2(t) - \omega_A^2]c_B = (\kappa/m_B)c_A. \tag{8.186}$$

我们从(8.185)式得到 c_B 和 $\dot{c}_B$(取导数),代入(8.186)式,得到

$$\ddot{c}_A - i\dot{c}_A\left[\frac{\omega_B^2(t) - \omega_A^2}{2\omega_A}\right] + c_A\frac{\kappa^2/(m_A m_B)}{4\omega_A^2} = 0. \tag{8.187}$$

ω_B 的时间依赖使(8.187)式非线性. 在感兴趣的时间间隔中,接近反交叉区域处,$\omega_B(t)\approx\omega_A$,因此$[\omega_B^2(t)-\omega_A^2]/(2\omega_A)\approx\omega_B(t)-\omega_A$. 由同样的原因,我们能够令 $\Gamma^2\approx\kappa^2/(m_A m_B \omega_A^2)$(参考(8.177)式). 最后,我们假设在反交叉区域附近振子 A 和振子 B 的频率差随时间线性改变,即

$$\omega_B(t) - \omega_A = \alpha t. \tag{8.188}$$

根据(8.188)式,反交叉区域在 $t\approx0$ 时经过,频差对 $t<0$ 是负的,对 $t>0$ 是正的(见图 8.18). 在这些近似下,(8.197)式变为

$$\ddot{c}_A - i\dot{c}_A \alpha t + c_A \Gamma^2/4 = 0. \tag{8.189}$$

尽管做了这些近似,但(8.189)式对 $c_A(t)$依然没有解析解. 然而,我们感兴趣的不是 c_A 的时间行为,而是远超过反交叉区域时的 c_A 值. 利用围道积分,我们得到 $c_A(t\to\infty)$的解[45]

$$c_A(\infty) = \exp\left[-\frac{\pi}{4}\Gamma^2/\alpha\right]. \tag{8.190}$$

因为振子 A 的能量 $E_A\propto|c_A|^2$,能级交叉的概率为

$$P_{\text{diab}} = \exp\left[-\frac{\pi}{2}\Gamma^2/\alpha\right]. \tag{8.191}$$

这也称为非绝热跃迁,涉及能量的损失和增益.

(8.191)式是量子力学中 Landau-Zener 公式的经典类比[46,47]. 如图 8.20(b)所示,(8.191)式定义了振子 A 越过反交叉区域后能量保持不变的概率. P_{diab}是振子越过反交叉区域后转换到另一支,也就是从一个本征模式跳到另一个模式(见图

8.20(b))的概率.因此,绝热跃迁的概率是 $P_{\text{adiab}}=1-P_{\text{diab}}$.

非绝热跃迁的概率依赖于频率分裂 $\Gamma=\omega_{+}-\omega_{-}$,且跃迁经过反交叉区域的时间 $\tau\approx\Gamma/\alpha$.非绝热跃迁的条件是 $\Gamma\tau\ll1$,这对应着经过反交叉区域的快速跃迁.相反,对于缓慢跃迁($\Gamma\tau\gg1$),绝热跃迁更有可能发生.注意乘积 $\Gamma\tau$ 类似于时间-能量不确定性关系.对于 $\tau\ll1/\Gamma$,能量不确定度变得大于能级分裂,因此,"关闭"了反交叉区域,使非绝热跃迁可以发生.

在我们的例子中,通过设定 $\Delta k(t)$ 的变化速度,我们能够控制最后到达哪一个分支(本征模式).图8.21(b)比较了两种 Δk 的时间依赖下的 $|c_{\text{A}}(t)|^2$ 的计算结果.在两种情况下,Δk 都从 $-k_0$ 到 k_0,但是变化的速度不同.图8.21(a)展示了相应的频率移动的时间关联.对于 c_{A} 的计算,我们假设最初仅仅振子A是活跃的,即 $c_{\text{A}}(-\infty)=1$ 和 $c_{\text{B}}(-\infty)=0$.随着时间演化,我们观察到小的 c_{A} 振荡,随后在跃迁区域快速变化.这种变化之后会出现缓慢的阻尼振荡.对这两个极限值,非绝热概率 P_{diab} 如图8.21(a)所示.尽管其中一个曲线代表近绝热跃迁($P_{\text{diab}}\approx0$),另一个代表近非绝热跃迁($P_{\text{diab}}\approx1$).通过调节 $\Delta k(t)$ 的变化速度,可以选择这两种情况之间的情形.

我们来利用Landau-Zener公式证明这种跃迁概率.在图8.21(a)中,曲线的线性近似产生的斜率为 $\alpha_1=0.003\omega_{\text{A}}^2$ 和 $\alpha_2=0.075\omega_{\text{A}}^2$.两个振子的能级分裂是 $\Gamma=\left(\dfrac{\kappa}{m_0}\right)\Big/\omega_{\text{A}}$,其中 $\omega_{\text{A}}^2=(k_0+\kappa)/m_0$.如果我们用 $\kappa=0.08k_0$,并在(8.191)式中代入 Γ 和 α 的表达式,我们得到 $P_{\text{diab}}(\alpha_1)=0.06$ 和 $P_{\text{diab}}(\alpha_2)=0.89$,与图8.21(b)中的计算结果一致.

Landau-Zener公式是一个重要结果,因为它能应用在很多问题中.它使我们很容易计算两个耦合系统的本征模式的跃迁.例如,考虑光沿薄金属覆盖的介质光纤的传播,存在两套模式,即在介质内的传播(波导模式)和在金属覆盖层外的传播(表面模式).假设仅有径向偏振的波导基模被激发,介质光纤的半径 R 渐渐减小.在某一确定的半径 R 处,波导模式和表面模式的传播常数变得相等,它们就在此相交.但是因为存在有限厚的金属覆盖层,这两套模式相互作用,产生了一个反交叉区域.如果 R 缓慢减小(小锥角),则会以绝热跃迁结束,波导模式的能量转移到表面模式.另一方面,如果 R 快速减小,非绝热跃迁就会发生,能量保持在波导模式中.这种情形在表面等离激元聚焦中被讨论过[48].

注意(8.191)式的结果能够扩展到具有本征态 $|1\rangle$ 和 $|2\rangle$ 的量子力学系统中,只须做代换 $\hbar\Gamma/2\rightarrow|\langle1|\hat{H}_{\text{int}}|2\rangle|$ 和 $\hbar\alpha\rightarrow\mathrm{d}[E_1(t)-E_2(t)]/\mathrm{d}t$,这里 $\hat{H}_{\text{int}}$ 是相互作用哈密顿量,E_i 是能量本征值.进行这些代换就会得到原来的量子Landau-Zener公式.

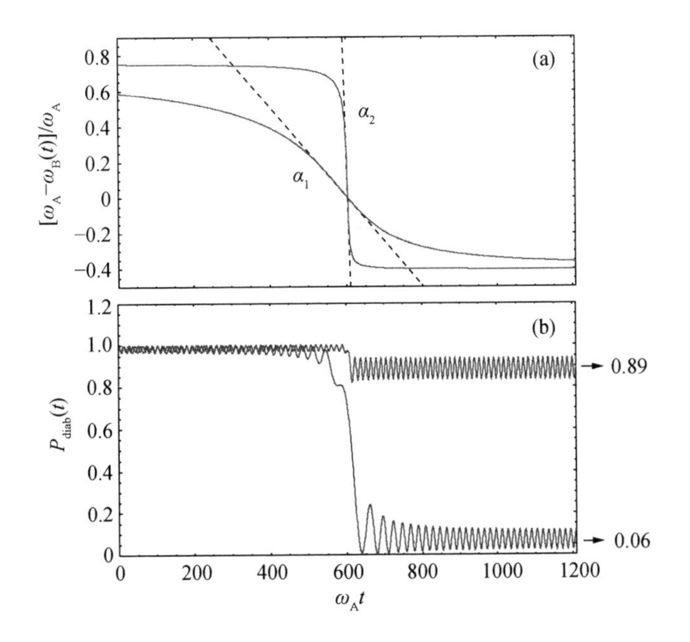

图 8.21 对于两种不同的 $\Delta k(t)$的时间依赖计算非绝热跃迁概率.(a) 频率移动的时间依赖.线性近似(8.188)式给出 $\alpha_1=0.003\omega_A^2$ 和 $\alpha_2=0.075\omega_A^2$.(b) 对(a)中两个函数计算的跃迁概率 $P_{diab}(t)=c_A(t)c_A^*(t)$.对于频率差缓慢改变($\alpha_1$ 曲线),在极限值 $P_{diab}=0.06$ 时,我们得到一个近绝热跃迁.对于频率差快速改变(α_2 曲线),在极限值 $P_{diab}=0.89$ 时,得到一个近非绝热跃迁. $k_A=k_0$, $k_B=k_0+\Delta k$, $m_A=m_B=m_0$, $\kappa=0.08k_0$.

8.7.3 耦合两能级系统

我们接下来从量子力学的观点讨论两个颗粒的耦合.考虑两个颗粒 A 和 B,分别用双能级系统表示.在两个颗粒间不存在相互作用的情况下,A 的基态和本征值分别表示为$|A\rangle$和 E_A,对于激发态我们使用符号$|A^\star\rangle$和 $E_A^\star$(见图 8.22).对于颗粒 B 也使用类似的表达式.为了精确求解耦合的系统,我们可以先定义以下四个态:$|AB\rangle$, $|A^\star B\rangle$, $|AB^\star\rangle$, $|A^\star B^\star\rangle$,它们满足非耦合系统的 Schrödinger 方程

$$[\hat{H}_A+\hat{H}_B]\,|\phi_n\rangle=e_n\,|\phi_n\rangle. \tag{8.192}$$

这里,$|\phi_n\rangle$是之前定义的四个态中的任意一个,e_n 表示这个态对应的本征值,即 $e_n\in[(E_A+E_B),(E_A^\star+E_B),(E_A+E_B^\star),(E_A^\star+E_B^\star)]$.在引入四个态之间的相互作用项后,耦合系统的 Schrödinger 方程变成

$$[\hat{H}_A+\hat{H}_B+\hat{V}_{int}]\,|\Phi_n\rangle=E_n\,|\Phi_n\rangle, \tag{8.193}$$

其中 $\hat{V}_{int}$是相互作用哈密顿量,$|\Phi_n\rangle$是新的本征态,E_n 是新的本征值.为了确定本征值 $E_n=\langle\Phi_n|\hat{H}_A+\hat{H}_B+V_{int}|\Phi_n\rangle$,我们可以将新本征态用旧本征态展开:

$$|\Phi_n\rangle = a_n|AB\rangle + b_n|A^\star B\rangle + c_n|AB^\star\rangle + d_n|A^\star B^\star\rangle, \tag{8.194}$$

并利用标准方法将哈密顿量$[\hat{H}_A + \hat{H}_B + \hat{V}_{int}]$对角化.

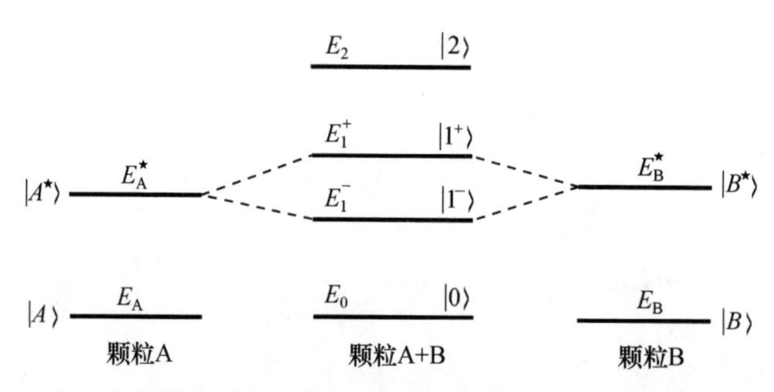

图 8.22 颗粒 A 和 B 之间的相干相互作用. 在共振极限下,在两个颗粒上激发去局域化.

这种严格论证方法的问题是缺乏足够的耦合项 V_{int} 的信息. 这项是通过颗粒 A 和 B 的组合系统定义的,它只是近似地对应于方程(8.149)中的颗粒相互作用势 V_{AB}. V_{int} 可以通过先严格求解组合颗粒系统的 Schrödinger 方程,然后尝试退耦非微扰哈密顿量来决定. 但这非常困难. 为了更好地理解这个微妙之处,我们考虑一个由两个电子、两个中子和两个质子组成的系统. 这就是一个氦原子(^{4}He). 如果这些粒子被等分到两个分开的系统中,我们会得到两个氘原子(D). 显然,把 ^{4}He 看作两个相互作用的氘原子是很困难的.

因为耦合系统的准确参数无法预先得知,将两个颗粒间的相互作用用非微扰参数来描述更为合适. 在该物理图像下,两个颗粒间的相互作用可以看成两个孤立颗粒之间的微扰. 尤其是假设颗粒 A 和 B 的偶极矩已知时,颗粒间的相互作用可用(8.149)式中的颗粒间相互作用势 V_{AB} 描述. 假设两个颗粒是电中性的,那么相互作用的主要项是偶极子-偶极子相互作用.

利用一阶非简并微扰论[49],耦合系统的基态$|0\rangle$和双激发态$|A^\star B^\star\rangle$可以写成

$$|0\rangle = |AB\rangle, \tag{8.195}$$

$$|2\rangle = |A^\star B^\star\rangle, \tag{8.196}$$

且一阶修正的能量本征态如下:

$$E_0 = E_A + E_B + \langle 0 \mid V_{AB} \mid 0\rangle, \tag{8.197}$$

$$E_2 = E_{A^\star} + E_{B^\star} + \langle 2 \mid V_{AB} \mid 2\rangle. \tag{8.198}$$

因此,A 和 B 的耦合使得基态能量和双激发态能量产生偏移. 对于单激发态$|1^+\rangle$和$|1^-\rangle$不能使用同样的方法. 如果颗粒 A 和 B 全同,非微扰的单激发态$|A^\star B\rangle$和$|AB^\star\rangle$将是简并的. 即使两个颗粒并不全同,非简并微扰论也只有在非微扰态的能量间隔 $\Delta E = |(E_A^\star + E_B) - (E_A + E_B^\star)|$ 比微扰$\langle A^\star B|V_{AB}|AB^\star\rangle$和$\langle AB^\star|V_{AB}|A^\star B\rangle$

大很多的时候才能成立.如果不能满足,就必须将简并微扰论用于非简并系统.所以我们将系统的态$|1^+\rangle$和$|1^-\rangle$定义为非微扰态的线性组合:

$$|1^+\rangle = \cos\alpha\ |A^\star B\rangle + \sin\alpha\ |AB^\star\rangle, \tag{8.199}$$

$$|1^-\rangle = \sin\alpha\ |A^\star B\rangle - \cos\alpha\ |AB^\star\rangle, \tag{8.200}$$

其中α是任意因子,将于之后求出.态$|1^+\rangle$和$|1^-\rangle$必须满足 Schrödinger 方程

$$[\hat{H}_A + \hat{H}_B + V_{AB}]\ |1^+\rangle = E_1^+ |1^+\rangle, \tag{8.201}$$

$$[\hat{H}_A + \hat{H}_B + V_{AB}]\ |1^-\rangle = E_1^- |1^-\rangle. \tag{8.202}$$

为了表达式简洁,我们引入以下缩写:

$$W_{A^\star B} = \langle A^\star B|V_{AB}|A^\star B\rangle, \quad W_{AB^\star} = \langle AB^\star|V_{AB}|AB^\star\rangle. \tag{8.203}$$

将(8.199)式中的$|1^+\rangle$代入方程(8.201),用$\langle 1^+|$在左边作用,得到

$$E_1^+ = \sin^2\alpha[E_A + E_{B^\star} + W_{AB^\star}] + \cos^2\alpha[E_{A^\star} + E_B + W_{A^\star B}] + 2\sin\alpha\cos\alpha\mathrm{Re}\{\langle A^\star B|V_{AB}|AB^\star\rangle\}. \tag{8.204}$$

我们利用了$\hat{H}_A$只作用于颗粒 A 的态而$\hat{H}_B$只作用于颗粒 B 的态这一点.我们也利用了正交关系$\langle A|A\rangle=1$, $\langle A^\star|A\rangle=0$, $\langle B|B\rangle=1$ 和$\langle B^\star|B\rangle=0$.因为$V_{AB}$是 Hermite 算符,我们有$[\langle AB^\star|V_{AB}|A^\star B\rangle]^* = \langle A^\star B|V_{AB}|AB^\star\rangle$,其中$[\,]^*$是复共轭.能量$E^-$可以用相似方法求出:

$$E_1^- = \cos^2\alpha[E_A + E_{B^\star} - W_{AB^\star}] + \sin^2\alpha[E_{A^\star} + E_B + W_{A^\star B}] - 2\sin\alpha\cos\alpha\mathrm{Re}\{\langle A^\star B|V_{AB}|AB^\star\rangle\}. \tag{8.205}$$

能级E^+和E^-依赖于系数α,α可以通过态$|1^+\rangle$和$|1^-\rangle$的正交性来求出.用$\langle 1^-|$作用到(8.201)式,且利用$\langle 1^-|1^+\rangle=0$,可以得到

$$\langle 1^-|\ \hat{H}_A + \hat{H}_B + V_{AB}\ |1^+\rangle = 0, \tag{8.206}$$

从中可以得出

$$\tan(2\alpha) = \frac{2\mathrm{Re}\{\langle A^\star B\ |\ V_{AB}\ |\ AB^\star\rangle\}}{[E_{A^\star} + E_B + W_{A^\star B}] - [E_A + E_{B^\star} + W_{AB^\star}]}. \tag{8.207}$$

系数α可以在$[0,\pi/2]$内取任何值,取决于颗粒 A 和 B 的相互作用强度.只考虑两个极端情况$\alpha=0$($\alpha=\pi/2$)和$\alpha=\pi/4$可以更好地认识这一点.

当$\alpha=0$时,单激发态变为$|1^+\rangle=|A^\star B\rangle$和$|1^-\rangle=-|AB^\star\rangle$.因此,在$|1^+\rangle$态,激发完全局域在颗粒 A 上.而在$|1^-\rangle$态,激发局域在颗粒 B 上.能量本征值变成

$$E_1^+ = [E_{A^\star} + E_B + W_{A^\star B}] \quad (\alpha = 0), \tag{8.208}$$

$$E_1^- = [E_A + E_{B^\star} + W_{A^\star B}] \quad (\alpha = 0). \tag{8.209}$$

如果颗粒 A 和 B 是全同的,则没有能级分裂.相互作用只会使能级移动$W_{A^\star B}$.

$\alpha=\pi/2$的情况类似,只是 A 和 B 的角色反转了.单激发态变成$|1^+\rangle=|AB^\star\rangle$和$|1^-\rangle=|A^\star B\rangle$,能量本征值则是

$$E_1^+ = [E_A + E_{B^\star} + W_{AB^\star}] \quad (\alpha = \pi/2), \tag{8.210}$$

$$E_1^- = [E_{A^\star} + E_B + W_{AB^\star}] \quad (\alpha = \pi/2). \tag{8.211}$$

如果(8.207)式中的分母变成无穷大或者分子变成0,我们就得到了 $\alpha=\pi/4$ 这一极端情况.对这种所谓的共振情况,激发是平均分布在两个颗粒上的,能量本征值变成

$$E_1^+ = \frac{1}{2}[E_A + E_{A^\star} + E_B + E_{B^\star} + W_{AB^\star} + W_{A^\star B}] + \mathrm{Re}\{\langle A^\star B|V_{AB}|AB^\star\rangle\} \quad (\alpha = \pi/4), \tag{8.212}$$

$$E_1^- = \frac{1}{2}[E_A + E_{A^\star} + E_B + E_{B^\star} + W_{AB^\star} + W_{A^\star B}] - \mathrm{Re}\{\langle A^\star B|V_{AB}|AB^\star\rangle\} \quad (\alpha = \pi/4). \tag{8.213}$$

去局域化的激发也称为激子(exciton),而 $\alpha\approx\pi/4$ 称为强耦合条件.如果颗粒A和B全同,它们相互作用,并且系统没有能量损失,则总是能获得去局域化的激发.一般地,我们必须要求

$$\mathrm{Re}\{\langle A^\star B|V_{AB}|AB^\star\rangle\} \gg \frac{1}{2}([E_{A^\star} + E_B + W_{A^\star B}] - [E_A + E_{B^\star} + W_{AB^\star}]). \tag{8.214}$$

我们的分析显示了全同颗粒之间的相互作用导致单激发态的能级分裂.在多颗粒相互作用情况下,单激发态的多次分裂将形成能带(激发带).去局域化的激发是基于态的相干叠加.建立相干叠加所需要的时间大约在 $\tau_c = h/V_{AB}$ 的数量级.电子振动弛豫会在几皮秒内破坏相干,激发局域化,颗粒间的非相干能量转移(Förster能量转移)变得更有可能.一般来说,系统中的强耦合需要振动弛豫时间 τ_{vib} 长于 τ_c 才能建立.

作为对强耦合的图示,图8.23显示了随着GaAs势垒层厚度的变化,被其分隔的两个InAs量子点能级发生分裂.峰对应于基态激子(s壳层)和第一激发态激子(p壳层)的发射.当势垒层厚度较大时,只能看到一个基态发射的谱线,当厚度减小时,发射谱分裂了.对于第一激发态也是如此,尽管图中只显示了较低的能级.在这些实验中,激发功率很低以防止多激子激发.

8.7.4 纠缠

纠缠的概念在量子信息理论中变得越来越重要.这个概念取自德语"verschränkter Zustand",是首先由Schrödinger引入的[50].它指两个系统(比如之前遇到的单激发态)的组合态不能写成单个态的积.更定性地说,纠缠态是指系统中"量子记忆"的程度.对于纠缠态有着各种不同的定义,但我们的讨论只限于应用在纯态的所谓Schmidt分解[51].

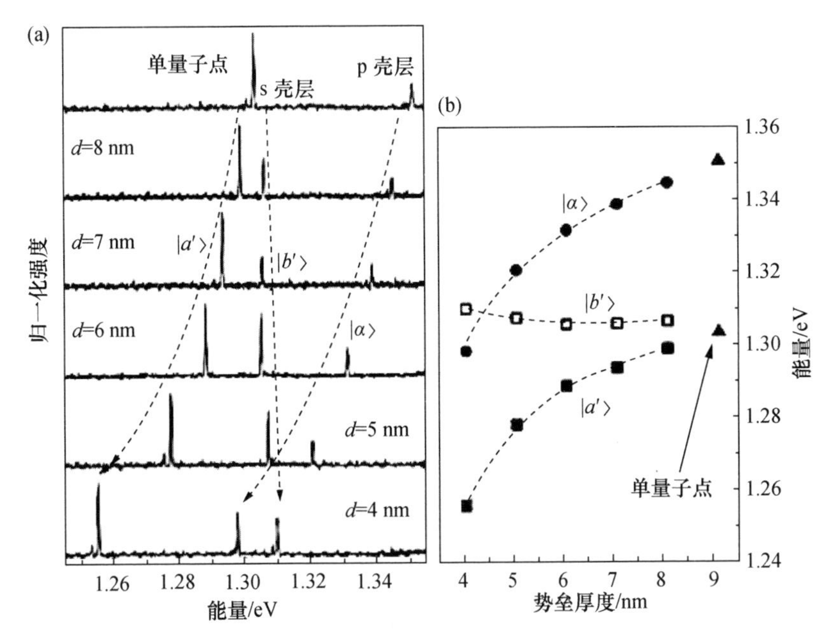

图 8.23 两个 InAs 量子点被 GaAs 势垒隔开时的能级分裂. (a) 在 $T\approx 60$ K 时,变化势垒间距 d 得到的发射谱. (b) 相应的能级图. 引自[41].

纠缠是指两个系统 A 和 B,即所谓的二重系统的联合性质. 每个系统都以其本征态表征,如 $|A_n\rangle$ 和 $|B_m\rangle$,其中 $n=1,2,\cdots,N$,$m=1,2,\cdots,M$. 如果 $N=M=2$,那么 A 和 B 称为量子比特. 组合系统 A+B 拥有自己的本征态 $|\Psi_i\rangle$,可以任意叠加. 定义密度矩阵为

$$\hat{\rho} = |\Psi\rangle\langle\Psi|. \tag{8.215}$$

因为 $|\Psi\rangle$ 可以用 $|A_n\rangle$ 和 $|B_m\rangle$ 来表示,我们定义约化密度矩阵 $\hat{\rho}_{\mathrm{A}}$ 和 $\hat{\rho}_{\mathrm{B}}$ 如下:

$$\begin{aligned} \hat{\rho}_{\mathrm{A}} &= \mathrm{Tr}_{\mathrm{B}}[\hat{\rho}] = \sum_m \langle B_m | \hat{\rho} | B_m \rangle, \\ \hat{\rho}_{\mathrm{B}} &= \mathrm{Tr}_{\mathrm{A}}[\hat{\rho}] = \sum_n \langle A_n | \hat{\rho} | A_n \rangle, \end{aligned} \tag{8.216}$$

其中 Tr 表示矩阵的迹. 一个给定的(归一化的)态 $|\Psi\rangle$ 称为可分离的,如果只有一个约化密度矩阵 $\hat{\rho}_{\mathrm{A}}$ 的本征值 λ_i 非 0. 可以看出 $\hat{\rho}_{\mathrm{B}}$ 拥有相同的本征值,所以只考虑一个约化密度矩阵即可. 注意所有 λ_i 的和等于 1. 如果 $|\Psi\rangle$ 不是可分离的,则这个态称为纠缠态,纠缠度用 Grobe-Rzazewski-Eberly 数来定义[52]:

$$K = \left[\sum_i \lambda_i^2\right]^{-1}, \tag{8.217}$$

这个值总是大于等于 1,并小于等于非零本征值的总数.

作为一个例子,我们来讨论前面出现过的态

$$|1^+\rangle = \cos\alpha\,|A^\star B\rangle + \sin\alpha\,|AB^\star\rangle. \tag{8.218}$$

这是一个 A($|A\rangle$,$|A^\star\rangle$)和 B($|B\rangle$,$|B^\star\rangle$)的组合态.因此 $N=M=2$.密度矩阵 $\hat{\rho}$ 通过下式计算:

$$\begin{aligned}\hat{\rho} &= [\cos\alpha\,|A^\star B\rangle + \sin\alpha\,|AB^\star\rangle][(\cos\alpha)^*\langle A^\star B| + (\sin\alpha)^*\langle AB^\star|] \\ &= \cos^2\alpha\,|A^\star B\rangle\langle A^\star B| + \sin^2\alpha\,|AB^\star\rangle\langle AB^\star| \\ &\quad + \sin\alpha\cos\alpha\,|A^\star B\rangle\langle AB^\star| + \sin\alpha\cos\alpha\,|AB^\star\rangle\langle A^\star B|,\end{aligned} \tag{8.219}$$

约化密度矩阵为

$$\hat{\rho}_A = \cos^2\alpha\,|A^\star\rangle\langle A^\star| + \sin^2\alpha\,|A\rangle\langle A| = \begin{bmatrix}\cos^2\alpha & 0 \\ 0 & \sin^2\alpha\end{bmatrix}, \tag{8.220}$$

其中我们利用了$|B\rangle$和$|B^\star\rangle$的正交性.因为非对角矩阵元为0,$\hat{\rho}_A$ 的本征值是 $\lambda_1=\sin^2\alpha$,$\lambda_2=\cos^2\alpha$,Grobe-Rzazewski-Eberly 数为

$$K = \frac{1}{\sin^4\alpha + \cos^4\alpha}. \tag{8.221}$$

因此,当 $\alpha=0$ 或者 $\alpha=\pi/2$ 时态$|1^+\rangle$是可分离的.在这之间的角度,态是纠缠的.对于 $\alpha=\pi/4$,态的纠缠达到最大($K=2$),称为 Bell 态.这与我们之前章节中讨论的 $\alpha=\pi/4$ 时,激发平均分布于两个颗粒上(共振情况)并达到最强耦合的结果是相符的.最后应当注意 Schmidt 分解只能应用于纯态,对于混合态需要其他的方法.

习 题

8.1 解出两个电荷 q 和 $-q$ 构成的系统在外界场 $\boldsymbol{E}$,$\boldsymbol{H}$ 中的势能 V.电荷以矢量 $\boldsymbol{s}$ 分开,$s=|\boldsymbol{s}|\ll\lambda$.首先计算电荷受到的力 $\boldsymbol{F}=(m_1+m_2)\ddot{\boldsymbol{r}}$,之后对 $\boldsymbol{F}$ 在电荷分布中心 $\boldsymbol{r}$ 处进行 Taylor 展开.只保留展开式的最低阶,然后在以下两种情况下推导出 V:

(1) 永偶极矩 $\boldsymbol{p}$,

(2) 感生偶极矩 $\boldsymbol{p}=\alpha\boldsymbol{E}$.

8.2 推导出远场 Green 函数 $\overleftrightarrow{\boldsymbol{G}}_{FF}$ 的球坐标和笛卡儿矢量分量.计算与 z 轴成 α 角的偶极子 $\boldsymbol{p}$ 的辐射图 $P(\vartheta,\varphi)/P$.

8.3 证明自由空间中的偶极子的近场和中间场对辐射没有贡献.

8.4 计算由 $V=-\boldsymbol{p}_1\cdot\boldsymbol{E}_2(\boldsymbol{r}_1)-\boldsymbol{p}_2\cdot\boldsymbol{E}_1(\boldsymbol{r}_2)$ 给出的两个偶极子之间的相互作用能量.$\boldsymbol{E}_1(\boldsymbol{r}_2)$是偶极子 $\boldsymbol{p}_2$ 在位置 $\boldsymbol{r}_2$ 处感受到的偶极子 $\boldsymbol{p}_1$ 的场.$\boldsymbol{E}_2(\boldsymbol{r}_1)$是偶极子 $\boldsymbol{p}_1$ 在位置 $\boldsymbol{r}_1$ 处感受到的偶极子 $\boldsymbol{p}_2$ 的场.将近场、中间场和远场相互作用分开.

8.5 在 8.3.4 节中已经指出辐射反作用对于处理偶极子极限下颗粒的光散射是

必要的. 在本题中, 为了同光学定理一致, 我们要推出颗粒极化率 α 的修正式.

(1) 辐射反作用力 $\boldsymbol{F}_{\mathrm{r}}$ 通过 $\boldsymbol{F}_{\mathrm{r}}=q\boldsymbol{E}_{\mathrm{self}}$ 定义了自有场 $\boldsymbol{E}_{\mathrm{self}}$. 将方程(8.85)用偶极矩 $\boldsymbol{p}=q\boldsymbol{r}$ 表示, 并将相应的自有场在频域表示, 即得出 $\boldsymbol{E}_{\mathrm{self}}(\omega)$.

(2) 偶极矩 $\boldsymbol{p}$ 是局域场感生出的, 局域场包括外界场 $\boldsymbol{E}_0$ 和自有场 $\boldsymbol{E}_{\mathrm{self}}$, $\boldsymbol{p}=\alpha(\omega)[\boldsymbol{E}_0+\boldsymbol{E}_{\mathrm{self}}]$. 将 $\boldsymbol{E}_{\mathrm{self}}$ 用(1)中的结果代入并整理, 得到 $\boldsymbol{p}=\alpha_{\mathrm{eff}}(\omega)\boldsymbol{E}_0$. 证明有效极化率为

$$\alpha_{\mathrm{eff}}(\omega)=\frac{\alpha(\omega)}{1-\mathrm{i}[k^3/(6\pi\varepsilon_0)]\alpha(\omega)}. \tag{8.222}$$

当应用于光学定理时, α_{eff} 展开式的第一项定义吸收, 第二项定义散射. 在偶极子极限下光学定理的不自洽性也要在习题 16.4 中讨论.

8.6 部分局域态密度 ρ_{p} 由单位矢量 $\boldsymbol{n}_p$ 的方向决定. 证明若在所有角度上对 $\boldsymbol{n}_p$ 求平均, ρ_{p} 与总态密度 ρ 相等. 只须证明

$$\langle \boldsymbol{n}_p \cdot \mathrm{Im}\{\overleftrightarrow{\boldsymbol{G}}\} \cdot \boldsymbol{n}_p \rangle = \frac{1}{3}\mathrm{Im}\{\mathrm{Tr}[\overleftrightarrow{\boldsymbol{G}}]\}.$$

8.7 在自由空间中, 证明部分局域态密度 ρ_{p} 等于总态密度 ρ. 只须证明

$$[\boldsymbol{n}_p \cdot \mathrm{Im}\{\overleftrightarrow{\boldsymbol{G}}_0\} \cdot \boldsymbol{n}_p] = \frac{1}{3}\mathrm{Im}\{\mathrm{Tr}[\overleftrightarrow{\boldsymbol{G}}_0]\},$$

其中 $\overleftrightarrow{\boldsymbol{G}}_0$ 是自由空间并矢 Green 函数.

8.8 发射偶极矩沿 x 轴的分子在 x-y 平面被扫描. 一个半径 $r_0=10\ \mathrm{nm}$ 的球型金颗粒($\varepsilon=-7.6+1.7\mathrm{i}$)位于 x-y 平面之上. 发射波长为 $\lambda=575\ \mathrm{nm}$(DiI 分子). 颗粒的中心固定在$(x, y, z)=(0, 0, 20)\mathrm{nm}$ 处.

(1) 计算作为 x 和 y 的函数的归一化衰变速率 γ/γ_0. 忽略延迟效应并作出二维平面图. γ/γ_0 的最小值是多少. 猝灭速率是怎样随着球半径 r_0 变化的?

(2) 对于偶极子沿 z 轴的情况, 再计算以上问题.

8.9 两个分子, 荧光素(供体)和 Alexa Green 532(受体)位于两个距离为 d 的理想导体表面中间的平面上. 供体的发射谱(f_{D})与受体的吸收谱(σ_{A})可以近似用两个 Gauss 分布函数的叠加来描述. 使用 8.6.2 节中的拟合参数.

(1) 求出该系统的 Green 函数.

(2) 计算受体不存在时供体的衰变速率 γ_0.

(3) 给出转移速率 $\gamma_{\mathrm{D}\rightarrow\mathrm{A}}$ 作为供体与受体之间距离 R 的函数. 假设偶极子取向随机.

(4) 画出 Förster 半径 R_0 作为距离 d 的函数.

8.10 根据 §8.7 的结果证明(8.207)式.

8.11　考虑态

$$|\Psi\rangle = \beta_1|1^+\rangle + \beta_2|1^-\rangle,$$

其中$|1^+\rangle$和$|1^-\rangle$分别由(8.199)和(8.200)式定义.假设$|1^+\rangle$和$|1^-\rangle$是最大纠缠态($\alpha=\pi/4$).考察$|\Psi\rangle$的可分离性作为β_1和β_2函数.纠缠态的叠加是否还是纠缠态?算出Grobe-Rzazewski-Eberly数.

8.12　系统A和B是拥有态$|-1\rangle$,$|0\rangle$和$|1\rangle$的三能级系统,给出组合的最大纠缠态.

参考文献

[1] D. P. Craig and T. Thirunamachandran, *Molecular Quantum Electrodynamics*. Mineola, NY: Dover Publications (1998).

[2] R. Loudon, *The Quantum Theory of Light*, 2nd edn. Oxford: Oxford University Press (1983).

[3] C. Cohen-Tannoudji, J. Dupond-Roc, and G. Grynberg, *Photons and Atoms*. New York: John Wiley & Sons (1997).

[4] J. A. Stratton, *Electromagnetic Theory*. New York: McGraw-Hill (1941).

[5] L. D. Barron and C. G. Gray, "The multipole interaction Hamiltonian for time dependent fields," *J. Phys. A* **6**, 50-61 (1973).

[6] R. G. Woolley, "A comment on 'The multipole interaction Hamiltonian for time dependent fields'," *J. Phys. B* **6**, L97-L99 (1973).

[7] P. W. Milonni, *The Quantum Vacuum*. San Diego, CA: Academic Press (1994).

[8] H. C. van de Hulst, *Light Scattering by Small Particles*. Mineola, NY: Dover Publications (1981).

[9] E. M. Purcell, "Spontaneous emission probabilities at radio frequencies," *Phys. Rev.* **69**, 681 (1946).

[10] K. H. Drexhage, M. Fleck, F. P. Schäfer, and W. Sperling, "Beeinflussung der Fluoreszenz eines Europium-chelates durch einen Spiegel," *Ber. Bunsenges. Phys. Chem.* **20**, 1176 (1966).

[11] P. Goy, J. M. Raimond, M. Gross, and S. Haroche, "Observation of cavity-enhanced single-atom spontaneous emission," *Phys. Rev. Lett.* **50**, 1903-1906 (1983).

[12] D. Kleppner, "Inhibited spontaneous emission," *Phys. Rev. Lett.* **47**, 233-236 (1981).

[13] E. Yablonovitch, "Inhibited spontaneous emission in solid-state physics and electron-ics," *Phys. Rev. Lett.* **58**, 2059-2062 (1987).

[14] S. John, "Strong localization of photons in certain disordered dielectric superlat-tices," *Phys. Rev. Lett.* **58**, 2486-2489 (1987).

[15] J. D. Joannopoulos, P. R. Villeneuve, and S. Fan, "Photonic crystals: putting a new

twist on light," *Nature* **386**, 143 - 149 (1997).

[16] S. Kühn, U. Hakanson, L. Rogobete, and V. Sandoghdar, "Enhancement of single-molecule fluorescence using a gold nanoparticle as an optical nanoantenna," *Phys. Rev. Lett.* **97**, 017402 (2006).

[17] P. Andrew and W. L. Barnes, "Forster energy transfer in an optical microcavity,"*Science* **290**, 785 - 788 (2000).

[18] J. J. Sánchez-Mondragón, N. B. Narozhny, and J. H. Eberly, "Theory of spontaneous-emission line shape in an ideal cavity," *Phys. Rev. Lett.* **51**, 550 - 553 (1983).

[19] G. S. Agarwal, "Spectroscopy of strongly coupled atom-cavity systems: a topical review," *J. Mod. Opt.* **45**, 449 - 470 (1998).

[20] B. Luk'yanchuk, N. I. Zheludev, S. A. Maier, *et al.*, "The Fano resonance in plasmonic nanostructures and metamaterials," *Nature Mater.* **9**, 707 - 715 (2010).

[21] U. Fano, "Sullo spettro di assorbimento dei gas nobili presso il limite dello spettro d'arco," *Nuovo Cimento* **12**, 154 - 161 (1935). English translation: "On the absorption spectrum of noble gases at the arc spectrum limit," arXiv: cond-mat/0502210 v1 by G. Pupillo, A. Zannoni, and C. W. Clark (2005).

[22] B. Lounis and C. Cohen-Tannoudji, "Coherent population trapping and Fano pro-files," *J. Physique II* **2**, 579 - 592 (1992).

[23] O. Krauth, G. Fahsold, N. Magg, and A. Pucci, "Anomalous infrared transmission of adsorbates on ultrathin metal films: Fano effect near the percolation threshold," *J. Chem. Phys.* **113**, 6330 - 6333 (2000).

[24] K. H. Drexhage, "Influence of a dielectric interface on fluorescent decay time,"*J. Lumin.* **1 - 2**, 693 - 701 (1970).

[25] R. R. Chance, A. Prock, and R. Silbey, "Molecular fluorescence and energy transfer near interfaces," in *Advances in Chemical Physics*, vol. 37, ed. I. Prigogine and S. A. Rice. New York: Wiley, pp. 1 - 65 (1978).

[26] W. R. Holland and D. G. Hall, "Frequency shifts of an electric-dipole resonance near a conducting surface," *Phys. Rev. Lett.* **52**, 1041 - 1044 (1984).

[27] See, for example, H. Haken, W. D. Brewer, and H. C. Wolf, *Molecular Physics and Elements of Quantum Chemistry*. Berlin: Springer-Verlag (1995).

[28] See, for example, H. van Amerongen, L. Valkunas, and R. van Grondelle, *Photosynthetic Excitons*. Singapore: World Scientific (2000).

[29] C. R. Kagan, C. B. Murray, M. Nirmal, and M. G. Bawendi, "Electronic energy transfer in CdSe quantum dot solids," *Phys. Rev. Lett.* **76**, 1517 - 1520 (1996).

[30] S. Weiss, "Fluorescence spectroscopy of single biomolecules," *Science* **283**, 1676 - 1683 (1999).

[31] Th. Förster, "Energiewanderung und Fluoreszenz," *Naturwissenschaften* **33**, 166 - 175 (1946); Th. Förster, "Zwischenmolekulare Energiewanderung und Fluoreszenz," *Ann.*

Phys. (*Leipzig*) **2**, 55 – 75 (1948). An English translation of Förster's original work is provided by R. S. Knox, "Intermolecular energy migration and fluorescence,"in *Biological Physics*, ed. E. Mielczarek, R. S. Knox, and E. Greenbaum. New York: American Institute of Physics, pp. 148 – 160 (1993).

[32] P. Wu and L. Brand, "Resonance energy transfer," *Anal. Biochem.* **218**, 1 – 13 (1994).

[33] R. S. Knox and H. van Amerongen, "Refractive index dependence of the Förster resonance excitation transfer rate," *J. Phys. Chem. B* **106**, 5289 – 5293 (2002).

[34] D. L. Andrews and G. Juzeliunas, "Intermolecular energy transfer: radiation effects," *J. Chem. Phys.* **96**, 6606 – 6612 (1992).

[35] P. Andrew and W. L. Barnes, "Förster energy transfer in an optical microcavity,"*Science* **290**, 785 – 788 (2000).

[36] C. E. Finlayson, D. S. Ginger, and N. C. Greenham, "Enhanced Förster energy transfer in organic/inorganic bilayer optical microcavities," *Chem. Phys. Lett.* **338**, 83 – 87 (2001).

[37] P. R. Selvin, "The renaissance of fluorescence resonance energy transfer," *Nature Struct. Biol.* **7**, 730 – 734 (2000).

[38] S. A. McKinney, A. C. Declais, D. M. J. Lilley, and T. Ha, "Structural dynamics of individual Holliday junctions," *Nature Struct. Biol.* **10**, 93 – 97 (2003).

[39] C. Cohen-Tannoudji, J. Dupont-Roc, and G. Grynberg, *Atom-Photon Interactions*. Weinheim: Wiley-VCH Verlag, Chapter VI (2004).

[40] M. L. Zimmerman, M. G. Littman, M. M. Kash, and D. Kleppner, "Stark structure of the Rydberg states of alkali-metal atoms," *Phys. Rev. A* **20**, 2251 – 2275 (1979).

[41] M. Bayer, P. Hawrylak, K. Hinzer, *et al.*, "Coupling and entangling of quantum dot states in quantum dot molecules," *Science* **291**, 451 – 453 (2001).

[42] T. J. Kippenberg and K. J. Vahala, "Cavity optomechanics: back-action at the mesoscale," *Science* **321**, 1172 – 1176 (2008).

[43] A. R. Bosco de Magalhaes, C. H. d'Avila Fonseca, and M. C. Nemes, "Classical and quantum coupled oscillators: symplectic structure," *Phys. Scripta* **74**, 472 – 480 (2006).

[44] C. L. Garrido Alzar, M. A. G. Martinez, and P. Nussenzveig, "Classical analog of electromagnetically induced transparency," *Am J. Phys.* **70**, 37 – 41 (2002).

[45] C. Wittig, "The Landau-Zener formula," *J. Phys. Chem. B* **109**, 8428 – 8430 (2005).

[46] L. Landau, "Zur Theorie der Energieübertragung. II," *Phys. Z. Sowjetunion* **2**, 46 – 51 (1932).

[47] C. Zener, "Non-adiabatic crossing of energy levels," *Proc. Roy. Soc. A* **137**, 692 – 702 (1932).

[48] A. Bouhelier, J. Renger, M. Beversluis, and L. Novotny, "Plasmon coupled tip-enhanced near-field microscopy," *J. Microsc.* **210**, 220 – 224 (2003).

[49] See, for example, D. J. Griffiths, *Introduction to Quantum Mechanics*. Upper Saddle Riv-

er, NJ: Prentice Hall (1994).

[50] E. Schrödinger, "Die gegenwärtige Situation in der Quantenmechanik," *Naturwis-senschaften* **23**, 807 - 812 (1935).

[51] A. Ekert and P. L. Knight, "Entangled quantum systems and the Schmidt decomposition," *Am. J. Phys.* **63**, 415 - 423 (1995).

[52] R. Grobe, K. Rzazewski, and J. H. Eberly, "Measure of electron-electron correlation in atomic physics," *J. Phys. B* **27**, L503 - L508 (1994).

第 9 章　量子发射体

纳米光学研究的核心是光与纳米结构的相互作用.随着结构变得越来越小,量子力学的规律将体现得越来越明显.在极限情形下,原子态的离散本质产生了光与物质的共振相互作用.在原子、分子和纳米颗粒,如半导体纳米晶体和其他“量子限域”的系统中,当光子能量和离散的内部(电子)能级的能量差相匹配时,便会发生共振.由于这种共振特性,可以把量子发射体看作等效的两能级系统来粗略地处理光与物质相互作用,即认为这两个能级间的能量差接近于相互作用光子的能量 $\hbar\omega_0$.

在本章中我们将讨论应用于光学实验的量子发射体.我们将讨论它们在单光子源领域的应用,并分析其光子的统计.第 8 章已经讨论了量子发射体的辐射特性,本章把焦点放在量子发射体本身的性能上.我们采取相当实用的视角,因为更详细的介绍可以在其他很多文献中找到(如[1—4]).

§9.1　量子发射体的类型

单量子发射体之所以可以用光学的办法探测到,其主要的事实依据是:红移的发射能够有效地从激发光中分辨出来[5,6].这就为研究量子发射体性能或者把量子发射体当作离散光源开辟了实验方法.我们现在介绍单量子发射体的三种重要类型:有机染料分子、半导体量子点和宽带隙半导体(特别是金刚石)中的杂质中心.

9.1.1　荧光分子

对于有机分子来说,最低能量的电子跃迁发生在最高占据分子轨道(HOMO)和最低未占分子轨道(LUMO)之间.如有必要,更高能量的空分子轨道也可考虑进来.除了电子能级外,多原子颗粒,比如分子还具有振动自由度.对于分子,涉及一个分子与光相互作用的所有电子态是各种(类似谐振子的)振动态的叠加.由于原子核的质量比电子大得多,可以认为电子跟随原子核同步运动(振动).在这种所谓的绝热近似或 Born-Oppenheimer 近似中,电子波函数与振动波函数可以被分离,并且总波函数可以写成一个纯粹的电子波函数与振动波函数的乘积.在室温下,热能比振动态之间的能量差小.因此,分子的激发往往开始于无振动量子激发的电子基态(见图 9.1).

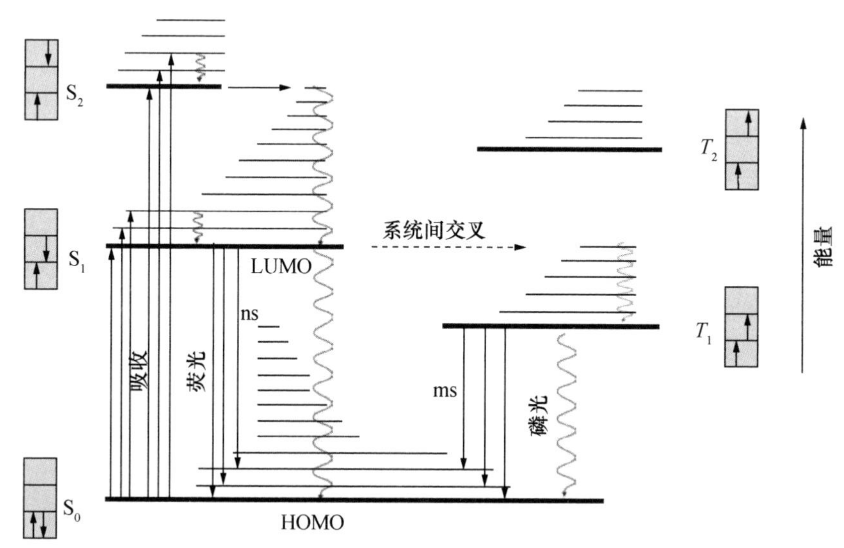

图 9.1 有机分子能级图. 电子单态 S_0, S_1 和 S_2 补充了多种振动态. 分子在被激发后,经过快速的振动弛豫,跃迁到第一激发态的电子振动基态(Kasha 规则). 分子衰变可以是辐射式的(荧光,直线),也可以是非辐射式的(热耗散,波浪线). 由于辐射衰变常常终止于某一个振动态,荧光相对于激发光发生了红移(Stokes 频移). 自旋-轨道耦合导致发生系统间交叉(虚线),生成一个长寿命的三重态的稀有事件,这个态通过磷光或非辐射方式弛豫.

荧光分子的激发

分子激发可以是共振的,进入 LUMO 的振动基态,也可以是非共振的,涉及 LUMO 的较高振动模式. 振动弛豫会导致快速的级联衰变,如果是好的发色团①,将终止于 LUMO 的振动基态②. 荧光分子中这种激发态的寿命是 1～10 ns. 对于共振激发,只有当分子与环境充分隔离,由碰撞和声子散射导致的退相减弱时,光激发和光发射才能够保持相干. 颗粒束或阱中孤立的原子和分子,以及低温条件下内嵌于晶体中的分子能够显示出共振激发光和零声子发射线之间的相干[5],导致极大峰值吸收截面和 Rabi 振荡(见附录 A). 注意,尽管分子是共振激发的,除了共振零声子辐射衰变到 LUMO,非共振辐射弛豫还是会发生(荧光红移),这使得分子最初留在 HOMO 的某一个较高振动态上. 这个态也会按照之前讨论过的相同过程衰变到 HOMO 的振动基态. 该过程称为内转换.

HOMO-LUMO 跃迁的强度是由跃迁矩阵元决定的. 在偶极子近似中,它就是添加振动态的 HOMO 和 LUMO 波函数之间的偶极子算符的矩阵元. 这个矩阵元称为分子的吸收偶极矩(见附录 A). 偶极子近似假定激发电场在分子尺度是恒定

① 对于低效率发色团、无荧光分子,或与环境(如光子)强耦合的分子,碰撞失活会延续到基态.

② 这就是所谓的 Kasha 规则.

的.在纳米光学中并非总是如此,尤其是对于较大的量子系统,偶极子近似的修正就变得十分必要.这些修正可能改变光学跃迁的选择定则[7].

分子波函数来自相互作用原子波函数.由于原子在分子结构中有固定的位置,偶极矩矢量相对于分子结构的方向也是固定的.简并态只有在高度对称的分子结构中才出现.尽管不是普遍规则,但是图 9.2 中包含相互连接的芳香环和线性多烯分子的吸收偶极矩大致沿着分子结构长轴的方向.如果分子的几何结构在电子基态和激发态之间有显著的改变,这个规则的例外情况就可能会出现.当增加芳香族或共轭系统的长度时,分子的吸收会向红端移动.这种行为类似于量子力学里的盒中粒子系统,其能级分裂随盒子长度的增加而减小(见图 9.2).

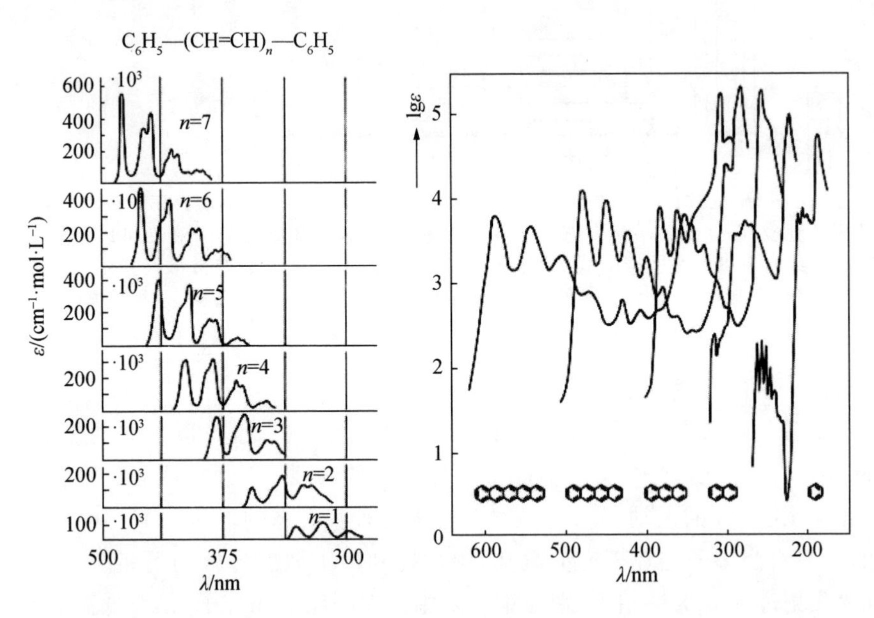

图 9.2 荧光分子的特征吸收谱.左图:有共轭碳链特征的线性多烯中存在非定域电子.右图:芳香族分子,电子在整个芳香族系统中是非局域的.增加共轭链和芳香族系统的长度,吸收区域转移到红光谱区.引自[8].

荧光分子的弛豫

来自 LUMO 的辐射弛豫称为荧光,但是弛豫也能通过非辐射形式发生,比如振动和碰撞,最终产生热量.辐射衰变速率 γ_r 和总衰变速率($\gamma_r+\gamma_{nr}$)的比值代表内量子效率

$$q_i=\frac{\gamma_r}{\gamma_r+\gamma_{nr}},\tag{9.1}$$

其中 γ_{nr}是非辐射衰变速率.如果 LUMO 的辐射衰变占主导,相应的寿命通常在几纳秒量级.发射谱包含一系列 Lorentz 型谱线(见 8.6.2 节),即所谓的振动列(vibrational progression),对应于衰减到不同基态振动能级的途径(见图 9.1).在室温下,退相作用很强,引起谱线额外展宽,导致振动列变得模糊.但是,振动带在低温下就变得更容易辨别.一个分子衰变到 HOMO 的某个振动态的概率,取决于 LUMO 和 HOMO 振动态波函数的重叠积分.这些重叠积分就是 Frank-Condon 因子.它们的相对大小决定了荧光光谱的形状[5,6].

并非全部的分子都能高效发射荧光.辐射衰变只发生于一类特殊分子,它们在 LUMO 能量上呈现(HOMO 的)低(振动)态密度.在这种情况下,通过 HOMO 的振动态的非辐射衰变不容易发生.小而稳定的芳香族或共轭分子称为染料分子或荧光团,存在高效的荧光发射.自由度越高,辐射衰变的概率越低,这样的原则也适用于其他量子物体.

由于分子中存在不可忽略的自旋-轨道耦合(对于重元素尤为重要),存在一个作用于激发态电子自旋上的有限转矩.这个值很小,但是很可能会导致受激电子的自旋在激发或辐射衰变时发生翻转.这个过程称为系统间交叉(intersystem crossing).它的发生速率 $\gamma_{\rm ISC}$ 比激发态的衰变速率小得多.如果发生自旋翻转,分子总的电子自旋从 0 变到 1.在外磁场中,自旋为 1 有三种可能的取向,产生了三重本征态.这就是相对自旋为 0 的单态,我们称自旋为 1 时为三重态的原因.按照 Hund 定则,平行自旋间的交换相互作用增加了电子间的平均距离,因此处于三重态的电子能量通常低于激发单态的能量.平均距离增加导致 Coulomb 排斥力减小.如果一个分子已经通过系统间交叉作用进入三重态,它只能衰变到单态基态.然而,这却是一种自旋禁戒跃迁.所以三重态拥有约几毫秒的非常长的寿命.

因为三重态存续时间长,实时跟踪分子的荧光发射时有一个典型效应:与单态-单态跃迁相联系的相对高的计数率被持续数毫秒的暗期打断,这个暗期与三重态的寿命相一致.这种荧光闪烁现象在研究单分子时很容易观察到.在本章后续部分我们将对它进行定量分析.

闪烁现象常常也在较长的时间尺度内观察到.比典型三重态寿命长得多的暗期,通常归因于波动的局部环境,以及与其他化学物质,比如氧的瞬时相互作用.最终分子会完全停止发射荧光.这种所谓的光漂白现象经常归因于与单态氧的化学反应:通过三重态-三重态湮没③,处于三重态的分子能高效率地在周边环境中产生单态氧.活泼的单态氧会攻击和打断分子的共轭或芳香系统[9].

9.1.2 半导体量子点

自古以来,人们就知道胶体中分散的染料颗粒可以被用来产生色彩效应.在

③ 分子氧的基态是三重态.

20世纪80年代初的实验中，半导体纳米晶体的胶体溶液用在了太阳能转换和光催化上.当纳米晶体的尺寸改变后，同一种半导体材料的胶体溶液显示出惊人的颜色变化.出现这个现象的原因是所谓的量子限域效应.半导体中的激子④，即束缚的电子-空穴对，被类氢哈密顿量

$$\hat{H} = -\frac{\hbar^2}{2m_h}\nabla_h^2 - \frac{\hbar^2}{2m_e}\nabla_e^2 - \frac{e^2}{\varepsilon \mid r_e - r_h \mid}, \tag{9.2}$$

描述，其中的 m_e 和 m_h 分别代表电子和空穴的有效质量，ε 是半导体的介电常数[10].下标 e 和 h 分别代表电子和空穴.一旦纳米晶体的尺寸达到激子的 Bohr 半径极限(见习题9.1)，随着束缚能的增加，激子态将向着更高能量移动.在半导体中，由于电子和空穴的有效质量很小，其 Bohr 半径近似为 10 nm.这意味着在比原子或荧光分子的特征尺寸大 10—100 倍的长度范围内，半导体纳米晶体的量子限域效应就变得非常突出.依据 Heisenberg 不确定性原理，如果一个颗粒的位置变得更加确定，那么它的动量就要增加，从而约束能也增加.在小尺寸颗粒极限下，电子和空穴的强屏蔽 Coulomb 相互作用，即(9.2)式中的末项，可以被完全忽略掉.这样电子和空穴就可以用盒中粒子模型来描述，一旦盒子变小，那些分立能级就会向更高的能量移动.因此，对于如 CdSe 这样的带隙位于红外区的半导体，如果制备成足够小的颗粒(≈3 nm)，就能发出可见光.因为在量子点里的电子和空穴被约束在一个纳米尺度的空间里，束缚激子辐射衰变的量子效率相当高.这个特性引起了对于量子点在光电子领域应用的极大兴趣.

为了完整理解半导体纳米晶体中的电子态结构，对盒中粒子模型的改进就很有必要.最重要的是，对于大尺寸颗粒，Coulomb 相互作用变得更加显著，并降低了激子的能量.其他影响，如晶体场分裂、颗粒的不对称性，还有电子和空穴间的交换相互作用都需要被考虑到[11].

对于金属纳米团簇，例如金纳米团簇，把自由电子限制在几个纳米的范围内并不能产生明显的量子限域效应.这是因为导体的 Fermi 能位于导带的中心，当缩小团簇尺寸时，量子化效应首先会在带边的地方凸显出来.然而，如果尺寸限制达到自由电子的 Fermi 波长的水平(≈0.7 nm)，离散的量子受限的电子跃迁得到证实，如文献[12]中的描述.此时，通过化学方法制备的金纳米团簇能够以相当高的量子效率发光，光谱随团簇的尺寸变化而改变.

表面钝化

由于纳米颗粒表面的原子数量与内部原子数量相当，纳米颗粒的表面特性对它的电子结构有极大的影响.在研究半导体纳米晶体的过程中，人们发现化学反应

---

④ 在固体物理中，“激子”指束缚的电子-空穴对.但在物理化学中，“激子”一词也用于强耦合系统(见8.7.3节).

或表面重构能够在“裸露”颗粒表面造成缺陷，极大地降低其发光的量子效率. 这是由于表面缺陷在带隙中产生了容许电子态. 因此，涉及陷俘态的非辐射弛豫路径成为了主要方式. 这导致可见光发射的量子效率急剧降低. 为了避免表面缺陷，纳米晶体通常要被包裹相似晶格常数的宽带隙半导体保护层. 这样的材料在晶体上外延生长，从而在一个原子层内出现化学成分的突变，最终成为Ⅰ型能带结构. 如果包裹层是窄带隙的，电子将优先处于低束缚的外壳中. 这是Ⅱ型能带结构，表现出的光学响应在红外光谱区. CdSe 纳米晶体通常用宽带隙的 ZnS 作包裹层. 有了这些保护壳，就可以在不影响其光学特性的情况下，利用合适的表面化学方法处理颗粒，实现特定的功能化. 图 9.3 显示了一个典型的半导体纳米晶体的整体结构. 在纳米尺度下制备的结构如此复杂的半导体纳米晶体，有非常广泛的应用，比如作为荧光标记用于生命科学，和在光电子领域的应用.

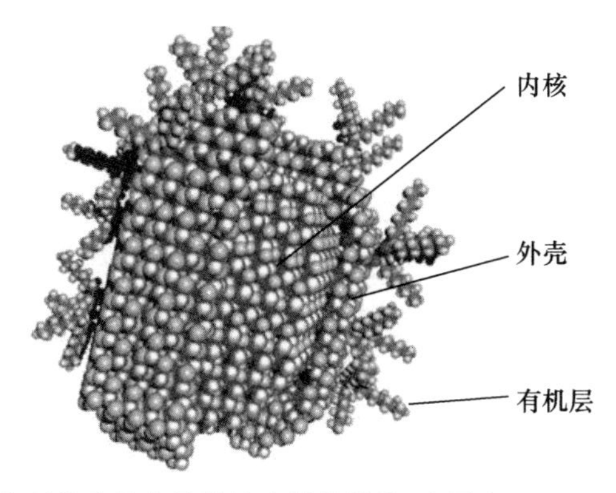

图 9.3 典型的胶体半导体纳米晶体结构. 本图由 Hens Eisler 提供.

与湿式化学方法不同，另一种制备半导体量子点的方法是在半导体异质结构外延生长过程中自组装. 制备量子点的最常规方法是所谓的 Stranski-Krastanow (SK)方法. 在 1937 年，Stranski 和 Krastanow 提出在外延生长的表面能够形成岛状结构[13]. 例如，外延一种比衬底晶格常数略大的材料，比如 InAs 外延生长在 GaAs 表面上，因晶格失配(这种情况下约 7%)产生应力. 最开始的几层 InAs 是二维层状结构，就是所谓的浸润层. 如果继续沉积更多的材料，二维层状生长就不再进行，浸润层上的多余材料就自组装成三维岛状结构，如图 9.4 所示. 这些岛通常称为量子点. 通过生长参数的调节可以控制这些量子点的大小和密度. 与胶体纳米晶体相类似，为了实现这种结构，量子点需要嵌入合适的覆盖层中. 为了最终得到高发光量子效率的无缺陷量子点，需要谨慎地选择覆盖层材料和生长参数.

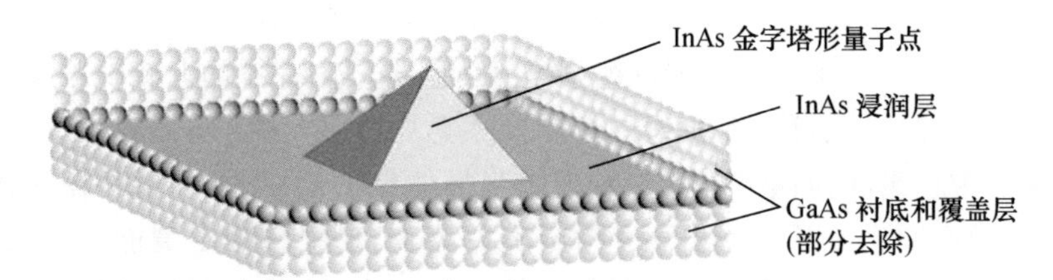

图 9.4 InAs 的金字塔形量子点示意图. InAs 量子点是在外延生长过程中自组装而形成的. 覆盖层在图中没有显示出来.

量子点激发

半导体纳米晶体的吸收谱的特征是波长越短吸收强度越高. 产生这种现象的原因是电子态密度朝着导带中心增加. 如图 9.5(b)所示,极宽的吸收频谱允许不同大小的纳米晶体被同一个蓝光单色光源激发. 类似于荧光分子,被较高能量激发的半导体纳米晶体首先通过快速的内转换弛豫到最低能量的激子态,然后通过发射光子进行复合. 与分子情形不同,若使用较高的激发功率,在同一个量子点内可以激发多重激子. 由于涉及电荷的 Coulomb 相互作用,激发第二个激子需要的能量低于第一个激子. 图 9.5 显示了一系列不同大小的 CdSe 纳米晶体的激发和发射谱. 除了由于低态密度在带边附近产生的精细结构外,对于蓝光激发,可以清楚地观测到增加的吸收,无关于颗粒大小. 随着颗粒尺寸的减小,可以观察到发射光(虚线)的蓝移.

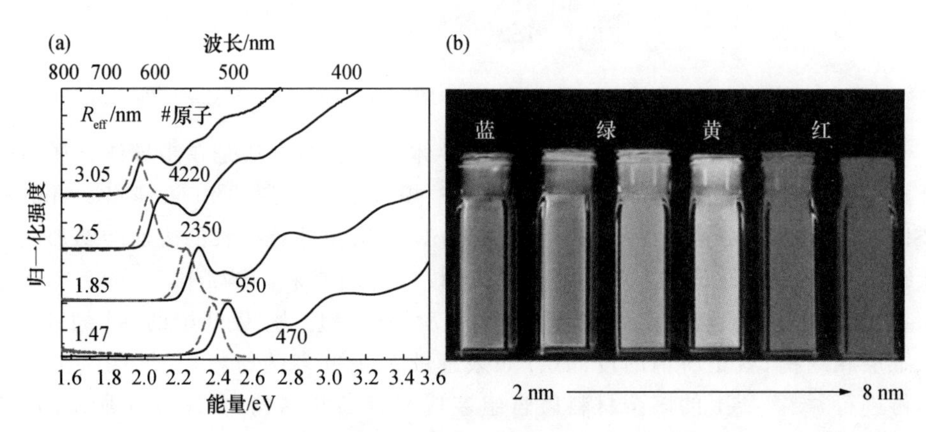

图 9.5 不同大小半导体纳米晶体的频谱响应. (a) 发射谱(虚线)和激发谱. (b) 同时用同一个紫外灯激发时,一系列颗粒尺寸渐增的纳米晶体溶液的光发射.

由于纳米晶体的对称性,它的偶极矩是简并的. CdSe 纳米晶体在晶轴(暗轴)方向上轻微地拉长. 图 9.6(a)给出了纳米晶体中所谓的亮面和暗轴的取向.

可以观察到,无论激发光相对于晶轴的偏振方向如何,从 CdSe 发射的光子总是来源于亮面内的偶极子跃迁.沿着晶轴的方向没有跃迁发生,因此这个轴被称为暗轴.然而纳米晶体能够沿着暗轴被激发.这种情况下,吸收偶极子和发射偶极子的取向相差 90°.由于亮面内的偶极矩是简并的,除非施加外部微扰,否则在这个面内的发射方向就是任意的.图 9.6(b)中随机取向的纳米晶体样品的发射方向倾向于亮面,这导致了图 9.6(c)中发射光偏振的各向异性.可以利用各向异性来确定纳米晶体暗轴的三维取向(见图 9.6(d))[14].这引起了人们把纳米晶体作为标记用于多颗粒追踪领域的兴趣.

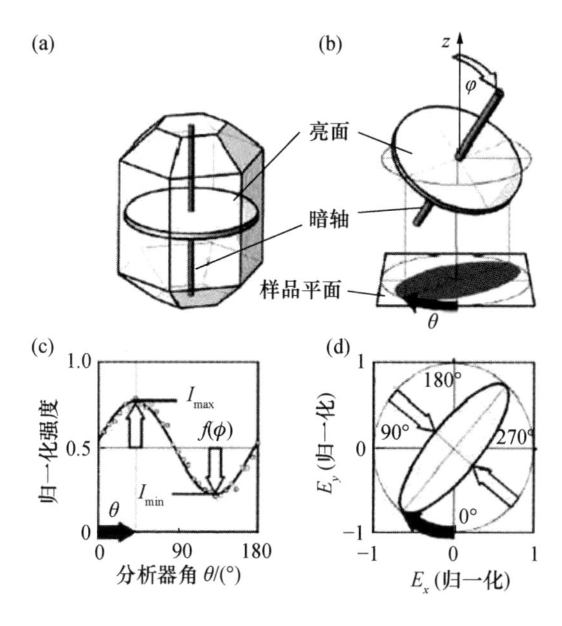

图 9.6 半导体纳米晶体偶极矩的简并发射.(a) CdSe 纳米晶体中的亮面和暗轴方向.(b) 如果晶轴相对于一个支持面的法线倾斜,那么亮面在这个表面的投影会发生变化.(c) 由这样一个倾斜的纳米晶体发射的光是部分偏振的.(d) 通过绝对取向和偏振椭圆的椭圆率可以确定暗轴的三维取向.引自[15].

激子的相干控制

半导体量子点中的一个激子可以作为一个量子比特(量子信息中的基本单元)[16].在这类实验中,利用短激光脉冲对激子态做相干操控,一个泵浦脉冲产生一个处于基态 $|00\rangle$ 和激发态 $|10\rangle$ 的良定义叠加态的激子.一个弱探测脉冲用来读取激发态占有数.改变脉冲面积并保持恒定的延时会引起激发态占有数的振荡行为,它是脉冲面积(激发功率)的函数.这些振荡就是 Rabi 振荡(见附录 A).为了用单个量子点实现量子逻辑门,必须在同一个量子点内激发两个或更多的相互作用的激子.以两个激子为例,可以看到相对于两个独立的激子,双激子态的总能量被两个激子间的 Coulomb 相互作用拉低了.能级分布如图 9.7(a)所示,在图中结合

能也用 Δ 标注了出来. 注意在量子点中,两个受激发的激子能通过极化加以区分. 对四能级方案的考察表明,可以实现一个通用受控旋转量子逻辑门(controlled-rotation quantum logic gate),其目标比特(第二个激子)转动一个 π 相移,例如从 $|01\rangle$ 态到 $|11\rangle$ 态或相反,当且仅当控制比特(第一个激子)处于激发态 $|01\rangle$. 态的定义如图 9.7(b)所示. 由于单激子和双激子的跃迁能量的差别在于结合能 Δ,所以这个实验需要一个双色激发方案,第一个脉冲(调频到单激子跃迁)用于激发单激子,接下来施加一个所谓的操作脉冲(调频到双激子跃迁). 用 π 脉冲调节,例如 $|10\rangle$ 到 $|11\rangle$ 的跃迁,就可以绘制出量子逻辑门(受控旋转,CROT)的真值表. 如果输入是 $|00\rangle$,并且操作脉冲是失谐的,则输出仍然是 $|00\rangle$. 如果输入是 $|10\rangle$,则 π 脉冲产生一 $|11\rangle$. 如果输入已经是 $|11\rangle$,它通过受激发射转变为 $|10\rangle$. 图 9.7(c)中通过演示第二个激子的 Rabi 翻转阐明了 CROT 门的基本操作方式. 这表明可以通过改变脉冲持续时间,可以制备处于任何 $|01\rangle$ 态和 $|11\rangle$ 态的叠加态的双激子. 注意,虽然对一个量子点的激子自由度中编码的量子比特执行量子逻辑运算是可能的,但是计算时间窗口被约 100 ps 的短量子退相干时间所限制. 带电量子点可以很可观地延长这个时间.

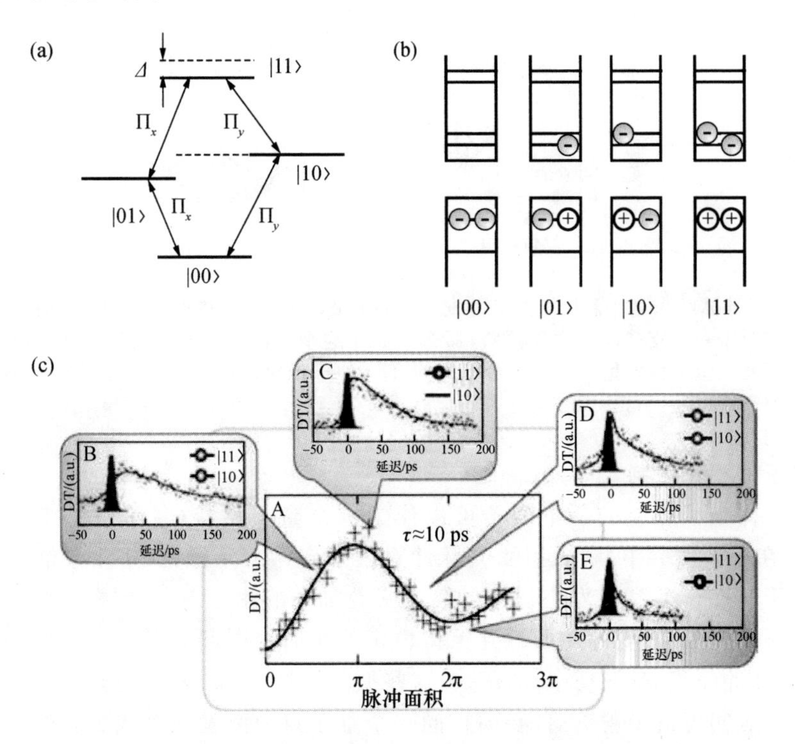

图 9.7 双激子态的相干控制. (a) 能级图. (b) 相对应的编码两个量子比特的激子跃迁. (c) 双激子 Rabi 振荡证明通过(a)中的双激子跃迁可以实现受控旋转量子逻辑门. 引自[16].

9.1.3 金刚石中的色心

第三类量子发射体是宽带隙半导体中的荧光缺陷中心. 金刚石在所有已知材料中拥有最大的带隙(5.5 eV),因此从深紫外到红外波段都是透明的. 金刚石有超过一百种已知的发光缺陷中心,其中很多已经被光谱表征[17,18]. 它们正是天然金刚石呈现颜色差异的原因. 在金刚石中,一个显著的与杂质相关的缺陷中心是氮空位(NV)中心. 如图 9.8(a)所示,它包含处于最近邻晶格位置的一个替位氮原子和一个空缺点(也就是空位). 这种 NV 中心可以在富氮的 Ib 型金刚石样品中通过诱导电子辐照损伤人工制造出来[21].

NV 中心含有两个来自替位氮原子的非束缚电子. 两个非束缚电子形成孤电子对. 此外,还有碳的三个非束缚电子. 其中的两个形成准键结合,而另一个仍处于自由状态. 因此,NV 中心能够高效地捕获一个额外的电子(从附近的电子供体获得,例如氮杂质). 这导致出现大量的 NV^- 中心,而不是 NV^0 中心[22]. 在室温下两种 NV 中心都呈现一种带有零声子线和振动列的亮红色荧光. NV^- 和 NV^0 中心各自在 637 nm 和 575 nm 处出现零声子线,这让它们很容易区分. 图 9.8(b)显示了一种典型的 NV^- 发光光谱. 金刚石中也存在其他的缺陷中心,并具备非常有前景的特性,例如镍-氮复合体(NE8)在 800 nm 附近存在显著且狭窄的零声子线发射,而声子列却非常弱.

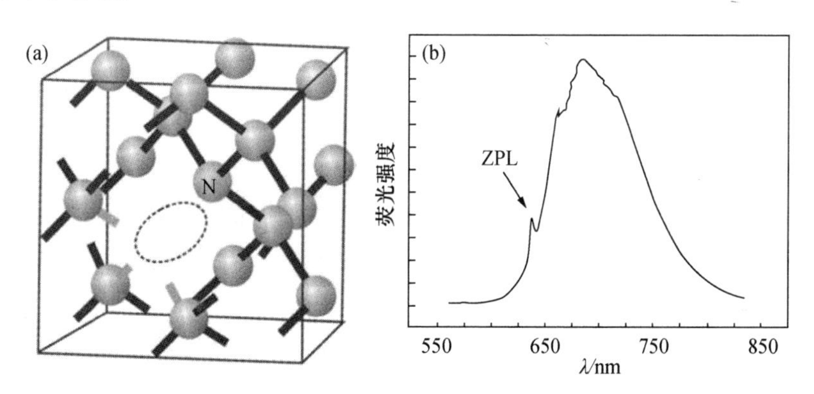

图 9.8 金刚石的 NV 中心. (a) NV 中心的结构,显示了替位氮原子和空位(点线圈). (b) NV^- 的发光光谱. ZPL,零声子线. 引自[19].

因为额外俘获的电子和观察到的明亮荧光,NV^- 中心的零声子线被认为源于三重基态(^3A)和三重激发态(^3E)间的容许跃迁. 激发态的寿命约为 11 ns,跃迁的量子效率约为 0.7. 若在荧光实验中采用 10^7 光子/秒的饱和计数率,上述特性使得探测到单个 NV^- 中心是容易的[21](见 §9.3). 而且,已发现体金刚石中的 NV 中心没有显示出闪烁或者光漂白. 尽管如此,非常小的金刚石纳米颗粒中的 NV 中心却能够出现闪烁现象,这种现象和NV中心与附近表面间的相互作用有关[23].

金刚石NV中心的光学探测磁共振(ODMR)

在没有外磁场的情况下,基态以2.88 GHz分裂成近似简并的双重态x,y($m_s=\pm1$)和自旋亚能级z($m_s=0$)[24].温度高于1 K时,基态能级几乎等量地被电子占据.在^{3}A基态,通过光激发的方式,可以引起非Boltzmann自旋极化,使x,y自旋态($m_s=\pm1$)占据减少,最终超过80%的占据在z态上($m_s=0$).这个效应的原因是^{3}E态的自旋能级展现出的差异巨大的系统间交叉速率.实验表明,x',y'自旋态($m_s=\pm1$)显示出比z'亚能级高得多的系统间交叉速率.电子在单态之间弛豫后,交叉进入三重基态主要发生在z态($m_s=0$)上.由于单态之间发生非辐射弛豫并最终处于一个长寿命的态上,NV中心在z自旋亚能级上有高得多的饱和发射速率R_∞(见(9.16)式).这个效应可以用来光学读取NV中心的自旋极化度.如果在NV中心的光激发过程中施加一个共振微波场,自旋亚能级被等量地占据,其结果是NV中心的荧光发射速率大幅下降.正如图9.9(b)描述的那样,单个NV中心的强度改变高达30%.可以用一系列微波脉冲相干操控NV^-中心的自旋亚能级,观察到的弛豫时间约几百微秒.NV^-中心的电子自旋态也可以通过超精细相互作用与核自旋耦合.荧光提供了一种读取自旋量子态的简单方法.这种NV中心为固态量子信息处理提供了一个候选方案.此外,自旋能级对外部磁场敏感,这个特性可以用在高分辨率测磁强术上[21].

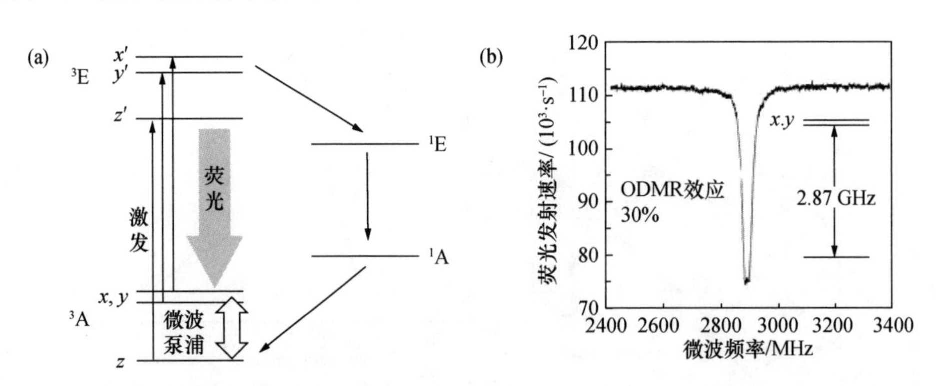

图9.9 NV中心的光与微波相互作用.(a)金刚石NV^-中心能级图.单态之间的弛豫大部分是非辐射的(细箭头)[25].(b)光学追踪探测磁共振显示荧光发射速率是施加的微波频率的函数.一旦达到磁共振频率,因为系统间交叉增强,荧光强度下降.引自[21].

金刚石NV中心的受激发射消耗显微术

体金刚石中NV中心的近乎完美的光稳定性和众所周知的光谱性质,即强声子列,让它成为通过STED方法实现高分辨率远场成像的理想物体(见5.2.1节).的确,由于微弱的受激发射饱和强度,金刚石中NV中心的荧光消耗曲线显示出急剧衰减. 因此预计利用中心深零点形成的哑铃形 STED 束,可以得到极高的空间分辨率. 图 9.10(a)显示了金刚石中单 NV 中心的共聚焦和 STED 组合像. 当接近衍射极限点的中心时,面包圈形 STED 束被打开. STED 束猝灭了除面包圈零点附近区域外的所有荧光发射. 在图 9.10(a)的垂直切面上,图 9.10(b)揭示了共聚焦点的衍射极限宽度和 STED 点的 8 nm 半峰全宽.

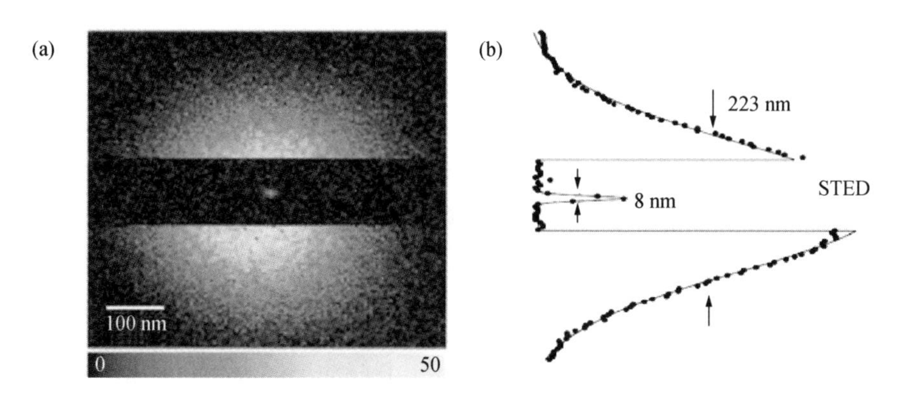

图 9.10 金刚石中单个 NV 中心的 STED 显微术. (a) 金刚石中单 NV 中心的共聚焦/STED 图像. 靠近面包圈形 STED 束的中心是无阻拦的,除了面包圈零强度点以外,其他区域的荧光都消光. (b) 通过(a)图中心的垂直截面,显示了 STED 点扩展函数的 8 nm 半峰全宽和共聚焦点的衍射极限直径. 引自[26].

§9.2 吸收截面

量子发射体的光吸收可以用频率相关的吸收截面来表征. 在两能级系统的弱激发中,激发速率正比于激发电场 $\boldsymbol{E}$ 在吸收偶极矩 $\boldsymbol{p}$ 上投影的绝对值平方(见附录 A). 在这种情况下,系统的吸收功率为(参考第 8 章)

$$P = \frac{\omega}{2}\operatorname{Im}\{\alpha\}\,|\boldsymbol{n}_p \cdot \boldsymbol{E}|^2, \tag{9.3}$$

式中 $\boldsymbol{n}_p$ 是 $\boldsymbol{p}$ 方向的单位矢量,α 是极化率. 为了定义吸收截面 σ 并显示其与吸收物质系综的宏观测量的相关性,我们先对所有方向上的偶极子的取向求平均,然后假定局域场 $\boldsymbol{E}$ 源于单个入射平面波[⑤]. 在这种情况下,场 $\boldsymbol{E}$ 能够被平面波的强度 I 表示,由此我们定义吸收截面为

$$\sigma(\omega) = \frac{\langle P(\omega)\rangle}{I(\omega)} = \frac{\omega}{3}\sqrt{\frac{\mu_0}{\varepsilon_0}}\,\frac{\operatorname{Im}\{\alpha(\omega)\}}{n(\omega)}, \tag{9.4}$$

⑤ 截面的概念只对单模(平面波)激发才严格成立.

其中 n 是周围介质的折射率,$\langle P\rangle$是分子的吸收功率,是对随机取向的偶极子的系综平均.现在考虑沿 z 方向传播的强度为 I 的激发光束通过随机取向分子的稀释样品.在传播无限小的距离 $\mathrm{d}z$ 以后,激光强度的衰减量为

$$I(z)-I(z+\mathrm{d}z)=-\frac{N}{V}\langle P(z)\rangle\mathrm{d}z, \tag{9.5}$$

其中 N/V 是吸收物质的体浓度,$\langle P\rangle$与 σ 和 $I(z)$通过(9.3)式相关.在 $\mathrm{d}z\to 0$ 的极限下,我们可以得到

$$I(z)=I_0\mathrm{e}^{-(N/V)\sigma z}, \tag{9.6}$$

其中 $I_0=I(z=0)$(Lanbert-Beer 定律).σ 具有每光子面积的单位,表明它作为吸收截面是正确的.根据(9.6)式,可以通过系综测量来确定吸收截面,也就是测量激光束在低浓度吸收体的样品中传播的衰减量.

最一般的做法是根据摩尔消光系数 $\varepsilon(\lambda)$测量吸收:

$$I(z,\lambda)=I_0 10^{-\varepsilon(\lambda)[M]z}, \tag{9.7}$$

其中$[M]$是吸收体浓度,单位是 mol/L.z 是吸收层的厚度,单位是 cm.

容易看出,吸收截面可以通过 $\sigma=1000\ \ln 10\varepsilon/N_{\mathrm{A}}$($N_{\mathrm{A}}$是 Avogadro 常数)由消光系数计算出来.比如,对于室温下好的激光染料,ε 的典型测量值大约是 $200000\ \mathrm{L\cdot mol^{-1}\cdot cm^{-1}}$,相当于截面为 $8\times10^{-16}\ \mathrm{cm}^2$,也就对应于半径 0.16 nm 的圆.这个尺寸与芳香族染料小分子或共轭体系的几何面积粗略一致.由于半导体量子点有更大的几何尺寸,它的吸收截面相对更大.这种一致性表明每一个经过分子的光子在面积 σ 内被分子吸收.当然,这只是一个朴素的图像,从量子力学观点看是不对的,因为不确定性关系,得不到光子的确切位置.那么吸收截面的物理含义是什么呢?按照纯经典观点,由于被点偶极子表示的分子散射场影响,入射平面波的场发生改变.发射偶极子场和激发平面波互相干涉,产生了在 σ 定义的面积内指向偶极子的能流.这导致表观面积的增量超出了它的几何尺寸[27].

吸收截面 $\sigma(\omega)$ 的谱型是 Lorentz 型,它的宽度由激发和发射间的退相程度决定(见文献[1]的 780 页).在低温下,激发与发射间的完全相干能够实现.在这种情况下,一个孤立的单量子发射体的峰值吸收截面趋近于极限(见习题 9.5)

$$\sigma_{\max}=\frac{3\lambda^2}{2\pi}. \tag{9.8}$$

这与量子发射体的物理尺寸相比非常巨大.σ 直接由自由空间的自发衰变速率 γ_0 决定(自然线宽),并且可以通过降低局域态密度(LDOS)(见 8.4.3 节)进一步增加.在室温或与耗散环境相互作用的系统下,由于退相的发生,$\sigma(\omega)$ 加宽而峰值吸收截面降低,对于分子在溶液或量子点中的情形,它最终达到了几何极限值.室温下吸收截面可以表示为[4]

$$\sigma=\frac{3\lambda^2}{2\pi}\frac{\gamma_0}{\gamma}, \tag{9.9}$$

其中 γ_0 是均匀线宽，γ 是非均匀线宽. 通常 $\gamma_0/\gamma\approx10^{-6}$，由此可以得到光频段的 $\sigma\approx0.3\ \mathrm{nm}^2$.

§ 9.3　三能级系统的单光子发射

我们继续分析和研究单发射体的发射特性. 首先，我们通过忽略在众多振动态上的快速弛豫，把图 9.1 中的 Jablonski 能级图简化成其骨架，最终得到一个三能级系统：单态基态、单态第一激发态和三重态，分别在图 9.11 中标记为 1，2 和 3. 按照前面所描述的过程，这三个能级通过激发和弛豫速率相互联结. 考虑这些速率，我们列出一组微分方程来考察每一个能级的占有数 $p_i(i=1,\ 2,\ 3)$ 的变化：

$$\dot{p}_1=-\gamma_{12}p_1+(\gamma_r+\gamma_{nr})p_2+\gamma_{31}p_3,\tag{9.10}$$

$$\dot{p}_2=\gamma_{12}p_1-(\gamma_r+\gamma_{nr}+\gamma_{23})p_2,\tag{9.11}$$

$$\dot{p}_3=\gamma_{23}p_2-\gamma_{31}p_3,\tag{9.12}$$

$$1=p_1+p_2+p_3.\tag{9.13}$$

最后一个等式保证了发射体无论何时都处于三个态中的某一个态. 退激发速率 γ_{21} 被分成辐射贡献 γ_r 和非辐射贡献 γ_{nr}，即 $\gamma_{21}=\gamma_r+\gamma_{nr}$. 我们应该注意一个态的占有数，更确切地说是占据某一个态的概率 p_i 的引入，只在我们描述全同量子发射体系综或者在同样条件下多次观测同一个量子发射体时，才是有意义的. 同时，我们在使用这些速率方程时假定激发-弛豫循环中相干性丢失了，例如因为耗散性地耦合到振动. 在室温下，这是非共振或宽频带激发的一个很好的近似[4]. 在处理低温下单个原子或离子的共振激发时，必须考虑完整的量子力学方程. 这个方法也能处理有相干效应的一些现象，比如基态和激发态占有数间的 Rabi 振荡（受激发射），但是我们目前不讨论这个问题（见附录 A）.

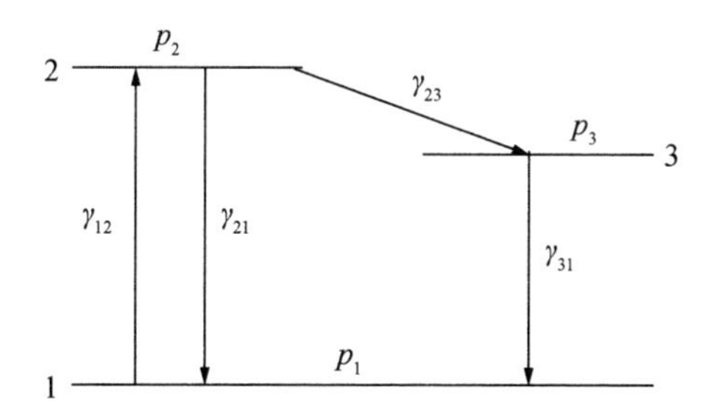

图 9.11　三能级系统的量子发射体. 为了包含到三重态和暗态的跃迁，第三个能级被引入.

9.3.1 定常态分析

让我们先考虑方程(9.10)～(9.13)的定常态解. 我们假定定常态的占有数是随时间不变的常数,因此它们的时间导数可设为0. 这导致有关平衡占有数 $p_i, i=\{1,2,3\}$ 的四个方程[⑥]. 我们感兴趣的是系统发射光子的速率 R,由下式给出:

$$R = p_2\gamma_r, \tag{9.14}$$

这意味着我们不得不确定激发态占有数并乘上辐射衰变速率 γ_r. 如果我们解出了 p_2(见习题9.3),就可以得出

$$R(I) = R_\infty \frac{I/I_S}{1+I/I_S}, \tag{9.15}$$

其中 I 是通过关系式 $\gamma_{12}=P/(\hbar\omega)$ 引入的激发光的强度,P 的表达式请参考(9.3)和(9.4)式. 常数 R_∞ 和 I_S 定义为

$$\begin{aligned} R_\infty &= \gamma_r\left(1+\frac{\gamma_{23}}{\gamma_{31}}\right)^{-1}, \\ I_S &= \frac{\gamma_r+\gamma_{nr}+\gamma_{23}}{\sigma(1+\gamma_{23}/\gamma_{31})}\ \hbar\omega. \end{aligned} \tag{9.16}$$

(9.15)式描述了发射速率的饱和现象,这在图9.12中有直观的显示. 这种饱和现象与激发态的有限寿命有关,它把两个光子发射的平均间隔时间限制为一个有限值. 饱和现象可以用两个参数 R_∞ 和 I_S 表征. 第一个参数描述了无限大激发强度下的发射速率,第二个参数是发射速率等于 $R_\infty/2$ 时的强度(见图9.12). 室温下单个染料分子的 R_∞ 和 I_S 的典型值是:在500 nm波长时,$R_\infty=6\times10^6\,s^{-1}$,$I_S=7.5\times10^{21}$光子·$s^{-1}\approx3\,kW\cdot cm^{-2}$. 把采集和探测效率约为15%考虑进来,我们预计从

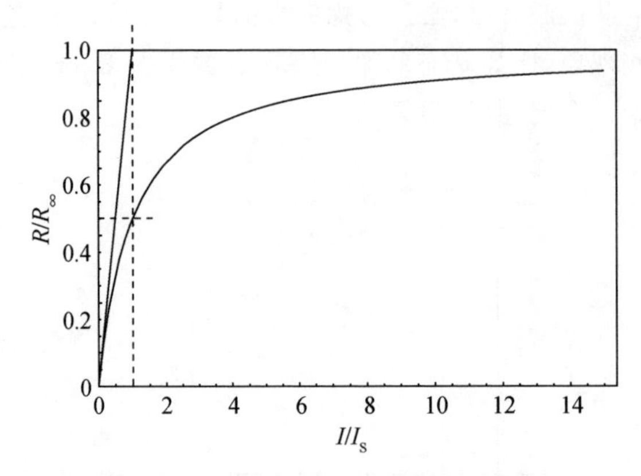

图9.12 作为激发强度函数(实线)的单分子发射速率的饱和曲线. 直线表示零强度点的斜率(实线),等于 R_∞/I_S. 图中也给出了 $I/I_S=1$ 和 $R/R_\infty=1/2$ 时的值(虚线).

⑥ 考察这四个方程会发现,其中的两个是线性依赖的.

一个饱和的单个染料分子探测到的光子计数率约为 10^6 光子 · s^{-1}. 比如在共聚焦显微镜或近场显微镜中(见第 5 章),通常 1 μW 的适中激发功率集中在一个直径 250 nm 的点上是足够使一个分子饱和的.

9.3.2 含时分析

现在我们既已解释了以三能级系统描述的单发射体的定常态发射,我们就能够分析占有数的时间依赖性. 这能让我们深入理解单发射体发射光的统计特性. 具体来说,我们将表明光呈现出一种显著的非经典行为,即单发射体发出的辐射并非表现为连续电磁场. 相反,量子场是一种准确的描述. 这不影响第 8 章中得到的结果,在那里使用经典偶极子作为单发射体的模型,没有考虑辐射的统计分布. 对大量光子取平均时,我们自然要沿用经典描述.

光源发出的光可以由其涨落方式表征. 深层次的原因由涨落-耗散定理给出,将在第 15 章中讨论. 这个定理联系了以自关联函数描述的光源涨落和光源发射谱.

光场的归一化二阶自关联函数也叫强度自关联函数,定义为

$$g^{(2)}(\tau) = \frac{\langle I(t)I(t+\tau)\rangle}{\langle I(t)\rangle^2}, \tag{9.17}$$

其中〈〉表示时间平均. $g^{(2)}(\tau)$描述了在 $t+\tau$ 时刻测量强度 I 的概率如何依赖于 t 时刻的强度. 在单光子探测中,如果在 t 时刻有一个光子,$g^{(2)}(\tau)$是在 $t+\tau$ 时刻探测到一个光子的概率,用平均光子探测率做归一化. 如果强度 I 是一个经典变量,通常 $g^{(2)}(\tau)$必须满足确定的关系[4]

$$\begin{aligned} g^{(2)}(0) &\geqslant 1, \\ g^{(2)}(\tau) &\leqslant g^{(2)}(0). \end{aligned} \tag{9.18}$$

图 9.13(a)中显示了在经典极限下 $g^{(2)}(\tau)$的典型形状. 它的特点是所谓的光强群聚行为. 当连续场振幅在零附近涨落时,相应的光强涨落特征是被光强零点分隔成"群". 图 9.13(b),(c)中显示了这个效应.

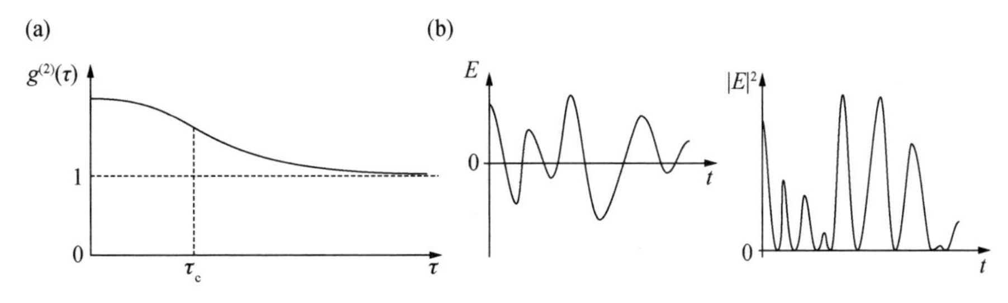

图 9.13 适用于经典光的二阶自关联函数的特征形状,显示了短时间的群聚行为(a). 经典场振幅的统计涨落(b)导致了群聚行为,振幅的涨落表现为被光强零点分隔的光强涨落(c).

经典光源存在群聚行为，而单量子发射体有反群聚特点，意味着光子被有限的特征时间分隔，一个接着一个发射. 不难理解，一旦发射完一个光子就需要再次激发分子，特征时间是 γ_{12}^{-1}. 然后它必须衰变到基态，所需时间为 γ_{r}^{-1}. 其结果是相继的两个光子平均被有限时间 $\gamma_{12}^{-1}+\gamma_{\mathrm{r}}^{-1}$ 分隔开. 在强度自关联函数中的 $\tau=0$ 点出现了相应的凹点，也就是说没有两个光子同时发射的可能. 由于这个凹点违反(9.18)式的条件，一个单量子发射体的发射光被称为“非经典”光. 制造非经典光在量子信息领域具有重要意义[28].

我们可以利用 $t=0$ 时刻的(9.17)式计算三级系统的 $g^{(2)}(\tau)$，这对于静态过程是没有限制的. 在 $t=0$ 时刻，我们令一个发射体处在基态⑦. 根据文献[29]，(9.17)式可以重写成

$$g^{(2)}(\tau)=\frac{\langle I(t)\rangle J(\tau)}{\langle I(t)\rangle^{2}}=\frac{J(\tau)}{\langle I(t)\rangle}. \tag{9.19}$$

假定 $t=0$ 时刻记录到一个光子，则 $J(\tau)$是经过时间 τ 后记录到另一个光子的概率，注意不要混淆 $J(\tau)$和经过 τ 时间后记录到下一个光子的概率 $K(\tau)$. $K(\tau)$由在启停实验中测到的光子间时间的分布决定. 若 τ 足够小，J 和 K 很难区分开. 对于更长的时间，J 和 K 通过 Laplace 变换 $\widetilde{J}$ 和 $\widetilde{K}$ 相联系[29]：

$$\widetilde{J}=\frac{\widetilde{K}}{1-\widetilde{K}}. \tag{9.20}$$

$J(\tau)$能表达为 $J(\tau)=\eta\gamma_{\mathrm{r}}p_2(\tau)$，$\eta$ 是探测系统的收集效率，$p_2(\tau)$是初始条件为 $p_2(0)=0$ 时，能级 2 占有数的含时解. 定常态计数率是$\langle I(t)=\eta\gamma_{\mathrm{r}}p_2(\infty)\rangle$. 我们由此得到

$$g^{(2)}(\tau)=\frac{\eta\gamma_{\mathrm{r}}p_2(\tau)}{\eta\gamma_{\mathrm{r}}p_2(\infty)}=\frac{p_2(\tau)}{p_2(\infty)}. \tag{9.21}$$

$p_2(\tau)$可以通过求解速率方程组(9.10)～(9.13)得到. 首先，我们结合(9.13)，(9.10)和(9.12)式可以得到

$$\begin{aligned}\dot{p}_1&=-(\gamma_{12}+\gamma_{31})p_1+(\gamma_{\mathrm{r}}+\gamma_{\mathrm{nr}}-\gamma_{31})p_2+\gamma_{31},\\ \dot{p}_2&=\gamma_{12}p_1-(\gamma_{\mathrm{r}}+\gamma_{\mathrm{nr}}+\gamma_{23})p_2.\end{aligned} \tag{9.22}$$

这一对微分方程可以用 Laplace 变换求解. 为此，我们把(9.22)式写成矩阵形式：

$$\dot{\boldsymbol{p}}(\tau)=\begin{bmatrix}a & b\\ c & d\end{bmatrix}\boldsymbol{p}(\tau)+\begin{bmatrix}f\\ 0\end{bmatrix}. \tag{9.23}$$

这里 $\boldsymbol{p}(\tau)$是以 p_1 和 p_2 为分量的矢量，而 a,b,c,d,f 是通过与(9.22)式比较得到的. 在 Laplace 空间，(9.23)式改写为

⑦ 假设量子发射体发射的一个光子刚被探测到.

$$s\boldsymbol{p}(s) - \boldsymbol{p}(0) = \begin{bmatrix} a & b \\ c & d \end{bmatrix} \boldsymbol{p}(s) + \frac{1}{s} \begin{bmatrix} f \\ 0 \end{bmatrix}, \tag{9.24}$$

其中可以看出 Laplace 变换的规则(见文献[30]中的变换表,915 页).(9.24)式很容易求解,因为 $\boldsymbol{p}(s)$

$$\boldsymbol{p}(s) = \left[s \begin{pmatrix} 1 & 0 \\ 0 & 1 \end{pmatrix} - \begin{pmatrix} a & b \\ c & d \end{pmatrix} \right]^{-1} \begin{pmatrix} f/s + 1 \\ 0 + 0 \end{pmatrix}, \tag{9.25}$$

其中使用了初始条件 $p_1(0) = 1$. 利用 Heaviside 展开定理反向变换,即可得到 $\boldsymbol{p}(\tau)$. 我们感兴趣的占有数 p_2 有如下的形式:

$$p_2(\tau) = A_1 e^{s_1 \tau} + A_2 e^{s_2 \tau} + A_3, \tag{9.26}$$

其中

$$s_1 = \frac{1}{2}(a + d - \sqrt{(a-d)^2 + 4bc}),$$

$$s_2 = \frac{1}{2}(a + d + \sqrt{(a-d)^2 + 4bc}),$$

$$A_1 = + c \frac{1 + f/s_1}{s_1 - s_2}, \quad A_2 = - c \frac{1 + f/s_2}{s_1 - s_2}, \quad A_3 = \frac{cf}{s_1 s_2}.$$

利用 $p_2(\infty) = A_3$ 和 $-A_1/A_3 = (1 + A_2/A_3)$ 可以得到一个重要结果:

$$g^{(2)}(\tau) = -\left(1 + \frac{A_2}{A_3}\right) e^{s_1 \tau} + \frac{A_2}{A_3} e^{s_2 \tau} + 1. \tag{9.27}$$

对于一个典型分子,利用如下事实,可以大大简化上式:

$$\gamma_{21} \geqslant \gamma_{12} \gg \gamma_{23} \geqslant \gamma_{31}, \tag{9.28}$$

即与对应的单态相比,三重态占有数和弛豫速率都非常小.有了这些关系式,我们可以得到参数 s_1, s_2, 和 A_2/A_3 的近似表达式:

$$s_1 \approx -(\gamma_{12} + \gamma_{21}),$$

$$s_2 \approx -\left(\gamma_{12} + \frac{\gamma_{12}\gamma_{23}}{\gamma_{12} + \gamma_{21}}\right), \tag{9.29}$$

$$\frac{A_2}{A_3} \approx \frac{\gamma_{12}\gamma_{23}}{\gamma_{31}(\gamma_{12} + \gamma_{21})}.$$

图 9.14 显示的是通过(9.27)和(9.29)式得到的三个不同激发功率(即不同速率 γ_{12})的 $g^{(2)}(\tau)$ 曲线图. 时间用的是对数坐标,让我们可以形象化地表示出从亚纳秒到几百微秒的宽时间量程. 所有曲线的共同点是在短时间 τ 内强度关联函数趋于零. 这种反群聚效应源于(9.27)式的第一项. 对于微弱的激发强度,衰变常数 s_1 被激发态的衰变速率主导. 对于较长的时间, $g^{(2)}(\tau)$ 的闪烁现象源于向三重态的

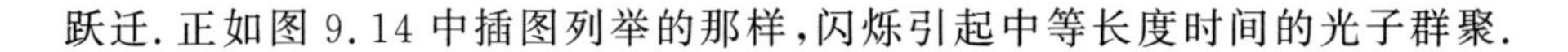

跃迁.正如图 9.14 中插图列举的那样,闪烁引起中等长度时间的光子群聚.

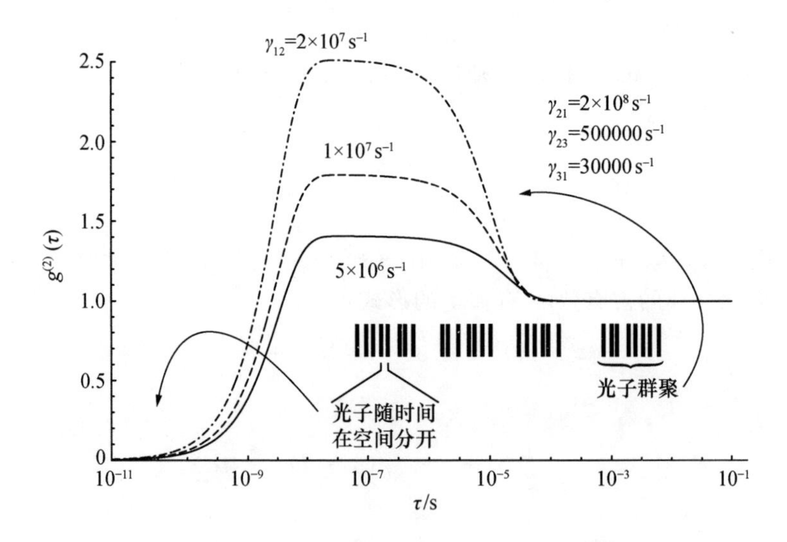

图 9.14　对不同的激发速率 $\gamma_{12}=5\times10^6\,\mathrm{s}^{-1}$(实线),$10\times10^6\ \mathrm{s}^{-1}$(虚线),$20\times10^6\,\mathrm{s}^{-1}$(点画线),一个三能级系统用(9.27)和(9.29)式得到的强度自关联曲线.其他参数有 $\gamma_{21}=2\times10^8\,\mathrm{s}^{-1}$,$\gamma_{23}=5\times10^6\ \mathrm{s}^{-1}$,和 $\gamma_{31}=3\times10^4\,\mathrm{s}^{-1}$.短时间内反群聚被观测到,而群聚发生在中等长的时间.插图展示了成群到达的光子被暗期分开,群聚的特征就可显现,而群聚的光子随着时间在空间分开,反群聚的特征就可显现.

通过发射强度的时间追踪信息,我们就可以用实验的方法研究光子统计数据.然而,为了确定强度,把探测到的光子放到预定的时间间隔内是必要的.也可采用另一种方法,利用两个探测器的启停构型去测定两个相继到达的光子的时差(光子间时间)[31].在第一种方法中,$g^{(2)}(\tau)$可以从时间追踪信息中很容易地计算出来.然而,只有时间尺度比选择的时间间隔(一般几微秒)更大时才能获得.另一方面,启停构型的时间分辨率仅受探测器响应速度的限制[29].详细的讨论可以参考文献[32].图 9.15 显示了采用启停构型测量的镶嵌在对三联苯晶体中的一个单涤纶分子(见插图)的强度自关联函数.短时间的反群聚效应和较长时间的群聚效应都可以观察到.

单量子发射体能够一次发射一个光子的特性在量子密码术领域非常有用,单个光子的偏振态定义了一个量子比特.著名的不可克隆定理和量子力学测量定理决定了,偷听者不可能从单光子流中耦合一个光子而不被发现.用脉冲激光辐射激发二能级系统,可以实现单光子光源[33].很明显,当激发脉冲比系统的激发态的寿命还要短时,单次激发脉冲产生两个光子的概率变得极其微小(见习题 9.4).

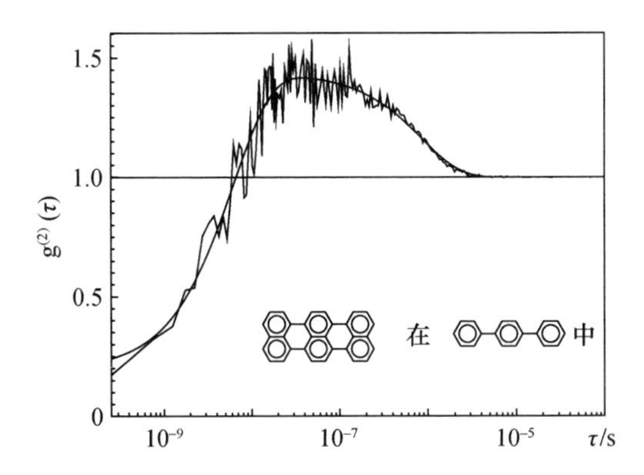

图 9.15 用实验方法获得的单分子(对三联苯中的涤纶)的二阶自关联函数 $g^{(2)}(\tau)$. 可同时观察到反群聚和群聚现象,前者在短时间内发生,后者在三重态偏移显著的中间时长里被观测到. 引自[32].

§9.4 探测局域场的单分子探针

除了有趣的统计特性,由于单荧光分子相当于一个点偶极子,它还可以作为电场分布的局域探针. 当激发强度很弱时($I \ll I_S$),荧光发射速率(γ_{em})几乎独立于激发态的寿命,可表示为(参考(9.3)式)

$$\gamma_{em} = \frac{1}{2\hbar}\mathrm{Im}\{\alpha\}|\boldsymbol{n}_p \cdot \boldsymbol{E}|^2. \tag{9.30}$$

我们假定局域激发场并没有把偶极子近似引入问题里,也就是说场 $\boldsymbol{E}$ 在尺寸约 1 nm 的量子系统中几乎是恒定的. 当场迅速变化时,必须把更高的多极跃迁考虑进去.

低对称分子的吸收偶极子通常相对于分子结构框架是确定的. 如果分子的局部环境不改变,那么激发速率就是荧光发射速率的直接量度. 因此,当光栅扫描相对刚性分子的电场分布 $\boldsymbol{E}$ 时,通过监视 γ_{em},绘制出投影场强 $|\boldsymbol{n}_p \cdot \boldsymbol{E}|^2$ 是有可能的. 通过把荧光分子镶嵌到位于玻璃片表面的高分子透明薄膜中,可以把荧光分子在空间中固定. 这种薄膜可以用含有高分子的甲苯溶液旋涂来制造,例如,旋涂低浓度的 PMMA 和染料 DiI,可得到 20 nm 厚的薄膜[34]. 为了避免分子聚集,薄膜中的染料的面密度要低于 1 μm^{-2}. 分子随机分布在薄膜内的不同深度,偶极矩的取向也是如此.

图 9.16 显示了探测在不同类型激发场,即聚焦激光辐射和利用局域探针的近场激发下单分子荧光的典型实验设置. 近场激发可以是如小孔探针情况下的自发光的,或者利用照射激光束进行外部激发. 探测光路采用了一个高数值孔径物镜,

用来采集激发分子发出的荧光.二向色镜和截止滤波器用来去除激发激光.本质上,分子发射类似一个偶极子,在第4章已经讨论过从物空间到像空间的场映射.但是,需要考虑分子发射并不在均匀环境中,而是在界面附近的情况.结果是(参考第10章),随机取向的分子发射光比指向物镜的能提高收集效率的发射光多出70%.为了得到$|\boldsymbol{n}_p \cdot \boldsymbol{E}|^2$的空间分布图像,单分子样品相对于固定激发场被光栅扫描.单光子探测器连续记录发射的荧光.对各自的计数率编码可以得到图像的每个像素的颜色.记录到的图像中的每一个分子用一个特征图案表示,反映了沿着分子偶极子轴投影的局域场分布.图9.17和图9.18中给出了这些特征图案.

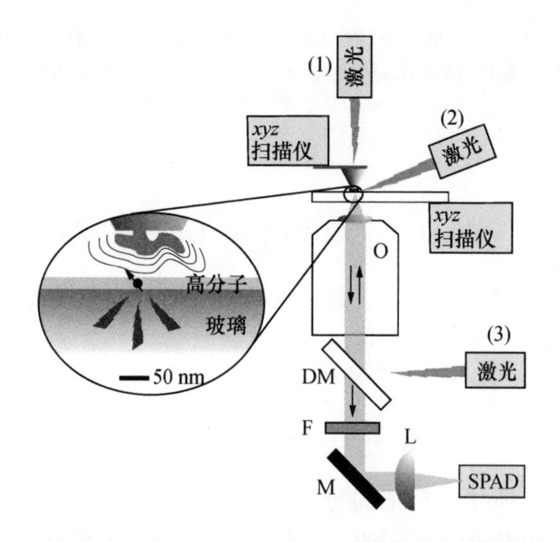

图9.16　在不同的可能照明方式(1),(2),(3)下,利用单荧光分子探测受限场的实验设置示意图.

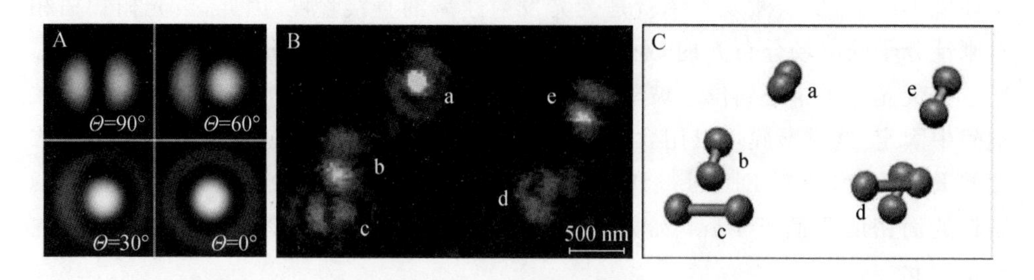

图9.17　图A:在一束聚焦、径向偏振激发光束下计算的荧光速率图案.探测分子偶极矩的面外取向记为角度Θ($\Theta=0$表示与面内分子相一致,即取向垂直于光轴).图B:聚合物薄膜内随机取向的分子相应的实验图案.图C:重构的偶极子取向.引自[35].

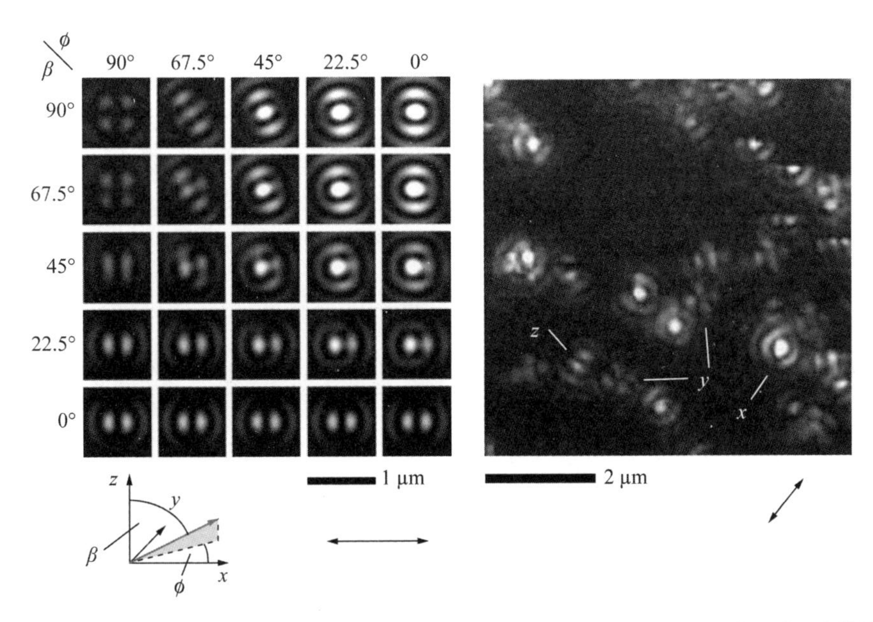

图 9.18 左图:对于环形聚焦束,用各种偶极矩取向的分子探测到的荧光速率图案(计算模拟结果).右图:实验测得的图案.每一个图案都对应于分子吸收偶极子的特定取向.箭头指示了偏振方向.引自[34].

应该注意到其他的小颗粒,比如荧光半导体量子点或小金属颗粒也可以用来研究受限场.然而,荧光分子取向明确的线性吸收偶极矩具备独一无二的优点.对半导体纳米晶体,需要考虑简并偶极矩.

9.4.1 激光聚焦中的场分布

作为一个场映射的例子,我们考虑一个强聚焦束在焦平面上的电场分布.它表示了在全部三个笛卡儿坐标方向上都有分量的受限场,也就是在第 3 章所讨论的,场在焦点处不均匀的情况.对于聚焦的径向偏振束[35]和环形束[34],三个场分量的大小相当.

图 9.17(A)显示了当在高分子-空气界面下方 2 nm 处的一个分子被一束静态径向偏振聚焦束光栅扫描时,计算得出的荧光速率图像[35].分子偶极子的面内取向由左上角图形上的瓣的取向所确定.当偶极子面外角 Θ 增加时,图像也会随之改变.右下角的图像是焦点处的纵向场分量图,它在径向偏振束中是完全环形对称的.在实验中,高分子薄膜内的随机取向的每个分子都能清楚地描绘出焦点上的偏振分量.这显示在图 9.17(B)中.知道了径向偏振束的聚焦场分布,就可以从图 9.17(B)的实验图像中重构出分子的偶极子取向(图 9.17(C)).

纵向场(场矢量方向沿光轴)也可以由束中心强度被消除的标准基模激光束产生[34].这种环形照明的方式没有改变从强聚焦 Gauss 光束中得到的常规图案(见第3章),但是改变了图案的相对强度.图 9.18 给出了计算得到的接近高分子薄膜表面处的分子的荧光速率分布图,这个分布是偶极子取向的函数(左图).在薄膜面内取向且垂直于激发偏振方向的分子的图案与薄膜面内偶极子平行于激发偏振的分子的图案强度可比较.图 9.18(右图)给出了实验结果.所有观测到的实验图案都可以对应于一个分子吸收偶极子的特定取向.

9.4.2 强局域场的探测

在前面的例子中,分子被用作探测激光焦点处的受限场分布的探针.同样的原理可以应用到更强的局域场中.这些场的隐失特性使它们被束缚在材料的表面,所以分子就必须非常靠近表面.然而,靠近材料的表面会改变分子的内禀特性.例如,分子激发态的寿命能够被局域电磁模密度改变,它与其他结构的耦合还能够引入额外的弛豫途径(猝灭),而且强局域场可以引起类似 Stark 效应的能级移动.这些效应将影响分子的荧光发射速率.第8章和第13章对这些效应有详细的讨论.如果假设探测分子与有耗材料表面没有直接接触,我们可以通过一级近似忽略掉这些微扰.在这个前提下,依赖位置的单分子荧光速率测量将能够反映局域场分布的矢量特性.

亚波长小孔附近的场分布

1993年,Betzig 和 Chichester 第一次用单分子探测局域场[36].在实验中,他们探测了一个近场探针的亚波长小孔附近的场分布.van Hulst 小组也做过类似的实验[37].图 9.19 的电子图像展示了在这个实验中所用的小孔近场探针.金属覆盖的锥形玻璃光纤尖端被聚焦离子束切断(见第6章),可以得到一个无晶粒且无污染的平整端面.正如第6章所讨论的那样,激光从光纤远端耦合进入光纤,激发出小孔附近的场.图 9.20 展示了利用图 9.19 中的近场探针光栅扫描单个 $DiIC_{18}$ 分子,得到的荧光速率图案.这三个图是用不同的激发场偏振记录的,但代表同一个采样区域.正如(9.30)式预测的那样,激发场的偏振方向会影响单分子记录的图案.被虚线圆圈标记的图案源自一个偶极子指向近场探针轴的分子.它绘出了沿着分子偶极子轴的场分量的模的平方.记录的图案与第6章中讨论的 Bethe-Bouwkamp 理论的预测一致.根据这个理论,纵向场在沿着入射偏振方向的小孔边缘处是最强的.图 9.20 中的实验图像很好地支持了这个行为.

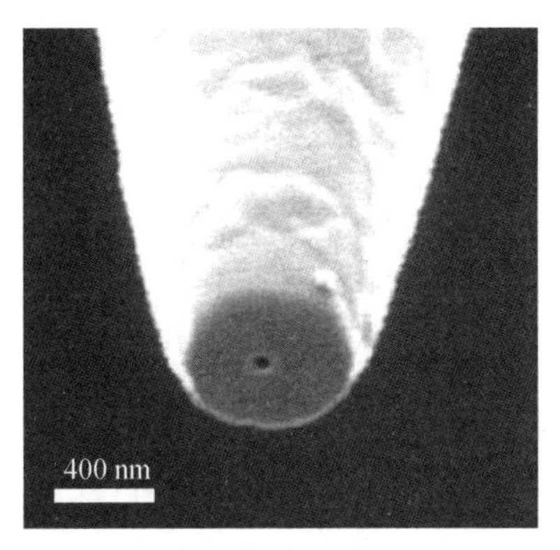

图 9.19 端面用聚焦离子束研磨切割的近场小孔探针. 环形面里的小孔直径为 70(±5)nm. 探针有平整端面,小孔有明确的边缘且环形对称. 引自[37].

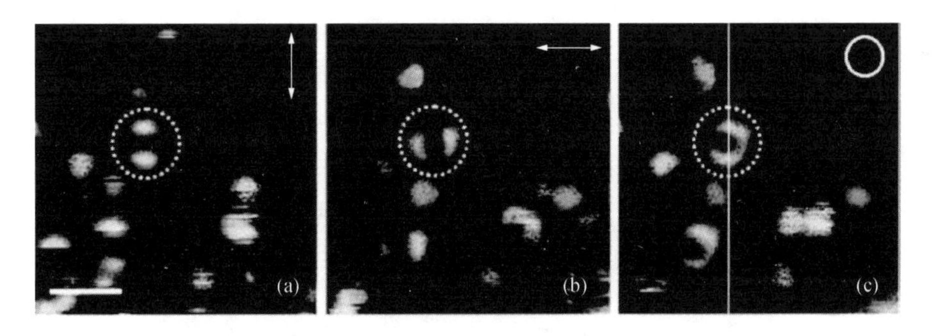

图 9.20 利用图 9.19 中的 70 nm 的小孔探针测得的样品中同一个区域(1.2 μm×1.2 μm)的三个时间相继的荧光图. 样品是镶嵌在 10 nm 厚的 PMMA 薄膜中的单 $\mathrm{DilC_{18}}$ 分子. 激发偏振方向(从远场测量)分别为在垂直图像方向上线偏振(a),在平行图像方向上线偏振(b),和圆偏振(c). 偏振方向的改变影响分子荧光速率图案. 例如,虚线圆圈内的分子的取向垂直于样品表面,也就是指向近场探针的方向. 标尺条=300 nm. 引自[37].

针尖和颗粒附近的场分布

在金属的尖锐点状边界附近可以实现极强的场局域和场增强. 然而,金属在光频段是有耗材料,所以不再能忽略金属对于分子性质的微扰作用. 一种显著的微扰是荧光猝灭:激发态的分子可以通过非辐射衰变弛豫到基态上. 这种情况下,分子的激发能传递给了金属,并最终转化为热量耗散掉. 因此,分子的表观量子产率降低了(见 13.3.2 节).

本节的例子很好地阐明了增强与猝灭的竞争关系. 我们考虑第 6 章中讨论的孔上针尖的近场探针(参考图 6.24). 简而言之,一个金属针尖长在小孔近场探针的端面上. 小孔发射的光照亮了金属针尖,并在尖端产生了局域场增强. 正如第 6 章所讨论的那样,针尖处的期望场分布是在刻入针尖顶端的小球中心的一个垂直偶极子的场分布.在之前情况下,位于针尖附近的分子的激发速率是由局域电场矢量在吸收偶极子轴上的投影决定的.图 9.21(a)显示了 Frey 等从实验中得到的结果[38].当照明针尖扫描过云母片上的 DNA 链末端的几个分子时,出现了清楚的图案,大多数情况下有两个面对面的瓣.图 9.21(b)中显示了当一个分子取向略微指向平面外时,旋转对称的场分布的一个切面图.该图表明,取向不同的分子以不同的方式被激发.例如,图 9.21(b)表明,偶极矩在样品表面平面内的分子能够产生一个双波瓣图案.两个瓣的方向指明了吸收偶极矩在面内分量的取向.如果针尖恰好位于偶极矩在样品面内的分子的正上方,激发效率将非常低,分子图像较暗.另一方面,可以预计如果分子的偶极子垂直于样品面,就会出现一个亮点.在图 9.21(c)上面一排中,给出了不同面外角的单分子的荧光图案.很明显,没有观察到单个亮点的图案.相反,垂直取向的分子呈现出一个对称的圆环.观察到这个现象的原因是从激发态跃迁到基态的非辐射弛豫.当分子正好处于针尖下时,荧光猝灭影响大于场增强的影响,这起到了抑制荧光发射的作用.利用第 8 章的(8.14)式,猝灭作用能够被包括进近场图案的计算中,这样就可以分析在非均匀环境中的偶极子发射体.目前,存在探针时发射体激发态的寿命和发射图案的改变没有被考虑.第 13 章中关于光学天线的讨论中将会涉及这些效应.

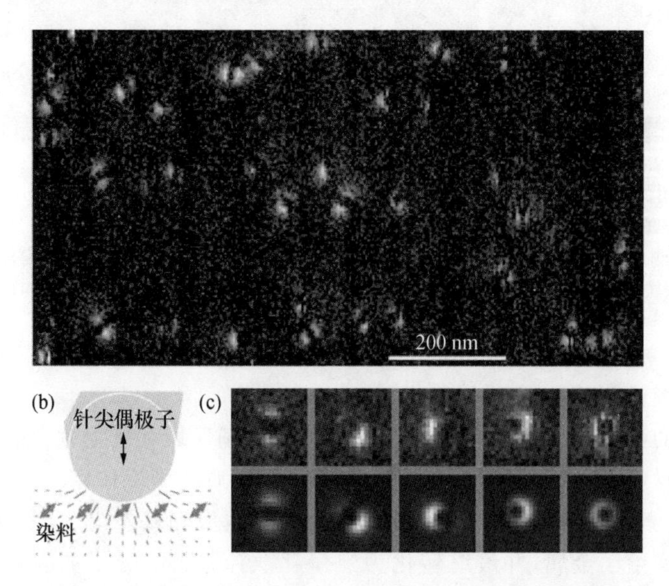

图 9.21　尖锐金属针尖附近的局域场.(a) 孔上针尖探针扫描得到的单分子的荧光速率图案.(b) 用孔上针尖探针在单荧光分子的不同点取样,获得的旋转对称的场分布的一个切面图,该单荧光分子的吸收偶极矩面外取向(箭头标记).(c) 挑选的实验图案与理论图案的对比(见文中所述).引自[38].

§9.5 总　　结

本章讨论了单量子发射体,例如单分子、量子点和金刚石中的缺陷中心的特性.因为它们的微小尺寸,这些系统是探测局域场分布的理想工具,也可以作为点偶极子的实验模型系统.当一个量子发射体与光相互作用时,它的量子特性的内部状态可以对发射光编码.因此,本章讨论的量子发射体是单光子源的基本元件.量子发射体的内禀特性依赖于局域环境,所以它可以作为局域传感器.单分子、量子点和金刚石中的缺陷中心正被用在生物物理学研究和量子逻辑实现中.最后,本章介绍的方法也可以应用在目前还没有讨论过的其他类型的量子发射体上.

习　　题

9.1 在半导体中,Wannier 激子是最低能级激发态.它们是由例如吸收一个能量相当于半导体带隙的光子后的电子-空穴对形成的.哈密顿量描述了这种激子束缚态((9.2)式),它与氢原子的哈密顿量有相同的形式.典型的用于制备发射光处于可见光谱区的纳米晶体的半导体材料是 CdSe.它的介电常数是 10.2,电子和空穴的有效质量分别为 $m_e=0.12m_0$ 和 $m_h=0.5m_0$,其中 m_0 是电子静止质量.计算激子的 Bohr 半径.当纳米晶体比 Bohr 半径小时,量子限域效应变得很重要.有效质量的大小是如何影响 Bohr 半径的?

9.2 带有偶极矩 $\boldsymbol{p}$ 的分子的能量耗散(吸收)速率可以写成

$$P_{\text{abs}}(\omega)=(\omega/2)\,\text{Im}\left[\boldsymbol{p}\cdot\boldsymbol{E}(\omega)\right],$$

$\boldsymbol{E}$ 是局域激发场.偶极矩 $\boldsymbol{p}$ 可以认为是被同一个场按照 $\boldsymbol{p}=\overleftrightarrow{\alpha}\boldsymbol{E}$ 感生的,$\overleftrightarrow{\alpha}$ 是被它的偶极子取向定义的分子的极化率张量.推导(9.3)和(9.4)式.

9.3 证明(9.16)式中的关系.

9.4 在连续波激发下,确定两能级系统的占有数作为时间的函数.仿照脉冲激发的例子,假定激发脉冲是矩形.估计给定宽度的单个矩形激发脉冲发射两个光子的概率.从这个结果看,两能级系统作为触发单光子源的可行性如何?

9.5 证明两能级分子的最大吸收截面是 $\sigma_{\max}=3\lambda^2/(2\pi)$.使用附录 A 中的原子极化率 α 的表达式并用吸收截面 σ 写出 α.注意取向因子.

参考文献

[1] L. Mandel and E. Wolf, *Optical Coherence and Quantum Optics*. Cambridge: Cambridge University Press (1995).

[2] C. Cohen-Tannoudji, J. Dupont-Roc, and G. Grynberg, *Atom-Photon Interactions*. New York: Wiley (1998).

[3] A. Yariv, *Quantum Electronics*. New York: Wiley (1975).

[4] R. Loudon, *The Quantum Theory of Light*. Oxford: Oxford University Press (1983).

[5] T. Basché, W. Moerner, M. Orrit, and U. Wild (eds.), *Single-Molecule Optical Detection, Imaging and Spectroscopy*. Weinheim: VCH Verlagsgesellschaft (1997).

[6] R. K. C. Zander and J. Enderlein (eds.), *Single-Molecule Detection in Solution*. Weinheim: Wiley-VCH Verlag (2002).

[7] J. R. Zurita-Sanchez and L. Novotny, "Multipolar interband absorption in a semi-conductor quantum dot: I. Electric quadrupole enhancement," *J. Opt. Soc. Am. B* **19**, 1355 - 1362 (2002).

[8] H. Haken and H. C. Wolf, *Molecular Physics and Elements of Quantum Chemistry*. Hamburg: Springer-Verlag (2004).

[9] Th. Christ, F. Kulzer, P. Bordat, and Th. Basch, "Watching the photooxidation of a single molecule," *Angew. Chem.* **113**, 4323 - 4326 (2001) and *Angew Chem. Int. Edn. Engl.* **40**, 4192 - 4195 (2001).

[10] L. E. Brus, "Electron-electron and electron-hole interactions in small semiconductor crystallites: the size dependence of the lowest excited electronic state," *J. Chem. Phys.* **80**, 4403 - 4409 (1984).

[11] M. Nirmal, D. J. Norris, M. Kuno, *et al.*, "Observation of the 'dark exciton' in CdSe quantum dots," *Phys. Rev. Lett.* **75**, 3728 - 3731 (1995).

[12] J. Zheng, C. Zhang, and R. M. Dickson, "Highly fluorescent, water-soluble, size-tunable gold quantum dots," *Phys. Rev. Lett.* **93**, 077402-1 (2004).

[13] I. N. Stranski and V. L. Krastanow, *Akad. Wiss. Lit. Mainz Math.-natur. Kl. IIb* **146**, 797 - 810 (1939).

[14] S. A. Empedocles, R. Neuhauser, and M. G. Bawendi, "Three-dimensional orientation measurements of symmetric single chromophores using polarization microscopy," *Nature* **399**, 126 - 130 (1999).

[15] F. Koberling, U. Kolb, I. Potapova, *et al.*, "Fluorescence anisotropy and crystal structure of individual semiconductor nanocrystals," *J. Phys. Chem. B* **107**, 7463 - 7471 (2003).

[16] X. Li, Y. Wu, D. Steel, *et al.*, "An all-optical quantum gate in a semiconductor quantum

dot," *Science* **301**, 809 - 811 (2003).

[17] A. M. Zaitev, "Vibronic spectra of impurity-related centers in diamond," *Phys. Rev. B* **61**, 12909 - 12922 (2000).

[18] A. M. Zaitev, *Optical Properties of Diamond. A Data Handbook*. Berlin: Springer Verlag (2001).

[19] A. Krüger, *Carbon Materials and Nanotechnology*. Weinheim: Wiley-VCH (2010).

[20] F. Jelezko, Image courtesy of Fedor Jelezko and Jörg Wrachtrup.

[21] F. Jelezko and J. Wrachtrup, "Single defect centers in diamond: a review," *Phys. Stat. Sol. (a)* **203**, 3207 - 3225 (2006).

[22] I. Aharonovich, A. D. Greentree, and S. Prawer, "Diamond photonics," *Nature Photonics* **5**, 397 - 405 (2011).

[23] C. Bradac, T. Gaebel, N. Naidoo, *et al.*, "Observation and control of blink- ing nitrogen-vacancy centres in discrete nanodiamonds," *Nature Nanotechnol.* **5**, 345 - 349 (2010).

[24] J. Wrachtrup and F. Jelezko, "Processing quantum information in diamond," *J. Phys.: Condens. Matter* **18**, S807 - S824 (2006).

[25] L. G. Rogers, S. Armstrong, M. J. Sellars, and N. B. Manson, "Infrared emission of the NV centre in diamond: Zeeman and uniaxial stress studies," *New J. Phys.* **10**, 103024 (2008).

[26] E. Rittweger, K. Y. Han, S. E. Irvine, C. Eggeling, and S. W. Hell, "STED microscopy reveals crystal colour centres with nanometric resolution," *Nature Photonics* **3**, 144 - 147 (2009). Reprinted by permission from Macmillan Publishers Ltd.

[27] C. Bohren and D. Huffman, *Absorption and Scattering of Light by Small Particles*. New York: John Wiley & Sons (1983).

[28] N. Gisin, G. Ribordy, W. Tittel, and H. Zbinden, "Quantum cryptography," *Rev. Mod. Phys.* **74**, 145 - 195 (2002).

[29] S. Reynaud, *Ann. Phys. (Paris)* **8**, 351 (1983).

[30] G. Arfken and H. Weber, *Mathematical Methods for Physicists*. London: Academic Press (1995).

[31] R. Hanbury-Brown and R. Q. Twiss, "Correlation between photons in two coherent beams of light," *Nature* **177**, 27 - 29 (1956).

[32] L. Fleury, J. M. Segura, G. Zumofena, B. Hecht, and U. P. Wild, "Nonclassical photon statistics in single-molecule fluorescence at room temperature," *Phys. Rev. Lett.* **84**, 1148 - 1151 (2000).

[33] B. Lounis and W. E. Moerner, "Single photons on demand from a single molecule at room temperature," *Nature* **407**, 491 - 493 (2000).

[34] B. Sick, B. Hecht, and L. Novotny, "Orientational imaging of single molecules by annular illumination," *Phys. Rev. Lett.* **85**, 4482 - 4485 (2000).

[35] L. Novotny, M. Beversluis, K. Youngworth, and T. Brown, "Longitudinal field modes

probed by single molecules," *Phys. Rev. Lett.* **86**, 5251 - 5254 (2001).

[36] E. Betzig and R. Chichester, "Single molecules observed by near-field scanning optical microscopy," *Science* **262**, 1422 - 1425 (1993).

[37] J. A. Veerman, M. F. García-Parajó, L. Kuipers, and N. F. van Hulst, "Single molecule mapping of the optical field distribution of probes for near-field microscopy," *J. Microsc.* **194**, 477 - 482 (1999).

[38] H. G. Frey, S. Witt, K. Felderer, and R. Guckenberger, "High-resolution imaging of single fluorescent molecules with the optical near-field of a metal tip," *Phys. Rev. Lett.* **93**, 200801 (2004).

第 10 章　平面界面附近的偶极子发射

平面层状介质上或附近的偶极子辐射问题在很多研究领域中有很重要的意义. 比如在天线理论、单分子光谱、腔量子电动力学、集成光学、光路设计(微带),和表面污染控制等领域都会遇到这个问题. 相关理论也用来解释吸附在贵金属表面上的分子的增强 Raman 效应,而在表面科学和电化学领域也用该理论解释吸附在固体表面上的分子的光学性质,关于这方面的详细讨论请见文献[1]. 在近场光学领域,这种接近界面的偶极子模型被不同的研究者用来模拟小尺寸光源和颗粒的散射[2]. 其声学类比也应用在如地震调查和材料中缺陷的超声探测等问题中[3].

Sommerfeld 在 1909 年的原始论文里[4]发展了一个偶极子辐射理论,文中偶极子的取向垂直于平面有耗地面. 他发现了两种不同的渐近解:空间波(球面波)和表面波. 其中表面波已经被 Zenneck[5]详细研究过. Sommerfeld 认为,相比空间波,表面波沿地球表面的径向衰减较慢是有长距离的无线电波传输的原因. 但是后来,研究者发现了空间波在单个球体上的反射现象,Sommerfeld 的理论就不再有效,因为这说明球面波的径向衰减也较慢. 尽管如此,Sommerfeld 的理论仍是随后很多研究的基础. 1911 年,Sommerfeld 的学生 Hörschelmann[6,7]在他的博士论文中分析了水平方向的偶极子辐射情况,且推广到柱坐标系. Weyl[8]在 1919 年用平面波和隐失波(角谱表示)的叠加方法推广了这个问题,而 Strutt[9],Van der Pol 和 Niessen[10]用相同的方法继续发展了此理论. Agarwal 后来用 Weyl 表示把该理论推广到量子电动力学中[11]. 由于早期的理论都是用德文写作的,未能被很多研究者所了解. 因此,这个理论的各个方面在随后的年代里又被很多人重复研究. 该理论早期进展的英文版本总结在 Sommerfeld 的理论物理讲义[12]中.

初看起来,在平面界面附近的偶极子发射场的数值计算好像是一个很容易的课题. 原偶极子场(自由空间 Green 函数)拥有一个简单的数学描述,平面界面可以降低维度. 进一步考虑,平面界面可以作为不同坐标系的常数参考坐标面. 因此,对如此基本的问题没有一个解析解是很令人吃惊的,即使对拥有完美旋转对称性的垂直取向的偶极子也是如此. 只有在一些极限情况下,例如理想导体界面和准静态极限时,才能获得想要的简单性.

§ 10.1 容许和禁戒光

让我们考虑图 10.1 的情况,这里一个偶极子位于一个层状衬底上.我们假设下半空间(衬底)相比上半空间(真空)是光密的.如果偶极子距离衬底最上层表面小于一个波长,偶极子的隐失场成分会和层状结构作用,能激发出其他形式的电磁辐射.其能量可以(1) 被此层吸收,(2) 在下半空间转换成传导波,(3) 耦合到沿着此层的传播模式.在第二种情况,平面波的传播方向要超过全内反射的临界角 $\alpha_c = \arcsin(n_1/n_3)$,这里 n_1 和 n_3 是上半和下半空间的折射率.平面波振幅指数地依赖于偶极子距离平面层的高度.因此,对于距离表面几个波长的偶极子,实际上没有光耦合到超过临界角的方向上.这就是为什么超临界角的光被称为禁戒光(forbidden light)[13].

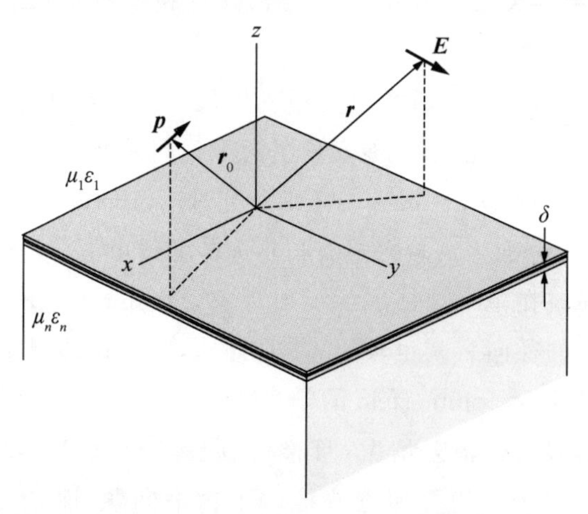

图 10.1 偶极子问题的构型.偶极子位于 $\boldsymbol{r}_0 = (x_0, y_0, z_0)$,平面界面用 z = 常数表征.最外层的表面过坐标原点.上半空间和下半空间分别用下标 1 和 n 表示.

图 10.2 示例了容许和禁戒光的不同之处(参考 2.14.2 节).这里,我们假定 $\varepsilon_3 > \varepsilon_1 > \varepsilon_2$.在构型(a)中,介质界面被一束平行光所照射,这束平行光从上部介质入射,且在下部介质中有传播的透射光存在.如果第二个界面向上靠近,进入最下部介质的光并不依赖于两个界面之间的距离,除了干涉起伏的情形,并且透射光的方向也在全内反射临界角之内.但(b)的情形却完全不同,这里光波入射到上界面后,没有透射光,取而代之的是有隐失波形成,在法向指数衰减,沿界面方向传播.如果第二个界面向上靠近,隐失波将转换成在最下分区域中的传导波(光学隧穿).这种波的传播方向要大于全内反射临界角,且紧密依赖于两个界面之间的空隙(也见 2.14.2 节).

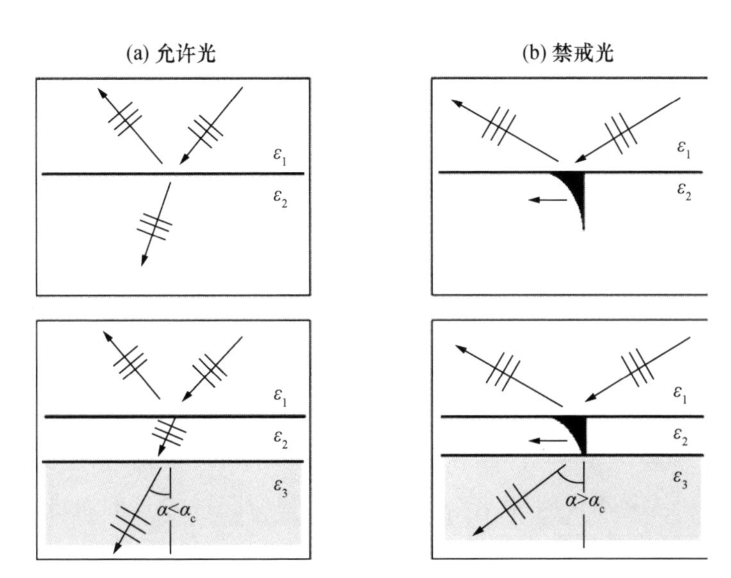

图 10.2　容许和禁戒光的示意图. 三种介质满足 $\varepsilon_3>\varepsilon_1>\varepsilon_2$. 入射光以如下方式射到上界面：(a) 透射光存在，(b) 光波全反射.

§ 10.2　并矢 Green 函数的角谱表示

图 10.1 中提出的问题的解要用满足 Maxwell 方程组的适当函数展开. 为了解析地满足边界条件，这些函数必须在界面正交. 在笛卡儿和柱坐标系中这种展开是能实现的. 这两种坐标系的处理方法有各自的优势和不足，但都不能获得解析解. Sommerfeld 的理论是在柱坐标系中展开的. 既然电场仅仅被单个积分所表达，这种方法从数值计算方面来看是非常有效的. 可以在文献[2]中找到 Sommerfeld 方法的详细阐述. 因为在物理上更加直观，这里我们用平面波和隐失波(角谱表示)来展开. 并且用合适的代换，把结果从笛卡儿坐标系中转换到柱坐标系中是很直接的. 为了能够清楚地表达所有可能的偶极子取向，我们将采用在第 2 章中介绍的并矢 Green 函数公式.

让我们首先回顾在均匀、线性、各向同性介质中的偶极子场. 在这种情况下，移走图 10.1 中的界面，整个空间用 ε_1 和 μ_1 来表征. 并矢 Green 函数 $\overleftrightarrow{\boldsymbol{G}}_0(\boldsymbol{r},\boldsymbol{r}_0)$定义的位于 $\boldsymbol{r}_0=(x_0,y_0,z_0)$的偶极子 $\boldsymbol{p}$ 的电场 $\boldsymbol{E}(\boldsymbol{r})$为

$$\boldsymbol{E}(\boldsymbol{r})=\omega^2\mu_0\mu_1\overleftrightarrow{\boldsymbol{G}}_0(\boldsymbol{r},\boldsymbol{r}_0)\boldsymbol{p}. \tag{10.1}$$

材料参数和振荡频率确定了波数 k_1 和它的纵向分量 k_{z_1}. 为用角谱来表示 $\overleftrightarrow{\boldsymbol{G}}_0$，我们首先考虑矢势 $\boldsymbol{A}$，它满足(参考(2.79)式)

$$[\nabla^2 + k_1^2]\boldsymbol{A}(\boldsymbol{r}) = -\mu_0\mu_1 \boldsymbol{j}(\boldsymbol{r}). \tag{10.2}$$

这里 $\boldsymbol{j}$ 是偶极子的电流密度,可表示为

$$\boldsymbol{j}(\boldsymbol{r}) = -\mathrm{i}\omega\delta(\boldsymbol{r}-\boldsymbol{r}_0)\boldsymbol{p}. \tag{10.3}$$

利用标量 Green 函数 G_0 的定义(参考(2.82)式),有

$$\boldsymbol{A}(\boldsymbol{r}) = \boldsymbol{p}\,\frac{k_1^2}{\mathrm{i}\omega\varepsilon_0\varepsilon_1}\,\frac{\mathrm{e}^{\mathrm{i}k_1|\boldsymbol{r}-\boldsymbol{r}_0|}}{4\pi\,|\,\boldsymbol{r}-\boldsymbol{r}_0\,|}, \tag{10.4}$$

其中用到了(2.84)式. 注意矢势在偶极矩的方向上偏振. 现在我们引入在 2.15.1 节介绍的 Weyl 恒等式,重写矢势①

$$\boldsymbol{A}(\boldsymbol{r}) = \boldsymbol{p}\,\frac{k_1^2}{8\pi^2\omega\varepsilon_0\varepsilon_1}\iint\limits_{-\infty}^{\infty}\frac{1}{k_{z_1}}\mathrm{e}^{\mathrm{i}[k_x(x-x_0)+k_y(y-y_0)+k_{z_1}|z-z_0|]}\,\mathrm{d}k_x\,\mathrm{d}k_y. \tag{10.5}$$

利用 $\boldsymbol{E}=\mathrm{i}\omega[1+k_1^{-2}\nabla\nabla\cdot]\boldsymbol{A}$,可以直接推导出电场强度. 类似地,磁场强度可以通过 $\boldsymbol{H}=(\mu_0\mu_1)^{-1}\nabla\times\boldsymbol{A}$ 得到. 比较(10.1)式和上面所获得的 $\boldsymbol{E}$ 的表达式,我们能够辨识出并矢 Green 函数为

$$\overleftrightarrow{\boldsymbol{G}}_0(\boldsymbol{r},\boldsymbol{r}_0) = \frac{\mathrm{i}}{8\pi^2}\iint\limits_{-\infty}^{\infty}\overleftrightarrow{\boldsymbol{M}}\mathrm{e}^{\mathrm{i}[k_x(x-x_0)+k_y(y-y_0)+k_{z_1}|z-z_0|]}\,\mathrm{d}k_x\,\mathrm{d}k_y,$$

$$\overleftrightarrow{\boldsymbol{M}} = \frac{1}{k_1^2 k_{z_1}}\begin{bmatrix} k_1^2-k_x^2 & -k_xk_y & \mp k_xk_{z_1} \\ -k_xk_y & k_1^2-k_y^2 & \mp k_yk_{z_1} \\ \mp k_xk_{z_1} & \mp k_yk_{z_1} & k_1^2-k_{z_1}^2 \end{bmatrix} \tag{10.6}$$

矩阵 $\overleftrightarrow{\boldsymbol{M}}$ 中有些项有两种不同的符号,起源于绝对值 $|z-z_0|$. 上面的符号对应于 $z>z_0$,下面的符号对应于 $z<z_0$. (10.6)式允许我们用平面波和隐失波来表示任意取向的偶极子.

§10.3　并矢 Green 函数的分解

为了能够把 Fresnel 反射和透射系数应用到偶极子场,需要将并矢 Green 函数 $\overleftrightarrow{\boldsymbol{G}}$ 分解成 s 振和 p 偏振两部分. 这种分解伴随着把矩阵 $\overleftrightarrow{\boldsymbol{M}}$ 分成两部分:

$$\overleftrightarrow{\boldsymbol{M}}(k_x,k_y) = \overleftrightarrow{\boldsymbol{M}}^{\mathrm{s}}(k_x,k_y) + \overleftrightarrow{\boldsymbol{M}}^{\mathrm{p}}(k_x,k_y), \tag{10.7}$$

其中我们意识到在图 10.1 中偶极子取向垂直于平面界面时只产生纯的 p 偏振场. 这是因为电偶极子 $\boldsymbol{p}=p\boldsymbol{n}_z$ 的磁场仅有 H_ϕ 分量(见(8.64)式),平行于界面. 类似

① 记住 $k_{z_i}=\sqrt{k_i^2-(k_x^2+k_y^2)}$ 且 $\mathrm{Im}\{k_{z_i}\}\geqslant 0$.

地，一个垂直于界面的磁偶极子会得到一个纯的 s 偏振场. 因此我们定义矢势[2]

$$\mathbf{A}^{\mathrm{e}}(\boldsymbol{r}) = A^{\mathrm{e}}(\boldsymbol{r})\boldsymbol{n}_z, \tag{10.8}$$

$$\mathbf{A}^{\mathrm{h}}(\boldsymbol{r}) = A^{\mathrm{h}}(\boldsymbol{r})\boldsymbol{n}_z, \tag{10.9}$$

则相关的电场和磁场强度为

$$\boldsymbol{E} = \mathrm{i}\omega\left[1 + \frac{1}{k_1^2}\nabla\nabla\cdot\right]\mathbf{A}^{\mathrm{e}} - \frac{1}{\varepsilon_0\varepsilon_1}\nabla\times\mathbf{A}^{\mathrm{h}}, \tag{10.10}$$

$$\boldsymbol{H} = \mathrm{i}\omega\left[1 + \frac{1}{k_1^2}\nabla\nabla\cdot\right]\mathbf{A}^{\mathrm{h}} + \frac{1}{\mu_0\mu_1}\nabla\times\mathbf{A}^{\mathrm{e}}, \tag{10.11}$$

这里 $\mathbf{A}^{\mathrm{e}}$ 和 $\mathbf{A}^{\mathrm{h}}$ 各自产生一个纯的 p 偏振和 s 偏振场. 接着，我们引入 A^{e} 和 A^{h} 的角谱表示

$$A^{\mathrm{e,h}}(x,y,z) = \frac{1}{2\pi}\iint_{-\infty}^{\infty}\hat{A}^{\mathrm{e,h}}(k_x,k_y)\mathrm{e}^{\mathrm{i}[k_x(x-x_0)+k_y(y-y_0)+k_{z_1}|z-z_0|]}\mathrm{d}k_x\mathrm{d}k_y, \tag{10.12}$$

把上式和(10.8)，(10.9)式一起代入(10.10)式，再把得到的电场表达式和上节推导出的并矢 Green 函数比较，可以辨识出 Fourier 角谱

$$\hat{A}^{\mathrm{e}}(k_x,k_y) = \frac{\omega\mu_0\mu_1}{4\pi}\frac{\mp\mu_x k_x k_{z_1} \mp \mu_y k_y k_{z_1} + \mu_z(k^2 - k_{z_1}^2)}{k_{z_1}(k_x^2 + k_y^2)} \tag{10.13}$$

$$\hat{A}^{\mathrm{h}}(k_x,k_y) = \frac{k_1^2}{4\pi}\frac{-\mu_x k_y + \mu_y k_x}{k_{z_1}(k_x^2 + k_y^2)}, \tag{10.14}$$

其中我们用笛卡儿坐标 $\boldsymbol{p} = (p_x, p_y, p_z)$ 来表示偶极子. 最后，通过把 $\hat{A}^{\mathrm{e}}$ 和 $\hat{A}^{\mathrm{h}}$ 代入(10.10)式并利用(10.1)式的定义，并矢 Green 函数的 s 偏振和 p 偏振部分就能够确定. 矩阵 $\overleftrightarrow{\boldsymbol{M}}$ 的分解是

$$\overleftrightarrow{\boldsymbol{M}}^{\mathrm{s}} = \frac{1}{k_{z_1}(k_x^2 + k_y^2)}\begin{bmatrix} k_y^2 & -k_x k_y & 0 \\ -k_x k_y & k_x^2 & 0 \\ 0 & 0 & 0 \end{bmatrix},$$

$$\overleftrightarrow{\boldsymbol{M}}^{\mathrm{p}} = \frac{1}{k_1^2(k_x^2 + k_y^2)}\begin{bmatrix} k_x^2 k_{z_1} & k_x k_y k_{z_1} & \mp k_x(k_x^2 + k_y^2) \\ k_x k_y k_{z_1} & k_y^2 k_{z_1} & \mp k_y(k_x^2 + k_y^2) \\ \mp k_x(k_x^2 + k_y^2) & \mp k_y(k_x^2 + k_y^2) & (k_x^2 + k_y^2)^2/k_{z_1} \end{bmatrix}. \tag{10.15}$$

---

[2] 注意只有 $\mathbf{A}^{\mathrm{e}}$ 具有矢势的单位，$\mathbf{A}^{\mathrm{h}}$ 是矢势的磁类比.

§10.4　反射和透射场的并矢 Green 函数

我们假定有一个位于平面层状界面上的偶极子(如图10.1),其原场可以用并矢 Green 函数 $\overleftrightarrow{\boldsymbol{G}}_0$ 表示.我们选定原点位于最上层界面的一个坐标系.因此偶极子的 z 坐标(z_0)指的是其在层状介质上方的高度.为计算偶极子的反射场,我们可以简单地把相应的 Fresnel 反射系数 r^{s} 和 r^{p} 和并矢 $\overleftrightarrow{\boldsymbol{G}}$ 表示的单个平面波相乘.这些系数可以很容易地表示为(k_x,k_y)的函数(参考(2.51)式和(2.52)式).对于反射场,我们得到了新的并矢 Green 函数

$$\overleftrightarrow{\boldsymbol{G}}_{\mathrm{ref}}(\boldsymbol{r},\boldsymbol{r}_0)=\frac{\mathrm{i}}{8\pi^2}\iint_{-\infty}^{\infty}[\overleftrightarrow{\boldsymbol{M}}_{\mathrm{ref}}^{\mathrm{s}}+\overleftrightarrow{\boldsymbol{M}}_{\mathrm{ref}}^{\mathrm{p}}]\mathrm{e}^{\mathrm{i}[k_x(x-x_0)+k_y(y-y_0)+k_{z_1}(z+z_0)]}\mathrm{d}k_x\mathrm{d}k_y,$$

$$\overleftrightarrow{\boldsymbol{M}}_{\mathrm{ref}}^{\mathrm{s}}=\frac{r^{\mathrm{s}}(k_x,k_y)}{k_{z_1}(k_x^2+k_y^2)}\begin{bmatrix}k_y^2 & -k_xk_y & 0\\ -k_xk_y & k_x^2 & 0\\ 0 & 0 & 0\end{bmatrix},$$

$$\overleftrightarrow{\boldsymbol{M}}_{\mathrm{ref}}^{\mathrm{p}}=\frac{-r^{\mathrm{p}}(k_x,k_y)}{k_1^2(k_x^2+k_y^2)}\begin{bmatrix}k_x^2k_{z_1} & k_xk_yk_{z_1} & k_x(k_x^2+k_y^2)\\ k_xk_yk_{z_1} & k_y^2k_{z_1} & k_y(k_x^2+k_y^2)\\ -k_x(k_x^2+k_y^2) & -k_y(k_x^2+k_y^2) & -(k_x^2+k_y^2)^2/k_{z_1}\end{bmatrix}.$$

(10.16)

所以,上半空间电场强度就可以通过原 Green 函数和反射 Green 函数的和来计算:

$$\boldsymbol{E}(\boldsymbol{r})=\omega^2\mu_0\mu_1[\overleftrightarrow{\boldsymbol{G}}_0(\boldsymbol{r},\boldsymbol{r}_0)+\overleftrightarrow{\boldsymbol{G}}_{\mathrm{ref}}(\boldsymbol{r},\boldsymbol{r}_0)]\boldsymbol{p}.\tag{10.17}$$

$\overleftrightarrow{\boldsymbol{G}}$ 和 $\overleftrightarrow{\boldsymbol{G}}_{\mathrm{ref}}$ 的和能够看作一个上半空间的新 Green 函数.

透射场可以用 Fresnel 透射系数 t^{s},t^{p}(参考(2.51)式和(2.52)式)来表达.对于下半空间,我们可以得到

$$\overleftrightarrow{\boldsymbol{G}}_{\mathrm{tr}}(\boldsymbol{r},\boldsymbol{r}_0)=\frac{\mathrm{i}}{8\pi^2}\iint_{-\infty}^{\infty}[\overleftrightarrow{\boldsymbol{M}}_{\mathrm{tr}}^{\mathrm{s}}+\overleftrightarrow{\boldsymbol{M}}_{\mathrm{tr}}^{\mathrm{p}}]\mathrm{e}^{\mathrm{i}[k_x(x-x_0)+k_y(y-y_0)-k_{z_n}(z+\delta)+k_{z_1}z_0]}\mathrm{d}k_x\mathrm{d}k_y,$$

$$\overleftrightarrow{\boldsymbol{M}}_{\mathrm{tr}}^{\mathrm{s}}=\frac{t^{\mathrm{s}}(k_x,k_y)}{k_{z_1}(k_x^2+k_y^2)}\begin{bmatrix}k_y^2 & -k_xk_y & 0\\ -k_xk_y & k_x^2 & 0\\ 0 & 0 & 0\end{bmatrix},$$

$$\overleftrightarrow{\boldsymbol{M}}_{\mathrm{tr}}^{\mathrm{p}} = \frac{t^{\mathrm{p}}(k_x, k_y)}{k_1 k_n (k_x^2 + k_y^2)} \begin{bmatrix} k_x^2 k_{z_n} & k_x k_y k_{z_n} & k_x (k_x^2 + k_y^2) k_{z_n} / k_{z_1} \\ k_x k_y k_{z_n} & k_y^2 k_{z_n} & k_y (k_x^2 + k_y^2) k_{z_n} / k_{z_1} \\ k_x (k_x^2 + k_y^2) & k_y (k_x^2 + k_y^2) & (k_x^2 + k_y^2)^2 / k_{z_1} \end{bmatrix}. \tag{10.18}$$

参数 δ 指的是层状界面的总高度. 对于仅存在一个界面的情形,$\delta=0$. 下半空间的电场强度可通过如下计算获得:

$$\boldsymbol{E}(\boldsymbol{r}) = \omega^2 \mu_0 \mu_1 \overleftrightarrow{\boldsymbol{G}}_{\mathrm{tr}}(\boldsymbol{r}, \boldsymbol{r}_0) \boldsymbol{p}. \tag{10.19}$$

函数 $\overleftrightarrow{\boldsymbol{G}}_{\mathrm{tr}}$可看作下半空间的新 Green 函数.

层状结构内部的场计算需要给出在界面上的边界条件. 在文献[2]中给出了一个两界面结构(在一个平面衬底上存在一个平面薄层)电场的表达式,其明确的场分量表达式在附录 D 中. 本章中的讨论并不需要单个层内部场的表达式. 但是,为计算在上半空间和下半空间的电场,我们需要知道 Fresnel 反射和透射系数. 对于单个界面,这些系数已经在(2.51)和(2.52)式中给出了. 推广到多个界面的情形,这些系数可在文献[14]中找到. 作为一个例子,厚度为 d 的单层的反射和透射系数为

$$r^{(\mathrm{p,s})} = \frac{r_{1,2}^{(\mathrm{p,s})} + r_{2,3}^{(\mathrm{p,s})} \exp(2\mathrm{i}k_{z_2} d)}{1 + r_{1,2}^{(\mathrm{p,s})} r_{2,3}^{(\mathrm{p,s})} \exp(2\mathrm{i}k_{z_2} d)}, \tag{10.20}$$

$$t^{(\mathrm{p,s})} = \frac{t_{1,2}^{(\mathrm{p,s})} t_{2,3}^{(\mathrm{p,s})} \exp(\mathrm{i}k_{z_2} d)}{1 + r_{1,2}^{(\mathrm{p,s})} r_{2,3}^{(\mathrm{p,s})} \exp(2\mathrm{i}k_{z_2} d)}, \tag{10.21}$$

这里 $r_{i,j}^{(\mathrm{p,s})}$ 和 $t_{i,j}^{(\mathrm{p,s})}$ 指的是单个界面(i,j)的反射和透射系数.

为了计算在上半空间和下半空间的场,把场的表达式转换到柱坐标系中是较为方便的. 利用恒等式(3.57),仅用一个积分变量 k_ρ 来表达场是可能的. 磁场强度可以通过 Maxwell 方程 $\mathrm{i}\omega\mu_0\mu_i\boldsymbol{H}=\nabla\times\boldsymbol{E}$ 直接推导出:

$$\boldsymbol{H}(\boldsymbol{r}) = \begin{cases} -\mathrm{i}\omega[\nabla \times (\overleftrightarrow{\boldsymbol{G}} + \overleftrightarrow{\boldsymbol{G}}_{\mathrm{ref}})]\boldsymbol{p} & \text{上半空间}, \\ -\mathrm{i}\omega(\mu_1/\mu_n)[\nabla \times \overleftrightarrow{\boldsymbol{G}}_{\mathrm{tr}}]\boldsymbol{p} & \text{下半空间}. \end{cases} \tag{10.22}$$

这里,旋度算符分别作用到并矢 Green 函数的每一个列矢量上.

作为一个例子,图 10.3 给出了一个靠近平板型波导的偶极子场分布. 这个偶极子在(x,z)面内,取向是 $\theta=60°$,也就是 $\boldsymbol{p}=p(\sqrt{3}/2,0,1/2)$,主要向下方的光密介质辐射. 偶极子近场激发了波导中两个低阶模式 TE_0 和 TM_0.

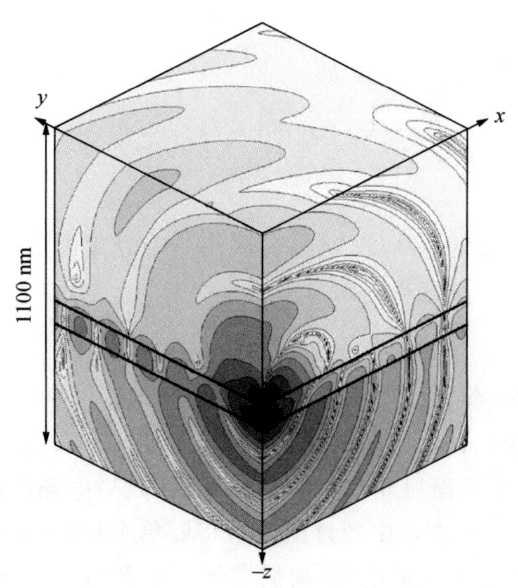

图 10.3 在确定的时间，平板型波导上面一个偶极子的功率密度. 偶极子位于 $h=20$ nm 处，它的轴在(x, z)面上，$\theta=60°$，$\lambda=488$ nm，$d=80$ nm，$\varepsilon_1=1$，$\varepsilon_2=5$，$\varepsilon_3=2.25$. 相邻的等值线之间有因子 2 的差别.

§10.5 平面界面附近的自发衰变速率

辐射偶极子的归一化能量耗散速率 P/P_0 由(8.80)式定义. 通常，由于偶极子可以与层状结构支持的其他模式(声子、热、表面模式、波导模式等)耦合，因而偶极子的能量并不是都转换成辐射. 对于一个内禀量子产率为 $q_i=1$ 的非相干衰变量子系统，归一化的自发衰变速率 γ/γ_0 与 P/P_0 相等(参考(8.141)式)，且需要在偶极子原点 $\boldsymbol{r}_0$ 处计算散射场 $\boldsymbol{E}_s(\boldsymbol{r}_0)$ 的值. 在现在的情形下，散射场对应于反射场 $\boldsymbol{E}_{\text{ref}}$，在原点处为

$$\boldsymbol{E}_{\text{ref}}(\boldsymbol{r}_0)=\omega^2\mu_0\mu_1\overleftrightarrow{\boldsymbol{G}}_{\text{ref}}(\boldsymbol{r}_0,\boldsymbol{r}_0)\boldsymbol{p}. \tag{10.23}$$

$\overleftrightarrow{\boldsymbol{G}}_{\text{ref}}$由(10.16)式定义. 做下面的代换对后面的推导是方便的：

$$k_x=k_\rho\cos\phi,\quad k_y=k_\rho\sin\phi,\quad \mathrm{d}k_x\mathrm{d}k_y=k_\rho\mathrm{d}k_\rho\mathrm{d}\phi, \tag{10.24}$$

这使我们可以得到对 ϕ 积分的解析解[3]. 在原点，$\overleftrightarrow{\boldsymbol{G}}_{\text{ref}}$呈现对角形式

---

③ 注意与由把平面界面变换为球面界面而导出的(3.46)式的差别. 此处积分是固定对一个平面界面进行的.

$$\overleftrightarrow{G}_{\text{ref}}(\boldsymbol{r}_0,\boldsymbol{r}_0)=\frac{\mathrm{i}}{8\pi k_1^2}\int_0^{\infty}\frac{k_\rho}{k_{z_1}}\begin{bmatrix}k_1^2r^{\mathrm{s}}-k_{z_1}^2r^{\mathrm{p}} & 0 & 0\\ 0 & k_1^2r^{\mathrm{s}}-k_{z_1}^2r^{\mathrm{p}} & 0\\ 0 & 0 & 2k_\rho^2r^{\mathrm{p}}\end{bmatrix}\mathrm{e}^{2\mathrm{i}k_{z_1}z_0}\,\mathrm{d}k_\rho. \tag{10.25}$$

利用(10.23)和(8.80)式,就可以直接确定归一化的能量耗散速率.为方便起见,我们做代换 $s=k_\rho/k_1$ 和 $\sqrt{1-s^2}=k_{z_1}/k_1$.然后,用缩写 $s_z=(1-s^2)^{1/2}$,可得到

$$\begin{aligned}\frac{P}{P_0}=&1+\frac{p_x^2+p_y^2}{|\boldsymbol{p}|^2}\frac{3}{4}\int_0^{\infty}\mathrm{Re}\left\{\frac{s}{s_z}[r^{\mathrm{s}}-s_z^2r^{\mathrm{p}}]\mathrm{e}^{2\mathrm{i}k_1z_0s_z}\right\}\mathrm{d}s\\&+\frac{p_z^2}{|\boldsymbol{p}|^2}\frac{3}{2}\int_0^{\infty}\mathrm{Re}\left\{\frac{s^3}{s_z}r^{\mathrm{p}}\mathrm{e}^{2\mathrm{i}k_1z_0s_z}\right\}\mathrm{d}s.\end{aligned} \tag{10.26}$$

这里反射系数是变量 s 的函数,即 $r^{\mathrm{s}}(s)$ 和 $r^{\mathrm{p}}(s)$. 偶极矩用笛卡儿分量写作 $\boldsymbol{p}=(p_x, p_y, p_z)$.积分范围[0,∞)能够分成两个区间.第一个区间与角谱的平面波相联系,也就是 $k_\rho\in[0,k_1]$,而第二个区间对应着隐失波的波谱 $k_\rho\in[k_1,\infty)$.因此,偶极子既和反射平面波又和隐失波作用.积分中的指数项是隐失波的指数衰减,而平面波是振荡的.

根据(8.116)式,能量耗散的归一化速率与量子力学中两能级系统(比如分子)的自发衰变速率一致.分子的归一化寿命 $\dfrac{\tau}{\tau_0}=\left(\dfrac{P}{P_0}\right)^{-1}$ 作为衬底和一个逐渐趋近的界面的间距 h(见图 10.4)的函数如图 10.5 所示.归一化量 τ_0 指的是这样一个构型下的值:分子位于玻璃表面,但第二个界面不存在($h\to\infty$).

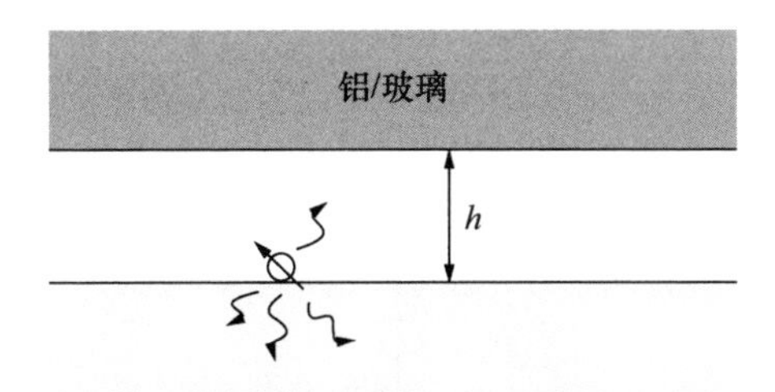

图 10.4 在平面界面附近的单分子荧光.分子位于介质衬底表面上,上面有金属($\varepsilon=-34.5+8.5\mathrm{i}$)或玻璃($\varepsilon=2.25$)界面.波长 $\lambda=488$ nm.

曲线的起伏来源于分子的传播波(平面波)和趋近界面的反射波的干涉.正如所预计的,在金属表面和偶极子水平取向时,这种起伏会变大.在 h 值较小时,在所有的构型中,分子的寿命都会减小.这种减小是由于隐失场成分辅助的非辐射衰变速率增加造成的.依赖于趋近界面是金属或者介质,分子的隐失场成分会热耗散,或者部分转变成在上半空间超过临界角的传播场[15].对于金属界面,当 $h\to0$ 时,

寿命也趋向 0[16]. 在这种情况下,分子把激发能传给金属,因此没有明显的辐射,荧光也会猝灭.

图 10.5(b)和(d)给出了 $h<20$ nm 时的寿命,这个距离在光学近场范围内. 对于垂直取向的偶极子,在介质界面的情况下,寿命总会长些. 但是对于水平取向的偶极子却不是这种情况,图 10.5(b)显示两条曲线是交叉的. 在间距大于 $h\approx$ 8.3 nm 时,界面是铝时的激发分子的寿命要大于界面是介质材料时的寿命,但是小于 $h\approx$8.3 nm 的情况却相反. 寿命的反转可通过小孔扫描近场光学显微术的实验来验证. 在光学探针的中心的一个分子面对介质芯,此介质芯近似为平面界面. 在金属覆盖层下面的地方,情况对应于分子面对金属平面界面. 因此,对于小的探针-样品间距,在偶极子取向为水平时,分子的寿命在中心位置要大于在偏移的位置. 相反的情况也适用于间距大于约 8.3 nm 时. 这些发现证实了实验的观察[17],数值模拟结果也在文献[18]中给出过.

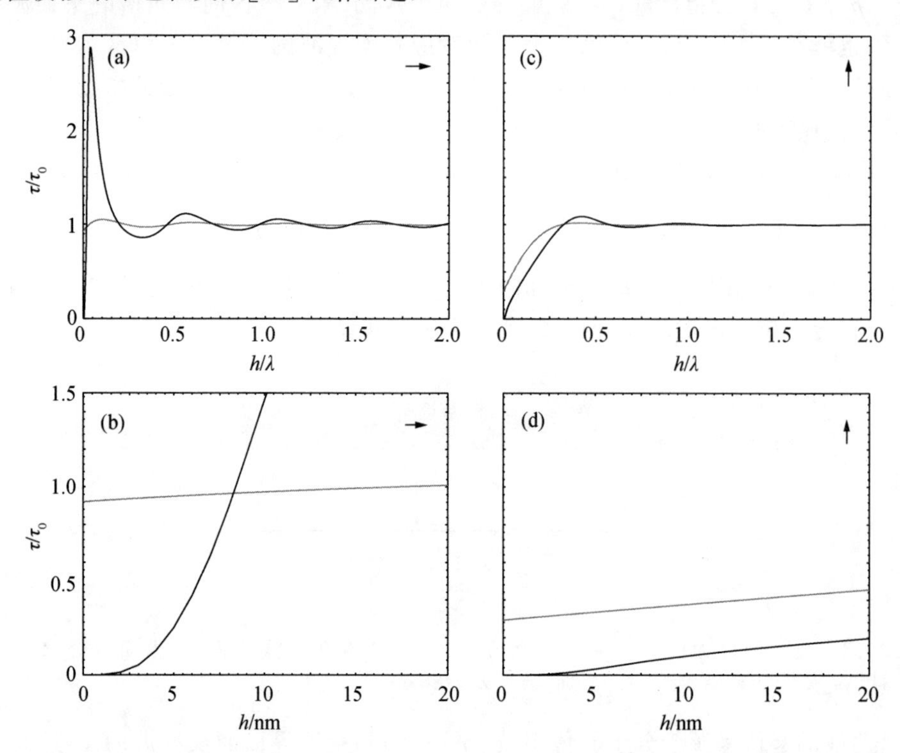

图 10.5 分子的寿命作为间隙 h 的函数. 深色曲线是在趋近界面为金属时得到的,而浅色曲线是在趋近界面为介质时得到的. 箭头指示的是偶极子轴的取向. 下面的图形是上面的放大图. 归一化值 τ_0 对应于 $h\rightarrow\infty$.

曲线交点 h 依赖于照明光的波长和偶极子轴的取向. 对于长波长,铝呈现出更多的金属性,就会导致交点移向大的 h 值. 在 $\lambda=800$ nm 时,铝的介电常数是 $\varepsilon=$

$-63.5+47.3\mathrm{i}$,则交点出现在 $h\approx14.6$ nm 处.

如果分子面对一个有限尺寸物体,则体系没有横向对称性,在物体的边界上就会出现一些附加的效应[19,20].

§10.6 远　　场

在很多情形下,位于平面层状界面附近的偶极子发射要在远场观察.为理解电磁场如何从近场转换到远场,我们需要推导出场逐渐变化的明确表达式.在辐射的情形下电磁场通常是按照 r^{-1} 衰减的.但是,定义一个无限延展的物体在无限远距离处的场是一个哲学问题.并且,由于能量守恒的原因,解析的渐近表达式的存在性是有疑问的:沿着层状结构传播的电磁场,也就是导波或者表面波,必须有 $r^{-1/2}$ 的衰减行为.在 r^{-1} 和 $r^{-1/2}$ 区域间应该存在一个平滑的跃迁行为.因此,似乎可以得出结论:对于平面介质没有解析远场表达,因为场的衰减依赖于传播方向.尽管如此,如将横向方向,即非常接近层面的区域排除掉,解析远场表达式就可以被推导出.

用角谱表示的一个好处是可以简单和直接地推导远场.在§3.4中,我们得出了在无量纲的单位矢量

$$\boldsymbol{s}=(s_x,s_y,s_z)=\left(\frac{x}{r},\frac{y}{r},\frac{z}{r}\right) \tag{10.27}$$

方向上观察到的远场 $\boldsymbol{E}_\infty$ 由在 $z=0$ 处的 Fourier 频谱 $\hat{\boldsymbol{E}}$ 所确定:

$$\boldsymbol{E}_\infty(s_x,s_y)=-\mathrm{i}ks_z\hat{\boldsymbol{E}}(ks_x,ks_y;0)\frac{\mathrm{e}^{\mathrm{i}kr}}{r}. \tag{10.28}$$

这个等式需要我们用单位矢量 $\boldsymbol{s}$ 表示波矢 $\boldsymbol{k}$.既然上半空间和下半空间的光学性质不同,我们可以用下面的定义:

$$\boldsymbol{s}=\begin{cases}\left(\dfrac{k_x}{k_1},\dfrac{k_y}{k_1},\dfrac{k_{z_1}}{k_1}\right), & z>0,\\[2ex]\left(\dfrac{k_x}{k_n},\dfrac{k_y}{k_n},\dfrac{k_{z_n}}{k_n}\right), & z<0,\end{cases} \tag{10.29}$$

上半空间和下半空间的电场强度 $\boldsymbol{E}$ 被 Green 函数 $\overleftrightarrow{\boldsymbol{G}}_0$,$\overleftrightarrow{\boldsymbol{G}}_{\mathrm{ref}}$ 和 $\overleftrightarrow{\boldsymbol{G}}_{\mathrm{tr}}$ 确定,它们的角谱已在((10.6),(10.16),(10.18))式中给出.我们用(10.28)式的方法建立这些不同的 Green 函数的远场渐近形式.我们所要做的就是辨识出 Green 函数的空间 Fourier 频谱并进行代数计算.其结果在附录 D 中给出.

为了给出远场的简单表达式,我们选择坐标系的原点在最上层表面上,这样在 z 轴上的偶极子是

$$(x_0,y_0)=(0,0). \tag{10.30}$$

进一步,我们用球矢量坐标表示场 $\boldsymbol{E}=(E_r,E_\theta,E_\phi)$,$\theta$ 和 ϕ 是球坐标系中的角度(图 10.6).在坐标代换中注意正负号的使用:在上半空间,$s_z=\dfrac{k_{z_1}}{k_1}=\cos\theta$;在下半空间,$s_z=\dfrac{k_{z_n}}{k_n}=-\cos\theta$.为了符号简单,我们定义

$$\widetilde{s}_z=\frac{k_{z_1}}{k_n}=\sqrt{(n_1/n_n)^2-(s_x^2+s_y^2)}=\sqrt{(n_1/n_n)^2-\sin^2\theta},\tag{10.31}$$

这里 n_1 和 n_n 分别指上半空间和下半空间的折射率.用指标 $j=1,n$ 来区分上下半空间,这样远场就可表示为

$$\boldsymbol{E}=\begin{bmatrix}E_\theta\\E_\phi\end{bmatrix}=\frac{k_1^2}{4\pi\varepsilon_0\varepsilon_1}\frac{\exp(\mathrm{i}k_jr)}{r}\begin{bmatrix}[\mu_x\cos\phi+\mu_y\sin\phi]\cos\theta\Phi_j^{(2)}-\mu_z\sin\theta\Phi_j^{(1)}\\-[\mu_x\sin\phi-\mu_y\cos\phi]\Phi_j^{(3)}\end{bmatrix},\tag{10.32}$$

其中,

$$\Phi_1^{(1)}=[\mathrm{e}^{-\mathrm{i}k_1z_0\cos\theta}+r^{\mathrm{p}}(\theta)\mathrm{e}^{\mathrm{i}k_1z_0\cos\theta}],\tag{10.33}$$

$$\Phi_1^{(2)}=[\mathrm{e}^{-\mathrm{i}k_1z_0\cos\theta}-r^{\mathrm{p}}(\theta)\mathrm{e}^{\mathrm{i}k_1z_0\cos\theta}],\tag{10.34}$$

$$\Phi_1^{(3)}=[\mathrm{e}^{-\mathrm{i}k_1z_0\cos\theta}+r^{\mathrm{s}}(\theta)\mathrm{e}^{\mathrm{i}k_1z_0\cos\theta}],\tag{10.35}$$

$$\Phi_n^{(1)}=\frac{n_n}{n_1}\frac{\cos\theta}{\widetilde{s}_z(\theta)}t^{\mathrm{p}}(\theta)\mathrm{e}^{\mathrm{i}k_n[z_0\widetilde{s}_z(\theta)+\delta\cos\theta]},\tag{10.36}$$

$$\Phi_n^{(2)}=-\frac{n_n}{n_1}t^{\mathrm{p}}(\theta)\mathrm{e}^{\mathrm{i}k_n[z_0\widetilde{s}_z(\theta)+\delta\cos\theta]},\tag{10.37}$$

$$\Phi_n^{(3)}=\frac{\cos\theta}{\widetilde{s}_z(\theta)}t^{\mathrm{s}}(\theta)\mathrm{e}^{\mathrm{i}k_n[z_0\widetilde{s}_z(\theta)+\delta\cos\theta]}.\tag{10.38}$$

垂直取向的偶极子用势 $\Phi_j^{(1)}$ 描述,水平取向的偶极子用 $\Phi_j^{(2)}$ 和 $\Phi_j^{(3)}$ 描述,其中分别包含 p 偏振和 s 偏振光的成分.首先我们讨论上半空间的远场.为了理解势 $\Phi_j^{(1)}\sim\Phi_j^{(3)}$,我们分析在均匀介质中的偶极子远场.我们沿着 z 轴从坐标原点移动偶极子一段距离 z_0.根据(8.63)式,在远场的电场强度由 $\exp(\mathrm{i}k_1R)/R$ 定义.但是径向坐标 R 是从偶极子中心开始测量,而不是从坐标原点.如果用 r 表示 R,有

$$R=r\sqrt{1+\frac{z_0^2-2z_0r\cos\theta}{r^2}}\approx r-z_0\cos\theta.\tag{10.39}$$

在平方根的展开式中我们仅取前两项.重要的是波的相位中包括第二项以考虑衍射.另一方面,对于场振幅来说,第二项是无意义的,因为 $r\gg z_0$.因此,我们有

$$\frac{\mathrm{e}^{\mathrm{i}k_1R}}{R}=\frac{\mathrm{e}^{\mathrm{i}k_1r}}{r}\mathrm{e}^{-\mathrm{i}k_1z_0\cos\theta},\tag{10.40}$$

称为 Fraunhofer 近似.通过比较,我们发现在势 $\Phi_j^{(1)}\sim\Phi_j^{(3)}$ 中第一项对应着直接偶极子辐射.第二项的指数因子中在指数上有一个负号,因此第二项是在层状介质表

面下距离 z_0 处的偶极子的辐射.这个镜像偶极子的大小由 Fresnel 反射系数来定.这是一个非凡的结果:在远场,靠近层状介质的偶极子的辐射像两个偶极子场,即自有场和镜像偶极子场的叠加.

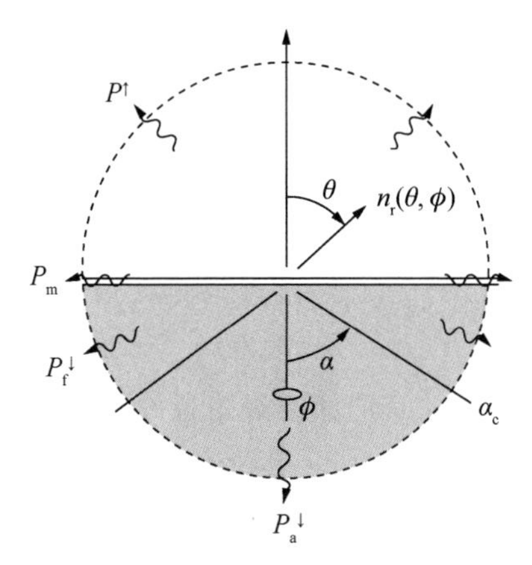

图 10.6 用于渐近远场的角的定义,辐射功率被分为 $P^{\uparrow}$(辐射入上半空间),$P_a^{\downarrow}$(辐射入容许区),$P_f^{\downarrow}$(辐射入禁戒区),以及 P_m(辐射耗散在层状介质中).总能量耗散速率是 $P=P^{\uparrow}+P_a^{\downarrow}+P_f^{\downarrow}+P_m+P_i$,而 P_i 是内禀耗散功率.

透射远场的表达式要更加复杂,其原因来自(10.31)式定义的 $\tilde{s}_z$ 项.依赖于上半和下半空间的光学性质,这项或者是实数或者是虚数.实际上,在很多情况中下半空间(衬底)相比上半空间是光密的.此时,在角度范围 $\theta\in\left[\frac{\pi}{2},\arcsin\left(\frac{n_1}{n_n}\right)\right]$ 范围内,$\tilde{s}_z$ 是虚数,这对应着前面讨论的禁戒区.在禁戒区,势 $\Phi_n^{(1)}\sim\Phi_n^{(3)}$ 中的指数因子变成指数衰减函数.因此,对于距离 $z_0\gg\lambda$,没有光耦合到禁戒区.另一方面,在角度范围 $\theta\in\left[\arcsin\left(\frac{n_1}{n_n}\right),\pi\right]$ 内(容许区),偶极子辐射并不依赖偶极子的位置.我们将在下节讨论这个情况.

§10.7 辐 射 图

在远场,磁场矢量垂直于电场矢量,时间平均的 Poynting 矢量可以计算为

$$\langle\boldsymbol{S}\rangle=\frac{1}{2}\mathrm{Re}\{\boldsymbol{E}\times\boldsymbol{H}^{*}\}=\frac{1}{2}\sqrt{\frac{\varepsilon_0\varepsilon_j}{\mu_0\mu_j}}(\boldsymbol{E}\cdot\boldsymbol{E}^{*})\boldsymbol{n}_r,\tag{10.41}$$

其中 $\boldsymbol{n}_r$ 是径向单位矢量,每单位立体角 $\mathrm{d}\Omega=\sin\theta\mathrm{d}\theta\mathrm{d}\phi$ 的辐射功率是

$$P=p(\Omega)\mathrm{d}\Omega=r^2\langle\boldsymbol{S}\rangle\cdot\boldsymbol{n}_r,\tag{10.42}$$

这里 $p(\Omega)=p(\theta,\phi)$ 给出了辐射图.根据(10.32)式所描述的远场和相应的势,可以直接计算归一化的辐射图:

$$\frac{p(\theta,\phi)}{P_0}=\frac{3}{8\pi}\frac{\varepsilon_j}{\varepsilon_1}\frac{n_1}{n_j}\frac{1}{|\boldsymbol{p}|^2}\left[p_z^2\sin^2\theta\,|\Phi_j^{(1)}|^2+[p_x\cos\phi+p_y\sin\phi]^2\cos^2\theta\,|\Phi_j^{(2)}|^2\right.$$
$$+[p_x\sin\phi-p_y\cos\phi]^2\,|\Phi_j^{(3)}|^2-p_z[p_x\cos\phi+p_y\sin\phi]\cos\theta\sin\theta$$
$$\left.\times[\Phi_j^{*(1)}\Phi_j^{(2)}+\Phi_j^{(1)}\Phi_j^{*(2)}]\right]. \tag{10.43}$$

这里 P_0 是在由 ε_1, μ_1 表征的均匀(无界)介质中的总能量耗散速率(参考(8.71)式). 方括号中的第一项包含垂直取向的 p 偏振的贡献,第二和第三项包含水平取向的 p 和 s 偏振的贡献. 特别有趣的是第四项起源于两个主要取向的 p 偏振的干涉. 因此位于同一点上的水平和垂直偶极子的 p 偏振光,如果是相干辐射,就会干涉. 任意偶极子取向的辐射图通常不能直接相加. 注意,在对 ϕ 积分后,干涉项会消掉.

(10.43)式允许我们确定任意层状系统附近的一个偶极子的辐射图. 在单个界面的特殊情况下,即是 Lukosz 和 Kunz 得到的公式[15,21]. 图 10.7 给出了平板型波导附近的偶极子辐射图的一个例子. 在禁戒区的辐射指数依赖于偶极子的高度 z_0,但是在容许区的辐射并不依赖于 z_0. 在下半空间中,(10.43)式的干涉项为

$$[\Phi_j^{*(1)}\Phi_j^{(2)}+\Phi_j^{(1)}\Phi_j^{*(2)}]\propto|t^{(\mathrm{p})}(\theta)|^2\mathrm{e}^{-2z_0\,\mathrm{Im}\{\tilde{s}_z(\theta)\}}\,\mathrm{Re}\left\{\frac{\cos\theta}{\tilde{s}_z(\theta)}\right\}. \tag{10.44}$$

在禁戒区,$\tilde{s}_z$ 是虚数,干涉项消失. 因此,在相同位置上,一个垂直和一个水平构型的偶极子所产生的波在禁戒区不会相互干涉,它们的辐射图总是相对于 ϕ 对称的.

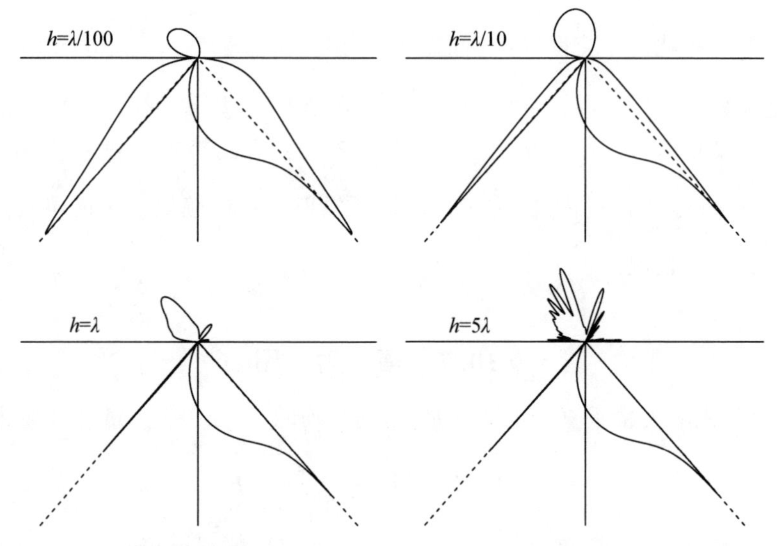

图 10.7 取向 $\theta=60°$ 的一个偶极子趋近一个平面波导所得的辐射图,$\lambda=488$ nm,$\delta=80$ nm,$\varepsilon_1=1$,$\varepsilon_2=5$,$\varepsilon_3=2.25$. 图中标明了偶极子的不同高度 $z_0=h$. 辐射图显示在以偶极子轴和 z 轴定义的平面中. 注意,容许光不依赖于 h,禁戒光总是相对于垂直轴对称.

这个有些意外的结果是 Lukosz 和 Kunz 在单个界面情形下发现的[21]. 最近，研究者证实(10.43)式确定的辐射图也适用于在一个介质界面附近有一个分子的情形[22]. 尽管在某个时间分子只发射一个光子，但是(10.43)式中的所有干涉项都要保留. 正如众所周知的那样，这个光子同时要经过很多路径，这些不同的路径会发生干涉，从而产生了所预测的偶极子辐射图. 图 10.8 显示了在一个玻璃表面附近的一个单分子产生的辐射图案. 这个图案被 CCD 所记录，可以用来和(10.43)式计算出的辐射图相比较.

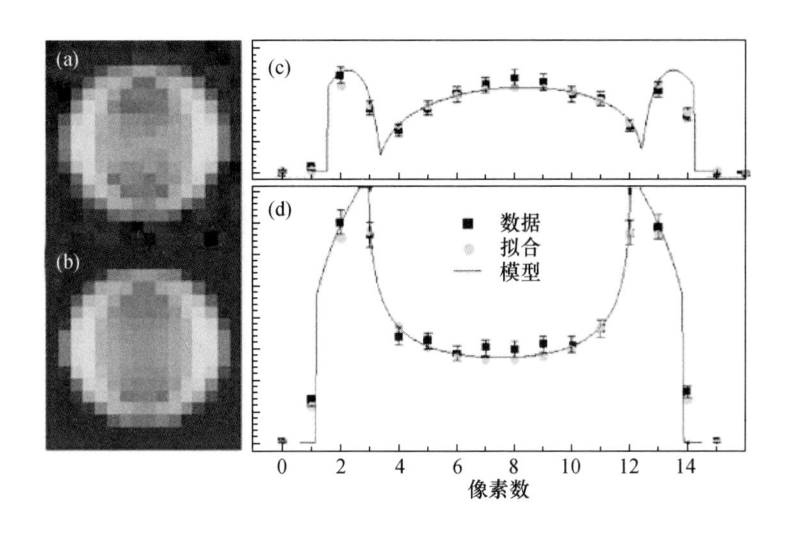

图 10.8 位于玻璃表面附近的单个分子的辐射图案. 图案反映的是发射进入介质的光子，由 NA=1.4 的物镜成像在 CCD 上. (a) 数据，(b) 用(10.43)式拟合的图案. (c)和(d)分别为沿着通过图案中心的水平和垂直线的截面. 引自[22].

(10.43)式确定的辐射图给出的是距离偶极子无限远处的角功率分布. 但是，实际中所有的探测距离都是有限的，因此现在的问题是什么时候无限远近似是可行的. 答案是和观测角度(θ,ϕ)有关. 例如，对于全内反射的临界角 θ_c，场缓慢地向公式确定的远场会聚. 耦合到这个角度的光是由平行于界面传播的偶极子场产生的. 这些场以无限的横向距离在表面折射. 因此，减小层状系统到有限大小将影响在临界角附近的远场.

在上半空间和下半空间中的球面波的相位在界面处并不相同. 因此，接近界面处，为了补偿相位不匹配，其他波形式必定存在. 在文献中，这些波被称为横向波. 横向波通过辐射入临界角 θ_c 以内衰减. 在光照射平面界面达到全内反射的条件下，横向波解释了入射和反射束的横向移动(Goos-Hänchen 移动).

§10.8　辐射去了哪里？

并不是所有的偶极子耗散的能量都转换成了传播的辐射(光子).我们定义量子产率Q为辐射和总衰变速率的比值,即辐射释放的功率比总耗散功率(参考(13.53)式).但是,在实验中,我们不可能探测到所有的辐射,因此,我们只能定义一个表观量子产率q_a,它是探测到的功率和总耗散功率之比.在这一节中,我们分析有多少偶极子能量辐射到上半空间和下半空间,以及有多少转换成其他辐射模式(波导、表面波等).

如图10.6所示,总能量耗散速率为

$$P = P^{\uparrow} + P_a^{\downarrow} + P_f^{\downarrow} + P_m + P_i, \tag{10.45}$$

这里$P^{\uparrow}$,$P_a^{\downarrow}$和$P_f^{\downarrow}$分别是辐射到上半空间、容许区和禁戒区的功率.P_m指的是耦合进入层状介质的功率(波导模式、表面模式、热损耗等),P_i是内禀耗散功率.后者和前面定义的内禀量子产率q_i有关.为了推导出$P^{\uparrow}$,$P_a^{\downarrow}$和$P_f^{\downarrow}$,我们需要在相应的角度范围内,对(10.43)式的辐射图积分.做代换

$$s = \begin{cases} \sin\theta, & z > 0, \\ (n_n/n_1)\sin\theta, & z < 0 \end{cases} \tag{10.46}$$

会带来方便.在这些代换中,区间$s\in[0,1]$定义了偶极子场的平面波成分,而区间$s\in[1,\infty)$与偶极子的隐失波有关.不同的角度范围映射为

$$\begin{aligned} &\theta \in [0,\pi/2] && \rightarrow \quad s \in [0,1], \\ &\theta \in [\pi/2,\pi - \arcsin(n_1/n_n)] && \rightarrow \quad s \in [1,n_n/n_1], \\ &\theta \in [\pi - \arcsin(n_1/n_n),\pi] && \rightarrow \quad s \in [0,1]. \end{aligned} \tag{10.47}$$

由此,角度范围$\theta\in[\pi/2,\pi-\arcsin(n_1/n_n)]$对应于禁戒区,与偶极子隐失场有关.在上半空间积分辐射图后,利用缩写$s_z=(1-s^2)^{1/2}$,可得到

$$\begin{aligned} \frac{P^{\uparrow}}{P_0} = &\frac{p_x^2 + p_y^2}{|\boldsymbol{p}|^2}\Big[\frac{1}{2} + \frac{3}{8}\int_0^1 \Big[ss_z\,|r^{\mathrm{p}}|^2 + \frac{s}{s_z}\,|r^{\mathrm{s}}|^2\Big]\mathrm{d}s \\ &- \frac{3}{4}\int_0^1 \mathrm{Re}\Big\{\Big[ss_z r^{\mathrm{p}} - \frac{s}{s_z}r^{\mathrm{s}}\Big]\mathrm{e}^{2ik_1 z_0 s_z}\Big\}\mathrm{d}s\Big] \\ &+ \frac{p_z^2}{|\boldsymbol{p}|^2}\Big[\frac{1}{2} + \frac{3}{4}\int_0^1 \frac{s^3}{s_z}\,|r^{\mathrm{p}}|^2\mathrm{d}s + \frac{3}{2}\int_0^1 \mathrm{Re}\Big\{\frac{s^3}{s_z}r^{\mathrm{p}}\mathrm{e}^{2ik_1 z_0 s_z}\Big\}\mathrm{d}s\Big]. \end{aligned} \tag{10.48}$$

对于水平和垂直偶极子都有三个不同的项.第一项对应于直接偶极子辐射:一半的偶极子原场辐射入上半空间.第二项对应于从界面反射的功率.最后一项反映了原偶极子场和反射偶极子场的干涉.特别要注意的是这里只是在区间$s\in[0,1]$积分,因此,只有平面波成分对上半空间的辐射有贡献.

为了确定进入下半空间的辐射,我们使用(10.46)式的代换,并在下半空间的

角度范围积分，在下半空间的全部辐射 $P^{\downarrow}$ 为

$$\frac{P^{\downarrow}}{P_0}=\frac{3}{8}\frac{p_x^2+p_y^2}{|\boldsymbol{p}|^2}\frac{\varepsilon_n}{\varepsilon_1}\frac{n_1}{n_n}\int_0^{n_n/n_1}s\left[1-\left(\frac{n_1}{n_n}\right)^2s^2\right]^{1/2}\left[|t^{\mathrm{p}}|^2+\frac{|t^{\mathrm{s}}|^2}{|1-s^2|}\right]\mathrm{e}^{-2k_1z_0s_z''}\mathrm{d}s$$
$$+\frac{3}{4}\frac{p_z^2}{|\boldsymbol{p}|^2}\frac{\varepsilon_n}{\varepsilon_1}\frac{n_1}{n_n}\int_0^{n_n/n_1}s^3\left[1-\left(\frac{n_1}{n_n}\right)^2s^2\right]^{1/2}\frac{|t^{\mathrm{p}}|^2}{|1-s^2|}\mathrm{e}^{-2k_1z_0s_z''}\mathrm{d}s,\tag{10.49}$$

这里 $s_z''=\mathrm{Im}\{(1-s^2)^{\frac{1}{2}}\}$. 当 $n_n>n_1$ 时，是可能分开禁戒区和容许区的角度范围的. 容许光变为

$$\frac{P_{\mathrm{a}}^{\downarrow}}{P_0}=\frac{3}{8}\frac{p_x^2+p_y^2}{|\boldsymbol{p}|^2}\frac{\varepsilon_n}{\varepsilon_1}\frac{n_1}{n_n}\int_0^1 s\left[1-\left(\frac{n_1}{n_n}\right)^2s^2\right]^{1/2}\left[|t^{\mathrm{p}}|^2+\frac{|t^{\mathrm{s}}|^2}{1-s^2}\right]\mathrm{d}s$$
$$+\frac{3}{4}\frac{p_z^2}{|\boldsymbol{p}|^2}\frac{\varepsilon_n}{\varepsilon_1}\frac{n_1}{n_n}\int_0^1 s^3\left[1-\left(\frac{n_1}{n_n}\right)^2s^2\right]^{1/2}\frac{|t^{\mathrm{p}}|^2}{1-s^2}\mathrm{d}s\quad(n_n>n_1).\tag{10.50}$$

类似地，禁戒光为

$$\frac{P_{\mathrm{f}}^{\downarrow}}{P_0}=\frac{3}{8}\frac{p_x^2+p_y^2}{|\boldsymbol{p}|^2}\frac{\varepsilon_n}{\varepsilon_1}\frac{n_1}{n_n}\int_1^{n_n/n_1}s\left[1-\left(\frac{n_1}{n_n}\right)^2s^2\right]^{1/2}\left[|t^{\mathrm{p}}|^2+\frac{|t^{\mathrm{s}}|^2}{s^2-1}\right]\mathrm{e}^{-2k_1z_0\sqrt{s^2-1}}\mathrm{d}s$$
$$+\frac{3}{4}\frac{p_z^2}{|\boldsymbol{p}|^2}\frac{\varepsilon_n}{\varepsilon_1}\frac{n_1}{n_n}\int_1^{n_n/n_1}s^3\left[1-\left(\frac{n_1}{n_n}\right)^2s^2\right]^{1/2}\frac{|t^{\mathrm{p}}|^2}{s^2-1}\mathrm{e}^{-2k_1z_0\sqrt{s^2-1}}\mathrm{d}s\quad(n_n>n_1).\tag{10.51}$$

这些表达式表明容许光不依赖于偶极子的高度，而禁戒光则指数地依赖于偶极子的垂直位置. 注意因 $s=k_\rho/k_1$ 积分中平方根项对应于 k_{z_n}/k_n. 假设没有内禀损耗 ($P_{\mathrm{i}}=0$)，耗散在层状介质中的功率(热损耗、波导和表面模式)为

$$P_{\mathrm{m}}=P-(P^{\uparrow}+P^{\downarrow}),\tag{10.52}$$

其中 P 由(10.26)式确定. 对于不支持任何波导模式的无耗层状介质，能够证明 $P_{\mathrm{m}}=0$(见习题 10.3).

作为以上结论的示例，对于一个位于介质波导上面的偶极子(图 10.3)，图 10.9 展示了各个辐射项. 偶极子在固定位置 $z_0=20\ \mathrm{nm}$ 处，波导厚度 d 可变. 当容许光以周期 π/k_2 的波动来表征，禁戒光显示了不连续的无规则行为(对于某一个 d 值). 这些不连续的位置对应于波导模式的截止条件. 对小 d，所有的波导模式在截止以外，因此时间平均后，没有能量耦合到波导 ($P_{\mathrm{m}}=0$). 在 $d\approx0.058\lambda$ 时，基模 TE_0 能够传播，有净能量耦合进波导. 当 d 进一步增加时，其他模式同样能被激发. 非常令人惊奇的是：随着厚度增加，模式一个接着一个(满足 $k_{\parallel}\in k_0[n_2,n_3]$)激活，偶极子辐射的总功率没有不连续点了. 取而代之的是，耦合进波导的功率大体被禁戒光补偿. 因此，新的模式的生成体现在禁戒光，而不是总功率中. 最后，需要

注意的是对于无耗介质(实数介电常数),例如这里考察的介质波导,关于横向模式的极点位于实 s 轴. 数值积分计算过程需要积分路径绕过极点以避免发散. 另外还可以在实数介电常数中加入很小的虚数部分.

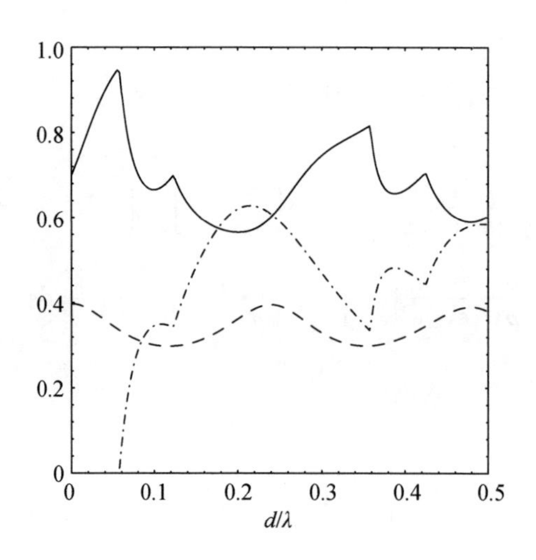

图 10.9　容许光($P_a^{\downarrow}$,虚线)、禁戒光($P_f^{\downarrow}$,实线),和耦合进波导的辐射($P_m=P-P^{\uparrow}-P^{\downarrow}$,点画线)作为平板型波导(见图 10.3)厚度 d 的函数. 不连续处对应着 TE_0,TM_0,TE_1,TM_1 模式的截止点. 所有的曲线都用自由空间发射功率 P_0 归一化.

§10.9　磁 偶 极 子

在微波频段,顺磁材料表现出磁跃迁(电子自旋共振). 在红外波段,小的金属颗粒表现出磁偶极吸收,这是由电磁场的磁矢量导致的自由载流子涡流引起的. 在平面层状介质中,磁偶极子场也同样很重要. 从理论上看,这个场和电偶极子场是对偶的. 磁偶极矩 $\boldsymbol{m}$ 的磁偶极子场能够从偶极矩 $\boldsymbol{p}$ 的电偶极子场推导出来,只须做如下简单代换:

$$[\boldsymbol{E},\boldsymbol{H},\mu_0\mu,\varepsilon_0\varepsilon,\boldsymbol{p}]\rightarrow[\boldsymbol{H},-\boldsymbol{E},\varepsilon_0\varepsilon,\mu_0\mu,\mu\boldsymbol{m}]. \tag{10.53}$$

用这些代换,发射系数 r^{s} 和 r^{p} 也要互换. 因此,垂直取向磁偶极子的场将是纯 s 偏振. 在这种情形,没有表面波被激发. 注意,电偶极矩的单位$[\boldsymbol{p}]=\mathrm{A\cdot m\cdot s}$,而磁偶极矩的单位$[\boldsymbol{m}]=\mathrm{A\cdot m^2}$. 偶极矩 $|\boldsymbol{p}|=1$ 的电偶极子在均匀介质中辐射的功率是 $\mu_0\mu\varepsilon_0\varepsilon$ 乘以磁偶极矩 $|\boldsymbol{m}|=1$ 的磁偶极子辐射的功率.

§10.10 镜像偶极子近似

如果推迟效应被忽略,电磁场的计算量就会大大减少.在这种情况下,在两个半空间中场将仍然满足 Maxwell 方程组,但要应用标准静态镜像理论以近似匹配边界条件.我们将对单个界面的情形概述这个近似原理.既然在静态极限($k\to 0$)下考虑电磁场,电场和磁场就会退耦,能够分开处理.为简单起见,我们仅考虑电场.

图 10.10 显示了在平面界面之上的一个任意取向的偶极子,以及它在下面介质内感生的偶极子.镜像偶极子到界面的距离和原偶极子相同.但是,镜像偶极矩的大小是不同的.在上半空间原偶极子的静电场为

$$\boldsymbol{E}_{\text{prim}} = -\nabla\phi,\quad \phi(\boldsymbol{r}) = \frac{1}{4\pi\varepsilon_0\varepsilon_1}\frac{\boldsymbol{p}\cdot\boldsymbol{r}}{r^3}. \tag{10.54}$$

矢量 $\boldsymbol{r}$ 指的是原偶极子的径向矢量,r 是它的大小.类似地,镜像偶极子的径向矢量为 $\boldsymbol{r}'$.为简单起见,偶极矩 $\boldsymbol{p}$ 分解成相对界面平行和垂直部分.不失一般性,假设平行分量指向 x 方向:

$$\boldsymbol{p} = p_x\boldsymbol{n}_x + p_z\boldsymbol{n}_z. \tag{10.55}$$

$\boldsymbol{n}_x$ 和 $\boldsymbol{n}_z$ 分别是 x 和 z 方向的单位矢量.下面电场将在这两个主要方向分别考虑.

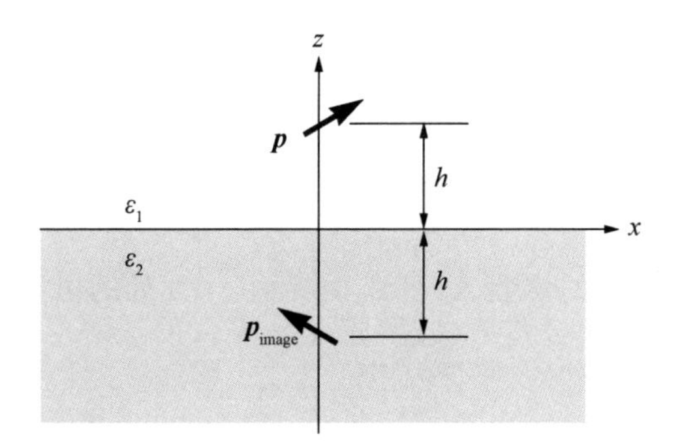

图 10.10 镜像偶极子近似原理.$\boldsymbol{p}$ 和 $\boldsymbol{p}_{\text{image}}$ 分别指原偶极子和镜像偶极子.应用静态镜像理论来确定 $\boldsymbol{p}_{\text{image}}$ 的大小.

10.10.1 垂直偶极子

对于一个偶极子 $\boldsymbol{p}=p_z\boldsymbol{n}_z$,在笛卡儿坐标系中,(10.54)式中原电场

$$\boldsymbol{E}_{\text{prim}} = \frac{p_z}{4\pi\varepsilon_0\varepsilon_1}\left[\frac{3x(z-h)}{r^5},\frac{3y(z-h)}{r^5},\frac{3(z-h)^2}{r^5}-\frac{1}{r^3}\right], \tag{10.56}$$

这里 h 是界面上方偶极子的高度.假设镜像偶极子 $\boldsymbol{p}=p_z\boldsymbol{n}_z$,对于镜像场有相似的表达式:

$$\boldsymbol{E}_{\text{image}} = \frac{p_z}{4\pi\varepsilon_0\varepsilon_1}\left[\frac{3x(z+h)}{r'^5}, \frac{3y(z+h)}{r'^5}, \frac{3(z+h)^2}{r'^5} - \frac{1}{r'^3}\right], \tag{10.57}$$

其中 r' 指的是从镜像偶极子位置测量的径向距离. 在两个半空间中,总电场 $\boldsymbol{E}$ 为

$$\boldsymbol{E} = \begin{cases} \boldsymbol{E}_{\text{prim}} + A_{\text{v}}\boldsymbol{E}_{\text{image}}, & z > 0, \\ B_{\text{v}}\boldsymbol{E}_{\text{prim}}, & z < 0, \end{cases} \tag{10.58}$$

其中有两个未确定的参数 A_{v} 和 B_{v}. 考察在界面 $z=0$ 处的边界条件,A_{v} 和 B_{v} 能够被确定:

$$\begin{aligned} A_{\text{v}} &= \frac{\varepsilon_2 - \varepsilon_1}{\varepsilon_2 + \varepsilon_1}, \\ B_{\text{v}} &= \frac{\varepsilon_1}{\varepsilon_2}\frac{2\varepsilon_2}{\varepsilon_2 + \varepsilon_1}. \end{aligned} \tag{10.59}$$

在准静态极限(参看 2.8.1 节)下,A_{v} 和 B_{v} 对应着 Fresnel 反射和透射系数.

10.10.2 水平偶极子

对于一个偶极子 $\boldsymbol{p} = p_x\boldsymbol{n}_x$,推导过程类似. 原场和镜像场变为

$$\boldsymbol{E}_{\text{prim}} = \frac{p_x}{4\pi\varepsilon_0\varepsilon_1}\left[\frac{3x^2}{r^5} - \frac{1}{r^3}, \frac{3xy}{r^5}, \frac{3x(z-h)}{r^5}\right], \tag{10.60}$$

$$\boldsymbol{E}_{\text{image}} = \frac{p_x}{4\pi\varepsilon_0\varepsilon_1}\left[\frac{3x^2}{r'^5} - \frac{1}{r'^3}, \frac{3xy}{r'^5}, \frac{3x(z+h)}{r'^5}\right], \tag{10.61}$$

在两个半空间中,总电场 $\boldsymbol{E}$ 为

$$\boldsymbol{E} = \begin{cases} \boldsymbol{E}_{\text{prim}} + A_{\text{h}}\boldsymbol{E}_{\text{image}}, & z > 0, \\ B_{\text{h}}\boldsymbol{E}_{\text{prim}}, & z < 0. \end{cases} \tag{10.62}$$

与前面一样,两个未确定的参数 A_{h} 和 B_{h} 由界面 $z=0$ 处的边界条件确定:

$$\begin{aligned} A_{\text{h}} &= -\frac{\varepsilon_2 - \varepsilon_1}{\varepsilon_2 + \varepsilon_1}, \\ B_{\text{h}} &= \frac{\varepsilon_1}{\varepsilon_2}\frac{2\varepsilon_2}{\varepsilon_2 + \varepsilon_1}. \end{aligned} \tag{10.63}$$

除了 A_{h} 的符号,这两个参数的计算类似于在垂直偶极子中对 A_{v} 和 B_{v} 的计算.

10.10.3 包含推迟

利用参数 $A_{\text{v}}, B_{\text{v}}, A_{\text{h}}$ 和 B_{h},镜像偶极子的大小

$$|\boldsymbol{p}_{\text{image}}| = \frac{\varepsilon_2 - \varepsilon_1}{\varepsilon_2 + \varepsilon_1}|\boldsymbol{p}|. \tag{10.64}$$

如图 10.10 所示,如果垂直分量有相同的方向,则 $\boldsymbol{p}_{\text{image}}$ 和 $\boldsymbol{p}$ 的水平分量指向不同的方向. 为了在上半空间得到静态场,需要叠加两个偶极子 $\boldsymbol{p}_{\text{image}}$ 和 $\boldsymbol{p}$ 的场. 在下半

空间的场简单地对应着原偶极子的衰减场，衰减系数为 $2\varepsilon_2/(\varepsilon_2+\varepsilon_1)$. 注意偶极子被认为与观察点在同样的介质中.

到现在为止，偶极矩 $\boldsymbol{p}$ 和 $\boldsymbol{p}_{\mathrm{image}}$ 的位置、方向、大小是确定的. 为了满足在两个半空间的 Maxwell 方程组，静态偶极子场被它们的推迟形式代替：

$$\boldsymbol{E}\sim[\nabla\nabla\cdot]\frac{\boldsymbol{p}}{r}\rightarrow\boldsymbol{E}\sim[k^2+\nabla\nabla\cdot]\frac{\boldsymbol{p}}{r}\mathrm{e}^{\mathrm{i}kr}. \tag{10.65}$$

尽管在两个半空间这种代替满足 Maxwell 方程组，但是违背了边界条件. 因此镜像偶极子近似有明显的局限. 为了保持误差在可控的范围内，原偶极子的高度 h 要很小，而场仅在偶极子位置附近的有限范围内取值. 实际上，只要考虑短距相互作用，镜像偶极子近似就是很精确的.

习　题

10.1　在下列情形中，推导(10.26)式，画出辐射(平面波)、非辐射(隐失波)，和总衰变速率($q_{\mathrm{i}}=1$)作为归一化高度 z_0/λ 的函数：

(1) 在介质衬底($\varepsilon=2.25$)上真空中的水平偶极子.

(2) 在介质衬底($\varepsilon=2.25$)上真空中的垂直偶极子.

(3) 在铝衬底($\varepsilon=-34.5+8.5\mathrm{i}$, $\lambda=488\,\mathrm{nm}$)上真空中的水平偶极子.

(4) 在铝衬底($\varepsilon=-34.5+8.5\mathrm{i}$, $\lambda=488\,\mathrm{nm}$)上真空中的垂直偶极子.

10.2　计算在一个偶极子下的一个水平平面上的归一化能流($P_1^{\downarrow}/P_0$)，偶极子在任意分层介质上面. 首先推导出磁场 $\boldsymbol{H}$，它对应着(10.16)式中的电场，然后确定 Poynting 矢量的 z 分量 $\langle S_z\rangle$. 利用 Bessel 函数闭包关系(参考(3.112)式)，在水平平面上积分 $\langle S_z\rangle$. 说明这个结果与 §10.8 定义的($P-P_1^{\uparrow}-P_n^{\downarrow})/P_0$ 一致.

10.3　对于单个介质界面附近的偶极子，证明总耗散功率 P 与总积分辐射图 $P^{\uparrow}+P_{\mathrm{a}}^{\downarrow}+P_{\mathrm{f}}^{\downarrow}$ 一致. 提示：用反射系数表示透射系数：

$$t^{\mathrm{s}}=[1+r^{\mathrm{s}}],\qquad (k_{z_n}/k_{z_1})t^{\mathrm{s}}=(\mu_n/\mu_1)[1-r^{\mathrm{s}}],$$

$$t^{\mathrm{p}}=(\varepsilon_1/\varepsilon_n)(n_n/n_1)[1+r^{\mathrm{p}}],\quad (k_{z_n}/k_{z_1})t^{\mathrm{p}}=(n_n/n_1)[1-r^{\mathrm{p}}].$$

10.4　考虑一个分子，其发射偶极矩平行于铝衬底，发射波长为 $\lambda=488\,\mathrm{nm}$，衬底的介电常数是 $\varepsilon=-34.5+8.5\mathrm{i}$. 确定表观量子产率 q_{a}，它的定义为辐射入上半空间的能量和全部耗散能量的比值. 画出 q_{a} 作为分子垂直位置 z_0/λ 的函数，画图区域为 $z_0/\lambda\in[0,2]$ 和 $q_{\mathrm{a}}\in[0,1]$.

10.5　对于位于空气/介质界面上的一个偶极子($n_1=1$, $n_2=1.5$)，计算能量辐射入上半空间与下半空间的比率. 分别计算水平和垂直偶极子情况.

参考文献

[1] H. Metiu, "Surface enhanced spectroscopy," in *Progress in Surface Science*, ed. I. Prigogine and S. A. Rice, vol. 17. New York: Pergamon Press, pp. 153 - 320 (1984).

[2] See, for example, L. Novotny, "Allowed and forbidden light in near-field optics," *J. Opt. Soc. Am.* A **14**, 91 - 104 and 105 - 113 (1997), and references therein.

[3] L. M. Brekhovskikh and O. A. Godin, *Acoustics of Layered Media*. Berlin: Springer-Verlag (1990).

[4] A. Sommerfeld, "Über die Ausbreitung der Wellen in der drahtlosen Telegraphie," *Ann. Phys.* **28**, 665 - 736 (1909).

[5] J. Zenneck, "Fortpflanzung ebener elektromagnetischer Wellen längs einer ebenen Leiterfläche," *Ann. Phys.* **23**, 846 - 866 (1907).

[6] H. von Hörschelmann, "Über die Wirkungsweise des geknickten Marconischen Senders in der drahtlosen Telegraphie," *Jahresbuch drahtl. Telegr. Teleph.* **5**, 14 - 34 and 188 - 211 (1911).

[7] A. Sommerfeld, "Über die Ausbreitung der Wellen in der drahtlosen Telegraphie," *Ann. Phys.* **81**, 1135 - 1153 (1926).

[8] H. Weyl, "Ausbreitung elektromagnetischer Wellen über einem ebenen Leiter," *Ann. Phys.* **60**, 481 - 500 (1919).

[9] M. J. O. Strutt, "Strahlung von Antennen unter dem Einfluβ der Erdbodeneigenschaften," *Ann. Phys.* **1**, 721 - 772 (1929).

[10] B. Van der Pol and K. F. Niessen, "Über die Ausbreitung elektromagnetischer Wellen über einer ebenen Erde," *Ann. Phys.* **6**, 273 - 294 (1930).

[11] G. S. Agarwal, "Quantum electrodynamics in the presence of dielectrics and conductors. I. Electrodynamic-field response functions and black-body fluctuations in finite geometries," *Phys. Rev.* A **11**, 230 - 242 (1975).

[12] A. Sommerfeld, *Partial Differential Equations in Physics*, 5th edn. New York: Academic Press (1967).

[13] B. Hecht, D. W. Pohl, H. Heinzelmann, and L. Novotny, "'Tunnel' near-field optical microscopy: TNOM-2," in *Photons and Local Probes*, ed. O. Marti and R. Möller. Dordrecht: Kluwer, pp. 93 - 107 (1995).

[14] W. C. Chew, *Waves and Fields in Inhomogeneous Media*. New York: Van Nostrand Reinhold (1990).

[15] W. Lukosz and R. E. Kunz, "Light emission by magnetic and electric dipoles close to a plane interface. I. Total radiated power," *J. Opt. Soc. Am.* **67**, 1607 - 1615 (1977).

[16] I. Pockrand, A. Brillante, and D. Möbius, "Nonradiative decay of excited molecules near a metal surface," *Chem. Phys. Lett.* **69**, 499 - 504 (1994).

[17] J. K. Trautman and J. J. Macklin, "Time-resolved spectroscopy of single molecules using near-field and far-field optics," *Chem. Phys.* **205**, 221 - 229 (1996).

[18] R. X. Bian, R. C. Dunn, X. S. Xie, and P. T. Leung, "Single molecule emission characteristics in near-field microscopy," *Phys. Rev. Lett.* **75**, 4772 - 4775 (1995).

[19] L. Novotny, "Single molecule fluorescence in inhomogeneous environments," *Appl. Phys. Lett.* **69**, 3806 - 3808 (1996).

[20] H. Gersen, M. F. García-Parajó, L. Novotny, *et al.*, "Influencing the angular emission of a single molecule," *Phys. Rev. Lett.* **85**, 5312 - 5314 (2000).

[21] W. Lukosz and R. E. Kunz, "Light emission by magnetic and electric dipoles close to a plane dielectric interface. II. Radiation patterns of perpendicular oriented dipoles," *J. Opt. Soc. Am.* **67**, 1615 - 1619 (1977).

[22] M. A. Lieb, J. M. Zavislan, and L. Novotny, "Single molecule orientations deter-mined by direct emission pattern imaging," *J. Opt. Soc. Am. B* **21**, 1210 - 1215 (2004).

第 11 章　光子晶体、共振器和腔光力学

人工光学材料和结构使我们能观察到各种各样新奇的光学效应. 比如,光子晶体能阻止某些频率光的传播,且具有在高度弯折和狭窄通道导光的特殊能力. 另一方面,我们能用超材料实现负折射. 在光学微共振器中强大的场强能产生对未来集成光学网络非常重要的非线性光学效应,光与力学自由度之间的耦合有可能将宏观系统冷却到量子基态. 本章介绍这些新型光学结构的基本原理.

§11.1　光 子 晶 体

光子晶体是一种介电常数具有空间周期性的材料,是 Rayleigh 勋爵在 1887 年首次研究的[1]. 在某些条件下,光子晶体能产生光子带隙,也即存在光传播会被阻止的频率窗口. 光在光子晶体中的传播有点类似电子和空穴在半导体中的传播. 电子通过半导体会遇到由有序的原子晶格产生的周期势,电子与周期势之间的相互作用产生了能带隙. 如果电子的能量在带隙之内,它将无法通过晶体. 但是,晶格缺陷能局域地破坏带隙,从而导致一些有趣的电子性质. 如果用光子替代电子,用介电常数周期性变化的介质替代材料的原子晶格,我们将得到基本相同的结果. 但是原子能够自发地排列形成周期结构,光子晶体却需要人工加工. 一个例外是欧泊宝石,它通过硅胶球体自发排列形成晶格. 如果一个粒子与周期性环境能够相互作用,它的波长必须与晶格的周期可比. 因此,对于光子晶体,晶格常数必须在 100 nm 到 1 μm 之间. 这一尺寸在传统的纳米加工技术和自组装技术可实现的范围之内(见图 11.1).

为了计算在光子晶体中的光学模式,我们必须在周期性介电介质条件下解 Maxwell 方程组. 尽管这个任务看起来非常简单,但实际上我们无法得到二维或三维周期性晶格的解析解. 取而代之,数值计算方法被提了出来. 但是,很多有趣的现象可以通过考虑简单的一维情形来推断. 在这里形成的理解和直觉将帮助我们讨论更复杂的二维、三维光子晶体. 对光子晶体更加详细的讨论可见文献[3,4].

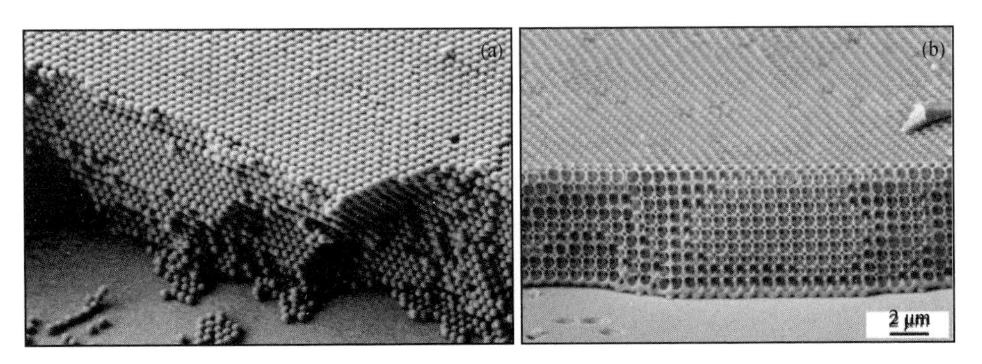

图 11.1 硅光子带隙晶体的制备.(a) 通过把 855 nm 的二氧化硅小球淀积在硅晶片上产生光子晶体的模板.(b) 用高指数硅填充空隙空间,然后用湿法刻蚀去掉模板后得到的光子晶体.经麦克米伦出版公司许可引自[2].

11.1.1 光子带隙

如图 11.2 所示,我们考虑由无数个垂直于 z 方向厚度为 d 的平面层构成的材料.每层的介电常数在 ε_1 和 ε_2 之间交替变化.在材料中传播的光学模式用波矢 $\boldsymbol{k}=(k_x,k_y,k_z)$ 表示.进一步假设所有的材料都是没有磁性的,即 $\mu_1=\mu_2=1$,同时也是没有损耗的.我们能区别出两种模式,电场矢量总是平行于相邻层边界的 TE 模式,和磁场矢量总是平行于相邻层边界的 TM 模式.变量的分离导致下面对于复场振幅的假设:

$$\text{TE:} \quad \boldsymbol{E}(\boldsymbol{r}) = E(z)\mathrm{e}^{\mathrm{i}(k_x x+k_y y)}\boldsymbol{n}_x, \tag{11.1}$$

$$\text{TM:} \quad \boldsymbol{H}(\boldsymbol{r}) = H(z)\mathrm{e}^{\mathrm{i}(k_x x+k_y y)}\boldsymbol{n}_x, \tag{11.2}$$

在每一层 n,$E(z)$ 和 $H(z)$ 的解是向前和向后传播的波的叠加,即

$$\text{TE:} \quad E_{n,j}(z) = a_{n,j}\mathrm{e}^{\mathrm{i}k_{z_j}(z-nd)} + b_{n,j}\mathrm{e}^{-\mathrm{i}k_{z_j}(z-nd)}, \tag{11.3}$$

$$\text{TM:} \quad H_{n,j}(z) = a_{n,j}\mathrm{e}^{\mathrm{i}k_{z_j}(z-nd)} + b_{n,j}\mathrm{e}^{-\mathrm{i}k_{z_j}(z-nd)}, \tag{11.4}$$

其中 $a_{n,j}$ 和 $b_{n,j}$ 取决于层数和介质 ε_j.纵向波矢 k_{z_j} 定义为

$$k_{z_j} = \sqrt{\frac{\omega^2}{c^2}\varepsilon_j - k_\parallel^2}, \quad k_\parallel = \sqrt{k_x^2+k_y^2}, \tag{11.5}$$

其中 $k_\parallel$ 是水平方向的波矢.为了得到常数 $a_{n,j}$ 和 $b_{n,j}$,我们在第 n 和第 $n+1$ 层的边界 $z=z_n=nd$ 处施加边界条件:

$$\text{TE:} \quad E_{n,1}(z_n) = E_{n+1,2}(z_n), \tag{11.6}$$

$$\frac{\mathrm{d}}{\mathrm{d}z}E_{n,1}(z_n) = \frac{\mathrm{d}}{\mathrm{d}z}E_{n+1,2}(z_n), \tag{11.7}$$

$$\text{TM:} \quad H_{n,1}(z_n) = H_{n+1,2}(z_n), \tag{11.8}$$

$$\frac{1}{\varepsilon_1}\frac{\mathrm{d}}{\mathrm{d}z}H_{n,1}(z_n)=\frac{1}{\varepsilon_2}\frac{\mathrm{d}}{\mathrm{d}z}H_{n+1,2}(z_n). \tag{11.9}$$

(11.7)式是通过公式 $\nabla\times\boldsymbol{E}=\mathrm{i}\omega\mu_0\boldsymbol{H}$ 把磁场的横向分量用电场表示而得出的. 同样,利用公式 $\nabla\times\boldsymbol{H}=-\mathrm{i}\omega\varepsilon_0\varepsilon\boldsymbol{E}$ 可得到(11.9)式. 将(11.3)和(11.4)式代入,得到

$$a_{n,1}+b_{n,1}=a_{n+1,2}\mathrm{e}^{-\mathrm{i}kz_2 d}+b_{n+1,2}\mathrm{e}^{\mathrm{i}k_{z_2}d}, \tag{11.10}$$

$$a_{n,1}-b_{n,1}=p_m\left[a_{n+1,2}\mathrm{e}^{-\mathrm{i}kz_2 d}-b_{n+1,2}\mathrm{e}^{\mathrm{i}k_{z_2}d}\right], \tag{11.11}$$

其中 $p_m\in\{p_{\mathrm{TE}},p_{\mathrm{TM}}\}$ 是依赖于偏振方向的因子:

$$p_{\mathrm{TE}}=\frac{k_{z_2}}{k_{z_1}}(\text{TE 模式}),\quad p_{\mathrm{TM}}=\frac{k_{z_2}}{k_{z_1}}\frac{\varepsilon_1}{\varepsilon_2}(\text{TM 模式}). \tag{11.12}$$

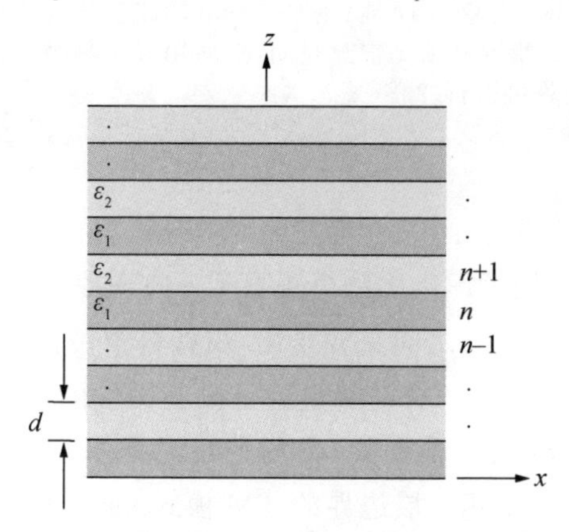

图 11.2　无限个厚度为 d 的平面层构成的一维光子晶体.

对于给定的模式类型有两个方程,但却有四个未知量,即 $a_{n,1}$, $b_{n,1}$, $a_{n+1,2}$, 和 $b_{n+1,2}$. 因此,我们需要更多的方程. 在第 $n-1$ 层和 n 层的界面处 $z=z_{n-1}=(n-1)d$,计算边界条件得到

$$a_{n-1,2}+b_{n-1,2}=a_{n,1}\mathrm{e}^{-\mathrm{i}k_{z_1}d}+b_{n,1}\mathrm{e}^{\mathrm{i}k_{z_1}d}, \tag{11.13}$$

$$a_{n-1,2}-b_{n-1,2}=\frac{1}{p_m}\left[a_{n,1}\mathrm{e}^{-\mathrm{i}k_{z_1}d}-b_{n,1}\mathrm{e}^{\mathrm{i}k_{z_1}d}\right]. \tag{11.14}$$

尽管对于每一种模式有四个方程,但是同时也增加了两个未知变量,引入了 $a_{n-1,2}$ 和 $b_{n-1,2}$. 但是根据 Floquet-Bloch 定理[5,6],我们可以把 $a_{n-1,2}$ 和 $b_{n-1,2}$ 用 $a_{n+1,2}$ 和 $b_{n+1,2}$ 表示. 这个定理指出,如果电场 E 在周期为 $2d$ 的周期介质中,它将满足

$$E(z+2d)=\mathrm{e}^{\mathrm{i}k_{\mathrm{Bl}}2d}E(z), \tag{11.15}$$

其中 k_{Bl} 是一个目前还未定义的波矢,叫作 Bloch 波矢. 对于磁场 $H(z)$ 会得到一个类似的方程. Floquet-Bloch 定理被视为一个拟设,是对我们的耦合微分方程系统的一个试探函数. 应用 Floquet-Bloch 定理将得到

$$\left[a_{n+1,2}+b_{n+1,2}\mathrm{e}^{-2\mathrm{i}k_{z_2}[z-(n-1)d]}\right]=\mathrm{e}^{\mathrm{i}k_{\mathrm{Bl}}2d}\left[a_{n-1,2}+b_{n-1,2}\mathrm{e}^{-2\mathrm{i}k_{z_2}[z-(n-1)d]}\right]. \tag{11.16}$$

由于方程必须在任何位置 z 成立，因此有

$$a_{n+1,2} = a_{n-1,2}\mathrm{e}^{\mathrm{i}k_{\mathrm{Bl}}2d}, \tag{11.17}$$

$$b_{n+1,2} = b_{n-1,2}\mathrm{e}^{\mathrm{i}k_{\mathrm{Bl}}2d}, \tag{11.18}$$

这使得未知变量的数量从 6 个下降到 4 个，因而(11.10)～(11.14)式定义的齐次方程组就可解. 方程组可以写成矩阵形式. 为了确保有解，它的行列式必须为 0. 由此得到的特征方程为

$$\cos(2k_{\mathrm{Bl}}d) = \cos(k_{z_1}d)\cos(k_{z_2}d) - \frac{1}{2}\left[p_m + \frac{1}{p_m}\right]\sin(k_{z_1}d)\sin(k_{z_2}d). \tag{11.19}$$

由于 $\cos(2k_{\mathrm{Bl}}d)$ 总是处于[−1,1]的范围，当上式右边的绝对值大于 1 时，解不可能存在. 解的缺失导致了带隙的形成. 比如，垂直方向入射的波长 $\lambda=12d$ 的光波能通过介电常数 $\varepsilon_1=2.25$ 和 $\varepsilon_2=9$ 的光子晶体，但是波长 $\lambda=9d$ 的光波却不能.

对于每一个 Bloch 波矢 k_{Bl}，我们都能找到一个色散关系 $\omega(k_\parallel)$. 如果把所有可能的色散关系画在同一个图上，我们能得到一个所谓的能带图. 一个示例显示在图 11.3 中，其中阴影区域对应于光波能在晶体中传播的容许带. 注意到即使一个纵向波数(k_{z_j})是虚数，传播模式仍然存在. 带边的 Bloch 波矢通过 $k_{\mathrm{Bl}}d=n\pi/2$ 定义. 对于一个给定的用 $k_\parallel$ 描述的传播方向，我们可以找到传播的容许区和禁戒区. 但是，对于一维光子晶体，不存在完全带隙(complete bandgap)，这意味着不存在某个频率的波在所有方向都被禁止. 如果一个在真空中传播的波进入光子晶体，那么只有波矢 $k_\parallel$ 小于 $k=\omega/c$ 的波才能被激发. 真空入射对应的光线在图 11.3 中标出来了，我们在 $k_\parallel<k$ 的区域内能找到完全频率带隙. 对于这些频率，光子晶体是一个完美的镜子(全方向反射镜)，因此在技术上可以用来做激光的反射镜.

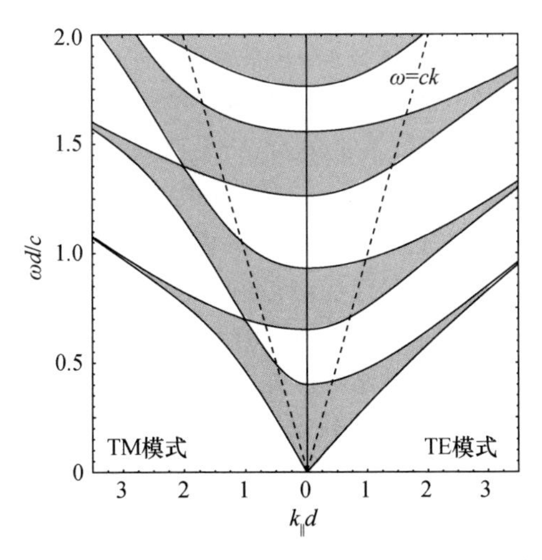

图 11.3 一维光子晶体的能带图. 阴影部分是容许带. 这个图中同时有 TE 和 TM 模式. 对于一维光子晶体，不存在完全带隙，即不存在在所有的方向都禁止传播的频率范围. $\varepsilon_1=2.33$ (SiO_2)，$\varepsilon_2=17.88$(InSb).

在三维光子晶体中能实现一个完全带隙. 如果介质的介电常数相差非常大,将十分有利. 两个介质的体积比也是很重要的. 遗憾的是,二维和三维光子晶体的解不能通过解析的方式找到,但是有效的数值模拟方法在最近几年已经被发展出来了.

在半导体中,价带对应于能被电子占满的最高能带. 如果电子被激发到下一个更高的能带,即所谓导带,就变成了非局域的,而晶体的导电能力急剧增加. 这个情形对于光子晶体也是类似的:低于带隙的能带称为介质带(dielectric band),高于带隙的能带称为空气带(air band). 在介质带中,光的能量局域在有更高介电常数的材料中. 然而在空气带中,光的能量集中在更低介电常数的材料中. 因此,从一个带到另一个带的激发促使光的能量从高介电常数的材料向低介电常数的材料转移.

光子晶体还能强烈地影响包裹在里面的量子体系(比如原子、分子)的自发发射速率. 例如,当激发态和基态的跃迁频率位于光子晶体的带隙内时,原子的激发态不能和任何辐射模式耦合. 在这种情况下,自发发射被严格禁止了,因此原子将停留在激发态(参看 §8.4). 正如后面将讨论的,在原子附近的局域缺陷有相反的效应,能显著增大原子的自发发射速率.

11.1.2　光子晶体中的缺陷

在光子晶体中引入缺陷是为了局域或传导光. 尽管能量处于光子带隙的光子无法在光子晶体中传播,但是它们能被局域到缺陷区域. 一条缺陷打开了一个波导:能量处于光子带隙的光由于被体材料阻止,因此只能沿着缺陷通道传播. 通过一个很尖锐的角,在光子晶体中的波导几乎能没有损耗地传输光. 因此,光子晶体波导对于微型光电子电路和器件有着十分重要的应用价值. 例如,图 11.4 显示了一个在光子晶体中的 T 结波导. 线缺陷由错位一定比例的晶体材料以及移走一列元素产生[7]. 这个器件可以作为一个双工器(diplexer),高频率的光被反射到左边,同时低频率的光被反射到右边. 为了提高效率,一个额外的扰动被添加到交叉区域. 进一步,光子晶体波导包含空气通道,这将显著地降低群速的色散. 一个短脉冲光传播很长的距离也不会展宽. 光子晶体光纤也是一种技术应用,可用于非线性白光连续谱生成(用介质带)或飞秒脉冲激光的无色散传播(用空气带).

尽管在光子晶体中引入缺陷阵列主要是为了波导应用,但是局域的缺陷也被用来陷俘光. 通过局域缺陷形成的光腔有非常高的品质因数,这是各种非线性光学效应和激光应用的先决条件. 图 11.5 显示了一个具有中心缺陷的二维光子晶体[8]. 激光通过在充当激光腔的终端反射镜的两个 Bragg 镜子中间嵌入光子晶体来产生. 横向限制通过光子晶体来提供.

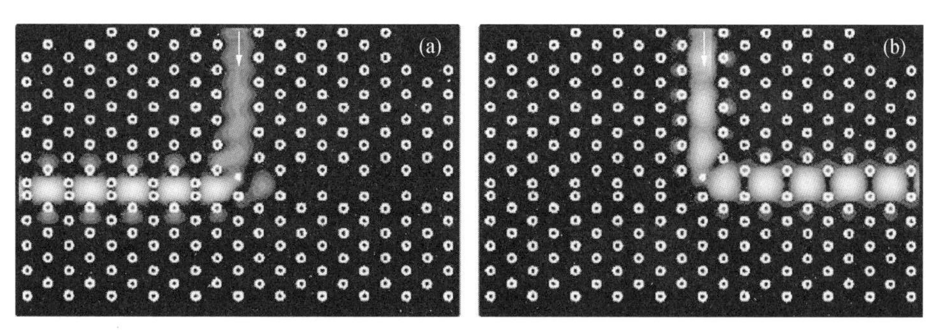

图 11.4 一个二维光子晶体双工器. T 结波导通过错位和搬走一些元素来产生. 高频波被反射到左边,低频波被反射到右边. 图中显示了对于(a) $\omega=0.956\pi c/d$ 和(b) $\omega=0.874\pi c/d$ 计算的光强, d 是晶格常数. 引自[7].

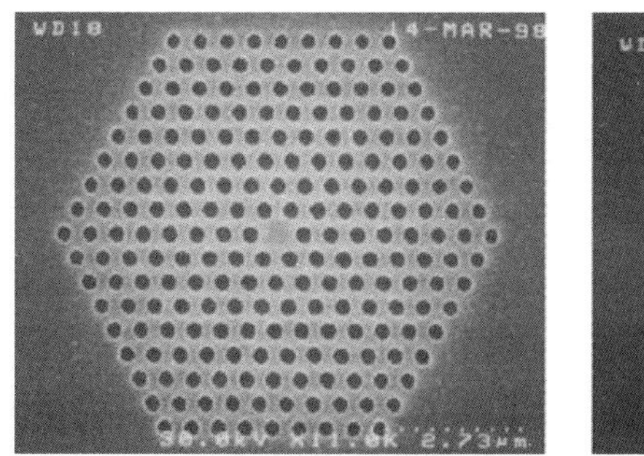

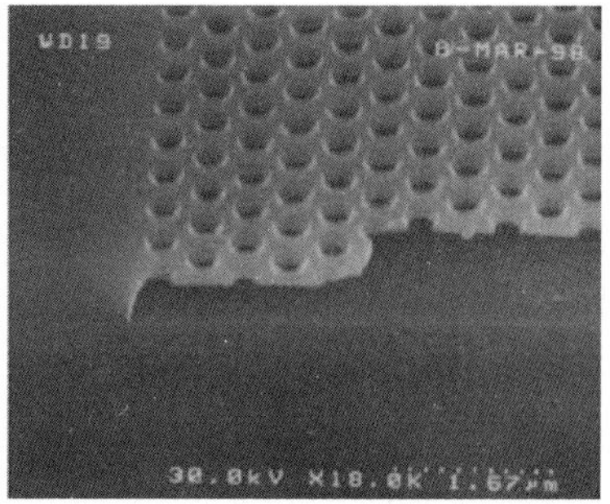

图 11.5 有单中心缺陷的二维光子晶体的俯视图和横截面图. 在 InGaAsP 光子晶体中,包含一个微加工制备的六角气孔阵列和通过填充中心孔引入的缺陷. 引自[8].

光子晶体腔也能用于控制位于缺陷区域的量子体系的自发发射速率. 通过调节腔的物理性质,量子体系在发射波长 λ_0 处的局域态密度相比自由空间态密度(见§8.4)可以增加或减少. 在 λ_0 处的局域态密度依赖腔在发射波长 λ_0 处的储能能力. 因此,品质因数 $Q=\omega_0/\Delta\omega$ 越高,局域态密度也越高. 在大的腔中的局域态密度可以近似表示成

$$\rho=\frac{1}{\omega_0}\frac{DQ}{V}, \tag{11.20}$$

其中 V 表示腔的体积, D 表示模式简并度,即在相同频率下腔模式的数目. 自由空间局域态密度可以通过(8.120)式来推导:

$$\rho_0=\frac{1}{\omega_0}\frac{8\pi}{\lambda_0^3}. \tag{11.21}$$

因此,在光子晶体腔中自发衰变速率可以被下面的因子增强:

$$K=\frac{\rho}{\rho_0}=\frac{D}{8\pi}Q\frac{\lambda_0^3}{V} \tag{11.22}$$

自发衰变速率增大需要小的腔体积和高的 Q 因数.

§11.2 超 材 料

电磁场与材料的相互作用由 Maxwell 方程组来描述，在线性区域的本构方程(2.11)～(2.13)通常用介电常数 ε 和磁导率 μ 来表示. 这些参数反映了材料中大量原子的平均电磁响应. 只要原子的尺寸远远小于电磁场的空间变动，这种平均就是合理的. 在自由空间，这些空间变动通过辐射的波长来定义. 例如，一个平面波进入具有正折射率 n 的介质中的折射可以通过假设光速相对真空情况下降了一个因子 n 来描述. 同一个效应可以从原子角度来解释：这是由材料中的各个电子产生的以真空光速 c 传播的次级场的矢量和导致的[9]. 如果原子的性质能够被定制，比如，如果原子能被人工散射体替代，材料的光学响应就可以在大范围内按意图改变. 从这种角度来看，超材料(metamaterial)可以被视为一种由十分紧密排列的“人工原子”(即远远小于波长的纳米光学散射体)构成的材料. 这些人工原子以一种预定的方式散射光，因此产生了新的光学效应，比如负折射率.

根据这种定义，光子晶体和超材料的差别是：有带隙的光子晶体中，散射体需要周期排列，晶格参数必须和波长可比，因为能隙是由衍射和相消干涉引起的. 然而对于超材料，人工原子以及它们之间的距离必须远远小于波长以避免衍射. 因此超材料的光学响应是(分块)均匀的. 值得注意的是，在一些领域中，光子晶体和超材料的概念是混淆的[10].

11.2.1 负折射率材料

图 11.6 显示了根据 ε 和 μ 的符号对光学材料进行的一个分类. 光在均匀介质中的传播可以用色散关系来描述：

$$\boldsymbol{k} \cdot \boldsymbol{k} = \varepsilon(\omega)\mu(\omega)\,\frac{\omega^2}{c^2} = n^2(\omega)\,\frac{\omega^2}{c^2}. \tag{11.23}$$

对于在光学频率的大部分材料，磁导率是 1，即 $\mu=1$. 因此在本构方程中 μ 常常被忽略，光学性质以及光学现象仅仅与 ε 有关系. 例如，由于 $\mu=1$，Brewster 效应仅仅出现在 p 偏振的光中. 但是，在磁电介质材料中 $\mu\neq1$，Brewster 效应也能在 s 偏振的光中观察到[10]①.

金属的 ε 通常是负的，但是介质，比如玻璃，ε 是正的. 这两种材料在光频通常都有 $\mu=1$. 1968 年，Veselago 发表了一个理论研究[11]，考虑了一种具有负介电常数 ε 和负磁导率 μ 的假想材料. 他的结果显示这种材料会呈现一个负的折射率 $n=\sqrt{\varepsilon\mu}$. 他预言这种负折射率材料将表现出大量有趣的性质，比如反常色散、逆

---

① 因此在第 2 章中我们在所有方程中都包括了 μ.

Doppler 频移、逆 Cerenkov 辐射，甚至反转辐射压力为辐射拉力.

根据(11.23)式我们可以很容易地看到具有负折射率的材料，如介质一样，能无阻尼地传导波，因为折射率大部分时候是实的. 仅当 ε 和 μ 都为正或负的时候，材料才能进行波的传播. 在其他情况下，对应的材料是不透明的. 这种材料属于图 11.6 中左上和右下方的类别. 一个重要的问题是为什么折射率被选为负的. 假定 $\varepsilon=-1$ 以及 $\mu=-1$，那么可以得到 $n=\sqrt{\varepsilon\mu}=\sqrt{(-1)\cdot(-1)}=\sqrt{1}=1$，是正的. 但是考虑到 $\varepsilon(\omega)$ 和 $\mu(\omega)$ 是复函数，问题归结为这个复平方根的哪个部分应该被选择. 通过要求无源介质没有增益 $\mathrm{Im}[n(\omega)]\geqslant 0$，这种不确定性能够解决[11,12]. 最终的根为

$$n = \sqrt{|\varepsilon||\mu|}\exp\left[\frac{\mathrm{i}}{2}\left(\operatorname{arccot}\left(\frac{\mathrm{Re}[\varepsilon]}{\mathrm{Im}[\varepsilon]}\right)+\operatorname{arccot}\left(\frac{\mathrm{Re}[\mu]}{\mathrm{Im}[\mu]}\right)\right)\right], \tag{11.24}$$

对于 ε 和 μ 趋近于 -1 的情况，得到 $n=-1$. 为了给出一个例子，我们假设 $\varepsilon(\omega)$ 和 $\mu(\omega)$ 呈现出与金属(12.20)中的束缚电子响应类似的共振结构：

$$\begin{aligned}\varepsilon(\omega) &= 1+\frac{\omega_{\mathrm{p},1}^2}{(\omega_{0,1}^2-\omega^2)-\mathrm{i}\gamma_1\omega},\\ \mu(\omega) &= 1+\frac{\omega_{\mathrm{p},2}^2}{(\omega_{0,2}^2-\omega^2)-\mathrm{i}\gamma_2\omega},\end{aligned} \tag{11.25}$$

通过把(11.25)式代入(11.24)式可清楚地显示，在共振非常显著时，$n(\omega)$ 的实部是负的②.

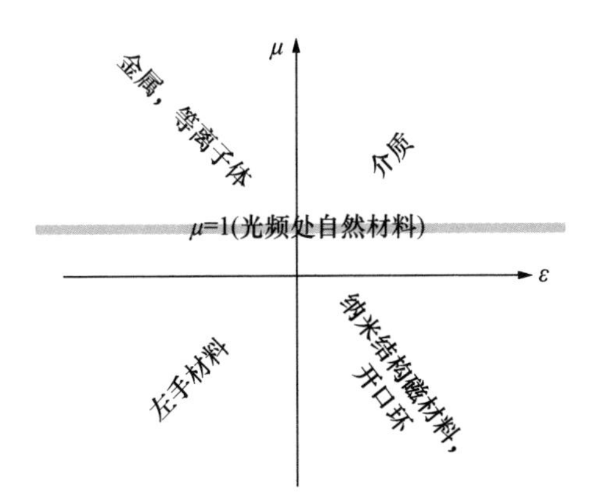

图 11.6 在(ε,μ)平面上材料的分类(仅考虑实部). 金属和其他具有自由电荷载流子的介质在小于他们的等离子体频率时出现了实部为负的介电常数 ε，使得它们在一个很宽的频谱范围内都是不透明的. 介质的介电常数实部是正的，频率在带隙之下时，它有很好的透明度. 水平的灰线表示 $\mu=1$，在光频时，大部分材料的磁导率为 1. 超材料有希望创造出属于下面两个象限的材料，尤其 ε 和 μ 都是负值的左手材料.

② 注意任何负折射率材料都必须是强色散的，即必须存在折射率为正的频率范围，因为若不这样，对所有频率积分得到的能量密度就会是负的.

2000 年，Smith 等人[13]第一次证实了在微波频域的负折射率材料可以被制备出来. 他们的超材料(见图 11.7)基于两种结构的组合：一是直线网络，模拟自由电子对于电场的响应(见(12.17)式)，二是毫米尺寸的开口环共振器，响应磁共振，这是 Pendry 提出来的[14]. 这个概念很快就被其他的研究组采纳，工作的波长被拓展到光频. 由于电磁场能进入金属，在光频时，需要对开口环共振器进行各种各样的改进，比如平行线对的反键模式(见 13.3.3 节). 一个关键的问题是金属的动态电感(见 13.3.1 节)，在进入光频区域时，它剧烈地增加. 图 11.7(b)给出了超材料小型化随时间的演化[16]. 需要注意，制备光频范围的超材料在技术上的挑战是巨大的：根据超材料的定义，构成超材料的"原子"是深亚波长的结构.

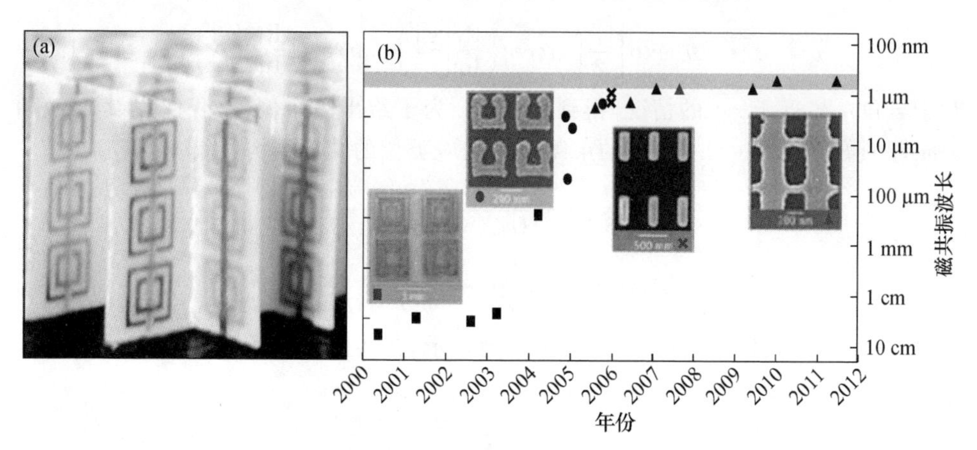

图 11.7 超材料的实现. (a) 基于直线网络和开口环共振器的人工微波超材料. 引自[15]. (b) 超材料小型化的演化过程. 经麦克米伦出版公司许可引自[16].

11.2.2 反常折射和左手性

关于负折射率材料的一种重要的奇特现象是光的反常折射. 考虑图 11.8 所描述的情形，平面波从折射率为 1 的介质(左边)入射到折射率为 −1 的介质(右边). 根据 Snell 定律，折射角将等于入射角，但是在负方向，也就是和入射波处于法平面的同一侧. 注意到这里是没有反射光束的，因为 Fresnel 反射系数是 0. 负折射可以很容易地用边界条件(2.41)～(2.44)推导出来. 当 Poynting 矢量 $\boldsymbol{S}$ 方向是离开界面的，表明能量的传输离开界面时，折射波矢 $\boldsymbol{k}$ 指向相反的方向. 这是所谓的背向传播波的标志，它的相速是反向平行于群速的. 我们进一步注意到在折射率为 −1 的介质中，$\boldsymbol{E}$,$\boldsymbol{H}$ 和 $\boldsymbol{k}$ 矢量不再遵守右手性规则，取而代之为左手性，这也是负折射率材料也叫作左手材料的原因. 观察到的向"错误"方向的折射和 Fermat 原理是一致的，即光从一点到另一点的传播沿着最短光程路径[9].

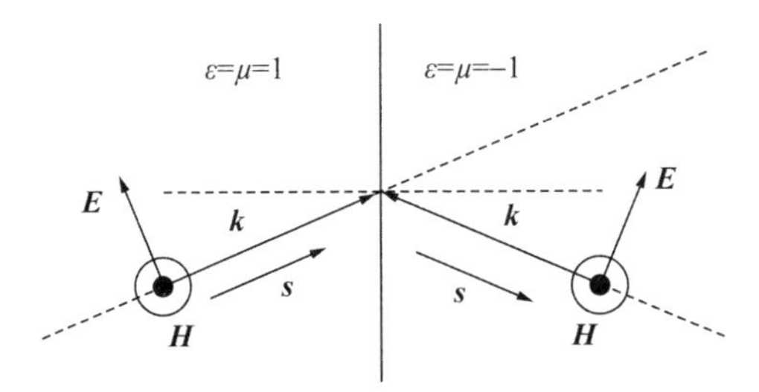

图 11.8 平面波在 1 和 −1 折射率材料界面处的折射. 注意 **k** 和 **S** 在负折射率介质中的方向是相反的.

2001 年,负折射的第一个实验证实在微波波段实现[15]. 2008 年,在红外波段进行了一个类似的实验,是在三维堆垛的渔网状结构中进行的[17](见图 11.9).

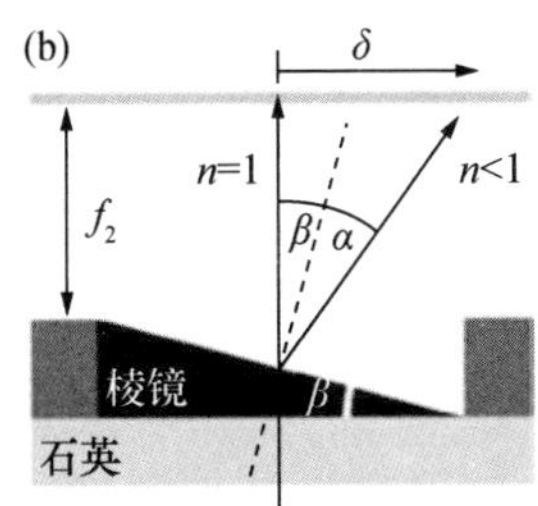

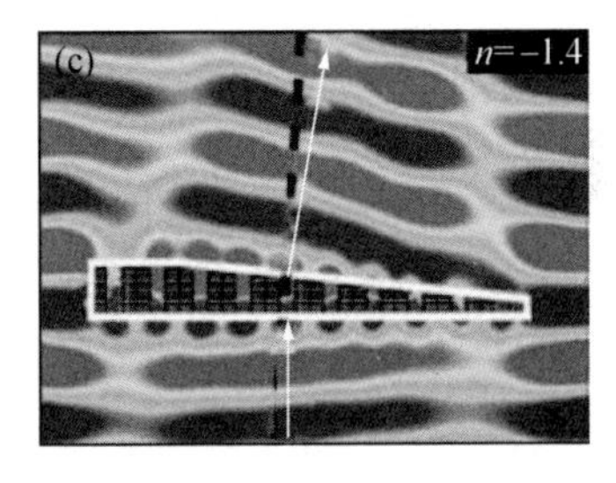

图 11.9 在三维堆垛渔网状超材料中实现在红外波段的负折射. (a) 制备的 Ag-MgF_2 纳米结构堆垛层的扫描电子显微镜图像. (b) 实验示意图,表明在不同折射率材料中的折射光方向. (c) 在 1763 nm 光下,在棱镜结构($n=-1.4$)中模拟的平面内电场分量,显示了相位波前. 经麦克米伦出版公司许可引自[17].

11.2.3 负折射率材料成像

负折射率材料使我们能够设计新奇的光学元件. Veselago 认为一个被空气包围的厚度为 d 的负折射率介质薄板可以用作聚焦透镜[11]. 一个所谓的 Veselago 透镜的几何光学光路如图 11.10 所示. 我们再次考虑一个 $n=-1$ 的板被 $n=1$ 的介质包围. 在板左边,我们选择一个距板表面距离为 g 的点光源. 根据图 11.8,点光源的像通过光线追迹可以很容易地构造出来. 我们可以看到,当 $g<d$ 的时候,一个中间像在板内出现,距离左表面为 g. 第二个像出现在板外面,距离右表面为 b. 通过观察图 11.10,我们发现

$$d = g + b, \tag{11.26}$$

这就是这个系统的透镜公式③. 显然放大系数是 1. 为了使超材料能被视为一个连

③ 标准薄透镜公式为 $1/f=1/g+1/b$,其中 f 为焦距.

续介质,它的特征尺寸 δ 必须满足 $\delta<\lambda$. 另一方面,几何光学适用要求 $d>\lambda$. 因此,利用(11.26)式,可以得到 $g,\ b>\lambda>\delta$[10].

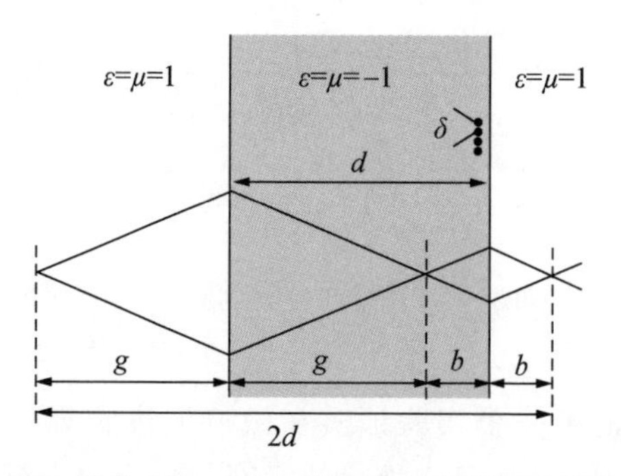

图 11.10　Veselago 透镜. 用 $n=-1$ 的板进行点到点成像的几何光学图.

Pendry 重新考虑了 Veselago 透镜,指出负折射率的板提供了超分辨成像,因为外光源的隐失波在负折射率介质中被指数地放大,弥补了在板外的指数衰减[14]. 由于这个系统能提供无限高的分辨度,因此这个想法被命名为"完美透镜"(perfect lens)或者"超透镜"(super lens),同时引发了大量的研究. 超透镜概念的可靠性一直在争论,一个不错的综述可以在文献[18]中看到. 负折射率材料的计算模拟表明超分辨率确实能够获得,但是仅在薄板($d<\lambda$)和阻尼很小的情形下[19]. 我们需要强调的是,为了放大隐失波,负折射率材料首先需要被"加载",需要时间. 在极限情况下,一个点被成像到另外一个点,时间需要无限长. 换句话说,超透镜仅对静态场适用,对于瞬态场不适用. 当然对于有限的分辨率,这个限制可以被放宽. 另一个有趣的地方是完美透镜的基本要求是折射率 $n=-1$. 对于一个很小的偏离,即 $n=-1+\Delta n$,又会怎样呢? 结果表明 Δn 通过公式 $\Delta x=-2\pi d/\ln(|\Delta n|)$ 决定系统的精度 Δx[20]. 因此,板越厚,透镜越容易受到偏离 -1 的影响.

在准静态近似,即静电极限下,电场和磁场退耦. 对于 $d\ll\lambda$ 的薄板,准静态近似[14]表明不管 μ 的值是什么,完美透镜的充分条件是介电常数 ε 为负. 这种材料不再需要是超材料,可以用金属和极化电介质构成. 实际上,Hillenbrand 和同事用厚度为 440 nm 的 SiC 薄膜在 10 μm 波长(这十分接近于 SiC 的表面等离激元共振)实现了负介电常数. 为了实现透镜公式(11.26),SiC 薄膜被三明治式地排列在两个等厚度(220 nm)的介质层中间. 近场光学显微术被用来记录放置在 SiC 超透镜另一面的平面结构的超分辨图像[21].

尽管超材料的实验实现和应用滞后于理论工作,但是有大量的关于如何加工和利用超材料的新观点涌现. 这包括 ε 只在一个方向上为负的各向异性材料. 这种材料导致一个双曲线色散关系 $\omega(\boldsymbol{k})$,原则上允许任意大的波矢传播,因此会导致超分辨率[22,23]. 在量子电动力学领域,双曲线色散超材料也令人感兴趣,因为它们在很宽的波段内给出了一个奇异的态密度. 其他的想法涉及利用"变换光学"(transformation optics)[24]来设计具有特殊性质的超材料,比如隐身斗篷.

§11.3 光学微腔

通过介质球形成的光学微腔在许多研究领域引起了广泛的兴趣. 与共振模式相关的高品质因数引发了腔量子电动力学领域的实验,产生了灵敏的生物传感器. 在微腔中的高能量密度使得研究者能观察到各种各样的非线性过程,譬如相干光交换、低阈值激射、受激 Raman 散射[25].

为了理解这个过程,我们要在简单的球形几何中解 Maxwell 方程组. 其数学基础和著名的 Mie 理论是一致的,具体细节可以在各种优秀的教科书中找到,比如文献[26]. 尽管 Mie 理论能和实验测量很好地吻合,但是对于直径 $D\gg\lambda$ 的球[27],展开式的收敛非常慢. 对于这些球,已观测到初始条件(尺寸、介电常数)的小变化会导致散射截面很大的变化. 这些变化叫作涟波,和球的共振有关. 对于一个涟波峰,光被陷俘在球内很长时间,通过多次全内反射沿着球表面传播. 这些共振模式叫作回音壁模式(whispering-gallery mode)或者形态依赖共振(morphology-dependent resonance). 这种共振模式的 Q 因数总是有限的,但是在理论上可以达到 10^{21}. 因此,这些共振模式是泄漏模式,球是一个非保守系统,因为能量可以由于辐射而永久损失. 在实验上观察到的最大 Q 因数在 10^{10} 量级.

我们不想复述完整的 Mie 理论,而是试图找到一个在光学微球中发生共振的直观图像. Nussenzveig 和 Johnson 发展了相关理论[27,28],叫作有效势方法. 这是对量子力学中有限球形势阱的直接类比. 微球的有限 Q 因数可以和隧穿现象相联系.

让我们考虑一个介电常数为 ε_1,半径为 a 的均匀球被介电常数为 ε_2 的均匀介质环绕的情形. 在球里面和外面的复电场强度必须满足矢量 Helmholtz 方程:

$$\left[\nabla^2+\frac{\omega^2}{c^2}\varepsilon_i\right]\boldsymbol{E}(\boldsymbol{r})=\boldsymbol{0}, \tag{11.27}$$

其中 $i=1, 2$,取决于电场是在球内还是在球外. 一个相似的方程适用于磁场 $\boldsymbol{H}$. 用数学恒等式

$$\nabla^2[\boldsymbol{r}\cdot\boldsymbol{E}(\boldsymbol{r})]=\boldsymbol{r}\cdot[\nabla^2\boldsymbol{E}(\boldsymbol{r})]+2\,\nabla\cdot\boldsymbol{E}(\boldsymbol{r}), \tag{11.28}$$

令最后一项为 0,并把这个结果代入(11.27)式会得到标量 Helmholtz 方程

$$\left[\nabla^2+\frac{\omega^2}{c^2}\varepsilon_i\right]f(\boldsymbol{r})=0,\quad f(\boldsymbol{r})=\boldsymbol{r}\cdot\boldsymbol{E}(\boldsymbol{r}). \tag{11.29}$$

分离变量得到

$$f(r,\vartheta,\varphi)=\mathrm{Y}_l^m(\vartheta,\varphi)R_l(r), \tag{11.30}$$

其中 Y_l^m 是球谐函数,R_l 是径向方程

$$\left[\frac{\mathrm{d}}{\mathrm{d}r^2}+\left(\frac{\omega^2}{c^2}\varepsilon_i-\frac{l(l+1)}{r^2}\right)\right]rR_l(r)=0 \tag{11.31}$$

的解.这个方程的解是球 Bessel 函数(见 §16.1).

在量子力学中会遇到一个相似的方程.对于球对称势,$V(\boldsymbol{r})=V(r)$,我们能得到径向 Schrödinger 方程

$$\left[-\frac{\hbar^2}{2m}\frac{\mathrm{d}}{\mathrm{d}r^2}+\left(V(r)+\frac{\hbar^2}{2m}\frac{l(l+1)}{r^2}\right)\right]rR_l(r)=ErR_l(r), \tag{11.32}$$

其中 $\hbar$ 是约化 Planck 常数,m 是有效质量.除了离心项是 $1/r^2$ 相关的,这个方程和一维 Schrödinger 方程是十分相似的.在圆括号中的项叫作有效势 $V_{\mathrm{eff}}(r)$.

电磁学问题和量子力学问题的相似性让我们可以引入有效势 $V_{\mathrm{eff}}(r)$ 以及介质球的能量 E.通过两个方程在自由空间的类比($V=0,\varepsilon_i=1$),我们得到

$$E=\frac{\hbar^2}{2m}\frac{\omega^2}{c^2}. \tag{11.33}$$

用这个定义,介质球的有效势可以写成

$$V_{\mathrm{eff}}(r)=\frac{\hbar^2}{2m}\left[\frac{\omega^2}{c^2}(1-\varepsilon_i)+\frac{l(l+1)}{r^2}\right]. \tag{11.34}$$

图 11.11 显示的是在空气中的介质球的有效势.ε 在球边界的突然变化导致了 $V_{\mathrm{eff}}(r)$ 以及势阱的不连续性.图 11.11 中的水平线指示了(11.33)式的能量 E.请注意,不像量子力学那样,这里能量 E 还取决于势阱的形状,因此 $V_{\mathrm{eff}}(r)$ 的变化也将影响 E.

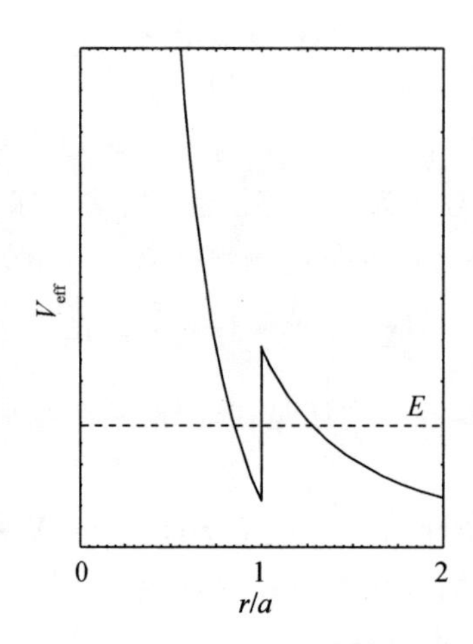

图 11.11　根据(11.34)式,介质球的有效势为 V_{eff}.共振模式的辐射衰变与对势垒的能量隧穿相关联.我们采用了下面的参数:$\varepsilon_1=2.31$,$\varepsilon_2=1$,$\lambda=800$ nm,$l=500$,$a=50$ μm.

考虑到量子隧穿效应,势垒的有限高度将导致通过势垒的能量泄漏.因此,在光学微腔中的共振模式将在一个由隧穿速率定义的特征时间内阻尼掉.在量子力

学中，势阱中的能态仅能以分立的能量值存在. 这些值遵从一个通过边界条件定义的能量本征方程. 这种情况也适用于电磁学问题，在这里我们能区分两种模式，即 TE 模式和 TM 模式，定义为

$$\text{TE 模式：} \qquad \boldsymbol{r}\cdot\boldsymbol{E}(\boldsymbol{r}) = 0, \tag{11.35}$$

$$\text{TM 模式：} \qquad \boldsymbol{r}\cdot\boldsymbol{H}(\boldsymbol{r}) = 0. \tag{11.36}$$

对于 TE 模式，电场总是垂直于径向矢量，而对于 TM 模式，磁场总是垂直于径向矢量.

球表面($r=a$)处的边界条件连接着内部电场和外部电场. 内部电场的径向依赖可以表示成球 Bessel 函数 j_l，外部电场可以表示成第一类球 Hankel 函数 $\mathrm{h}_l^{(1)}$. j_l 确保了在球内的场是规则的，同时 $\mathrm{h}_l^{(1)}$ 用以满足在无穷远处的辐射条件. 边界条件导致了一个齐次方程组，通过这个方程组，我们得到下面的特征方程：

$$\text{TE 模式：} \qquad \frac{\psi_l'(\tilde{n}x)}{\psi_l(\tilde{n}x)} - \tilde{n}\,\frac{\zeta_l'(x)}{\zeta_l(x)} = 0, \tag{11.37}$$

$$\text{TM 模式：} \qquad \frac{\psi_l'(\tilde{n}x)}{\psi_l(\tilde{n}x)} - \frac{1}{\tilde{n}}\,\frac{\zeta_l'(x)}{\zeta_l(x)} = 0. \tag{11.38}$$

在这里，内部折射率对外部折射率的比记为 $\tilde{n}=\sqrt{\varepsilon_1/\varepsilon_2}$，$x$ 是尺寸参量，定义为 $x=ka$(k 是真空波数 $k=\omega/c=2\pi/\lambda$). “$'$”表示对自变量求导，ψ_l 和 ζ_l 是 Ricatti-Bessel 函数：

$$\psi_l(z) = z\mathrm{j}_l(z), \quad \zeta_l(z) = z\mathrm{h}_l^{(1)}(z). \tag{11.39}$$

对于一个给定的角动量模数 l，特征方程有很多解. 这些解用一个新的指标 ν 标记，叫作径向模数. 正如图 11.12 所示的那样，ν 表示球中径向强度分布中峰的个数. 在所有的这些解中，只有那些能量根据(11.33)式位于势阱底部和顶部之间的解可以被看作共振模式. 注意到特征方程(11.37)和(11.38)对于实的 x 不成立，因为这意味着本征能量 $\omega_{\nu l}$ 是复数. 因此，微球的共振模式是泄漏模式，储存的能量通过辐射连续地耗散. $\omega_{\nu l}$ 的实部表示模式的中心频率 ω_0，虚部表示共振的半峰宽 $\Delta\omega$. 因此，Q 因数可以表示为

$$Q = \frac{\omega_0}{\Delta\omega} = \frac{\mathrm{Re}\{\omega_{\nu l}\}}{2\,|\mathrm{Im}\{\omega_{\nu l}\}|}. \tag{11.40}$$

由于共振的耗散性质，这种模式称为准简正模(quasi-normal mode).

为了更好地阐述模式的分类，让我们考虑一个在空气($\varepsilon_2=1$)中的玻璃球($a=10\ \mu\mathrm{m}$，$\varepsilon_1=2.31$)的例子，我们假设角动量模数 $l=120$. 具有最高 Q 因数的模式对应的波长可以用球的周长必须是内部波长的整数倍这一几何要求估算出来：

$$\text{高 } Q \text{ 因数模式：} \qquad l \approx nka, \tag{11.41}$$

这里 n 是内部折射率. 对于目前的例子，我们得到 $\lambda\approx796$ nm 或者 $x\approx79$，相邻 l 模

式的谱间距 $\Delta\lambda=\dfrac{\lambda^2}{2\pi an}\approx 6.6\ \text{nm}$.

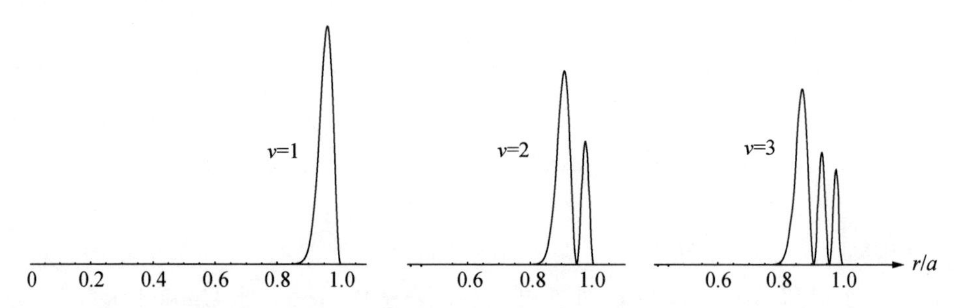

图 11.12　角动量模数 $l=120$ 的 TM 模式的径向能量分布. 微球的介电常数 $\varepsilon=2.31$. 径向模数 ν 表示在径向方向上的能量极大值的数目.

对于 $l=120$，解方程(11.37)，我们得到(实部)$\lambda_{1,120}^{\text{TE}}=743.25\ \text{nm}$，$\lambda_{2,120}^{\text{TE}}=703.60\ \text{nm}$，$\lambda_{3,120}^{\text{TE}}=673.35\ \text{nm}$，…. 同样地，方程(11.38)的解是 $\lambda_{1,120}^{\text{TM}}=739.01\ \text{nm}$，$\lambda_{2,120}^{\text{TM}}=699.89\ \text{nm}$，$\lambda_{3,120}^{\text{TM}}=670.04\ \text{nm}$，…. 在球中具有单个能量极大值的 $\nu=1$ 的模式有最大的 Q 因数. 波长与根据(11.41)式估计的 $\lambda\approx 796\ \text{nm}$ 基本吻合. TM 模式比 TE 模式呈现更短的波长. 更一般地说，Q 因数随着径向模数的增加而减小. 对于当前的例子，Q 因数从 $\nu=1$ 模式的 10^{17} 下降到 $\nu=6$ 模式的 10^{6}. 图 11.13 显示了 $l=119$，120 以及 121 模式的谱的位置. 相同 l 模式的间距是 6 nm，和以前的估计基本吻合. 模式用垂线表示，其高度代表取了对数的 Q 因数. 实线表示的是 TE 模式，虚线表示的是 TM 模式. 当 l 模式被画在同一个轴时，形成了一张紧密的模式网. 因此，角模式(模数是 m)是简并的，每个 l 模式由大量的子模式构成. 若由于几

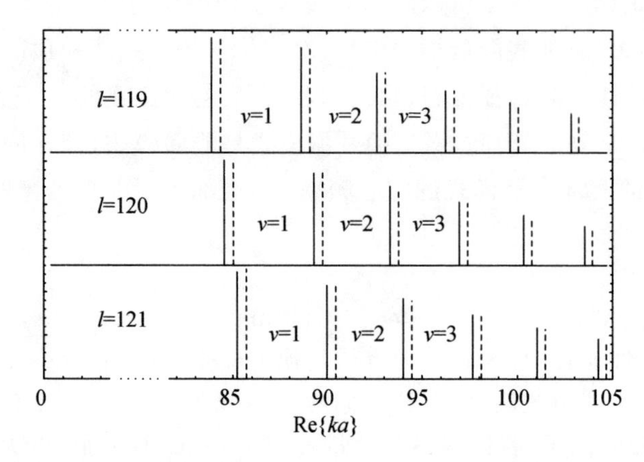

图 11.13　介电常数 $\varepsilon=2.31$，角动量模数 $l=119$，120 和 121 的微球的归一化模式频率. 实线表示 TE 模式，虚线表示 TM 模式. 线的高度表示对数标度下的 Q 因数. $\nu=1$ 模式有 10^{17} 的 Q 因数，$\nu=6$ 模式有 10^{6} 的 Q 因数.

何不对称性以及材料缺陷使得简并解除,会导致更多的模式频率.

计算得到的 Q 因数仅仅考虑了辐射损耗.对于 $a>500\ \mu\text{m}$ 的微球,这些 Q 因数可以大于 10^{20}.但是测量到的最高 Q 因数在 10^{10} 的量级,表明其他的影响,比如表面粗糙度、形状畸变、吸收以及表面污染可能成为高 Q 因数的限制因素.这些因素可以通过定义一个特定微腔模式的总品质因数来加以考虑:

$$\frac{1}{Q_{\text{tot}}}=\frac{1}{Q}+\frac{1}{Q_{\text{other}}},\tag{11.42}$$

其中 Q 因数是受辐射限制的理论上的品质因数,Q_{other} 因数包含了其他所有的贡献.通常,Q 比起 Q_{other} 可以忽略.在角频率 ω_0 处的共振附近,电场呈现如下形式:

$$\boldsymbol{E}(t)=\boldsymbol{E}_0\exp\left[\left(\mathrm{i}\omega_0-\frac{\omega_0}{2Q_{\text{tot}}}\right)t\right],\tag{11.43}$$

储存的能量密度假设服从 Lorentz 分布

$$W_\omega(\omega)=\frac{\omega_0^2}{4Q_{\text{tot}}^2}\frac{W_\omega(\omega_0)}{(\omega-\omega_0)^2+[\omega_0/(2Q_{\text{tot}})]^2}.\tag{11.44}$$

尽管球形微腔可以具有接近原子尺度的表面光滑度,因此有高的 Q 因数,但是它们不容易和光电子器件集成.环形微腔克服了这个限制,如图 11.14 所示.它可以用晶片工艺来加工,能产生超过 10^8 的 Q 因数.

图 11.14 一个超高 Q 因数的环形微共振器,通过一系列光刻、干法刻蚀、选择性回流工艺制备在芯片上.引自[29].

正如图 11.15 所定性描述的那样,微球的模式结构导致了离散的光子态密度 ρ. ρ 取决于跃迁偶极子相对微球的位置以及取向[见 8.4.3 节].从分子到其他量子系统之间有效的能量转移可以只通过单个共振模式的狭窄频率窗口实现.同时,如果发射频率和共振模式频率一致,分子的激发态寿命会大大下降.另一方面,如果发射频率处于两个模式频率之间,寿命可以显著地延长.如果分子的发射带宽覆盖了几个模式频率,荧光谱中会包含离散的谱线.这种情况也适用于吸收谱.因此,自由空间的发射和吸收谱是微腔离散模式谱中的抽样.由于在分子中的能量转移取决于吸收谱和发射谱的重叠(见8.6.2节),粗略地看我们可以预计在微腔附近能量的转移效率会下降,因为相比自由空间情形,窄的模式频率的重叠带宽显著地减小.但是对于高Q因数的微腔,情形发生了变化,因为在共振模式频率处的态密度如此之高,以至于尽管谱带很窄,但重叠积分仍然变得远远大于在自由空间的情形.Arnold与合作者已经证明了在微球中的能量传递可以比它在自由空间的情形高几个量级[25],这使得微球有作为长距离能量传递候选物的前景.微球已经被应用于生物传感器、光交换、腔量子电动力学中.各种各样的其他实验也被考虑,比如双光子能量传递,可以预见在不久的将来会得到激动人心的结果.

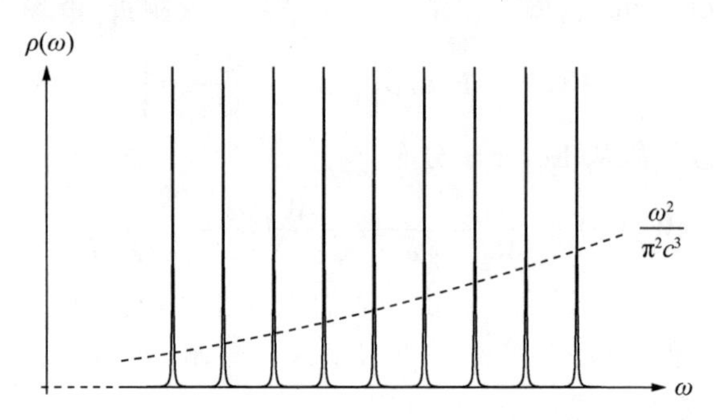

图11.15　微球的光子态密度(实线)以及在自由空间的光子态密度(虚线).

11.3.1　腔微扰

在超灵敏探测的各种各样的应用中,尖锐的共振峰是关键的要求.例如,钟表用高Q因数的石英晶体去测量时间,一些生物探测器利用振荡的悬臂去探测分子的吸收,原子钟利用原子共振作为频率的标准.因为光学微腔,比如微球或者环形共振器具有十分高的Q因数,它们成为了各种生物传感器的热门候选材料.光学微腔的微扰,如由颗粒吸收或者折射率的改变引起的,会导致共振频率的偏移,可被测量并用作控制信号[30].

为了建立对腔微扰的理解,我们考虑图11.16描述的系统.一个泄漏微腔以及它周围的环境由随空间变化的介电常数$\varepsilon(\boldsymbol{r})$和磁导率$\mu(\boldsymbol{r})$表征.在不存在任何微扰的情况下,假设系统在频率$\omega_0$处共振,场可以描述为

$$\nabla\times\boldsymbol{E}_0=\mathrm{i}\omega_0\mu_0\mu(\boldsymbol{r})\boldsymbol{H}_0,\quad \nabla\times\boldsymbol{H}_0=-\mathrm{i}\omega_0\varepsilon_0\varepsilon(\boldsymbol{r})\boldsymbol{E}_0,\tag{11.45}$$

其中$\boldsymbol{E}_0(\boldsymbol{r},\omega_0)$和$\boldsymbol{H}_0(\boldsymbol{r},\omega_0)$表示没有微扰的复场振幅.一个具有各向异性材料参数$\Delta\varepsilon(\boldsymbol{r})$和$\Delta\mu(\boldsymbol{r})$的颗粒形成微扰,导致一个新的共振频率$\omega$④.对于微扰系统,Maxwell旋量方程可以写为

④　$\Delta\varepsilon$和$\Delta\mu$是二阶张量.

$$\nabla \times \boldsymbol{E} = \mathrm{i}\omega\mu_0[\mu(\boldsymbol{r})\boldsymbol{H} + \Delta\mu(\boldsymbol{r})\boldsymbol{H}], \tag{11.46}$$

$$\nabla \times \boldsymbol{H} = -\mathrm{i}\omega\varepsilon_0[\varepsilon(\boldsymbol{r})\boldsymbol{E} + \Delta\varepsilon(\boldsymbol{r})\boldsymbol{E}]. \tag{11.47}$$

注意到在微扰占据的空间的外面 $\Delta\varepsilon$ 和 $\Delta\mu$ 都是 0. 利用$\nabla\cdot(\boldsymbol{A}\times\boldsymbol{B})=(\nabla\times\boldsymbol{A})\cdot\boldsymbol{B}-(\nabla\times\boldsymbol{B})\cdot\boldsymbol{A}$,我们得到

$$\nabla\cdot[\boldsymbol{E}_0^*\times\boldsymbol{H}-\boldsymbol{H}_0^*\times\boldsymbol{E}]=\mathrm{i}(\omega-\omega_0)[\varepsilon_0\varepsilon(\boldsymbol{r})\boldsymbol{E}_0^*\cdot\boldsymbol{E}+\mu_0\mu(\boldsymbol{r})\boldsymbol{H}_0^*\cdot\boldsymbol{H}] + \mathrm{i}\omega[\boldsymbol{E}_0^*\varepsilon_0\Delta\varepsilon(\boldsymbol{r})\boldsymbol{E}+\boldsymbol{H}_0^*\mu_0\Delta\mu(\boldsymbol{r})\boldsymbol{H}]. \tag{11.48}$$

我们考虑一个距离微腔非常远处的虚构球面 ∂V,并在其包围的体积 V 上积分(11.48)式(见图 11.16). 利用 Gauss 定理,(11.48)式的左边变成

$$\int_{\partial V}[\boldsymbol{H}\cdot(\boldsymbol{n}\times\boldsymbol{E}_0^*)+\boldsymbol{H}_0^*\cdot(\boldsymbol{n}\times\boldsymbol{E})]\mathrm{d}a=0, \tag{11.49}$$

其中 $\boldsymbol{n}$ 是一个垂直于表面 ∂V 的单位矢量. 因为场的横向性,即$(\boldsymbol{n}\times\boldsymbol{E}_0^*)=(\boldsymbol{n}\times\boldsymbol{E})=0$,上面的积分消失. 我们因此可以得到

$$\frac{\omega-\omega_0}{\omega}=-\frac{\int_V[\boldsymbol{E}_0^*\varepsilon_0\Delta\varepsilon(\boldsymbol{r})\boldsymbol{E}+\boldsymbol{H}_0^*\mu_0\Delta\mu(\boldsymbol{r})\boldsymbol{H}]\mathrm{d}V}{\int_V[\varepsilon_0\varepsilon(\boldsymbol{r})\boldsymbol{E}_0^*\cdot\boldsymbol{E}+\mu_0\mu(\boldsymbol{r})\boldsymbol{H}_0^*\cdot\boldsymbol{H}]\mathrm{d}V}, \tag{11.50}$$

称为 Bethe-Schwinger 腔微扰公式[31,32]. (11.50)式是一个精确的公式,但是因为 $\boldsymbol{E}$ 和 $\boldsymbol{H}$ 是未知的,因此该式不能以这种形式使用. 注意到因为在微扰空间之外 $\Delta\varepsilon$ 和 Δu 是 0,所以对分子的积分仅需要覆盖微扰空间 ΔV. 对于不存在辐射损耗以及所有的能量存储在共振器边界的情形,∂V 表面可以选择与边界重合.

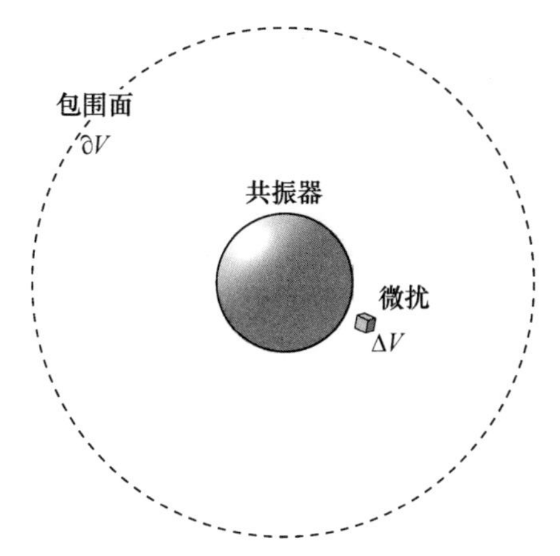

图 11.16 具有共振频率 ω_0 的光学共振器和外部微扰相互作用,导致一个新的共振频率 ω. 这个计算利用了一个在无穷远处虚构的球面.

我们假设微扰对于微腔只有很小的影响,因此仅用一阶近似 $\boldsymbol{E}=\boldsymbol{E}_0$ 以及 $\boldsymbol{H}=\boldsymbol{H}_0$. 在(11.50)式中进行这些代换之后,我们得到

$$\frac{\omega-\omega_0}{\omega} \approx -\frac{\int_{\Delta V}[\boldsymbol{E}_0^* \varepsilon_0 \Delta\varepsilon(\boldsymbol{r})\boldsymbol{E}_0 + \boldsymbol{H}_0^* \mu_0 \Delta\mu(\boldsymbol{r})\boldsymbol{H}_0]\mathrm{d}V}{\int_V [\varepsilon_0 \varepsilon(\boldsymbol{r})\boldsymbol{E}_0^* \cdot \boldsymbol{E}_0 + \mu_0 \mu(\boldsymbol{r})\boldsymbol{H}_0^* \cdot \boldsymbol{H}_0]\mathrm{d}V}. \tag{11.51}$$

对于高 Q 因数的共振器，辐射损耗是很小的，体积分区域 V 可以被共振器的边界取代. 为了计算(11.51)式，我们首先必须解出无微扰微腔的场 $\boldsymbol{E}_0(\boldsymbol{r})$ 和 $\boldsymbol{H}_0(\boldsymbol{r})$. 有趣的是，对于一个弱色散介质，(11.51)式的分母表示无微扰微腔的总能量(W_0)，然而分子解释了通过微扰进入的能量(ΔW). 因此，$(\omega-\omega_0)/\omega = -\Delta W/W_0$. 能量的增加 ΔW 引起共振频率的红移 $\omega=\omega_0[W_0/(W_0+\Delta W)]$. 蓝移可以通过对微腔体积做微扰来实现，即从微腔中减少 ΔW.

作为一个例子，我们考虑一个具有置于距离 L 处的完美反射端面(面积为 A)的平面腔. 基本模式为 $\lambda=2L$，共振频率为 $\omega_0=\pi c/L$，腔中的电场和磁场分别计算为 $E_0\sin(\pi z/L)$ 和 $-\mathrm{i}\sqrt{\varepsilon_0/\mu_0}E_0\cos(\pi z/L)$. z 坐标垂直于端面表面. (11.51)式的分母很容易确定为 $V\varepsilon_0 E_0^2$，其中 $V=LA$. 我们在腔的中心放置一个介电常数为 $\Delta\varepsilon$，体积为 ΔV 的球形纳米颗粒，假设在颗粒的尺度上电场是均匀的. (11.51)式的分子计算为 $\Delta V\Delta\varepsilon\varepsilon_0 E_0^2$，频移确定为 $(\omega-\omega_0)/\omega = -\Delta\varepsilon\Delta V/V$. 在(11.50)式的分子中一个更好的近似是保留微扰场 $\boldsymbol{E}$ 和 $\boldsymbol{H}$. 利用球形颗粒的准静态近似(参考 12.3.1 节)，我们得到 $\boldsymbol{E}=3\boldsymbol{E}_0/(2+\Delta\varepsilon)$，同时获得频移 $(\omega-\omega_0)/\omega=-[3\Delta\varepsilon/(2+\Delta\varepsilon)]\Delta V/V$. 在两种情形下，共振频移都随微扰和共振器的体积比改变.

§11.4 腔光力学

作用在光学系统上的机械力能影响光场的状态. 例如，施加在光学微腔上的力可以用于控制微腔共振以及和外部激光的耦合. 反之亦然，作用在机械系统上的光辐射可以影响系统的动力学，比如激光加热以及辐射压. 机械和光自由度的互相耦合在新兴的领域腔光力学(cavity optomechanics)中被探索[33].

光和物质的相互作用设定了光学测量精度的极限. Braginsky 预言在光学干涉仪上光的有限响应时间会导致机械不稳定性[34]，对激光为基础的重力干涉仪的测量精度施加限制. 随后，有结果证实这个“动力学反作用机制”也可以用来减慢机械系统的运动，有效率地将其冷却到环境温度之下[35—39].

为了在概念上理解光力耦合，我们考虑如图 11.17(a)所示的激光照射机械振子. 这个振子由通过一个劲度为 K_0 的弹簧粘接在刚性的墙上的一面镜子构成. 镜子以幅度 x_0，机械共振频率 $\Omega_0=(K_0/m)^{1/2}$ 振荡，周期性地调制反射波 E_r 的相位. 由于镜子的速度远远小于光速($x_0\Omega_0 \ll c$)，反射波可以表示成[40]

$$E_r = -E_0 \mathrm{Re}\left\{ \mathrm{e}^{-\mathrm{i}kx} \sum_{n=-\infty}^{\infty} \mathrm{e}^{-\mathrm{i}(\omega+n\Omega_0)t} \mathrm{J}_{-n}(2kx_0) \right\}, \tag{11.52}$$

其中 J_{-n}是$-n$ 阶 Bessel 函数，ω 和 $k=\omega/c$ 分别是角频率和入射场的波数. 由于振幅远远小于光的波长($x_0 \ll \lambda$)，我们可以忽略$|n|>1$ 的项，结果得到三个不同的频率项，即 ω 和两个边带 $\omega \pm \Omega_0$.

我们假设反射波 E_r 没有发射到自由空间而是通过狭窄的能量谱带 $\gamma_0 \ll \Omega_0$ 耦合到光腔. 如果我们选择腔的谱带与一个反射边带重叠，比如 $\omega+\Omega_0$，于是就有效地抑制了 $\omega-\Omega_0$ 的贡献(见图 11.17(b)). 结果，反射场有更多的 $\hbar(\omega+\Omega_0)$能量量子，而不是 $\hbar(\omega-\Omega_0)$能量量子，这意味着通过反射，能量在增益. 换句话说，激光场从机械振子中抽取了能量，因此降低了其质心温度. 这种类型的激光冷却叫作可分辨边带冷却(resolved-sideband cooling).

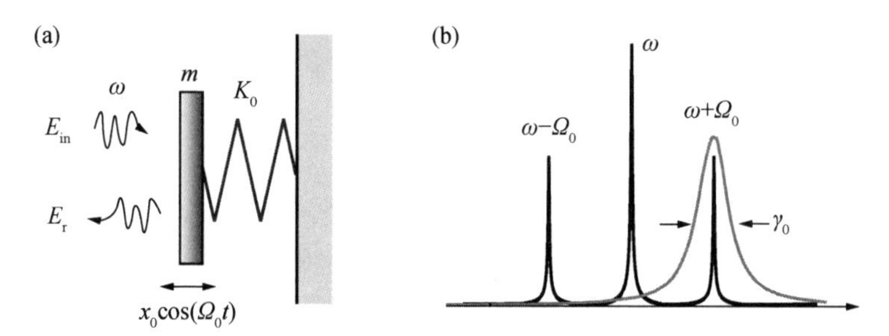

图 11.17 光从振荡镜子的反射. (a) 振荡的镜子调制入射波的相位导致新的频率分量($\omega \pm n\Omega_0$). (b) 可分辨边带冷却. 通过把光场耦合到腔中，有可能在光谱上选择一个频率分量，抑制另外一个频率分量.

为了对光机械耦合建立一个更加定量的理解，我们来分析图 11.18 中所描述的情形，在那里机械振子构成了光学腔的一个端面镜. 这个系统通过腔电场 $E(t)$ 和镜子的机械位移 $x(t)$的耦合来表征. 镜子的位移导致了腔共振频率的变化，反之亦然，共振频率的移动也能改变光的强度，从而改变施加在振子上的力. 因此，镜子

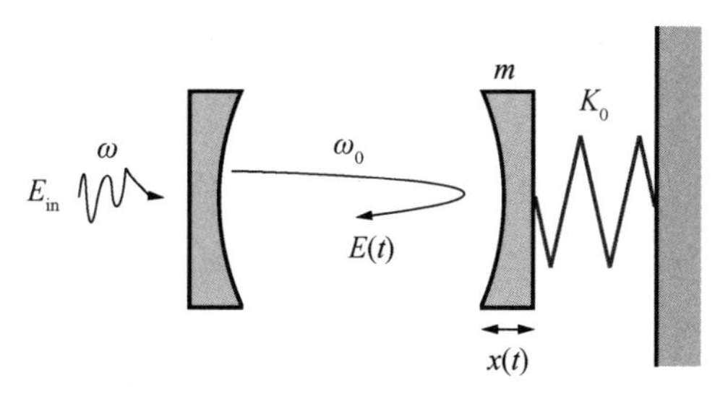

图 11.18 光腔和频率为 Ω_0 的机械振子之间的耦合. 镜子的位移改变了腔的共振频率，这改变了储存的能量，从而也改变了作用在镜子上的力.

的位移反作用于自身. 这个现象叫作动力学反作用.

我们首先分析在腔中的电场. 电场 $\boldsymbol{E}(\boldsymbol{r},t)$ 满足 Helmholtz 方程

$$\nabla^2\boldsymbol{E}(\boldsymbol{r},t)-\frac{1}{c^2}\frac{\mathrm{d}^2}{\mathrm{d}t^2}\boldsymbol{E}(\boldsymbol{r},t)=0. \tag{11.53}$$

我们用下面的拟设把 $\boldsymbol{E}$ 的解表示成归一化本征模式 $\boldsymbol{u}_n$ 的形式：

$$\boldsymbol{E}(\boldsymbol{r},t)=\mathrm{e}^{-\mathrm{i}\omega t}\sum_n E_n(t)\boldsymbol{u}_n(\boldsymbol{r}). \tag{11.54}$$

这里,本征模式满足本征方程 $[\nabla^2+(\omega_n/c)^2]\boldsymbol{u}_n=0$,其中 ω_n 是本征频率. 我们假设频率 ω 非常接近本征频率 ω_0,在本征模式的合成中,仅仅保留 $n=0$ 的项. 把(11.54)式代入(11.53)式,利用本征方程,乘以 $\boldsymbol{u}_0^*$,对腔体积进行积分,再利用正交性,可以得到 $E_0(t)$ 的微分方程. 因为对于一个好的腔 $\ddot{E}_0\ll-\mathrm{i}\omega\dot{E}_0$,我们可以忽略二阶微分项,得到 $\dot{E}_0=\mathrm{i}(\omega-\omega_0)E_0$,在这里我们用了 $\omega_0^2-\omega^2\approx2\omega(\omega_0-\omega)$. 为了解释腔损耗,对于耦合进和耦合出的辐射,我们添加了两项,最后得到

$$\frac{\mathrm{d}}{\mathrm{d}t}E_0(t)=[\mathrm{i}(\omega-\omega_0)-\gamma_0]E_0(t)+\kappa E_{\mathrm{in}}(t). \tag{11.55}$$

衰变速率 γ_0 体现腔损耗和耦合出去的辐射,耦合进入的能量通过耦合常数 κ 描述. ω 是入射辐射和腔中场的中心频率,ω_0 是腔的共振频率. 如果腔的长度发生变化,会产生相应的频移. 对于 $\omega=\omega_0$ 和 $E_{\mathrm{in}}=0$,我们得到解(11.43),其中 $Q_{\mathrm{tot}}=\omega_0/(2\gamma_0)$. 注意到腔的衰变速率来自两方面的贡献,即 $\gamma_0=\gamma_{\mathrm{ex}}+\gamma_{\mathrm{in}}$,其中 γ_{ex} 对应于耦合出去的辐射,γ_{in} 来自内部损耗. 光子在腔中的寿命为 $\tau=1/(2\gamma_0)$.

我们现在转向机械振子的运动方程,它可以写作

$$\frac{\mathrm{d}^2}{\mathrm{d}t^2}x(t)+\Gamma_0\frac{\mathrm{d}}{\mathrm{d}t}x(t)+\Omega_0^2x(t)=\frac{1}{m}[F_{\mathrm{fluct}}(t)+F_{\mathrm{opt}}(t)]. \tag{11.56}$$

我已经把驱动力分解成了两项,一项为随机 Langevin 力,满足方程 $\langle F_{\mathrm{fluct}}(t)F_{\mathrm{fluct}}(t')\rangle=2m\Gamma_0k_{\mathrm{B}}T\delta(t-t')$,另外一项取决于和光的相互作用.

我们已经建立了腔场和机械振子的方程,现在来关注它们之间的相互耦合. 首先我们注意到,腔长度 L 的微小变化 x 会使共振频率发生移动 $\Delta\omega_0=-\omega_0x/L$. 因而(11.15)式要换成

$$\frac{\mathrm{d}}{\mathrm{d}t}E_0(t)=[\mathrm{i}(\omega-\omega_0\{1-x(t)/L\})-\gamma_0]E_0(t)+\kappa E_{\mathrm{in}}(t). \tag{11.57}$$

其次,光力 F_{opt} 取决于腔场 $E_0(t)$. 在首次论述动力学反作用时[36],光力是一种热力. 在后续的实验中,光力主要是辐射压[37—39]. 原则上,我们可以考虑 F_{opt} 和 E_0 之间的任意关系,比如光泳力或者梯度力. 为了缩小讨论范围,我们集中考虑辐射压(见§14.2),它可以用腔场表示为 $F_{\mathrm{opt}}(t)=(\varepsilon_0/2)|E_0|^2(t)nA(1+R)$,其中 R 是镜子的反射率,n 是腔介质的折射率,A 是被照射的镜面积. 这样,运动方程变为

$$\frac{\mathrm{d}^2}{\mathrm{d}t^2}x(t)+\Gamma_0\frac{\mathrm{d}}{\mathrm{d}t}x(t)+\Omega_0^2x(t)=\frac{1}{m}\left[F_{\mathrm{fluct}}(t)+\frac{\varepsilon_0}{2}n(1+R)A\,|E_0|^2(t)\right].$$

(11.58)

在图 11.18 中所示的系统,其动力学现在可以完整地描述为耦合方程(11.57)和(11.58). $E_0(t)$和 $x(t)$的解取决于一系列参数,比如腔共振频率 ω_0、激发频率 ω、激发强度 $|E_{\mathrm{in}}|^2$,以及腔的品质因数 $Q_c=\omega_0/(2\gamma_0)$,振荡器的品质因数($Q_m=\Omega_0/(2\Gamma_0)$).

在解两个耦合方程之前,让我们更仔细地考察运动方程(11.58). x 的解取决于$|E_0|^2$,它通过(11.57)式又是 x 的函数. 因此,x 的变化反馈给自身(动力学反作用). 现在假设腔中的能量密度取决于镜子位置变化的速度,即$|E_0|^2=C\mathrm{d}x/\mathrm{d}t$,其中 C 是一个常数. 在这种情况下,(11.58)式的最后一项可以和左侧的摩擦项 $\Gamma_0\mathrm{d}x/\mathrm{d}t$ 合并,因此增加或者减少振子的阻尼率取决于 C 的符号. 这是参数放大和腔光力学冷却的关键,可以被应用于存储、光交换以及量子信息处理. 图 11.19 显示了对微杠杆进行激光诱导冷却的实验[36].

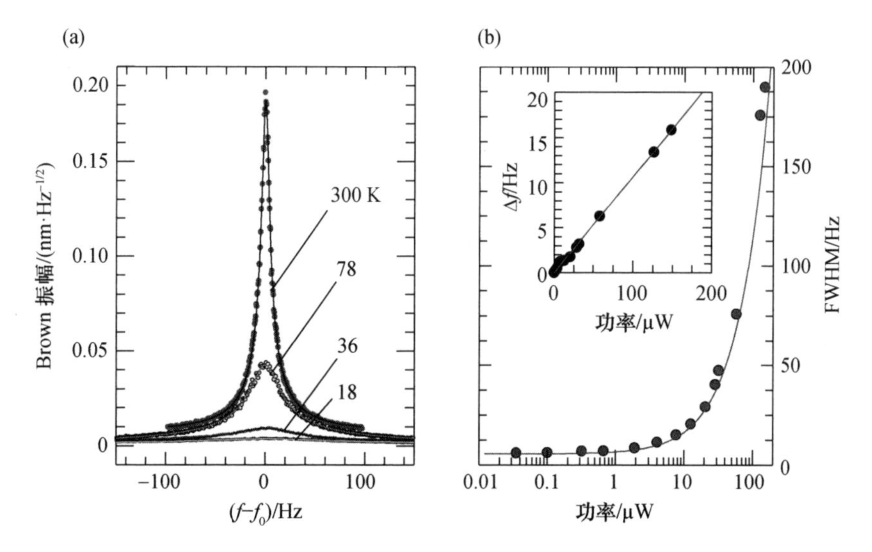

图 11.19 微杠杆的激光冷却. (a) 不同功率水平机械共振的线型. 曲线的宽度定义了有效温度. (b) 共振曲线半峰全宽作为激光功率的函数. 插图:机械共振的频移. 经麦克米伦出版公司许可引自[36].

因为作用在谐振子上的光力会导致阻尼常数和共振频率的变化,(11.58)式可以表示成

$$\frac{\mathrm{d}^2}{\mathrm{d}t^2}x(t)+(\Gamma_0+\delta\Gamma)\frac{\mathrm{d}}{\mathrm{d}t}x(t)+(\Omega_0+\delta\Omega)^2x(t)=\frac{1}{m}F_{\mathrm{fluct}}(t),\quad(11.59)$$

其中 $\delta\Gamma$ 和 $\delta\Omega$ 是光力的函数. 方程(11.57) 和(11.58)的一个形式解是[39]

$$\delta\Gamma=\frac{\pi^2 R}{(1-R)^2}\frac{8n^2\omega_0}{mc^2\Omega_0}\frac{\gamma_{ex}\gamma_0 P_{in}}{(\omega-\omega_0)^2+\gamma_0^2}\left[\frac{\gamma_0^2}{(\omega-\omega_0+\Omega_0)^2+\gamma_0^2}\right.$$
$$\left.-\frac{\gamma_0^2}{(\omega-\omega_0-\Omega_0)^2+\gamma_0^2}\right],\tag{11.60}$$

$$\delta\Omega=\frac{\pi^2 R}{(1-R)^2}\frac{4n^2\omega_0}{mc^2\Omega_0}\frac{\gamma_{ex}\gamma_0 P_{in}}{(\omega-\omega_0)^2+\gamma_0^2}\left[\frac{(\omega-\omega_0+\Omega_0)\gamma_0}{(\omega-\omega_0+\Omega_0)^2+\gamma_0^2}\right.$$
$$\left.+\frac{(\omega-\omega_0-\Omega_0)\gamma_0}{(\omega-\omega_0-\Omega_0)^2+\gamma_0^2}\right],\tag{11.61}$$

其中 $P_{in}=(1/2)\varepsilon_0 cA|E_{in}|^2$ 表示输入功率.(11.60)和(11.61)式的括号中的第一项和反 Stokes 散射有关,而第二项表示 Stokes 散射(见图 11.18(b)).在可分辨边带区域($\gamma_0\ll\Omega_0$),阻尼率 Γ 可以对于红失谐激发($\omega<\omega_0$)是负的,对于蓝失谐激发($\omega>\omega_0$)是正的.因此,激发频率是选择放大(红失谐)还是冷却(蓝失谐)的按钮.

对于 $\gamma_0\gg\Omega_0$,我们进入了所谓的弱推迟区.在这个区域,(11.60)式括号中的项可以近似地表示成 $-4(\omega-\omega_0)\Omega_0\gamma_0^2/[(\omega-\omega_0)^2+\gamma_0^2]^2$.冷却和放大仍然可以实现,取决于激发频率相比腔共振是红失谐还是蓝失谐.但是,冷却或放大速率相比可分辨边带区域大大减弱了.

现在在频率空间 Ω 考虑运动方程(11.59).用前面的关系 $\langle F_{fluct}(t)F_{fluct}(t')\rangle=2m\Gamma_0 k_B T\delta(t-t')$,以及 Wiener-Khintchine 定理(15.16),我们得到功率谱密度

$$\int_{-\infty}^{\infty}\langle\hat{x}(\Omega)\hat{x}^*(\Omega')\rangle\mathrm{d}\Omega'=\frac{k_B T}{\pi m}\frac{\Gamma_0}{([\Omega_0+\delta\Omega]^2-\Omega^2)^2+\Omega^2[\Gamma_0+\delta\Gamma]^2},\tag{11.62}$$

其中 $\hat{x}$ 表示 x 的 Fourier 变换.在两边对 Ω 区域积分,得到均方位移

$$\langle x^2\rangle=\langle x(0)x(0)\rangle=\frac{k_B T}{m(\Omega_0+\delta\Omega)^2}\frac{\Gamma_0}{\Gamma_0+\delta\Gamma}.\tag{11.63}$$

根据能量均分原理定义一个有效温度 T_{eff},即 $k_B T_{eff}=m(\Omega_0+\delta\Omega)^2\langle x^2\rangle$.由于 $\delta\Omega\ll\Omega_0$,有

$$T_{eff}=T\frac{\Gamma_0}{\Gamma_0+\delta\Gamma},\tag{11.64}$$

其中 T 表示不存在光力($\delta\Gamma=0$)时的平衡温度.因此,振子的温度可以被提高或者降低,取决于(11.60)式中 $\delta\Gamma$ 的符号.但是,与光子的离散特性相关的散粒噪声对(11.64)式施加了一个限制.因此,(11.64)式仅对 $\delta\Gamma\ll\gamma_0$ 和 $T_{eff}>T/Q_{in}$ 的情形有效.

在量子极限下,机械振子呈现以 $\hbar(\Omega_0+\delta\Omega)\approx\hbar\Omega_0$ 的能量间隔分开的离散态.振荡模式的平均热占有数

$$\langle n\rangle = \frac{k_{\mathrm{B}}T_{\mathrm{eff}}}{\hbar\Omega_0}. \tag{11.65}$$

为了获得振子的量子基态，我们要求$\langle n\rangle<1$. 对于 1 MHz 的振子，这个条件意味着$T_{\mathrm{eff}}<50\ \mu\mathrm{K}$.

"振子＋腔"组合系统的哈密顿量可以通过考虑缀饰腔(dressed cavity)场，即机械振子作用的微腔场的能量推导出来. 正如之前讨论的，腔长度 L 的位移 x 导致腔频移

$$\omega-\omega_0=-\omega_0\frac{x}{L}. \tag{11.66}$$

频移改变了腔中的能量. 用单模产生和湮没算符 $a^{\dagger}$ 和 a 表示，我们可以把缀饰腔的哈密顿量写作

$$\hbar\omega[a^{\dagger}a+1/2]=\hbar\omega_0[a^{\dagger}a+1/2]-\hbar\omega_0\frac{q}{L}[a^{\dagger}a+1/2]=H_{\mathrm{cavity}}+H_{\mathrm{int}}, \tag{11.67}$$

其中我们利用了(11.66)式，通过广义坐标系 q 替代 x，并注意到右边的第一项对应于无微扰腔，第二项体现了相互作用. 在加入机械振子的哈密顿量之后，我们得到

$$\begin{aligned}H_{\mathrm{tot}}=H_{\mathrm{cavity}}+H_{\mathrm{mech}}+H_{\mathrm{int}}&=\hbar\omega_0[a^{\dagger}a+1/2]+(1/2)[p^2/m+m\Omega_0^2q^2]\\&\quad+\hbar g_0q[a^{\dagger}a+1/2],\end{aligned} \tag{11.68}$$

其中引入了光力耦合速率 $g_0=\mathrm{d}\omega_0/\mathrm{d}q=\omega_0/L$. 整个哈密顿量分裂成三项，与 § 8.2 的讨论类似(参考(8.35)式). 相互作用哈密顿量((11.68)式中的最后一项)解释了由于辐射压导致的机械系统的位移 q,q 正比于腔中的光子数 $n=a^{\dagger}a$. 每个光子的力通过 $F_{\mathrm{ph}}=\hbar g_0$ 给出. 注意腔也作用到振子，因此振荡频率移动到 $\Omega=\Omega_0+\delta\Omega$，但是通常小到可以忽略($\delta\Omega\ll\Omega_0$). 由于机械运动是简谐的，我们可以通过相应的产生和湮没算符($b^{\dagger}$,b)表示算符 q 和 p，哈密顿量可以重写为

$$H_{\mathrm{tot}}=\hbar\omega_0[a^{\dagger}a+1/2]+\hbar\Omega_0[b^{\dagger}b+1/2]+\hbar g_0x_0[b^{\dagger}+b][a^{\dagger}a+1/2]. \tag{11.69}$$

在这里，$x_0=\sqrt{\hbar/(2m\Omega_0)}$是机械振子的零点振幅. 注意在大多数计算中常数(零点)项"1/2"被去掉了，因为它只是对能量本征态的偏移. g_0x_0 是单光子耦合强度. 为了能观察到机械振子和光学微腔的强耦合，我们需要 $g\gg\gamma_0$, Γ_0. 相互作用振子之间的强耦合在 § 8.7 中进行了详细的讨论. 为了解释损耗、涨落以及进入或射出腔的辐射耦合，基于(11.69)式的哈密顿形式系统需要用所谓的量子 Langevin 方程加以推广.

最后，我们注意到机械振子的光学冷却和加热意味着作用在振子上的光力是非保守的，即

$$W = \oint F_{\mathrm{opt}}(x)\mathrm{d}x \neq 0, \tag{11.70}$$

其中 x 是振子的位置. 条件(11.70)要求在振子的作用和腔的响应之间存在时间延迟. 这个时间延迟通过光子寿命 $\tau=1/(2\gamma_0)$,也因此通过腔的 Q 因数来定义.

习 题

11.1 考虑一个由两个相互交替的,介电常数为 ε_1 和 ε_2,厚度为 d_1 和 d_2 的介质层构成的一维光子晶体. 推导 TE 和 TM 模式的特征方程. 画出 $\varepsilon_1=17.88$,$\varepsilon_2=2.31$ 和 $d_2/d_1=2/3$ 时的色散曲线 $k_x(\omega)$.

11.2 用平板电容的电容量 C 和单环螺线管的电感 L 来估计具有一个缺口的金属环的电磁共振频率 $\omega=\sqrt{1/(LC)}$. 为了进入光学频域,需要什么样的几何尺寸? 通过在环上加入第二个缺口,共振会发生怎样的移动? 解释为什么单开口环、双开口环以及线对(通过弯曲双开口环线得到)可以作为磁偶极子. 讨论动态电感的影响(见 13.3.1 节).

11.3 应用在折射率 $n=1$ 和 $n=-1$ 的介质之间的界面的边界条件(对 $\boldsymbol{E}$ 和 $\boldsymbol{H}$)和平行界面的波矢分量的连续性,来证明图 11.8 所画的情形. 同时说明在所画的情形中不存在反射波.

11.4 估计半径 $a=50\ \mu\mathrm{m}$ 以及介电常数 $\varepsilon=2.31$ 的微球的高 Q 因数模式的波长. 确定模式之间的间距 $\Delta\lambda$.

11.5 对于 $\varepsilon=2.31$ 的微球,在复 ka 平面,用数值方法画出方程(11.37)和(11.38)的右边项. 假设角动量模数 $l=10$,估计径向模数 $\nu=1, 2, 3$ 的模式中 ka 的值.

11.6 由于具有极化率 α 的小颗粒的存在而产生的微腔的共振频移$(\omega-\omega_0)$可以用下面的公式计算[41]:

$$\hbar(\omega-\omega_0) = -(\alpha/2)\langle \boldsymbol{E}(\boldsymbol{r}_0,t)^2\rangle, \tag{11.71}$$

其中 $\boldsymbol{r}_0$ 是颗粒的位置,α 是额外的极化率,即测得的极化率减去背景极化率. 这里⟨⟩表示时间平均. 此式本质上是对一个单光子的能量平衡. 在两边除以无微扰的光子能量 $\hbar\omega_0=(1/2)\int_V \varepsilon_0\varepsilon(\boldsymbol{r})\boldsymbol{E}_0^*\cdot\boldsymbol{E}_0\mathrm{d}V$,比较得到的方程和 Bethe-Schwinger 腔微扰. 讨论主要的差别.

11.7 考虑一个用共振频率 ω_0 和衰变速率 γ_0 表征的光学微腔通过辐射压耦合到具有共振频率 Ω_0 和阻尼 Γ_0 的机械振子的情形,确定提供最大冷却速率的激光频率 ω.

11.8 图 11.18 的一个替代构型是一个具有极化率 α 和体积 V_{p} 的被陷俘的介质

颗粒，它在光学腔(共振频率 ω_0)中被激光光镊(频率为 ω_T)抓住，并通过频率为 ω 的场驱动. 确定机械共振频率 Ω_0 作为光镊参数(功率，NA，λ_T，…)的函数，用腔微扰公式计算对腔模式的反作用. 假设颗粒可以用偶极子极限处理，且它的振动以腔模式的场最小值处为中心. 确定腔诱导阻尼率 $\delta\Gamma$.

参 考 文 献

[1] Lord Rayleigh, "On the maintenance of vibrations by forces of double frequency, and on the propagation of waves through a medium endowed with a periodic structure," *Phil. Mag.* (*Series 5*) **24**, 145 - 159 (1887).

[2] Y. A. Vlasov, X. Z. Bo, J. C. Sturm, and D. J. Norris, "On-chip natural assembly of silicon photonic bandgap crystals," *Nature* **414**, 289 - 293 (2001).

[3] J. D. Joannopoulos, R. D. Meade, and J. N. Winn, *Photonic Crystals*. Princeton, MA: Princeton University Press (1995).

[4] J. D. Joannopoulos, P. R. Villeneuve, and S. Fan, "Photonic crystals: putting a new twist on light," *Nature* **386**, 143 - 149 (1997).

[5] G. Floquet, "Sur les équations differentielles linéares *à* coefficients périodiques," *Ann. Ecole Norm. Supér.* **12**, 47 - 88 (1883).

[6] F. Bloch, "Über die Quantenmechanik der Elektronen in Kristallgittern," *Z. Phys.* **52**, 555 - 600 (1929).

[7] E. Moreno, D. Erni, and Ch. Hafner, "Modeling of discontinuities in photonic crystal waveguides with the multiple multipole method," *Phys. Rev. E* **66**, 036618 (2002).

[8] O. J. Painter, A. Husain, A. Scherer, *et al.*, "Two-dimensional photonic crystal defect laser," *J. Lightwave Technol.* **17**, 2082 - 2089 (1999).

[9] R. P. Feynman, R. B. Leighton, and M. Sands, *The Feynman Lectures on Physics*, vol. 1. Reading, MA: Addison-Wesley (1977).

[10] V. Veselago, L. Braginsky, V. Shklover, and Ch. Hafner, "Negative refractive index materials," *J. Comput. Theor. Nanosci.* **3**, 1 - 30 (2006).

[11] V. G. Veselago, "The electrodynamics of substances with simultaneously negative values of ε and μ," *Sov. Phys. Usp.* **10**, 509 - 514 (1968).

[12] J. Kästel and M. Fleischhauer, "Quantum electrodynamics in media with negative refraction," *Laser Phys.* **15**, 135 - 145 (2005).

[13] D. R. Smith, W. J. Padilla, D. C. Vier, S. C. Nemat-Nasser, and S. Schultz, "Composite medium with simultaneously negative permeability and permittivity," *Phys. Rev. Lett.* **84**, 4184 - 4187 (2000).

[14] J. P. Pendry, "Negative refraction makes a perfect lens," *Phys. Rev. Lett.* **85**, 3966 - 3969 (2000).

[15] R. A. Shelby, D. R. Smith, and S. Schultz, "Experimental verification of a negative index of refraction," *Science* **292**, 77 - 79 (2001). Reprinted with permission from AAAS.

[16] C. M. Soukoulis and M. Wegener, "Past achievements and future challenges in the development of three-dimensional photonic metamaterials," *Nature Photonics* **5**, 523 - 530 (2011).

[17] J. Valentine, S. Zhang, T. Zentgraf, *et al.*, "Three-dimensional optical metamaterial with a negative refractive index," *Nature* **455**, 376 - 379 (2008).

[18] R. E. Collin, "Frequency dispersion limits resolution in Veselago lens," *Prog. Electromagn. Res. B* **19**, 233 - 261 (2010).

[19] C. Hafner, C. Xudong, and R. Vahldieck, "Resolution of negative index slabs," *J. Opt. Soc. Am. A* **23**, 1768 - 1778 (2006).

[20] R. Merlin, "Analytical solution of the almost-perfect-lens problem," *Appl. Phys. Lett.* **84**, 1290 - 1292 (2004).

[21] T. Taubner, D. Korobkin, Y. Urzhumov, G. Shvets, and R. Hillenbrand, "Near-field microscopy through a SiC superlens," *Science* **313**, 1595 (2006).

[22] Z. Jacob, L. V. Alekseyev, and E. Narimanov, "Optical hyperlens: far-field imaging beyond the diffraction limit," *Opt. Express* **14**, 8247 - 8256 (2006).

[23] Z. Liu, H. Lee, Y. Xiong, C. Sun, and X. Zhang, "Far-field optical hyperlens magnifying sub-diffraction-limited objects," *Science* **315**, 1686 (2007).

[24] J. B. Pendry, D. Schurig, and D. R. Smith, "Controlling electromagnetic fields," *Science* **312**, 1780 - 1782 (2006).

[25] S. Arnold, S. Holler, and S. D. Druger, "The role of MDRs in chemical physics: intermolecular energy transfer in microdroplets," in *Optical Processes in Microcavities*, ed. R. K. Chang and A. J. Campillo. Singapore: World Scientific pp. 285 - 312 (1996).

[26] C. G. Bohren and D. R. Huffman, *Absorption and Scattering of Light by Small Particles*. New York: John Wiley (1983).

[27] H. M. Nussenzveig, *Diffraction Effects in Semiclassical Scattering*. Cambridge: Cambridge University Press (1992).

[28] B. R. Johnson, "Theory of morphology-dependent resonances: shape resonances and width formulas," *J. Opt. Soc. Am. A* **10**, 343 - 352 (1993).

[29] S. M. Spillane, T. J. Kippenberg, K. J. Vahala, *et al.*, "Ultrahigh-Q toroidal microresonators for cavity quantum electrodynamics," *Phys. Rev. A* **71**, 013817 (2005).

[30] F. Vollmer and S. Arnold, "Whispering-gallery-mode biosensing: labelfree detection down to single molecules," *Nature Methods* **5**, 591 - 596 (2008).

[31] J. Schwinger, *The Theory of Obstacles in Resonant Cavities and Waveguides*, MIT Radiation Laboratory Report no. 43 - 34 (1943).

[32] W. Hauser, *Introduction to the Principles of Electromagnetism*. Reading, MA: Addison-Wesley (1971).

[33] T. J. Kippenberg and K. J. Vahala, "Cavity opto-mechanics," *Opt. Express* **15**, 17172-17205 (2007).

[34] V. B. Braginsky, *Measurement of Weak Forces in Physics Experiments*. Chicago, IL: University of Chicago Press (1977).

[35] P. F. Cohadon, A. Heidmann, and M. Pinard, "Cooling of a mirror by radiation pressure," *Phys. Rev. Lett.* **83**, 3174-3177 (1999).

[36] C. Höhberger Metzger and K. Karrai, "Cavity cooling of a microlever," *Nature* **432**, 1002-1005 (2004).

[37] O. Arcizet, P. F. Cohadon, T. Briant, M. Pinard, and A. Heidmann, "Radiation-pressure cooling and optomechanical instability of a micromirror," *Nature* **444**, 71-74 (2006).

[38] S. Gigan, H. R. Bohm, M. Paternostro, *et al.*, "Self-cooling of a micromirror by radiation pressure," *Nature* **444**, 67-70 (2006).

[39] A. Schliesser, P. Del'Haye, N. Nooshi, K. J. Vahala, and T. J. Kippenberg, "Radiation pressure cooling of a micromechanical oscillator using dynamical backaction," *Phys. Rev. Lett.* **97**, 243905 (2006).

[40] J. Van Bladel and D. De Zutter, "Reflections from linearly vibrating objects: plane mirror at normal incidence," *IEEE Trans. Antennas Propag.* **29**, 629-636 (1981).

[41] S. Arnold, M. Khoshsima, I. Teraoka, S. Holler and F. Vollmer, "Shift of whispering gallery modes in microspheres by protein adsorption," *Opt. Lett.* **28**, 272-274 (2003).

第12章 表面等离激元

金属和电磁辐射之间的相互作用很大程度上取决于它们的自由传导电子. 根据 Drude 模型,自由电子振荡与驱动电场的相位相差 180°. 因此,大多数金属在光学频率下的介电常数为负值,这将导致,例如一个非常高的反射率. 此外,在光学频率下,金属的自由电子气可以发生表面和体电荷密度振荡,称为等离激元(plasmon),具有不同的共振频率. 存在表面等离激元是光学频率下的光与金属纳米结构的相互作用所特有的. 由于材料的参数会随着频率出现需要考虑的变化,类似的行为并不能简单地利用 Maxwell 方程组的尺度不变性而认为可出现在其他光谱范围内. 特别地,这意味着如在微波波段和相应较大的金属结构中的模型实验并不能代替在光学频率下金属纳米结构的实验.

与存在于金属和介质界面的表面等离激元相关的表面电荷密度振荡,可以引起限制于金属表面附近的光学近场的显著增强. 类似地,如果电子气在空间三个方向上受限,如在小颗粒情况下,电子相对于正电荷晶格的整体位移将产生一个回复力,这将产生取决于颗粒几何形状的特有的颗粒-等离激元共振. 在合适(通常指)形状的颗粒上,伴随着光场的极大增强,将出现局域电荷积累现象.

对与金属的电磁响应相关的光学现象的研究称为等离激元学或纳米等离激元学. 这个纳米科学领域关注的是光在亚波长范围内的局域和对光传播的操控. 在光学频率范围内,某一贵金属可由介电函数 $\varepsilon=-\varepsilon'+i\varepsilon''$ 来表征,其实部 $|\varepsilon'|$ 通常大于虚部 $|\varepsilon''|$. 对于微波或者红外波段的金属而言情况正好相反. 因此,我们可以将等离激元定义为光与金属在 $|\varepsilon'|>|\varepsilon''|$ 情况下的相互作用. 在过去的几年中,很多金属光学的创新观点和应用被发展出来,在这一章中我们将讨论一些例子. 我们首先从等离子体物理学的角度开始讨论金属,这将对等离激元的物理性质提供深刻理解. 讨论的内容包括屏蔽和有质动力,这将产生大量的光学非线性. 由于光与金属结构之间的相互作用由频率依赖的金属复介电函数描述,我们接着讨论金属的基本光学特性. 随后转而讨论对于贵金属结构,也就是平面金属-介质界面,小尺寸金属导线和颗粒的 Maxwell 方程组的重要解. 该处适合讨论表面等离激元在纳米光学方面的应用. 最后,应该指出的是,与这里讨论相似的光学相互作用也适用于红外辐射与极性材料相互作用的情况. 相应的激发被称为表面声子极化激元.

§12.1 作为等离子体的贵金属

金属内部的自由传导电子构成了等离子体,即由带电粒子组成,受电磁场作用会发生集体响应的气体.等离子体是物质的最常见形式,存在于星云、闪电、恒星、火焰和外层大气中.在光学频率内,金属表现出等离子体行为,带有特有的形状依赖共振.为了理解电子在光场内的集体响应,我们通过回顾标准等离子体的基本性质开始本章.

12.1.1 等离子体振荡

考虑一个电中性材料,由一个刚性离子晶格和自由电子气表征.这个材料限制在表面法矢量为 $\boldsymbol{n}_z$ 的两个平行表面之间.气体的整体位移由小距离 Δz 表示,这将在材料的一面产生一个正的表面电荷 $\sigma=ne\Delta z$,其中 n 是电子密度,e 是基本电荷.在金属另一侧的表面电荷为 $-\sigma$.具体见图 12.1(a).表面电荷将产生一个统一均匀电场 $E=\sigma/\varepsilon_0$,从一个表面指向另一表面.这个场将产生一个回复力,这个力作用于电子上,并产生如下运动方程:

$$m\Delta\ddot{z}=-eE=-\Delta zne^2/\varepsilon_0, \tag{12.1}$$

其中 m 是电子质量.这个方程的解是 $\Delta z(t)=\Delta z_0\cos(\omega_\mathrm{p}t)$,其中 Δz_0 是在 $t=0$ 时刻的位移,ω_p 是等离子体频率,定义为

$$\omega_\mathrm{p}=\sqrt{\frac{ne^2}{m\varepsilon_0}}. \tag{12.2}$$

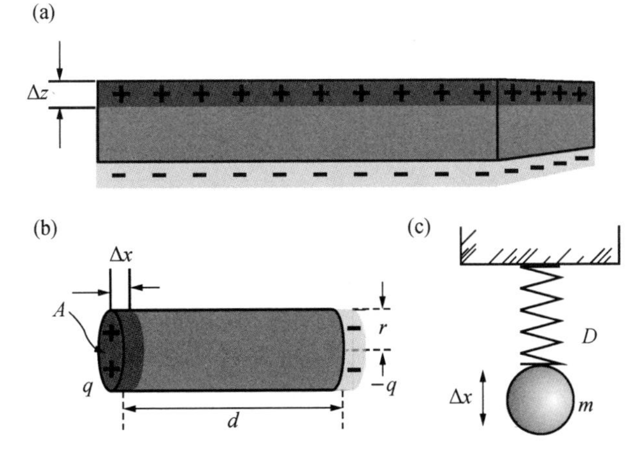

图 12.1 等离子体振荡的质量-弹簧模型.(a) 金属平板上,由电子气的统一小位移 Δz 形成的均匀电场示意图.(b) 电子位移量为 Δx 的金属颗粒示意图.(c) 产生的振荡频率可以由弹簧常数为 D,具有电子质量 m 的谐振子表示.

因为 e 和 m 是常量,所以唯一影响等离子体频率的参数是电子密度 n.注意到等离子体振荡沿着电场方向,因此它定义了一个纵向模式.实际上,等离子体的振荡阻尼不仅来自电子-晶格碰撞,也来自辐射损耗.在我们的简单模型中,忽略了电

场的任何空间变化,更细致的分析得到 $\omega_p(k)\approx\omega_p[1+(3/10)(v_F/\omega_p)^2k^2+\cdots]$,其中 v_F 是 Fermi 速度,k 是共振波矢,而右侧的 ω_p 由(12.2)式定义[1]. ω_p 通常以能量 $\hbar\omega_p$ 的形式表示,对于大部分金属,它处于 2~20 eV 范围内. 通过电子能量损耗光谱记录的金属表面谱分布上,对应于 $\hbar\omega_p$ 的整数倍的地方表现出典型峰位,称为体等离激元.

现在考虑一个有限尺寸颗粒的等离子体振荡,例如一个圆柱形棒. 当颗粒中的电子气位移为 Δx 时,能在两端产生近似于点状的电荷 $\pm q$. q 的大小为 $q=neA\Delta x$,取决于 n,A 为圆柱的截面面积. 两个电荷的 Coulomb 势能可表示为

$$W(\Delta x)=\frac{1}{4\pi\varepsilon_0}\frac{q^2}{d}=\frac{1}{4\pi\varepsilon_0}\frac{(neA)^2}{d}\Delta x^2. \tag{12.3}$$

则回复力此时可表示为

$$F(\Delta x)=-\frac{\partial W(\Delta x)}{\partial\Delta x}=-\frac{1}{2\pi\varepsilon_0}(ne)^2\frac{A^2}{d}\Delta x=-D\Delta x, \tag{12.4}$$

由此我们可以推导出弹簧常数 D. 利用一个类似于之前所述的运动方程,我们发现系统的等离子体谐振可以由一个简单的质量-弹簧模型描述. 相应的质量代表振荡所涉及的所有电子的质量,即 $m_{\mathrm{tot}}=nmAd$. 圆柱形颗粒的近似共振频率可表示为

$$\omega_{\mathrm{res}}=\sqrt{\frac{D}{m_{\mathrm{tot}}}}=\frac{\omega_p}{2\sqrt{2}}\frac{1}{R}, \tag{12.5}$$

其中我们使用了(12.2)式,$A=\pi r^2$,$R=d/(2r)$ 是颗粒的纵横比(aspect ratio). 由于我们假设了电荷分布局域在颗粒两端,因而不能期待对于更短和更粗的颗粒,它们精确的共振频率也可以从这个结论中定量地给出. 然而,实验观察到了共振频率反比于颗粒的纵横比 R 的趋势,并且在接近可见光区时这种情况也可以发生. 这种纵横比标度行为的物理原因来自电荷分布产生的电场具有偶极子特征.

12.1.2　有质动力

等离子体中的电子与一个非均匀的电场 $\boldsymbol{E}(\boldsymbol{r},t)$ 发生作用后,能感受到一个净力. 这个力可以由电势得到,称为有质动力(ponderomotive force). 下面是最简单的推导过程. 电子在频率 ω 下振动,势能是 V_p. 对于一个谐振子,其平均势能和平均动能是相同的,因此 $V_p=\frac{1}{2}m\langle v^2\rangle$. 速度遵从运动方程 $m\dot{\boldsymbol{v}}=-e\boldsymbol{E}$,其中 $\boldsymbol{E}=\boldsymbol{E}_0\cos(\omega t)$. 解这个方程得到 $\boldsymbol{v}=-\mathrm{e}\boldsymbol{E}_0\sin(\omega t)/(m\omega)$. 将此式代入势能 V_p 后,我们可以得到

$$V_p(\boldsymbol{r})=\frac{e^2}{2m\omega^2}\langle|\boldsymbol{E}(\boldsymbol{r},t)|^2\rangle, \tag{12.6}$$

上式即为有质动力势或电子的振动能. 有质动力可以表示为 $\boldsymbol{F}=-\nabla V_{\mathrm{p}}$. 与梯度力相似(参见 §14.4),有质动力依赖于电场强度的梯度. 与(14.47)式对比后可以得到一个电子的极化率为 $\alpha'=-e^2/(m\omega^2)$. 有质动力将电子从高场强区域排斥出去,因此会影响局域电子密度. 这种相互作用是金属中非线性光学的一个主要来源.

12.1.3 屏蔽

等离子体是电中性的,但其电荷密度表现出局域波动性. 用 n_+ 表示正电荷的局域密度,n_- 表示负电荷的局域密度. 电荷之间的静电势是 Φ. 大距离平均后,正电荷和负电荷的个数必须相同,但是电荷密度会局域振荡. 热平衡后,局域电荷密度遵从

$$\frac{n_-}{n_+}=\exp[e\Phi/(k_{\mathrm{B}}T)], \tag{12.7}$$

其中 T 代表温度. 在 $\boldsymbol{r}=0$ 处引入外部电荷后,相应的电荷密度为 $\rho_{\mathrm{ext}}=e\delta(\boldsymbol{r})$. 这个外部电荷将改变局域电荷分布,并会使感生电荷密度 $\rho_{\mathrm{ind}}=-e(n_- - n_+)$ 出现. 由 Gauss 定理,这两种电荷密度将产生一个局域场 $\nabla\cdot\boldsymbol{E}=(\rho_{\mathrm{ext}}+\rho_{\mathrm{ind}})/\varepsilon_0$,可用势 Φ 表示为

$$\nabla^2\Phi(\boldsymbol{r})=-\frac{e}{\varepsilon_0}[\delta(\boldsymbol{r})-(n_- - n_+)]. \tag{12.8}$$

上式中使用了 $\boldsymbol{E}=-\nabla\Phi$,并代入了 ρ_{ext} 和 ρ_{ind} 的表达式. 将(12.7)式代入上式可得到所谓的 Poisson-Boltzmann 方程. 通常有 $k_{\mathrm{B}}T\gg e\Phi(\boldsymbol{r})$,因此我们将(12.7)式的指数项展开为 $\exp[e\Phi/(k_{\mathrm{B}}T)]=1+[e\Phi/(k_{\mathrm{B}}T)]+\cdots$ 并舍弃 Φ 的高阶项. 然后我们得到 $\nabla^2\Phi=-(e/\varepsilon_0)[\delta(\boldsymbol{r})-n_+e\Phi/(k_{\mathrm{B}}T)]$,重新整理后得到

$$\left[\nabla^2-\frac{e^2n_+}{\varepsilon_0kT}\right]\Phi(\boldsymbol{r})=-\frac{e}{\varepsilon_0}\delta(\boldsymbol{r}). \tag{12.9}$$

这个非齐次微分方程的解为

$$\Phi(r)=-\frac{e}{4\pi\varepsilon_0}\frac{\exp(-r/\lambda_{\mathrm{D}})}{r},\quad \lambda_{\mathrm{D}}=\sqrt{\frac{\varepsilon_0k_{\mathrm{B}}T}{e^2n}}, \tag{12.10}$$

其中 λ_{D} 代表 Debye 屏蔽长度. 因为等离子体在比 λ_{D} 大的距离内是中性的,我们令 $n_+=n_-=n$.

当电子的动能由温度 T 决定时,对于等离子体的上述分析是正确的. 然而,这对于处于室温情况下的金属并不适用. 根据量子力学,一个自由电子的动能满足关系式 $E(k)=\hbar^2k^2/(2m)$. 最高的能量是 Fermi 能 $E_{\mathrm{F}}=E(k_{\mathrm{F}})$,其中 $k_{\mathrm{F}}^3=3\pi^2n$. 利用金的电子密度,我们发现在室温下 $E_{\mathrm{F}}\approx213k_{\mathrm{B}}T$,这使得经典 Debye 理论在任何实际温度下都是无效的. 因此我们将(12.10)式中的 $(3/2)k_{\mathrm{B}}T$ 用 E_{F} 代替,得到屏

蔽势

$$\Phi(r) = -\frac{e}{4\pi\varepsilon_0}\frac{\exp(-r/\lambda_{\mathrm{TF}})}{r}, \tag{12.11}$$

其中

$$\lambda_{\mathrm{TF}} = \sqrt{\frac{\pi^2\hbar^2\varepsilon_0}{me^2k_{\mathrm{F}}}}. \tag{12.12}$$

λ_{TF}为 Thomas-Fermi 屏蔽长度. 屏蔽势表明在等离子体中点电荷的 Coulomb 势在长度大于 λ_{TF}的范围内是被屏蔽的. 对于 $r>\lambda_{\mathrm{TF}}$的距离,这个屏蔽通过屏蔽势的指数衰减来体现. 换句话说,金属中的电荷只有在距离小于 λ_{TF}的范围内才会发生相互作用. 对于金来说,$\lambda_{\mathrm{TF}}\approx 59$ pm,这比由电子密度 $\bar{r}=(n\cdot 4\pi/3)^{-1/3}$定义的电子间平均距离 $\bar{r}\approx 160$ pm 要小一些. 因此,对大多数实际情况而言,金属中的电子-电子间相互作用可以忽略. 一个 Fermi 电子的速率 v_{F} 由 $mv_{\mathrm{F}}^2/2=E_{\mathrm{F}}$给出,可以用于计算一个等离子体振荡周期内的移动距离. 对于金而言,$d=v_{\mathrm{F}}/\omega_{\mathrm{p}}\approx 1$ nm,因此,电子海在一个振荡周期内的运动距离超过电子间的平均距离.

注意到由于屏蔽势起源于电子的集体响应,因此是一个定义单个电子的能量,即 $\bar{V}=e^2/(4\pi\varepsilon_0\bar{r})$的有效势,而不是真正的势.

§12.2　贵金属的光学性质

金属,尤其是贵金属的光学性质可以由一个依赖于光的频率(见第2章)的复介电函数来描述. 其性质主要由以下事实决定:(1) 传导电子可以在体材料中自由运动,(2) 如果光子能量超过对应金属的阈值能量,则会产生带间激发. 在我们这里所采用的图像中,电场的存在将导致一个电子的位移 $\boldsymbol{r}$,这个位移与 $\boldsymbol{p}=e\boldsymbol{r}$ 所表示的偶极矩 $\boldsymbol{p}$ 相关. 所有自由电子的单个偶极矩的累积效应将产生单位体积宏观极化 $\boldsymbol{P}=n\boldsymbol{p}$. 如在第2章中讨论的那样,宏观极化 $\boldsymbol{P}$ 可以表示为

$$\boldsymbol{P}(\omega) = \varepsilon_0\chi_{\mathrm{e}}(\omega)\boldsymbol{E}(\omega). \tag{12.13}$$

由(2.6)和(2.15)式可以得到

$$\boldsymbol{D}(\omega) = \varepsilon_0\varepsilon(\omega)\boldsymbol{E}(\omega) = \varepsilon_0\boldsymbol{E}(\omega) + \boldsymbol{P}(\omega). \tag{12.14}$$

由此我们可以计算

$$\varepsilon(\omega) = 1 + \chi_{\mathrm{e}}(\omega), \tag{12.15}$$

即与频率相关的金属介电函数. 位移 $\boldsymbol{r}$ 和由此产生的宏观极化 $\boldsymbol{P}$ 和 χ_{e}可以通过求解外场作用下电子的运动方程得到.

12.2.1 Drude-Sommerfeld 理论

首先,我们只考虑自由电子的影响,并将 Drude-Sommerfeld 模型应用于自由电子气(见如文献[2]),有

$$m_e \frac{\partial^2 \boldsymbol{r}}{\partial t^2} + m_e \Gamma \frac{\partial \boldsymbol{r}}{\partial t} = e\boldsymbol{E}_0 \mathrm{e}^{-\mathrm{i}\omega t}, \tag{12.16}$$

其中 e 和 m_e 分别代表自由电子的电荷和有效质量,$\boldsymbol{E}_0$ 和 ω 是外加电场的振幅和频率. 注意,因为考虑的是自由电子,这个运动方程并不包含回复力. 阻尼项与 $\Gamma = v_F/l$ 成正比,其中 v_F 是 Fermi 速度,l 是散射事件间的电子平均自由程. 利用假设 $\boldsymbol{r}(t) = \boldsymbol{r}_0 \mathrm{e}^{-\mathrm{i}\omega t}$ 求解(12.16)式并将结果代入(12.15)式,得到

$$\varepsilon_{\mathrm{Drude}}(\omega) = 1 - \frac{\omega_p^2}{\omega^2 + \mathrm{i}\Gamma\omega}, \tag{12.17}$$

这里 $\omega_p = \sqrt{ne^2/(m_e \varepsilon_0)}$ 是由(12.2)式推导出的体等离子体频率. (12.17)式可以分解为实部和虚部:

$$\varepsilon_{\mathrm{Drude}}(\omega) = 1 - \frac{\omega_p^2}{\omega^2 + \Gamma^2} + \mathrm{i}\frac{\Gamma\omega_p^2}{\omega(\omega^2 + \Gamma^2)}. \tag{12.18}$$

利用金的数值 $\hbar\omega_p = 8.95\ \mathrm{eV}$ 和 $\hbar\Gamma = 65.8\ \mathrm{meV}$,在扩展的可见光范围内,作为波长的函数,图 12.2 中画出了(12.18)式中介电常数的实部和虚部. 我们注意到介电常数的实部是负值. 这种行为导致的一个明显结果是平面光波只能进入金属到很短的距离,因为负的介电常数将给折射率 $n = \sqrt{\varepsilon}$ 带来一个很大的虚部. 其他结果将在以后讨论. ε 的虚部描述了金属中与电子运动相关的能量耗散(见习题 12.1).

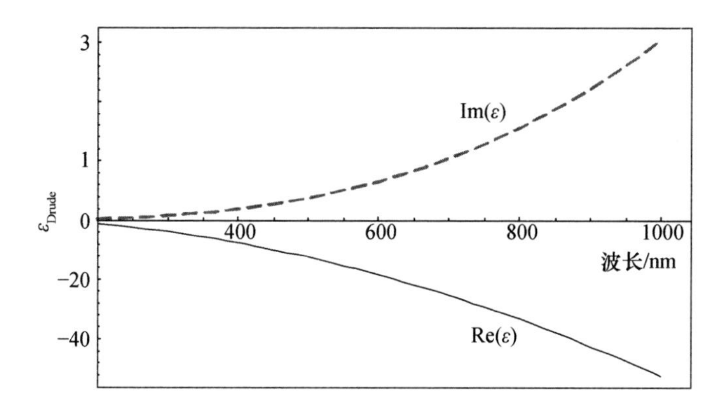

图 12.2 根据 Drude-Sommerfeld 自由电子模型得到的金的介电常数的实部和虚部($\hbar\omega_p = 8.95\ \mathrm{eV}$, $\hbar\Gamma = 65.8\ \mathrm{meV}$). 实线代表实部,虚线代表虚部. 注意图中实部和虚部标尺不同.

12.2.2　带间跃迁

尽管在低频范围内,Drude-Sommerfeld 模型给出的金属的光学性质相当精确,然而对于更高的频率,则需要对束缚电子的响应给出补充. 例如,对于金,在比 550 nm 短的波长处,介电函数虚部的测量值要大于 Drude-Sommerfeld 理论所预测的结果,这是由于高能光子可以导致能量很低的 d 带电子进入 sp 导带. 在经典图像中,这种跃迁可以用激发束缚电子的振荡来描述. 金属中的束缚电子占据于原子的低能壳层中. 我们采用与前面讨论自由电子的相同方法来描述束缚电子的响应,则一个束缚电子的运动方程为

$$m\frac{\partial^2 \boldsymbol{r}}{\partial t^2}+m\gamma\frac{\partial \boldsymbol{r}}{\partial t}+\alpha\boldsymbol{r}=e\boldsymbol{E}_0\mathrm{e}^{-\mathrm{i}\omega t}. \tag{12.19}$$

这里,m 是束缚电子的有效质量,一般与一个周期势中的自由电子的有效质量不同,γ 是阻尼常数,主要描述在束缚电子情况下的辐射阻尼,α 是保持电子在位的势的弹簧常数. 利用与前面相同的假设,我们得到束缚电子对介电函数的贡献为

$$\varepsilon_{\text{Interband}}(\omega)=1+\frac{\widetilde{\omega}_{\mathrm{p}}^2}{(\omega_0^2-\omega^2)-\mathrm{i}\gamma\omega}. \tag{12.20}$$

这里 $\widetilde{\omega}_{\mathrm{p}}=\sqrt{\widetilde{n}\mathrm{e}^2/(m\varepsilon_0)}$,其中 $\widetilde{n}$ 代表束缚电子的密度. 尽管 $\widetilde{\omega}_{\mathrm{p}}$ 在这里具有明显不同的物理含义,但是仍然类似于 Drude-Sommerfeld 模型中的等离子体频率而引入,$\omega_0=\sqrt{\alpha/m}$. 同样地,我们可以将(12.20)式重写为实部和虚部的形式:

$$\varepsilon_{\text{Interband}}(\omega)=1+\frac{\widetilde{\omega}_{\mathrm{p}}^2(\omega_0^2-\omega^2)}{(\omega_0^2-\omega^2)^2+\gamma^2\omega^2}+\mathrm{i}\frac{\gamma\widetilde{\omega}_{\mathrm{p}}^2\omega}{(\omega_0^2-\omega^2)^2+\gamma^2\omega^2}. \tag{12.21}$$

图 12.3 显示了由束缚电子贡献的金属介电常数①. 可以观察到虚部有明显的共振行为,而实部有类似发散的行为. 图 12.4 是在 Johnson 和 Christy 的论文[4]中给出的对金(实心圆)的介电常数(实部和虚部)值作出的曲线. 当波长大于 650 nm 时,其变化符合 Drude-Sommerfeld 理论. 当波长小于 650 nm 时,很明显带间跃迁将起到重要作用. 适当地增加自由电子((12.18)式)和带间吸收((12.21)式)对复介电函数(实线)的贡献后,可以调节曲线的形状. 实际上,这更好地重现了实验数据. 一个恒定偏移量,也就是 $\varepsilon_\infty=5$ 必须要引入(12.21)式,这是现在的模型中没有考虑的所有更高能量的带间跃迁的综合效应(见如文献[5]). 因为只考虑了一个带间跃迁,这个模型仍然不能重现约 500 nm 以下的数据.

---

① 这一理论自然也用来描述包含与不同电磁激发共振有关的吸收带的很宽频率范围上的介质行为和介电响应[3].

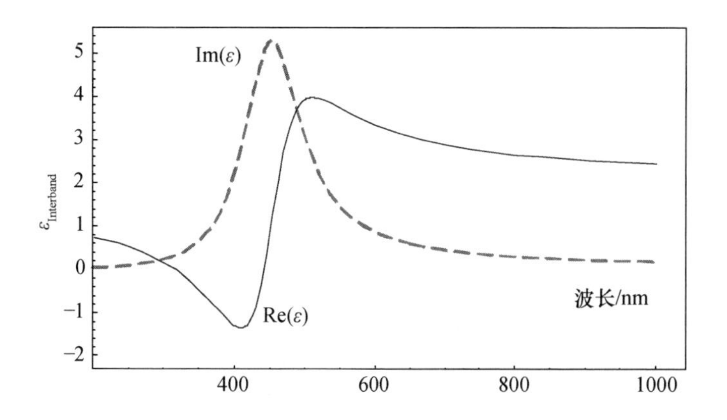

图 12.3 金的介电函数中束缚电子的贡献. 所用参数为 $\hbar\widetilde{\omega}_{\mathrm{p}}=2.96\ \mathrm{eV}$, $\hbar\gamma=0.59\ \mathrm{eV}$, 以及 $\omega_0=2\pi c/\lambda$, 其中 $\lambda=450\ \mathrm{nm}$. 实线和虚线分别代表与束缚电子相关的介电函数的实部和虚部.

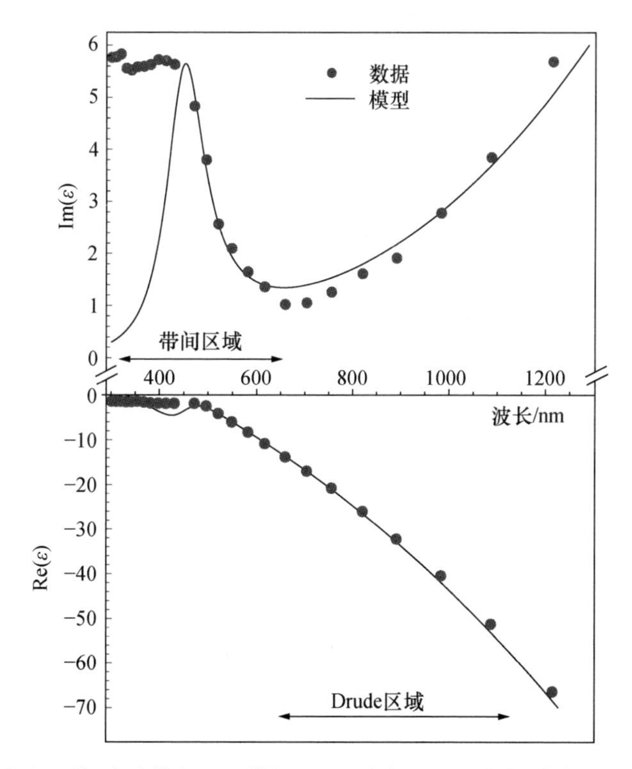

图 12.4 金的介电函数:实验值与理论模拟. 上图:虚部. 下图:实部. 数据点是从文献[4]中提取的实验值. 实线:将自由电子(图 12.2)和一个带间跃迁(图 12.3)的贡献考虑在内的介电函数模型. 注意纵轴的不同标尺.

§12.3 平面界面上的表面等离极化激元

按照定义,表面等离极化激元(surface plasmon polariton, SPP)是指表面电荷密度振荡的量子.在经典图像中,表面等离极化激元是在确定边界条件下的Maxwell方程组(表面模式)的特解.在这一节,我们考虑两个介质之间的平面界面.一个介质由依赖于频率的复介电函数$\varepsilon_1(\omega)$表征,而另一个介质的介电函数$\varepsilon_2(\omega)$是实数.我们选择的界面对应于笛卡儿坐标系(见图12.5)中的$z=0$平面.我们求解局域在这个界面的Maxwell方程组的齐次解.齐次解是系统的本征模式,也就是无外场激发的解.从数学上来说,即为下述波动方程的解:

$$\nabla\times\nabla\times\boldsymbol{E}(\boldsymbol{r},\omega)-\frac{\omega^2}{c^2}\varepsilon(\boldsymbol{r},\omega)\boldsymbol{E}(\boldsymbol{r},\omega)=0, \tag{12.22}$$

其中,$z<0$时,$\varepsilon(\boldsymbol{r},\omega)=\varepsilon_1(\omega)$,而$z>0$时,$\varepsilon(\boldsymbol{r},\omega)=\varepsilon_2(\omega)$.局域在界面处的模式由从界面处向两个半空间随距离呈指数衰减,但是沿着界面传播的电磁场表征.由于在s偏振(见习题12.2)下不存在表面束缚模式,故只考虑在两个半空间中的p偏振波.

假设半空间中$j=1$和$j=2$对应的p偏振波为

$$\boldsymbol{E}_j=\begin{pmatrix}E_{j,x}\\0\\E_{j,z}\end{pmatrix}\mathrm{e}^{\mathrm{i}k_x x-\mathrm{i}\omega t}\mathrm{e}^{\mathrm{i}k_{j,z}z},\quad j=1,2. \tag{12.23}$$

这种情况如图12.5所示.由于与界面平行的波矢是守恒的(见第2章),下述关系式适用于波矢分量:

$$k_x^2+k_{j,z}^2=\varepsilon_j k^2,\quad j=1,2. \tag{12.24}$$

这里$k=2\pi/\lambda$,其中λ是真空波长.利用两个半空间中的电位移场必须为无源场,也就是$\nabla\cdot\boldsymbol{D}=0$,有

$$k_x E_{j,x}+k_{j,z}E_{j,z}=0,\quad j=1,2. \tag{12.25}$$

将上式代入(12.23)式,有

$$\boldsymbol{E}_j=E_{j,x}\begin{pmatrix}1\\0\\-k_x/k_{j,z}\end{pmatrix}\mathrm{e}^{\mathrm{i}k_{j,z}z},\quad j=1,2. \tag{12.26}$$

为简化符号,上式中省略了因子$\mathrm{e}^{\mathrm{i}k_x x-\mathrm{i}\omega t}$.(12.26)式在考虑多层介质系统时(见如文献[6]的40页和习题12.4)尤其有用.虽然(12.24)和(12.25)式给各自半空间中定义的电场加了限制条件,但我们仍然需要在界面处采用边界条件匹配电场.考虑到$\boldsymbol{E}$的平行分量和$\boldsymbol{D}$的垂直分量的连续性,我们得到另一系列的方程如下:

$$E_{1,x} - E_{2,x} = 0$$
$$\varepsilon_1 E_{1,z} - \varepsilon_2 E_{2,z} = 0 \tag{12.27}$$

方程(12.25)和(12.27)组成了一个包含四个未知场分量的四个齐次方程的系统. 这个方程存在解要求对应行列式为“0”. 这要求或者 $k_x=0$(但此时在界面平行方向不存在激发),或者必须要有如下条件:

$$\varepsilon_1 k_{2,z} - \varepsilon_2 k_{1,z} = 0. \tag{12.28}$$

结合(12.24)式,由(12.28)式可以推出一个色散关系,即与传播方向平行的波矢和角频率 ω 之间的关系:

$$k_x^2 = \frac{\varepsilon_1 \varepsilon_2}{\varepsilon_1 + \varepsilon_2} k^2 = \frac{\varepsilon_1 \varepsilon_2}{\varepsilon_1 + \varepsilon_2} \frac{\omega^2}{c^2}. \tag{12.29}$$

我们也可得到法向分量的波矢的表达式:

$$k_{j,z}^2 = \frac{\varepsilon_j^2}{\varepsilon_1 + \varepsilon_2} k^2, \quad j = 1,2. \tag{12.30}$$

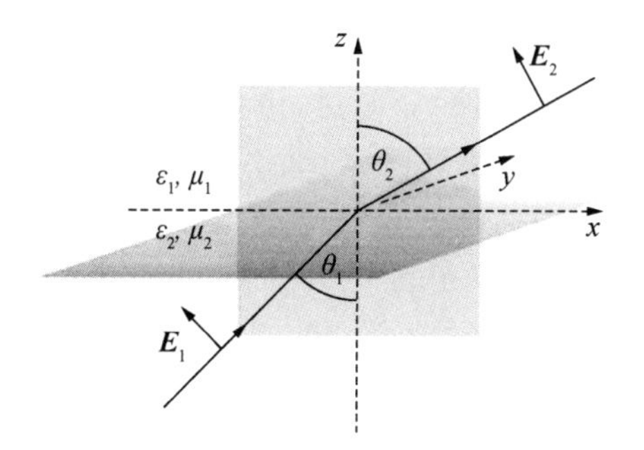

图 12.5 介电函数分别为 ε_1 和 ε_2 的介质 1 和 2 的界面示意图. 界面位于笛卡儿坐标系中 $z=0$ 平面. 因为我们要求齐次解随与界面处的距离指数衰减,因而在每个半空间中只考虑一个 p 偏振波.

推导出(12.29)和(12.30)式后,我们就可以讨论界面模式存在的条件. 为了简化起见,我们假设复介电函数 $\varepsilon_1(\omega)$ 的虚部与实部相比很小,可以忽略不计. 为了说明这个假设的合理性,我们将在下面进行更详细的讨论(同样见文献[6]). 我们要寻求沿着界面传播的界面波,这需要一个实的 k_x②. 观察(12.29)式,这个条件在两个介电函数的和与积同为正或同为负的时候可以满足. 为了获得一个“束缚”解,我们要求在两个介质中的波矢法向分量为纯虚数,从而得到呈指数衰减的解. 而这只有在(12.30)式中分母的和为负值的时候才能满足. 从这里我们可以总结出一个界面模式存在的条件如下:

$$\varepsilon_1(\omega) \cdot \varepsilon_2(\omega) < 0, \tag{12.31}$$

② 后面我们会看到,考虑了 $\varepsilon_1(\omega)$ 的虚部后,k_x 变成复的,会带来 x 方向的阻尼传播.

$$\varepsilon_1(\omega) + \varepsilon_2(\omega) < 0, \tag{12.32}$$

这意味着其中一个介电函数的实部必须为负值，并且其绝对值要大于另一个. 像我们之前章节中看到的那样，金属，尤其是贵金属，例如金和银，其介电常数具有一个大的负实部和小的虚部. 因此，局域模式可以存在于金属-介质界面. 习题 12.3 讨论了正的介电常数的可能解.

12.3.1 表面等离极化激元的性质

利用上述章节中的结果，现在我们将讨论表面等离极化激元(SPP)的性质. 为了调节与电子散射相关的损耗(欧姆损耗)，我们必须考虑金属的介电函数的虚部[7]：

$$\varepsilon_1 = \varepsilon_1' + \mathrm{i}\varepsilon_1'', \tag{12.33}$$

其中 ε_1' 和 ε_1'' 是实数. 假定相邻介质的损耗可以忽略不计，即 ε_2 是一个实数，则我们自然得到一个复的平行波数 $k_x = k_x' + \mathrm{i}k_x''$，它定义了沿着金属-介质界面传播的波.

等离激元波长

实部 k_x' 决定了 SPP 的波长，与此同时，虚部 k_x'' 代表沿界面传播的 SPP 的阻尼. 这从(12.23)式中的复 k_x 很容易理解. 在 $|\varepsilon_1''| \ll |\varepsilon_1'|$ 的假设下，利用(12.29)式，可以得到 k_x 的实部和虚部如下：

$$k_x' \approx \sqrt{\frac{\varepsilon_1'\varepsilon_2}{\varepsilon_1' + \varepsilon_2}}\,\frac{\omega}{c}, \tag{12.34}$$

$$k_x'' \approx \sqrt{\frac{\varepsilon_1'\varepsilon_2}{\varepsilon_1' + \varepsilon_2}}\,\frac{\varepsilon_1''\varepsilon_2}{2\varepsilon_1'(\varepsilon_1' + \varepsilon_2)}\,\frac{\omega}{c}, \tag{12.35}$$

与(12.29)式形式相符. 因此我们得到 SPP 波长为

$$\lambda_{\mathrm{SPP}} = \frac{2\pi}{k_x'} \approx \sqrt{\frac{\varepsilon_1' + \varepsilon_2}{\varepsilon_1'\varepsilon_2}}\lambda, \tag{12.36}$$

其中 λ 是真空中的波长. 假设 $\varepsilon_2 = -\delta\varepsilon_1'$，其中 $\delta < 1$，则 $\lambda_{\mathrm{SPP}} = \sqrt{1-\delta} \cdot \lambda/\sqrt{\varepsilon_2}$，这说明等离激元波长总是小于透明介质中的波长.

等离激元传播长度

沿着界面传播的 SPP 的传播长度由 k_x'' 决定. 根据(12.23)式，它表明电场幅度是指数衰减的. 电场的 1/e 衰减长度是 $1/k_x''$(强度是 $1/(2k_x'')$). 这个衰减由欧姆损耗引起，在金属中转化为热. 利用 $\varepsilon_2 = 1$，以及在 633 nm 处，银($\varepsilon_1 = -18.2 + 0.5\mathrm{i}$)和金($\varepsilon_1 = -11.6 + 1.2\mathrm{i}$)的介电函数，我们得到 1/e 强度传播长度分别为约 60 μm 和约 10 μm.

我们注意到所有与等离激元阻尼相关的损耗都由金属的体介电函数推导而来. 只要金属结构的特征尺寸大于电子的平均自由程，这就是一个好的近似. 对于更小的尺寸，界面处还将存在电子散射. 换句话说，在靠近界面的地方，将出现另外一种损耗机制，使得金属的介电函数的虚部出现局域增加，这必须要考虑在内. 由于确切的参数是未知的，要准确地解释这些非局域损耗比较困难. 然而，由于与表面等离激元相关的场透入金属超过 10 nm，与最初几个原子层相关的非局域效应通常可以忽略.

等离激元隐失场衰减长度

SPP 的电场随离界面的距离呈指数衰减. 利用(12.33)式，介质和金属中的衰减长度可由(12.30)式以$|\varepsilon_1''|/|\varepsilon_1'|$的一阶形式表示为

$$k_{1,z}=\frac{\omega}{c}\sqrt{\frac{\varepsilon_1'^2}{\varepsilon_1'+\varepsilon_2}}\left[1+\mathrm{i}\,\frac{\varepsilon_1''}{2\varepsilon_1'}\right], \tag{12.37}$$

$$k_{2,z}=\frac{\omega}{c}\sqrt{\frac{\varepsilon_2^2}{\varepsilon_1'+\varepsilon_2}}\left[1-\mathrm{i}\,\frac{\varepsilon_1''}{2(\varepsilon_1'+\varepsilon_2)}\right], \tag{12.38}$$

利用上述银和金的参数，并忽略掉非常小的虚部后，我们得到 1/e 衰减长度分别为($1/k_{1,z}=23$ nm，$1/k_{2,z}=421$ nm)和($1/k_{1,z}=28$ nm，$1/k_{2,z}=328$ nm). 由此可以看出金属中的衰减要远短于介质中的衰减. 同时说明一定量的 SPP 电场可以透过一个足够薄的金属薄膜. 文献[8]采用扫描隧道光学显微镜直接观察到了衰减进入空气半空间中的 SPP.

强度增强

界面附近的强度增强是表面等离激元激发的一个重要参数. 这个参数可以通过入射强度与金属界面上方的强度的比值获得. 我们暂时跳过，在下一节之后再重新讨论(见习题 12.4).

12.3.2 薄膜表面等离极化激元

目前为止，我们考虑了沿着两个无限扩展的半空间界面传播的表面等离激元. 然而，在具体实验中，我们经常会遇到金属薄膜沉积在电介质衬底上的情况. 在多层系统的情况下，理论上每一个金属/电介质界面都存在 SPP. 如果薄膜足够薄，即厚度可与电场衰减长度(见(12.37)和(12.38)式)相比的话，则不同界面的表面等离激元可以相互耦合，从而产生模式杂化(见 8.7.1 节). 甚至存在于两个电介质之间的单层金属薄膜，也能表现出这种表面等离激元相互作用的现象. 举例来说，如果两个电介质是相同的，则可以得到“偶”和“奇”模式[9]. 对于奇模式，传播长度将明显增加，因为电场被推挤出金属. 类似的性质在金属-绝缘体-金属系统中也观察到了，这对于等离激元电路的实现具有重要意义. 对于一个具有不同电介质的非对称系统，例如存在于玻璃和空气之间的金属薄膜三明治结构，由于光在高折射率材料中的速度小于在低折射率材料中的速度，因此光线具有一个更小的斜率.

由于表面等离激元是齐次波动方程的解(无驱动项),我们发现表面等离激元存在的条件来自特征方程的一系列边界条件.这个特征方程通过设定描述边界条件的矩阵行列式为0得到.对于一个单独的界面,其特征方程对应于(12.28)式.这正是使得Fresnel反射系数r^{p}变为无限大的条件,换句话说,正是r^{p}的极点条件(参见(2.51)式).对于一个有限厚度的金属薄膜,我们以相同的方式分析,也就是从反射系数的极点出发,推导系统的模式.极点必然关联着两个界面,也就是金属薄膜的上表面和下表面.极点出现在反射系数的分母为0的时候,由此得到特征方程(参见(10.20)式)如下:

$$1 + r_{1,2}^{p}(k_x)\, r_{2,3}^{p}(k_x) \exp[2\mathrm{i}k_{2z}d] = 0. \tag{12.39}$$

这里,$r_{1,2}^{p}$和$r_{2,3}^{p}$分别对应于(2.51)式中金属上、下表面的反射系数,k_{2z}是金属薄膜中$\boldsymbol{k}$矢量的法向分量,d是薄膜的厚度.(12.39)式的求解必须要在复k_x平面内.其实部代表SPP传播常数,虚部代表传播长度.对于由两种介质围绕的金属薄膜,会发现有四种模式存在[10],其中的两种是所谓的泄漏波(leaky wave),在瞬态过程中起主要作用.其他两个模式主要是非辐射模式,对应于之前讨论过的奇模式和偶模式.

金属由较小介电常数的介质围绕,研究局域在金属表面的等离子体模式作为金属厚度d的函数是很有意义的.对于大的d,两个金属表面间无相互作用,我们采用之前推导的单层界面的解.此时,平面波矢具有一个正的虚部值,导致表面等离激元衰减.随着厚度的减小,衰减随之减弱,并在临界厚度d_{crit}处变为0.对于贵金属而言,这个值一般为50~100 nm.在这个厚度下,尽管金属薄膜是有耗的,但是k_x是实数.由于$\mathrm{Im}\{k_x\}=0$,则介电常数较小的介质中的电场是一个纯隐失波,而介电常数较大的介质中的电场是一个平面波.由这个平面波提供的能量恰好补偿了金属薄膜造成的衰减.利用Kretschmann构型(见下一节),系统可以实现在这种情况下的完美共振.有趣的是,随着厚度d的进一步减小,k_x的虚部变为负值,这将产生等离激元放大.然而,这种情况需要一个波的激发,这个波随着离开金属表面距离的增加而呈指数增强,因此意义有限[10].

注意一个复k_x(有限传播长度)意味着一个复k_z,这说明位于金属表面的电场既不是传播的波,也不是隐失波.为了理解这一点,我们将$\boldsymbol{E}\exp(\mathrm{i}\boldsymbol{k}\cdot\boldsymbol{r})$代入哈密顿方程,得到$\boldsymbol{k}\cdot\boldsymbol{k}=\varepsilon\omega/c$.对于一个$\varepsilon$为实数的介质(电介质围绕着金属薄膜),其右侧是实数,故有$\mathrm{Re}\{\boldsymbol{k}\}\cdot\mathrm{Im}\{\boldsymbol{k}\}=0$.因此,如图12.6所示,$\boldsymbol{k}$的实部和虚部是垂直的,也就是说,电场沿着一个方向传播,而在另一个方向上衰减.一般来说,电场的传播方向($\mathrm{Re}\{\boldsymbol{k}\}$)与金属表面并不平行,只对满足临界厚度$d_{\text{crit}}$的金属才与其表面平行.

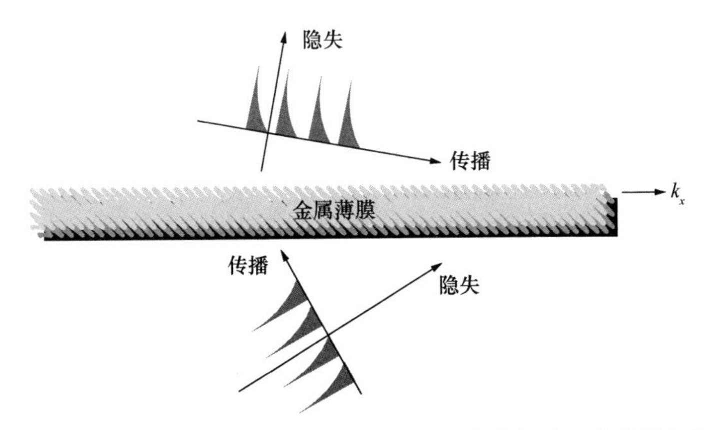

图 12.6 金属薄膜的模式结构示意图.在金属薄膜上下的介质中,有一个传播方向沿着 $\mathrm{Im}\{\boldsymbol{k}\}=0$,一个隐失方向沿着 $\mathrm{Re}\{\boldsymbol{k}\}=0$.这两个方向是互相垂直的.

最后必须要强调的是,我们的讨论只关注模式,也就是无激发条件下的波动方程的解.在实验情况下,总是会有一个驱动项出现,例如,一个入射激光束.当外界激励与系统的一个模式发生共振时,将获得对所研究系统的最佳耦合.就像下一节中所讨论的那样,SPP 的共振激发可以通过 Otto 或者 Kretschmann 构型实现,这在等离激元学中被广泛应用.

12.3.3 表面等离极化激元的激发

等离激元色散关系

为了激发 SPP,我们必须要同时满足能量和动量守恒.要了解如何做到这一点,我们必须分析表面波的色散关系,即能量和动量的关系,其中能量以角频率 ω 表示,动量以传播方向为 k_x 的波矢表示,其中 k_x 来自(12.29)和(12.34)式.为了获得这个色散关系曲线,我们假设不管 ω 多大,都有 $\varepsilon_2=1$,例如空气或真空.对于 $\varepsilon_1(\omega)$,我们使用对金和银测量所得的介电函数[3].图 12.7 即为相应的曲线.其中,虚线代表在 $\varepsilon_2=1$ 的介质中光的色散关系,即所谓的空气中的光线 $\omega=ck$.表面等离激元色散关系有两个分支,一个高能分支和一个低能分支,只有在银的情况下,两个分支才明显断开.对于金,这两个分支是连接的.高能分支,被称为 Brewster 模式,不能描述真实的表面波,因为根据(12.30)式,金属中波矢的 z 分量不再是纯虚数.它对应于传播到金属中的波,即 $k_x=(\omega/c)\sqrt{\varepsilon_1(\omega)}$.这个分支将不再进一步讨论.低能分支对应于一个真实的表面波,即表面等离极化激元(SPP).“极化激元”代表着对应于电磁场和物质波之间的耦合的一个激发.在表面等离激元的情况下,物质波是一种表面电荷振荡.表面等离激元波矢 k_x 总是大于一个自由传播的光子对应的波矢.因此表面等离激元不能衰变为传播的光子.随着波长的减小,波矢间的差距增加. 随着能量接近极限频率③,波矢呈现为一个最大值,并且表面等离激元的阻尼,即 $\mathrm{Im}(k_x)$ 也会剧烈增加. 对于更高的频率,表面等离激元色散不断转换成上述所描述的更高能量的 Brewster 模式. 这种效应也被称为表面等离激元色散关系回弯. 回弯效应已经被实验证实(见文献[11]),并且对实验中获得的最大表面等离激元波数 k_x 施加了限制. 通常,这个最大波数 k_x 要小于约 $3\omega_p/c$.

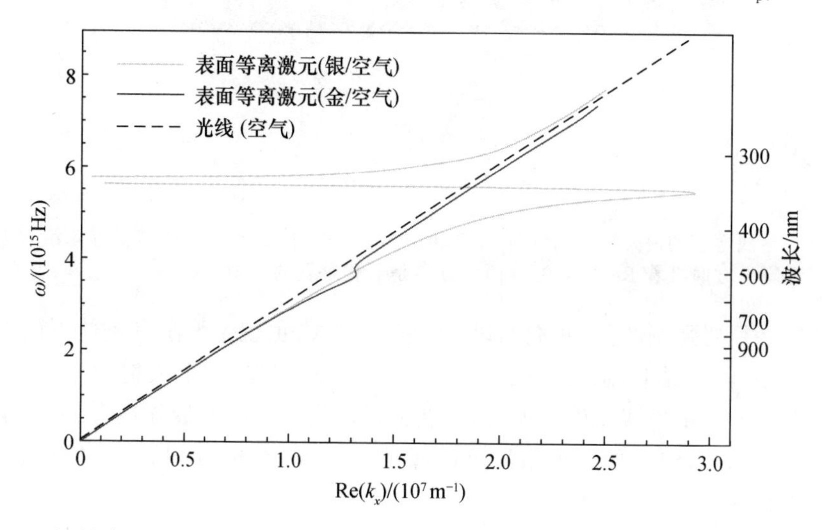

图 12.7 金/空气界面(黑线)和银/空气界面(灰线)的表面等离极化激元色散关系,通过在(12.29)式中使用文献[3]中测得的 $\varepsilon_1(\omega)$ 得到. 图中的虚直线是空气中的光线 $\omega=ck_x$.

激发构型

表面等离激元的一个重要特征是,对于一个给定的能量 $\hbar\omega$,波矢 k_x 总是大于光在自由空间中的波矢,也就是说,等离激元色散曲线位于光线的右侧. 观察(12.29)式以及图 12.7 和图 12.8(a)可以很明显地看出这点,其中光线 ω/c 用虚线绘出. 在能量较小时,表面等离激元色散逐渐接近光线. 大的表面等离激元动量出现的物理原因是光和表面电荷之间的强烈耦合. 光场不得不沿着金属表面"拖曳"电子. 因此,存在于平面界面间的表面等离激元,不能由从自由空间入射的任何频率的光激发. 由光激发表面等离激元也是有可能的,但只在激发光的波矢分量比自由空间中的值增大后才能实现. 有几种方法来实现这种波矢分量的增大. 在概念上最简单的解决方法是通过在折射率 $n>1$ 的介质界面产生隐失波来实现. 由于 $\omega=ck/n$,在这种情况下的光线倾斜了一个 n 因子. 图 12.8(a)中描述了 SPP 的色散关系,及在空气中的光线和在玻璃中的光线的色散关系.

③ 在 Drude 型自由电子气情况,这个极限频率是 $\omega_p/\sqrt{1+\varepsilon_2}$.

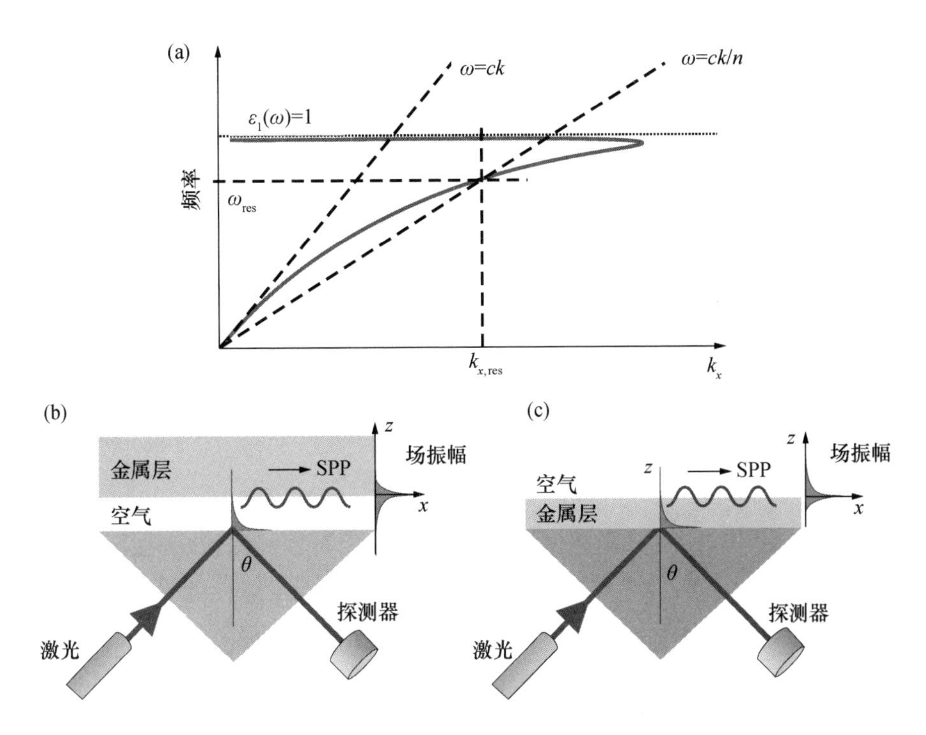

图 12.8　表面等离激元的激发.(a) 表面等离激元的色散关系及在空气和玻璃中的光线的色散关系.能实现(a)中能量和动量守恒的实验装置:(b) Otto 构型,(c) Kretschmann 构型.

图 12.8(b)和(c)展示了实现这种想法的可能实验设置.在 Otto 构型[12]中,玻璃/空气界面的隐失波与支持表面等离激元存在的金属/空气界面的隐失波相互作用.在两个界面之间有足够大的间隔时,隐失波仅受到金属的微弱影响.通过调节棱镜内全内反射光束的入射角度,可以实现激发表面等离激元的共振条件,即平行波矢分量的匹配.当出现一个反射光最小值时,说明表面等离激元获得激发.系统的反射率作为入射角度和界面之间间隔的函数,其曲线如图 12.9 所示.以入射角度为变量,一个明显的共振可以在 43.5°处观察到.对于小间隔而言,由于表面等离激元的辐射阻尼,共振将出现展宽和频移,表面等离激元的隐失部分将重新耦合进玻璃,允许表面等离激元通过在玻璃中将隐失场转换为传播波而迅速辐射衰变.对于太大的间隔,表面等离激元将不再有效激发,因为隐失场的衰减长度太小,共振消失.

由于控制玻璃和金属表面之间的微小空隙具有一定的挑战性,Otto 构型被证明在实验中是不方便的.1971 年,Kretschmann 提出了另一种激发表面等离激元的方法[13].在这种方法中,一层薄金属膜沉积在玻璃棱镜的表面.这种结构如图 12.8(c)所示.为了在金属/空气界面激发表面等离激元,一个在玻璃/金属界面产

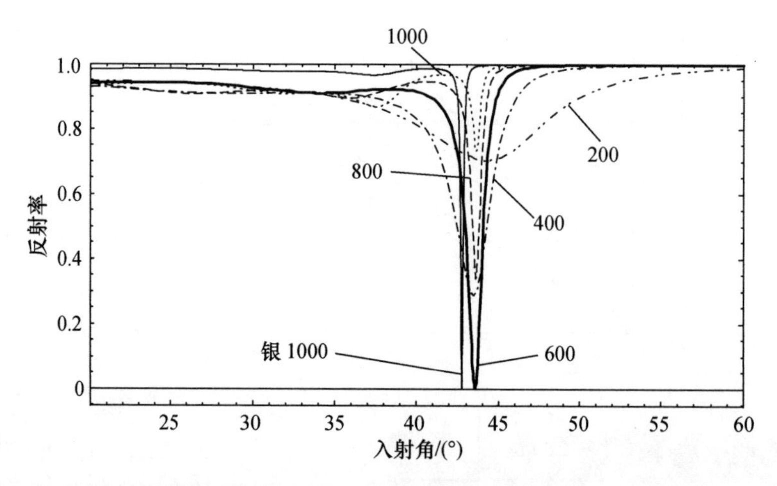

图 12.9 Otto 构型中表面等离激元的激发. 图中画出了在不同间隙(以纳米为单位)下,激发光束的反射率作为入射角度的函数. 图中曲线是从金表面计算得来的. 作为对比,银的相应曲线也在图中给出. 由于其阻尼更小,相应的共振曲线要更加尖锐. $\lambda=632.8$ nm.

生的指数衰减波穿透金属层. 这里,与 Otto 构型中的讨论相似,如果金属太薄,由于进入玻璃的辐射阻尼,SPP 将出现很强的衰减. 如果金属膜太厚,由于金属中的吸收,SPP 将不能被有效激发. 图 12.10 给出了以金属薄膜厚度和入射角度为变量的激发光束的反射率. 与之前讨论的一样,表面等离激元的共振激发由反射率曲线中的低点表征. 对于在 Otto 和 Kretschmann 构型中反射率曲线出现的最小值, 都

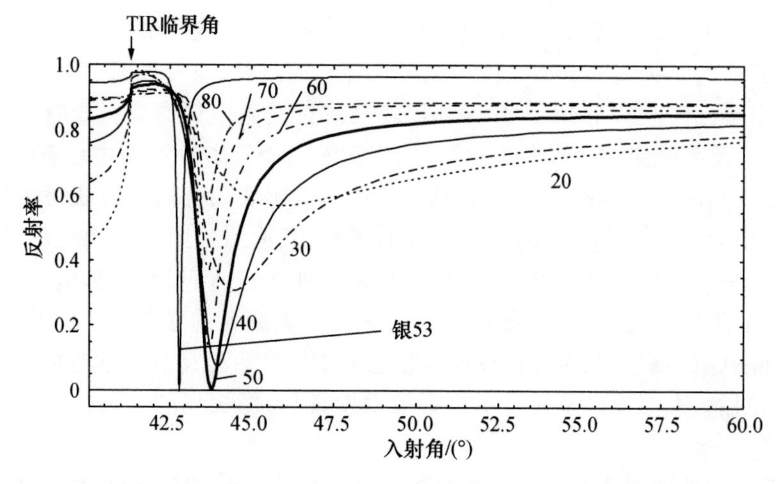

图 12.10 Kretschmann 构型中表面等离激元的激发. 图中画出了玻璃上不同金膜厚度(以纳米为单位)下,激发光束的反射率作为入射角的函数. 作为对比,相应的银的曲线也在图中给出. 注意,由于银的阻尼更小,相应的共振曲线要更加尖锐. 全内反射的临界角由图中箭头指示的不连续性显示. $\lambda=632.8$ nm.

有如下物理解释：全反射光和辐射阻尼引起的SPP发射光之间的相消干涉是最小值产生的原因.

另一种激发SPP的方法是光栅耦合器的使用[7]. 这里，与表面等离激元动量匹配所需要的波矢增加通过对自由空间波矢增加一个倒格矢来实现. 这就要求原则上，金属表面要在一个延展空间区域内具有一个合适的周期 a. 然后，新的平行波矢可以表示为 $k_x' = k_x + 2\pi n/a$，其中 $2\pi n/a$ 是光栅的倒格矢. 这个原则被用来增强银膜中亚波长小孔和表面等离激元之间的相互作用[14].

12.3.4　表面等离激元传感器

与表面等离激元激发相关的不同共振条件已应用于各种传感器中. 例如，反射率曲线中的低点位置可以作为环境变化的指示. 用这种方法，目标材料在金属表面上的吸附或去除能够在亚单层的精度上进行探测. 图12.11用模拟的方法说明了这个问题. 图中的例子是玻璃上53 nm厚的银膜上面有3 nm水层. 可以观察到等离激元共振曲线的明显移动. 假设激发光束的入射角度已经调节到反射率曲线中的低点位置，则沉积一分钟的材料后，信号(反射率)将明显增加. 这意味着低噪声强度测量的完整动态范围都可以用来测量0～3 nm的覆盖范围. 因此，SPP传感器对于从生物结合分析到环境监测的应用都具有很大的吸引力. 具体见文献[15].

高灵敏度的原因在于SPP的激发与金属表面的增强场相关. 在Kretschmann构型中，这个增强因子可以通过估计金属上方强度和入射强度的比值确定. 在图12.11(b)中计算出了这个增强因子，并画出了以入射角度为变量，厚度同为50 nm的金膜和银膜的曲线.

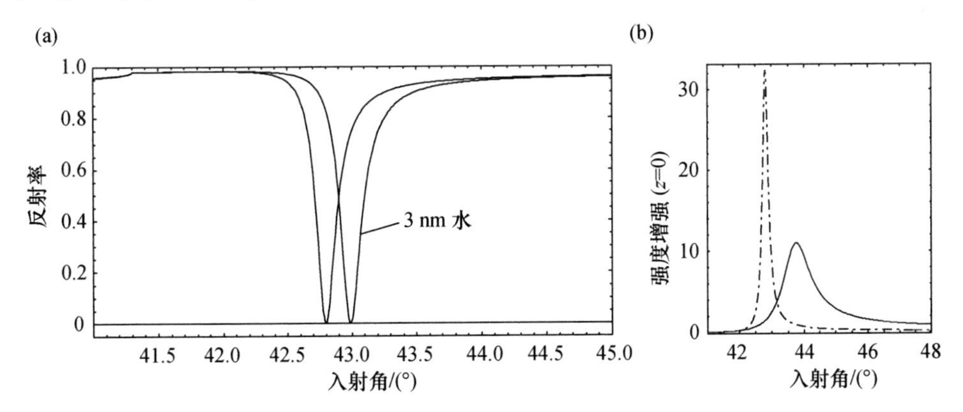

图12.11　表面等离激元在传感器中的应用. (a) 计算得到的吸附在53 nm厚的银膜上的3 nm的水层(n=1.33)导致的SPP共振曲线移动. (b) 在Kretschmann构型中，以入射角度为变量，金属表面附近的强度增强. 在波长633 nm处，我们观察到银($\varepsilon_1=-18.2+0.5\mathrm{i}$，点画线)和金($\varepsilon_1=-11.6+1.2\mathrm{i}$，实线)的最大强度增强分别为32和10.

§12.4　纳米光学中的表面等离激元

与单量子发射体一样,近场光学探针为表面等离激元的激发提供了新的可能性[16—18]. SPP激发所必需的波矢平行分量(k_x)存在于亚波长小孔、金属颗粒,甚至荧光分子附近的受限光学近场中. 如果这样的受限场足够接近金属表面,就可以局域地与表面等离激元耦合. 图12.12给出了一些主要设置. 一个覆盖在(半球形)玻璃棱镜上的金属薄膜可以允许漏辐射的发射和记录. 为了有效率地引发表面等离激元,激发光场需要被充分地限制,这样它的角谱将包含一个振幅相当大的隐失场成分,可以与表面等离激元的平行波矢 k_x 相匹配.

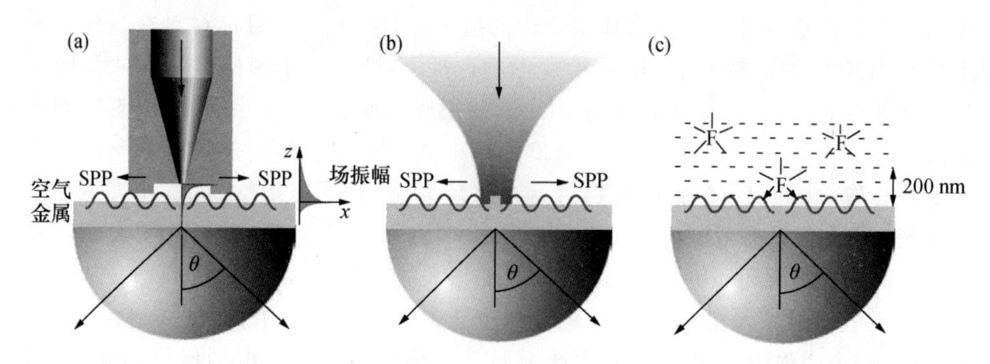

图12.12　在金属薄膜上使用不同受限光场源的表面等离激元的局域激发:(a) 以小孔探针作为亚波长光源[16],(b)辐射纳米颗粒[19],(c) 荧光分子[17]. 在所有情况下,表面等离激元的激发都由角谱的隐失成分与表面等离激元的平行波矢 k_x 匹配得到. 图中金属薄膜上的箭头表明了漏辐射的发射.

作为例证,图12.13(a)给出了振动偶极子激发的表面等离激元,其位置接近玻璃衬底上的银薄膜表面. 图中描述了在某一瞬时求得的恒定功率密度等值线,并在对数标尺下显示. 传播在上表面的等离激元辐射衰变,可由下面介质中的波前显现. 这种情况与之前讨论的 Kretschmann 构型中的情况相反. 图12.13(a)同样表明了金属/玻璃界面的表面等离激元的激发. 然而,在波长370 nm处,这些等离激元受到强阻尼,因此不能长距离传播. 图12.13(b)给出了在下面介质(玻璃)中求得的辐射图案. 它对应于高数值孔径透镜收集得到的辐射图案,准直后投射到感光板上. 中心的圆圈指出了空气/玻璃界面的全内反射临界角 $\theta_c=\arcsin(1/n)$,其中 n 为玻璃的折射率. 很明显地可以看出,等离激元辐射角度大于 θ_c. 实际上,激发角度对应于之前讨论的 Kretschmann 角(参见图12.10). 由于靠近界面的自由电荷需要一个驱动力,表面等离激元只能由p偏振场分量激发. 这就是辐射图案表现出两个瓣的原因. 荧光团到表面等离激元的耦合(见图12.12(c))可以大大提高医学诊断、生物工程和基因表达中基于荧光的检验灵敏度. 由于金属和荧光团之间的有限距离(<200 nm),表面等离激元的耦合将导致荧光信号的增强和激发的高度定向性. 例如,心脏标记肌血球素检测的免疫测定已经获得应用,见文献[20].

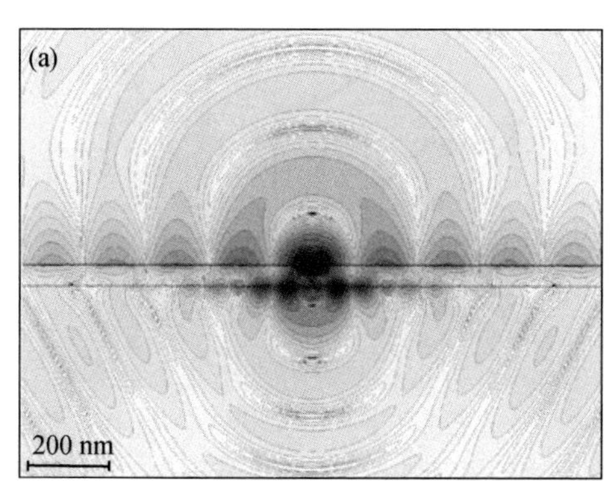

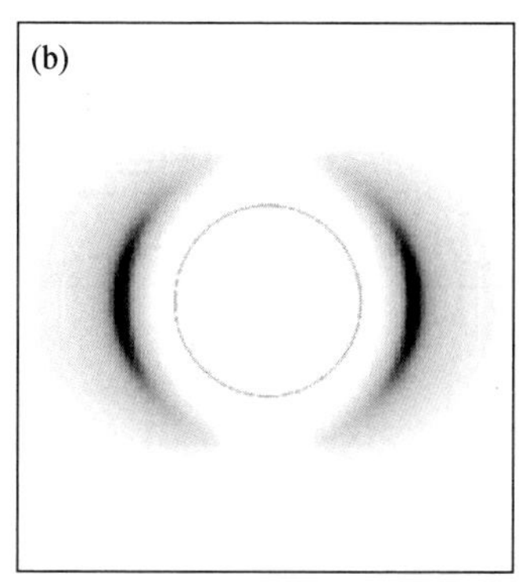

图 12.13　位于 50 nm 厚的银膜上方 5 nm 的偶极子源激发的表面等离激元,银膜衬底为玻璃. 激发波长是 370 nm,偶极矩平行于界面. (a) 在某一瞬时的恒定功率密度等值线(相邻等值线之间有因子 2 的差别). 图中表明表面等离激元沿着银膜上表面传播并且辐射衰变进入下面的半空间. (b) 在下面介质中的辐射图案. 圆形表明了空气/玻璃界面的全内反射临界角. 两个瓣来自偶极子源激发的表面等离激元的辐射衰变.

偶极子是一种理想的激发源,某种意义上来说它的角谱非常宽. 真实的激发源具有有限的尺寸. 激发源的尺寸和与金属表面的距离决定了有效激发表面等离激元的空间频谱. 如果源距离金属表面太远,角谱中只有平面波分量可以到达金属表面,因此表面等离激元的耦合是受限制的. 图 12.14(a)给出了受限光源在与源不同的距离的平面(见插图)上取值的空间频谱(空间 Fourier 变换). 角谱在靠近激发源处展宽,但随着源距离的增加而变窄. 图中同样给出了银膜上的表面等离激元的空间频谱. 由于激发源空间频谱和表面等离激元有重叠,所以表面等离激元的激发是可以实现的. 由于场的受限随源距离增加而减小,可以得到一个依赖于表面等离激元激发效率的特征距离. 就像之前讨论过的,在一个薄膜结构中,表面等离激元的激发可以通过监视等离激元进入玻璃半空间的漏辐射而确定.

图 12.14(b)显示,对于沉积在玻璃半球上的薄金膜和银膜,其表面等离激元漏辐射的整体强度是激发源(小孔)和金属表面之间的距离的函数. 所有的曲线清楚表明了在很小的距离处出现了一个低点. 这个低点来自由探针的接近,即探针和样品直接的耦合(作为这种效应的一个例子见图 12.9)造成的表面等离激元共振条件的微扰. 漏辐射同样可以被用于观察表面等离激元的传播长度. 这可以通过将

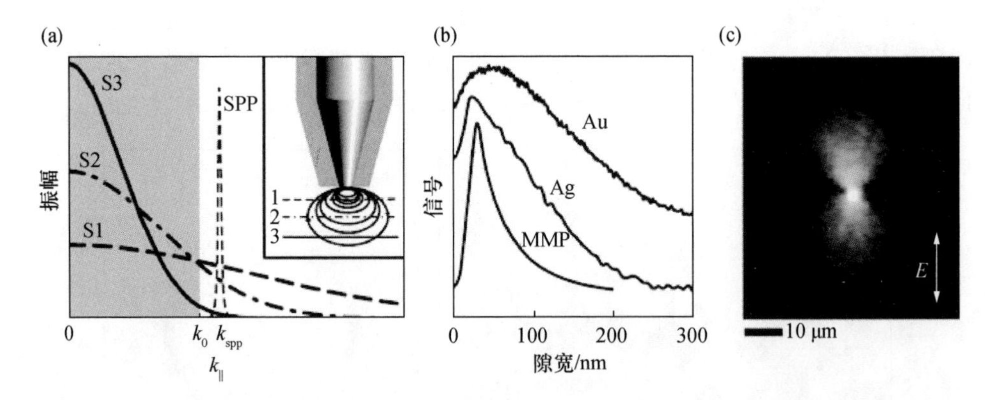

图 12.14　近场小孔探针激发的局域表面等离激元.(a) 激发源的频谱(距离激发源不同距离的平面上的计算值)和银膜上表面等离激元频谱的重叠示意图.(b) 耦合的距离依赖.短距离处的下降是探针-样品耦合的结果,即探针的存在局部地改善了等离激元共振条件.(c) 漏辐射聚焦在像平面上,记录了等离激元的传播.

金属/玻璃界面成像于一个具有高数值孔径显微物镜的摄像机上实现,这个摄像机可以捕捉临界角以上的漏辐射(见图 12.14(c)).虽然漏辐射这一损耗渠道的出现表明了传播的减少,但 SPP 的传播长度与(12.29)式仍然很好地符合.通过改变激发源和金属表面之间的距离以及激发的偏振方向,可以控制表面等离激元产生的强度和传播方向.

图 12.14 中表面等离激元的激发由一个近场小孔探针完成.图 12.15 中给出了一个同样的实验,但用一个激光照射的纳米颗粒作为激发源.在这个实验中,表面等离激元传播的观测可以通过观察利用隔层沉积在金属表面的一层薄薄的荧光团的荧光强度实现.双瓣发射图案的出现来源于表面等离激元只能由近场的 p 偏振场分量激发.可以通过选择激发光束的偏振方向来实现对其发射方向的控制[18].

由小孔探测造成的表面等离激元和由颗粒散射激发的表面等离激元之间的相互作用在文献[16]中给予研究.图 12.16 展示了一个具有不规则结构的光滑银膜上的表面等离激元干涉图样的实验记录.干涉条纹的周期为(240±5)nm,正是表面等离激元波长的一半.这个图形的衬度通过记录小孔探针在样品表面光栅扫描时的漏辐射的强度获得.因此,干涉条纹的出现是由于探针和表现为散射中心的不规则结构之间的表面等离激元驻波.当探针-散射体之间的距离为表面等离激元半波长的整数倍时,将获得最强的漏辐射.源于表面上不同散射中心产生的表面等离激元会干涉的观测,表明有可能通过采用适当安排的散射体,建立表面等离激元纳米光学中的光学元件[21—23].

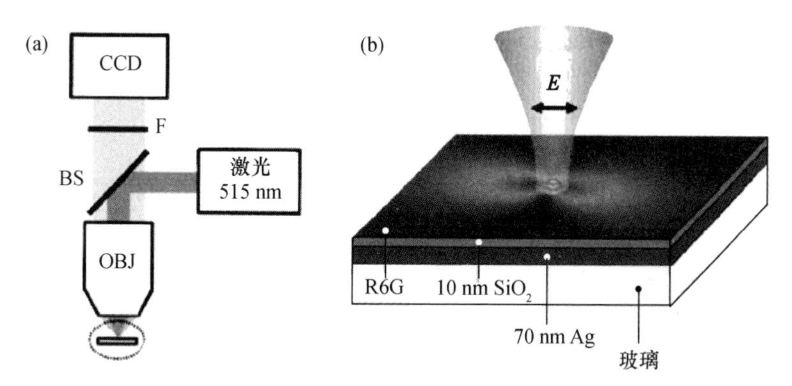

图 12.15 位于金属薄膜上的亚波长突起激发的表面等离激元.(a) 实验设置.(b) 颗粒与光束相互作用区域的放大图.在这个实验中,表面等离激元的观测通过观察沉积在介质隔层上的一薄层荧光分子的荧光强度获得.引自[18].

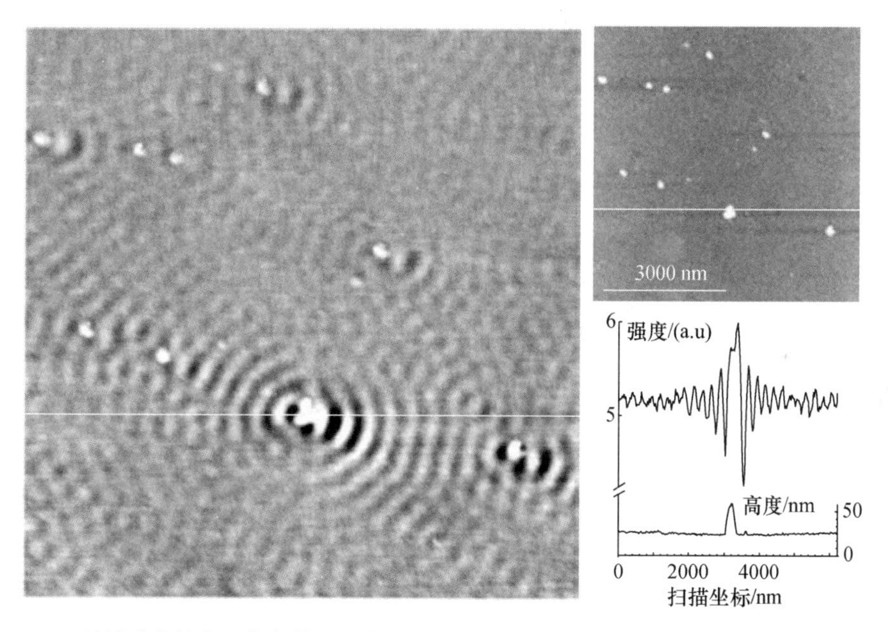

图 12.16 局域激发的表面等离激元干涉.左图:具有一些突起结构的银膜上的整体漏辐射,由一个小孔探针在样品表面光栅扫描获得.条纹对应于突起结构和小孔探针之间形成的表面等离激元驻波图案.右图:光学图像显示区域的剪切力形貌,沿着形貌和光学图像中的白线切割.

12.4.1 导线和颗粒上的等离激元

在平面界面上,SPP 电磁场局域在界面法方向上.为了在二维或三维空间上形成场受限,我们需要考虑有限大小的金属颗粒,例如金属导线或纳米颗粒.就像我们将要看到的那样,金属导线可以支持沿着导线传播的SPP模式,就像在一个平面界面的情况那样.由于金属介电常数的实部为负值,这些模式通常局域在金属导线表面.就像平面界面的等离激元,这些导线模式不与自由空间辐射相耦合,并且需要合适的耦合机制,例如光栅耦合器或导线不连续来激发或衰变为光子.除了可以传播SPP,金属导线也可以支持横向等离激元,即电荷振荡与金属导线轴垂直.类似的模式也存在于小金属颗粒中.这些横向模式是辐射的性质并可以耦合为传播辐射.图12.17描述了平面界面、细导线和颗粒上产生的表面等离激元模式.图12.17(a)和(b)显示了传播模式,而图12.17(c)对应于横向偶极模式.

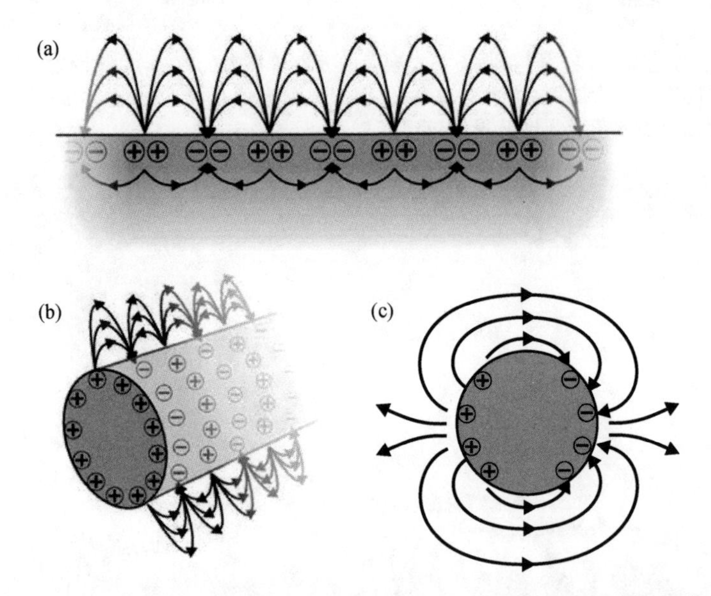

图12.17　不同结构中SPP模式的电荷分布和电场线.(a) 沿平面界面传播的等离激元.(b) 沿导线传播的等离激元(TM_0 模式).(c) 横向导线等离激元和颗粒等离激元,分布呈偶极子场图.

为了确定细导线的表面等离激元模式,我们需要在相应的边界条件下解齐次波动方程(12.22).对于细导线和小颗粒,我们可以应用准静态近似.这个近似忽略了推迟效应,颗粒上或者线圆周上所有的点同相振动.这只在相关对象的特征尺寸(导线或颗粒半径)远小于金属趋肤深度 $d(d=\lambda/(4\pi\sqrt{\varepsilon}))$ 时才有可能成立.对于一个小颗粒,这导致所有的自由电子气相对于颗粒的静态晶格周期性移动.

在准静态近似中,Helmholtz方程简化为更易求解的Laplace方程.更详细的讨论可见如文献[24]中的例子.这里得到的解是准静态近场.举例来说,一个振动偶极子的电场

$$\boldsymbol{E}(r\boldsymbol{n},t)=\frac{1}{4\pi\varepsilon_0}\left[k^2(\boldsymbol{n}\times\boldsymbol{p})\times\boldsymbol{n}\frac{\mathrm{e}^{\mathrm{i}kr}}{r}+[3\boldsymbol{n}(\boldsymbol{n}\cdot\boldsymbol{p})-\boldsymbol{p}]\left(\frac{1}{r^3}-\frac{\mathrm{i}k}{r^2}\right)\mathrm{e}^{\mathrm{i}kr}\right]\mathrm{e}^{-\mathrm{i}\omega t},\tag{12.40}$$

可以在近场 $kr\ll 1$ 区域近似表达为

$$\boldsymbol{E}(r\boldsymbol{n},t)=\frac{1}{4\pi\varepsilon_0}[3\boldsymbol{n}(\boldsymbol{n}\cdot\boldsymbol{p})-\boldsymbol{p}]\frac{\mathrm{e}^{-\mathrm{i}\omega t}}{r^3},\tag{12.41}$$

其中我们令 $k=0$. 得到的电场是静态偶极子场加上谐波时间依赖 $\exp(-\mathrm{i}\omega t)$,这就是称其为准静态的原因. 在准静态条件下,电场可以用势表示为 $\boldsymbol{E}=-\nabla\Phi$. 这个势必须满足 Laplace 方程

$$\nabla^2\Phi=0\tag{12.42}$$

和相邻材料间的边界条件(见第 2 章). 下面我们分析细金属导线和球形纳米颗粒的(12.42)式的解.

细导线的横向等离激元共振

考虑一个位于原点处半径为 a 的细圆柱形金属导线,并沿 z 轴方向延展到无穷远. 这个导线由一个波矢沿 y 方向的 x 偏振平面波照射,如图 12.18 所示. 这种照射方式激发了长导线的横向等离激元共振,它不沿导线输运能量. 为了求解这个问题,我们引入柱坐标系

$$\begin{aligned}x&=\rho\cos\varphi,\\y&=\rho\sin\varphi,\\z&=z,\end{aligned}\tag{12.43}$$

并将 Laplace 方程表示为

$$\frac{1}{\rho}\frac{\partial}{\partial\rho}\left(\rho\frac{\partial\Phi}{\partial\rho}\right)+\frac{1}{\rho^2}\left(\frac{\partial^2\Phi}{\partial\varphi^2}\right)=0.\tag{12.44}$$

这里我们无须考虑 z 的影响. 利用 $\Phi(\rho,\varphi)=R(\rho)\Theta(\varphi)$ 将 Laplace 方程(12.44)分离变量后,可以得到

$$\frac{1}{R}\left(\rho\frac{\partial}{\partial\rho}\left(\rho\frac{\partial R}{\partial\rho}\right)\right)=-\frac{1}{\Theta}\left(\frac{\partial^2\Theta}{\partial\varphi^2}\right)\equiv m^2.\tag{12.45}$$

其角部分的解具有如下形式:

$$\Theta(\varphi)=c_1\cos(m\varphi)+c_2\sin(m\varphi).\tag{12.46}$$

为了保证解是 2π 周期的,m 必须为整数. 径向部分的解具有如下形式:

$$R(\rho)=\begin{cases}c_3\rho^m+c_4\rho^{-m}, & m>0,\\ c_5\ln\rho+c_6, & m=0,\end{cases}\tag{12.47}$$

其中 m 与(12.45)式中相同. 由于激发电场偏振(沿 x 轴)的对称性,只有 $\cos(m\varphi)$ 项需要考虑. 此外,对于 $m=0$,(12.47)式中的对数项在原点发散,因此必须舍弃. 我们因此采用展开表达式

$$\Phi(\rho < a) = \Phi_1 = \sum_{n=1}^{\infty} \alpha_n \rho^n \cos(n\varphi),$$
$$\Phi(\rho > a) = \Phi_2 = \Phi_{\text{scatter}} + \Phi_0 = \sum_{n=1}^{\infty} \beta_n \rho^{-n} \cos(n\varphi) - E_0 \rho \cos(\varphi), \tag{12.48}$$

其中，α_n和β_n是由导线表面 $\rho=a$ 上的边界条件决定的常数，ϕ_0是与激发场相关的势. 边界条件可用势 Φ 的形式表示为

$$\left[\frac{\partial \Phi_1}{\partial \varphi}\right]_{\rho=a} = \left[\frac{\partial \Phi_2}{\partial \varphi}\right]_{\rho=a},$$
$$\varepsilon_1 \left[\frac{\partial \Phi_1}{\partial \rho}\right]_{\rho=a} = \varepsilon_2 \left[\frac{\partial \Phi_2}{\partial \rho}\right]_{\rho=a}, \tag{12.49}$$

满足电场切向分量和电位移法向分量的连续性要求. 这里，ε_1和ε_2分别是导线和其周围介质的复介电常数. 为了估算(12.49)式，我们利用函数 $\cos(n\varphi)$是正交的这一事实. 将(12.48)式代入(12.49)式，我们可以看到当 $n>1$ 时，α_n和β_n将消失. 对于 $n=1$，我们得到

$$\alpha_1 = -E_0 \frac{2\varepsilon_2}{\varepsilon_1+\varepsilon_2}, \quad \beta_1 = a^2 E_0 \frac{\varepsilon_1-\varepsilon_2}{\varepsilon_1+\varepsilon_2}, \tag{12.50}$$

利用这些因子，得到电场 $\boldsymbol{E}=-\nabla \phi$ 的解为

$$\boldsymbol{E}_1 = E_0 \frac{2\varepsilon_2}{\varepsilon_1+\varepsilon_2} \boldsymbol{n}_x, \tag{12.51}$$

$$\boldsymbol{E}_2 = E_0 \boldsymbol{n}_x + E_0 \frac{\varepsilon_1-\varepsilon_2}{\varepsilon_1+\varepsilon_2} \frac{a^2}{\rho^2}(1-2\sin^2\varphi) \boldsymbol{n}_x + 2E_0 \frac{\varepsilon_1-\varepsilon_2}{\varepsilon_1+\varepsilon_2} \frac{a^2}{\rho^2} \sin\varphi\cos\varphi \boldsymbol{n}_y, \tag{12.52}$$

其中我们重新引入了笛卡儿坐标系下的单位矢量$\boldsymbol{n}_x$，$\boldsymbol{n}_y$，$\boldsymbol{n}_z$. 图 12.19 给出了由(12.51)式和(12.52)式描述的导线周围的电场和强度. 注意场最大值沿着偏振方向(同样见第 6 章).

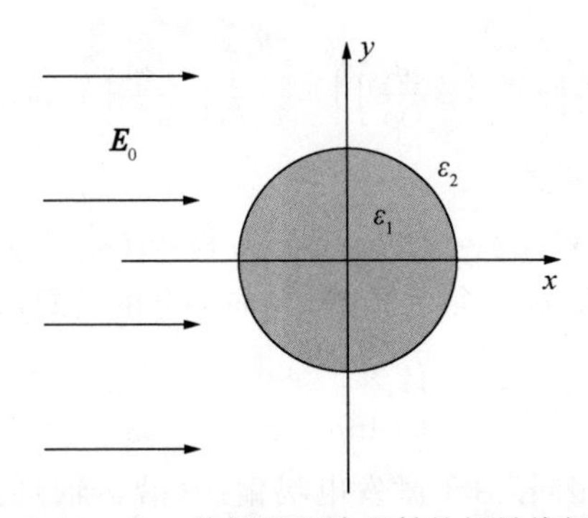

图 12.18　由 x 偏振平面波照射的细导线切面.

在大多数应用中，金属周围的介质色散(频率依赖)可以被忽略，所以可以假设 ε_2 是一个常量. 然而，金属的介电函数强烈依赖于波长. 电场的解可以由分母 $\varepsilon_1+\varepsilon_2$ 表征. 因此，当 $\mathrm{Re}(\varepsilon_1(\lambda))=-\varepsilon_2$ 时，电场振幅达到最大值. 这是偏振方向垂直于导线轴的平面波激发导线的共振条件. 共振的形状由介电函数 $\varepsilon_1(\lambda)$ 决定. 就像之前讨论过的平面界面中的情况，周围介质的介电常数(ε_2)的变化导致了共振的偏移(见下文). 注意当电场偏振方向沿导线轴时，共振将不会存在. 像平面界面中的情况那样，表面等离激元的激发取决于导线表面的表面电荷积累情况. 为了将电荷驱动至界面处，电场需要有一个垂直于金属表面的偏振分量.

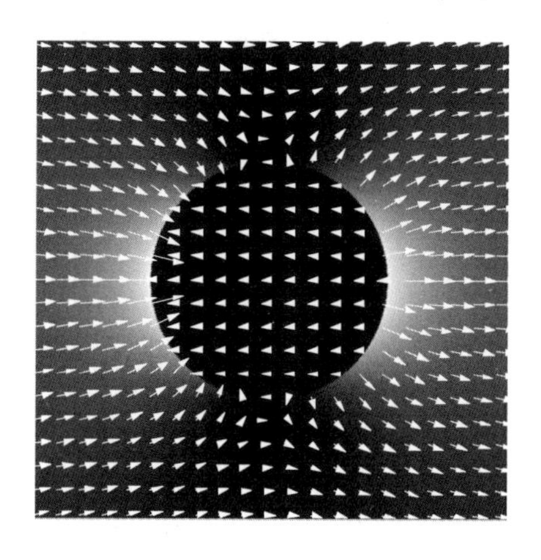

图 12.19 准静态极限下金导线周围的近场分布，$\varepsilon_1=-18$，$\varepsilon_2=2.25$. 灰度表示 $|E|^2$；箭头表示电场的方向和大小.

细导线上表面等离极化激元的传播

为了获得沿圆柱形导线传播的表面等离激元，需要求解全矢量波动方程. 这样的分析在文献[25,26]中已经完成. 通过求解由边界条件得到的四个齐次方程，可以解得其传播解. 这个方程组的特征方程有

$$\frac{\varepsilon_1(\lambda)}{\kappa_1 a}\frac{\mathrm{J}_1(\kappa_1 a)}{\mathrm{J}_0(\kappa_1 a)}-\frac{\varepsilon_2}{\kappa_2 a}\frac{\mathrm{H}_1^{(1)}(\kappa_2 a)}{\mathrm{H}_0^{(1)}(\kappa_2 a)}=0, \tag{12.53}$$

其中 J_n 和 $\mathrm{H}_n^{(1)}$ 分别是第一类 Bessel 和 Hankel 函数，a 是导线半径. 在介质 $i=1,2$ 中的波矢横向分量可由 $\kappa_i=k_0[\varepsilon_i-(k_z/k_0)^2]^{1/2}$ 定义，其中 $k_0=2\pi/\lambda$. 沿着导线 z 轴的传播由下面的因子确定：

$$\exp[\mathrm{i}(k_z z-\omega t)], \tag{12.54}$$

其中 $k_z=\beta+\mathrm{i}\alpha$ 是复传播常数. β 和 α 分别代表相位常数和衰减常数. 对于两个最易传播的表面模式，图 12.20(a)显示了一个以圆柱半径 a 为变量的铝圆柱的传播常数. TM_0 模式表现出了径向偏振，即电场是轴对称的. 另一方面，HE_1 具有 $\cos\varphi$ 的

角依赖，随着半径 a 趋于0，它转变为一个无限延伸的非衰减平面波($k_z \approx \omega/c$). 这种情况与 TM_0 模式不同. 随着半径 a 的减小，它的相位常数 β 随之变大，而横向场分布变得更加局域化. 然而，衰减常数 α 也同样增加，因此由于导线太细，表面等离激元的传播长度变得非常小. 图12.21显示了在直径为120 nm的银导线上传播的SPP的一个例子. 等离激元由偏振沿着导线方向的光线聚焦后入射到导线的输入端(I)激发. 由导线等离激元的辐射衰变造成的远场光子发射可以在末端(D)处观察到.

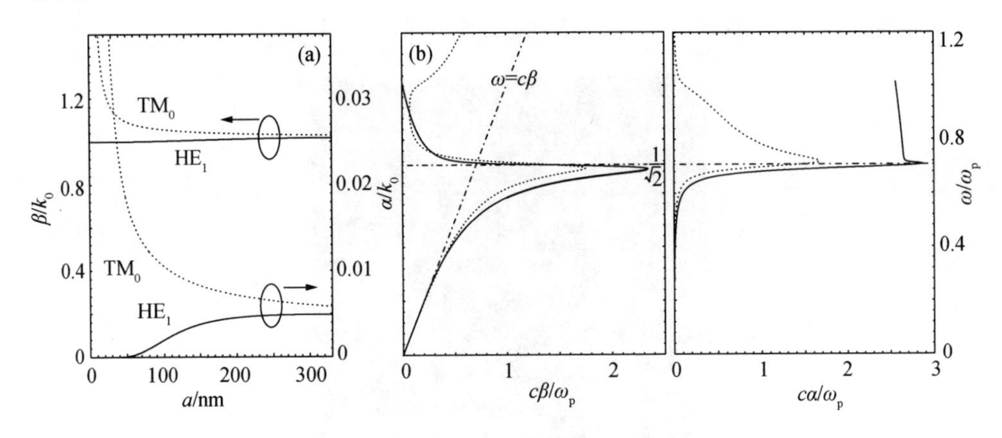

图12.20　(a) 波长 $\lambda=488$ nm时，铝导线上产生的两个最低阶表面模式的传播常数 $k_z=\beta+i\alpha$. 其中 a 代表导线直径，$k_0=\omega/c$. (b) $a=50$ nm的铝导线 HE_1 表面模式的频率色散. ω_p 代表铝的等离子体频率. 图中点线表明了平面界面上对应的色散关系. 注意图中回弯效应已在之前讨论过.

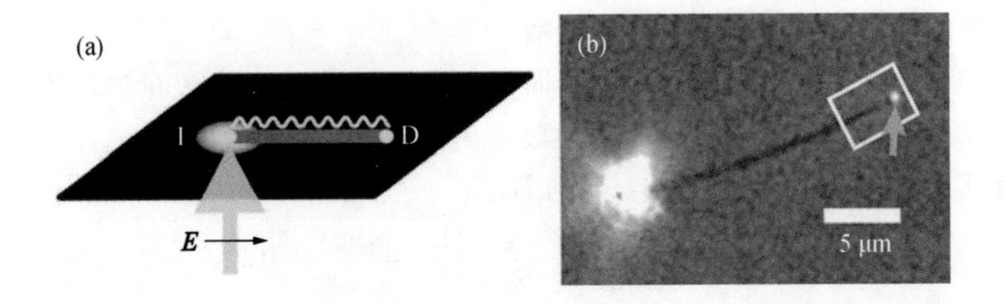

图12.21　120 nm直径的银纳米线上的导线等离激元的激发、传播和探测. (a) 激发结构图. 偏振与导线平行的入射光聚焦在导线的入射端(I). 等离激元传播并在末端(D)处重新辐射出去. (b) 长度为18.6 μm的银纳米线的宽视场显微图像. 图中箭头指示导线末端的弱发射斑. 注意到达D端的SPP强度中，有相当一部分被反射了(约25%). 引自[27].

前面已经指出，随着直径 a 的减小，TM_0 模式的相速和群速都将趋于零[28]. 因此，一个沿着直径绝热减小的导线传播的脉冲将永远不会到达导线末端，即它的针尖.另一方面,随着导线的逐渐变细,横向电场约束增加,在接近导线末端处将积累一个电场(绝热聚焦).注意沿着金属导线表面传播的模式已经在 1909 年分析过了[29].人们认识到,单根导线可以几乎无能量损耗地传导能量,但是要以牺牲局域性为代价,即电场将在周围介质中扩展很远的距离.因此,无线电波传输线包含两条或更多的导线.

球形小颗粒的等离激元共振

在准静态极限条件下,一个半径为 a 的球形小颗粒的基本等离激元共振与细导线的横向等离激元共振以大致相同的方式出现.这里,我们必须在球坐标(r,θ,φ)下将 Laplace 方程(12.42)表达为

$$\frac{1}{r^2\sin\theta}\left[\sin\theta\frac{\partial}{\partial r}\left(r^2\frac{\partial}{\partial r}\right)+\frac{\partial}{\partial\theta}\left(\sin\theta\frac{\partial}{\partial\theta}\right)+\frac{1}{\sin\theta}\frac{\partial^2}{\partial\varphi^2}\right]\Phi(r,\theta,\varphi)=0. \tag{12.55}$$

上式的解为

$$\Phi(r,\theta,\varphi)=\sum_{l,m}b_{l,m}\Phi_{l,m}(r,\theta,\varphi). \tag{12.56}$$

上式中 $b_{l,m}$是由边界条件决定的常系数,$\Phi_{l,m}$具有如下形式:

$$\Phi_{l,m}=\begin{Bmatrix}r^l\\ r^{-l-1}\end{Bmatrix}\begin{Bmatrix}\mathrm{P}_l^m(\cos\theta)\\ \mathrm{Q}_l^m(\cos\theta)\end{Bmatrix}\begin{Bmatrix}\mathrm{e}^{im\varphi}\\ \mathrm{e}^{-im\varphi}\end{Bmatrix}, \tag{12.57}$$

其中,$\mathrm{P}_l^m(\cos\theta)$是连带 Legendre 函数,$\mathrm{Q}_l^m(\cos\theta)$是第二类 Legendre 函数[30].为了避免在原点或在无限远处出现无穷大,我们必须根据具体问题选择(12.57)式中的上行和下行函数的线性组合.再一次地,球表面的切向电场和法向电位移分量的连续性给出了如下条件:

$$\begin{aligned}\left[\frac{\partial\Phi_1}{\partial\theta}\right]_{r=a}&=\left[\frac{\partial\Phi_2}{\partial\theta}\right]_{r=a},\\ \varepsilon_1\left[\frac{\partial\Phi_1}{\partial r}\right]_{r=a}&=\varepsilon_2\left[\frac{\partial\Phi_2}{\partial r}\right]_{r=a}.\end{aligned} \tag{12.58}$$

这里,Φ_1是球内部的势,而 $\Phi_2=\Phi_{\text{scatter}}+\Phi_0$是球外部的势,包括散射和入射场的势两部分.在导线的情况下,对于外加电场我们假设它是均匀的,且沿着 x 轴方向.因此,$\Phi_0=-E_0x=-E_0r\mathrm{P}_1^0(\cos\theta)$.对边界条件的估算可以得到

$$\begin{aligned}\Phi_1&=-E_0\frac{3\varepsilon_2}{\varepsilon_1+2\varepsilon_2}r\cos\theta,\\ \Phi_2&=-E_0r\cos\theta+E_0\frac{\varepsilon_1-\varepsilon_2}{\varepsilon_1+2\varepsilon_2}a^3\frac{\cos\theta}{r^2}\end{aligned} \tag{12.59}$$

(见习题 12.7).与导线情况下的解的最大不同在于,对距离的依赖关系从 $1/r$ 变到了 $1/r^2$,而分母中与 ε_2 相关的共振条件改为乘以一个因子 2.同样重要的是要注意电场与方位角 φ 无关,这是施加电场方向对称性引起的.最后,电场可由(12.59)式计算得到,其结果为

$$\boldsymbol{E}_1 = E_0 \frac{3\varepsilon_2}{\varepsilon_1 + 2\varepsilon_2}(\cos\theta \boldsymbol{n}_r - \sin\theta \boldsymbol{n}_\theta) = E_0 \frac{3\varepsilon_2}{\varepsilon_1 + 2\varepsilon_2} \boldsymbol{n}_x, \tag{12.60}$$

$$\boldsymbol{E}_2 = E_0(\cos\theta \boldsymbol{n}_r - \sin\theta \boldsymbol{n}_\theta) + \frac{\varepsilon_1 - \varepsilon_2}{\varepsilon_1 + 2\varepsilon_2} \frac{a^3}{r^3} E_0(2\cos\theta \boldsymbol{n}_r + \sin\theta \boldsymbol{n}_\theta). \tag{12.61}$$

一个共振的金或银纳米颗粒附近的电场分布定性地看起来与图 12.19 中细金属导线情况相似.然而,电场在金属颗粒表面附近更加局域化.一个有趣的特征是金属颗粒内部的电场是均匀的,就像一个直径小于其趋肤深度的颗粒中的情况那样.另一个重要发现是散射场((12.61)式中的第二项)与位于颗粒中心的偶极子 $\boldsymbol{p}$ 的静电场相同.偶极子由外电场 $\boldsymbol{E}_0$ 感生,其值为 $\boldsymbol{p}=\varepsilon_2\alpha(\omega)\boldsymbol{E}_0$,其中 α 是极化率④:

$$\alpha(\omega) = 4\pi\varepsilon_0 a^3 \frac{\varepsilon_1(\omega) - \varepsilon_2}{\varepsilon_1(\omega) + 2\varepsilon_2}. \tag{12.62}$$

这个关系式可以通过与(12.41)式的对比来很容易地证明.球的散射截面可以通过球偶极子(如第 8 章所述)的总辐射功率除以激发平面波的强度得到,结果为

$$\sigma_{\text{scatt}} = \frac{k^4}{6\pi\varepsilon_0^2} |\alpha(\omega)|^2, \tag{12.63}$$

其中 k 是周围介质的波矢.注意极化率(12.62)违反了偶极子极限下的光学定理,即没有考虑散射.这个不一致可以通过允许颗粒与自身作用(辐射反作用)得到纠正.如习题 8.5 中讨论的那样,考虑辐射反作用后将引入一个附加项到(12.62)中.见习题 16.4.

图 12.22 显示了不同介质中的金和银颗粒的归一化散射截面.注意银颗粒的共振在紫外光谱范围,而金的最大散射出现在 530 nm 附近.如果周围介质的介电常数增加,将观察到共振随之红移.

由于颗粒的存在,入射光束功率的减少不仅是散射造成的,还受到了吸收的影响.吸收和散射的总和称为消光.因此,我们同样需要计算在颗粒内部耗散的功率.利用 Poynting 定理,我们知道一个点偶极子的耗散功率为 $P_{\text{abs}}=(\omega/2)\text{Im}[\boldsymbol{p}\cdot\boldsymbol{E}_0^*]$.利用 $\boldsymbol{p}=\varepsilon_2\alpha\boldsymbol{E}_0$,$\varepsilon_2$ 是实数,以及周围介质中激发平面波的强度表达式这些条件,我们得到吸收截面

$$\sigma_{\text{abs}} = \frac{k}{\varepsilon_0}\text{Im}[\alpha(\omega)]. \tag{12.64}$$

同样,k 是周围介质中的波矢.σ_{abs} 与 a^3 成正比,而σ_{scatt} 与 a^6 成正比.因此,消光对于大颗粒主要由散射造成,而对于小颗粒则主要由吸收造成.这个效应可以用来探测直径小至 2.5 nm 的金属颗粒,它们被用来作为生物样品中的标记[31].两种尺寸界限之间的过渡可由一个明显的颜色变化表征.举例来说,小尺寸的金颗粒吸收绿光和蓝光而呈现出红色.另一方面,较大金颗粒的散射主要集中在绿色频率因此呈现

④ 注意我们用的是无量纲(相对)介电常数,即真空介电常数 ε_0 不在 ε_2 中.

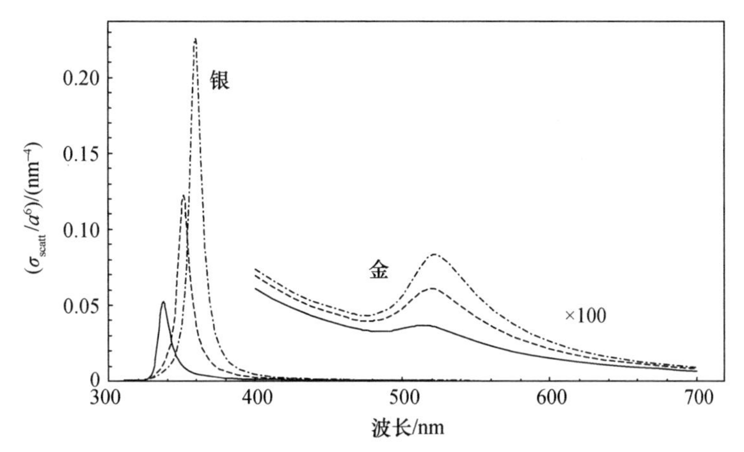

图 12.22　不同介质中金和银球形颗粒的散射截面曲线(由 a^6 归一化),其中 a 代表颗粒半径. 实线,真空($n=1$). 虚线,水($n=1.33$). 点画线,玻璃($n=1.5$).

为绿色. 彩色玻璃就是这些性质的很好应用. 图 12.23 中显示了著名的 Lycurgus 杯,由古罗马艺术家制成,如今展示在伦敦的大英博物馆中. 当以一束白光从背后照射时,杯子呈现出神奇的丰富明暗色彩,从深绿到亮红. 很长一段时间人们都不明白是什么原因导致了这些颜色. 现在人们知道了这是由玻璃中嵌入的纳米尺寸的金/银颗粒造成的,其颜色由吸收和散射的相互作用决定.

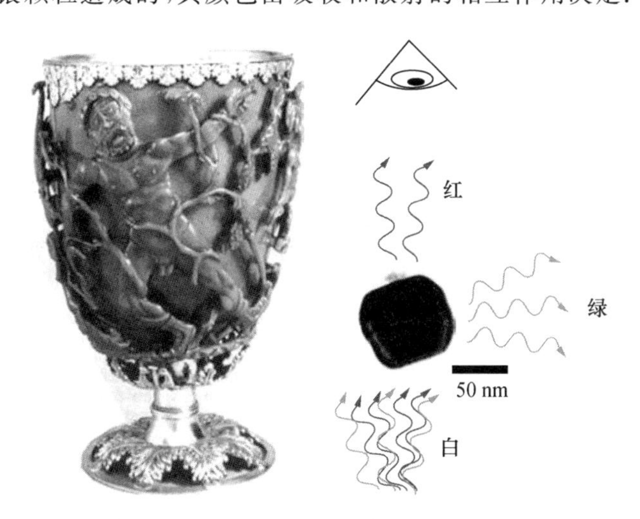

图 12.23　光源从背后照射的古罗马 Lycurgus 杯. 嵌入的金/银合金颗粒(右图)的光吸收产生了一个红色透射光,而颗粒的散射产生了一个如右所示的绿光. 引自 D. J. Borber and I. C. Freestone, *Archeometry* **32**, 1(1990).

非球形颗粒的等离激元共振

对于非球形颗粒,由于对称性的破坏,不同方向的集体电子振荡简并被解除.

获得非球形颗粒等离激元共振的一个方法是对它们以长椭球建模,并应用准静态近似[4].得到的极化率为

$$\alpha(\omega)=V\varepsilon_0\,\frac{\varepsilon_1(\omega)-\varepsilon_2}{L_i\varepsilon_1(\omega)+(1-L_i)\varepsilon_2}. \tag{12.65}$$

这里 V 是椭球的体积,L_i 是取决于纵横比的几何因子,描述了椭球的纵向和横向等离激元共振.当纵横比从 1 变化到 3 时,共振将涵盖可见光到红外光范围,如本章开始处(见(12.5)式)的讨论,共振频率随纵横比线性减小.

对于极细长的颗粒,准静态近似将不再适用.为了给出截面为常量的一个棒状纳米颗粒的纵向等离激元共振的定性解释,我们可以采取下面的观点.这个颗粒能被当作一个支持 TM_0 模式等离激元传播的有限长金属导线来处理,其复传播常数为 $k_z(\omega)=\beta(\omega)+i\alpha(\omega)$,如图 12.20(b)所示.导线的末端引起不连续,模式被部分反射.相应的反射系数是一个复数 $R(\omega)=|R(\omega)|\exp[i\Phi_R(\omega)]$,并取决于末端的具体形状.因此,纵向共振条件可以用往返相位的累积表达为

$$\beta(\omega)\,L_{res}+\Phi_R(\omega)=n\pi, \tag{12.66}$$

其中 L_{res} 是棒长度,在此长度发生固定 ω 的共振,n 是共振级次.对一个固定棒长度,可以得到对应的共振频率.这个概念在图 12.24 中给予说明.重要的是要注意,共振条件只提供了共振频率,而不是共振的宽度或振幅.由于有限长度的导线是光学天线的结构单元,我们将在第 13 章重新讨论这个问题.

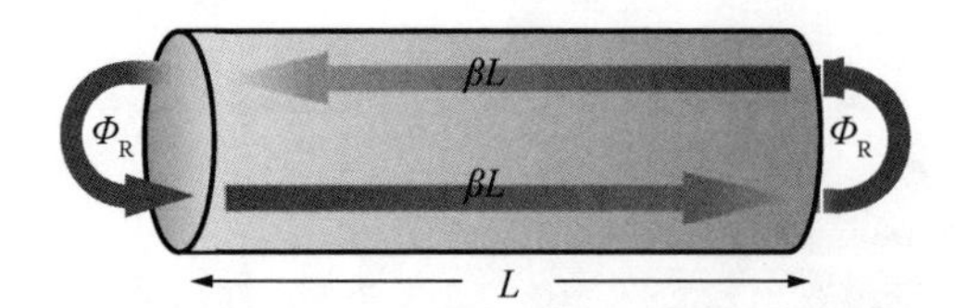

图 12.24　一个纳米棒纵向共振的 Fabry-Pérot 模式.每个往返累积的相位是传播相位 $2\beta L$ 和反射相位 $2\Phi_R$ 的和,为了获得一个驻波必须为 2π.

与颗粒等离激元的局域相互作用:传感应用

颗粒等离激元的共振条件对周围环境的介电常数非常敏感.因此,与平面界面情况相似,一个金或银颗粒可以作为传感元件使用,因为其共振会随着局域介电常数的变化,例如颗粒表面化学功能化后,结合了特定的配体,而发生移动.与平面界面共振相比,颗粒共振的好处是颗粒具有更小的尺寸,因此会产生更大的表面体积比.可以设想将不同功能化颗粒以很高的密度固定在衬底上,并将这样的装置作为传感芯片应用于各种化合物的多参数传感系统,正如在 DNA 的单碱基对错配检测中已得到证明的那样(如见文献[32]).

小尺寸贵金属颗粒的共振频移同样可应用于近场光学显微术.1989 年,Fischer 和 Pohl 观察到了金属颗粒的共振频移对于环境变化的依赖[33].以后人们通过

在探针尖端粘上金颗粒,也进行了类似的实验[34](参见第6章).

12.4.2 更复杂结构的等离激元共振

单个简单且高度对称结构,比如球形纳米颗粒或纳米棒,表现出的等离激元共振可以被简单地归因于其表面电荷的分布特性.然而,更复杂的结构通常产生多特征共振光谱,初看之下这很难解释[35].人们已经证明,更复杂结构的等离激元共振通常可以视为简单的基本结构的基本等离激元"杂化"的结果[36].举例来说,考虑图12.25(a)中所示的空心金属壳的共振.这个颗粒的基本共振可以通过将其分解为一个固体金属球和一个金属块中的球形空腔得到.12.25(b)显示了基本模式如何组合形成杂化模式.基本等离激元的同相共振可以获得一个低能(红移的)杂化模式,反之,反相组合代表了一个更高能量模式,移至更高的能量.基本模式的相互作用程度以及由基本模式之间的相互作用强度决定的模式分裂程度,在现在的例子中由金属壳层厚度决定[37].等离激元的杂化可以在§8.7中讨论的强耦合框架下理解,并将在光学天线的概念下讨论(见第13章).

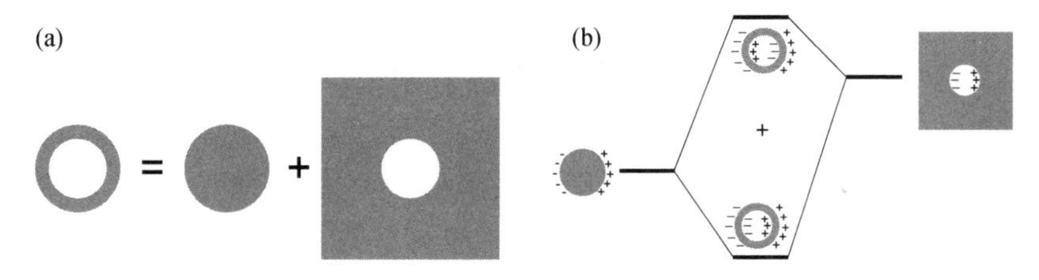

图12.25 金纳米壳层结构中,基本模式杂化的多特征表面等离激元共振[36].(a) 纳米壳层结构分解为基本结构.(b) 基本模式和杂化模式的能量.

12.4.3 表面增强 Raman 散射

分子振动的能量谱可以视为样品化学成分的明确特征指纹.Raman散射由Sir Chandrasekhara V. Raman命名,他在1928年首次发现了这种效应[38].Raman散射可以看成是与无线电波信号传输中幅度调制相似的混合过程:时域谐波光场(载体)与分子振动(信号)相混合.这个混合过程将产生一个与入射辐射相比频率有所变化的散射辐射,这个频率变化量对应于分子的振动频率(ω_{vib}).振动频率来源于组成分子的原子之间的振动.此外,根据量子力学,这些振荡在超低的温度下仍然存在.因为这个振动频率取决于具体的分子结构,振动光谱构成了分子的特征指纹.一个基于量子电动力学的正式描述可以在文献[39]中看到.图12.26显示了Stokes和反Stokes能级图,以及实验测得的罗丹明6G的光谱图.

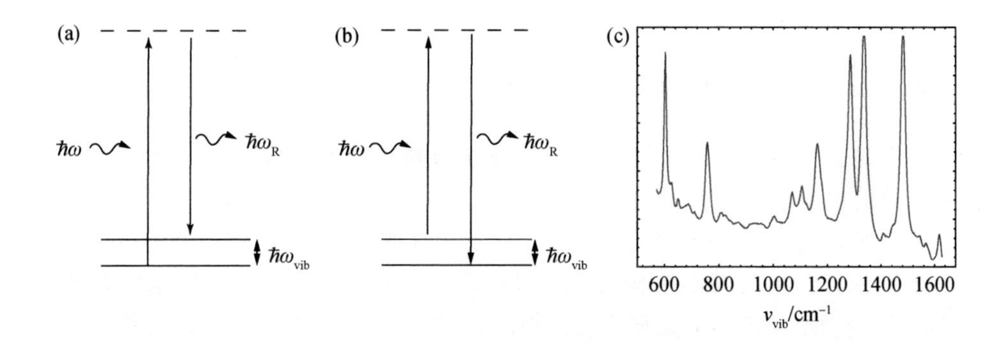

图12.26　Raman散射指的是分子吸收一个频率为ω的光子随后发射一个频率为ω_R的光子的光谱过程，ω_R相对于ω具有一个偏移量，即为分子的振动频率ω_{vib}，也就是$\omega_R=\omega\pm\omega_{vib}$. 吸收和发射都以一个虚态，也就是一个不与任何分子能级相匹配的真空态为媒介. (a) 如果$\omega>\omega_R$，则对应于Stokes Raman散射. (b) 如果$\omega<\omega_R$，则对应于反Stokes Raman散射. (c) Raman散射光谱代表了罗丹明6G的振动频率. 这个光谱用波数表示为$\nu_{vib}(cm^{-1})=[1/\lambda(cm)]-[1/\lambda_R(cm)]$，其中$\lambda$和$\lambda_R$分别代表入射光和散射光的波长.

本节的目的不在于详细地讨论Raman散射，但是值得强调的是Raman散射是一个非常微弱的效应. Raman散射截面要比高效染料分子的荧光截面小14～15个数量级. 与表面等离激元相关的场增强，像之前讨论的那样，可以作为增加分子和光学辐射之间相互作用强度的方法而被广泛研究. 最著名的例子就是表面增强Raman散射(surface-enhanced Raman scattering, SERS).

早在1974年就有报道说，如果分子吸附在粗糙的金属表面，Raman散射截面就会显著增加[40]. 在接下来的几十年中，SERS变成了一个活跃的研究领域[41]. 报道表明，与无结构的玻璃衬底相比，粗糙金属衬底上Raman信号的典型增强因子为10^6～10^7数量级，并且，采用共振增强(激发频率接近电子跃迁频率)后，增强因子可以高达10^{12}. 这些增强因子是大量分子聚集在一起时测量的. 然而，随后两个独立研究单分子的作者报道了增强因子高达10^{14}的情况[42,43]. 这些研究不仅为SERS的性质做了新的阐释，并且使得Raman散射与荧光测量一样高效(散射截面$\approx 10^{-16}$ cm^2). 这些单分子研究的有趣结论是：平均的单分子增强因子与之前的分子聚集体的结果相一致，也就是，大部分分子不受金属表面影响，只有极少数分子产生极强的探测信号. 这些增强因子高达10^{14}的分子，被假设位于电场极大增强的有利局域环境(热点)中.

人们普遍认为，巨大信号增强的最大贡献源于粗糙金属表面的增强电场. 金属颗粒之间的连接处或表面上的裂缝处被认为是场增强最高的地方(见文献[36，42]). 一般认为，Raman散射增强与电场增强因子的四次方成正比. 初看起来，这似乎很奇怪，人们也许会认为，这意味着 Raman 散射是一个非线性效应，与激发强度的平方成正比. 然而，事实并非如此. 接下来，我们将提供一个基于标量唯象理论的定性解释[44]. 尽管严格展开这一理论也很直接，但是数学细节将混淆其物理图像. 注意下面概述的理论并不只针对 Raman 散射，同样也适用于其他线性相互作用，例如 Rayleigh 散射和荧光现象⑤.

让我们考虑图 12.27 中描述的情况. 位于 $\boldsymbol{r}_0$ 处的分子作为一个局域场增强器件，被放置在纳米结构(颗粒、针尖等)附近. 入射电场 E_0 与分子之间的相互作用产生了一个与 Raman 散射相关的偶极矩：

$$p(\omega_R) = \alpha(\omega_R, \omega)[E_0(\boldsymbol{r}_0, \omega) + E_s(\boldsymbol{r}_0, \omega)], \tag{12.67}$$

其中 ω 是激发辐射频率，而 ω_R 是特定的振动移动频率($\omega_R = \omega \pm \omega_{vib}$). 极化率 α 在分子的振动频率 ω_{vib} 处被调制，并产生了混频过程. 分子与局域电场 $E_0 + E_s$ 相互作用，其中 E_0 是无金属纳米结构的局域电场，而 E_s 是源于与纳米结构相互作用的增强场(散射场). E_s 线性依赖于激发场 E_0，因此可以定性地表达为 $f_1(\omega)E_0$，其中 f_1 代表场增强因子.

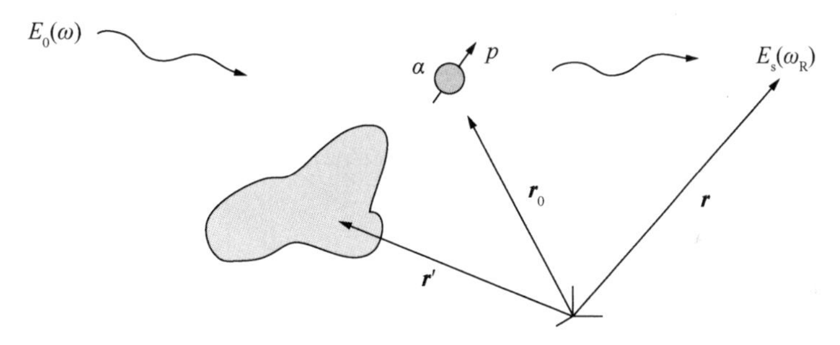

图 12.27 表面增强光谱中的一般构型. 极化率为 α 的分子与激发电场 E_0 相互作用产生一个散射电场 E_s. 金属纳米结构(坐标 $\boldsymbol{r}'$)放置在靠近分子的地方，同时增强激发场和散射场.

由感生偶极子 p 辐射的电场可以用系统的 Green 函数 G 来表达，包含了金属纳米结构的影响，表达式为

$$\begin{aligned} E(\boldsymbol{r}_\infty, \omega_R) &= \frac{\omega_R^2}{\varepsilon_0 c^2} G(\boldsymbol{r}_\infty, \boldsymbol{r}_0) p(\omega_R) \\ &= \frac{\omega_R^2}{\varepsilon_0 c^2} [G_0(\boldsymbol{r}_\infty, \boldsymbol{r}_0) + G_s(\boldsymbol{r}_\infty, \boldsymbol{r}_0)] p(\omega_R). \end{aligned} \tag{12.68}$$

与激发局域场情况类似，我们将 Green 函数分解为一个自由空间部分 G_0(对应于无金属纳米结构情况)和一个源于与金属纳米结构相互作用的散射部分 G_s. 我们

⑤ 对于荧光情况，要考虑在靠近金属表面的地方激发态寿命可能会大大缩短.

将 G_s 定性表达为 $f_2(\omega_R)G_0$，其中 f_2 为二级场增强因子.

最后，结合(12.67)和(12.68)式，利用关系式 $E_s=f_1(\omega)E_0$ 和 $G_s=f_2(\omega_R)G_0$，并计算强度 $I\propto|E|^2$，得到

$$I(\boldsymbol{r}_\infty,\omega_R)=\frac{\omega_R^4}{\varepsilon_0^2c^4}\left|\left[1+f_2(\omega_R)\right]G_0(\boldsymbol{r}_\infty,\boldsymbol{r}_0)\alpha(\omega_R,\omega)\left[1+f_1(\omega)\right]\right|^2 I_0(\boldsymbol{r}_0,\omega). \tag{12.69}$$

这样，我们发现 Raman 散射强度正比于激发强度 I_0，并依赖于因子

$$\left|\left[1+f_2(\omega_R)\right]\left[1+f_1(\omega)\right]\right|^2. \tag{12.70}$$

没有金属纳米结构时，我们通过设定 $f_1=f_2=0$ 得到其散射强度. 另一方面，有纳米结构时，我们假设 $f_1,f_2\gg1$，因此总的 Raman 散射增强变为

$$f_{\text{Raman}}=|f_2(\omega_R)|^2\,|f_1(\omega)|^2. \tag{12.71}$$

如果 $|\omega_R\pm\omega|$ 小于金属纳米结构的光谱响应，Raman 散射增强大约依赖于电场增强的四次方. 应该记住的是我们的分析是定性的，忽略了电场的矢量性质和极化率的张量性质. 虽然如此，沿着上述分析过程给出一个严格自洽的公式是可能的. 除了电场增强机制，还有一个与 SERS 相关的额外增强是短程“化学”增强，它是分子和金属表面的直接接触造成的. 这个直接接触导致了一个修正的基态电荷分布，产生了一个修正的极化率 α. 进一步的增强可以通过共振 Raman 散射完成，其激发频率接近分子的电子跃迁频率，也就是图 12.26 中所示的虚能级接近分子的一个电子态.

§ 12.5　非线性等离激元学

除了独特的线性光学性质，金属同样具有一个很强的非线性响应，可以应用于局域混频、转换和调制. 在非线性激光晶体中，通过相位匹配，也即通过晶体传播的非线性响应的相干叠加，有效率的光学频率转换成为可能. 然而，为了产生相位匹配，晶体尺寸需要是波长的倍数. 对于结构尺寸小于波长的材料，非线性响应由金属的内禀非线性以及有效耦合辐射进入和离开材料结构的能力来确定. 因此，传统的非线性激光晶体，如铌酸锂($LiNbO_3$)，不再是纳米级频率转换的可选材料. 利用金属纳米结构可以得到更强的非线性效应. 例如，金的第三阶非线性磁化率是 $\chi^{(3)}\approx1\,\text{nm}^2\cdot\text{V}^{-2}$，比 $LiNbO_3$ 的相应值大两个数量级. 作为例证，图 12.28 显示了通过调节两个金纳米颗粒之间的距离产生的频率为 $2\omega_1-\omega_2$ 的光子猝发，而金颗粒由频率为 ω_1 和 ω_2 的激光脉冲照射.

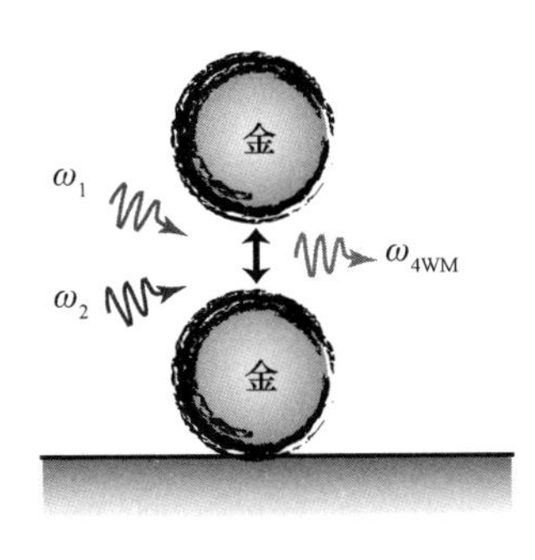

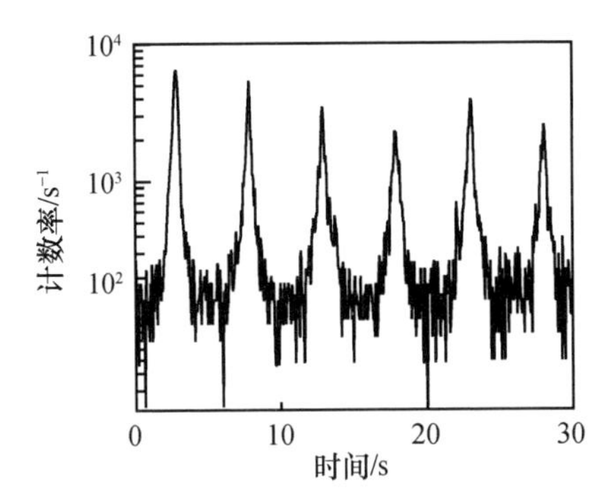

图 12.28　金纳米颗粒对形成的四波混合. 窄带光子在频率 $\omega_{4WM}=2\omega_1-\omega_2$ 处的猝发可通过调节金颗粒之间的距离产生.

材料的非线性性质通常由 n 阶非线性磁化率 $\chi^{(n)}$ 来表达,它将感生极化强度 $\boldsymbol{P}$ 与局域激发场 $\boldsymbol{E}_i$ 联系起来. 例如,和频产生的效率由 $\mathrm{Re}[\chi^{(2)}]$定义,四波混合的效率由 $\mathrm{Re}[\chi^{(3)}]$定义,而双光子吸收的效率由 $\mathrm{Im}[\chi^{(3)}]$定义. 对更为详细的讨论感兴趣的读者请参考非线性光学的教科书[45].

一些不同的物理机制作为金属非线性的可能来源而被讨论过[46]. 它们包括更高阶的多极子相互作用、热电子贡献和带间跃迁. 另一个贡献由 12.1.2 节中讨论过的有质动力势 V_p 产生. V_p 改变了电子密度,从而影响了描述金属介电函数的 Drude 模型. 更具体地,势 V_p 扰乱了 Fermi-Dirac 分布,电子密度的偏移为[47]

$$n(\boldsymbol{r})=\frac{1}{3\pi^2}\left(\frac{2m}{\hbar^2}\right)^{3/2}[E_F-V_p(\boldsymbol{r})]^{3/2}. \tag{12.72}$$

只要 Fermi 能 E_F 远离导带边缘,热效应就可以被忽略. E_F 可以用平衡等离子体频率的形式表达(参考(12.2)式),并且由于 $V_p\ll E_F$,我们可以做近似$(E_F-V_p)^{3/2}\approx[1-(3/2)(V_p/E_F)]E_F{}^{3/2}$. 如果我们将金属视为电子密度被修饰的自由电子气,则根据(12.72)式,我们得到其介电函数为 $\varepsilon(\omega,\boldsymbol{r})=1-n(\boldsymbol{r})e^2/(m\varepsilon_0\omega^2)$,这里我们忽略了任何阻尼. 注意 ε 变为一个非局域函数,即它由位于 $\boldsymbol{r}$ 处的有质动力势决定. 使用(12.6)式中 V_p 的表达式,我们得到

$$\varepsilon(\boldsymbol{r},\omega)=\left[1-\frac{\omega_p^2}{\omega^2}\right]+\frac{3}{2}\frac{e^4}{\omega^4}\left[\frac{\omega_p}{3\pi^2\varepsilon_0\hbar^3 me}\right]^{2/3}\langle|\boldsymbol{E}(\boldsymbol{r},t)|^2\rangle. \tag{12.73}$$

括号中的第一项被看作线性介电函数,第二项被看作取决于局域强度的非线性项. 因此,有质动力产生了一个三阶非线性磁化率,其大小为

$$\chi^{(3)}=\frac{3}{2}\frac{e^4}{\omega^4}\left[\frac{\omega_p}{3\pi^2\varepsilon_0\hbar^3 me}\right]^{2/3}. \tag{12.74}$$

利用 $\lambda=2\pi c/\omega=800\,\mathrm{nm}$ 和 $\lambda_p=2\pi c/\omega_p=138\,\mathrm{nm}$(金),我们得到 $\chi^{(3)}=0.15\,\mathrm{nm}^2\cdot\mathrm{V}^{-2}$,与

实验值符合得很好[48].(12.74)式表明随着频率的降低,金属的非线性将增强.然而,这个趋势有它的局限性,因为我们忽略了介电响应中的传导贡献(ε的虚部),因此这里概述的理论只在可见光到中红外频率范围内才是有效的.

在大部分情况下,金属具有反演对称性,二阶非线性项($\chi^{(2)}$)被大大抑制.然而,这个论证是基于偶极子近似,而没有考虑光-物质相互作用中更高阶的多极项.此外,反演对称性可以被材料结构的表面破坏.例如,两个放置很近的纳米颗粒只有在大小相同的情况下才具有反演对称性.因此,金属的二阶非线性响应可以通过几何设计实现.强的二次谐波与和频的产生可以从非中心对称的构型,例如金属探针和金字塔形纳米颗粒中观察到.

§12.6 总 结

在这一章中我们讨论了表面等离激元的基本性质.我们指出了这些模式的本质是局域光场和金属中的电子密度波之间的杂化.一般来说,纳米光学处理纳米结构邻近的光场,很显然这种集体激发在场中扮演了主要角色.表面等离激元的很多应用和前景我们在这里未能提及.金属纳米结构等离激元的研究已经发展成一个称为“等离激元学”的研究领域.对更多信息感兴趣的读者请阅读文献[9]和其中的参考文献.

习 题

12.1 研究平面波传播中复介电函数的影响.如果平面波垂直入射在透明介质(正的、实的ε)和金属之间的界面上,将发生什么?

12.2 利用s偏振波推导出与(12.23)式相似的结果,必须加入一个反射波以同时满足边界条件和Maxwell方程组.

12.3 证明如果我们不要求解必须为一个表面波,即垂直波矢(见(12.30)式)可能是实的,我们将获得著名的Brewster效应的条件.

12.4 编写一个程序,利用(12.26)式中的符号,画出一个分层系统(至少四层)的反射率曲线作为入射角度的函数.研究一个包含玻璃、金和空气的系统,金层在玻璃和空气半空间之间,厚度大约为50 nm.画出光从玻璃边入射和从空气边入射的反射率曲线.观察到了什么?研究在金膜上方或下方附加薄层的影响.通常利用几个纳米的钛或铬来增强金膜对玻璃的附着度.如果一个单层的蛋白质(直径约5 nm,折射率约1.33)吸附在金层的上方呢?提示:考虑一个在两个均匀半空间(介质0和2)之间厚度为d(介质1)的分层

结构.根据(12.26)式,p偏振下每个介质中的电场可表示为

$$\boldsymbol{E}_0=E_0^+\begin{pmatrix}1\\0\\-k_x/k_{0,z}\end{pmatrix}e^{ik_{0,z}z}+E_0^-\begin{pmatrix}1\\0\\k_x/k_{0,z}\end{pmatrix}e^{-ik_{0,z}z},\tag{12.75}$$

$$\boldsymbol{E}_1=E_1^+\begin{pmatrix}1\\0\\-k_x/k_{1,z}\end{pmatrix}e^{ik_{1,z}z}+E_1^-\begin{pmatrix}1\\0\\k_x/k_{1,z}\end{pmatrix}e^{-ik_{1,z}(z-d)},\tag{12.76}$$

$$\boldsymbol{E}_2=E_2^+\begin{pmatrix}1\\0\\-k_x/k_{2,z}\end{pmatrix}e^{ik_{2,z}(z-d)}.\tag{12.77}$$

利用 $\boldsymbol{E}_\parallel$ 和 $\boldsymbol{D}_\perp$ 的连续性,经过一些处理后,得到:

$$\begin{bmatrix}E_0^+\\E_0^-\end{bmatrix}=\frac{1}{2}\begin{bmatrix}1+\kappa_1\eta_1 & 1-\kappa_1\eta_1\\1-\kappa_1\eta_1 & 1+\kappa_1\eta_1\end{bmatrix}\begin{bmatrix}1 & 0\\0 & e^{ik_{1,z}d}\end{bmatrix}\begin{bmatrix}E_1^+\\E_1^-\end{bmatrix}\tag{12.78}$$

以及

$$\begin{bmatrix}E_1^+\\E_1^-\end{bmatrix}=\begin{bmatrix}e^{-ik_{1,z}d} & 0\\0 & 1\end{bmatrix}\frac{1}{2}\begin{bmatrix}1+\kappa_2\eta_2 & 1-\kappa_2\eta_2\\1-\kappa_2\eta_2 & 1+\kappa_2\eta_2\end{bmatrix}\begin{bmatrix}E_2^+\\0\end{bmatrix},\tag{12.79}$$

其中 $\kappa_i=k_{i-1,z}/k_{i,z}$,而 $\eta_i=\varepsilon_i/\varepsilon_{i-1}$.结合(12.78)和(12.79)式,可以得到

$$\begin{bmatrix}E_0^+\\E_0^-\end{bmatrix}=\boldsymbol{T}_{0,1}\cdot\Phi_1\cdot\boldsymbol{T}_{1,2}\begin{bmatrix}E_2^+\\0\end{bmatrix}.\tag{12.80}$$

这里

$$\boldsymbol{T}_{0,1}=\frac{1}{2}\begin{bmatrix}1+\kappa_1\eta_1 & 1-\kappa_1\eta_1\\1-\kappa_1\eta_1 & 1+\kappa_1\eta_1\end{bmatrix}.\tag{12.81}$$

$$\boldsymbol{T}_{1,2}=\frac{1}{2}\begin{bmatrix}1+\kappa_2\eta_2 & 1-\kappa_2\eta_2\\1-\kappa_2\eta_2 & 1+\kappa_2\eta_2\end{bmatrix},\tag{12.82}$$

而

$$\Phi_1=\begin{pmatrix}e^{-ik_{1,z}d} & 0\\0 & e^{ik_{1,z}d}\end{pmatrix}.\tag{12.83}$$

从这里我们可以推导出一个普适的关系式连接任意一个分层系统外的电场:

$$\begin{pmatrix}E_0^+\\E_0^-\end{pmatrix}=\boldsymbol{T}_{0,1}\cdot\Phi_1\cdot\boldsymbol{T}_{1,2}\cdot\Phi_2\cdot\cdots\cdot\boldsymbol{T}_{n,n+1}\begin{pmatrix}E_{n+1}^+\\0\end{pmatrix}.\tag{12.84}$$

从(12.84)式可得反射率 $R(\omega,k_x)$ 为

$$R(\omega,k_x)=\frac{|E_0^-|^2}{|E_0^+|^2},\tag{12.85}$$

其中 E_{n+1}^{+} 抵消掉了.为了测试这个程序,画出玻璃/空气界面的反射率曲线,找到 Brewster 角.

12.5　扩展刚刚编写的程序,通过确定入射光强度与刚好在金属层上方的强度的比率,给出金属层上方的强度增强量.

12.6　证明(12.41)式实际上正好是一个点偶极子的静电场,除了它在时间上以 $e^{i\omega t}$ 振动.

12.7　求解球形颗粒的 Laplace 方程(12.55),并证明结果(12.59)和(12.60).

12.8　一个薄金属膜的非线性响应能够被表面非线性描述.入射场感生一个非线性表面极化强度 $\boldsymbol{P}$,它表现为在非线性频率 ω 处的场的源电流.考虑极化电流 $\boldsymbol{P}=[P_x,0,P_z]^{\mathrm{T}}\exp(\mathrm{i}k_x x)\delta(z)$ 限制在介电常数分别为 ε_1 和 ε_2 的电介质之间的 $z=0$ 的平面上,并根据下式计算发射到两个半空间中的电场 $\boldsymbol{E}$:

$$\boldsymbol{E}(\boldsymbol{r}) = \frac{\omega^2}{\varepsilon_0 c^2}\int_{\text{surface}} \overleftrightarrow{\boldsymbol{G}}(\boldsymbol{r},\boldsymbol{r}')\boldsymbol{P}(\boldsymbol{r}')\mathrm{d}^2 r'$$

利用 Weyl 恒等式(参见第10章)并假设 $\sqrt{\varepsilon_2} > ck_x/\omega > \sqrt{\varepsilon_1}$.

参考文献

[1] L. D. Landau, E. M. Lifshitz, and L. P. Pitaevskii, *Electrodynamics of Continuous Media*, 2nd edn. Amsterdam: Elsevier (1984).

[2] N. W. Ashcroft and N. D. Mermin, *Solid State Physics*. Philadelphia, PA: Saunders College Publishing (1976).

[3] C. F. Bohren and D. R. Huffman, *Absorption and Scattering of Light by Small Particles*. NewYork:John Wiley & Sons (1983).

[4] P. B. Johnson and R. W. Christy, "Optical constants of the noble metals," *Phys. Rev. B* **6**, 4370 - 4379 (1972).

[5] P. G. Etchegoin, E. C. Le Ru, and M. Meyer, "An analytic model for the optical properties of gold," *J. Chem. Phys.* **125**, 164705 (2006).

[6] K. Welford, "The method of attenuated total reflection," in *Surface Plasmon Polaritons*. Bristol: IOP Publishing, pp. 25 - 78 (1987).

[7] H. Raether, *Surface Plasmons on Smooth and Rough Surfaces and on Gratings*. Berlin: Springer-Verlag (1988).

[8] O. Marti, H. Bielefeldt, B. Hecht, *et al.*, "Near-field optical measurement of thesurface plasmon field," *Opt. Commun.* **96**, 225 - 228 (1993).

[9] S. A. Maier, *Plasmonics: Fundamentals and Applications*. New York: Springer(2007).

[10] J. J. Burke, G. I. Stegeman, and T. Tamir, "Surface-polariton-like waves guided by thin, lossy metal films," *Phys. Rev. B* **33**, 5186 - 5201 (1986).

[11] E. T. Arakawa, M. W. Williams, R. N. Hamm, and R. H. Ritchie, "Effect of damping on surface plasmon dispersion," *Phys. Rev. Lett.* **31**, 1127 - 1130 (1973).

[12] A. Otto, "Excitation of nonradiative surface plasma waves in silver by the method off rustrated total reflection," *Z. Phys.* **216**, 398 - 410 (1968).

[13] E. Kretschmann, "Die Bestimmung optischer Konstanten von Metallen durch Anregung von Oberflachenplasmaschuingungen," *Z. Phys.* **241**, 313 - 324 (1971).

[14] H. J. Lezec, A. Degiron, E. Devaux, *et al.*, "Beaming light from a subwavelengthaperture," *Science* **297**, 820 - 822 (2002).

[15] J. Homola, S. S. Yee, and G. Gauglitz, "Surface plasmon resonance sensors: review," *Sensors Actuators B* **54**, 3 - 15 (1999).

[16] B. Hecht, H. Bielefeldt, L. Novotny, Y. Inouye, and D. W. Pohl, "Local excitation, scattering, and interference of surface plasmons," *Phys. Rev. Lett.* **77**, 1889 - 1893 (1996).

[17] J. R. Lakowicz, "Radiative decay engineering 3. Surface plasmon-coupled directional emission," *Anal. Biochem.* **324**, 153 - 169 (2004).

[18] H. Ditlbacher, J. R. Krenn, N. Felidj, *et al.*, "Fluorescence imaging of surface plasmon fields," *Appl. Phys. Lett.* **80**, 404 - 406 (2002).

[19] L. Novotny, B. Hecht, and D. W. Pohl, "Interference of locally excited surface plasmons," *J. Appl. Phys.* **81**, 1798 - 1806 (1997).

[20] E. Matveeva, Z. Gryczynski, I. Gryczynski, J. Malicka, and J. R. Lakowicz, "Myoglobin immunoassay utilizing directional surface plasmon-coupled emission," *Angew. Chem.* **76**, 6287 - 6292 (2004).

[21] S. I. Bozhevolnyi and V. Coello, "Elastic scattering of surface plasmon polaritons: modelling and experiment," *Phys. Rev. B* **58**, 10899 - 10910 (1998).

[22] A. Bouhelier, Th. Huser, H. Tamaru, *et al.*, "Plasmon optics of structured silverfilms," *Phys. Rev. B* **63**, 155404 (2001).

[23] H. Ditlbacher, J. R. Krenn, G. Schider, A. Leitner, and F. R. Aussenegg, "Twodimensional optics with surface plasmon polaritons," *Appl. Phys. Lett.* **81**, 1762 - 1764 (2002).

[24] M. Kerker, *The Scattering of Light and Other Electromagnetic Radiation*. New York: Academic Press, p. 84 (1969).

[25] L. Novotny and C. Hafner, "Light propagation in a cylindrical waveguide with a complex, metallic, dielectric function," *Phys. Rev. E* **50**, 4094 - 4106 (1994).

[26] L. Novotny, "Effective wavelength scaling for optical antennas," *Phys. Rev. Lett.* **98**, 266802 (2007).

[27] H. Ditlbacher, A. Hohenau, D. Wagner, *et al.*, "Silver nanowires as surface plasmon resonators," *Phys. Rev. Lett.* **95**, 257403 (2005). Copyright 2005 American Physical Society.

[28] M. I. Stockman, "Nanofocusing of optical energy in tapered plasmonic waveguides," *Phys. Rev. Lett.* **93**, 137404 (2004).

[29] D. Hondros, "Über elektromagnetische Drahtwellen," *Ann. Phys.* **30**, 905 - 950(1909).

[30] G. B. Arfken and H. J. Weber, *Mathematical Methods for Physicists*. London: Academic Press (1995).

[31] D. Boyer, Ph. Tamarat, A. Maali, B. Lounis, and M. Orrit, "Photothermal imaging of nanometer-sized metal particles among scatterers," *Science* **297**, 1160 - 1163 (2002).

[32] S. J. Oldenburg, C. C. Genicka, K. A. Clarka, and D. A. Schultz, "Base pair mismatch recognition using plasmon resonant particle labels," *Anal. Biochem.* **309**, 109 - 116 (2003).

[33] U. Ch. Fischer and D. W. Pohl, "Observation on single-particle plasmons by nearfield optical microscopy," *Phys. Rev. Lett.* **62**, 458 - 461 (1989).

[34] T. Kalkbrenner, M. Ramstein, J. Mlynek, and V. Sandoghdar, "A single gold particle as a probe for apertureless scanning near-field optical microscopy," *J. Microsc.* **202**, 72 - 76 (2001).

[35] A. M. Michaels, J. Jiang, and L. Brus, "Ag nanocrystal junctions as the site for surface-enhanced Raman scattering of single Rhodamine 6G molecules," *J. Phys. C* **104**, 11965 - 11971 (2000).

[36] E. Prodan, C. Radloff, N. J. Halas, and P. Nordlander, "A hybridization model for the plasmon response of complex nanostructures," *Science* **302**, 419 - 422 (2003).

[37] J. B. Jackson, S. L. Westcott, L. R. Hirsch, J. L. West, and N. J. Halas, "Controlling the surface enhanced Raman effect via the nanoshell geometry," *Appl. Phys. Lett.* **82**, 257 - 259 (2003).

[38] C. V. Raman and K. S. Krishnan, "A new type of secondary radiation," *Nature* **121**, 501 - 502 (1928).

[39] M. Diem, *Introduction to Modern Vibrational Spectroscopy*. New York: Wiley-Interscience (1993).

[40] M. Fleischmann, P. J. Hendra, and A. J. McQuillan, "Raman spectra of pyridine adsorbed at a silver electrode," *Chem. Phys. Lett.* **26**, 163 - 166 (1974).

[41] A. Otto, I. Mrozek, H. Grabhorn, and W. Akemann, "Surface enhanced Ramanscattering," *J. Phys.: Condens. Matter* **4**, 1143 - 1212 (1992).

[42] S. Nie and S. R. Emory, "Probing single molecules and single nanoparticles bysurface enhanced Raman scattering," *Science* **275**, 1102 - 1106 (1997).

[43] K. Kneipp, Y. Wang, H. Kneipp, *et al.*, "Single molecule detection using surface enhanced Raman scattering (SERS)," *Phys. Rev. Lett.* **78**, 1667 - 1670 (1997).

[44] S. Efrima and H. Metiu, "Classical theory of light scattering by an adsorbed molecule. I. Theory," *J. Chem. Phys.* **70**, 1602 - 1613 (1979).

[45] See, for example, R. W. Boyd, *Nonlinear Optics*, 3rd edn. San Diego, CA: Academic

Press (2008).

[46] M. Scalora, M. A. Vincenti, D. de Ceglia, "Second- and third-harmonic generation in metal-based structures," *Phys. Rev.* *A***82**, 043828 (2010).

[47] P. Ginzburg, A. Hayat, N, Berkovitch, and M. Orenstein, "Nonlocal ponderomotive nonlinearity in plasmonics," *Opt. Lett.* **35**, 1551 - 1553 (2010).

[48] J. Renger, R. Quidant, N. van Hulst, and L. Novotny, "Surface-enhanced nonlinear four-wave mixing," *Phys. Rev. Lett.* **104**, 046803 (2010).

第13章 光学天线

光学天线是一种能够增强局域光-物质相互作用的介观结构.类似于它的无线电波对照物,光学天线是自由辐射场与局域接收器和发射器之间信息和能量的传输的媒介(见图13.1).局域度和转换能量的大小是天线质量的标志.我们因此定义光学天线为:用以有效地把自由传播的光学辐射转换成局域能量,或者实现相反的过程的器件[1].在这种意义上,甚至标准的透镜也是天线,但是由于局域度被衍射所限制,透镜是一种很差的天线.为表征一个天线的质量和性质,无线电工程师引入了一些天线参数,比如增益和方向性.光学天线预期能够可控地增强光电器件,比如光探测器、光发射体和传感器的性能和效率.

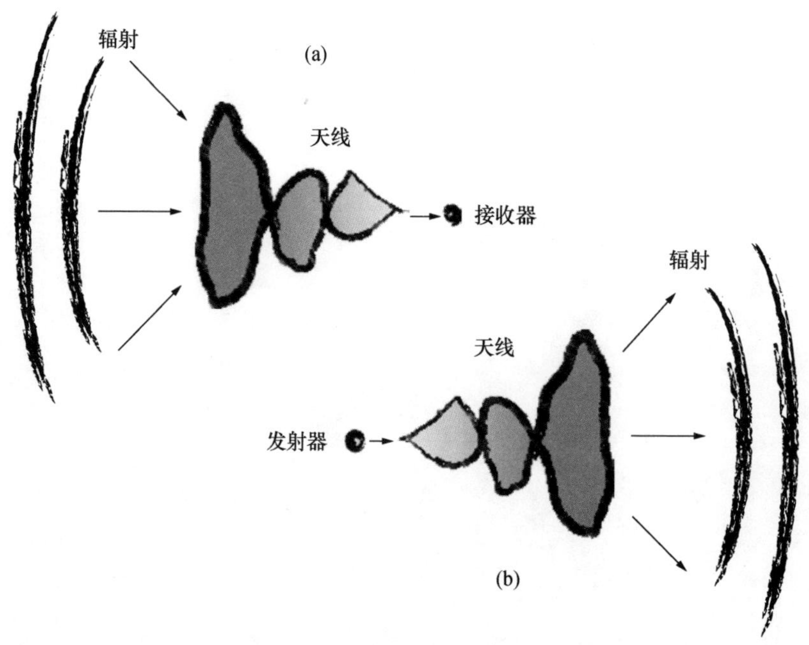

图13.1 光学天线原理.(a)接收天线.(b)发射天线.箭头指示能流方向.两种构型通过互易原理相关联(见§2.13).

尽管光学天线的很多性质和参数类似于无线电波和微波天线,但是也有重要的不同,是由其金属纳米结构的小尺寸和等离激元共振导致的.在这一章,我们介绍光学天线的基本原理,这建立在无线电波天线工程学和等离激元学的基础上.

§13.1 光学天线的意义

自由辐射的长度尺度由波长 λ 确定，为 500 nm 量级. 但是产生这个辐射的源的特征尺寸明显小很多，典型的尺寸是亚纳米. 为了说明这点，我们考虑一个简单的盒中粒子模型，其基态和第一激发态之间的能量差为 $\Delta E_{12}=hc/\lambda$. 当 $\lambda=500$ nm 时，我们容易发现盒子的尺寸需要为约 1 nm. 因此，辐射波长和电子限域之间在大小上存在三个数量级的失配. 由于波长是与衍射效应相关的长度，如在光聚焦中，这种失配会阻止光子限制在量子发射体的尺寸范围内. 即使当量子发射体被强聚焦的激光束照射时，在通常条件下，单个量子发射体的吸收效率也是很低的（见第 9 章）. 相似的讨论解释了在半导体材料中激子产生（太阳能转化的基本过程）的小截面. 这种失配的更深入结果是在真空中量子发射体激发态较长的寿命.

因为量子发射体的尺寸比光波长小很多，光子的生成是非常没有效率的过程[5]. 这可以通过考虑一个时谐的点偶极子发射的总功率（见(8.71)式）来说明. 假设偶极子 $\boldsymbol{p}$ 很小，但是有不可忽略的尺寸 Δl，以频率 ω 振动. 我们能够用电流表示偶极矩为 $|\boldsymbol{p}|=I\Delta l/\omega$，其中 I 是电流的峰值振幅. 我们得到总辐射功率为

$$P_{\mathrm{rad}}=\frac{\pi}{3}I^2 Z_{\mathrm{w}}\left(\frac{\Delta l}{\lambda}\right)^2, \tag{13.1}$$

其中 $Z_{\mathrm{w}}=\sqrt{\mu_0/\varepsilon_0}=377\ \Omega$ 是自由空间阻抗. 辐射功率正比于长度对波长的比的平方，因此是非常小的值. 注意我们可以把(13.1)式表示为 $P_{\mathrm{rad}}=(1/2)R_{\mathrm{rad}}I^2$，这里 R_{rad} 定义为辐射电阻. 很明显，Δl 越小，R_{rad} 越小，从发射体释放能量的效率越低.

量子发射体发射的辐射由离散的能量量子 $E=\hbar\omega=hc/\lambda$ 组成，因此 $P=E_\gamma$，γ 是光子发射速率. γ 表征了发射体在基态和激发态之间循环的快慢. 很明显，γ 的最大值通过发射体激发态的寿命 τ 来定义，也就是 $\gamma_{\max}=1/\tau$. 典型地，τ 是纳秒量级，因此，单位时间能发射的光子的最大数是相对较小的，这限制了单量子发射体作为单光子源的应用[6]和在光谱应用及传感器中的可探测性. 而且，跃迁到暗态以及激发态能量通过非辐射通道，包括光化学过程耗散都有大量的时间. 把量子发射体耦合到光学天线，我们能够减少 τ，从而提高光子发射速率，降低暗态跃迁的概率.

因此，光学天线能够(1)限制光学辐射到纳米尺寸，(2)有效率地从局域源释放辐射，因而能够增强光-物质相互作用.

§13.2 经典天线理论要素

作为我们讨论的基础，我们在这里回顾经典天线理论的基本要素. 天线的经典

理论(在很多教科书(如文献[7,8])中有详尽论述)利用 Maxwell 方程组来描述含时电流和电磁波的相互作用.经典天线理论的大部分模型与这两个事实相关:(1)天线能被看作理想导体(场不能进入金属以及相应的边界条件),(2) 临界尺寸,比如天线的馈入间隙和线厚度,相比天线的长度小到可以忽略.

一个天线发射的电磁场可以用天线元件的电流密度 $\boldsymbol{j}(\boldsymbol{r})$ 和电荷密度 $\rho(\boldsymbol{r})$ 表达. $\boldsymbol{j}(\boldsymbol{r})$ 和 $\rho(\boldsymbol{r})$ 通过连续性方程(2.5)相关联.用矢势 $\mathbf{A}(\boldsymbol{r})$ 和标势 $\Phi(\boldsymbol{r})$ 表示电磁场是最常见的.在 Lorenz 规范下(参考(2.78)式),它们满足下面四个标量 Helmholtz 方程:

$$[\nabla^2 + k^2]\mathbf{A}(\boldsymbol{r}) = -\mu_0\mu\boldsymbol{j}(\boldsymbol{r}), \tag{13.2}$$

$$[\nabla^2 + k^2]\Phi(\boldsymbol{r}) = -\frac{1}{\varepsilon_0\varepsilon}\rho(\boldsymbol{r}). \tag{13.3}$$

这些方程的解可以用标量 Green 函数 G_0(参考 (2.84)式)表示为

$$\mathbf{A}(\boldsymbol{r}) = \mu_0\mu\int_V \boldsymbol{j}(\boldsymbol{r}')G_0(\boldsymbol{r},\boldsymbol{r}')\mathrm{d}V', \tag{13.4}$$

$$\Phi(\boldsymbol{r}) = \frac{1}{\varepsilon_0\varepsilon}\int_V \rho(\boldsymbol{r}')G_0(\boldsymbol{r},\boldsymbol{r}')\mathrm{d}V'. \tag{13.5}$$

这些解确定了场分布、辐射图和辐射功率.按照(2.75)和(2.76)式,电场和磁场能够直接微分得到.

需要注意的是上面概述的过程依赖于预先知道源 $\boldsymbol{j}(\boldsymbol{r})$ 和 $\rho(\boldsymbol{r})$ 的分布.但是,精确确定天线元件上的电流分布是非常困难的.对于流行的由细导线和窄馈入间隙组成的中心馈入天线,通过解考虑了辐射反作用的积分方程可以得到电流的近似分布(见如文献[9]).这里为简单起见,我们在电流为正弦分布的假设下讨论一些天线的重要参数.具体地说,如图 13.2(a)所示,我们考虑一个末端开放的双线传输线,且通过一个高频电压源驱动.

如果两导线之间的间隙很小,截头的传输线本身不能辐射电磁波到远场,尽管它能支持振幅随空间变化的时谐电流.这是因为一个导线上每个电流元在另一个导线上都有一个相应的180°反相电流元.因此辐射在远场很大程度上抵消了,尽管局域在两导线之间的近场强度很大.由于考虑的是良导体,驻波的波长实际上和自由空间的一样.对于无限长的传输线,两导线间的电压和通过导线的电流的局域比是一个常数,称为特征阻抗,$Z_0=U(z)/I(z)$,它与沿导线的位置 z 无关,仅依赖所用的材料和传输线的形状[10].这里必须强调的是特征阻抗 Z_0 不同于波阻抗 Z_w,尽管它们有相同的单位.前者是电压和电流的比,而后者是电场和磁场的比.例如,一个间距 $d<\lambda/2$ 的平行平面波导的波阻抗是 377 Ω,接近于自由空间的值,但是它的特征阻抗依赖于具体的形状参数.

现在我们考虑图 13.2(b)的情形,两个平行导线在距离开放末端 $L/2$ 处弯曲

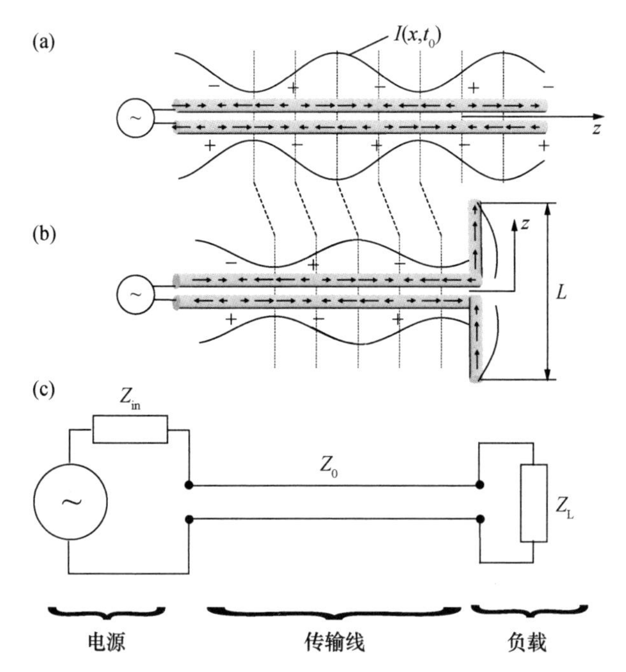

图 13.2 谐振驱动的双线传输线，末端是一个(a)开放端和(b)有限长天线. 在给定时刻，箭头指示着电流的大小和方向，正和负号指示局域电荷积累，实线指示驻波电流；(c)系统的等效电路，包括电源的内部阻抗 Z_{in}，传输线的特征阻抗 Z_0，和作为负载的天线的阻抗 Z_L.

90°，其中一个向上，另一个向下. 我们假定这种弯曲没有显著影响电流的正弦分布，对于细导线这种假设是合理的. 当电流在导线末端为 0 时，其分布如下：

$$I(z) = I_{max}\sin\left[k\left(\frac{1}{2}L - |z|\right)\right]. \tag{13.6}$$

$z=\pm L/2$ 对应着导线的末端，$z=0$ 对应着弯曲处. 最大的电流振幅为 $I_{max}=I(0)/\sin\left(\frac{1}{2}\mathrm{kL}\right)$，这是一个简单的驻波模型的结果. 但是实际的电流振幅不同于无弯曲的传输线情形. 原因是天线臂能看作一个具有复阻抗 $Z_L \neq Z_0$ 的共振电路，通常会导致在弯曲点处的反射和驻波图案的移动，正如图 13.2(b)所示. 基于上面的考虑，天线端点之间的电压和流过每个天线臂的电流之比被定义为天线的输入阻抗，$Z_L=U(0)/I(0)=R_L+\mathrm{i}X_L$. 与任意频率相关的复阻抗一样，天线的等效电路在驱动频率满足 $\mathrm{Im}(Z_L)=X_L=0$ 时显示出共振，电流的振幅也为最大. 我们把这个共振称为天线共振.

耗散在天线上的功率由天线阻抗 R_L 的实部决定，包括欧姆损耗 R_{nr} 和辐射损耗 R_{rad}，有

$$R_L = R_{rad} + R_{nr}. \tag{13.7}$$

一旦辐射电阻已知,辐射功率可用 $P_{\rm rad}=(1/2)R_{\rm rad}I(0)^2$ 计算得到.相应的关系也适用于耗散为热的非辐射功率.不过,由于无线电波天线的欧姆损耗非常小,$R_{\rm nr}$ 经常可忽略.

由天线、传输线、电源组成的系统的等效电路如图 13.2(c)所示.等效电路允许我们描述电路的相关参数.特别是,传输给天线的功率能够通过传输线和天线之间的阻抗匹配来最大化.在一个非匹配的情形,也有可能天线发生共振(即 $\mathrm{Im}(Z_{\rm L})=X_{\rm L}=0$),但是因为大的阻抗不匹配,通过传输线传输给它的功率很小.这样的情形发生在,比如,对于一个 $L=\lambda$ 的天线,根据(13.6)式间隙处电流消失时.尽管具有一些好的性质,但这样的天线不能在馈入间隙通过连线馈电,因为天线阻抗发散.以最优方式给天线馈电这个问题对于光频的纳米天线也是重要的,我们将在后面讨论.

对于给定的源电流 $I(0)$,辐射电阻确定了总辐射功率.但是,对于一个天线,不但有效地辐射重要,而且辐射方向朝向目标(例如接收天线)也很重要.为了可视化辐射的角分布,需要画出辐射图 $P(\theta,\phi)$.对于一个细的直线型天线,电流是正弦分布((13.6)式),我们得到[7]

$$p(\theta,\ \phi)\propto\left|\frac{\cos\left(\dfrac{1}{2}kL\cos\theta\right)-\cos\left(\dfrac{1}{2}kL\right)}{\sin\theta}\right|^2,\tag{13.8}$$

其中 θ 是相对于线测量的角度,ϕ 是方向角.对于一个小的天线臂,所有的电流元是同相的,因而辐射图与 Hertz 偶极子非常相似($L\ll\lambda$),除了它的角依赖变得稍微窄些.当天线的长度增加到超过 λ 时,同一个线上的电流元发生 180°反相振动,引起强的干涉效应,在某些方向辐射消失.在这种情况下,辐射图的特点是有多瓣存在(见图 13.3).辐射图还能够被天线的形状偏离直线或增加一些辅助线在选定的位置作为无源元件等因素影响,著名的 Yagi-Uda 天线就是这样设计的.

§13.3 光学天线理论

真空 Maxwell 方程组是尺度不变的,也就是说不依赖于波长.但是,在物质存在时这个结论不再成立,因为通过材料方程,与频率相关的电磁性质会进入 Maxwell 方程组.金属纳米线是组成光学天线的材料,在光学频率范围内不能再看作理想导体.因为金属纳米线直径小于趋肤深度,电磁场完全进入线内,产生体电流,相反,对于无线电波天线,是纯表面电流决定其天线行为.进一步,贵金属纳米线能够支持线等离激元模式,其波长小于自由空间的波长,主导了光频范围的天线行为.光学天线设计能够采纳一些无线电波天线技术的设计原则,而重要天线参数的计算要考虑体电流和更短的波长.

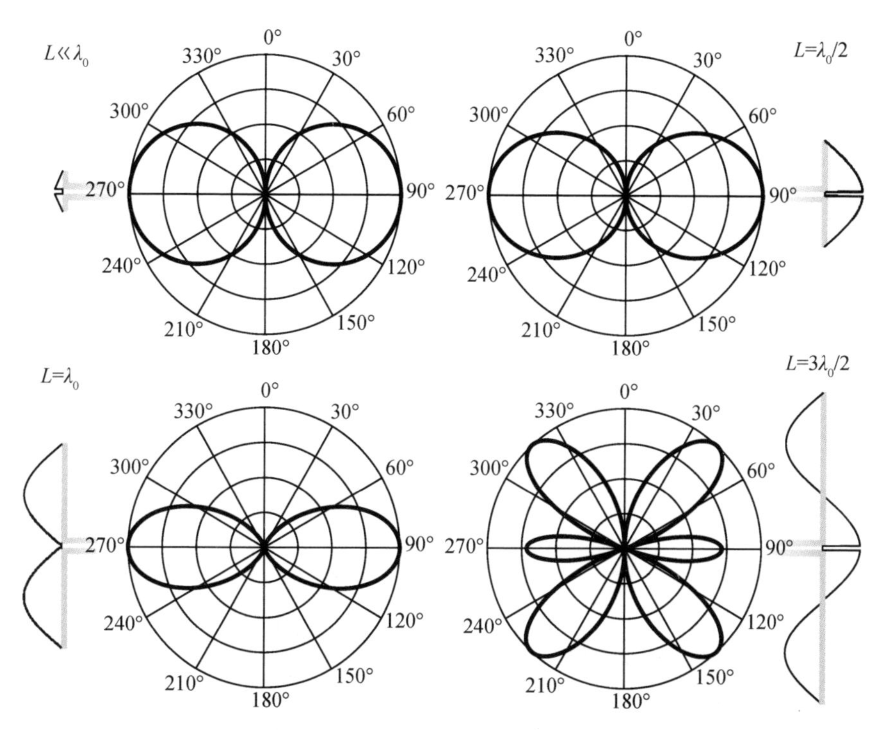

图 13.3 点状偶极子($L \ll \lambda_0$)和长度为 $L=\lambda_0/2, \lambda_0, 3\lambda_0/2$ 的理想导体细线天线的归一化辐射图[7]. 天线间隙附加一个阻抗匹配的波导,它的行为类似单个直线型天线. 电流驻波的简图在每个发射图旁边给出.

无线电波天线和光学天线的一个主要不同是接收器(或者发射器)和天线的连接方式. 如图 13.2 所示,典型的发射器(或者接收器)通过阻抗匹配传输线和无线电波天线相连. 但是在光频范围,接收器(或者发射器)的小尺寸使其不能够用传统方式线连接到天线元件上. 此时,连接方式表现为天线设计的一部分,在极端的情况,接收器(或者发射器)是分离的量子物体,例如分子、量子点、隧穿结等,它们通过能量或者电荷转移的方式与天线耦合.

光学天线设计的目标和经典天线是一样的,即使局域源(或者接收器)和自由辐射场之间的能量转移达到最优化. 如图 13.4 所示,光学天线能够增强图中几种光物理过程. 对于光发射器件(LED),电子和空穴复合发射一个光子,而在光探测过程中,发生的是相反的过程.

依赖于要实现的具体目标,光学天线呈现出不同的形状. 图 13.5 展示了目前研究过的一些光学天线结构. 在大部分结构中,基础的结构单元是单根金属线. 如无线电波天线工程中一样,包含多根金属线的光学天线结构能够用来调节偏振响应和发射图.

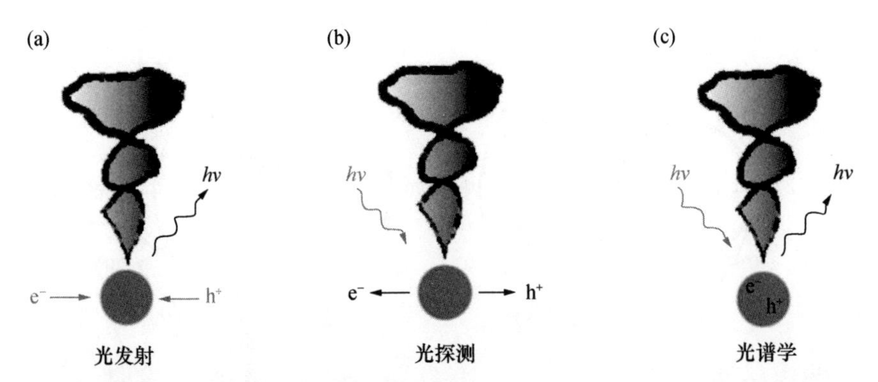

图13.4　天线耦合光学相互作用.圆表示材料系统,在其中(a)电荷结合产生辐射,(b)辐射产生电荷分离,或者(c)入射辐射产生极化电流,而极化电流产生二级辐射.

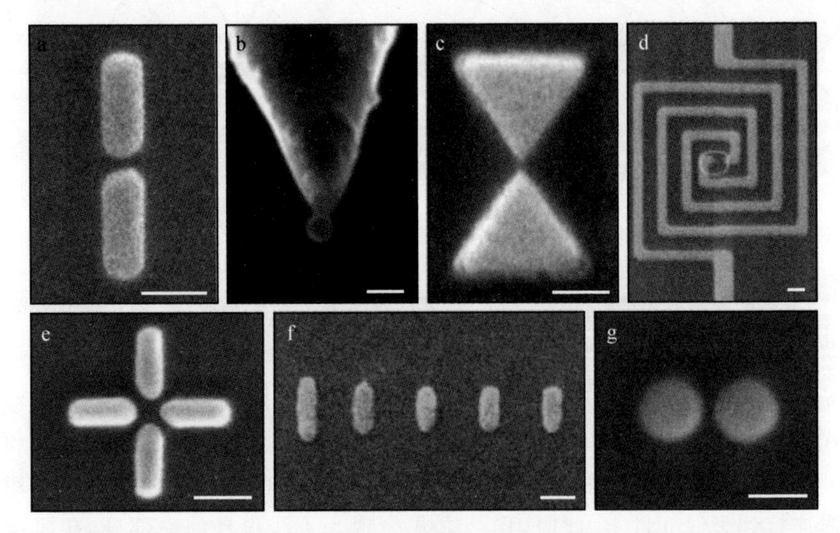

图13.5　光学天线的扫描电子显微镜图像.(a)耦合偶极子天线,(b)纳米颗粒天线,(c)领结天线,(d)方形螺旋天线[11],(e)十字天线,(f)Yagi-Uda天线[12],(g)Hertz二聚体天线.所有的标尺条都是100 nm.

13.3.1　天线参数

图13.6展示了通用天线问题.它包括一个发射器和一个接收器,都用偶极子 $\boldsymbol{p}$ 表示.该天线被用来增强从发射器到接收器的传输系数.增加发射器释放的辐射总量或者改变辐射图以使更多的功率指向接收器,这样就能够提高传输系数.为了定量地表达这些过程,设计无线电波天线的工程师引入了具体的参数,下面我们就来讨论这些参数.

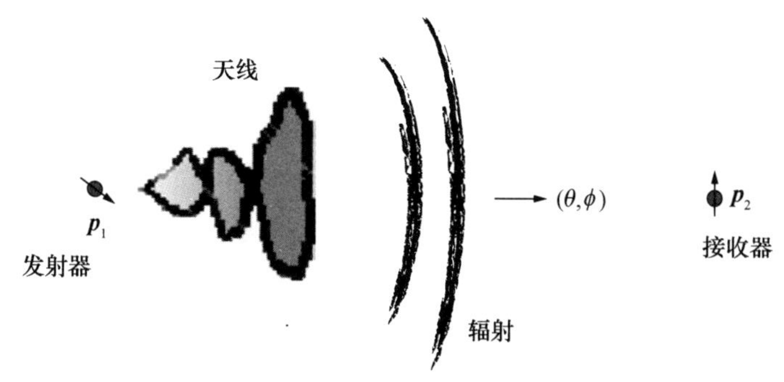

图 13.6 通用天线问题. 天线增强从发射器到接收器的传输效率.

天线效率

消耗在和天线耦合的发射器上的全部功率 P 是辐射功率 $P_{\rm rad}$ 和耗散为热及其他形式的功率 $P_{\rm loss}$ 之和. 天线效率定义为

$$\eta_{\rm rad}=\frac{P_{\rm rad}}{P}=\frac{P_{\rm rad}}{P_{\rm rad}+P_{\rm loss}},\tag{13.9}$$

其中 P 通常利用(8.74)式通过对偶极子位置处的电场 $\boldsymbol{E}$ 的计算确定, $P_{\rm rad}$ 由对穿过同时包围偶极子和天线的表面的能流的计算得出.

内禀效率

区分天线和发射器上的耗散是有用的,但(13.9)式却并不能给出. 因此我们定义了发射器的内禀效率如下:

$$\eta_{\rm i}=\frac{P^{\rm o}_{\rm rad}}{P^{\rm o}_{\rm rad}+P^{\rm o}_{\rm intrinsic\ loss}},\tag{13.10}$$

这里上标"o"意味着不存在天线. 根据 $\eta_{\rm i}$ 的定义,(13.9)式可以改写为

$$\eta_{\rm rad}=\frac{P_{\rm rad}/P^{\rm o}_{\rm rad}}{P_{\rm rad}/P^{\rm o}_{\rm rad}+P_{\rm antenna\ loss}/P^{\rm o}_{\rm rad}+(1-\eta_{\rm i})/\eta_{\rm i}}.\tag{13.11}$$

对于 $\eta_{\rm i}=1$ 的发射体(没有内禀损耗),天线只能降低效率. 然而要注意,即使效率减少了,发射体的发射速率却有可能增强(见§13.4). 对于低 $\eta_{\rm i}$ 的发射体,天线能增加 η.

辐射图

从发射器到接收器的传输效率也能够通过把辐射定向于接收器来得到改善. 为了解释辐射功率的角分布,我们定义了归一化角功率密度 $p(\theta,\phi)$,或者辐射图如下

$$\int_0^{\pi}\int_0^{2\pi}p(\theta,\phi)\sin\theta\mathrm{d}\phi\mathrm{d}\theta=P_{\rm rad}.\tag{13.12}$$

方向性

方向性是对天线集中辐射功率到某一方向的能力的测量. 相对一个假想的各

向同性辐射器,方向性对应着角功率密度.形式上,

$$D(\theta,\phi)=\frac{4\pi}{P_{\mathrm{rad}}}p(\theta,\phi). \tag{13.13}$$

当方向(θ,ϕ)没有被明确说出时,通常指的是最大值,即 $D_{\max}=(4\pi/P_{\mathrm{rad}})\mathrm{Max}[p(\theta,\phi)]$ 的方向.

因为距离天线很远处的场是横向的,它们可以用两个偏振方向 $\boldsymbol{n}_\theta$ 和 $\boldsymbol{n}_\phi$ 写出.因而分方向性定义为

$$D_\theta(\theta,\phi)=\frac{4\pi}{P_{\mathrm{rad}}}p_\theta(\theta,\phi),\quad D_\phi(\theta,\phi)=\frac{4\pi}{P_{\mathrm{rad}}}p_\phi(\theta,\phi). \tag{13.14}$$

这里,p_θ 和 p_ϕ 是在沿着 $\boldsymbol{n}_\theta$ 和 $\boldsymbol{n}_\phi$ 方向放置的起偏器后面测得的归一化角功率.因为 $\boldsymbol{n}_\theta\cdot\boldsymbol{n}_\phi=0$,我们得到

$$D(\theta,\phi)=D_\theta(\theta,\phi)+D_\phi(\theta,\phi). \tag{13.15}$$

van Hulst 等人研究过光学天线对单分子辐射图的影响[12,13],发现天线对发射光子的方向和偏振施加了高度控制(见图 13.7).

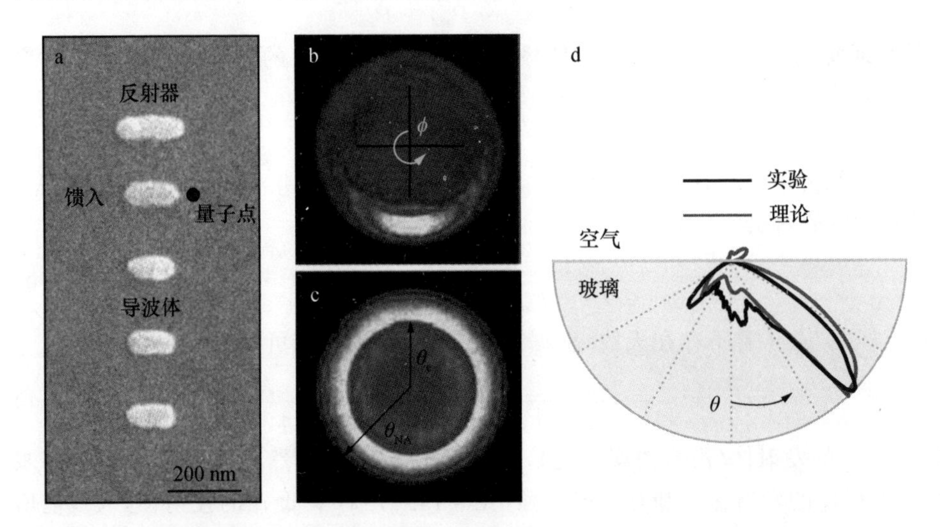

图 13.7 对单量子点光子发射导向的光学 Yagi-Uda 天线.(a)在石英表面上制备的一个天线的扫描电子显微镜图像.它包括一个反射器、三个导波器,和一个与量子点(QD)耦合的馈入元件.(b)辐射图,显示在天线方向上的光子发射.(c)不存在天线时量子点的参考辐射图.θ_c 是临界角,θ_{NA} 是最大可达角,由收集透镜的数值孔径决定.(d)实验和理论辐射图的比较.引自[12].

有效面积

$D(\theta,\phi)/(4\pi)$定义为总辐射功率中辐射到方向(θ,ϕ)的部分.换句话说,它是辐射到无限小的单位立体角 $\mathrm{d}\Omega=\sin\theta\mathrm{d}\theta\mathrm{d}\phi$ 中的功率.在离天线的距离 $R\gg\lambda$ 处,假设在自由空间,没有障碍物和其他不均匀性,这个功率部分扩展的面积为 $\mathrm{d}A=$

$R^2 \mathrm{d}\Omega$. 因此，$p(\theta,\phi) = \frac{\mathrm{d}P_{\mathrm{rad}}}{\mathrm{d}\Omega} = \left[\frac{\mathrm{d}P_{\mathrm{rad}}}{\mathrm{d}A}\right]\left[\frac{\mathrm{d}A}{\mathrm{d}\Omega}\right] = I(\theta,\phi)R^2$，我们得到

$$D(\theta,\phi) = 4\pi R^2 \frac{I(\theta,\phi)}{P_{\mathrm{rad}}}, \tag{13.16}$$

其中 I 是强度.

现在我们用一个有效小孔 A_{eff}来表示 $D(\theta,\phi)$. 这个小孔放在天线的位置，被一个平面波照射. 它的表面法方向为(θ,ϕ). 当波通过小孔后，会由于衍射扩散. 我们意图调节 A_{eff}的尺寸，使衍射束处于 $D(\theta,\phi)$方向. 假设小孔的半径 w_0 大于 λ，衍射理论给出(参考图 3.1 和(3.16)式)

$$\theta = \lambda/(\pi w_0) \tag{13.17}$$

我们现在可以用小孔发射功率(P_{rad})，有效小孔面积($A_{\mathrm{eff}} = \pi w_0^2$)和束面积 $\pi(R\theta)^2$ 来将距离 R 处的光束强度表示为 $I = A_{\mathrm{eff}} P_{\mathrm{rad}}/(\lambda^2 R^2)$. 将其代入(13.16)式，得

$$A_{\mathrm{eff}} = \frac{\lambda^2}{4\pi} D(\theta,\phi). \tag{13.18}$$

因此，从辐射来说，天线的行为就像将辐射定向到观察方向(θ,ϕ)的小孔. 如果把辐射流反转，A_{eff}就是天线的接收功率，即 $P_{\mathrm{received}} = A_{\mathrm{eff}} I_{\mathrm{A}}$，其中 I_{A} 是在小孔处的强度. 因而 A_{eff}有将在后面讨论的吸收截面的意义.

增益

天线效率和方向性的结合称为天线增益：

$$G = \frac{4\pi}{P} p(\theta,\phi) = \eta_{\mathrm{rad}} D. \tag{13.19}$$

D 和 G 通常以 dB 来测量. 因为理想的各向同性辐射器在现实中不存在，更实际的做法是用已知方向图的天线作参考. 相对增益定义为在给定方向的功率增益与在同一方向的参考天线的功率增益之比. 偶极子天线是一个作为参考的标准选择，因为它具有相对简单的辐射图.

Chu 极限

在大多数天线问题中，G 都是相关量，因为它定义了从发射器到接收器的传输效率. 一个有趣的问题是 G 是否有上限. 很明显，我们制造的天线越大，能实现的工程就越多，G 也就越大. 类似地，G 能够通过减小传输频率的带宽，使天线更多共振来优化. 对固定体积 V 和确定的相对带宽 B(带宽除以中心频率)[14, 15]，G 的极限能够真正推导出来：

$$GB \leqslant c_0 V/\lambda^3, \tag{13.20}$$

其中 c_0 是依赖于几何体积 V 的与 1 同量级的常数. 这个极限回到了 1948 年 L. J. Chu 的基于理想导体和场的球谐函数展开的工作[14]. Chu 的理论随后被 Gustafsson 和合作者扩展及推广[15].

互易性

按照互易性定理(见(2.102)式),我们能够把场和源互换.对于一对偶极子(参考图13.6),我们得到 $\boldsymbol{p}_1\cdot\boldsymbol{E}_2=\boldsymbol{p}_2\cdot\boldsymbol{E}_1$,这里 $\boldsymbol{E}_1(\boldsymbol{E}_2)$ 是偶极子 $\boldsymbol{p}_1(\boldsymbol{p}_2)$ 的场在 $\boldsymbol{p}_2(\boldsymbol{p}_1)$ 位置处的值.两个偶极子的距离假设足够大($kR\gg1$)以保证它们通过远场相互作用.进而,$\boldsymbol{p}_2$ 的方向选择为垂直于连接两个偶极子的矢量.

在经典图像中,我们假设偶极子 $\boldsymbol{p}_1$ 被偶极子 $\boldsymbol{p}_2$ 的场 $\boldsymbol{E}_2$ 所感生,即 $\boldsymbol{p}_1=\overleftrightarrow{\alpha}_1\boldsymbol{E}_2$,这里 $\overleftrightarrow{\alpha}_1=\alpha_1\boldsymbol{n}_{p_1}\boldsymbol{n}_{p_1}$ 是极化率张量,$\boldsymbol{n}_{p_1}$ 是 $\boldsymbol{p}_1$ 方向上的单位矢量.按照(8.74)式,在 $\boldsymbol{r}_1$ 处的偶极子的吸收功率

$$P_{\text{abs}}=(\omega/2)\text{Im}\{\boldsymbol{p}_1^*\cdot\boldsymbol{E}_2(\boldsymbol{r}_1)\}=(\omega/2)\text{Im}\{\alpha_1\}\,|\boldsymbol{n}_{p_1}\cdot\boldsymbol{E}_2(\boldsymbol{r}_1)|^2. \tag{13.21}$$

我们把(13.21)式代入互易关系 $|\boldsymbol{p}_1|\boldsymbol{n}_{p_1}\cdot\boldsymbol{E}_2=|\boldsymbol{p}_2|\boldsymbol{n}_{p_2}\cdot\boldsymbol{E}_1$,得到

$$P_{\text{abs}}=(\omega/2)\,|\boldsymbol{p}_2/\boldsymbol{p}_1|^2\,\text{Im}\{\alpha_1\}\,|\boldsymbol{n}_{p_2}\cdot\boldsymbol{E}_1(\boldsymbol{r}_2)|^2. \tag{13.22}$$

$|\boldsymbol{n}_{p_2}\cdot\boldsymbol{E}_1(\boldsymbol{r}_2)|^2$ 对应着放置在取向为 $\boldsymbol{n}_{p_2}$ 的起偏器后面的在 $\boldsymbol{r}_2$ 处的光探测器测得的功率.

我们现在利用(13.14)式定义分方向性,用 $\boldsymbol{r}_2=(R,\theta,\phi)$ 处取值的电场 $\boldsymbol{E}$ 表示,分方向性 D_θ 为

$$D_\theta(\theta,\phi)=4\pi\frac{|\boldsymbol{n}_\theta\cdot\boldsymbol{E}(R,\theta,\phi)|^2}{\displaystyle\int_{4\pi}|\boldsymbol{E}(R,\theta,\phi)|^2\,\text{d}\Omega}, \tag{13.23}$$

其中 Ω 是单位立体角,$\boldsymbol{n}_\theta$ 是单位极矢.$D_\phi(\theta,\phi)$ 对应于在方位角方向 $\boldsymbol{n}_\phi$ 上偏振的辐射.

接着,我们选择偶极子 $\boldsymbol{p}_2$ 指向 $\boldsymbol{n}_\theta$ 方向,则(13.22)式能够被表达为

$$P_{\text{abs},\theta}(\theta,\phi)=(\omega/2)\,|\boldsymbol{p}_2/\boldsymbol{p}_1|^2\,\text{Im}\{\alpha_1\}\,\frac{P_{\text{rad}}}{2\pi\varepsilon_0 cR^2}D_\theta(\theta,\phi). \tag{13.24}$$

这里,$P_{\text{rad}}=(1/2)\varepsilon_0 cR^2\int_{4\pi}|\boldsymbol{E}(R,\theta,\phi)|^2\,\text{d}\Omega$ 是总辐射功率.$P_{\text{abs},\theta}(\theta,\phi)$ 特指被位于 (R,θ,ϕ) 处取向为 $\boldsymbol{n}_\theta$ 方向的偶极子 $\boldsymbol{p}_2$ 的场激发的偶极子 $\boldsymbol{p}_1$ 的吸收功率.因为 $kR\gg1$,激发 $\boldsymbol{p}_1$ 和天线的场基本上是偏振方向为 $\boldsymbol{n}_\theta$ 的平面波.

我们现在去掉天线,写下一个类似(13.24)式的等式.用这两式中的一个除以另一个,得到

$$\frac{P_{\text{abs},\theta}(\theta,\phi)}{P^{\text{o}}_{\text{abs},\theta}(\theta,\phi)}=\frac{P_{\text{rad}}}{P^{\text{o}}_{\text{rad}}}\frac{D_\theta(\theta,\phi)}{D^{\text{o}}_\theta(\theta,\phi)}, \tag{13.25}$$

这里上标"o"具有与(13.10)式中的上标同样的意义,即代表没有天线.利用 P_{abs} 正比于激发速率 γ_{exc},P_{rad} 正比于辐射衰变速率 γ_{rad}(如(8.116)式),我们能重写(13.25)式如下:

$$\frac{\gamma_{\text{exc},\theta}(\theta,\phi)}{\gamma^{\text{o}}_{\text{exc},\theta}(\theta,\phi)}=\frac{\gamma_{\text{rad}}}{\gamma^{\text{o}}_{\text{rad}}}\frac{D_\theta(\theta,\phi)}{D^{\text{o}}_\theta(\theta,\phi)}, \tag{13.26}$$

这说明由于天线的存在引起的激发速率的增大正比于辐射速率的增大，这个关系被定性地用于各种研究[16—18]. 注意同样的分析也适用于 $\boldsymbol{n}_\phi$，对应着转动了 90°的偏振.

天线孔径

天线孔径描述了俘获入射辐射的效率. 它对应着与天线作用的入射辐射的面积. 定义为

$$\sigma_{\mathrm{A}}(\theta,\phi,\boldsymbol{n}_{\mathrm{pol}}) = \frac{P_{\mathrm{abs}}}{I}, \tag{13.27}$$

其中 P_{abs} 表示被接收器吸收的功率，I 是从 (θ,ϕ) 入射且偏振方向为 $\boldsymbol{n}_{\mathrm{pol}}$ 的辐射强度. 如果偏振方向没有指定，通常指达到最大孔径的方向. 形式上，天线孔径等于吸收截面.

天线增加了照射到目标上的光能量密度，因此增加了效率. 对于一个比波长 λ 小的探测器，接收的功率按照(8.74)式计算：

$$P_{\mathrm{abs}} = (\omega/2)\mathrm{Im}\{\alpha\}\,|\boldsymbol{n}_p \cdot \boldsymbol{E}|^2. \tag{13.28}$$

这里，$\boldsymbol{n}_p$ 是吸收偶极子 $\boldsymbol{p}$ 方向上的单位矢量，$\boldsymbol{E}$ 是探测器位置处的场. 如果把天线不存在时目标处的场表示为 $\boldsymbol{E}_0$，我们能够把天线孔径表示为

$$\sigma_{\mathrm{A}} = \sigma_{\mathrm{A}}^0\,|\boldsymbol{n}_p \cdot \boldsymbol{E}|^2/|\boldsymbol{n}_p \cdot \boldsymbol{E}_0|^2, \tag{13.29}$$

其中 σ_{A}^0 是天线不存在时的孔径，$\boldsymbol{E}$ 是天线存在时目标处的场. 因此，我们发现吸收增强对应着局域强度增强因子.

理论和实验研究表明，强度增强 $10^4 \sim 10^6$ 很容易获得[19]，因而，对于典型的，在自由空间的截面为 $\sigma_{\mathrm{A}}^0 = 1\ \mathrm{nm}^2$ 的分子，我们发现如果每个分子都耦合了光学天线，间隔 0.1～1 μm 的一层分子能够吸收所有的入射辐射. 当然，这个估计忽略了天线之间的耦合，因此应用范围有限. 注意，通常 σ_{A} 和 σ_{A}^0 依赖于入射方向 (θ,ϕ) 和偏振方向 $\boldsymbol{n}_{\mathrm{pol}}$.

光学天线在光探测器中的应用是特别有前景的(见图 13.8). 主要的原因是，按照(13.29)式，光学天线增加了吸收截面，因而增加了打在探测器上的光束流. 因此，在同样的信号输出的情况下，一个天线耦合的探测器仅需要小得多的探测器面积. 因为光探测器的暗电流 i_{D} 与探测器的面积成正比，我们得到噪声电流 $i_{\mathrm{N}} = (2ei_{\mathrm{D}}\Delta f)^{1/2}$，以及定义为

$$\mathrm{NEP} = \frac{i_{\mathrm{N}}}{\eta}\frac{h\nu}{e} \tag{13.30}$$

的噪声等效功率(noise equivalent power, NEP)都与面积的平方根成正比. 这里，η 是量子效率，ν 是频率，Δf 是带宽. NEP 对应着探测器能够探测的最低功率，并且信噪比(signal-to-noise ratio, SNR)为 1. 为了消除对探测器面积的依赖，有人定义探测率为 $D^* = (A\Delta f)^{1/2}/\mathrm{NEP}$，单位为 $\mathrm{Jones} = \mathrm{cm}\cdot\mathrm{Hz}^{\frac{1}{2}}\cdot\mathrm{W}^{-1}$. 最近有人报道，

对于基于金属-氧化物-金属二极管的天线耦合的红外探测器,NEP=1.53 nW 和 $D^* = 2.15 \times 10^6$ Jones[20]. 请注意,减小探测器面积也就减少了功率消耗和响应时间.

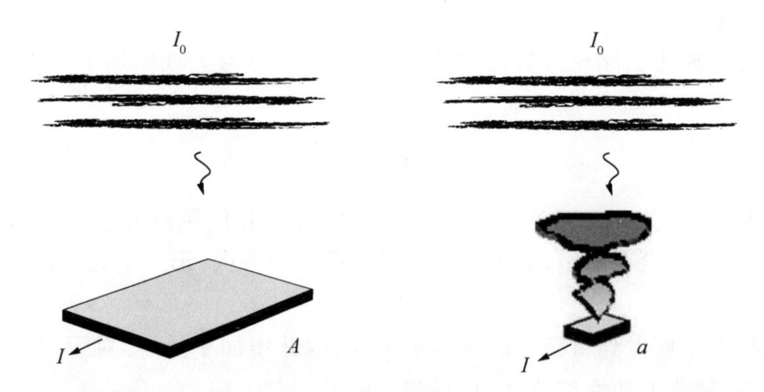

图 13.8 光探测器面积的减小. 左图:强度 I_0 的光入射到面积为 A 的光探测器,产生光电流 I. 右边:对于天线耦合探测器的同一情形. 探测器的面积能够减小($a \ll A$)而不影响响应 I/I_0. 减小探测器面积改善了信噪比且减少了响应时间和能量消耗.

Friis 方程

我们现在考虑两个天线的情形,一个发射(下标"t"),一个接收(下标"r"),位于自由空间且相距很大的距离($kR \gg 1$). 我们把发射天线放在坐标系的原点,接收天线位于(R,θ,ϕ). 用天线效率 η_{rad} 乘以(13.16)式,并利用(13.19)式中增益 G 的定义,可获得在接收器位置上发射器的辐射强度

$$I_{\mathrm{t}}(\theta,\phi) = \frac{P_{\mathrm{t}}}{4\pi R^2} G_{\mathrm{t}}(\theta,\phi), \tag{13.31}$$

其中 P_{t} 是发射天线的驱动功率. 入射到接收天线的功率为 $P_{\mathrm{rad}} = \sigma_{\mathrm{A}} I_{\mathrm{t}}$,接收天线产生的功率为 $P_{\mathrm{r}} = \eta_{\mathrm{rad,r}} P_{\mathrm{rad}}$. 我们现在利用(13.18)式和 σ_{A} 等于有效面积 A_{eff},得到

$$P_{\mathrm{r}} = G_{\mathrm{r}}(\theta,\phi) \frac{\lambda^2}{4\pi} I_{\mathrm{t}}(\theta,\phi). \tag{13.32}$$

联合(13.31)和(13.32)式,最后得到

$$\frac{P_{\mathrm{r}}}{P_{\mathrm{t}}} = \left[\frac{\lambda}{4\pi R}\right]^2 G_{\mathrm{r}}(\theta,\phi) G_{\mathrm{t}}(\theta,\phi), \tag{13.33}$$

这就是 Friis 方程[21]. 在推导这个方程时,我们忽略了天线的反射、空间的不均匀以及偏振效应. 这些都可以包含在更详细的推导中. Friis 方程表明传输效率对于长波较好,这是衍射的结果(参考(13.17)式). Friis 方程遵从一个简单的量纲分析. 首先,很明显,两天线之间的发射效率必定正比于它们增益 G 的乘积. 其次能量守恒决定它必须按照 $1/R^2$ 变化. 最后,我们要乘以 λ^2 来匹配单位.

有效波长

无线电波天线有与入射辐射波长 λ 相关的设计规则. 例如,半波天线的长度 L 是 $\lambda/2$, Yagi-Uda 天线元件间的距离对应着 λ 的一定分数. 因为所有元件都正比于 λ,因此从一个波长转换到另一个波长时对天线尺寸的缩放设计是直接的. 但是,这种缩放在光学频率是失效的,因为辐射对于金属的穿透不能再被忽略. 归因于有限的电子密度,在驱动场和电子响应之间存在一个延迟,产生了一般要大于天线元件直径的趋肤深度. 结果就是,金属中的电子不响应入射波长 λ,而是响应一个有效波长 λ_{eff},由下面的线性标定法则给出[22]:

$$\lambda_{\text{eff}} = n_1 + n_2 \frac{\lambda}{\lambda_{\text{p}}}, \tag{13.34}$$

其中 n_1 和 n_2 是几何常量, λ_{p} 是等离子体波长. 对于一个有限长度的金属线(见图 12.24),这个波长的标定法则遵从 Fabry-Pérot 模型. λ_{eff} 和 λ 之间的比例系数是对线的传播常数的小半径近似($R\to 0$)的结果. 按照(13.34)式,一个光学的半波天线长度不是 $\lambda/2$,而是一个更短的值 $\lambda_{\text{eff}}/2$. λ_{eff} 和 λ 之间的差别依赖于几何因子,对大部分用来制备光学天线的金属,因子典型值在 2～5 的范围. 例如,按照图 13.9,若要用半径 $R=5\ \text{nm}$ 的金线制造响应波长 $\lambda=800\ \text{nm}$ 的入射光的半波天线,我们需要切取 $\Delta l=\frac{\lambda_{\text{eff}}}{2}\approx 160\ \text{nm}$,而不是 $\Delta l=\frac{\lambda}{2}=400\ \text{nm}$ 的线长.

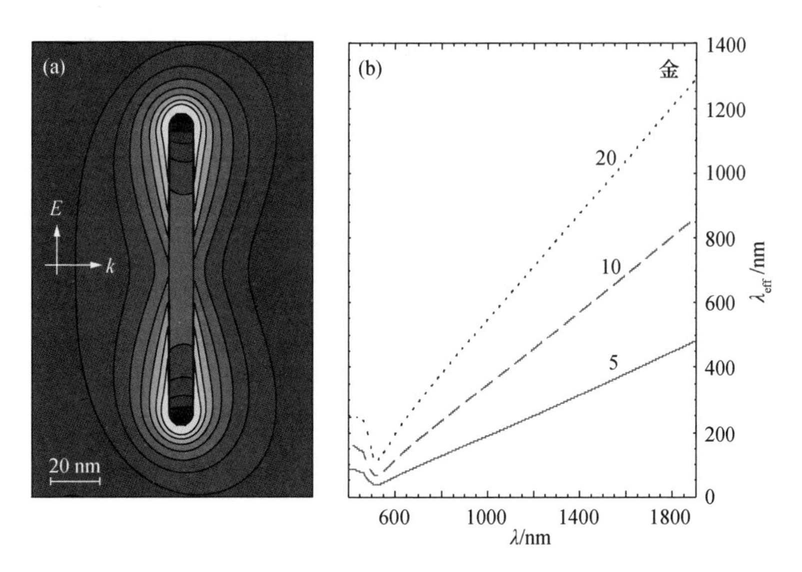

图 13.9 直线型金天线的有效波长标定. (a)用平面波($\lambda=1150\ \text{nm}$)照射的金半波天线的强度分布(E^2,相邻等值线之间有因子 2 的差别). (b)对不同半径(5 nm, 10 nm, 20 nm)的金棒的有效波长的标定. 在 $\lambda=550\ \text{nm}$ 处的低点是带间跃迁的结果(束缚电子).

因为波长标定法则对波长 λ 是线性的，原则上，我们可以把已有的无线电波天线设计缩小到光频段. 但是，天线尺寸不是简单地按波长的比变化，而是按 $\lambda_{eff}(\lambda_{opt})/\lambda_{rf}$ 变化，这里 λ_{opt} 和 λ_{rf} 分别是光频和无线电波段的设计波长.

辐射电阻

正如§13.2讨论的，辐射电阻定义为 $P_{rad}=(1/2)I^2(0)R_{rad}$，这里 P_{rad} 是天线的辐射功率，$I(0)$ 是在馈入点的源电流. R_{rad} 越大，天线的辐射效果越好. 对于一个偶极子天线，(13.1)式给出

$$R_{rad} = \frac{2\pi}{3}Z_w\left(\frac{\Delta l}{\lambda}\right)^2, \tag{13.35}$$

其中 Δl 是天线长度. 对于一个半波天线，我们有典型值 $\Delta l=\lambda/2$⑥，但是，按照前面讨论的波长标定法则，我们必须选择 $\Delta l=\lambda_{eff}/2$. 所以在光学频率的半波天线的辐射电阻比无线电波天线辐射电阻小一个因子 $(\lambda_{eff}/\lambda)^2$，这意味着天线辐射较差，大部分能量保持储存为反作用功率，这是共振的特征！反作用功率的很大部分最后耗散为热. 因此，光学天线的主要挑战是增大辐射电阻以改善辐射效率.

集总电路元件

集总电路元件的概念是用以简化复杂电路分析的成熟方法，否则复杂电路只能被看作带有分布参数的物理系统. 只要电路中每个元件的特征尺寸比工作波长小很多，集总元件的定义就是有效的. 阻抗的概念被引入用以描述每个元件的性质，并通过 Kirchhoff 定律来描述电路中不同集总元件的相互作用. Kirchhoff 电压定律的应用要求准静态近似可用，也就是 $\nabla\times\boldsymbol{E}\approx 0$. 当物体的尺寸增加，变得与工作波长可比较时，这可能不再有效. 尽管天线明显不是亚波长元件，但馈入点通常靠得很近，在馈入间隙的特定区域 $\nabla\times\boldsymbol{E}\approx 0$ 是满足的，因此阻抗的引入是合理的. 对于耦合偶极子天线，我们能通过穿过亚波长级的馈入间隙的电压对(位移)电流的比计算输入阻抗. 利用这种方法，数值模拟给出的阻抗值能够很好地与标准无线电波天线进行比较[23].

在连有传输线来驱动光学天线的情形下，在连线和作为负载的天线之间的连接点处，阻抗的不连续性将导致向前运行的电压波的反射. 相应的反射系数为[10]

$$\Gamma = \frac{Z_L - Z_0}{Z_L + Z_0}, \tag{13.36}$$

这里 Z_0 是传输线的特征阻抗，Z_L 是天线的阻抗. 实验上，通过近场方法对由于天线的反射而在传输线中建立的驻波图案成像[24, 25]，就可获得 Γ 值，成像也可以通过光发射电子显微术获得[26]. 传输线的特征阻抗 Z_0 能够利用二维场模拟计算. 因此(13.36)式给出了一个确定天线阻抗的实际方法[27].

---

⑥ 半波天线不再是偶极子天线，(13.35)式会得出一个带有因子 2.7 的太大的值.

动态电感

电感是电路的一种性质.它在施加电流和感生电压之间产生了 90°相移.通常,电感与在中心产生磁场的线圈,即所谓电感器有关.但是,在光频,另一种电感开始起作用,称为动态电感.这个电感来源于电荷载流子的惯性,也就是,载流子不能立即响应驱动场.

我们回顾介质中的电流密度 $\boldsymbol{j}$ 能够表示为传导电流密度 $\boldsymbol{j}_{\mathrm{c}}$,极化电流密度 $-\mathrm{i}\omega\boldsymbol{P}$ 与磁化电流密度 $\nabla\times\boldsymbol{M}$ 之和(见(2.10)式).在光频时我们在大多数情况下能够忽略最后一项.我们现在可以写 $\boldsymbol{j}_{\mathrm{c}}=\sigma\boldsymbol{E}$ 和 $\boldsymbol{P}=\varepsilon_0(\varepsilon'-1)\boldsymbol{E}$,其中 ε' 是频率依赖的介电函数的实部.我们用 ε 的虚部把电导率表示为 $\sigma=\omega\varepsilon_0\varepsilon''$(见(2.32)式),得到

$$\boldsymbol{j}=\omega\varepsilon_0[\varepsilon''-\mathrm{i}(\varepsilon'-1)]\boldsymbol{E}. \tag{13.37}$$

因为 ε'' 和 ε' 都是实数,第一项产生的电流和电场同相,而第二项产生的电流和电场有 90° 的相位差,与电感器一样.就是这一项称为动态电感.

为了理解需要考虑动态电感的频段,我们用在 12.2.1 节中讨论过的 Drude 模型替代 ε.利用阻尼常数 Γ 远比等离子体频率 ω_{p} 小的事实,我们得到

$$\boldsymbol{j}=\varepsilon_0\frac{\omega_{\mathrm{p}}^2}{\omega}\left(\frac{\Gamma}{\omega}+\mathrm{i}\right)\boldsymbol{E}. \tag{13.38}$$

因此,对低频段($\omega\ll\Gamma$),我们能够忽略动态电感,但是在高频段($\omega>\Gamma$),我们不能忽略动态电感.动态电感的出现对光学天线的设计是进一步的挑战,阻止了已有的无线电波天线概念的直接缩小尺度应用.

为了估计动态电感的大小,我们考虑半径为 5 nm 的银线制备的半波天线,截取长度 $\Delta l=150\,\mathrm{nm}$.动态电感为 $L_{\mathrm{kin}}=\dfrac{\Delta l}{\pi R^2\omega_{\mathrm{p}}^2\varepsilon_0}=1.1\,\mathrm{pH}$,对应着半径 500 nm,无限细的理想导线的单环线圈的电感.

态密度

一个有争议的观点是,对天线中的探讨中最重要的量之一是阻抗,它是在电路理论中,根据源电流 I 和电压 V 的比 $Z=V/I$ 定义的.这个定义假设了源和天线通过载流传输线连接,如图 13.2 所示.但是光学天线通常被局域光发射体,而不是真实的电流馈入.因此,天线输入阻抗的定义需要做些调整.一个可行的替代定义涉及在 8.4.3 节讨论的电磁局域态密度(LDOS),它可以用 Green 函数张量 $\overleftrightarrow{\boldsymbol{G}}$ 表示,决定了在任意不均匀环境中的偶极子的能量耗散.光学天线增强了 LDOS,从而导致发射体更容易耗散能量.

回顾 8.4.3 节,根据系统并矢 Green 函数,部分 LDOS 能够表示为

$$\rho_p(\boldsymbol{r}_0,\omega)=\frac{6\omega}{\pi c^2}[\boldsymbol{n}_p\cdot\mathrm{Im}\{\overleftrightarrow{\boldsymbol{G}}(\boldsymbol{r}_0,\boldsymbol{r}_0;\omega)\}\cdot\boldsymbol{n}_p], \tag{13.39}$$

这里 $\boldsymbol{n}_p$ 是偶极子 $\boldsymbol{p}$ 方向的单位矢量.(13.39)式中的 Green 函数由位于 $\boldsymbol{r}_0$ 处的偶

极子 $\boldsymbol{p}$ 产生的位于观察点 $\boldsymbol{r}$ 处的电场 $\boldsymbol{E}$ 定义(参考(2.68)式). 通过假设量子发射体没有优先偶极轴,总 LDOS(ρ)可由(13.39)式对不同偶极子取向的平均得到.

根据 LDOS,我们能够把一个振动偶极子耗散的总功率表示为

$$P = \frac{\pi\omega^2}{12\varepsilon_0} |\boldsymbol{p}|^2 \rho_{\boldsymbol{p}}(\boldsymbol{r}_0, \omega). \tag{13.40}$$

很明显,在自由空间 $\rho_{\boldsymbol{p}} = \omega^2/(\pi^2 c^3)$,因而 $P^\circ = |\boldsymbol{p}|^2 \omega^4/(12\pi\varepsilon_0 c^3)$,这是经典偶极子辐射公式. 这样我们能用一个偶极子的归一化功率耗散表达 LDOS:

$$\rho_{\boldsymbol{p}}(\boldsymbol{r}_0, \omega) = \frac{\omega^2}{\pi^2 c^3} P/P^\circ. \tag{13.41}$$

光学天线意味着对于 LDOS 的局域“设计加工”和对放置于附近的偶极子发射体功率耗散的增强.

Greffet 和合作者建立了 LDOS 和天线电阻 $\mathrm{Re}\{Z\}$ 之间的类比[28]. 后者体现了总功率耗散,包括辐射和吸收功率. 如果用电流密度 $\boldsymbol{j} \sim \mathrm{i}\omega\boldsymbol{p}$ 表示(13.40)式的偶极子 $\boldsymbol{p}$,并用电阻表示功率 P,即 $P \sim \mathrm{Re}\{Z\}|\boldsymbol{j}|^2$,我们有

$$\mathrm{Re}\{Z\} = \frac{\pi}{12\varepsilon_0} \rho_{\boldsymbol{p}}(\boldsymbol{r}_0, \omega), \tag{13.42}$$

因此 LDOS 和 $\mathrm{Re}\{Z\}$ 等价. $\mathrm{Re}\{Z\}$ 的单位是欧姆/面积,而不是通常的欧姆. 注意 Z 依赖于位置 $\boldsymbol{r}_0$ 和接收或者发射偶极子的取向 $\boldsymbol{n}_{\boldsymbol{p}}$. 正如 Greffet 等人所讨论的,$Z$ 的虚部体现了储存在近场的能量(反作用功率).

13.3.2　天线耦合的光-物质相互作用

在自由空间,能量 $E = \hbar\omega$ 的光子的动量是 $p_{\mathrm{ph}} = \hbar\omega/c$. 另一方面,带有同样能量的非束缚电子的动量是 $p_{\mathrm{e}} = (2m^* \hbar\omega)^{1/2}$,比光子动量大一个因子 $[2m^* c^2/(\hbar\omega)]^{1/2} \approx 10^2 \sim 10^3$. 因此,光子动量在电子跃迁中能够忽略,即光激发跃迁在电子能带图上是竖直的. 但是,光学天线附近,光子动量不再是自由空间的值. 此时,局域光场与一个宽动量分布相关联,带宽 $p_{\mathrm{ph}} = \pi\hbar/\Delta$ 由空间受限 Δ(可以小到 1～10 nm)给出. 因此,在光学近场,光子动量能够增加一个因子 $\lambda/\Delta \approx 100$,这样就进入了电子动量的范围,特别是在有效质量 m^* 较小的材料中. 从而,局域光场能够在电子能带图中产生一个对角跃迁,增加了由 $\mathrm{Im}\{\alpha\}$ 表示的整体吸收强度. 光学近场中的光子动量增加在光电子发射[29]和光致荧光[30]中已经研究过.

在光学天线附近强的场受限也对原子或者分子系统的选择定则有影响. 光-物质相互作用引入了矩阵元 $\langle f|\hat{\boldsymbol{p}} \cdot \hat{\boldsymbol{A}}|i\rangle$,$\hat{\boldsymbol{p}}$ 和 $\hat{\boldsymbol{A}}$ 分别是动量和场算符(参考(8.39)式). 只要态 $|i\rangle$ 和 $|f\rangle$ 的量子波函数比 $\hat{\boldsymbol{A}}$ 变化所跨越的空间范围小很多,把 $\hat{\boldsymbol{A}}$ 从矩阵元中提出就是合理的. 剩下的表达式 $\langle f|\hat{\boldsymbol{p}}|i\rangle$ 是偶极子近似,导致了标准的偶极

选择定则.但是,在光学天线附近的局域场使 $\hat{\mathbf{A}}$ 在几个纳米的空间尺度上就发生了变化,因此偶极子近似不再合理.特别是在半导体纳米结构的情形,低的有效质量产生了具有大的空间延展的量子轨道.在场受限和量子限域可相比拟的情形,对光-物质相互作用做多极展开是可能的(见§8.1).理论研究表明高阶多极子具有不同的选择定则[31].附加的跃迁通道在近场相互作用中打开,能够用来增强光探测的灵敏度.一旦场受限变得比量子限域强,多极展开不再收敛,跃迁速率唯一地被基态和激发态波函数的局域重叠所确定.在这个极限下,光学天线能够用来在空间上描画出量子波函数,提供了原子轨道的直接光学成像.但是,这需要场受限好于 1 nm 的天线.

13.3.3 耦合偶极子天线

最简单的天线几何之一是包含一个长度为 Δl(与入射波长 λ 共振)的金属棒的光学半波天线.如前面讨论的,最低共振在 $\Delta l=\lambda_{\mathrm{eff}}/2$ 时达到,通常比 $\lambda/2$ 小一个 2~5 的因子.当两个直线型天线元件端对端耦合时,能产生附加的自由度,如图 13.10 所示.我们将这种结构称为耦合偶极子天线,也称为间隙天线.天线的共振能通过改变天线各段长度、间隙尺寸、间隙中的材料来调节.已经有人证明,间隙性质灵敏地影响天线阻抗和辐射效率[23].下面我们将从模式杂化角度分析耦合偶极子天线(参考图 12.25).

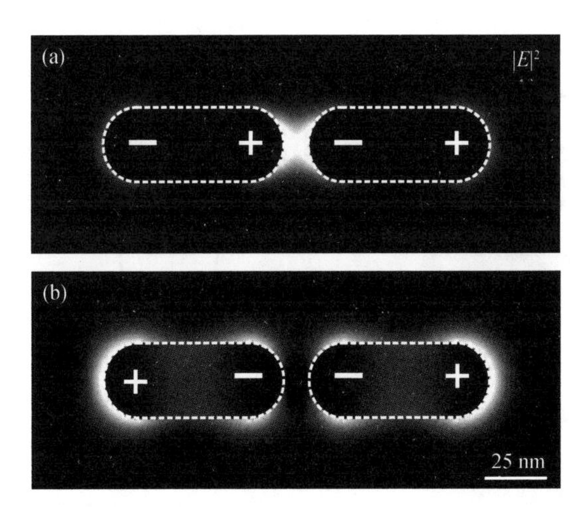

图 13.10 真空中包含两个带有球形端帽的圆柱形金纳米线的天线的成键(上图)和反键(下图)模式的归一化近场强度增强本征模式图案.图中显示了一个包含长线轴的平面中的强度.正号和负号表示在每个纳米线上的即时表面电荷分布.注意对于成键模式共振,在馈入间隙处有强的场局域,而对反键模式共振,在馈入间隙处是节点线,强的场增强在棒的末端.

当外场照射耦合偶极子天线时，在两个天线元件上产生了振荡表面电荷. 每个元件能够被看作一个带有有效质量的弹簧[32]. 感应电荷在两个元件之间产生 Coulomb 相互作用，这能够通过两个元件的弹簧耦合来解释. 我们最后得到了含有两个耦合谐振子的力学类比，如 8.7.1 节所讨论的.

图 13.11(a)示例了耦合谐振子系统. 两个天线臂的耦合导致出现了两个不同频率的本征模式. 一个本征模式为两个弹簧的同相振动，而另一个本征模式以反相振动为特征. 对于前面的情形，相互作用弹簧把共振移向较低的频率，而在后面的情形则移向较高的频率. 这个简单和直观的经典模型包含了强耦合系统的本质特点. 但是对于电磁耦合的天线臂，耦合强度对两种模式并不相同，且依赖于间隙宽度. 这种不同是由于这两种模式有不同的电荷分布(见图 13.10). 对于成键模式，在间隙的两边存在相反的电荷，产生了吸引力，从而增加了整体表面电荷密度. 反键模式是相反的情形. 因此耦合强度在同相振动时增大，而在反相模式有轻微减小. 耦合强度的变化导致了同相模式的特征红移，以及反相模式小的蓝移.

图 13.11(b)给出了模式分裂对相互作用强度的依赖. 后者随着间隙宽度减小而增加. 结果是，当间隙从 16 nm 减少到 6 nm 时，如图 13.11(b)所示，在成键模式共振和反键模式共振之间的分裂变大. 反键共振能够以两个相反振动的偶极子来描述，这是暗模式的特征. 对暗模式，与辐射场的耦合被强烈地抑制，减小的辐射速率导致一个窄线宽(锐共振). 另一方面，成键模式是一个宽线宽的亮模式. 图 13.10 显示了两个模式的近场. "＋"和"－"表示即时电荷分布. 对于成键模式，在间隙两边的相反电荷产生强的增强场，而对反键模式，由于在间隙存在相等电荷，场被抑止.

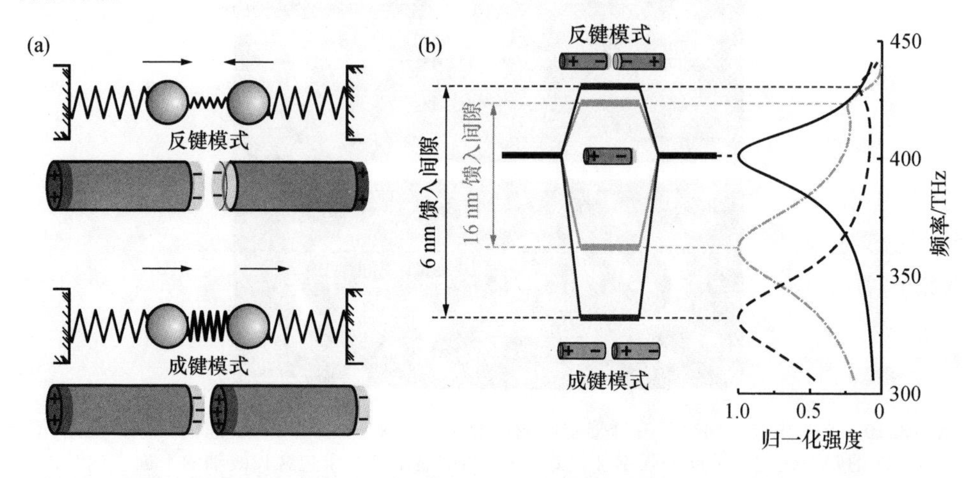

图 13.11 两线天线的颗粒间耦合和模式分裂. (a)对于两个等离激元振子之间的耦合，可看作质量-弹簧模型. 上框，反键模式；下框，成键模式. (b)高 30 nm，宽 50 nm，长(臂长)110 nm，间隙 6 nm(黑虚线)和 16 nm(灰点画线)的对称两线金天线，以及同尺寸单线天线(黑实线)的能级图和模拟近场强度谱.

Alù 和 Engheta 认为两个天线臂的间隙可被视为一个负载阻抗 Z_{load}[23]，可以通过在间隙中填充合适材料来调节负载．对于一个高 t，半径 R，介电常数 $\varepsilon_{\mathrm{gap}}$ 的圆盘形的间隙，负载阻抗为

$$Z_{\mathrm{load}} = \mathrm{i}\,\frac{t}{\pi\omega R^2\varepsilon_{\mathrm{gap}}}. \tag{13.43}$$

图 13.12 显示了这样的天线负载的效果．天线共振的移动依赖于间隙 $\varepsilon_{\mathrm{gap}}$．注意如果间隙材料与天线臂相同，就是一个半波天线，即间隙阻抗变得完美匹配．这个情形与传统的无线电波 $\lambda/2$ 天线相似，它包含两个 $\lambda/4$ 段，间距是很小的连接阻抗匹配传输线（$Z=(73+42\mathrm{i})\ \Omega$）的馈入间隙，传输线给天线提供电流．馈入间隙引入的微扰基本上通过阻抗匹配消除，穿过间隙的电流不连续性很大程度也被消除．

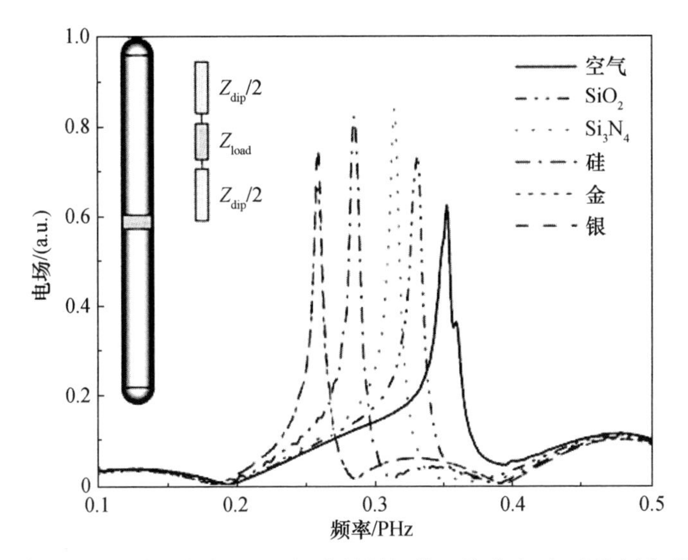

图 13.12　耦合偶极子天线的负载．通过间隙材料调节天线响应，间隙能用负载阻抗 Z_{load} 建模．引自[23]．

总结这节，我们注意到使用非线性材料的耦合偶极子天线的负载在如光交换等应用中很有趣．理论研究表明，光学双稳性能够在间隙材料具有 Kerr 非线性系数 $n^2\approx10^{-12}\ \mathrm{cm}^2\cdot\mathrm{W}$ 和阈值强度 $I<1\ \mathrm{GW}\cdot\mathrm{cm}^{-2}$ 时得到[33]．阈值强度能够通过选择非线性材料的增益而降低几个数量级．

§ 13.4　耦合到天线的量子发射体

无线电波频率的天线连接有既驱动天线又收集接收信号的传输线．信号的传导能够通过合适的阻抗匹配优化．但是在光频，天线由分离的元件组成，用电路理

论做描述并不直接.如前面讨论的,离散量子系统的光发射和吸收能够由局域态密度(LDOS),或者简单地通过 Green 函数描述,这里我们用这个概念来理解量子发射体与光学天线的相互作用.

量子发射体的自发衰变速率与 Einstein A 系数相关,受激发射由 Einstein B 系数描述.在均匀介质中,这两个系数是成正比的,比例常数只依赖于频率和折射率.不同的激光参数依赖于 A 和 B 系数的乘积,比如饱和强度 I_{sat} 和增益系数 g.通过设计加工量子发射体的局域环境,我们可以达到对不同激光参数的控制.

我们考虑一个和光学天线作用的单量子发射体.如图 13.13 所示,我们把量子发射体视为一个四能级系统,状态 $|1\rangle$ 是基态.外部激光辐射控制着状态 $|1\rangle$ 和 $|2\rangle$ 之间,以及 $|3\rangle$ 和 $|4\rangle$ 之间的跃迁.一个外部泵浦激光以速率 γ_{12} 把系统从基态 $|1\rangle$ 激发到激发态 $|2\rangle$,一个消耗激光迫使状态 $|3\rangle$ 通过受激发射弛豫到状态 $|4\rangle$.

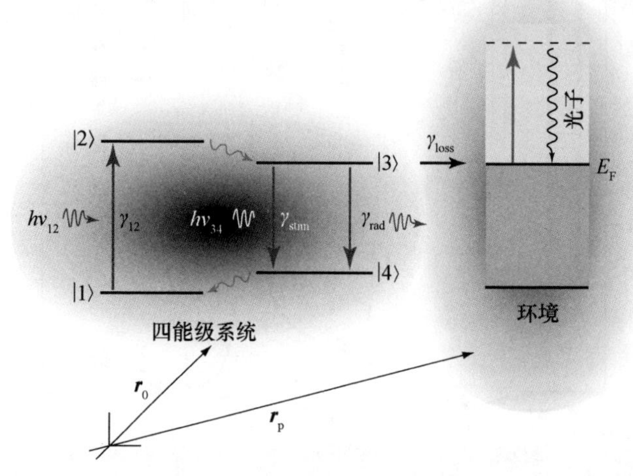

图 13.13 耦合局域环境(比如光学天线)的四能级量子系统的能级图.环境增强了局域场,从而增大了泵浦速率 γ_{12} 和受激发射速率 γ_{stim}.局域环境也影响局域态密度 $\rho(\boldsymbol{r}_0,\omega_{34})$,从而影响不同态之间的平衡.

为简单起见,我们假设从能级 $|2\rangle$ 到 $|3\rangle$ 的弛豫是快速的(内转变、振动弛豫),不被激光和局域环境影响.我们也假设四能级系统的物理尺度比由局域环境导致的光受限尺度小很多.在这个条件下,所有的跃迁都在偶极子近似下处理,系统被认为是类点状的.

我们首先考虑从态 $|1\rangle$ 到态 $|2\rangle$ 的激发速率 γ_{12}.我们把分析限制在弱激发情形.在这个极限下,系统主要停留在基态,它的动力学被一级微扰理论描述,激发态的饱和与 Rabi 翻转不在这个框架内.γ_{12} 可以用激光频率 ω_{12} 和在 $\boldsymbol{r}_0$ 处的局域激发场 $\boldsymbol{E}$ 表示为

$$\gamma_{12} = 3\,\frac{\sigma_{12}}{\hbar\omega_{12}} I_{12} = \frac{3}{2}\,\frac{\varepsilon_0 c \sigma_{12}}{\hbar\omega_{12}}\,|\boldsymbol{n}_{12}\cdot\boldsymbol{E}(\boldsymbol{r}_0,\omega_{12})|^2. \tag{13.44}$$

这里，σ_{12}是吸收截面，$\boldsymbol{n}_{12}$是由跃迁偶极矩$\langle 1|\hat{\boldsymbol{p}}|2\rangle$定义的单位矢量. 出现在(13.44)式中的因子3补偿σ_{12}的取向平均. 局域场能写作$\boldsymbol{E}=(1+\overleftrightarrow{\boldsymbol{f}}_{12}\boldsymbol{E}_0)$，$\overleftrightarrow{\boldsymbol{f}}_{12}$是局域场增强因子. 对于足够强的$\overleftrightarrow{\boldsymbol{f}}$，与入射场有关的有效吸收截面能写为$\sigma_{\mathrm{eff}}\approx\sigma_{12}|\overleftrightarrow{\boldsymbol{f}}_{12}\cdot\boldsymbol{E}_0|^2/|\boldsymbol{E}_0|^2$. 场增强因子依赖于局域环境的性质和频率，能够从严格的场计算和近场测量中推导出来. 作为一个例子，考虑图13.10(a)绘出的场分布，它显示了在两个纳米线的间隙放置的一个发射体感受到的最大的有效吸收截面.

激发后，系统很快从态$|2\rangle$到态$|3\rangle$. 一旦在态$|3\rangle$，系统就通过不同的衰变机制，比如受激发射、自发发射、非辐射能量转移到天线材料和局域环境弛豫到态$|4\rangle$. 最后一个路径通常与非辐射损耗有关，导致了荧光猝灭. 在态$|3\rangle$和态$|4\rangle$之间的跃迁速率γ_{34}可以写为

$$\gamma_{34} = 1/\tau + \gamma_{\mathrm{stim}}, \tag{13.45}$$

这里τ是态$|3\rangle$的寿命，γ_{stim}是受激发射速率. 类似于(13.44)式，受激发射速率与在频率ω_{34}处的局域场有关：

$$\gamma_{\mathrm{stim}} = 3\,\frac{\sigma_{34}}{\hbar\omega_{34}} I_{34} = \frac{3}{2}\,\frac{\varepsilon_0 c \sigma_{34}}{\hbar\omega_{34}}\,|\boldsymbol{n}_{34}\cdot\boldsymbol{E}(\boldsymbol{r}_0,\omega_{34})|^2, \tag{13.46}$$

这里σ_{34}是受激发射截面.

在Fermi黄金规则有效的范围内(见附录B)，(13.45)式中的激发态寿命τ可以从电磁态的部分局域态密度$\rho(\boldsymbol{r}_0,\omega_{34})$推导出(见§8.4)：

$$\frac{1}{\tau} = \gamma_{\mathrm{rad}} + \gamma_{\mathrm{loss}} = \gamma_{\mathrm{rad}}^{\circ}\,\frac{2\pi c^3}{\omega_{34}^2}\rho(\boldsymbol{r}_0,\omega_{34}), \tag{13.47}$$

其中$\gamma_{\mathrm{rad}}^{\circ}$是自由空间衰变速率(参考(8.121)式)，$\gamma_{\mathrm{loss}}$是能量转移到局域环境的速率. 局域态密度按照(参考(8.115)式)

$$\rho(\boldsymbol{r}_0,\omega_{34}) = \frac{6\omega_{34}}{\pi c^2}\left[\boldsymbol{n}_{34}\cdot\mathrm{Im}\{\overleftrightarrow{\boldsymbol{G}}(\boldsymbol{r}_0,\boldsymbol{r}_0;\omega_{34})\}\cdot\boldsymbol{n}_{34}\right] \tag{13.48}$$

通过Green函数计算，可以简单地用经典偶极子替换分子并求原点处的场值来计算. 明显地，这些场被局域环境所影响.

我们现在建立了计算跃迁速率γ_{12}和γ_{34}的步骤. 这两个速率需要计算(1)局域激发场，(2)局域消耗场，(3)局域态密度. 如果目标是增强光子发射，则比率$\gamma_{\mathrm{rad}}/\gamma_{\mathrm{loss}}$需要最大化. 已经有人证明$\gamma_{\mathrm{loss}}$在量子发射体和材料边界分离很小时占主导[17]，因此发射体与天线的材料边界的最小距离需要保证.

因为对短程能量转移的依赖，γ_{loss}能够通过忽略材料边界的弯曲来估计. 在这种情况下，量子发射体与它的镜像相互作用，能量转移速率能够被表示为[17]

$$\gamma_{\text{loss}}=\gamma_{\text{rad}}^{\text{o}}\frac{3}{16}\text{Im}\left\{\frac{\varepsilon-1}{\varepsilon+1}\right\}\frac{1}{(k_{34}z)^3}[\boldsymbol{n}_{34}\cdot\boldsymbol{n}_{\parallel}+2\boldsymbol{n}_{34}\cdot\boldsymbol{n}_{\perp}],\tag{13.49}$$

这里 z 是分子与天线材料表面的距离，$k_{34}=\omega_{34}/c$，ε 是材料在频率为 ω_{34} 时的介电函数. 括号中的最后一项是取向因子，$\boldsymbol{n}_{\parallel}$ 和 $\boldsymbol{n}_{\perp}$ 分别指代平行和垂直于材料表面的单位矢量. 对于在两个界面间隙中的发射体，(13.49)式必须相应地改变.

在此处研究的情形下，过程 $|1\rangle\rightarrow|2\rangle$ 和 $|3\rangle\rightarrow|4\rangle$ 是退耦的. 因此，光子发射速率能够表示为

$$\gamma_{\text{em}}=\gamma_{12}(1-\gamma_{\text{loss}}/\gamma_{34}),\tag{13.50}$$

其中括号中的项表示了从态 $|3\rangle$ 到态 $|4\rangle$ 的辐射(也即通过发射一个光子)跃迁概率. 图 13.14 显示了通过把单个量子发射体放置在金纳米颗粒附近而得到的增强光子发射. 对于距离 $z\approx5$ nm，光子发射速率能够增大 7 倍，但是对于更短的距离，光子发射速率很快下降，因为能量按照(13.49)式转移.

注意我们假设量子发射体的内禀量子产率为 1，这意味着没有内禀非辐射衰变. 因此，只有局域环境能够降低发射体的量子产率. 从而在图 13.14 中的光致荧光增强是激发速率增大的结果，如(13.50)式中第一项所表达的. 但是，如果量子发射体具有低的内禀量子产率，局域环境也能够增高量子产率，带来非常大的光致荧光增强. 例如，一个金纳米颗粒能增强稀土离子发光两个数量级[35]，一个金领结天线被用来增强染料分子的近红外光发射到三个数量级[19]. 为了考虑一个有限的内禀量子产率，我们需要在(13.45)式中包含一个附加项 γ_{int}.

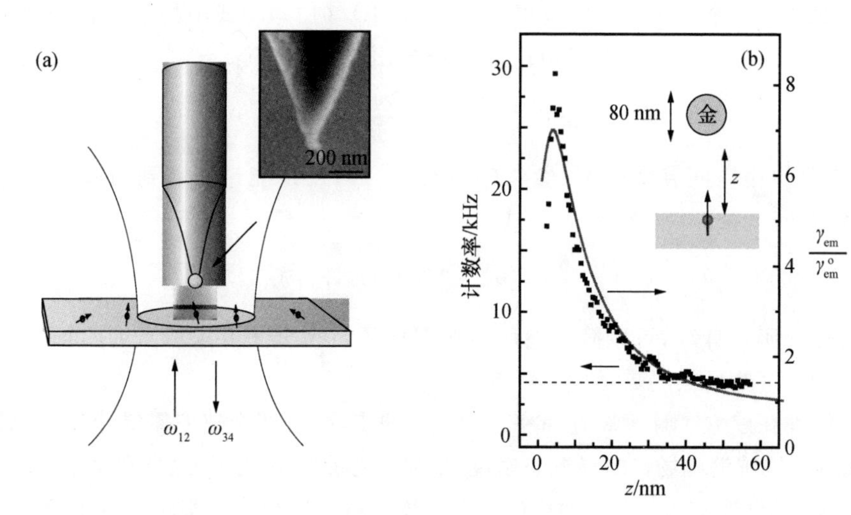

图 13.14　80 nm 的金颗粒导致的光致发光增强. (a)实验示意图. 插图：附着在光纤上的一个金颗粒的扫描电子显微镜图像. (b) 光致发光速率作为颗粒-发射体距离 z 的函数(实曲线：理论；点：实验). 水平虚线标示背景水平. 引自[34].

激光参数，比如饱和强度 I_{sat} 和激光增益系数 g，依赖于自发和受激发射速率的平衡. 自发发射由激发态寿命 τ 表征，而受激发射由有效截面

$$\sigma_{\text{eff}} = \sigma_{34} \left| \frac{\boldsymbol{n}_{34} \cdot [1 + \overleftrightarrow{\boldsymbol{f}}_{34}] \boldsymbol{E}_0(\boldsymbol{r}_0, \omega_{34})}{\boldsymbol{n}_{34} \cdot \boldsymbol{E}_0(\boldsymbol{r}_0, \omega_{34})} \right|^2 \tag{13.51}$$

表示. 这里，$\boldsymbol{E}_0$ 是入射场，$\overleftrightarrow{\boldsymbol{f}}_{34}$ 是局域场增强因子. 通过 τ 和 σ_{eff}，饱和强度和激光增益系数定义为

$$I_{\text{sat}} = \frac{\hbar\omega_{34}}{\tau\sigma_{\text{eff}}}, \ g \propto \gamma_{12} \frac{\tau\sigma_{\text{eff}}}{1 + I/I_{\text{sat}}}. \tag{13.52}$$

明显地，乘积 $\tau\sigma_{\text{eff}}$ 具有核心重要性. 因此，设计加工良好的光学天线和局域环境通常能够提供实现新激光基质材料的途径.

§ 13.5　量子产率增高

分子或者任何别的量子系统的激发能可以通过辐射或者非辐射方式耗散掉. 辐射弛豫关联着光子发射，而非辐射弛豫可以有多种途径，比如耦合到振动能级、能量转移到环境，或者被其他分子猝灭等. 使量子系统辐射输出最大化的条件是经常希望得到的. 对这种输出的一个有用测量是量子产率

$$Q = \frac{\gamma_{\text{rad}}}{\gamma_{\text{rad}} + \gamma_{\text{nr}}}, \tag{13.53}$$

其中 γ_{rad} 和 γ_{nr} 分别是辐射和非辐射衰变速率. 注意 Q 形式上等价于天线效率 η_{rad}（参考(13.9)式）. 我们简单地用速率表示功率. 在一个均匀环境中，Q 与在 8.5.1 节定义的内禀量子产率 q_{i} 是一致的. 但是，γ_{rad} 和 γ_{nr} 是局域环境的函数，从而被光学天线的存在所影响.

为了确定在一个具体环境中的量子产率，需要把(8.141)式中的总衰变速率分为辐射和非辐射两部分：

$$\gamma = \gamma_{\text{rad}} + \gamma_{\text{nr}}. \tag{13.54}$$

通过计算辐射到远场的 P_{rad} 和被环境吸收的辐射 P_{abs} 之间的平衡，这两部分的贡献就能够被确定.

我们把一个在自由空间激发的分子的衰变速率表示为 $\gamma^{\circ} = \gamma^{\circ}_{\text{rad}} + \gamma^{\circ}_{\text{nr}}$. 注意 $\gamma^{\circ}_{\text{nr}}$ 只表示分子内的非辐射损耗，也即它是分子的内禀性质. 孤立分子的内禀量子产率定义为 $q_{\text{i}} = \gamma^{\circ}_{\text{rad}}/(\gamma^{\circ}_{\text{rad}} + \gamma^{\circ}_{\text{nr}})$. 分子与局域环境的相互作用引入了一个附加的非辐射速率 γ_{loss}，从而修改量子产率为 $Q = \gamma_{\text{rad}}/(\gamma_{\text{rad}} + \gamma^{\circ}_{\text{nr}} + \gamma_{\text{loss}})$. 利用 q_{i} 的定义，此式可改写为

$$Q = \frac{\gamma_{\text{rad}}/\gamma^{\circ}_{\text{rad}}}{\gamma_{\text{rad}}/\gamma^{\circ}_{\text{rad}} + \gamma_{\text{loss}}/\gamma^{\circ}_{\text{rad}} + (1 - q_{\text{i}})/q_{\text{i}}}. \tag{13.55}$$

这里，γ_{rad} 是在光学天线存在时的辐射速率. 我们假设天线不影响内禀衰变速率

γ_{nr}^{o}. 因此 $\gamma_{nr}=\gamma_{nr}^{o}+\gamma_{loss}$. 注意(13.55)式与(13.11)式是一样的,只要我们把所有的速率 γ 换成相应的功率 P 即可.

为了理解内禀量子产率 q_i 的意义,我们考虑放置在与光学天线可变化的距离处的一个量子发射体. 在发射体和天线有大的间距时,我们有 $\gamma_{loss}\to 0$ 和 $\gamma_{rad}\to\gamma_{rad}^{o}$,因此 $Q=q_i$. 另一方面,对于一个高内禀量子产率($q_i=1$)的发射体,我们得到 $Q=\gamma_{rad}/(\gamma_{rad}+\gamma_{loss})$,因此 γ_{loss} 是仅有的非辐射衰变通道. 通过把发射体靠近颗粒,增加 γ_{loss},就会降低量子产率 Q. 一个100%效率的发射体不能更有效率了. 但是,对于低 q_i 的发射体,情形就会不同. 这里,局域环境,比如单个纳米颗粒,能增加一个分子的量子效率,这个效应在1983年被Wokaum和合作者观察到[36]. 发射体和颗粒之间的距离非常关键. 对于极大的距离,发射体和颗粒之间没有相互作用,对于极小的距离,所有的能量被耗散为热.

作为量子产率增高的例证,我们考虑图13.14所示的情形,一个单分子与一个半径为 a,介电常数为 ε 的金颗粒相互作用. 如果我们用一个方向指向颗粒的原点的辐射偶极子 $\boldsymbol{p}$ 表示分子,则归一化辐射速率为[17]

$$\frac{\gamma_{rad}}{\gamma_{r}^{o}}=\frac{|\boldsymbol{p}+\boldsymbol{p}_{ind}|^2}{|\boldsymbol{p}|^2}=\left|1+2\,\frac{\varepsilon-1}{\varepsilon+1}\,\frac{a^3}{(a+z)^3}\right|^2, \tag{13.56}$$

其中 $\boldsymbol{p}_{ind}$ 是在金颗粒上的感生偶极子,z 是分子和颗粒表面之间的距离. 另一方面,在金颗粒上的能量耗散能够按照(13.49)式计算. 在图13.15中,我们按照(13.55)式绘出量子产率 Q 在不同内禀量子产率 q_i 值时,作为分子-颗粒距离 z 的函数. 金颗粒增高一个 $q_i\approx 0.001$ 的分子的量子产率约10倍. 对于好的颗粒设计,更高的增高是可能的,比如双线和领结光学天线,见图13.5(b)和(d).

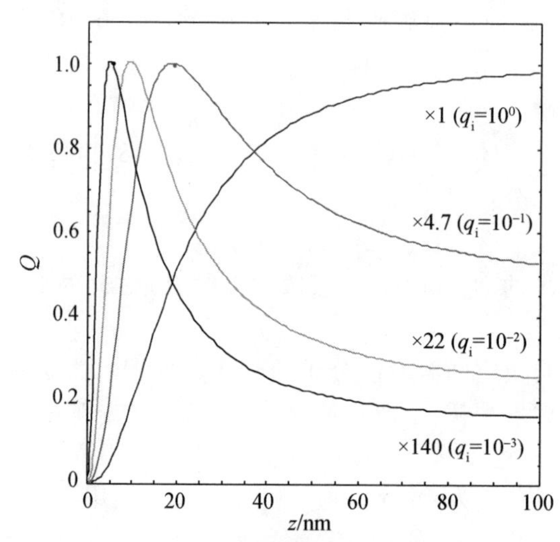

图13.15　在不同 q_i 时,量子产率作为金纳米颗粒和分子间距的函数. q_i 越小,量子产率增高可能越高. 各个曲线标定于同一个最大值. 这里 $\lambda=650$ nm, $a=40$ nm.

注意,(13.56)式的分母中有一个项为 $\varepsilon+2$,(13.49)式为 $\varepsilon+1$. 这种不同的起源是颗粒作为一个球散射辐射,但是它耗散功率时就好像是一个无限扩展的平面. 对最佳的量子产率增高,在 $\varepsilon=-2$ 共振,而不是 $\varepsilon=-1$ 共振附近操作是较好的. 对于以 Drude 型电子气(见第 12 章)描述的介电函数,分子的发射波长需要相对表面等离激元共振是红失谐的.

在弱激发的情形,发射光子的数量正比于激发速率和量子产率的乘积 $\gamma_{12}\cdot Q$. 如果有天线存在,量子产率的减少比激发速率的增加要大,从而单位时间内发射光子的数量是减少的(见图 13.14 中间距较小的情形). 如果这样的耦合系统被饱和,单位时间发射的光子数将由饱和发射速率确定,它正比于增大的辐射衰变速率与量子产率之积. 因而,在低激发速率的情形,需要调节天线共振到量子发射体的吸收峰位置,但是在饱和情形,天线应该被调节到发射最大时的波长.

§13.6　总　　结

在这一章,我们归纳了光学天线的基本规律,定义了概念和术语,但是还有很多方面和应用没有涉及. 光学天线领域仍然处于起步阶段,新的想法和发展正在以极快的速度涌现. 今天,光学天线的基本材料是等离激元纳米结构,或者用自下而上的胶体化学方法制备,或者用自上而下的纳米加工技术制备,比如电子束光刻和聚焦离子束研磨. 可以想象,未来的光学天线设计能从生物学体系中获得灵感,比如集光蛋白质,且使用分子系统作为天线的结构单元.

习　　题

13.1　考虑一个简单的球纳米颗粒形式的天线,半径为 a,介电常数为 ε. 这个天线被用来增强一个偶极子量子发射体的辐射性质,如 §13.4 所述. 为简单起见,我们假设偶极矩 $\boldsymbol{p}$ 指向纳米颗粒的原点,发射体与纳米颗粒之间的相互作用在准静态极限下处理. 偶极子离开颗粒表面的距离为 z.

(1) 电场为 $\boldsymbol{E}_0$ 的平面波照射这个纳米颗粒. 电场矢量平行于偶极子 $\boldsymbol{p}$. 把纳米颗粒处理为极化率为 α 的极化球,确定发射体位置处的电场 $\boldsymbol{E}$. 由此确定归一化激发速率 $\gamma_{\mathrm{exc}}/\gamma_{\mathrm{exc}}^{\mathrm{o}}$,$\gamma_{\mathrm{exc}}^{\mathrm{o}}$ 指的是无纳米颗粒时的值.

(2) 假设发射体开始辐射,纳米颗粒被感生出一个偶极子 $\boldsymbol{p}_{\mathrm{ind}}$. 辐射功率正比于 $|\boldsymbol{p}+\boldsymbol{p}_{\mathrm{ind}}|^2$. 计算归一化辐射速率 $\gamma_{\mathrm{rad}}/\gamma_{\mathrm{rad}}^{\mathrm{o}}$,$\gamma_{\mathrm{rad}}^{\mathrm{o}}$ 指的是无纳米颗粒时的值.

(3) 基于前面的两个结果,讨论偶极子发射的方向性 $D(\theta,\phi)$ 在多大程度上被纳米颗粒影响.

(4) 利用(13.49)式,确定归一化非辐射速率 $\gamma_{\text{loss}}/\gamma_{\text{rad}}^{\text{o}}$.

(5) 假设 $q_{\text{i}}=1$,计算量子产率 $Q(z)$.

(6) 绘出归一化荧光速率 $\gamma_{\text{em}}/\gamma_{\text{em}}^{\text{o}}$ 作为 z 的函数.假设颗粒是金,$a=80$ nm,激发和发射波长 $\lambda=650$ nm.最大增强是多少?

(7) 确定态密度 $\rho_{z}(z)$并讨论它的各项.

13.2 假设光学天线的等效电路是一个 RLC 共振电路.假设在小尺寸极限下,电容的大小为 $C(x)=\varepsilon_0 A/d=\varepsilon_0 x$,$x$ 是天线的特征尺寸.类似地,电感假设为 $L=\mu_0 x$.假设欧姆和辐射阻尼很小,说明特征尺寸 x 的量级为 $\lambda/(2\pi)$.进而说明共振品质因数正比于自由空间的波阻抗除以欧姆与辐射电阻之和.

13.3 考虑并排放置的纳米棒双体.考虑到这个双体根据对称性能被两个独立的偏振光激发,利用等离激元杂化模型找到这个系统的四个基本本征模式.以暗和亮共振来划分这些模式.

13.4 为了理解多元天线的规律,比如 Yagi-Uda 天线,我们考虑三个偶极子 $\boldsymbol{p}_1$,$\boldsymbol{p}_2$,和 $\boldsymbol{p}_3$ 放置在 x 轴.如下图所示,偶极子互相平行,方向垂直于 x 轴.$\boldsymbol{p}_1$ 是驱动偶极子(馈入元件),放置在 $x=0$.$\boldsymbol{p}_2$ 是寄生元件,要用作导向元件,而 $\boldsymbol{p}_3$ 也是一个寄生元件,但要用作反射元件.

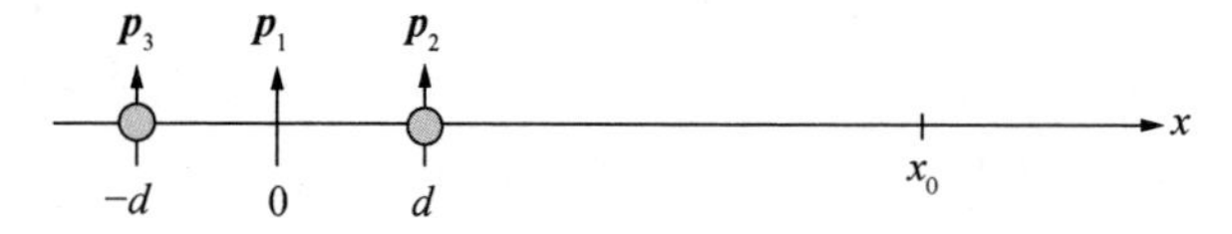

(1) 利用 8.3.1 节定义的 Green 函数 $\overleftrightarrow{\boldsymbol{G}}$ 估计偶极子 $\boldsymbol{p}_1$ 的场 $\boldsymbol{E}_1$ 的相位 $\phi(x)$.绘出 ϕ 作为 x/λ 的函数,λ 是辐射波长.提示:相位在 $x=0$ 处是 $\phi(x)=180°$.

(2) 给出 ϕ 的第一个极值的距离,即确定在距离 $x=d$ 时,相位为第一个极大和极小值.我们要得出在距离点 $x=x_0\gg\lambda$ 处的不同偶极子的同相场,也就是,它们在向前传播时相长干涉.因为 $\boldsymbol{p}_1$ 是仅有的驱动偶极子,我们要求沿不同路径的相位

$$\phi_{0\to x_0}=\int_0^{x_0}\frac{\mathrm{d}\phi}{\mathrm{d}x}\mathrm{d}x \tag{13.57}$$

是相同的(可以差 2π 的倍数).

(3) 我们考虑从 0 到 x_0 的直接路径(路径 1)和通过导向偶极子的非直接路径(路径 2).沿着后者的相位被写为 $\phi_{0\to x_0}=\phi_{0\to d}+\phi_{\text{interaction}}+\phi_{d\to x_0}$,$\phi_{\text{interaction}}$是由于与导向偶极子相互作用导致的相位.假设 $d=\lambda/5$,计算沿路径 1 和路径 2 相位相等的 $\phi_{\text{interaction}}$的值.

(4) 对路径 3,重复上面的计算,即用反射偶极子代替导向偶极子. 相互作用相位 $\phi_{\mathrm{interaction}}$ 的值应是多少?

(5) $\phi_{\mathrm{interaction}}$ 直接与导向和反射偶极子的极化率 α 相关. 假设 α 是一个 Lorentz 函数,对导向和反射偶极子的中心频率,讨论最好的选择是什么.

参 考 文 献

[1] P. Bharadwaj, B. Deutsch, and L. Novotny, "Optical antennas," *Adv. Opt. Photonics* **1**, 438 - 483 (2009).

[2] S. Walter, E. Bolmont, and A. Coret, "La correspondance entre Henri Poincaré et les physiciens, chimistes et ingénieurs," in *Publications of the Henri Poincaré Archives*, Chapter 8. Basel: Birkhäuser (2007).

[3] R. Feynman. "There's plenty of room at the bottom," *Caltech Eng. Sci.* **23**(5) 22 - 36 (1960).

[4] D. W. Pohl, "Near field optics seen as an antenna problem," in *Near-field Optics: Principles and Applications—The Second Asia-Pacific Workshop on Near Field Optics* (1999).

[5] O. Keller, "Near-field optics: the nightmare of the photon," *J. Chem. Phys.* **112**, 7856 - 7863 (2000).

[6] B. Lounis and M. Orrit, "Single-photon sources," *Rep. Prog. Phys.*, **68**, 1129 - 1179 (2005).

[7] K. F. Lee, *Principles of Antenna Theory*. New York: John Wiley and Sons (1984).

[8] C. A. Balanis, *Antenna Theory: Analysis and Design*, 2nd edn. New York: John Wiley and Sons (1997).

[9] R. W. P. King and C. Harrison, *Antennas and Waves: A Modern Approach*. Cambridge, MA: MIT Press (1970).

[10] D. K. Cheng, *Field and Wave Electromagnetics*, 2nd edn. New York: Addison Wesley (1989).

[11] J. Alda, J. M. Rico-Garcia, J. M. Lopez-Alonso, and G. Boreman, "Optical antennas for nano-photonic applications," *Nanotechnology* **16**, S230 - S234 (2005).

[12] A. G. Curto, G. Volpe, T. H. Taminiau, *et al.*, "Unidirectional emission of a quan-tum dot coupled to a nanoantenna," *Science* **329**, 930 - 933 (2010). Reprinted with permission from AAAS.

[13] H. Gersen, M. F. García-Parajó, L. Novotny, J. A. Veerman, L. Kuipers, and N. F. van Hulst, "Influencing the angular emission of a single molecule," *Phys. Rev. Lett.* **85**, 5312 - 5315 (2000).

[14] L. J. Chu, "Physical limitations of omni-directional antennas," *Appl. Phys.* **19**, 1163 - 1175 (1948).

[15] M. Gustafsson, C. Sohl and G. Kristensson, "Physical limitations on antennas of arbitrary shape," *Proc. Roy. Soc. A* **463**, 2589 - 2607 (2007).

[16] K. T. Shimizu, W. K. Woo, B. R. Fisher, H. J. Eisler, and M. G. Bawendi, "Surface-enhanced emission from single semiconductor nanocrystals," *Phys. Rev. Lett.* **89**, 117401 (2002).

[17] P. Bharadwaj and L. Novotny, "Spectral dependence of single molecule fluorescence enhancement," *Opt. Express* **15**, 14266 - 14274 (2007).

[18] T. H. Taminiau, F. D. Stefani, and N. F. van Hulst, "Enhanced directional excitation and emission of single emitters by a nano-optical Yagi-Uda antenna," *Opt. Express* **16**, 10858 - 10866 (2008).

[19] A. Kinkhabwala, Z. Yu, S. Fan, *et al.*, "Large single-molecule fluorescence enhancements produced by a bowtie nanoantenna," *Nature Photonics* **3**, 654 - 657 (2009).

[20] J. A. Bean, B. Tiwari, G. H. Bernstein, P. Fay and W. Porod, "Thermal infrared detec-tion using dipole antenna-coupled metal-oxide-metal diodes," *J. Vac. Sci. Technol. B* **27**, 11 - 14 (2009).

[21] H. T. Friis, "A note on a simple transmission formula," *Proc. IRE* **34**, 254 - 256 (1946).

[22] L. Novotny, "Effective wavelength scaling for optical antennas," *Phys. Rev. Lett.* **98**, 266802 (2007).

[23] A. Alù and N. Engheta, "Tuning the scattering response of optical nanoantennas with nanocircuit loads," *Nature Photonics* **2**, 307 - 310 (2008). Reprinted with permission from Macmillan Publishers Ltd.

[24] J. Dorfmüller, R. Vogelgesang, R. T. Weitz, *et al.*, "Fabry-Pérot resonances in one-dimensional plasmonic nanostructures," *Nano Lett.* **9**, 2372 - 2377 (2009).

[25] P. M. Krenz, R. L. Olmon, B. A. Lail, M. B. Raschke, and G. D. Boreman, "Near-field measurement of infrared coplanar strip transmission line attenuation and propagation constants," *Opt. Express* **18**, 21678 - 21686 (2010).

[26] L. Douillard, F. Charra, Z. Korczak, *et al.*, "Short range plasmon resonators probed by photoemission electron microscopy," *Nano Lett.* **8**, 935 - 940 (2008).

[27] J.-S. Huang, T. Feichtner, P. Biagioni, and B. Hecht, "Impedance matching and emission properties of optical antennas in a nanophotonic circuit," *Nano Lett.* **9**, 1897 - 1902 (2009).

[28] J.-J. Greffet, M. Laroche, and F. Marquier, "Impedance of a nanoantenna and a single quantum emitter," *Phys. Rev. Lett.* **105**, 117701 (2010).

[29] V. M. Shalaev, "Electromagnetic properties of small-particle composites," *Phys. Rep.* **272**, 61 - 137 (1996).

[30] M. R. Beversluis, A. Bouhelier, and L. Novotny, "Continum generation from single gold nanostructures through near-field mediated intraband transitions," *Phys. Rev. B* **68**, 115433 (2003).

[31] J. R. Zurita-Sanchez and L. Novotny, "Multipolar interband absorption in a semiconductor quantum dot. I. Electric quadrupole enhancement," *J. Opt. Soc. Am. B* **19**, 1355 - 1362 (2002); "Multipolar interband absorption in a semiconductor quantum dot. II. Magnetic dipole enhancement," *J. Opt. Soc. Am. B* **19**, 2722 - 2726 (2002).

[32] W. Rechberger, A. Hohenau, A. Leitner, *et al.*, "Optical properties of two interacting gold nanoparticles," *Opt. Commun.* **220**, 137 - 141 (2003).

[33] F. Zhou, Y. Liu, Z.-Y. Li, and Y. Xia, "Analytical model for optical bistability in non-linear metal nano-antennae involving Kerr materials," *Opt. Express* **18**, 13337 - 13344 (2010).

[34] P. Anger, P. Bharadwaj, and L. Novotny, "Enhancement and quenching of single molecule fluorescence," *Phys. Rev. Lett.* **96**, 113002 (2006).

[35] P. Bharadwaj and L. Novotny, "Plasmon enhanced photoemission from a single Y3 N@C80 fullerene," *J. Phys. Chem. C* **14**, 7444 - 7447 (2010).

[36] A. Wokaun, H.-P. Lutz, A. P. King, U. P. Wild, and R. R. Ernst, "Energy transfer in surface enhanced luminescence," *J. Chem. Phys.* **79**, 509 - 514 (1983).

第14章 光　　力

早在1619年,Johannes Kepler就提出,彗星进入太阳系之后彗尾偏转的原因可能是光的力学效果.1873年,经典Maxwell理论指出,辐射场带有动量,会对照射到的物体产生"光压".1905年,Einstein引入光子的概念,显示光与物质间的能量的转移是通过离散的量子.在微观事件中,动量和能量守恒是至关重要的.Compton于1925年用实验证实了光子(X射线)与其他粒子(电子)之间离散的动量转移,而Frisch在1933年观察到了原子受光子的反冲[1].20世纪70年代,Letokhov和苏联的研究人员组成的团队,以及来自美国贝尔实验室的Ashkin团队,做了关于光子对中性原子的作用的重要研究,后者提出了偏转和聚焦原子束,以及用聚焦激光束进行原子陷俘的方法.Ashkin和他的同事们后来的一些工作发展出了"光镊":光镊允许人们用光学方法陷俘和操控典型尺寸为0.1～10 μm的宏观颗粒和活细胞[2,3].毫瓦量级的激光可以产生皮牛量级的力.得益于隐失光场的高梯度,光学近场可以产生很强的力.

物体可经与辐射场的相互作用而降温的想法是Pringsheim在1929年提出来的[4],但用两束相对传播的激光冷却原子的提议却是由Hänsch和Schawlow在1975年给出的[5],而这一提议正是导致1997年诺贝尔物理学奖的一系列激动人心的实验的开端.激光陷俘和冷却中机械力的来源可以用半经典方式理解:将电磁场视作经典的,而将被陷俘颗粒视作量子化的两能级系统[6].但要正确解释结果,还是得用光子的量子理论[7].更进一步,光子概念断言辐射场和原子之间有量子化的能、动量转移.

在这一章里,我们将用经典电动力学推导光场中的线动量守恒定律.施加于任意物体的净力完全由Maxwell应力张量决定.对无限延展物体,公式表现为已知的辐射压公式.类似地,在小物体极限下,我们对梯度力和散射力得出了熟悉的表达式.利用附录A中关于原子极化的表达式,还可以推导光陷俘中作用于原子和分子上的力.

§14.1　Maxwell应力张量

电磁场中的力的一般定律建立在线动量守恒定律之上,因此我们先推导这个定律,再讨论偶极子极限和平面界面极限两种极限情况.为简化过程,我们先来考虑真空中的Maxwell方程组,此时,$\boldsymbol{D}=\varepsilon_0\boldsymbol{E}$,$\boldsymbol{B}=\mu_0\boldsymbol{H}$.之后我们会放松这个限制.

线动量守恒定律完全就是 Maxwell 方程组

$$\nabla\times\boldsymbol{E}(\boldsymbol{r},t)=-\frac{\partial\boldsymbol{B}(\boldsymbol{r},t)}{\partial t},\tag{14.1}$$

$$\nabla\times\boldsymbol{B}(\boldsymbol{r},t)=\frac{1}{c^2}\frac{\partial\boldsymbol{E}(\boldsymbol{r},t)}{\partial t}+\mu_0\boldsymbol{j}(\boldsymbol{r},t),\tag{14.2}$$

$$\nabla\cdot\boldsymbol{E}(\boldsymbol{r},t)=\frac{1}{\varepsilon_0}\rho(\boldsymbol{r},t),\tag{14.3}$$

$$\nabla\cdot\boldsymbol{B}(\boldsymbol{r},t)=0,\tag{14.4}$$

和力定律

$$\begin{aligned}F(\boldsymbol{r},t)&=q[\boldsymbol{E}(\boldsymbol{r},t)+\boldsymbol{v}(\boldsymbol{r},t)\times\boldsymbol{B}(\boldsymbol{r},t)]\\&=\int_V[\rho(\boldsymbol{r},t)\boldsymbol{E}(\boldsymbol{r},t)+\boldsymbol{j}(\boldsymbol{r},t)\times\boldsymbol{B}(\boldsymbol{r},t)]\mathrm{d}V\end{aligned}\tag{14.5}$$

的一个推论.(14.5)式中的第一个表达式适用于以速度 $\boldsymbol{v}$ 运动的电荷 q,第二个表达式适用于满足连续性方程

$$\nabla\cdot\boldsymbol{j}(\boldsymbol{r},t)+\frac{\partial\rho(\boldsymbol{r},t)}{\partial t}=0\tag{14.6}$$

的电荷和电流分布,连续性方程可直接由 Maxwell 方程组得出.力定律联系起电磁和机械世界.事实上(14.5)式的第一个表达式正是电场和磁场的定义式.

我们对 Maxwell 方程组的第一、二个方程分别进行 $\times\varepsilon_0\boldsymbol{E}$ 和 $\times\mu_0\boldsymbol{H}$ 的操作,并相加,得到

$$\varepsilon_0(\nabla\times\boldsymbol{E})\times\boldsymbol{E}+\mu_0(\nabla\times\boldsymbol{H})\times\boldsymbol{H}=\boldsymbol{j}\times\boldsymbol{B}-\frac{1}{c^2}\left[\frac{\partial\boldsymbol{H}}{\partial t}\times\boldsymbol{E}\right]+\frac{1}{c^2}\left[\frac{\partial\boldsymbol{E}}{\partial t}\times\boldsymbol{H}\right].\tag{14.7}$$

式中省略了参量$(\boldsymbol{r},t)$并使用了 $\varepsilon_0\mu_0=1/c^2$.上式后两项可以合并为$(1/c^2)\mathrm{d}/\mathrm{d}t[\boldsymbol{E}\times\boldsymbol{H}]$,(14.7)式中第一个表达式可以写为

$$\begin{aligned}\varepsilon_0(\nabla\times\boldsymbol{E})\times\boldsymbol{E}&=\varepsilon_0\begin{bmatrix}\frac{\partial}{\partial x}(E_x^2-E^2/2)+\frac{\partial}{\partial y}(E_xE_y)+\frac{\partial}{\partial z}(E_xE_z)\\\frac{\partial}{\partial x}(E_xE_y)+\frac{\partial}{\partial y}(E_y^2-E^2/2)+\frac{\partial}{\partial z}(E_yE_z)\\\frac{\partial}{\partial x}(E_xE_z)+\frac{\partial}{\partial y}(E_yE_z)+\frac{\partial}{\partial z}(E_z^2-E^2/2)\end{bmatrix}-\varepsilon_0\boldsymbol{E}\,\nabla\cdot\boldsymbol{E}\\&=\nabla[\varepsilon_0\boldsymbol{E}\boldsymbol{E}-(\varepsilon_0/2)E^2\overleftrightarrow{\boldsymbol{I}}]-\rho\boldsymbol{E},\end{aligned}\tag{14.8}$$

最后一步利用了(14.3)式,记号 $\boldsymbol{EE}$ 表示并矢,$E^2=E_x^2+E_y^2+E_z^2$ 是电场强度,$\overleftrightarrow{\boldsymbol{I}}$ 表示单位张量.同理可以推导 $\mu_0(\nabla\times\boldsymbol{H})\times\boldsymbol{H}$.代入(14.7)式可得

$$\nabla\cdot\left[\varepsilon_0\boldsymbol{EE}+\mu_0\boldsymbol{HH}-\frac{1}{2}(\varepsilon_0E^2+\mu_0H^2)\overleftrightarrow{\boldsymbol{I}}\right]=\frac{\mathrm{d}}{\mathrm{d}t}\frac{1}{c^2}(\boldsymbol{E}\times\boldsymbol{H})+\rho\boldsymbol{E}+\boldsymbol{j}\times\boldsymbol{B}.\tag{14.9}$$

上式左边括号中的表达式称为真空中的 Maxwell 应力张量，通常记为 $\overleftrightarrow{\boldsymbol{T}}$. 用笛卡儿分量写出为

$$\overleftrightarrow{\boldsymbol{T}}=\left[\varepsilon_0\boldsymbol{EE}+\mu_0\boldsymbol{HH}-\frac{1}{2}(\varepsilon_0E^2+\mu_0H^2)\overleftrightarrow{\boldsymbol{I}}\right]$$

$$=\begin{bmatrix}\varepsilon_0(E_x^2-E^2/2)+\mu_0(H_x^2-H^2/2) & \varepsilon_0E_xE_y+\mu_0H_xH_y & \varepsilon_0E_xE_z+\mu_0H_xH_z\\ \varepsilon_0E_xE_y+\mu_0H_xH_y & \varepsilon_0(E_y^2-E^2/2)+\mu_0(H_y^2-H^2/2) & \varepsilon_0E_yE_z+\mu_0H_yH_z\\ \varepsilon_0E_xE_z+\mu_0H_xH_z & \varepsilon_0E_yE_z+\mu_0H_yH_z & \varepsilon_0(E_z^2-E^2/2)+\mu_0(H_z^2-H^2/2)\end{bmatrix}. \tag{14.10}$$

对(14.9)式在任意包含所有 ρ 和 $\boldsymbol{j}$ 的体积 V 上积分，得到

$$\int_V\nabla\cdot\overleftrightarrow{\boldsymbol{T}}\mathrm{d}V=\frac{\mathrm{d}}{\mathrm{d}t}\frac{1}{c^2}\int_V(\boldsymbol{E}\times\boldsymbol{H})\mathrm{d}V+\int_V(\rho\boldsymbol{E}+\boldsymbol{j}\times\boldsymbol{B})\mathrm{d}V. \tag{14.11}$$

最后一项正好是机械力的表达式(14.5). 用 Gauss 定理可以将左侧的体积分变为面积分：

$$\int_V\nabla\cdot\overleftrightarrow{\boldsymbol{T}}\mathrm{d}V=\int_{\partial V}\overleftrightarrow{\boldsymbol{T}}\cdot\boldsymbol{n}\mathrm{d}a, \tag{14.12}$$

其中 ∂V 表示 V 的表面，$\boldsymbol{n}$ 是表面的单位法矢量，$\mathrm{d}a$ 表示一个无限小面积元. 最终，我们得到线动量守恒定律：

$$\int_{\partial V}\overleftrightarrow{\boldsymbol{T}}(\boldsymbol{r},t)\cdot\boldsymbol{n}(\boldsymbol{r})\mathrm{d}a=\frac{\mathrm{d}}{\mathrm{d}t}[\boldsymbol{G}_{\text{field}}+\boldsymbol{G}_{\text{mech}}]. \tag{14.13}$$

上式中的 $\boldsymbol{G}_{\text{mech}}$ 和 $\boldsymbol{G}_{\text{field}}$ 分别为机械动量和场动量，式中利用了机械力的 Newton 公式 $\boldsymbol{F}=\mathrm{d}/\mathrm{d}t\,\boldsymbol{G}_{\text{mech}}$ 和场动量(Abraham 密度)的定义式

$$\boldsymbol{G}_{\text{field}}=\frac{1}{c^2}\int_V(\boldsymbol{E}\times\boldsymbol{H})\mathrm{d}V. \tag{14.14}$$

上式是 V 中电磁场所拥有的动量，源于 Maxwell 旋度方程中的动力学项. 在一个振荡周期内，场动量时间导数的平均值为 0，因此，平均机械力为

$$\langle\boldsymbol{F}\rangle=\int_{\partial V}\langle\overleftrightarrow{\boldsymbol{T}}(\boldsymbol{r},t)\rangle\cdot\boldsymbol{n}(\boldsymbol{r})\mathrm{d}a, \tag{14.15}$$

$\langle\rangle$表示时间平均. 上式是普适的，可用于计算闭合面 ∂V 内任意物体所受的机械力. 这些力完全由表面上的电磁场决定. 有趣的是，式中不包含任何物体的性质，所有的信息都包含在电磁场中，仅仅要求物体是刚性的. 如果物体在电磁场中会发生形变，就必须考虑电致伸缩和磁致伸缩力. 由于选取的闭合曲面是任意的，因此，无论所考虑的电磁场是在物体表面还是远场，所得结果都一样. 需要注意的是，计算力时所使用的，是此问题的自洽场，即同时包括入射和散射场，因此，计算力之前，需要先解出电磁场. 如果物体 B 周围是介电常数 ε 和磁导率 μ 无色散的介质(图

14.1)，用下式代替 Maxwell 应力张量(14.10)，即可用同样的方法计算机械力：

$$\overleftrightarrow{\boldsymbol{T}}=\left[\varepsilon_0\varepsilon\boldsymbol{E}\boldsymbol{E}+\mu_0\mu\boldsymbol{H}\boldsymbol{H}-\frac{1}{2}(\varepsilon_0\varepsilon E^2+\mu_0\mu H^2)\overleftrightarrow{\boldsymbol{I}}\right].\tag{14.16}$$

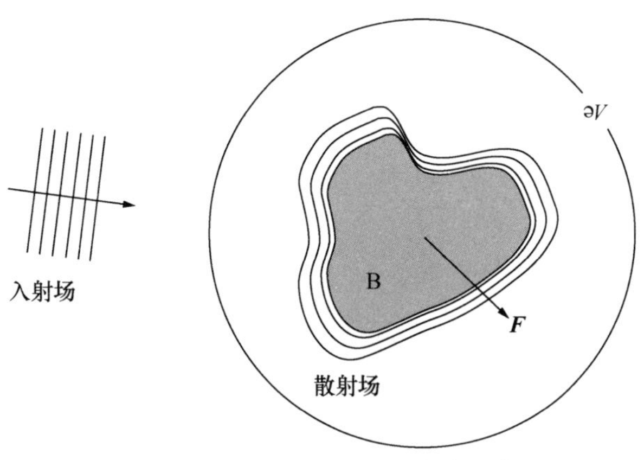

图 14.1　物体 B 所受的机械力 $\boldsymbol{F}$ 完全取决于包围 B 的任意闭合面 ∂V 上的电磁场.

§14.2　辐　射　压

如图 14.2 所示，我们考虑具有无限大平面界面的介质所受的辐射压. 介质受垂直于界面入射的单色平面波照射，部分入射光会在界面发生反射，反射的强度取决于介质的性质. 引入复反射系数 r，介质外的电场可以写成两列相对传播平面波的叠加：

$$\boldsymbol{E}(\boldsymbol{r},t)=E_0\mathrm{Re}\{[\mathrm{e}^{\mathrm{i}kz}+r\mathrm{e}^{-\mathrm{i}kz}]\mathrm{e}^{-\mathrm{i}\omega t}\}\boldsymbol{n}_x.\tag{14.17}$$

利用 Maxwell 旋度方程(14.1)，可以得到磁场方程

$$\boldsymbol{H}(\boldsymbol{r},t)=\sqrt{\varepsilon_0/\mu_0}E_0\mathrm{Re}\{[\mathrm{e}^{\mathrm{i}kz}-r\mathrm{e}^{-\mathrm{i}kz}]\mathrm{e}^{-\mathrm{i}\omega t}\}\boldsymbol{n}_y.\tag{14.18}$$

为了计算辐射压 P，我们在无限大平面 A 上对 Maxwell 应力张量积分，A 平行于界面，如图 14.2 所示. 利用(14.15)式，可算得辐射压

$$P\boldsymbol{n}_z=\frac{1}{A}\int_A\langle\overleftrightarrow{\boldsymbol{T}}(\boldsymbol{r},t)\rangle\cdot\boldsymbol{n}_z\mathrm{d}a.\tag{14.19}$$

由于我们只对介质界面所受的压强，而不是介质所受的机械力感兴趣，因此不必对闭合面 ∂V 积分. 利用方程(14.17)和(14.18)中的场，我们发现 Maxwell 应力张量方程(14.10)中的前两项对辐射压没有贡献，第三项给出

$$\langle\overleftrightarrow{\boldsymbol{T}}(\boldsymbol{r},t)\rangle\cdot\boldsymbol{n}_z=-\frac{1}{2}\langle\varepsilon_0E^2+\mu_0H^2\rangle\boldsymbol{n}_z=\frac{\varepsilon_0}{2}E_0^2[1+|r|^2]\boldsymbol{n}_z.\tag{14.20}$$

利用平面波强度的定义式 $I_0=(\varepsilon_0/2)cE_0^2$，其中 c 为真空光速，我们可以将辐射压

写为

$$P = \frac{I_0}{c}(1 + R), \tag{14.21}$$

其中$R=|r|^2$是反射率,对理想吸收介质$R=0$,理想反射介质$R=1$.因此,理想反射介质上的辐射压是理想吸收介质上的两倍.

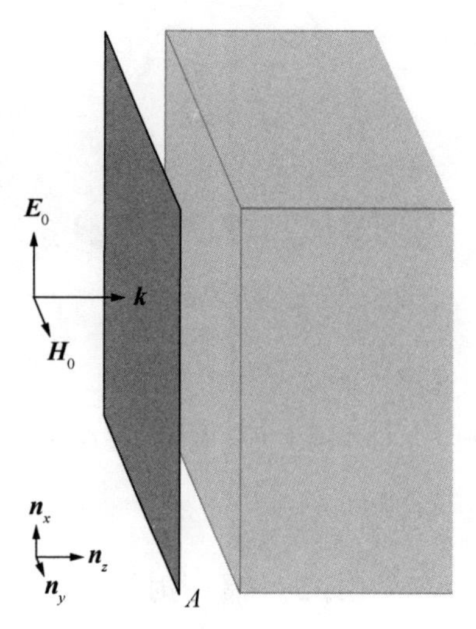

图 14.2 推导辐射压的构型.

§14.3 Lorentz 力密度

让我们回到力定律的定义式(14.5),并假设所有电荷和电流都是与极化强度$\boldsymbol{P}$有关的次级源.根据(2.10)式,电流密度可以表示为$\boldsymbol{j}=\partial\boldsymbol{P}/\partial t$,电荷密度可根据守恒定律(14.6)写为$\rho=-\nabla\cdot\boldsymbol{P}$.代入力定律得到

$$\boldsymbol{F}(\boldsymbol{r},t) = \int_V \boldsymbol{f}(\boldsymbol{r},t)\mathrm{d}V, \quad \boldsymbol{f}(\boldsymbol{r},t) = -\boldsymbol{E}(\nabla\cdot\boldsymbol{P}) + \frac{\partial\boldsymbol{P}}{\partial t}\times\boldsymbol{B}. \tag{14.22}$$

这里,$\boldsymbol{f}(\boldsymbol{r},t)$表示 Lorentz 力密度.上式没有包含物体的性质,因此是普适的.利用本构关系,可以把极化强度$\boldsymbol{P}$表示为电场$\boldsymbol{E}$的线性或非线性形式.

§14.4 偶极子近似

对一个量子化的两能级系统,例如一个限制在两个态之间跃迁的原子,可以用偶极子很好地描述.这样的近似对一个尺寸远小于照射光波长的宏观颗粒(Rayleigh 颗粒)同样成立.为了推导作用于$\boldsymbol{r}_0$处的偶极子上的电磁力,我们需要在

Lorentz 力密度 $\boldsymbol{f}$ 中引入极化强度 $\boldsymbol{P}=\boldsymbol{p}\delta(\boldsymbol{r}-\boldsymbol{r}_0)$. 类似地,我们可以用入射场和偶极子散射场的 Maxwell 应力张量的形式表示电场 $\boldsymbol{E}$. 虽然这些做法在形式上都是正确的,但从微观角度处理作用在偶极子上的力会更直观一点. 我们将在后面回到 Lorentz 力密度,并将显示它们得到同样的结果.

如图 14.3 所示,我们考虑两个带相反电荷、质量分别为 m_1 和 m_2,分开很小的距离 $|\boldsymbol{s}|$,并处于任意电磁场 $\boldsymbol{E},\boldsymbol{B}$ 中的颗粒. 在非相对论极限下,分别用 $m_1\ddot{\boldsymbol{r}}_1$ 和 $m_2\ddot{\boldsymbol{r}}_2$ 代替方程(14.5)中的 $\boldsymbol{F}$,即可得到每个颗粒的动力学方程,$\boldsymbol{r}$ 上的点表示对时间求导. 又由于两个颗粒是束缚在一起的,因此我们需要考虑它们之间的结合能 U. 综合以上考虑,两个颗粒的动力学方程可写为

$$m_1\ddot{\boldsymbol{r}}_1=q[\boldsymbol{E}(\boldsymbol{r}_1,t)+\dot{\boldsymbol{r}}_1\times\boldsymbol{B}(\boldsymbol{r}_1,t)]-\nabla U(\boldsymbol{r}_1,t),\tag{14.23}$$

$$m_2\ddot{\boldsymbol{r}}_2=-q[\boldsymbol{E}(\boldsymbol{r}_2,t)+\dot{\boldsymbol{r}}_2\times\boldsymbol{B}(\boldsymbol{r}_2,t)]+\nabla U(\boldsymbol{r}_2,t).\tag{14.24}$$

由于这是一个两体问题,最方便的解法是引入质心坐标

$$\boldsymbol{r}=\frac{m_1}{m_1+m_2}\boldsymbol{r}_1+\frac{m_2}{m_1+m_2}\boldsymbol{r}_2.\tag{14.25}$$

$\boldsymbol{r}$ 的引入可以将两颗粒的内部运动和质心运动分开. 两颗粒处的电场可以用 Taylor 展开为

$$\boldsymbol{E}(\boldsymbol{r}_1)=\sum_{n=0}^{\infty}\frac{1}{n!}[(\boldsymbol{r}_1-\boldsymbol{r})\cdot\nabla]^n\boldsymbol{E}(\boldsymbol{r})=\boldsymbol{E}(\boldsymbol{r})+[(\boldsymbol{r}_1-\boldsymbol{r})\cdot\nabla]\boldsymbol{E}(\boldsymbol{r})+\cdots,$$

$$\boldsymbol{E}(\boldsymbol{r}_2)=\sum_{n=0}^{\infty}\frac{1}{n!}[(\boldsymbol{r}_2-\boldsymbol{r})\cdot\nabla]^n\boldsymbol{E}(\boldsymbol{r})=\boldsymbol{E}(\boldsymbol{r})+[(\boldsymbol{r}_2-\boldsymbol{r})\cdot\nabla]\boldsymbol{E}(\boldsymbol{r})+\cdots.\tag{14.26}$$

可以类似地得到 $\boldsymbol{B}(\boldsymbol{r}_1)$和 $\boldsymbol{B}(\boldsymbol{r}_2)$. 对$|\boldsymbol{s}|\ll\lambda$($\lambda$ 为入射场波长)的情况,上面的表达式可以在第二项之后截断(偶极子近似). 利用(14.23)~(14.26)式和偶极矩的定义

$$\boldsymbol{p}=q\boldsymbol{s},\tag{14.27}$$

其中 $\boldsymbol{s}=\boldsymbol{r}_1-\boldsymbol{r}_2$,可以得到作用在此两颗粒系统上的合力 $\boldsymbol{F}=(m_1+m_2)\ddot{\boldsymbol{r}}$ 的表达式

$$\boldsymbol{F}=(\boldsymbol{p}\cdot\nabla)\boldsymbol{E}+\dot{\boldsymbol{p}}\times\boldsymbol{B}+\dot{\boldsymbol{r}}\times(\boldsymbol{p}\cdot\nabla)\boldsymbol{B}.\tag{14.28}$$

为了简洁,我们省略了自变量$(\boldsymbol{r},t)$. $(\boldsymbol{p}\cdot\nabla)\boldsymbol{E}$ 中的括号表示在计算 $\boldsymbol{p}\cdot\nabla=(p_x,p_y,p_z)\cdot(\partial/\partial_x,\partial/\partial_y,\partial/\partial_z)$之后再作用到 $\boldsymbol{E}$ 上. (14.28)式是这一节中最重要的方程,它用偶极矩 $\boldsymbol{p}$ 表示了作用在两颗粒上,由电磁场产生的机械力. 这个力由三部分组成:第一部分由不均匀电场产生,第二部分是熟悉的 Lorentz 力,第三部分源于在不均匀磁场中的运动. 对非相对论性速度($|\dot{\boldsymbol{r}}|\ll c$),第三部分远小于前两部分,因此,我们将在后面的讨论中忽略它. 有趣的是,(14.28)式中的场与激发场一致,这是因为我们假设偶极子系统不会改变外场. 这与一般形式不同,因为一般形式是基于考虑了自洽场的 Maxwell 应力张量的.

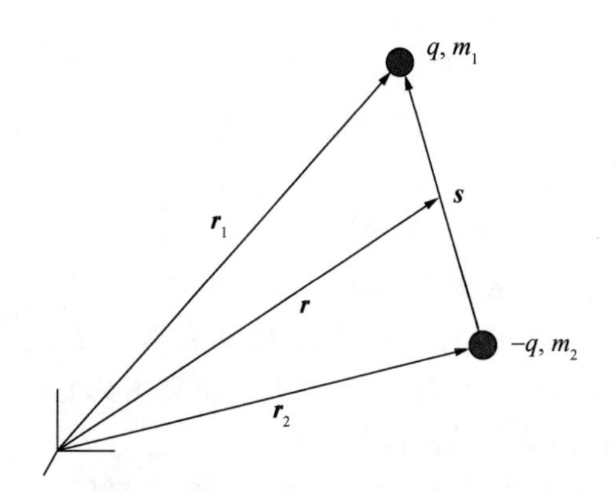

图 14.3　推导偶极子极限下机械力所用的符号的示意图. $\boldsymbol{r}$ 表示质心坐标,两颗粒由结合能 U 束缚在一起.

现在我们回到 Lorentz 力密度 $\boldsymbol{f}(\boldsymbol{r}, t)$,并展示它也能给出(14.28)式中的项. 我们将 $\boldsymbol{f}$ 的第 i 个笛卡儿坐标分量记做 f_i,其中 $i=x,y,z$. f_i 表达式(14.22)的第一项可以写为

$$\int_V -E_i(\nabla\cdot\boldsymbol{P})\mathrm{d}V = \int_V(\boldsymbol{P}\cdot\nabla)E_i\mathrm{d}V - \int_{\partial V}(\boldsymbol{P}E_i)\cdot\boldsymbol{n}\mathrm{d}a, \tag{14.29}$$

其中用了 Gauss 定理. 我们在体积 V 中放入极化强度为 $\boldsymbol{P}=\boldsymbol{p}\delta(\boldsymbol{r}-\boldsymbol{r}_0)$ 的偶极子,只要偶极子原点不在表面上,即 $\boldsymbol{r}_0\notin\partial V$,则(14.29)式的最后一项将消失,于是这种情况下只有右边的第一项有贡献. 积分后得到 $(\boldsymbol{p}\cdot\nabla)E_i$,对应于方程(14.28)的第一项. 如果我们用 $\boldsymbol{P}=\boldsymbol{p}\delta(\boldsymbol{r}-\boldsymbol{r}_0)$ 代入(14.22)式,即可得到第二项.

14.4.1　时间平均力

(14.28)式的第二项可以写为

$$\dot{\boldsymbol{p}}\times\boldsymbol{B} = -\boldsymbol{p}\times\frac{\mathrm{d}}{\mathrm{d}t}\boldsymbol{B} + \frac{\mathrm{d}}{\mathrm{d}t}(\boldsymbol{p}\times\boldsymbol{B}) = \boldsymbol{p}\times(\nabla\times\boldsymbol{E}) + \frac{\mathrm{d}}{\mathrm{d}t}(\boldsymbol{p}\times\boldsymbol{B}). \tag{14.30}$$

我们用 $\partial\boldsymbol{B}/\partial t$ 近似 $\mathrm{d}\boldsymbol{B}/\mathrm{d}t$,因为已经假设质心速度远小于 c. 由同样的原因,可以省略掉(14.28)中的最后一项,得到

$$\boldsymbol{F} = (\boldsymbol{p}\cdot\nabla)\boldsymbol{E} + \boldsymbol{p}\times(\nabla\times\boldsymbol{E}) + \frac{\mathrm{d}}{\mathrm{d}t}(\boldsymbol{p}\times\boldsymbol{B}), \tag{14.31}$$

又可以写为

$$\boldsymbol{F} = \sum_i p_i\nabla E_i + \frac{\mathrm{d}}{\mathrm{d}t}(\boldsymbol{p}\times\boldsymbol{B}),\quad i=x,y,z. \tag{14.32}$$

做时间平均后,最后一项将消失,于是力可以简单地写为

$$\langle\boldsymbol{F}\rangle = \sum_i\langle p_i(t)\nabla E_i(t)\rangle, \tag{14.33}$$

其中⟨⟩表示时间平均. 我们写出了 $\boldsymbol{p}$ 和 $\boldsymbol{E}$ 的自变量,以区分后面将介绍的它们的复振幅.

由于光力是可加的,所以我们可以将宏观物体中各个独立的偶极矩所受的力加起来,得到作用在它上面的净力. 如果我们把(14.33)式用单位体积内的偶极矩(即极化强度 $\boldsymbol{P}$)来表示,再把整个体积内作用的力加起来,可以得到

$$\langle \boldsymbol{F} \rangle = \int_V \sum_i \langle P_i(\boldsymbol{r},t) \nabla E_i(\boldsymbol{r},t) \rangle \mathrm{d}V, \tag{14.34}$$

其中 P_i 表示极化强度 $\boldsymbol{P}$ 的笛卡儿分量.

14.4.2　单色场

我们考虑一个受任意角频率为 ω 的单色电磁波照射的偶极颗粒. 在这种情况下的场可以表示为①

$$\begin{aligned} \boldsymbol{E}(\boldsymbol{r},t) &= \mathrm{Re}\{\underline{\boldsymbol{E}}(\boldsymbol{r})\mathrm{e}^{-\mathrm{i}\omega t}\}, \\ \boldsymbol{B}(\boldsymbol{r},t) &= \mathrm{Re}\{\underline{\boldsymbol{B}}(\boldsymbol{r})\mathrm{e}^{-\mathrm{i}\omega t}\}. \end{aligned} \tag{14.35}$$

如果偶极子和外场之间有线性关系,那么偶极子也有同样的时间依赖关系,可以写为

$$\boldsymbol{p}(t) = \mathrm{Re}\{\underline{\boldsymbol{p}}\mathrm{e}^{-\mathrm{i}\omega t}\}. \tag{14.36}$$

我们假设颗粒没有静偶极矩,于是一阶近似下,感生偶极矩正比于颗粒所在处的电场:

$$\underline{\boldsymbol{p}} = \alpha(\omega)\underline{\boldsymbol{E}}(\boldsymbol{r}_0), \tag{14.37}$$

其中 α 为颗粒的极化率,由颗粒的性质决定. 对一个两能级系统,在附录 A 中有 α 的详细表达式及推导. 通常情况下,α 是一个二阶张量,但对原子或分子来说,可以合理地视作标量,因为只有 $\boldsymbol{p}$ 在电场方向的投影是重要的.

(14.28)式的周期平均写为

$$\langle \boldsymbol{F} \rangle = \frac{1}{2}\mathrm{Re}\{(\underline{\boldsymbol{p}}^* \cdot \nabla)\underline{\boldsymbol{E}} - \mathrm{i}\omega(\underline{\boldsymbol{p}}^* \times \underline{\boldsymbol{B}})\}, \tag{14.38}$$

其中已经如之前讨论的一样省略了第三项. 右边的两项亦可以像之前那样合并,得到

$$\langle \boldsymbol{F} \rangle = \sum_i \frac{1}{2}\mathrm{Re}\{\underline{p}_i^* \nabla \underline{E}_i\}. \tag{14.39}$$

利用(14.37)式的线性关系并重新调整各项的顺序,得到

$$\langle \boldsymbol{F} \rangle = \frac{\alpha'}{2}\sum_i \mathrm{Re}\{\underline{E}_i^* \nabla \underline{E}_i\} + \frac{\alpha''}{2}\sum_i \mathrm{Im}\{\underline{E}_i^* \nabla \underline{E}_i\}, \tag{14.40}$$

① 为清晰,我们在场的复振幅下面加了下画线.

其中我们用了 $\alpha=\alpha'+i\alpha''$. 第一项可以写作 $(\alpha'/4)\nabla(\underline{\boldsymbol{E}}^*\cdot\underline{\boldsymbol{E}})$,意味着与其相关的力 $\langle\boldsymbol{F}_{\text{grad}}\rangle$ 是保守的,即 $\nabla\times\langle\boldsymbol{F}_{\text{grad}}\rangle=0$. 另一方面,与第二项相关的力 $\langle\boldsymbol{F}_{\text{scatt}}\rangle$ 不能视作一个势的梯度,因此不是保守的. 于是我们发现平均机械力由两项决定:第一部分是梯度力(或偶极力)的贡献,第二部分叫作散射力. 梯度力由场不均匀产生,而散射力正比于复极化率的耗散部分(即虚数部分),可以视作动量从辐射场转移到颗粒的结果. 而偶极力加速极化颗粒向辐射场极值处运动. 因此,一束强聚焦的激光可以在焦点处的所有方向上陷俘颗粒. 但是,散射力会在传播方向上将颗粒外推,所以激光聚焦得不够的话,颗粒将被推离陷阱. 由于辐射,α'' 和散射力永远不会消失,即便是无耗颗粒(见习题 8.5 中的(8.222)式). 对于一个实准静态极化率为 α' 的均匀小球,虚部

$$\alpha''=\frac{k^3}{6\pi\varepsilon_0}\alpha'^2, \tag{14.41}$$

其中 $k=n(2\pi/\lambda)$,n 是周围介质的折射率. (14.40)式的最后一项和 α'' 决定了作用于一个无耗颗粒的散射力.

仔细观察(14.40)式中的散射力,利用恒等式 $\sum_i \underline{E}_i^*\nabla\underline{E}_i=(\underline{\boldsymbol{E}}\cdot\nabla)\underline{\boldsymbol{E}}^*+\underline{\boldsymbol{E}}\times(\nabla\times\underline{\boldsymbol{E}}^*)$ 和 Maxwell 方程 $\nabla\times\underline{\boldsymbol{E}}=i\omega\mu_0\underline{\boldsymbol{H}}$,可以将散射力写为[8]

$$\langle\boldsymbol{F}_{\text{scatt}}\rangle=\frac{\alpha''}{2}\sum_i \operatorname{Im}\{\underline{E}_i^*\ \nabla\ \underline{E}_i\}=\frac{\sigma}{c}\langle\boldsymbol{S}\rangle+c\sigma[\nabla\times\langle\boldsymbol{L}\rangle], \tag{14.42}$$

其中 $\sigma=\alpha''k/\varepsilon_0$ 是吸收截面,$\langle\boldsymbol{S}\rangle$ 是 Poynting 矢量的时间平均(见(2.59)式),$\langle\boldsymbol{L}\rangle=[\varepsilon_0/(4i\omega)](\underline{\boldsymbol{E}}\times\underline{\boldsymbol{E}}^*)$. 有 Poynting 矢量的项表示辐射压,有 $\langle\boldsymbol{L}\rangle$ 的项是与光场自旋密度有关的力. 这个自旋旋度力被认为与具有非均匀螺旋度的光场有关[8].

如果我们将电场的复振幅表示为实振幅 E_0 和相位 ϕ,

$$\underline{\boldsymbol{E}}(\boldsymbol{r})=E_0(\boldsymbol{r})e^{i\phi(\boldsymbol{r})}\boldsymbol{n}_E, \tag{14.43}$$

其中 $\boldsymbol{n}_E$ 表示偏振方向上的单位矢量,那么梯度力和散射力的物理起源将变得更直观. 需要强调的是,这只是一个近似表达式,只适用于空间缓慢变化的场. 通常,场的不同分量会有不同的相位,但是在大多数情况下,(14.43)式是个很好的近似,并且可用以将(14.39)式中的周期平均力写为

$$\langle\boldsymbol{F}\rangle=\frac{\alpha'}{4}\nabla E_0^2+\frac{\alpha''}{2}E_0^2\nabla\phi, \tag{14.44}$$

其中用了 $\nabla E_0^2=2E_0\nabla E_0$. ϕ 可以用局域 $\boldsymbol{k}$ 矢量表示为 $\phi=\boldsymbol{k}\cdot\boldsymbol{r}$,可得 $\nabla\phi=\boldsymbol{k}$.

将(14.43)式代入(14.35)式,可以得到含时电场

$$\boldsymbol{E}(\boldsymbol{r},t)=E_0(\boldsymbol{r})\cos[\omega t-\phi(\boldsymbol{r})]\boldsymbol{n}_E. \tag{14.45}$$

相应的磁场为 $\partial \boldsymbol{B}/\partial t=-\nabla\times\boldsymbol{E}$，与 $\boldsymbol{E}$ 共同得到关系

$$E_0^2\nabla\phi = 2\omega\langle \boldsymbol{E}\times\boldsymbol{B}\rangle,\quad E_0^2 = 2\langle |\boldsymbol{E}|^2\rangle, \tag{14.46}$$

其中〈〉表示周期平均. 代入(14.44)式，得到

$$\langle \boldsymbol{F}\rangle = \frac{\alpha'}{2}\nabla\langle |\boldsymbol{E}|^2\rangle + \omega\alpha''\langle \boldsymbol{E}\times\boldsymbol{B}\rangle, \tag{14.47}$$

其中 $|\boldsymbol{E}|$ 表示电场矢量的含时大小. (14.47)式直接证明了散射力与(14.14)式中定义的平均场动量成正比.

必须强调(14.43)～(14.47)式是近似，如果场被局域在小于 $\lambda/2$ 的尺度内，则必须利用(14.40)式.

14.4.3　自感生反作用

到目前为止，我们都假设外电场不受被陷俘颗粒的影响. 这个假设在自由空间中是合理的，但在腔内或者在材料的边缘处并不一定成立. 我们在 11.3.1 节已经看到，颗粒可以使共振器的共振频率失谐，从而影响了作用于它的场. 这种效应称为自感生反作用(self-induced back-action)[9].

只要我们考虑由颗粒引起的电场 $\boldsymbol{E}$ 的修正项，(14.39)和(14.40)式中力的表达式就依然成立. 假设这个修正是较小的，那么我们可以用微扰级数将电场展开为

$$\begin{aligned}\boldsymbol{E}(\boldsymbol{r}) = {} & \boldsymbol{E}_0(\boldsymbol{r}) + \frac{\omega^2}{c^2\varepsilon_0}\overleftrightarrow{\boldsymbol{G}}_{\mathrm{s}}(\boldsymbol{r},\boldsymbol{r})\alpha(\omega)\boldsymbol{E}_0(\boldsymbol{r}) \\ & + \frac{\omega^4}{c^4\varepsilon_0^2}\overleftrightarrow{\boldsymbol{G}}_{\mathrm{s}}(\boldsymbol{r},\boldsymbol{r})\alpha(\omega)\overleftrightarrow{\boldsymbol{G}}_{\mathrm{s}}(\boldsymbol{r},\boldsymbol{r})\alpha(\omega)\boldsymbol{E}_0(\boldsymbol{r}) + \cdots,\end{aligned} \tag{14.48}$$

其中 $\overleftrightarrow{\boldsymbol{G}}_{\mathrm{s}}$ 是 Green 函数(见 8.3.3 节)的散射部分，定义为 $\overleftrightarrow{\boldsymbol{G}}_{\mathrm{s}}=\overleftrightarrow{\boldsymbol{G}}-\overleftrightarrow{\boldsymbol{G}}_0$，$\overleftrightarrow{\boldsymbol{G}}$ 是 Green 函数，$\overleftrightarrow{\boldsymbol{G}}_0$ 是其自由空间部分.

(14.48)式的第一项(零级)只考虑入射场，忽略了颗粒的反作用. 第二项(一级)考虑了颗粒对入射场 $\boldsymbol{E}_0$ 的散射. 散射场又从周围环境反射，并与颗粒相互作用对原场 $\boldsymbol{E}_0$ 产生修正. 每往后考虑一项，相互作用的级数就相应增加一级. 将(14.48)式代入(14.40)式可以得到作用于颗粒上的力的一系列展开，但必须注意的是，对于所研究的特殊构型，级数的收敛性需要证明. 如果级数不收敛，我们将只能用 Maxwell 应力张量计算，这常常需要计算方法.

14.4.4　近共振激发的饱和行为

饱和是一种限制感生偶极矩 $\boldsymbol{p}$ 大小的非线性效应. 但是与大多数非线性效应不同的是，饱和不会影响感生偶极子对单色光的时间依赖关系(见附录 C)，因此，

(14.37)式中的线性关系即便在饱和时也依然成立.附录A中推导了一个两能级原子系统在其近共振处激发的定常态极化率,利用跃迁偶极矩在电场方向的投影$(\boldsymbol{p}_{12}\cdot\boldsymbol{n}_E)$,可以将极化率写成

$$\alpha(\omega)=\frac{(\boldsymbol{p}_{12}\cdot\boldsymbol{n}_E)^2}{\hbar}\frac{\omega_0-\omega+\mathrm{i}\gamma/2}{(\omega_0-\omega)^2+\mathrm{i}\gamma^2/4+\omega_{\mathrm{R}}^2/2}. \tag{14.49}$$

其中ω_0是跃迁频率,$\omega_{\mathrm{R}}=(\boldsymbol{p}_{12}\cdot\boldsymbol{n}_E)E_0/\hbar$是Rabi频率,$\gamma$是自发衰变速率.将$\alpha$代入(14.44)式得到

$$\langle\boldsymbol{F}\rangle=\hbar\frac{\omega_{\mathrm{R}}^2/2}{(\omega_0-\omega)^2+\gamma^2/4+\omega_{\mathrm{R}}^2/2}\left[(\omega-\omega_0)\frac{\nabla E_0}{E_0}+\frac{\gamma}{2}\nabla\phi\right], \tag{14.50}$$

其中利用了$\gamma\ll\omega_0$.引入饱和参数

$$p=\frac{I}{I_{\mathrm{sat}}}\frac{\gamma^2/4}{(\omega-\omega_0)^2+\gamma^2/4}, \tag{14.51}$$

其中强度I和饱和强度I_{sat}定义为

$$I=\frac{\varepsilon_0 c}{2}E_0^2,\quad I_{\mathrm{sat}}=4\pi\varepsilon_0\frac{\hbar^2 c\gamma^2}{16\pi(\boldsymbol{p}_{12}\cdot\boldsymbol{n}_E)^2}=\frac{\gamma^2}{2\omega_{\mathrm{R}}^2}I, \tag{14.52}$$

于是可以把周期平均力写为

$$\langle\boldsymbol{F}\rangle=\frac{\hbar p}{1+p}\left[(\omega-\omega_0)\frac{\nabla E_0}{E_0}+\frac{\gamma}{2}\nabla\phi\right]. \tag{14.53}$$

这个公式最先由Gordon和Ashkin用量子力学的方法推导出来[10],现在的推导只是在计算原子极化率的时候用了量子理论(见附录A).由量子理论可知,散射力源于不断重复的吸收和自发发射,而偶极力则是源于不断重复的吸收和受激发射.注意饱和参量p的最大值在精确共振处($\omega=\omega_0$)才能出现,于是,因子$p/(1+p)$不能超过1,这限定了力的最大值(饱和).对于强度$I=I_{\mathrm{sat}}$(对于铷原子$I_{\mathrm{sat}}\approx1.6\,\mathrm{mW}$)的情况,力是最大值的一半.对$\omega<\omega_0$(红失谐)的情况,偶极力正比于$-\nabla E_0$,将原子往高强度区域吸引.另一方面,当频率$\omega>\omega_0$(蓝失谐)时,由于偶极力正比于$\nabla E_0$,原子将被从高强度区域推离.精确共振时,偶极力将消失.图14.4定性地演示了在不同激发强度下,偶极力和散射力与频率的关系.利用$\boldsymbol{k}=\nabla\phi$和远离饱和的条件,散射力可以写为

$$\langle\boldsymbol{F}_{\mathrm{scatt}}\rangle=\hbar\boldsymbol{k}\frac{\gamma}{2}\frac{I}{I_{\mathrm{sat}}}\frac{\gamma^2/4}{(\omega-\omega_0)^2+\gamma^2/4},\quad I\ll I_{\mathrm{sat}}, \tag{14.54}$$

在精确共振处有最大值.饱和对散射力的影响见图14.5.

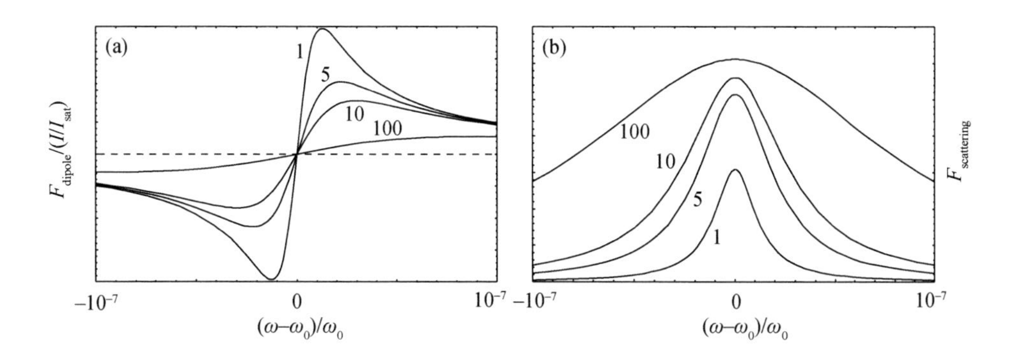

图 14.4 钠原子($1/\gamma=16.1$ ns,$\lambda_0=590$ nm)的偶极力和散射力与激发频率 ω 的关系,图中数字表示 I/I_{sat}的值.

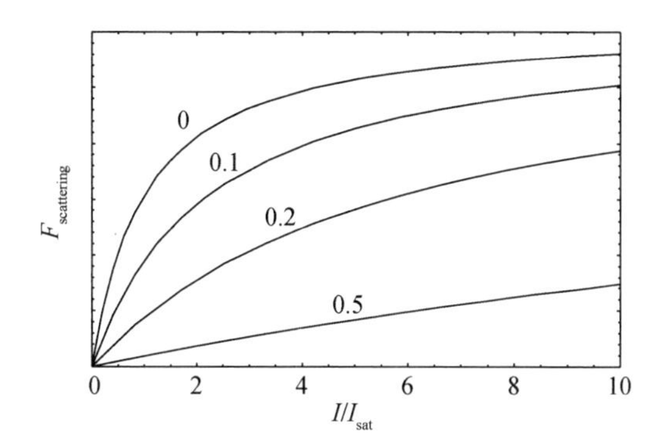

图 14.5 钠原子($1/\gamma=16.1$ ns,$\lambda_0=590$ nm)的散射力与 I/I_{sat} 的函数关系,图中的数字表示频率失谐,以 $10^7(\omega-\omega_0)/\omega_0$ 为单位.

在原子操控实验中,散射力被用于将原子降至极低的温度,原子将几乎停止运动.室温下原子和分子以差不多 1000 m·s^{-1} 的速度随机向各个方向运动.即便在 −270℃的低温下,原子速度也为 100 m·s^{-1} 的量级.只有当温度接近绝对零度(−273℃)的时候,原子运动才会显著地慢下来.降低原子运动的最初想法基于 Doppler 效应,并由 Hänsch 和 Schawlow 在 1975 年第一次提出[5].中性原子被两束相对传播的激光照射.如果原子运动方向与一束激光传播方向相反,那么原子上感受到的频率将会升高(蓝移);另一方面,原子沿着激光束传播方向运动的时候,原子感受到的频率将会降低(红移).如果激光的频率被调节到稍微低于共振跃迁的话,原子将主要在与激光束相向运动时吸收一个光子(见方程(14.54)),由于动量守恒,这个吸收将使原子减速.被激发的原子最终将自发发射释放激发的能量.自发发射是一个随机过程,不会倾向于任何特定方向.因此,在多个吸收-发射循环之后,与激光相向运动的原子将损失速度,温度就有效地降下来了.为了在各个方向上使原子速度降下来,我们需要六束激光,两束一对,相对发射,再相互成直角地放在三个方向上,这样就能使原子无论朝哪个方向运动,都能遇到合适能量的光子,并被推回六束激光交汇的区域.原子在交汇区域中的运动类似于在假想的黏性介质(光学黏团)中的运动.可以算出两能级原子不能被降温到某个特定温度以下,这个特定温度叫作 Doppler 极限[7].对钠原子来说,这个极限温度是 240 μK,约合 30 cm·s^{-1}的速度.但是,实验上却能得到低很多的温度.另一个极限叫作反冲极限,是指原子的速度不能低于单个光子产生的反冲速度.在超越这一极限之后,氦原子的温度可以低至 0.18 μK.在这种条件下,氦原子的运动速度只有 2 cm·s^{-1}.在原子降到足够低温后,它将在重力作用下掉出光学黏团.为了防止这样的事情发生,设置一个基于偶极力的初始陷阱,可以将原子限制在强聚焦光束的焦点上[11].遗憾的是,在大多数试验中,光学偶极陷阱都不够强,于是一种基于散射力的三维陷阱被发明出来了,现称为磁光陷阱.其回复力来自相对放置的圆偏振激光和一个很弱的、变化的非均匀磁场的组合,磁场的最小值在激光束的交汇处,其强度随距陷阱的距离增加而增大,于是产生一个指向陷阱中心的力.

14.4.5 超出偶极子近似

原则上,任意宏观物体都可以视作若干单个偶极子单元的组合,而这些偶极子产生的电磁场的自洽解为(见§2.12)

$$\begin{aligned}\underline{\boldsymbol{E}}(\boldsymbol{r}) &= \underline{\boldsymbol{E}}_0(\boldsymbol{r}) + \frac{\omega^2}{\varepsilon_0 c^2}\sum_{n=1}^{N}\overleftrightarrow{\boldsymbol{G}}(\boldsymbol{r},\boldsymbol{r}_n)\underline{\boldsymbol{p}}_n, \\ \underline{\boldsymbol{H}}(\boldsymbol{r}) &= \underline{\boldsymbol{H}}_0(\boldsymbol{r}) - \mathrm{i}\omega\sum_{n=1}^{N}[\nabla\times\overleftrightarrow{\boldsymbol{G}}(\boldsymbol{r},\boldsymbol{r}_n)]\underline{\boldsymbol{p}}_n, \quad \boldsymbol{r}\neq\boldsymbol{r}_n,\end{aligned} \tag{14.55}$$

式中用了时谐场的复表示.$\overleftrightarrow{\boldsymbol{G}}$ 表示并矢 Green 函数,$\underline{\boldsymbol{p}}_n$ 是 $\boldsymbol{r}=\boldsymbol{r}_n$ 处的电偶极矩,$\underline{\boldsymbol{E}}_0$,$\underline{\boldsymbol{H}}_0$ 是激发场.假设系统有 N 个独立的偶极子,在第一阶,偶极矩 $\underline{\boldsymbol{p}}_n$ 为

$$\underline{\boldsymbol{p}}_n = \alpha(\omega)\underline{\boldsymbol{E}}(\boldsymbol{r}_n). \tag{14.56}$$

结合(14.55)和(14.56)式可以得到场 $\underline{\boldsymbol{E}}$ 和 $\underline{\boldsymbol{H}}$ 的隐式方程,可以通过矩阵求逆的方法求解.原则上,作用在任意由偶极子组成的物体上的机械力可以用(14.40)式,并结合(14.55)和(14.56)式得到.但是,如果我们要求物体在电磁场下不发生形变,那么内力将消失,机械力将完全由物体以外的场决定.在这种情况下,可以通过求解物体外部的场,并根据(14.10)和(14.15)式计算 Maxwell 应力张量来确定机械力,见图 14.6.

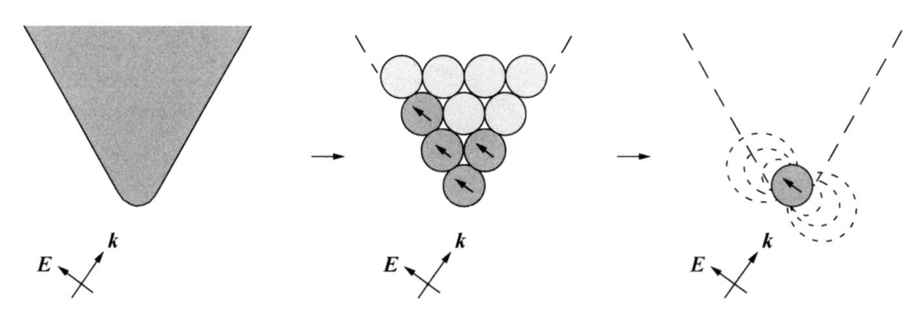

图 14.6 耦合偶极子方法.一个宏观物体被分解为若干单个的微观偶极子,每个偶极矩都可以用 Green 函数求自洽解得到.作为粗糙近似,金属针尖前端的场可以用单个偶极子产生的场代替.但是,极化率参数只能通过精确计算得到.

§14.5 光 镊

Ashkin 和同事们在 1986 年证实了可以用一束强聚焦的激光,在三个维度上将一个微观颗粒约束在激光焦点上,这就是现在已经建立的称为光镊的强大的非侵入式技术[2].光镊已经获得了广泛应用,尤其是在生物学上.它已经被用于操控介质球、活细胞、DNA、细菌和金属颗粒等,还经常被用于测量弹性、力、力矩和被陷俘物体的位置等,光镊测量的力通常在 1~10 pN 的范围.小物体(直径 $d \ll \lambda$)的陷俘可以用偶极力((14.44)式的第一项)很好地解释,但更大一些的物体的陷俘理论,需要在偶极子近似的基础上拓展到更高阶的多极矩,类似于 Mie 散射.陷俘力可以写为

$$\langle \boldsymbol{F}(\boldsymbol{r}) \rangle = \boldsymbol{Q}(\boldsymbol{r}) \frac{\varepsilon_s^2 P}{c}, \tag{14.57}$$

其中 ε_s 是周围介质的介电常数,P 是陷俘光束的功率,c 是真空光速,无量纲矢量 $\boldsymbol{Q}$ 叫作陷俘效率.在偶极子近似、颗粒不存在损耗的情况下,$\boldsymbol{Q}$ 取决于归一化的光强梯度和极化率

$$\alpha(\omega) = 3\varepsilon_0 V_0 \frac{\varepsilon(\omega) - \varepsilon_s(\omega)}{\varepsilon(\omega) + 2\varepsilon_s(\omega)}, \tag{14.58}$$

其中 V_0 和 ε 分别是颗粒的体积和介电常数.图 14.7 给出了聚焦 Gauss 光束照射聚苯乙烯颗粒($\varepsilon=2.46$)时最大轴向陷俘效率 $\mathrm{Max}[Q_z(x=0, y=0, z)]$ 随半径 r_0 的变化关系.对小颗粒($r_0 < 100$ nm),按照偶极子近似和(14.58)式,其捕获效率随 r_0^3 变化.但对更大一些的颗粒,偶极子近似变得不准确.

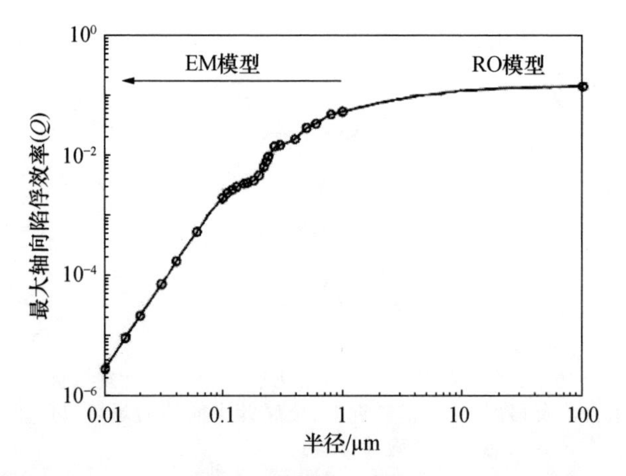

图 14.7 一个被聚焦 Gauss 光束照射的聚苯乙烯颗粒($\varepsilon=2.46$)的最大轴向陷俘效率 $\mathrm{Max}[Q_z(x=0,y=0,z)]$与半径 r_0 关系的计算结果,周围介质是水($\varepsilon_s=1.77$),数值孔径是 1.15.引自[12].

如图 14.8 所示,简单的几何光学分析可以用来描述直径大于波长的陷俘颗粒.在这样的模型下,颗粒表面的每一束反射光线都将动量从陷俘激光转移到颗粒,动量的时间变化率就是陷俘力.将光束视作一系列光线的集合(参见§3.5),将每一条光线产生的力加起来,可以计算合力.稳定的陷俘要求一个颗粒有合力为零的位置,并且在偏离此位置时,有一个指向它的回复力.读者可以参考 Ashkin 的工作[13],其中有更多用光线光学描述光学陷俘的细节.

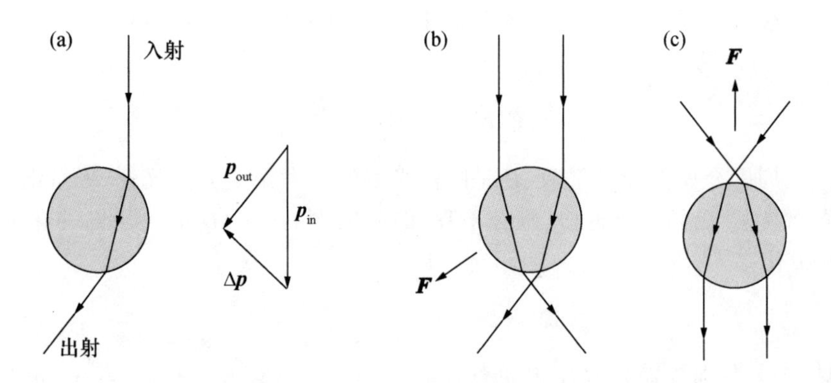

图 14.8 用几何光学方法解释尺寸大于波长的颗粒的光学陷俘的示意图.(a)一条光线在颗粒表面折射了两次,净动量改变 $\Delta\boldsymbol{p}$ 可以通过计算入射和出射光线的动量差得到,动量守恒要求转移到颗粒上的动量为 $-\Delta\boldsymbol{p}$.(b)两条不同强度的光线的折射.颗粒被拉向强度更高的光线.(c)一个颗粒在单光束陷阱中的轴向陷俘.最初在焦点下方的颗粒被推向焦点.

在光镊应用中有一个很重要的概念叫陷阱劲度 k. 在偏离平衡位置一个小位移 x 后,陷俘势可以近似为简谐函数,回复力对 x 线性依赖:

$$\langle F \rangle = kx. \tag{14.59}$$

原则上,由于劲度与偏离的方向有关,k 应该是一个二阶张量,但对单光束梯度陷阱来说,区分横向和纵向劲度就足够了. 陷阱劲度取决于颗粒的极化率、激发功率和场的梯度,图 14.9 中所示为傍轴 Gauss 光束的线性近似. 利用介质中相对速度为 v 的颗粒所受的黏性拖曳力 F_d,可以用实验的方法测量陷阱劲度. 对半径为 r_0 的球形颗粒,F_d 由 Stokes 定律描述为

$$\langle F_d \rangle = 6\pi\eta r_0 v, \tag{14.60}$$

其中,η 是介质的黏度(水的黏度为 10^{-3} N·s·m^{-2}),并假设惯性力可以忽略(小 Reynolds 数). 因此,在静止的,已知尺寸的陷俘颗粒周围,以速度 v 移动周围介质,Stokes 定律描述了作用在颗粒上的力$\langle F_d \rangle$. 这个力与方程(14.59)中的陷俘力$\langle F \rangle$平衡,于是我们可以通过测量偏移量 x 得到劲度 k. 有若干种方法可以使颗粒和周围介质有 v 的相对速度:(1) 在流动腔中将介质抽过静止的颗粒,(2) 用压电传感器或机械台,将包含介质的腔移过静止的颗粒,(3) 用波束控制方法移动光学陷阱,保持介质静止. 不论用什么方法,k 的精确性都依赖于偏移量 x 的准确测量. 最常见的方法是,将散射光从捕获颗粒处聚焦到位置敏感探测器,如硅象限探测器上,从而测得 x[14].

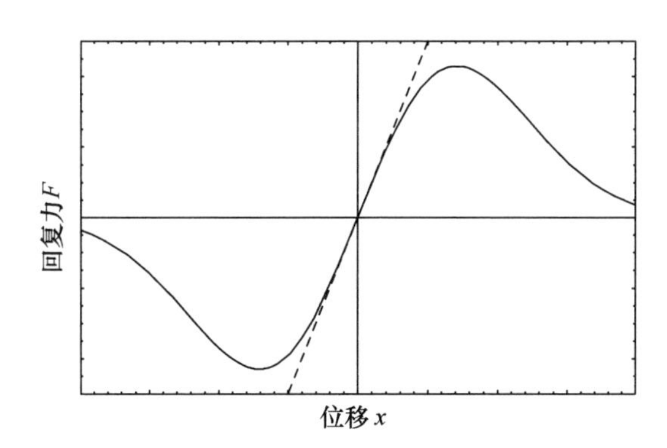

图 14.9 单光束梯度陷阱中回复力(实线)的线性近似(虚线). 线性近似的斜率表示陷阱劲度 k. 它依赖颗粒极化率、激光功率和场梯度.

如果陷俘势的深度与能量 $k_B T$ 相比不能忽略的话,必须考虑 Brown 运动. 稳定的陷俘通常需要陷阱深度达约 $10k_B T$. Brown 运动将引起力测量中的噪声,从而产生一个特征功率谱[3]. 遗憾的是,Langevin 方程无法解决有限深势阱问题,所以要回答关于陷阱稳定性的问题,必须解 Fokker-Planck 方程[15].

§ 14.6 角动量和转矩

除了能量和动量,电磁场还可以有角动量,会对照射的结构产生转矩. 这个转矩可以用与(14.13)式相似的角动量守恒定律

$$-\int_{\partial V}[\overleftrightarrow{\boldsymbol{T}}(\boldsymbol{r},t)\times\boldsymbol{r}]\cdot\boldsymbol{n}(\boldsymbol{r})\mathrm{d}a=\frac{\mathrm{d}}{\mathrm{d}t}[\boldsymbol{J}_{\text{field}}+\boldsymbol{J}_{\text{mech}}] \tag{14.61}$$

来计算. 与之前一样,∂V 表示包围被照射结构的表面,$\boldsymbol{n}$ 是垂直于表面的单位矢量,$\mathrm{d}a$ 是无穷小面积元. $\boldsymbol{J}_{\text{field}}$ 和 $\boldsymbol{J}_{\text{mech}}$ 分别是总的电磁和机械角动量,$[\overleftrightarrow{\boldsymbol{T}}\times\boldsymbol{r}]$ 是角动量通量密度赝张量. 作用在被照射结构上的机械转矩定义为

$$\boldsymbol{N}=\frac{\mathrm{d}}{\mathrm{d}t}\boldsymbol{J}_{\text{mech}}. \tag{14.62}$$

对单色场,其时间平均转矩表示为

$$\langle\boldsymbol{N}\rangle=-\int_{\partial V}\langle\overleftrightarrow{\boldsymbol{T}}(\boldsymbol{r},t)\times\boldsymbol{r}\rangle\cdot\boldsymbol{n}(\boldsymbol{r})\mathrm{d}a, \tag{14.63}$$

其中利用了 $\langle\mathrm{d}\boldsymbol{J}_{\text{field}}/\mathrm{d}t\rangle=0$ 的事实. (14.63)式让我们能够计算作用在闭合面 ∂V 内任意物体上的机械转矩,这个转矩完全由表面 ∂V 上的电场和磁场决定.

角动量从光束到照射物体的转移的最早证明之一是 Beth 在 1936 年完成的[16]. 他测量了圆偏振光通过悬浮的双折射半波片时的转矩. 这个实验给出了每个处于纯圆偏振态光子的角动量是 $\hbar$ 的证据. 自 Beth 的实验开始,大量的证据被发现,证明有非零角动量的光束的确可以用于把陷俘颗粒转变为自旋态[17]. 这样的光束还被提议用于光学和生物学微机械中[18].

§ 14.7 光学近场中的力

光学近场主要由随距源距离快速衰减的隐失场成分组成,场的快速衰减导致很强的场梯度,因此会有很强的偶极力. 由玻璃/空气界面的全内反射波产生的隐失场已经被用作原子反射镜了. 在这些实验中,如果光频率被调节到电子共振的蓝侧,那么入射到界面的原子束可以被隐失场产生的偶极力偏转[19]. 利用散射力,隐失场还可以被用于加速沿平面或平面型波导的微米级颗粒[20]. 光学近场陷阱还被提议用于原子陷俘[21]或操控直径小至 10 nm 的极化颗粒[20]. 最强的偶极力产生于材料中靠近边、角、缝隙和针尖处被强烈增强的场,因此,作为 § 14.4 理论的应用,我们将计算尖锐金属针尖附近的力.

激光照射的金针尖附近的电场分布是高度偏振依赖的[20],图 14.10 显示了由偏振方向沿针尖的单色平面波照射的尖锐金针尖附近的电场分布(用 MMP 计

算).场线被针尖附近的小颗粒轻微地扭曲了,箭头表示作用在颗粒上的陷俘力的方向.虽然针尖最前端处的强度相比激发光来说被强烈地增强了,但在激发光的偏振方向垂直于针尖轴向时,在针尖下方没有发现增强.计算表明铂和钨针尖的增强会弱一些,玻璃针尖下的场强比激发场更弱.

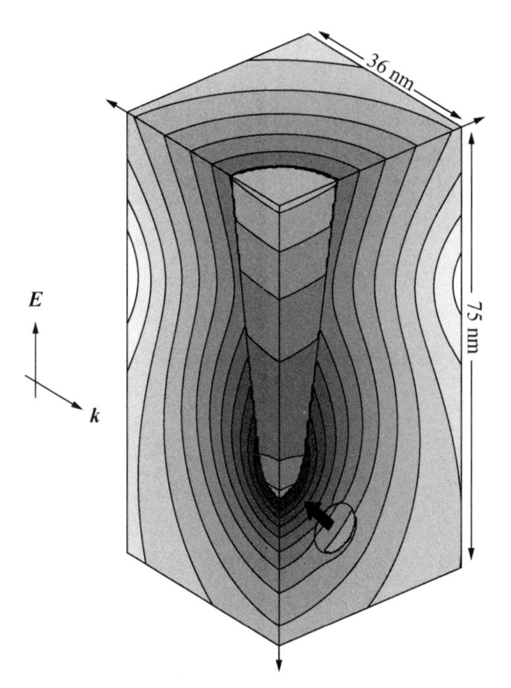

图 14.10 激光照射水中的金针尖时对电介质颗粒的陷俘.图中画的是 $E^2=\underline{\boldsymbol{E}}\cdot\underline{\boldsymbol{E}}^*$ 的等值线(相邻两线之间有因子 2 的差别),入射光为 $\lambda=810\ \mathrm{nm}$、偏振方向沿针尖轴向的平面波.针尖和颗粒的直径是 10 nm,箭头表示陷俘力的方向.

确定针尖周围的场分布后,可以通过 Maxwell 应力张量计算作用在颗粒上的力.但是,为了避免复杂的运算,我们将针尖和颗粒都视作点偶极子. Rayleigh 颗粒上的偶极力可以很容易地写为(见(14.47)式)

$$\langle \boldsymbol{F}\rangle = (\alpha'/2)\,\nabla\langle|\boldsymbol{E}|^2\rangle = (\alpha'/2)\,\nabla(\underline{\boldsymbol{E}}\cdot\underline{\boldsymbol{E}}^*), \tag{14.64}$$

其中 α' 是颗粒极化率的实部,$\boldsymbol{E}$ 是没有颗粒时的电场强度.颗粒会倾向于运动到更高强度的区域,在此处感生偶极子的势能很低.颗粒尺寸很小,因此可以忽略散射力((14.47)式中的第二项).(14.64)式包含的假设是穿过颗粒的外场是均匀的,且其中的场 $\boldsymbol{E}$ 不会受颗粒影响,但这个假设对图 14.10 中的颗粒是不成立的:颗粒周围的强度等值线被扭曲了,内部场也是高度不均匀的.即便如此,我们后面将说明,和严格解相比,点偶极子近似也可以得到合理的结果.

我们要分析的情况见图 14.11.金属针尖被以能保证偏振方向与针尖轴向平

行的角度入射的平面波照射.

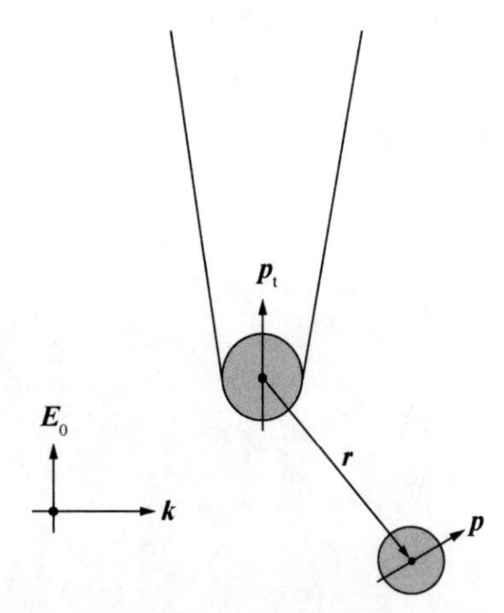

图 14.11 激光照射金属针尖对颗粒的陷俘.针尖被偏振方向沿针尖轴向的平面波照射,针尖和颗粒都由偶极子表示.

计算表明,金属针尖附近的空间场分布与同轴偶极子 $\boldsymbol{p}_t$ 的场很相似.不失一般性,我们把这个偶极子放在坐标系的原点处.偶极矩 $\boldsymbol{p}_t$ 可以用由计算确定的增强因子 f 表示,电场为

$$\boldsymbol{E}(x=0,y=0,z=r_t)=\frac{2\boldsymbol{p}_t}{4\pi\varepsilon_0\varepsilon_s r_t^3}\equiv\sqrt{f}\boldsymbol{E}_0,\tag{14.65}$$

其中 r_t 表示针尖半径($z=r_t$ 是针尖最前端),ε_s 是环境介电常数,$\boldsymbol{E}_0$ 是平面激发波电场振幅.(14.65)式让我们可以把针尖的偶极矩用针尖尺寸和增强因子的函数表示出来.我们考虑针尖-颗粒距离 d 满足 $kd\ll 1$,只考虑偶极子的近场部分,于是可以算得

$$\underline{\boldsymbol{E}}\cdot\underline{\boldsymbol{E}}^*=\frac{|\boldsymbol{p}_t|^2}{(4\pi\varepsilon_0\varepsilon_s)^2}\frac{1+3(z/r)^2}{r^6},\tag{14.66}$$

其中 $r=\sqrt{x^2+y^2+z^2}$.

假设针尖和颗粒之间的耦合可以忽略,在这个极限下,入射场 $\boldsymbol{E}_0$ 在针尖中激发偶极矩 $\boldsymbol{p}_t$,$\boldsymbol{p}_t$ 产生的场在颗粒中感生偶极矩 $\boldsymbol{p}$,利用(14.66)和(14.58)式中的 $\alpha(\omega)$ 表达式,由(14.64)式决定的作用在(x,y,z)处颗粒上的力为

$$\langle\boldsymbol{F}\rangle=-\frac{3r_t^6 fE_0^2\alpha'}{4r^6}[\rho(1+4z^2/r^2)\boldsymbol{n}_\rho+4(z^3/r^2)\boldsymbol{n}_z].\tag{14.67}$$

上式中,$\boldsymbol{n}_z$ 和 $\boldsymbol{n}_\rho$ 分别表示沿针尖轴线和垂直方向的单位矢量,横向距离为 $\rho=\sqrt{x^2+y^2}$,负号表示力的方向是指向针尖的.我们发现$\langle\boldsymbol{F}\rangle$正比于增强因子 f、照射光强度 $I_0=(1/2)\sqrt{\varepsilon_0\varepsilon_s/\mu_0}E_0^2$、极化率的实部 α'和针尖半径 r_t 的六次方.需要注意

的是，f 和 r_t 不是独立参量，它们之间的关系只能通过严格的计算得到.

现在我们计算针尖偶极子的场中颗粒的势能（陷俘势）

$$V_{\mathrm{pot}}(\boldsymbol{r}) = -\int_{\infty}^{r} \langle \boldsymbol{F}(\boldsymbol{r}') \rangle \mathrm{d}\boldsymbol{r}'. \tag{14.68}$$

从 $\boldsymbol{r}$ 到∞的积分路径是任意的，因为 $\boldsymbol{F}$ 是保守矢量场. 积分后得到

$$V_{\mathrm{pot}}(\boldsymbol{r}) = -r_t^6 f E_0^2 \alpha' \frac{1+3z^2/r^2}{8r^6}. \tag{14.69}$$

势能 V_{pot} 的最大值刚好在针尖最前端 $z=r_0+r_t$ 处，r_0 是颗粒的半径. 图 14.12 显示的是沿针尖轴和针尖最前端垂直轴方向的 V_{pot} 值. 由于水环境中的陷俘力与 Brown 运动可以比拟，所以势能用 $k_B T$（k_B 是 Boltzmann 常数，$T=300$ K）归一化. 另外，曲线是除以了入射强度 I_0 的.

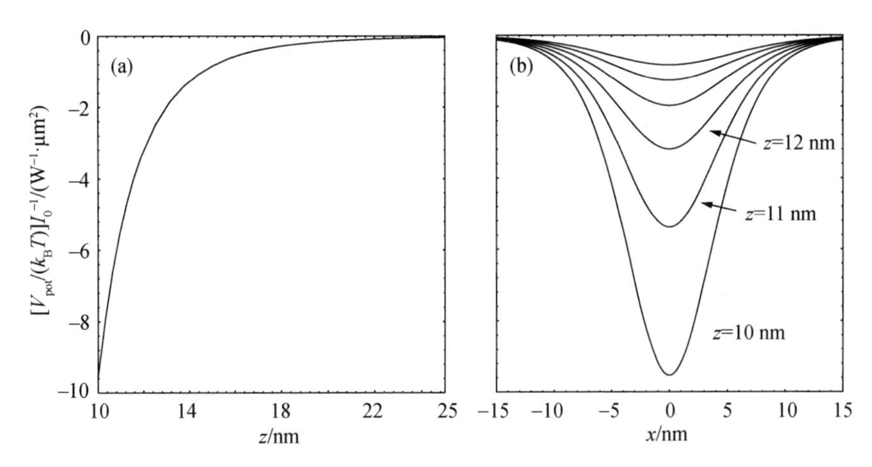

图 14.12 沿针尖轴向(a)和沿针尖下方 $z=r_t+r_0$ 处横向(b)的陷俘势. 针尖和颗粒的半径是 $r_t=r_0=5$ nm，力以 $k_B T$ 和入射强度 I_0 归一化.

下面我们将假设陷俘的充分条件是 $V_{\mathrm{pot}}>k_B T$，这样就能计算陷俘给定尺寸颗粒所需要的强度. 利用颗粒极化率的表达式并在 $\boldsymbol{r}=(r_t+r_0)\boldsymbol{n}_z$ 处计算(14.69)式，得

$$I_0 > \frac{k_B T c}{4\pi\sqrt{\varepsilon_s}} \mathrm{Re}\left\{\frac{\varepsilon_p+2\varepsilon_s}{\varepsilon_p-\varepsilon_s}\right\} \frac{(r_t+r_0)^6}{f r_t^6 r_0^3}. \tag{14.70}$$

上式相等时的曲线见图 14.13 曲线中的最小值意味着可以调整入射场强和针尖半径，来陷俘限定尺寸范围内的颗粒. 太小的颗粒不能被陷俘，因为它们的极化太小了. 另一方面，对于太大的颗粒，针尖和颗粒之间的最小距离（r_t+r_0）又太大. 根据经验，颗粒的尺寸应该与针尖尺寸差不多.

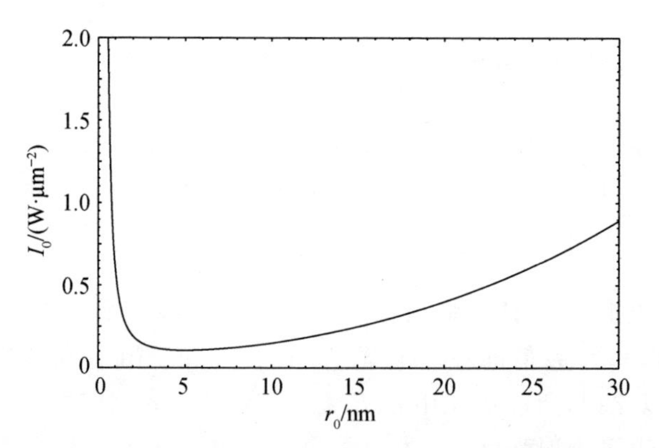

图 14.13 最小陷俘强度 I_0 与颗粒半径 r_0 的函数关系,其中针尖半径 $r_t=5$ nm.

注意,在偶极近似中,先计算由颗粒的相互作用能决定的势能 $V_{pot}(\boldsymbol{r})$,比先计算陷俘力要更容易一点.用 $\boldsymbol{E}$ 表示针尖偶极子 $\boldsymbol{p}_t$ 的场,容易看出

$$V_{pot}(\boldsymbol{r})=-\boldsymbol{p}\cdot\boldsymbol{E}(\boldsymbol{r})=-(\alpha'/2)E^2(\boldsymbol{r}) \tag{14.71}$$

会得到与(14.69)式相同的结果.

这里用的简单的双偶极子模型得出的陷俘势的形状与参考文献[20]中的结果十分吻合.比较发现,这里计算的力会偏移一个约 2~3 的因子.实验表明,水环境中涡流的形成会对陷俘产生影响.这些涡流是由于激光对金属针尖的加热形成的.

§14.8 总 结

我们讨论了光在可极化物体上引发的力,这些力可以用 Maxwell 应力张量的形式很方便地表示出来,并在任意形状物体上产生梯度力和辐射压.对于远小于光波长的物体,场可以表示为多极子级数,最低阶的偶极项得到熟悉的梯度力和散射力.前者是光镊的关键要素,而后者给出了原子冷却的方法.通常,这些力本质上是半经典的,这意味着可以将场视作经典的,而材料性质(极化率)需要用量子理论.由于光学近场产生的强梯度,梯度力有望在纳米结构的转移、操控和控制上得到利用.但是,近场在材料界面上最强,因此需要有额外的反向作用力(van der Waals 力、静电力等),才能在材料边界处产生稳定的陷俘.

习 题

14.1 水中的球状玻璃颗粒被一束单色傍轴 Gauss 光束在焦点处陷俘,光束的波长 $\lambda=800$ nm,且具有可变的数值孔径(见 §3.2).球的极化率为

$$\alpha = 3\varepsilon_0 V_0 \frac{\varepsilon - \varepsilon_w}{\varepsilon + 2\varepsilon_w}, \tag{14.72}$$

其中 V_0 是球的体积，玻璃和水的介电常数分别为 $\varepsilon=2.25$，$\varepsilon_w=1.76$.

(1) 说明当离开焦点的横向位移(x)较小时，力正比于 x. 确定弹簧常数是数值孔径 NA，d_0，λ，和 P_0 的函数，d_0 是颗粒直径，P_0 是激光功率.

(2) 对于纵向位移 z，可以用同样的方法推导弹簧常数吗？如果是，计算相应的弹簧常数作为 NA，d_0，和 P_0 的函数.

(3) 假设 NA$=1.2$，$d_0=100$ nm. 计算产生一个陷俘势 $V>10\,k_BT$ 所需的激光功率，k_B 是 Boltzmann 常数，$T=300$ K. 对于横向位移 $x=100$ nm，回复力是多少.

14.2 考虑 $\lambda=800$ nm 的平面波在玻璃/空气界面以入射角 $\theta=70°$ 入射的全内反射情形($\varepsilon=2.25$). 平面波从玻璃方以 s 偏振入射. 界面的法向平行于重力轴，空气方在下面. 一个小的玻璃颗粒在空气方的隐失场中被陷俘，隐失场是全内反射平面波产生的. 计算阻止玻璃颗粒掉下所需平面波的最小强度(α 由(14.72)式和 $\varepsilon_w=1$ 给出). 玻璃的密度 $\rho=2.2\times10^3$ kg · m^{-3}，颗粒直径 $d_0=100$ nm. 如果颗粒尺寸增加会发生什么？

14.3 一个颗粒放置在两束相对传播的平面波场中，平面波的幅度、相位和偏振都相同. 梯度力把颗粒保持在两束波相长干涉形成的横向平面上. 单束平面波的强度是 I，颗粒极化率是 α. 计算移动颗粒从相长干涉平面到另一个平面所需的能量作为 I 的函数.

14.4 两个相同的偶极颗粒被偏振沿着两颗粒中心轴方向的平面波照射，计算这两个颗粒的相互吸引力. 绘出力作为两颗粒距离的函数.

14.5 一个 Rayleigh 颗粒被平面波照射，估计包围这个颗粒的球面上的 Maxwell 应力张量. 这个结果告诉我们什么？

参 考 文 献

[1] R. Frisch, "Experimenteller Nachweis des Einsteinschen Strahlungsrückstosses," *Z. Phys.* **86**, 42-45 (1933).

[2] A. Ashkin, "Optical trapping and manipulation of neutral particles using lasers," *Proc. Nat. Acad. Sci.* **94**, 4853-4860 (1987).

[3] K. Svoboda and S. T. Block, "Biological applications of optical forces," *Annu. Rev. Biophys. Biomol. Struct.* **23**, 247-285 (1994).

[4] B. Pringsheim, "Zwei Bemerkungen über den Unterschied von Lumineszenz-und Temperaturstrahlung," *Z. Phys.* **57**, 739-741 (1929).

[5] T. W. Hänsch and A. L. Schawlow, "Cooling of gases by laser radiation," *Opt. Commun.* **13**, 68 - 69 (1975).

[6] Y. Shimizu and H. Sasada, "Mechanical force in laser cooling and trapping," *Am. J. Phys.* **66**, 960 - 967 (1998).

[7] S. Stenholm, "The semiclassical theory of laser cooling," *Rev. Mod. Phys.* **58**, 699 - 739 (1986).

[8] S. Albaladejo, M. I. Marques, M. Laroche, and J. J. Saenz, "Scattering forces from the curl of the spin angular momentum of a light field," *Phys. Rev. Lett.* **102**, 113602 (2009).

[9] M. L. Juan, R. Gordon, Y. Pang, F. Eftekhari, and R. Quidant, "Self-induced back-action optical trapping of dielectric nanoparticles," *Nature Phys.* **5**, 915 - 919 (2009).

[10] J. P. Gordon and A. Ashkin, "Motions of atoms in a radiation trap," *Phys. Rev. A* **21**, 1606 - 1617 (1980).

[11] S. Chu, J. E. Bjorkholm, A. Ashkin, and A. Cable, "Experimental observation of optically trapped atoms," *Phys. Rev. Lett.* **57**, 314 - 317 (1986).

[12] W. H. Wright, G. J. Sonek, and M. W. Berns, "Radiation trapping forces on microspheres with optical tweezers," *Appl. Phys. Lett.* **63**, 715 - 717 (1993). Copyright 1993 American Institute of Physics.

[13] A. Ashkin, "Forces of a single-beam gradient laser trap on a dielectric sphere in the ray optics regime," *Biophys. J.* **61**, 569 - 582 (1992).

[14] F. Gittes and C. F. Schmidt, "Interference model for back-focal-plane displacement detection in optics tweezers," *Opt. Lett.* **23**, 7 - 9 (1998).

[15] R. Zwanzig, *Nonequilibrium Statistical Mechanics*. Oxford: Oxford University Press (2001).

[16] R. A. Beth, "Mechanical detection and measurement of the angular momentum of light," *Phys. Rev.* **50**, 115 - 125 (1936).

[17] See, for example, T. A. Nieminen, N. R. Heckenberg, and H. Rubinsztein-Dunlop, "Optical measurement of microscopic torques," *J. Mod. Opt.* **48**, 405 - 413 (2001).

[18] See, for example, L. Paterson, M. P. MacDonald, J. Arlt, *et al.*, "Controlled rotation of optically trapped microscopic particles," *Science* **292**, 912 - 914 (2001).

[19] For a review see C. S. Adams, M. Sigel, and J. Mlynek, "Atom optics," *Phys. Rep.* **240**, 143 - 210 (1994).

[20] S. Kawata and T. Tani, "Optically driven Mie particles in an evanescent field along a channeled waveguide," *Opt. Lett.* **21**, 1768 - 1770 (1996).

[21] S. K. Sekatskii, B. Riedo, and G. Dietler, "Combined evanescent light electrostatic atom trap of subwavelength size," *Opt. Commun.* **195**, 197 - 204 (2001).

[22] L. Novotny, R. X. Bian, and X. S. Xie, "Theory of nanometric optical tweezers," *Phys. Rev. Lett.* **79**, 645 - 648 (1997).

第 15 章　涨落引起的相互作用

材料内部带电粒子的热运动和零点运动会引起涨落电磁场，量子理论告诉我们，涨落的粒子只能假设为分立的能量态，其结果是涨落辐射呈现出黑体辐射谱．但是，只有在热平衡时黑体辐射公式才严格成立，在非平衡情形下只是近似成立．这个近似在远离发射材料（远场）时是合理的，但在材料表面（近场）时，将明显偏离真实行为．

由于材料中电子和电流的涨落会通过辐射导致耗散，任何有限温度的物体都不可能在自由空间中达到热平衡，与辐射场的平衡只能在将辐射限制在有限空间内时才能实现．但是，大多数情况下，物体可以被视为接近平衡，并且其非平衡行为可以用线性响应理论描述．在这个领域，最重要的定理是涨落-耗散定理，它把非平衡系统中的能量耗散速率与平衡系统中在不同时间的自发涨落联系起来．

涨落-耗散定理与理解纳米尺度物体附近的涨落场以及纳米级距离内的光学相互作用（例如 van der Waals 力）是相关的．这一章意在提供涨落电动力学中的重要内容的详细推导．

§15.1　涨落-耗散定理

涨落-耗散定理来源于通过电阻时电压涨落的 Nyquist 关系，但是，将定理推导为一般形式的是 Callen 和 Welton[1]．这里的推导是纯经典的，在推导的最后再引入 Planck 常数．我们考虑一个纳米尺度的系统，其特征尺寸远小于光波长（见图 15.1），这允许我们用电偶极子近似处理系统的相互作用，并可以很容易地通过包含更高阶多极矩项来展开．这个纳米尺度的系统包含有限个自由度为 N 的带电粒子，在热平衡时，系统偶极矩 $\boldsymbol{p}$ 处于态 $s=[q_1,\cdots,q_N;p_1,\cdots,p_N]$ 的概率由如下分布函数给出：

$$f_{\mathrm{eq}}(s)=f_0\mathrm{e}^{-H_0(s)/(k_\mathrm{B}T)},\tag{15.1}$$

其中 f_0 是保证 $\int f_{\mathrm{eq}}\mathrm{d}s=1$ 的归一化常数，H_0 是系统的平衡哈密顿量，k_B 是 Boltzmann 常数，T 是温度，q_j 和 p_j 分别是广义坐标和共轭动量．s 是相空间的一点，可以视为系统所有坐标和动量的简记．热平衡时 $\boldsymbol{p}$ 的统计平均值定义为

$$\langle\boldsymbol{p}(s,t)\rangle=\frac{\int f_{\mathrm{eq}}(s)\boldsymbol{p}(s,t)\mathrm{d}s}{\int f_{\mathrm{eq}}(s)\mathrm{d}s}=\langle\boldsymbol{p}\rangle,\tag{15.2}$$

其中积分遍历所有坐标$[q_1,\cdots,q_N;p_1,\cdots,p_N]$. 由于平衡,统计平均与时间无关.

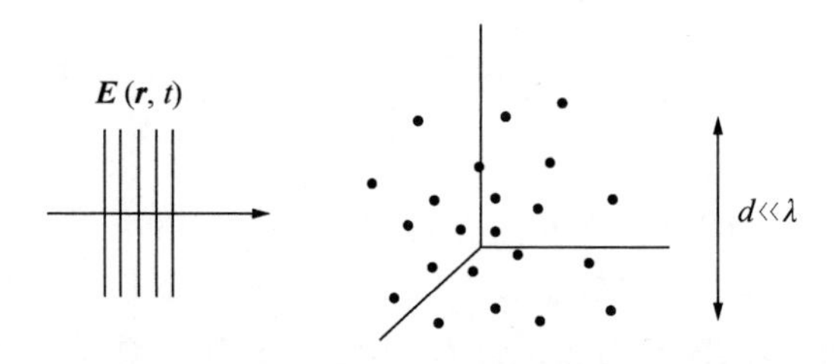

图15.1　初始在热平衡状态下的粒子系统与光场的相互作用. 系统的态用相空间坐标$s=[q_1,\cdots,q_N;p_1,\cdots,p_N]$确定,其中$q_j$和$p_j$分别是坐标和共轭动量. 如果系统的特征长度$d$与波长$\lambda$相比较小,那么光场和系统之间的相互作用由电偶极子近似给出:$\delta H=-\boldsymbol{p}(s,t)\cdot\boldsymbol{E}(t)$,其中$\boldsymbol{p}$是电偶极矩.

15.1.1　系统响应函数

我们考虑一个外场$\boldsymbol{E}(\boldsymbol{r},t)$对系统的平衡产生微扰,假设系统的特征尺度$d$远小于波长$\lambda$,从而可应用偶极子近似,微扰系统的哈密顿量变为

$$H=H_0+\delta H=H_0-\boldsymbol{p}(s,t)\cdot\boldsymbol{E}(t)=H_0-\sum_{k=x,y,z}p_k(s,t)E_k(t).\tag{15.3}$$

由于$\boldsymbol{E}(t)$的外部微扰,$\boldsymbol{p}$的期望值将偏离其平衡平均值$\langle\boldsymbol{p}\rangle$. 我们将用$\bar{\boldsymbol{p}}$表示$\boldsymbol{p}$在微扰系统中的期望值,以区别$\langle\boldsymbol{p}\rangle$. 假设偏离值

$$\delta\bar{\boldsymbol{p}}(t)=\bar{\boldsymbol{p}}(t)-\langle\boldsymbol{p}\rangle\tag{15.4}$$

很小,并且与外部微扰线性相关,也就是

$$\delta\overline{p}_j(t)=\frac{1}{2\pi}\sum_k\int_{-\infty}^{t}\widetilde{\alpha}_{jk}(t-t')E_k(t')\mathrm{d}t',\quad j,k=x,y,z.\tag{15.5}$$

其中$\widetilde{\alpha}_{jk}$是系统的响应函数. 我们已经假设系统是静止的,$\widetilde{\alpha}_{jk}(t,t')=\widetilde{\alpha}_{jk}(t-t')$,因此$t'>t$时$\widetilde{\alpha}_{jk}(t-t')=0$. (15.5)式说明$t$时刻的响应不仅与$t$时刻的微扰有关,还与$t$时刻之前的微扰相关,系统的"记忆"包含在$\widetilde{\alpha}_{jk}$中. 我们的目标是把$\widetilde{\alpha}_{jk}$表示成系统统计平衡性质的函数. 考虑图15.2中的微扰是方便的,这个微扰将系统从一个完全弛豫(已经平衡)态变到另一个[2]. 弛豫时间可以很直观地和响应函数的记忆联系起来. 在图15.2中的微扰下,(15.5)式给出

$$\delta\overline{p}_j(t)=\frac{E_k^0}{2\pi}\int_{-\infty}^{0}\widetilde{\alpha}_{jk}(t-t')\mathrm{d}t'=\frac{E_k^0}{2\pi}\int_{t}^{\infty}\widetilde{\alpha}_{jk}(\tau)\mathrm{d}\tau,\tag{15.6}$$

可以解出

$$\widetilde{\alpha}_{jk}(t)=-\frac{2\pi}{E_k^0}\Theta(t)\frac{\mathrm{d}}{\mathrm{d}t}\delta\overline{p}_j(t).\tag{15.7}$$

这里,我们假设$\widetilde{\alpha}_{jk}$及其时间导数在$t\to\infty$时趋于零,引入Heaviside阶梯函数$\Theta(t)$

来保证因果律：$t'>t$ 时，$\widetilde{\alpha}_{jk}(t-t')=0$①. 根据(15.7)式，如果计算 t 时刻 $\delta\overline{p}_j$ 的时间导数，就能得到 $\widetilde{\alpha}_{jk}$.

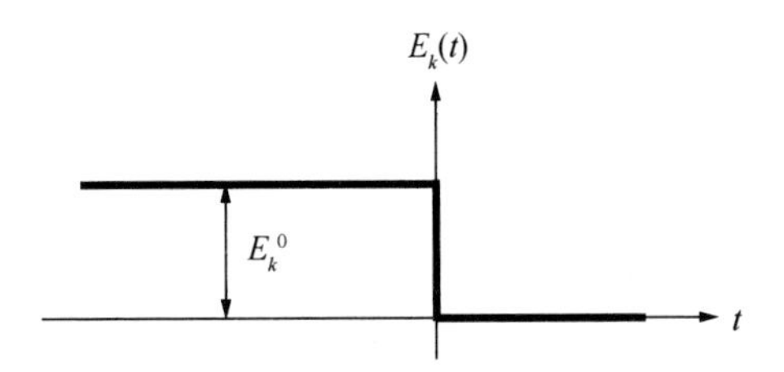

图 15.2　所考虑微扰的时间依赖关系. 微扰保证系统在 $t=0$(阶梯处)和 $t\to\infty$ 时完全弛豫.

$\boldsymbol{p}$ 在 t 时刻的期望值由 $t=0$ 时刻的分布函数 $f(s)$ 决定(见图 15.3)：

$$\bar{\boldsymbol{p}}(t)=\frac{\int f(s)\boldsymbol{p}(s,t)\mathrm{d}s}{\int f(s)\mathrm{d}s}. \tag{15.8}$$

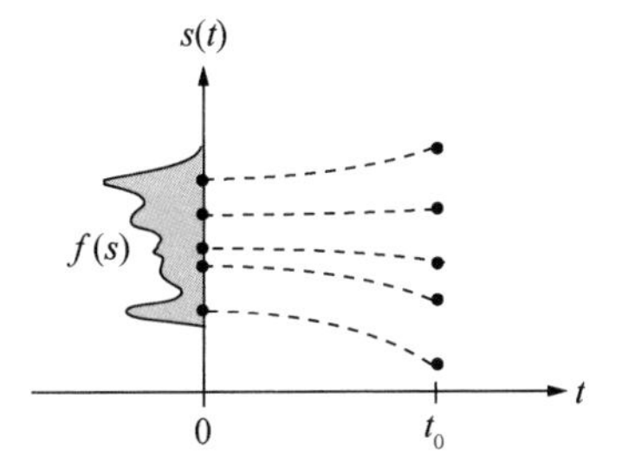

图 15.3　Newton 运动方程将每一个 $t=0$ 时刻相空间中的点 s 映射到 t_0 时刻相空间中的点. 在 t_0 时刻，偶极矩可以表示为 $\boldsymbol{p}[s(t_0)]=\boldsymbol{p}[s(0),t]=\boldsymbol{p}[s,t_0]$，在 t_0 时刻的系综平均值由初始分布函数 $f(s)$ 决定.

因为在 $t=0$ 时刻热平衡，分布函数写为

$$\begin{aligned} f(s) &\propto \mathrm{e}^{-[H_0+\delta H]/(k_{\mathrm{B}}T)}=f_{\mathrm{eq}}(s)\mathrm{e}^{-\delta H(s)/(k_{\mathrm{B}}T)} \\ &= f_{\mathrm{eq}}(s)\left(1-\frac{1}{k_{\mathrm{B}}T}\delta H(s)+\cdots\right), \end{aligned} \tag{15.9}$$

其中 $f_{\mathrm{eq}}(s)$ 由方程(15.1)给出，在括号里的最后一项是 $\exp[-\delta H/(k_{\mathrm{B}}T)]$ 的展开. 代入(15.8)式并只保留到 δH 的线性项，得到②

$$\bar{\boldsymbol{p}}(t)=\langle\boldsymbol{p}\rangle-\frac{1}{k_{\mathrm{B}}T}[\langle\delta H(s)\boldsymbol{p}(s,t)\rangle-\langle\boldsymbol{p}(s,t)\rangle\langle\delta H(s)\rangle], \tag{15.10}$$

① $t<0$ 时，$\Theta(t)=0$；$t=0$ 时，$\Theta(t)=1/2$；$t>0$ 时，$\Theta(t)=1$.

② $[1-\langle\delta H\rangle/(k_{\mathrm{B}}T)]^{-1}\approx[1+\langle\delta H\rangle/(k_{\mathrm{B}}T)-\cdots]$.

其中⟨⟩表示没有微扰时的期望值，也就是用(15.1)式中的分布函数 f_{eq} 得到的期望值. 由于 $\delta H(s)$ 是在 $t=0$ 时的微扰，我们有 $\delta H(s)=-p_k(s,0)E_k^0$，(15.10)式可以重新写为

$$\begin{aligned}\delta\overline{p}_j(t)&=\overline{p}_j(t)-\langle p_j\rangle=-\frac{E_k^0}{k_B T}[\langle p_j\rangle\langle p_k\rangle-\langle p_k(0)p_j(t)\rangle]\\&=\frac{E_k^0}{k_B T}\langle[p_k(0)-\langle p_k\rangle][p_j(t)-\langle p_j\rangle]\rangle=\frac{E_k^0}{k_B T}\langle\delta p_k(0)\delta p_j(t)\rangle,\end{aligned}\tag{15.11}$$

其中用了(15.2)式，并定义 $\delta p_j(t)=[p_j(t)-\langle p_j\rangle]$. 将结果代入(15.7)式，最后得到

$$\widetilde{\alpha}_{jk}(t)=-\frac{2\pi}{k_B T}\Theta(t)\frac{\mathrm{d}}{\mathrm{d}t}\langle\delta p_k(0)\delta p_j(t)\rangle\quad(\text{经典}).\tag{15.12}$$

这个重要结果常被称为时域涨落-耗散定理. 它表明系统对弱外场的响应，可以用无外场情况下系统的涨落表达. 注意关联函数 $\langle\delta p_k(0)\delta p_j(t)\rangle$ 是静态平衡系统的性质，并且可以用任意时间 τ 进行偏移：

$$\langle\delta p_k(0)\delta p_j(t)\rangle=\langle\delta p_k(\tau)\delta p_j(t+\tau)\rangle.\tag{15.13}$$

对很多问题，利用 Fourier 变换③

$$\alpha_{jk}(\omega)=\frac{1}{2\pi}\int_{-\infty}^{\infty}\widetilde{\alpha}_{jk}(t)\mathrm{e}^{\mathrm{i}\omega t}\mathrm{d}t,\quad\delta\hat{p}_j(\omega)=\frac{1}{2\pi}\int_{-\infty}^{\infty}\delta p_j(t)\mathrm{e}^{\mathrm{i}\omega t}\mathrm{d}t,\tag{15.14}$$

在频域表示(15.12)式是方便的. 频域的关联函数 $\langle\delta\hat{p}_j(\omega)\delta\hat{p}_k^*(\omega')\rangle$ 可以通过将 $\delta\hat{p}_j(\omega)$ 和 $\delta\hat{p}_k^*(\omega')$ 代入 Fourier 变换得到：

$$\begin{aligned}\langle\delta\hat{p}_j(\omega)\delta\hat{p}_k^*(\omega')\rangle&=\frac{1}{4\pi^2}\iint_{-\infty}^{\infty}\langle\delta p_j(\tau')\delta p_k(\tau)\rangle\mathrm{e}^{\mathrm{i}[\omega\tau'-\omega'\tau]}\mathrm{d}\tau'\mathrm{d}\tau\\&=\frac{1}{4\pi^2}\iint_{-\infty}^{\infty}\langle\delta p_k(\tau)\delta p_j(t+\tau)\rangle\mathrm{e}^{\mathrm{i}[\omega-\omega']\tau}\mathrm{e}^{\mathrm{i}\omega t}\mathrm{d}\tau\mathrm{d}t,\end{aligned}\tag{15.15}$$

其中我们用了替换 $\tau'=\tau+t$. 因为稳定性，被积函数中的关联函数不依赖于 τ，对 τ 积分约化为 δ 函数④. 最后的关系称为 Wiener-Khintchine 定理：

$$\langle\delta\hat{p}_j(\omega)\delta\hat{p}_k^*(\omega')\rangle=\delta(\omega-\omega')\frac{1}{2\pi}\int_{-\infty}^{\infty}\langle\delta p_k(\tau)\delta p_j(t+\tau)\rangle\mathrm{e}^{\mathrm{i}\omega t}\mathrm{d}t,\tag{15.16}$$

这说明不同频率的频谱成分是不相关的. 上式右侧的积分称为谱线密度. 为了得到涨落-耗散定理的谱表示，我们需要对(15.12)式进行 Fourier 变换. 上式右侧将变

③ 因为函数 $\delta p_j(t)$ 是一个随机过程，所以它不是平方可积的，因而其 Fourier 变换没有定义，然而，这些困难可以通过广义函数理论克服. 能够得出，Fourier 变换可作为符号形式使用[3].

④ $\int_{-\infty}^{\infty}\exp(\mathrm{i}xy)\mathrm{d}y=2\pi\delta(x)$.

为阶梯函数 $\hat{\Theta}(\omega)$ 的谱[⑤]和 $\mathrm{d}/\mathrm{d}t\langle\delta p_k(0)\delta p_j(t)\rangle$ 的谱的卷积. 为了去掉 $\hat{\Theta}$ 的虚部,我们解 $\alpha_{jk}(\omega)-\alpha_{kj}^*(\omega)$ 而不是 $\alpha_{jk}(\omega)$,利用稳定性、Wiener-Khintchine 定理以及 $\langle\delta p_k(\tau)\delta p_j(t+\tau)\rangle$ 是实的这一事实,我们得到

$$[\alpha_{jk}(\omega)-\alpha_{kj}^*(\omega)]\delta(\omega-\omega')=\frac{2\pi\mathrm{i}\omega}{k_{\mathrm{B}}T}\langle\delta\hat{p}_j(\omega)\delta\hat{p}_k^*(\omega')\rangle \quad (\text{经典}). \tag{15.17}$$

这与频域中的(15.12)式相似. 参数 $k_{\mathrm{B}}T$ 可以被认定为系统中单个粒子在每个自由度的平均能量(能量均分原理). 这一平均能量基于电磁模式的能量分布是连续的这一假设. 但是,根据量子力学,这些模式只能有间隔为 $\Delta E=\hbar\omega$ 的分立的能量,因而,平均能量 $k_{\mathrm{B}}T$ 应该做如下替换:

$$k_{\mathrm{B}}T\rightarrow\frac{\hbar\omega}{\exp[\hbar\omega/(k_{\mathrm{B}}T)]-1}+\hbar\omega, \tag{15.18}$$

这相当于量子谐振子的平均能量(第一项)加上零点能 $\hbar\omega$(第二项). 我们用 $\hbar\omega$ 而不是 $\hbar\omega/2$,是为了与量子理论相一致,这要求 $\langle\delta\hat{p}_j(\omega)\delta\hat{p}_k^*(\omega')\rangle$ 在 $\omega>0$ 时是反正规排序量(见 15.1.4 节).

在 $\hbar\rightarrow0$ 或 $\hbar\omega\ll k_{\mathrm{B}}T$ 的极限下,替换式(15.18)回到经典的值 $k_{\mathrm{B}}T$. 重新将(15.18)式右边写为 $\hbar\omega/\{1-\exp[-\hbar\omega/(k_{\mathrm{B}}T)]\}$,并代入(15.17)式,就得到涨落-耗散定理的量子版本[4,5]:

$$\langle\delta\hat{p}_j(\omega)\delta\hat{p}_k^*(\omega')\rangle=\frac{1}{2\pi\mathrm{i}\omega}\left[\frac{\hbar\omega}{1-\mathrm{e}^{-\hbar\omega/(k_{\mathrm{B}}T)}}\right][\alpha_{jk}(\omega)-\alpha_{kj}^*(\omega)]\delta(\omega-\omega'). \tag{15.19}$$

耗散与右侧有关,左侧则代表平衡系统的涨落. 需要注意的是,量子力学的结果是即便在绝对零度下,也会有耗散. 剩余的涨落只影响正频! 这可以通过下面的极限来理解:

$$\lim_{T\rightarrow0}\left[\frac{1}{1-\mathrm{e}^{-\hbar\omega/(k_{\mathrm{B}}T)}}\right]=\Theta(\omega)=\begin{cases}1, & \omega>0,\\ 1/2, & \omega=0,\\ 0, & \omega<0.\end{cases} \tag{15.20}$$

涨落-耗散定理可以推广到包含源的空间依赖,结果是,只要系统的响应函数是局域的,也就是 $\tilde{\varepsilon}_{jk}(\boldsymbol{r},t)=\tilde{\varepsilon}_{jk}(t)$ 或 $\varepsilon_{jk}(\boldsymbol{k},\omega)=\varepsilon_{jk}(\omega)$,两个不同空间坐标处的涨落就是不相关的[6]. 由于涨落流密度 $\delta\boldsymbol{j}(\boldsymbol{r},t)$ 是各向同性、均匀的,因而在介电常数为 $\varepsilon(\omega)$ 的介质中,(15.19)式可以推广为[7]

$$\langle\delta\hat{j}_j(\boldsymbol{r},\omega)\delta\hat{j}_k^*(\boldsymbol{r}',\omega')\rangle=\frac{\omega\varepsilon_0}{\pi}\varepsilon''(\omega)\left[\frac{\hbar\omega}{1-\mathrm{e}^{-\hbar\omega/(k_{\mathrm{B}}T)}}\right]\delta(\omega-\omega')\delta(\boldsymbol{r}-\boldsymbol{r}')\delta_{jk}. \tag{15.21}$$

---

⑤ $\hat{\Theta}(\omega)=\frac{1}{2}\delta(\omega)-\frac{1}{2\pi\mathrm{i}\omega}$.

ε''是ε的虚部，$\delta\hat{j}$表示δj的 Fourier 变换，Kronecker 符号δ_{jk}是各向同性的结果.

15.1.2 Johnson 噪声

我们最终写出的涨落-耗散定理的形式是 Callen 和 Welton 最早给出的[1]. 我们注意到涨落偶极矩$\delta\boldsymbol{p}$与随机电场$\delta\boldsymbol{E}$有关:

$$\delta\hat{p}_j(\omega) = \sum_k \alpha_{jk}(\omega)\delta\hat{E}_k(\omega),\quad j,k = x,y,z, \tag{15.22}$$

这是用(15.14)式中 Fourier 变换的定义，直接从(15.5)式中的时域关系中得出来的. 把线性关系代入(15.19)式，得到

$$\langle\delta\hat{E}_j(\omega)\delta\hat{E}_k^*(\omega')\rangle = \frac{1}{2\pi\mathrm{i}\omega}\left[\frac{\hbar\omega}{1-\mathrm{e}^{-\hbar\omega/(k_\mathrm{B}T)}}\right]\left[\alpha_{kj}^{*\,-1}(\omega)-\alpha_{jk}^{-1}(\omega)\right]\delta(\omega-\omega'). \tag{15.23}$$

这个方程给出由涨落偶极子所感生的局域电场关联. 两边同时对ω'积分，并利用 Wiener-Khintchine 定理得到

$$\begin{aligned}&\frac{1}{2\pi\mathrm{i}\omega}\left[\frac{\hbar\omega}{1-\mathrm{e}^{-\hbar\omega/(k_\mathrm{B}T)}}\right]\left[\alpha_{kj}^{*\,-1}(\omega)-\alpha_{jk}^{-1}(\omega)\right]\\ &\quad= \frac{1}{2\pi}\int_{-\infty}^{\infty}\langle\delta E_k(\tau)\delta E_j(t+\tau)\rangle\mathrm{e}^{\mathrm{i}\omega t}\,\mathrm{d}t.\end{aligned} \tag{15.24}$$

接着对ω积分会在右侧得到δ函数，这使得我们可以对时间进行积分. 最后的结果为

$$\langle\delta E_k(\tau)\delta E_j(\tau)\rangle = \frac{1}{2\pi}\int_{-\infty}^{\infty}\frac{1}{\mathrm{i}\omega}\left[\frac{\hbar\omega}{1-\mathrm{e}^{-\hbar\omega/(k_\mathrm{B}T)}}\right]\left[\alpha_{kj}^{*\,-1}(\omega)-\alpha_{jk}^{-1}(\omega)\right]\mathrm{d}\omega. \tag{15.25}$$

现在将这个公式应用到电阻中电荷的涨落. 涨落电流密度可以根据涨落偶极矩表示为$\delta j=\mathrm{d}/\mathrm{d}t[\delta p]\delta(\boldsymbol{r}-\boldsymbol{r}')$. 假设这是一个各向同性的电阻($j=k$)，电流和频域场的关系变为$\delta\hat{j}(\omega)=-\mathrm{i}\omega\alpha(\omega)\delta(\boldsymbol{r}-\boldsymbol{r}')\delta\hat{E}$，这让我们可以把$[-\mathrm{i}\omega\alpha(\omega)\delta(\boldsymbol{r}-\boldsymbol{r}')]^{-1}$项和电阻率$\rho(\omega)$等同起来. 假设$\rho(\omega)$是实的，我们可以把(15.25)式表达为

$$\langle\delta E^2\rangle = \frac{1}{\pi}\int_{-\infty}^{\infty}\left[\frac{\hbar\omega}{1-\mathrm{e}^{-\hbar\omega/(k_\mathrm{B}T)}}\right]\rho(\omega)\delta(\boldsymbol{r}-\boldsymbol{r}')\,\mathrm{d}\omega, \tag{15.26}$$

还可以写为电压V和电阻R的形式:

$$\begin{aligned}\langle\delta V^2\rangle &= \frac{1}{\pi}\int_{-\infty}^{\infty}\left[\frac{\hbar\omega}{1-\mathrm{e}^{-\hbar\omega/(k_\mathrm{B}T)}}\right]R(\omega)\,\mathrm{d}\omega\\ &= \frac{1}{\pi}\int_0^{\infty}\left\{\left[\frac{\hbar\omega}{1-\mathrm{e}^{-\hbar\omega/(k_\mathrm{B}T)}}\right]R(\omega)-\left[\frac{\hbar\omega}{1-\mathrm{e}^{-\hbar\omega/(k_\mathrm{B}T)}}-\hbar\omega\right]R(-\omega)\right\}\mathrm{d}\omega\\ &= \frac{2}{\pi}\int_0^{\infty}\left[\frac{\hbar\omega}{\mathrm{e}^{\hbar\omega/(k_\mathrm{B}T)}-1}+\frac{1}{2}\hbar\omega\right]R(\omega)\,\mathrm{d}\omega,\end{aligned} \tag{15.27}$$

其中我们把积分范围缩小为$[0,\infty)$,并利用了$R(\omega)=-R(-\omega)$.上式右侧可认为是均方电压涨落.对于$k_{\mathrm{B}}T\gg\hbar\omega$的温度(任何实际的频率在室温下都符合这个条件),我们可以把括号中的表达式替换为其经典极限$k_{\mathrm{B}}T$.此外,对一个频宽$B=(\omega_{\max}-\omega_{\min})/(2\pi)$有限、电阻与频率无关的系统,我们有

$$\langle\delta V^2\rangle=4k_{\mathrm{B}}TBR. \tag{15.28}$$

这是熟悉的白噪声的公式,又叫 Johnson 噪声,由电阻在电路中产生.在 10 kHz 的带宽和室温下,一个 10 MΩ 的电阻产生约 40 $\mu\mathrm{V}_{\mathrm{rms}}$的电压.

15.1.3 涨落外场引起的耗散

我们已经推导了系统的耗散作为电荷涨落的函数,这里,我们将要用涨落电荷产生的场表示耗散.(15.21)式中的电流密度$\delta\hat{\boldsymbol{j}}$产生一个电场

$$\delta\hat{\boldsymbol{E}}(\boldsymbol{r},\omega)=\mathrm{i}\omega\mu_0\int_{V_0}\overleftrightarrow{\boldsymbol{G}}(\boldsymbol{r},\boldsymbol{r}_0;\omega)\delta\hat{\boldsymbol{j}}(\boldsymbol{r}_0,\omega)\mathrm{d}^3\boldsymbol{r}_0, \tag{15.29}$$

其中所有电流都定义为在源区V_0范围内.用场$\delta\hat{\boldsymbol{E}}(\boldsymbol{r}',\omega')$的相应表达式乘以上面的公式,取平均,并利用方程(15.21)得到

$$\begin{aligned}\langle\delta\hat{E}_j(\boldsymbol{r},\omega)\delta\hat{E}_k^*(\boldsymbol{r}',\omega')\rangle=&\frac{\omega^3}{\pi c^4\varepsilon_0}\left[\frac{\hbar\omega}{1-\mathrm{e}^{-\hbar\omega/(k_{\mathrm{B}}T)}}\right]\delta(\omega-\omega')\\&\times\sum_n\int_{V_0}G_{jn}(\boldsymbol{r},\boldsymbol{r}_0;\omega)\varepsilon''(\omega)G_{kn}(\boldsymbol{r}',\boldsymbol{r}_0;\omega)\mathrm{d}^3\boldsymbol{r}_0.\end{aligned} \tag{15.30}$$

注意源区的介电性质不仅由ε'',还由$\overleftrightarrow{\boldsymbol{G}}$确定,因为其定义式依赖于$k^2=(\omega/c)^2\varepsilon(\omega)$项(参考(2.87)式).因此,上面这个电场关联的方程可以利用下面的恒等式重写[8,9]:

$$\frac{\omega^2}{c^2}\sum_n\int_{V_0}G_{jn}(\boldsymbol{r},\boldsymbol{r}_0;\omega)\varepsilon''(\omega)G_{kn}(\boldsymbol{r}',\boldsymbol{r}_0;\omega)\mathrm{d}^3\boldsymbol{r}_0=\mathrm{Im}\{G_{jk}(\boldsymbol{r},\boldsymbol{r}';\omega)\}. \tag{15.31}$$

上式可以利用$G_{ij}(\boldsymbol{r}',\boldsymbol{r};\omega)=G_{ji}(\boldsymbol{r},\boldsymbol{r}';\omega)$并要求 Green 函数在无穷远处为零,再利用$\overleftrightarrow{\boldsymbol{G}}$的定义((2.87)式)导出.为了让$\overleftrightarrow{\boldsymbol{G}}$在无穷远处为零,$\overleftrightarrow{\boldsymbol{G}}$必须包含流出和流入的部分,以确保没有净能量传输,也就是说,空间任一点的时间平均 Poynting 矢量必须为零,这个条件保证所有的电荷都与辐射场平衡[10].

电场的涨落-耗散定理现在可以用 Green 函数的形式表示为

$$\langle\delta\hat{E}_j(\boldsymbol{r},\omega)\delta\hat{E}_k^*(\boldsymbol{r}',\omega')\rangle=\frac{\omega}{\pi c^2\varepsilon_0}\left[\frac{\hbar\omega}{1-\mathrm{e}^{-\hbar\omega/(k_{\mathrm{B}}T)}}\right]\mathrm{Im}\{G_{jk}(\boldsymbol{r},\boldsymbol{r}';\omega)\}\delta(\omega-\omega'). \tag{15.32}$$

这个结果确立了场的涨落(左边)和耗散(右边)的对应关系,是用 Green 函数的虚部表达的.如之前一样,这个结果只在平衡,也就是场和源温度相同的时候才严格

成立.

15.1.4　正规和反正规排序

让我们把空间任意点 $\boldsymbol{r}$ 的电场 $\boldsymbol{E}(t)$ 分解为两部分：

$$\boldsymbol{E}(t)=\boldsymbol{E}^{+}(t)+\boldsymbol{E}^{-}(t)=\int_{0}^{\infty}\hat{\boldsymbol{E}}(\omega)\mathrm{e}^{-\mathrm{i}\omega t}\mathrm{d}\omega+\int_{-\infty}^{0}\hat{\boldsymbol{E}}(\omega)\mathrm{e}^{-\mathrm{i}\omega t}\mathrm{d}\omega,\quad(15.33)$$

其中 $\hat{\boldsymbol{E}}(\omega)$ 是 $\boldsymbol{E}(t)$ 的 Fourier 频谱(见 § 2.5)，$\boldsymbol{E}^{+}$ 和 $\boldsymbol{E}^{-}$ 不再是实函数，而是所谓的复解析信号[3]. $\boldsymbol{E}^{+}$ 用 $\hat{\boldsymbol{E}}$ 的正频定义，而 $\boldsymbol{E}^{-}$ 用 $\hat{\boldsymbol{E}}$ 的负频定义. 由于 $\boldsymbol{E}(t)$ 是实的，我们有 $\hat{\boldsymbol{E}}^{*}(\omega)=\hat{\boldsymbol{E}}(-\omega)$，这表明 $\boldsymbol{E}^{-}=[\boldsymbol{E}^{+}]^{*}$. 我们同样定义 $\boldsymbol{E}^{+}$ 和 $\boldsymbol{E}^{-}$ 的 Fourier (逆)变换：

$$\boldsymbol{E}^{+}(t)=\int_{-\infty}^{\infty}\hat{\boldsymbol{E}}^{+}(\omega)\mathrm{e}^{-\mathrm{i}\omega t}\mathrm{d}\omega,\quad \boldsymbol{E}^{-}(t)=\int_{-\infty}^{\infty}\hat{\boldsymbol{E}}^{-}(\omega)\mathrm{e}^{-\mathrm{i}\omega t}\mathrm{d}\omega.\quad(15.34)$$

很明显，这种频谱与初始频谱 $\hat{\boldsymbol{E}}$ 的关系是

$$\hat{\boldsymbol{E}}^{+}(\omega)=\begin{cases}\hat{\boldsymbol{E}}(\omega), & \omega>0,\\ 0, & \omega<0,\end{cases}\quad \hat{\boldsymbol{E}}^{-}(\omega)=\begin{cases}0, & \omega>0,\\ \hat{\boldsymbol{E}}(\omega), & \omega<0.\end{cases}\quad(15.35)$$

在量子力学中，$\hat{\boldsymbol{E}}^{-}$ 与产生算符 $\hat{a}^{\dagger}$ 相关，$\hat{\boldsymbol{E}}^{+}$ 与湮没算符 $\hat{a}$ 相关(见 § 8.4). 序列 $\hat{\boldsymbol{E}}^{-}\hat{\boldsymbol{E}}^{+}$ 表示光子吸收的概率，$\hat{\boldsymbol{E}}^{+}\hat{\boldsymbol{E}}^{-}$ 表示光子发射的概率[3]. 重要的是，在量子力学中，这两个操作是不同的，也就是说，$\hat{\boldsymbol{E}}^{+}$ 和 $\hat{\boldsymbol{E}}^{-}$ 不对易. 因此，我们需要分别计算 $\hat{\boldsymbol{E}}^{-}\hat{\boldsymbol{E}}^{+}$(正规排序)和 $\hat{\boldsymbol{E}}^{+}\hat{\boldsymbol{E}}^{-}$(反正规排序)的关联.

现在我们考虑平均值为零的涨落场 $\delta\hat{\boldsymbol{E}}(\boldsymbol{r},t)$，并把其 Fourier 频谱分解为正、负频两部分. 利用参考文献[4]的结果，并用类似于推导方程(15.32)的过程，我们发现

$$\begin{aligned}&\langle\delta\hat{E}_{j}^{-}(\boldsymbol{r},\omega)\delta\hat{E}_{k}^{+*}(\boldsymbol{r}',\omega')\rangle\\&\quad=\frac{\omega\Theta(-\omega)}{\pi c^{2}\varepsilon_{0}}\left[\frac{\hbar\omega}{1-\mathrm{e}^{-\hbar\omega/(k_{\mathrm{B}}T)}}\right]\mathrm{Im}\{G_{jk}(\boldsymbol{r},\boldsymbol{r}';\omega)\}\delta(\omega-\omega'),\end{aligned}\quad(15.36)$$

$$\begin{aligned}&\langle\delta\hat{E}_{j}^{+}(\boldsymbol{r},\omega)\delta\hat{E}_{k}^{-*}(\boldsymbol{r}',\omega')\rangle\\&\quad=\frac{\omega\Theta(\omega)}{\pi c^{2}\varepsilon_{0}}\left[\frac{\hbar\omega}{1-\mathrm{e}^{-\hbar\omega/(k_{\mathrm{B}}T)}}\right]\mathrm{Im}\{G_{jk}(\boldsymbol{r},\boldsymbol{r}';\omega)\}\delta(\omega-\omega'),\end{aligned}\quad(15.37)$$

其中 $\Theta(\omega)$ 是单位阶梯函数. 因此正规排序算符的关联对于正频是零，与此类似，反正规排序算符的关联对于负频是零.

可以得到 $\langle\delta\hat{E}_{j}^{-}\delta\hat{E}_{k}^{-*}\rangle=\langle\delta\hat{E}_{j}^{+}\delta\hat{E}_{k}^{+*}\rangle=0$，于是总场 $\hat{E}=\hat{E}^{-}+\hat{E}^{+}$ 的关联就是简单地将上面给出的正规排序和反正规排序场的关联相加. 这再次证明了(15.32)式中的结果，并让我们可以把关联 $\langle\delta\hat{E}_{j}\delta\hat{E}_{k}^{*}\rangle$ 解释为一个吸收和发射事件序列.

考虑到完备性,我们也将涨落-耗散定理应用于对称化关联函数.我们感兴趣的量为

$$\frac{1}{2}\langle[\delta\hat{E}_j(\boldsymbol{r},\omega)\delta\hat{E}_k^*(\boldsymbol{r}',\omega')+\delta\hat{E}_k(\boldsymbol{r},\omega)\delta\hat{E}_j^*(\boldsymbol{r}',\omega')]\rangle. \tag{15.38}$$

利用(15.36)和(15.37)式,可以直接看出上面的表达式等于

$$\frac{\omega}{\pi c^2\varepsilon_0}\hbar\omega\left[\frac{1}{2}+\frac{1}{\mathrm{e}^{\hbar\omega/(k_\mathrm{B}T)}-1}\right]\mathrm{Im}\{G_{jk}(\boldsymbol{r},\boldsymbol{r}';\omega)\}\delta(\omega-\omega'). \tag{15.39}$$

与(15.32)式相比,唯一的不同是把系数 1 替换为 1/2.由此得到,$T=0$ 时,对称化关联在负频不再为零.

§ 15.2　涨落源发射

真空中任意涨落电磁场的能量密度为(参考(2.57)式)

$$W(\boldsymbol{r},t)=\frac{\varepsilon_0}{2}\delta\boldsymbol{E}(\boldsymbol{r},t)\cdot\delta\boldsymbol{E}(\boldsymbol{r},t)+\frac{\mu_0}{2}\delta\boldsymbol{H}(\boldsymbol{r},t)\cdot\delta\boldsymbol{H}(\boldsymbol{r},t). \tag{15.40}$$

为简单起见,我们将省略参量中的位矢 $\boldsymbol{r}$.在静态涨落的假设下,W 的平均值变为

$$\bar{W}=\int_{-\infty}^{\infty}\bar{W}_\omega(\omega)\mathrm{d}\omega=\frac{\varepsilon_0}{2}\langle\delta\boldsymbol{E}(t)\cdot\delta\boldsymbol{E}(t)\rangle+\frac{\mu_0}{2}\langle\delta\boldsymbol{H}(t)\cdot\delta\boldsymbol{H}(t)\rangle. \tag{15.41}$$

$\delta\boldsymbol{E}$ 的方均值可以表示为

$$\langle\delta\boldsymbol{E}(t)\cdot\delta\boldsymbol{E}(t)\rangle=\frac{1}{2\pi}\iint_{-\infty}^{\infty}\langle\delta\boldsymbol{E}(t)\cdot\delta\boldsymbol{E}(t+\tau)\rangle\mathrm{e}^{\mathrm{i}\omega\tau}\,\mathrm{d}\omega\mathrm{d}\tau, \tag{15.42}$$

$\delta\boldsymbol{H}$ 也有类似表达式.现在我们可以把(15.41)式中的频谱能量密度确定为[⑥]

$$\bar{W}_\omega(\omega)=\int_{-\infty}^{\infty}\left[\frac{\varepsilon_0}{4\pi}\langle\delta\boldsymbol{E}(t)\cdot\delta\boldsymbol{E}(t+\tau)\rangle+\frac{\mu_0}{4\pi}\langle\delta\boldsymbol{H}(t)\cdot\delta\boldsymbol{H}(t+\tau)\rangle\right]\mathrm{e}^{\mathrm{i}\omega\tau}\,\mathrm{d}\tau. \tag{15.43}$$

在两侧同时乘上 $\delta(\omega-\omega')$,利用 Wiener-Khintchine 定理(见(15.16)式),并在此引入空间相关性,我们得到

$$\bar{W}_\omega(\boldsymbol{r},\omega)\delta(\omega-\omega')=\frac{\varepsilon_0}{2}\langle\delta\hat{\boldsymbol{E}}^*(\boldsymbol{r},\omega)\cdot\delta\hat{\boldsymbol{E}}(\boldsymbol{r},\omega')\rangle+\frac{\mu_0}{2}\langle\delta\hat{\boldsymbol{H}}^*(\boldsymbol{r},\omega)\cdot\delta\hat{\boldsymbol{H}}(\boldsymbol{r},\omega')\rangle, \tag{15.44}$$

其中 $\delta\hat{\boldsymbol{E}}$ 和 $\delta\hat{\boldsymbol{H}}$ 分别是 $\delta\boldsymbol{E}$ 和 $\delta\boldsymbol{H}$ 的 Fourier 变换.在远场,$|\delta\hat{\boldsymbol{H}}|=|\delta\hat{\boldsymbol{E}}|\sqrt{\varepsilon_0/\mu_0}$,电、磁能量密度变为相等的.

在任意极化的参考系统中,我们要确定由涨落电流 $\delta\boldsymbol{j}$ 分布引起的频谱能量密

⑥ 记住 $\bar{W}_\omega$ 是对于正频和负频定义的.

度 $\bar{W}_\omega$. 我们假设 $\delta \boldsymbol{j}$ 可通过并矢 Green 函数 $\overleftrightarrow{\boldsymbol{G}}(\boldsymbol{r},\boldsymbol{r}';\omega)$引入. 利用 8.3.1 节中讨论过的体积分方程,我们得到

$$\delta\hat{\boldsymbol{E}}(\boldsymbol{r},\omega)=\mathrm{i}\omega\mu_0\int_V\overleftrightarrow{\boldsymbol{G}}(\boldsymbol{r},\boldsymbol{r}';\omega)\delta\hat{\boldsymbol{j}}(\boldsymbol{r}',\omega)\mathrm{d}V', \tag{15.45}$$

$$\delta\hat{\boldsymbol{H}}(\boldsymbol{r},\omega)=\int_V[\nabla\times\overleftrightarrow{\boldsymbol{G}}(\boldsymbol{r},\boldsymbol{r}';\omega)]\delta\hat{\boldsymbol{j}}(\boldsymbol{r}',\omega)\mathrm{d}V'. \tag{15.46}$$

把这些等式引入$\bar{W}_\omega$ 的表达式之后,对场的平均变为对电流的平均⑦,而后者可以利用(15.21)式中给出的涨落-耗散定理消去. 对 ω'积分得到

$$\bar{W}_\omega(\boldsymbol{r},\omega)=\frac{\omega}{\pi c^2}\left[\frac{\hbar\omega}{1-\mathrm{e}^{-\hbar\omega/(k_\mathrm{B}T)}}\right]\times\sum_{j,k}\int_V\varepsilon''(\boldsymbol{r}',\omega)\left[\frac{\omega^2}{c_2}\left|[\overleftrightarrow{\boldsymbol{G}}(\boldsymbol{r},\boldsymbol{r}';\omega)]_{jk}\right|^2+\left|[\nabla\times\overleftrightarrow{\boldsymbol{G}}(\boldsymbol{r},\boldsymbol{r}';\omega)]_{jk}\right|^2\right]\mathrm{d}V', \tag{15.47}$$

其中$[\overleftrightarrow{\boldsymbol{G}}]_{jk}$和$[\nabla\times\overleftrightarrow{\boldsymbol{G}}]_{jk}$分别表示张量$\overleftrightarrow{\boldsymbol{G}}$和$(\nabla\times\overleftrightarrow{\boldsymbol{G}})$的第 jk 分量. 括号中的第一项源于电场对 $\bar{W}_\omega$ 的贡献,而第二项则归因于磁场. 通常情况下,最终的 $\bar{W}_\omega$ 可以写为

$$\bar{W}_\omega(\boldsymbol{r},\omega)=\bar{w}(\omega,T)N(\boldsymbol{r},\omega), \tag{15.48}$$

其中 $\bar{w}(\omega,T)$是每个模式的平均能量,$N(\boldsymbol{r},\omega)$只与介电性质 $\varepsilon(\omega)$和参考系统的 Green 函数有关,其意义和之前定义的局域态密度相似. 实际上,稍后将说明,如果所考虑的是平衡系统,$N(\boldsymbol{r},\omega)$与局域态密度相同. 在非平衡系统中,$N(\boldsymbol{r},\omega)$只包含所有可能模式的一部分.

15.2.1　黑体辐射

考虑一个由涨落的点源构成的物体,辐射场的热平衡意味着空间中所有点 $\boldsymbol{r}$ 上的平均 Poynting 矢量都消失(没有净热传输). 在这种情况下,我们可以应用(15.32)式中的涨落-耗散定理. 在自由空间中,(15.47)式中的两项变为相同的,于是我们得到[10]

$$\bar{W}_\omega(\boldsymbol{r},\omega)=\left[\frac{\hbar\omega}{1-\mathrm{e}^{-\hbar\omega/(k_\mathrm{B}T)}}\right]\frac{\omega}{\pi c^2}\sum_j\mathrm{Im}\{[\overleftrightarrow{\boldsymbol{G}}(\boldsymbol{r},\boldsymbol{r};\omega)]_{jj}\}\quad(\text{热平衡}). \tag{15.49}$$

记住总能量是对正和负频积分后得出的. 让我们把方括号中的项替换为反对称和对称部分:

---

⑦ 场来自一组可以写成类似形式的离散涨落偶极子(见 8.3.1 节). $\bar{W}_\omega$ 可以通过(15.23)式的涨落-耗散定理导出.

$$\frac{\hbar\omega}{2}+\left[\frac{\hbar\omega}{2}+\frac{\hbar\omega}{e^{\hbar\omega/(k_B T)}-1}\right]. \tag{15.50}$$

考虑到 $\mathrm{Im}\{\overleftrightarrow{\boldsymbol{G}}\}$ 是 ω 的奇函数,我们可以将上面表达式中的第一项丢掉,因为在对负频和正频积分后,这一项将抵消掉. 余下的积分可以写为只对正频进行:

$$\bar{W}=\int_0^{\infty}\bar{W}_{\omega}^{+}(\omega)\mathrm{d}\omega=\int_0^{\infty}\bar{w}(\omega,T)N(\boldsymbol{r},\omega)\mathrm{d}\omega, \tag{15.51}$$

其中

$$\bar{w}(\omega,T)=\left[\frac{\hbar\omega}{2}+\frac{\hbar\omega}{e^{\hbar\omega/(k_B T)}-1}\right],$$

$$N(\boldsymbol{r},\omega)=\frac{2\omega}{\pi c^2}\sum_j \mathrm{Im}\{[\overleftrightarrow{\boldsymbol{G}}(\boldsymbol{r},\boldsymbol{r};\omega)]_{jj}\}=\frac{2\omega}{\pi c^2}\mathrm{Im}\{\mathrm{Tr}[\overleftrightarrow{\boldsymbol{G}}(\boldsymbol{r},\boldsymbol{r};\omega)]\}.$$

$N(\boldsymbol{r},\omega)$与局域态密度(参考(8.118)式)相同,$\bar{w}(\omega,T)$对应着量子谐振子的平均能量,$\bar{W}_{\omega}^{+}(\omega)$是只在正频上定义的频谱能量密度.

把$\overleftrightarrow{\boldsymbol{G}}$中的指数项 $\exp(\mathrm{i}kr)$展开为级数,正如已经在 8.3.3 节中指出的那样,$\mathrm{Im}\{\overleftrightarrow{\boldsymbol{G}}\}$在其原点处不是奇异的. 利用自由空间中的 Green 函数,可得 $\mathrm{Im}\{[\overleftrightarrow{\boldsymbol{G}}(\boldsymbol{r},\boldsymbol{r},\omega)]_{jj}\}=\omega/(6\pi c)$,并且(15.51)式变为

$$\bar{W}_{\omega}^{+}(\omega)=\left[\frac{\hbar\omega}{2}+\frac{\hbar\omega}{e^{\hbar\omega/(k_B T)}-1}\right]\frac{\omega^2}{\pi^2 c^3}. \tag{15.52}$$

这就是著名的 Planck 黑体辐射公式,它表示单位体积内,频率范围为$[\omega,\omega+\mathrm{d}\omega]$的电磁能量(图 15.4). 上式只对平衡系统才严格成立.

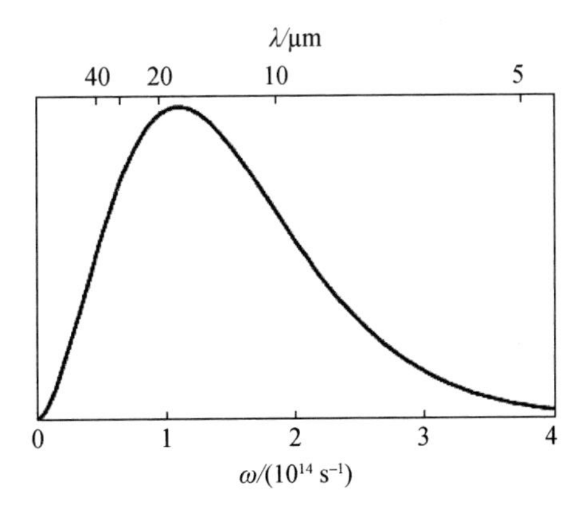

图 15.4　$T=300\,\mathrm{K}$ 时的黑体辐射谱 $\bar{W}_{\omega}^{+}$. 平衡条件要求任意地方的净 Poynting 矢量为零.

15.2.2　相干、频谱移动和传热

物质和辐射场的热平衡实际上从没有达到过，因此，频谱能量密度只能用(15.47)式计算，局域态密度 N 变为与位置有关. Shchegrov 等人[7]计算了平面材料表面附近的 $\boldsymbol{N}(\boldsymbol{r},\omega)$，发现它强烈地依赖于到表面的距离. 图 15.5 展示的是在 $T=300$ K 时，SiC 无限大半空间上的频谱能量密度. 在与表面距离远时(上图)频谱看起来像是黑体的频谱加上 SiC 的发射谱，后者产生频谱中的谷. 发射的辐射场是不相干的，典型的相干长度约 $\lambda/2$(Lambert 源). 在所考虑的距离小于 λ 时，频谱主要是一个源于表面态(表面声子激元)的单独的峰(下图). 这个峰的窄线宽导致相干性增加，因此几乎是一个单色场. 这几张图清楚地表明频谱会在传播时改变.

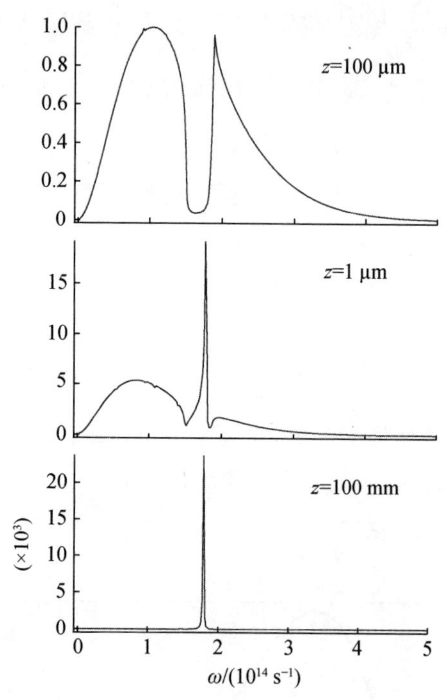

图 15.5　在三个不同高度 z 处计算的 $T=300$ K 时的 SiC 半无限大样品的热发射频谱. 引自[7].

在材料表面附近观察到 $\bar{W}_{\omega}$ 的增加意味着辐射传热. 辐射传热会在温度不同的两个物体之间发生，但是，即便是自由空间中的单个物体，也会由于持续辐射损失热能. Mulet 等人[11]证明了两个物体之间的辐射传热，在物体之间的间隔减少时，可以提高好几个数量级. 这个提高源于局域在界面的表面波之间的相互作用. 这个相互作用导致局限在很窄的频谱窗口内的传热.

近场传热已经被 Greffet 和合作者系统地研究过[12]. 他们测量了被加热的表面和小球之间的热导率 G 随距离 d 和温差 ΔT 变化的函数关系. 如图 15.6 所示，实验数据表明，G 与距离之间陡峭的依赖关系可以精确地表达为

$$G(d,\Delta T) = G_{\mathrm{ff}} + \frac{H}{\Delta T}\delta(d), \tag{15.53}$$

其中 G_{ff} 对应于远场传热，第二项表示近场传热，H 是一个常量，$\delta(d)$ 是一个短程距离函数. 除了基础研究上的意义，近场传热在热辅助磁记录方面也有应用. 利用加热的光学天线[13]，面比特密度被证实可以高达 1.5 Pb · m^{-2}.

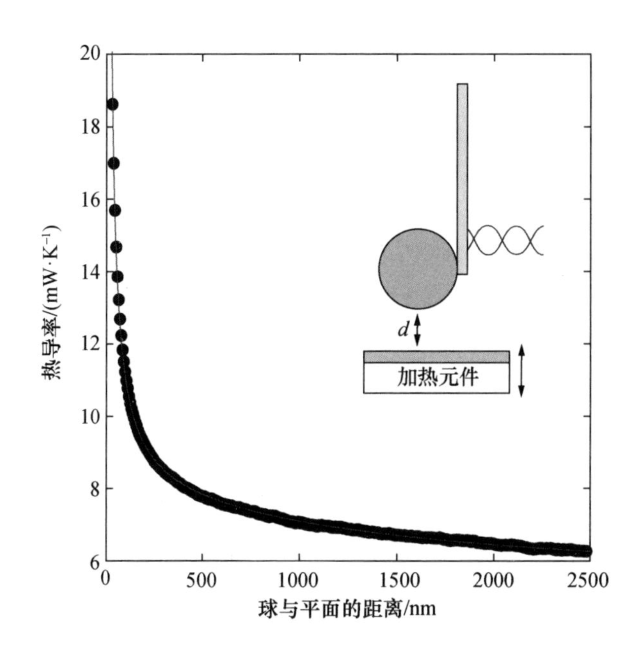

图 15.6　直径 40 μm 的球和被加热片间的热导率与间距的函数关系. 球与片之间的温差为 $\Delta T=21$ K，插图为实验示意图. 经麦克米伦出版公司许可引自[12].

热近场不仅影响发射辐射的频谱能量密度，还影响它们的空间相干性. 关于空间相干性的一个表示由电场交叉谱密度张量 W_{jk} 给出. W_{jk} 定义为

$$W_{jk}(\boldsymbol{r}_1,\boldsymbol{r}_2,\omega)\delta(\omega-\omega') = \langle \delta\hat{E}_j(\boldsymbol{r}_1,\omega)\delta\hat{E}_k^*(\boldsymbol{r}_2,\omega')\rangle. \tag{15.54}$$

Carminati 和 Greffet[14] 计算了 W_{jk} 在不同材料表面附近的值. 他们发现不能产生表面模式的不透明材料(例如钨)，可以产生远小于黑体辐射的相干长度 $\lambda/2$. 相干长度可以任意小，只受限于靠近材料表面的非局域效应. 另一方面，靠近可以产生表面模式的材料表面(如银)时，相干长度可以达到几十个 λ.

§ 15.3　涨落引起的力

在电中性物体中,涨落的电荷产生涨落的电磁场,并与其他物体中的电荷发生相互作用,因而,电磁场会在不同物体之间调节电荷涨落,由此产生的电荷相关性将导致一个被称为色散力的电磁力.两物体距离较近时,这个力称为 van der Waals 力,而距离更大时,称为 Casimir 力.虽然这个力在宏观上显得很小,但在纳米结构的尺度上是不能忽略的.例如,两个相互平行,面积为 1 μm^2,相距 5 nm 的导电平面,将产生约 2 nN 的吸引力,这个力足以压扁生物分子!色散力是弱分子键产生的原因,还会促使颗粒在界面粘连.例如壁虎甚至可以毫不费力地攀上最滑的表面,还可以用一根脚趾挂在玻璃上.这个非凡的攀爬技能背后的秘密,就在壁虎每个脚上的无数小角质毛上.虽然每根毛上的色散力很小,但无数根毛合起来将会产生强大的黏附效果.这种"壁虎效应"已经被用于设计超强胶带.

这一节里我们将用参考文献[5]中的方法,推导作用在任意环境中小极化颗粒上的力.为简化符号,我们假设所有涨落都有零平均值,这让我们有 $\boldsymbol{p}(t)=\delta\boldsymbol{p}(t)$ 和 $\boldsymbol{E}(t)=\delta\boldsymbol{E}(t)$.为了计算作用在位于 $\boldsymbol{r}=\boldsymbol{r}_0$ 处极化颗粒上的力,我们使用 § 14.4 中关于梯度力的表达式(参考(14.33)式).但是,我们必须考虑到,场 $\boldsymbol{E}$ 和偶极矩 $\boldsymbol{p}$ 都有涨落和感生部分,因此有

$$\langle \boldsymbol{F}(\boldsymbol{r}_0)\rangle = \sum_i [\langle p_i^{(\mathrm{in})}(t)\nabla E_i^{(\mathrm{fl})}(\boldsymbol{r}_0,t)\rangle + \langle p_i^{(\mathrm{fl})}(t)\nabla E_i^{(\mathrm{in})}(\boldsymbol{r}_0,t)\rangle], \quad (15.55)$$

其中 $i=\{x,y,z\}$.上式第一项描述与感生偶极矩关联的场的涨落(自发的和热的):

$$\hat{\boldsymbol{p}}^{(\mathrm{in})}(\omega) = \alpha_1(\omega)\,\hat{\boldsymbol{E}}^{(\mathrm{fl})}(\boldsymbol{r}_0,\omega), \quad (15.56)$$

其中,我们假设了一个各向同性的极化率.我们用指标 1 来表示这个颗粒.(15.55)式中的第二项源于颗粒偶极子的涨落和相对应的感生场

$$\hat{\boldsymbol{E}}^{(\mathrm{in})}(\boldsymbol{r},\omega) = \frac{\omega^2}{c^2}\frac{1}{\varepsilon_0}\overleftrightarrow{\boldsymbol{G}}(\boldsymbol{r},\boldsymbol{r}_0;\omega)\,\hat{\boldsymbol{p}}^{(\mathrm{fl})}(\omega). \quad (15.57)$$

这里,$\overleftrightarrow{\boldsymbol{G}}$是参考系统的 Green 函数,$\boldsymbol{r}$ 表示如图 15.7 中场的任一点.涨落场和涨落偶极子之间的关联为零,因为它们源自不同的物理系统,同样,它们感生的量之间也没有关联.

将(15.55)式中的 $\boldsymbol{p}$ 和 $\boldsymbol{E}$ 表示为它们的 Fourier 变换,并利用 $\boldsymbol{E}(t)=\boldsymbol{E}^*(t)$,我们得到

$$\langle \boldsymbol{F}(\boldsymbol{r}_0)\rangle = \sum_i \iint_{-\infty}^{\infty} \langle \hat{p}_i^{(\mathrm{in})}(\omega)\,\nabla \hat{E}_i^{*(\mathrm{fl})}(\boldsymbol{r}_0,\omega')\rangle \mathrm{e}^{\mathrm{i}(\omega'-\omega)t}\,\mathrm{d}\omega'\,\mathrm{d}\omega$$

$$+\sum_i \iint_{-\infty}^{\infty} \langle \hat{p}_i^{(\mathrm{fl})}(\omega)\,\nabla \hat{E}_i^{*(\mathrm{in})}(\boldsymbol{r}_0,\omega')\rangle \mathrm{e}^{\mathrm{i}(\omega'-\omega)t}\mathrm{d}\omega'\mathrm{d}\omega. \tag{15.58}$$

引入线性关系(15.56)和(15.57),并重新排列各项,我们可以把第一项表示为 $\hat{\boldsymbol{E}}^{(\mathrm{fl})}$ 的函数,第二项表示为 $\hat{\boldsymbol{p}}^{(\mathrm{fl})}$ 的函数:

$$\langle \boldsymbol{F}(\boldsymbol{r}_0)\rangle = \sum_i \iint_{-\infty}^{\infty} \alpha_1(\omega)\,\nabla_2 \langle \hat{E}_i^{*(\mathrm{fl})}(\boldsymbol{r}_0,\omega)\,\hat{E}_i^{*(\mathrm{fl})}(\boldsymbol{r}_0,\omega')\rangle \mathrm{e}^{\mathrm{i}(\omega'-\omega)t}\mathrm{d}\omega'\mathrm{d}\omega$$

$$+\sum_{i,j} \iint_{-\infty}^{\infty} \frac{\omega'^2}{c^2}\frac{1}{\varepsilon_0}\nabla_1 G_{ij}^*(\boldsymbol{r}_0,\boldsymbol{r}_0;\omega')\langle \hat{p}_i^{(\mathrm{fl})}(\omega)\,\hat{p}_j^{*(\mathrm{fl})}(\omega')\rangle \mathrm{e}^{\mathrm{i}(\omega'-\omega)t}\mathrm{d}\omega'\mathrm{d}\omega. \tag{15.59}$$

其中 ∇_n 指定梯度只能作用在自变量中第 n 个空间变量上. 利用偶极子和场的涨落-耗散定理((15.19)和(15.32)式)以及

$$\nabla_1 \overleftrightarrow{\boldsymbol{G}}(\boldsymbol{r},\boldsymbol{r}_0;\omega) = \nabla_2 \overleftrightarrow{\boldsymbol{G}}(\boldsymbol{r},\boldsymbol{r}_0;\omega), \tag{15.60}$$

我们可以把力写为紧凑的形式

$$\langle \boldsymbol{F}(\boldsymbol{r}_0)\rangle = \sum_i \int_{-\infty}^{\infty} \frac{\omega}{\pi c^2\varepsilon_0}\left[\frac{\hbar\omega}{1-\mathrm{e}^{-\hbar\omega/(k_\mathrm{B}T)}}\right]\mathrm{Im}\{\alpha_1(\omega)\,\nabla_1 G_{ii}(\boldsymbol{r}_0,\boldsymbol{r}_0;\omega)\}\mathrm{d}\omega. \tag{15.61}$$

注意这个力是由环境的性质决定的,而环境性质体现在 Green 函数 $\overleftrightarrow{\boldsymbol{G}}$ 上. 力在没有任何物体的时候,也就是当 $\overleftrightarrow{\boldsymbol{G}}$ 等于自由空间 Green 函数的时候将消失. (15.61)式使我们能够计算作用在任意环境中的小极化颗粒上的力. 这个方程适用于各向同性的颗粒,但可以推广到各向异性极化率的情况,例如具有固定跃迁偶极矩的分子.

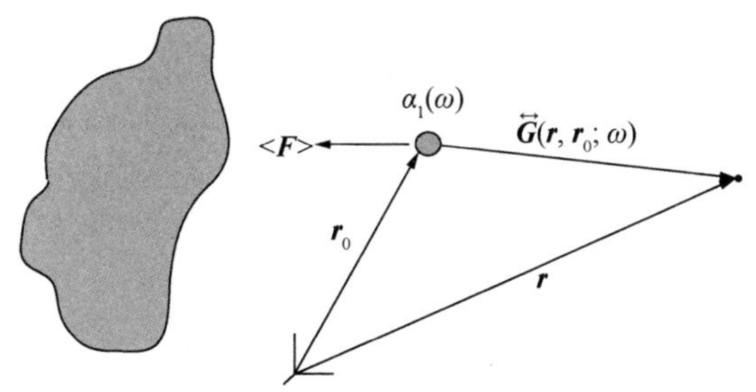

图 15.7 作用在位于 $\boldsymbol{r}=\boldsymbol{r}_0$ 处的极化颗粒上的色散力. 这个力源于颗粒和环境里其他物体中的关联电荷涨落,而环境影响通过 Green 函数 $\overleftrightarrow{\boldsymbol{G}}$ 引入.

15.3.1 Casimir-Polder 势

在这一节中,我们推导作用在极化率为 α_1 的颗粒上的力,其极化归因于另一

个极化率为 α_2 的颗粒. 如图 15.8 所示，两颗粒相距为 R. 在短距离情况下，力按 R^{-7} 变化；而在更大的距离下，按 R^{-8} 变化. 在远距离处更强的距离依赖是反直觉的，因为电磁场的衰减在从近场到远场时是变弱的. 可以证明，在 $T=0$ 时，沿所有方向的力都可以从单个势 $U(R)$ 推出，这个势叫作 Casimir-Polder 势. 有限温度只对力产生很小的影响[5]，因此，我们只考虑 $T=0$ 的情况.

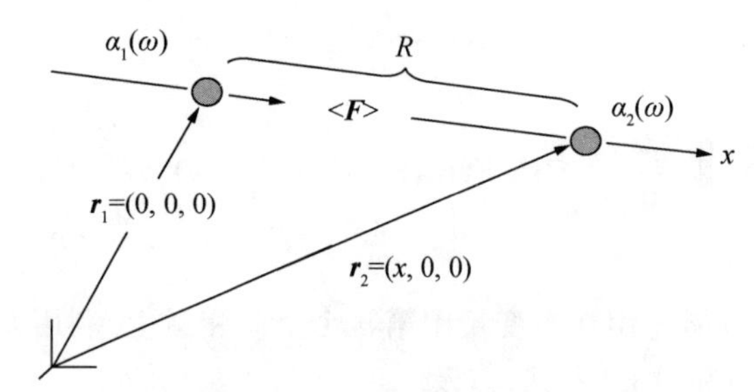

图 15.8　计算两个极化颗粒间的色散力时坐标的定义.

(15.61)式中的力由 Green 函数 $\overleftrightarrow{\boldsymbol{G}}$ 定义，因此，我们推导有一个中心点位于 $\boldsymbol{r}_2$ 的极化率为 α_2 的极化电荷存在时的 Green 函数. 由 $\boldsymbol{r}_1$ 处的偶极子在 $\boldsymbol{r}$ 处产生的场 $\boldsymbol{E}$ 可以表示为

$$\hat{\boldsymbol{E}}(\boldsymbol{r},\omega)=\frac{\omega^2}{c^2}\frac{1}{\varepsilon_0}\overleftrightarrow{\boldsymbol{G}}^0(\boldsymbol{r},\boldsymbol{r}_1;\omega)\hat{\boldsymbol{p}}_1(\omega)+\hat{\boldsymbol{E}}_{\mathrm{s}}(\boldsymbol{r},\omega),\tag{15.62}$$

其中 $\overleftrightarrow{\boldsymbol{G}}^0$ 表示自由空间中并矢 Green 函数的二阶项. 散射场 $\boldsymbol{E}_{\mathrm{s}}$ 源于在 $\boldsymbol{r}_2$ 处的颗粒，表达式为

$$\begin{aligned}\hat{\boldsymbol{E}}_{\mathrm{s}}(\boldsymbol{r},\omega)&=\frac{\omega^2}{c^2}\frac{1}{\varepsilon_0}\overleftrightarrow{\boldsymbol{G}}^0(\boldsymbol{r},\boldsymbol{r}_2;\omega)\hat{\boldsymbol{p}}_2(\omega)\\&=\frac{\omega^2}{c^2}\frac{1}{\varepsilon_0}\left[\frac{\omega^2}{c^2}\frac{1}{\varepsilon_0}\overleftrightarrow{\boldsymbol{G}}^0(\boldsymbol{r},\boldsymbol{r}_2;\omega)\alpha_2(\omega)\overleftrightarrow{\boldsymbol{G}}^0(\boldsymbol{r}_2,\boldsymbol{r}_1;\omega)\right]\hat{\boldsymbol{p}}_1(\omega).\end{aligned}\tag{15.63}$$

结合(15.62)和(15.63)式，我们可以把一个"自由空间加上一个位于 $\boldsymbol{r}_2$ 处的颗粒"系统的 Green 函数确定为

$$\overleftrightarrow{\boldsymbol{G}}(\boldsymbol{r},\boldsymbol{r}_1;\omega)=\overleftrightarrow{\boldsymbol{G}}^0(\boldsymbol{r},\boldsymbol{r}_1;\omega)+\frac{\omega^2}{c^2}\frac{1}{\varepsilon_0}\overleftrightarrow{\boldsymbol{G}}^0(\boldsymbol{r},\boldsymbol{r}_2;\omega)\alpha_2(\omega)\overleftrightarrow{\boldsymbol{G}}^0(\boldsymbol{r}_2,\boldsymbol{r}_1;\omega).\tag{15.64}$$

$\overleftrightarrow{\boldsymbol{G}}$ 在原点 $\boldsymbol{r}=\boldsymbol{r}_1$ 处的梯度为

$$\nabla_1\overleftrightarrow{\boldsymbol{G}}(\boldsymbol{r}_1,\boldsymbol{r}_1;\omega)=\frac{\omega^2}{c^2}\frac{1}{\varepsilon_0}\alpha_2(\omega)[\nabla_1\overleftrightarrow{\boldsymbol{G}}^0(\boldsymbol{r}_1,\boldsymbol{r}_2;\omega)]\overleftrightarrow{\boldsymbol{G}}^0(\boldsymbol{r}_2,\boldsymbol{r}_1;\omega).\tag{15.65}$$

我们选择 $\boldsymbol{r}_1=0,\boldsymbol{r}_2=(x,0,0)=x\boldsymbol{n}_x$ 的坐标系，于是得到 $\nabla\overleftrightarrow{\boldsymbol{G}}$ 对角元的和

$$\sum_i\nabla_1 G_{ii}(\boldsymbol{r}_1,\boldsymbol{r}_1;\omega)=\frac{\omega^2}{c^2}\frac{1}{\varepsilon_0}\alpha_2(\omega)\sum_i\left[\frac{\partial}{\partial x}G_{ii}^0(i,0;\omega)\right]G_{ii}^0(i,0;\omega),\tag{15.66}$$

其中利用了自由空间 Green 函数 $\overleftrightarrow{\boldsymbol{G}}^0$ 的性质. 利用 $\overleftrightarrow{\boldsymbol{G}}^0$ 在以前表达式(见 8.3.1 节)中的形式,有

$$\sum_i \nabla_1 G_{ii}(\boldsymbol{r}_1,\boldsymbol{r}_1;\omega) = \frac{c^2}{\omega^2}\frac{1}{\varepsilon_0}\frac{\exp(2\mathrm{i}x\omega/c)}{8\pi^2 x^7}\alpha_2(\omega) \times\left[-9+18\mathrm{i}\left(\frac{\omega}{c}x\right)+16\left(\frac{\omega}{c}x\right)^2-8\mathrm{i}\left(\frac{\omega}{c}x\right)^3 -3\left(\frac{\omega}{c}x\right)^4+\mathrm{i}\left(\frac{\omega}{c}x\right)^5\right]\boldsymbol{n}_x = \sum_i \nabla_1 G_{ii}(x;\omega). \tag{15.67}$$

现在我们把这个 Green 函数引入力的公式(15.61),在 $T=0$ 时,有

$$\langle \boldsymbol{F}(x)\rangle = \frac{\hbar}{\pi c^2\varepsilon_0}\int_0^\infty \omega^2\,\mathrm{Im}\left\{\alpha_1(\omega)\sum_i \nabla_1 G_{ii}(x;\omega)\right\}\mathrm{d}\omega. \tag{15.68}$$

这里,我们利用了负频的贡献为零的事实(参考(15.20)式).

很明显 $\nabla\times\langle\boldsymbol{F}\rangle=0$,所以这个力是保守的. 于是,我们可以通过对 x 积分得出的势能 U 来推导力,有

$$U=-\int\langle F(x)\rangle\mathrm{d}x = \frac{\hbar}{16\pi^3\varepsilon_0^2x^6}\mathrm{Im}\int_0^\infty \alpha_1(\omega)\alpha_2(\omega)\mathrm{e}^{2\mathrm{i}x\omega/c} \times\left[-3+6\mathrm{i}\left(\frac{\omega}{c}x\right)+5\left(\frac{\omega}{c}x\right)^2-2\mathrm{i}\left(\frac{\omega}{c}x\right)^3-\left(\frac{\omega}{c}x\right)^4\right]\mathrm{d}\omega. \tag{15.69}$$

现在将积分变量替换为 $\tilde{\omega}=\omega c$,并把颗粒间距换为 R,于是可以看出,被积函数在积分变量的上半空间中是解析的,并且在 $\tilde{\omega}\to\infty$ 时趋于零. 因此,我们可以利用

$$\int_0^\infty f(\tilde{\omega})\mathrm{d}\tilde{\omega} = \mathrm{i}\int_0^\infty f(\mathrm{i}\eta)\mathrm{d}\eta \tag{15.70}$$

沿着虚轴积分. 将这些数学技巧结合起来,我们得到颗粒间势能

$$U=-\frac{\hbar c}{16\pi^3\varepsilon_0^2R^6}\int_0^\infty \alpha_1(\mathrm{i}c\eta)\alpha_2(\mathrm{i}c\eta)\mathrm{e}^{-2\eta R}\left[3+6\eta R+5(\eta R)^2 +2(\eta R)^3+(\eta R)^4\right]\mathrm{d}\eta, \tag{15.71}$$

其中用了 $\alpha_i(\Omega)$ 在虚轴 $\Omega=\mathrm{i}\eta$ 上是纯实数的事实. (15.71)式就是著名的 Casimir-Polder 势,并对任意颗粒间距 R 都成立. 我们的结果与利用四阶微扰论、基于量子电动力学的严格计算[15]相一致. 这里的推导允许我们包含更高阶的修正,只需要在(15.64)式的 Green 函数 $\overleftrightarrow{\boldsymbol{G}}$ 中加入额外的相互作用项即可. 力还可以利用 $\langle\boldsymbol{F}\rangle=-\nabla U$ 重新用势能推出来.

计算在大距离和小距离极限下的势能是一件有趣的事情:小距离极限时,我们只保留括号中的第一项,令 $\exp(-2\eta R)=1$,得到

$$U(R\to 0) = -\frac{6\hbar}{32\pi^3\varepsilon_0^2}\frac{1}{R^6}\int_0^\infty \alpha_1(\mathrm{i}\eta)\alpha_2(\mathrm{i}\eta)\mathrm{d}\eta. \tag{15.72}$$

这是短间距 R 时的 van der Waals 势. 这个势依赖于颗粒极化率的色散性质,并与颗粒间距 R 的负六次方成正比.

为了得到大 R 极限下的结果,我们在方程(15.71)中使用 $u=\eta R$ 的替换,于是颗粒间势能变为

$$U=-\frac{\hbar c}{16\pi^3\varepsilon_0^2 R^7}\int_0^\infty \alpha_1(\mathrm{i}cu/R)\alpha_2(\mathrm{i}cu/R)\mathrm{e}^{-2u}[3+6u+5u^2+2u^3+u^4]\mathrm{d}u. \tag{15.73}$$

在大距离极限($R\to\infty$)下,我们可以将极化率替换为静态值 $\alpha_i(0)$. 将极化率从积分中移出来之后,我们得到

$$U(R\to\infty)=-\frac{\hbar c}{16\pi^3\varepsilon_0^2}\frac{\alpha_1(0)\alpha_2(0)}{R^7}\int_0^\infty \mathrm{e}^{-2u}[3+6u+5u^2+2u^3+u^4]\mathrm{d}u. \tag{15.74}$$

最后,利用等式

$$\int_0^\infty u^n\mathrm{e}^{-2u}\mathrm{d}u=\frac{n!}{2^{n+1}},\quad \forall n\geqslant 0, \tag{15.75}$$

就可以解析地完成(15.74)式中的积分. 于是我们得到 Casimir-Polder 颗粒间势能在大距离下的极限:

$$U(R\to\infty)=-\frac{23\hbar c}{64\pi^3\varepsilon_0^2}\frac{\alpha_1(0)\alpha_2(0)}{R^7}. \tag{15.76}$$

这个结果是纯真空涨落的表现,称为 Casimir 势,最初由 Hendrik Casimir 于 1948 年推出[16]. 值得注意的是,这个势与粒子间距 R 的负七次方成正比,因此,这个力在长间距处衰减得比在短间距处更快. 这个行为与电磁能量密度的距离依赖关系不同,后者在接近源时表现出最快的衰减(R^{-6}). Casimir 势只依赖于颗粒的静态($\omega=0$)极化率,因此与他们的频谱性质无关. 注意,我们在推导 Casimir-Polder 势的时候只考虑了梯度力,忽略了散射力的影响. 散射力是非保守的,如果颗粒保持与真空场的平衡,那么它必须为零.

必须强调的是,Casimir-Polder 势只源于零点涨落,不包含热涨落. 在室温下,热导致的力通常比与真空涨落相关的力弱一个数量级以上[5].

15.3.2 电磁摩擦

两个电中性物体间的电磁相互作用除了会产生保守的色散力,在两物体有相对运动时,还会产生非保守的摩擦力. 这个摩擦力只与热涨落相关,并会让物体的运动最终停止. 虽然这个力很弱,但它直接导致了纳米机电系统(NEMS)的发展,和量子信息领域中的各种建议. 电磁摩擦能引起离子阱和原子芯片这类小型化颗粒陷阱的退相干的增加,还会限制机械共振的 Q 值.

让我们考虑一个小的、电中性的颗粒，例如原子、分子或分子簇，或小于相关的波长 λ 的纳米尺度结构. 在这个极限下，颗粒由极化率 $\alpha(\omega)$ 代表. 颗粒被置于以 Green 函数 $\overleftrightarrow{G}$ 表征的任意环境中，并假设其质心坐标的运动遵从经典 Langevin 方程

$$m\frac{\mathrm{d}^2}{\mathrm{d}t^2}x(t)+\int_{-\infty}^{t}\gamma(t-t')\frac{\mathrm{d}}{\mathrm{d}t'}x(t')\mathrm{d}t'+m\omega_0^2x(t)=F_x(t). \tag{15.77}$$

这里，m 是颗粒质量，$\gamma(t)$ 是源于电磁场热涨落的阻尼系数，ω_0 是振动颗粒的固有频率，$F_x(t)$ 是随机力. 注意这里的回复力 $m\omega_0^2x(t)$ 是为了普适性而加入的，不会影响最终结果. 在热平衡时，$F_x(t)$ 是总体平均值为零的平稳随机过程，其力谱 $S_{\mathrm{F}}(\omega)$ 由 Wiener-Khintchine 定理(参考(15.16)式)给出

$$S_{\mathrm{F}}(\omega)=\frac{1}{2\pi}\int_{-\infty}^{\infty}\langle F_x(\tau)F_x(0)\rangle\mathrm{e}^{\mathrm{i}\omega\tau}\mathrm{d}\tau, \tag{15.78}$$

其中 ω 是角频率. 此外，根据涨落-耗散定理，S_{F} 在热平衡时与摩擦系数相关. 由于宏观颗粒的运动是经典的，我们考虑经典极限，也就是

$$k_{\mathrm{B}}T\hat{\gamma}(\omega)=\pi S_{\mathrm{F}}(\omega), \tag{15.79}$$

其中 $\hat{\gamma}(\omega)$ 是 $\gamma(t)$ 仅在 $t>0$ 时的 Fourier 变换.

在(15.77)式中，我们假设了一个一般摩擦力项，它在 t 时刻的大小依赖于颗粒在这之前的速度. 现在我们假设热效应与颗粒的相互作用时间与颗粒的动力学过程比起来短很多，于是在相互作用期间，颗粒速度的改变非常小. 在这种 Markov 近似下，摩擦没有记忆，因此有

$$F_{\mathrm{friction}}(t)=-\gamma_0\frac{\mathrm{d}}{\mathrm{d}t}x(t),\quad \gamma_0=\int_0^{\infty}\gamma(t)\mathrm{d}t. \tag{15.80}$$

计算(15.79)式在 $\omega=0$ 时的值，并利用(15.80)式，我们发现阻尼系数与力谱相关：

$$k_{\mathrm{B}}T\gamma_0=\pi S_{\mathrm{F}}(\omega=0). \tag{15.81}$$

这就是线速度阻尼系数与力谱之间关系的最终表达式. 为计算 γ_0，我们需要解出力谱，而这反过来又由环境中涨落电流和涨落偶极子引起的电磁场定义(参考方程(15.55)).

利用 Wiener-Khintchine 定理(15.78)、偶极力的 Fourier 变换(15.55)，以及涨落的稳定性，我们得到

$$\begin{aligned}\langle\hat{F}_x^*(\omega')\hat{F}_x(\omega)\rangle&=S_F(\omega)\delta(\omega-\omega')\\&=\sum_{i,j=1}^{3}\left(\left[(\hat{p}_j^{*(\mathrm{fl})}(\omega')+\hat{p}_j^{*(\mathrm{in})}(\omega'))\otimes\left(\frac{\partial}{\partial x}\hat{E}_j^{*(\mathrm{fl})}(\omega')+\frac{\partial}{\partial x}\hat{E}_j^{*(\mathrm{in})}(\omega')\right)\right]\right.\\&\quad\left.\times\left[(\hat{p}_i^{(\mathrm{fl})}(\omega)+\hat{p}_i^{(\mathrm{in})}(\omega))\otimes\left(\frac{\partial}{\partial x}\hat{E}_i^{(\mathrm{fl})}(\omega)+\frac{\partial}{\partial x}\hat{E}_i^{*(\mathrm{in})}(\omega)\right)\right]\right),\end{aligned} \tag{15.82}$$

其中⊗表示卷积，$\langle\hat{F}_x^*(\omega')\hat{F}_x(\omega)\rangle$ 中的每一个加项都是四阶频域关联函数. 由于涨

落-耗散定理包含二阶关联而不包含四阶关联，所以利用近平衡统计力学不可能找到解. 但是仍有办法：热涨落场可以被视作由大量宽谱辐射振子叠加产生的，所以可以利用中心极限定理. 这对偶极子涨落同样成立，因为其也具有宽热谱. 在 Gauss 统计下的随机过程，四阶关联函数可以表示为二阶关联函数两两乘积的和. 因此，(15.82)式在已知热电磁场和电偶极涨落的二阶关联时，可以计算出来. 在热平衡时，这些关联函数由(15.19)和(15.32)式的涨落-耗散定理给出. 于是，我们有了计算(15.81)式中阻尼系数 γ_0 的所有要素. 利用(15.56)和(15.57)式的线性关系，(15.82)式中的感生项可替换为涨落项，再引入涨落-耗散定理(15.19)和(15.32)式，最后利用(15.81)式，可以得到阻尼系数 γ_0 的频谱. (15.82)式中的四个加项可以得到四个相加的阻尼系数，其中两个小到可忽略.

可以证明在 $T\to 0$ 时摩擦将消失，这说明摩擦只与热涨落有关，与量子零点涨落无关. 事实上，这个结果也暗含在零点涨落在 Lorentz 变换下是不变的这一要求中[17]. 此外，另一个值得注意的结果是，在有限温度下，这个摩擦甚至在空的空间中也存在，因此，一个物体在空的空间中运动最终也会停下来. 在自由空间极限下，我们得到

$$\gamma_0=\frac{\hbar^2}{18\pi^3c^8\varepsilon_0^2k_{\mathrm B}T}\int_0^{\infty}|\alpha(\omega)|^2\omega^8\eta(\omega,T)\mathrm d\omega+\frac{\hbar^2}{3\pi^2c^5\varepsilon_0k_{\mathrm B}T}\int_0^{\infty}\mathrm{Im}[\alpha(\omega)]\omega^5\eta(\omega,T)\mathrm d\omega,\tag{15.83}$$

其中

$$\eta(\omega,T)\equiv[1/(\mathrm e^{\hbar\omega/(k_{\mathrm B}T)}-1)][1+1/(\mathrm e^{\hbar\omega/(k_{\mathrm B}T)}-1)].\tag{15.84}$$

(15.83)式中的第一项与 Boyer 的结果[17]一致，而第二项在文献[18,19]中独立推导出过.

文献[19]分析了在半无限大、复介电常数 $\varepsilon_2(\omega)$ 空间(衬底)附近有极化球形颗粒(半径 a)的特殊情况下的电磁摩擦，类似的研究在文献[20,21]中有介绍. 研究假设颗粒平行于表面(x 方向)运动，离表面垂直高度为 z_0(见图 15.9). 这些研究结果不仅显示了阻尼系数陡峭的距离依赖，还说明了对颗粒和衬底材料性质的强烈依赖.

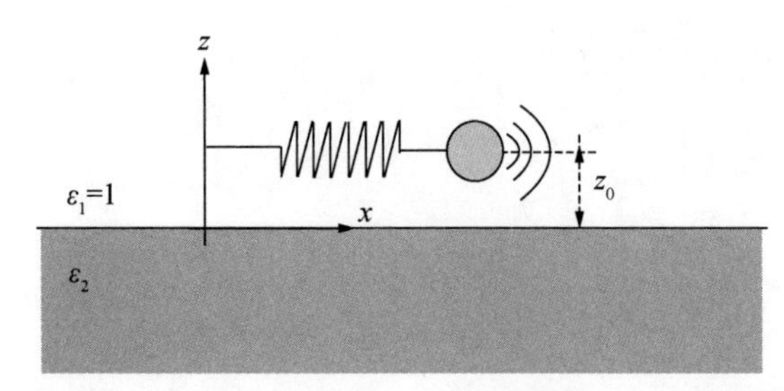

图 15.9　真空中的一个颗粒平行于一个介电函数 $\varepsilon_2(\omega)$ 的平面衬底运动.

颗粒与平面衬底之间的摩擦可以用下面的定性物理图像来解释[19]. 颗粒和衬底中的涨落电流产生一个涨落的电磁场,这个场将颗粒极化,并感生一个电偶极子和在衬底表面下的相应的像偶极子. 颗粒的运动导致像偶极子的运动,与这个运动相关的 Joule 损耗将随着衬底电阻率的增加而增大,于是阻尼系数也跟着增加. 从物理的角度来说,在电阻率增加时,移动表面下的感生偶极子需要更多的功,其结果是阻尼系数变得更大. 在理想电介质极限下,感生偶极子不能移动,因此阻尼变得无限大. 一方面,理想(无耗)电介质情况下是没有内禀耗散的,得到这样的结果是很令人惊讶的;另一方面,在因果律(Kramers-Kronig 关系)和涨落-耗散定理(涨落意味着耗散)的观点下,无耗电介质是不存在的. 尽管如此,在 $T\to 0$ 的极限下,阻尼系数即便在理想电介质的情况下也会消失. 注意,因为 γ_0 在金属中要弱得多,所以局域摩擦测量会导致金属透明,揭示隐藏的介电结构. 这个特性可以用于金属表面下成像和缺陷定位.

§15.4　总　　结

在这一章中,我们推导了涨落-耗散定理. 这是一个重要的基本定理,并在科学和工程的不同领域中有应用. 例如,这个定理解释了流体中的 Brown 运动和电阻中的 Johnson 噪声. 应用到电磁场和源中,这个定理得到了 Planck 黑体辐射谱,解释了辐射传热,预言了金属表面附近的电磁波谱. 我们用涨落-耗散定理推导了作用在不同物体间的色散力,并发现小物体间的力可以表示为 Casimir-Polder 势. 对相对运动的物体,热涨落引起耗散相互作用力(摩擦),哪怕物体间没有机械接触. 涨落-耗散定理与这么多看起来很不同的物理现象都有关系,这是很吸引人的. 但我们要记住,这个定理在系统强烈偏离平衡态的时候是不适用的. 在这些情况下,系统的响应依赖于系统各组成部分的特殊动力学.

习　　题

15.1　利用对分布函数的展开式(15.9)推导(15.10)式.

15.2　(15.47)式描述了频谱能量密度 W_ω 作为介电常数 $\varepsilon(\boldsymbol{r},\omega)$ 的函数. 对于坐标为 $\boldsymbol{r}_n$,极化率为 $\alpha_n(\omega)$ 的 N 颗粒系统推导一个相似的方程. 技巧:使用(15.19)式中的涨落-耗散定理.

15.3　推导一个极化率为 α 的小颗粒(直径 $\ll\lambda$)中的涨落源产生的频谱能量密度 W_ω. 说明电和磁的能量密度是相同的,且没有近场贡献. 提示:利用(8.55)和(8.57)式中定义的 Green 函数.

15.4 一个铝团簇的极化率能够由如下的准静态公式近似：

$$\alpha(\omega) = 3\varepsilon_0 V_0 \frac{\varepsilon(\omega) - 1}{\varepsilon(\omega) + 2}, \tag{15.85}$$

其中 V_0 是团簇的体积，ε 是铝的介电常数. 后者由 Drude 模型描述：

$$\varepsilon(\omega) = 1 - \frac{\omega_p^2}{\omega^2 + i\gamma\omega}, \tag{15.86}$$

其中 ω_p 和 γ 分别是等离子体频率和阻尼常数. 利用 $\hbar\omega_p = 15.565\,\mathrm{eV}$ 和 $\hbar\gamma = 0.608\,\mathrm{eV}$ 可以得到一个很好的近似值. 在频率范围[$\omega, \omega + d\omega$]内计算涨落偶极矩的均方值. 在温度 $k_B T \ll \hbar\omega_p$ 时，绘出这个量作为频率的函数. 确定总辐射功率.

15.5 按照 §15.3 中列出的步骤，从(15.55)式开始推导出力公式(15.61).

15.6 氦原子的极化率能被一个 Lorentz 函数近似表达：

$$\alpha(\omega) = \frac{(e^2/m_e) f_0}{\omega_0^2 - \omega^2 - i\omega\gamma_0},$$

共振频率 ω_0 对应于 $^1S \to {}^1P^0$ 跃迁. 振子强度与静态极化率 $f_0 = \alpha(0)\omega_0^2(m_e/e^2)$ 有关，γ_0 是有效线宽.

(1) 推导出 $\alpha(i\eta)$ 并说明它是实数. 利用 $\gamma_0 \ll \omega_0$.

(2) 两个氦原子之间的 van der Waals 势可用 $U_v = -C_6/R^6$ 表示. 计算系数 C_6 并用 $\alpha(0)$ 和 $\hbar\omega_0$ 表示. 得出的表达式称为 London 经验公式. 提示：

$$\int_{-\infty}^{\infty} \frac{1}{(A^2 + x^2)^2} dx = \frac{\pi}{2A^3}. \tag{15.87}$$

(3) 确定使 U_v 等于 Casimir 势 U_c 的距离 R_0. 利用 $\lambda_0 = 2\pi c/\omega_0 \approx 58\,\mathrm{nm}$.

(4) 静态极化率 $\alpha(0) = 2.280 \times 10^{-41}\,\mathrm{C \cdot m^2 \cdot V^{-1}}$，而 ω_0 由 $\lambda_0 = 58\,\mathrm{nm}$ 给出. 绘出 Casimir-Polder 势(U_{cp})作为 R 的函数. 包含 U_v 和 U_c 的曲线并讨论这些近似的有效性. 给出距离为 R_0 时的 U_{cp} 值.

参考文献

[1] H. B. Callen and T. A. Welton, "Irreversibility and generalized noise," *Phys. Rev.* **83**, 34 - 40 (1951).

[2] D. Chandler, *Introduction to Modern Statistical Mechanics*. New York: Oxford University Press (1987).

[3] L. Mandel and E. Wolf, *Optical Coherence and Quantum Optics*. New York: Cambridge University Press (1995).

[4] G. S. Agarwal, "Quantum electrodynamics in the presence of dielectrics and conduc-tors. I. Electromagnetic-field response functions and black-body fluctuations in finite geome-

tries," *Phys. Rev. A* **11**, 230 - 242 (1975).

[5] C. Henkel, K. Joulain, J.-P. Mulet, and J.-J. Greffet, "Radiation forces on small particles in thermal fields," *J. Opt. A: Pure Appl. Opt.* **4**, S109 - S114 (2002).

[6] S. M. Rytov, Yu. A. Kravtsov, and V. I. Tatarskii, *Principles of Statistical Radiophysics, Volume 3: Elements of Random Fields*. Berlin: Springer-Verlag (1987).

[7] A. V. Shchegrov, K. Joulain, R. Carminati, and J.-J. Greffet, "Near-field spectral effects due to electromagnetic surface excitations," *Phys. Rev. Lett.* **85**, 1548 - 1551 (2000).

[8] H. T. Dung, L. Knöll, and D.-G. Welsch, "Three-dimensional quantization of the electromagnetic field in dispersive and absorbing inhomogeneous dielectrics," *Phys. Rev. A* **57**, 3931 - 3942 (1998).

[9] O. D. Stefano, S. Savasta, and R. Girlanda, "Three-dimensional electromagnetic field quantization in absorbing and dispersive bounded dielectrics," *Phys. Rev. A* **61**, 023803 (2000).

[10] W. Eckhardt, "First and second fluctuation-dissipation theorem in electromagnetic fluctuation theory," *Opt. Commun.* **41**, 305 - 308 (1982).

[11] J. P. Mulet, K. Joulain, R. Carminati, and J. J. Greffet, "Nanoscale radiative heat transfer between a small particle and a plane surface," *Appl. Phys. Lett.* **78**, 2931 - 2933 (2001).

[12] E. Rousseau, A. Siria, G. Jourdan, *et al.*, "Radiative heat transfer at the nanoscale," *Nature Photonics* **3**, 514 - 517 (2009).

[13] B. C. Stipe, T. C. Strand, C. C. Poon, *et al.*, "Magnetic recording at 1.5 Pb m^{-2} using an integrated plasmonic antenna," *Nature Photonics* **4**, 484 - 488 (2010).

[14] R. Carminati and J.-J. Greffet, "Near-field effects in spatial coherence of thermal sources," *Phys. Rev. Lett.* **82**, 1660 - 1663 (1999).

[15] D. P. Craig and T. Thirunamachandran, *Molecular Quantum Electrodynamics*. Mineola, NY: Dover Publications (1998).

[16] H. B. G. Casimir, "On the attraction between two perfectly conducting plates," *Proc. Koninkl Ned. Akad. Wetenschap* **51**, 793 - 795 (1948).

[17] T. H. Boyer, "Derivation of the blackbody radiation spectrum without quantum assumptions," *Phys. Rev.* **182**, 1374 - 1383 (1969).

[18] V. Mkrtchian, V. A. Parsegian, R. Podgornik, and W. M. Saslow, "Universal thermal radiation drag on neutral objects," *Phys. Rev. Lett.* **91**, 220801 (2003).

[19] J. R. Zurita-Sanchez, J.-J. Greffet, and L. Novotny, "Near-field friction due to fluctuating fields," *Phys. Rev. A* **69**, 022902 (2004).

[20] A. I. Volokitin and B. N. J. Persson, "Dissipative van der Waals interaction between a small particle and a metal surface," *Phys. Rev. B* **65**, 115419 (2002).

[21] M. S. Tomassone and A. Widom, "Electronic friction forces on molecules moving near metals," *Phys. Rev. B* **56**, 4938 - 4943 (1997).

第 16 章　纳米光学中的理论方法

纳米光学中的一个关键问题是确定纳米尺度结构附近的电磁场分布以及相关的辐射性质. 对于场分布情况的可靠理论理解,有望实现新的,优化的近场光学器件的设计,尤其在探究场增强效应和合适的探测方法等方面. 场分布的计算对于图像重建也是必要的. 在纳米结构附近的场经常需要利用实验得到的远场数据来重建. 然而,逆散射问题基本都不能唯一求解,这就需要靠场分布的计算来提供关于源和散射物体的预知信息,并限制可能解的数目.

Maxwell 方程组的解析解可以很好地提供理论理解,但只对简单的问题才能获得. 其他的问题必须大大简化. 纯粹的数值分析通过对空间和时间的离散化使我们可以处理复杂的问题,但是计算需求(一般由 CPU 时间和存储器给出)会限制问题的规模,结果的精度也常常未知. 纯数值模拟方法,比如有限差分时域(finite-difference time-domain, FDTD)法或有限元(finite-element, FE)法的优越性在于容易使用. 这里我们不再涉及纯数值方法,因为关于这些方法的文献已有很多. 我们讨论两种纳米光学中常用的半解析方法:多重多极子法(multiple-multipole method, MMP)和体积分法. 后者存在着不同的具体方法,如偶极子耦合法,偶极子-偶极子近似或极矩法. MMP 和体积分法都属于半解析方法的原因是,它们都是在数值意义上求电磁场的解析展开式.

§ 16.1　多重多极子法

多重多极子法(MMP)是纯解析方法和纯数值方法的折中,是一种求解在任意形状、各向同性、线性和分块均匀介质中的 Maxwell 方程组的有效手段[1]. 该方法对于分析扩展结构很适合,因为只有均匀介质的边界需要离散化,而介质本身则不需要像有限元或有限差分法中那样离散化. MMP 给出了解析形式求解的电磁场,同时保证了可靠的结果精度,这是因为误差可以被准确地算出. 过去 MMP 被用于求解很多领域中的问题,比如天线设计、电磁兼容性、生物电磁学、波导理论以及光学.

在 MMP 技术中,单个介质(区域)D_i 中的电磁场 $\boldsymbol{F}\in\{\boldsymbol{E},\boldsymbol{H}\}$ 可用 Maxwell 方程组的解析解展开:

$$\boldsymbol{F}^{(i)}(\boldsymbol{r}) \approx \sum_j A_j^{(i)} \boldsymbol{F}_j(\boldsymbol{r}).$$

基函数 $\boldsymbol{F}_j$(部分场)是矢量 Helmholtz 方程的任意已知解,比如平面波、多极子场、波导模式或其他.不同子区域的展开式在边界上利用数值方法进行匹配,即展开式的参数 $A_j^{(i)}$ 就是在边界条件下数值匹配得到的.因此 Maxwell 方程组在区域内是精确求解,但在边界上只是近似求解.此外还存在很多基于虚拟源的类似 MMP 的方法.

在线性、各向同性、均匀的介质中,电场 $\boldsymbol{E}$ 和磁场 $\boldsymbol{H}$ 必然满足 Helmholtz 方程:

$$(\nabla^2 + k^2)\boldsymbol{F} = 0. \tag{16.1}$$

我们假定场是时谐的,但不明显写出因子 $\exp(-\mathrm{i}\omega t)$. k 的值是通过色散关系 $k^2 = (\omega/c)^2\mu\varepsilon$ 给出的,其中 ω, c, ε 分别是角频率、真空中的光速和介电常数.

(16.1)式的一般的解可以用满足标量 Helmholtz 方程

$$(\nabla^2 + k^2)f(\boldsymbol{r}) = 0 \tag{16.2}$$

的标量函数 f 构造.(16.1)式解的通常表达由两个独立且相互垂直的矢量场给出[2]:

$$\boldsymbol{M}(\boldsymbol{r}) = \nabla \times \boldsymbol{c}f(\boldsymbol{r}), \tag{16.3}$$

$$\boldsymbol{N}(\boldsymbol{r}) = \frac{1}{k}\nabla \times \boldsymbol{M}(\boldsymbol{r}), \tag{16.4}$$

称为矢量谐波(vector harmonics). $\boldsymbol{c}$ 一般是任意的常数矢量,但在球坐标中 $\boldsymbol{c}$ 也可以表示径向矢量 $\boldsymbol{R}$. 将 $\boldsymbol{M}$ 和 $\boldsymbol{N}$ 代入(16.1)式可以证明它们是矢量 Helmholtz 方程的解.利用矢量的性质可知(16.1)式可以简化为(16.2)式,因此求解也简化为对标量 Helmholtz 方程的求解.矢量谐波 $\boldsymbol{M}$ 和 $\boldsymbol{N}$ 表示横向或者无散解:

$$\nabla \cdot \begin{matrix}\boldsymbol{M}(\boldsymbol{r})\\ \boldsymbol{N}(\boldsymbol{r})\end{matrix} = 0. \tag{16.5}$$

对于场不一定无散的矢量波方程((2.31)式),还可以得出一个纵向解[3]:

$$\boldsymbol{L}(\boldsymbol{r}) = \nabla f(\boldsymbol{r}), \tag{16.6}$$

满足

$$\nabla \times \boldsymbol{L}(\boldsymbol{r}) = 0. \tag{16.7}$$

在电磁场理论中,只要边界不属于区域的一部分(无界介质),电场和磁场在线性、各向同性、均匀的无源区域中总是无散的.这时矢量谐波 $\boldsymbol{L}$ 必须从场的展开式中去除[4],且电磁场可以完全展开成两个矢量谐波 $\boldsymbol{M}$ 和 $\boldsymbol{N}$ 的形式.

在 MMP 中,无限空间被分成子区域 D_i. 各个子区域的边界一般就是材料属性决定的物理边界,但也可以定义虚构的边界.在每个 D_i 中,标量场 f 可以用以下展开近似:

$$f^{(i)}(\boldsymbol{r}) \approx \sum_j a_j^{(i)} f_j(\boldsymbol{r}), \tag{16.8}$$

其中基函数 f_j 涵盖所有 Helmholtz 方程(16.2)的已知解. 为了简化表达,我们将省略区域标记(i). MMP 对在球坐标系中的求解尤为重要.

在球坐标系 $\boldsymbol{r}=(R,\vartheta,\varphi)$中,(16.2)式的解可以写成为人熟知的形式

$$f_{nm}(\boldsymbol{r}) = b_n(kR)\mathrm{Y}_n^m(\vartheta,\varphi). \tag{16.9}$$

Y_n^m 是球谐函数,而 $b_n\in[\mathrm{j}_n,\mathrm{y}_n,\mathrm{h}_n^{(1)},\mathrm{h}_n^{(2)}]$是球 Bessel 函数,其中仅有两个为线性独立的. 使用第一类 Bessel 函数(j_n)得出的径向解称为正常展开(normal expansion),而使用其他三个径向函数的解称为多极子. 在二维情况下的柱坐标中的解也存在类似的关系. 第一类 Hankel 函数($\mathrm{h}_n^{(1)}$)对应的多极子(辐射多极子)具有特别好的性质. 它们代表向外传播的波并满足无穷远处的 Sommerfeld 辐射条件. 因为在其原点处奇异,它们必须存在于场被展开的区域之外. 而正常展开在原点处依然是有限的,但不满足辐射条件,因此只能用于有限区域内.

为了得出球坐标系下的矢量谐波 $\boldsymbol{M}$ 和 $\boldsymbol{N}$,将(16.3)式中的矢量 $\boldsymbol{c}$ 设为等于径向矢量 $\boldsymbol{R}$ 更为有利[3]. 最初我们要求 $\boldsymbol{c}$ 是个常矢量,但是当选择 $\boldsymbol{c}=\boldsymbol{R}$ 时则无法成立. 不过在球坐标系内可以证明用一个径向矢量可以获得两个相互独立的解[3].

选 $\boldsymbol{c}=\boldsymbol{R}$ 时,解 $\boldsymbol{M}$ 与任何球面 $R=$常数都相切,有

$$\boldsymbol{M}(\boldsymbol{r}) = (\nabla\times\boldsymbol{R})f(\boldsymbol{r}) = \begin{bmatrix} 0 \\ \sin^{-1}\vartheta\,\partial/\partial\varphi \\ -\partial/\partial\vartheta \end{bmatrix} f(\boldsymbol{r}), \tag{16.10}$$

其中 $\boldsymbol{M}=[M_R,M_\vartheta,M_\varphi]$. 除了因子 $\mathrm{i}\hbar$,算符$(\nabla\times\boldsymbol{R})$等于量子力学的角动量算符. 矢量场 $\boldsymbol{N}$ 可以从(16.4)和(16.10)式中得到.

将 $\boldsymbol{M}$ 和 $\boldsymbol{N}$ 与电场和磁场相联系的方法很多. 由于电磁场在无源、线性、各向同性、均匀的介质中是由两个满足标量 Helmholtz 方程和适宜边界条件的标量场(势)来确定的[5,6],我们一般会引入两个可以推导出其他所有场矢量的势. 在 Mie 散射理论中,这些势一般都是对应 Debye 势来选取的[7]. MMP 使用相似但更简单的处理方法,最早由 Bouwkamp 和 Casimir 提出[5],也在 Jackson 的教科书中使用[8]. 联系电场和磁场的两个势分别为

$$f^{\mathrm{e}}(\boldsymbol{r}) = \frac{A^{\mathrm{e}}}{n(n+1)}\boldsymbol{R}\cdot\boldsymbol{E}^{\mathrm{e}}, \tag{16.11}$$

$$f^{\mathrm{m}}(\boldsymbol{r}) = \frac{A^{\mathrm{m}}}{n(n+1)}\boldsymbol{R}\cdot\boldsymbol{H}^{\mathrm{m}}, \tag{16.12}$$

两者都是从(16.9)式直接给出的. 因子 $n(n+1)$是为了后面的处理方便引入的,振幅 A^{e},A^{m} 是为了保持势是无量纲的. f^{e} 和 f^{m} 定义了两个独立解$[\boldsymbol{E}^{\mathrm{e}},\boldsymbol{H}^{\mathrm{e}}]$和$[\boldsymbol{E}^{\mathrm{m}},\boldsymbol{H}^{\mathrm{m}}]$. 利用 Maxwell 方程组和矢量恒等式,可以得出 f^{e} 定义的场

$$\boldsymbol{H}^{\mathrm{e}}(\boldsymbol{r}) = -\mathrm{i}\omega\varepsilon_0\varepsilon A^{\mathrm{e}}(\nabla\times\boldsymbol{R})f^{\mathrm{e}}(\boldsymbol{r}) = -\mathrm{i}\omega\varepsilon_0\varepsilon A^{\mathrm{e}}\boldsymbol{M}(\boldsymbol{r}), \tag{16.13}$$

$$\boldsymbol{E}^{\mathrm{e}}(\boldsymbol{r})=-\frac{1}{\mathrm{i}\omega\varepsilon_0\varepsilon}\nabla\times\boldsymbol{H}^{\mathrm{e}}(\boldsymbol{r})=kA^{\mathrm{e}}\boldsymbol{N}(\boldsymbol{r}). \tag{16.14}$$

由于径向的磁场分量消失,这个解称为横磁(TM)解.类似地,势 f^{m} 也定义了横电解(TE),为

$$\boldsymbol{E}^{\mathrm{m}}(\boldsymbol{r})=\mathrm{i}\omega\mu_0\mu A^{\mathrm{m}}(\nabla\times\boldsymbol{R})f^{\mathrm{m}}(\boldsymbol{r})=\mathrm{i}\omega\mu_0\mu A^{\mathrm{m}}\boldsymbol{M}(\boldsymbol{r}), \tag{16.15}$$

$$\boldsymbol{H}^{\mathrm{m}}(\boldsymbol{r})=\frac{1}{\mathrm{i}\omega\mu_0\mu}\nabla\times\boldsymbol{E}^{\mathrm{m}}(\boldsymbol{r})=kA^{\mathrm{m}}\boldsymbol{N}(\boldsymbol{r}). \tag{16.16}$$

一般的解可以用 TE 和 TM 组合而成.一个 N 级的完整多极子展开,也就是((16.9)式中的)m 和 n 都是从 0 到 N,其 TE 和 TM 解均包括 $N(N+2)$个参数.在 MMP 中这些参数需要通过边界条件确定.

在原点附近,多极子函数按照 $\rho^{-(n+1)}$ 衰减,因此主要影响其最近邻.基于这一点产生了在多极子展开中使用多个原点的方法.这种多重多极子法可以在偏离球面较大的边界上得到较好的收敛性.一般会在场被展开的区域的边界上使用多个多极子(图 16.1).为了避免数值上的关联,原点必须保持足够的距离.每个多极子的可能的最高级次由边界离散化决定的空间取样标准和多极子与边界的接近程度决定[1].图 16.2 显示了自由空间中单个散射体的 MMP 建模.散射体内部的场全部由多极子展开,虽然在内部用正常展开也能支持多极子.对于外部的场,只有符合 $b_n=\mathrm{h}_n^{(1)}$ 的多极子可满足无限远处的辐射条件.注意完全展开时 $m,n\to\infty$,不同多极子的场会线性依赖.而在数值方法的有限展开中不是这样.因此使用多个原点的好处是可以大幅减少计算需求.

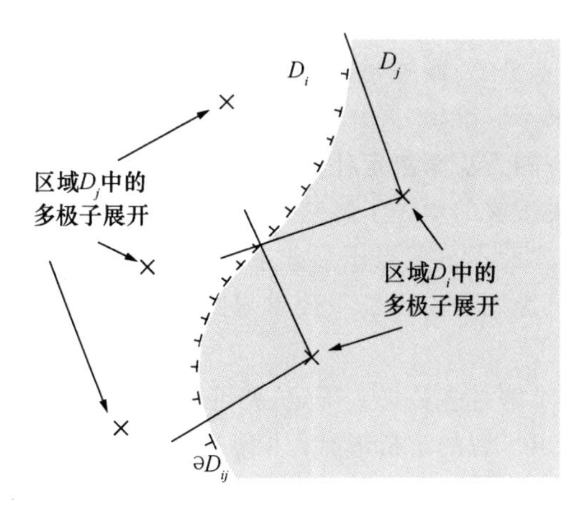

图 16.1 多重多极子法原理示意图.区域 D_j 中的多极子展开近似为区域 D_i 中的电磁场,反之亦然.在边界 ∂D_{ij} 的两边,界面附近的场主要由最近的多极子(由区域 D_i 中的扇形表示)决定.

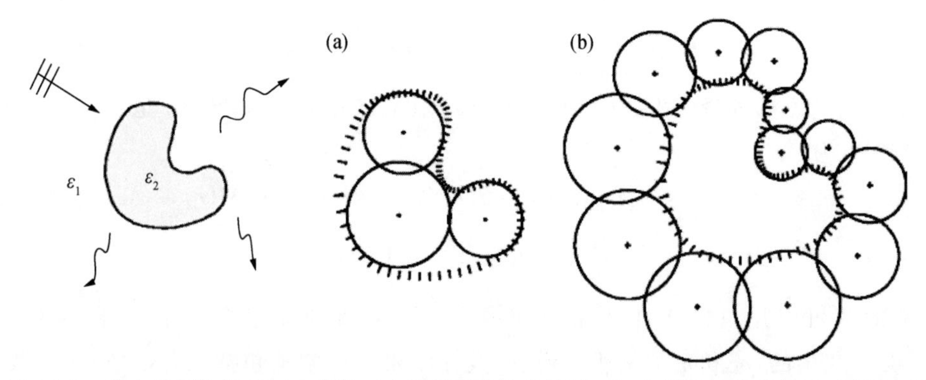

图16.2 单个散射体的MMP建模.(a)外部区域的多极子.(b)内部区域的多极子.圆圈表示影响最大的区域.边界被离散化,每一个匹配点由法矢量标记.

方程16.8中的未知参数 $a_j^{(i)}$ 需要用电场和磁场边界条件来确定.这可以用相邻区域 D_j 和 D_i 的边界 ∂D_{ij} 上的离散点 $\boldsymbol{r}_k$ 的展开式匹配得出:

$$\boldsymbol{n}(\boldsymbol{r}_k)\times[\boldsymbol{E}_i(\boldsymbol{r}_k)-\boldsymbol{E}_j(\boldsymbol{r}_k)]=\boldsymbol{0}, \tag{16.17}$$

$$\boldsymbol{n}(\boldsymbol{r}_k)\times[\boldsymbol{H}_i(\boldsymbol{r}_k)-\boldsymbol{H}_j(\boldsymbol{r}_k)]=\boldsymbol{0}, \tag{16.18}$$

$$\boldsymbol{n}(\boldsymbol{r}_k)\cdot[\varepsilon_i(\boldsymbol{r}_k)\boldsymbol{E}_i(\boldsymbol{r}_k)-\varepsilon_j(\boldsymbol{r}_k)\boldsymbol{E}_j(\boldsymbol{r}_k)]=0, \tag{16.19}$$

$$\boldsymbol{n}(\boldsymbol{r}_k)\cdot[\mu_i(\boldsymbol{r}_k)\boldsymbol{H}_i(\boldsymbol{r}_k)-\mu_j(\boldsymbol{r}_k)\boldsymbol{H}_j(\boldsymbol{r}_k)]=0, \tag{16.20}$$

其中 $\boldsymbol{n}(\boldsymbol{r}_k)$ 定义了边界 ∂D_{ij} 上的 $\boldsymbol{r}_k$ 处的法矢量.如果条件(16.17)和(16.18)在边界上所有地方得到精确的满足(解析解),那么条件(16.19)和(16.20)也自动得到满足.为了产生更均衡的误差,MMP考虑了所有边界条件.数值依赖性问题可以使用超定方程组(方程数大于未知量数)来降低.方程组能够以最小二乘法来解,即最小化匹配点上的(选择性加权)平方误差.这个步骤导致在边界上比通常的点匹配获得了更平滑的误差分布.此外,每个匹配点的误差都可以分别计算并用来衡量结果的质量.如果结果不够准确,展开式(16.8)中就需要增加额外的或者更合适的基函数.由于没有唯一的方法来决定什么是最优,选择一套合适的基函数是MMP中最难的步骤.因此关于解的预先了解使定义好的基函数成为可能.比如柱状的结果可以用柱状波导模式而不是多极子形式来展开.通常问题的解要通过迭代和交互过程来改进.现在已经发展出了基于简单规则的算法来确定多极子的原点和容许的最大级次.

一旦方程组得到求解且参数得到确定,就可以计算任意一点的电磁场,这是因为方程(16.8)已经给出了解的解析形式.注意Maxwell方程组在每个区域内是严格满足的,而在边界上是近似的.近似的准确度依赖于展开函数的选择和求解未知参数的数值算法.

方程组会引入一个 $M\times N$ 的矩阵,一般可以用Givens方法求解[9].计算时间正比于 MN^2,其中 M 是方程的数目而 N 是参数的数目.对称性有可能大幅降低计算需求.

作为例子，图 16.3 展示了二维小孔近场光学显微镜在探针-样品区域内的 MMP 建模[10]. 结构包括五个拥有不同介电常数的区域，每个区域对应的多重多极子展开用叉来表示. 整个场用波长为 $\lambda=488$ nm 的平面波从上面垂直入射激发. 柱状银颗粒的内部用正常展开. 所有的多极子展开的最大级次都小于 $N=5$，导致每个原点出现 $2N+1=11$ 个未知数. 模型解出的在两个主偏振方向上的场 $|\boldsymbol{E}^2|$ 见图 16.4. s 偏振下电场总是与边界平行. 由于切向场分量的连续性，等值线在跨边界处是连续的. p 偏振下场的特征为槽边缘处的极大值形成（场增强）. 在 p 偏振下颗粒中产生了偶极矩，因此靠近颗粒的场类似于偶极子场. 虽然 p 偏振下近场相互作用更强，但 s 偏振对传播场的影响更显著[10].

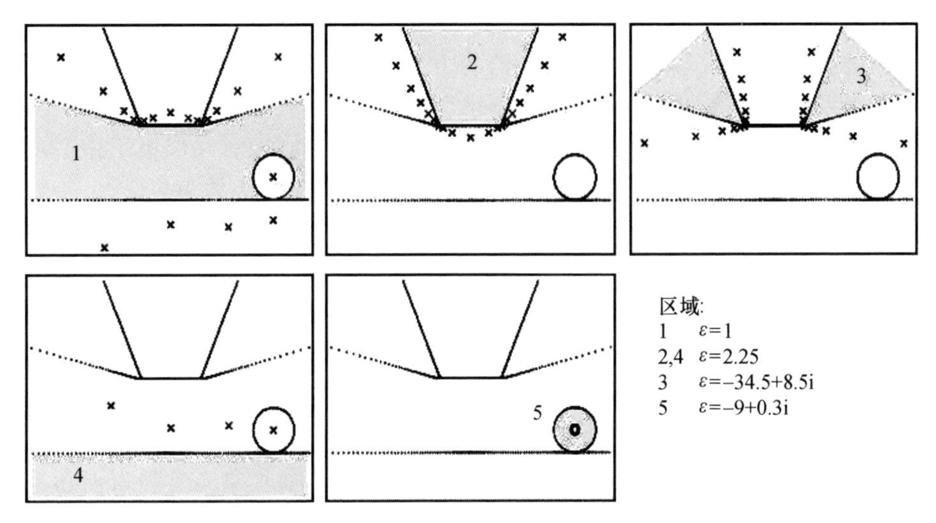

图 16.3 二维小孔近场光学显微镜在探针-样品区域内的 MMP 建模. 阴影区域中的多极子的原点以小叉表示. 区域 5 正常展开. 结构包括真空间隙（1）、截顶的楔形玻璃（2）、包裹玻璃的铝箔（3）、平面透明玻璃衬底（4）和衬底上的圆柱形银颗粒（5）.

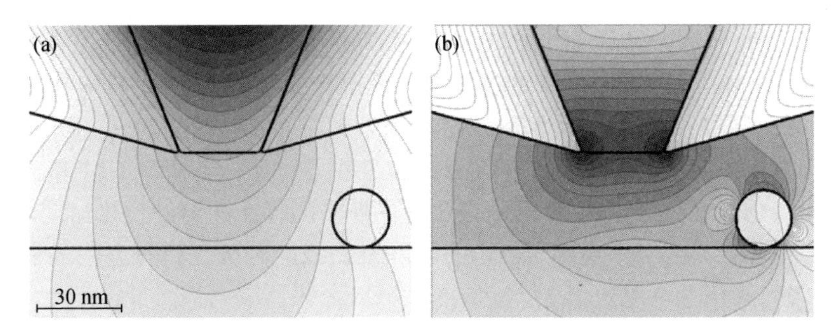

图 16.4 图 16.3 中模型的常数 $|\boldsymbol{E}^2|$ 的等值线（对数坐标，相邻线之间有因子$\sqrt{2}$的差别）. (a) s 偏振，(b) p 偏振.

§16.2　体积分法

小颗粒经常可以近似为偶极子单元，在 Rayleigh 散射中就是如此. 在这样一个颗粒中偶极矩正比于偶极子位置处的局域场. 如果只考虑单个颗粒，那么局域场就是照明入射场. 而当考虑颗粒的集群时，局域场则是入射场和周围颗粒散射场的叠加. 此时每一个颗粒都依赖于所有其他颗粒. 为了求解这一问题，我们需要一个求解任意数量的相干相互作用的颗粒自洽场的手段.

颗粒并不需要在空间上彼此分开，而是可以相互连接形成一个宏观的物体. 物体对入射辐射的响应可以看成是各个占据一定体积单元的偶极子的集体响应. 偶极子场的叠加(Green 函数)必须以自洽的方式进行，也就是每个偶极子的大小和取向是激发和周围其他偶极子确定的局域场的函数.

基于这个概念的方法通常涉及对所有偶极子中心的求和. 在偶极子中心的尺寸趋于 0 的极限下，求和变成了体积分. 因此，这些方法被称为体积分法.

同样的方法同时存在微观和宏观观点. 前者考虑微观的偶极子颗粒组合在一起形成宏观集群，而后者将宏观的物体划分为小的均匀的子单元. 在 16.2.4 节中我们将展示两种手段是物理和数学上等价的. 从微观观点出发的方法将称为耦合偶极子法(coupled-dipole method, CDM)，而从宏观观点出发的方法将称为极矩法(method of moments, MOM).

CDM 和 MOM 都是用于求解不同领域中 Maxwell 方程组的成熟方法. CDM 广泛用于天体物理中星际颗粒的研究[11]，在其他领域，如气象光学和表面污染控制中也有应用[12]. MOM 起源于研究天线理论的电磁场方法[13]，但也用于生物领域、光学散射和近场光学中[14,15]. 在文献中，两种方法经常会有不同的名称. 比如 CDM 经常被称为离散偶极子近似(discrete-dipole approximation, DDA)而 MOM 被命名成数字化 Green 函数法[16]或体积分方程法[17]. 并且因为与量子力学的类比，体积分方程也被一些人称为 Lippman-Schwinger 方程[15].

CDM 和 MOM 都是从相同的体积分方程推导出的. 过去一些作者比较了两种方法的一些不恰当的形式，认为一种方法好于另一种[18]. 然而，Lakhtakia[19]关于自由空间中双各向异性散射体的研究表明，两种方法完全等价. CDM 和 MOM 的主要区别就是考察点，MOM 考虑给定位置 $\boldsymbol{r}$ 处实际存在的场，而 CDM 考虑到达 $\boldsymbol{r}$ 并激发了中心在 $\boldsymbol{r}$ 的一个小区域 ΔV 的场. Lakhtakia 区分了两种方法的弱形式和强形式，我们采用这一术语.

16.2.1　体积分方程

考虑任意的参考系统，比如平面层状衬底，其介电性质由空间非均匀的介电常

数 $\varepsilon_{\text{ref}}(\boldsymbol{r})$ 给出，其中 $\boldsymbol{r}$ 为位置矢量. 为了简单起见，参考系统假设为非磁性($\mu_{\text{ref}}=1$)且各向同性. 所有的场也假设为是时谐的. 全空间的介电常数用 $\varepsilon(\boldsymbol{r})$ 来表示. 所以只要参考系统是非微扰的(无其他物体)，ε 就等于 ε_{ref}. 当微扰物体嵌入参考系统时，$\varepsilon(\boldsymbol{r})-\varepsilon_{\text{ref}}(\boldsymbol{r})$ 定义了物体相对于参考系统的介电响应.

在不存在任何源电流和电荷时，Maxwell 旋度方程写为

$$\nabla\times\boldsymbol{E}(\boldsymbol{r})=\mathrm{i}\omega\mu_0\boldsymbol{H}(\boldsymbol{r}),\tag{16.21}$$

$$\nabla\times\boldsymbol{H}(\boldsymbol{r})=-\mathrm{i}\omega\varepsilon_0\varepsilon_{\text{ref}}(\boldsymbol{r})\boldsymbol{E}(\boldsymbol{r})+\boldsymbol{j}_{\text{e}}(\boldsymbol{r}),\tag{16.22}$$

其中 $\boldsymbol{j}_{\text{e}}$ 是感生电流密度的体分布，

$$\boldsymbol{j}_{\text{e}}(\boldsymbol{r})=-\mathrm{i}\omega\varepsilon_0[\varepsilon(\boldsymbol{r})-\varepsilon_{\text{ref}}(\boldsymbol{r})]\boldsymbol{E}(\boldsymbol{r}).\tag{16.23}$$

从(16.21)和(16.22)式可知，$\boldsymbol{E}$ 必须满足非齐次波动方程

$$\nabla\times\nabla\times\boldsymbol{E}(\boldsymbol{r})-k_0^2\varepsilon_{\text{ref}}(\boldsymbol{r})\boldsymbol{E}(\boldsymbol{r})=\mathrm{i}\omega\mu_0\boldsymbol{j}_{\text{e}}(\boldsymbol{r}),\tag{16.24}$$

其中自由空间的波数 k_0 等于 ω/c. 利用并矢 Green 函数(见图 16.5)的定义(§2.12)

$$\nabla\times\nabla\times\overleftrightarrow{\boldsymbol{G}}(\boldsymbol{r},\boldsymbol{r}')-k_0^2\varepsilon_{\text{ref}}(\boldsymbol{r})\overleftrightarrow{\boldsymbol{G}}(\boldsymbol{r},\boldsymbol{r}')=\overleftrightarrow{\boldsymbol{I}}\delta(\boldsymbol{r}-\boldsymbol{r}').\tag{16.25}$$

电场可以表示为

$$\boldsymbol{E}(\boldsymbol{r})=\boldsymbol{E}_0(\boldsymbol{r})+\frac{\mathrm{i}\omega}{\varepsilon_0c^2}\int_V\overleftrightarrow{\boldsymbol{G}}(\boldsymbol{r},\boldsymbol{r}')\boldsymbol{j}_{\text{e}}(\boldsymbol{r}')\mathrm{d}V',\quad \boldsymbol{r}\notin V,\tag{16.26}$$

其中 V' 表示积分是对于 $\boldsymbol{r}'$ 进行的. $\boldsymbol{E}_0$ 表示齐次解(处处 $\boldsymbol{j}_{\text{e}}=0$)，右边的项代表特解. 同上可以类似地得到磁场，有

$$\boldsymbol{H}(\boldsymbol{r})=\boldsymbol{H}_0(\boldsymbol{r})+\int_V[\nabla\times\overleftrightarrow{\boldsymbol{G}}(\boldsymbol{r},\boldsymbol{r}')]\boldsymbol{j}_{\text{e}}(\boldsymbol{r}')\mathrm{d}V',\quad \boldsymbol{r}\notin V.\tag{16.27}$$

将 $\boldsymbol{j}_{\text{e}}$ 代入(16.26)和(16.27)式，可以得到对于 $\boldsymbol{E}$ 和 $\boldsymbol{H}$ 的积分方程(第二类 Fredholm 方程). 这些方程称为电磁场的体积分方程，构成了 MOM 的基础.

位于 $\boldsymbol{r}=\boldsymbol{r}_0$ 的偶极子 $\boldsymbol{p}_0$ 的电流密度为

$$\boldsymbol{j}_{\text{e}}(\boldsymbol{r})=-\mathrm{i}\omega\boldsymbol{p}_0\delta(\boldsymbol{r}-\boldsymbol{r}_0),\tag{16.28}$$

其中 δ 函数的单位为 m^{-3}. 将上式电流代入(16.26)和(16.27)式，并假设齐次解为 0(无外激发)，电磁场就可以用 $\overleftrightarrow{\boldsymbol{G}}(\boldsymbol{r},\boldsymbol{r}')$ 表示为

$$\boldsymbol{E}(\boldsymbol{r})=\frac{\omega^2}{\varepsilon_0c^2}\overleftrightarrow{\boldsymbol{G}}(\boldsymbol{r},\boldsymbol{r}_0)\boldsymbol{p}_0.\tag{16.29}$$

$$\boldsymbol{H}(\boldsymbol{r})=-\mathrm{i}\omega[\nabla\times\overleftrightarrow{\boldsymbol{G}}(\boldsymbol{r},\boldsymbol{r}_0)]\boldsymbol{p}_0.\tag{16.30}$$

因此，位于 $\boldsymbol{r}=\boldsymbol{r}_0$ 的取向为 $\boldsymbol{p}_0=|\boldsymbol{p}|\boldsymbol{n}_x$ 的偶极子的电场 $\boldsymbol{E}$ 对应于 $\overleftrightarrow{\boldsymbol{G}}(\boldsymbol{r},\boldsymbol{r}_0)$ 的第一列. 类似地，y 或者 z 取向的偶极子的场对应于 $\overleftrightarrow{\boldsymbol{G}}(\boldsymbol{r},\boldsymbol{r}_0)$ 的第二和第三列. 也就是说，$\overleftrightarrow{\boldsymbol{G}}(\boldsymbol{r},\boldsymbol{r}_0)$ 的各列表示了对应于偶极子主取向的 $\boldsymbol{E}$ 矢量. 对于磁场 $\boldsymbol{H}$ 和

$[\nabla\times\overleftrightarrow{\boldsymbol{G}}(\boldsymbol{r},\boldsymbol{r}_0)]$ 而言也有相同的关系. 任意取向的偶极子的电磁场可以简单地用 $\overleftrightarrow{\boldsymbol{G}}$ 和 $[\nabla\times\overleftrightarrow{\boldsymbol{G}}]$ 表示.

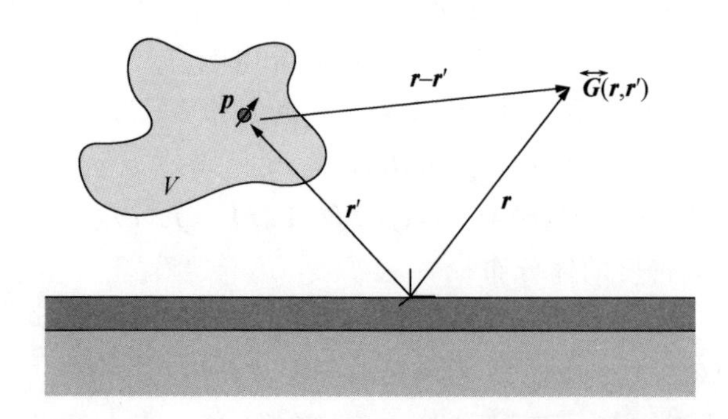

图 16.5 并矢 Green 函数 $\overleftrightarrow{\boldsymbol{G}}(\boldsymbol{r},\boldsymbol{r}')$ 的图示. $\boldsymbol{r}'$ 和 $\boldsymbol{r}$ 分别代表偶极子源和观察点. $\boldsymbol{r}$ 处的场与 $\boldsymbol{r}'$ 处偶极子的取向有关. $\overleftrightarrow{\boldsymbol{G}}$ 的三列表示相应于偶极子三个主取向的电场.

为了之后的处理,将 $\overleftrightarrow{\boldsymbol{G}}$ 分成两部分的贡献较为方便:

$$\overleftrightarrow{\boldsymbol{G}}(\boldsymbol{r},\boldsymbol{r}_0)=\overleftrightarrow{\boldsymbol{G}}_0(\boldsymbol{r},\boldsymbol{r}_0)+\overleftrightarrow{\boldsymbol{G}}_s(\boldsymbol{r},\boldsymbol{r}_0). \tag{16.31}$$

$\overleftrightarrow{\boldsymbol{G}}_s$ 是 Green 函数的散射部分,对应于次级电磁场,比如被环境的非均匀部分反射或透射的场. 类似地, $\overleftrightarrow{\boldsymbol{G}}_0$ 是 Green 函数的原初部分((16.32)式),确定了直接的偶极子场. 虽然 $\overleftrightarrow{\boldsymbol{G}}_0$ 在原点 $\boldsymbol{r}=\boldsymbol{r}'$ 处是奇异的,但散射部分 $\overleftrightarrow{\boldsymbol{G}}_s$ 并非如此. $\overleftrightarrow{\boldsymbol{G}}_0$ 只会对其所在的(子)区域内的场有贡献. $\overleftrightarrow{\boldsymbol{G}}_0$ 表示自由空间中的 Green 并矢,可以用标量 Green 函数(参考§2.12)的解析形式确定:

$$\overleftrightarrow{\boldsymbol{G}}_0(\boldsymbol{r},\boldsymbol{r}')=\left[\overleftrightarrow{\boldsymbol{I}}+\frac{1}{k^2}\nabla\nabla\right]G_0(\boldsymbol{r},\boldsymbol{r}'), \tag{16.32}$$

其中 $G_0(\boldsymbol{r},\boldsymbol{r}')$ 是

$$\nabla^2 G_0(\boldsymbol{r},\boldsymbol{r}')+k^2 G_0(\boldsymbol{r},\boldsymbol{r}')=-\delta(\boldsymbol{r}-\boldsymbol{r}') \tag{16.33}$$

的解. 这个方程的解为

$$G_0(\boldsymbol{r},\boldsymbol{r}')=\frac{1}{4\pi}\frac{\mathrm{e}^{\pm \mathrm{i}k|\boldsymbol{r}-\boldsymbol{r}'|}}{|\boldsymbol{r}-\boldsymbol{r}'|}, \tag{16.34}$$

其中正号指出射波而负号指入射波.

目前为止,我们已经得到了散射物体外部($\boldsymbol{r}\notin V$)的电场 $\boldsymbol{E}$. 然而,如果要考虑源体积内($\boldsymbol{r}\in V$)的场,就必须引入主体积(principal volume) V_δ 以排除 $\overleftrightarrow{\boldsymbol{G}}_0$ 在 $\boldsymbol{r}=\boldsymbol{r}'$ 处的奇点. 这时(16.24)式的解为

$$\boldsymbol{E}(\boldsymbol{r})=\boldsymbol{E}_0(\boldsymbol{r})+\frac{\mathrm{i}\omega}{\varepsilon_0 c^2}\int_V \overleftrightarrow{\boldsymbol{G}}_s(\boldsymbol{r},\boldsymbol{r}')\boldsymbol{j}_e(\boldsymbol{r}')\mathrm{d}V'$$

$$+\frac{\mathrm{i}\omega}{\varepsilon_0 c^2}\lim_{\delta\to 0}\int_{V-V_\delta}\overleftrightarrow{\boldsymbol{G}}_0(\boldsymbol{r},\boldsymbol{r}')\boldsymbol{j}_{\mathrm{e}}(\boldsymbol{r}')\mathrm{d}V'$$

$$+\frac{\overleftrightarrow{\boldsymbol{L}}\boldsymbol{j}_{\mathrm{e}}(\boldsymbol{r})}{\mathrm{i}\omega\varepsilon_0\varepsilon_{\mathrm{ref}}(\boldsymbol{r})},\quad \boldsymbol{r}\in V. \tag{16.35}$$

对于磁场 $\boldsymbol{H}$ 可以得到相似的表达式.当最大弦长 δ 趋于 0 的极限情形下,排除体积 V_δ 变得无穷小.源并矢 $\overleftrightarrow{\boldsymbol{L}}$ 引起了排除体积 V_δ 的退极化,它完全依赖于主体积的几何[20]:

$$\overleftrightarrow{\boldsymbol{L}}=\frac{1}{4\pi}\int_{S_\delta}\frac{\boldsymbol{n}(\boldsymbol{r}')(\boldsymbol{r}'-\boldsymbol{r})}{|\boldsymbol{r}-\boldsymbol{r}'|^3}\mathrm{d}S'. \tag{16.36}$$

因为表面积分只和 V_δ 的几何有关,在表达式 $\overleftrightarrow{\boldsymbol{L}}$ 中忽略了 $\delta\to 0$ 的极限.对于立方体或者球形的主体积,源并矢为 $\overleftrightarrow{\boldsymbol{L}}=(1/3)\overleftrightarrow{\boldsymbol{I}}$.如 Yaghjian 指出的,体积分的值也随着主体积的几何变化,从而以恰恰合适的方式,保持体积分与面积分之和无关于主体积的几何[20].

(16.35)式也称作(电场)体积分方程.如果 Green 函数写成以下形式,则该式可以用形式更简单的(16.26)式来表示:

$$\overleftrightarrow{\boldsymbol{G}}(\boldsymbol{r},\boldsymbol{r}')=\mathrm{P.\,V.}[\overleftrightarrow{\boldsymbol{G}}(\boldsymbol{r},\boldsymbol{r}')]-\frac{\overleftrightarrow{\boldsymbol{L}}\delta(\boldsymbol{r}-\boldsymbol{r}')}{k_0^2\varepsilon_{\mathrm{ref}}(\boldsymbol{r}')}. \tag{16.37}$$

符号 P. V. 表示主值,由 van Bladel 引入[21].在 P. V. $[\overleftrightarrow{\boldsymbol{G}}(\boldsymbol{r},\boldsymbol{r}')]$上对于电流 $\boldsymbol{j}(\boldsymbol{r}')$ 的体积分意味着 $\boldsymbol{r}=\boldsymbol{r}'$处的排除体积必须无限小,且必须考虑排除体积的退极化效应.就是说

$$\int_V\mathrm{P.\,V.}[\overleftrightarrow{\boldsymbol{G}}(\boldsymbol{r},\boldsymbol{r}')]\boldsymbol{j}_{\mathrm{e}}(\boldsymbol{r}')\mathrm{d}V'=\lim_{\delta\to 0}\int_{V-V_\delta}\overleftrightarrow{\boldsymbol{G}}(\boldsymbol{r},\boldsymbol{r}')\boldsymbol{j}_{\mathrm{e}}(\boldsymbol{r}')\mathrm{d}V'+\frac{\overleftrightarrow{\boldsymbol{L}}\boldsymbol{j}_{\mathrm{e}}(\boldsymbol{r})}{k_0^2\varepsilon_{\mathrm{ref}}(\boldsymbol{r})}. \tag{16.38}$$

在通常的写法中,符号 P. V. 从积分中取出.在此处使用主体积记号只是为了完整性,之后将不再使用.

源体积 V 可以分为 N 个体积单元 ΔV_n,即

$$V=\sum_{n=1}^N\Delta V_n. \tag{16.39}$$

此处假设了每个体积单元足够小,使得电流密度 $\boldsymbol{j}_{\mathrm{e}}$ 在每个 ΔV_n 上都可视为常数:

$$\boldsymbol{j}_{\mathrm{e}}(\boldsymbol{r})=\boldsymbol{j}_{\mathrm{e}}(\boldsymbol{r}_n),\quad \boldsymbol{r}\in\Delta V_n, \tag{16.40}$$

其中 $\boldsymbol{r}_n$ 是 ΔV_n 内的任意一点.这时,电场 $\boldsymbol{E}$ 的解可以写成

$$\boldsymbol{E}(\boldsymbol{r})=\boldsymbol{E}_0(\boldsymbol{r})+\sum_{n=1}^N\Delta\boldsymbol{E}_n^0(\boldsymbol{r})+\sum_{n=1}^N\Delta\boldsymbol{E}_n^{\mathrm{s}}(\boldsymbol{r}), \tag{16.41}$$

其中 $\Delta\boldsymbol{E}_n^0$ 是 ΔV_n 中的电流产生的原场,而 $\Delta\boldsymbol{E}_n^{\mathrm{s}}$ 是对应的散射电场.$\Delta\boldsymbol{E}_n^0$ 和 $\Delta\boldsymbol{E}_n^{\mathrm{s}}$ 由

下式给出：

$$\Delta \boldsymbol{E}_n^0(\boldsymbol{r}) = \begin{cases} \dfrac{\mathrm{i}\omega}{\varepsilon_0 c^2}\left[\displaystyle\int_{\Delta V_n} \overleftrightarrow{\boldsymbol{G}}_0(\boldsymbol{r},\boldsymbol{r}')\mathrm{d}V'\right]\boldsymbol{j}_\mathrm{e}(\boldsymbol{r}_n), & \boldsymbol{r} \notin \Delta V_n, \\ \dfrac{\mathrm{i}\omega}{\varepsilon_0 c^2}\left[\lim\limits_{\delta\to 0}\displaystyle\int_{\Delta V_n - V_\delta} \overleftrightarrow{\boldsymbol{G}}_0(\boldsymbol{r},\boldsymbol{r}')\mathrm{d}V' - \dfrac{\overleftrightarrow{\boldsymbol{L}}}{k_0^2\varepsilon_{\mathrm{ref}}(\boldsymbol{r})}\right]\boldsymbol{j}_\mathrm{e}(\boldsymbol{r}_n), & \boldsymbol{r} \in \Delta V_n, \end{cases} \tag{16.42}$$

$$\Delta \boldsymbol{E}_n^\mathrm{s}(\boldsymbol{r}) = \frac{\mathrm{i}\omega}{\varepsilon_0 c^2}\left[\int_{\Delta V_n} \overleftrightarrow{\boldsymbol{G}}_\mathrm{s}(\boldsymbol{r},\boldsymbol{r}')\mathrm{d}V'\right]\boldsymbol{j}_\mathrm{e}(\boldsymbol{r}_n). \tag{16.43}$$

由于 $\overleftrightarrow{\boldsymbol{G}}_0$ 在 $\boldsymbol{r}\neq\boldsymbol{r}'$ 处的光滑行为，$\boldsymbol{r}\notin\Delta V_n$ 部分表达式中的积分可以用 $\Delta V_n\overleftrightarrow{\boldsymbol{G}}_0(\boldsymbol{r},\boldsymbol{r}_n)$ 来近似. 由于 $\overleftrightarrow{\boldsymbol{G}}_0$ 在 $\boldsymbol{r}=\boldsymbol{r}'$ 附近变化很大，该近似不能用在 $\boldsymbol{r}\in\Delta V_n$ 时. 这时必须严格地在给定的主体积 V_δ 上进行积分. 而由于 $\overleftrightarrow{\boldsymbol{G}}_\mathrm{s}$ 对于所有 $\boldsymbol{r}$ 都是光滑的，$\overleftrightarrow{\boldsymbol{G}}_\mathrm{s}$ 的积分可以在所有区域用 $\Delta V_n\overleftrightarrow{\boldsymbol{G}}_\mathrm{s}(\boldsymbol{r},\boldsymbol{r}_n)$ 代替. 为了方便起见，余下的体积分用下式表示：

$$\overleftrightarrow{\boldsymbol{M}} = \lim_{\delta\to 0}\int_{\Delta V_n - V_\delta} \overleftrightarrow{\boldsymbol{G}}_0(\boldsymbol{r},\boldsymbol{r}')\mathrm{d}V'. \tag{16.44}$$

将(16.42)和(16.43)式代入(16.41)式，并计算 $\boldsymbol{E}$ 在 $\boldsymbol{r}_k=\boldsymbol{r}_n$ 处的值，可以得到以下的 N 个矢量方程：

$$\begin{aligned} \boldsymbol{E}(\boldsymbol{r}_k) = {} & \boldsymbol{E}_0(\boldsymbol{r}_k) + \frac{\mathrm{i}\omega}{\varepsilon_0 c^2}\left[\overleftrightarrow{\boldsymbol{M}}(\boldsymbol{r}_k) - \frac{\overleftrightarrow{\boldsymbol{L}}(\boldsymbol{r}_k)}{k_0^2\varepsilon_{\mathrm{ref}}(\boldsymbol{r}_k)} + \Delta V_k \overleftrightarrow{\boldsymbol{G}}_\mathrm{s}(\boldsymbol{r}_k,\boldsymbol{r}_k)\right]\boldsymbol{j}_\mathrm{e}(\boldsymbol{r}_k) \\ & + \frac{\mathrm{i}\omega}{\varepsilon_0 c^2}\sum_{\substack{n=1\\ n\neq k}}^{N} \overleftrightarrow{\boldsymbol{G}}(\boldsymbol{r}_k,\boldsymbol{r}_n)\boldsymbol{j}_\mathrm{e}(\boldsymbol{r}_n)\Delta V_n, \quad k = 1,\cdots,N. \end{aligned} \tag{16.45}$$

这 N 个方程是 MOM 和 CDM 的基础. 并矢 $\overleftrightarrow{\boldsymbol{L}}$ 和 $\overleftrightarrow{\boldsymbol{M}}$ 由(16.36)和(16.44)式分别给出. $\overleftrightarrow{\boldsymbol{G}}$ 为 Green 函数，$\overleftrightarrow{\boldsymbol{G}}_\mathrm{s}$ 表示散射部分. 注意括号中包括 $\overleftrightarrow{\boldsymbol{M}}$, $\overleftrightarrow{\boldsymbol{L}}$ 和 $\overleftrightarrow{\boldsymbol{G}}_\mathrm{s}$ 的项定义了体积单元 ΔV_k 与其自身的相互作用，而第二行的求和表示和其他偶极子子单元的相互作用. 图 16.6 中给出了两个空间上分离的体积单元对 $\boldsymbol{E}(\boldsymbol{r}_k)$ 的不同贡献.

并矢 $\overleftrightarrow{\boldsymbol{M}}$ 和 $\overleftrightarrow{\boldsymbol{L}}$ 对于特定几何的 V_δ 能够计算出来，但为了普适性我们继续使用它们的符号表示. 可以看出当体积 ΔV_n 被任意减小时，$\overleftrightarrow{\boldsymbol{M}}(\boldsymbol{r}_n)$ 趋于 0. 因此在极限 $\Delta V_n\to 0$ 下，$\overleftrightarrow{\boldsymbol{M}}(\boldsymbol{r}_n)$ 的贡献可以忽略. 另一方面，并矢 $\overleftrightarrow{\boldsymbol{L}}(\boldsymbol{r}_n)$ 在 $\Delta V_n\to 0$ 下并不消失，它引起了自退极化过程，在自洽的方法中引入它是绝对必要的.

由于(16.45)式考虑了 $\overleftrightarrow{\boldsymbol{M}}$ 和 $\overleftrightarrow{\boldsymbol{L}}$，方程代表了所谓的强形式. 当 $\overleftrightarrow{\boldsymbol{M}}$ 被忽略而只考虑 $\overleftrightarrow{\boldsymbol{L}}$ 时则得到弱形式. 按照 Lakhtakia 的说法[19]，只有在强形式之间或弱形式之间的比较才是合适的. 而 MOM 的强形式和 CDM 的弱形式之间的比较将呈现

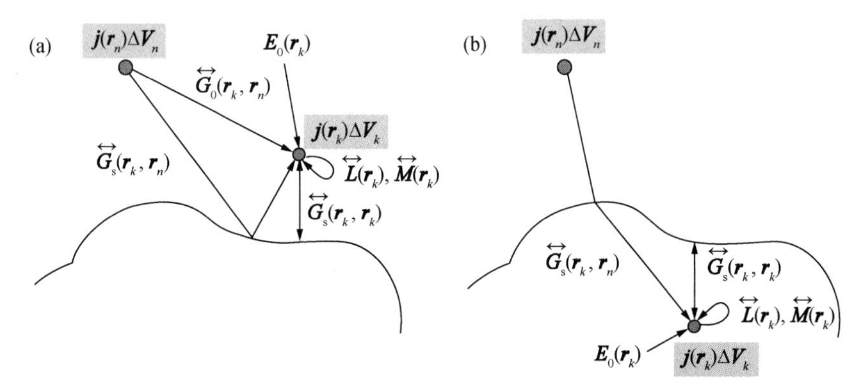

图 16.6 体积单元 ΔV_k 与环境及其自身的相互作用.为了清楚,图中只标出了一个与其相互作用的体积单元 ΔV_n.(a)体积单元 ΔV_k 和 ΔV_n 在同一个材料区域内.(b)体积单元 ΔV_k 和 ΔV_n 在不同材料区域内.箭头表示相互作用的"路径",符号表示涉及的量.Green 函数可以分成原初部分和散射部分 $\overleftrightarrow{G}=\overleftrightarrow{G}_0+\overleftrightarrow{G}_s$,它满足参考系统施加的边界条件.

与同种方法强和弱形式比较的同样不自洽性.

16.2.2 极矩法(MOM)

极矩法考虑在给定点 $\boldsymbol{r}$ 的场.这个场可通过(16.45)式直接表达出.为了得到可求解的方程组,电流密度

$$\boldsymbol{j}_e(\boldsymbol{r})=-\mathrm{i}\omega\varepsilon_0[\varepsilon(\boldsymbol{r})-\varepsilon_{\mathrm{ref}}(\boldsymbol{r})]\boldsymbol{E}(\boldsymbol{r})=-\mathrm{i}\omega\varepsilon_0\Delta\varepsilon(\boldsymbol{r})\boldsymbol{E}(\boldsymbol{r}) \tag{16.46}$$

需要被引入(16.45)式,这给出了方程组

$$\boldsymbol{E}_0(\boldsymbol{r}_k)=\sum_{n=1}^{N}\overleftrightarrow{\boldsymbol{A}}_{kn}\boldsymbol{E}(\boldsymbol{r}_n),\quad k=1,\cdots,N, \tag{16.47}$$

其中子矩阵

$$\begin{aligned}\overleftrightarrow{\boldsymbol{A}}_{kn}=&\left[\overleftrightarrow{\boldsymbol{I}}-\left[k_0^2\overleftrightarrow{\boldsymbol{M}}(\boldsymbol{r}_k)-\frac{\overleftrightarrow{\boldsymbol{L}}(\boldsymbol{r}_k)}{\varepsilon_{\mathrm{ref}}(\boldsymbol{r}_k)}+\Delta V_k k_0^2\overleftrightarrow{\boldsymbol{G}}_s(\boldsymbol{r}_k,\boldsymbol{r}_k)\right]\Delta\varepsilon(\boldsymbol{r}_k)\right]\delta_{kn}\\&-[\Delta V_n k_0^2\overleftrightarrow{\boldsymbol{G}}(\boldsymbol{r}_k,\boldsymbol{r}_n)\Delta\varepsilon(\boldsymbol{r}_k)](1-\delta_{kn}).\end{aligned} \tag{16.48}$$

由于方程(16.47)是矢量矩阵方程,因而 $\overleftrightarrow{\boldsymbol{A}}_{kn}$ 是 $3N\times3N$ 的子矩阵.这需要用到各种不同的计算方法,如共轭梯度法,来求解方程组.MOM 中最难的问题可能就是找出一个高效且可靠的算法来求解方程(16.47).因为获得的矩阵一般具有低条件,对于大系统的直接求解可能产生数值上的不稳定.为了解决这一问题,Martin 等人引入了基于 Dyson 方程的迭代方法[15].

(16.46)式给出的电流 $\boldsymbol{j}_e$ 可以代入(16.26)或(16.35)式以得到(16.47)式的积分形式.注意该形式不限于各向同性的散射体.(16.47)式在 $\varepsilon(\boldsymbol{r})$ 为张量时不受

影响.对双各向异性散射体的推广见文献[19].

16.2.3 耦合偶极子法(CDM)

与MOM相反,CDM考虑激发给定体积元的场 $\boldsymbol{E}_{\text{exc}}$. 该场与(16.45)式中的场 $\boldsymbol{E}$ 不同.为了得到 $\boldsymbol{E}_{\text{exc}}$,必须将 $\overleftrightarrow{\boldsymbol{M}}$ 和 $\overleftrightarrow{\boldsymbol{L}}$ 中相关的"自场"从实际电场 $\boldsymbol{E}$ 中减去,得到

$$\boldsymbol{E}_{\text{exc}}(\boldsymbol{r}_k)=\boldsymbol{E}_0(\boldsymbol{r}_k)+\frac{\mathrm{i}\omega}{\varepsilon_0 c^2}\overleftrightarrow{\boldsymbol{G}}_{\text{s}}(\boldsymbol{r}_k,\boldsymbol{r}_k)\boldsymbol{j}_{\text{e}}(\boldsymbol{r}_k)\Delta V_k + \frac{\mathrm{i}\omega}{\varepsilon_0 c^2}\sum_{\substack{n=1\\ n\neq k}}^{N}\overleftrightarrow{\boldsymbol{G}}(\boldsymbol{r}_k,\boldsymbol{r}_n)\boldsymbol{j}_{\text{e}}(\boldsymbol{r}_n)\Delta V_n,\quad k=1,\cdots,N. \tag{16.49}$$

$\overleftrightarrow{\boldsymbol{M}}$和 $\overleftrightarrow{\boldsymbol{L}}$ 定义了直接相互作用,而包含 $\overleftrightarrow{\boldsymbol{G}}_{\text{s}}$ 的项对间接相互作用起作用.与 $\overleftrightarrow{\boldsymbol{G}}_{\text{s}}(\boldsymbol{r}_k,\boldsymbol{r}_k)$ 相关的场是在较早时刻从 $\boldsymbol{r}=\boldsymbol{r}_k$ 处发射的,而现在被环境散射后回到了 $\boldsymbol{r}=\boldsymbol{r}_k$ 处(见图16.6).因此,该场也对 ΔV_k 处的体积元的外部激发起作用,必须被包括进(16.49)式中.

利用微观极化率 $\overleftrightarrow{\alpha}_k$,体积元 ΔV_k 处感生的偶极矩 $\boldsymbol{p}_k$ 可以与场 $\boldsymbol{E}_{\text{exc}}(\boldsymbol{r}_k)$通过

$$\boldsymbol{p}_k=\overleftrightarrow{\alpha}_k\boldsymbol{E}_{\text{exc}}(\boldsymbol{r}_k) \tag{16.50}$$

关联.此关系式可以在用偶极矩表示电流密度之后代入(16.49)式:

$$\boldsymbol{j}_{\text{e}}(\boldsymbol{r}_k)=-\frac{\mathrm{i}\omega}{\Delta V_k}\boldsymbol{p}_k. \tag{16.51}$$

得到的方程组的矩阵形式为

$$\boldsymbol{E}_0(\boldsymbol{r}_k)=\sum_{n=1}^{N}\overleftrightarrow{\boldsymbol{B}}_{kn}\boldsymbol{E}_{\text{exc}}(\boldsymbol{r}_n),\quad k=1,\cdots,N, \tag{16.52}$$

其中子矩阵

$$\overleftrightarrow{\boldsymbol{B}}_{kn}=\left[\overleftrightarrow{\boldsymbol{I}}-\frac{\omega^2}{\varepsilon_0 c^2}\overleftrightarrow{\boldsymbol{G}}_{\text{s}}(\boldsymbol{r}_k,\boldsymbol{r}_k)\overleftrightarrow{\alpha}_k\right]\delta_{kn}-\left[\frac{\omega^2}{\varepsilon_0 c^2}\overleftrightarrow{\boldsymbol{G}}(\boldsymbol{r}_k,\boldsymbol{r}_n)\overleftrightarrow{\alpha}_n\right](1-\delta_{kn}). \tag{16.53}$$

(16.52)式左右两边同乘以 $\overleftrightarrow{\alpha}_k$,可得到关于偶极矩的方程组

$$\overleftrightarrow{\alpha}_k\boldsymbol{E}_0(\boldsymbol{r}_k)=\sum_{n=1}^{N}\overleftrightarrow{\boldsymbol{C}}_{kn}\boldsymbol{p}_n,\quad k=1,\cdots,N, \tag{16.54}$$

其中子矩阵 $\overleftrightarrow{\boldsymbol{C}}_{kn}$ 为

$$\overleftrightarrow{\boldsymbol{C}}_{kn}=\left[\overleftrightarrow{\boldsymbol{I}}-\frac{\omega^2}{\varepsilon_0 c^2}\overleftrightarrow{\alpha}_k\overleftrightarrow{\boldsymbol{G}}_{\text{s}}(\boldsymbol{r}_k,\boldsymbol{r}_k)\right]\delta_{kn}-\left[\frac{\omega^2}{\varepsilon_0 c^2}\overleftrightarrow{\alpha}_k\overleftrightarrow{\boldsymbol{G}}(\boldsymbol{r}_k,\boldsymbol{r}_n)\right](1-\delta_{kn}). \tag{16.55}$$

一旦偶极矩确定,空间中任意一点的场都容易求得.再次强调,$\boldsymbol{E}_{\text{exc}}$与 $\boldsymbol{E}$ 在散射体占据的体积 V 之外是一样的.在 V 内部,两个场是不同的.为了从 $\boldsymbol{E}_{\text{exc}}$ 计算出 V 内的电场,必须将与 $\overleftrightarrow{\boldsymbol{M}}$ 和 $\overleftrightarrow{\boldsymbol{L}}$ 相关的"自场"加到内部的每一点上.但是在体积 V 之外,N 个被激发偶极子产生的场为

$$\boldsymbol{E}(\boldsymbol{r}) = \boldsymbol{E}_0(\boldsymbol{r}) + \frac{\omega^2}{\varepsilon_0 c^2}\sum_{n=1}^{N}\overleftrightarrow{\boldsymbol{G}}(\boldsymbol{r},\boldsymbol{r}_n)\boldsymbol{p}_n,\ \boldsymbol{r} \notin V. \tag{16.56}$$

为了比较 CDM 和 MOM,需要将极化率 $\overleftrightarrow{\alpha}_k$ 用 $\overleftrightarrow{\boldsymbol{L}}(\boldsymbol{r}_k)$,$\overleftrightarrow{\boldsymbol{M}}(\boldsymbol{r}_k)$ 和 $\varepsilon(\boldsymbol{r}_k)$ 表示. CDM 与 MOM 等同的要求导致

$$\overleftrightarrow{\alpha}_k = \Delta V_k \varepsilon_0 \Delta\varepsilon(\boldsymbol{r}_k)\left[\overleftrightarrow{\boldsymbol{I}} - \left[k_0^2\overleftrightarrow{\boldsymbol{M}}(\boldsymbol{r}_k) - \frac{\overleftrightarrow{\boldsymbol{L}}(\boldsymbol{r}_k)}{\varepsilon_{\text{ref}}(\boldsymbol{r}_k)}\right]\Delta\varepsilon(\boldsymbol{r}_k)\right]^{-1}. \tag{16.57}$$

此关系式可以从电流密度在 MOM((16.46)式)和 CDM((16.50)和(16.51)式)中相等得出. 激发场 $\boldsymbol{E}_{\text{exc}}$ 进一步由实际场 $\boldsymbol{E}$ 表示:

$$\begin{aligned}\boldsymbol{E}_{\text{exc}}(\boldsymbol{r}_k) &= \boldsymbol{E}(\boldsymbol{r}_k) - \frac{\mathrm{i}\omega}{\varepsilon_0 c^2}\left[\overleftrightarrow{\boldsymbol{M}}(\boldsymbol{r}_k) - \frac{\overleftrightarrow{\boldsymbol{L}}(\boldsymbol{r}_k)}{k_0^2\varepsilon_{\text{ref}}(\boldsymbol{r}_k)}\right]\boldsymbol{j}_{\text{e}}(\boldsymbol{r}_k) \\ &= \left[\overleftrightarrow{\boldsymbol{I}} - \left[k_0^2\overleftrightarrow{\boldsymbol{M}}(\boldsymbol{r}_k) - \frac{\overleftrightarrow{\boldsymbol{L}}(\boldsymbol{r}_k)}{\varepsilon_{\text{ref}}(\boldsymbol{r}_k)}\right]\Delta\varepsilon(\boldsymbol{r}_k)\right]\boldsymbol{E}(\boldsymbol{r}_k),\end{aligned} \tag{16.58}$$

与(16.45),(16.46)和(16.49)式一致. 后面将显示(16.57)式约化为已知的极化率形式.

16.2.4 MOM 和 CDM 的等价性

在 MOM 和 CDM 的弱形式下,并矢 $\overleftrightarrow{\boldsymbol{M}}$ 的贡献被忽略. 这时,(16.57)式可以表示为(参考§12.4)

$$\overleftrightarrow{\alpha}_k = 3\varepsilon_0\varepsilon_{\text{ref}}(\boldsymbol{r}_k)\Delta V_k\frac{\varepsilon(\boldsymbol{r}_k) - \varepsilon_{\text{ref}}(\boldsymbol{r}_k)}{\varepsilon(\boldsymbol{r}_k) + 2\varepsilon_{\text{ref}}(\boldsymbol{r}_k)}\overleftrightarrow{\boldsymbol{I}}, \tag{16.59}$$

其中我们使用了 $\overleftrightarrow{\boldsymbol{L}} = (1/3)\overleftrightarrow{\boldsymbol{I}}$. (16.59)式可认为是电场中小球的准静态极化率. 因此,MOM 和 CDM 在弱形式下是等同的! 并且因为(16.58)式将激发场 $\boldsymbol{E}_{\text{exc}}$ 用实际场 $\boldsymbol{E}$ 来表示,可以得出子体积 ΔV_k 之内的场为

$$\boldsymbol{E}(\boldsymbol{r}_k) = \frac{3\varepsilon_{\text{ref}}(\boldsymbol{r}_k)}{\varepsilon(\boldsymbol{r}_k) + 2\varepsilon_{\text{ref}}(\boldsymbol{r}_k)}\boldsymbol{E}_{\text{exc}}(\boldsymbol{r}_k). \tag{16.60}$$

这个关系式与对均匀外场中的小球所得的相应表达式是一致的.

为了比较 MOM 和 CDM 的强形式,必须确定并矢 $\overleftrightarrow{\boldsymbol{M}}$ 的值. 在球形的主体积 V_δ 中进行该计算最为简单. 这时(16.44)式中的积分可以求出,$\overleftrightarrow{\boldsymbol{M}}$ 的表达式为[21]

$$\overleftrightarrow{\boldsymbol{M}}(\boldsymbol{r}_k) = \frac{2}{3}\frac{1}{k_{\text{ref}}^2(\boldsymbol{r}_k)}[[1 - \mathrm{i}k_{\text{ref}}(\boldsymbol{r}_k)a_k]\mathrm{e}^{\mathrm{i}k_{\text{ref}}(\boldsymbol{r}_k)a_k} - 1]\overleftrightarrow{\boldsymbol{I}}. \tag{16.61}$$

在该表达式中,a_k 是球形子体积 $\Delta V_k = (4\pi/3)a_k^3$ 的半径,k_{ref} 由 $k_{\text{ref}}^2 = k_0^2\varepsilon_{\text{ref}}$ 给出. 如我们期待的,当 $a_k \to 0$ 时,$\overleftrightarrow{\boldsymbol{M}}$ 等于 0. 将(16.61) 式代入极化率(16.57)并利用 $\overleftrightarrow{\boldsymbol{L}} = (1/3)\overleftrightarrow{\boldsymbol{I}}$,可得

$$\overleftrightarrow{\alpha}_k = \left[3\varepsilon_0\varepsilon_{\text{ref}}(\boldsymbol{r}_k)\frac{\Delta\varepsilon(\boldsymbol{r}_k)\Delta V_k}{\varepsilon(\boldsymbol{r}_k)+2\varepsilon_{\text{ref}}(\boldsymbol{r}_k)}\right]\left[\overleftrightarrow{\boldsymbol{I}} - \frac{3k_{\text{ref}}^2(\boldsymbol{r}_k)\Delta\varepsilon(\boldsymbol{r}_k)}{\varepsilon(\boldsymbol{r}_k)+2\varepsilon_{\text{ref}}(\boldsymbol{r}_k)}\overleftrightarrow{\boldsymbol{M}}\right]^{-1}. \tag{16.62}$$

第一个因式正是极化率的弱形式,而第二个表达式定义了一个有限体积 V_δ 产生的修正项. 当 $\Delta V_k \to 0$ 时,此项等于 $\overleftrightarrow{\boldsymbol{I}}$. (16.62)式中的极化率 $\overleftrightarrow{\alpha}_k$ 最早由 Lakthtakia 明确得出[19]. 此形式才是与 MOM 强形式进行比较时应该考虑的. 由此可以得出 MOM 和 CDM 的强形式也是等价的. 既然强形式利用了有限的子体积,通常强形式的收敛快于弱形式.

一些研究者已经指出(16.59)式给出的准静态极化率既不满足能量守恒也不满足用单个偶极子描述的颗粒的光学定理[22,23]. 根据 MOM 和 CDM 的等价性,MOM 的弱形式也不能给出单偶极子散射体的物理解！因此,并矢 $\overleftrightarrow{\boldsymbol{M}}$ 对非常小的颗粒来说也是很显著的. 为了得到物理解,其他各种不同形式的 CDM 方法已被提出,但所有方法都是用在 $k_{\text{ref}}(\boldsymbol{r}_k)a_k$ 中加入高阶项的方式来修改 CDM 的弱形式.

此处我们重申 MOM 和 CDM 的主要区别是考虑问题的方式. CDM 考虑入射到子体积上的场(激发场),MOM 处理实际存在于子体积内的场. 所以,CDM 的场只代表散射体之外的场的解,而在散射体内部激发场 $\boldsymbol{E}_{\text{exc}}$ 和实际场 $\boldsymbol{E}$ 的关系由(16.58)式给出.

注意相同的方法也可用于具有磁化率的颗粒,这时必须使用§10.9中的对偶代换,Green 并矢 $\overleftrightarrow{\boldsymbol{G}}$ 需要用$(\nabla\times\overleftrightarrow{\boldsymbol{G}})$代替.

§16.3　有效极化率

有效极化率 $\overleftrightarrow{\alpha}_{\text{eff}}$ 常常被用来说明单个偶极子颗粒与环境的相互作用. 该相互作用源于偶极子早先发射的场被反射回来,影响了该偶极子的性质. 位于 $\boldsymbol{r}=\boldsymbol{r}_0$ 处极化率为 $\overleftrightarrow{\alpha}(\omega)$ 的颗粒的偶极矩 $\boldsymbol{p}$ 与局域激发场 $\boldsymbol{E}_{\text{local}}=\boldsymbol{E}_{\text{exc}}(\boldsymbol{r}=\boldsymbol{r}_0)$ 的关系为

$$\boldsymbol{p} = \overleftrightarrow{\alpha}(\omega)\boldsymbol{E}_{\text{local}}, \tag{16.63}$$

其中极化率由(16.57)式给出. 注意 $\boldsymbol{E}_{\text{local}}$ 是激发颗粒的场,因此不等于 $\boldsymbol{r}=\boldsymbol{r}_0$ 处的实际场,$\boldsymbol{E}_{\text{local}}$ 可以分为两部分贡献:

$$\boldsymbol{E}_{\text{local}} = \boldsymbol{E}_0(\boldsymbol{r}_0) + \boldsymbol{E}_{\text{s}}(\boldsymbol{r}_0), \tag{16.64}$$

其中 $\boldsymbol{E}_0$ 为激发场而 $\boldsymbol{E}_{\text{s}}$ 是被反射回原来位置的偶极子场(散射场),后者可以写成

$$\boldsymbol{E}_{\text{s}}(\boldsymbol{r}_0) = \frac{\omega^2}{\varepsilon_0 c^2}\overleftrightarrow{\boldsymbol{G}}_{\text{s}}(\boldsymbol{r}_0,\boldsymbol{r}_0)\boldsymbol{p}. \tag{16.65}$$

注意,与 $\overleftrightarrow{\boldsymbol{G}}_0$ 不同,$\overleftrightarrow{\boldsymbol{G}}_{\text{s}}$ 没有奇点,因此可以在原点处取值. 利用方程(16.63)～(16.65),可得

$$\boldsymbol{p}-\frac{\omega^2}{\varepsilon_0 c^2}\overleftrightarrow{\alpha}(\omega)\overleftrightarrow{\boldsymbol{G}}_{\mathrm{s}}(\boldsymbol{r}_0,\boldsymbol{r}_0)\boldsymbol{p}=\overleftrightarrow{\alpha}(\omega)\boldsymbol{E}_0(\boldsymbol{r}_0). \tag{16.66}$$

如果考虑单颗粒的情况,此方程与 CDM 的(16.54)式相同.右边就是原偶极矩 $\boldsymbol{p}_0$,也就是激发场 $\boldsymbol{E}_0$ 感生的偶极矩.因此,(16.66)式可以重新写成

$$\boldsymbol{p}-\frac{\omega^2}{\varepsilon_0 c^2}\overleftrightarrow{\alpha}(\omega)\overleftrightarrow{\boldsymbol{G}}_{\mathrm{s}}(\boldsymbol{r}_0,\boldsymbol{r}_0)\boldsymbol{p}=\boldsymbol{p}_0, \tag{16.67}$$

可以对 $\boldsymbol{p}$ 求解.自洽偶极矩 $\boldsymbol{p}$ 由包含环境光学性质信息的 $\overleftrightarrow{\boldsymbol{G}}$ 和描述颗粒自身的 $\overleftrightarrow{\alpha}$ 得出.利用(15.66)式,有效极化率 $\overleftrightarrow{\alpha}_{\mathrm{eff}}$ 为

$$\boldsymbol{p}=\overleftrightarrow{\alpha}_{\mathrm{eff}}(\omega)\boldsymbol{E}_0(\boldsymbol{r}_0). \tag{16.68}$$

在自由空间中 $\overleftrightarrow{\alpha}_{\mathrm{eff}}$ 与 $\overleftrightarrow{\alpha}$ 相等.环境的不均匀性使得 $\overleftrightarrow{\alpha}$ 变为 $\overleftrightarrow{\alpha}_{\mathrm{eff}}$.这个变化是偶极子和环境的相互作用引起的.如果 $\overleftrightarrow{\alpha}$ 表示分子或者有明确的跃迁能级的原子,那么与环境的相互作用会导致共振频移和衰变速率变化(参考§8.5).

§16.4　总 Green 函数

一个包括任意数量颗粒的系统的全部电磁信息可以用一个并矢函数来表示.此函数记为 $\overleftrightarrow{\boldsymbol{G}}_{\mathrm{t}}$,其中下标“t”表示“总”.“颗粒”表示任意偶极子中心,不管是相互分离还是相互结合形成宏观介质.考虑位于非均匀参考系,如平面层状结构中的任意数量的颗粒.假设 Green 函数 $\overleftrightarrow{\boldsymbol{G}}$ 表示非均匀参考系统.根据(16.58)式,在系统中全部颗粒外面的实际场 $\boldsymbol{E}(\boldsymbol{r})$ 等于激发场 $\boldsymbol{E}_{\mathrm{exc}}$,这是因为 $\boldsymbol{r}$ 是外点.对于 $\mu=1$,该场由(16.52)和(16.53)式给出:

$$\boldsymbol{E}(\boldsymbol{r})=\boldsymbol{E}_0(\boldsymbol{r})+\frac{\omega^2}{\varepsilon_0 c^2}\sum_{n=1}^{N}\overleftrightarrow{\boldsymbol{G}}(\boldsymbol{r},\boldsymbol{r}_n)\overleftrightarrow{\alpha}_n\boldsymbol{E}(\boldsymbol{r}_n), \tag{16.69}$$

其中 $\boldsymbol{E}_0$ 是不存在颗粒时的场.当前要考虑的 $\boldsymbol{E}_0$ 是 $\boldsymbol{r}=\boldsymbol{r}_k$ 处激发的偶极矩为 $\boldsymbol{p}_k$ 的偶极子的场.根据(16.29)式,偶极子的场可表示为 Green 函数的形式:

$$\boldsymbol{E}_0(\boldsymbol{r})=\frac{\omega^2}{\varepsilon_0 c^2}\overleftrightarrow{\boldsymbol{G}}(\boldsymbol{r},\boldsymbol{r}_k)\boldsymbol{p}_k. \tag{16.70}$$

由两个方程可得

$$\boldsymbol{E}(\boldsymbol{r})=\frac{\omega^2}{\varepsilon_0 c^2}\overleftrightarrow{\boldsymbol{G}}(\boldsymbol{r},\boldsymbol{r}_k)\boldsymbol{p}_k+\frac{\omega^2}{\varepsilon_0 c^2}\sum_{n=1}^{N}\overleftrightarrow{\boldsymbol{G}}(\boldsymbol{r},\boldsymbol{r}_n)\overleftrightarrow{\alpha}_n\boldsymbol{E}(\boldsymbol{r}_n), \tag{16.71}$$

如果整个系统的 Green 函数已知,$\boldsymbol{r}$ 处的场可简单地用下式得到:

$$\boldsymbol{E}(\boldsymbol{r})=\frac{\omega^2}{\varepsilon_0 c^2}\overleftrightarrow{\boldsymbol{G}}_{\mathrm{t}}(\boldsymbol{r},\boldsymbol{r}_k)\boldsymbol{p}_k. \tag{16.72}$$

这里,$\overleftrightarrow{\boldsymbol{G}}_{\mathrm{t}}$ 不止表示非均匀参考系,也表示颗粒.(16.72)式中的场 $\boldsymbol{E}$ 可以用(16.71)

式的 $\boldsymbol{E}(\boldsymbol{r})$ 和 $\boldsymbol{E}(\boldsymbol{r}_n)$ 替换得到：

$$\overleftrightarrow{\boldsymbol{G}}_{\mathrm{t}}(\boldsymbol{r},\boldsymbol{r}_k)\boldsymbol{p}_k = \overleftrightarrow{\boldsymbol{G}}(\boldsymbol{r},\boldsymbol{r}_k)\boldsymbol{p}_k + \frac{\omega^2}{\varepsilon_0 c^2}\sum_{n=1}^{N}\overleftrightarrow{\boldsymbol{G}}(\boldsymbol{r},\boldsymbol{r}_n)\overleftrightarrow{\alpha}_n\overleftrightarrow{\boldsymbol{G}}_{\mathrm{t}}(\boldsymbol{r}_n,\boldsymbol{r}_k)\boldsymbol{p}_k. \tag{16.73}$$

对方程乘以 $\boldsymbol{p}_k/|\boldsymbol{p}_k|^2$，可得

$$\overleftrightarrow{\boldsymbol{G}}_{\mathrm{t}}(\boldsymbol{r},\boldsymbol{r}_k) = \overleftrightarrow{\boldsymbol{G}}(\boldsymbol{r},\boldsymbol{r}_k) + \omega^2\mu_0\sum_{n=1}^{N}\overleftrightarrow{\boldsymbol{G}}(\boldsymbol{r},\boldsymbol{r}_n)\overleftrightarrow{\alpha}_n(\omega)\overleftrightarrow{\boldsymbol{G}}_{\mathrm{t}}(\boldsymbol{r}_n,\boldsymbol{r}_k). \tag{16.74}$$

这是 Dyson 方程的离散形式[15,24]，首先在量子力学中得出. 在目前的方法中假设了只考虑外点. 对于内点的推导遵循相同的步骤，但由于(16.69)式包含 $\overleftrightarrow{\boldsymbol{G}}$ 的散射部分，表达式稍微变得复杂. $\overleftrightarrow{\boldsymbol{G}}_{\mathrm{t}}$ 的美在于其包含了环境的所有信息. 一旦 $\overleftrightarrow{\boldsymbol{G}}_{\mathrm{t}}$ 已知，在任意位置 $\boldsymbol{r}_k$ 处的偶极子的场就可以用(16.72)式容易地得出. 在 van der Waals 相互作用和电磁散射中的 Dyson 方程的形式由 Martin 等人更详细地给出[25]. 在前者中，$\overleftrightarrow{\boldsymbol{G}}_{\mathrm{t}}$ 称为“场磁化率”，而在后者中称为“广义场传播子”.

§16.5　总　　结

本章中我们讨论了经常在纳米光学领域中遇到的理论方法. 我们主要集中在利用数值手段寻找所研究场的解析表达式的方法. 我们没有讨论纯数值方法，因为这些可以在其他地方找到大量资料. 读者应注意我们没有涉及很多最近提出的有趣的理论概念. 其中主要是逆向方法，通过在近场或远场中的探测器获得的信息重建物空间(样品的几何和材料性质)[26]. 已经证明逆散射的概念可以用于光学近场，而且通过从不同的激发和探测角度采样信息，可以建立近场光学层析术，即物空间的三维重建[27].

习　　题

16.1　考虑半径为 a，介电常数为 ε_{p} 的单偶极颗粒位于介电常数为 ε 介质半空间上方. 推导出有效极化率 $\overleftrightarrow{\alpha}_{\mathrm{eff}}$ 作为颗粒中心和表面之间距离 d 的函数.

16.2　计算两个半径为 a，介电常数为 ε，距离为 d 的电介质球的有效极化率.

16.3　两个半径 $a=20\,\mathrm{nm}$ 的金属颗粒间隔 $d=3a$(中心距离)，计算在偏振方向为两个颗粒连线方向(x 轴)的入射平面波下的散射截面. 波长为 $\lambda=488\,\mathrm{nm}$，介电常数为 $\varepsilon=-34.5+8.5\mathrm{i}$(铝). 将结果与一级 Born 近似(无相互作用)进行对比. 一级 Born 近似的准确率为 10% 时需要多大的间隔 d?

16.4　准静态极化率 α 不符合光学定理. 为了证明这种不一致，考虑极化率为 α 的单偶极颗粒的散射. 光学定理表明入射平面波沿 z 轴传播并被任意物体散

射时的消光截面为

$$\sigma_{\text{ext}} = \frac{4\pi}{k^2}\text{Re}\{\boldsymbol{X}\cdot\boldsymbol{n}_E\}\mid_{x,y=0}, \tag{16.75}$$

其中 k 为波数，$\boldsymbol{n}_E$ 为入射偏振方向的单位矢量，$\boldsymbol{X}$ 是 $z\to\infty$时的散射振幅. $x,y=0$ 说明是沿传播方向求出的值. $\boldsymbol{X}$ 与散射远场 $\boldsymbol{E}_s$ 的关系为

$$\boldsymbol{E}_s = -\frac{e^{ikR}}{ikR}\boldsymbol{X}E_0, \tag{16.76}$$

其中 R 为离散射体的距离，E_0 为入射平面波的振幅. 注意 $\boldsymbol{X}$ 没有量纲. 对于小颗粒，场 $\boldsymbol{E}_s$ 来自偶极子 $\boldsymbol{p}$(由入射场 $\boldsymbol{E}_0$ 感生的偶极矩).

(1) 推导 $\sigma_{\text{ext}}=(k/\varepsilon_0)\text{Im}\{\alpha\}$.

(2) 计算散射截面 σ_{scatt}. 利用 $\boldsymbol{p}=\alpha\boldsymbol{E}_0$，偶极子辐射公式 $p_{\text{scatt}}=|\boldsymbol{p}|^2\omega^4/(12\pi\varepsilon_0c^3)$，以及入射强度 $I_0=\varepsilon_0c|\boldsymbol{E}_0|^2/2$.

(3) 利用关系式 $p_{\text{abs}}=(\omega/2)\text{Im}\{\boldsymbol{p}\cdot\boldsymbol{E}_0^*\}$推导出吸收截面 σ_{abs}，并证明吸收截面等于 σ_{ext}.

通过光学定理计算的消光截面只包括了吸收而不包括散射，因此必须谨慎处理准静态极化率. 习题 8.5 提供了解决这一困境的一种方法，即辐射反作用导致对极化率的额外贡献(参考(8.222)式).

参 考 文 献

[1] C. Hafner, *The Generalized Multiple Multipole Technique for Computational Electromagnetics*. Boston, MA: Artech (1990).

[2] C. F. Bohren and D. R. Huffmann (eds.), *Absorption and Scattering of Light by Small Particles*. New York: Wiley (1983).

[3] J. A. Stratton, *Electromagnetic Theory*. New York: McGraw-Hill (1941).

[4] W. C. Chew, *Waves and Fields in Inhomogeneous Media*. New York: Van Nostrand Reinhold (1990).

[5] C. J. Bouwkamp and H. B. G. Casimir, "On multipole expansions in the theory of electromagnetic radiation," *Physica* **20**, 539 - 554 (1954).

[6] H. S. Green and E. Wolf, "A scalar representation of electromagnetic fields," *Proc. Phys. Soc. A* **66**, 1129 - 1137 (1953).

[7] M. Born and E. Wolf, *Principles of Optics*, 6th edn. Oxford: Pergamon (1970).

[8] J. D. Jackson, *Classical Electrodynamics*, 2nd edn. New York: Wiley (1975).

[9] G. H. Golub and C. F. van Loan, *Matrix Computations*. Baltimore, MA: Johns Hopkins University Press (1989).

[10] L. Novotny, D. W. Pohl, and P. Regli, "Light propagation through nanometer-sized structures: the two-dimensional-aperture scanning near-field optical microscope," *J. Opt. Soc. Am. A* **11**, 1768 - 1779 (1994).

[11] B. T. Draine and P. J. Flatau, "Discrete-dipole approximation for scattering calculations," *J. Opt. Soc. Am. A* **11**, 1491 - 1499 (1994).

[12] M. A. Taubenblatt and T. K. Tran, "Calculation of light scattering from particles and structures on a surface by the coupled dipole method," *J. Opt. Soc. Am. A* **10**, 912 - 919 (1993).

[13] R. F. Harrington, *Field Computation by Moment Methods*. Piscataway, NJ: IEEE Press (1992).

[14] R. Carminati and J. J. Greffet, "Influence of dielectric contrast and topography on the near field scattered by an inhomogeneous surface," *J. Opt. Soc. Am. A* **12**, 2716 - 2725 (1995).

[15] O. J. F. Martin, A. Dereux, and C. Girard, "Iterative scheme for computing exactly the total field propagating in dielectric structures of arbitrary shape," *J. Opt. Soc. Am. A* **11**, 1073 - 1080 (1994).

[16] G. H. Goedecke and S. G. O'Brien, "Scattering by irregular inhomogeneous particles via the digitized Green's function algorithm," *Appl. Opt.* **27**, 2431 - 2438 (1989).

[17] M. F. Iskander, H. Y. Chen, and J. E. Penner, "Optical scattering and absorption by branched chains of aerosols," *Appl. Opt.* **28**, 3083 - 3091 (1989).

[18] J. I. Hage and M. Greenberg, "A model for the optical properties of porous grains,"*Astrophys. J.* **361**, 251 - 259 (1990).

[19] A. Lakhtakia, "Macroscopic theory of the coupled dipole approximation method," *J. Mod. Phys. C* **3**, 583 - 603 (1992).

[20] A. D. Yaghjian, "Electric dyadic Green's functions in the source region," *Proc. IEEE* **68**, 248 - 263 (1980).

[21] J. van Bladel, "Some remarks on Green's dyadic for infinite space," *IRE Trans. Antennas Propag.* **9**, 563 - 566 (1961).

[22] B. T. Draine, "The discrete-dipole approximation and its application to interstellar graphite grains," *Astrophys. J.* **333**, 848 - 872 (1988).

[23] A. Lakhtakia, "Macroscopic theory of the coupled dipole approximation method," *Opt. Commun.* **79**, 1 - 5 (1990).

[24] E. N. Economou, *Green's Functions in Quantum Physics*, 2nd edn. Berlin: Springer-Verlag (1990).

[25] O. J. F. Martin, C. Girard, and A. Dereux, "Generalized field propagator for electromagnetic scattering and light confinement," *Phys. Rev. Lett.* **74**, 526 - 529 (1995).

[26] P. S. Carney and J. C. Schotland, "Inverse scattering for near-field optics," *Appl. Phys. Lett.* **77**, 2798 - 2800 (2000).

[27] P. S. Carney and J. C. Schotland, "Near-field tomography," in *Inside Out: Inverse Problems*, ed. G. Uhlman. Cambridge: Cambridge University Press, pp. 133 - 168 (2003).

附录 A 原子极化率的半解析推导

本附录的目的是利用偶极子近似推导两能级量子系统的线性极化率. 量子系统可能是一个原子、一个分子或者一个量子点. 为简单起见,我们把系统定义为一个原子. 一旦原子极化率已知,在很多的应用中我们就可以用经典方法处理原子与辐射场之间的相互作用. 我们无法推导出一个极化率的通用有效解析式. 相反,我们需要去区分几种依赖于原子与场的相关光谱特性的近似表达式. 两个最重要的情况是失谐和近共振激发. 在前面的情况中,原子大多处于基态,而在后面的情况中激发能级饱和变得显著.

按照量子力学,N 个粒子组成的系统可以用一个波函数描述:

$$\Psi(\boldsymbol{r},t) = \Psi(\boldsymbol{r}_1,\cdots,\boldsymbol{r}_N,t), \tag{A.1}$$

其中 $\boldsymbol{r}_i$ 代表粒子 i 的空间坐标而 t 代表时间变量. 为了使记号更加简洁,全部粒子坐标的集合用包含自旋的一个 $\boldsymbol{r}$ 来表示. 然而,需要牢记对 $\boldsymbol{r}$ 的操作就是对全体粒子坐标 $\boldsymbol{r}_1,\cdots,\boldsymbol{r}_N$ 的操作. 波函数 Ψ 是 Schrödinger 方程

$$\hat{H}\Psi(\boldsymbol{r},t) = \mathrm{i}\hbar\frac{\mathrm{d}}{\mathrm{d}t}\Psi(\boldsymbol{r},t) \tag{A.2}$$

的解,其中 $\hat{H}$ 代表哈密顿算符,也可以称为哈密顿量. 它的形式依赖于所考虑系统的细节.

对于一个无外部微扰的孤立原子,哈密顿量是与时间无关的,一般形式为

$$\hat{H}_0 = \sum_{i,j}\left[-\frac{\hbar^2}{2m_i}\nabla_i^2 + V(\boldsymbol{r}_i,\boldsymbol{r}_j)\right]. \tag{A.3}$$

上式中的求和包含了系统中的所有粒子. ∇_i的下标表示对坐标 $\boldsymbol{r}_i$的操作. $V(\boldsymbol{r}_i, \boldsymbol{r}_j)$ 是第 i 个粒子与第 j 个粒子间相互作用的势能. 一般来说,V 来自全部四种已知的基本相互作用,即强相互作用、电磁相互作用、弱相互作用和引力相互作用. 电磁贡献对于电子的行为是很重要的,而静电势在电磁相互作用里占主导地位. 由于质量比电子大得多,原子核要比电子运动得慢很多. 这使得电子几乎同步地跟随原子核运动. 对于一个电子来说,原子核可以认为是静止的. 这就是 Born-Oppenheimer 近似的本质,它允许我们把原子核波函数与电子波函数分离开来. 因此我们考虑总电荷为 qZ 的原子核,Z 是原子序数. 我们假定原子核位于坐标原点($\boldsymbol{r} = 0$),被 Z 个电荷为$-q$ 的电子包围. 我们可以把(A.3)式中的下标 i 限制为只计入电子的坐标. 在不含时哈密顿函数中,我们可以把对 t 和 $\boldsymbol{r}$ 的依赖进行分离:

$$\Psi(\boldsymbol{r},t)=\sum_{n=1}^{\infty}\mathrm{e}^{-(\mathrm{i}/\hbar)E_n t}\varphi_n(\boldsymbol{r}).\tag{A.4}$$

把这个波函数代入(A.2)式中,利用$\hat{H}=\hat{H}_0$可以得到能量本征方程(不含时Schrödinger方程):

$$\hat{H}_0\varphi_n(\boldsymbol{r})=E_n\varphi_n(\boldsymbol{r}),\tag{A.5}$$

其中E_n是定态$|n\rangle$的能量本征值.接下来我们将我们只考察两能级原子($n=1,2$)情形,此时有两个定态波函数

$$\begin{aligned}\Psi_1(\boldsymbol{r},t)&=\mathrm{e}^{-(\mathrm{i}/\hbar)E_1 t}\varphi_1(\boldsymbol{r}),\\ \Psi_2(\boldsymbol{r},t)&=\mathrm{e}^{-(\mathrm{i}/\hbar)E_2 t}\varphi_2(\boldsymbol{r}).\end{aligned}\tag{A.6}$$

下一步,我们把原子系统暴露在辐射场中.系统经受外部的含时微扰后(用相互作用哈密顿量$\hat{H}'(t)$表示),我们就得到了总的哈密顿量:

$$\hat{H}=\hat{H}_0+\hat{H}'(t),\tag{A.7}$$

其中$\hat{H}_0$代表符合(A.5)式的无微扰系统.一个原子的尺寸大概是Bohr半径的两倍,$a_{\mathrm{B}}\approx0.05\ \mathrm{nm}$.由于$a_{\mathrm{B}}\ll\lambda$($\lambda$是辐射场的波长),我们可以假定电场$\boldsymbol{E}$在原子系统的尺度范围内是恒定的.如是时谐场,可以写为下列形式:

$$\boldsymbol{E}(\boldsymbol{r},t)=\mathrm{Re}\{\boldsymbol{E}(\boldsymbol{r})\mathrm{e}^{-\mathrm{i}\omega t}\}\approx\boldsymbol{E}_0\cos(\omega t),\tag{A.8}$$

其中我们设定场的相位为0,相应地我们选择复数场振幅为实数.系统中的每一个电子受到同样的场强$\boldsymbol{E}_0$作用且有一样的时间依赖$\cos(\omega t)$.利用原子的总电偶极矩

$$\hat{\boldsymbol{p}}_{\mathrm{a}}(\boldsymbol{r})=\hat{\boldsymbol{p}}_{\mathrm{a}}(\boldsymbol{r}_1,\cdots,\boldsymbol{r}_Z)=q\sum_{i=1}^{Z}\hat{\boldsymbol{r}}_i,\tag{A.9}$$

我们在偶极子近似中得到相互作用哈密顿量为

$$\hat{H}'=-\hat{\boldsymbol{p}}_{\mathrm{a}}(\boldsymbol{r})\cdot\boldsymbol{E}_0\cos(\omega t).\tag{A.10}$$

偶极子相互作用哈密顿量是实数并且是奇宇称的.例如,如果对全部$\hat{\boldsymbol{r}}_i$进行$\hat{\boldsymbol{r}}_i\to-\hat{\boldsymbol{r}}_i$的反射操作,$\hat{H}'$就会改变符号.

为了求解微扰系统的Schrödinger方程(A.2),我们对(A.6)式中的定态原子波函数做了含时叠加

$$\Psi(\boldsymbol{r},t)=c_1(t)\Psi_1(\boldsymbol{r},t)+c_2(t)\Psi_2(\boldsymbol{r},t).\tag{A.11}$$

我们选择了满足归一化条件$\langle\Psi|\Psi\rangle=\int\Psi*\Psi\mathrm{d}V=|c_1|^2+|c_2|^2=1$的含时系数$c_1$和$c_2$.为了简明,我们将不再写出波函数的自变量.把这个波函数代入(A.2)式,重排各项并利用(A.3)和(A.6)式,我们就能得到

$$\hat{H}'(c_1\Psi_1+c_2\Psi_2)=\mathrm{i}\hbar[\Psi_1\dot{c}_1+\Psi_2\dot{c}_2],\tag{A.12}$$

其中的点表示对时间求微分. 应该注意到 Ψ 和 φ 的自变量分别是$(\boldsymbol{r},t)$和$(\boldsymbol{r})$. 为了去掉空间依赖,我们在(A.12)式的两边都左乘 Ψ_1^*,代入(A.6)式中关于波函数的表达式并对全空间进行积分. 用 Ψ_2^* 代替 Ψ_1^* 并重复以上过程,我们得到了一组含时耦合微分方程组:

$$\dot{c}_1(t) = c_2(t)(\mathrm{i}/\hbar)\boldsymbol{p}_{12}\cdot\boldsymbol{E}_0\cos(\omega t)\mathrm{e}^{-(\mathrm{i}/\hbar)(E_2-E_1)t}, \tag{A.13}$$

$$\dot{c}_2(t) = c_1(t)(\mathrm{i}/\hbar)\boldsymbol{p}_{21}\cdot\boldsymbol{E}_0\cos(\omega t)\mathrm{e}^{+(\mathrm{i}/\hbar)(E_2-E_1)t}. \tag{A.14}$$

我们之前已经介绍过$|i\rangle$态和$|j\rangle$态之间的偶极子矩阵元的定义:

$$\boldsymbol{p}_{ij} = \langle i\mid\hat{\boldsymbol{p}}_a\mid j\rangle = \int\varphi_i^*(\boldsymbol{r})\,\hat{\boldsymbol{p}}_a(\boldsymbol{r})\varphi_j(\boldsymbol{r})\mathrm{d}V. \tag{A.15}$$

必须再次强调,上式中的积分是对全部电子坐标$(\boldsymbol{r}=\boldsymbol{r}_1,\cdots,\boldsymbol{r}_Z)$的积分. 在(A.13)式和(A.14)式中我们用到了 $\boldsymbol{p}_{ii}=0$. 这是因为$\hat{H}'$是奇宇称,它使被积函数 $\boldsymbol{p}_{ii}$ 是 $\boldsymbol{r}$ 的奇函数. 在$(-\infty,0]$上进行积分得到的结果与在$[0,\infty)$上积分所得的结果符号相反. 对全空间进行积分,则两种贡献相互抵消. 因为$\hat{\boldsymbol{p}}_a$ 是 Hermite 算符,偶极子矩阵元满足 $\boldsymbol{p}_{12}=\boldsymbol{p}_{21}^*$. 然而,合理选择 φ_1 和 φ_2 本征函数的相位使偶极子矩阵元为实数,即

$$\boldsymbol{p}_{12} = \boldsymbol{p}_{21} \tag{A.16}$$

将会非常方便. 接下来,我们假设 $\Delta E=E_2-E_1>0$,并引入跃迁频率

$$\omega_0 = \Delta E/\hbar \tag{A.17}$$

以简化符号,态$|1\rangle$表示基态,而态$|2\rangle$表示激发态.

半经典理论给不出自发发射. 只有利用量子化辐射场才能够发现自发发射过程. 为了与量子电动力学相一致,我们不得不引入(A.14)式中的唯象阻尼项来解释自发发射效应. 耦合微分方程组有如下的形式

$$\begin{aligned}\dot{c}_1(t) &= c_2(t)(\mathrm{i}/\hbar)\boldsymbol{p}_{12}\cdot\boldsymbol{E}_0\cos(\omega t)\mathrm{e}^{-\mathrm{i}\omega_0 t},\\ \dot{c}_2(t)+\gamma/2c_2(t) &= c_1(t)(\mathrm{i}/\hbar)\boldsymbol{p}_{21}\cdot\boldsymbol{E}_0\cos(\omega t)\mathrm{e}^{+\mathrm{i}\omega_0 t}.\end{aligned} \tag{A.18}$$

阻尼项的引入断言激发态原子最终必然通过自发发射衰变到基态. 当没有辐射场时,$\boldsymbol{E}_0=0$. (A.18)式能够马上进行积分运算并得到

$$c_2(t) = c_2(0)\mathrm{e}^{-(\gamma/2)t}. \tag{A.19}$$

激发态的平均寿命 $\tau=1/\gamma$,γ 是自发衰变速率. 由于没有(A.18)式的直接解析解,我们需要找到不同类型激发态的近似解.

A.1 弱激发场下的定常态极化率

我们假定原子与辐射场之间的相互作用很弱. $c_1(t)$与 $c_2(t)$的解可以表示成 $\boldsymbol{p}_{21}\cdot E_0$的幂级数. 为了获得这个级数的一阶项,我们设定(A.18)式的右边的 $c_1(t)$

$=1,c_2(t)=0$. 一旦我们得到了一阶解,我们可以把它再次代入公式的右边以获得二阶解,如此反复. 但是,我们将只考虑一阶项. c_1 的解是 $c_1(t)=1$,这表明原子停留在基态. 这个解是零阶解,即 c_1 没有一阶解,下一个高阶项就是二阶项. 通过(A.19)式中的齐次解的叠加和特解可以求出 c_2 的一阶解. 特解可以通过把余弦项写成两个指数项的和而轻松地求出. 然后,我们就得到了 c_2 的一阶解

$$c_2(t)=\frac{\boldsymbol{p}_{21}\cdot\boldsymbol{E}_0}{2\hbar}\left[\frac{\mathrm{e}^{\mathrm{i}(\omega_0+\omega-\mathrm{i}\gamma/2)t}-1}{\omega_0+\omega-\mathrm{i}\gamma/2}+\frac{\mathrm{e}^{\mathrm{i}(\omega_0-\omega-\mathrm{i}\gamma/2)t}-1}{\omega_0-\omega-\mathrm{i}\gamma/2}\right]\mathrm{e}^{-(\gamma/2)t}. \quad (A.20)$$

我们对定常态行为的计算很感兴趣,定常态时原子已经受到了电场 $\boldsymbol{E}_0\cos(\omega t)$ 无限长时间的作用. 在这种情况下非齐次项消失,解只由齐次解给出.

定义偶极矩的期望值为

$$\boldsymbol{p}(t)=\langle\Psi\,|\,\hat{\boldsymbol{p}}_{\mathrm{a}}\,|\,\Psi\rangle=\int\Psi^*(\boldsymbol{r})\,\hat{\boldsymbol{p}}_{\mathrm{a}}(\boldsymbol{r})\Psi(\boldsymbol{r})\mathrm{d}V. \quad (A.21)$$

再次对全部坐标 $\boldsymbol{r}_i$ 积分,使用(A.11)式中的波函数,$\boldsymbol{p}$ 的表达式就变成

$$\boldsymbol{p}(t)=c_1^*c_2\boldsymbol{p}_{12}\mathrm{e}^{-\mathrm{i}\omega_0 t}+c_1c_2^*\boldsymbol{p}_{21}\mathrm{e}^{\mathrm{i}\omega_0 t}, \quad (A.22)$$

其中我们用到了(A.15)式的偶极子矩阵元的定义和 $\boldsymbol{p}_{ii}=0$. 运用 c_1 和 c_2 的一阶解,我们得到

$$\boldsymbol{p}(t)=\frac{\boldsymbol{p}_{12}[\boldsymbol{p}_{21}\cdot\boldsymbol{E}_0]}{2\hbar}\times\left[\frac{\mathrm{e}^{\mathrm{i}\omega t}}{\omega_0+\omega-\mathrm{i}\gamma/2}+\frac{\mathrm{e}^{-\mathrm{i}\omega t}}{\omega_0-\omega-\mathrm{i}\gamma/2}+\frac{\mathrm{e}^{-\mathrm{i}\omega t}}{\omega_0+\omega+\mathrm{i}\gamma/2}+\frac{\mathrm{e}^{\mathrm{i}\omega t}}{\omega_0-\omega+\mathrm{i}\gamma/2}\right]. \quad (A.23)$$

由于激发电场表达式是 $\boldsymbol{E}=(1/2)\boldsymbol{E}_0[\exp(\mathrm{i}\omega t)+\exp(-\mathrm{i}\omega t)]$,我们可以把上边的偶极矩重写为

$$\boldsymbol{p}(t)=\frac{1}{2}[\overleftrightarrow{\alpha}^*(\omega)\mathrm{e}^{\mathrm{i}\omega t}+\overleftrightarrow{\alpha}(\omega)\mathrm{e}^{-\mathrm{i}\omega t}]\boldsymbol{E}_0=\mathrm{Re}\{\overleftrightarrow{\alpha}(\omega)\mathrm{e}^{-\mathrm{i}\omega t}\}\boldsymbol{E}_0, \quad (A.24)$$

其中 $\overleftrightarrow{\alpha}$ 是原子极化率张量:

$$\overleftrightarrow{\alpha}(\omega)=\frac{\boldsymbol{p}_{12}\boldsymbol{p}_{21}}{\hbar}\left[\frac{1}{\omega_0-\omega-\mathrm{i}\gamma/2}+\frac{1}{\omega_0+\omega+\mathrm{i}\gamma/2}\right]. \quad (A.25)$$

$\boldsymbol{p}_{12}\boldsymbol{p}_{21}$ 表示(实数)跃迁偶极矩的并矢构成的矩阵. 用单分母的形式书写极化强度是很便利的. 进而,我们认识到阻尼项 γ 比 ω_0 小得多,这就使我们可以舍弃 γ^2 项. 最后,我们需要把这个结果推广到超过两个态的系统. 除了矩阵元不同,每个不同于基态的态都与我们之前的态 $|2\rangle$ 有相似的表现. 因此,每一个新能级的特征是固有频率 ω_n、阻尼项 γ_n 和跃迁偶极矩 $\boldsymbol{p}_{1n}$ 和 $\boldsymbol{p}_{n1}$. 这样,极化率可以采用以下形式:

$$\overleftrightarrow{\alpha}(\omega)=\sum_n\overleftrightarrow{f}_n\left[\frac{e^2/m}{\omega_n^2-\omega^2-\mathrm{i}\omega\gamma_n}\right],\quad \overleftrightarrow{f}_n=\frac{2m\omega_n}{e^2\hbar}\boldsymbol{p}_{1n}\boldsymbol{p}_{n1}, \quad (A.26)$$

其中$\overleftrightarrow{f}_n$就是所谓的振子强度①，e和m分别代表电子电荷与质量. 我们用(A.26)式的形式计算极化率是由于历史原因. 在量子力学出现以前，H. A. Lorentz 发展了一种原子极化率的经典模型，除了$\overleftrightarrow{f}_n$的表达式，与我们得到的结果是一致的. Lorentz 的模型包含了一个原子的电子谐振子的集合. 每个电子按照下面的运动方程响应驱动入射场：

$$\ddot{\boldsymbol{p}} + \gamma \dot{\boldsymbol{p}} + \omega_0^2 \boldsymbol{p} = (q^2/m)\overleftrightarrow{\boldsymbol{f}}\boldsymbol{E}(t). \tag{A.27}$$

在这个理论中，由于没有直接的途径去了解一个电子对于某个特定的原子模式有多少贡献，振子强度只是一个拟合参数. 另一方面，半经典理论把振子强度与跃迁偶极矩直接联系起来，进而也就与原子波函数联系起来. 进而，f求和规则告诉我们全部振子强度的和为 1.

如果激发场的能量接近于两个原子态之间的能量差$\Delta\boldsymbol{E}$，则(A.25)式中的第一项要比第二项大得多. 在这种情况下，我们可以舍弃第二项(旋波近似)，那么极化率的虚部就成了一个完美的 Lorentz 函数.

注意到这一点是重要的：在激发电场$\boldsymbol{E}$和感生偶极矩$\boldsymbol{p}$之间存在着线性关系. 因此，角频率ω的单色场会产生一个同样频率的谐振偶极子. 这样，我们就可以用复数记法表示$\boldsymbol{p}$和$\boldsymbol{E}$：

$$\boldsymbol{p} = \overleftrightarrow{\alpha}\boldsymbol{E}, \tag{A.28}$$

由此我们可以通过乘以$\exp(-\mathrm{i}\omega t)$并取其实部的简单操作得到$\boldsymbol{E}$和$\boldsymbol{p}$的时间依赖.

A.2 无阻尼近共振激发

在前面的章节中我们要求激发光束与原子之间的相互作用较弱并且大部分的原子停留在基态上. 如果我们考察一个能量$\hbar\omega$接近于两个原子态之间的能量差ΔE的激发场，这个条件就可以放松. 正如前面所说的那样，(A.18)式中的耦合微分方程没有直接的解析解. 然而，如果我们舍弃阻尼项γ并且辐射场的能量接近于激发态和基态之间的能量差，即

$$|\hbar\omega - \Delta E| \ll \hbar\omega + \Delta E \tag{A.29}$$

的话，就可以得到一个非常精确的解. 在这种情况下，我们采用所谓的旋波近似. 在重写(A.18)式中的余弦函数为指数形式后，指数带有$(\hbar\omega \pm \Delta E)$. 在旋波近似中我们只保留$(\hbar\omega - \Delta E)$项，因为它们起主导作用. (A.18)式变为②

① 对于所有偏振的平均使振子强度约化为一个带有额外 1/3 因子的标量.

② 我们依然选择使偶极子跃迁矩阵元为实数的原子波函数相位.

$$\frac{\mathrm{i}}{2}\omega_{\mathrm{R}}\mathrm{e}^{-\mathrm{i}(\omega_0-\omega)t}c_2(t)=\dot{c}_1(t),\tag{A.30}$$

$$\frac{\mathrm{i}}{2}\omega_{\mathrm{R}}\mathrm{e}^{\mathrm{i}(\omega_0-\omega)t}c_1(t)=\dot{c}_2(t),\tag{A.31}$$

其中我们引入了 Rabi 频率 ω_{R}，并把它定义为

$$\omega_{\mathrm{R}}=\frac{|\boldsymbol{p}_{12}\cdot\boldsymbol{E}_0|}{\hbar}=\frac{|\boldsymbol{p}_{21}\cdot\boldsymbol{E}_0|}{\hbar}.\tag{A.32}$$

ω_{R} 是时变外场强度的测量值. 把试探解 $c_1(t)=\exp(\mathrm{i}\kappa t)$ 代入第一个等式(A.30)中，我们得到了 $c_2(t)=(2\kappa/\omega_{\mathrm{R}})\exp(\mathrm{i}[\omega_0-\omega+\kappa]t)$. 把 c_1 和 c_2 都代入第二个等式(A.31)中，我们得到一个关于参数 κ 的二次方程，并可以得到两个解 κ_1 和 κ_2. 振幅 c_1 和 c_2 的通解可以写成

$$c_1(t)=A\mathrm{e}^{\mathrm{i}\kappa_1 t}+B\mathrm{e}^{\mathrm{i}\kappa_2 t},\tag{A.33}$$

$$c_2(t)=(2/\omega_{\mathrm{R}})\mathrm{e}^{\mathrm{i}(\omega_0-\omega)t}[A\kappa_1\mathrm{e}^{\mathrm{i}\kappa_1 t}+B\kappa_2\mathrm{e}^{\mathrm{i}\kappa_2 t}].\tag{A.34}$$

为了确定常数 A 和 B，我们需要边界条件. 原子系统处于激发态 $|2\rangle$ 的概率是 $|c_2|^2$. 类似地，原子系统处于基态 $|1\rangle$ 的概率是 $|c_1|^2$. 利用原子最初处于基态的边界条件

$$\begin{aligned}|c_1(t=0)|^2&=1,\\|c_2(t=0)|^2&=0,\end{aligned}\tag{A.35}$$

未知的常数 A 和 B 就可以确定下来. 利用 κ_1，κ_2，A 和 B 的表达式，我们最后得到

$$c_1(t)=\mathrm{e}^{-(\mathrm{i}/2)(\omega_0-\omega)t}\left[\cos(\Omega t/2)-\frac{\mathrm{i}(\omega-\omega_0)}{\Omega}\sin(\Omega t/2)\right],\tag{A.36}$$

$$c_2(t)=\frac{\mathrm{i}\omega_{\mathrm{R}}}{\Omega}\mathrm{e}^{(\mathrm{i}/2)(\omega_0-\omega)t}\sin(\Omega t/2),\tag{A.37}$$

其中 Ω 代表 Rabi 翻转频率，定义为

$$\Omega=\sqrt{(\omega_0-\omega)^2+\omega_{\mathrm{R}}^2}.\tag{A.38}$$

可以很容易地知道 $|c_1|^2+|c_2|^2=1$. 原子处于激发态的概率为

$$|c_2(t)|^2=\omega_{\mathrm{R}}^2\frac{\sin^2(\Omega t/2)}{\Omega^2}.\tag{A.39}$$

跃迁概率是时间的周期函数. 系统在能级 E_1 和 E_2 之间以 $\Omega/2$ 的频率振荡，这依赖于失谐 $\omega_0-\omega$ 与用 ω_{R} 表示的场强. 如果 ω_{R} 很小，就可以得到 $\Omega\approx\omega_0-\omega$，在没有阻尼时，就与之前章节得出的结果一致.

偶极矩的期望值可以通过(A.21)式和(A.22)式得到. 代入 c_1 和 c_2 的解并利用(A.16)式，我们得到

$$\boldsymbol{p}(t)=\boldsymbol{p}_{12}\frac{\omega_{\mathrm{R}}}{\Omega}\left[\frac{\omega-\omega_0}{\Omega}[1-\cos(\Omega t)]\cos(\omega t)+\sin(\Omega t)\sin(\omega t)\right].\tag{A.40}$$

我们知道感生偶极矩按照辐射场的频率振荡. 然而，它并不是即时跟随驱动场：它

包含同相和正交分量.我们用复数形式写出 $\boldsymbol{p}$:

$$\boldsymbol{p}(t)=\mathrm{Re}\{\boldsymbol{p}\mathrm{e}^{-\mathrm{i}\omega t}\}. \tag{A.41}$$

我们便得到了复数偶极矩

$$\boldsymbol{p}=\boldsymbol{p}_{12}\frac{\omega_{\mathrm{R}}}{\Omega}\left[\frac{\omega-\omega_0}{\Omega}[1-\cos(\Omega t)]+\mathrm{i}\sin(\Omega t)\right]. \tag{A.42}$$

为了确定原子极化率,定义 $\boldsymbol{p}$ 为

$$\boldsymbol{p}=\overleftrightarrow{\alpha}\boldsymbol{E}. \tag{A.43}$$

我们不得不把 Rabi 频率 ω_{R} 用其(A.32)式中的定义表示出来,得到

$$\overleftrightarrow{\alpha}(\omega)=\frac{\boldsymbol{p}_{12}\boldsymbol{p}_{21}}{\hbar}\left[\frac{\omega-\omega_0}{\Omega}[1-\cos(\Omega t)]+\mathrm{i}\sin(\Omega t)\right]. \tag{A.44}$$

极化率最引人注目的特性是它依赖于场强(通过 ω_{R})和时间.这与前面章节中导出的极化率是不同的.在当前的情况下,时间行为被 Rabi 翻转频率 Ω 决定.实际情况中,因为阻尼项 γ 的缘故,时间依赖在几十个纳秒内消失,这在当前的推导中被忽略了.在精确共振($\omega=\omega_0$)的情况下,极化率削弱为 $\omega_{\mathrm{R}}t$ 的正弦函数.这种振荡要比光学场的振荡慢得多.由于弱相互作用 ω_{R} 很小,极化率成为 t 的线性函数.

A.3 有阻尼近共振激发

阻尼项 γ 导致前面章节推导出的纯振荡解衰减.经过足够长的时间以后,系统会弛豫到基态.只要解出 $c_1c_2^*$,就足以计算定常态行为.$c_1c_2^*$ 与它的复共轭共同确定了偶极矩的期望值(见(A.22)式).定常态中,原子处于激发态的概率与时间无关,即

$$\frac{\mathrm{d}}{\mathrm{d}t}[c_2c_2^*]=0 \quad (\text{定常态}). \tag{A.45}$$

此外,在旋波近似中,可以预计非对角矩阵元 $c_1c_2^*$ 的时间依赖将只由因子 $\exp[-\mathrm{i}(\omega_0-\omega)t]$ 定义,因而

$$\frac{\mathrm{d}}{\mathrm{d}t}[c_1c_2^*]=-\mathrm{i}(\omega_0-\omega)[c_1c_2^*] \quad (\text{定常态}), \tag{A.46}$$

$c_2c_1^*$ 也有类似等式.利用

$$\frac{\mathrm{d}}{\mathrm{d}t}[c_ic_j^*]=c_i\dot{c}_j^*+c_j^*\dot{c}_i, \tag{A.47}$$

代入(A.18)式,使用旋波近似并利用上述定常态条件,我们得到

$$\omega_{\mathrm{R}}\exp[-\mathrm{i}(\omega_0-\omega)t][c_2c_1^*]-\omega_{\mathrm{R}}^*\exp[\mathrm{i}(\omega_0-\omega)t][c_1c_2^*]-2\mathrm{i}\gamma[c_2c_2^*]=0, \tag{A.48}$$

$$\omega_{\mathrm{R}}([c_1c_1^*]-[c_2c_2^*])-[2(\omega_0-\omega)+\mathrm{i}\gamma]\exp[\mathrm{i}(\omega_0-\omega)t][c_1c_2^*]=0, \tag{A.49}$$

$$\omega_R([c_1c_1^*]-[c_2c_2^*])-[2(\omega_0-\omega)-\mathrm{i}\gamma]\exp[\mathrm{i}(\omega_0-\omega)t][c_2c_1^*]=0. \tag{A.50}$$

由这一组方程可以解得

$$[c_1c_2^*]=\mathrm{e}^{-\mathrm{i}(\omega_0-\omega)t}\frac{\frac{1}{2}\omega_R\left(\omega_0-\omega-\frac{\mathrm{i}\gamma}{2}\right)}{(\omega_0-\omega)^2+\frac{\gamma^2}{4}+\frac{1}{2}\omega_R^2}, \tag{A.51}$$

$[c_2c_1^*]$有复共轭解. 利用(A.22)式可以计算出偶极矩的期望值. 近共振激发的原子极化率的定常态解可以求出为

$$\overleftrightarrow{\alpha}(\omega)=\frac{\boldsymbol{p}_{12}\boldsymbol{p}_{21}}{\hbar}\frac{\omega_0-\omega+\frac{\mathrm{i}\gamma}{2}}{(\omega_0-\omega)^2+\frac{\gamma^2}{4}+\frac{1}{2}\omega_R^2}. \tag{A.52}$$

与非共振情况最显著的不同是在分母中存在 ω_R^2 项. 这一项计入了激发态的饱和度,因而降低了吸收率并使线宽从 γ 增加到$(\gamma+2\omega_R^2)^{1/2}$,这也被称为饱和展宽. 因此,阻尼常数变得与作用电场强度有关. 如果 $\omega_R\to 0$,极化率降低为

$$\overleftrightarrow{\alpha}(\omega)=\frac{\boldsymbol{p}_{12}\boldsymbol{p}_{21}}{\hbar}\frac{1}{\omega_0-\omega-\mathrm{i}\gamma/2}, \tag{A.53}$$

与(A.25)式中的旋波项是相同的.

一旦能级 E_1,E_2 和偶极子矩阵元 $\boldsymbol{p}_{12}$ 已知,极化率就可以计算出来. $\boldsymbol{p}_{12}$ 是(A.15)式里通过波函数 φ_1 和 φ_2 定义的. 因而,为了确定能级和偶极子矩阵元的精确解,有必要解出考察的量子系统的能量本征方程(A.5). 然而,(A.5)式只有在往往限制为两个相互作用粒子的简单系统中才能解析求解. 超过两个相互作用粒子的系统需要用近似的方法处理,比如 Hartree-Fock 方法或数值法.

附录 B　弱耦合情况的自发发射

在本附录中，我们利用量子电动力学（QED）推导原子系统的归一化自发衰变速率. 我们的分析基于文献[1]. 在下文中，我们专注于弱耦合情况. B.1 节讲述了利用 QED 和 Weisskopf-Wigner 近似[2,3]推导自由空间中的衰变常数. B.2 节专注于利用 Heisenberg 绘景[1]计算线性非均匀介质中的自发发射衰变常数，这清晰地呈现了经典理论与 QED 之间的联系.

B.1　Weisskopf-Wigner 理论

我们考察一个与无限多场模式相互作用的两能级原子. 每个模式的特征包括它的偏振和波矢 $\boldsymbol{k}$. 这个原子-场系统用 Jaynes-Cummings 哈密顿量

$$\hat{H}=\hbar\omega_0|e\rangle\langle e|+\sum_{\boldsymbol{k}}\hbar\omega_{\boldsymbol{k}}\hat{a}_{\boldsymbol{k}}^{\dagger}\hat{a}_{\boldsymbol{k}}-\sum_{\boldsymbol{k}}\hbar g_{\boldsymbol{k}}[\hat{a}_{\boldsymbol{k}}|e\rangle\langle g|+\hat{a}_{\boldsymbol{k}}^{\dagger}|g\rangle\langle e|] \quad (\text{B.1})$$

描述[4]，这里 $|e\rangle$（$|g\rangle$）是原子的激发态（基态）. $\hat{a}_{\boldsymbol{k}}$ 和 $\hat{a}_{\boldsymbol{k}}^{\dagger}$ 是 $\boldsymbol{k}$ 模式①的湮没与产生算符，原子-场耦合强度 $g_{\boldsymbol{k}}$ 定义为

$$g_{\boldsymbol{k}}=\sqrt{\frac{\omega_{\boldsymbol{k}}}{2\varepsilon_0\hbar V}}\hat{\boldsymbol{\varepsilon}}_{\boldsymbol{k}}\cdot\langle g|\hat{\boldsymbol{p}}|e\rangle, \quad (\text{B.2})$$

其中 V 是体积，$\hat{\boldsymbol{\varepsilon}}_{\boldsymbol{k}}$ 是电场模式 $\boldsymbol{E}_{\boldsymbol{k}}$ 方向上的单位矢量，$\hat{\boldsymbol{p}}$ 是偶极矩算符.

我们假定 $t=0$ 时原子处于激发态并且无光子存在，则初态为 $|e,0\rangle$，e 表示激发态而 0 表示初始时刻光子数量. 在接下来的任意 t 时刻，系统的态 $|\Psi(t)\rangle$ 可以展开为

$$|\psi(t)\rangle=C_0^{\text{e}}(t)\text{e}^{-\text{i}\omega_0 t}|e,0\rangle+\sum_{\boldsymbol{k}}C_{1\boldsymbol{k}}^{\text{g}}(t)\text{e}^{-\text{i}\omega_{\boldsymbol{k}}t}|g,1_{\boldsymbol{k}}\rangle, \quad (\text{B.3})$$

其中的各个 C 是含时展开系数. 在态 $|g,1_{\boldsymbol{k}}\rangle$，原子处于基态并且一个模式 $\boldsymbol{k}$ 的光子被发射. 把(B.3)式代入 Schrödinger 方程，我们得到

$$\frac{\text{d}C_0^{\text{e}}}{\text{d}t}=-\sum_{\boldsymbol{k}}|g_{\boldsymbol{k}}|^2\int_0^t C_0^{\text{e}}(t_1)\text{e}^{-\text{i}(\omega_{\boldsymbol{k}}-\omega_0)(t-t_1)}\text{d}t_1. \quad (\text{B.4})$$

在大体积极限，即 $V\to\infty$ 下，(B.4)式的求和可以做替换

$$\sum_{\boldsymbol{k}}\longrightarrow 2\frac{V}{(2\pi)^3}\int_0^{2\pi}\text{d}\phi\int_0^{\pi}\text{d}\theta\sin\theta\int_0^{\infty}\text{d}kk^2, \quad (\text{B.5})$$

---

① 我们用缩写指标 $\boldsymbol{k}$ 同时表示 $\boldsymbol{k}$ 矢量和偏振状态. 每个 $\boldsymbol{k}$ 矢量对应两个线性独立的偏振状态.

其中因子 2 源于与 $\boldsymbol{k}$ 矢量相关的两个偏振态的求和. 假定偶极子沿着 z 轴方向,即 $\boldsymbol{p}=\langle g|\hat{\boldsymbol{p}}|e\rangle=p\,\hat{\boldsymbol{n}}_z$,则原子-场耦合强度变为

$$|g_{\boldsymbol{k}}|^2=\frac{\omega_{\boldsymbol{k}}}{2\varepsilon_0\hbar V}p^2\cos^2\theta. \tag{B.6}$$

在求解完角度积分后,(B.4)式简化为

$$\frac{\mathrm{d}C_0^{\mathrm{e}}}{\mathrm{d}t}=-\frac{p^2}{6\pi^2\varepsilon_0\hbar c^3}\int_0^{\infty}\omega_{\boldsymbol{k}}^3\int_0^t C_0^{\mathrm{e}}(t_1)\mathrm{e}^{-\mathrm{i}(\omega_{\boldsymbol{k}}-\omega_0)(t-t_1)}\mathrm{d}t_1\mathrm{d}\omega_{\boldsymbol{k}}. \tag{B.7}$$

到目前为止,推导是精确的. 我们现在利用 Weisskopf-Wigner 近似来解(B.7)式. 这个近似含有两个假定:(1) 场模式的谱很宽,(2) 系数 C_0^{e} 随时间的变化很慢. 因此,时间 $t_1\ll t$ 时,被积函数振荡得非常快,对于积分值没有显著贡献. 对积分贡献最大是在时间 $t_1\approx t$ 时. 因而,我们在实际时间 t 对 $C_0^{\mathrm{e}}(t_1)$ 求值并把它移到积分之外. 在这个极限条件下,原子衰变成为一个无记忆过程(Markov 过程). 由于在时间 $t_1\gg t$ 时对积分没有显著贡献,计算剩余积分时,我们把积分上限扩展到无穷大. (B.7)式可以简化为

$$\frac{\mathrm{d}C_0^{\mathrm{e}}}{\mathrm{d}t}=-\frac{p^2}{6\pi^2\varepsilon_0\hbar c^3}C_0^{\mathrm{e}}(t)\int_0^{\infty}\omega_{\boldsymbol{k}}^3\int_0^{\infty}\mathrm{e}^{-\mathrm{i}(\omega_{\boldsymbol{k}}-\omega_0)(t-t_1)}\mathrm{d}t_1\mathrm{d}\omega_{\boldsymbol{k}}. \tag{B.8}$$

现在积分可以解析地积出,得到

$$\frac{\mathrm{d}C_0^{\mathrm{e}}}{\mathrm{d}t}=-\left(\frac{\gamma_0}{2}+\mathrm{i}\Delta\omega\right)C_0^{\mathrm{e}}(t). \tag{B.9}$$

这里,γ_0是自由空间衰变常数:

$$\gamma_0=\frac{\omega_0^3p^2}{3\pi\varepsilon_0\hbar c^3}=\frac{\pi\omega_0p^2}{3\varepsilon_0\hbar}\rho(\omega_0), \tag{B.10}$$

其中 $\rho(\omega_0)$是模式的电磁密度,(B.9)式的第二项是 Lamb 移位:

$$\Delta\omega=\frac{1}{4\pi\varepsilon_0}\frac{p^2}{3\pi\hbar c^3}\mathrm{P}\left\{\int\frac{\omega_{\boldsymbol{k}}^3}{\omega_{\boldsymbol{k}}-\omega_0}\mathrm{d}\omega_{\boldsymbol{k}}\right\}, \tag{B.11}$$

其中 P 表示积分的主值. 由于积分发散,引入一个由 $\hbar\omega_{\mathrm{f}}=2m_{\mathrm{e}}c^2$(“对”产生的能量)确定的截止频率 ω_{f}是非常必要的. 通过这个修正,Lamb 移位在几个 GHz 的范围内,这与光跃迁频率相比是非常小的值.

B.2 非均匀环境

我们应用 QED 推导具有无耗介电常数 $\varepsilon(\boldsymbol{r})$的均匀介质中的原子系统的自发衰变速率. 我们考虑满足广义 Coulomb 规范 $\nabla\cdot[\varepsilon(\boldsymbol{r})\hat{\boldsymbol{A}}]=0$ 的矢势算符 $\hat{\boldsymbol{A}}(\boldsymbol{r},t)$. 按照文献[5],横向矢势可以展开为正交模式 $\boldsymbol{a}_k$的完全集:

$$\hat{\boldsymbol{A}}(\boldsymbol{r},t)=\hat{\boldsymbol{A}}^{+}(\boldsymbol{r},t)+\hat{\boldsymbol{A}}^{-}(\boldsymbol{r},t), \tag{B.12}$$

$$\hat{\boldsymbol{A}}^{-}(\boldsymbol{r},t)=\sum_{\boldsymbol{k}}\sqrt{\hbar/(2\varepsilon_0\omega_{\boldsymbol{k}}V)}\,\hat{a}_{\boldsymbol{k}}(t)\boldsymbol{a}_{\boldsymbol{k}}(\boldsymbol{r}),\tag{B.13}$$

$$\hat{\boldsymbol{A}}^{+}(\boldsymbol{r},t)=\sum_{\boldsymbol{k}}\sqrt{\hbar/(2\varepsilon_0\omega_{\boldsymbol{k}}V)}\,\hat{a}_{\boldsymbol{k}}^{\dagger}(t)\boldsymbol{a}_{\boldsymbol{k}}^{*}(\boldsymbol{r}).\tag{B.14}$$

这里 $\hat{\boldsymbol{A}}^{-}$ 和 $\hat{\boldsymbol{A}}^{+}$ 分别包含负频和正频成分. 简正模满足 Helmholtz 方程

$$\nabla\times\nabla\times\boldsymbol{a}_{\boldsymbol{k}}(\boldsymbol{r})+\varepsilon_0\varepsilon(\boldsymbol{r})\frac{\omega_{\boldsymbol{k}}^{2}}{c^{2}}\boldsymbol{a}_{\boldsymbol{k}}(\boldsymbol{r})=\boldsymbol{0},\tag{B.15}$$

并且他们组成了一个正交完全集,记为

$$\int\varepsilon(\boldsymbol{r})\boldsymbol{a}_{\boldsymbol{k}'}(\boldsymbol{r})\cdot\boldsymbol{a}_{\boldsymbol{k}}^{*}(\boldsymbol{r})\mathrm{d}^{3}\boldsymbol{r}=\delta_{\boldsymbol{k}\boldsymbol{k}'},\tag{B.16}$$

$$\int\boldsymbol{a}_{\boldsymbol{k}}^{*}(\boldsymbol{r}')\boldsymbol{a}_{\boldsymbol{k}}(\boldsymbol{r})\mathrm{d}^{3}\boldsymbol{k}=\overleftrightarrow{\delta}_{\perp}(\boldsymbol{r}'-\boldsymbol{r}).\tag{B.17}$$

我们现在用电子动量算符 $\hat{\boldsymbol{p}}_m$ 和矢势算符 $\hat{\boldsymbol{A}}$ 写出哈密顿量(参考(B.1)式)中的相互作用项:

$$\hat{H}_{\mathrm{int}}=-\hat{\boldsymbol{p}}_{\mathrm{m}}\cdot\hat{\boldsymbol{A}}=\sum_{\boldsymbol{k}}\hbar[\kappa_{\boldsymbol{k}}^{*}\,\hat{a}_{\boldsymbol{k}}^{\dagger}\,|g\rangle\langle e|+\kappa_{\boldsymbol{k}}\,\hat{a}_{\boldsymbol{k}}\,|e\rangle\langle g|],\tag{B.18}$$

其中 $\kappa_{\boldsymbol{k}}$ 表示耦合常数,定义为

$$\kappa_{\boldsymbol{k}}=-\frac{e}{\hbar m}\sqrt{\hbar/(2\varepsilon_0\omega_{\boldsymbol{k}}V)}\,\boldsymbol{p}_{12}\cdot\boldsymbol{a}_{\boldsymbol{k}}(\boldsymbol{r}_0),\tag{B.19}$$

$\boldsymbol{p}_{12}$ 是矩阵元 $\langle g|\hat{\boldsymbol{p}}_{\mathrm{m}}|e\rangle$.

在 QED 中,自发衰变源于场的真空涨落. 这些涨落产生了源电流密度,其算符记为 $\hat{\boldsymbol{J}}$. $\hat{\boldsymbol{J}}$ 的频率关联可以计算出来:

$$\langle\hat{\boldsymbol{J}}_{\omega'}^{+}(\boldsymbol{r}')\,\hat{\boldsymbol{J}}_{\omega}^{-}(\boldsymbol{r})\rangle=\frac{e^{2}}{m^{2}}\boldsymbol{p}_{12}\boldsymbol{p}_{12}\delta(\omega-\omega')\delta(\omega-\omega_0)\delta(\boldsymbol{r}-\boldsymbol{r}')\delta(\boldsymbol{r}-\boldsymbol{r}_0)\langle\hat{N}_{\mathrm{e}}\rangle,\tag{B.20}$$

其中 $\boldsymbol{r}_0$ 是原子的质心,ω_0 是频率分布的中心,$\hat{N}_{\mathrm{e}}=|e\rangle\langle e|$ 是激发态的粒子数算符. 粒子数算符满足方程

$$\frac{\mathrm{d}\hat{N}_{\mathrm{e}}}{\mathrm{d}t}=\frac{\mathrm{i}}{\hbar}\int[\hat{\boldsymbol{J}}^{+}(\boldsymbol{r},t)\cdot\hat{\boldsymbol{A}}^{-}(\boldsymbol{r},t)-\hat{\boldsymbol{A}}^{+}(\boldsymbol{r},t)\cdot\hat{\boldsymbol{J}}^{-}(\boldsymbol{r},t)]\mathrm{d}^{3}\boldsymbol{r},\tag{B.21}$$

可以由对不同算符的 Heisenberg 运动方程推导出.

$\hat{\boldsymbol{A}}_{\omega}(\boldsymbol{r})$ 和 $\hat{\boldsymbol{J}}_{\omega}(\boldsymbol{r})$ 分别是 $\hat{\boldsymbol{A}}(\boldsymbol{r},t)$ 和 $\hat{\boldsymbol{J}}(\boldsymbol{r},t)$ 的 Fourier 变换式. 通过 Heisenberg 运动方程以及弱耦合的约束,我们可以推导出量子波动方程[1]

$$\nabla\times\nabla\times\hat{\boldsymbol{A}}_{\omega}^{-}(\boldsymbol{r})-\varepsilon(\boldsymbol{r})\frac{\omega^{2}}{c^{2}}\hat{\boldsymbol{A}}_{\omega}^{-}(\boldsymbol{r})=\frac{1}{\varepsilon_0c^{2}}\hat{\boldsymbol{J}}_{\omega}^{-}(\boldsymbol{r}).\tag{B.22}$$

利用 §2.12 的(2.87)式中的并矢 Green 函数的定义,$\hat{\boldsymbol{A}}_{\omega}^{-}$ 的解可以写成

$$\hat{\boldsymbol{A}}_{\omega}^{-}(\boldsymbol{r})=\frac{1}{\varepsilon_0c^{2}}\int\overleftrightarrow{\boldsymbol{G}}(\boldsymbol{r},\boldsymbol{r}';\omega)\hat{\boldsymbol{J}}_{\omega}^{-}(\boldsymbol{r}')\mathrm{d}^{3}\boldsymbol{r}',\tag{B.23}$$

其中我们在 $\overleftrightarrow{G}$ 的自变量里包含了 ω. 利用 Fourier 逆变换,我们就能推导出在时域中的对应解 $\hat{\boldsymbol{A}}^{-}(\boldsymbol{r},t)$. 最后,结合这个解与(B.20)和(B.21)式,可以得到简单的方程

$$\frac{\mathrm{d}\langle\hat{N}_{\mathrm{e}}\rangle}{\mathrm{d}t}=-\gamma\langle\hat{N}_{\mathrm{e}}\rangle, \tag{B.24}$$

其中 γ 是自发衰变速率,记为

$$\gamma=-\frac{2e^2}{\varepsilon_0\hbar c^2m^2}\boldsymbol{p}_{12}\cdot\mathrm{Im}\{\overleftrightarrow{\boldsymbol{G}}(\boldsymbol{r}_0,\boldsymbol{r}_0;\omega_0)\}\cdot\boldsymbol{p}_{12}. \tag{B.25}$$

在(广义)Coulomb 规范中,动量矩阵元 $\boldsymbol{p}_{12}$ 与偶极子矩阵元 $\boldsymbol{p}$ 的关系是

$$\boldsymbol{p}_{12}=(\mathrm{i}m\omega_0/e)\boldsymbol{p}, \tag{B.26}$$

这就允许我们通过 $\hat{\boldsymbol{p}}$ 来写(B.25)式. 此外,在非均匀介质中,Green 函数可以分成一个原初部分 $\hat{\boldsymbol{G}}_0$ 和一个散射部分 $\hat{\boldsymbol{G}}_s$. $\hat{\boldsymbol{G}}_0$ 的贡献导致自由空间衰变速率 γ_0,我们可以写出比值 γ/γ_0 为

$$\frac{\gamma}{\gamma_0}=1+\frac{6\pi c}{\omega_0\mu^2}\boldsymbol{p}\cdot\mathrm{Im}\{\overleftrightarrow{\boldsymbol{G}}_s(\boldsymbol{r}_0,\boldsymbol{r}_0;\omega_0)\}\cdot\boldsymbol{p}, \tag{B.27}$$

与§8.5 中的经典推导结果((8.141)式)一致.

参考文献

[1] Y. Xu, R. K. Lee, and A. Yariv, "Quantum analysis and the classical analysis of spontaneous emission in a microcavity," *Phys. Rev. A* **61**, 033807 (2000).

[2] V. Weisskopf and E. Wigner, "Berechnung der natürlichen Linienbreite auf Grund der Diracschen Lichttheorie," *Z. Phys.* **63**, 54 - 73 (1930).

[3] Y. Yamamoto and A. Imamoglu, Mesoscopic Quantum Optics. New York: JohnWiley &Sons (1999).

[4] E. T. Jaynes and F. W. Cummings, "Comparison of quantum and semiclassical radiation theories with application to the beam maser," *Proc. IEEE* **51**, 89 - 103 (1963).

[5] R. J. Glauber and M. Lewenstein, "Quantum optics of dielectric media," *Phys. Rev. A* **43**, 467 - 491 (1991).

附录 C　层状衬底附近偶极子的场

C.1　垂直电偶极子

垂直取向的偶极子 $\boldsymbol{p}=(0,0,p_z)$ 的柱坐标场分量(图 C.1)为

$$E_{1\rho}=\rho(z-z_0)\frac{p_z}{4\pi\varepsilon_0\varepsilon_1}\frac{e^{ik_1R_0}}{R_0^3}\left[\frac{3}{R_0^2}-\frac{3ik_1}{R_0}-k_1^2\right]$$

$$-\frac{ip_z}{4\pi\varepsilon_0\varepsilon_1}\int_0^\infty dk_\rho J_1(k_\rho\rho)A_1k_\rho k_{1z}e^{ik_{1z}(z+z_0)}, \tag{C.1}$$

$$E_{2\rho}=\frac{ip_z}{4\pi\varepsilon_0\varepsilon_1}\int_0^\infty dk_\rho J_1(k_\rho\rho)[A_2e^{-ik_{2z}z}-A_3e^{ik_{2z}z}]k_\rho k_{2z}e^{ik_{1z}z_0}, \tag{C.2}$$

$$E_{3\rho}=\frac{ip_z}{4\pi\varepsilon_0\varepsilon_1}\int_0^\infty dk_\rho J_1(k_\rho\rho)A_4k_\rho k_{3z}e^{i(k_{1z}z_0-k_{3z}z)}, \tag{C.3}$$

$$E_{1\varphi}=E_{2\varphi}=E_{3\varphi}=0, \tag{C.4}$$

$$E_{1z}=\frac{p_z}{4\pi\varepsilon_0\varepsilon_1}\frac{e^{ik_1R_0}}{R_0}\left[\frac{3(z-z_0)^2}{R_0^4}-\frac{3ik_1(z-z_0)^2}{R_0^3}-\frac{1+k_1^2(z-z_0)^2}{R_0^2}+\frac{ik_1}{R_0}+k_1^2\right]$$

$$+\frac{p_z}{4\pi\varepsilon_0\varepsilon_1}\int_0^\infty dk_\rho J_0(k_\rho\rho)A_1k_\rho^2e^{ik_{1z}(z+z_0)}, \tag{C.5}$$

$$E_{2z}=\frac{p_z}{4\pi\varepsilon_0\varepsilon_1}\int_0^\infty dk_\rho J_0(k_\rho\rho)[A_2e^{-ik_{2z}z}+A_3e^{ik_{2z}z}]k_\rho^2e^{ik_{1z}z_0}, \tag{C.6}$$

$$E_{3z}=\frac{p_z}{4\pi\varepsilon_0\varepsilon_1}\int_0^\infty dk_\rho J_0(k_\rho\rho)A_4k_\rho^2e^{i(k_{1z}z_0-k_{3z}z)}, \tag{C.7}$$

$$H_{1\rho}=H_{2\rho}=H_{3\rho}=0, \tag{C.8}$$

$$H_{1\varphi}=-\frac{i\omega p_z}{4\pi}\rho\frac{e^{ik_1R_0}}{R_0^2}\left[\frac{1}{R_0}-ik_1\right]-\frac{i\omega p_z}{4\pi}\int_0^\infty dk_\rho J_1(k_\rho\rho)A_1k_\rho e^{ik_{1z}(z+z_0)}, \tag{C.9}$$

$$H_{2\varphi}=-\frac{i\omega\varepsilon_2p_z}{4\pi\varepsilon_1}\int_0^\infty dk_\rho J_1(k_\rho\rho)[A_2e^{-ik_{2z}z}+A_3e^{ik_{2z}z}]k_\rho e^{ik_{1z}z_0}, \tag{C.10}$$

$$H_{3\varphi}=-\frac{i\omega\varepsilon_3p_z}{4\pi\varepsilon_1}\int_0^\infty dk_\rho J_1(k_\rho\rho)A_4k_\rho e^{i(k_{1z}z_0-k_{3z}z)}, \tag{C.11}$$

$$H_{1z}=H_{2z}=H_{3z}=0. \tag{C.12}$$

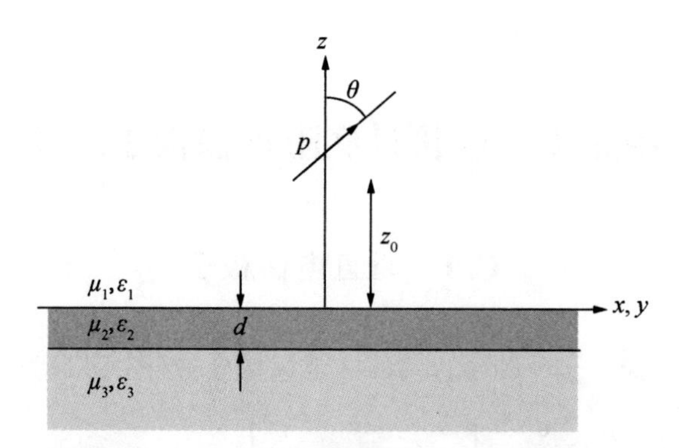

图 C.1 一个位于层状衬底附近 $\boldsymbol{r}_0=(0,0,z_0)$ 处极矩为 $\boldsymbol{p}$ 的电偶极子. 每层介质中的场用柱坐标 $\boldsymbol{r}=(\rho,\varphi,z)$ 表示.

C.2 水平电偶极子

水平取向的偶极子 $\boldsymbol{p}=(p_x,0,0)$ 的柱坐标场分量可写为

$$E_{1\rho}=\cos\varphi\frac{p_x}{4\pi\varepsilon_0\varepsilon_1}\frac{\mathrm{e}^{\mathrm{i}k_1R_0}}{R_0}\left\{\left[k_1^2+\frac{\mathrm{i}k_1}{R_0}-\frac{1}{R_0^2}\right]+\frac{\rho^2}{R_0^2}\left[\frac{3}{R_0^2}-\frac{3\mathrm{i}k_1}{R_0}-k_1^2\right]\right\}$$
$$+\cos\varphi\frac{p_x}{4\pi\varepsilon_0\varepsilon_1}\int_0^\infty \mathrm{d}k_\rho\mathrm{e}^{\mathrm{i}k_{1z}(z+z_0)}\left\{\frac{1}{\rho}\mathrm{J}_1(k_\rho\rho)[k_\rho B_1-\mathrm{i}k_{1z}C_1]\right.$$
$$\left.-\mathrm{i}k_{1z}\mathrm{J}_0(k_\rho\rho)[\mathrm{i}k_{1z}B_1-k_\rho C_1]\right\},\qquad(\mathrm{C}.13)$$

$$E_{2\rho}=\cos\varphi\frac{p_x}{4\pi\varepsilon_0\varepsilon_1}\int_0^\infty \mathrm{d}k_\rho\mathrm{e}^{\mathrm{i}k_{1z}z_0}\left\{\frac{1}{\rho}\mathrm{J}_1(k_\rho\rho)[[k_\rho B_2+\mathrm{i}k_{2z}C_2]\mathrm{e}^{-\mathrm{i}k_{2z}z}\right.$$
$$+[k_\rho B_3-\mathrm{i}k_{2z}C_3]\mathrm{e}^{\mathrm{i}k_{2z}z}]-\mathrm{i}k_{2z}\mathrm{J}_0(k_\rho\rho)[[\mathrm{i}k_{2z}B_2+k_\rho C_2]\mathrm{e}^{-\mathrm{i}k_{2z}z}$$
$$\left.+[\mathrm{i}k_{2z}B_3-k_\rho C_3]\mathrm{e}^{\mathrm{i}k_{2z}z}]\right\},\qquad(\mathrm{C}.14)$$

$$E_{3\rho}=\cos\varphi\frac{p_x}{4\pi\varepsilon_0\varepsilon_1}\int_0^\infty \mathrm{d}k_\rho\mathrm{e}^{\mathrm{i}(k_{1z}z_0-k_{3z}z)}\left\{\frac{1}{\rho}\mathrm{J}_1(k_\rho\rho)[k_\rho B_4+\mathrm{i}k_{3z}C_4]\right.$$
$$\left.-\mathrm{i}k_{3z}\mathrm{J}_0(k_\rho\rho)[\mathrm{i}k_{3z}B_4+k_\rho C_4]\right\},\qquad(\mathrm{C}.15)$$

$$E_{1\varphi}=\sin\varphi\frac{p_x}{4\pi\varepsilon_0\varepsilon_1}\frac{\mathrm{e}^{\mathrm{i}k_1R_0}}{R_0}\left[\frac{1}{R_0^2}-\frac{\mathrm{i}k_1}{R_0}-k_1^2\right]$$
$$+\sin\varphi\frac{p_x}{4\pi\varepsilon_0\varepsilon_1}\int_0^\infty \mathrm{d}k_\rho\mathrm{e}^{\mathrm{i}k_{1z}(z+z_0)}\left\{\frac{1}{\rho}\mathrm{J}_1(k_\rho\rho)[k_\rho B_1-\mathrm{i}k_{1z}C_1]\right.$$
$$\left.-k_1^2\mathrm{J}_0(k_\rho\rho)B_1\right\},\qquad(\mathrm{C}.16)$$

$$E_{2\varphi}=\sin\varphi\frac{p_x}{4\pi\varepsilon_0\varepsilon_1}\int_0^\infty \mathrm{d}k_\rho \mathrm{e}^{\mathrm{i}k_{1z}z_0}\left\{\frac{1}{\rho}\mathrm{J}_1(k_\rho\rho)[[k_\rho B_2+\mathrm{i}k_{2z}C_2]\mathrm{e}^{-\mathrm{i}k_{2z}z}\right.$$

$$\left.+[k_\rho B_3-\mathrm{i}k_{2z}C_3]\mathrm{e}^{\mathrm{i}k_{2z}z}]-k_2^2\mathrm{J}_0(k_\rho\rho)[B_2\mathrm{e}^{-\mathrm{i}k_{2z}z}+B_3\mathrm{e}^{\mathrm{i}k_{2z}z}]\right\},\tag{C.17}$$

$$E_{3\varphi}=\sin\varphi\frac{p_x}{4\pi\varepsilon_0\varepsilon_1}\int_0^\infty \mathrm{d}k_\rho \mathrm{e}^{\mathrm{i}(k_{1z}z_0-k_{3z}z)}\left\{\frac{1}{\rho}\mathrm{J}_1(k_\rho\rho)[k_\rho B_4+\mathrm{i}k_{3z}C_4]-k_3^2\mathrm{J}_0(k_\rho\rho)B_4\right\},\tag{C.18}$$

$$E_{1z}=\cos\varphi\frac{p_x}{4\pi\varepsilon_0\varepsilon_1}\rho(z-z_0)\frac{\mathrm{e}^{\mathrm{i}k_1R_0}}{R_0^3}\left[\frac{3}{R_0^2}-\frac{3\mathrm{i}k_1}{R_0}-k_1^2\right]$$

$$-\cos\varphi\frac{p_x}{4\pi\varepsilon_0\varepsilon_1}\int_0^\infty \mathrm{d}k_\rho \mathrm{e}^{\mathrm{i}k_{1z}(z+z_0)}k_\rho\mathrm{J}_1(k_\rho\rho)[\mathrm{i}k_{1z}B_1-k_\rho C_1],\tag{C.19}$$

$$E_{2z}=\cos\varphi\frac{p_x}{4\pi\varepsilon_0\varepsilon_1}\int_0^\infty \mathrm{d}k_\rho \mathrm{e}^{\mathrm{i}k_{1z}z_0}\{k_\rho\mathrm{J}_1(k_\rho\rho)[[\mathrm{i}k_{2z}B_2+k_\rho C_2]\mathrm{e}^{-\mathrm{i}k_{2z}z}$$

$$-[\mathrm{i}k_{2z}B_3-k_\rho C_3]\mathrm{e}^{\mathrm{i}k_{2z}z}]\},\tag{C.20}$$

$$E_{3z}=\cos\varphi\frac{p_x}{4\pi\varepsilon_0\varepsilon_1}\int_0^\infty \mathrm{d}k_\rho \mathrm{e}^{\mathrm{i}(k_{1z}z_0-k_{3z}z)}k_\rho\mathrm{J}_1(k_\rho\rho)[\mathrm{i}k_{3z}B_4+k_\rho C_4],\tag{C.21}$$

$$H_{1\rho}=\sin\varphi\frac{\mathrm{i}\omega p_x}{4\pi}(z-z_0)\frac{\mathrm{e}^{\mathrm{i}k_1R_0}}{R_0^2}\left[\frac{1}{R_0}-\mathrm{i}k_1\right]$$

$$+\sin\varphi\frac{\mathrm{i}\omega p_x}{4\pi}\int_0^\infty \mathrm{d}k_\rho \mathrm{e}^{\mathrm{i}k_{1z}(z+z_0)}\left\{\frac{1}{\rho}\mathrm{J}_1(k_\rho\rho)C_1-\mathrm{i}k_{1z}\mathrm{J}_0(k_\rho\rho)B_1\right\},\tag{C.22}$$

$$H_{2\rho}=\sin\varphi\frac{\mathrm{i}\omega\varepsilon_2 p_x}{4\pi\varepsilon_1}\int_0^\infty \mathrm{d}k_\rho \mathrm{e}^{\mathrm{i}k_{1z}z_0}\left\{\frac{1}{\rho}\mathrm{J}_1(k_\rho\rho)[C_2\mathrm{e}^{-\mathrm{i}k_{2z}z}+C_3\mathrm{e}^{\mathrm{i}k_{2z}z}]\right.$$

$$\left.-\mathrm{i}k_{2z}\mathrm{J}_0(k_\rho\rho)[B_2\mathrm{e}^{-\mathrm{i}k_{2z}z}-B_3\mathrm{e}^{\mathrm{i}k_{2z}z}]\right\},\tag{C.23}$$

$$H_{3\rho}=\sin\varphi\frac{\mathrm{i}\omega\varepsilon_3 p_x}{4\pi\varepsilon_1}\int_0^\infty \mathrm{d}k_\rho \mathrm{e}^{\mathrm{i}(k_{1z}z_0-k_{3z}z)}\left\{\frac{1}{\rho}\mathrm{J}_1(k_\rho\rho)C_4+\mathrm{i}k_{3z}\mathrm{J}_0(k_\rho\rho)B_4\right\},\tag{C.24}$$

$$H_{1\varphi}=\cos\varphi\frac{\mathrm{i}\omega p_x}{4\pi}(z-z_0)\frac{\mathrm{e}^{\mathrm{i}k_1R_0}}{R_0^2}\left[\frac{1}{R_0}-\mathrm{i}k_1\right]$$

$$-\cos\varphi\frac{\mathrm{i}\omega p_x}{4\pi}\int_0^\infty \mathrm{d}k_\rho \mathrm{e}^{\mathrm{i}k_{1z}(z+z_0)}\left\{\frac{1}{\rho}\mathrm{J}_1(k_\rho\rho)C_1+\mathrm{J}_0(k_\rho\rho)[\mathrm{i}k_{1z}B_1-k_\rho C_1]\right\},\tag{C.25}$$

$$H_{2\varphi}=\cos\varphi\frac{\mathrm{i}\omega\varepsilon_2 p_x}{4\pi\varepsilon_1}\int_0^\infty \mathrm{d}k_\rho \mathrm{e}^{\mathrm{i}k_{1z}z_0}\left\{\frac{1}{\rho}\mathrm{J}_1(k_\rho\rho)[C_2\mathrm{e}^{-\mathrm{i}k_{2z}z}+C_3\mathrm{e}^{\mathrm{i}k_{2z}z}]\right.$$

$$\left.-\mathrm{J}_0(k_\rho\rho)[[\mathrm{i}k_{2z}B_2+k_\rho C_2]\mathrm{e}^{-\mathrm{i}k_{2z}z}-[\mathrm{i}k_{2z}B_3-k_\rho C_3]\mathrm{e}^{\mathrm{i}k_{2z}z}]\right\},\tag{C.26}$$

$$H_{3\varphi}=\cos\varphi\frac{\mathrm{i}\omega\varepsilon_3 p_x}{4\pi\varepsilon_1}\int_0^\infty \mathrm{d}k_\rho \mathrm{e}^{\mathrm{i}(k_{1z}z_0-k_{3z}z)}\left\{\frac{1}{\rho}\mathrm{J}_1(k_\rho\rho)C_4\right.$$

$$\left.-\mathrm{J}_0(k_\rho\rho)[\mathrm{i}k_{3z}B_4+k_\rho C_4]\right\},\tag{C.27}$$

$$H_{1z}=-\sin\varphi\frac{\mathrm{i}\omega p_x}{4\pi}\rho\frac{\mathrm{e}^{\mathrm{i}k_1R_0}}{R_0^2}\left[\frac{1}{R_0}-\mathrm{i}k_1\right]-\sin\varphi\frac{\mathrm{i}\omega p_x}{4\pi}\int_0^\infty\mathrm{d}k_\rho\mathrm{e}^{\mathrm{i}k_{1z}(z+z_0)}k_\rho\mathrm{J}_1(k_\rho\rho)B_1,\tag{C.28}$$

$$H_{2z}=-\sin\varphi\frac{\mathrm{i}\omega\varepsilon_2p_x}{4\pi\varepsilon_1}\int_0^\infty\mathrm{d}k_\rho\mathrm{e}^{\mathrm{i}k_{1z}z_0}k_\rho\mathrm{J}_1(k_\rho\rho)[B_2\mathrm{e}^{-\mathrm{i}k_{2z}z}+B_3\mathrm{e}^{\mathrm{i}k_{2z}z}],\tag{C.29}$$

$$H_{3z}=-\sin\varphi\frac{\mathrm{i}\omega\varepsilon_3p_x}{4\pi\varepsilon_1}\int_0^\infty\mathrm{d}k_\rho\mathrm{e}^{\mathrm{i}(k_{1z}z_0-k_{3z}z)}k_\rho\mathrm{J}_1(k_\rho\rho)B_4.\tag{C.30}$$

C.3 系数 A_j，B_j 和 C_j 的定义

系数 A_j，B_j 和 C_j 是由界面处的边界条件所决定的. 利用简写

$$\begin{aligned}f_1&=\varepsilon_2k_{1z}-\varepsilon_1k_{2z}, & g_1&=\mu_2k_{1z}-\mu_1k_{2z},\\ f_2&=\varepsilon_2k_{1z}+\varepsilon_1k_{2z}, & g_2&=\mu_2k_{1z}+\mu_1k_{2z},\\ f_3&=\varepsilon_3k_{2z}-\varepsilon_2k_{3z}, & g_3&=\mu_3k_{2z}-\mu_2k_{3z},\\ f_4&=\varepsilon_3k_{2z}+\varepsilon_2k_{3z}, & g_4&=\mu_3k_{2z}+\mu_2k_{3z},\end{aligned}\tag{C.31}$$

系数可以写为

$$A_1(k_\rho)=\mathrm{i}\frac{k_\rho(f_1f_4+f_2f_3\mathrm{e}^{2\mathrm{i}k_{2z}d})}{k_{1z}(f_2f_4+f_1f_3\mathrm{e}^{2\mathrm{i}k_{2z}d})},\tag{C.32}$$

$$A_2(k_\rho)=\mathrm{i}\frac{2\varepsilon_1k_\rho f_4}{f_2f_4+f_1f_3\mathrm{e}^{2\mathrm{i}k_{2z}d}},\tag{C.33}$$

$$A_3(k_\rho)=\mathrm{i}\frac{2\varepsilon_1k_\rho f_3\mathrm{e}^{2\mathrm{i}k_{2z}d}}{f_2f_4+f_1f_3\mathrm{e}^{2\mathrm{i}k_{2z}d}},\tag{C.34}$$

$$A_4(k_\rho)=\mathrm{i}\frac{4\varepsilon_1\varepsilon_2k_\rho k_{2z}\mathrm{e}^{\mathrm{i}(k_{2z}-k_{3z})d}}{f_2f_4+f_1f_3\mathrm{e}^{2\mathrm{i}k_{2z}d}},\tag{C.35}$$

$$B_1(k_\rho)=\mathrm{i}\frac{k_\rho(g_1g_4+g_2g_3\mathrm{e}^{2\mathrm{i}k_{2z}d})}{k_{1z}(g_2g_4+g_1g_3\mathrm{e}^{2\mathrm{i}k_{2z}d})},\tag{C.36}$$

$$B_2(k_\rho)=\mathrm{i}\frac{\varepsilon_1}{\varepsilon_2}\frac{2\mu_1k_\rho g_4}{g_2g_4+g_1g_3\mathrm{e}^{2\mathrm{i}k_{2z}d}},\tag{C.37}$$

$$B_3(k_\rho)=\mathrm{i}\frac{\varepsilon_1}{\varepsilon_2}\frac{2\mu_1k_\rho g_3\mathrm{e}^{2\mathrm{i}k_{2z}d}}{g_2g_4+g_1g_3\mathrm{e}^{2\mathrm{i}k_{2z}d}},\tag{C.38}$$

$$B_4(k_\rho)=\mathrm{i}\frac{\varepsilon_1}{\varepsilon_2}\frac{4\mu_1\mu_2k_\rho k_{2z}\mathrm{e}^{\mathrm{i}(k_{2z}-k_{3z})d}}{g_2g_4+g_1g_3\mathrm{e}^{2\mathrm{i}k_{2z}d}},\tag{C.39}$$

$$C_1(k_\rho)=\mathrm{i}\frac{k_{1z}}{k_\rho}A_1(k_\rho)+\mathrm{i}\frac{k_{1z}}{k_\rho}B_1(k_\rho),\tag{C.40}$$

$$C_2(k_\rho)= \mathrm{i}\frac{k_{1z}}{k_\rho}A_2(k_\rho)-\mathrm{i}\frac{k_{2z}}{k_\rho}B_2(k_\rho), \tag{C.41}$$

$$C_3(k_\rho)= \mathrm{i}\frac{k_{1z}}{k_\rho}A_3(k_\rho)+\mathrm{i}\frac{k_{2z}}{k_\rho}B_3(k_\rho), \tag{C.42}$$

$$C_4(k_\rho)= \mathrm{i}\frac{k_{1z}}{k_\rho}A_4(k_\rho)-\mathrm{i}\frac{k_{3z}}{k_\rho}B_4(k_\rho). \tag{C.43}$$

为了保持在恰当的 Riemann 面上，全部的平方根

$$k_{jz} = \sqrt{k_j^2 - k_\rho^2}, \quad j = 1,2,3 \tag{C.44}$$

都按使 $\mathrm{Im}\{k_{jz}\}>0$ 来选择.

积分只能做数值计算. 积分路径必须能够体现振荡性与奇异性. 把积分范围分成一些子区间并把积分路径扩展到复 k_ρ平面上值得推荐. 对于某些应用领域，用 Hankel 函数来表示 Bessel 函数 J_n 是非常有益的，因为它们对于有虚部的自变量快速收敛. 所谓的 Gauss-Kronrod 积分路径被证明是非常可靠的.

附录 D　远场 Green 函数

在本附录中，我们讲述平面层状介质的渐近远场 Green 函数．假设源点 $\boldsymbol{r}_0=(x_0,y_0,z_0)$ 位于上半空间中 $(z>0)$．场在远场区的点 $\boldsymbol{r}=(x,y,z)$ 处取值，即 $r\gg\lambda$．上半空间和下半空间的光学性质分别用 ε_1,μ_1 和 ε_n,μ_n 表示．两个半空间之间的平面层状介质用广义 Fresnel 反射和透射系数表征．我们选择这样一个坐标系，原点位于层状介质的最上边的表面，并且 z 轴垂直于界面．在这种情况下，z_0 表示点光源相对于最高层的高度．在上半空间中，渐近并矢 Green 函数定义为

$$\boldsymbol{E}(\boldsymbol{r})=\frac{\omega^2}{\varepsilon_0 c^2}\mu_1\left[\overleftrightarrow{\boldsymbol{G}}_0(\boldsymbol{r},\boldsymbol{r}_0)+\overleftrightarrow{\boldsymbol{G}}_{\mathrm{ref}}(\boldsymbol{r},\boldsymbol{r}_0)\right]\boldsymbol{p},\tag{D.1}$$

其中 $\boldsymbol{p}$ 是位于 $\boldsymbol{r}_0$ 处的偶极子的偶极矩．$\overleftrightarrow{\boldsymbol{G}}_0$ 和 $\overleftrightarrow{\boldsymbol{G}}_{\mathrm{ref}}$ 是 Green 函数的原初和反射部分．在下半空间我们定义

$$\boldsymbol{E}(\boldsymbol{r})=\frac{\omega^2}{\varepsilon_0 c^2}\mu_1\overleftrightarrow{\boldsymbol{G}}_{\mathrm{tr}}(\boldsymbol{r},\boldsymbol{r}_0)\boldsymbol{p},\tag{D.2}$$

其中 $\overleftrightarrow{\boldsymbol{G}}_{\mathrm{tr}}$ 是 Green 函数的透射部分．可以利用角谱表示的远场形式推导渐近 Green 函数．

远场原 Green 函数是

$$\overleftrightarrow{\boldsymbol{G}}_0(\boldsymbol{r},\boldsymbol{r}_0)=\frac{\exp(\mathrm{i}k_1 r)}{4\pi r}\exp[-\mathrm{i}k_1(x_0x/r+y_0y/r+z_0z/r)]\times\begin{bmatrix}1-x^2/r^2 & -xy/r^2 & -xz/r^2\\ -xy/r^2 & 1-y^2/r^2 & -yz/r^2\\ -xz/r^2 & -yz/r^2 & 1-z^2/r^2\end{bmatrix}.\tag{D.3}$$

Green 函数在远场的反射部分是

$$\overleftrightarrow{\boldsymbol{G}}_{\mathrm{ref}}(\boldsymbol{r},\boldsymbol{r}_0)=\frac{\exp(\mathrm{i}k_1 r)}{4\pi r}\exp\left[-\mathrm{i}k_1\left(x_0\frac{x}{r}+y_0\frac{y}{r}-z_0\frac{z}{r}\right)\right]\times\begin{bmatrix}\frac{x^2}{\rho^2}\frac{z^2}{r^2}\Phi_1^{(2)}+\frac{y^2}{\rho^2}\Phi_1^{(3)} & \frac{xy}{\rho^2}\frac{z^2}{r^2}\Phi_1^{(2)}-\frac{xy}{\rho^2}\Phi_1^{(3)} & -\frac{xz}{r^2}\Phi_1^{(1)}\\ \frac{xy}{\rho^2}\frac{z^2}{r^2}\Phi_1^{(2)}-\frac{xy}{\rho^2}\Phi_1^{(3)} & \frac{y^2}{\rho^2}\frac{z^2}{r^2}\Phi_1^{(2)}+\frac{x^2}{\rho^2}\Phi_1^{(3)} & -\frac{yz}{r^2}\Phi_1^{(1)}\\ -\frac{xz}{r^2}\Phi_1^{(2)} & -\frac{yz}{r^2}\Phi_1^{(2)} & \left(1-\frac{z^2}{r^2}\right)\Phi_1^{(1)}\end{bmatrix},\tag{D.4}$$

其中势根据层状结构的广义反射系数决定：

$$\left.\begin{aligned}\Phi_1^{(1)} &= r^{\mathrm{p}}(k_\rho) \\ \Phi_1^{(2)} &= -r^{\mathrm{p}}(k_\rho) \\ \Phi_1^{(3)} &= r^{\mathrm{s}}(k_\rho)\end{aligned}\right\} \quad k_\rho = k_1\rho/r. \tag{D.5}$$

Green 函数在远场的透射部分是

$$\overleftrightarrow{\boldsymbol{G}}_{\mathrm{tr}}(\boldsymbol{r},\boldsymbol{r}_0) = \frac{\exp[\mathrm{i}k_n(r+\delta z/r)]}{4\pi r} \times \exp\left[-\mathrm{i}k_1\left(x_0\frac{x}{r}+y_0\frac{y}{r}-z_0\sqrt{1-\left(\frac{n_n^2}{n_1^2}\right)\frac{\rho^2}{r^2}}\right)\right]$$
$$\times\begin{bmatrix} \frac{x^2}{\rho^2}\frac{z^2}{r^2}\Phi_n^{(2)}+\frac{y^2}{\rho^2}\Phi_n^{(3)} & \frac{xy}{\rho^2}\frac{z^2}{r^2}\Phi_n^{(2)}-\frac{xy}{\rho^2}\Phi_n^{(3)} & -\frac{xz}{r^2}\Phi_n^{(1)} \\ \frac{xy}{\rho^2}\frac{z^2}{r^2}\Phi_n^{(2)}-\frac{xy}{\rho^2}\Phi_n^{(3)} & \frac{y^2}{\rho^2}\frac{z^2}{r^2}\Phi_n^{(2)}+\frac{x^2}{\rho^2}\Phi_n^{(3)} & -\frac{yz}{r^2}\Phi_n^{(1)} \\ -\frac{xz}{r^2}\Phi_n^{(2)} & -\frac{yz}{r^2}\Phi_n^{(2)} & \left(1-\frac{z^2}{r^2}\right)\Phi_n^{(1)} \end{bmatrix}, \tag{D.6}$$

其中 δ 表示层状结构的总厚度.

这里,电势由层状结构的广义透射系数决定:

$$\left.\begin{aligned}\Phi_n^{(1)} &= t^{\mathrm{p}}(k_\rho)\frac{n_n}{n_1}\frac{k_n z/r}{\sqrt{k_1^2-k_\rho^2}} \\ \Phi_n^{(2)} &= -t^{\mathrm{p}}(k_\rho)\frac{n_n}{n_1} \\ \Phi_n^{(3)} &= t^{\mathrm{s}}(k_\rho)\frac{k_n z/r}{\sqrt{k_1^2-k_\rho^2}}\end{aligned}\right\} \quad k_\rho = k_n\rho/r. \tag{D.7}$$

垂直偶极子由电势 $\Phi^{(1)}$ 单独描述,并产生了纯 p 偏振场. 另一方面,水平偶极子用 $\Phi^{(2)}$ 和 $\Phi^{(3)}$ 描述,它的场包含 s 和 p 偏振分量. 坐标 (x,y,z) 可以用球面角 θ 和 φ 代替. 在角 $\alpha=\pi-\theta$ 超过临界角 $\alpha_{\mathrm{c}}=\arcsin(n_1/n_2)$ 时,场指数依赖于高度 z_0.

索　　引

D

E

F

G

H

J

K

L

M

N

O

P

Q

R

S

T

V

W

X

Y

Z